CAD工程设计详解系列

详解 SolidWorks 2018 标准教程

（第 5 版）

CAD/CAM/CAE 技术联盟

李　娟　傅晓文　编著

電子工業出版社
Publishing House of Electronics Industry
北京 · BEIJING

内容简介

本书详细介绍了 SOLIDWORKS 2018 建模的设计方法，讲解了建模中的草图绘制、特征创建、钣金设计、曲面设计、装配体设计、工程图设计以及运动仿真等知识。

本书突出了实用性和技巧性，使读者可以很快掌握 SOLIDWORKS 2018 的基础建模方法，同时还可以学习其在各行各业中的应用技能。

本书内容丰富，从基础开始讲解，由少集多，从简到难，除利用传统的方法讲解外，还配套有多功能学习视频文件，配套文件包含全书讲解实例和练习实例的源文件素材，并制作了实例动画的同步 讲解 MP4 文件。利用作者精心设计的多媒体界面，读者可以形象直观地学习本书。

本书适合广大工程技术人员和机械工程专业的学生学习，也可以作为各高等院校相关专业的教学用书。

未经许可，不得以任何方式复制或抄袭本书之部分或全部内容。
版权所有，侵权必究。

图书在版编目（CIP）数据

详解 SolidWorks 2018 标准教程 / 李娟，傅晓文编著. — 5 版. — 北京：电子工业出版社，2019.4

（CAD 工程设计详解系列）

ISBN 978-7-121-35694-0

I. ①详… II. ①李… ②傅… III. ①机械设计－计算机辅助设计－应用软件 IV. ①TH122

中国版本图书馆 CIP 数据核字(2018)第 280903 号

策划编辑：许存权
责任编辑：许存权　　　　特约编辑：谢忠玉 等
印　　刷：三河市鑫金马印装有限公司
装　　订：三河市鑫金马印装有限公司
出版发行：电子工业出版社
　　　　　北京市海淀区万寿路 173 信箱　　邮编：100036
开　　本：787×1 092　1/16　印张：31　字数：794 千字
版　　次：2009 年 4 月第 1 版
　　　　　2019 年 4 月第 5 版
印　　次：2019 年 4 月第 1 次印刷
定　　价：79.00 元

凡所购买电子工业出版社图书有缺损问题，请向购买书店调换。若书店售缺，请与本社发行部联系，联系及邮购电话：（010）88254888，88258888。

质量投诉请发邮件至 zlts@phei.com.cn，盗版侵权举报请发邮件至 dbqq@phei.com.cn。

本书咨询联系方式：（010）88254484，xucq@phei.com.cn。

前　言

SOLIDWORKS 是基于 Windows 平台的三维实体设计软件，全面支持微软的 OLE 技术。它支持 OLE 2.0 的 API 后续开发工具，并且已经改变了 CAD/CAE/CAM 领域传统的集成方式，使不同的应用软件能集成到同一个窗口，共享数据信息，以相同的方式操作，没有文件传输的烦恼。“基于 Windows 的 CAD/CAE/CAM/PDM 桌面集成系统”贯穿于设计、分析、加工和数据管理整个过程。SOLIDWORKS 因其在关键技术的突破、深层功能的开发和工程应用的不断拓展，而成为 CAD 市场中的主流产品。SOLIDWORKS 内容博大精深，涉及平面工程制图、三维造型、求逆运算、加工制造、工业标准交互传输、模拟加工过程、电缆布线和电子线路等应用领域。

本书旨在帮助在校学生和新用户以最快的速度、最便捷的方式掌握 SOLIDWORKS 2018 的应用，采用通俗易懂、循序渐进的方法讲解 SOLIDWORKS 2018 的功能和命令，通过具体的操作步骤讲述软件的建模过程，即“为何”和“何时”将功能应用于所需项目中。

本书具有以下独特的亮点。

1．内容全面，实例丰富

全书将按照从易到难的顺序深入浅出地进行讲解，依据 SOLIDWORKS 2018 基础、草图绘制、参考几何体、基础特征设计、工程特征设计、复杂特征设计、特征编辑、曲面造型、钣金特征、装配特征、工程图和运动仿真的顺序循序渐进地展开，既包含基础建模、装配特征和工程图等基本内容，也包括曲面和钣金等相对复杂的内容。在对每个知识点进行讲解的过程中，大量引用工程实践中的实例，既做到了理论知识讲解有的放矢，又使本书贴近工程应用实践。全书实例的讲解顺序是按工业设计结构特点，从易到难，分类设计，遵循工业设计的设计流程和准则，帮助读者逐步建立整体设计的思想和工程设计的大局观念。

2．及时总结，举一反三

本书将所有实例进行归类讲解，摆脱其他书籍为讲解而讲解的樊篱。在利用实例讲解 SOLIDWORKS 2018 知识的同时，对软件的功能进行剖析和解释。让读者在按图绘制的同时了解所设计零件的功用，清楚绘制和设计的目的。这样既训练了读者的 SOLIDWORKS 2018 绘图能力，又锻炼了读者的工程设计能力。

在本书编写的过程中，吸收了大量工程技术人员应用 SOLIDWORKS 2018 软件的经验，避免手册式的枯燥介绍，通过实例的讲解，切合实际地介绍该软件的应用。将重要的知识点嵌入到具体的设计中，使读者可以循序渐进、随学随用、边看边操作、动眼动脑动手，符合教育心理学和学习的规律。

3．多种手段，立体讲解

本书除利用传统的方法讲解外，还配送多功能学习电子资料包，读者可以登录百度网盘进行下载（地址：https://pan.baidu.com/s/1iVOVH6nA8QZCmIyoISQPSQ，密码：iqhr，或者 https://pan.baidu.com/s/1iX-pdf1pI2vgZgoPoU9Jow，密码：r3xh），也可以进行扫码下载。电子资料包中包含全书讲解实例和练习实例的源文件素材，并配有全书实例操作的语音动画讲解 MP4 文件。利用作者精心设计的多媒体界面，读者可以随心所欲，像看电影一样轻松愉悦地学习本书。

4．作者权威，精雕细琢

本书由目前 CAD 图书方面的资深专家负责策划，参加编写的作者都是工业设计与 CAD 教学与研究方面的专家和技术权威，有多年教学经验，也是 CAD 设计与开发的高手。他们集自己多年的心血，融于字里行间，有很多地方都是他们经过反复研究得出的经验总结。本书所有讲解实例都严格按照机械设计规范进行绘制，严格执行国家标准。在进行具体结构设计时，充分考虑机械零件的实际加工工艺与具体工程应用要求而仔细推敲、准确绘制或表述。其中融入了机械制造、金属工艺与材料等相关知识。而不是想当然或敷衍了事地随意绘制或标注。这种对细节的把握与雕琢无不体现作者的工程学术造诣与精益求精的严谨治学态度。

全书分为 14 章。第 1 章简要介绍 SOLIDWORKS 2018 基础，第 2 章讲解草图的绘制方法、标注和约束，第 3 章讲解各种参考几何体的创建和用途，第 4 章讲解各种基本特征的创建方法和技巧，第 5 章讲解特征复制的相关知识，第 6 章讲解各种工程特征的创建方法和技巧，第 7 章讲解各种特征编辑的操作方法，第 8 章讲解三维草图和曲线的相关知识，第 9 章讲解各种曲面特征的创建和编辑方法，第 10 章讲解钣金模块中各种钣金特征的创建方法和技巧，第 11 章讲解零件的装配过程以及装配爆炸图，第 12 章讲解各种工程视图的创建和标注，第 13 章介绍机构的运动仿真与分析，第 14 章介绍变速器箱体主要零部件的绘制及其装配。

本书由 CAD/CAM/CAE 技术联盟策划，陆军步兵学院的李娟和傅晓文两位老师主要编写，其中李娟执笔编写第 1～8 章，傅晓文执笔编写第 9～14 章。另外，参加编写的还有井晓翠、康士廷、王敏、王义发、闫聪聪、王艳池、王培合、胡仁喜、王玉秋、李兵、孙立明、解江坤、卢思梦、王泽朋、刘昌丽、孟培、卢园、杨雪静、甘勤涛等，他们在编写方面做了大量工作，保证了书稿内容系统、全面，在此向他们表示感谢！

CAD/CAM/CAE 技术联盟是一个 CAD/CAM/CAE 技术研讨、工程开发、培训咨询和图书创作的工程技术人员协作联盟，包含 20 多位专职和众多兼职 CAD/CAM/CAE 工程技术专家，其创作的很多教材已成为国内具有引导性的旗舰作品，在国内相关专业方向图书创作领域具有举足轻重的地位。

读者可以登录本书学习交流群（QQ：828475667），作者随时在线为本书提供学习指导，以及诸如软件下载、软件安装、授课 PPT 下载等一系列的后续服务，让读者无障碍地快速学习本书，也可以将问题发到邮箱（win760520@126.com），我们将及时予以回复。

特别说明：本书中坐标轴 X、Y 等字母用正体方式表示，保持与软件截图一致。全书中未标注的尺寸单位皆为 mm（毫米）。

（扫码下载资料）

编　者

目　录

Chapter

SOLIDWORKS 2018 概述

1

本章简要介绍 SOLIDWORKS 软件的基本知识，主要讲解软件的工作环境和视图显示，使读者对用户界面有基本了解，为后面绘图操作打下基础。

1.1 SOLIDWORKS 2018 简介

SOLIDWORKS 公司推出的 SOLIDWORKS 2018 在创新性、使用的方便性以及界面的人性化等方面都得到了增强，性能进行了大幅度的完善，同时开发了更多 SOLIDWORKS 设计新功能，使产品开发流程发生了根本性的变革；支持全球性的协作和连接，增强了项目的广泛合作。大大缩短了产品设计时间，提高了产品设计效率。

SOLIDWORKS 2018 在用户界面、草图绘制、特征、零件、装配体、SOLIDWORKS Enterprise PDM、Simulation、运动算例、工程图、出详图、钣金设计、输出和输入以及网络协同等方面都得到了增强，比原来的版本至少增强了 250 个用户功能，使用户可以更方便地使用该软件。本节将介绍 SOLIDWORKS 2018 的一些基本知识。

1.1.1 启动 SOLIDWORKS 2018

SOLIDWORKS 2018 安装完成后，就可以启动该软件了。在 Windows 操作环境下，单击屏幕左下角的“开始”→“所有程序”→“SOLIDWORKS 2018”命令，或者双击桌面上 SOLIDWORKS 2018 的快捷方式按钮，就可以启动该软件，SOLIDWORKS 2018 的启动画面如图 1-1 所示。

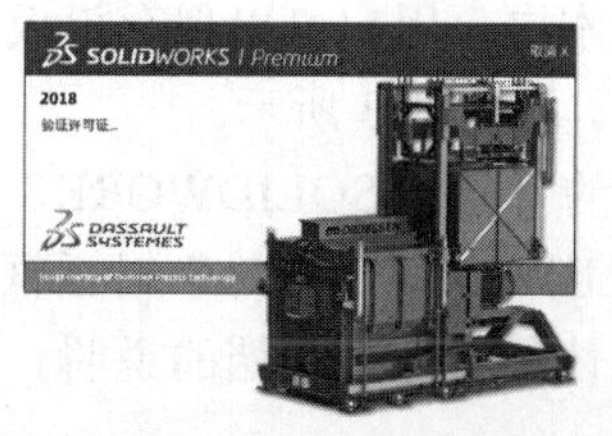

图 1-1　SOLIDWORKS 2018 的启动画面

启动画面消失后，系统进入 SOLIDWORKS 2018 的初始界面，初始界面中只有几个菜单栏和标准工具栏，如图 1-2 所示，用户可在设计过程中根据自己的需要打开其他工具栏。

图 1-2　SOLIDWORKS 2018 的初始界面

1.1.2　新建文件

单击标准工具栏中的“新建”按钮，或者选择菜单栏中的“文件”→“新建”命令，根据个人习惯选择 SOLIDWORKS 所使用的单位制和标准，单击“确定”按钮。弹出的“新建 SOLIDWORKS 文件”对话框如图 1-3 所示，其按钮的功能如下。

- “零件”按钮：双击该按钮，可以生成单一的三维零部件文件。
- “装配体”按钮：双击该按钮，可以生成零件或其他装配体的排列文件。
- “工程图”按钮：双击该按钮，可以生成属于零件或装配体的二维工程图文件。

单击“零件”按钮→“确定”按钮，即进入完整的用户界面。

在 SOLIDWORKS 2018 中，“新建 SOLIDWORKS 文件”对话框有两个版本可供选择，一个是高级版本，一个是新手版本。

高级版本在各个标签上显示模板按钮的对话框，当选择某一文件类型时，模板预览出现在预览框中。在该版本中，用户可以保存模板，添加自己的标签，也可以选择 Tutorial 标签来访问指导教程模板，如图 1-3 所示。

在如图 1-3 所示的“新建 SOLIDWORKS 文件”对话框中单击“新手”按钮，即进入新手版本的“新建 SOLIDWORKS 文件”对话框，如图 1-4 所示。该版本中使用较简单的对话框，提供零件、装配体和工程图文档的说明。

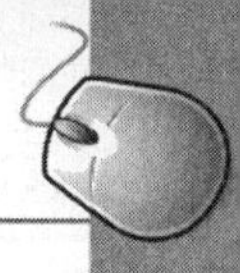

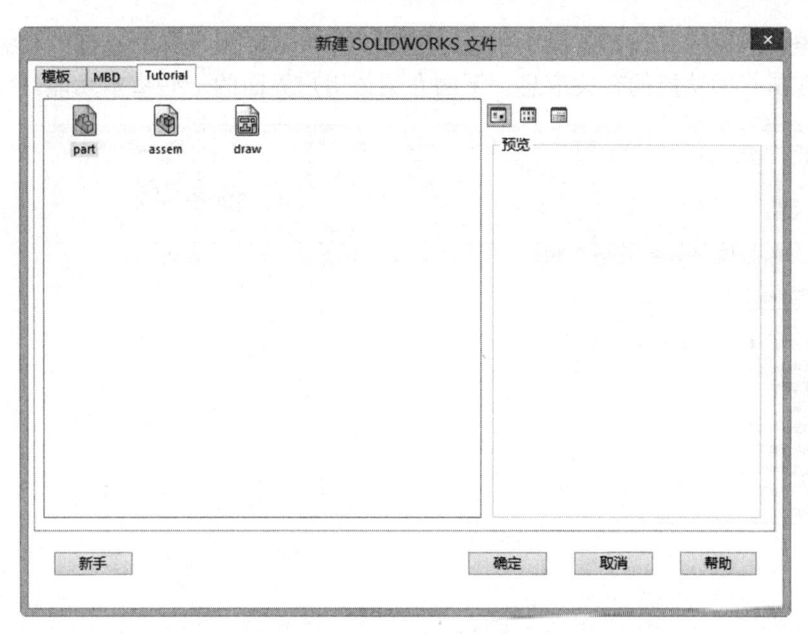

图 1-3 “新建 SOLIDWORKS 文件”对话框

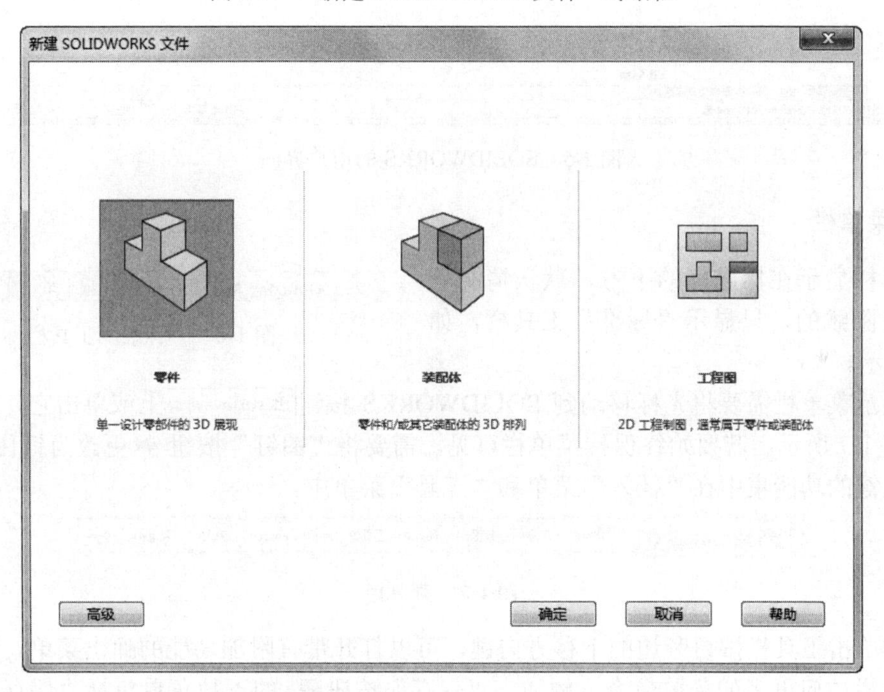

图 1-4 新手版本的“新建 SOLIDWORKS 文件”对话框

1.1.3 SOLIDWORKS 用户界面

新建一个零件文件后，进入 SOLIDWORKS 2018 用户界面，如图 1-5 所示。其中包括菜单栏、工具栏、特征管理区、图形区和状态栏等。

装配体文件和工程图文件与零件文件的用户界面类似，在此不再赘述。

菜单栏包含了所有 SOLIDWORKS 的命令，工具栏可根据文件类型（零件、装配体或工程图）来调整和放置，并设定其显示状态。SOLIDWORKS 用户界面底部的状态栏可以提供设计人员正在执行的功能的有关信息。下面介绍该用户界面的一些基本功能。

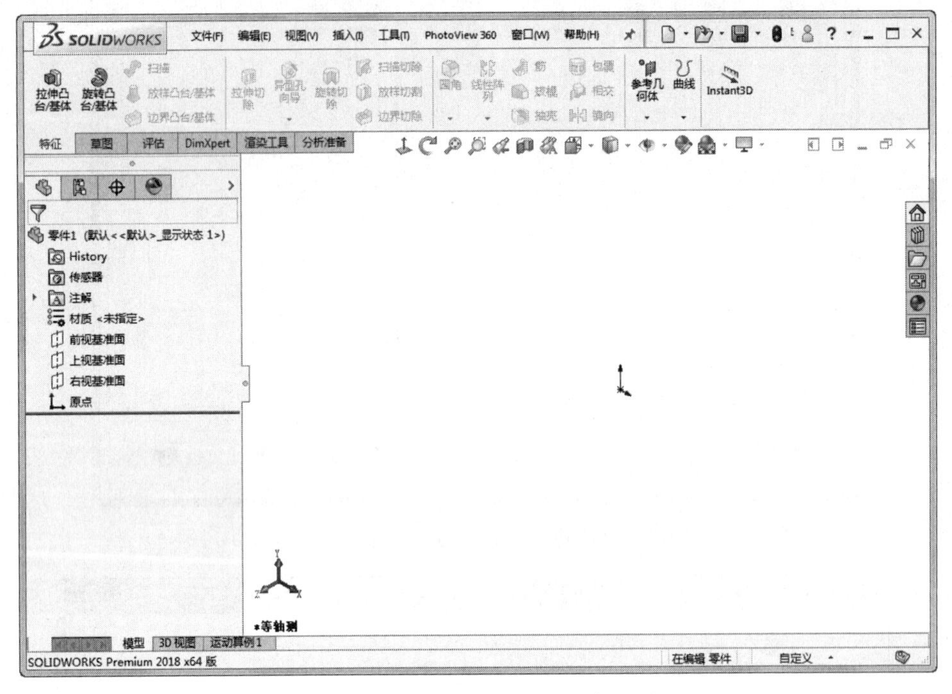

图 1-5　SOLIDWORKS 的用户界面

1．菜单栏

菜单栏显示在标题栏的下方，默认情况下菜单栏是隐藏的，只显示“标准”工具栏，如图 1-6 所示。

图 1-6　“标准”工具栏

要显示菜单栏需要将光标移动到 SOLIDWORKS 按钮 上或单击它，显示的菜单栏如图 1-7 所示。若要始终保持菜单栏可见，需要将“图钉”按钮 更改为钉住状态，其中最关键的功能集中在“插入”菜单和“工具”菜单中。

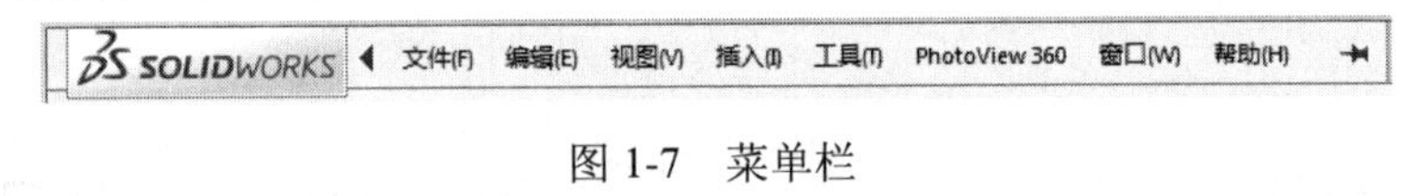

图 1-7　菜单栏

通过单击工具栏按钮旁边的下移方向键，可以打开带有附加功能的弹出菜单。这样可以通过工具栏访问更多的菜单命令。例如，“保存”按钮 的下拉菜单包括“保存”“另存为”“保存所有”“发布到 eDrawings”命令，如图 1-8 所示。

SOLIDWORKS 的菜单项对应于不同的工作环境，其相应的菜单以及其中的命令也会有所不同。在以后的应用中会发现，当进行某些任务操作时，不起作用的菜单会临时变灰，此时将无法应用该菜单。

如果选择保存文档提示，则当文档在指定间隔（分钟或更改次数）内保存时，将出现“未保存的文档通知”对话框，如图 1-9 所示。其中，包含“保存文档”和“保存所有文档”命令，它将在几秒后淡化消失。

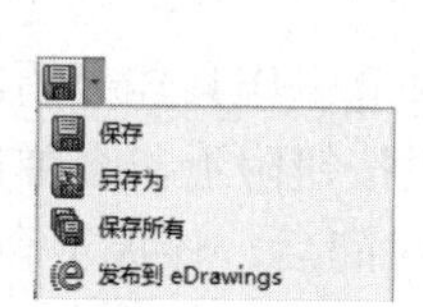

图 1-8 “保存”按钮的下拉菜单

图 1-9 “未保存的文档通知”对话框

2. 工具栏

SOLIDWORKS 中有很多可以按需要显示或隐藏的内置工具栏。选择菜单栏中的“视图”→“隐藏/显示”→“工具栏”命令，或者在工具栏区域右击，弹出“工具栏”菜单。单击“自定义”命令，在打开的“自定义”对话框中勾选“视图”复选框，会出现浮动的“视图”工具栏，可以自由拖动将其放置在需要的位置上，如图 1-10 所示。

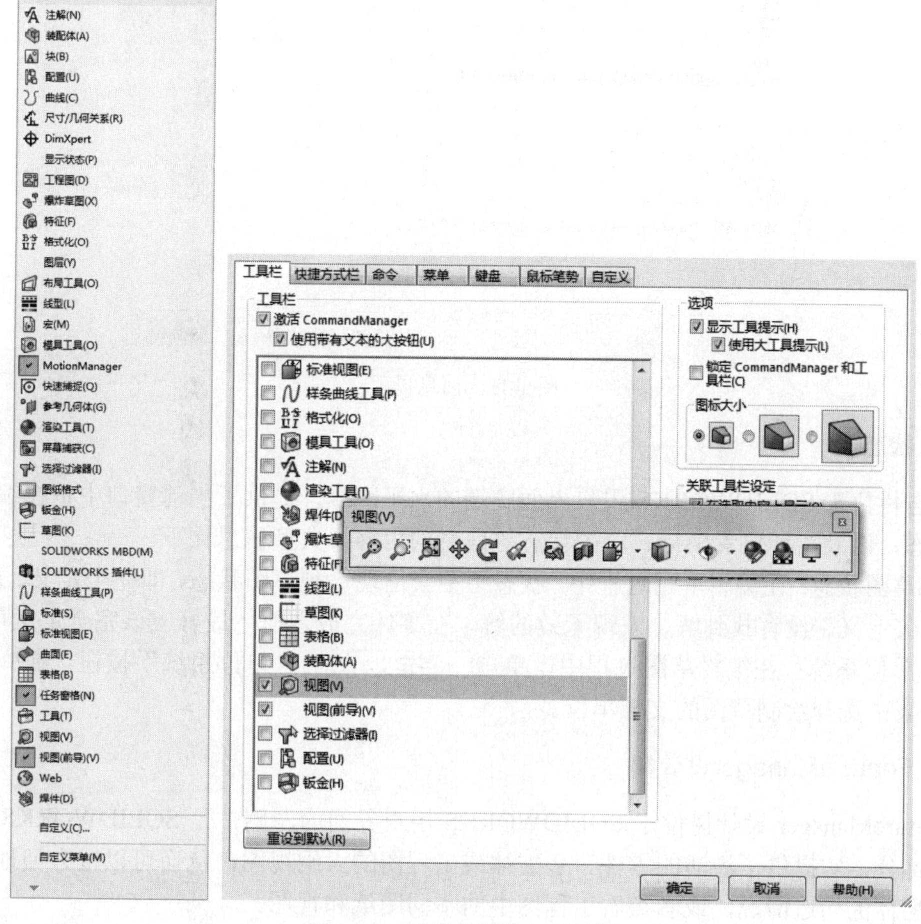

图 1-10 调用“视图”工具栏

此外，还可以设定哪些工具栏在没有文件打开时可显示，或者根据文件类型（零件、装配体或工程图）来放置工具栏，并设定其显示状态（自定义、显示或隐藏）。例如，保持“自定义”对话框的打开状态，在 SOLIDWORKS 用户界面中，可对工具栏按钮进行如下操作。

- 从工具栏上一个位置拖动到另一位置。
- 从一工具栏拖动到另一工具栏。
- 从工具栏拖动到图形区中，即从工具栏上将之移除。

有关工具栏命令的各种功能和具体操作方法将在后面的章节中作具体介绍。

在使用工具栏或工具栏中的命令时，将指针移动到工具栏按钮附近，会弹出消息提示，显示该工具的名称及相应的功能，如图 1-11 所示，显示一段时间后，该提示会自动消失。

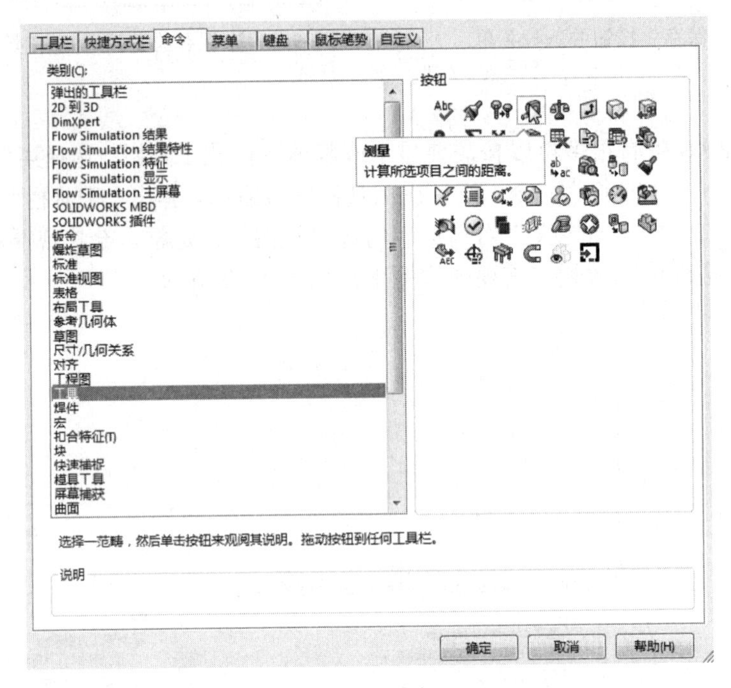

图 1-11　消息提示

3. 状态栏

状态栏位于 SOLIDWORKS 用户界面底端的水平区域，提供了当前窗口中正在编辑的内容的状态，以及指针位置坐标、草图状态等信息的内容，典型信息如下。

- 草图状态：在编辑草图过程中，状态栏中会出现 5 种草图状态，即完全定义、过定义、欠定义、没有找到解、发现无效的解。在零件完成之前，最好应该完全定义草图。
- 单位系统：在编辑草图过程中，单击 自定义 ▲ “单位系统”按钮，在弹出的列表中选择绘制草图的文档单位。

4. FeatureManager设计树

FeatureManager 设计树位于 SOLIDWORKS 用户界面的左侧，是 SOLIDWORKS 中比较常用的部分，它提供了激活的零件、装配体或工程图的大纲视图，从而可以很方便地查看模型或装配体的构造情况，或者查看工程图中的不同图纸和视图。

FeatureManager 设计树和图形区是动态链接的。在使用时可以在任何窗格中选择特征、草图、工程视图和构造几何线。FeatureManager 设计树可以用来组织和记录模型中各个要素及要素之间的参数信息和相互关系，以及模型、特征和零件之间的约束关系等，几乎包含了所有设计信息。FeatureManager 设计树如图 1-12 所示。

FeatureManager 设计树的功能主要有以下几个方面。

- 以名称来选择模型中的项目，即可通过在模型中选择其名称来选择特征、草图、基准面及基准轴。SOLIDWORKS 在这一项中很多功能与 Windows 操作界面类似，例如在

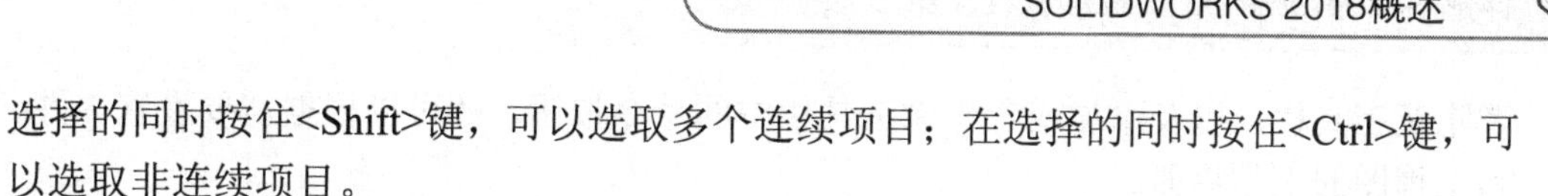

选择的同时按住<Shift>键，可以选取多个连续项目；在选择的同时按住<Ctrl>键，可以选取非连续项目。

- 确认和更改特征的生成顺序。在 FeatureManager 设计树中利用拖动项目可以重新调整特征的生成顺序，这将更改重建模型时特征重建的顺序。
- 通过双击特征的名称可以显示特征的尺寸。
- 如要更改项目的名称，在名称上缓慢单击两次以选择该名称，然后输入新的名称即可，如图 1-13 所示。

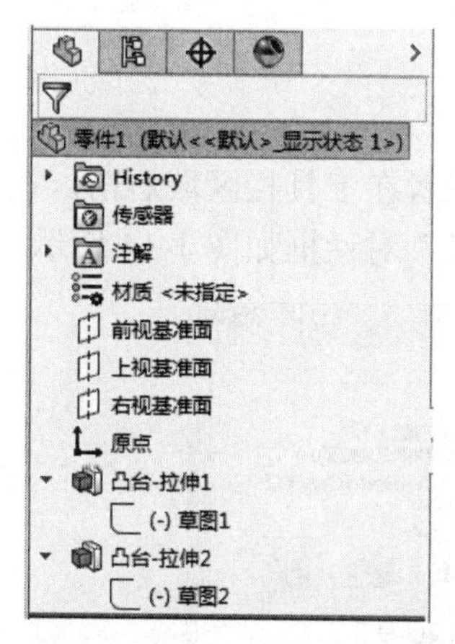

图 1-12　FeatureManager 设计树

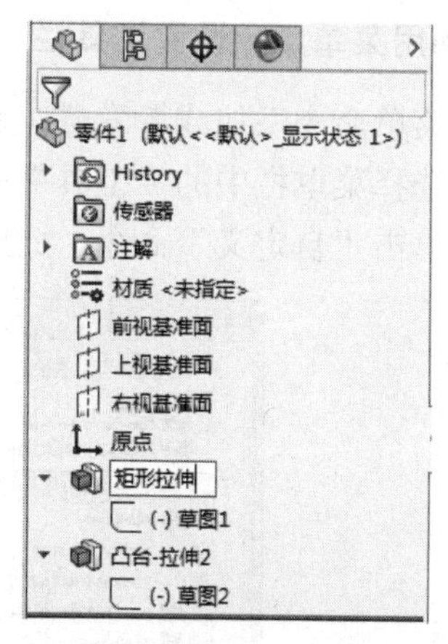

图 1-13　在 FeatureManager 设计树中更改项目名称

- 压缩和解除压缩零件特征和装配体零部件，在装配零件时是很常用的，同样，如要选择多个特征，在选择的时候按住<Ctrl>键。
- 右击清单中的特征，然后选择父子关系，以便查看父子关系。
- 右击，在设计树中还可显示如下项目：特征说明、零部件说明、零部件配置名称、零部件配置说明等。
- 将文件夹添加到 FeatureManager 设计树中。

对 FeatureManager 设计树的熟练操作是应用 SOLIDWORKS 的基础，也是应用 SOLIDWORKS 的重点，由于其功能强大，在此不一一列举，在后几章节中会多次用到，只有在学习的过程中熟练应用设计树的功能，才能加快建模的速度并提高效率。

5. PropertyManager 标题栏

PropertyManager 标题栏一般会在初始化时使用，PropertyManager 为其定义命令时自动出现。编辑草图并选择草图特征进行编辑时，所选草图特征的 PropertyManager 将自动出现。

激活 PropertyManager 时，FeatureManager 设计树会自动出现。欲扩展 FeatureManager 设计树，可以在其中单击文件名称左侧的“+”标签。FeatureManager 设计树是透明的，因此不影响对其下面模型的修改。

1.2　SOLIDWORKS 工作环境设置

要熟练使用一套软件，必须先认识软件的工作环境，然后设置适合自己的使用环境，这样可以使设计更加便捷。SOLIDWORKS 软件同其他软件一样，可以根据自己的需要显示或者隐藏工具栏，以及添加或者删除工具栏中的命令按钮，还可以根据需要设置零件、装配体和工程图的工作界面。

1.2.1 设置工具栏

SOLIDWORKS 系统默认的工具栏是比较常用的，SOLIDWORKS 有很多工具栏，由于图形区的限制，不能显示所有的工具栏。在建模过程中，用户可以根据需要显示或者隐藏部分工具栏，其设置方法有两种，下面将分别介绍。

1. 利用菜单命令设置工具栏

利用菜单命令添加或者隐藏工具栏的操作步骤如下。

（1）选择菜单栏中的“工具”→“自定义”命令，或者在工具栏区域右击，在弹出的快捷菜单中单击“自定义”命令，此时系统弹出的“自定义”对话框如图 1-14 所示。

图 1-14　“自定义”对话框

（2）单击对话框中的“工具栏”选项卡，此时会出现系统所有的工具栏，勾选需要打开的工具栏复选框。

（3）确认设置。单击对话框中的“确定”按钮，在图形区中会显示选择的工具栏。

如果要隐藏已经显示的工具栏，取消对工具栏复选框的勾选，然后单击“确定”按钮，此时在图形区中将会隐藏所取消勾选的工具栏。

2. 利用鼠标右键设置工具栏

利用鼠标右键添加或者隐藏工具栏的操作步骤如下。

（1）在工具栏区域右击，系统会出现“工具栏”快捷菜单，如图 1-15 所示。

（2）单击需要的工具栏，前面复选框的颜色会加深，则图形区中将会显示选择的工具栏；如果单击已经显示的工具栏，前面复选框的颜色会变浅，则图形区中将会隐藏选择的工具栏。

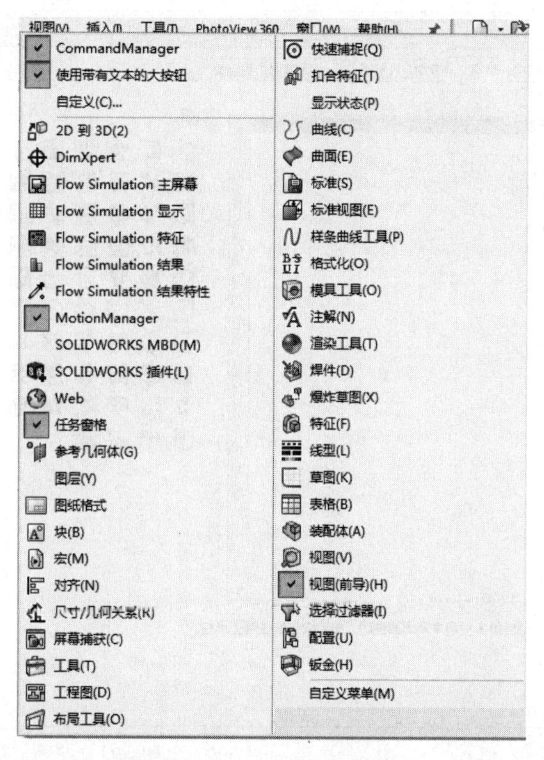

图 1-15 “工具栏”快捷菜单

另外，隐藏工具栏还有一个简便的方法，即选择界面中不需要的工具栏，用鼠标将其拖到图形区中，此时工具栏上会出现标题栏。如图 1-16 所示是拖至图形区中的“注解”工具栏，单击“注解”工具栏右上角中的关闭按钮，则图形区将隐藏该工具栏。

图 1-16 “注解”工具栏

1.2.2 设置工具栏命令按钮

在系统默认工具栏中，并没有包括平时所用的所有命令按钮，用户可以根据自己的需要添加或者删除命令按钮。

设置工具栏中命令按钮的操作步骤如下。

（1）选择菜单栏中的“工具”→“自定义”命令，或者在工具栏区域右击，在弹出的快捷菜单中单击“自定义”命令，此时系统弹出“自定义”对话框。

（2）单击该对话框中的“命令”选项卡，此时出现的“命令”选项卡的“类别”选项组和“按钮”选项组如图 1-17 所示。

（3）在“类别”选项组中选择工具栏，此时会在“按钮”选项组中出现该工具栏中所有的命令按钮。

（4）在“按钮”选项组中，单击选择要增加的命令按钮，然后按住鼠标左键拖动该按钮到要放置的工具栏上，然后松开鼠标左键。

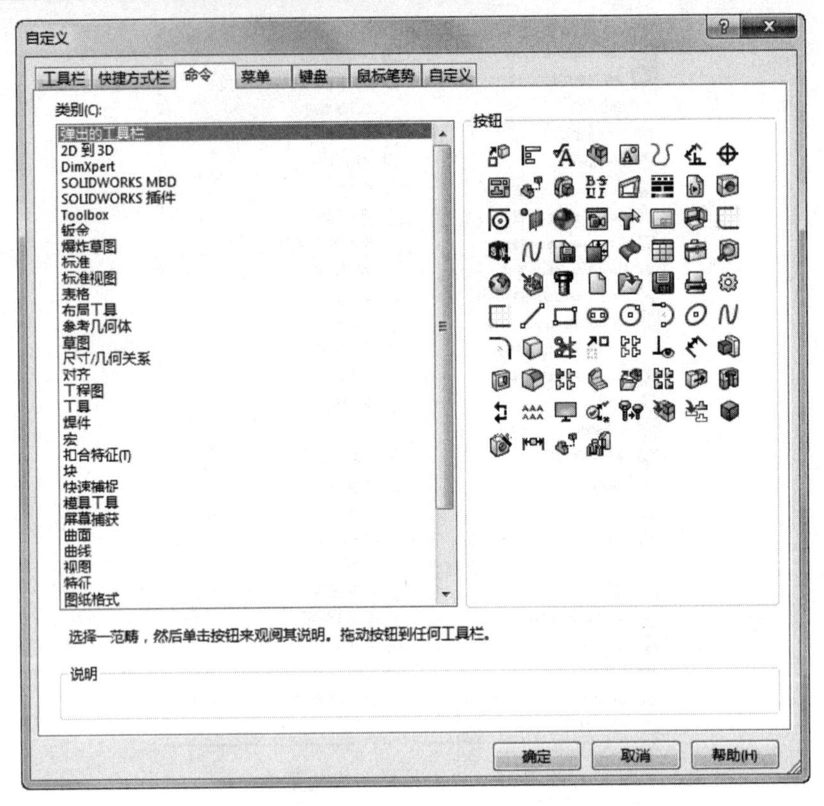

图 1-17 “自定义”对话框的“命令”选项卡

（5）单击对话框中的“确定”按钮，则工具栏上会显示添加的命令按钮。

如果要删除无用的命令按钮，只要打开“自定义”对话框的“命令”选项卡，然后在要删除的按钮上用鼠标左键拖动到图形区，即可删除该工具栏中的命令按钮。

例如，在“草图”工具栏中添加“椭圆”命令按钮。先选择菜单栏中的“工具”→“自定义”命令，打开“自定义”对话框，然后单击“命令”选项卡，在“类别”选项组中选择“草图”工具栏。在“按钮”选项组中单击选择“椭圆”按钮，按住鼠标左键将其拖到“草图”工具栏中合适的位置，然后松开鼠标左键，该命令按钮即可添加到工具栏中。如图 1-18、图 1-19 所示为添加命令按钮前后“草图”工具栏的变化情况。

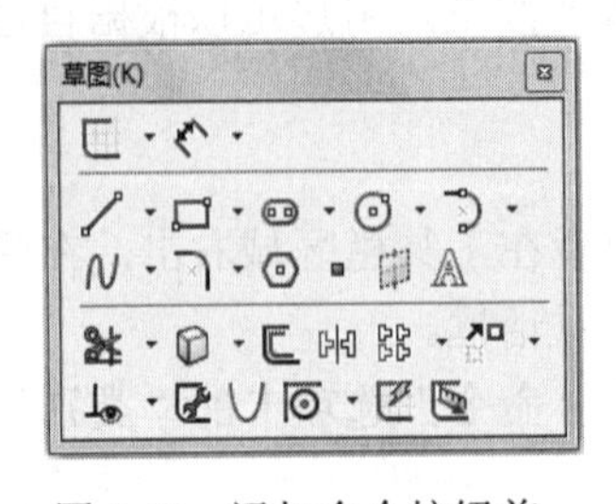

图 1-18 添加命令按钮前

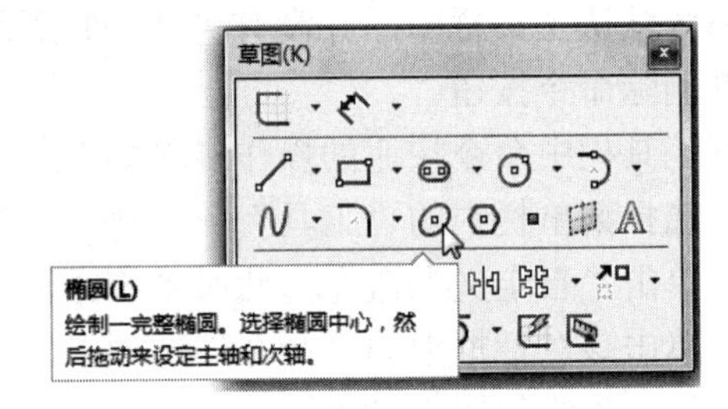

图 1-19 添加命令按钮后

注意： 对工具栏添加或者删除命令按钮时，对工具栏的设置会应用到当前激活的 SOLIDWORKS 文件类型中。

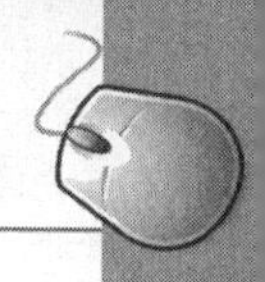

1.2.3 设置快捷键

除了可以使用菜单栏和工具栏执行命令外，SOLIDWORKS 软件还允许用户通过自行设置快捷键的方式来执行命令，其操作步骤如下。

（1）选择菜单栏中的“工具”→“自定义”命令，或者在工具栏区域右击，在弹出的快捷菜单中单击“自定义”命令，此时系统弹出“自定义”对话框。

（2）单击对话框中的“键盘”选项卡，如图 1-20 所示。

图 1-20 “自定义”对话框的“键盘”选项卡

（3）在“类别（A）”下拉列表框中选择“文件（F）”选项，然后在下面列表的“显示（H）”选项中选择要设置快捷键的命令“带键盘快捷键的命令”。

（4）在“搜索”选项中输入要搜索的快捷键，输入的快捷键就出现在当前快捷键选项中。

（5）单击对话框中的“确定”按钮，快捷键设置成功。

注意：

（1）如果设置的快捷键已经使用过，则系统会提示该快捷键已被使用，必须更改要设置的快捷键。

（2）如果要取消设置的快捷键，在“键盘”选项卡中选择“快捷键”选项中设置的快捷键，然后单击对话框中的“移除快捷键”按钮，则该快捷键就会被取消。

1.2.4 设置背景

在 SOLIDWORKS 中，可以更改操作界面的背景及颜色，以设置个性化的用户界面。设置背景的操作步骤如下。

（1）选择菜单栏中的“工具”→“选项”命令，此时系统弹出“系统选项-颜色”对话框。

（2）在对话框的“系统选项”选项卡的左侧列表框中选择“颜色”选项，如图 1-21 所示。

图 1-21　“系统选项(S)-颜色”对话框

（3）在“颜色方案设置”列表框中选择“视区背景”选项，然后单击“编辑”按钮，此时系统弹出如图 1-22 所示的“颜色”对话框，在其中选择设置的颜色，然后单击“确定”按钮。可以使用该方式，设置其他选项的颜色。

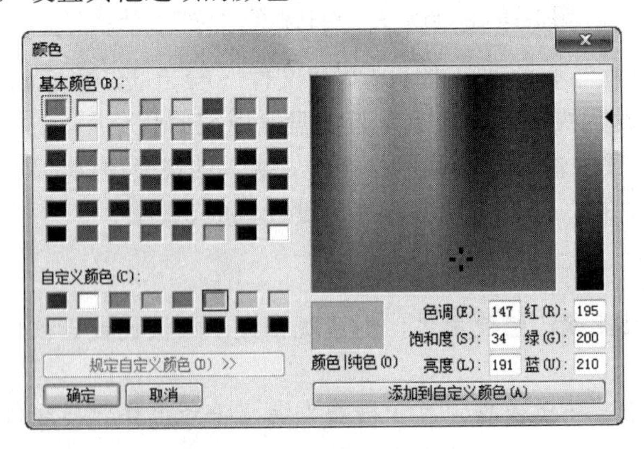

图 1-22　“颜色”对话框

（4）单击“系统选项-颜色”对话框中的“确定”按钮，系统背景颜色设置成功。

在如图 1-21 所示对话框的“背景外观”选项组中，点选下面 4 个不同的单选按钮，可以得到不同的背景效果，用户可以自行设置，在此不再赘述。如图 1-23 所示为一个设置好背景颜色的零件背景图。

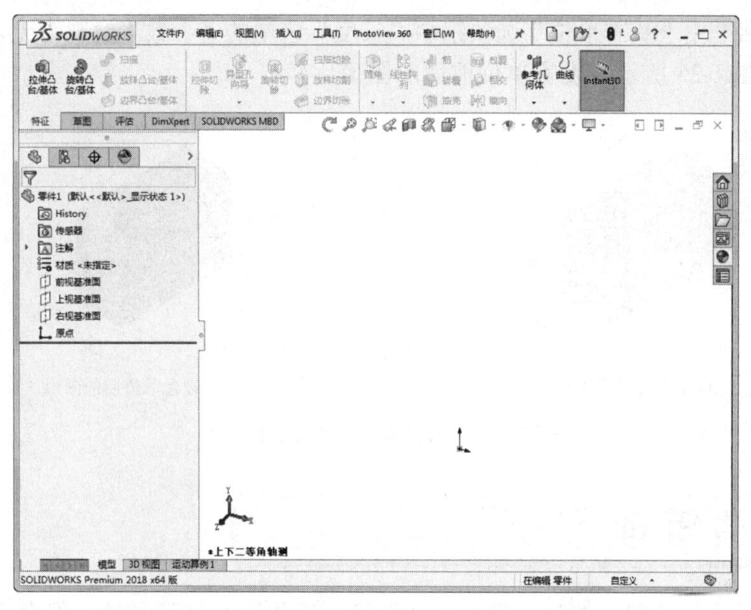

图 1-23　设置好背景颜色的零件背景图

1.2.5 设置单位

在三维实体建模前，需要设置好系统的单位，系统默认的单位为 MMGS（毫米、克、秒），可以使用自定义的方式设置其他类型的单位系统以及长度单位等。

下面以修改长度单位的小数位数为例，说明设置单位的操作步骤。

（1）选择菜单栏中的“工具”→“选项”命令。

（2）系统弹出“系统选项-普通”对话框，单击该对话框中的“文件属性”选项卡，然后在左侧列表框中选择“单位”选项，如图 1-24 所示。

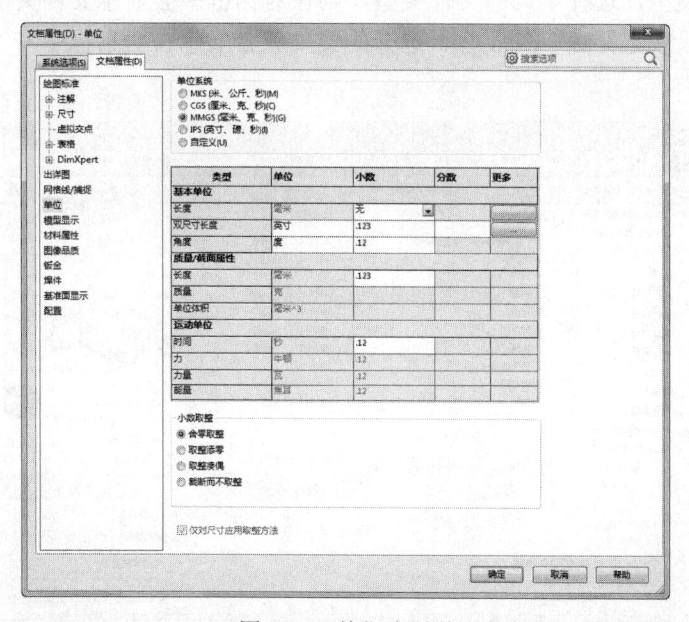

图 1-24　单位选项图

（3）将对话框中“基本单位”选项组中“长度”选项的“小数”设置为无，然后单击“确定”按钮。如图 1-25 所示为设置单位前后的图形比较。

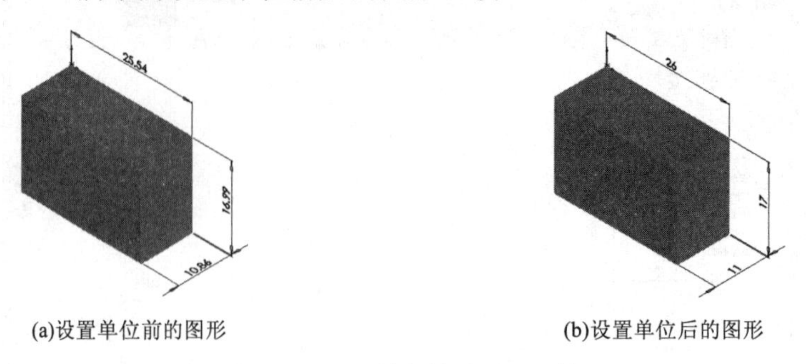

(a)设置单位前的图形　　(b)设置单位后的图形

图 1-25　设置单位前后图形比较

1.3 文件管理

除了上面讲述的新建文件外，常见的文件管理工作还有打开文件、保存文件、退出系统等，下面简要介绍。

1.3.1 打开文件

在 SOLIDWORKS 2018 中，可以打开已存储的文件，对其进行相应的编辑和操作。打开文件的操作步骤如下。

（1）选择菜单栏中的“文件”→“打开”命令，或者单击“标准”工具栏中的打开按钮，执行打开文件命令。

（2）系统弹出如图 1-26 所示的“打开”对话框，在对话框中的“快速过滤器”下拉菜单用于选择文件的类型，选择不同的文件类型，则在对话框中会显示文件夹中对应文件类型的文件。单击“显示预览窗格”按钮，选择的文件就会显示在对话框中右上部窗口中，但是并不打开该文件。

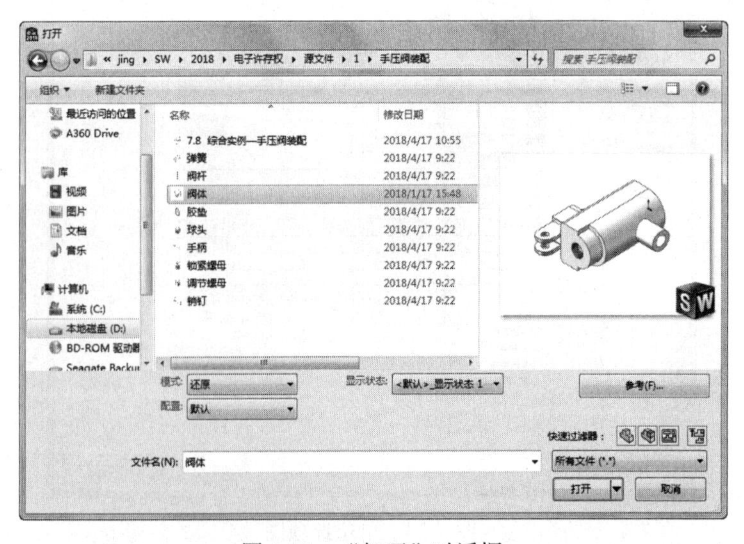

图 1-26　“打开”对话框

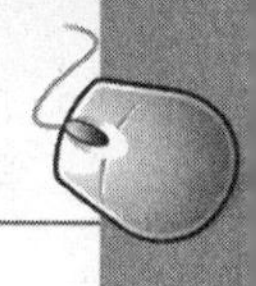

选取了需要的文件后，单击对话框中的“打开”按钮，就可以打开选择的文件，对其进行相应的编辑和操作。

在“文件类型”下拉列表框菜单中，并不限于SOLIDWORKS类型的文件，还可以调用其他软件（如ProE、Catia、UG等）所形成的图形并对其进行编辑，如图1-27所示是“文件类型”下拉列表框。

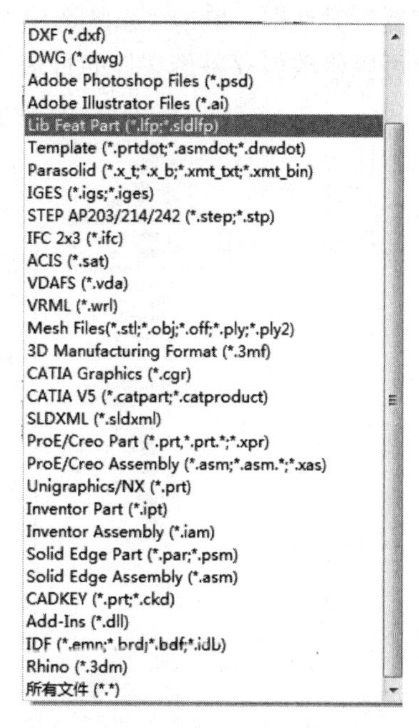

图 1-27 “文件类型”下拉列表框

1.3.2 保存文件

已编辑的图形只有保存后，才能在需要时打开该文件对其进行相应的编辑和操作。保存文件的操作步骤如下。

选择菜单栏中的“文件”→“保存”命令，或者单击“标准”工具栏中的“保存”按钮，执行保存文件命令，此时系统弹出如图1-28所示的“另存为”对话框。在该对话框的左侧下拉列表框中选择文件存放的文件夹，在“文件名”文本框中输入要保存的文件名称，在“保存类型”下拉列表框中选择所保存文件的类型。通常情况下，在不同的工作模式下，系统会自动设置文件的保存类型。

在“保存类型”下拉列表框中，并不限于SOLIDWORKS类型的文件，如“*.sldprt”、“*.sldasm”和“*.slddrw”。也就是说，SOLIDWORKS不但可以把文件保存为自身的类型，还可以保存为其他类型的文件，方便其他软件对其调用并进行编辑。

在如图1-28所示的“另存为”对话框中，可以在文件保存的同时备份一份。保存备份文件，需要预先设置保存的文件目录。设置备份文件保存目录的步骤如下。

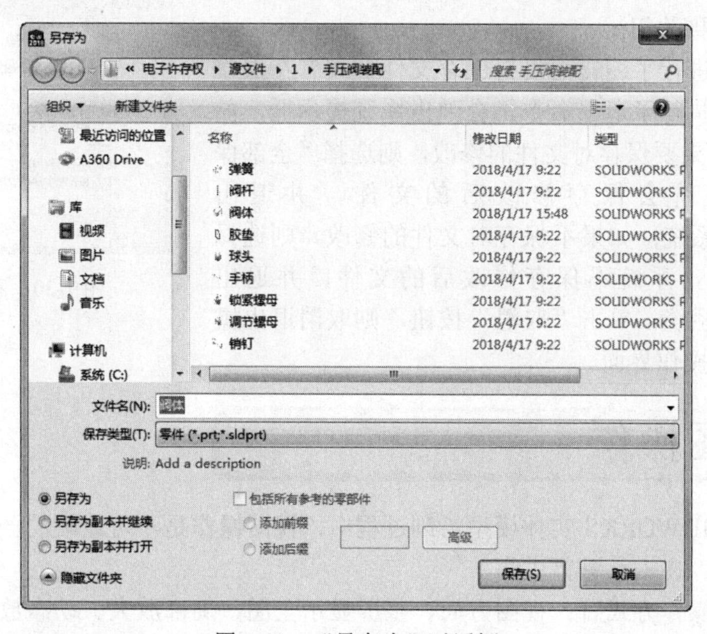

图 1-28 “另存为”对话框

选择菜单栏中的“工具”→“选项”命令，系统弹出如图1-29所示的“系统选项-备份/

恢复”对话框，单击“系统选项”选项卡中的“备份/恢复”选项，在“备份文件夹”文本框中可以修改保存备份文件的目录。

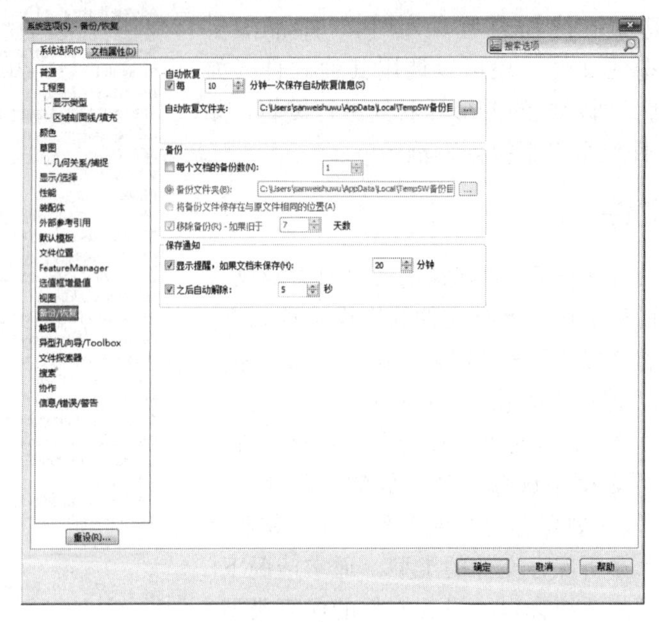

图 1-29　“系统选项-备份/恢复”对话框

1.3.3　退出 SOLIDWORKS 2018

在文件编辑并保存完成后，就可以退出 SOLIDWORKS 2018 系统。选择菜单栏中的“文件”→“退出”命令，或者单击系统操作界面右上角的关闭按钮，可直接关闭。

如果对文件进行了编辑而没有保存文件，或者在操作过程中，不小心执行了退出命令，会弹出系统提示框，如图 1-30 所示。如果要保存对文件的修改，则选择“全部保存”选项，系统会保存修改后的文件，并退出 SOLIDWORKS 系统；如果不保存对文件的修改，则选择“不保存”选项，系统不保存修改后的文件，并退出 SOLIDWORKS 系统；单击“取消”按钮，则取消退出操作，回到原来的操作界面。

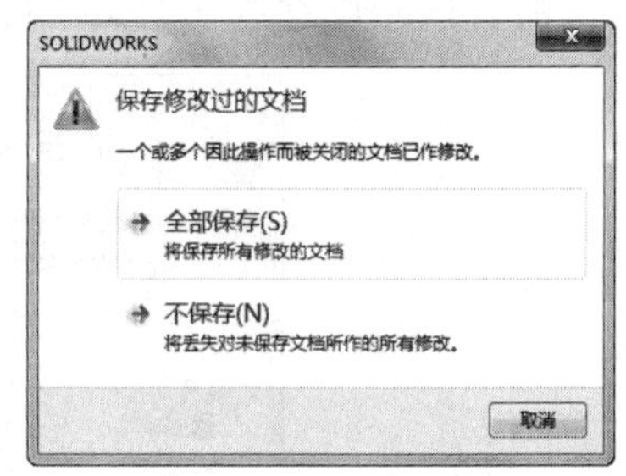

图 1-30　系统提示框

1.4　视图操作

在进行 SOLIDWORKS 实体模型绘制过程中，视图操作是不可或缺的一部分，视图的缩放、旋转等命令，在本章进行讲解。

常见的视图操作方式有：视图方向、整屏显示全图、局部放大、动态放大/缩小、旋转、平移、滚转、上一视图，在“视图”→“隐藏/显示”→“修改”菜单栏下显示命令，如图 1-31 所示。下面依次讲解常用命令。

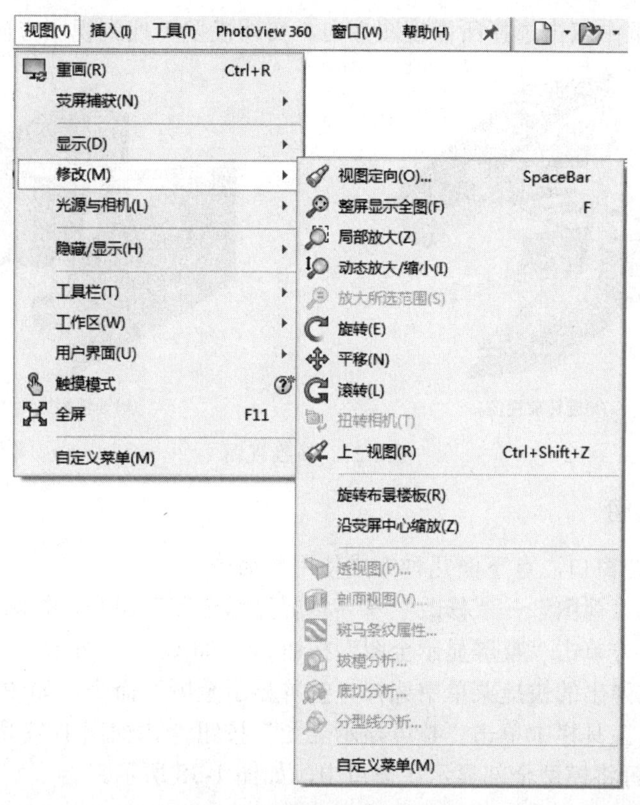

图 1-31 视图修改菜单命令

1. 视图定向

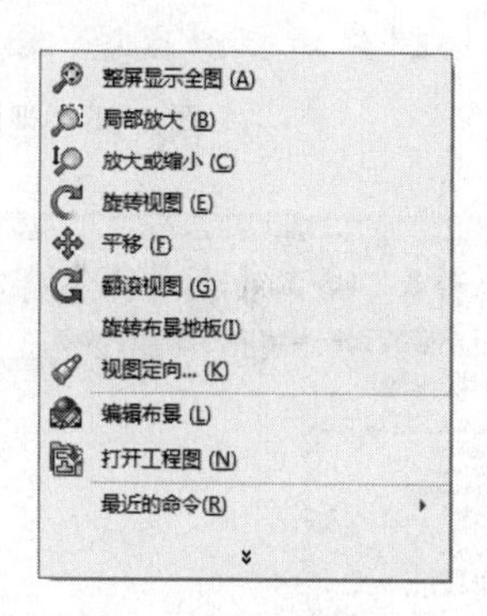

图 1-32 右键快捷菜单

选择模型显示方向。可通过三种方式进行此操作。

- 选择菜单栏“视图”→“修改”→“视图定向”命令，如图 1-31 所示。
- 单击右键在弹出的快捷菜单中选择“视图定向”命令，如图 1-32 所示。
- 单击“标准视图”工具栏中的“视图定向”按钮，如图 1-33 所示。

选择“视图定向”命令后，弹出“方向”对话框，如图 1-34 所示。

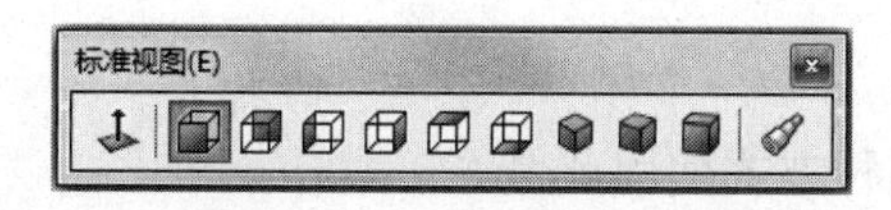

图 1-33 “标准视图”工具栏

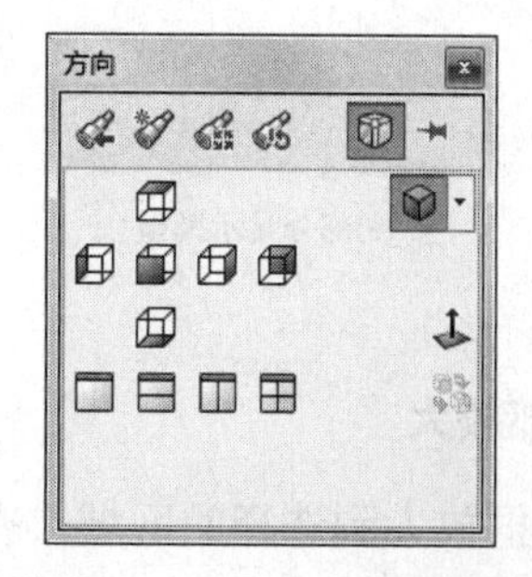

图 1-34 “方向”对话框

在弹出的对话框中双击选择所需视图方向，实体模型转换到视图方向，如图 1-35 所示。

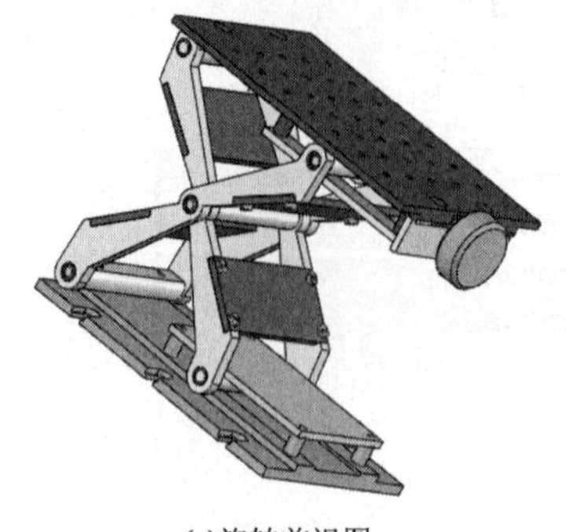

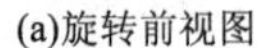

(a)旋转前视图

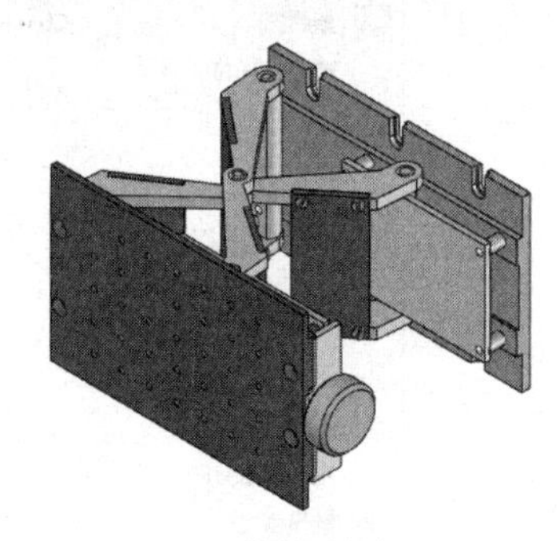

(b)等轴测方向

图 1-35　转换视图

2. 整屏显示全图

缩放模型以套合窗口，有下面几种方式使用此命令。

- 选择菜单栏“视图”→“修改”→“整屏显示全图”命令，如图 1-31 所示。
- 在绘图区上方单击“整屏显示全图”按钮，如图 1-36 所示。
- 单击右键在弹出的快捷菜单中选择“整屏显示全图”命令，如图 1-32 所示。
- 在“视图”工具栏中单击“整屏显示全图”按钮，如图 1-37 所示。

使用此命令，可将模型全部显示在窗口中，如图 1-38 所示。

图 1-36　视图工具

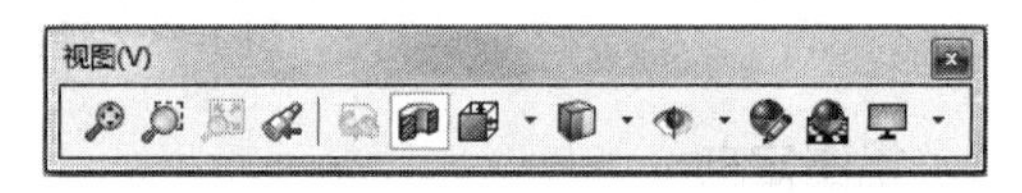

图 1-37　“视图”工具栏

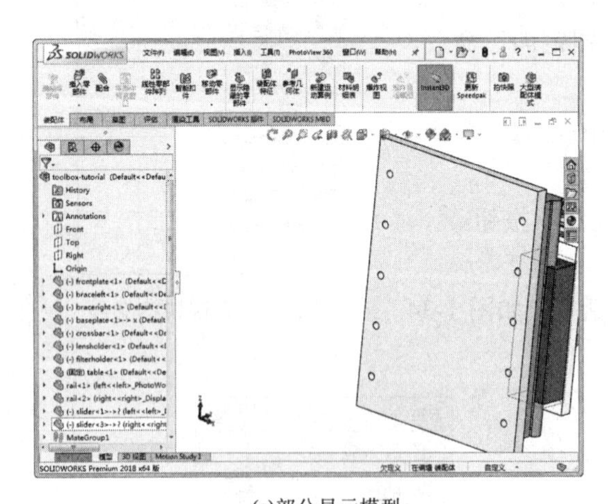

(a)部分显示模型

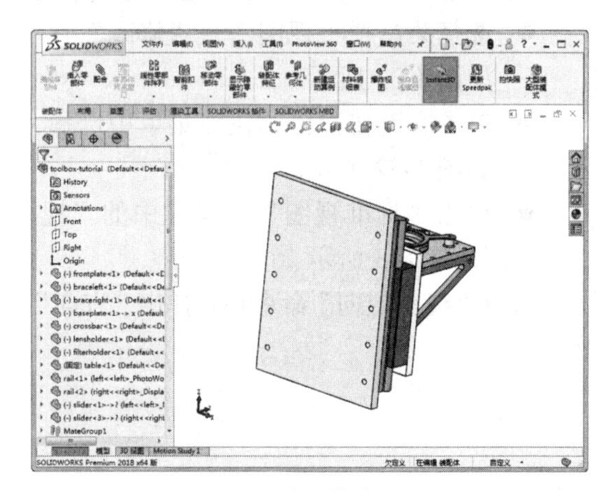

(b)全屏模型

图 1-38　显示视图

3. 局部放大

以边界框放大到选择的区域，有下面几种方式使用此命令。

- 选择菜单栏“视图”→“修改”→“局部放大”命令，如图 1-31 所示。

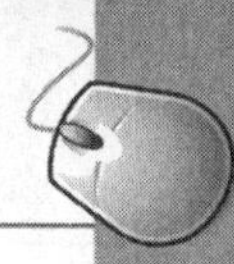

- 在绘图区上方单击“局部放大”按钮，如图 1-36 所示。
- 单击右键在弹出的快捷菜单中选择“局部放大”命令，如图 1-32 所示。
- 在“视图”工具栏中单击“局部放大”按钮，如图 1-37 所示。

使用此命令，可放大局部模型，如图 1-39 所示。

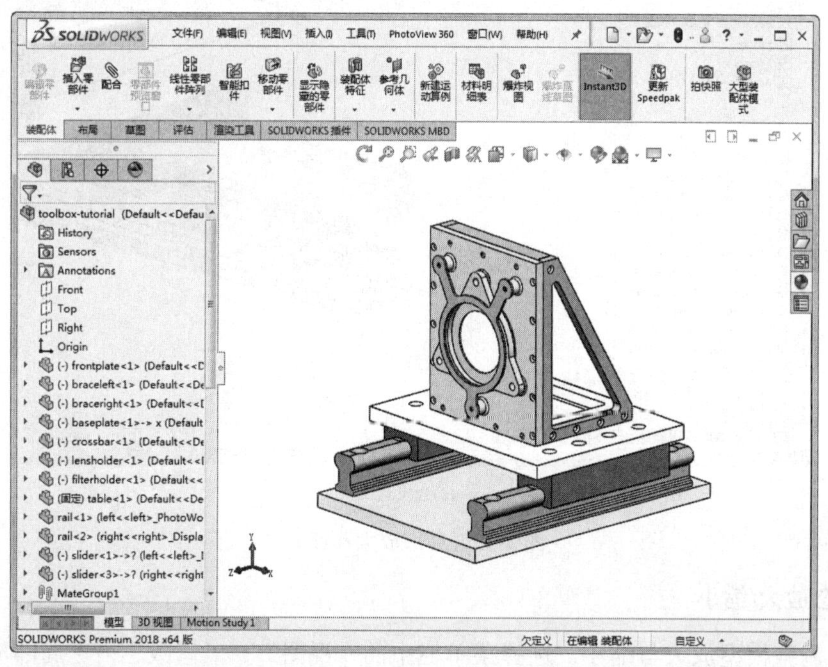

(a)放大前

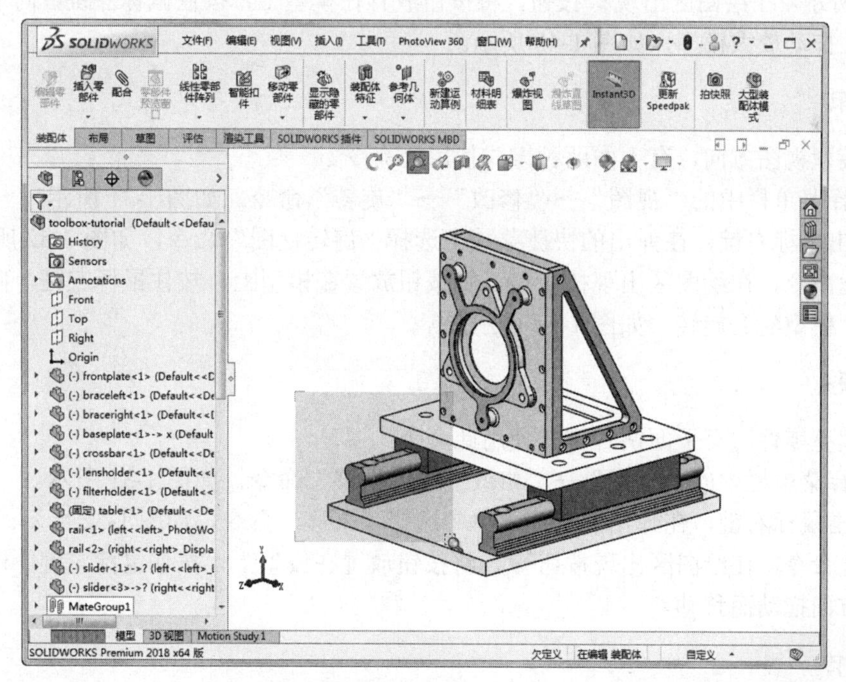

(b)选择放大区域

图 1-39　局部放大

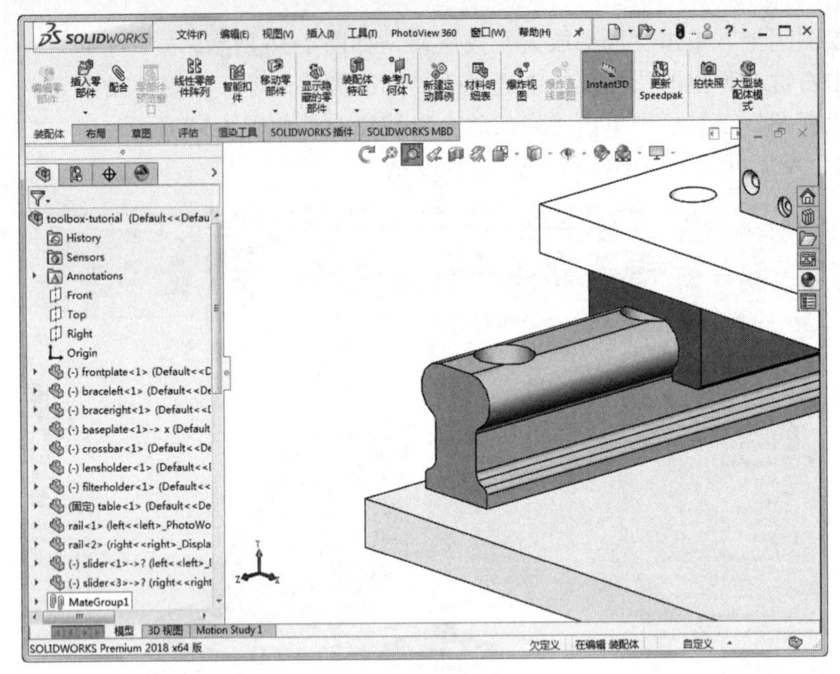

(c)放大后

图 1-39　局部放大（续）

4．动态放大/缩小

动态的调整模型放大与缩小。选择菜单栏中的“视图”→“修改”→“局部放大”命令，如图 1-31 所示。在绘图区出现按钮，将按钮放置在模型上，按住鼠标左键，向下拖动缩小模型，向上拖动放大模型，如图 1-40 所示。

5．旋转

旋转模型视图方向，有下面两种方式使用此命令。

- 选择菜单栏中的“视图”→“修改”→“旋转”命令，如图 1-31 所示。
- 单击鼠标右键，在弹出的快捷菜单中选择“旋转视图”命令，如图 1-32 所示。

选择此命令，在绘图区出现按钮，将按钮放置在模型上，按住鼠标左键，向不同方向拖动鼠标，模型随之旋转，如图 1-41 所示。

6．平移

移动模型零件，有下面两种方式使用此命令。

- 选择菜单栏中的“视图”→“修改”→“平移”命令，如图 1-31 所示。
- 单击鼠标右键，在弹出的快捷菜单中选择“平移”命令，如图 1-32 所示。

选择此命令，在绘图区出现按钮，将按钮放置在模型上，按住鼠标左键，模型随着鼠标向不同方向拖动而移动。

7．滚转

绕基点旋转模型，有下面三种方式使用此命令。

- 选择菜单栏中的“视图”→“修改”→“滚转”命令，如图 1-31 所示。

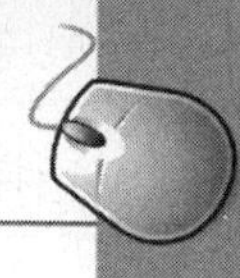

● 单击右键在弹出的快捷菜单中选择“翻滚视图”命令，如图 1-32 所示。

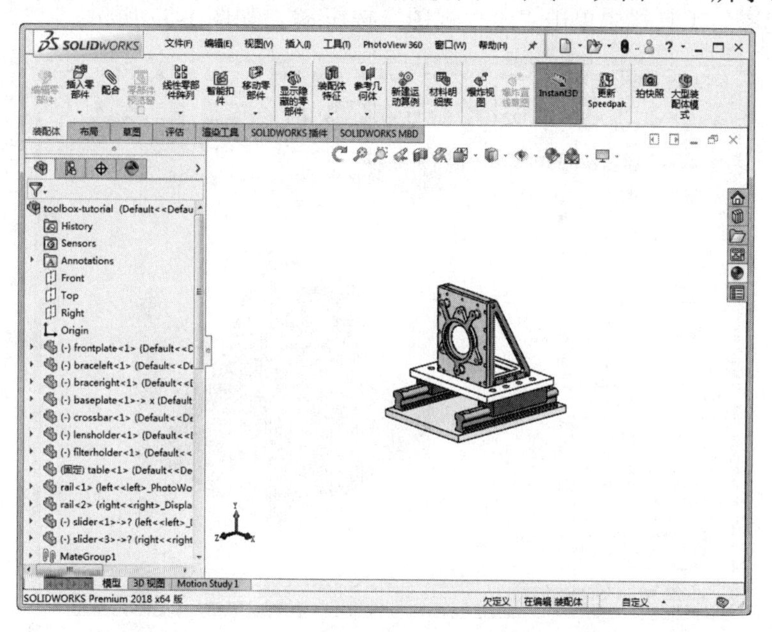

(a)缩小

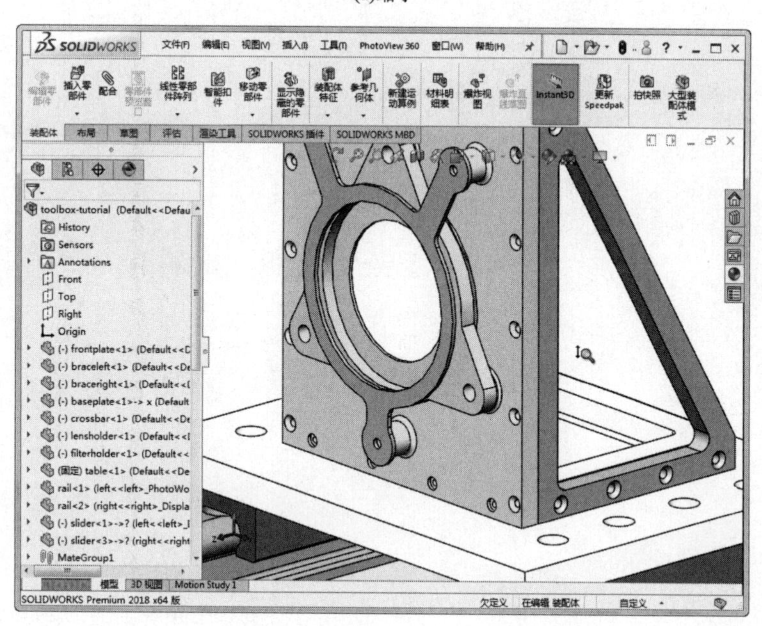

(b)放大

图 1-40 动态放大/缩小

8. 上一视图

显示上一视图。使用此命令可将视图返回到上一个视图显示中。

有下面三种方式使用此命令。

● 选择菜单栏中的“视图”→“修改”→“上一视图”命令，如图 1-31 所示。

- 在绘图区上方单击“上一视图”按钮，如图 1-36 所示。
- 在“视图”工具栏中单击“上一视图”按钮，如图 1-37 所示。

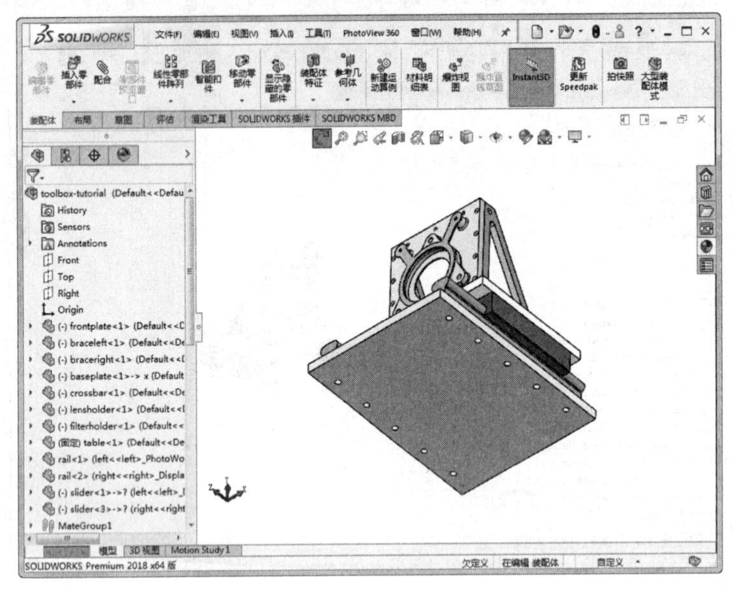

图 1-41　旋转视图

Chapter

草图绘制

2

SOLIDWORKS 能够提供不同的设计方案、减少设计过程中的错，以及提高产品质量。SOLIDWORKS 不仅提供强大的功能，同时对每个工程师和设计者来说，操作简单方便、易学易用。最基本的操作是绘制草图、特征建模，草图是建模的基础，没有草图，建模只是空谈。

本章简要介绍 SOLIDWORKS 绘制草图的一些基本操作，包括草图工具及一些辅助操作，使草图绘制更精准。

2.1 草图绘制的基本知识

本节介绍如何开始绘制草图，熟悉“草图”控制面板，认识绘图光标和锁点光标，以及退出草图绘制状态。

2.1.1 进入草图绘制

绘制二维草图，必须进入草图绘制状态。草图必须在平面上绘制，这个平面可以是基准面，也可以是三维模型上的平面。由于开始进入草图绘制状态时，没有三维模型，因此必须指定基准面。

绘制草图必须认识草图绘制的工具，如图 2-1 所示为常用的“草图”工具栏和控制面板。绘制草图可以先选择绘制的平面，也可以先选择草图绘制实体。下面通过案例分别介绍这两种方式的操作步骤。

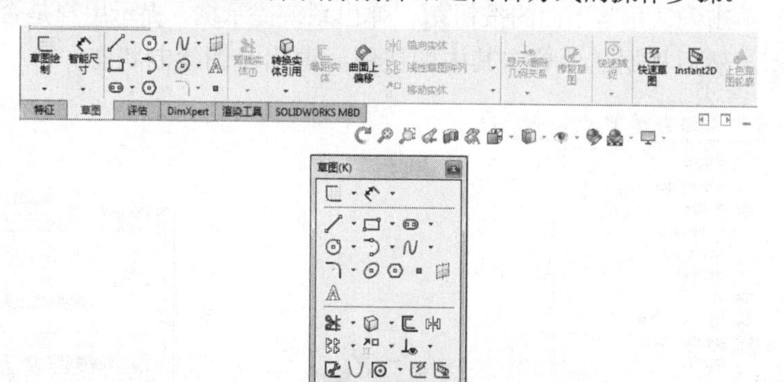

图 2-1 “草图”控制面板和“草图”工具栏

1．选择草图绘制实体

以选择草图绘制实体的方式进入草图绘制状态的操作步骤如下。

（1）选择菜单栏中的“插入”→“草图绘制”命令，或者单击“草图”工具栏中的“草图绘制”按钮，或者单击“草图”控制面板中的“草图绘制”按钮，此时图形区显示的系统默认基准面如图 2-2 所示。

（2）单击选择图形区 3 个基准面中的一个，确定要在哪个平面上绘制草图实体。

（3）单击“标准视图”工具栏中的“正视于”按钮，旋转基准面，方便绘图。

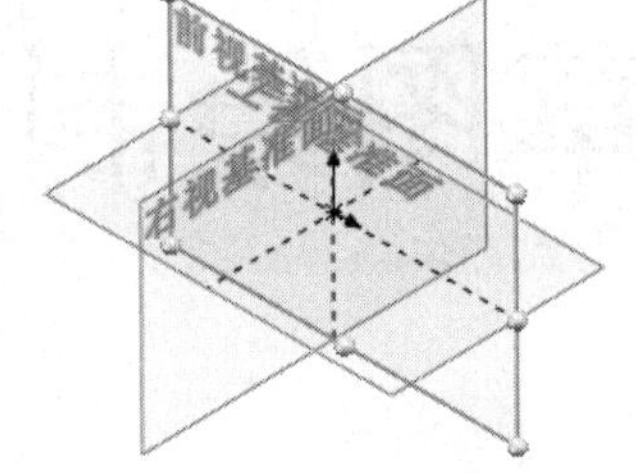

图 2-2　系统默认基准面

2．选择草图绘制基准面

以选择草图绘制基准面的方式进入草图绘制状态的操作步骤如下。

（1）先在左侧 FeatureManager 设计树中选择要绘制的基准面，即前视基准面、右视基准面和上视基准面中的一个面。

（2）单击“标准视图”工具栏中的“正视于”按钮，旋转基准面。

（3）单击“草图”工具栏中的“草图绘制”按钮，或者单击“草图”面板中的“草图绘制”按钮，进入草图绘制状态。

2.1.2　退出草图绘制

草图绘制完毕后，可立即建立特征，也可以退出草图绘制再建立特征。有些特征的建立，需要多个草图，比如扫描实体等，因此需要了解退出草图绘制的方法。退出草图绘制的方法主要有以下几种。

（1）使用菜单方式：选择菜单栏中的“插入”→“退出草图”命令，退出草图绘制状态。

（2）利用工具栏图标按钮方式：单击“标准”工具栏中的“重建模型”按钮，或者单击“草图”控制面板中的“退出草图”按钮，退出草图绘制状态。

（3）利用快捷菜单方式：在图形区右击，弹出如图 2-3 所示的快捷菜单，单击“退出草图”按钮，退出草图绘制状态。

（4）利用图形区确认角落的图标：在绘制草图的过程中，图形区右上角会显示如图 2-4 所示的确认提示图标，单击上面的按钮，退出草图绘制状态。

单击确认角落下面的按钮，弹出系统提示框，提示用户是否保存对草图的修改，如图 2-5 所示，然后根据需要单击其中的按钮，退出草图绘制状态。

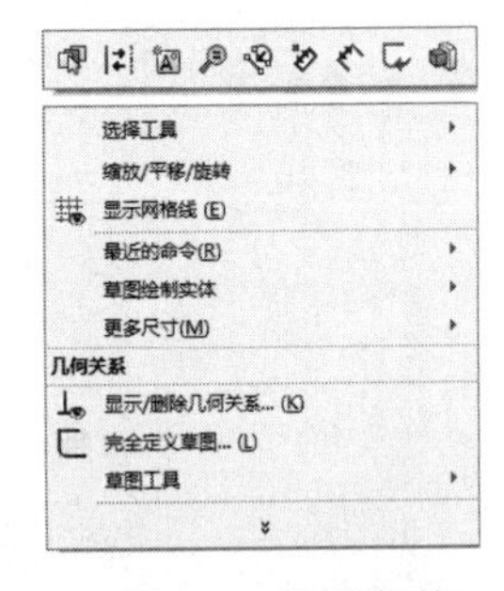

图 2-3　快捷菜单

图 2-4　确认提示图标

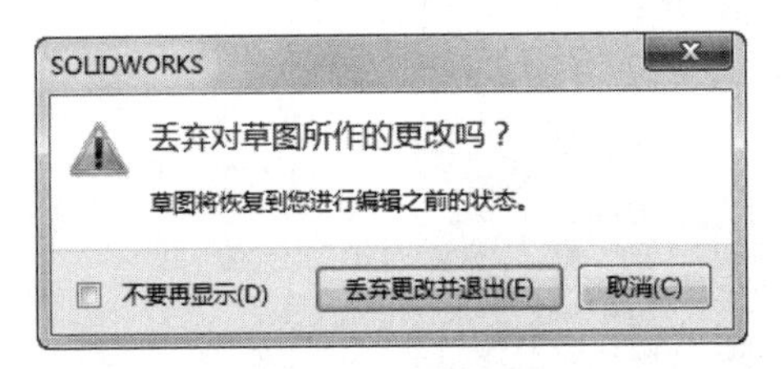

图 2-5　系统提示框

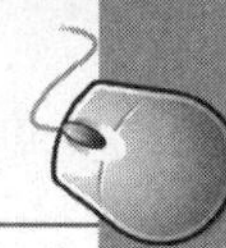

2.1.3 草图绘制工具

“草图”工具栏如图 2-1 所示，有些草图绘制按钮没有在该工具栏中显示，用户可以利用 1.2.2 节的方法设置相应的命令按钮。“草图”工具栏主要包括 4 大类，分别是：草图绘制、实体绘制、标注几何关系和草图编辑工具。其中各命令按钮的名称与功能如表 2-1～表 2-4 所示。

表 2-1 草图绘制命令按钮

按钮图标	名 称	功能说明
	选择	选取工具，用来选择草图实体、模型和特征的边线和面，框选可以选择多个草图实体
	网格线/捕捉	对激活的草图或工程图选择显示草图网格线，并可设定网格线显示和捕捉功能选项
	草图绘制/退出草图	进入或者退出草图绘制状态
	3D 草图	在三维空间任意点绘制草图实体
	基准面上的 3D 草图	在 3D 草图中添加基准面后，可添加或修改该基准面的信息
	修改草图	移动、旋转或按比例缩放所选取的草图
	移动时不求解	在不解出尺寸或几何关系的情况下，从草图中移动出草图实体
	移动实体	选择一个或多个草图实体并将之移动，该操作不生成几何关系
	复制实体	选择一个或多个草图实体并将之复制，该操作不生成几何关系
	按比例缩放实体	选择一个或多个草图实体并将之按比例缩放，该操作不生成几何关系
	旋转实体	选择一个或多个草图实体并将之旋转，该操作不生成几何关系

表 2-2 实体绘制工具命令按钮

按钮图标	名 称	功能说明
	直线	以起点、终点方式绘制一条直线
	边角矩形	以对角线的起点和终点方式绘制一个矩形，其一边为水平或竖直
	中心矩形	在中心点绘制矩形草图
	3 点边角矩形	以所选的角度绘制矩形草图
	3 点中心矩形	以所选的角度绘制带有中心点的矩形草图
	平行四边形	生成边不为水平或竖直的平行四边形及矩形
	多边形	生成边数在 3 和 40 之间的等边多边形
	圆	以先指定圆心，然后拖动鼠标确定半径的方式绘制一个圆
	周边圆	以圆周直径的两点方式绘制一个圆
	圆心/起/终点画弧	以顺序指定圆心、起点以及终点的方式绘制一个圆弧
	切线弧	绘制一条与草图实体相切的弧线，可以根据草图实体自动确认是法向相切还是径向相切
	3 点圆弧	以顺序指定起点、终点及中点的方式绘制一个圆弧
	椭圆	以先指定圆心，然后指定长短轴的方式绘制一个完整的椭圆
	部分椭圆	以先指定中心点，然后指定起点及终点的方式绘制一部分椭圆
	抛物线	先指定焦点，再拖动鼠标确定焦距，然后指定起点和终点的方式绘制一条抛物线
	样条曲线	以不同路径上的两点或者多点绘制一条样条曲线，可以在端点处指定相切
	曲面上样条曲线	在曲面上绘制一个样条曲线，可以沿曲面添加和拖动点生成

续表

按钮图标	名　称	功 能 说 明
	点	绘制一个点，该点可以在草图和工程图中绘制
	中心线	绘制一条中心线，可以在草图和工程图中绘制
	文字	在特征表面上，添加文字草图，然后拉伸或者切除生成文字实体

表 2-3　标注几何关系命令按钮

按钮图标	名　称	功 能 说 明
	添加几何关系	给选定的草图实体添加几何关系，即限制条件
	显示/删除几何关系	显示或者删除草图实体的几何限制条件
	自动几何关系	打开/关闭自动添加几何关系

表 2-4　草图编辑工具命令按钮

按钮图标	名　称	功 能 说 明
	构造几何线	将草图上或者工程图中的草图实体转换为构造几何线，构造几何线的线型与中心线相同
	绘制圆角	在两个草图实体的交叉处剪裁掉角部，从而生成一个切线弧
	绘制倒角	此工具在 2D 和 3D 草图中均可使用。在两个草图实体交叉处按照一定角度和距离剪裁，并用直线相连，形成倒角
	等距实体	按给定的距离等距一个或多个草图实体，可以是线，弧、环等草图实体
	转换实体引用	将其他特征轮廓投影到草图平面上，可以形成一个或者多个草图实体
	交叉曲线	在基准面和曲面或模型面、两个曲面、曲面和模型面、基准面和整个零件、曲面和整个零件的交叉处生成草图曲线
	面部曲线	从面或者曲面提取 ISO 参数，形成 3D 曲线
	剪裁实体	根据剪裁类型，剪裁或者延伸草图实体
	延伸实体	将草图实体延伸以与另一个草图实体相遇
	分割实体	将一个草图实体分割以生成两个草图实体
	镜向实体	相对一条中心线生成对称的草图实体
	线性草图阵列	沿一个轴或者同时沿两个轴生成线性草图排列
	圆周草图阵列	生成草图实体的圆周排列

2.1.4　绘图光标和锁点光标

在绘制草图实体或者编辑草图实体时，光标会根据所选择的命令，在绘图时变为相应的图标，以方便用户了解绘制或者编辑该类型的草图。

绘图光标的类型与功能如表 2-5 所示。

表 2-5　绘图光标的类型与功能

光标类型	功能说明	光标类型	功能说明
	绘制一点		绘制直线或者中心线
	绘制 3 点圆弧		绘制抛物线
	绘制圆		绘制椭圆
	绘制样条曲线		绘制矩形
	标注尺寸		绘制多边形

续表

光标类型	功能说明	光标类型	功能说明
	剪裁实体		延伸草图实体
	圆周阵列复制草图		线性阵列复制草图

为了提高绘制图形的效率，SOLIDWORKS 软件提供了自动判断绘图位置的功能。在执行绘图命令时，光标会在图形区自动寻找端点、中心点、圆心、交点、中点以及其上任意点，这样提高了光标定位的准确性和快速性。

光标在相应的位置，会变成相应的图形，成为锁点光标。锁点光标可以在草图实体上形成，也可以在特征实体上形成。需要注意的是在特征实体上的锁点光标，只能在绘图平面的实体边缘产生，在其他平面的边缘不能产生。

锁点光标的类型在此不再赘述，用户可以在实际使用中慢慢体会，很好地利用锁点光标，可以提高绘图的效率。

2.2 草图绘制

本节主要介绍“草图”控制面板中草图绘制工具的使用方法。由于 SOLIDWORKS 中大部分特征都需要先建立草图轮廓，因此本节的学习非常重要。

2.2.1 绘制点

执行点命令后，在图形区中的任何位置，都可以绘制点，绘制的点不影响三维建模的外形，只起参考作用。

执行异型孔向导命令后，点命令用于决定产生孔的数量。

点命令可以生成草图中两个不平行线段的交点以及特征实体中两个不平行边缘的交点，产生的交点作为辅助图形，用于标注尺寸或者添加几何关系，并不影响实体模型的建立。下面分别介绍不同类型点的操作步骤。

1. 绘制一般点

（1）在草图绘制状态下，选择菜单栏中的“工具”→“草图绘制实体”→“点”命令，或者单击“草图”工具栏中的“点”按钮▫，或者单击“草图”面板中的“点”按钮▫，光标变为绘图光标。

（2）在图形区单击，确认绘制点的位置，此时点命令继续处于激活位置，可以继续绘制点。

如图 2-6 所示为使用绘制点命令绘制的多个点。

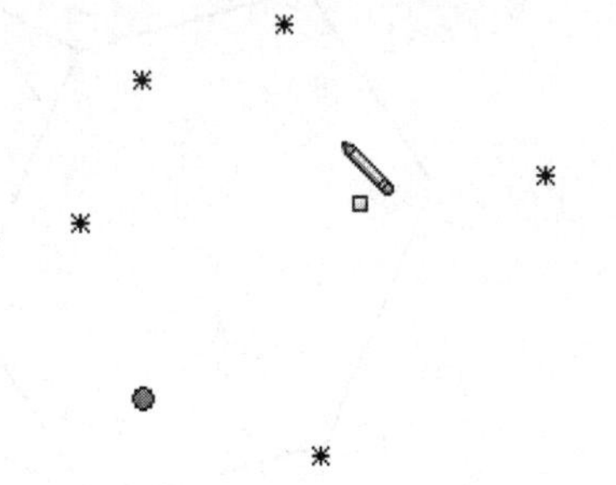

图 2-6 绘制多个点

2. 生成草图中两不平行线段的交点

以如图 2-7(a)所示为例，生成图中直线 1 和直线 2 的交点，其中图(a)为生成交点前的图形，图(b)为生成交点后的图形。

（1）在草图绘制状态下按住<Ctrl>键，选择如图 2-7(a)所示的直线 1 和直线 2。

（2）选择菜单栏中的“工具”→“草图绘制实体”→“点”命令，或者单击“草图”工具栏中的“点”按钮▫，或者单击“草图”面板中的“点”按钮▫，此时生成交点后的图形如图 2-7(b)所示。

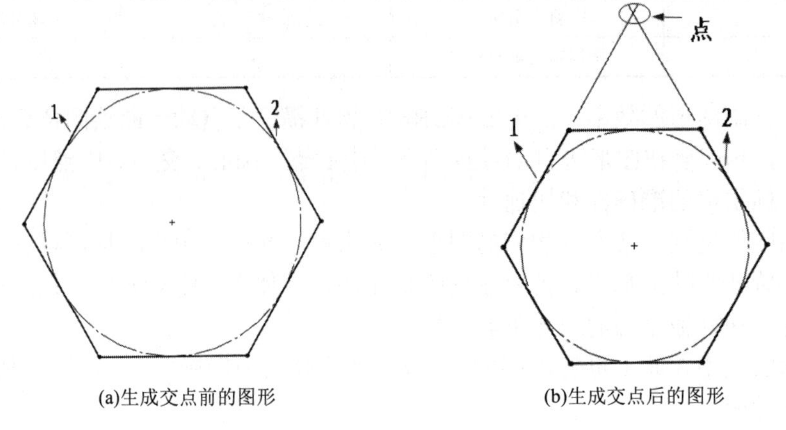

图 2-7　生成草图交点

3．生成特征实体中两个不平行边缘的交点

以如图 2-8(a)所示为例，生成面 A 中直线 1 和直线 2 的交点，其中图(a)为生成交点前的图形，图(b)为生成交点后的图形。

（1）选择如图 2-8(a)所示的面 A 作为绘图面，然后进入草图绘制状态。

（2）按住<Ctrl>键，选择如图 2-8(a)所示的边线 1 和边线 2。

（3）选择菜单栏中的“工具”→“草图绘制实体”→“点”命令，或者单击“草图”工具栏中的“点”按钮▫，或者单击“草图”面板中的“点”按钮▫，此时生成交点后的图形如图 2-8(b)所示。

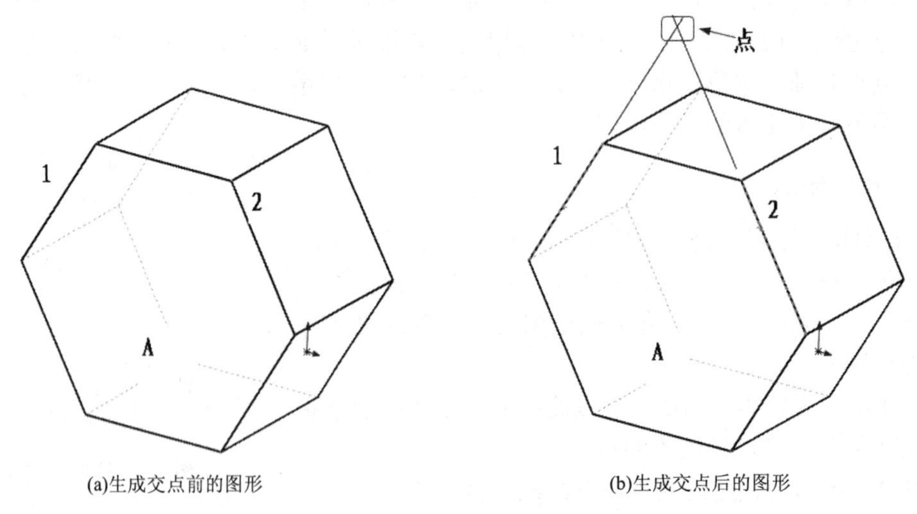

图 2-8　生成特征边线交点

2.2.2　绘制直线与中心线

直线与中心线的绘制方法相同，执行不同的命令，按照类似的操作步骤，在图形区绘制相应的图形即可。

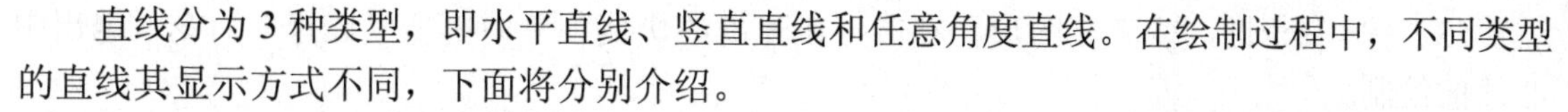

直线分为 3 种类型，即水平直线、竖直直线和任意角度直线。在绘制过程中，不同类型的直线其显示方式不同，下面将分别介绍。

- 水平直线：在绘制直线过程中，笔形光标附近会出现水平直线图标符号—，如图 2-9 所示。
- 竖直直线：在绘制直线过程中，笔形光标附近会出现竖直直线图标符号|，如图 2-10 所示。

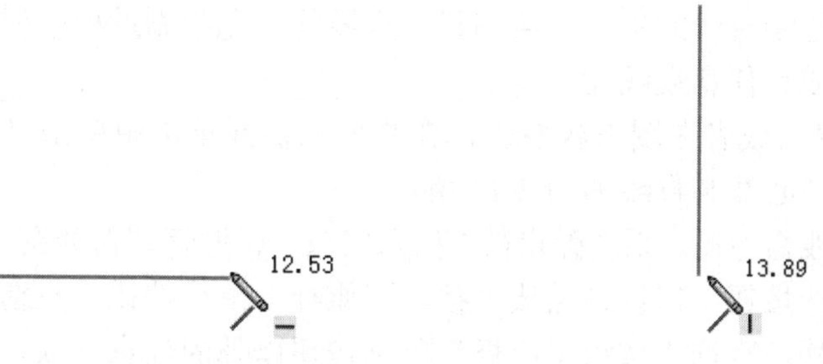

图 2-9　绘制水平直线　　　　图 2-10　绘制竖直直线

- 任意角度直线：在绘制直线过程中，笔形光标附近会出现任意直线图标符号／，如图 2-11 所示。
- 45°角直线：在绘制直线过程中，笔形光标附近会出现 45°角直线图标符号∠，如图 2-12 所示。

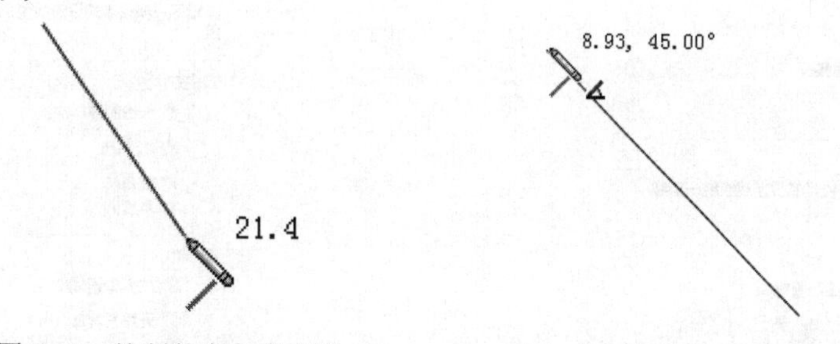

图 2-11　绘制任意角度直线　　　　图 2-12　绘制 45°角直线

在绘制直线的过程中，光标上方显示的参数，为直线的长度，可供参考。一般在绘制中，首先绘制一条直线，然后标注尺寸，直线也随着改变长度和角度。

绘制直线的方式有两种：拖动式和单击式。拖动式就是在绘制直线的起点，按住鼠标左键开始拖动鼠标，直到直线终点放开。单击式就是在绘制直线的起点处单击一下，然后在直线终点处单击一下。

下面以绘制如图 2-13 所示的中心线和直线为例，介绍中心线和直线的绘制步骤。

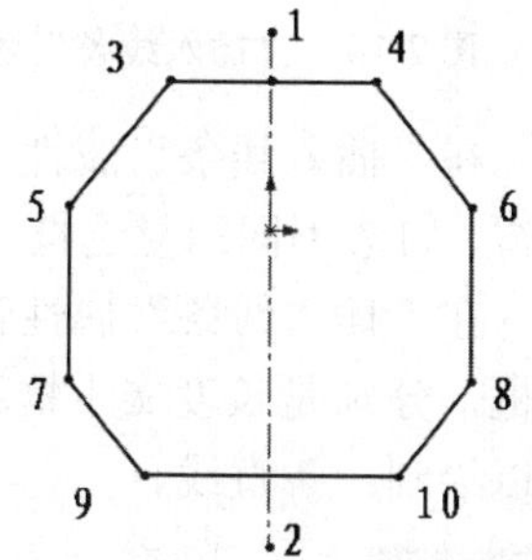

图 2-13　绘制中心线和直线

（1）在草图绘制状态下，选择菜单栏中的“工具”→“草图绘制实体”→“中心线”命令，或者单击“草图”工具栏中的“中心线”按钮，或者单击“草图”面板中的“中心线”命令，开始绘制中心线。

（2）在图形区单击确定中心线的起点 1，然后移动光标到图中合适的位置，由于图 2-13 中的中心线为竖直直线，所以当光标附近出现符号|时，单击确定中心线的终点 2。

（3）按<Esc>键，或者在图形区右击，在弹出的快捷菜单中单击“选择”命令，退出中心线的绘制。

（4）选择菜单栏中的“工具”→“草图绘制实体”→“直线”命令，或者单击“草图”工具栏中的（直线）按钮，或者单击“草图”面板中的“直线”按钮，开始绘制直线。

（5）在图形区单击确定直线的起点 3，然后移动光标到图中合适的位置，由于直线 34 为水平直线，所以当光标附近出现符号时，单击确定直线 34 的终点 4。

（6）重复以上绘制直线的步骤，绘制其他直线段，在绘制过程中要注意光标的形状，以确定是水平、竖直或者任意直线段。

（7）按<Esc>键，或者在图形区右击，在弹出的快捷菜单中单击“选择”命令，退出直线的绘制，绘制的中心线和直线如图 2-13 所示。

在执行绘制直线命令时，系统弹出的“插入线条”属性管理器如图 2-14 所示，在“方向”选项组中有 4 个单选按钮，默认是点选“按绘图原样”单选按钮。点选不同的单选按钮，绘制直线的类型不一样。点选“按绘图原样”单选按钮以外的任意一项，均会要求输入直线的参数。如点选“角度”单选按钮，弹出的“插入线条”属性管理器如图 2-15 所示，要求输入直线的参数。设置好参数以后，单击直线的起点就可以绘制出所需要的直线。

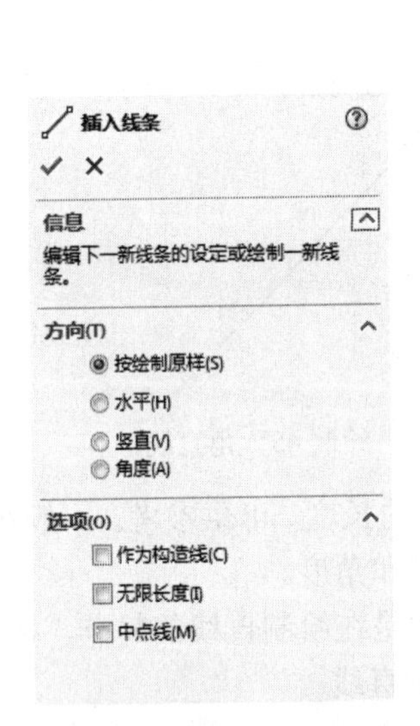

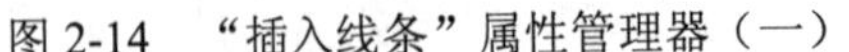

图 2-14 “插入线条”属性管理器（一）

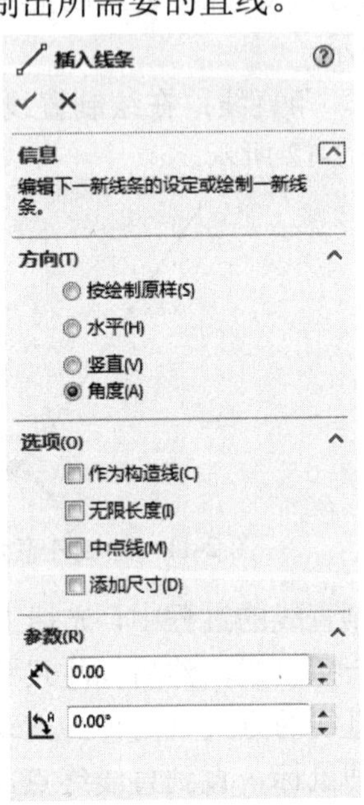

图 2-15 “插入线条”属性管理器（二）

在“插入线条”属性管理器的“选项”选项组中有 2 个复选框，勾选不同的复选框，可以分别绘制构造线和无限长直线。

在“插入线条”属性管理器的“参数”选项组中有 2 个文本框，分别是长度文本框和角度文本框。通过设置这两个参数可以绘制一条直线。

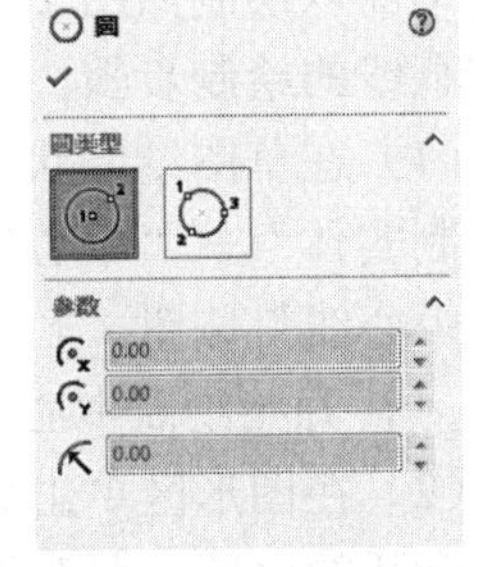

图 2-16 “圆”属性管理器

2.2.3 绘制圆

当执行圆命令时，系统弹出的“圆”属性管理器如图 2-16

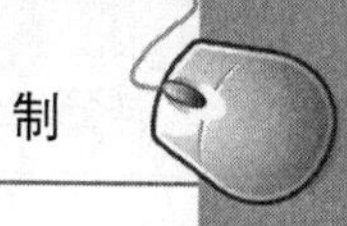

所示。从属性管理器中可以知道，可以有两种方式绘制圆：一种是绘制基于中心的圆，另一种是绘制基于周边的圆。下面将分别介绍绘制圆的不同方法。

1．绘制基于中心的圆

（1）在草图绘制状态下，选择菜单栏中的“工具”→“草图绘制实体”→“圆”命令，或者单击“草图”工具栏中的“圆”按钮，或者单击“草图”面板中的“圆”按钮，开始绘制圆。

（2）在图形区选择一点单击，确定圆的圆心，如图 2-17(a)所示。

（3）移动光标拖出一个圆，在合适位置单击，确定圆的半径，如图 2-17(b)所示。

（4）单击“圆”属性管理器中的确定按钮，完成圆的绘制，如图 2-17(c)所示。

图 2-17 即为基于中心的圆的绘制过程。

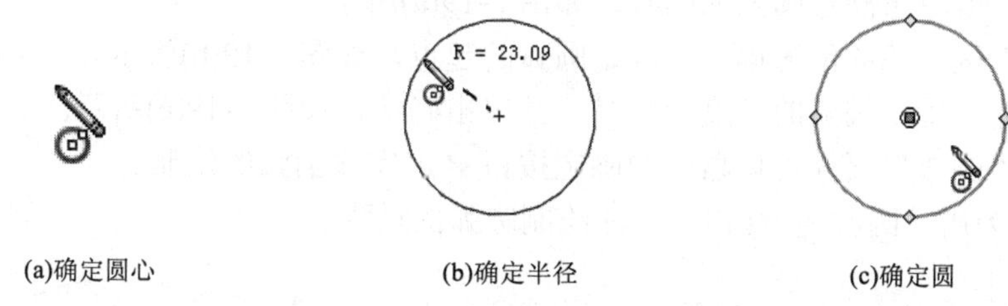

(a)确定圆心　(b)确定半径　(c)确定圆

图 2-17　基于中心的圆的绘制过程

2．绘制基于周边的圆

（1）在草图绘制状态下，选择菜单栏中的“工具”→“草图绘制实体”→“周边圆”命令，或者单击“草图”工具栏中的“周边圆”按钮，或者单击“草图”面板中的“周边圆”按钮，开始绘制圆。

（2）在图形区单击确定圆周边上的一点，如图 2-18(a)所示。

（3）移动光标拖出一个圆，然后单击确定周边上的另一点，如图 2-18(b)所示。

（4）完成拖动时，光标变为如图 2-18(b)所示时，右击确定，如图 2-18(c)所示。

（5）单击“圆”属性管理器中的确定按钮，完成圆的绘制。

图 2-18 即为基于周边的圆的绘制过程。

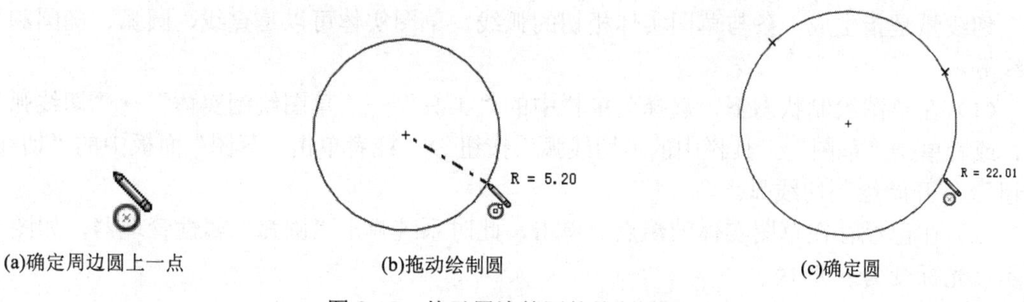

(a)确定周边圆上一点　(b)拖动绘制圆　(c)确定圆

图 2-18　基于周边的圆的绘制过程

圆绘制完成后，可以通过拖动修改圆草图。通过鼠标左键拖动圆的周边可以改变圆的半径，拖动圆的圆心可以改变圆的位置。同时，也可以通过如图 2-16 所示的“圆”属性管理器修改圆的属性，通过属性管理器中“参数”选项修改圆心坐标和圆的半径。

2.2.4 绘制圆弧

绘制圆弧的方法主要有 4 种，即圆心/起/终点画弧、切线弧、三点圆弧与直线命令绘制圆弧。下面分别介绍这 4 种绘制圆弧的方法。

1．圆心/起/终点画弧

圆心/起/终点画弧方法是先指定圆弧的圆心，然后顺序拖动光标指定圆弧的起点和终点，确定圆弧的大小和方向。

（1）在草图绘制状态下，选择菜单栏中的“工具”→“草图绘制实体”→“圆心/起/终点画弧”命令，或者单击“草图”工具栏中的“圆心/起/终点画弧”按钮，或者单击“草图”面板中的“圆心/起点/终点画弧”按钮，开始绘制圆弧。

（2）在图形区单击确定圆弧的圆心，如图 2-19(a)所示。

（3）在图形区合适的位置单击，确定圆弧的起点，如图 2-19(b)所示。

（4）拖动光标确定圆弧的角度和半径，并单击确认，如图 2-19(c)所示。

（5）单击“圆弧”属性管理器中的确定按钮，完成圆弧的绘制。

图 2-19 即为用“圆心/起/终点”方法绘制圆弧的过程。

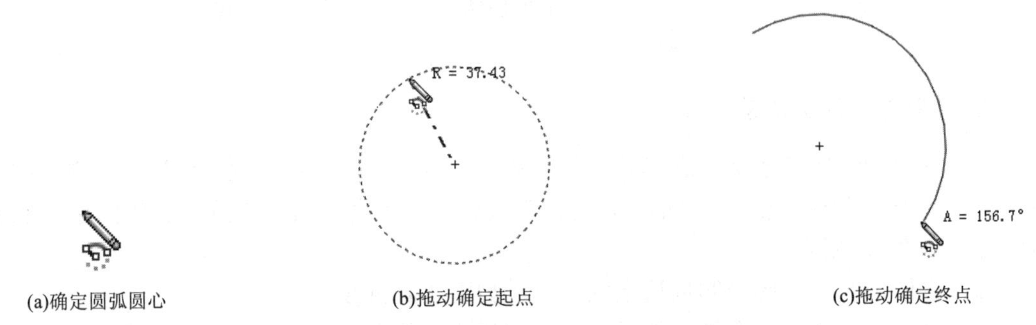

图 2-19　用“圆心/起/终点”方法绘制圆弧的过程

圆弧绘制完成后，可以在“圆弧”属性管理器中修改其属性。

2．切线弧

切线弧是指生成一条与草图实体相切的弧线。草图实体可以是直线、圆弧、椭圆和样条曲线等。

（1）在草图绘制状态下，选择菜单栏中的“工具”→“草图绘制实体”→“切线弧”命令，或者单击“草图”工具栏中的“切线弧”按钮，或者单击“草图”面板中的“切线弧”按钮，开始绘制切线弧。

（2）在已经存在草图实体的端点处单击，此时系统弹出“圆弧”属性管理器，如图 2-20 所示，光标变为形状。

（3）拖动光标确定绘制圆弧的形状，并单击确认。

（4）单击“圆弧”属性管理器中的确定按钮，完成切线弧的绘制。如图 2-21 所示为绘制的直线切线弧。

在绘制切线弧时，系统可以从指针移动推理是需要画切线弧还是画法线弧。存在 4 个目的区，具有如图 2-22 所示的 8 种切线弧。沿相切方向移动指针将生成切线弧，沿垂直方向移

动将生成法线弧。可以通过返回到端点，然后向新的方向移动在切线弧和法线弧之间进行切换。

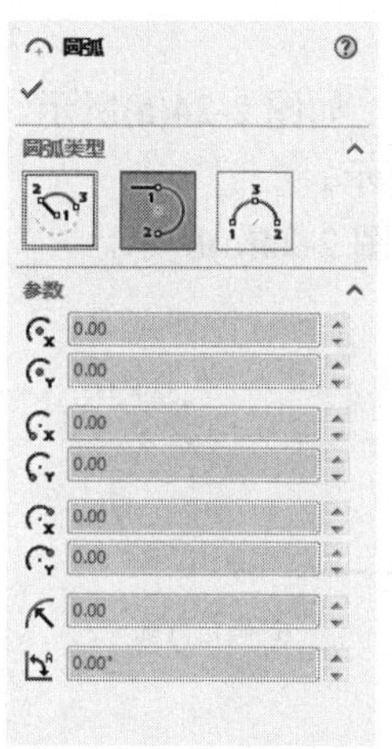

图 2-20 “圆弧”属性管理器

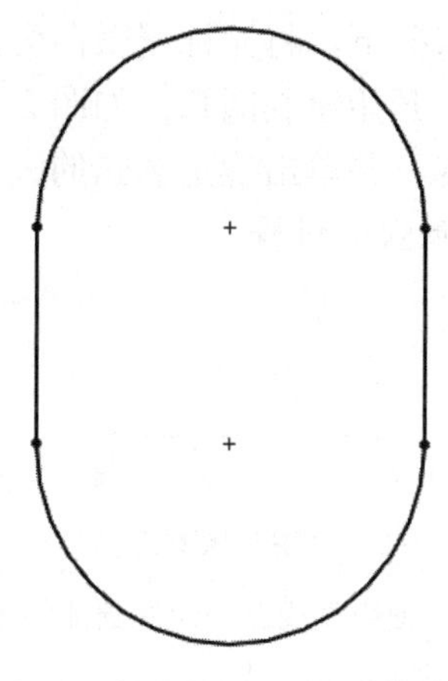

图 2-21 直线的切线弧

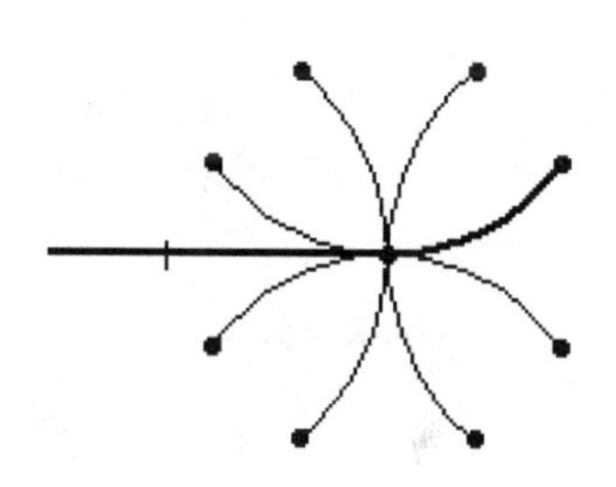

图 2-22 绘制的 8 种切线弧

注意：绘制切线弧时，光标拖动的方向会影响绘制圆弧的样式，因此在绘制切线弧时，光标最好沿着产生圆弧的方向拖动。

3. 三点圆弧

三点圆弧是通过起点、终点与中点的方式绘制圆弧。

（1）在草图绘制状态下，选择菜单栏中的“工具”→“草图绘制实体”→“三点圆弧”命令，或者单击“草图”工具栏中的“三点圆弧”按钮，或者单击“草图”面板中的“三点圆弧”按钮，开始绘制圆弧，此时光标变为形状。

（2）在图形区单击，确定圆弧的起点，如图 2-23(a)所示。

（3）拖动光标确定圆弧结束的位置，并单击确认，如图 2-23(b)所示。

（4）拖动光标确定圆弧的半径和方向，并单击确认，如图 2-23(c)所示。

（5）单击“圆弧”属性管理器中的确定按钮✔，完成三点圆弧的绘制。

图 2-23 即为绘制三点圆弧的过程。

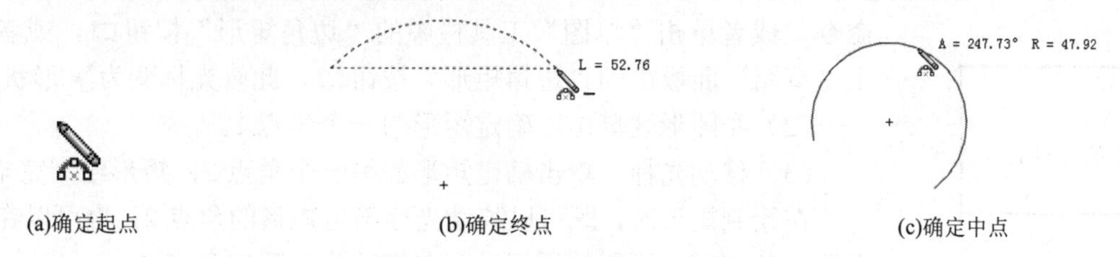

图 2-23 绘制三点圆弧的过程

选择绘制的三点圆弧，可以在“圆弧”属性管理器中修改其属性。

4. “直线”命令绘制圆弧

“直线”命令除了可以绘制直线外，还可以绘制连接在直线端点处的切线弧，使用该命令，必须首先绘制一条直线，然后才能绘制圆弧。

（1）在草图绘制状态下，选择菜单栏中的“工具”→“草图绘制实体”→“直线”命令，或者单击“草图”工具栏中的“直线”按钮，或者单击“草图”面板中的“直线”按钮，首先绘制一条直线。

（2）在不结束绘制直线命令的情况下，将光标稍微向旁边拖动，如图 2-24(a)所示。

（3）将光标拖回至直线的终点，开始绘制圆弧，如图 2-24(b)所示。

（4）拖动光标到图中合适的位置，并单击确定圆弧的大小，如图 2-24(c)所示。

图 2-24 即为使用直线命令绘制圆弧的过程。

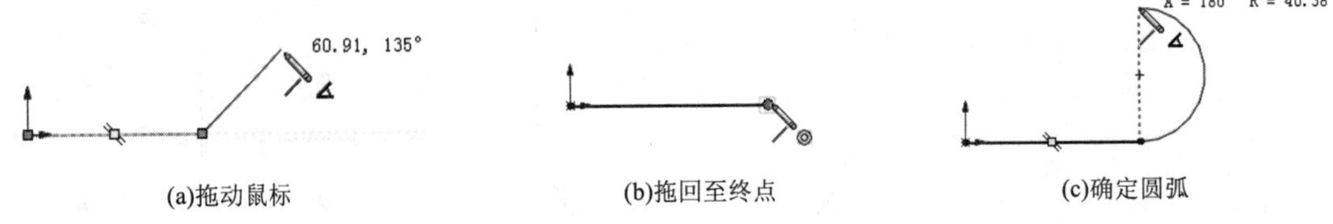

(a)拖动鼠标　　(b)拖回至终点　　(c)确定圆弧

图 2-24　使用直线命令绘制圆弧的过程

直线转换为绘制圆弧的状态，必须先将光标拖回至终点，然后拖出才能绘制圆弧。也可以在此状态下右击，此时系统弹出的快捷菜单如图 2-25 所示，单击“转到圆弧”命令即可绘制圆弧。同样在绘制圆弧的状态下，单击快捷菜单中的“转到直线”命令，绘制直线。

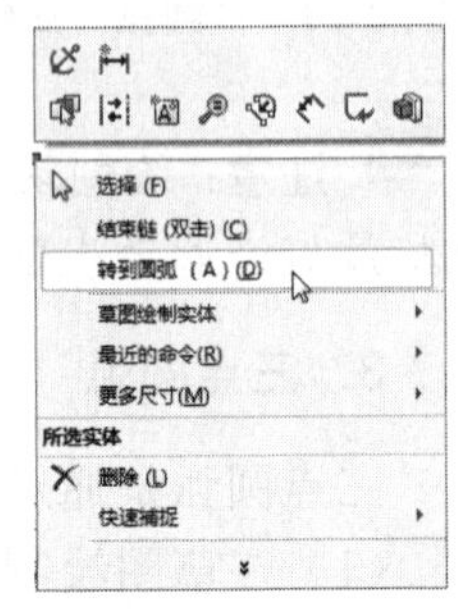

图 2-25　快捷菜单

2.2.5　绘制矩形

绘制矩形的方法主要有 5 种：边角矩形、中心矩形、三点边角矩形、三点中心矩形以及平行四边形命令绘制矩形。下面分别介绍绘制矩形的不同方法。

1．“边角矩形”命令绘制矩形

“边角矩形”命令绘制矩形的方法是标准的矩形草图绘制方法，即指定矩形的左上与右下的端点确定矩形的长度和宽度。

以绘制如图 2-26 所示的矩形为例，说明采用“边角矩形”命令绘制矩形的操作步骤。

（1）在草图绘制状态下，选择菜单栏中的“工具”→“草图绘制实体”→“边角矩形”命令，或者单击“草图”工具栏中的“边角矩形”按钮，或者单击“草图”面板中的“边角矩形”按钮，此时光标变为形状。

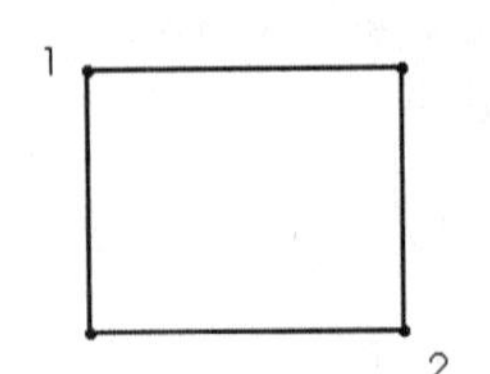

图 2-26　边角矩形

（2）在图形区单击，确定矩形的一个角点 1。

（3）移动光标，单击确定矩形的另一个角点 2，矩形绘制完毕。

在绘制矩形时，既可以移动光标确定矩形的角点 2，也可以在确定第一角点时，不释放鼠标，直接拖动光标确定角点 2。

矩形绘制完毕后，按住鼠标左键拖动矩形的一个角点，可以动态地改变矩形的尺寸。“矩形”属性管理器如图 2-27 所示。

2．“中心矩形”命令绘制矩形

“中心矩形”命令绘制矩形的方法是指定矩形的中心与右上的端点确定矩形的中心和 4 条边线。

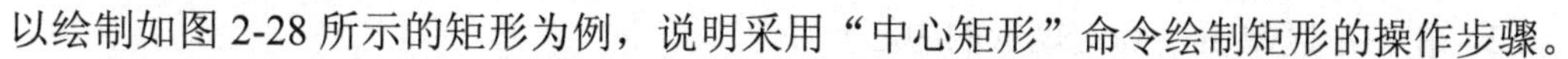

以绘制如图 2-28 所示的矩形为例，说明采用“中心矩形”命令绘制矩形的操作步骤。

（1）在草图绘制状态下，选择菜单栏中的“工具”→“草图绘制实体”→“中心矩形”命令，或者单击“草图”工具栏中的“中心矩形”按钮，或者单击“草图”面板中的“中心矩形”按钮，此时光标变为形状。

（2）在图形区单击，确定矩形的中心点 1。

（3）移动光标，单击确定矩形的一个角点 2，矩形绘制完毕。

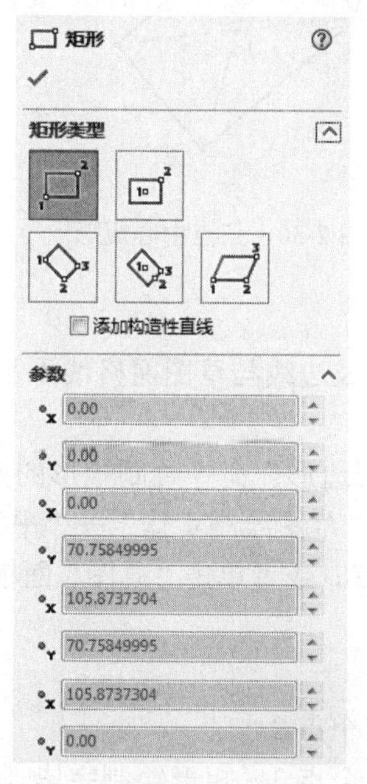

图 2-27　“矩形”属性管理器

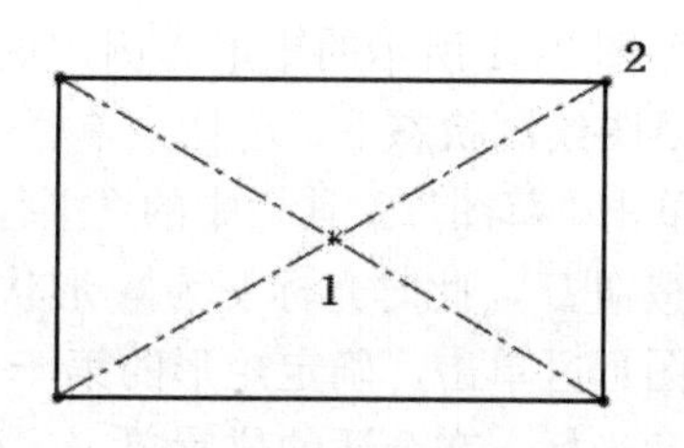

图 2-28　中心矩形

3. “三点边角矩形”命令绘制矩形

“三点边角矩形”命令是通过制定 3 个点来确定矩形，前面两个点来定义角度和一条边，第 3 点来确定另一条边。

以绘制如图 2-29 所示的矩形为例，说明采用“三点边角矩形”命令绘制矩形的操作步骤。

（1）在草图绘制状态下，选择菜单栏中的“工具”→“草图绘制实体”→“3 点边角矩形”命令，或者单击“草图”工具栏中的“3 点边角矩形”按钮，或者单击“草图”面板中的“3 点边角矩形”按钮，此时光标变为形状。

（2）在图形区单击，确定矩形的边角点 1。

（3）移动光标，单击确定矩形的另一个边角点 2。

（4）继续移动光标，单击确定矩形的第 3 个边角点 3，矩形绘制完毕。

4. “三点中心矩形”命令绘制矩形

“三点中心矩形”命令是通过制定 3 个点来确定矩形的。

以绘制如图 2-30 所示的矩形为例，说明采用“三点中心矩形”命令绘制矩形的操作步骤。

（1）在草图绘制状态下，选择菜单栏中的“工具”→“草图绘制实体”→“3 点中心矩形”命令，或者单击“草图”工具栏中的“3 点边角矩形”按钮，或者单击“草图”面板中的“3 点中心矩形”按钮，此时光标变为形状。

（2）在图形区单击，确定矩形的中心点 1。

（3）移动光标，单击确定矩形一条边线的一半长度的一个点 2。

（4）移动光标，单击确定矩形的一个角点 3，矩形绘制完毕。

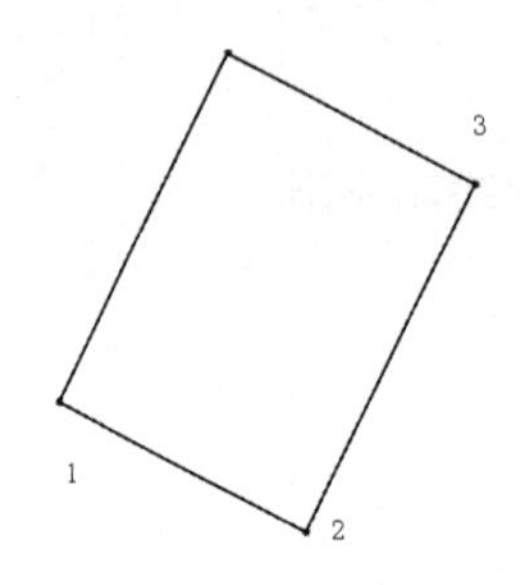

图 2-29　三点边角矩形

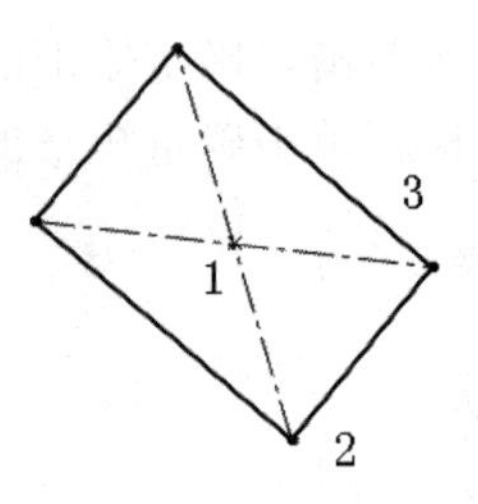

图 2-30　三点中心矩形

5. “平行四边形”命令绘制矩形

“平行四边形”命令既可以生成平行四边形，也可以生成边线与草图网格线不平行或不垂直的矩形。

以绘制如图 2-31 所示的矩形为例，说明采用“平行四边形”命令绘制矩形的操作步骤。

（1）在草图绘制状态下，选择菜单栏中的“工具”→“草图绘制实体”→“平行四边形”命令，或者单击“草图”工具栏中的“平行四边形”按钮，或者单击“草图”面板中的“平行四边形”按钮，此时光标变为形状。

（2）在图形区单击，确定矩形的第一个点 1。

（3）移动光标，在合适的位置单击，确定矩形的第二个点 2。

（4）移动光标，在合适的位置单击，确定矩形的第三个点 3，矩形绘制完毕。

矩形绘制完毕后，按住鼠标左键拖动矩形的一个角点，可以动态地改变平行四边的尺寸。

在绘制完矩形的点 1 与点 2 后，按住<Ctrl>键，移动光标可以改变平行四边形的形状，然后在合适的位置单击，可以完成任意形状的平行四边形的绘制。如图 2-32 所示为绘制的任意形状的平行四边形。

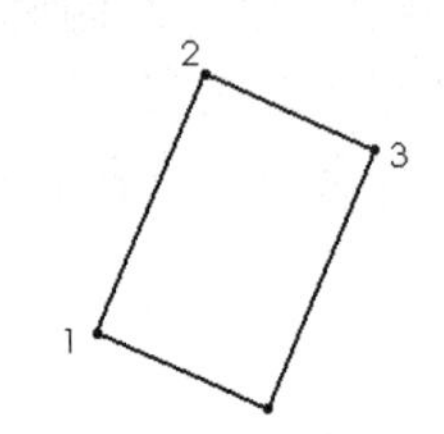

图 2-31　平行四边形之矩形

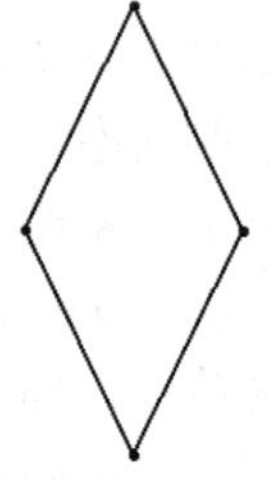

图 2-32　任意形状的平行四边形

2.2.6 绘制多边形

“多边形”命令用于绘制边数为 3 到 40 之间的等边多边形。

（1）在草图绘制状态下，选择菜单栏中的“工具”→“草图绘制实体”→“多边形”命令，或者单击“草图”工具栏中的“多边形”按钮，或者单击“草图”面板中的“多边形”按钮，此时光标变为形状，弹出的“多边形”属性管理器如图 2-33 所示。

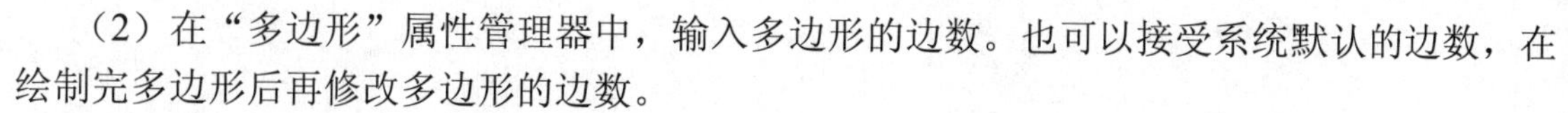

（2）在“多边形”属性管理器中，输入多边形的边数。也可以接受系统默认的边数，在绘制完多边形后再修改多边形的边数。

（3）在图形区单击，确定多边形的中心。

（4）移动光标，在合适的位置单击，确定多边形的形状。

（5）在“多边形”属性管理器中选择是内切圆模式还是外接圆模式，然后修改多边形辅助圆直径以及角度。

（6）如果还要绘制另一个多边形，单击属性管理器中的“新多边形”按钮，然后重复步骤（2）～（5）即可。

绘制的多边形如图 2-34 所示。

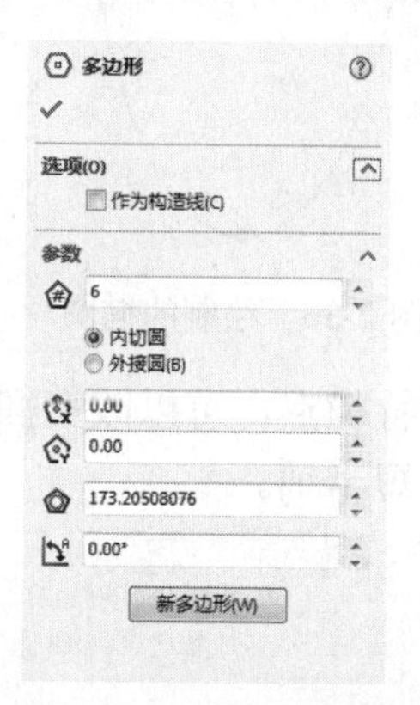

图 2-33 “多边形”属性管理器

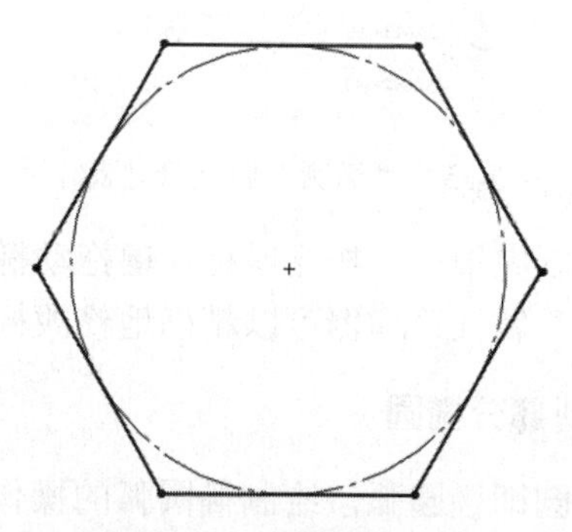

图 2-34 绘制的多边形

注意：多边形有内切圆和外接圆两种方式，两者的区别主要在于标注方法的不同。内切圆是表示从圆中心到各边的垂直距离，外接圆是表示从圆中心到多边形端点的距离。

2.2.7 绘制椭圆与部分椭圆

椭圆是由中心点、长轴长度与短轴长度确定的，三者缺一不可。下面将分别介绍椭圆和部分椭圆的绘制方法。

1. 绘制椭圆

绘制椭圆的操作步骤如下。

（1）在草图绘制状态下，选择菜单栏中的“工具”→“草图绘制实体”→“椭圆”命令，或者单击“草图”工具栏中的“椭圆”按钮，或者单击“草图”面板中的“椭圆”按钮，此时光标变为形状。

（2）在图形区合适的位置单击，确定椭圆的中心。

（3）移动光标，在光标附近会显示椭圆的长半轴 R 和短半轴 r。在图中合适的位置单击，确定椭圆的长半轴 R。

（4）移动光标，在图中合适的位置单击，确定椭圆的短半轴 r，此时弹出“椭圆”属性管理器，如图 2-35 所示。

（5）在“椭圆”属性管理器中修改椭圆的中心坐标，以及长半轴和短半轴的大小。

（6）单击“椭圆”属性管理器中的确定按钮，完成椭圆的绘制，如图 2-36 所示。

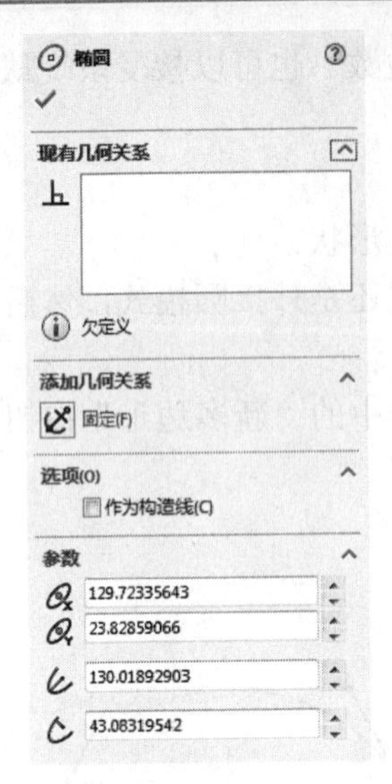

图 2-35　“椭圆”属性管理器

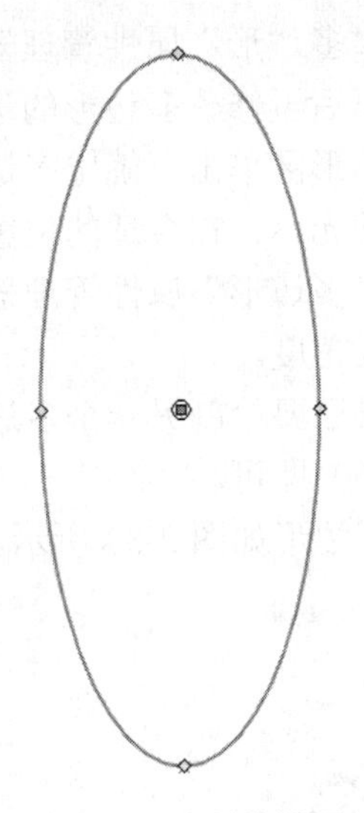
图 2-36　绘制的椭圆

椭圆绘制完毕后，按住鼠标左键拖动椭圆的中心和 4 个特征点，可以改变椭圆的形状。通过“椭圆”属性管理器可以精确地修改椭圆的位置和长、短半轴。

2．绘制部分椭圆

部分椭圆即椭圆弧，绘制椭圆弧的操作步骤如下。

（1）在草图绘制状态下，选择菜单栏中的“工具”→“草图绘制实体”→“部分椭圆”命令，或者单击“草图”工具栏中的“部分椭圆”按钮，或者单击“特征”控制面板中的“部分椭圆”按钮，此时光标变为形状。

（2）在图形区合适的位置单击，确定椭圆弧的中心。

（3）移动光标，在光标附近会显示椭圆的长半轴 R 和短半轴 r。在图中合适的位置单击，确定椭圆弧的长半轴 R。

（4）移动光标，在图中合适的位置单击，确定椭圆弧的短半轴 r。

（5）绕圆周移动光标，确定椭圆弧的范围，此时会弹出“椭圆”属性管理器，根据需要设定椭圆弧的参数。

（6）单击“椭圆”属性管理器中的确定按钮，完成椭圆弧的绘制。

如图 2-37 所示为绘制部分椭圆的过程。

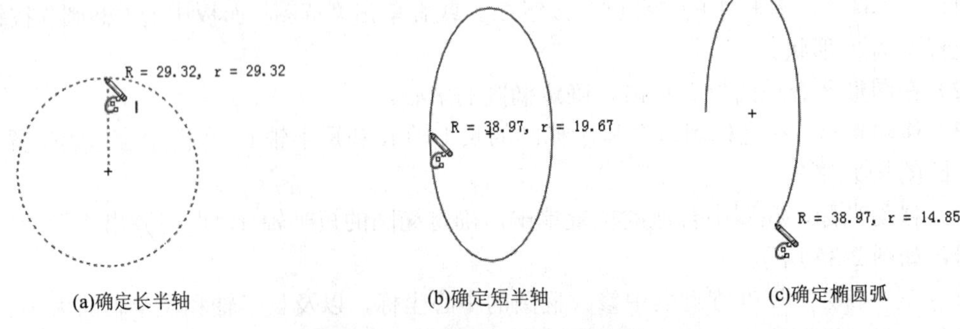

(a)确定长半轴　(b)确定短半轴　(c)确定椭圆弧

图 2-37　绘制部分椭圆的过程

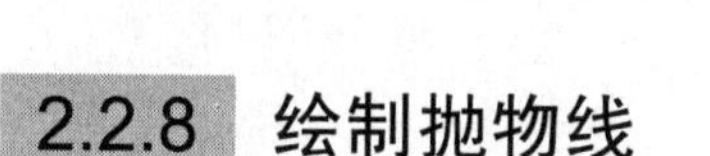

2.2.8 绘制抛物线

抛物线的绘制方法是，先确定抛物线的焦点，然后确定抛物线的焦距，最后确定抛物线的起点和终点。

（1）在草图绘制状态下，选择菜单栏中的“工具”→“草图绘制实体”→“抛物线”命令，或者单击“草图”工具栏中的“抛物线”按钮，或者单击“草图”面板中的“抛物线”按钮，此时光标变为形状。

（2）在图形区中合适的位置单击，确定抛物线的焦点。

（3）移动光标，在图中合适的位置单击，确定抛物线的焦距。

（4）移动光标，在图中合适的位置单击，确定抛物线的起点。

（5）移动光标，在图中合适的位置单击，确定抛物线的终点，此时会弹出“抛物线”属性管理器，根据需要设置属性管理器中抛物线的参数。

（6）单击“抛物线”属性管理器中的确定按钮，完成抛物线的绘制。

如图 2-38 所示为绘制抛物线的过程。

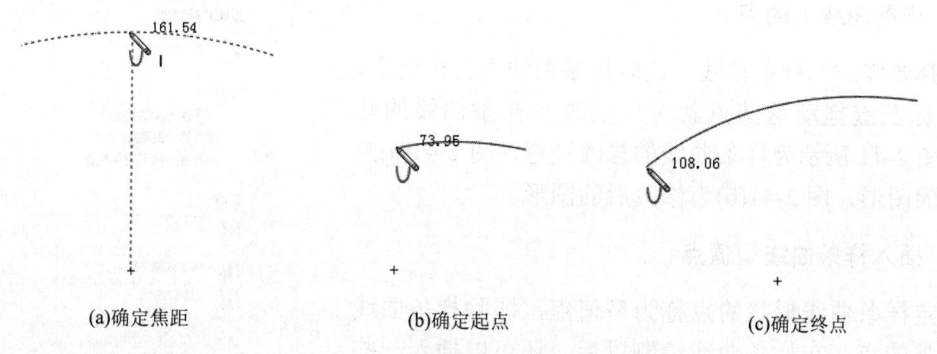

(a)确定焦距　　(b)确定起点　　(c)确定终点

图 2-38　绘制抛物线的过程

按住鼠标左键拖动抛物线的特征点，可以改变抛物线的形状。拖动抛物线的顶点，使其偏离焦点，可以使抛物线更加平缓；反之，抛物线会更加尖锐。拖动抛物线的起点或者终点，可以改变抛物线一侧的长度。

如果要改变抛物线的属性，在草图绘制状态下，选择绘制的抛物线，此时会弹出“抛物线”属性管理器，按照需要修改其中的参数，就可以修改相应的属性。

2.2.9 绘制样条曲线

系统提供了强大的样条曲线绘制功能，样条曲线至少需要两个点，并且可以在端点指定相切。

（1）在草图绘制状态下，选择菜单栏中的“工具”→“草图绘制实体”→“样条曲线”命令，或者单击“草图”工具栏中的“样条曲线”按钮，或者单击“草图”面板中的“样条曲线”按钮，此时光标变为形状。

（2）在图形区单击，确定样条曲线的起点。

（3）移动光标，在图中合适的位置单击，确定样条曲线上的第二点。

（4）重复移动光标，确定样条曲线上的其他点。

（5）按<Esc>键，或者双击退出样条曲线的绘制。

绘制样条曲线的过程如图 2-39 所示。

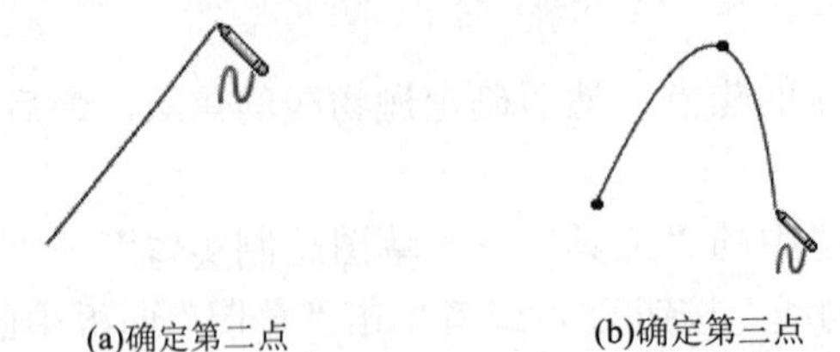

(a)确定第二点　　(b)确定第三点　　(c)确定其他点

图 2-39　绘制样条曲线的过程

样条曲线绘制完毕后，可以通过以下方式，对样条曲线进行编辑和修改。

1. 样条曲线属性管理器

“样条曲线”属性管理器如图 2-40 所示，在“参数”选项组中可以实现对样条曲线的各种参数进行修改。

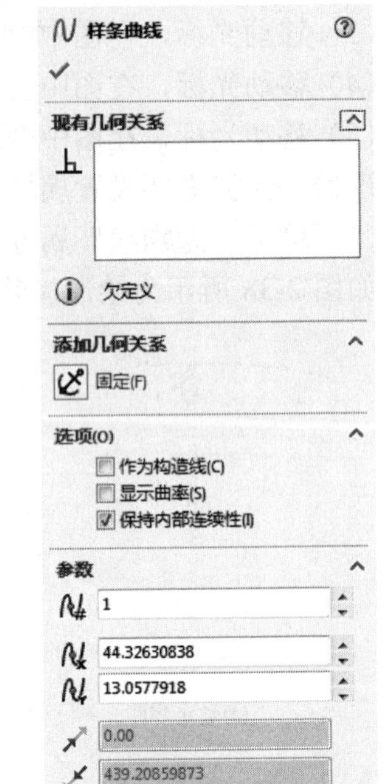

图 2-40　“样条曲线”属性管理器

2. 样条曲线上的点

选择要修改的样条曲线，此时样条曲线上会出现点，按住鼠标左键拖动这些点就可以实现对样条曲线的修改，如图 2-41 所示为样条曲线的修改过程，图 2-41(a)为修改前的图形，图 2-41(b)为修改后的图形。

3. 插入样条曲线型值点

确定样条曲线形状的点称为型值点，即除样条曲线端点以外的点。在样条曲线绘制以后，还可以插入一些型值点。右击样条曲线，在弹出的快捷菜单中单击“插入样条曲线型值点”命令，然后在需要添加的位置单击即可。

4. 删除样条曲线型值点

若要删除样条曲线上的型值点，则单击选择要删除的点，然后按<Delete>键即可。

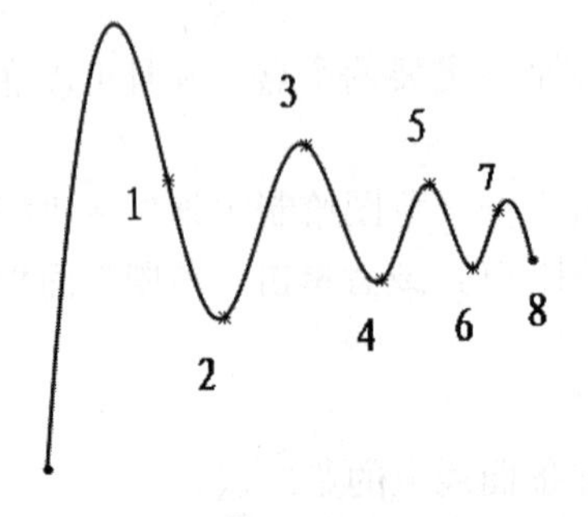

(a)修改前的图形

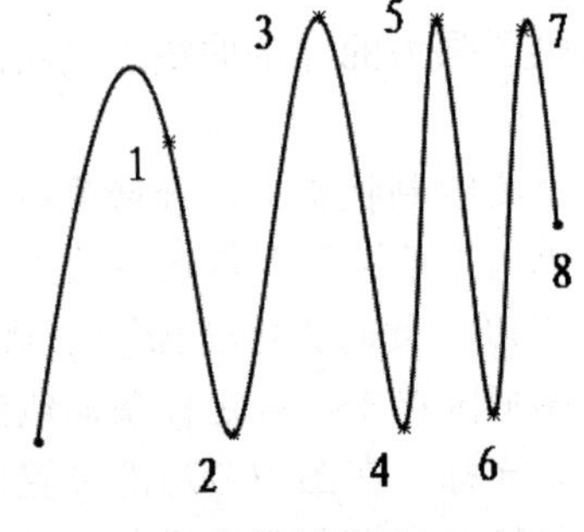

(b)修改后的图形

图 2-41　样条曲线的修改过程

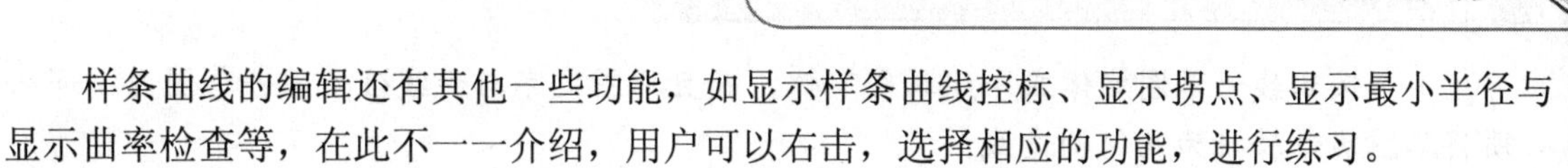

样条曲线的编辑还有其他一些功能，如显示样条曲线控标、显示拐点、显示最小半径与显示曲率检查等，在此不一一介绍，用户可以右击，选择相应的功能，进行练习。

注意：系统默认显示样条曲线的控标。单击“样条曲线工具”工具栏中的“显示样条曲线控标”按钮，可以隐藏或者显示样条曲线的控标。

2.2.10 绘制草图文字

草图文字可以在零件特征面上添加，用于拉伸和切除文字，形成立体效果。文字可以添加在任何连续曲线或边线组中，包括由直线、圆弧或样条曲线组成的圆或轮廓。

（1）在草图绘制状态下，选择菜单栏中的“工具”→“草图绘制实体”→“文字”命令，或者单击“草图”工具栏中的“文字”按钮，或者单击“草图”面板中的“文字”按钮，系统弹出“草图文字”属性管理器，如图 2-42 所示。

（2）在图形区中选择一边线、曲线、草图或草图线段，作为绘制文字草图的定位线，此时所选择的边线显示在“草图文字”属性管理器的“曲线”选项组中。

（3）在“草图文字”属性管理器的“文字”选项中输入要添加的文字“SOLIDWORKS 2018”。此时，添加的文字显示在图形区曲线上。

（4）如果不需要系统默认的字体，则取消对“使用文档字体”复选框的勾选，然后单击“字体”按钮，此时系统弹出“选择字体”对话框，如图 2-43 所示，按照需要进行设置。

（5）设置好字体后，单击“选择字体”对话框中的“确定”按钮，然后单击“草图文字”属性管理器中的确定按钮，完成草图文字的绘制。

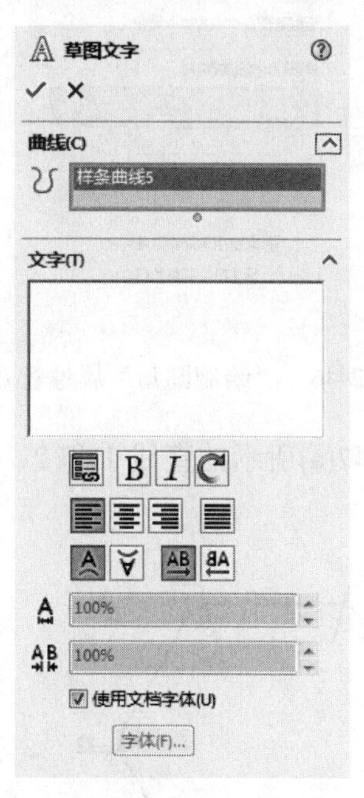

图 2-42 “草图文字”属性管理器

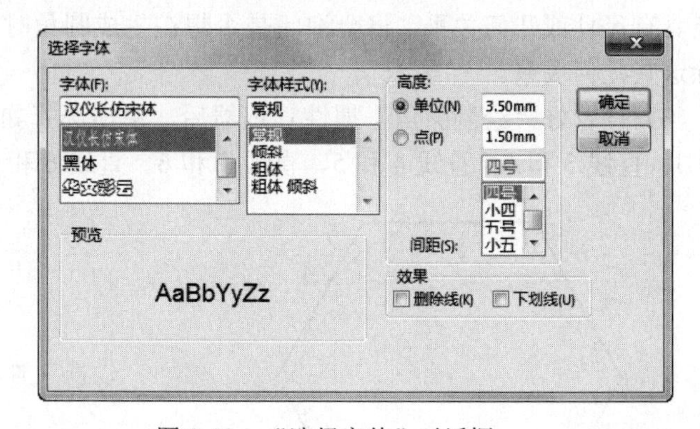

图 2-43 “选择字体”对话框

注意：

（1）在草图绘制模式下，双击已绘制的草图文字，在系统弹出的“草图文字”属性管理器中，可以对其进行修改。

（2）如果曲线为草图实体或一组草图实体，而且草图文字与曲线位于同一草图内，那么必须将草图实体转换为几何构造线。

如图 2-44 所示为绘制的草图文字，如图 2-45 所示为拉伸后的草图文字。

SOLIDWORKS 2018

图 2-44　绘制的草图文字

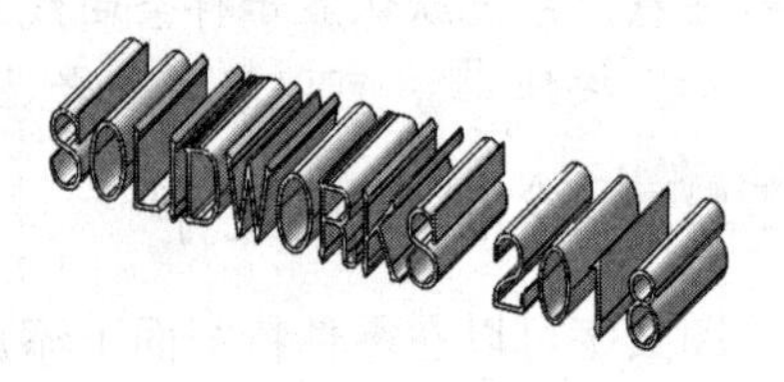

图 2-45　拉伸后的草图文字

2.3　草图编辑工具

本节主要介绍草图编辑工具的使用方法，如圆角、倒角、等距实体、裁减、延伸、镜向、阵列、移动、复制、旋转与修改等。

2.3.1　绘制圆角

绘制圆角工具是将两个草图实体的交叉处剪裁掉角部，生成一个与两个草图实体都相切的圆弧，此工具在 2D 和 3D 草图中均可使用。

（1）在草图编辑状态下，选择菜单栏中的“工具”→“草图工具”→“圆角”命令，或者单击“草图”工具栏中的“绘制圆角”按钮，或者单击“草图”面板中的“绘制圆角”按钮，此时系统弹出的“绘制圆角”属性管理器如图 2-46 所示。

（2）在“绘制圆角”属性管理器中，设置圆角的半径。如果顶点具有尺寸或几何关系，勾选“保持拐角处约束条件”复选框，将保留虚拟交点。如果不勾选该复选框，且顶点具有尺寸或几何关系，将会询问是否想在生成圆角时删除这些几何关系。

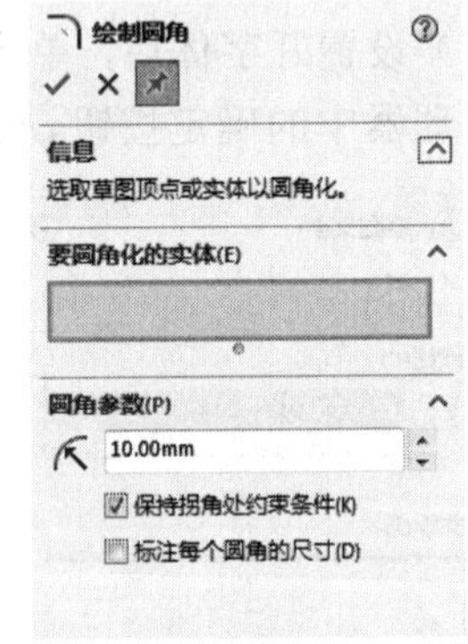

图 2-46　“绘制圆角”属性管理器

（3）设置好“绘制圆角”属性管理器后，单击选择如图 2-47(a)所示的直线 1 和 2、直线 2 和 3、直线 3 和 4、直线 4 和 5、直线 5 和 6、直线 6 和 1。

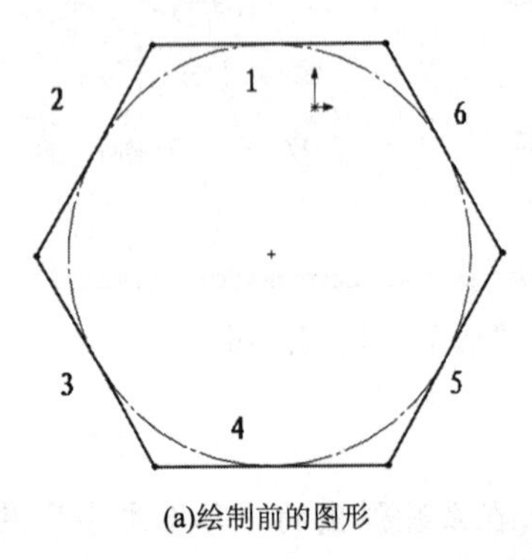

(a)绘制前的图形

(b)绘制后的图形

图 2-47　绘制圆角过程

(4) 勾选“标注每个圆角的尺寸”复选框，单击“绘制圆角”属性管理器中的确定按钮✓，完成圆角的绘制，如图 2-47(b)所示。

注意：SOLIDWORKS 可以将两个非交叉的草图实体进行倒圆角操作。执行完“圆角”命令后，草图实体将被拉伸，边角将被圆角处理。

2.3.2 绘制倒角

绘制倒角工具是将倒角应用到相邻的草图实体中，此工具在 2D 和 3D 草图中均可使用。倒角的选取方法与圆角相同。在“绘制倒角”属性管理器中提供了倒角的两种设置方式，分别是“角度距离”设置倒角方式和“距离-距离”设置倒角方式。

(1) 在草图编辑状态下，选择菜单栏中的“工具”→“草图工具”→“倒角”命令，或者单击“草图”工具栏中的“绘制倒角”按钮，或者单击“草图”面板中的“绘制倒角”按钮，此时系统弹出的“绘制倒角”属性管理器如图 2-48 所示。

(2) 在“绘制倒角”属性管理器中，点选“角度距离”单选按钮，按照如图 2-48 所示设置倒角方式和倒角参数，然后选择如图 2-50(a)所示的直线 1 和直线 4。

(3) 在“绘制倒角”属性管理器中，点选“距离-距离”单选按钮，按照如图 2-49 所示设置倒角方式和倒角参数，然后选择如图 2-50(a)所示的直线 2 和直线 3。

(4) 单击“绘制倒角”属性管理器中的确定按钮✓，完成倒角的绘制，如图 2-50(b)所示。

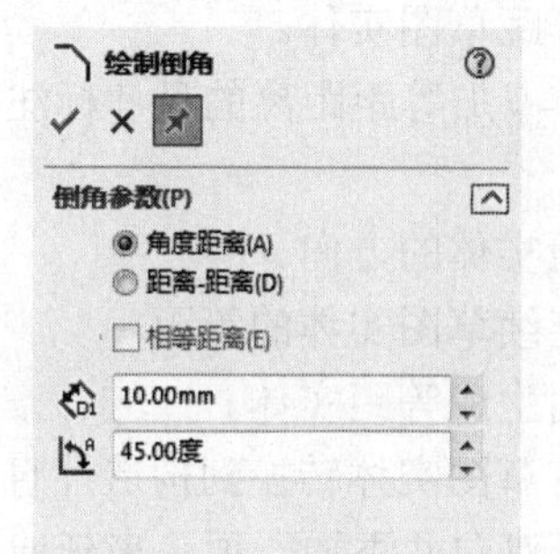

图 2-48 “角度距离”设置方式

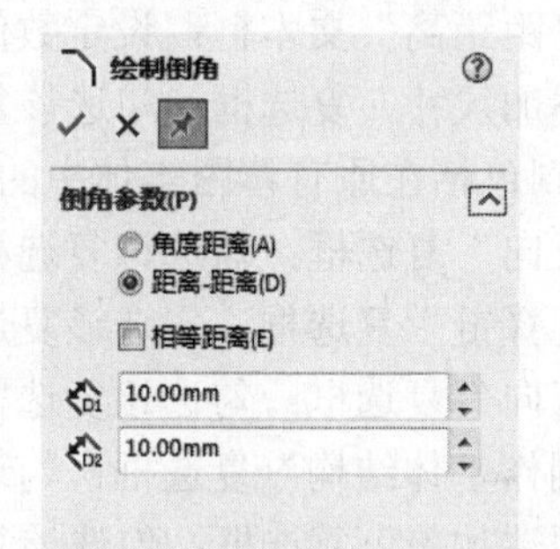

图 2-49 “距离-距离”设置方式

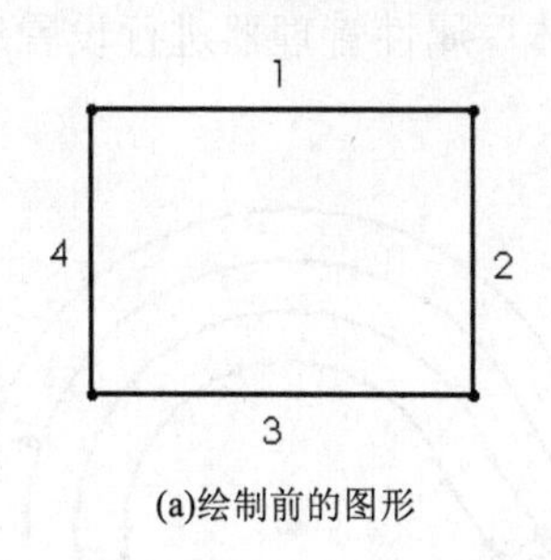

(a)绘制前的图形

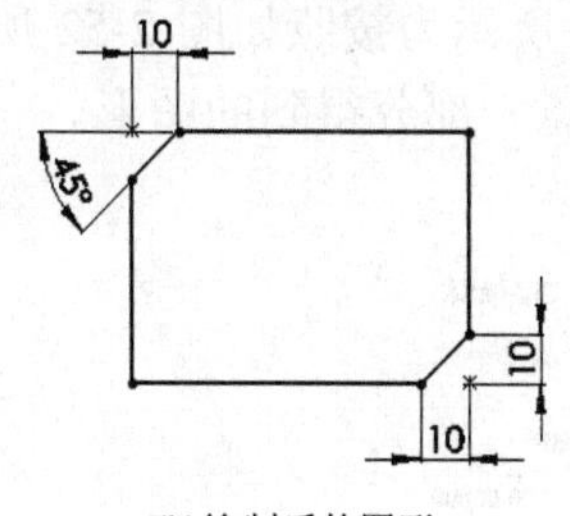

(b)绘制后的图形

图 2-50 绘制倒角的过程

以“距离-距离”设置方式绘制倒角时，如果设置的两个距离不相等，选择不同草图实体的次序不同，绘制的结果也不相同。如图 2-50 所示，设置 D1＝10、D2＝20，如图 2-51(a)所示为原始图形；如图 2-51(b)所示为先选取左侧的直线，后选择右侧直线形成的倒角；如图 2-51(c)所示为先选取右侧的直线，后选择左侧直线形成的倒角。

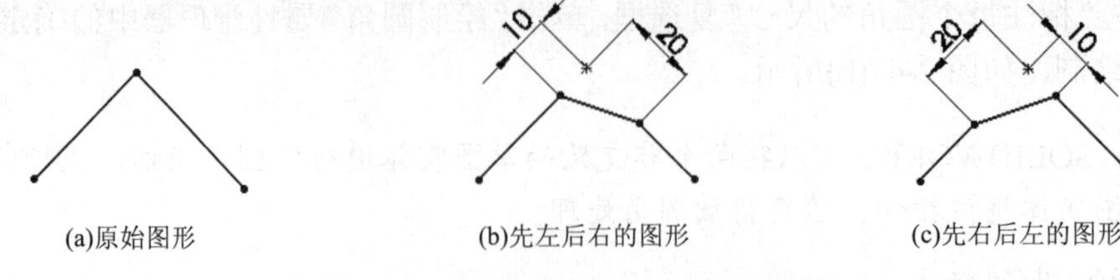

(a)原始图形　　(b)先左后右的图形　　(c)先右后左的图形

图 2-51　选择直线次序不同形成的倒角

2.3.3 等距实体

等距实体工具是按特定的距离等距一个或者多个草图实体、所选模型边线、模型面。例如样条曲线或圆弧、模型边线组、环等之类的草图实体。

（1）在草图绘制状态下，选择菜单栏中的“工具”→“草图工具”→“等距实体”命令，或者单击“草图”工具栏中的“等距实体”按钮，或者单击“草图”面板中的“等距实体”按钮。

（2）系统弹出“等距实体”属性管理器（如图 2-52 所示），按照实际需要进行设置。

（3）单击选择要等距的实体对象。

（4）单击“等距实体”属性管理器中的确定按钮，完成等距实体的绘制。

“等距实体”属性管理器中相关选项的含义如下。

- “等距距离”文本框：设定数值以特定距离来等距草图实体。
- “添加尺寸”复选框：勾选该复选框将在草图中添加等距距离的尺寸标注，这不会影响到包括在原有草图实体中的任何尺寸。
- “反向”复选框：勾选该复选框将更改单向等距实体的方向。
- “选择链”复选框：勾选该复选框将生成所有连续草图实体的等距。
- “双向”复选框：勾选该复选框将在草图中双向生成等距实体。
- “制作基体结构”复选框：勾选该复选框将原有草图实体转换到构造性直线。
- “顶端加盖”复选框：勾选该复选框将通过选择双向并添加一顶盖来延伸原有非相交草图实体。

如图 2-53 所示为按照如图 2-52 所示的“等距实体”属性管理器进行设置后，选取中间草图实体中任意一部分得到的图形。

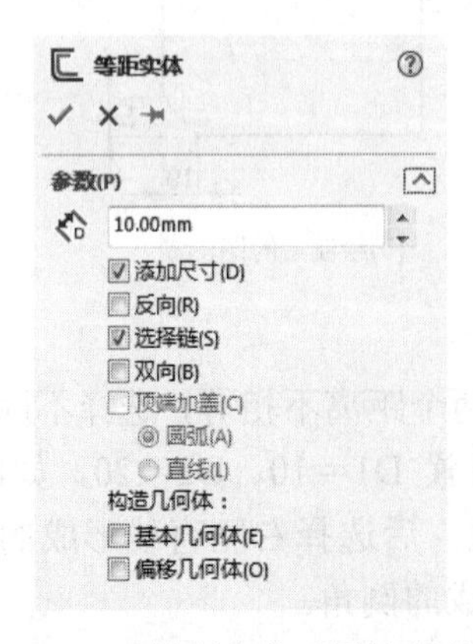

图 2-52　“等距实体“属性管理器

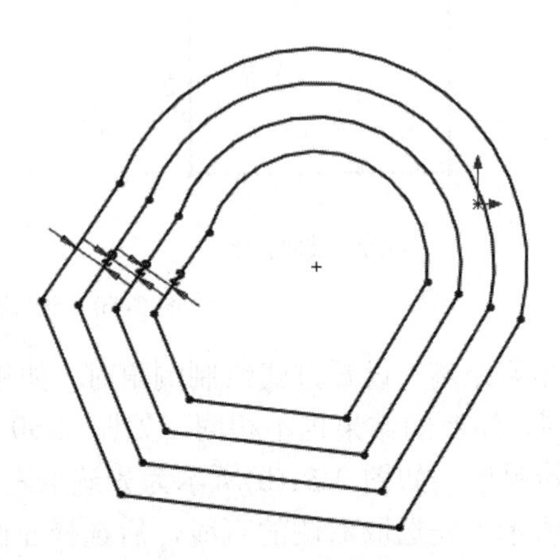

图 2-53　等距后的草图实体

如图 2-54 所示为在模型面上添加草图实体的过程，图 2-54(a)为原始图形，图 2-54(b)为等距实体后的图形。执行过程为：先选择如图 2-54(a)所示的模型的上表面，然后进入草图绘制状态，再执行等距实体命令，设置参数为单向等距距离，距离为 8mm。

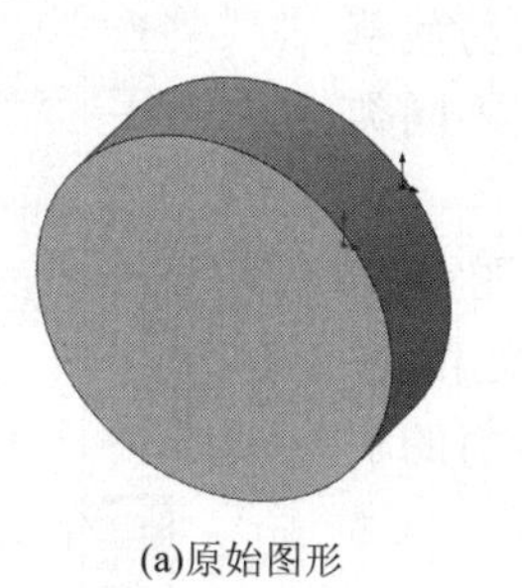

(a)原始图形

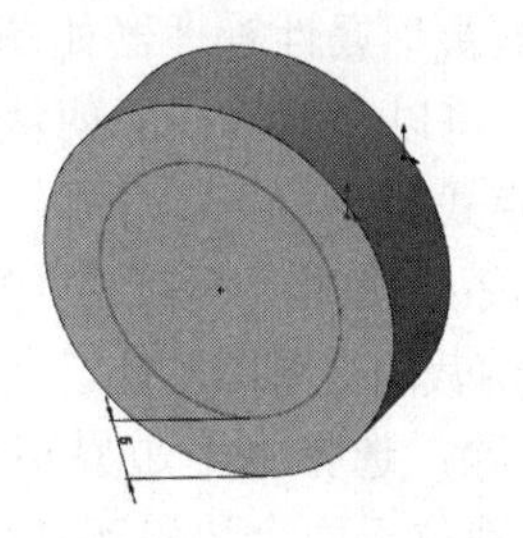

(b)等距实体后的图形

图 2-54　模型面等距实体

注意：在草图绘制状态下，双击等距距离的尺寸，然后更改数值，就可以修改等距实体的距离。在双向等距中，修改单个数值就可以更改两个等距的尺寸。

2.3.4 转换实体引用

转换实体引用是通过已有的模型或者草图，将其边线、环、面、曲线、外部草图轮廓线、一组边线或一组草图曲线投影到草图基准面上。通过这种方式，可以在草图基准面上生成一个或多个草图实体。使用该命令时，如果引用的实体发生更改，那么转换的草图实体也会相应改变。

（1）在特征管理器的树状目录中，选择要添加草图的基准面，本例选择基准面 1，然后单击“草图”控制面板中的“草图绘制”按钮，进入草图绘制状态。

（2）按住<Ctrl>键，选取如图 2-55(a)所示的边线 1、2、3、4 以及圆弧 5。

（3）选择菜单栏中的“工具”→“草图工具”→“转换实体引用”命令，或者单击“草图”工具栏中的“转换实体引用”按钮，或者单击“草图”面板中的“转换实体引用”按钮，执行转换实体引用命令。

（4）退出草图绘制状态，转换实体引用后的图形如图 2-55(b)所示。

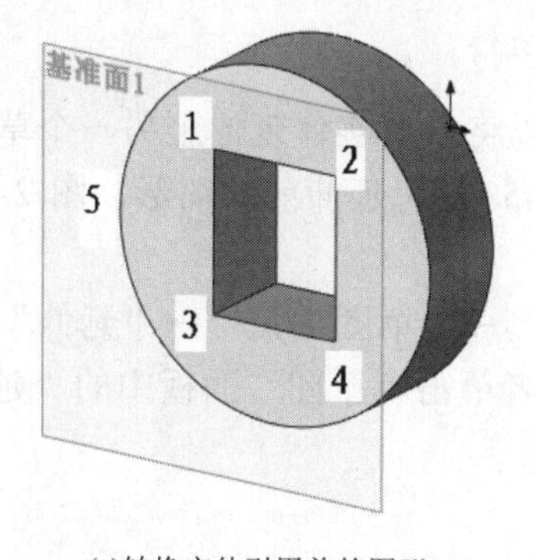

(a)转换实体引用前的图形

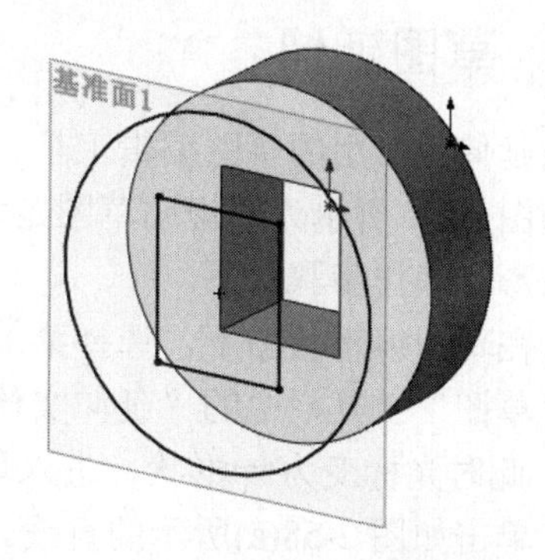

(b)转换实体引用后的图形

图 2-55　转换实体引用过程

2.3.5 草图剪裁

草图剪裁是常用的草图编辑命令。执行草图剪裁命令时，系统弹出的“剪裁”属性管理器如图 2-56 所示，根据剪裁草图实体的不同，可以选择不同的剪裁模式，下面将介绍不同类型的草图剪裁模式。

- 强劲剪裁：通过将光标拖过每个草图实体来剪裁草图实体。
- 边角：剪裁两个草图实体，直到它们在虚拟边角处相交。
- 在内剪除：选择两个边界实体，然后选择要裁剪的实体，剪裁位于两个边界实体外的草图实体。
- 在外剪除：剪裁位于两个边界实体内的草图实体。
- 剪裁到最近端：将一草图实体裁减到最近端交叉实体。

图 2-56　“剪裁“属性管理器

以如图 2-57 所示为例说明剪裁实体的过程，图 2-57(a)为剪裁前的图形，图 2-57(b)为剪裁后的图形，其操作步骤如下。

（1）在草图编辑状态下，选择菜单栏中的“工具”→“草图工具”→“剪裁”命令，或者单击“草图”工具栏中的 “剪裁实体”按钮，或者单击“草图”面板中的“剪裁实体”按钮，此时光标变为形状，并在左侧特征处弹出“剪裁”属性管理器。

（2）在“剪裁”属性管理器中选择“剪裁到最近端”选项。

（3）依次单击如图 2-57(a)所示的 A 处和 B 处，剪裁图中的直线。

（4）单击“剪裁”属性管理器中的确定按钮，完成草图实体的剪裁，剪裁后的图形如图 2-57(b)所示。

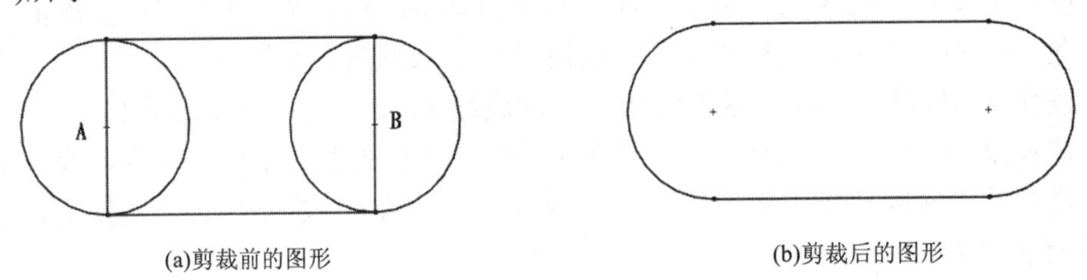

(a)剪裁前的图形　　(b)剪裁后的图形

图 2-57　剪裁实体的过程

2.3.6 草图延伸

草图延伸是常用的草图编辑工具。利用该工具可以将草图实体延伸至另一个草图实体。

以如图 2-58 所示为例说明草图延伸的过程，图 2-58(a)为延伸前的图形，图 2-58(b)为延伸后的图形，操作步骤如下。

（1）在草图编辑状态下，选择菜单栏中的“工具”→“草图工具”→“延伸”命令，或者单击“草图”工具栏中的“延伸实体”按钮，或者单击“草图”面板中的“延伸实体”按钮，此时光标变为形状，进入草图延伸状态。

（2）单击如图 2-58(a)所示的直线。

（3）按<Esc>键，退出延伸实体状态，延伸后的图形如图 2-58(b)所示。

在延伸草图实体时，如果两个方向都可以延伸，而只需要单一方向延伸时，单击延伸方向一侧的实体部分即可实现，在执行该命令过程中，实体延伸的结果在预览时会以红色显示。

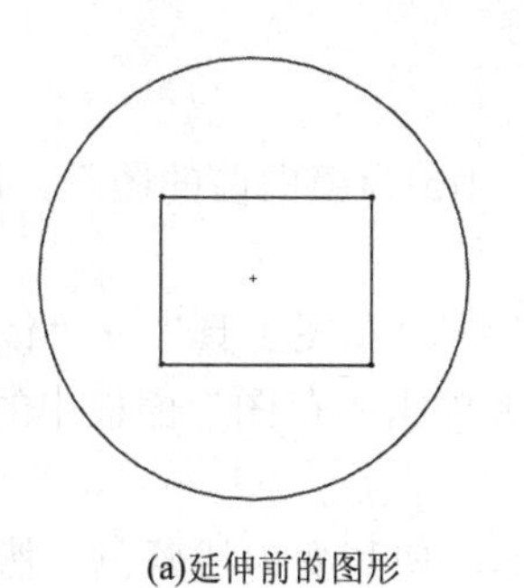

(a)延伸前的图形

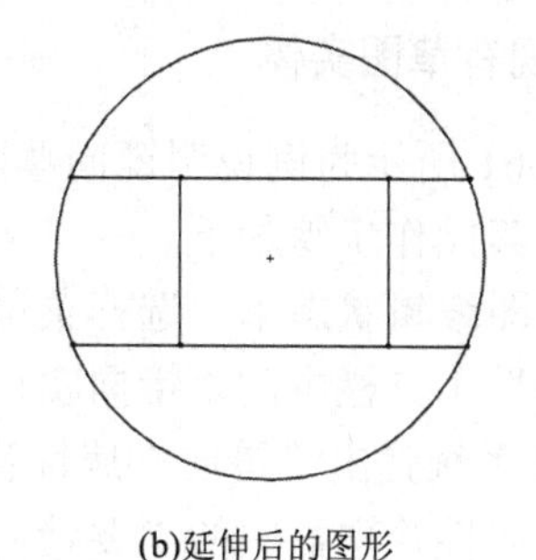

(b)延伸后的图形

图 2-58　草图延伸的过程

2.3.7 分割草图

分割草图是将一连续的草图实体分割为两个草图实体，以方便进行其他操作。反之，也可以删除一个分割点，将两个草图实体合并成一个单一草图实体。

以如图 2-59 所示为例说明分割实体的过程，图 2-59(a)为分割前的图形，图 2-59(b)为分割后的图形，其操作步骤如下。

（1）在草图编辑状态下，选择菜单栏中的“工具”→“草图工具”→“分割实体”命令，或者单击“草图”工具栏中的“分割实体”按钮，进入分割实体状态。

（2）单击如图 2-59(a)所示圆弧的合适位置，添加一个分割点。

（3）按<Esc>键，退出分割实体状态，分割后的图形如图 2-59(b)所示。

在草图编辑状态下，如果欲将两个草图实体合并为一个草图实体，单击选中分割点，然后按<Delete>键即可。

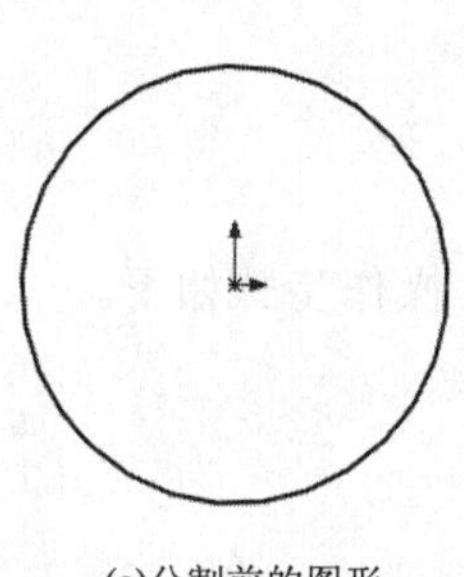

(a)分割前的图形

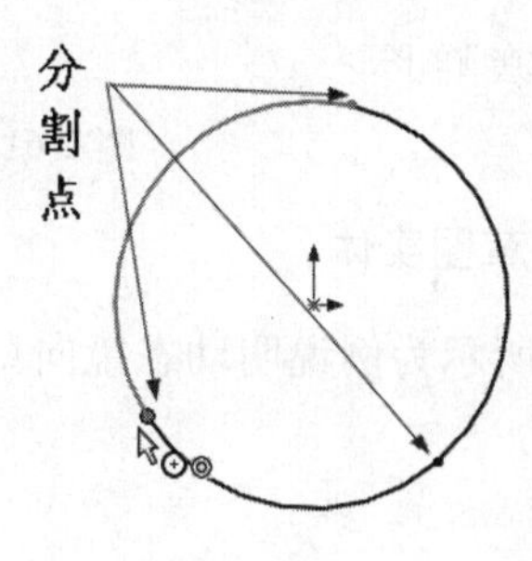

(b)分割后的图形

图 2-59　分割实体的过程

2.3.8 镜向草图

在绘制草图时，经常要绘制对称的图形，这时可以使用镜向实体命令来实现，“镜向”属性管理器如图 2-60 所示。

在 SOLIDWORKS 2018 中，镜向点不再仅限于构造线，它可以是任意类型的直线。SOLIDWORKS 提供了两种镜向方式，一种是镜向现有草图实体，另一种是在绘制草图时动态镜向草图实体，下面将分别介绍。

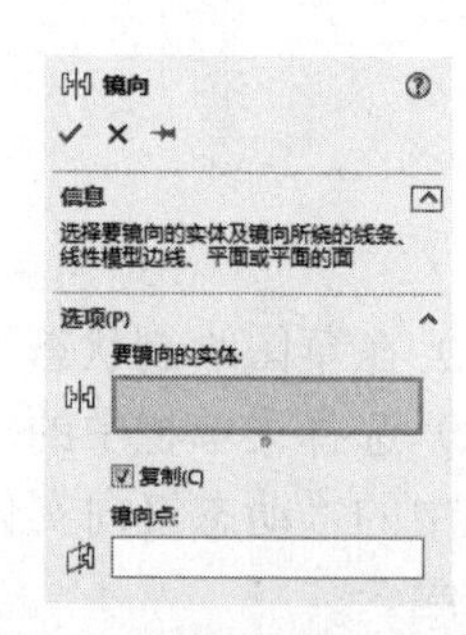

图 2-60　“镜向”属性管理器

1．镜向现有草图实体

以如图 2-61 所示为例说明镜向草图的过程，图 2-61(a)为镜向前的图形，图 2-61(b)为镜向后的图形，其操作步骤如下。

（1）在草图编辑状态下，选择菜单栏中的“工具”→“草图工具”→“镜向”命令，或者单击“草图”工具栏中的“镜向实体”按钮，或者单击“草图”面板中的“镜向实体”按钮，此时系统弹出“镜向”属性管理器。

（2）单击属性管理器中的“要镜向的实体”列表框，使其变为浅蓝色，然后在图形区中框选如图 2-61(a)所示的直线左侧图形。

（3）单击属性管理器中的“镜向点”列表框，使其变为浅蓝色，然后在图形区中选取如图 2-61(a)所示的直线。

（4）单击“镜向”属性管理器中的确定按钮✔，草图实体镜向完毕，镜向后的图形如图 2-61(b)所示。

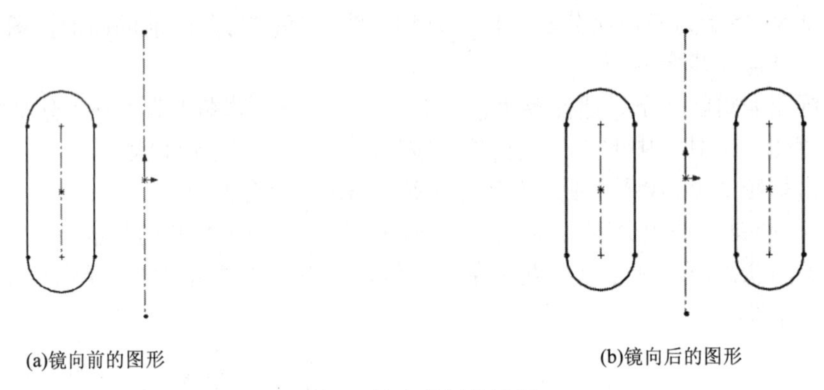

图 2-61　镜向草图的过程

2．动态镜向草图实体

以如图 2-62 所示为例说明动态镜向草图实体的过程，操作步骤如下。

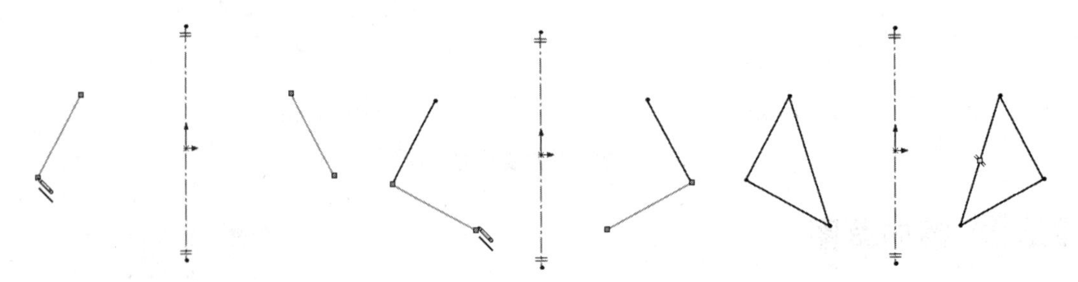

图 2-62　动态镜向草图实体的过程

（1）在草图绘制状态下，先在图形区中绘制一条中心线，并选取它。

（2）选择菜单栏中的“工具”→“草图工具”→“动态镜向”命令，或者单击“草图”工具栏中的“动态镜向实体”按钮，利用鼠标左键单击中心线，此时对称符号出现在中心线的两端。

（3）单击“草图”控制面板中的“直线”按钮，在中心线的一侧绘制草图，此时另一侧会动态地镜向出绘制的草图。

（4）草图绘制完毕后，再次单击“草图”控制面板中的“直线”按钮，即可结束该命令的使用。

注意：镜向实体在三维草图中不可使用。

2.3.9 线性草图阵列

线性草图阵列是将草图实体沿一个或者两个轴复制生成多个排列图形。执行该命令时，系统弹出的“线性阵列”属性管理器如图 2-63 所示。

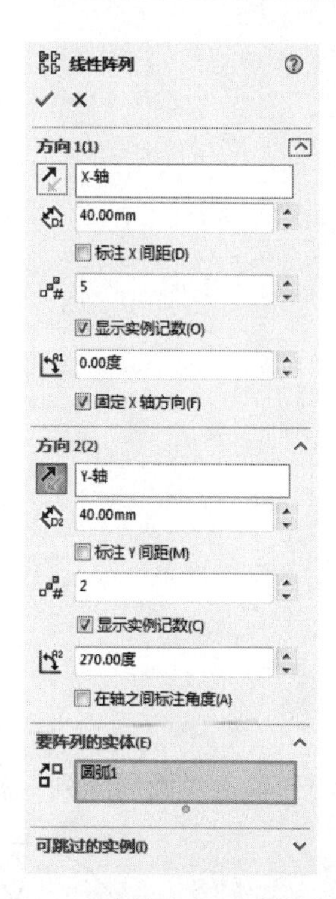

图 2-63　“线性阵列”属性管理器

以如图 2-64 所示为例说明线性草图阵列的过程，图 2-64(a)为阵列前的图形，图 2-64(b)为阵列后的图形，其操作步骤如下。

（1）如图 2-64(a)所示，在草图编辑状态下，选择菜单栏中的“工具”→“草图工具”→“线性阵列”命令，或者单击“草图”工具栏中的“线性草图阵列”按钮，或者单击“草图”面板中的“线性草图阵列”按钮。

（2）此时系统弹出“线性阵列”属性管理器，单击“要阵列的实体”列表框，然后在图形区中选取如图 2-64(a)所示的直径为 10mm 的圆弧，其他设置如图 2-63 所示。

（3）单击“线性阵列”属性管理器中的确定按钮，阵列后的图形如图 2-64(b)所示。

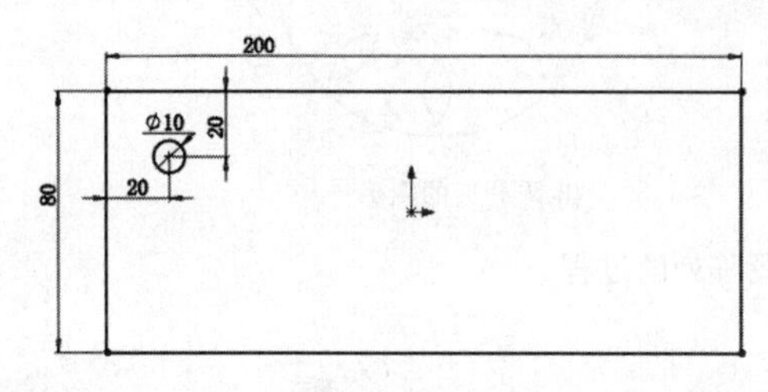

(a)阵列前的图形

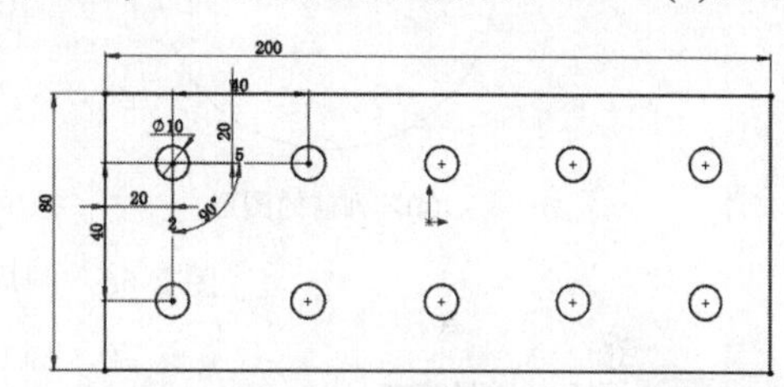

(b)阵列后的图形

图 2-64　线性草图阵列的过程

2.3.10 圆周草图阵列

圆周草图阵列是指将草图实体沿一个指定大小的圆弧进行的环状阵列。执行该命令时，系统弹出的“圆周阵列”属性管理器如图 2-65 所示。

以如图 2-66 所示为例说明圆周草图阵列的过程，图 2-66(a)为阵列前的图形，图 2-66(b)为阵列后的图形，其操作步骤如下。

（1）在草图编辑状态下，选择菜单栏中的“工具”→“草图工具”→“圆周阵列”命令，或者单击“草图”工具栏中的“圆周草图阵列”按钮，或者单击“草图”面板中的“圆周草图阵列”按钮，此时系统弹出“圆周阵列”属性管理器。

（2）单击“圆周阵列”属性管理器的“要阵列的实体”列表框，然后在图形区中选取圆内的两段圆弧，在“参数”选项组的列表框中选择圆的圆心，在“实例数”文本框中输入“8”。

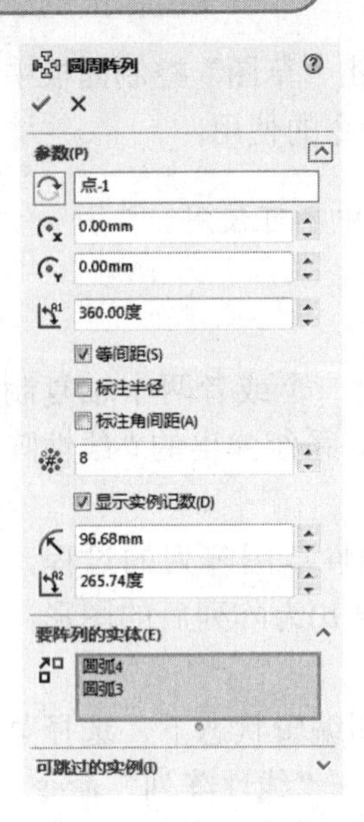

图 2-65 “圆周阵列”属性管理器

（3）单击“圆周阵列”属性管理器中的确定按钮✔，阵列后的图形如图 2-66(b)所示。

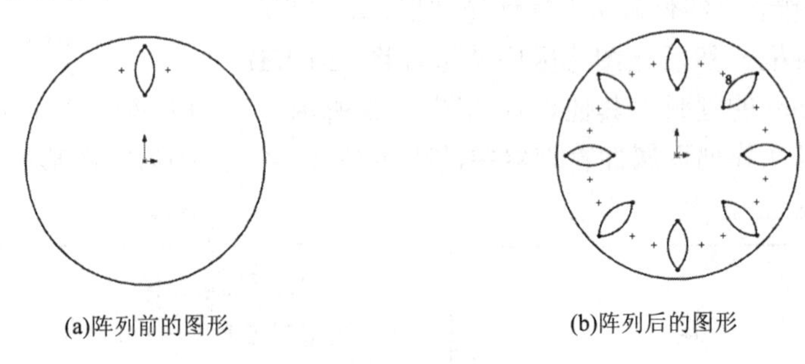

(a)阵列前的图形　　(b)阵列后的图形

图 2-66 圆周草图阵列的过程

2.3.11 移动草图

“移动”草图命令，是将一个或者多个草图实体进行移动。执行该命令时，系统弹出的“移动”属性管理器如图 2-67 所示。

在“移动”属性管理器中，“要移动的实体”列表框用于选取要移动的草图实体；“参数”选项组中的“从/到（F）”单选按钮用于指定移动的开始点和目标点，是一个相对参数；如果在“参数”选项组中点选“X/Y”单选按钮，则弹出新的对话框，在其中输入相应的参数即可以设定的数值生成相应的目标。

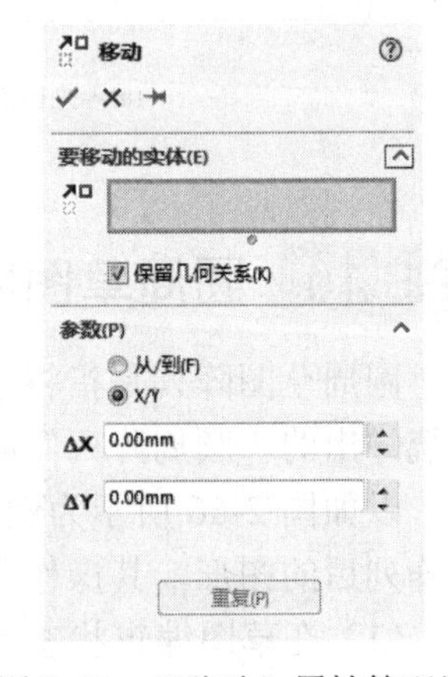

图 2-67 “移动”属性管理器

2.3.12 复制草图

“复制”草图命令，是将一个或者多个草图实体进行复制。执行该命令时，系统弹出的“复制”属性管理器如图 2-68 所示。“复制”属性管理器中的参数与“移动”属性管理器中参数意义相同，在此不再赘述。

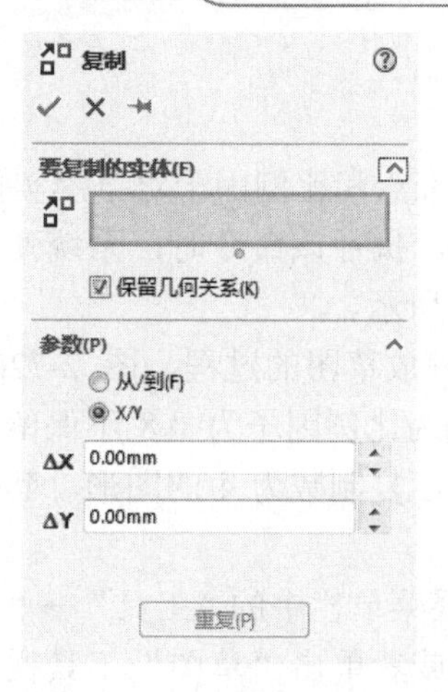

图 2-68 “复制”属性管理器

2.3.13 旋转草图

“旋转”草图命令，是通过选择旋转中心及要旋转的度数来旋转草图实体。执行该命令时，系统弹出的“旋转”属性管理器如图 2-69 所示。

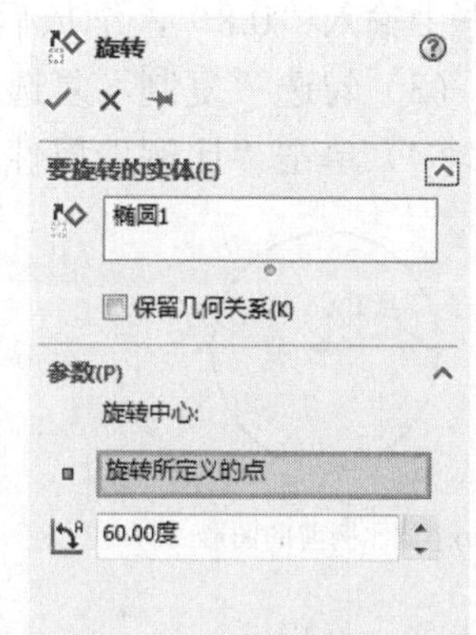

图 2-69 “旋转”属性管理器

以如图 2-70 所示为例说明旋转草图的过程，图 2-70(a)为旋转前的图形，图 2-70(b)为旋转后的图形，其操作步骤如下。

（1）如图 2-70(a)所示，在草图编辑状态下，选择菜单栏中的“工具”→“草图工具”→“旋转”命令，或者单击“草图”工具栏中的“旋转实体”按钮，或者单击“草图”面板中的“旋转实体”按钮。

（2）此时系统弹出“旋转”属性管理器，单击“要旋转的实体”列表框，在图形区中选取如图 2-70(a)所示的椭圆，在“基准点”列表框中选取矩形的左下端点，在“角度”文本框中输入“60”。

（3）单击“旋转”属性管理器中的确定按钮，旋转后的图形如图 2-70(b)所示。

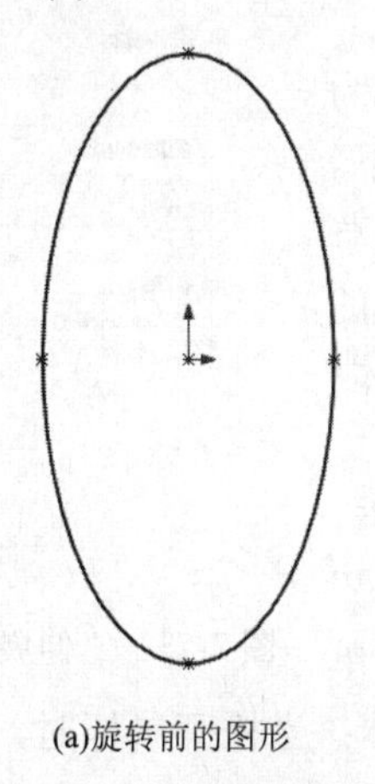

(a)旋转前的图形

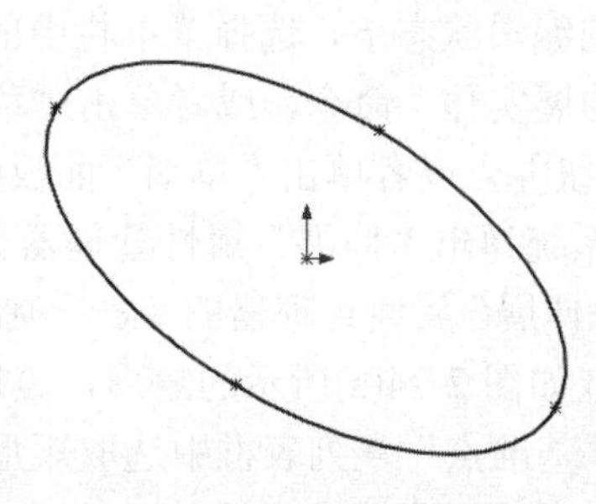

(b)旋转后的图形

图 2-70 旋转草图的过程

2.3.14 缩放草图

“缩放比例”命令，是通过基准点和比例因子对草图实体进行缩放，也可以根据需要在保留原缩放对象的基础上缩放草图。执行该命令时，系统弹出的“比例”属性管理器如图 2-71 所示。

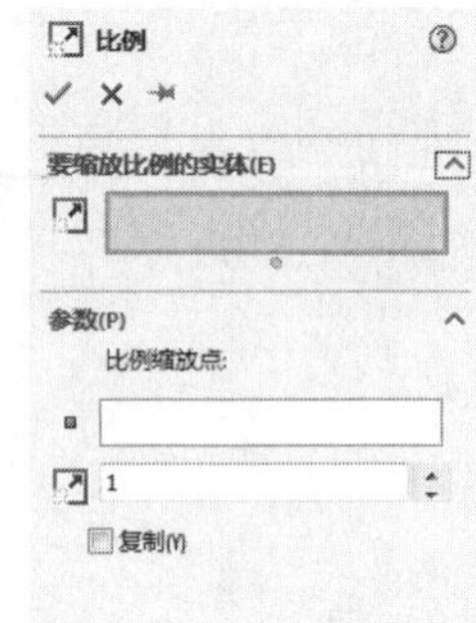

图 2-71 “比例”属性管理器

以如图 2-72 所示为例说明缩放草图的过程，图 2-72(a)为缩放比例前的图形，图 2-72(b)为比例因子为 0.8 不保留原图的图形，图 2-72(c)为保留原图，复制数为 4 的图形，其操作步骤如下。

（1）在草图编辑状态下，选择菜单栏中的“工具”→“草图工具”→“缩放比例”命令，或者单击“草图”工具栏中的“缩放比例“按钮，或者单击“草图”面板中的“缩放实体比例”按钮。此时系统弹出“比例”属性管理器。

（2）单击“比例”属性管理器的“要缩放比例的实体”列表框，在图形区中选取如图 2-72(a)所示的图形，在“基准点”列表框中选取如图 2-72（a）所示的点 1，在“比例因子”文本框中输入“0.8”，缩放后的结果如图 2-72(b)所示。

（3）勾选“复制”复选框，在“份数”文本框中输入“4”，结果如图 2-72(c)所示。

（4）单击“比例”属性管理器中的确定按钮，草图实体缩放完毕。

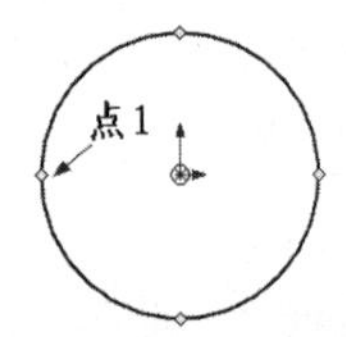

(a)缩放比例前的图形

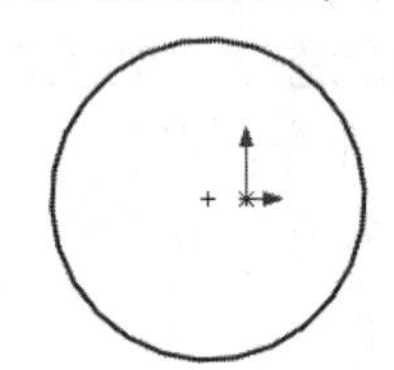
(b)比例因子为 0.8 不保留原图的图形

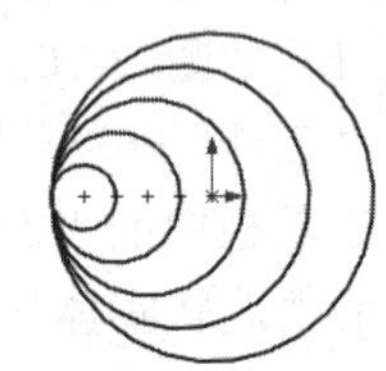
(c)保留原图，复制数为 4 的图形

图 2-72 缩放草图的过程

2.3.15 伸展草图

“伸展实体”命令，是通过基准点和坐标点对草图实体进行伸展。执行该命令时，系统弹出的“伸展”属性管理器如图 2-73 所示。

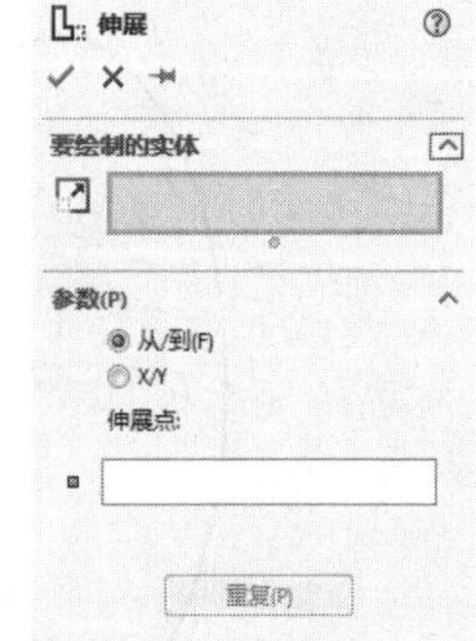

图 2-73 “伸展”属性管理器

以如图 2-74 所示为例说明伸展草图的过程，图 2-74(a)为伸展前的图形，图 2-74(c)为伸展后的图形，其操作步骤如下。

（1）在草图编辑状态下，选择菜单栏中的“工具”→“草图工具”→“伸展实体”命令，或者单击“草图”工具栏中的“伸展实体”按钮，或者单击“草图”面板中的“伸展实体”按钮。此时系统弹出“伸展”属性管理器。

（2）单击“伸展”属性管理器的“要绘制的实体”列表框，在图形区中选取如图 2-74(a)所示的矩形，点选“从/到（F）”单选按钮，在“基准点”列表框中选取矩形的左下端点，单击基点，然后单击草图设定基准点，拖动以伸展草图实体；当松开鼠标时，实体伸展到该点，并且 PropertyManager 将关闭。

（3）选择“X/Y”单选按钮，为△X 和△Y 设定值以伸展草图实体，如图 2-74(b)所示，单击“重复”按钮以相同距离伸展实体。伸展后的结果如图 2-74(c)所示。

（4）单击“伸展”属性管理器中的确定按钮✓，草图实体伸展完毕。

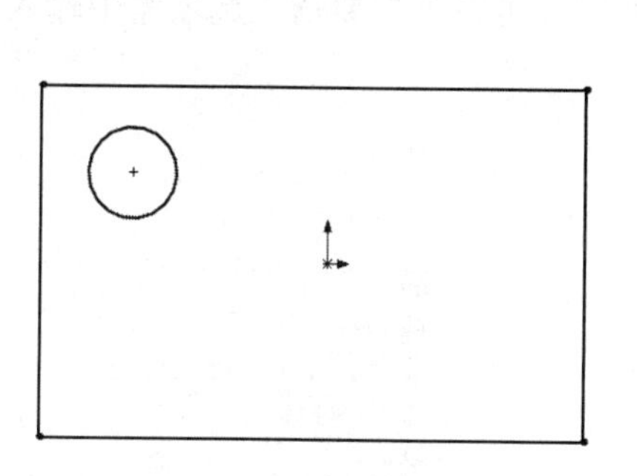

(a)伸展前的图

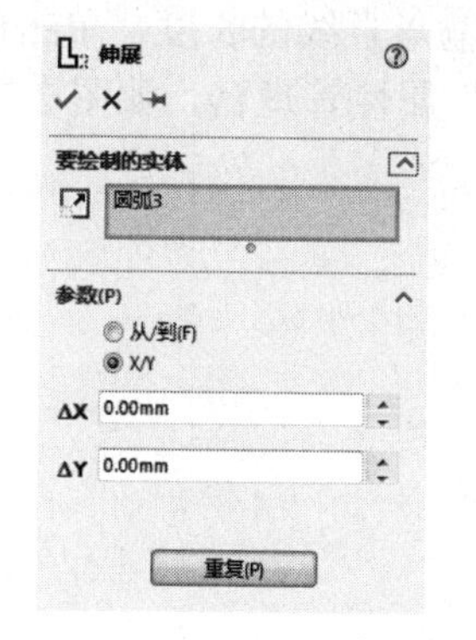

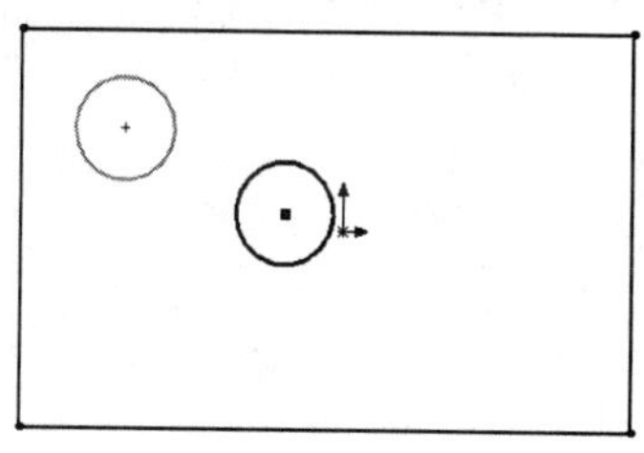

(b)“伸展”属性对话框

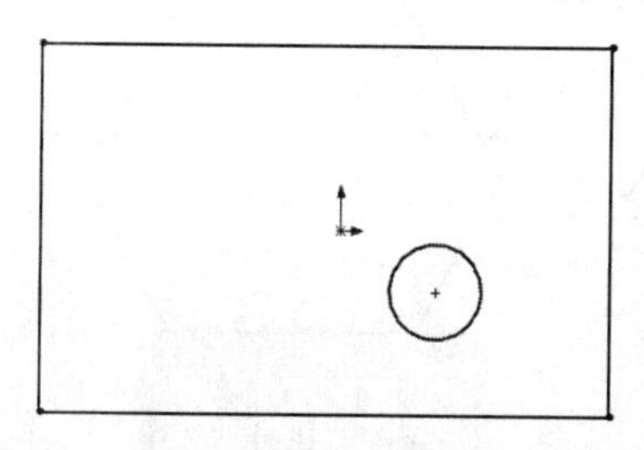

(c)伸展后的图形

图 2-74　伸展草图的过程

2.4　尺寸标注

SOLIDWORKS 2018 是一种尺寸驱动式系统，用户可以指定尺寸及各实体间的几何关系，更改尺寸将改变零件的尺寸与形状。尺寸标注是草图绘制过程中的重要组成部分。SOLIDWORKS 虽然可以捕捉用户的设计意图，自动进行尺寸标注，但由于各种原因，有时自动标注的尺寸不理想，用户必须自己进行尺寸标注。

2.4.1　度量单位

在 SOLIDWORKS 2018 中可以使用多种度量单位，包括埃米、纳米、微米、毫米、厘米、米、英寸、英尺。设置单位的方法在第 1 章中已讲述，这里不再赘述。

2.4.2　线性尺寸的标注

线性尺寸用于标注直线段的长度或两个几何元素间的距离。

1．标注直线长度尺寸的操作步骤

（1）单击“草图”控制面板中的“智能尺寸“按钮，此时光标变为形状。

（2）将光标放到要标注的直线上，这时光标变为形状，要标注的直线以红色高亮度显示。

（3）单击，则标注尺寸线出现并随着光标移动，如图 2-75(a)所示。

（4）将尺寸线移到适当的位置后单击，则尺寸线被固定下来。

（5）系统弹出“修改”对话框，在其中输入要标注的尺寸值，如图 2-75(b)所示。

（6）在“修改”对话框中输入直线的长度，单击确定按钮✔，完成标注。

（7）并在左侧出现“尺寸”属性管理器，如图 2-76 所示，可在“主要值”选项组中输入尺寸大小。

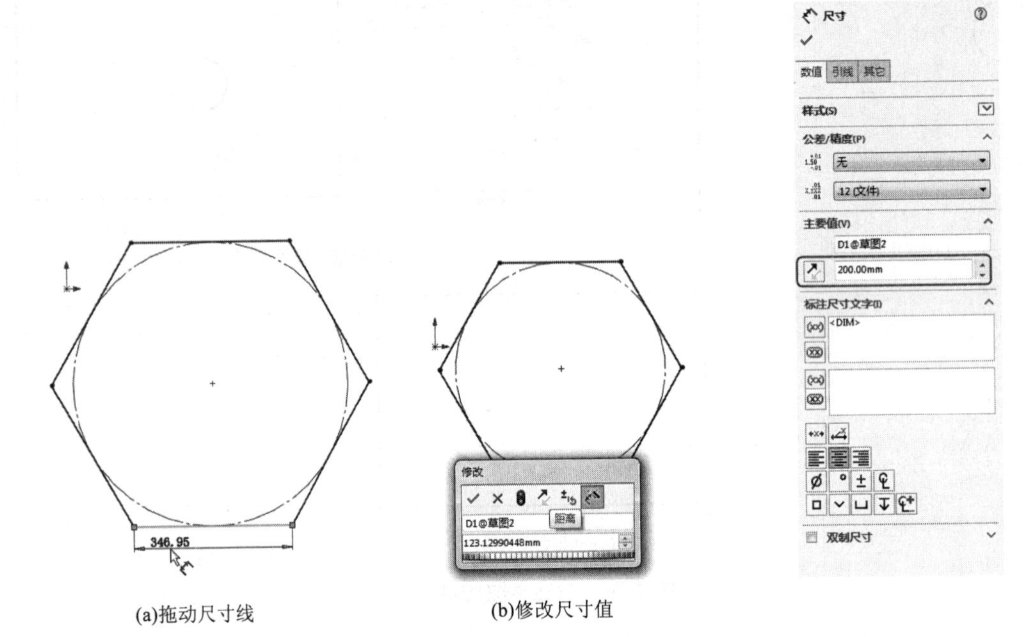

(a)拖动尺寸线　　(b)修改尺寸值

图 2-75　直线标注

图 2-76　“尺寸”属性管理器

2. 标注两个几何元素间距离的操作步骤

（1）单击“草图”面板中的“智能尺寸”按钮，此时光标变为形状。

（2）单击拾取第一个几何元素。

（3）标注尺寸线出现，不用管它，继续单击拾取第二个几何元素。

（4）这时标注尺寸线显示为两个几何元素之间的距离，移动光标到适当位置，如图 2-77(a)所示。

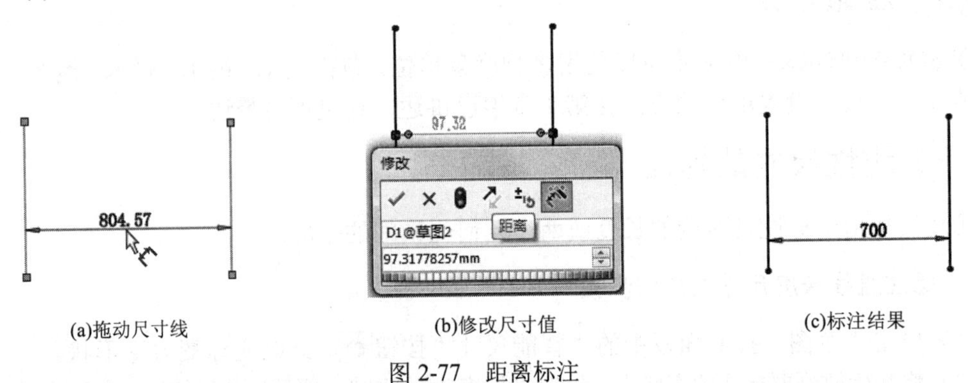

(a)拖动尺寸线　　(b)修改尺寸值　　(c)标注结果

图 2-77　距离标注

（5）单击标注尺寸线，将尺寸线固定下来，弹出“修改”对话框，如图 2-77(b)所示。

（6）在“修改”对话框中输入两个几何元素间的距离，单击确定按钮✔，完成标注，如图 2-77(c)所示。

2.4.3 直径和半径尺寸的标注

默认情况下，SOLIDWORKS 对圆标注的直径尺寸、对圆弧标注的半径尺寸如图 2-78 所示。

1．对圆进行直径尺寸标注的操作步骤

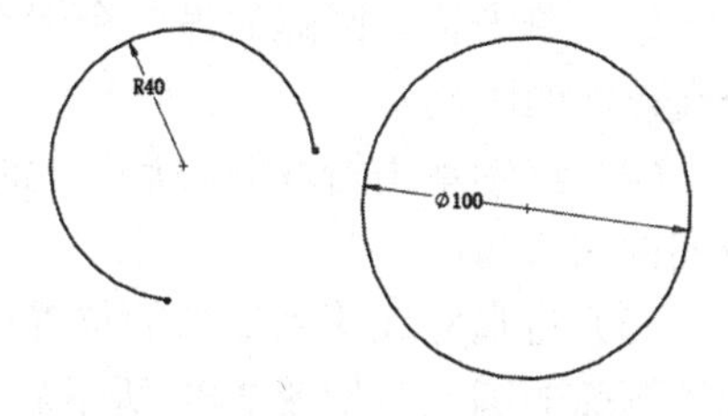

图 2-78　直径和半径尺寸的标注

（1）单击“草图”控制面板中的“智能尺寸”按钮，此时光标变为形状。

（2）将光标放到要标注的圆上，这时光标变为形状，要标注的圆以红色高亮度显示。

（3）单击，则出现标注尺寸线，并随着光标移动。

（4）将尺寸线移动到适当的位置后，单击，将尺寸线固定下来。

（5）在“修改”对话框中输入圆的直径，单击确定按钮✔，完成标注。

2．对圆弧进行半径尺寸标注的操作步骤

（1）单击“草图”控制面板中的“智能尺寸”按钮，此时光标变为形状。

（2）将光标放到要标注的圆弧上，这时光标变为形状，要标注的圆弧以红色高亮度显示。

（3）单击需要标注的圆弧，则出现标注尺寸线，并随着光标移动。

（4）将尺寸线移动到适当的位置后，单击，将尺寸线固定下来。

（5）在“修改”对话框中输入圆弧的半径，单击确定按钮✔，完成标注。

2.4.4 角度尺寸的标注

角度尺寸标注用于标注两条直线的夹角或圆弧的圆心角。

1．标注两条直线夹角的操作步骤

（1）绘制两条相交的直线。

（2）单击“草图”控制面板中的“智能尺寸”按钮，此时光标变为形状。

（3）单击拾取第一条直线。

（4）标注尺寸线出现，不用管它，继续单击拾取第二条直线。

（5）这时标注尺寸线显示为两条直线之间的角度，随着光标的移动，系统会显示 4 种不同的夹角角度，如图 2-79 所示。

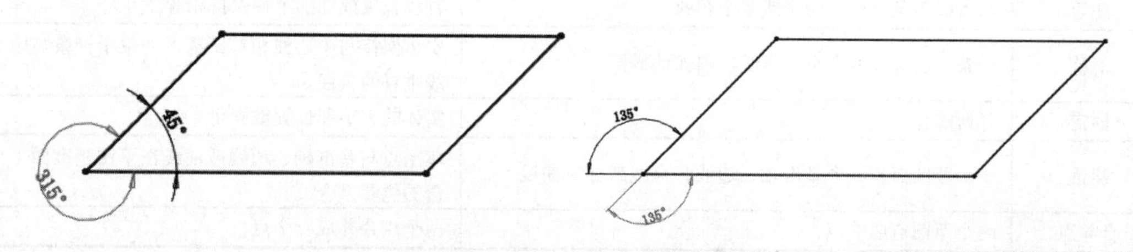

图 2-79　4 种不同的夹角角度

（6）单击鼠标，将尺寸线固定下来。

（7）在“修改”对话框中输入夹角的角度值，单击确定按钮，完成标注。

2．标注圆弧圆心角的操作步骤

（1）单击“草图”控制面板中的“智能尺寸”按钮，此时光标变为形状。

（2）单击拾取圆弧的一个端点。

（3）单击拾取圆弧的另一个端点，此时标注尺寸线显示这两个端点间的距离。

（4）继续单击拾取圆心点，此时标注尺寸线显示圆弧两个端点间的圆心角。

（5）将尺寸线移到适当的位置后，单击将尺寸线固定下来，标注圆弧的圆心角如图 2-80 所示。

（6）在“修改”对话框中输入圆弧的角度值，单击确定按钮，完成标注。

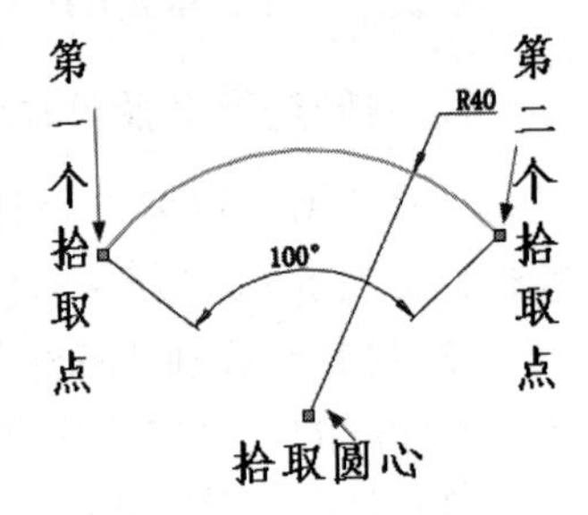

图 2-80　标注圆弧的圆心角

（7）如果在步骤（4）中拾取的不是圆心点而是圆弧，则将标注两个端点间圆弧的长度。

2.5　添加几何关系

几何关系为草图实体之间或草图实体与基准面、基准轴、边线或顶点之间的几何约束。表 2-6 说明了可为几何关系选择的实体以及所产生的几何关系的特点。

表 2-6　几何关系说明

几何关系	要执行的实体	所产生的几何关系
水平或竖直	一条或多条直线，两个或多个点	直线会变成水平或竖直（由当前草图的空间定义），而这些点会水平或竖直对齐
共线	两条或多条直线	实体位于同一条无限长的直线上
全等	两个或多个圆弧	实体会共用相同的圆心和半径
垂直	两条直线	两条直线相互垂直
平行	两条或多条直线	实体相互平行
相切	圆弧、椭圆和样条曲线，直线和圆弧，直线和曲面或三维草图中的曲面	两个实体保持相切
同心	两个或多个圆弧，一个点和一个圆弧	圆弧共用同一圆心
中点	一个点和一条直线	点位于线段的中点
交叉	两条直线和一个点	点位于直线的交叉点处
重合	一个点和一直线、圆弧或椭圆	点位于直线、圆弧或椭圆上
相等	两条或多条直线，两个或多个圆弧	直线长度或圆弧半径保持相等
对称	一条中心线和两个点、直线、圆弧或椭圆	实体保持与中心线相等距离，并位于一条与中心线垂直的直线上
固定	任何实体	实体的大小和位置被固定
穿透	一个草图点和一个基准轴、边线、直线或样条曲线	草图点与基准轴、边线或曲线在草图基准面上穿透的位置重合
合并点	两个草图点或端点	两个点合并成一个点

选择菜单栏中的“工具”→“关系”→“添加”命令，或者单击“草图”控制面板“显

示/删除几何关系”下拉列表中的“添加几何关系”按钮，或单击“草图”工具栏中的“添加几何关系”按钮，如图 2-81 所示，系统弹出“添加几何关系”属性管理器，如图 2-82 所示。

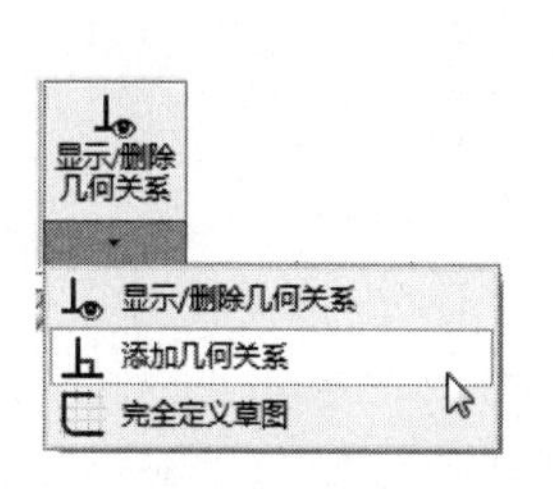

图 2-81 “添加几何关系”按钮

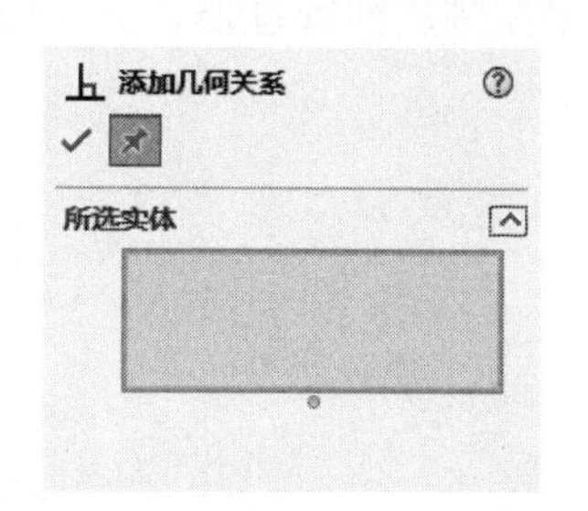

图 2-82 “添加几何关系”属性管理器

在弹出的“添加几何关系”属性管理器中对草图实体添加几何约束，设置几何关系。

利用添加几何关系工具可以在草图实体之间或草图实体与基准面、基准轴、边线或顶点之间生成几何关系。下面依次介绍常用约束关系。

2.5.1 水平约束

水平约束是指为对象（直线或两点）添加一种约束，使直线（或两点所组成的直线）与 X 轴方向成 0° 夹角，成平行关系。

1. 利用“添加几何关系”属性管理器添加“水平约束”

在草绘平面中绘制平行四边形，如图 2-83(a)所示，单击“草图”控制面板中的“添加几何关系”按钮，弹出“添加几何关系”属性管理器，如图 2-83(b)所示，在“所选实体”选项组中选择图 2-83(a)中的直线 1，在“添加几何关系”选项组中选择“水平（H）”；如图 2-83(c)所示为添加几何关系后的图形。

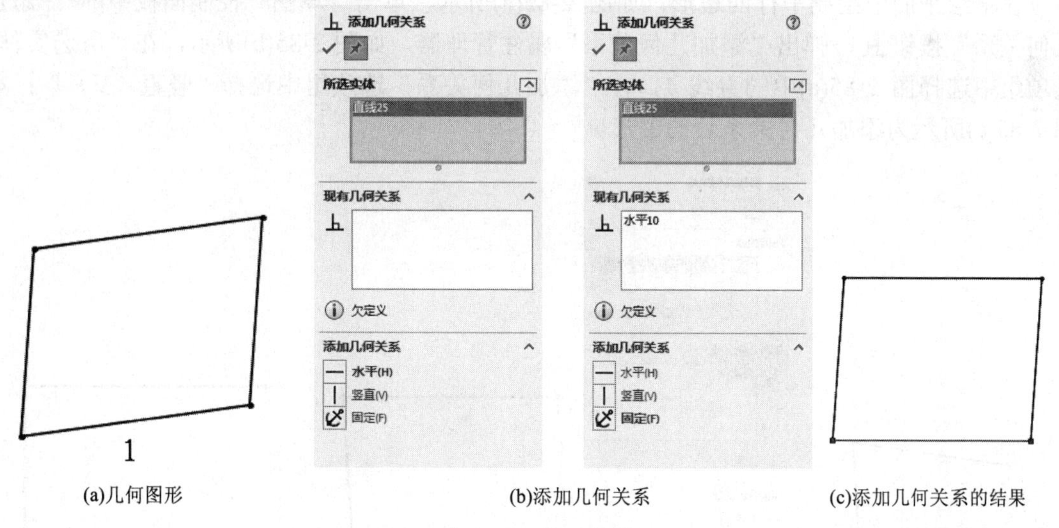

(a)几何图形　(b)添加几何关系　(c)添加几何关系的结果

图 2-83 水平约束

2. 利用“线条属性”属性管理器添加“水平约束”

在绘制草图过程中，完成一段直线绘制后，单击鼠标左键直接选择该直线，直线变为蓝色，显示被选中，同时在左侧弹出“线条属性”对话框，如图 2-84(a)所示，在“添加几何关系”选项组中单击“水平（H）”按钮，完成水平几何约束的添加，如图 2-84(b)所示，单击✔按钮，关闭左侧属性管理器。

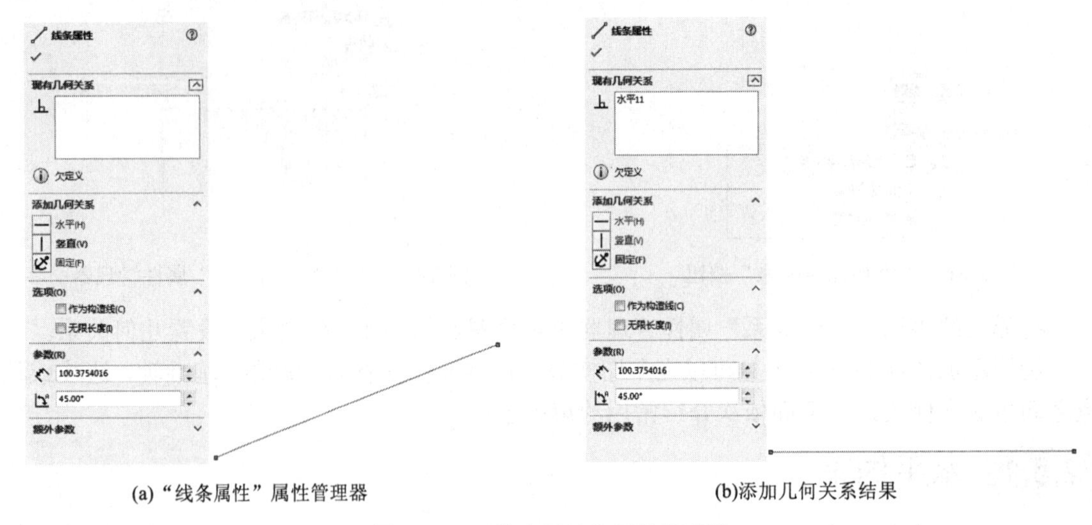

(a)“线条属性”属性管理器　　(b)添加几何关系结果

图 2-84　“线条属性”属性管理器

2.5.2 竖直约束

竖直约束是指为对象（一条直线或两点）添加一种约束，使直线（或两点所组成的直线）与 Y 轴方向成 0° 夹角，成平行关系。

1. 利用“添加几何关系”属性管理器添加“竖直约束”

在草绘平面中绘制平行四边形，如图 2-85(a)所示，单击“草图”控制面板中的 “添加几何关系”按钮上，弹出“添加几何关系”属性管理器，如图 2-85(b)所示，在“所选实体”选项组中选择图 2-85(a)中的直线 1，在“添加几何关系”选项组中选择“竖直（V）”；如图 2-85(c)所示为添加几何关系后的图形。

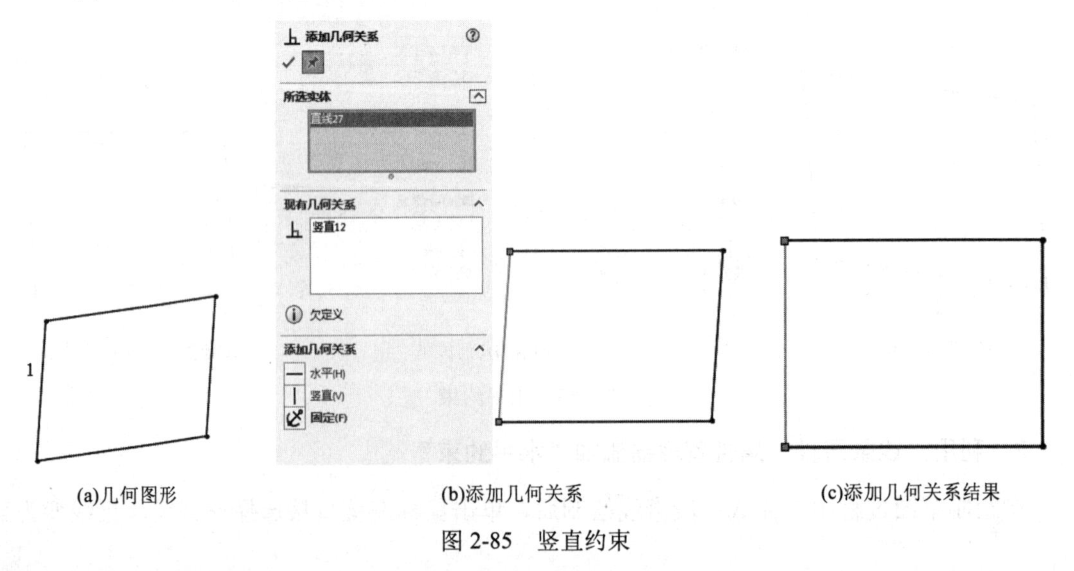

(a)几何图形　　(b)添加几何关系　　(c)添加几何关系结果

图 2-85　竖直约束

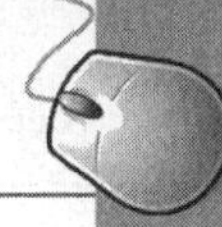

2. 利用“线条属性”属性管理器添加“竖直约束”

在绘制草图过程中，完成一段直线绘制后，单击鼠标左键直接选择该直线，直线变为蓝色，显示被选中，同时在左侧弹出“线条属性”对话框，如图 2-86(a)所示，在“添加几何关系”选项组中单击“竖直（V）”按钮，完成竖直几何约束的添加，如图 2-86(b)所示，单击✓按钮，关闭左侧属性管理器。

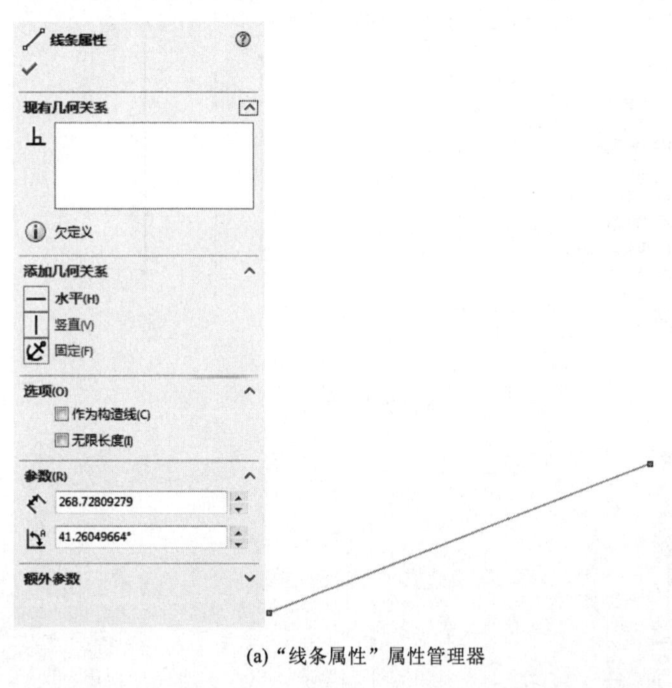

(a)“线条属性”属性管理器

(b)添加几何关系结果

图 2-86　添加竖直约束

2.5.3 共线约束

共线约束是指为对象（两条或多条直线）添加一种约束，使所有直线在统一无限长直线上，两两直线夹角为 0° 。

1. 两条直线

在草绘平面中绘制几何图形，如图 2-87(a)所示，单击“草图”控制面板中的“添加几何关系”按钮上，弹出“添加几何关系”属性管理器，在“所选实体”选项组中选择两水平直线，如图 2-87(b)所示，在“添加几何关系”选项组中选择“共线（L）”，两直线共线，“现有几何关系”选项组中显示共线，如图 2-87(c)所示。

2. 多条直线

在草绘平面中绘制几何图形，如图 2-88 所示，单击“草图”控制面板中的“添加几何关系”按钮上，弹出“添加几何关系”属性管理器，在“所选实体”选项组中选择多条直线，选中直线显示蓝色，且两端点分别用小矩形框表示，在“添加几何关系”选项组中选择“共线（L）”，所有直线共线，“现有几何关系”选项组中将显示共线。

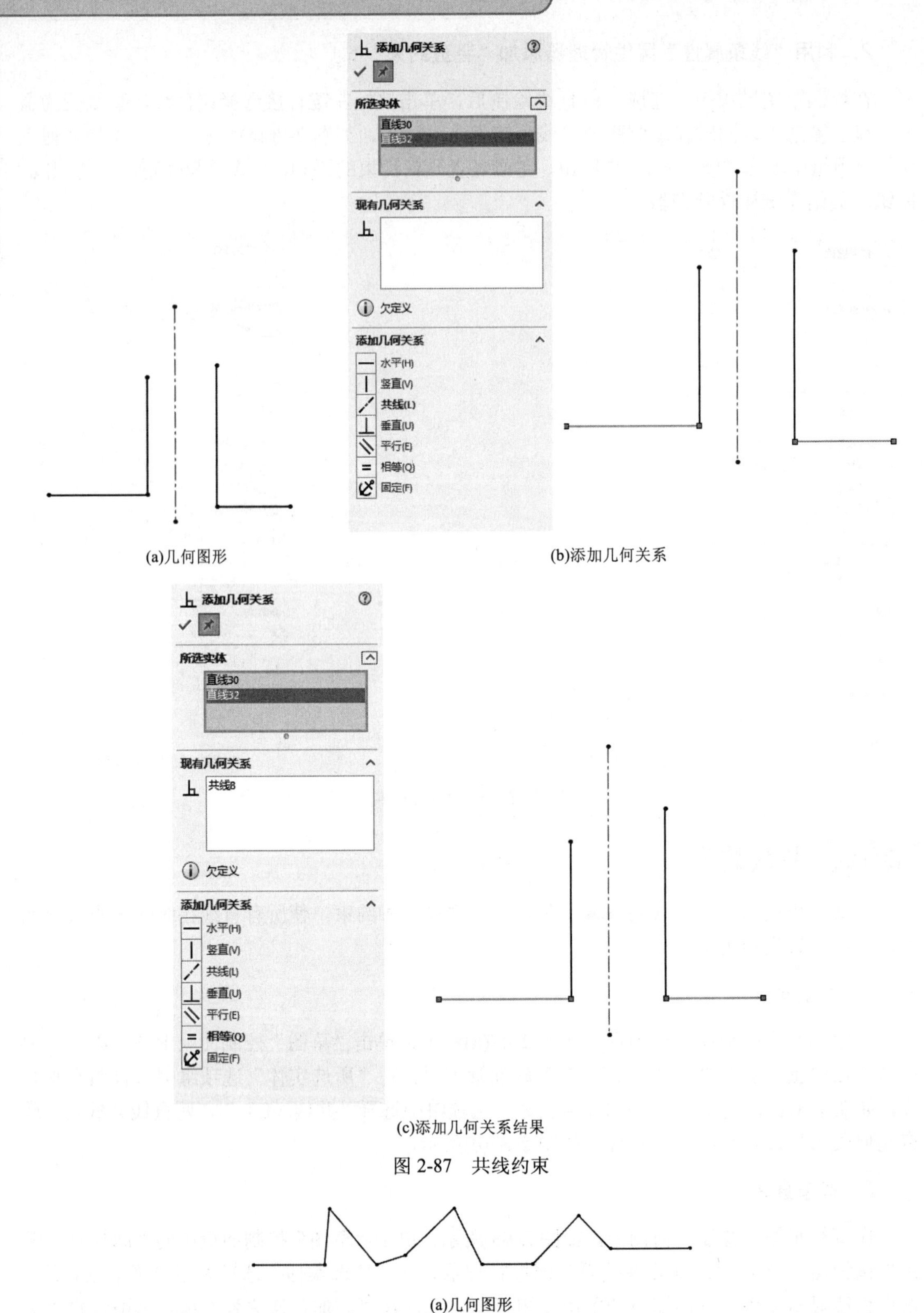

(a)几何图形

(b)添加几何关系

(c)添加几何关系结果

图 2-87　共线约束

(a)几何图形

图 2-88　共线约束

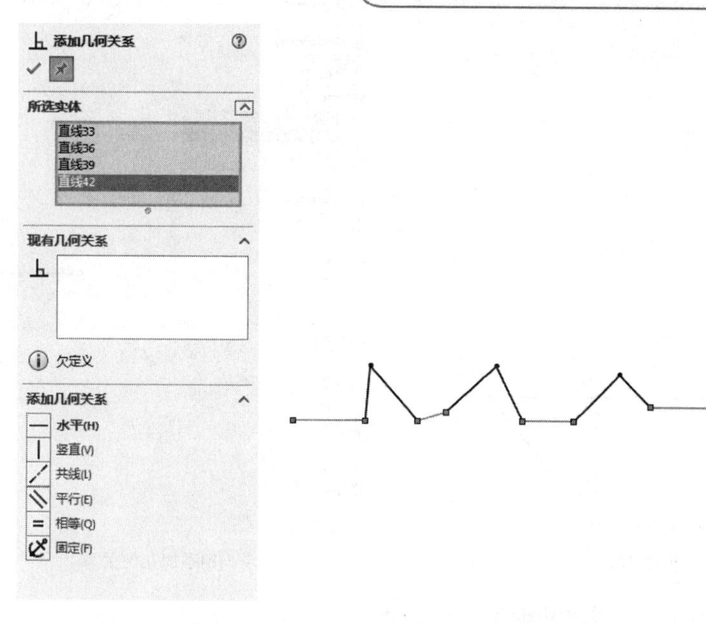

(b)添加几何关系

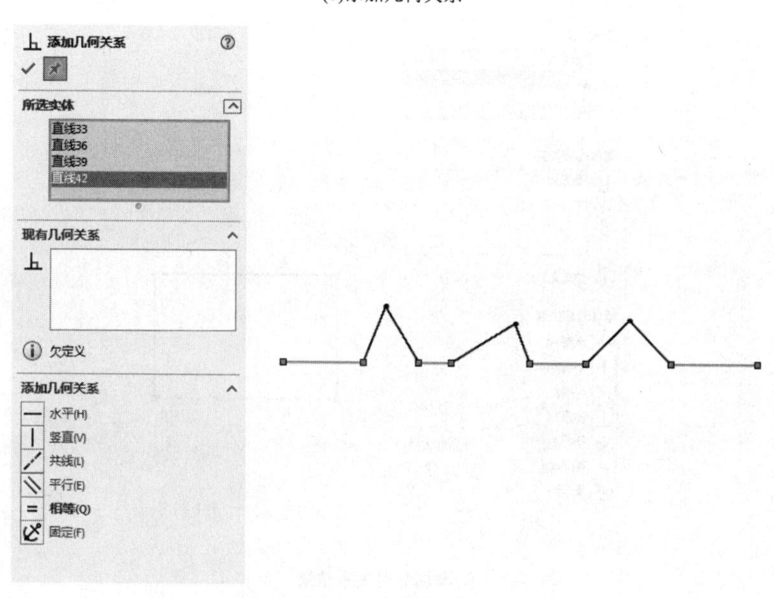

(c)添加几何关系结果

图 2-88　共线约束（续）

2.5.4 垂直约束

垂直约束是指为对象（两条直线）添加一种约束，使两条直线成垂直关系，两直线夹角为 90°。

在草绘平面中绘制几何图形，如图 2-89(a)所示，单击“草图”控制面板中的“添加几何关系”按钮，弹出“添加几何关系”属性管理器，在“所选实体”选项组中选择相交直线，如图 2-89(b)所示，在“添加几何关系”选项组中选择“垂直（U）”，两直线垂直，“现有几何关系”选项组中将显示垂直，如图 2-89(c)所示。

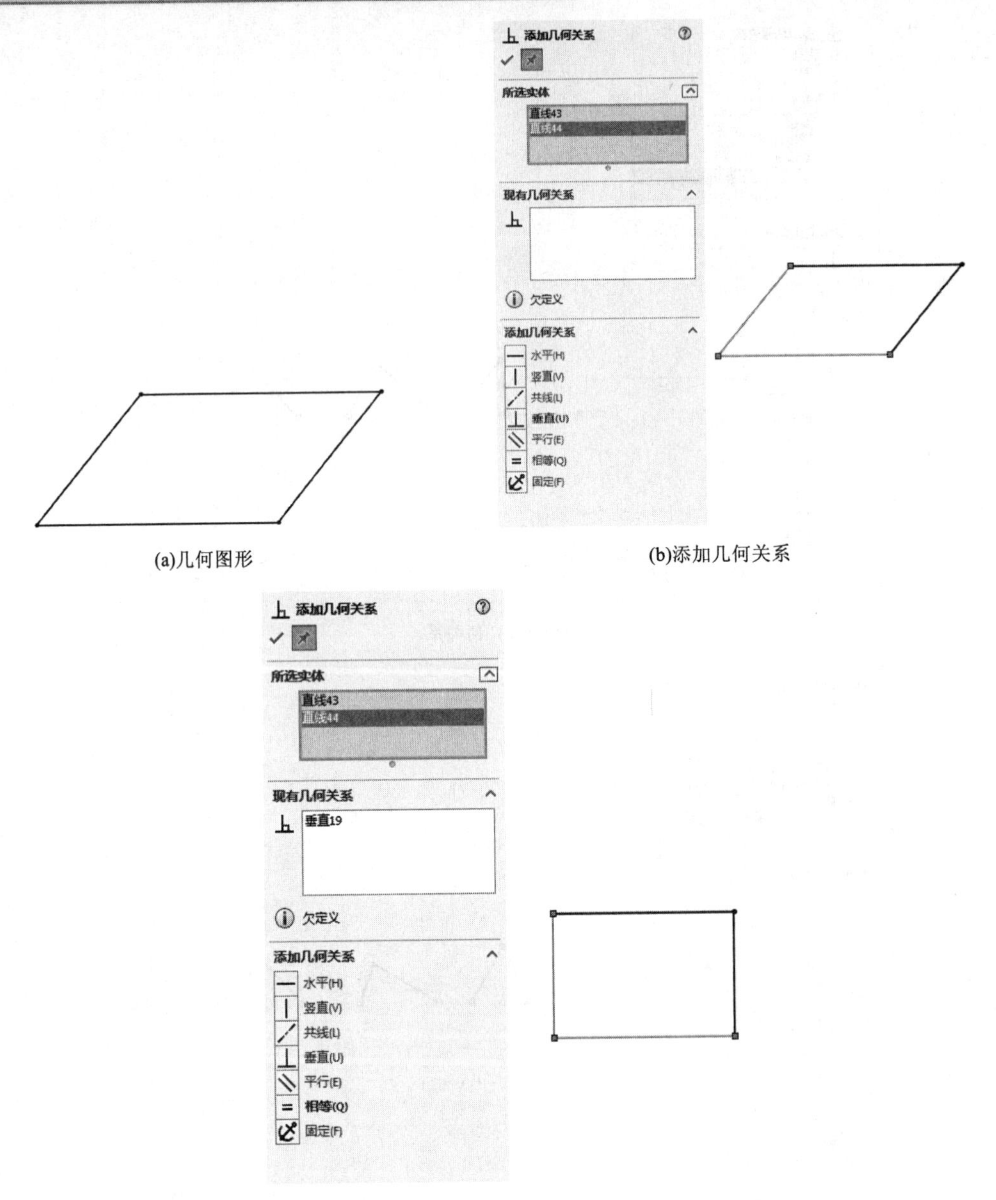

(a)几何图形　　(b)添加几何关系

(c)添加几何关系结果

图 2-89　垂直约束

2.5.5 平行约束

平行约束是指为对象（两条或多条直线）添加一种约束，使直线成平行关系，所有直线或延长线永不相交，两两直线夹角为 0°。

在草绘平面中绘制几何图形，如图 2-90(a)所示，单击“草图”控制面板中的“添加几何关系”按钮上，弹出“添加几何关系”属性管理器，在“所选实体”选项组中选择多条直线，选中的直线显示蓝色，且两端点分别以小矩形框表示，如图 2-90(b)所示，在“添加几何关系”选项组中选择“平行（E）”，使所有直线平行，如图 2-90(c)所示。

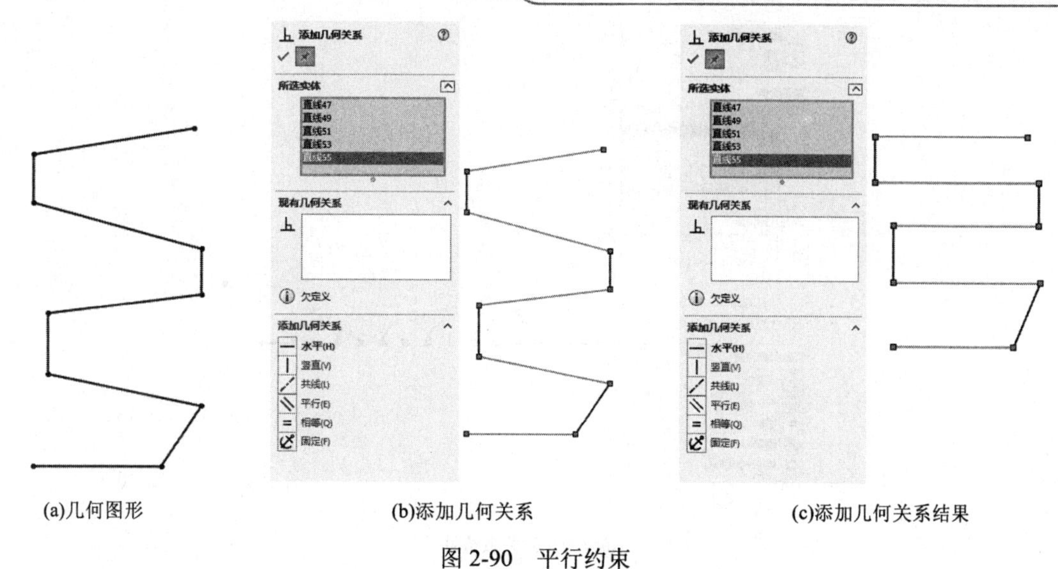

(a)几何图形　　(b)添加几何关系　　(c)添加几何关系结果

图 2-90　平行约束

2.5.6 相等约束

相等约束是指为对象（两条或多条直线，两个或多个圆弧）添加一种约束，使直线（圆弧）保持相等关系，保证直线长度、圆弧半径相等。

1. 为圆弧添加相等约束

在草绘平面中绘制几何图形，如图 2-91(a)所示，单击“草图”控制面板中的“添加几何关系”按钮上，弹出“添加几何关系”属性管理器，在“所选实体”选项组中选择多条直线，选中的圆弧显示蓝色，且圆弧两端点分别以小矩形框表示，如图 2-91(b)所示，在“添加几何关系”选项组中选择“相等（O）”，使所有圆弧半径相等，如图 2-91(c)所示。

(a)几何

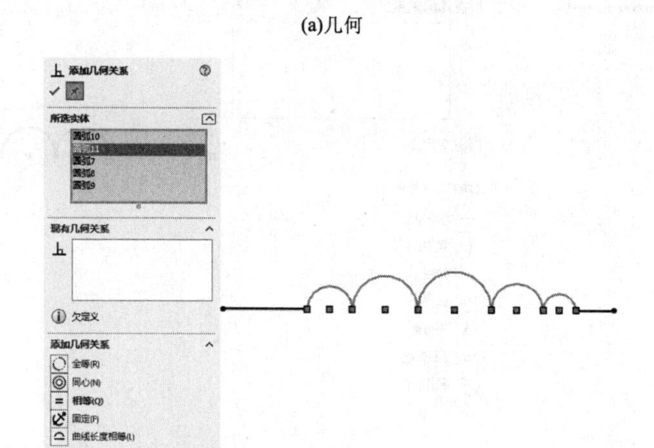

(b)添加几何关系

图 2-91　相等约束

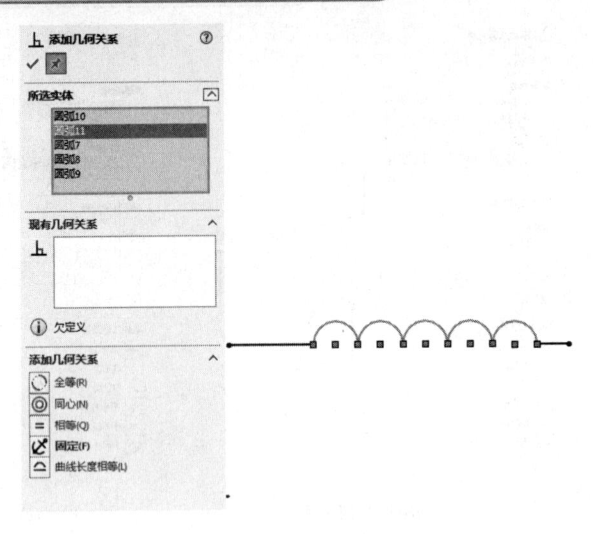

(c)添加几何关系结果

图 2-91　相等约束（续）

2．为直线添加相等约束

在左侧属性管理器“所选实体”选项组中选择其中一选项，单击右键，在弹出的快捷菜单中选择“消除选择”命令，删除所有选项，如图 2-92(a)所示。同时，选择圆弧两端水平直线，如图 2-92(b)所示，在“所选实体”选项组中显示选择直线，单击“添加几何关系”选项组中“相等（O）”按钮，绘图区显示两直线长度相等，如图 2-92(c)所示。

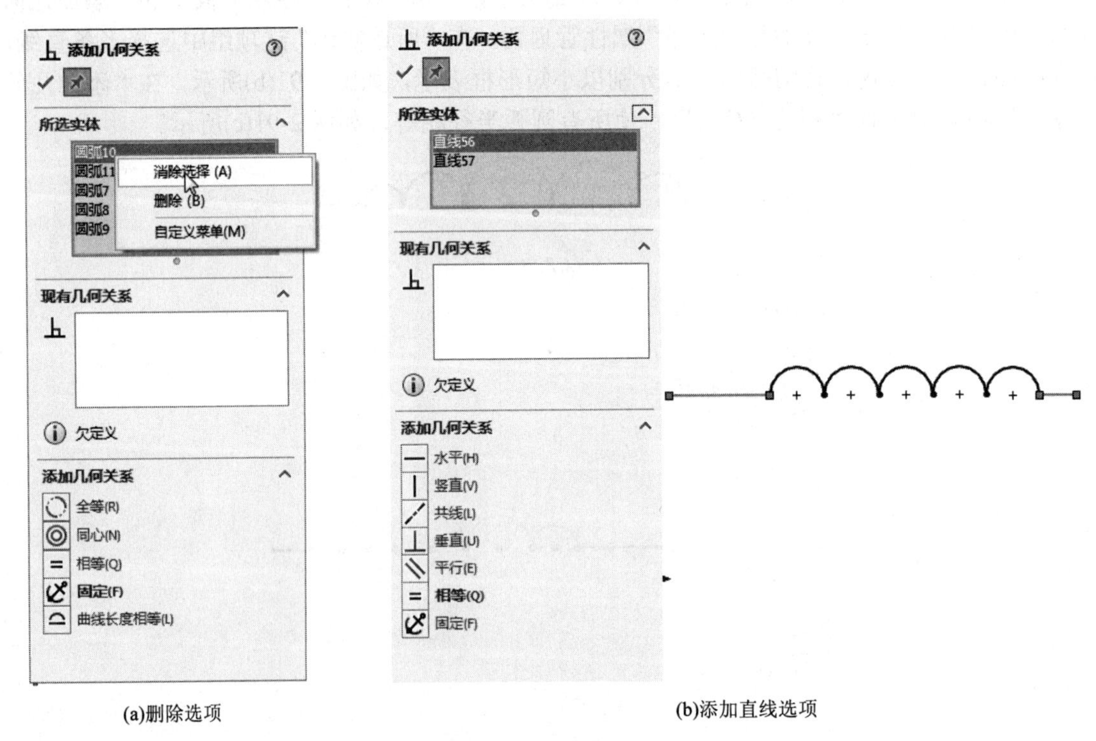

(a)删除选项　　(b)添加直线选项

图 2-92　相等约束

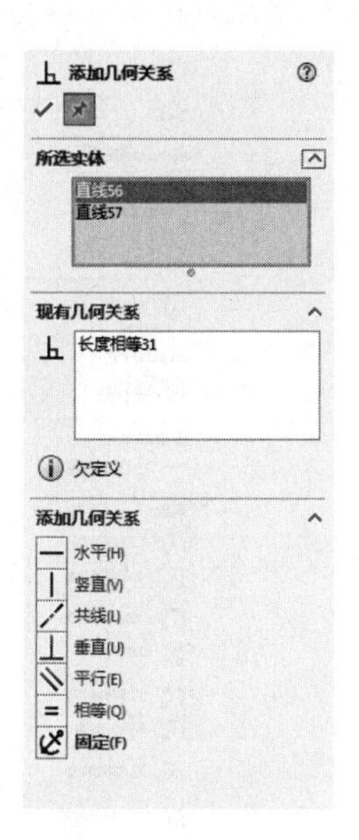

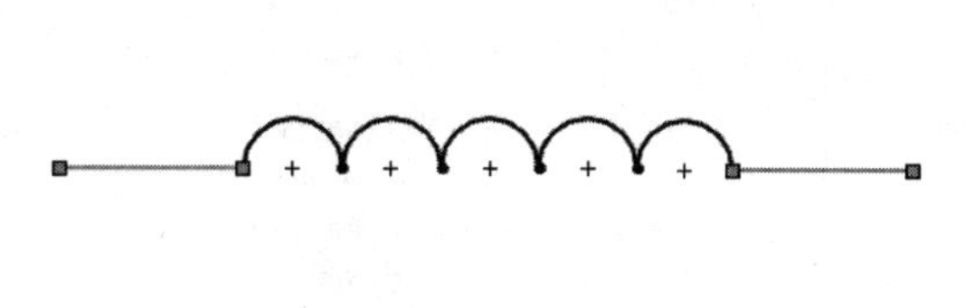

(c)添加几何关系

图 2-92　相等约束（续）

2.5.7 固定约束

固定约束是指为对象（任何实体）添加一种约束，使实体对象大小及位置固定不变，不因尺寸定位或其他操作而发生变化。

1．利用“添加几何关系”属性管理器添加固定约束

在草绘平面中分别绘制点、直线、圆弧等图形，单击“草图”控制面板中的“添加几何关系”按钮，弹出“添加几何关系”属性管理器，在“所选实体”选项组中分别选择点、直线、圆弧，在“添加几何关系”选项组中选择“固定（F）”按钮。

2．利用属性管理器添加固定约束

在绘制草图过程中，单击鼠标左键直接选择点、直线、圆弧，所选对象变为蓝色，显示被选中，同时在左侧弹出对应属性对话框，如图 2-93(a)、(b)、(c)所示，在“添加几何关系”选项组中单击“固定（F）”按钮，完成“固定”几何约束的添加，单击按钮，关闭左侧属性管理器。

2.5.8 相切约束

相切约束是指为对象（圆弧、椭圆和样条曲线，直线和圆弧，直线和曲面或三维草图中的曲面）添加一种约束，使实体对象两两相切，如图 2-94 所示。

单击“草图”控制面板中的“添加几何关系”按钮，弹出“添加几何关系”属性管理器，在草图中单击要添加几何关系的实体。

此时所选实体会在“添加几何关系”属性管理器的“所选实体”选项中显示，如图 2-95 所示。

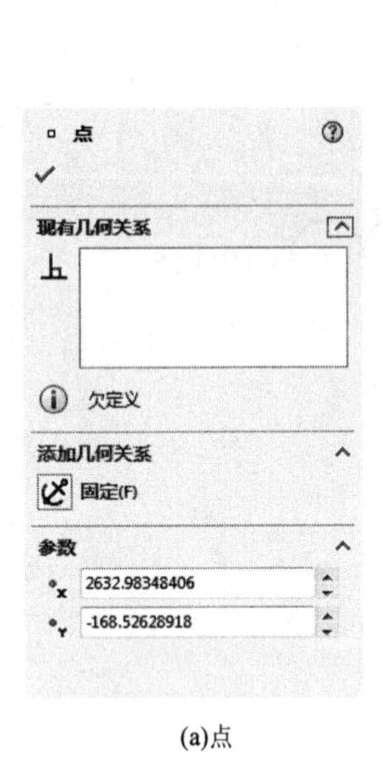

(a)点

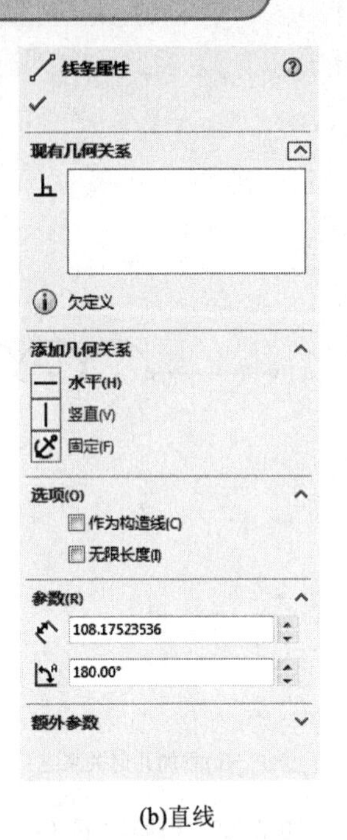

(b)直线

(c)圆弧

图 2-93 属性管理器

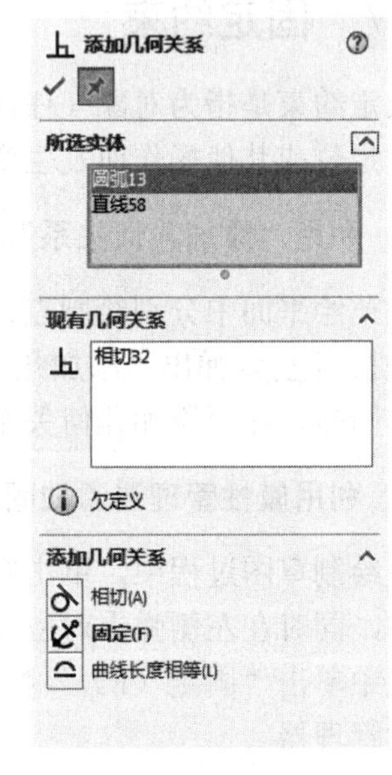

(a)添加相切关系前　　(b)添加相切关系后

图 2-94 添加相切关系前后的两实体

图 2-95 “添加几何关系”属性管理器

注意：

（1）信息栏ⓘ显示所选实体的状态（完全定义或欠定义等）。

（2）如果要移除一个实体，在“所选实体”选项的列表框中右击该项目，在弹出的快捷菜单中单击“清除选项”命令即可。

（3）在“添加几何关系”选项组中单击要添加的几何关系类型（相切或固定等），这时添加的几何关系类型就会显示在“现有几何关系”列表框中。

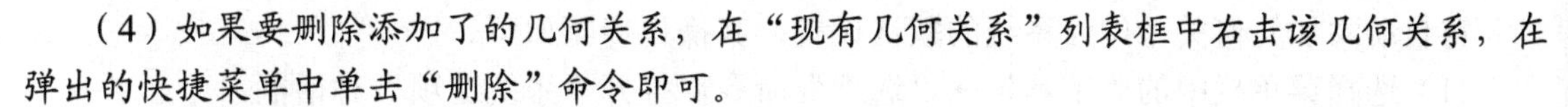

（4）如果要删除添加了的几何关系，在“现有几何关系”列表框中右击该几何关系，在弹出的快捷菜单中单击“删除”命令即可。

（5）单击确定按钮✔后，几何关系添加到草图实体间。

2.6 自动添加几何关系

使用 SOLIDWORKS 的自动添加几何关系后，在绘制草图时光标会改变形状以显示可以生成哪些几何关系。如图 2-96 所示显示了不同几何关系对应的光标指针形状。

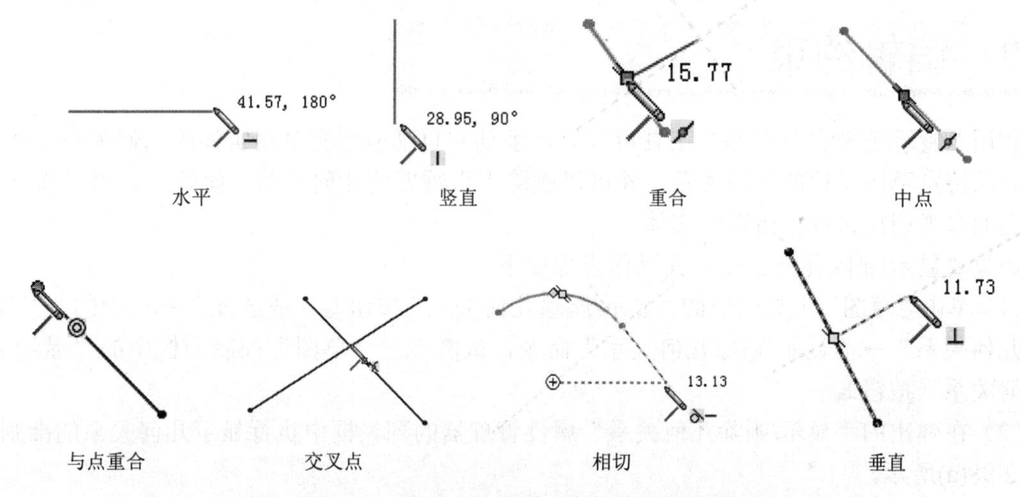

图 2-96 不同几何关系对应的光标指针形状

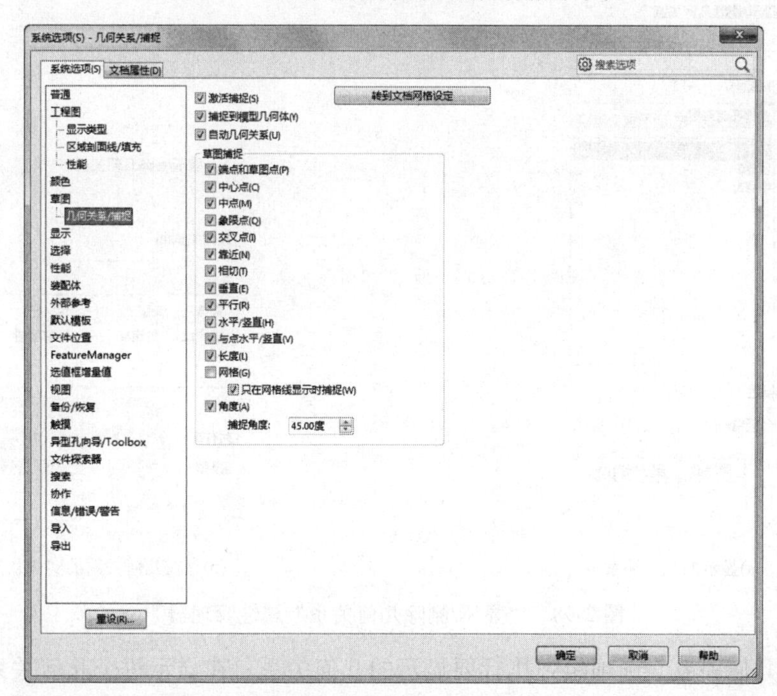

图 2-97 自动添加几何关系

将自动添加几何关系作为系统的默认设置，其操作步骤如下。

（1）选择菜单栏中的“工具”→“选项”命令，打开“系统选项”对话框。

（2）在“系统选项”选项卡的左侧列表框中单击“几何关系/捕捉”选项，然后在右侧的区域中勾选“自动几何关系”复选框，如图 2-97 所示。

（3）单击“确定”按钮，关闭对话框。

注意：所选实体中至少要有一个项目是草图实体，其他项目可以是草图实体，也可以是一条边线、面、顶点、原点、基准面、轴或从其他草图的线或圆弧映射到此草图平面所形成的草图曲线。

2.7 编辑约束

利用“显示/删除几何关系”工具可以显示手动和自动应用到草图实体的几何关系，查看有疑问的特定草图实体的几何关系，并可以删除不再需要的几何关系。此外，还可以通过替换列出的参考引用来修正错误的实体。

如果要显示/删除几何关系，其操作步骤如下。

（1）单击“草图”工具栏中的“显示/删除几何关系”按钮，或选择菜单栏中的“工具”→“几何关系”→“显示/删除几何关系”命令，或者单击“草图”控制面板中的“显示/删除几何关系”按钮。

（2）在弹出的“显示/删除几何关系”属性管理器的列表框中执行显示几何关系的准则，如图 2-98(a)所示。

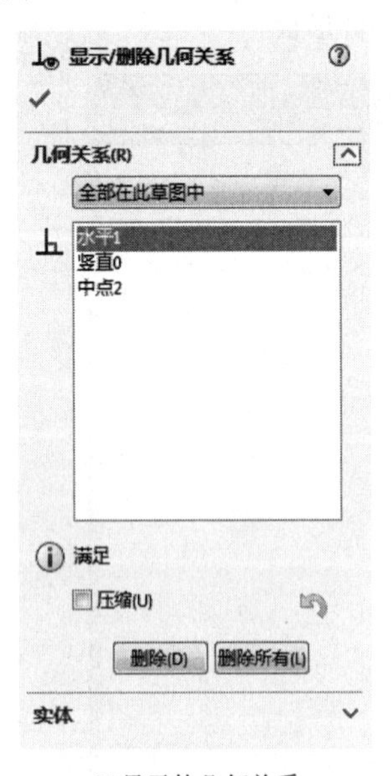

(a)显示的几何关系

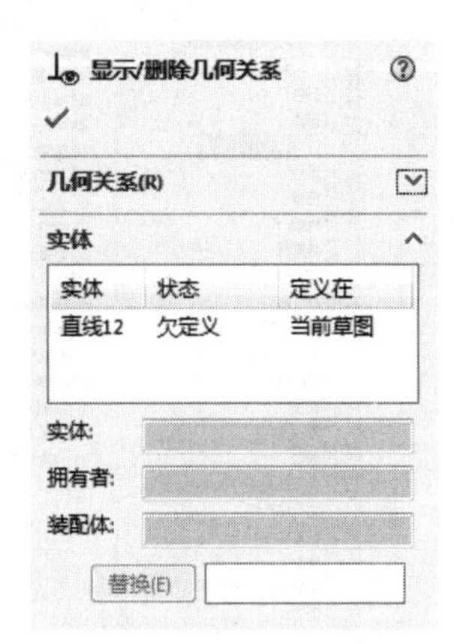

(b)存在几何关系的实体状态

图 2-98 “显示/删除几何关系”属性管理器

（3）在“几何关系”选项组中执行要显示的几何关系。在显示每个几何关系时，高亮显示相关的草图实体，同时还会显示其状态。在“实体”选项组中也会显示草图实体的名称、状态，如图 2-98(b)所示。

（4）勾选“压缩”复选框，压缩或解除压缩当前的几何关系。

（5）单击“删除”按钮，删除当前的几何关系；单击“删除所有”按钮，删除当前执行的所有几何关系。

2.8 综合实例——连杆草图

本例绘制的连杆草图，如图 2-99 所示。

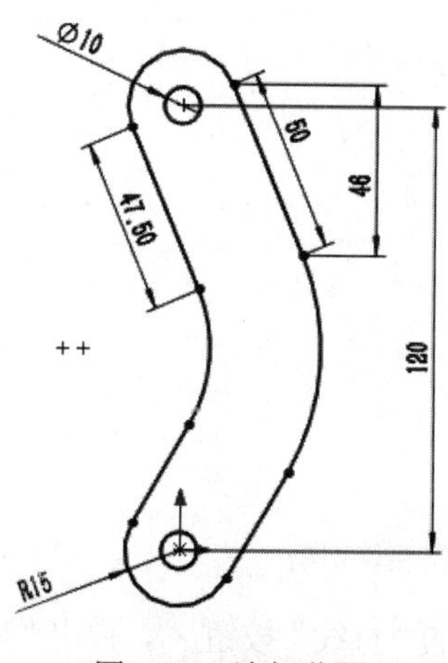

图 2-99 连杆草图

思路分析

本例首先绘制草图，然后对其添加约束，最后标注尺寸，完成草图的绘制。绘制的流程图如图 2-100 所示。

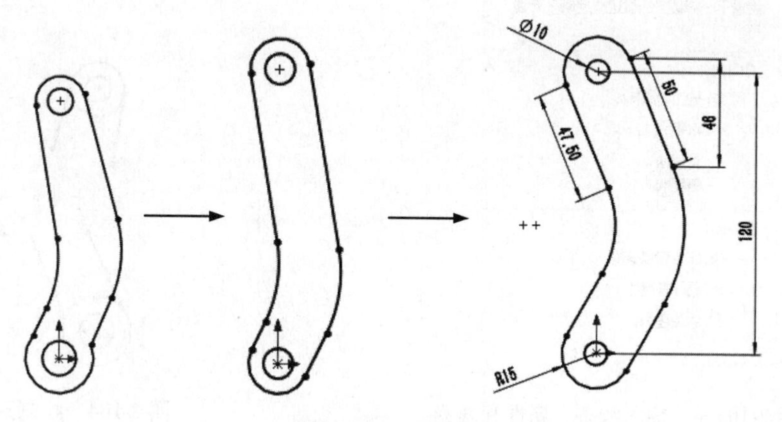

图 2-100 流程图

创建步骤

（1）进入 SOLIDWORKS 2018，选择菜单栏中的“文件”→“新建”命令，或者单击“标准”工具栏中的“新建”按钮，在打开的“新建 SOLIDWORKS 文件”对话框中选择“零件”按钮，确定进入零件设计状态。在特征管理器中选择“前视基准面”，此时前视基准面变为蓝色。

（2）选择菜单栏中的“插入”→“草图绘制”命令，或者单击“草图”控制面板中的“草图绘制”按钮，进入草图绘制界面。

（3）单击“草图”控制面板中的“圆”按钮，弹出如图 2-101 所示的“圆”属性管理器，捕捉圆心，绘制两个同心圆，然后在圆心正上方一位置捕捉圆心，再绘制两个同心圆，单击确定按钮✓，如图 2-102 所示。

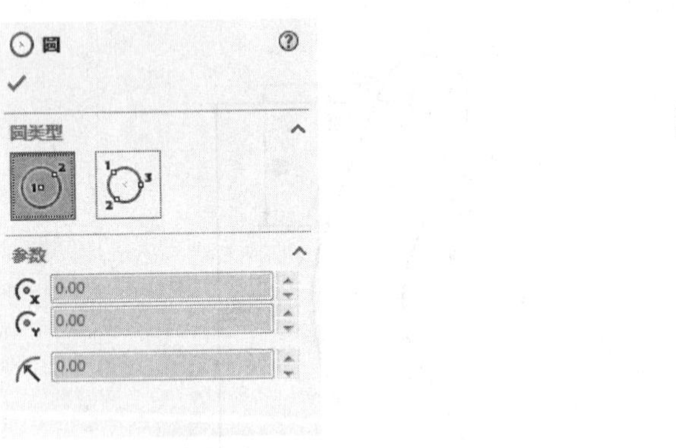

图 2-101 “圆”属性管理器

图 2-102 绘制圆

（4）单击“草图”控制面板中的“直线”按钮，弹出“插入线条”属性管理器，如图 2-103 所示，绘制直线，然后单击确定按钮✓，重复“直线”命令绘制其他三条直线，如图 2-104 所示。

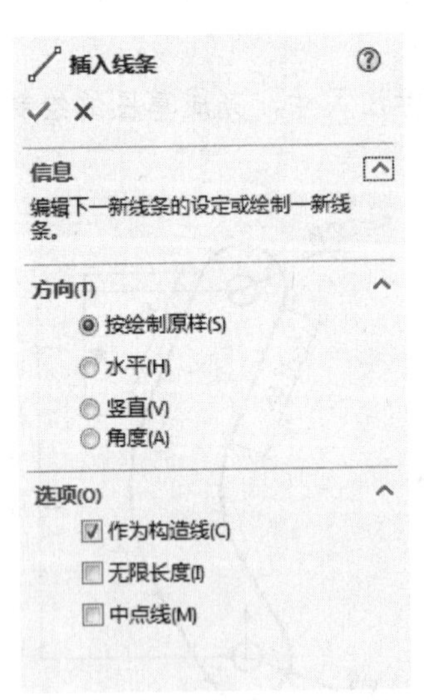

图 2-103 “插入线条”属性管理器

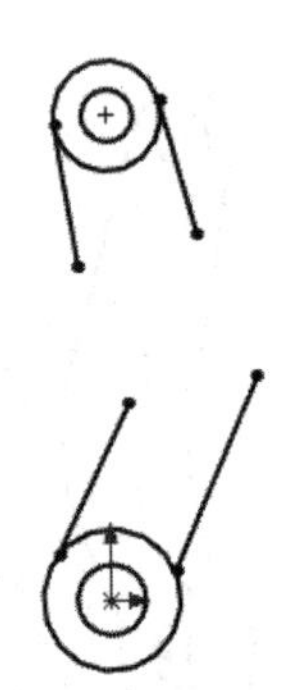

图 2-104 绘制直线

（5）单击“草图”控制面板中的“三点圆弧”按钮，弹出“圆弧”属性管理器，如图 2-105 所示，绘制两条圆弧，单击确定按钮✓，结果如图 2-106 所示。

（6）单击“草图”控制面板中的“剪裁实体”按钮，弹出如图 2-107 所示的“剪裁”属性管理器，选择“剪裁到最近端”选项，剪裁多余的线段，单击确定按钮✓，结果如图 2-108 所示。

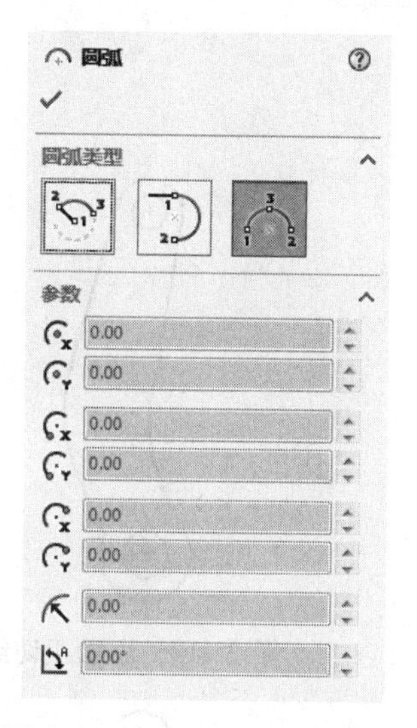

图 2-105 “圆弧”属性管理器

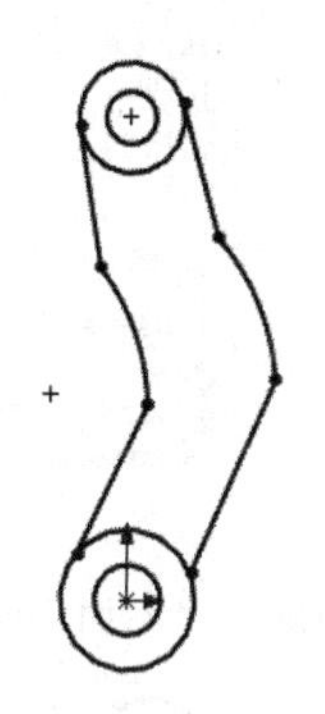

图 2-106 绘制圆弧

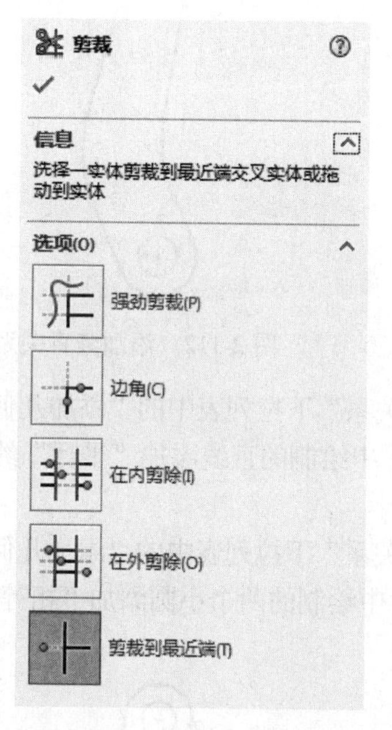

图 2-107 “剪裁”属性管理器

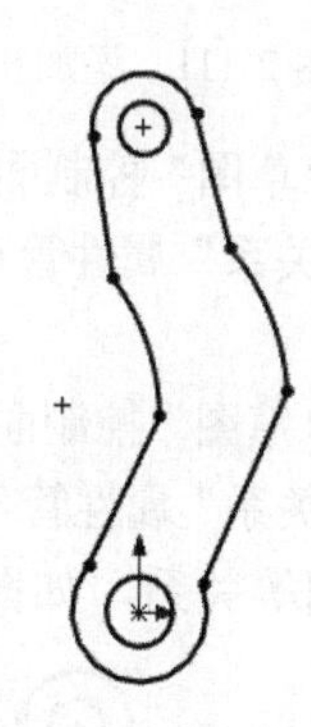

图 2-108 剪裁图形

（7）单击“草图”控制面板“显示/删除几何关系”下拉列表中的“添加几何关系”按钮 ，弹出“添加几何关系”属性管理器，如图 2-109 所示，选择步骤（5）中绘制的左侧圆弧和步骤（4）中绘制的左上侧直线，在属性管理器中的选择“相切”按钮，使直线与圆弧相切，同理，对其他圆弧和直线添加“相切”约束，如图 2-110 所示。

（8）单击“草图”控制面板“显示/删除几何关系”下拉列表中的“添加几何关系”按钮 ，弹出“添加几何关系”属性管理器，选择步骤（3）中绘制的大圆和步骤（4）中绘制的直线，添加“相切”关系，如图 2-111 所示。

（9）单击“草图”控制面板“显示/删除几何关系”下拉列表中的“添加几何关系”按钮 ，弹出“添加几何关系”属性管理器，选择步骤（3）中两个小圆的圆心添加“竖直”关系，如图 2-112 所示。

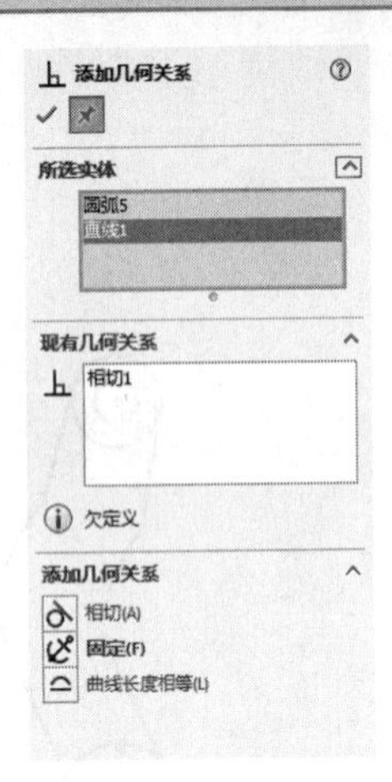

图 2-109　“添加几何关系”属性管理器

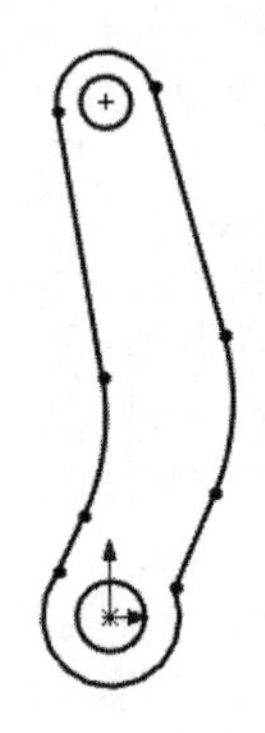

图 2-110　添加相切约束

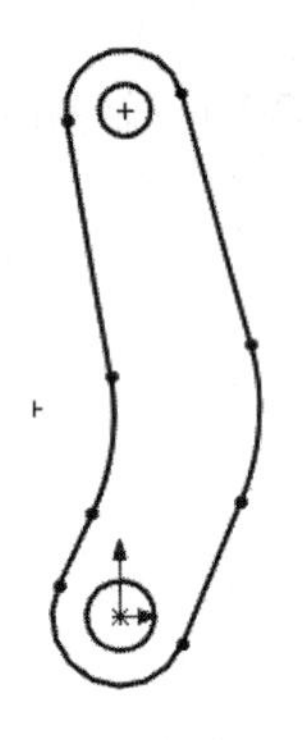

图 2-111　添加相切关系

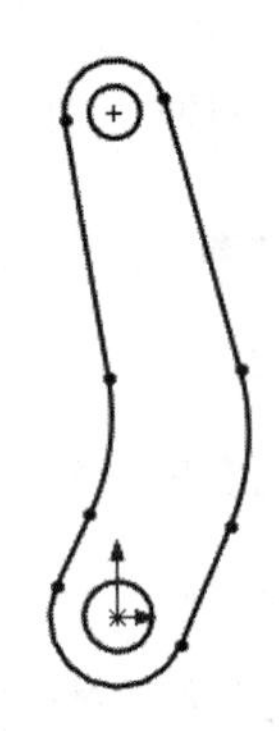

图 2-112　添加竖直关系

（10）单击“草图”控制面板“显示/删除几何关系”下拉列表中的“添加几何关系”按钮上，弹出“添加几何关系”属性管理器，选择步骤（4）中绘制的直线添加“平行”约束，如图 2-113 所示。

（11）单击“草图”控制面板“显示/删除几何关系”下拉列表中的“添加几何关系”按钮上，弹出“添加几何关系”属性管理器，选择步骤（3）中绘制的两个小圆添加“相等”关系，同理为两个大圆添加相等关系，如图 2-114 所示。

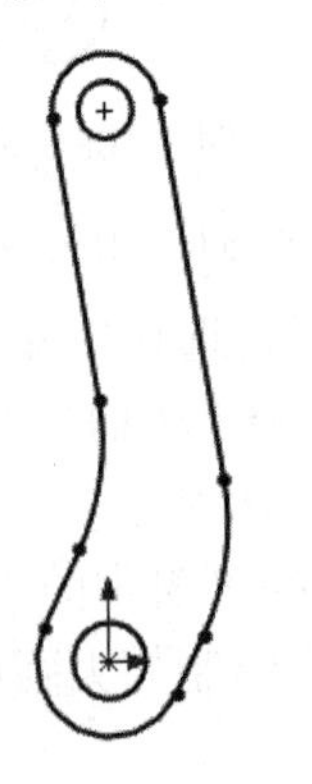

图 2-113　添加平行约束

图 2-114　添加相等关系

（12）单击“草图”控制面板中的“智能尺寸”按钮，标注尺寸结果如图 2-99 所示。

Chapter

参考几何体

3

在模型创建过程中会不可避免地需要一些辅助操作，如参考几何体，与实体结果无直接关系，但却是不可或缺的操作桥梁。

本章主要介绍参考几何体的分类，参考几何体主要包括基准面、基准轴、坐标系、点与配合参考 5 个部分。“参考几何体”操控板如图 3-1 所示，各参考几何体的功能如下。

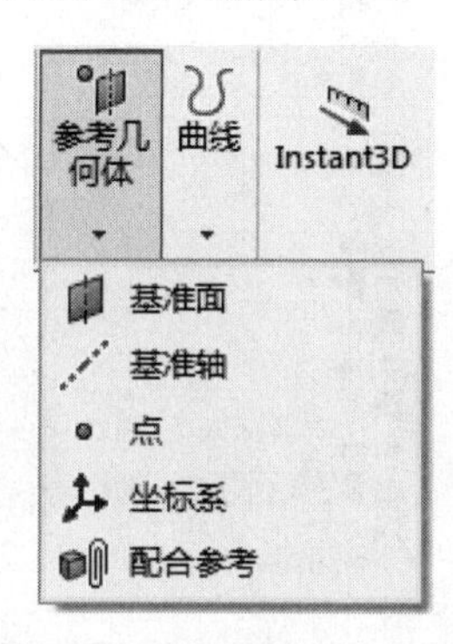

图 3-1 “参考几何体”操控板

3.1 基准面

基准面主要应用于零件图和装配图中，可以利用基准面来绘制草图，生成模型的剖面视图，用于拔模特征中的中性面等。

SOLIDWORKS 提供了前视基准面、上视基准面和右视基准面 3 个默认的相互垂直的基准面。通常情况下，用户在这 3 个基准面上绘制草图，然后使用特征命令创建实体模型即可绘制需要的图形。但是，对于一些特殊的特征，比如扫描特征和放样特征，需要在不同的基准面上绘制草图，才能完成模型的构建，这就需要创建新的基准面。

创建基准面有 6 种方式，分别是：通过直线/点方式、点和平行面方式、两面夹角方式、等距距离方式、垂直于曲线方式与曲面切平面方式。下面详细介绍这几种创建基准面的方式。

3.1.1 通过直线/点方式

该方式创建的基准面有三种：通过边线、轴；通过草图线及点；通过三点。

下面介绍该方式的操作步骤。

（1）执行“基准面”命令。选择菜单栏中的“插入”→“参考几何体”→“基准面”命令，或者单击“特征”工具栏“参考几何体”下拉列表中的“基准面”按钮，或者单击“特征”控制面板“参考几何体”下拉列表中的（基准面）按钮，此时系统弹出“基准面”属性管理器。

（2）设置属性管理器。在“第一参考”选项框中，选择如图 3-2 所示的边线 1。在“第二参考”选项框中，选择如图 3-2 所示的边线 2 的中点。“基准面”属性管理器设置如图 3-3 所示。

（3）确认创建的基准面。单击“基准面”属性管理器中的确定按钮✔，创建的基准面 1 如图 3-4 所示。

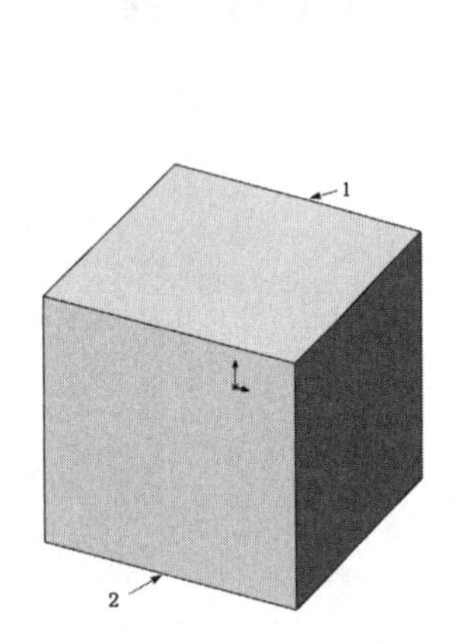

图 3-2 打开的文件实体

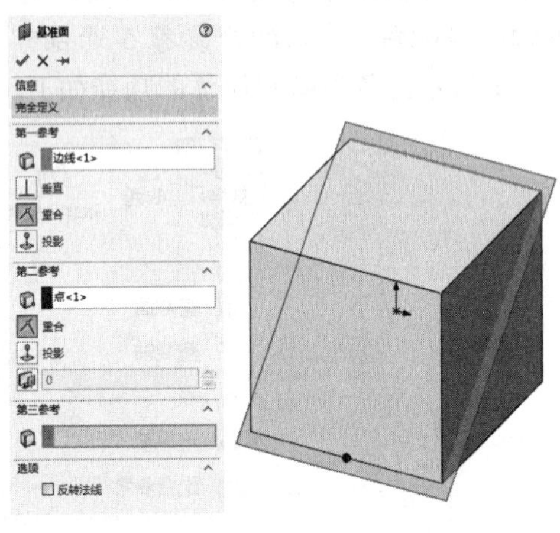

图 3-3 “基准面”属性管理器

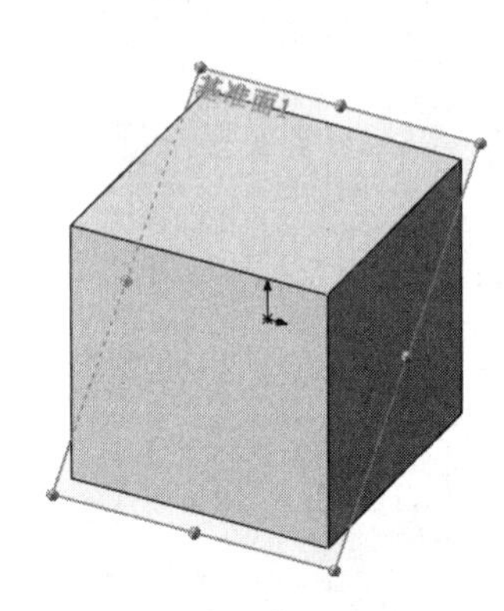

图 3-4 创建的基准面 1

3.1.2 点和平行面方式

该方式用于创建通过点且平行于基准面或者面的基准面。

下面介绍该方式的操作步骤。

（1）执行“基准面”命令。选择菜单栏中的“插入”→“参考几何体”→“基准面”命令，或者单击“特征”工具栏“参考几何体”下拉列表中的“基准面”按钮，或者单击“特征”控制面板“参考几何体”下拉列表中的“基准面”按钮，此时系统弹出“基准面”属性管理器。

（2）设置属性管理器。在“第一参考”选项框中，选择如图 3-5 所示的边线 1 的中点。在“第二参考”选项框中，选择如图 3-5 所示的面 2。“基准面”属性管理器设置如图 3-6 所示。

（3）确认创建的基准面。单击“基准面”属性管理器中的确定按钮✔，创建的基准面 2 如图 3-7 所示。

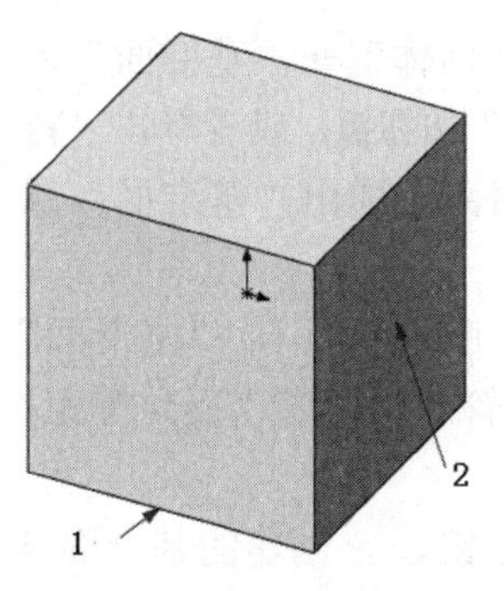

图 3-5　打开的文件实体

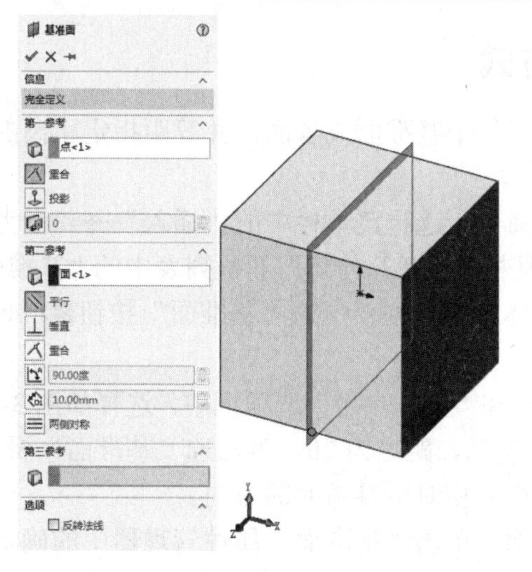

图 3-6　“基准面”属性管理器

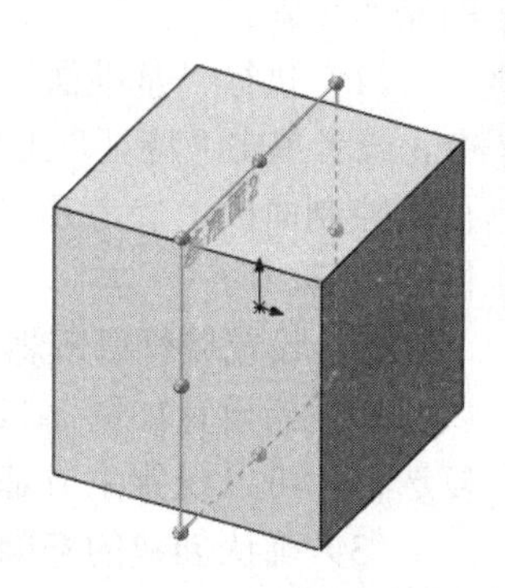

图 3-7　创建的基准面 2

3.1.3 夹角方式

该方式用于创建通过一条边线、轴线或者草图线，并与一个面或者基准面成一定角度的基准面。下面介绍该方式的操作步骤。

（1）执行“基准面”命令。选择菜单栏中的“插入”→“参考几何体”→“基准面”命令，或者单击“特征”控制面板“参考几何体”下拉列表中的“基准面”按钮，或者单击“特征”控制面板“参考几何体”下拉列表中的“基准面”按钮，此时系统弹出“基准面”属性管理器。

（2）设置属性管理器。在“第一参考”选项框中，选择如图 3-8 所示的面 1。在“第二参考”选项框中，选择如图 3-8 所示的边线 2。“基准面”属性管理器设置如图 3-9 所示，夹角为 60°。

（3）确认创建的基准面。单击“基准面”属性管理器中的确定按钮✓，创建的基准面 3 如图 3-10 所示。

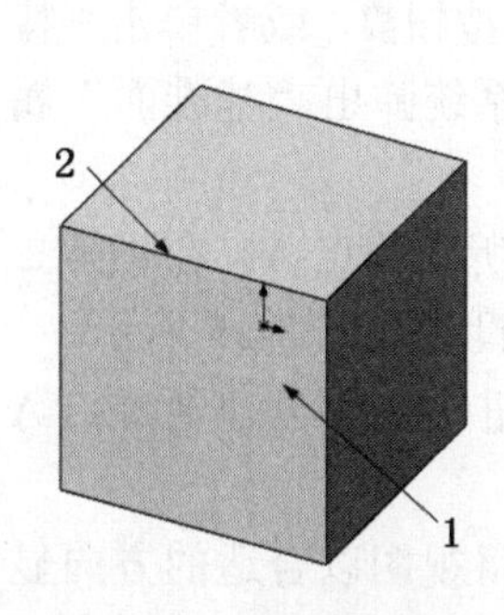

图 3-8　打开的文件实体

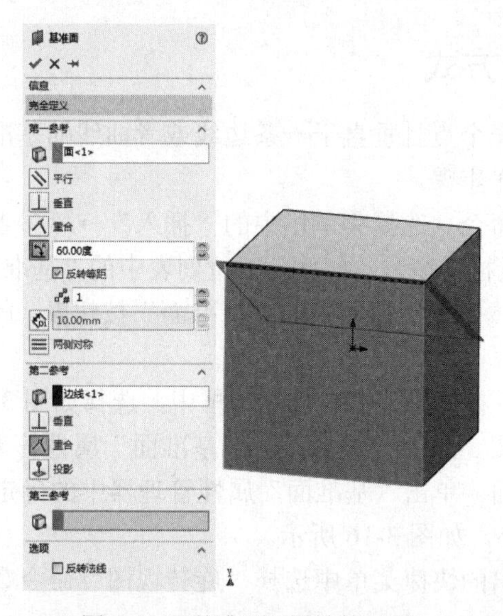

图 3-9　“基准面”属性管理器

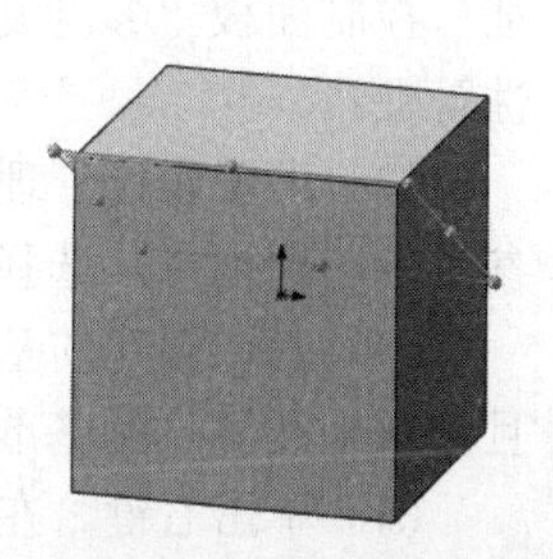

图 3-10　创建的基准面 3

3.1.4 等距距离方式

该方式用于创建平行于一个基准面或者面，并等距指定距离的基准面。下面介绍该方式的操作步骤。

（1）执行“基准面”命令。选择菜单栏中的“插入”→“参考几何体”→“基准面”命令，或者单击“特征”工具栏“参考几何体”下拉列表中的“基准面”按钮，或者单击“特征”控制面板“参考几何体”下拉列表中的“基准面”按钮，此时系统弹出“基准面”属性管理器。

（2）设置属性管理器。在“第一参考”选项框中，选择如图 3-11 所示的面 1。“基准面”属性管理器设置如图 3-12 所示，距离为 20。再勾选“基准面”属性管理器中的“反向等距”复选框，可以设置生成基准面相对于参考面的方向。

（3）确认创建的基准面。单击“基准面”属性管理器中的确定按钮✓，创建的基准面 4 如图 3-13 所示。

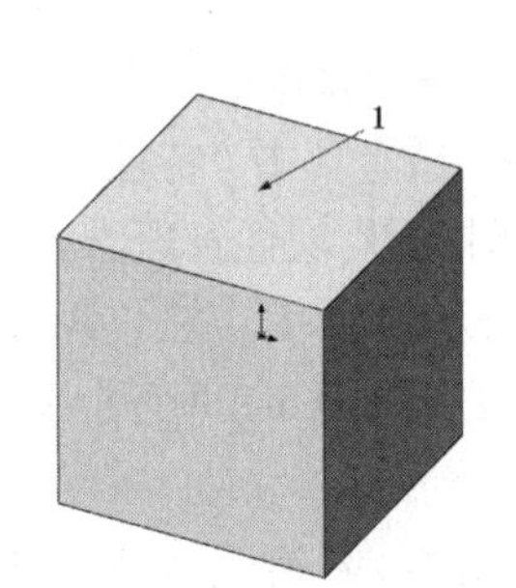

图 3-11 打开的文件实体

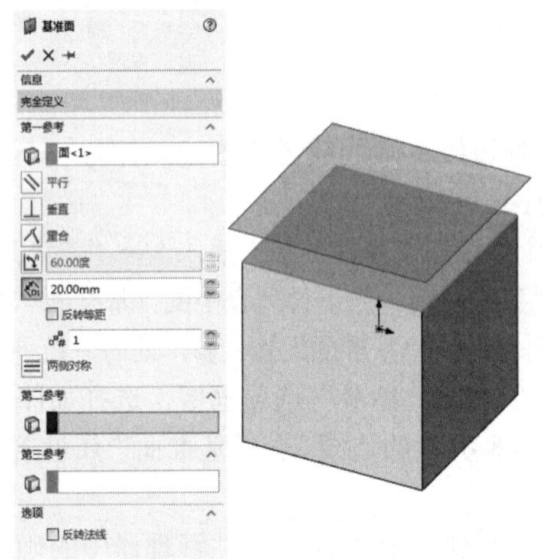

图 3-12 “基准面”属性管理器

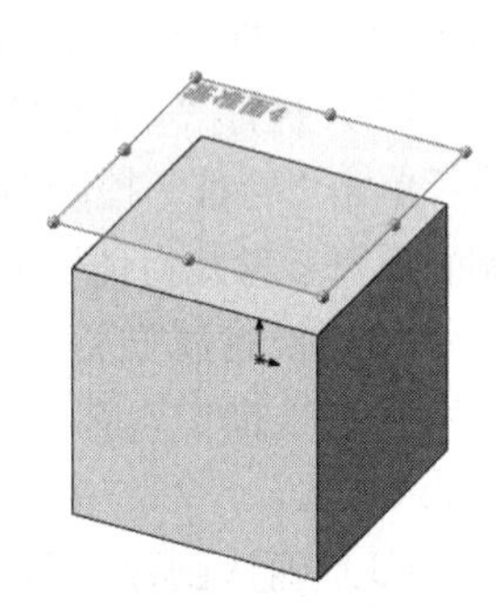

图 3-13 创建的基准面 4

3.1.5 垂直于曲线方式

该方式用于创建通过一个点且垂直于一条边线或者曲线的基准面。

下面介绍该方式的操作步骤。

（1）执行“基准面”命令。选择菜单栏中的“插入”→“参考几何体”→“基准面”命令，或者单击“特征”工具栏“参考几何体”下拉列表中的“基准面”按钮，或者单击“特征”控制面板“参考几何体”下拉列表中的“基准面”按钮，此时系统弹出“基准面”属性管理器。

（2）设置属性管理器。在“第一参考”选项框中，选择如图 3-14 所示的点 A。在“第二参考”选项框中，选择如图 3-14 所示的线 1。“基准面”属性管理器设置如图 3-15 所示。

（3）确认创建的基准面。单击“基准面”属性管理器中的确定按钮✓，则创建通过点 A 且与螺旋线垂直的基准面 5，如图 3-16 所示。

（4）单击右键，在弹出的快捷菜单中选择“旋转视图”命令，将视图以合适的方向显示，如图 3-17 所示。

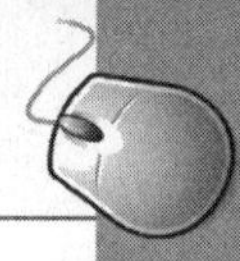

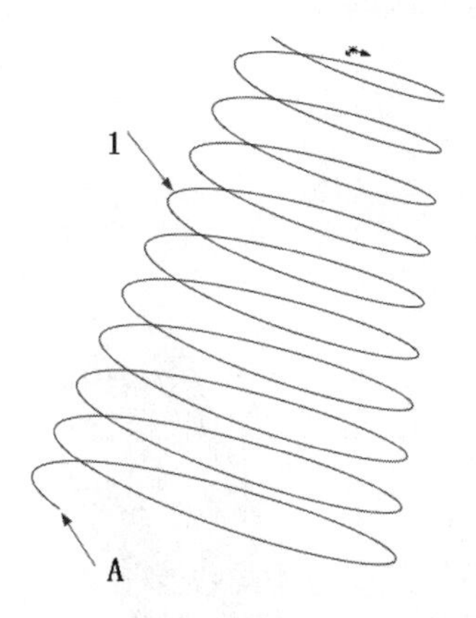

图 3-14　打开的文件实体

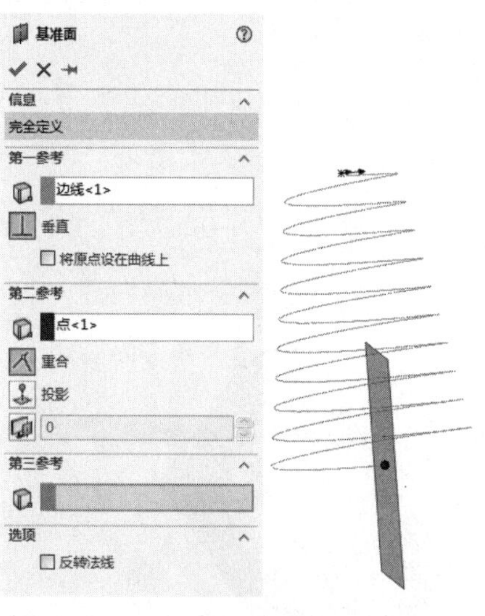

图 3-15　“基准面”属性管理器

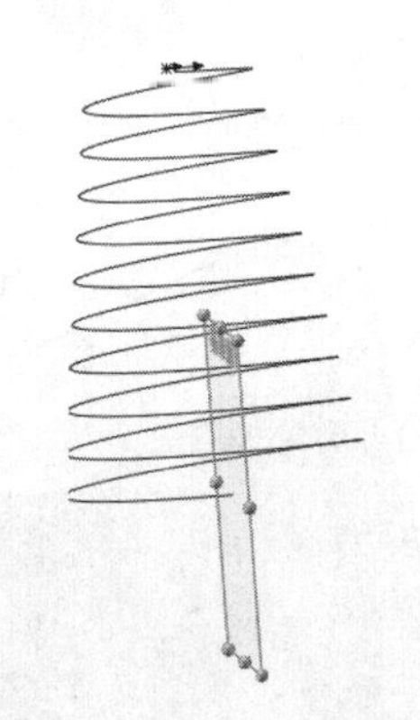

图 3-16　创建的基准面 5

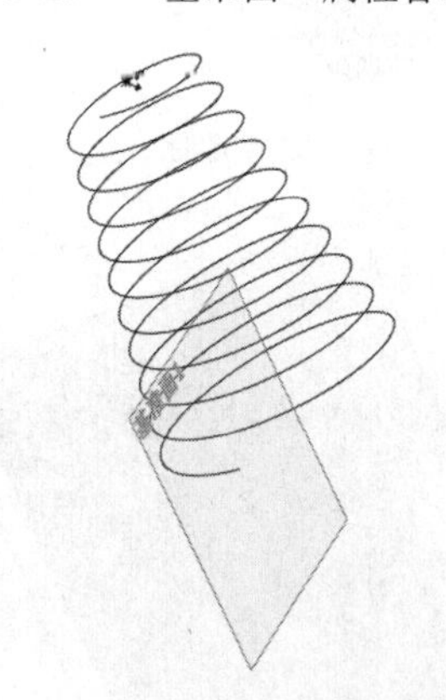

图 3-17　旋转视图后的图形

3.1.6 曲面切平面方式

该方式用于创建一个与空间面或圆形曲面相切于一点的基准面。下面介绍该方式的操作步骤。

（1）执行“基准面”命令。选择菜单栏中的“插入”→“参考几何体”→“基准面”命令，或者单击“特征”工具栏“参考几何体”下拉列表中的“基准面”按钮，或者单击“特征”控制面板“参考几何体”下拉列表中的“基准面”按钮，此时系统弹出“基准面”属性管理器。

（2）设置属性管理器。在“第一参考”选项框中，选择如图 3-18 所示的面 1。在“第二参考”选项框中，选择右视基准面。“基准面”属性管理器设置如图 3-19 所示。

（3）确认创建的基准面。单击“基准面”属性管理器中的确定按钮✔，则创建与圆柱体表面相切且垂直于上视基准面的基准面，如图 3-20 所示。

本实例是以参照平面方式生成的基准面，生成的基准面垂直于参考平面。另外，也可以参考点方式生成基准面，生成的基准面是与点距离最近且垂直于曲面的基准面。如图 3-21 所示为参考点方式生成的基准面。

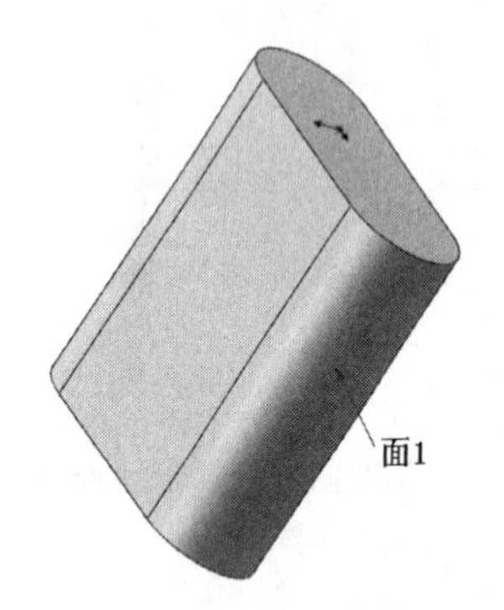

图 3-18　打开的文件实体

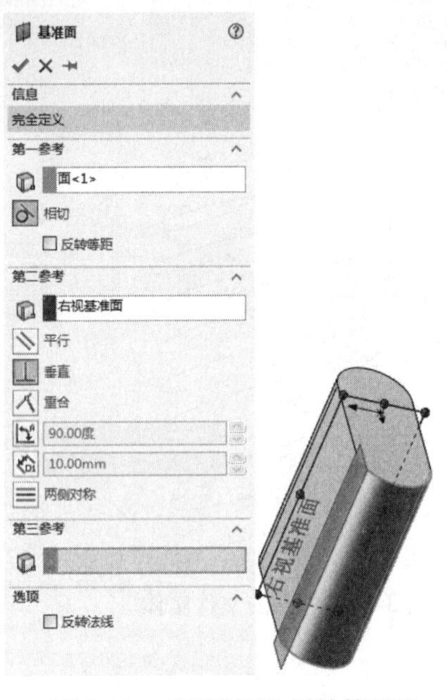

图 3-19　“基准面”属性管理器

图 3-20　参照平面方式创建的基准面

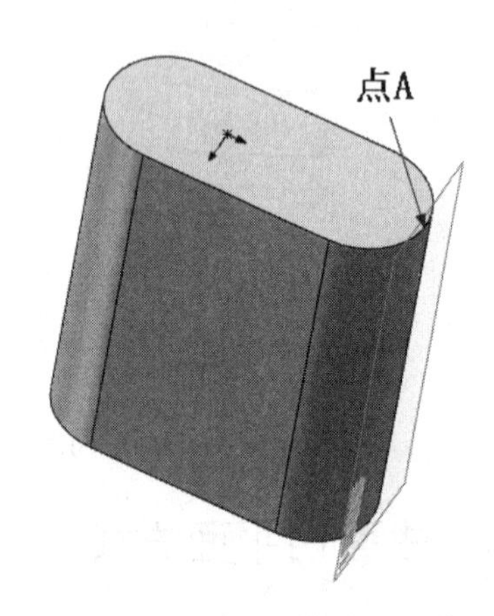

图 3-21　参考点方式创建的基准面

3.2　基准轴

基准轴通常在草图几何体或者圆周阵列中使用。每一个圆柱和圆锥面都有一条轴线。临时轴是由模型中的圆锥和圆柱隐含生成的，可以单击菜单栏中的“视图”→“隐藏/显示”→“临时轴”命令来隐藏或显示所有的临时轴。

创建基准轴有 5 种方式，分别是：一直线/边线/轴方式、两平面方式、两点/顶点方式、圆柱/圆锥面方式与点和面/基准面方式。下面详细介绍这几种创建基准轴的方式。

3.2.1　一直线/边线/轴方式

选择一草图的直线、实体的边线或者轴，创建所选直线所在的轴线。

下面介绍该方式的操作步骤。

（1）执行“基准轴”命令。选择菜单栏中的“插入”→“参考几何体”→“基准轴”命令，或者单击“特征”工具栏“参考几何体”下拉列表中的“基准轴”按钮，或者单击“特征”控制面板“参考几何体”下拉列表中的“基准轴”按钮，此时系统弹出“基准轴”属性管理器。

（2）设置属性管理器。在“第一参考”选项框中，选择如图 3-22 所示的线 1。“基准轴”属性管理器设置如图 3-23 所示。

（3）确认创建的基准轴。单击“基准轴”属性管理器中的确定按钮✔，创建的边线 1 所在的基准轴 1 如图 3-24 所示。

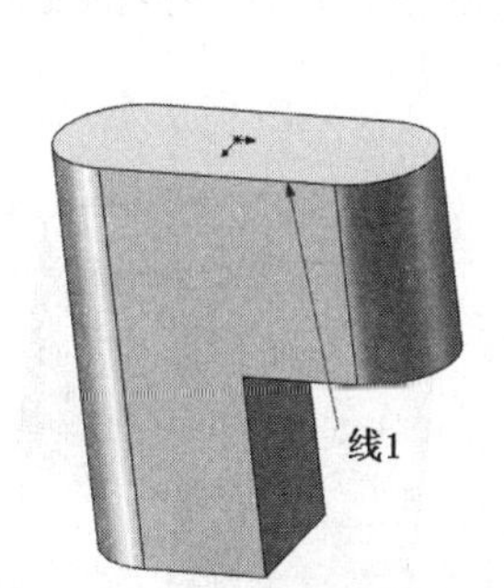

图 3-22 打开的文件实体

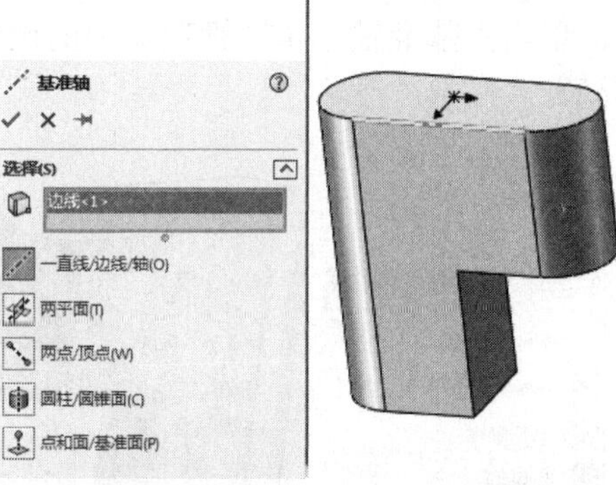

图 3-23 “基准轴”属性管理器

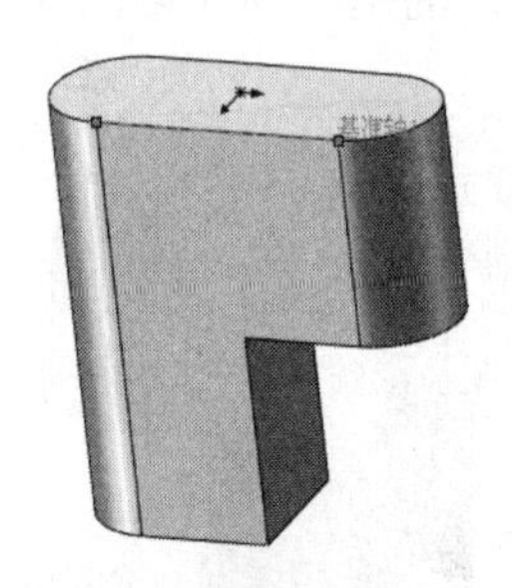

图 3-24 创建的基准轴 1

3.2.2 两平面方式

将所选两平面的交线作为基准轴。下面介绍该方式的操作步骤。

（1）执行“基准轴”命令。选择菜单栏中的“插入”→“参考几何体”→“基准轴”命令，或者单击“特征”工具栏“参考几何体”下拉列表中的（基准轴）按钮，或者单击“特征”控制面板“参考几何体”下拉列表中的“基准轴”按钮，此时系统弹出“基准轴”属性管理器。

（2）设置属性管理器。在“第一参考”选项框中，选择如图 3-25 所示的面 1、面 2。“基准轴”属性管理器设置如图 3-26 所示。

（3）确认创建的基准轴。单击“基准轴”属性管理器中的确定按钮✔，以两平面的交线创建的基准轴 2 如图 3-27 所示。

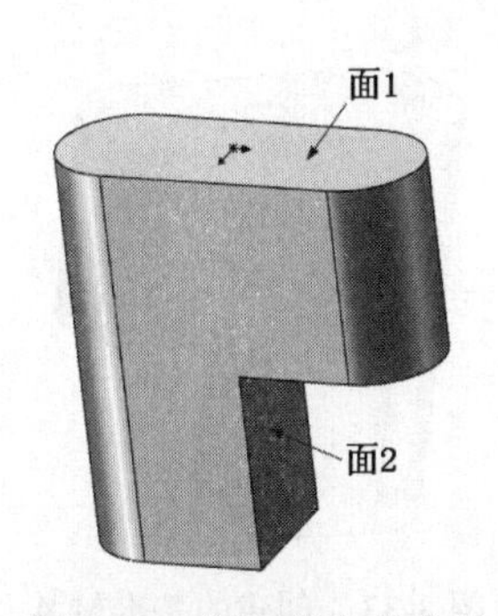

图 3-25 打开的文件实体

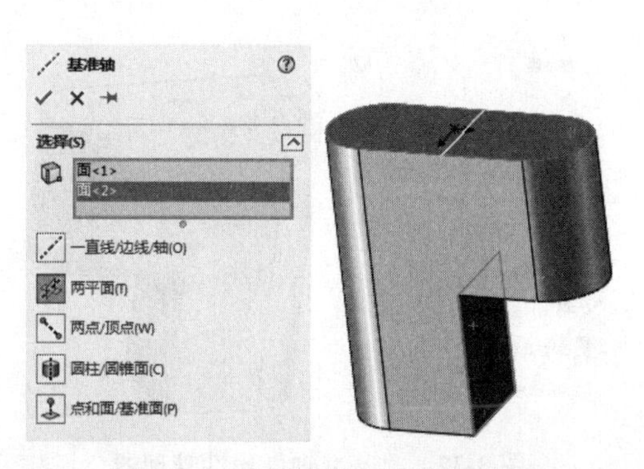

图 3-26 “基准轴”属性管理器

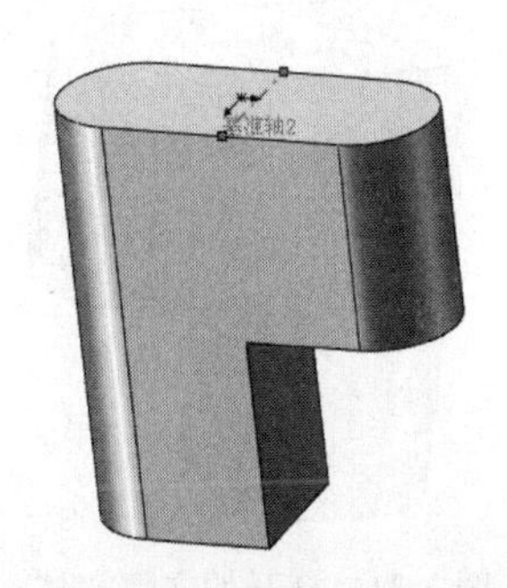

图 3-27 创建的基准轴 2

3.2.3 两点/顶点方式

将两个点或者两个顶点的连线作为基准轴，下面介绍该方式的操作步骤。

（1）执行“基准轴”命令。选择菜单栏中的“插入”→“参考几何体”→“基准轴”命令，或者单击“特征”工具栏“参考几何体”下拉列表中的（基准轴）按钮，或者单击“特征”控制面板“参考几何体”下拉列表中的“基准轴”按钮，此时系统弹出“基准轴”属性管理器。

（2）设置属性管理器。在“第一参考”选项框中，选择如图 3-28 所示的点 1。在“第二参考”选项框中，选择如图 3-29 所示的点 2。“基准轴”属性管理器设置如图 3-29 所示。

（3）确认创建的基准轴。单击“基准轴”属性管理器中的确定按钮，以两顶点的交线创建的基准轴 3 如图 3-30 所示。

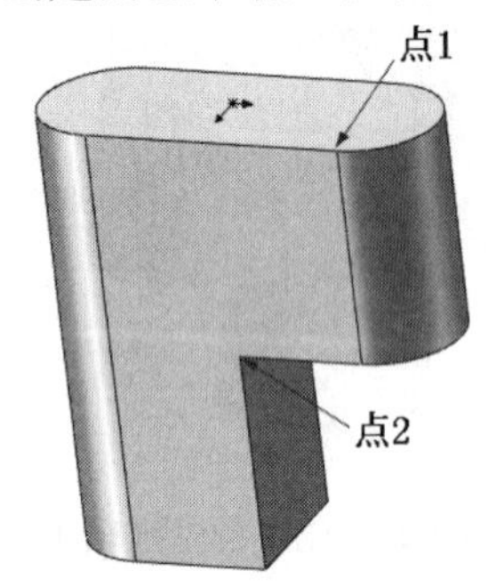

图 3-28 打开的文件实体

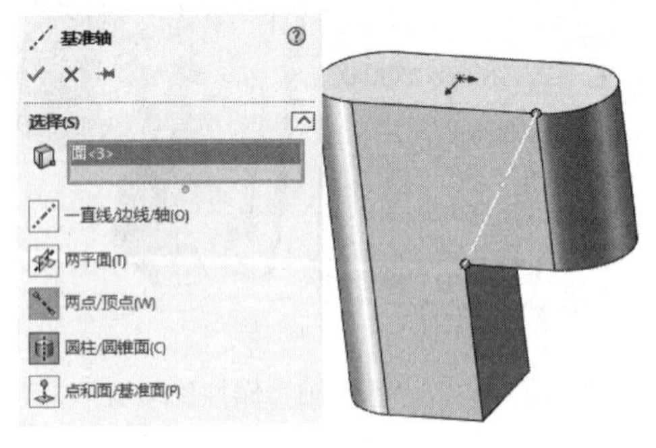

图 3-29 “基准轴”属性管理器

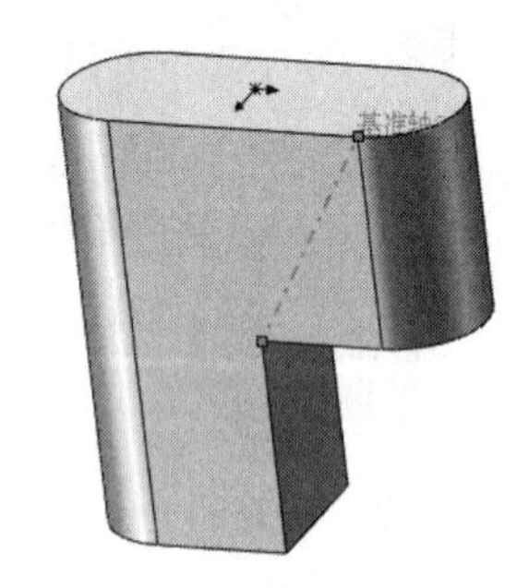

图 3-30 创建的基准轴 3

3.2.4 圆柱/圆锥面方式

选择圆柱面或者圆锥面，将其临时轴确定为基准轴，下面介绍该方式的操作步骤。

（1）执行“基准轴”命令。选择菜单栏中的“插入”→“参考几何体”→“基准轴”命令，或者单击“特征”工具栏“参考几何体”下拉列表中的（基准轴）按钮，或者单击“特征”控制面板“参考几何体”下拉列表中的“基准轴”按钮，此时系统弹出“基准轴”属性管理器。

（2）设置属性管理器。在“第一参考”选项框中，选择如图 3-31 所示的面 1。“基准轴”属性管理器设置如图 3-32 所示。

（3）确认创建的基准轴。单击“基准轴”属性管理器中的确定按钮，将圆柱体临时轴确定为基准轴 4 如图 3-33 所示。

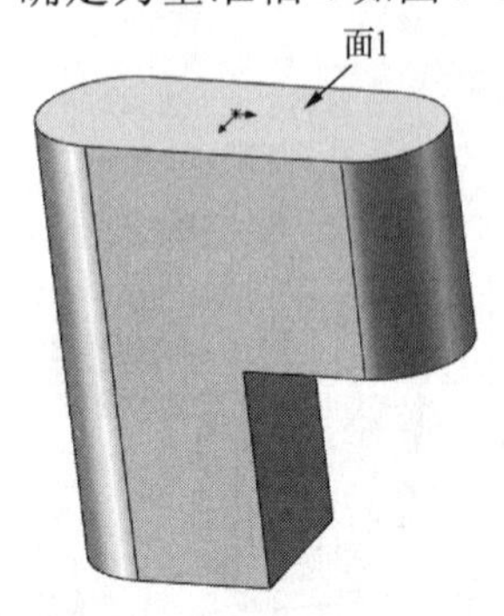

图 3-31 打开的文件实体

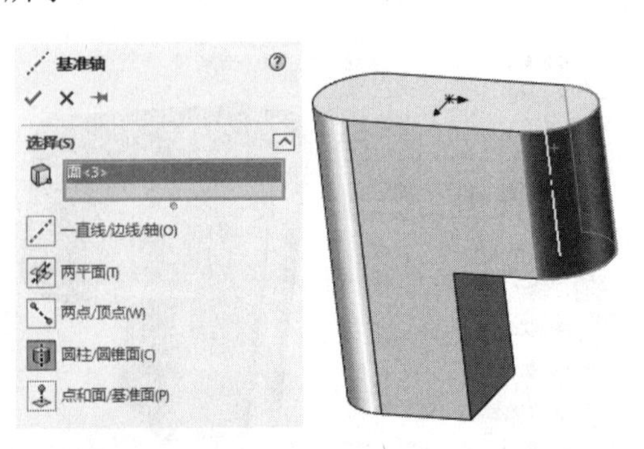

图 3-32 “基准轴”属性管理器

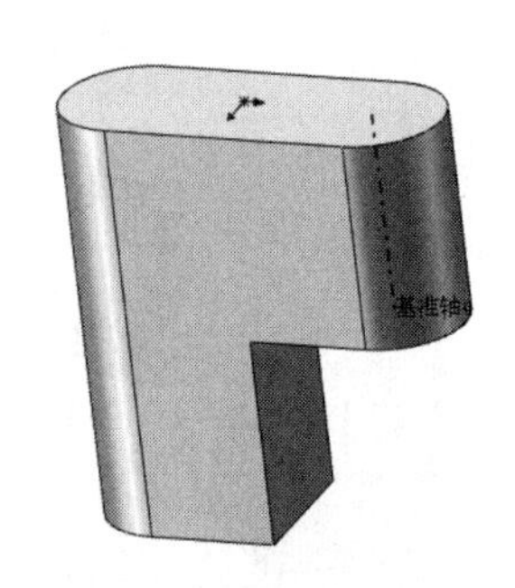

图 3-33 创建的基准轴 4

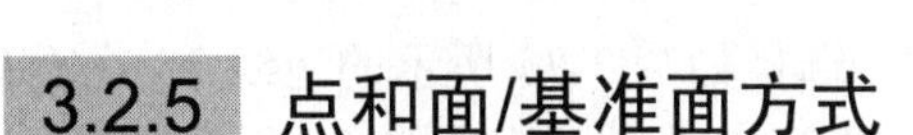

3.2.5 点和面/基准面方式

选择一曲面或者基准面以及顶点、点或者中点，创建一个通过所选点并且垂直于所选面的基准轴，下面介绍该方式的操作步骤。

（1）执行“基准轴”命令。选择菜单栏中的“插入”→“参考几何体”→“基准轴”命令，或者单击“特征”工具栏“参考几何体”下拉列表中的（基准轴）按钮，或者单击“特征”控制面板“参考几何体”下拉列表中的“基准轴”按钮，此时系统弹出“基准轴”属性管理器。

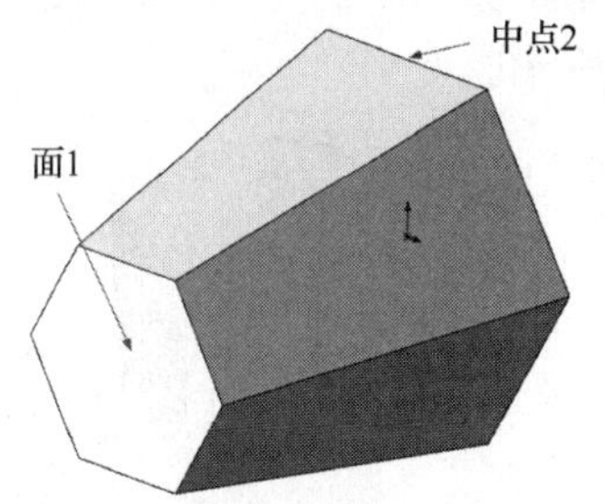

图 3-34　打开的文件实体

（2）设置属性管理器。在“第一参考”选项框中，选择如图 3-34 所示的面 1。在“第二参考”选项框中，选择如图 3-34 所示的边线的中点 2。“基准轴”属性管理器设置如图 3-35 所示。

（3）确认创建的基准轴。单击“基准轴”属性管理器中的确定按钮，创建通过边线的中点 2 且垂直于面 1 的基准轴。

（4）旋转视图。单击右键在弹出的快捷菜单中选择“旋转视图”命令或按住鼠标中键，在绘图区出现按钮，旋转视图，将视图以合适的方向显示，创建的基准轴 5 如图 3-36 所示。

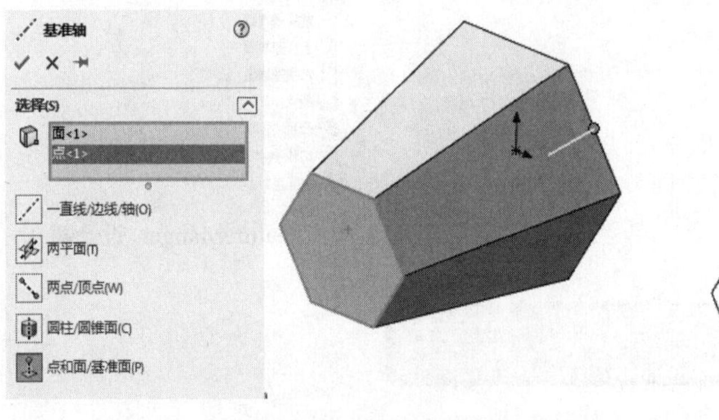

图 3-35　“基准轴”属性管理器

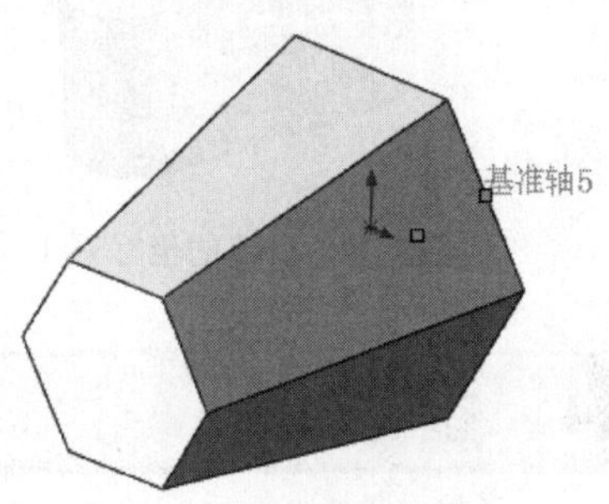

图 3-36　创建的基准轴 5

3.3　坐标系

“坐标系”命令主要用来定义零件或装配体的坐标系。此坐标系与测量和质量属性工具一同使用，可用于将 SOLIDWORKS 文件输出至 IGES、STL、ACIS、STEP、Parasolid、VRML 和 VDA 文件。

下面介绍创建坐标系的操作步骤。

（1）执行“坐标系”命令。选择菜单栏中的“插入”→“参考几何体”→“坐标系”命令，或者单击“特征”工具栏“参考几何体”下拉列表中的“坐标系”按钮，或者单击“特征”控制面板“参考几何体”下拉列表中的“坐标系”按钮，此时系统弹出“坐标系”属性管理器。

（2）设置属性管理器。在“原点”选项中，选择如图 3-37 所示的点 A；在“X 轴”选项中，选择如图 3-37 所示的边线 1；在“Y 轴”选项中，选择如图 3-37 所示的边线 2；在“Z 轴”选项中，选择图 3-37 所示的边线 3。“坐标系”属性管理器设置如图 3-38 所示。

（3）确认创建的坐标系。单击“坐标系”属性管理器中的确定按钮✓，创建的新坐标系 1 如图 3-39 所示。此时所创建的坐标系 1 也会出现在 FeatureManger 设计树中，如图 3-40 所示。

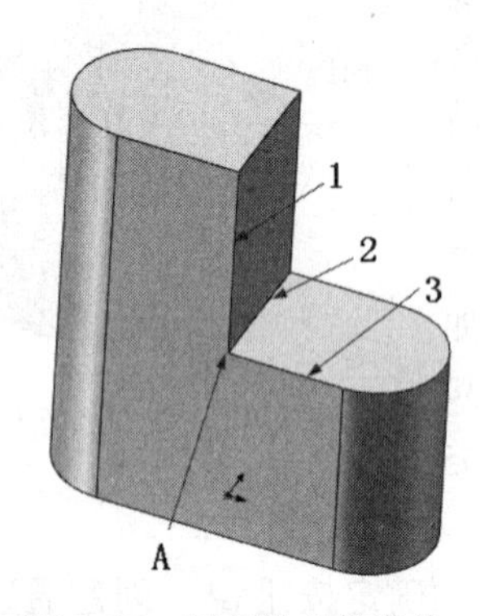

图 3-37　打开的文件实体

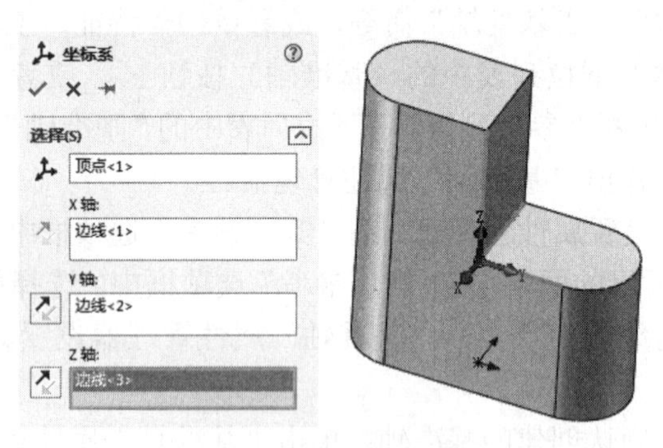

图 3-38　“坐标系”属性管理器

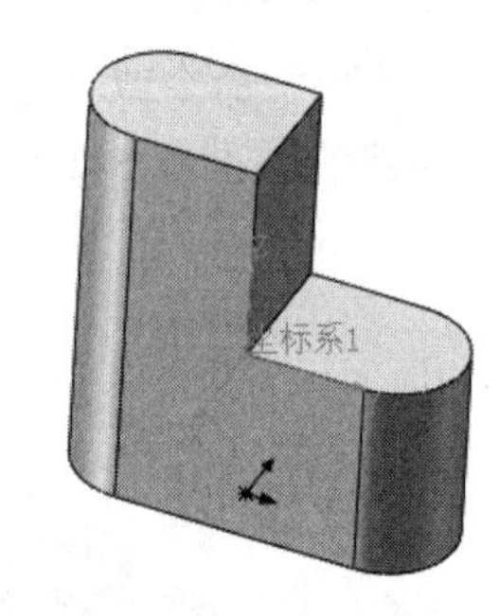

图 3-39　创建的坐标系 1

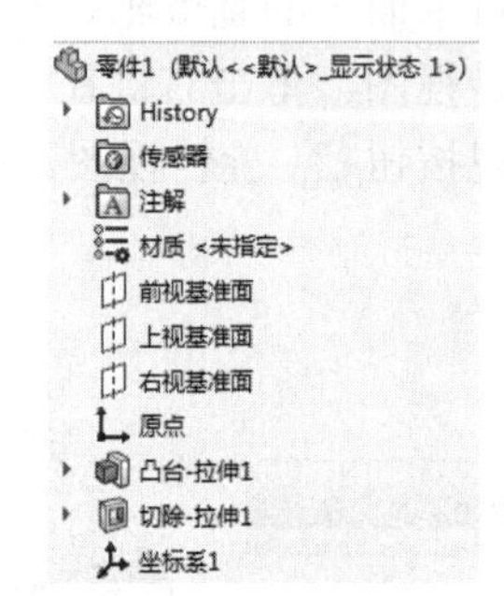

图 3-40　FeatureManger 设计树

3.4　参考点

可生成数种类型的参考点用作构造对象，还可以在指定距离分割的曲线上生成多个参考点。

3.4.1　圆弧中心参考点

在所选圆弧或圆的中心生成参考点。

下面介绍该方式的操作步骤。

（1）执行“基准面”命令。选择菜单栏中的“插入”→“参考几何体”→“点”命令，或者单击“特征”工具栏“参考几何体”下拉列表中的点按钮，或者单击“特征”控制面板“参考几何体”下拉列表中的点按钮，此时系统弹出“点”属性管理器。

（2）设置属性管理器。单击“圆弧中心”按钮，设置点的创建方式为通过圆弧方式。在“参考实体”列表框中，选择圆弧边线。“点”属性管理器设置如图 3-41 所示。

（3）确认创建的基准面。单击“点”属性管理器中的确定按钮✓，创建的点 1 如图 3-42 所示。

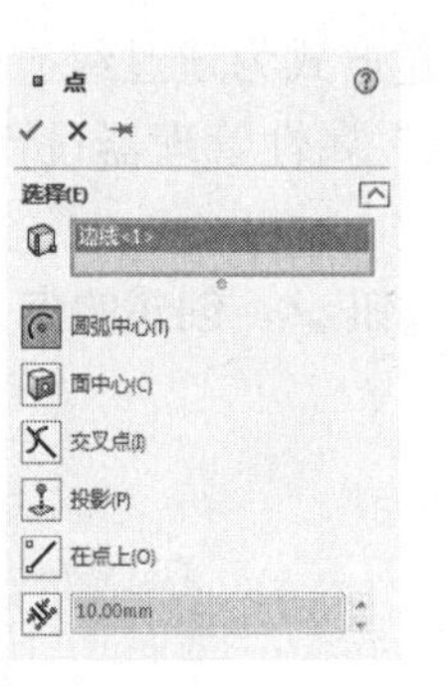

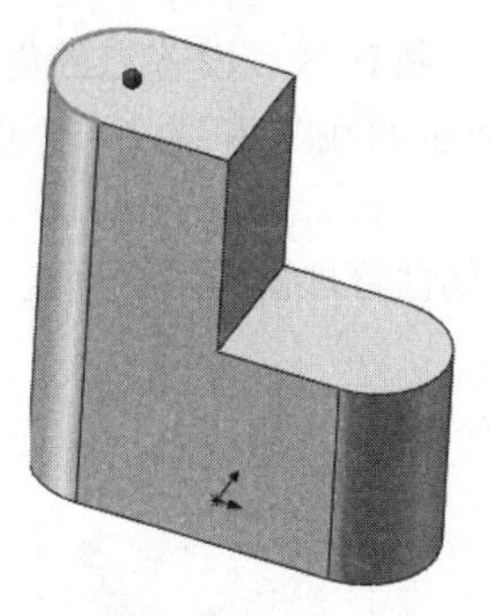

图 3-41 “点”属性管理器

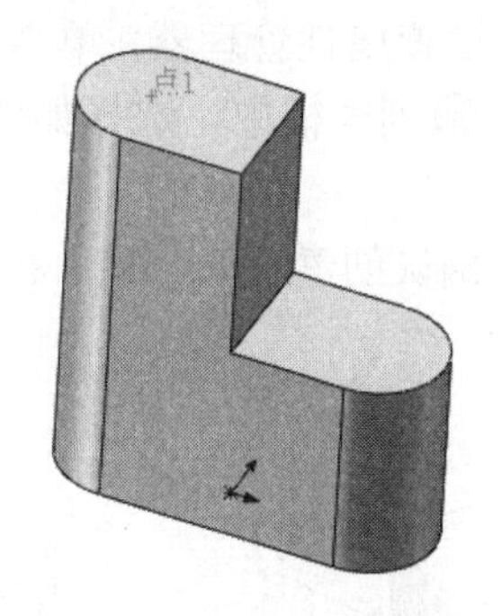

图 3-42 创建的点 1

3.4.2 面中心参考点

在所选面的引力中心生成一参考点。

下面介绍该方式的操作步骤。

（1）执行“基准面”命令。选择菜单栏中的“插入”→“参考几何体”→“点”命令，或者单击“特征”工具栏“参考几何体”下拉列表中的点按钮，或者单击“特征”控制面板“参考几何体”下拉列表中的点按钮，此时系统弹出“点”属性管理器。

（2）设置属性管理器。单击“面中心”按钮，设置点的创建方式为通过平面方式。在“参考实体”列表框中，选择如图 3-43 所示的面 1。“点”属性管理器设置如图 3-44 所示。

（3）确认创建的基准面。单击“点”属性管理器中的确定按钮，创建的点 2 如图 3-45 所示。

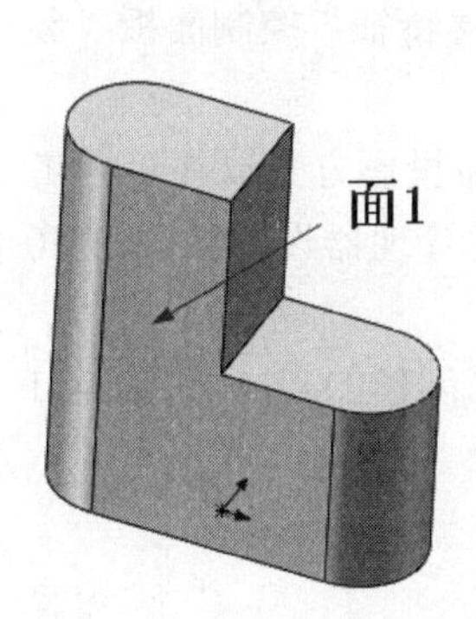

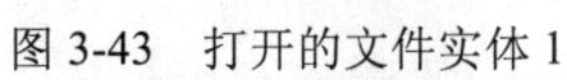

图 3-43 打开的文件实体 1

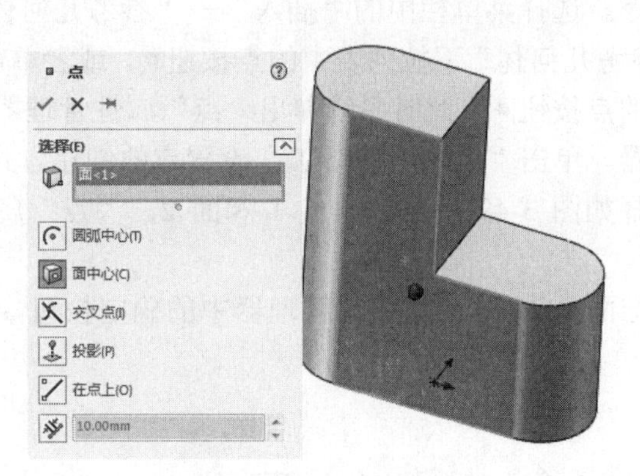

图 3-44 “点”属性管理器

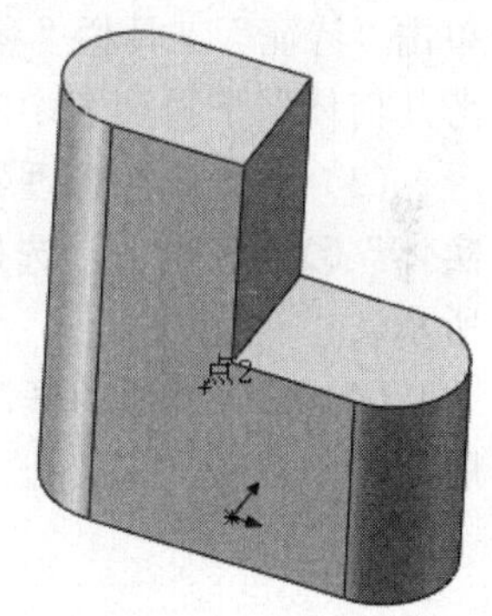

图 3-45 创建的点 2

3.4.3 交叉点

在两个所选实体的交点处生成一参考点。

下面介绍该方式的操作步骤。

（1）继续上一节的模型。

（2）执行“点”命令。选择菜单栏中的“插入”→“参考几何体”→“点”命令，或者单击“特征”工具栏“参考几何体”下拉列表中的点按钮，或者单击“特征”控制面板“参考几何体”下拉列表中的点按钮，此时系统弹出“点”属性管理器。

（3）设置属性管理器。单击“交叉点”按钮，设置点的创建方式为通过线方式。在“参考实体”列表框中，选择如图 3-46 所示的线 1 和线 2。“点”属性管理器设置如图 3-47 所示。

（4）确认创建的基准面。单击“点”属性管理器中的“确定’按钮，创建的点 3 如图 3-48 所示。

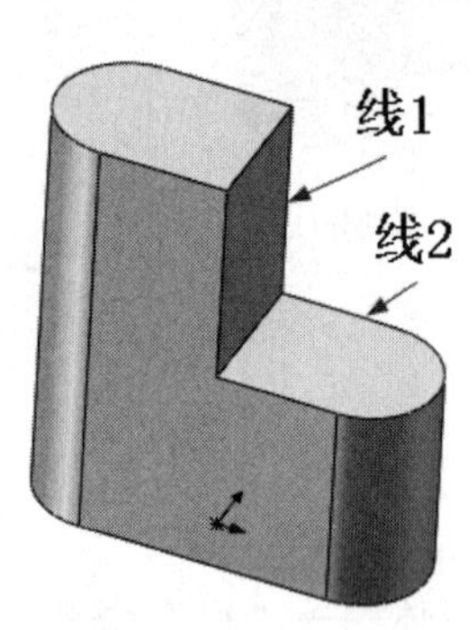

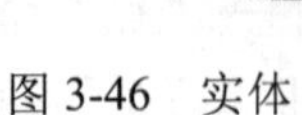
图 3-46　实体

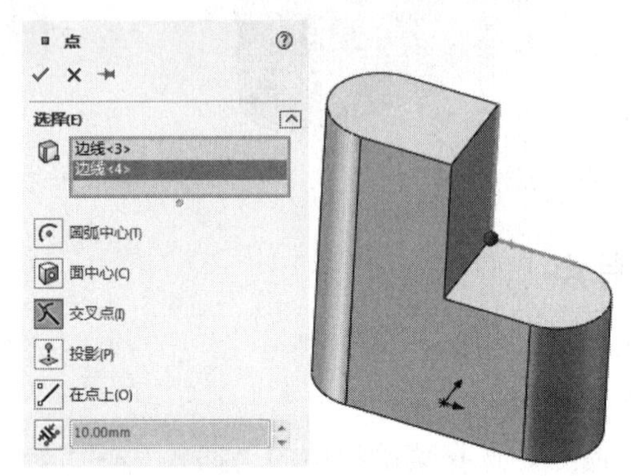

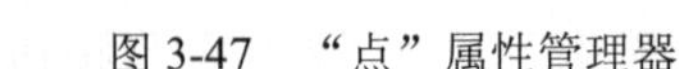
图 3-47　“点”属性管理器

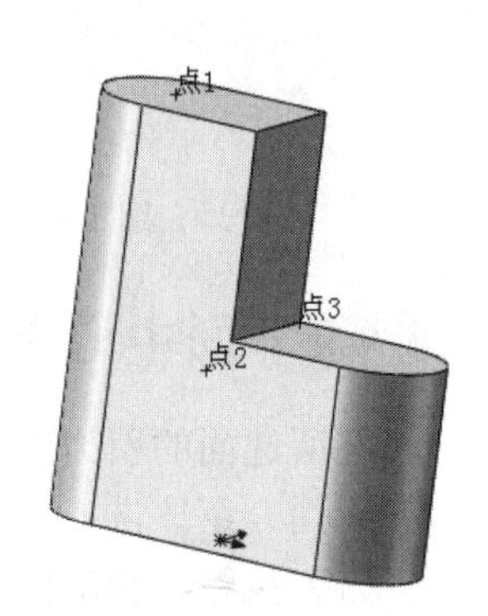

图 3-48　创建的点 3

3.4.4 投影点

生成从一实体投影到另一实体的参考点。

下面介绍该方式的操作步骤。

（1）继续上一节的模型。

（2）执行“点”命令。选择菜单栏中的“插入”→“参考几何体”→“点”命令，或者单击“特征”工具栏“参考几何体”下拉列表中的点按钮，或者单击“特征”控制面板“参考几何体”下拉列表中的点按钮，此时系统弹出“点”属性管理器。

（3）设置属性管理器。单击“投影”按钮，设置点的创建方式为投影方式。在“参考实体”列表框中，选择如图 3-49 所示的顶点 1 和面 2。“点”属性管理器设置如图 3-50 所示。

（4）确认创建的基准面。单击“点”属性管理器中的确定按钮，创建的点 4 如图 3-51 所示。

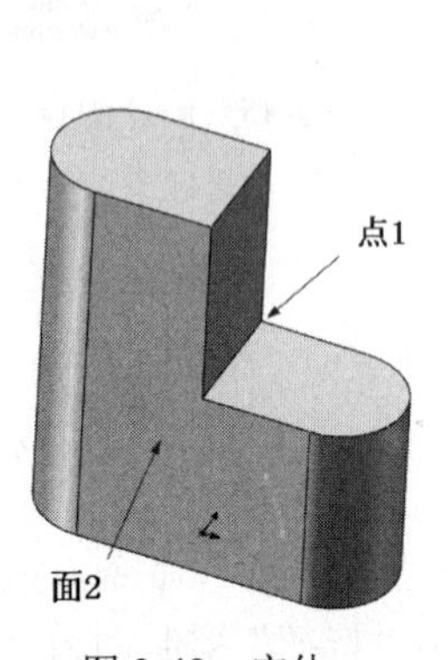

图 3-49　实体

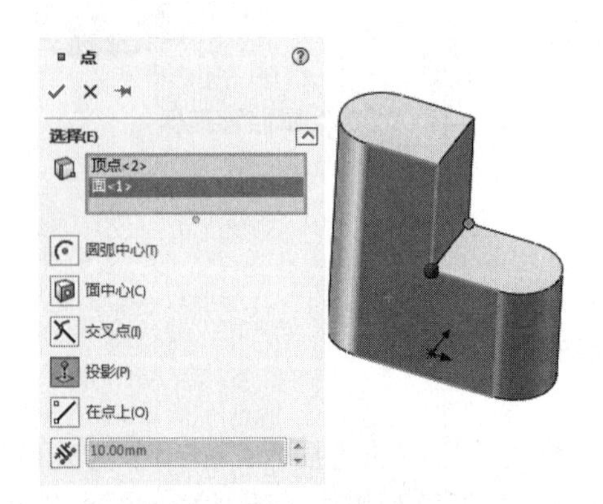

图 3-50　“点”属性管理器

图 3-51　创建的点 4

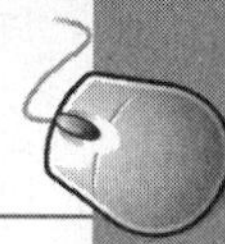

3.4.5 创建多个参考点

沿边线、曲线或草图线段生成一组参考点。

下面介绍该方式的操作步骤。

（1）继续上一节的模型。

（2）执行“点”命令。选择菜单栏中的“插入”→“参考几何体”→“点”命令，或者单击“特征”工具栏“参考几何体”下拉列表中的点按钮，或者单击“特征”控制面板“参考几何体”下拉列表中的点按钮，此时系统弹出“点”属性管理器。

（3）设置属性管理器。单击“沿曲线距离或多个参考点”按钮，设置点的创建方式为曲线方式。在“参考实体”列表框中，选择如图 3-52 所示的线 1。“点”属性管理器设置如图 3-53 所示，在属性管理器中选择分布类型。

输入距离/百分比竖直：设定用来生成参考点的距离或百分比数值。

距离：按设定的距离生成参考点数。

百分比：按设定的百分比生成参考点数。

均匀分布：在实体上均匀分布的参考点数。

参考点数：设定所选实体生成的参考点数。

（4）确认创建的基准面。单击“点”属性管理器中的确定按钮，创建的点如图 3-54 所示。

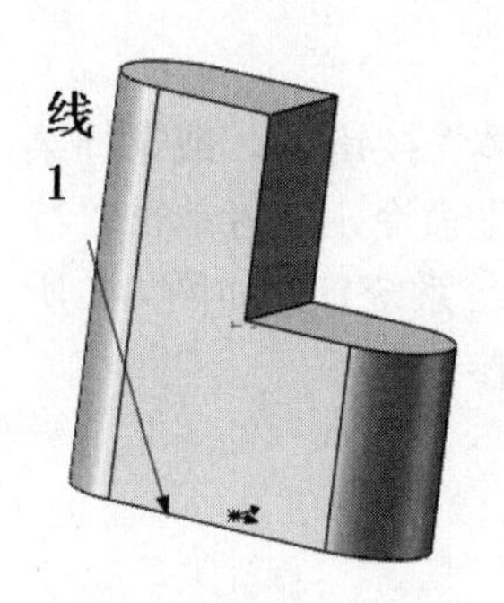

图 3-52　实体

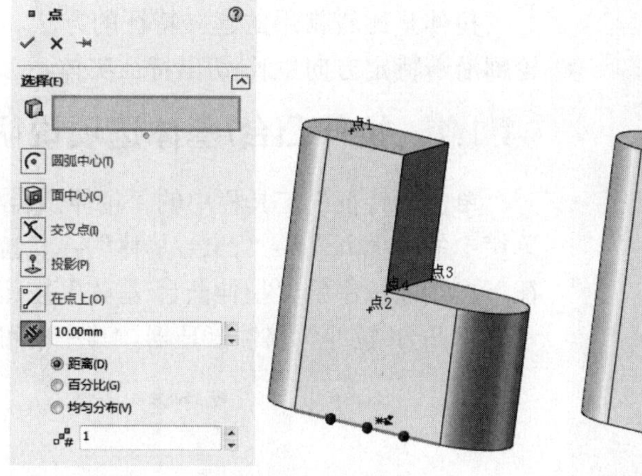

图 3-53　“点”属性管理器

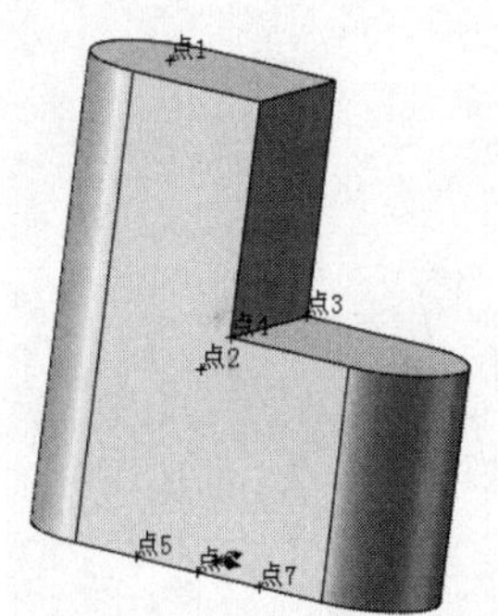

图 3-54　创建的点

Chapter

基于草图的特征

4

基于草图的特征是以二维草图为截面，经拉伸、旋转、扫描等方式形成的实体特征，这样的特征必须先创建草图。SOLIDWORKS相关的帮助中详尽地对各种特征的创建规则做了说明，这里仅讨论一些技巧性和实用性的问题。

4.1 拉伸

拉伸是比较常用的建立特征的方法。它的特点是将一个或多个轮廓沿着特定方向生长/切出特征实体。

4.1.1 拉伸凸台/基体选项说明

单击“特征”工具栏中的“拉伸凸台/基体”按钮，或选择菜单栏中的“插入”→“凸台/基体”→“拉伸”命令，或者单击“特征”控制面板中的“拉伸凸台/基体”按钮。系统打开如图4-1所示的“凸台-拉伸”属性管理器，其中的可控参数如下。

图4-1 “凸台-拉伸”属性管理器

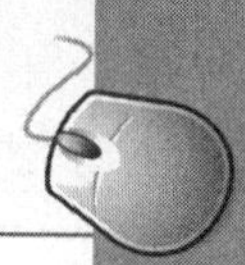

（1）“从”选项组：利用该选项组下拉列表中的选项可以设定拉伸特征的开始条件，下拉列表中包括如下几种：草图基准面、曲面/面/基准面、顶点、等距（从与当前草图基准面等距的基准面开始拉伸，这时需要在输入等距值中设定等距距离）。

（2）“方向 1”选项组：决定特征延伸的方式，并设定终止条件类型，下拉列表中的拉伸方法选项有如下几种。

①“反向”：以与预览中所示方向相反的方向延伸特征。

②“终止条件”：该选项用来决定特征延伸的方式，几种不同的拉伸终止条件如图 4-2 所示。

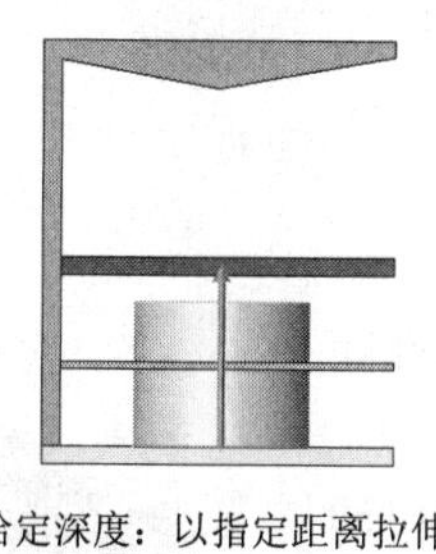
给定深度：以指定距离拉伸

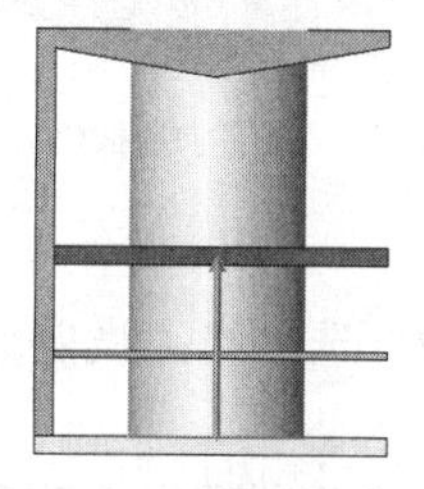
完全贯穿：贯穿所有几何体

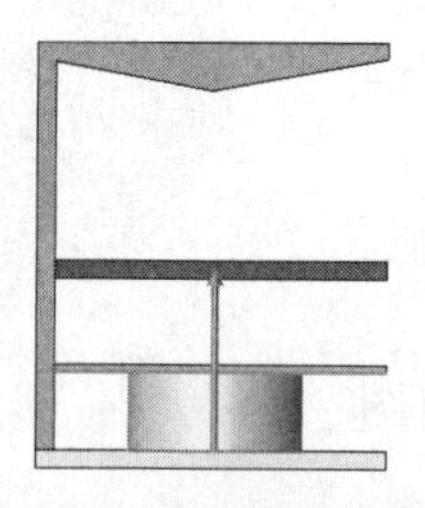
成形到下一面：拉伸成形到指定的面

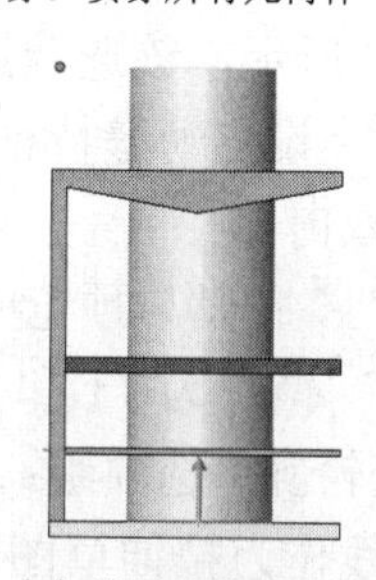
成形到顶点：拉伸到一个与草图基准面平行并穿越指定顶点的面

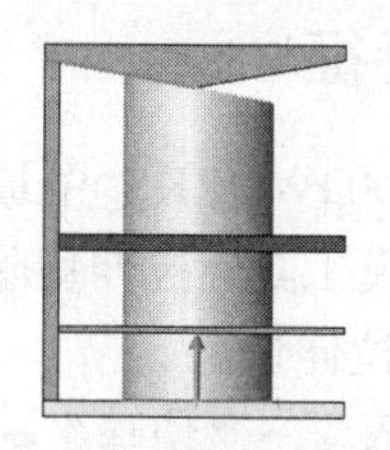
成形到面：拉伸特征到所选平面或曲面

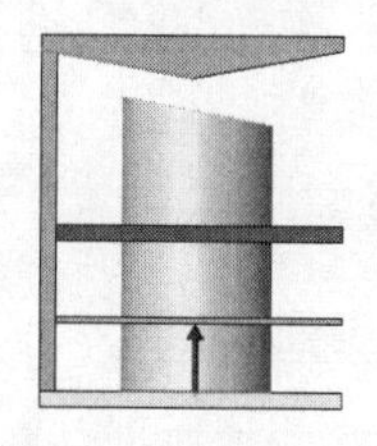
到离指定面指定的距离：拉伸特征到离所选面指定距离

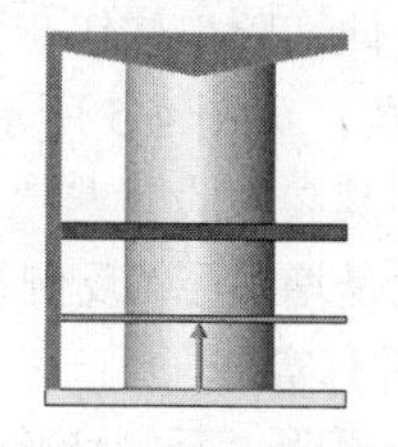
成形到实体：拉伸特征到指定实体

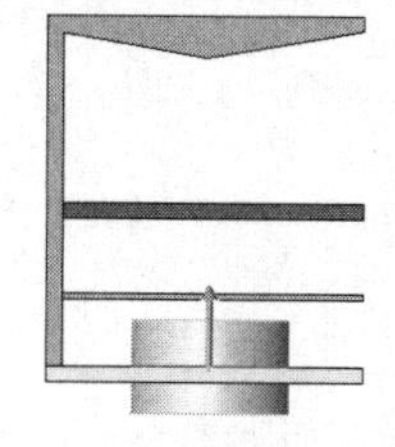
两侧对称：从指定起始处向两个方向对称拉伸

图 4-2　拉伸终止条件

③“拉伸方向”：默认情况下草图的拉伸是平行于草图基准面法线方向的。如果在图形区域中选择一边线、点、平面作为拉伸方向的向量，则拉伸将平行于所选方向向量。

④“深度”：在微调框中指定拉伸深度。

⑤“拔模开/关” ：将激活右侧的拔模角度微调框，在微调框中指定拔模角度，从而生成带拔模性质的拉伸特征，如图 4-3 所示。

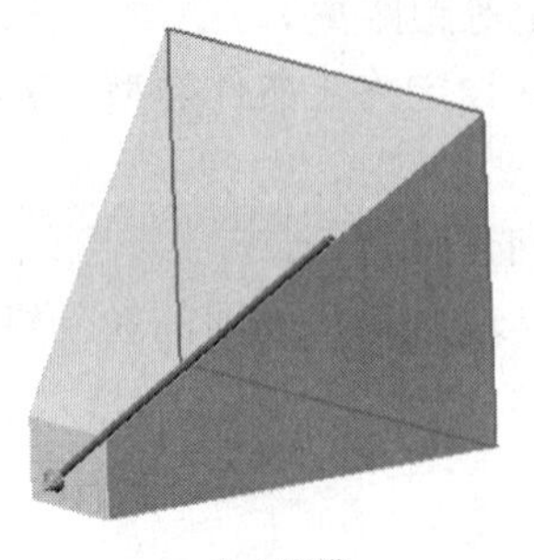
向内拔模

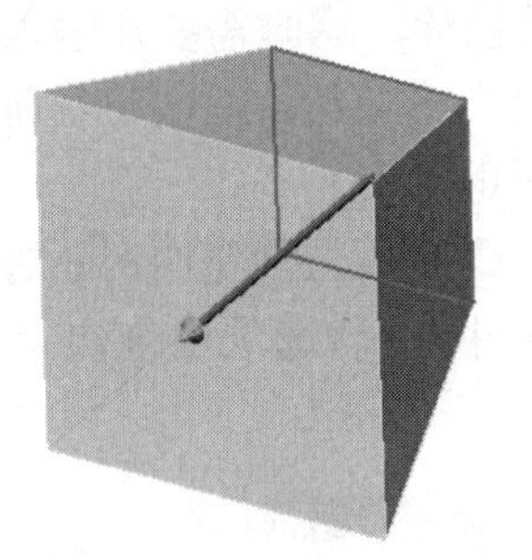
向外拔模

图 4-3　拔模性质的拉伸

（3）“方向 2”选项组：设定这些选项以同时从草图基准面往两个方向拉伸。

（4）“薄壁特征”选项组：薄壁特征为带有不变壁厚的拉伸特征，如图 4-4 所示，该选项用来控制薄壁的厚度、圆角等。

①“类型”：设定薄壁特征拉伸的类型。包括“单向”、“两侧对称”及“双向”。

②“反向” ：以与预览中所示方向相反的方向延伸特征。

③“厚度” ：为 T1 和 T2 设定数值。

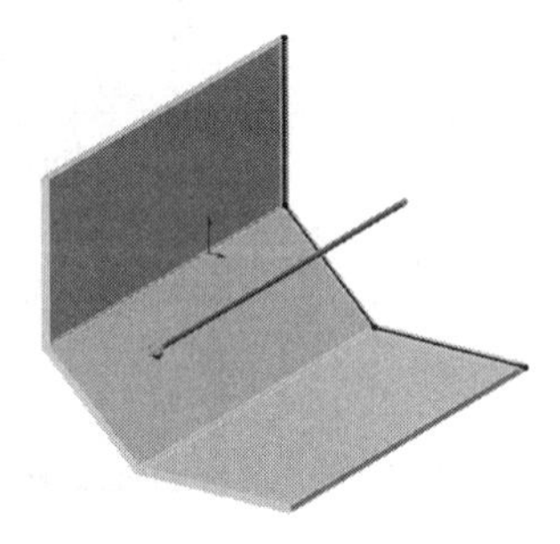
图 4-4　薄壁特征

（5）“所选轮廓”选项组：在图形区域中可以选择部分草图轮廓或模型边线作为拉伸草图轮廓进行拉伸。

4.1.2　拉伸切除特征

拉伸切除特征是 SOLIDWORKS 中最基础的特征之一，也是最常用的特征建模工具。拉伸切除是在给定的基体上，按照设计需要进行拉伸切除。

选择菜单栏中的“插入”→“切除”→“拉伸”命令，或者单击“特征”工具栏中的“拉伸切除”按钮 ，或者单击“特征”面板中的“拉伸切除”按钮 ，此时系统出现“切除-拉伸”属性管理器，如图 4-5 所示。

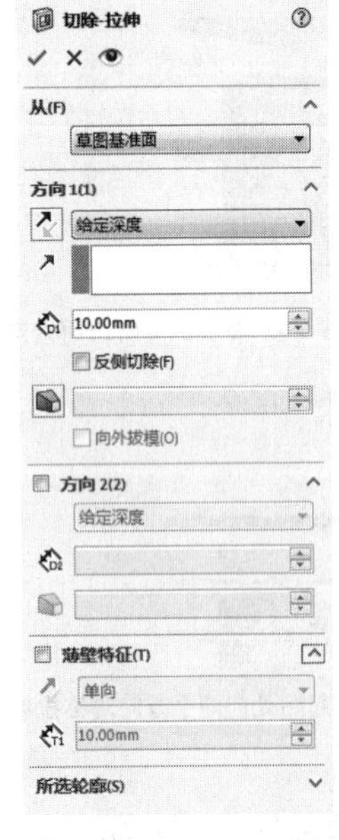

图 4-5　“切除-拉伸”属性管理器

从图 4-5 中可以看出，其参数设置与“拉伸”属性管理器中的参数基本相同。只是增加了“反侧切除”复选框，该选项是指移除轮廓外的所有实体。

以如图 4-6 所示为例，说明“反侧切除”复选框拉伸切除的特征效果。如图 4-6(a)所示为绘制的草图轮廓；如图 4-6(b)所示为没有选择“反侧切除”复选框的拉伸切除特征；如图 4-6(c)所示为选择“反侧切除”复选框的拉伸切除特征。

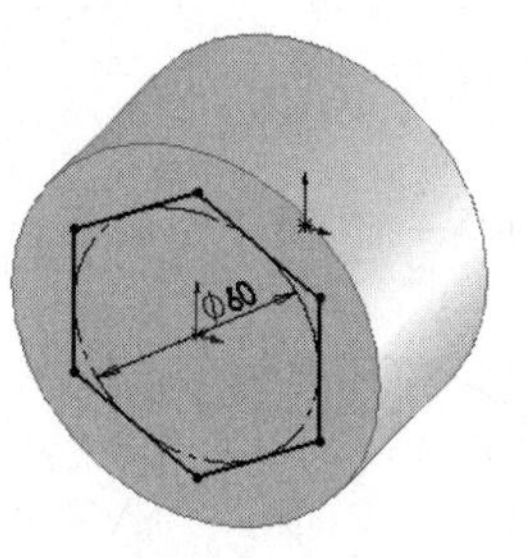

(a)绘制的草图轮廓

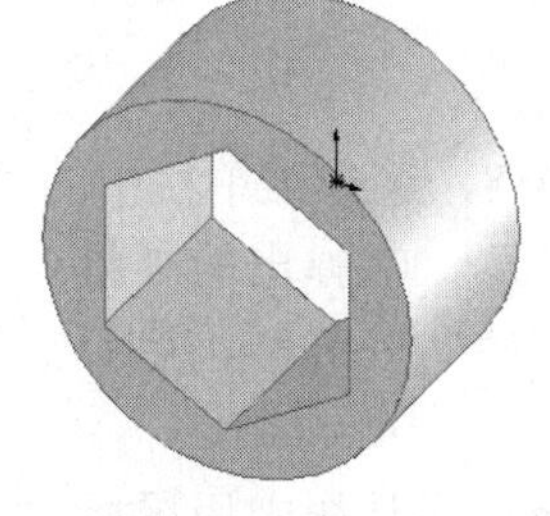

(b)未选择“反侧切除”复选框的拉伸切除特征图形

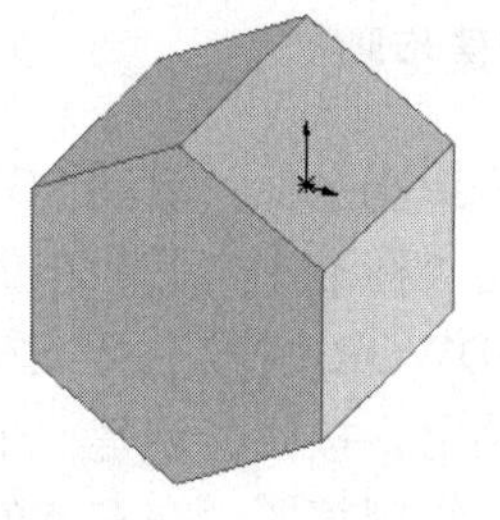

(c)选择“反侧切除”复选框的拉伸切除特征图形

图 4-6　拉伸切除特征

4.1.3　实例——液压杆

本例绘制的液压杆 2，如图 4-7 所示。

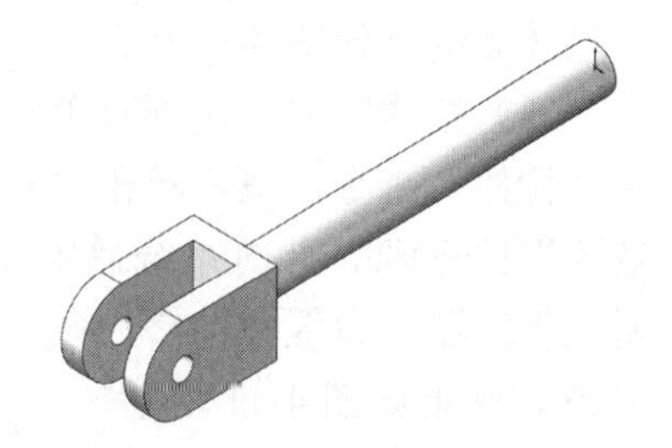

图 4-7　液压杆 2

思路分析

首先绘制液压杆 2 的外形轮廓草图，然后拉伸圆柱，再次利用圆柱命令，在圆柱一端拉伸草图，最后切除部分实体，绘制的流程图如图 4-8 所示。

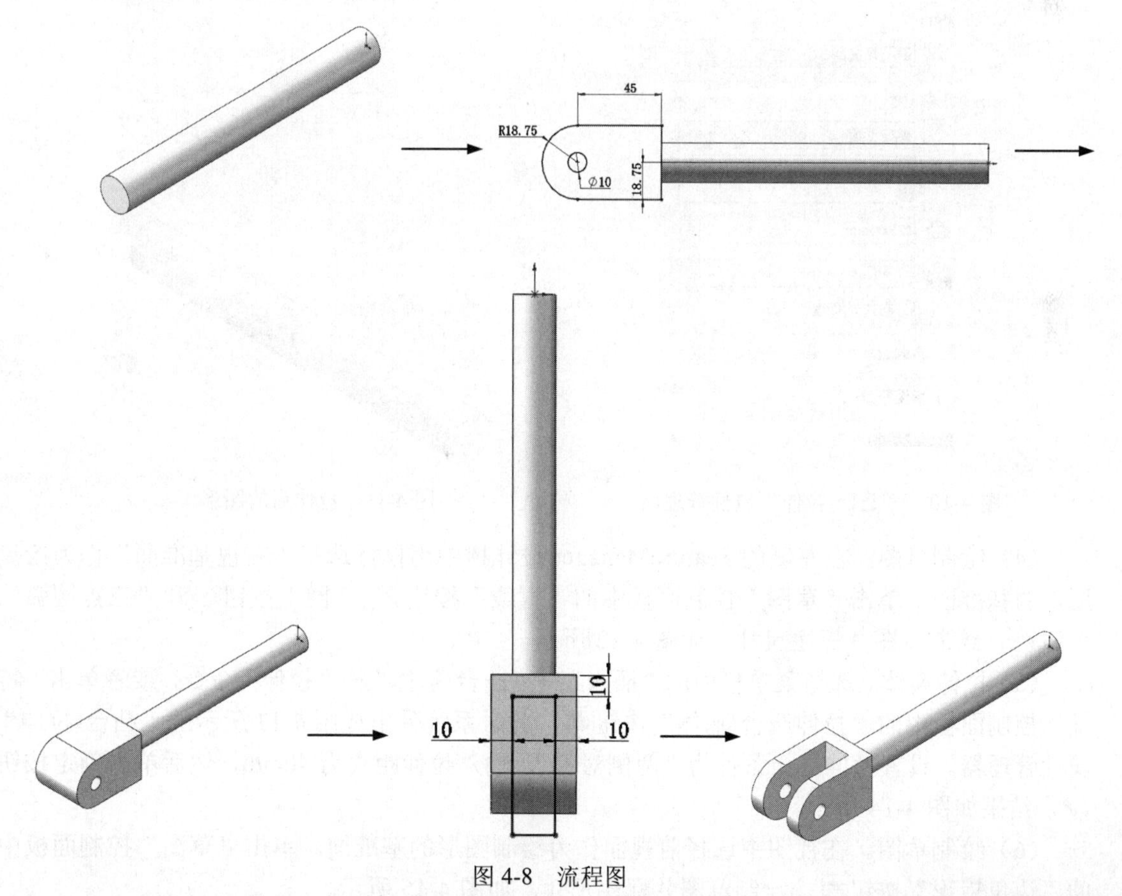

图 4-8　流程图

创建步骤

（1）新建文件。启动 SOLIDWORKS 2018，选择菜单栏中的“文件”→“新建”命令，或者单击“标准”工具栏中的“新建”按钮，在弹出的“新建 SOLIDWORKS 文件”对话框中选择“零件”按钮，然后单击“确定”按钮，创建一个新的零件文件。

（2）绘制草图。在左侧的 FeatureManager 设计树中用鼠标选择“前视基准面”作为绘制图形的基准面。单击“草图”控制面板中的“圆”按钮，在坐标原点绘制直径为 20 的圆，标注尺寸后结果如图 4-9 所示。

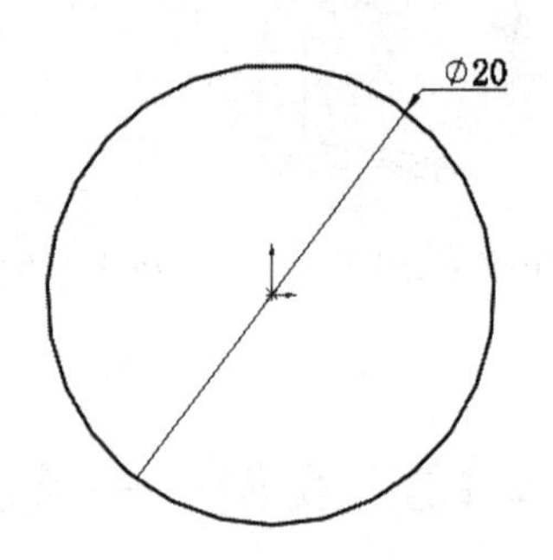

图 4-9　绘制草图尺寸

（3）拉伸实体。选择菜单栏中的“插入”→“凸台/基体”→“拉伸”命令，或者单击“特征”控制面板中的“拉伸凸台/基体”按钮，此时系统弹出如图 4-10 所示的“凸台-拉伸”属性管理器。设置拉伸终止条件为“给定深度”，输入拉伸距离为 175mm，然后单击确定按钮，结果如图 4-11 所示。

图 4-10　“凸台-拉伸”属性管理器

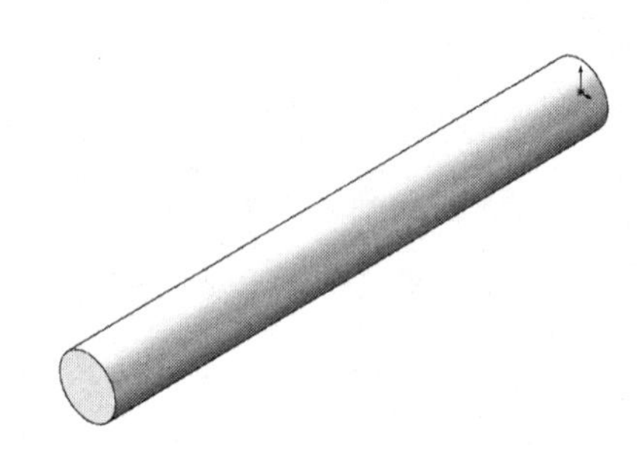
图 4-11　拉伸后的图形

（4）绘制草图。在左侧的 FeatureManager 设计树中用鼠标选择“右视基准面”作为绘制图形的基准面。单击“草图”控制面板中的“直线”按钮、“圆”按钮和“三点圆弧”按钮，绘制草图并标注尺寸，如图 4-12 所示。

（5）拉伸实体。选择菜单栏中的“插入”→“凸台/基体”→“拉伸”命令，或者单击“特征”控制面板中的“拉伸凸台/基体”按钮，此时系统弹出如图 4-13 所示的“凸台-拉伸”属性管理器。设置拉伸终止条件为“两侧对称”，输入拉伸距离为 40mm，然后单击确定按钮，结果如图 4-14 所示。

（6）绘制草图。在视图中选择前视面作为绘制图形的基准面。单击“草图”控制面板中的“边角矩形”按钮，绘制草图并标注尺寸，如图 4-15 所示。

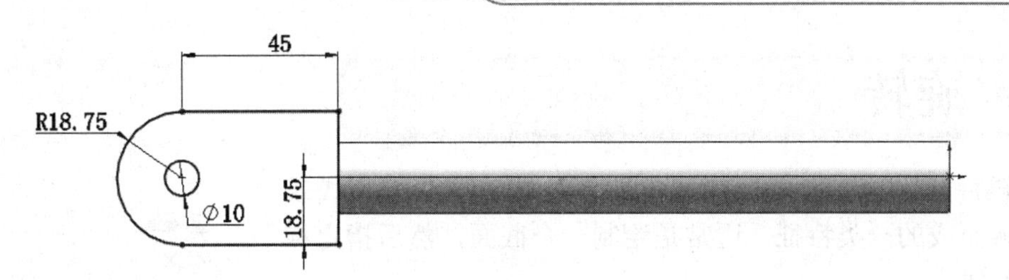

图 4-12　绘制草图尺寸

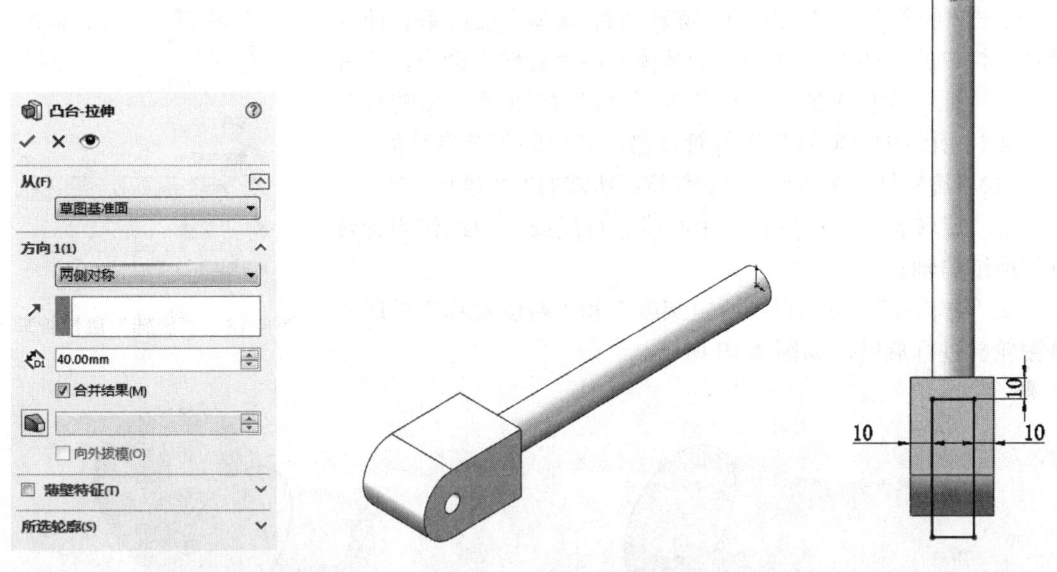

图 4-13　“凸台-拉伸”属性管理器　　图 4-14　拉伸后的图形　　图 4-15　标注草图

（7）切除拉伸实体。选择菜单栏中的“插入”→“切除”→“拉伸”命令，或者单击“特征”控制面板中的“切除拉伸”按钮，此时系统弹出如图 4-16 所示的“切除-拉伸”属性管理器。设置终止条件为“完全贯穿”，然后单击属性管理器中的确定按钮，结果如图 4-17 所示。

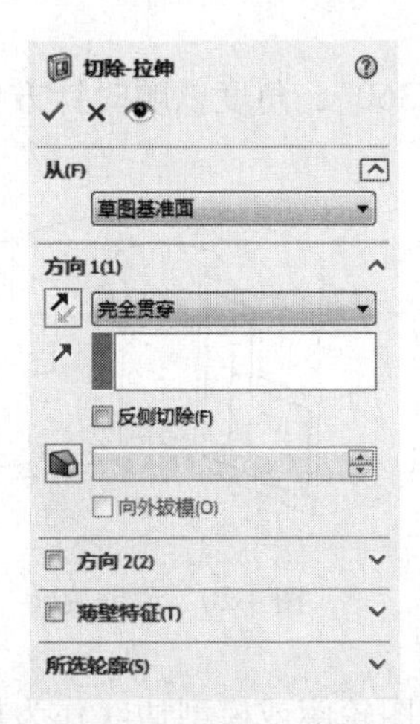

图 4-16　“切除-拉伸”属性管理器

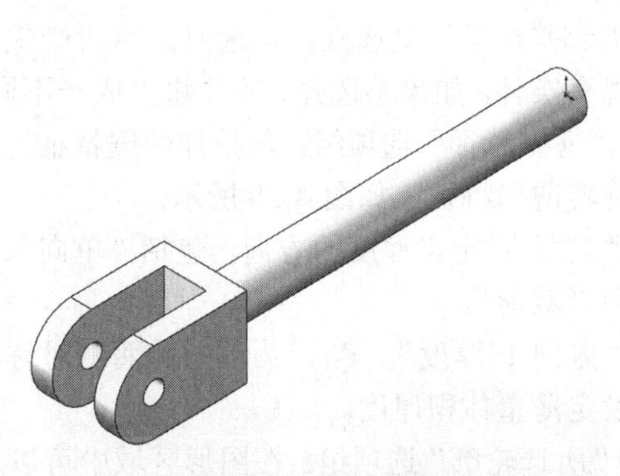

图 4-17　切除结果

4.2 旋转

旋转特征是由草图截面绕选定的作为旋转中心的直线或轴线旋转而成的一类特征。通常是绘制一个截面，然后指定旋转的中心线。

4.2.1 旋转选项说明

单击“特征”工具栏中的“旋转凸台/基体”按钮，或选择菜单栏中的“插入”→“凸台/基体”→“旋转”命令，或者单击“特征”面板中的“旋转凸台/基体”按钮。系统打开如图 4-18 所示的“旋转”属性管理器，其中的可控参数如下。

图 4-18 “旋转”属性管理器

（1）“旋转轴”选项组：对旋转特征所需的参数进行设置。

①“旋转轴”：选择一中心线、直线或一边线作为旋转特征所绕的轴。

②“方向 1”：可以以“给定深度”和“两侧对称”对所选草图轮廓进行旋转，如图 4-19 所示。

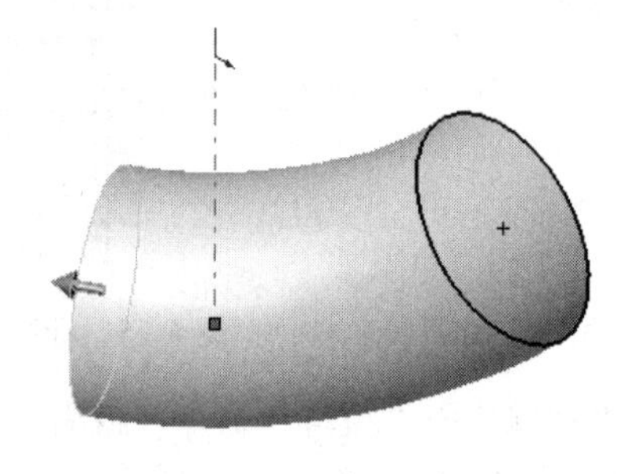

给定深度

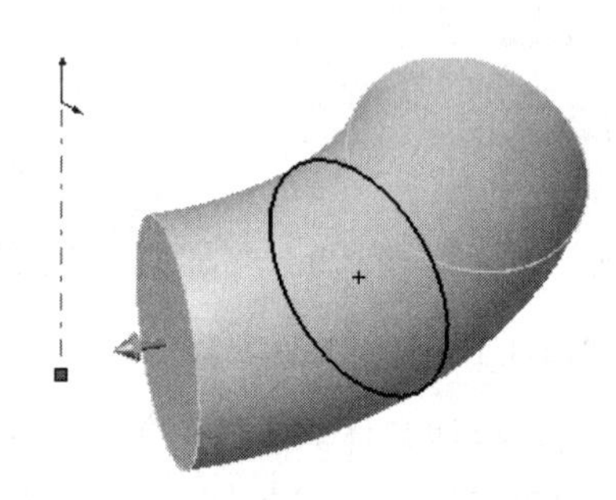

两侧对称

图 4-19 旋转类型

③“反向”按钮：用于反转旋转方向。

④“角度”：定义旋转所包罗的角度。默认的角度为 360°。角度以顺时针方向从所选草图测量。

⑤“合并结果”复选框：勾选时，将所产生的实体合并到现有实体。如果不选择，特征将生成一不同实体。

（2）“薄壁特征”选项组：与拉伸薄壁特征一样，可以生成旋转薄壁特征，如图 4-20 所示。

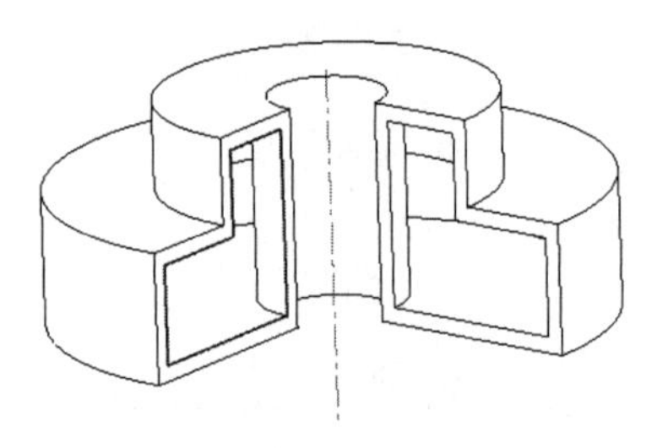

图 4-20 薄壁旋转

①“类型”：定义厚度的方向，包括“单向”、“两侧对称”和“双向”。

②“方向 1 厚度”：为单向和两侧对称薄壁特征旋转设定薄壁体积厚度。

（3）“所选轮廓”选项组：在图形区域中可以选择部分草图轮廓或模型边线作为旋转草图轮廓进行旋转。

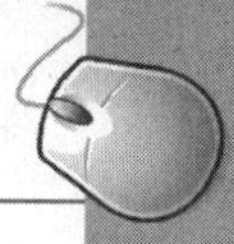

4.2.2 旋转切除选项说明

旋转切除特征是在给定的基体上，按照设计需要进行旋转切除。

单击“特征”工具栏中的“旋转切除”按钮，或选择菜单栏中的“插入”→“切除”→“旋转”命令，或者单击“特征”面板中的“旋转切除”按钮。系统打开如图4-21所示的“切除-旋转”属性管理器。

旋转切除与旋转特征的基本要素、参数类型和参数含义完全相同，这里不再赘述，请参考旋转特征的相应介绍。

4.2.3 实例——酒杯

本例绘制的酒杯，如图4-22所示。

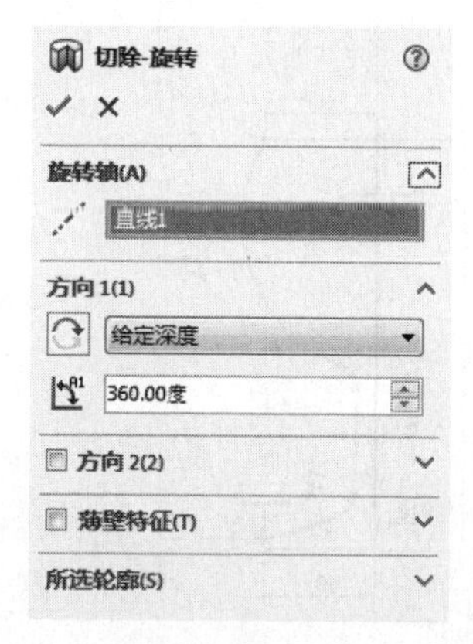

图4-21 “切除-旋转”属性管理器

图4-22 酒杯

思路分析

本实例绘制酒杯，首先绘制酒杯的外形轮廓草图，然后旋转成为酒杯轮廓，最后拉伸切除为酒杯，绘制的流程图如图4-23所示。

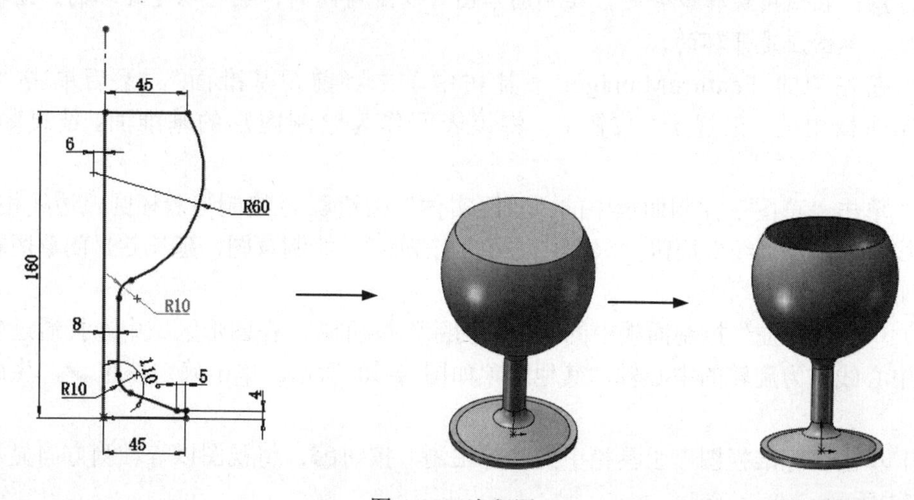

图4-23 流程图

创建步骤

（1）单击“标准”工具栏中的“新建”按钮，在弹出的“新建 SOLIDWORKS 文件”对话框中先单击“零件”按钮，再单击“确定”按钮，创建一个新的零件文件。

（2）在左侧的 FeatureManager 设计树中用鼠标选择“前视基准面”作为绘制图形的基准面。

（3）单击“草图”控制面板中的“直线”按钮，绘制一条通过原点的竖直中心线；单击“草图”控制面板中的“直线”按钮和“圆心/起/终点画弧”按钮以及“绘制圆角”按钮，绘制酒杯的草图轮廓，结果如图 4-24 所示。

（4）单击“草图”控制面板中的“智能尺寸”按钮，标注上一步绘制的草图的尺寸，结果如图 4-25 所示。

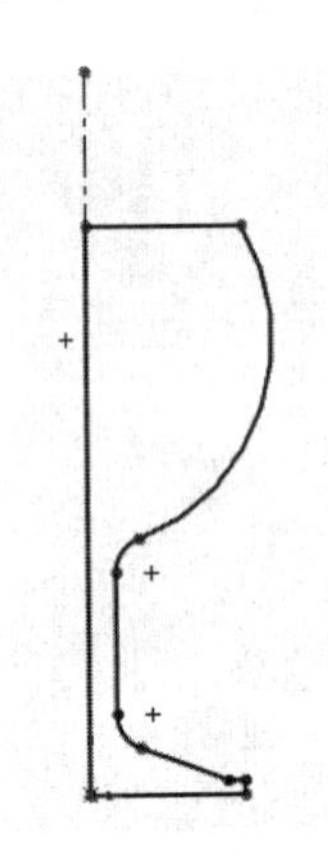

图 4-24 绘制的草图

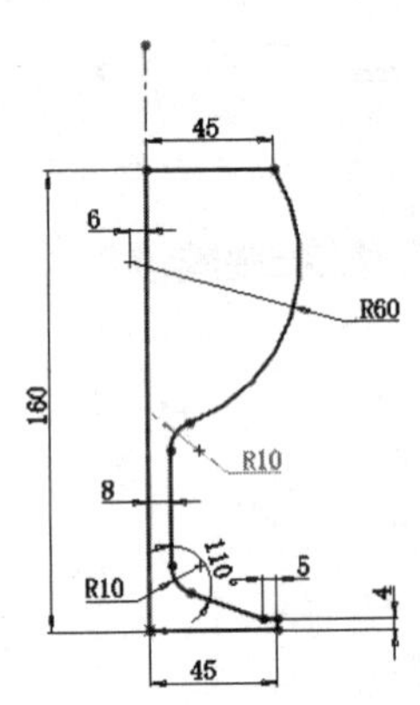

图 4-25 标注的草图

（5）单击“特征”控制面板中的“旋转凸台/基体”按钮，此时系统弹出如图 4-26 所示的“旋转”对话框。按照图示设置后，单击对话框中的确定按钮✓，结果如图 4-27 所示。

注意： 在使用旋转命令时，绘制的草图可以是封闭的，也可以是开环的。绘制薄壁特征的实体，草图应是开环的。

（6）在左侧的 FeatureManager 设计树中单击“前视基准面”，然后单击“标准视图”控制面板中的“正视于”按钮，将该表面作为绘制图形的基准面，结果如图 4-28 所示。

（7）单击“草图”控制面板中的“等距实体”按钮，绘制与酒杯圆弧边线相距 1mm 的轮廓线，单击“直线”按钮及“中心线”按钮，绘制草图，延长并封闭草图轮廓，如图 4-29 所示。

（8）单击“特征”控制面板中的“旋转切除”按钮，在图形区域中选择通过坐标原点的竖直中心线作为旋转的中心轴，其他选项如图 4-30 所示。单击确定按钮✓，生成旋转切除特征。

（9）单击“标准视图”工具栏中的“等轴测”按钮，将视图以等轴测方向显示，结果如图 4-31 所示。

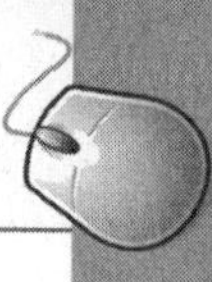

图 4-26 “旋转”属性管理器

图 4-27 旋转后的图形

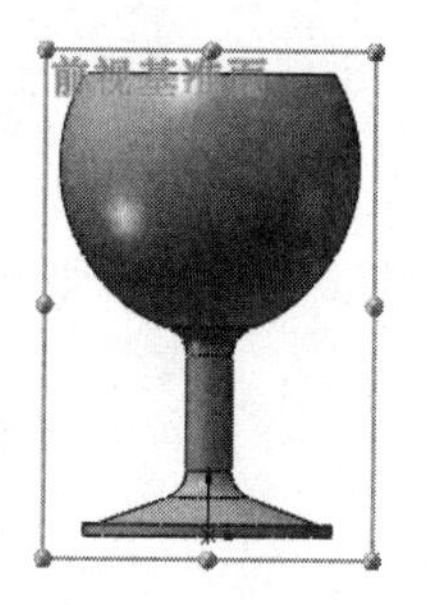

图 4-28 设置的基准面

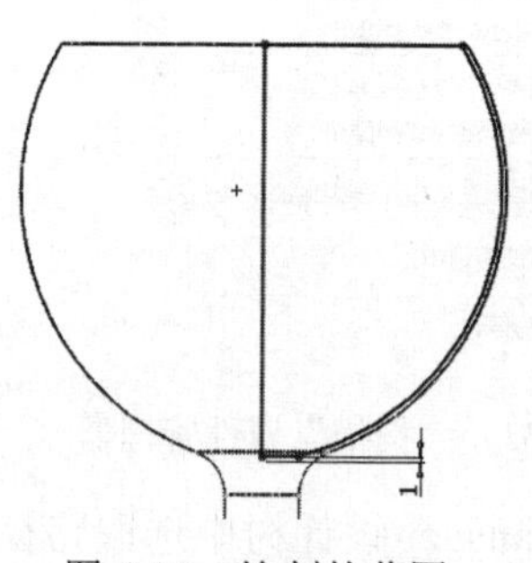

图 4-29 绘制的草图

图 4-30 “旋转-切除”属性管理器

图 4-31 切除后的图形

4.3 扫描

扫描，即用两个各自的草图基准面不共面、也不平行的草图作为基础，一个是截面轮廓，另一个是扫描路径，轮廓沿路径“移动”，终止于路径的两个端点，其全体轨迹形成特征实体，如图 4-32 所示。

4.3.1 扫描选项说明

单击“特征”工具栏中的“扫描”按钮，或选择菜单栏中的“插入”→“凸台/基体”→“扫描”命令，或者单击“特征”面板中的“扫描”按钮。系统打开如图 4-33 所示的“扫描”属性管理器，其中的可控参数如下。

（1）“轮廓和路径”选项组：使用轮廓和路径生成扫描。

①“轮廓”：设定用来生成扫描的草图轮廓（截面）。在图形区域中或 FeatureManager 设计树中选取草图轮廓。除曲面扫描特征外，轮廓草图应为闭环并且不能自相交叉。

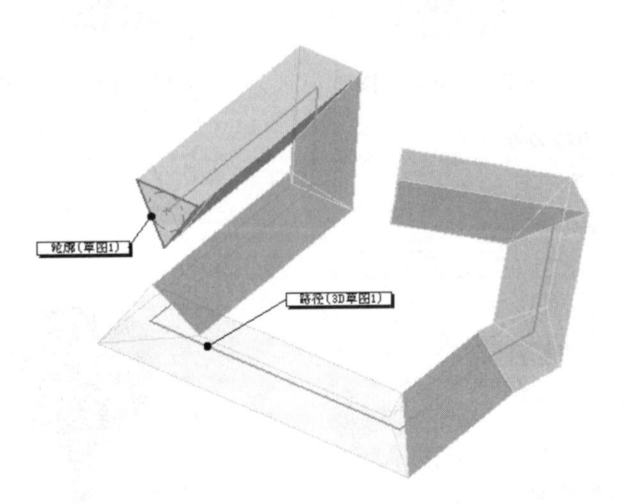

图 4-32　扫描特征

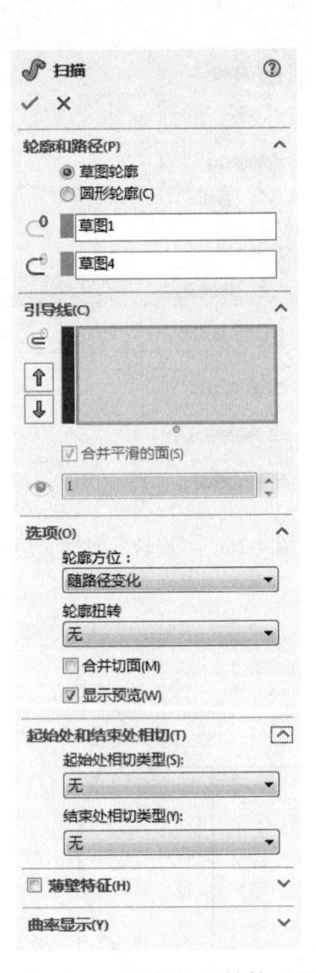

图 4-33　“扫描”属性管理器

②“路径”：设定轮廓扫描的路径。在图形区域或 FeatureManager 设计树中选取路径草图。路径草图可以是开环或闭环，可以是草图中的一组直线、曲线或三维草图曲线或者是特征实体的边线。路径的起点必须位于轮廓草图的基准面上，且不能自相交叉。

（2）“选项”选项组：扫描选项用来控制轮廓草图沿路径草图移动时的方向。

“轮廓方位/轮廓扭转”：控制轮廓在沿路径扫描时的方向。包括 6 种方式：随路径变化、保持法向不变、随路径和第一引导线变化、随第一和第二引导线变化、沿路径扭转、以法向不变沿路径扭曲。

（3）“引导线”选项组：引导线用来在轮廓沿路径移动时加以引导。

①“引导线”：在图形区域选择引导线。

②“移动”：上移和下移。调整引导线的顺序。

（4）“起始处和结束处相切”选项组：设置轮廓草图沿路径草图移动时，起始处和结束处的处理方式。

（5）“薄壁特征”选项组：控制扫描薄壁的厚度，从而生成薄壁扫描特征。

4.3.2 实例——弯管

本例绘制的弯管，如图 4-34 所示。

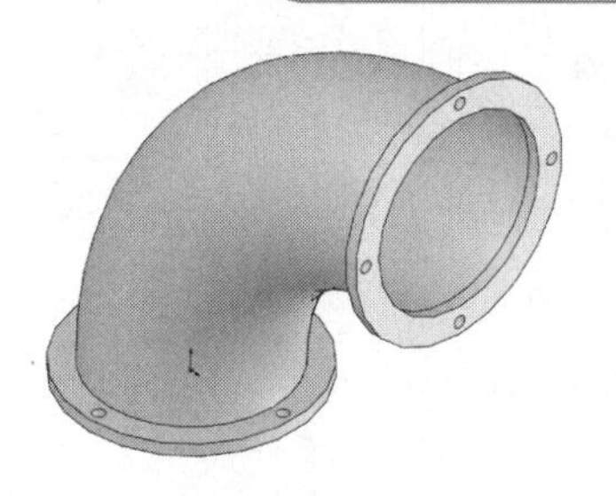

图 4-34　弯管

思路分析

本实例首先利用拉伸命令拉伸一侧管头，再利用扫描命令扫描弯管管道，最后利用拉伸命令拉伸另侧管头，绘制的流程图如图 4-35 所示。

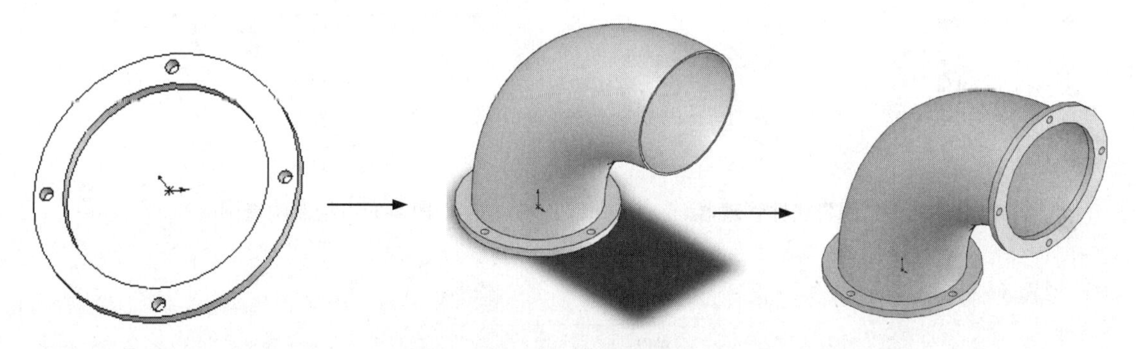

图 4-35　流程图

创建步骤

（1）单击“标准”工具栏中的“新建”按钮，在打开的“新建 SOLIDWORKS 文件”对话框中，选择“零件”按钮，单击“确定”按钮。

（2）在左侧的 FeatureManager 设计树中选择“上视基准面”，单击“草图”控制面板中的“草图绘制”按钮，新建一张草图。

（3）单击“标准视图”工具栏中的“正视于”按钮，正视于上视视图。

（4）单击“草图”控制面板中的“中心线”按钮，在草图绘制平面通过原点绘制两条相互垂直的中心线。

（5）单击“草图”控制面板中的“圆”按钮，弹出“圆”属性管理器，如图 4-36 所示，绘制一个以原点为圆心，半径为 90 的圆，勾选“作为构造线”复选框，将圆作为构造线，结果如图 4-37 所示。

（6）单击“草图”控制面板中的“圆”按钮，绘制圆。

（7）单击“草图”控制面板中的“智能尺寸”按钮，标注绘制的法兰草图如图 4-38 所示，并标注尺寸。

（8）单击“特征”控制面板中的“拉伸凸台/基体”按钮，设定拉伸的终止条件为“给定深度”。在“深度”列表框中设置拉伸深度为 10，保持其他选项的系统默认值不变，设置如图 4-39 所示，单击确定按钮，完成法兰的创建，如图 4-40 所示。

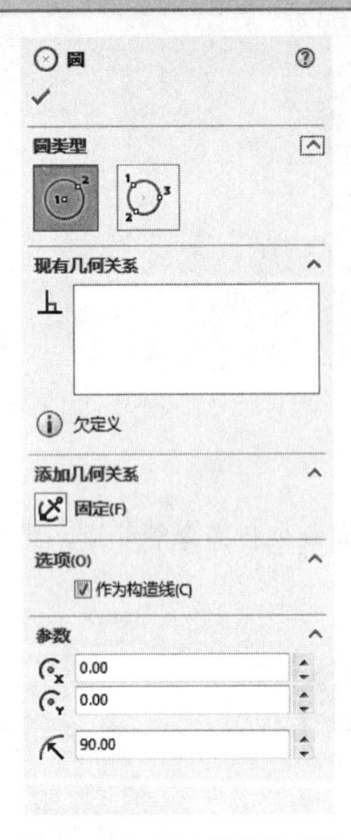

图 4-36 “圆”属性管理器

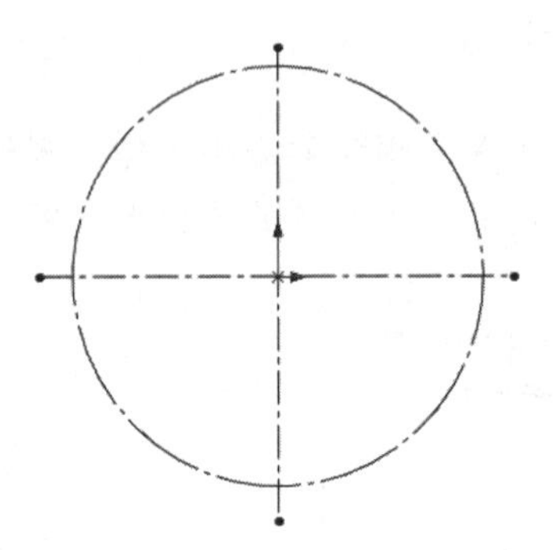

图 4-37 绘制构造圆

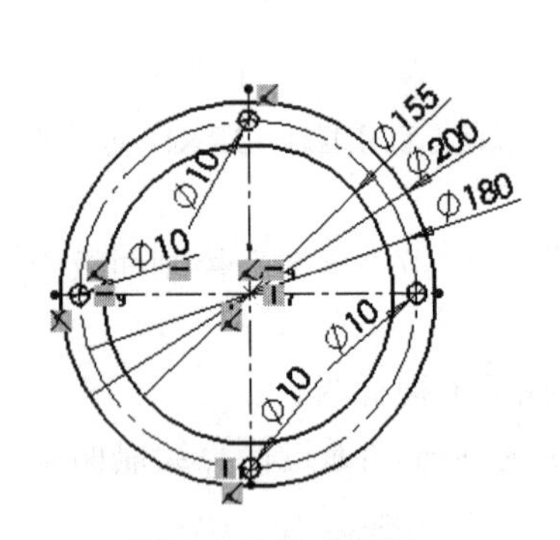

图 4-38 法兰草图

图 4-39 “凸台-拉伸”属性管理器

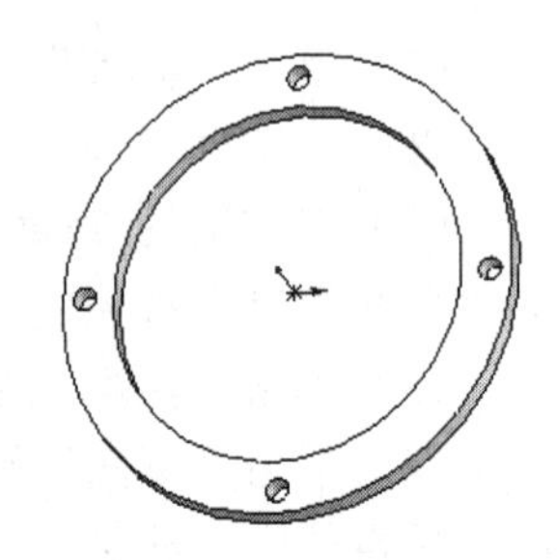

图 4-40 法兰

（9）选择法兰的上表面，单击“草图”控制面板中的“草图绘制”按钮，新建一张草图。

（10）单击“标准视图”工具栏中的“正视于”按钮，正视于该草图平面。

（11）单击“草图”控制面板中的“圆”按钮，分别绘制两个以原点为圆心，直径为 160 和 155 的圆作为扫描轮廓，如图 4-41 所示。

（12）在设计树中选择前视基准面，单击“草图”控制面板中的“草图绘制”按钮，新建一张草图。

（13）单击“标准视图”工具栏中的“正视于”按钮，正视于前视视图。

（14）单击“草图”控制面板中的“中心圆弧”按钮，在法兰上表面延伸的一条水平

线上捕捉一点作为圆心，上表面原点作为圆弧起点，绘制一个四分之一圆弧作为扫描路径，标注半径为 250，如图 4-42 所示。

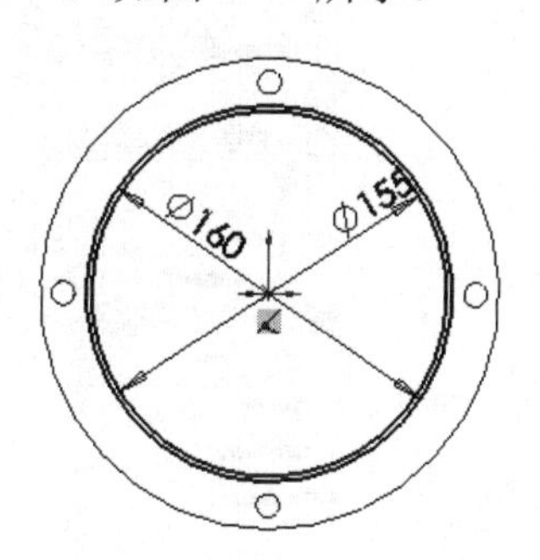

图 4-41　扫描轮廓

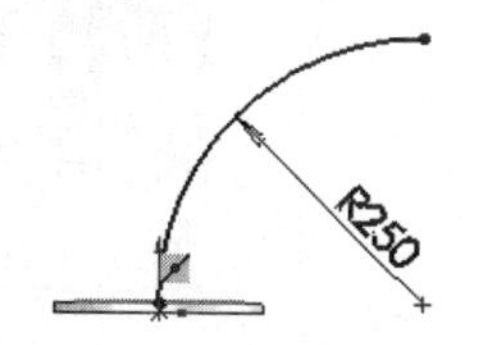

图 4-42　扫描路径

（15）单击“特征”控制面板中的“扫描”按钮，选择步骤（10）中的草图作为扫描轮廓，步骤（13）中的草图作为扫描路径，如图 4-43 所示。单击确定按钮，从而生成弯管部分，如图 4-44 所示。

（16）选择弯管的另一端面，单击“草图”控制面板中的“草图绘制”按钮，新建一张草图。

（17）单击“标准视图”工具栏中的“正视于”按钮，正视于该草图。

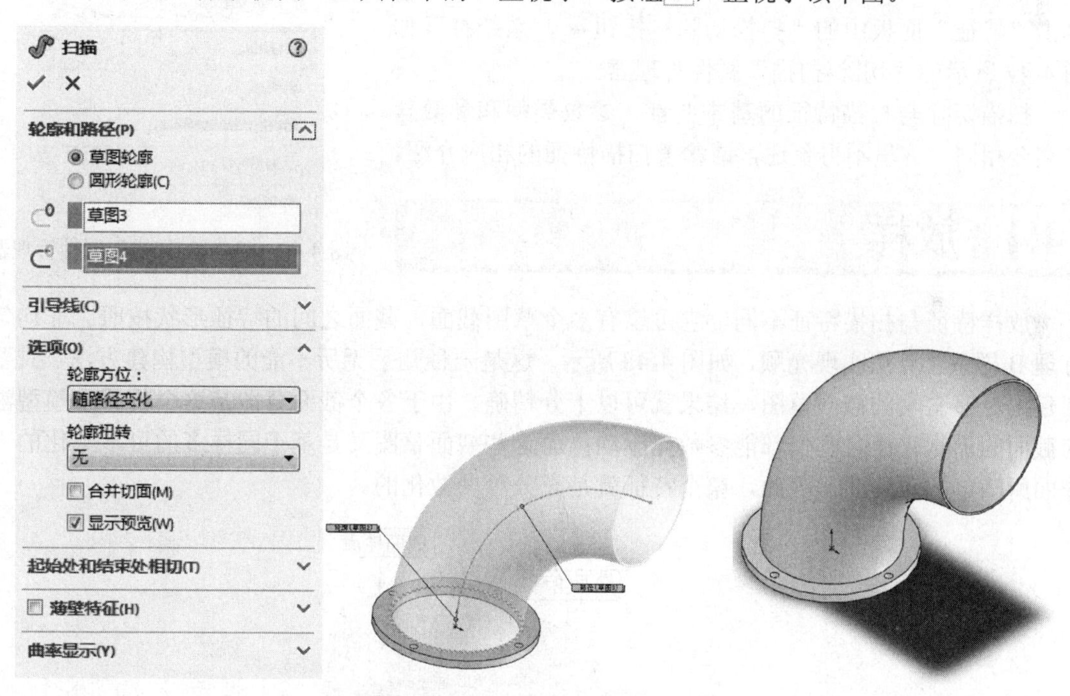

图 4-43　设置扫描参数

图 4-44　弯管

（18）重复步骤（3）～（6），绘制如图 4-45 所示另一端的法兰草图。

（19）单击“特征”控制面板中的“拉伸凸台/基体”按钮，设定拉伸的终止条件为“给定深度”。在微调框中设置拉伸深度为 10，保持其他选项的系统默认值不变，设置如图 4-46 所示，单击确定按钮，完成法兰的创建，最后结果如图 4-34 所示。

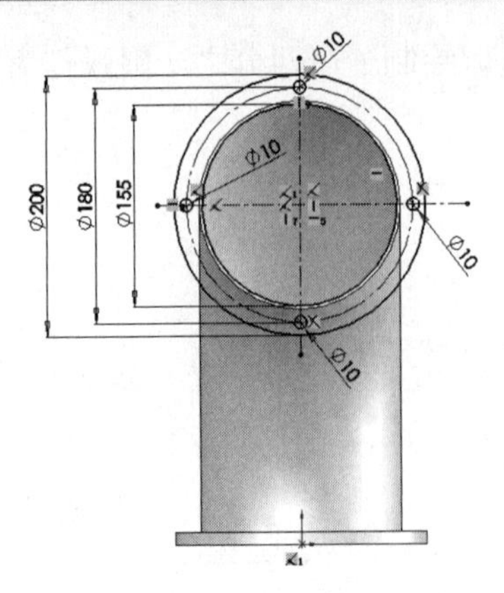

图 4-45　法兰草图

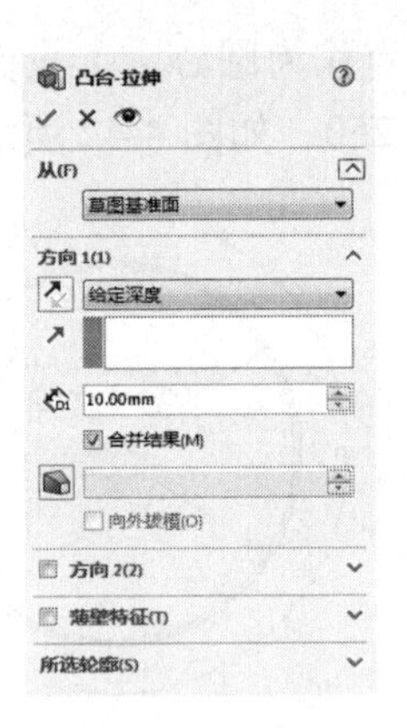

图 4-46　拉伸的设置

4.3.3 扫描切除选项说明

扫描切除特征是在给定的基体上，按照设计需要进行扫描切除。

单击“特征”工具栏中的“扫描切除”按钮，或选择菜单栏中的“插入”→“切除”→“扫描”命令，或者单击“特征”面板中的“扫描切除”按钮。系统打开如图 4-47 所示的“切除-扫描”属性管理器。

扫描切除与扫描特征的基本要素、参数类型和参数含义完全相同，这里不再赘述，请参考扫描特征的相应介绍。

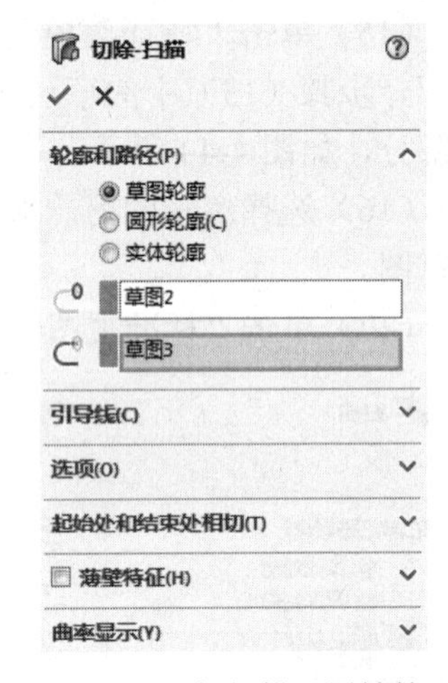

图 4-47　“切除-扫描”属性管理器

4.4 放样

放样特征与扫描特征不同，它可以有多个草图截面，截面之间的特征形状按照“非均匀有理 B 样条”算法实现光顺，如图 4-48 所示。这是一种几乎无所不能的模型构建方法。只要创建出足够密集的截面草图，结果就可以十分精确。由于各个截面草图是这个位置上模型法向截面的形状，而且它们都能参数化驱动；而这些截面草图又是基于同样多的可参数化的工作面所确定的草图面，因此，整个特征就是充分可参数化的。

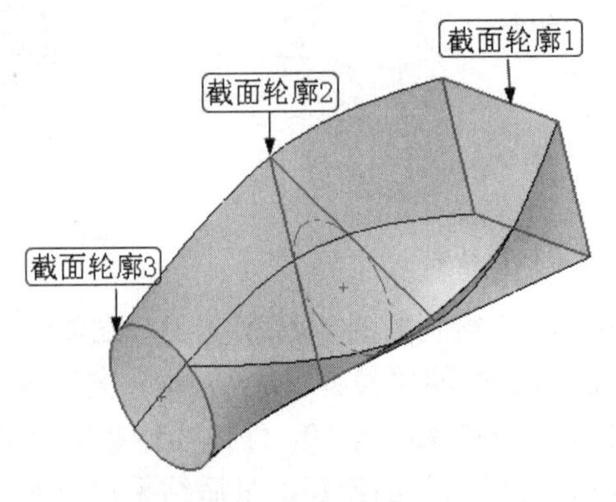

图 4-48　放样特征

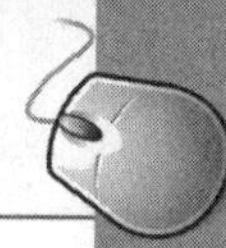

4.4.1 放样凸台/基体选项说明

单击“特征”工具栏中的“放样凸台/基体”按钮，或选择菜单栏中的“插入”→“凸台/基体”→“放样”命令，或者单击“特征”面板中的“放样凸台/基体”按钮。系统打开如图 4-49 所示的“放样”属性管理器，其中的可控参数如下。

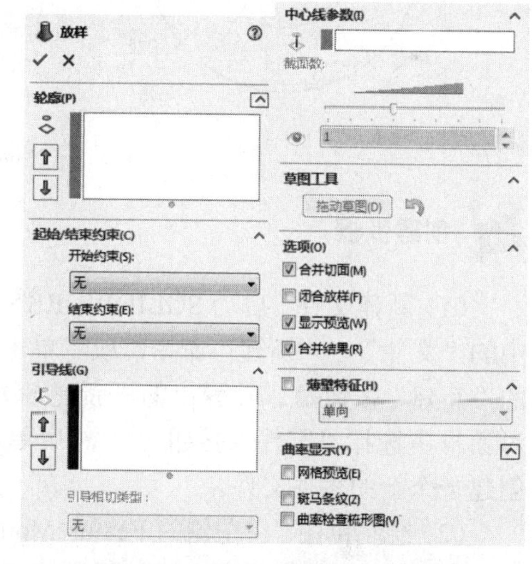

图 4-49 “放样”属性管理器

（1）“轮廓”选项组：决定用来生成放样的轮廓。

①“轮廓”：选择要连接的草图轮廓、面或边线。放样根据轮廓选择的顺序而生成，对于每个轮廓，都需要选择想要放样路径经过的点。

②“移动”：上移和下移。调整轮廓的顺序。

（2）“起始/结束约束”选项组：对轮廓草图的光顺过程，应用约束以控制开始和结束轮廓的相切。

“开始约束和结束约束”：应用约束以控制开始和结束轮廓的相切。

（3）“引导线”选项组：设置放样引导线，从而使轮廓截面依照引导线的方向进行放样。

①“引导线”：选择引导线来控制放样。

②“移动”：上移和下移，调整引导线的顺序。

（4）“中心线参数”选项组：设置中心线，从而使轮廓截面依照中心线的方向进行放样。

①“中心线”：使用中心线引导放样形状。

②“截面数”：在轮廓之间并绕中心线添加截面，移动滑杆来调整截面数。

（5）“草图工具”选项组：使用 SelectionManager 以帮助选取草图实体。

“拖动草图”：激活拖动模式。当编辑放样特征时，可从任何已为放样定义了轮廓线的 3D 草图中拖动任何 3D 草图线段、点或基准面。3D 草图在拖动时更新，也可编辑 3D 草图以使用尺寸标注工具来标注轮廓线的尺寸。

（6）“选项”选项组：控制放样的显示形式。

（7）“薄壁特征”选项组：控制放样薄壁的厚度，从而生成薄壁放样特征。

上面所讲述的四个特征都是凸台/基体特征，对应的还有拉伸切除、旋转切除、扫描切除和放样切除用于对实体进行切除，其设置与凸台相同。

4.4.2 实例——液压缸

本例绘制的液压缸 1，如图 4-50 所示。

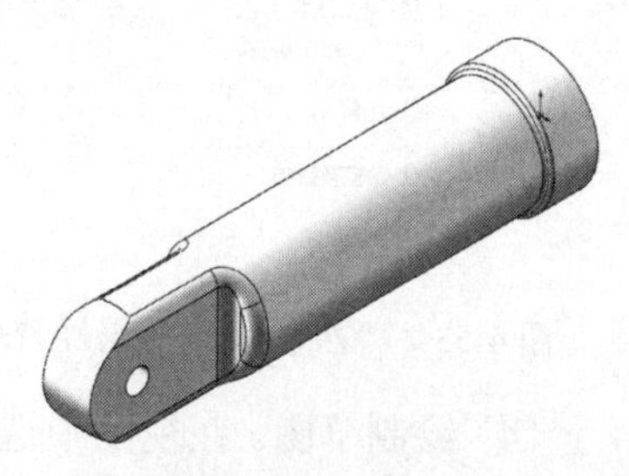

图 4-50 液压缸 1

思路分析

首先绘制液压缸 1 的外形轮廓草图，然后旋转成为液压缸 1 主体轮廓，最后进行倒角处理。绘制的流程图如图 4-51 所示。

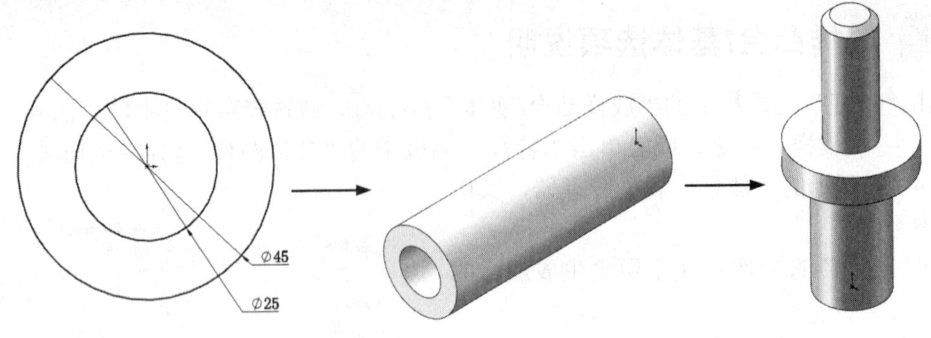

图 4-51　流程图

创建步骤

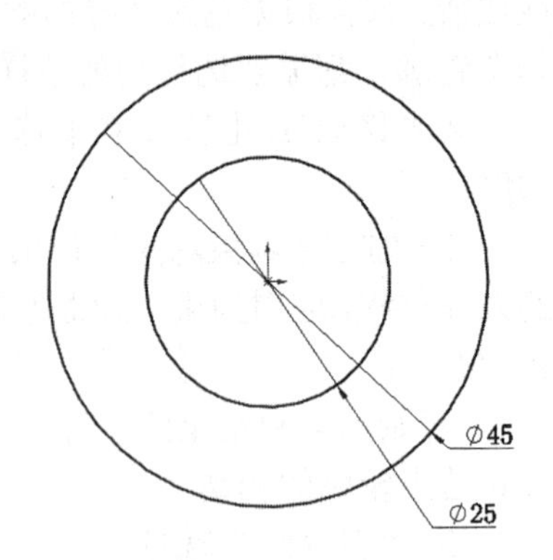

图 4-52　绘制草图

（1）新建文件。启动 SOLIDWORKS 2018，选择菜单栏中的“文件”→“新建”命令，或者单击“标准”工具栏中的“新建”按钮，在弹出的“新建 SOLIDWORKS 文件”对话框中选择“零件”按钮，然后单击“确定”按钮，创建一个新的零件文件。

（2）绘制草图。在左侧的 FeatureManager 设计树中用鼠标选择“前视基准面”作为绘制图形的基准面。单击“草图”控制面板中的“圆”按钮，在坐标原点绘制直径为 25 和 45 的圆，标注尺寸后结果如图 4-52 所示。

（3）拉伸实体。选择菜单栏中的“插入”→“凸台/基体”→“拉伸”命令，或者单击“特征”控制面板中的“拉伸凸台/基体”按钮，此时系统弹出如图 4-53 所示的“凸台-拉伸”属性管理器。设置拉伸终止条件为“给定深度”，输入拉伸距离为 135，然后单击确定按钮✓，结果如图 4-54 所示。

图 4-53　“凸台-拉伸”属性管理器

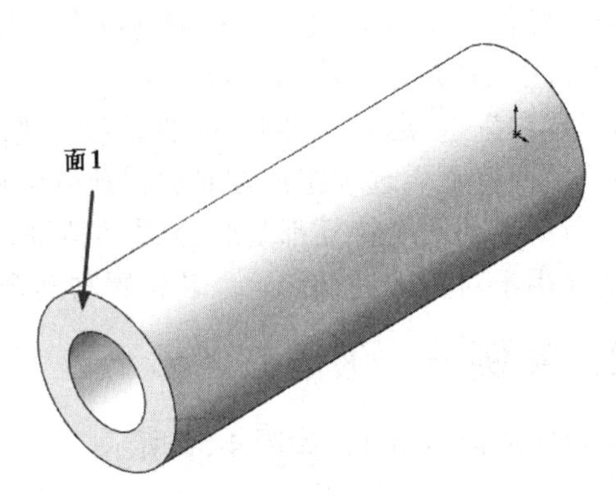

图 4-54　拉伸后的图形

（4）绘制草图。在视图中选择如图 4-54 所示的面 1 作为绘制图形的基准面。单击“草图”控制面板中的“圆”按钮，在坐标原点绘制直径为 45 的圆。

（5）拉伸实体。选择菜单栏中的“插入”→“凸台/基体”→“拉伸”命令，或者单击“特征”控制面板中的“拉伸凸台/基体”按钮，此时系统弹出如图 4-55 所示的“凸台-拉伸”属性管理器。设置拉伸终止条件为“给定深度”，输入拉伸距离为 51.25，然后单击确定按钮✓，结果如图 4-56 所示。

图 4-55 “凸台-拉伸”属性管理器

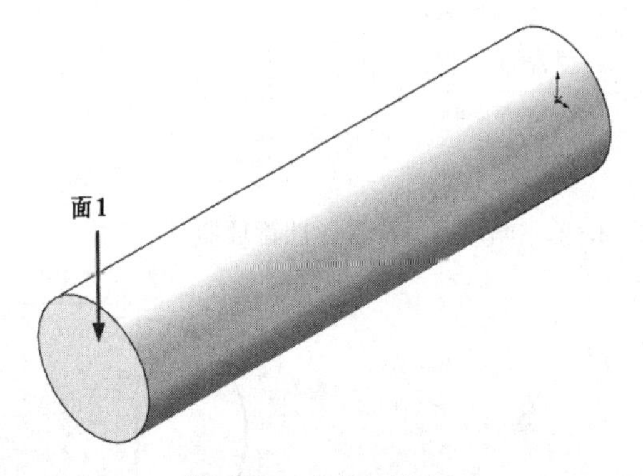

图 4-56 拉伸后的图形

（6）绘制草图。在视图中选择如图 4-56 所示的面 1 作为绘制图形的基准面。单击“草图”控制面板中的“转换实体引用”按钮、“直线”按钮和“剪裁实体”按钮，绘制并标注如图 4-57 所示的草图。

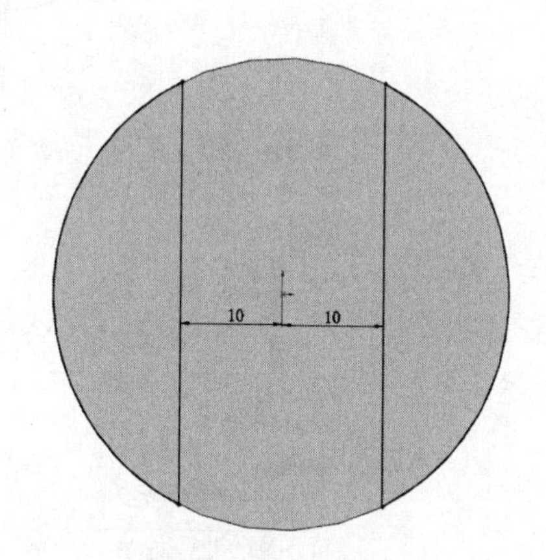

图 4-57 标注草图尺寸

（7）切除拉伸实体。选择菜单栏中的“插入”→“切除”→“拉伸”命令，或者单击“特征”控制面板中的“切除拉伸”按钮，此时系统弹出如图 4-58 所示的“切除-拉伸”属性管理器。设置终止条件为“给定深度”，输入拉伸切除距离为 40，然后单击属性管理器中的确定按钮✓，结果如图 4-59 所示。

（8）绘制草图。在视图中选择如图 4-59 所示的面 1 作为绘制图形的基准面。单击“草图”控制面板中的“圆心/起/终点画弧”按钮和“直线”按钮，绘制如图 4-60 所示的草图。单击“退出草图”按钮，退出草图。

（9）重复步骤（8），在另一侧绘制草图。

（10）放样实体。选择菜单栏中的“插入”→“凸台/基体”→“放样”命令，或者单击“特征”控制面板中的“放样凸台/基体”按钮，此时系统弹出如图 4-61 所示的“放样”属性管理器。选择上步绘制的两个草图为放样轮廓，选择边线为引导线，然后单击确定按钮✓。结果如图 4-62 所示。

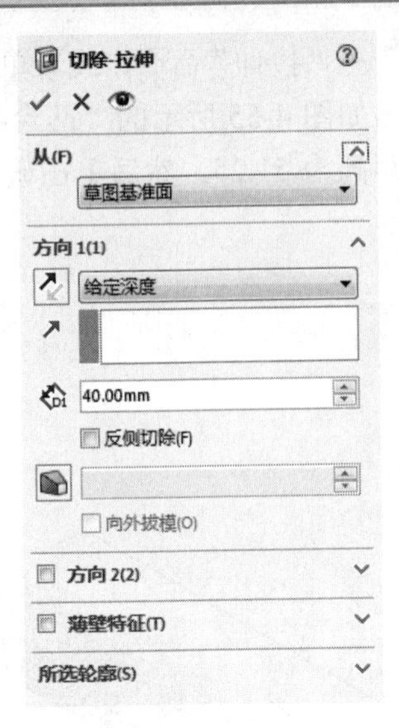

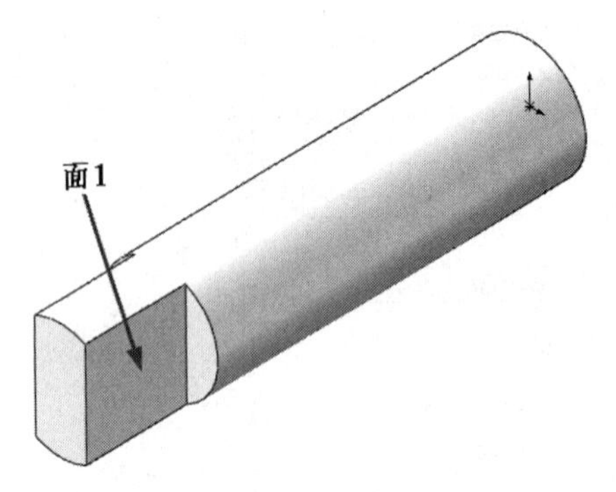

图 4-58　“切除-拉伸”属性管理器

图 4-59　切除后的图形

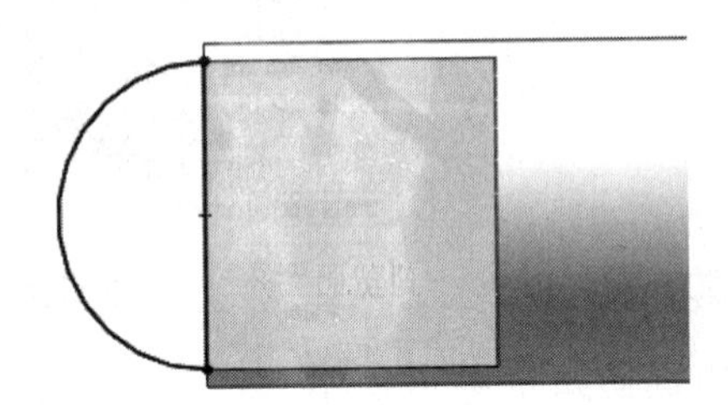

图 4-60　绘制草图

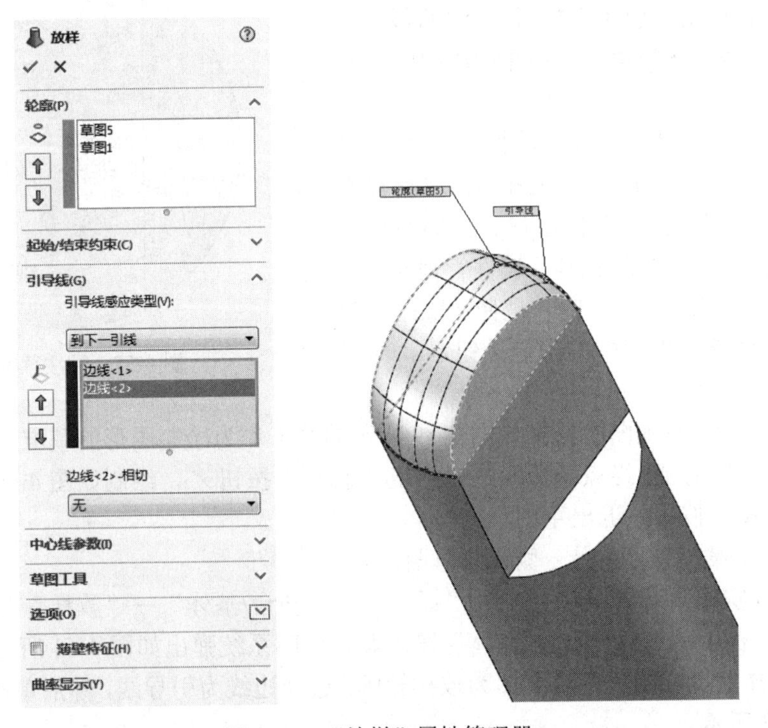

图 4-61　“放样”属性管理器

（11）绘制草图。在视图中选择如图 4-59 所示的面 1 作为绘制图形的基准面。单击“草图”控制面板中的“圆”按钮，绘制如图 4-63 所示的草图。

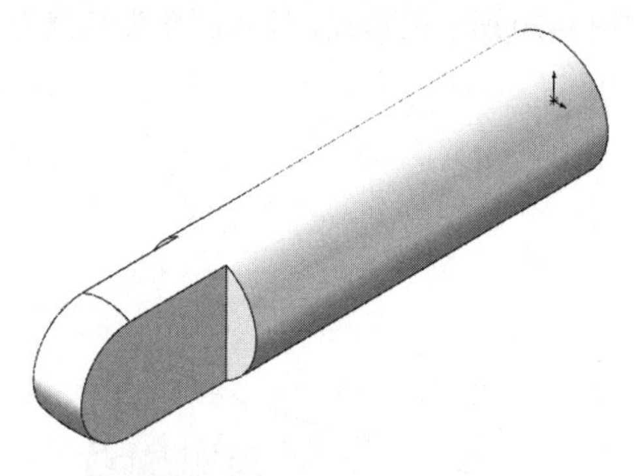

图 4-62　放样实体结果

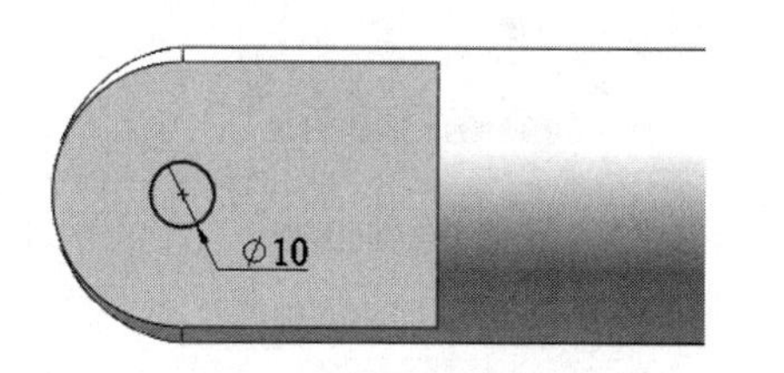

图 4-63　绘制草图

（12）切除拉伸实体。选择菜单栏中的“插入”→“切除”→“拉伸”命令，或者单击“特征”控制面板中的“拉伸切除”按钮，此时系统弹出如图 4-64 所示的“切除-拉伸”属性管理器。设置终止条件为“完全贯穿”，然后单击属性管理器中的确定按钮✓，结果如图 4-65 所示。

图 4-64　“切除-拉伸”属性管理器

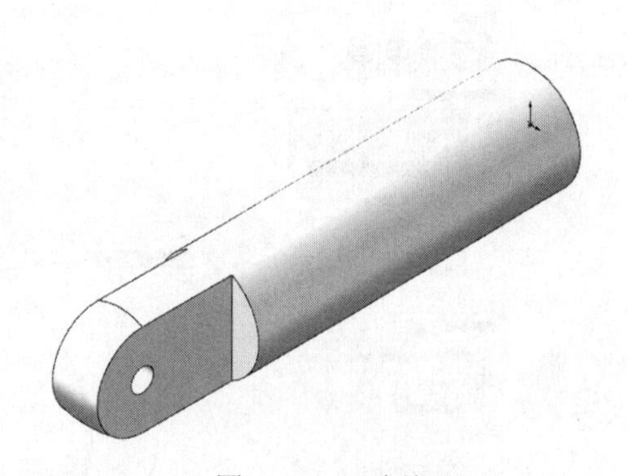

图 4-65　切除结果

（13）绘制草图。在左侧的 FeatureManager 设计树中用鼠标选择“前视基准面”作为绘制图形的基准面。单击“草图”控制面板中的“转换实体引用”按钮和“等距实体”按钮，绘制如图 4-66 所示的草图。

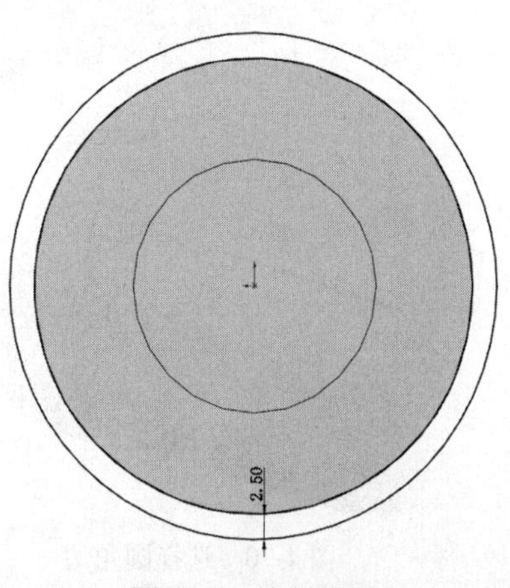

图 4-66　绘制草图

（14）拉伸实体。选择菜单栏中的“插入”→“凸台/基体”→“拉伸”命令，或者单击“特征”控制面板中的“拉伸凸台/基体”按钮，此时系统弹出如图 4-67 所示的“凸台-拉伸”属性管理器。设置拉伸终止条件为“给定深度”，输入拉伸距离为 20，然后单击确定按钮✓，结果如图 4-68 所示。

（15）圆角实体。选择菜单栏中的“插入”→“特征”→“圆角”命令，或者单击“特征”控制面板中的

“圆角”按钮，此时系统弹出如图 4-69 所示的“圆角”属性管理器。如图设置参数，取消“切线延伸”的勾选，然后用鼠标选取图 4-69 中的边线。单击属性管理器中的确定按钮✓，结果如图 4-70 所示。重复“圆角”命令，选择如图 4-70 所示的边线，输入圆角半径值为 1.25，结果如图 4-71 所示。

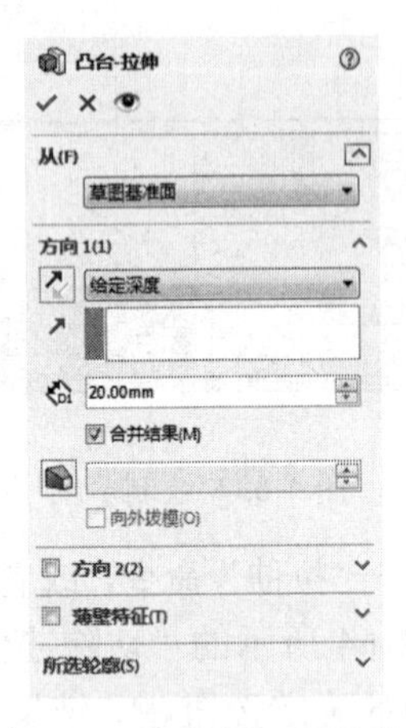

图 4-67 “凸台-拉伸”属性管理器

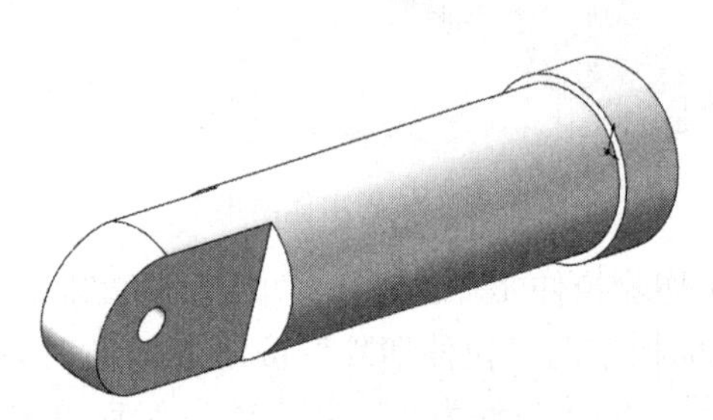

图 4-68 拉伸结果

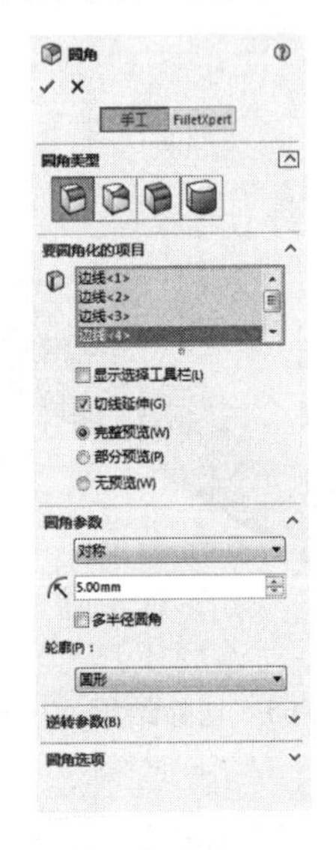

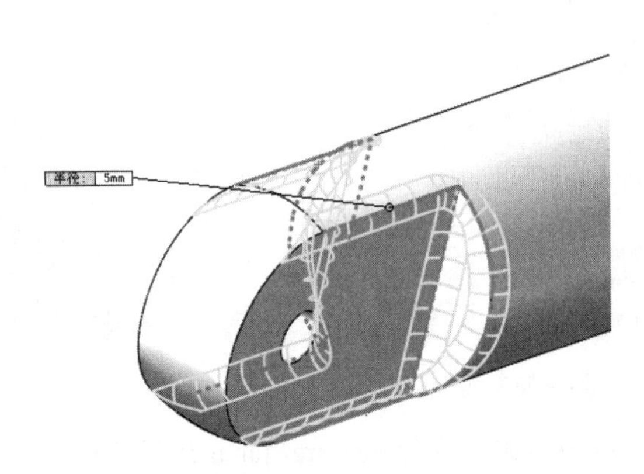

图 4-69 “圆角”属性管理器

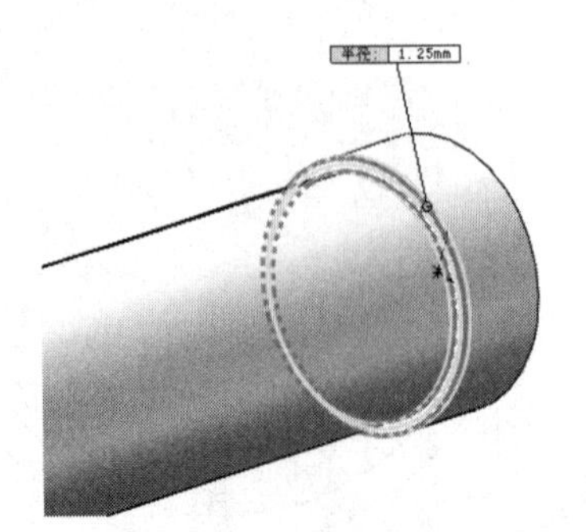

图 4-70 选择圆角边

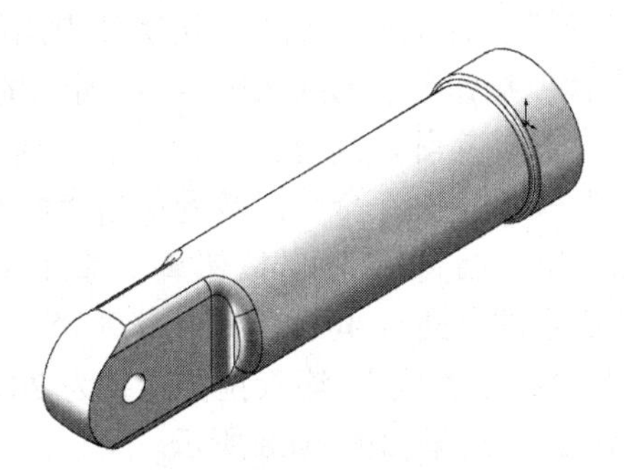

图 4-71 倒圆角结果

4.4.3 放样切除选项说明

放样切除特征是在给定的基体上，按照设计需要进行放样切除。

单击“特征”工具栏中的“放样切除”按钮，或选择菜单栏中的“插入”→“切除”→“放样”命令，或者单击“特征”控制面板中的“放样切除”按钮。系统打开如图 4-72 所示的“切除-放样”属性管理器。

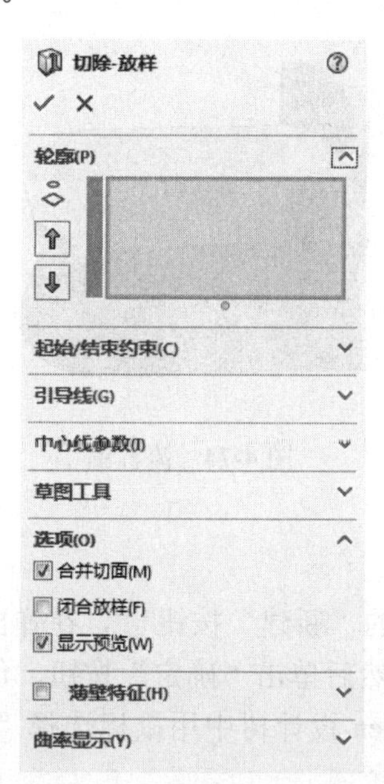

图 4-72 “切除-放样”属性管理器

旋转切除与旋转特征的基本要素、参数类型和参数含义完全相同，这里不再赘述，请参考旋转特征的相应介绍。

4.5 综合实例——马桶

本例绘制的马桶，如图 4-73 所示。

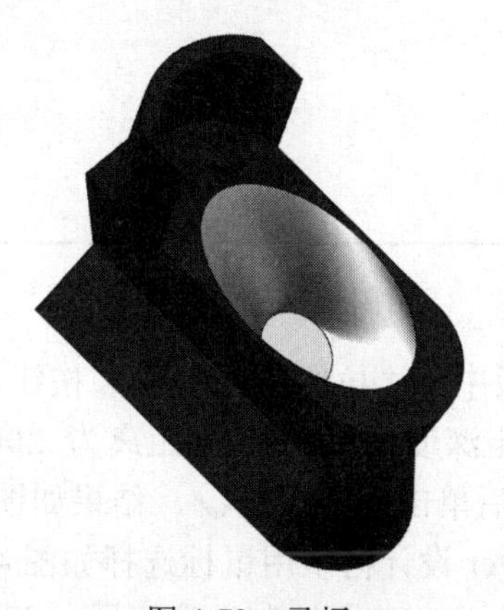

图 4-73 马桶

思路分析

本实例首先利用拉伸命令绘制底座，再利用放样命令绘制中间部分，最后利用切除放样命令切除冲水口。绘制的流程图如图 4-74 所示。

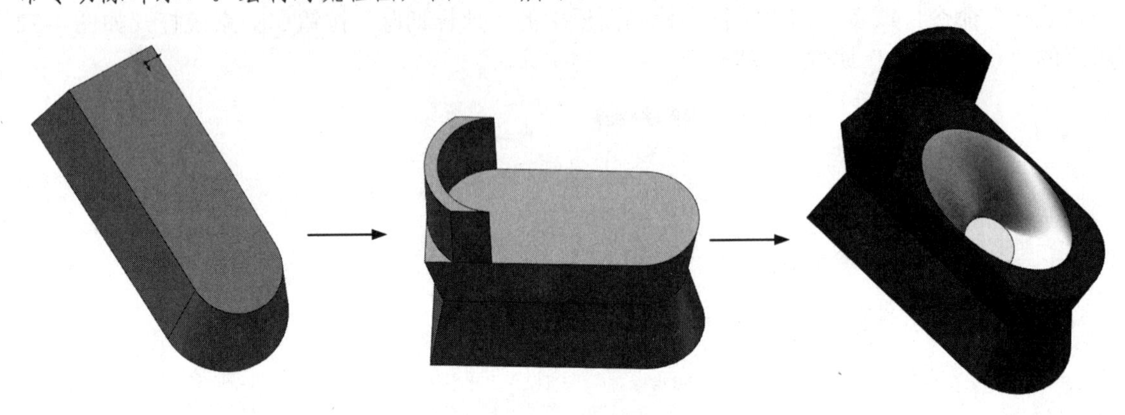

图 4-74　流程图

创建步骤

（1）单击“标准”工具栏中的“新建”按钮，在弹出的“新建 SOLIDWORKS 文件”对话框中选择“零件”按钮，然后单击“确定”按钮，创建一个新的零件文件。

（2）在左侧的 FeatureManager 设计树中用鼠标选择“前视基准面”作为绘制图形的基准面。

（3）单击“草图”控制面板中的“草图绘制”按钮，进入草图绘制环境。

（4）单击“草图”控制面板中的“直线”按钮，绘制草图轮廓。

（5）单击“草图”控制面板中的“智能尺寸”按钮，标注并修改尺寸，结果如图 4-75 所示。

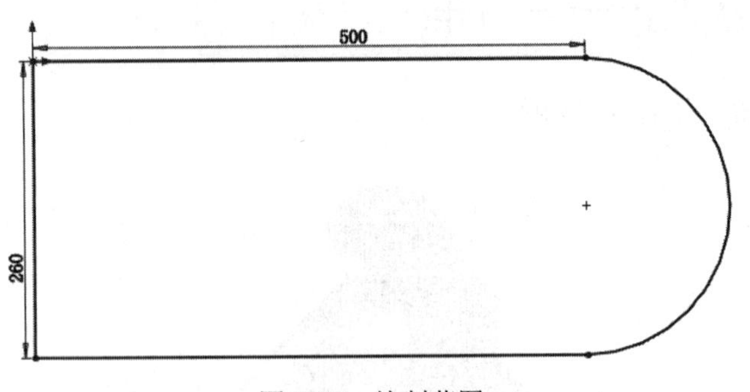

图 4-75　绘制草图

（6）单击“特征”控制面板中的“拉伸凸台/基体”按钮，弹出“凸台拉伸”属性管理器，设置拉伸终止条件为“给定深度”，输入拉伸距离为 200，单击“拔模开/关”按钮，然后输入拔模角度为 10°，然后单击确定按钮，结果如图 4-76 所示。

（7）在左侧的 FeatureManager 设计树中用鼠标选择如图 4-77 中的面 1 作为绘制图形的基准面，单击“草图”控制面板中的“草图绘制”按钮，进入草图绘制状态。

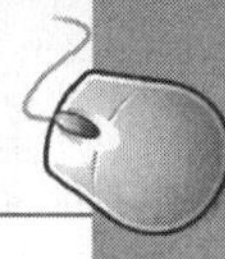

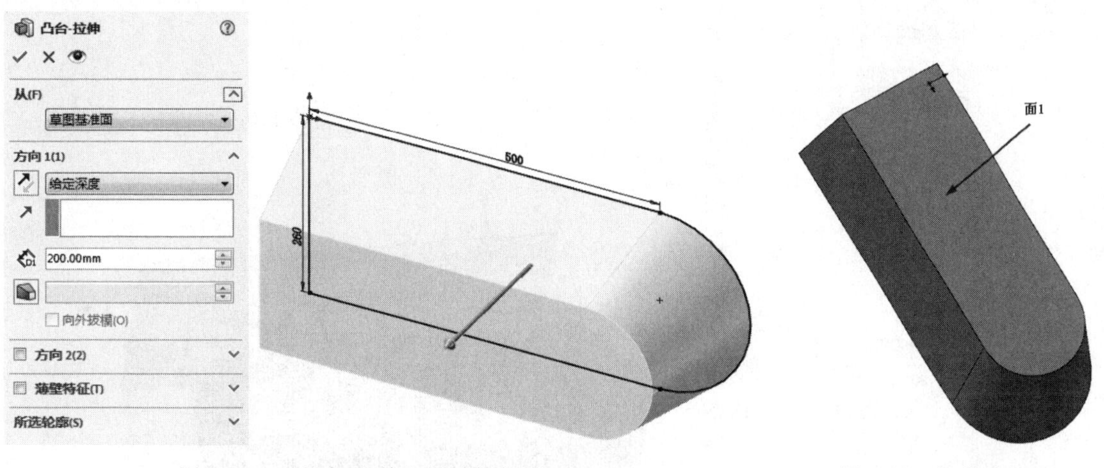

图 4-76 “凸台-拉伸”属性管理器　　图 4-77 拉伸结果

（8）单击“草图”控制面板中的“转换实体引用”按钮，弹出“转换实体引用”属性管理器，选择实体最外侧边线，如图 4-78 所示，转换实体结果如图 4-79 所示。

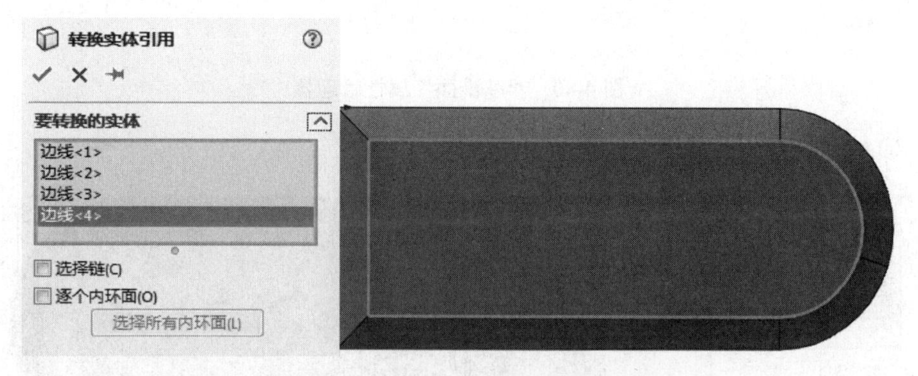

图 4-78 “转换实体引用”属性管理器

图 4-79 绘制草图

（9）单击“特征”控制面板“参考几何体”下拉列表中的“基准面”按钮，弹出“基准面”属性管理器，选择图 4-77 所示的面 1，输入距离值为 200，如图 4-80 所示。

（10）选择上步绘制的基准面，单击“草图”控制面板中的“草图绘制”按钮，然后单击“标准视图”工具栏中的“正视于”按钮，将该表面作为绘制图形的基准面。

（11）单击“草图”控制面板中的“转换实体引用”按钮，弹出“转换实体引用”属性管理器，选择实体内侧边线，如图 4-81 所示，转换实体结果如图 4-82 所示。

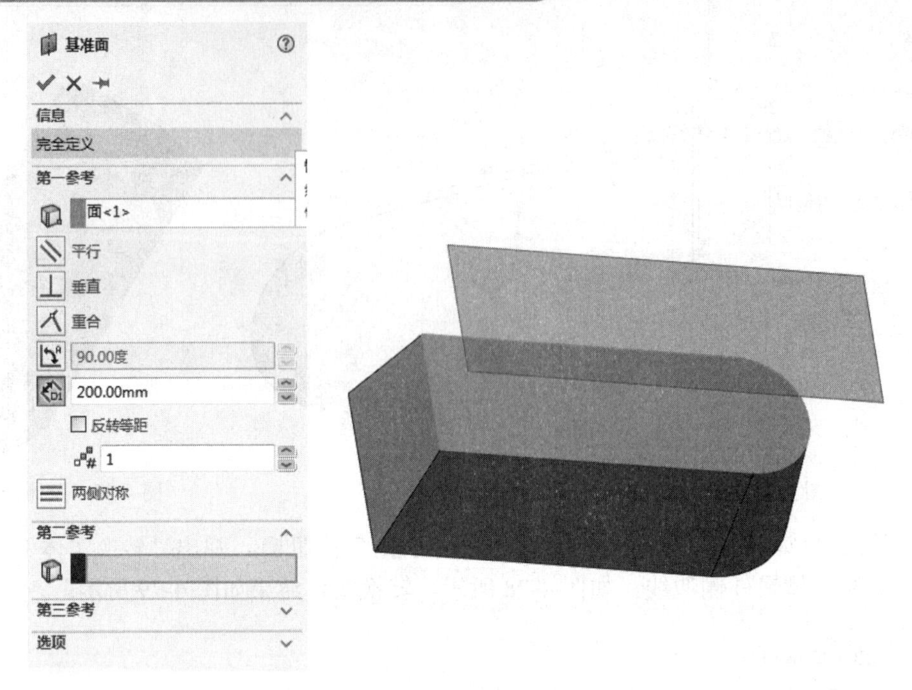

图 4-80　“基准面”属性管理器

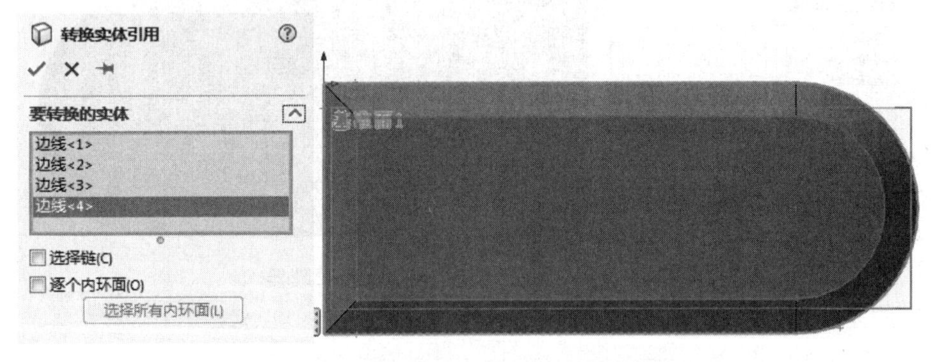

图 4-81　“转换实体引用”属性管理器

图 4-82　绘制草图

（12）单击“特征”控制面板中的“放样凸台/基体”按钮，弹出“放样”属性管理器，在“轮廓”选项组中选择草图，其他属性选择默认值，如图 4-83 所示，然后单击确定按钮。

（13）依次选择基准面 1 及放样草图，单击右键弹出快捷菜单，如图 4-84 所示，选择“隐藏”命令，模型结果如图 4-85 所示。

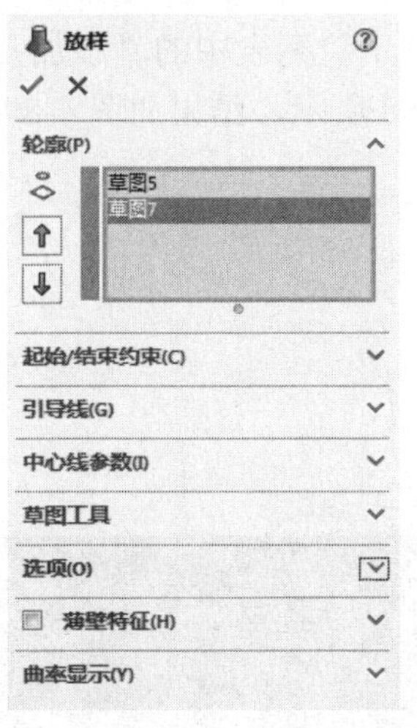

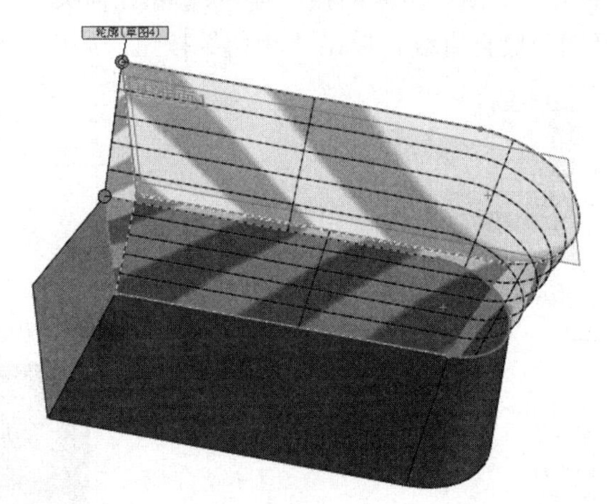

图 4-83 “放样”属性管理器

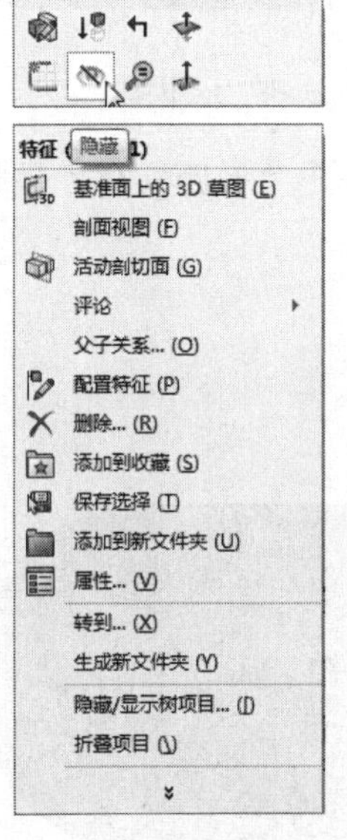

图 4-84 快捷菜单

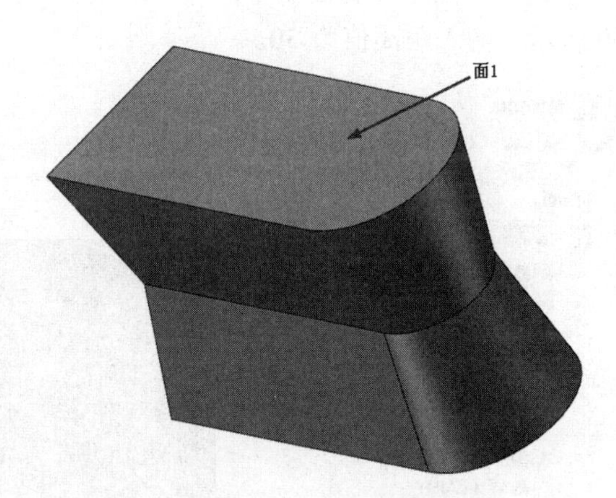

图 4-85 放样结果

（14）选择图 4-85 所示的面 1，单击“草图”控制面板中的“草图绘制”按钮，然后单击“标准视图”工具栏中的“正视于”按钮，将该表面作为绘制图形的基准面。

（15）单击“草图”控制面板中的“转换实体引用”按钮，弹出“转换实体引用”属性管理器，选择实体内侧边线，转换实体结果如图 4-86 所示。

（16）单击“草图”控制面板中的“圆”按钮，绘制圆，结果如图 4-87 所示。

图 4-86 转换实体引用结果

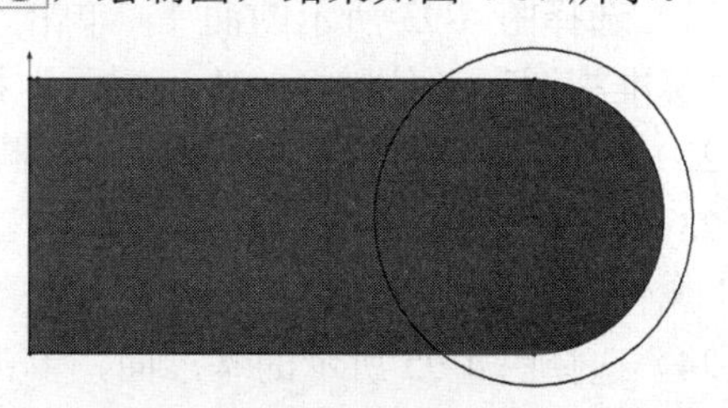

图 4-87 绘制圆

（17）单击“草图”控制面板“显示/删除几何关系”下拉列表中的“添加几何关系”按钮⊥，选择圆及竖直直线，单击“相切”按钮，如图 4-88 所示，结果如图 4-89 所示。

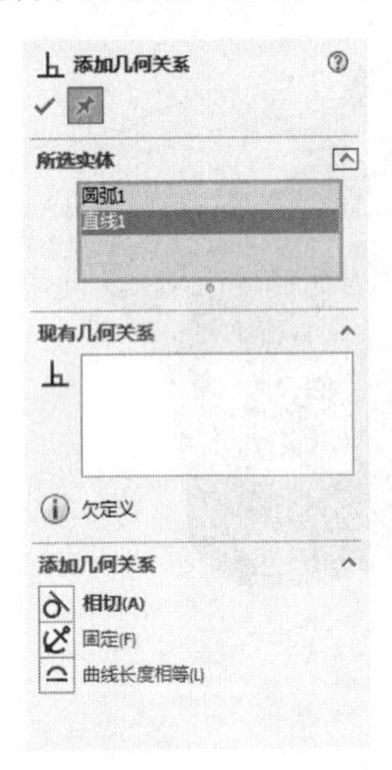

图 4-88 “添加几何关系”属性管理器

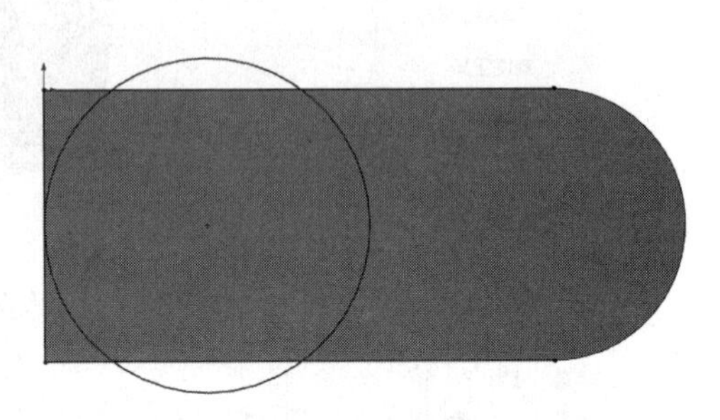

图 4-89 结果图

（18）单击“草图”控制面板中的“等距实体”按钮，弹出“等距实体”属性管理器，如图 4-90 所示，输入距离值为 30。

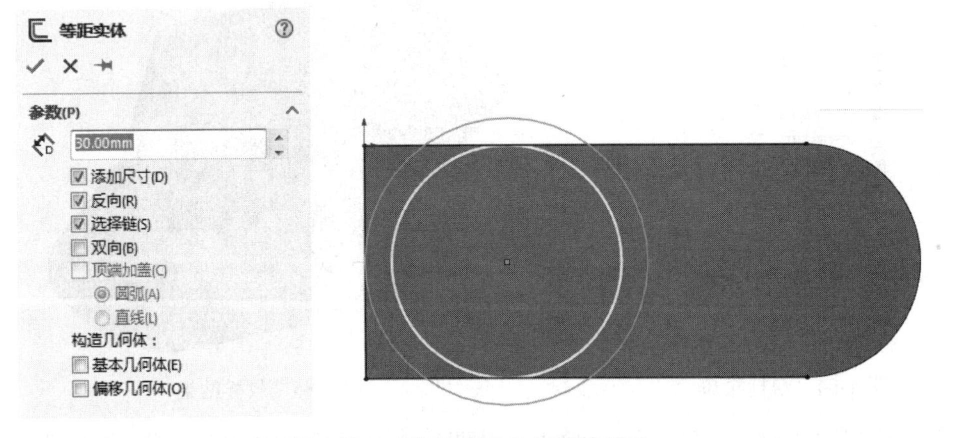

图 4-90 “等距实体”属性管理器

（19）单击“草图”控制面板中的“裁剪实体”按钮，修剪多余对象，如图 4-91 所示。

（20）单击“特征”控制面板中的“拉伸凸台/基体”按钮，弹出“凸台-拉伸”属性管理器，设置拉伸深度为 200，如图 4-92 所示，拉伸结果如图 4-93 所示。

（21）选择图 4-93 所示的面 1，单击“草图”控制面板中的“草图绘制”按钮，然后单击“标准视图”工具栏中的“正视于”按钮，将该表面作为绘制图形的基准面。

（22）单击“草图”控制面板中的“椭圆”按钮，绘制放样轮廓 1，如图 4-94 所示。

（23）单击“特征”控制面板“参考几何体”下拉列表中的“基准面”按钮，弹出“基准面”属性管理器，如图 4-95 所示，选择面 1，输入偏移距离为 100。

（24）选择图 4-95 所示的基准面，单击“草图”控制面板中的“草图绘制”按钮，然后单击“标准视图”工具栏中的“正视于”按钮，将该表面作为绘制图形的基准面。

图 4-91　修剪结果

图 4-92　“凸台-拉伸”属性管理器

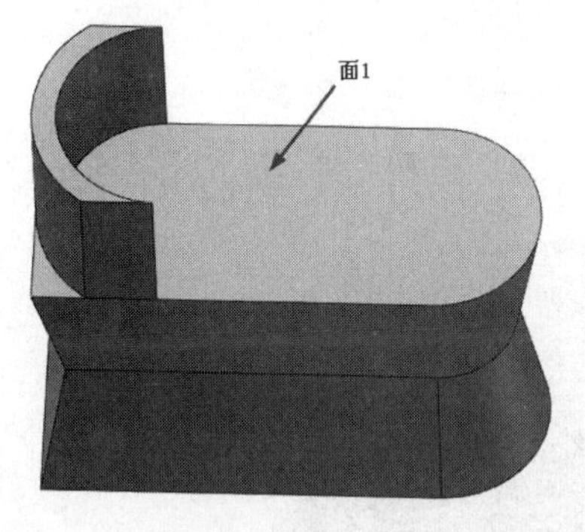

图 4-93　拉伸结果

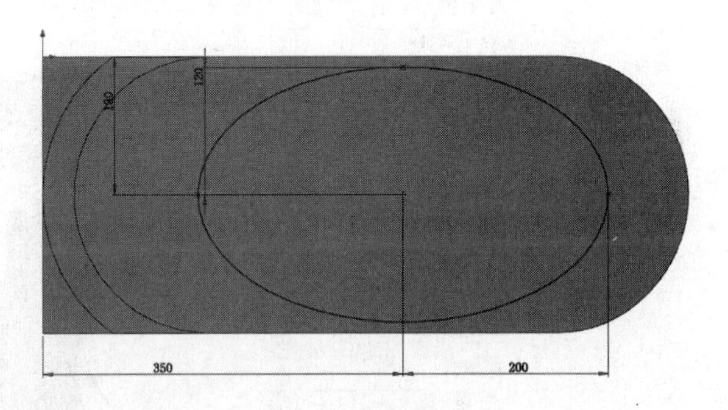

图 4-94　轮廓 1

（25）单击“草图”控制面板中的“椭圆”按钮，绘制放样轮廓 2，单击“草图”控制面板中的“智能尺寸”按钮，标注结果如图 4-96 所示。

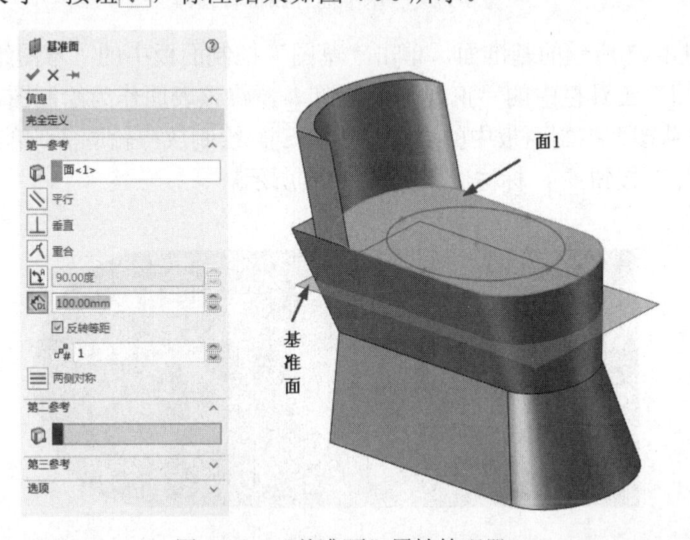

图 4-95　“基准面”属性管理器

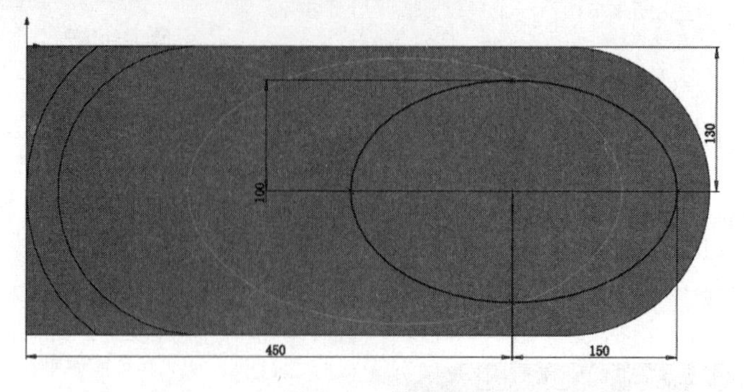

图 4-96　轮廓 2

（26）单击“特征”控制面板“参考几何体”下拉列表中的“基准面”按钮，弹出“基准面”属性管理器，如图 4-97 所示，选择面 1，输入偏移距离为 200。

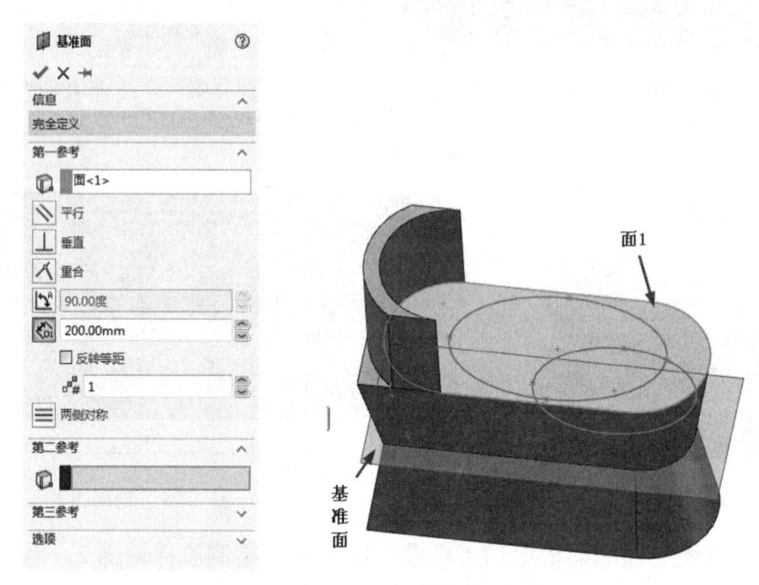

图 4-97　“基准面”属性管理器

（27）选择图 4-97 所示的基准面，单击“草图”控制面板中的“草图绘制”按钮，然后单击“标准视图”工具栏中的“正视于”按钮，将该表面作为绘制图形的基准面。

（28）单击“草图”控制面板中的“圆”按钮，绘制放样轮廓 3，单击“草图”控制面板中的“智能尺寸”按钮，标注结果如图 4-98 所示。

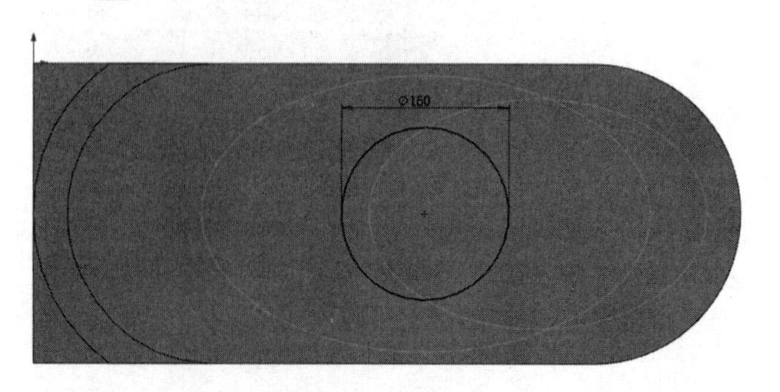

图 4-98　轮廓 3

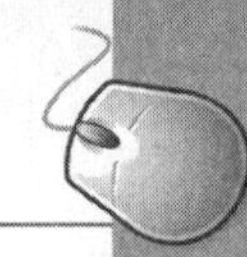

（29）单击“特征”控制面板中的“放样切割”按钮，弹出“切除-放样”属性管理器，如图 4-99 所示，在“轮廓”选项组中选择上几步绘制的轮廓 1、轮廓 2、轮廓 3，单击确定按钮✓，结果如图 4-73 所示。

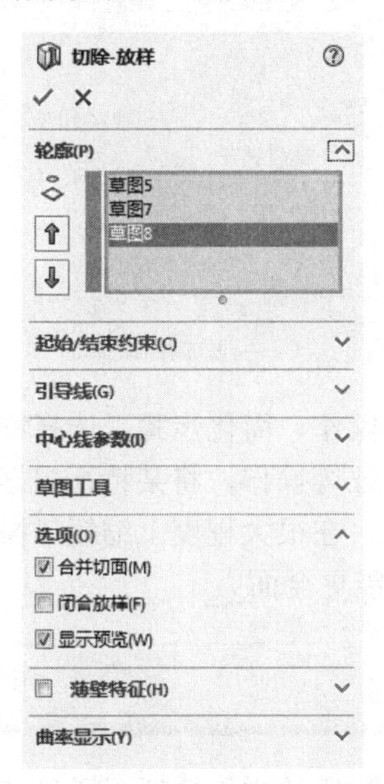

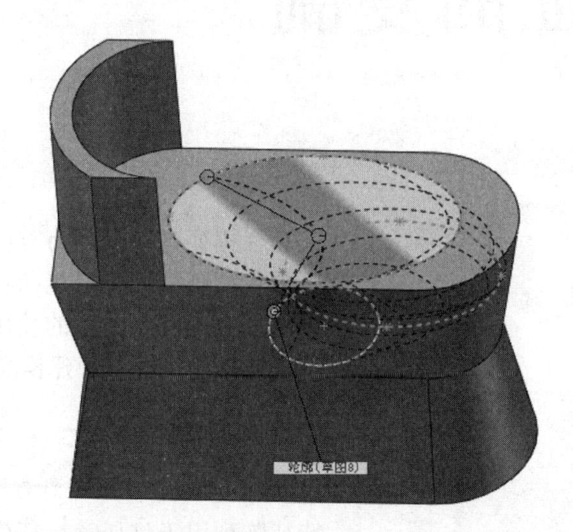

图 4-99 “切除-放样”属性管理器

Chapter

特征的复制

5

在进行特征建模时，为方便操作，简化步骤，选择特征复制操作，其中包括阵列特征、镜向特征等操作，将某特征根据不同参数设置进行复制。这一命令的使用，在很大程度上缩短了操作时间，简化了实体创建过程，使建模功能更全面。

5.1 阵列特征

特征阵列用于将任意特征作为原始样本特征，通过指定阵列尺寸产生多个类似的子样本特征。特征阵列完成后，原始样本特征和子样本特征成为一个整体，用户可将它们作为一个特征进行相关的操作，如删除、修改等。如果修改了原始样本特征，则阵列中的所有子样本特征也随之更改。

SOLIDWORKS 2018 提供了线性阵列、圆周阵列、草图驱动阵列、曲线驱动阵列、表格驱动阵列和填充阵列 6 种阵列方式。下面详细介绍前三种常用的阵列方式。

5.1.1 线性阵列

线性阵列是指沿一条或两条直线路径生成多个子样本特征。如图 5-1 所示列举了线性阵列的零件模型。

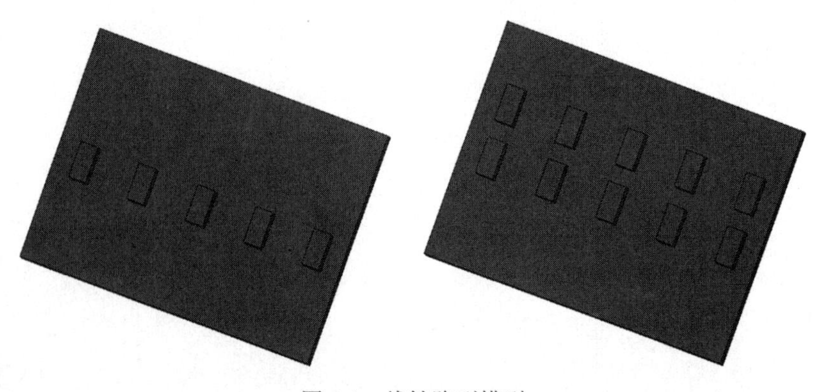

图 5-1　线性阵列模型

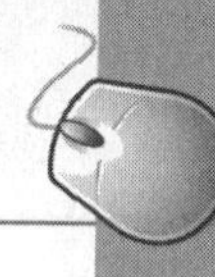

下面介绍创建线性阵列特征的操作步骤，阵列前实体如图 5-2 所示。

（1）在图形区中选择原始样本特征（切除、孔或凸台等）。

（2）单击“特征”工具栏中的“线性阵列”按钮，或选择菜单栏中的“插入”→“阵列/镜向”→“线性阵列”命令，或者单击“特征”控制面板中的“线性阵列”按钮，系统弹出“线性阵列”属性管理器。在“特征和面”选项组中将显示步骤（1）中所选择的特征。如果要选择多个原始样本特征，在选择特征时，需按住<Ctrl>键。

注意：当使用特型特征来生成线性阵列时，所有阵列的特征都必须在相同的面上。

（3）在“方向 1”选项组中单击第一个列表框，然后在图形区中选择模型的一条边线或尺寸线指出阵列的第一个方向。所选边线或尺寸线的名称出现在该列表框中。

（4）如果图形区中表示阵列方向的箭头不正确，则单击“反向”按钮，可以反转阵列方向。

（5）在“方向 1”选项组的“间距”文本框中指定阵列特征之间的距离。

（6）在“方向 1”选项组的“实例数”文本框中指定该方向上阵列的特征数（包括原始样本特征）。此时在图形区中可以预览阵列效果，如图 5-3 所示。

图 5-2　打开的文件实体

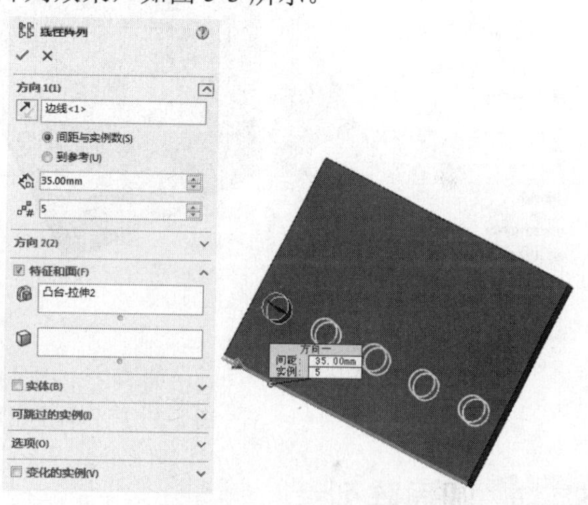

图 5-3　设置线性阵列

（7）如果要在另一个方向上同时生成线性阵列，则仿照步骤（1）～（6）中的操作，对“方向 2”选项组进行设置。

（8）在“方向 2”选项组中有一个“只阵列源”复选框。如果勾选该复选框，则在第 2 方向中只复制原始样本特征，而不复制“方向 1”中生成的其他子样本特征，如图 5-4 所示。

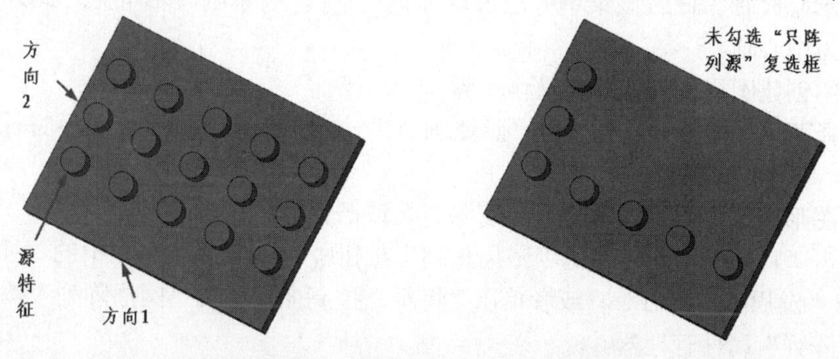

图 5-4　只阵列源与阵列所有特征的效果对比

（9）在阵列中如果要跳过某个阵列子样本特征，则在“可跳过的实例”选项组中单击“要跳过的实例”图标右侧的列表框，并在图形区中选择想要跳过的某个阵列特征，这些特征将显示在该列表框中。如图 5-5 所示显示了可跳过的实例效果。

（10）线性阵列属性设置完毕，单击确定按钮✓，生成线性阵列。

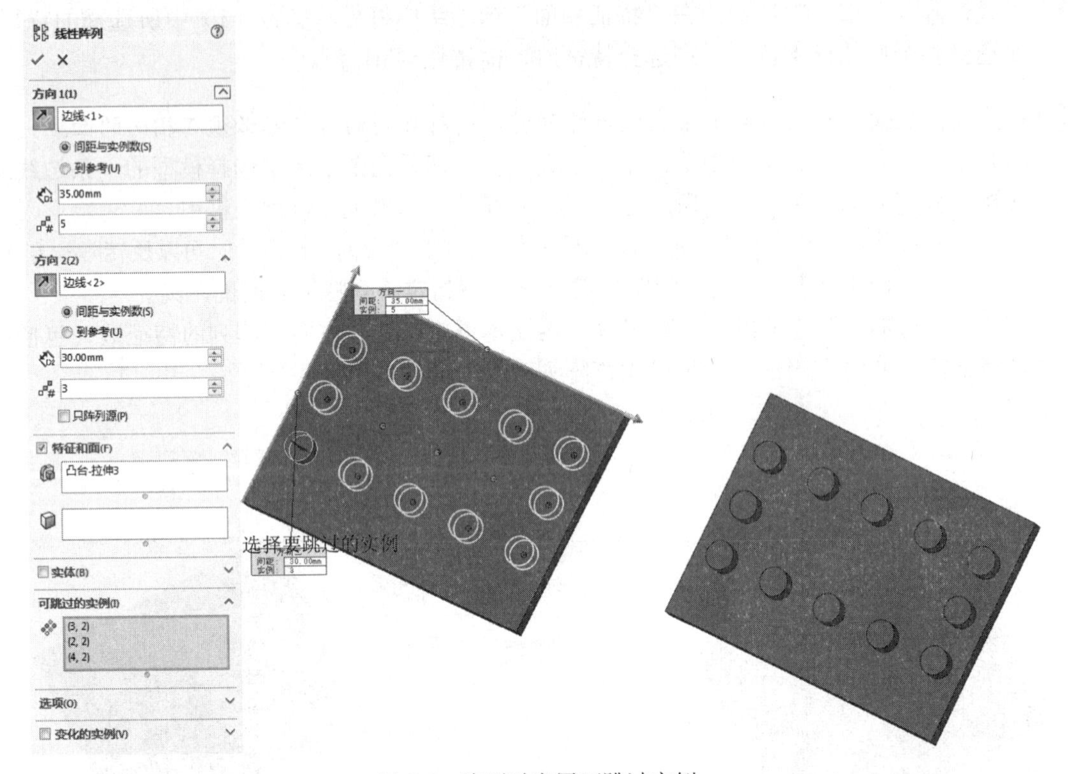

图 5-5　阵列时应用可跳过实例

5.1.2 圆周阵列

圆周阵列是指绕一个轴心以圆周路径生成多个子样本特征。在创建圆周阵列特征之前，首先要选择一个中心轴，这个轴可以是基准轴或者临时轴。每一个圆柱和圆锥面都有一条轴线，称之为临时轴。临时轴是由模型中的圆柱和圆锥隐含生成的，在图形区中一般不可见。在生成圆周阵列时需要使用临时轴，选择菜单栏中的“视图”→“隐藏/显示”“临时轴”命令就可以显示临时轴。此时该菜单旁边出现标记“√”，表示临时轴可见。此外，还可以生成基准轴作为中心轴。

下面介绍创建圆周阵列特征的操作步骤。

（1）选择菜单栏中的“视图”→“隐藏/显示”→“临时轴”命令，显示特征基准轴，如图 5-6 所示。

（2）在图形区选择原始样本特征（切除、孔或凸台等）。

（3）单击“特征”工具栏中的“圆周阵列”按钮，或选择菜单栏中的“插入”→“阵列/镜向”→“圆周阵列”命令，或者单击“特征”控制面板中的“圆周阵列”按钮，系统弹出“圆周阵列”属性管理器。

（4）在“特征和面”选项组中高亮显示步骤（2）中所选择的特征。如果要选择多个原始

样本特征，需按住<Ctrl>键进行选择。此时，在图形区生成一个中心轴，作为圆周阵列的圆心位置。

在“方向 1”选项组中，单击第一个列表框，然后在图形区中选择中心轴，则所选中心轴的名称显示在该列表框中。

（5）如果图形区中阵列的方向不正确，则单击“反向”按钮，可以翻转阵列方向。

（6）在“方向 1”选项组的“角度”文本框中指定阵列特征之间的角度。

（7）在“方向 1”选项组的“实例数”文本框中指定阵列的特征数（包括原始样本特征）。此时在图形区中可以预览阵列效果，如图 5-7 所示。

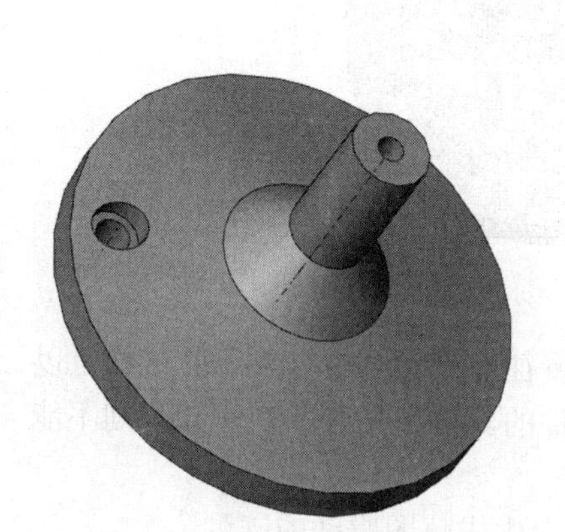

图 5-6　打开的文件实体

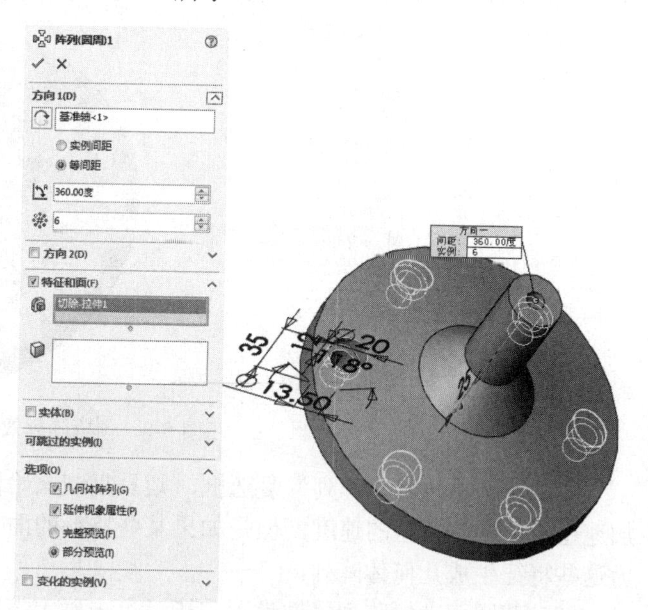

图 5-7　预览圆周阵列效果

（8）勾选“等间距”复选框，则总角度将默认为 360 度，所有的阵列特征会等角度均匀分布。

（9）勾选“几何体阵列”复选框，则只复制原始样本特征而不对它进行求解，这样可以加速生成及重建模型的速度。但是如果某些特征的面与零件的其余部分合并在一起，则不能为这些特征生成几何体阵列。

（10）圆周阵列属性设置完毕，单击确定按钮，生成圆周阵列。

5.1.3 草图驱动阵列

SOLIDWORKS 2018 还可以根据草图上的草图点来安排特征的阵列。用户只要控制草图上的草图点，就可以将整个阵列扩散到草图中的每个点。

下面介绍创建草图驱动阵列的操作步骤。

（1）单击“草图”控制面板中的“草图绘制”按钮，在零件的面上打开一个草图。

（2）单击“草图”控制面板中的“点”按钮，绘制驱动阵列的草图点。

（3）单击“草图”控制面板中的“草图绘制”按钮，关闭草图。

（4）单击“特征”控制面板中的“草图驱动的阵列”按钮，或者选择菜单栏中的“插入”→“阵列/镜向”→“由草图驱动的阵列”命令，或者单击“特征”控制面板中的（草图驱动的阵列）按钮，系统弹出“由草图驱动的阵列”属性管理器。

（5）在“选择”选项组中，单击“参考草图”图标右侧的列表框，然后选择驱动阵列的草图，则所选草图的名称显示在该列表框中。

（6）选择参考点。

重心：如果点选该单选按钮，则使用原始样本特征的重心作为参考点。

所选点：如果点选该单选按钮，则在图形区中选择参考顶点。可以使用原始样本特征的重心、草图原点、顶点或另一个草图点作为参考点。

（7）单击“特征和面”选项组“要阵列的特征”图标右侧的列表框，然后选择要阵列的特征。此时在图形区中可以预览阵列效果，如图 5-8 所示。

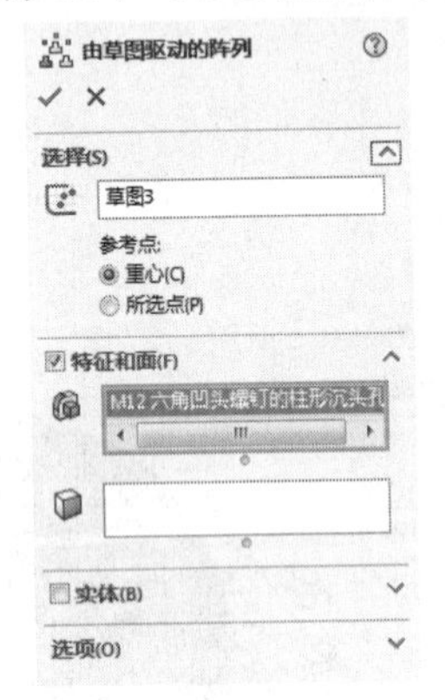

图 5-8　预览阵列效果

（8）勾选“几何体阵列”复选框，则只复制原始样本特征而不对它进行求解，这样可以加速生成及重建模型的速度。但是如果某些特征的面与零件的其余部分合并在一起，则不能为这些特征生成几何体阵列。

（9）草图驱动的阵列属性设置完毕，单击确定按钮✔，生成草图驱动的阵列。

5.1.4 曲线驱动阵列

曲线驱动阵列是指沿平面曲线或者空间曲线生成的阵列实体。

下面介绍创建表格驱动阵列的操作步骤。

（1）设置基准面。用鼠标选择图 5-9 中的表面 1，然后单击“标准视图”工具栏中的“正视于”按钮，将该表面作为绘制图形的基准面。

（2）绘制草图。选择菜单栏中的“工具”→“草图绘制实体”→“样条曲线”命令，绘制如图 5-10 所示的样条曲线，然后退出草图绘制状态。

图 5-9　打开的文件实体

图 5-10　切除拉伸的图形

（3）执行曲线驱动阵列命令。选择菜单栏中的“插入”→“阵列/镜向”→“曲线驱动的阵列”命令，或者单击“特征”工具栏中的“曲线驱动的阵列”按钮，或者单击“特征”控制面板中的“曲线驱动的阵列”按钮，此时系统弹出如图 5-11 所示的“曲线驱动的阵列”属性管理器。

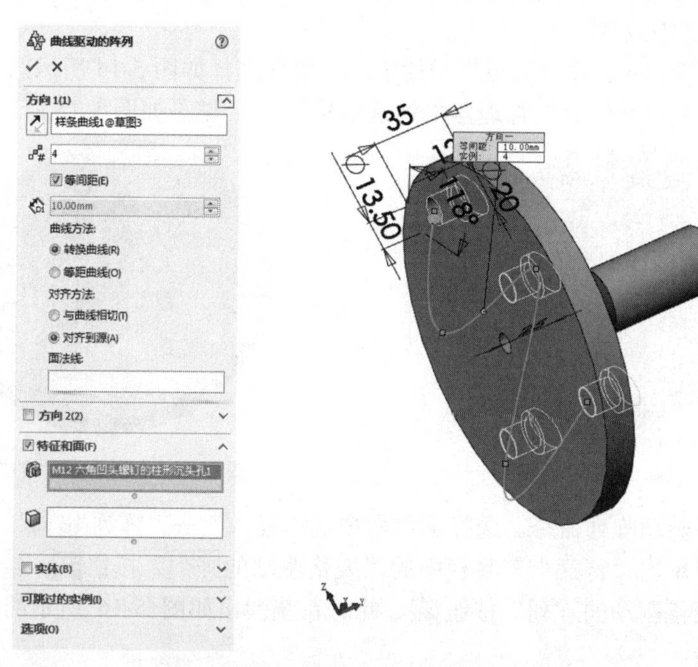

图 5-11　“曲线驱动的阵列”属性管理器

（4）设置属性管理器。在“要阵列和面”一栏中，用鼠标选择如图 5-10 所示拉伸的实体；在“方向 1”一栏中，用鼠标选择样条曲线。其他设置参考如图 5-11 所示。

（5）确认曲线驱动阵列的特征。单击“曲线驱动的阵列”属性管理器中的确定按钮，结果如图 5-12 所示。

（6）取消视图中的草图显示。选择菜单栏中的“视图”→“隐藏/显示”→“草图”命令，取消视图中草图的显示，结果如图 5-13 所示。

图 5-12　曲线驱动阵列的图形

图 5-13　取消草图显示的图形

5.1.5 表格驱动阵列

表格驱动阵列是指添加或检索以前生成的 X-Y 坐标，在模型的面上增添源特征。

下面介绍创建表格驱动阵列的操作步骤。

（1）执行坐标系命令。选择菜单栏中的“插入”→“参考几何体”→“坐标系”命令，或者单击“特征”工具栏“参考几何体”下拉列表中的“坐标系”按钮，或者选择“特征”控制面板“参考几何体”下拉列表中的“坐标系”按钮，此时系统弹出“坐标系”属性管理器，创建一个新的坐标系。

（2）设置属性管理器。在“原点”一栏中，用鼠标选择如图 5-14 所示的点 A；确认创建的坐标系。单击“坐标系”属性管理器中的确定按钮，结果如图 5-15 所示。

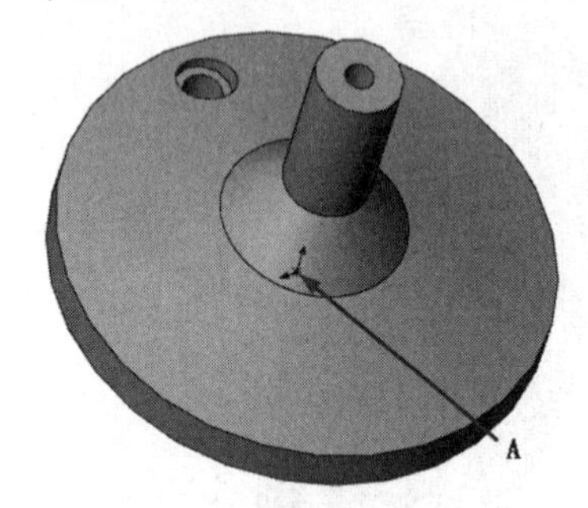

图 5-14　绘制的图形

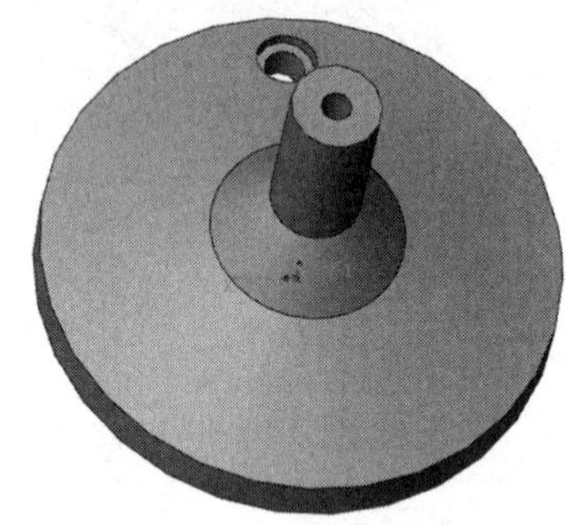

图 5-15　创建坐标系的图形

（3）执行表格驱动阵列命令。选择菜单栏中的“插入”→“阵列/镜向”→“表格驱动的阵列”命令，或者单击“特征”工具栏中的“表格驱动的阵列”按钮，或者单击“特征”控制面板中的“表格驱动的阵列”按钮，此时系统弹出如图 5-16 所示的“由表格驱动的阵列”属性管理器。

（4）设置属性管理器。在“要复制的特征”一栏中，用鼠标选择如图 5-14 所示的六角凹头特征；在“坐标系”一栏中，用鼠标选择如图 5-15 所示中的坐标系 1。在如图 5-17 所示中，点 0 的坐标为源特征的坐标；双击点 1 的 X 和 Y 的文本框，输入要阵列的坐标值；重复此步骤，输入点 2 到点 5 的坐标值，“由表格驱动的阵列”属性管理器设置如图 5-17 所示。

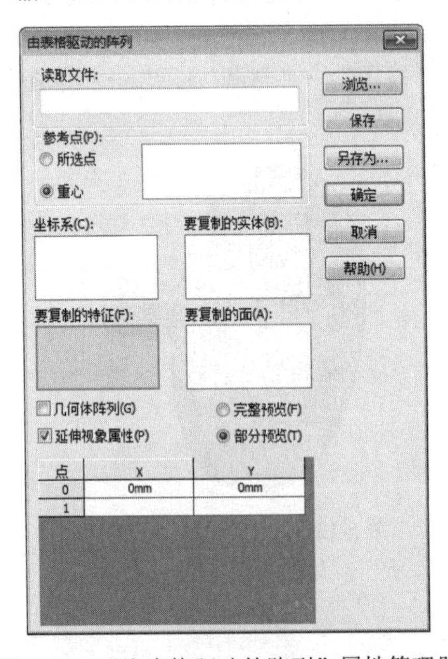

图 5-16　“由表格驱动的阵列”属性管理器

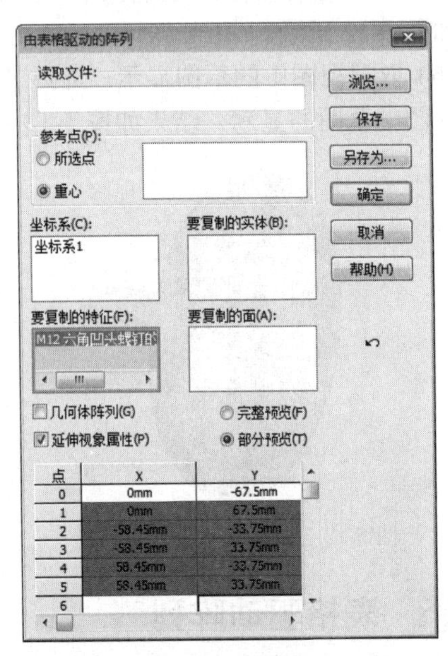

图 5-17　设置属性管理器参数

（5）确认表格驱动阵列特征。单击“由表格驱动的阵列”属性管理器中的“确定”按钮，结果如图 5-18 所示。

（6）取消显示视图中的坐标系。选择菜单栏中的“视图”→“隐藏/显示”→“坐标系”命令，取消视图中坐标系的显示，结果如图 5-19 所示。

图 5-18　阵列的图形

图 5-19　取消坐标系显示的图形

5.1.6 填充阵列

填充阵列是在特定边界内，通过设置参数来控制阵列位置、数量的特征方式。

下面介绍创建表格驱动阵列的操作步骤。

（1）选择菜单栏中的“插入”→“阵列/镜向”→“填充阵列”命令，或者单击“特征”工具栏中的“填充阵列”按钮，或者单击“特征”控制面板中的“填充阵列”按钮，此时系统弹出如图 5-20 所示的“填充阵列”属性管理器。

（2）在“填充边界”选项组下“选择面或共面上的草图、平面曲线”图标右侧列表框中选择如图 5-21 所示的面 1。

（3）在“阵列布局”选项组中设置参数。

穿孔：为钣金穿孔式阵列生成网格。

在“实例间距”图标右侧文本框中输入两特征间距值。

在“交错断续角度”图标右侧文本框中输入两特征夹角值。

在“边距”图标右侧文本框中输入填充边界边距值

在“阵列方向”图标右侧文本框中确定阵列方向。

圆周：生成圆周形阵列。

方形：生成方形阵列。

多边形：生成多边形阵列。

选择布局方式为“穿孔”。

（4）在“特征和面”选项组下设置参数，选择“所选特征”单选按钮，在“要阵列的特征”图标右侧选择特征，如图 5-22 所示，在属性管理器中设置参数。

（5）选择“生成源切”单选按钮，如图 5-23 所示，再选择“方形”按钮，在图 5-24 中显示阵列前后图形。

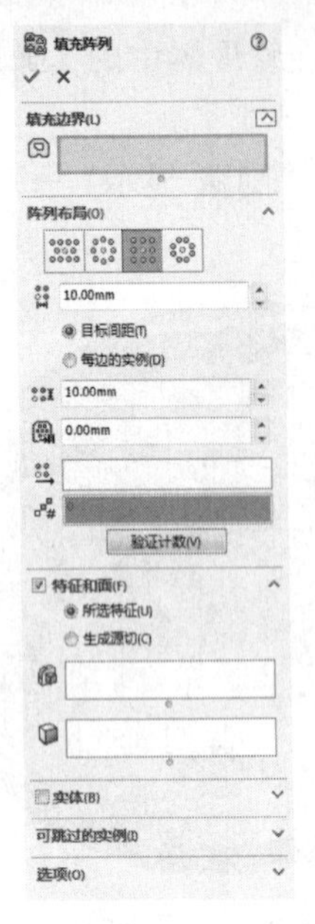

图 5-20　“填充阵列”属性管理器

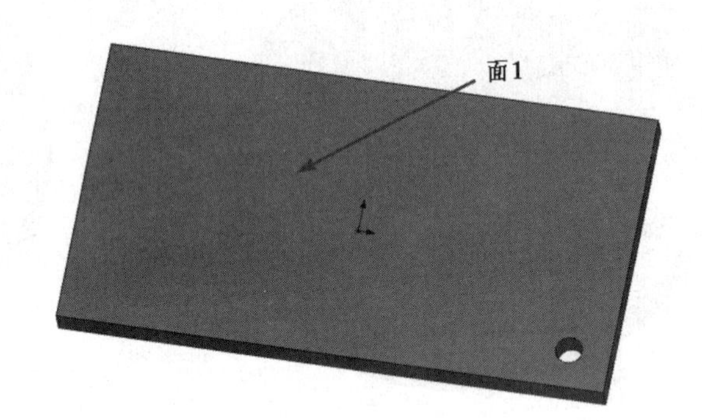

图 5-21　选择面

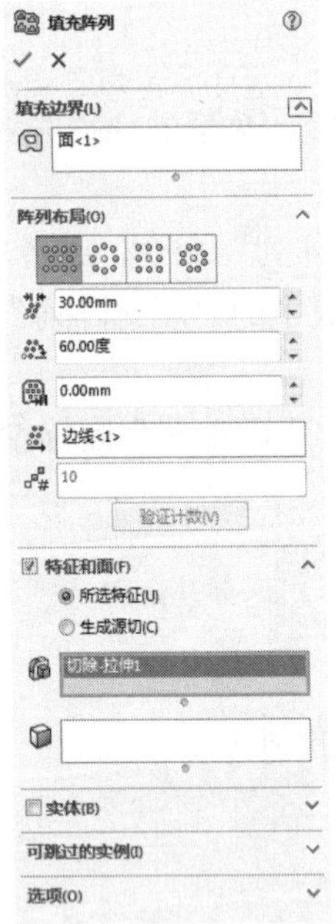

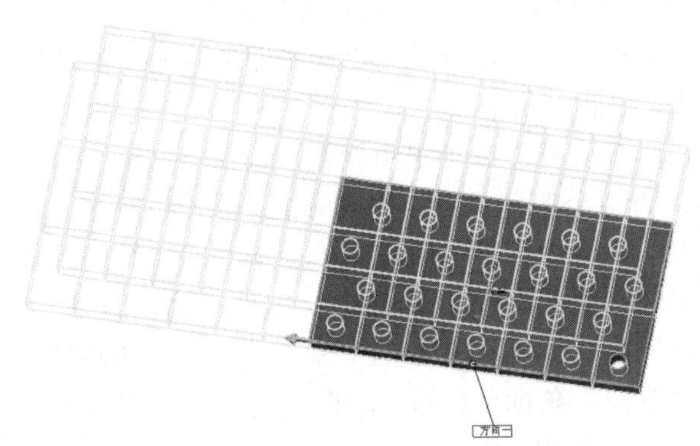

图 5-22　选择特征

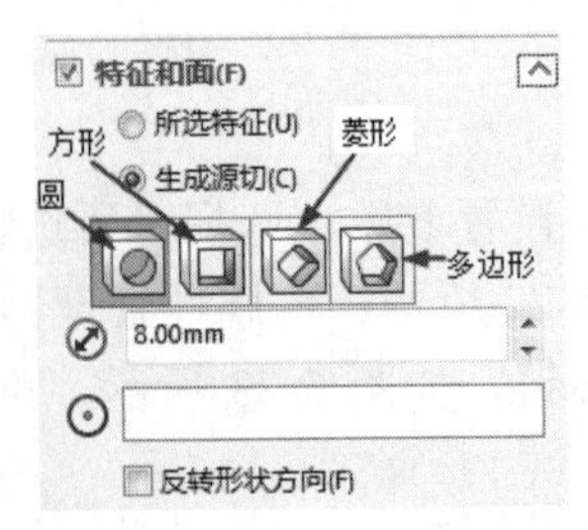

图 5-23　要阵列的特征

(a)阵列前

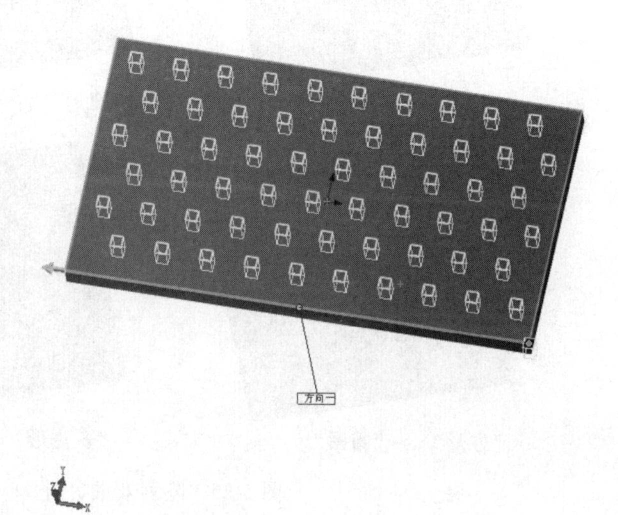

(b)设置参数

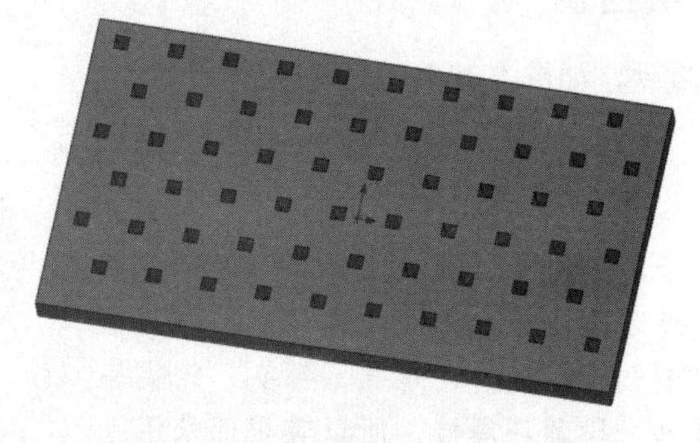

(c)阵列后

图 5-24　填充整列-方形

下面在图 5-25 中显示其他阵列效果实例（设置“布局类型”及“生成源切”类型）。

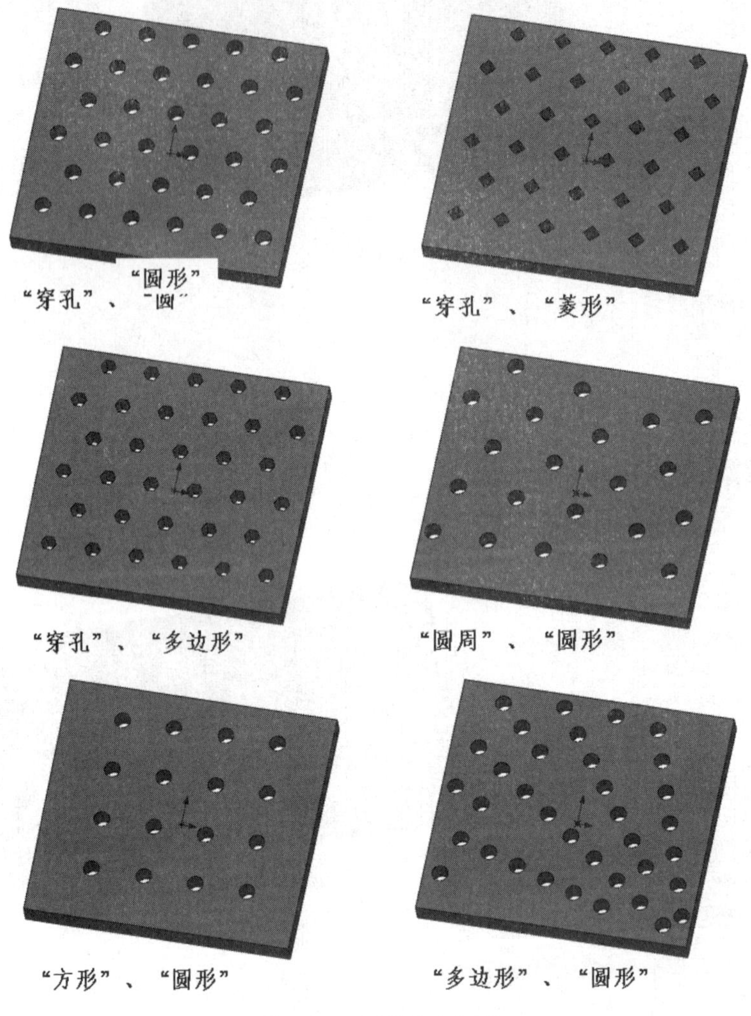

图 5-25 阵列效果实例

5.1.7 实例——法兰盘

本例绘制的法兰盘零件，如图 5-26 所示。

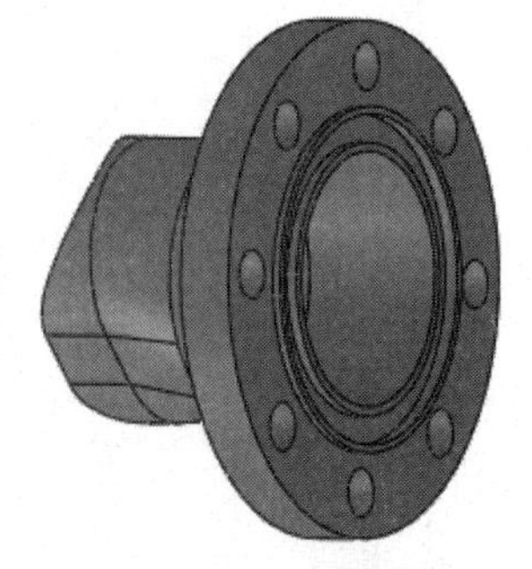

图 5-26 法兰盘

思路分析

接口零件主要起传动、连接、支撑、密封等作用。其主体为回转体或其他平板型实体，厚度方向的尺寸比其他两个方向的尺寸小，其上常有凸台、凹坑、螺孔、销孔、轮辐等局部结构。由于接口要和一段圆环焊接，所以其根部采用压制后再使用铣刀加工圆弧沟槽的方法加工。接口的基本创建过程如图 5-27 所示。

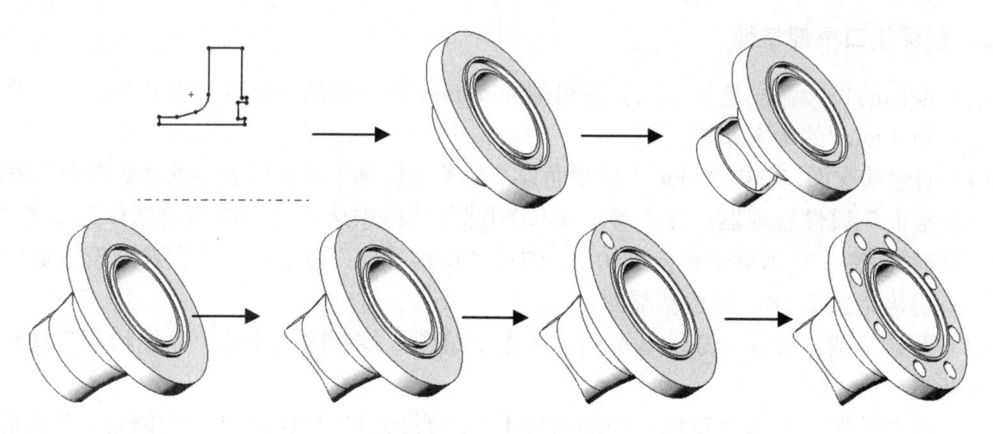

图 5-27　流程图

创建步骤

1．创建接口基体端部特征

（1）新建文件。启动 SOLIDWORKS 2018，单击“标准”工具栏中的“新建”按钮，或选择菜单栏中的“文件”→“新建”命令，在弹出的“新建 SOLIDWORKS 文件”对话框中，单击“零件”按钮，然后单击“确定”按钮，创建一个新的零件文件。

（2）新建草图。在 FeatureManager 设计树中选择“前视基准面”作为草图绘制基准面，单击“草图”控制面板中的“草图绘制”按钮，创建一张新草图。

（3）绘制草图。单击“草图”控制面板中的“中心线”按钮，或选择菜单栏中的“工具”→“草图绘制实体”→“中心线”命令，过坐标原点绘制一条水平中心线作为基体旋转的旋转轴；然后单击“草图”控制面板中的“直线”按钮，绘制法兰盘轮廓草图。单击“草图”控制面板中的“智能尺寸”按钮，为草图添加尺寸标注，如图 5-28 所示。

（4）创建接口基体端部实体。单击“特征”控制面板中的“旋转凸台/基体”按钮，弹出“旋转”属性管理器；SOLIDWORKS 会自动将草图中唯一的一条中心线作为旋转轴，设置旋转类型为“给定深度”，在“角度”文本框中输入“360”，其他选项设置如图 5-29 所示，单击确定按钮，生成接口基体端部实体。

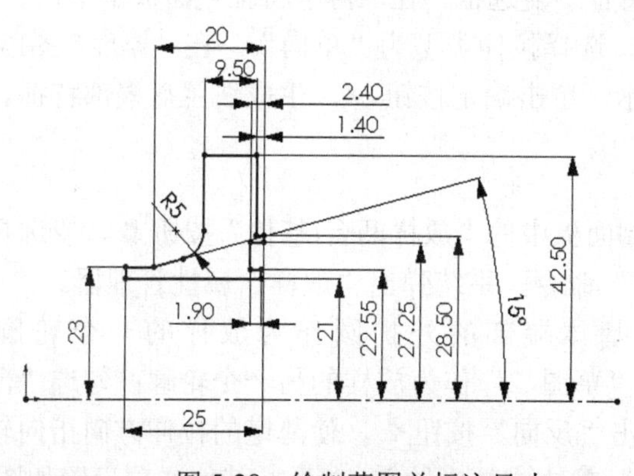

图 5-28　绘制草图并标注尺寸

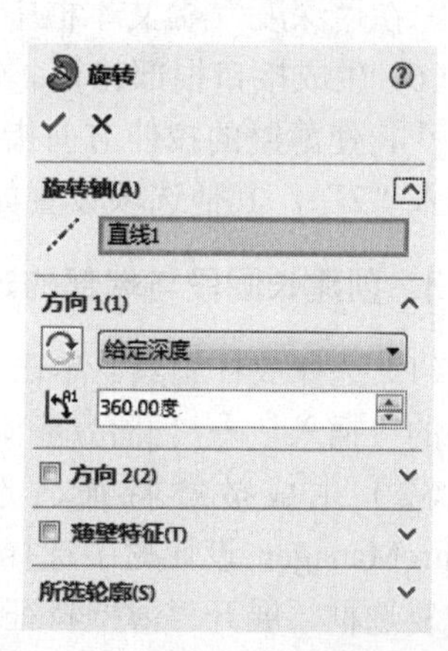

图 5-29　创建法兰盘基体端部实体

2. 创建接口根部特征

接口根部的长圆弧段是从距法兰密封端面 40mm 处开始的，所以这里要先创建一个与密封端面相距 40mm 的参考基准面。

（1）创建基准面。单击“特征”控制面板“参考几何体”下拉列表中的“基准面”按钮，弹出“基准面”属性管理器；在“参考实体”选项框中选择接口的密封面作为参考平面，在“偏移距离”文本框中输入“40”，勾选“反转等距”复选框，其他选项设置如图 5-30 所示，单击确定按钮，创建基准面。

（2）新建草图。选择生成的基准面，单击“草图”控制面板中的“草图绘制”按钮，在其上新建一张草图。

（3）绘制草图。单击“草图”控制面板中的“直槽口”按钮和“智能尺寸”按钮，绘制根部的长圆弧段草图并标注，结果如图 5-31 所示。

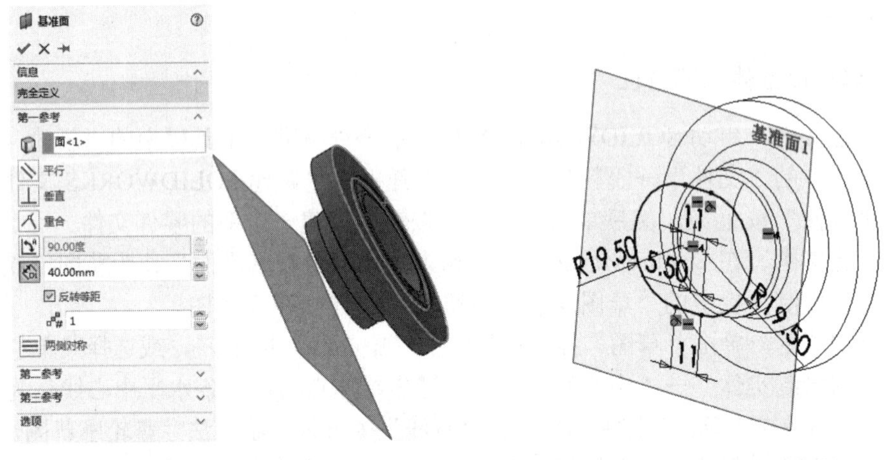

图 5-30　创建基准面　　　　图 5-31　绘制草图

（4）拉伸实体。单击“特征”控制面板中的“拉伸凸台/基体”按钮，或选择菜单栏中的“插入”→“凸台/基体”→“拉伸”命令，弹出“凸台-拉伸”属性管理器。

（5）设置拉伸方向和深度。单击“反向”按钮，使根部向外拉伸，指定拉伸类型为“单向”，在“深度”文本框中设置拉伸深度为 12mm。

（6）生成接口根部特征。勾选“薄壁特征”复选框，在“薄壁特征”面板中单击“反向”按钮，使薄壁的拉伸方向指向轮廓内部，选择拉伸类型为“单向”，在“厚度”文本框中输入“2”，其他选项设置如图 5-32 所示，单击确定按钮，生成法兰盘根部特征。

3. 创建长圆段与端部的过渡段

（1）选择放样工具。单击“特征”控制面板中的“放样凸台/基体”按钮，或选择菜单栏中的“插入”→“凸台/基体”→“放样”命令，系统弹出“放样”属性管理器。

（2）生成放样特征。选择法兰盘基体端部的外扩圆作为放样的一个轮廓，在 FeatureManager 设计树中选择刚刚绘制的“草图 2”作为放样的另一个轮廓；勾选“薄壁特征”复选框，展开“薄壁特征”面板，单击“反向”按钮，使薄壁的拉伸方向指向轮廓内部，选择拉伸类型为“单向”，在“厚度”文本框中输入“2”，其他选项设置如图 5-33 所示，单击确定按钮，创建长圆弧段与基体端部圆弧段的过渡特征。

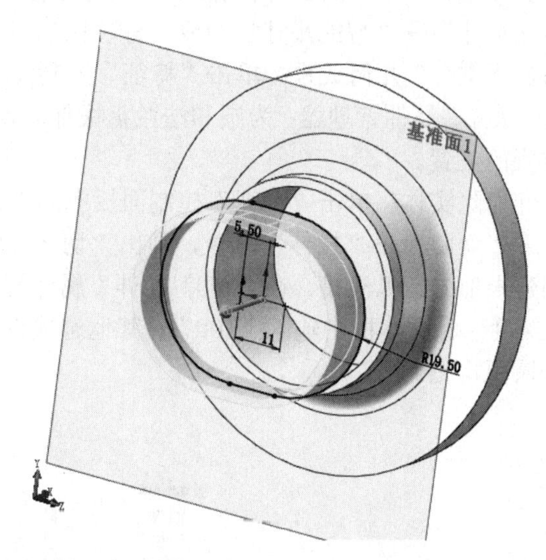

图 5-32　生成法兰盘根部特征

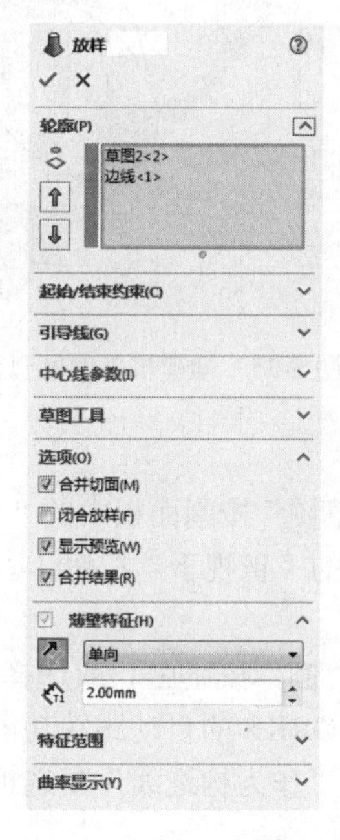

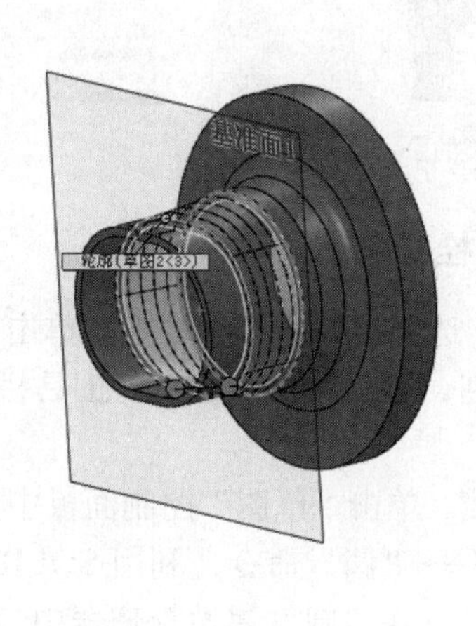

图 5-33　生成放样特征

4．创建接口根部的圆弧沟槽

（1）新建草图。在 FeatureManager 设计树中选择“前视基准面”作为草图绘制基准面，单击“草图”控制面板中的“草图绘制”按钮，在其上新建一张草图。单击“标准视图”控制面板中的“正视于”按钮，使视图方向正视于草图平面。

（2）绘制中心线。单击“草图”控制面板中的“中心线”按钮，或选择菜单栏中的“工具”→“草图绘制实体”→“中心线”命令，过坐标原点绘制一条水平中心线。

（3）绘制圆。单击“草图”控制面板中的“圆”按钮，或选择菜单栏中的“工具”→

“草图绘制实体”→“圆”命令，绘制一圆心在中心线上的圆。

（4）标注尺寸。单击“草图”控制面板中的“智能尺寸”按钮，或选择菜单栏中的“工具”→“标注尺寸”→“智能尺寸”命令，标注圆的直径为 48mm。

（5）添加“重合”几何关系。单击“特征”控制面板中的“添加几何关系”按钮，弹出“添加几何关系”属性管理器；为圆和法兰盘根部的角点添加“重合”几何关系，如图 5-34 所示，定位圆的位置。

（6）拉伸切除实体。单击“特征”控制面板中的“拉伸切除”按钮，或选择菜单栏中的“插入”→“切除”→“拉伸”命令，弹出“切除-拉伸”属性管理器。

（7）创建根部的圆弧沟槽。在“切除-拉伸”属性管理器中设置切除终止条件为“两侧对称”，在“深度”文本框中输入“100”，其他选项设置如图 5-35 所示，单击确定按钮，生成根部的圆弧沟槽。

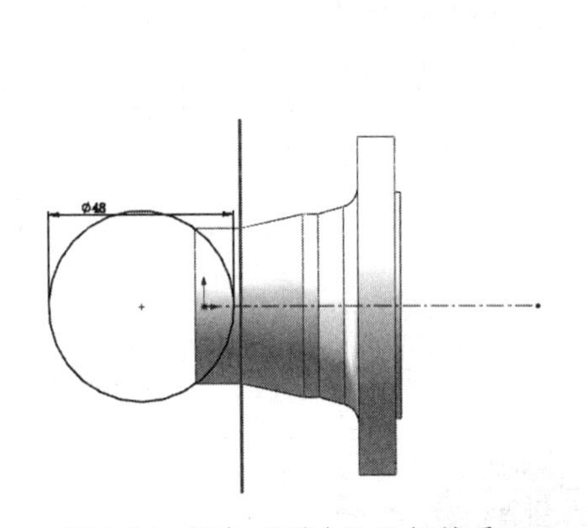

图 5-34　添加“重合”几何关系

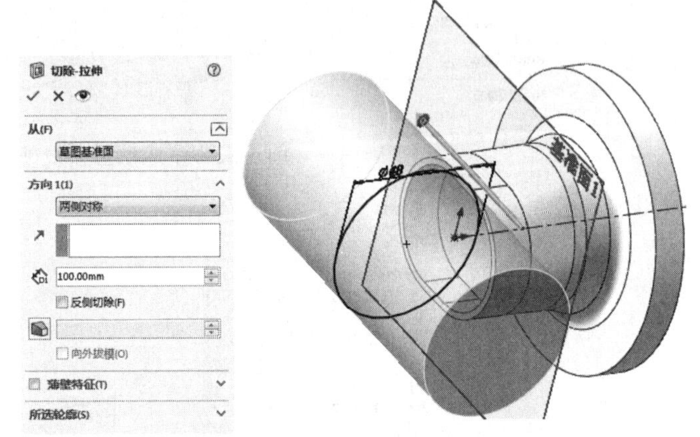

图 5-35　创建根部的圆弧沟槽

5．创建接口螺栓孔

（1）新建草图。选择接口的基体端面，单击“草图”控制面板中的“草图绘制”按钮，在其上新建一张草图。单击“标准视图”工具栏中的“正视于”按钮，使视图方向正视于草图平面。

（2）绘制构造线。单击“草图”控制面板中的“圆”按钮，或选择菜单栏中的“工具”→“草图绘制实体”→“圆”命令，利用 SOLIDWORKS 的自动跟踪功能绘制一个圆，使其圆心与坐标原点重合，在“圆”属性管理器中勾选“作为构造线”复选框，将圆设置为构造线，如图 5-36 所示。

（3）标注尺寸。单击“草图”控制面板中的“智能尺寸”按钮，或选择菜单栏中的“工具”→“标注尺寸”→“智能尺寸”命令，标注圆的直径为 70mm。

（4）绘制圆。单击“草图”控制面板中的“圆”按钮，或选择菜单栏中的“工具”→“草图绘制实体”→“圆”命令，利用 SOLIDWORKS 的自动跟踪功能绘制一圆，使其圆心落在所绘制的构造圆上，并且其 X 坐标值为 0。

（5）拉伸切除实体。单击“特征”控制面板中的“拉伸切除”按钮，或选择菜单栏中的“插入”→“切除”→“拉伸”命令，弹出“切除-拉伸”属性管理器；设置切除的终止条件为“完全贯穿”，其他选项设置如图 5-37 所示，单击确定按钮，创建一个法兰盘螺栓孔。

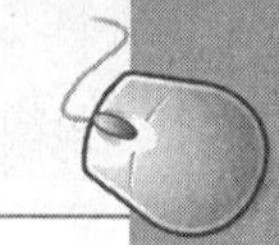

（6）显示临时轴。选择菜单栏中的“视图”→“隐藏/显示”→“临时轴”命令，显示模型中的临时轴，为进一步阵列特征做准备。

（7）阵列螺栓孔。单击“特征”控制面板中的“圆周阵列”按钮，或选择菜单栏中的“插入”→“阵列/镜向”→“圆周阵列”命令，弹出“圆周阵列”属性管理器；在绘图区选择法兰盘基体的临时轴作为圆周阵列的阵列轴，在 “角度”文本框中输入“360”，在“实例数”文本框中输入“8”，勾选“等间距”复选框，在绘图区选择步骤（5）中创建的螺栓孔，其他选项设置如图5-38所示，单击确定按钮，完成螺栓孔的圆周阵列。

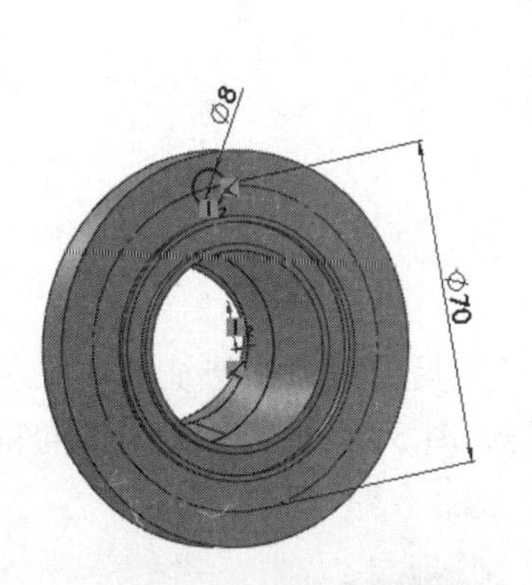

图5-36　设置圆为构造线

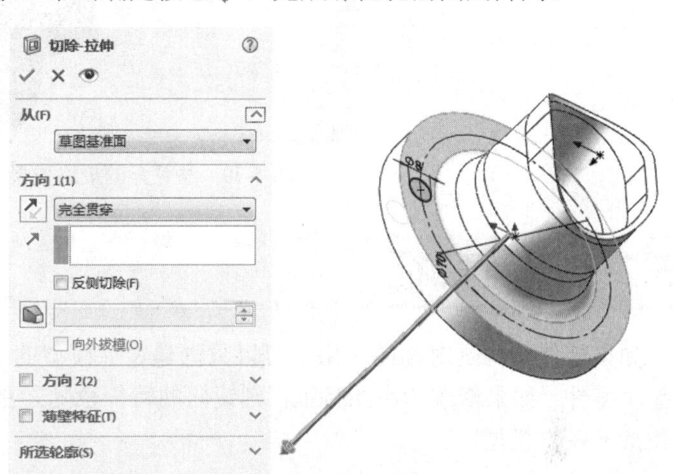

图5-37　拉伸切除实体

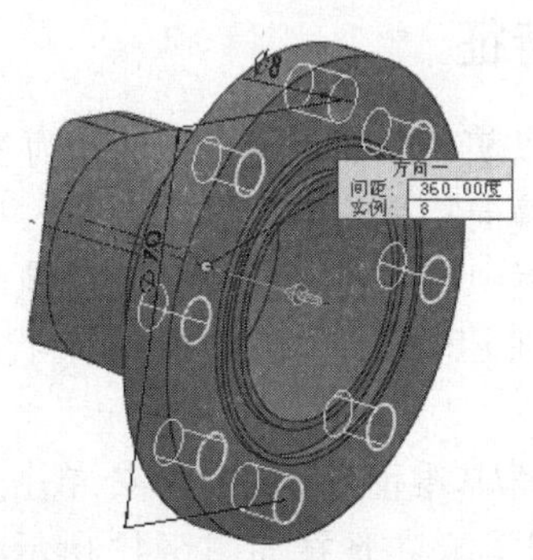

图5-38　阵列螺栓孔

（8）保存文件。单击“标准”工具栏中的“保存”按钮，将零件保存为“接口.sldprt”。使用旋转观察功能观察零件图，最终效果如图 5-39 所示。

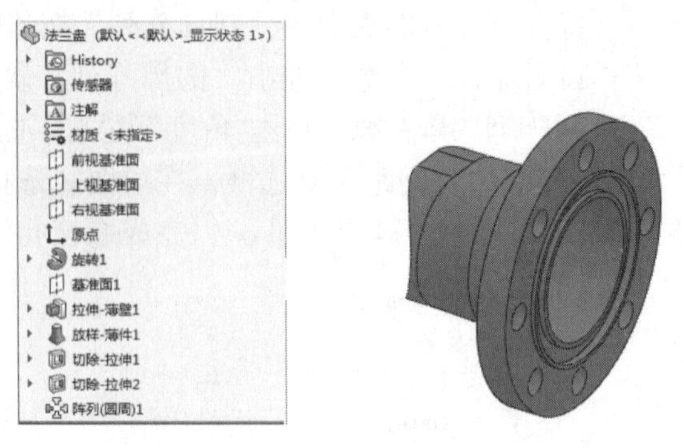

图 5-39　法兰盘的最终效果

5.2　镜向特征

如果零件结构是对称的，用户可以只创建零件模型的一半，然后使用镜向特征的方法生成整个零件。如果修改了原始特征，则镜向的特征也随之更改。如图 5-40 所示为运用镜向特征生成的零件模型。

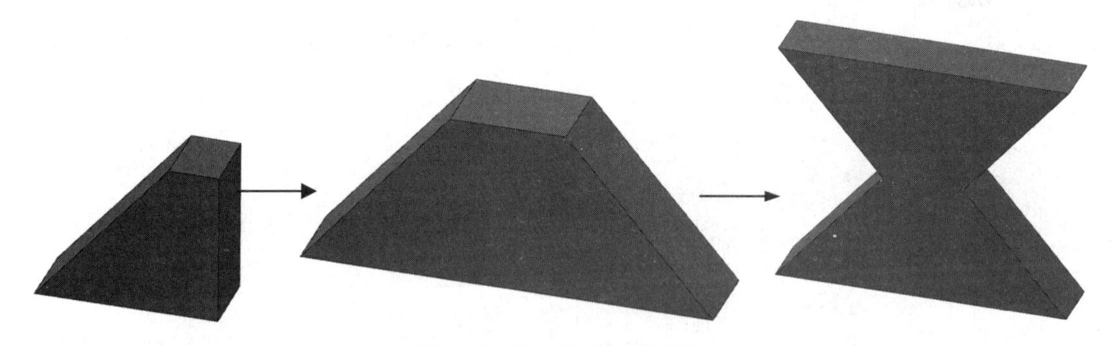

图 5-40　镜向特征生成零件

镜向特征是指对称于基准面镜向所选的特征。按照镜向对象的不同，可以分为镜向特征和镜向实体。

5.2.1　镜向特征

镜向特征是指以某一平面或者基准面作为参考面，对称复制一个或者多个特征。

下面介绍创建镜向特征的操作步骤，图 5-41 所示为实体文件。

（1）选择菜单栏中的“插入”→“阵列/镜向”→“镜向”命令，或者单击“特征”工具栏中的“镜向”按钮，或者单击“特征”控制面板中的“镜向”按钮，系统弹出“镜向”属性管理器。

（2）在“镜向面/基准面”选项组中，单击选择如图 5-42 所示的前视基准面；在“要镜向的特征”选项组中，单击选择如图 5-42 所示的“切除-旋转 1”，“镜向”属性管理器设置如图 5-42 所示。单击确定按钮，创建的镜向特征如图 5-43 所示。

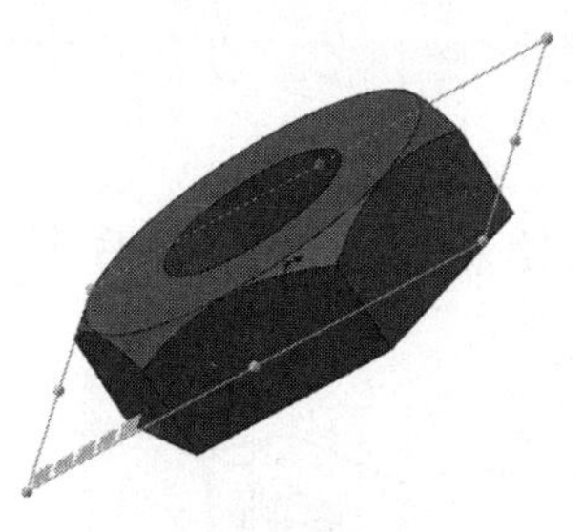

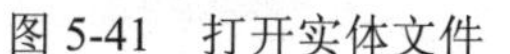

图 5-41　打开实体文件

图 5-42　“镜向”属性管理器

图 5-43　镜向特征

5.2.2 镜向实体

镜向实体是指以某一平面或者基准面作为参考面，对称复制视图中的整个模型实体。

下面介绍创建镜向实体的操作步骤。

（1）接着图 5-41 中的实体，选择菜单栏中的“插入”→“阵列/镜向”→“镜向”命令，或者单击“特征”工具栏中的“镜向”按钮，或者单击“特征”控制面板中的“镜向”按钮，系统弹出“镜向”属性管理器。

（2）在“镜向面/基准面”选项组中，单击选择如图 5-41 所示的面 1；在“要镜向的实体”选项组中，选择如图 5-41 所示模型实体上的任意一点。“镜向”属性管理器设置如图 5-44 所示。单击确定按钮，创建的镜向实体如图 5-45 所示。

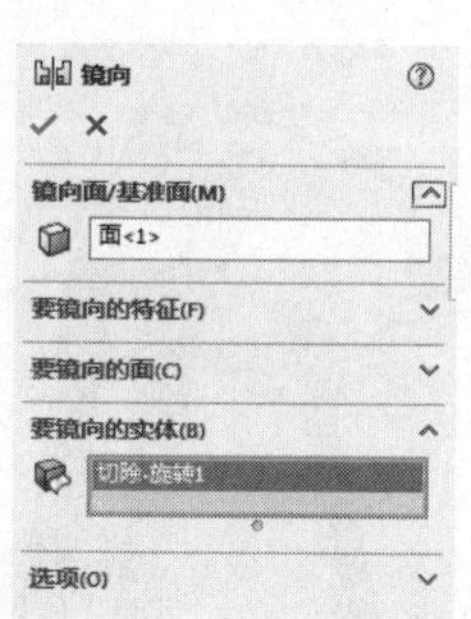

图 5-44　“镜向”属性管理器

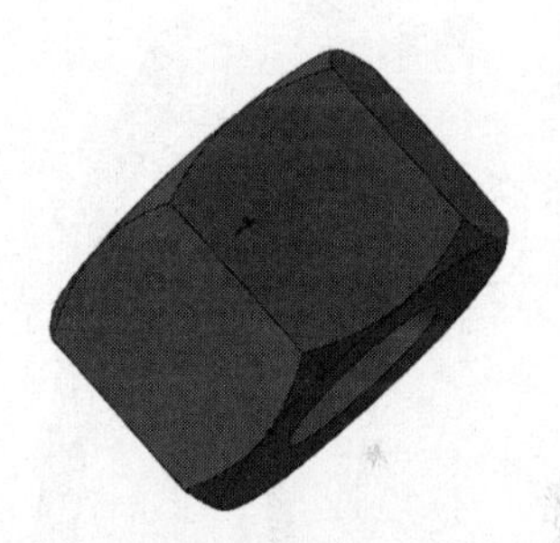

图 5-45　镜向实体

5.2.3 实例——铲斗支撑架

本例绘制的铲斗支撑架，如图 5-46 所示。

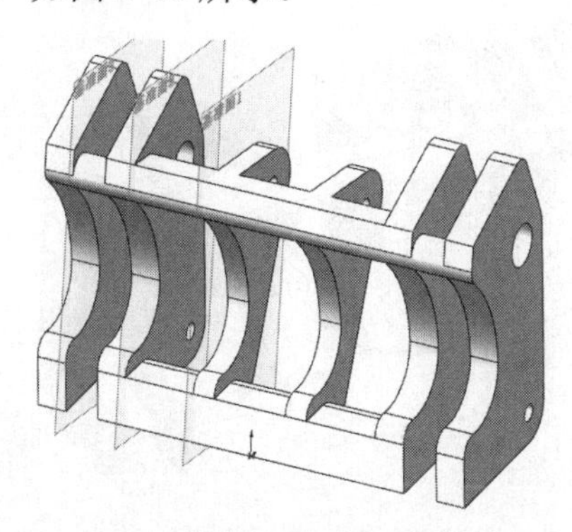

图 5-46　铲斗支撑架

思路分析

首先绘制铲斗支撑架的外形轮廓草图，然后拉伸成为铲斗支撑架主体轮廓，最后进行镜向处理。绘制的流程图如图 5-47 所示。

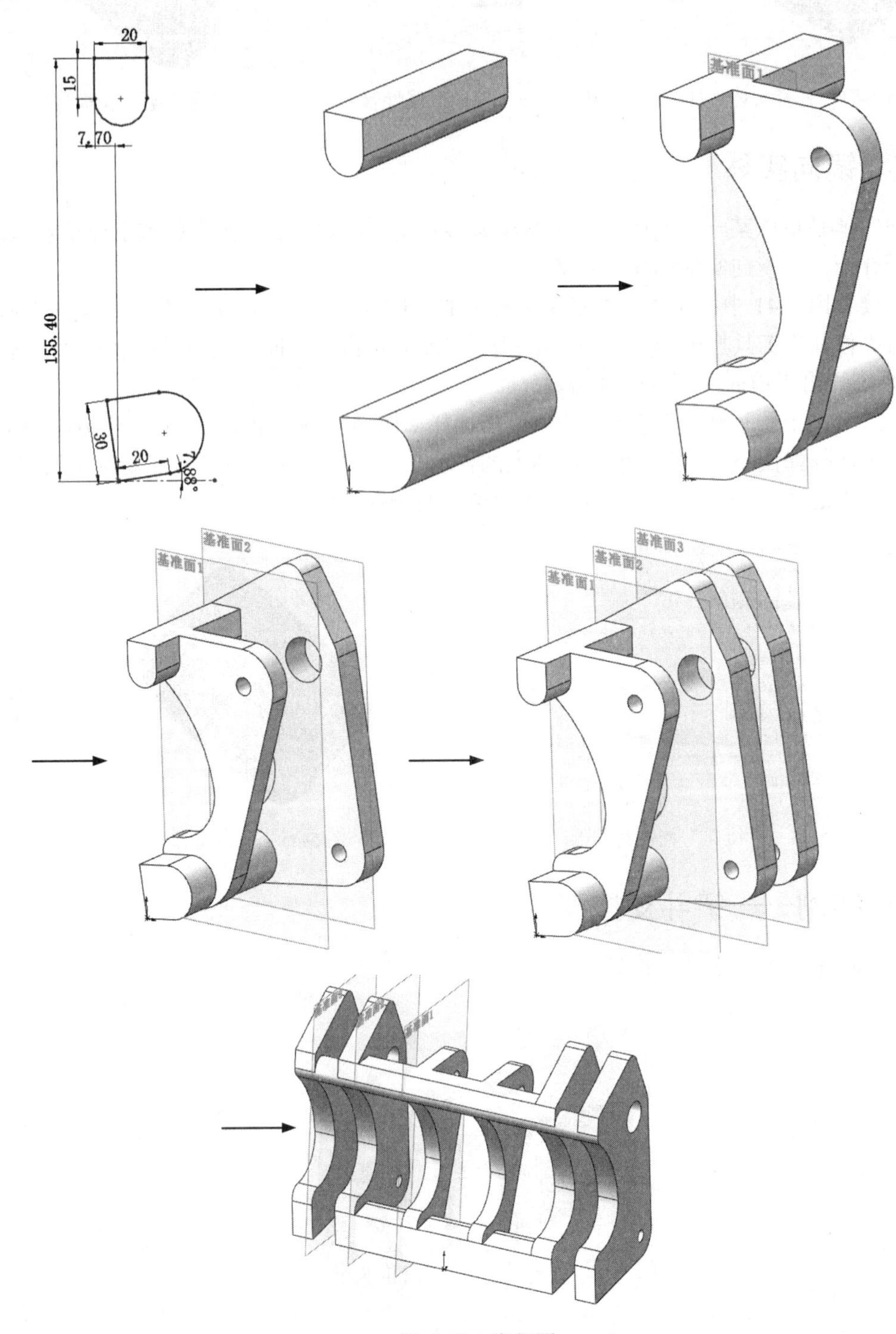

图 5-47　流程图

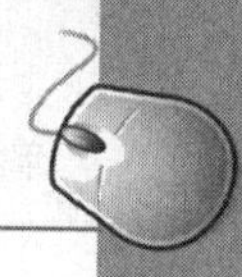

创建步骤

（1）新建文件。启动 SOLIDWORKS 2018，选择菜单栏中的“文件”→“新建”命令，或者单击“标准”工具栏中的“新建”按钮，在弹出的“新建 SOLIDWORKS 文件”对话框中选择“零件”按钮，然后单击“确定”按钮，创建一个新的零件文件。

（2）绘制草图 1。在左侧的 FeatureManager 设计树中用鼠标选择“前视基准面”作为绘制图形的基准面。单击“草图”控制面板中的“中心线”按钮、“直线”按钮和“三点圆弧”按钮，绘制并标注草图如图 5-48 所示。

（3）拉伸实体 1。选择菜单栏中的“插入”→“凸台/基体”→“拉伸”命令，或者单击“特征”控制面板中的“拉伸凸台/基体”按钮，此时系统弹出如图 5-49 所示的“凸台-拉伸”属性管理器。设置拉伸终止条件为“两侧对称”，输入拉伸距离为 190mm，然后单击确定按钮，结果如图 5-50 所示。

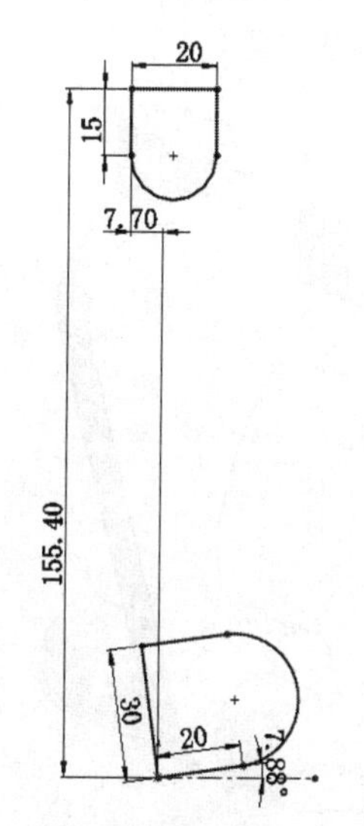

图 5-48　绘制草图 1

图 5-49　“凸台-拉伸”属性管理器 1

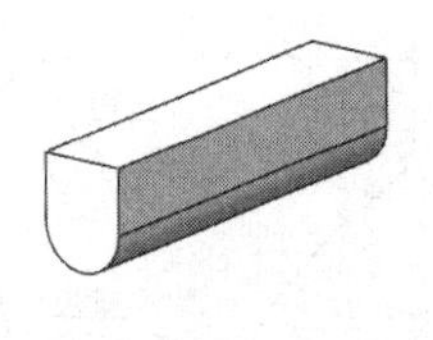

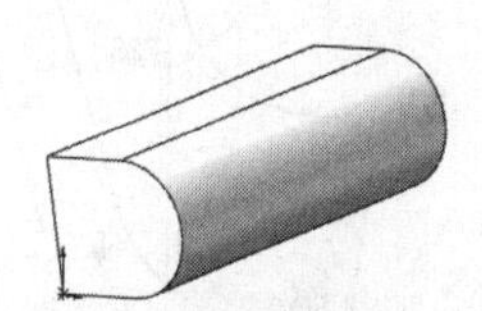

图 5-50　拉伸实体

（4）创建基准平面 1。在左侧的 FeatureManager 设计树中用鼠标选择“前视基准面”作为绘制图形的基准面。单击“特征”控制面板“参考几何体”下拉列表中的“基准面”按钮，弹出“基准面”属性管理器，在“偏移距离”文本框中输入距离为 35mm，如图 5-51 所示；单击属性管理器中的确定按钮，生成基准面如图 5-52 所示。

（5）绘制草图 2。在左侧的 FeatureManager 设计树中用鼠标选择“基准面 1”作为绘制图形的基准面。单击“草图”控制面板中的“直线”按钮、“切线弧”按钮、“三点圆弧”按钮和“圆”按钮，绘制并标注草图如图 5-53 所示。

注意：圆弧和圆弧以及直线之间是相切关系。

（6）拉伸实体 2。选择菜单栏中的“插入”→“凸台/基体”→“拉伸”命令，或者单击“特征”控制面板中的“拉伸凸台/基体”按钮，此时系统弹出如图 5-54 所示的“凸台-拉伸”属性管理器。设置拉伸终止条件为“给定深度”，输入拉伸距离为 13mm，然后单击确定按钮，结果如图 5-55 所示。

图 5-51 “基准面”属性管理器

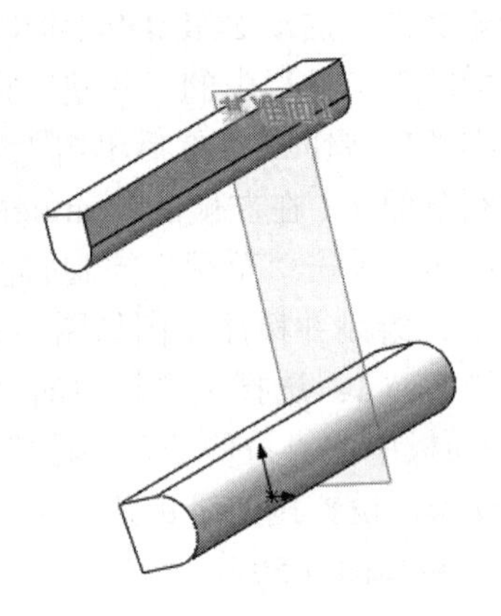

图 5-52 创建基准面 1

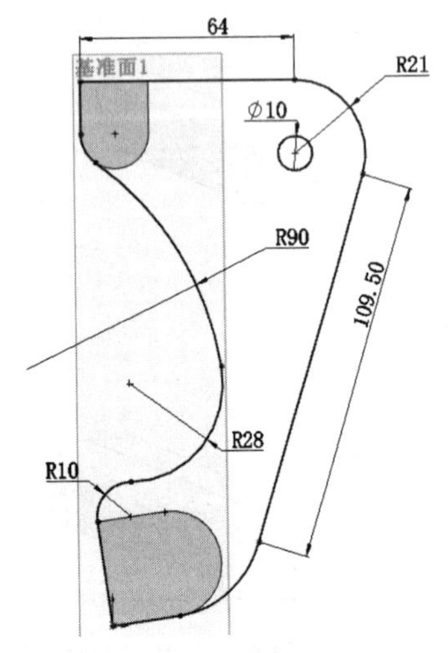

图 5-53 绘制草图 2

图 5-54 “凸台-拉伸”属性管理器 2

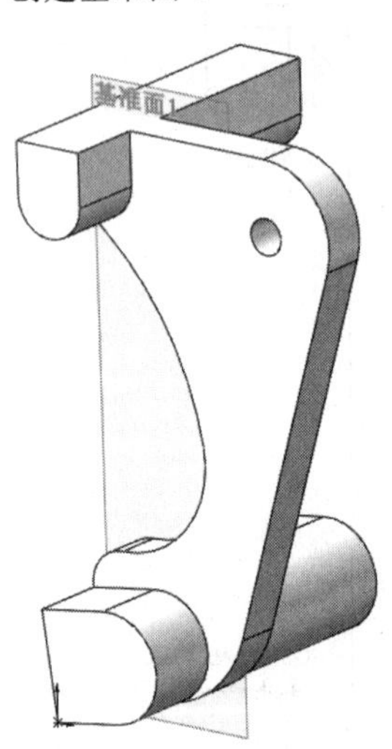

图 5-55 绘制草图 2

（7）创建基准平面 2。在左侧的 FeatureManager 设计树中用鼠标选择“前视基准面”作为绘制图形的基准面。单击“特征”控制面板“参考几何体”下拉列表中的“基准面”按钮，弹出“基准面”属性管理器，在“偏移距离”文本框中输入距离为 77.5mm，单击属性管理器中的确定按钮✓。

（8）绘制草图 3。在左侧的 FeatureManager 设计树中用鼠标选择“基准面 2”作为绘制图形的基准面。单击“草图”控制面板中的“转换实体引用”按钮、“直线”按钮、“切线弧”按钮、“绘制圆角”按钮和“圆”按钮，绘制并标注草图如图 5-56 所示。

注意：圆弧和圆弧以及直线之间是相切关系。

（9）拉伸实体 3。选择菜单栏中的“插入”→“凸台/基体”→“拉伸”命令，或者单击“特征”控制面板中的“拉伸凸台/基体”按钮，此时系统弹出如图 5-57 所示的“凸台-拉伸”属性管理器。设置拉伸终止条件为“给定深度”，输入拉伸距离为 17.5mm，然后单击确定按钮✓，结果如图 5-58 所示。

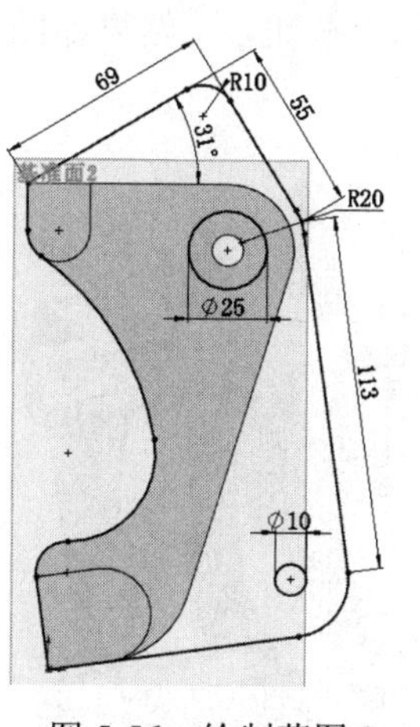

图 5-56 绘制草图 3

图 5-57 “凸台-拉伸”属性管理器 3

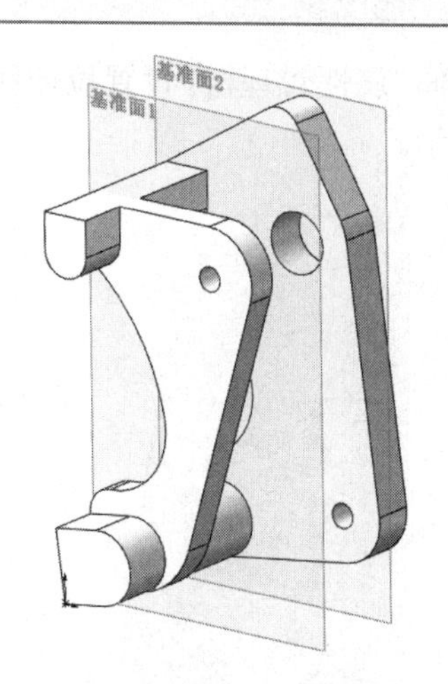

图 5-58 拉伸实体 3

（10）创建基准平面 3。在左侧的 FeatureManager 设计树中用鼠标选择“前视基准面”作为绘制图形的基准面。单击“特征”控制面板“参考几何体”下拉列表中的“基准面”按钮，弹出“基准面”属性管理器，在“偏移距离”文本框中输入距离为 115mm，单击属性管理器中的确定按钮✔。

（11）绘制草图 4。在左侧的 FeatureManager 设计树中用鼠标选择“基准面 3”作为绘制图形的基准面。单击“草图”控制面板中的“转换实体引用”按钮，绘制如图 5-59 所示。

（12）拉伸实体 4。选择菜单栏中的“插入”→“凸台/基体”→“拉伸”命令，或者单击“特征”控制面板中的“拉伸凸台/基体”按钮，此时系统弹出如图 5-60 所示的“凸台-拉伸”属性管理器。设置拉伸终止条件为“给定深度”，输入拉伸距离为 17.5mm，然后单击确定按钮✔，结果如图 5-61 所示。

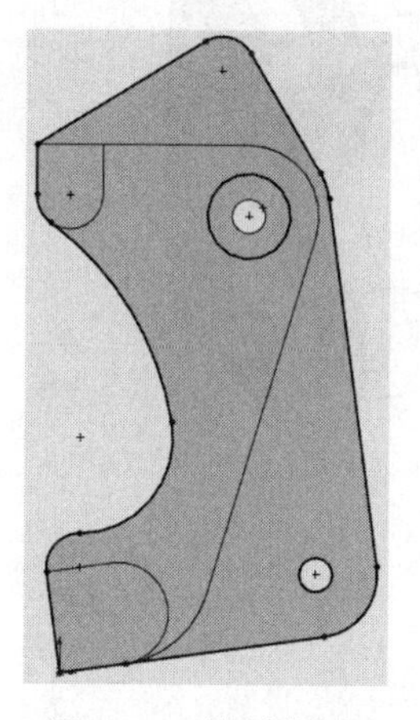

图 5-59 绘制草图 4

图 5-60 “凸台-拉伸”属性管理器 4

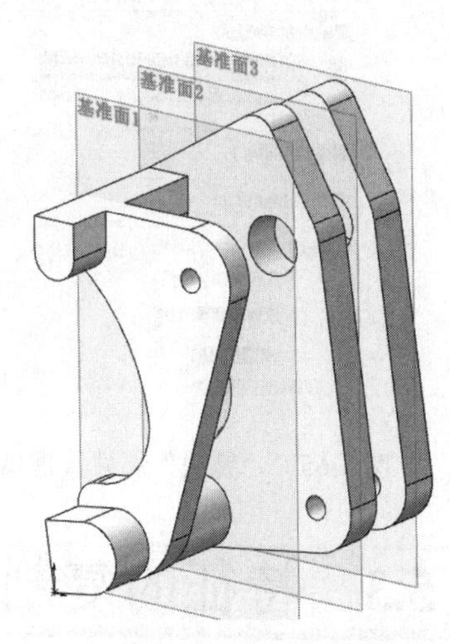

图 5-61 拉伸实体 4

（13）绘制草图 5。在左侧的 FeatureManager 设计树中用鼠标选择“基准面 3”作为绘制图形的基准面。单击“草图”控制面板中的“圆”按钮，绘制如图 5-62 所示草图。

（14）拉伸实体 5。选择菜单栏中的“插入”→“凸台/基体”→“拉伸”命令，或者单击“特征”控制面板中的“拉伸凸台/基体”按钮，此时系统弹出如图 5-63 所示的“凸台-

拉伸”属性管理器。设置拉伸终止条件为“成形到一面”，然后单击确定按钮✓，结果如图 5-64 所示。

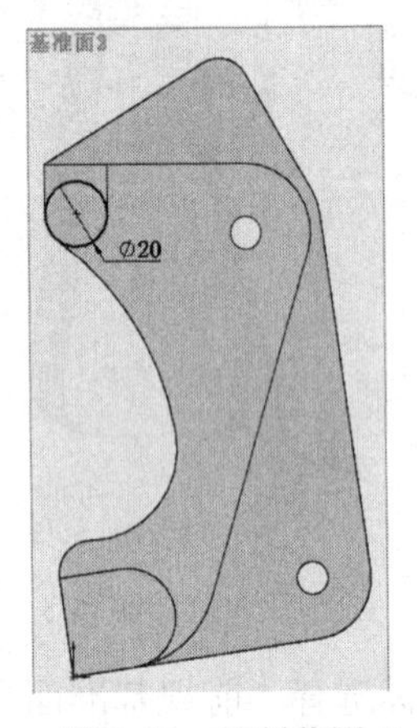

图 5-62　绘制草图 5

图 5-63　“凸台-拉伸”属性管理器 5

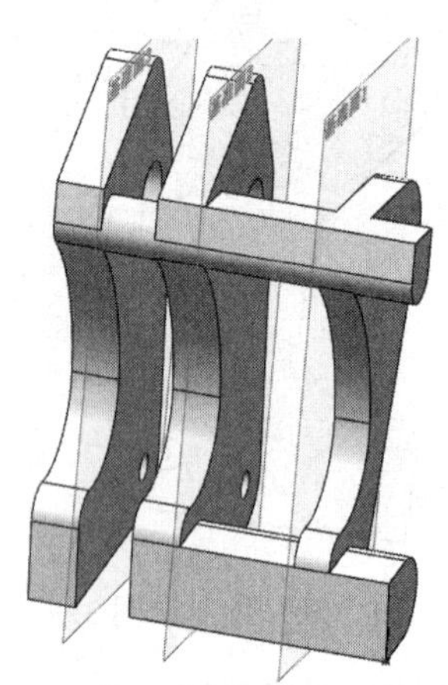

图 5-64　拉伸实体 5

（15）镜向特征。选择菜单栏中的“插入”→“阵列/镜向”→“镜向”命令，或者单击“特征”控制面板中的“镜向”按钮，此时系统弹出如图 5-65 所示的“镜向”属性管理器。选择“前视基准面”为镜向面，在视图中选择所有实体为要镜向的实体，然后单击确定按钮✓，结果如图 5-66 所示。

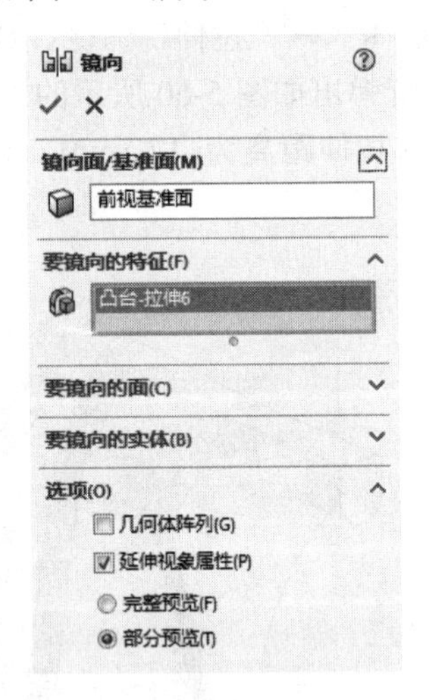

图 5-65　“镜向”属性管理器

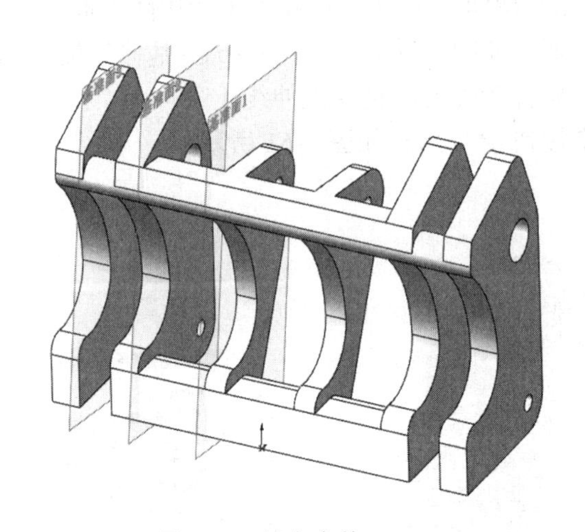

图 5-66　镜向实体

5.3　特征的复制与删除

在零件建模过程中，如果有相同的零件特征，用户可以利用系统提供的特征复制功能进行复制，这样可以节省大量的时间，达到事半功倍的效果。

SOLIDWORKS 2018 提供的复制功能，不仅可以实现同一个零件模型中的特征复制，还可以实现不同零件模型之间的特征复制。

下面介绍在同一个零件模型中复制特征的操作步骤。

（1）在图 5-67 中选择特征，此时该特征在图形区中将以高亮度显示。

（2）按住<Ctrl>键，拖动特征到所需的位置上（同一个面或其他的面上）。

（3）如果特征具有限制其移动的定位尺寸或几何关系，则系统会弹出“复制确认”对话框，如图 5-68 所示，询问对该操作的处理。

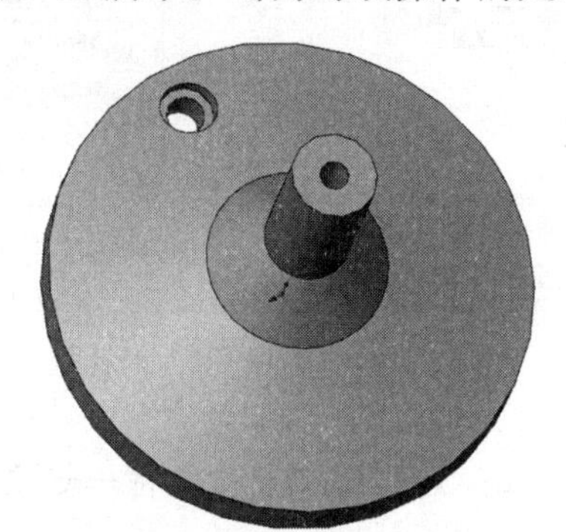

图 5-67　打开的文件实体

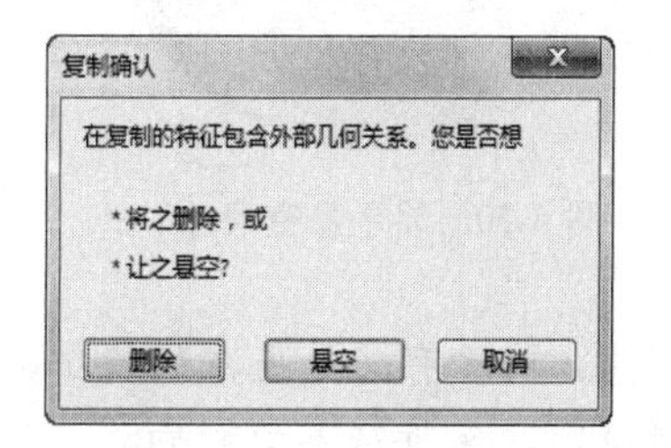

图 5-68　“复制确认”对话框

单击“删除”按钮，将删除限制特征移动的几何关系和定位尺寸。

单击“悬空”按钮，将不对尺寸标注、几何关系进行求解。

单击“取消”按钮，将取消复制操作。

（4）如果在步骤（3）中单击“悬空”按钮，则系统会弹出“SOLIDWORKS”对话框，如图 5-69 所示。警告模型特征存在错误，可能会复制失败，需要修复，单击“继续（忽略错误）”按钮，退出对话框，同时，模型树列表中显示上步复制零件特征时存在的错误，需要修改。

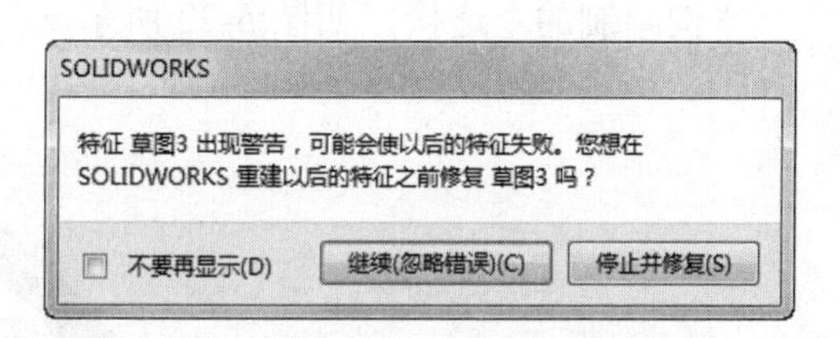

图 5-69　“SOLIDWORKS”对话框

（5）要重新定义悬空尺寸，首先在 FeatureManager 设计树中右击对应特征的草图，在弹出的快捷菜单中单击“编辑草图”命令。此时悬空尺寸将以灰色显示，在尺寸的旁边还有对应的红色控标，如图 5-70 所示。然后按住鼠标左键，将红色控标拖动到新的附加点。释放鼠标左键，将尺寸重新附加到新的边线或顶点上，即完成了悬空尺寸的重新定义。

下面介绍将特征从一个零件复制到另一个零件上的操作步骤。

（1）选择菜单栏中的“窗口”→“平铺”命令，以平铺方式显示多个文件。

（2）在一个文件的 FeatureManager 设计树中选择要复制的特征。

（3）选择菜单栏中的“编辑”→“复制”命令，或单击“标准”工具栏中的“复制”按钮。

（4）在另一个文件中，选择菜单栏中的“编辑”→“粘贴”命令，或单击“标准”工具栏中的“粘贴”按钮。

如果要删除模型中的某个特征，只要在 FeatureManager 设计树或图形区中选择该特征，然后按<Delete>键，或右击，在弹出的快捷菜单中单击“删除”命令即可。系统会在“确认删除”对话框中提出询问，如图 5-71 所示。单击“是”按钮，就可以将特征从模型中删除。

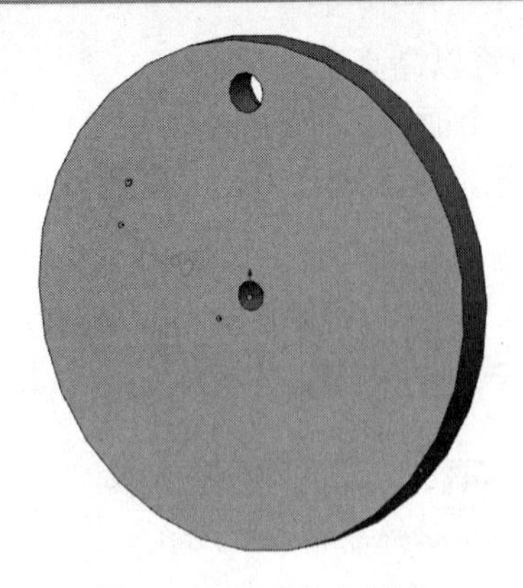

图 5-70 显示悬空尺寸

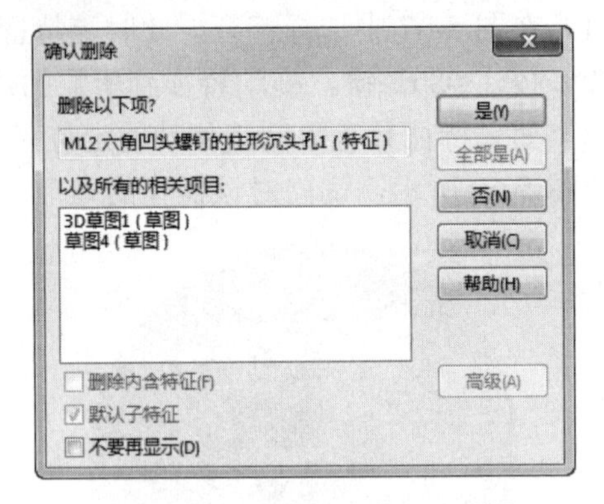

图 5-71 “确认删除”对话框

注意：对于有父子关系的特征，如果删除父特征，则其所有子特征将一起被删除，而删除子特征时，父特征不受影响。

5.4 综合实例——主连接

本例绘制的主连接，如图 5-72 所示。

图 5-72 主连接

思路分析

首先绘制主连接的外形轮廓草图，然后拉伸成为主连接主体轮廓，最后进行镜向处理。绘制的流程图如图 5-73 所示。

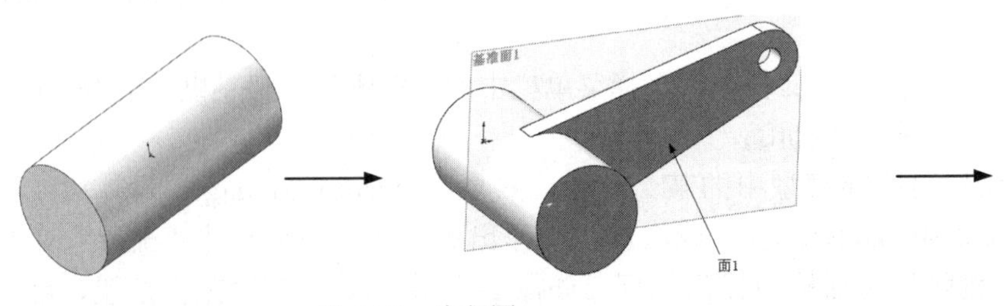

图 5-73 流程图

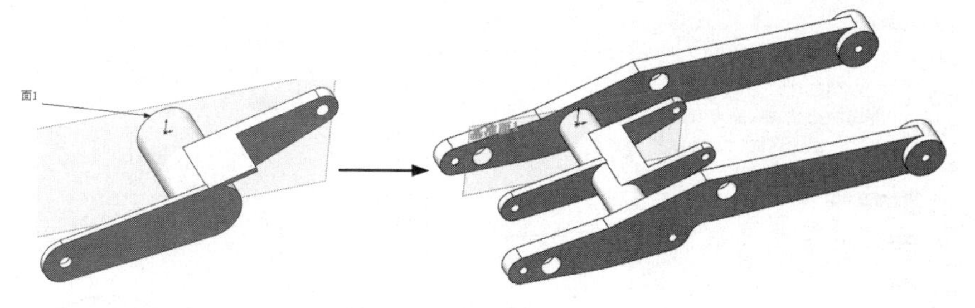

图 5-73　流程图（续）

创建步骤

（1）新建文件。启动 SOLIDWORKS 2018，选择菜单栏中的“文件”→“新建”命令，或者单击“标准”工具栏中的“新建”按钮，在弹出的“新建 SOLIDWORKS 文件”对话框中选择“零件”按钮，然后单击“确定”按钮，创建一个新的零件文件。

（2）绘制草图 1。在左侧的 FeatureManager 设计树中用鼠标选择“前视基准面”作为绘制图形的基准面。单击“草图”控制面板中的“圆”按钮，绘制直径为 45 mm 的圆。

（3）拉伸实体 1。选择菜单栏中的“插入”→“凸台/基体”→“拉伸”命令，或者单击“特征”控制面板中的“拉伸凸台/基体”按钮，此时系统弹出如图 5-74 所示的“凸台-拉伸”属性管理器。设置拉伸终止条件为“两侧对称”，输入拉伸距离为 95mm，然后单击确定按钮，结果如图 5-75 所示。

图 5-74　“凸台-拉伸”属性管理器 6

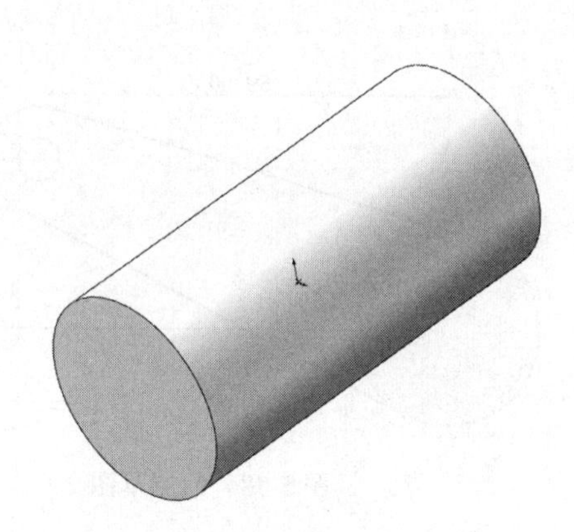

图 5-75　拉伸实体 1

（4）创建基准平面。在左侧的 FeatureManager 设计树中用鼠标选择“前视基准面”作为绘制图形的基准面。单击“特征”控制面板“参考几何体”下拉列表中的“基准面”按钮，弹出“基准面”属性管理器，在“偏移距离”文本框中输入距离为 22.5mm，如图 5-76 所示；单击属性管理器中的确定按钮，生成基准面如图 5-77 所示。

（5）绘制草图 2。在左侧的 FeatureManager 设计树中用鼠标选择“基准面 1”作为绘制图形的基准面。单击“草图”控制面板中的“转换实体引用”、“圆”按钮、“直线”按钮和“剪裁实体”按钮，绘制如图 5-78 所示的草图并标注。

图 5-76 “基准面”属性管理器

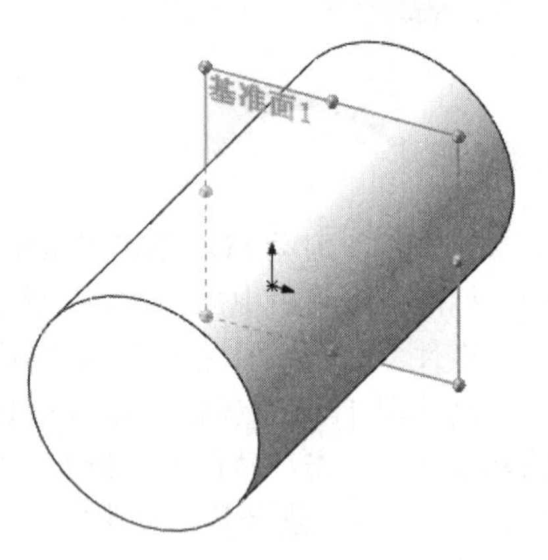

图 5-77 创建基准面 1

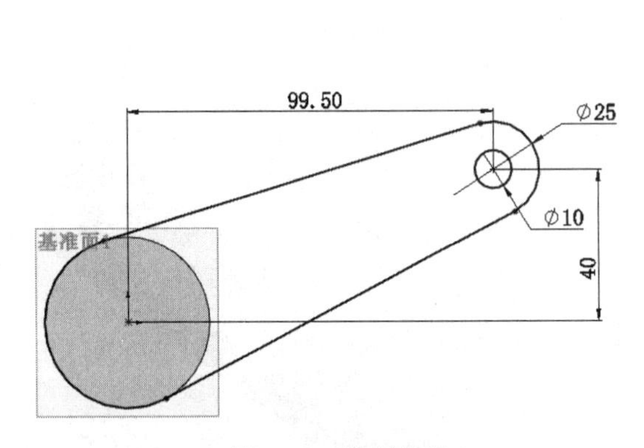

图 5-78 绘制草图 2

图 5-79 “凸台-拉伸”属性管理器

（6）拉伸实体 2。选择菜单栏中的“插入”→“凸台/基体”→“拉伸”命令，或者单击“特征”控制面板中的“拉伸凸台/基体”按钮，此时系统弹出如图 5-79 所示的“凸台-拉伸”属性管理器。设置拉伸终止条件为“给定深度”，输入拉伸距离为 10mm，单击“反向”按钮，使拉伸方向朝内，如图 5-80 所示，然后单击确定按钮，结果如图 5-81 所示。

（7）绘制草图 3。在视图中用鼠标选择如图 5-81 所示的面 1 作为绘制图形的基准面。单击“草图”控制面板中的“转换实体引用”按钮、“直线”按钮和“剪裁实体”按钮，绘制如图 5-82 所示的草图并标注。

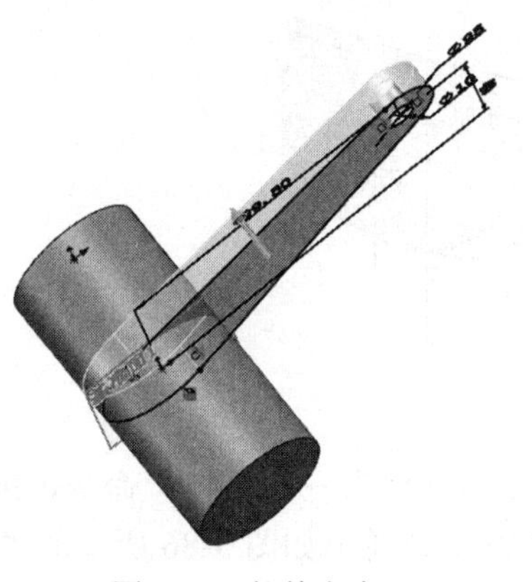

图 5-80 拉伸方向

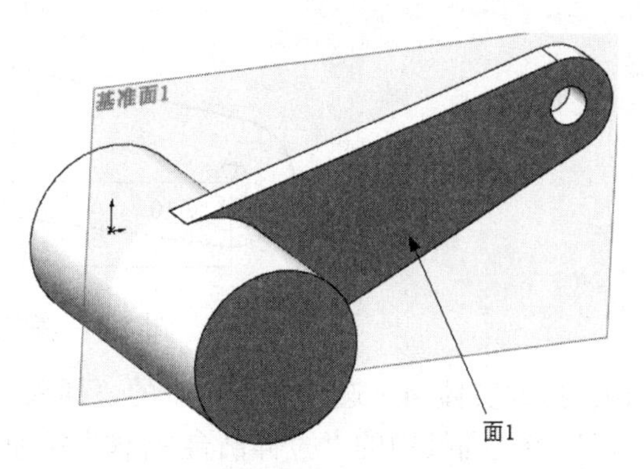

图 5-81 拉伸实体 2

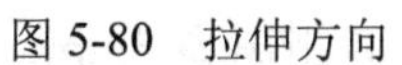

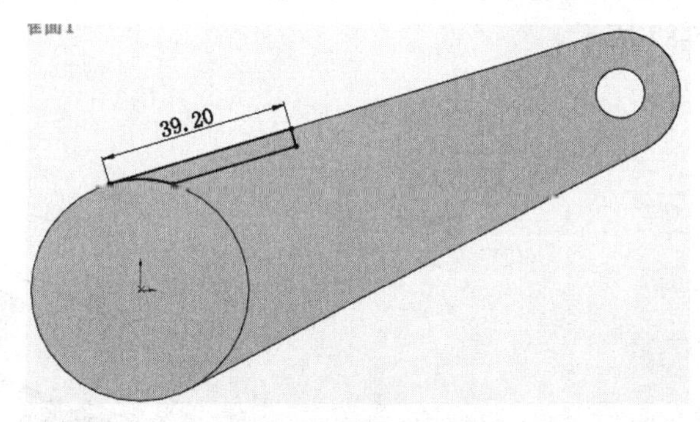

图 5-82 绘制草图 3

（8）拉伸实体 3。选择菜单栏中的“插入”→“凸台/基体”→“拉伸”命令，或者单击“特征”控制面板中的“拉伸凸台/基体”按钮，此时系统弹出如图 5-83 所示的“凸台-拉伸”属性管理器。设置拉伸终止条件为“成形到一面”，选择之前创建的拉伸体，然后单击确定按钮，结果如图 5-84 所示。

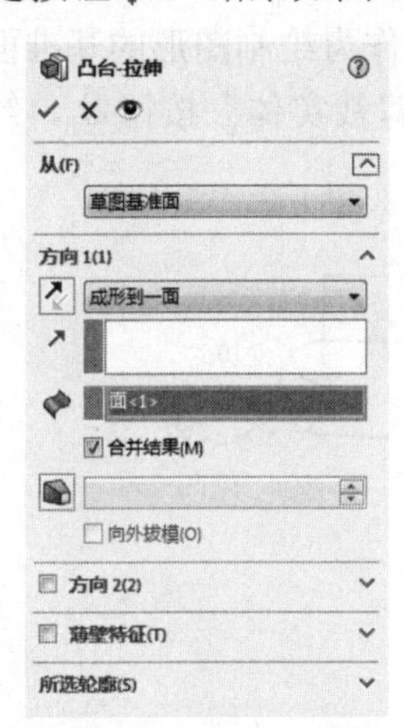

图 5-83 “凸台-拉伸”属性管理器 7

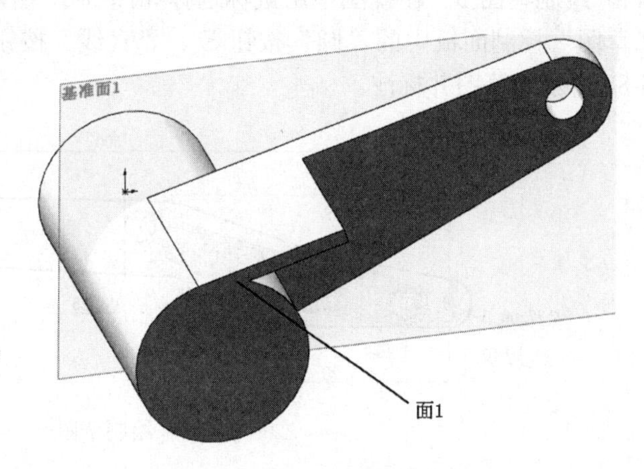

图 5-84 拉伸实体 3

（9）绘制草图 4。在视图中用鼠标选择如图 5-84 所示的面 1 作为绘制图形的基准面。单击“草图”控制面板中的“转换实体引用”按钮、“圆”按钮、“直线”按钮和“剪裁实体”按钮，绘制如图 5-85 所示的草图并标注。

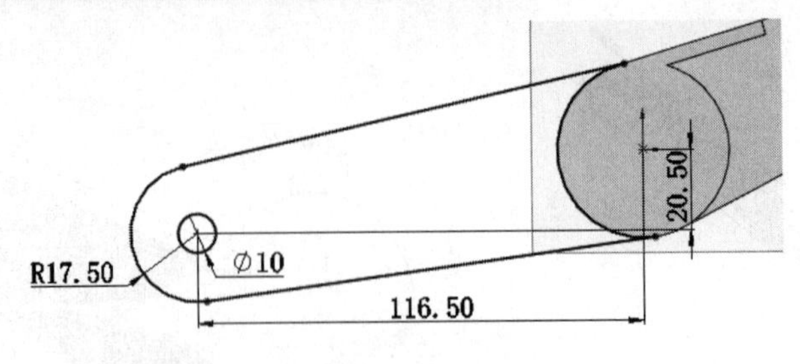

图 5-85　绘制草图 4

（10）拉伸实体 4。选择菜单栏中的“插入”→“凸台/基体”→“拉伸”命令，或者单击“特征”控制面板中的“拉伸凸台/基体”按钮，此时系统弹出如图 5-86 所示的“凸台-拉伸”属性管理器。设置拉伸终止条件为“给定深度”，输入拉伸距离为 5mm，然后单击确定按钮✓，结果如图 5-87 所示。

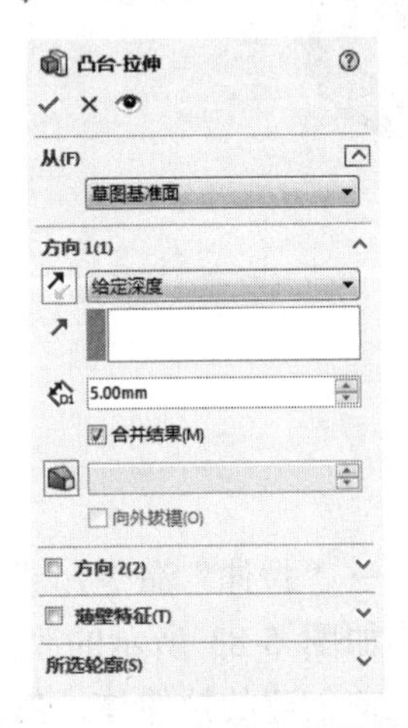

图 5-86　“凸台-拉伸”属性管理器 8

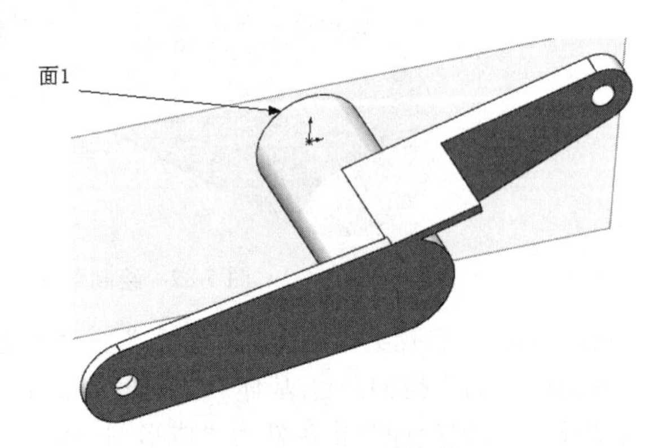

图 5-87　拉伸实体 4

（11）绘制草图 5。在视图中用鼠标选择如图 5-87 所示的面 1 作为绘制图形的基准面。单击“草图”控制面板中的“圆”按钮、“直线”按钮和“剪裁实体”按钮，绘制如图 5-88 所示的草图并标注。

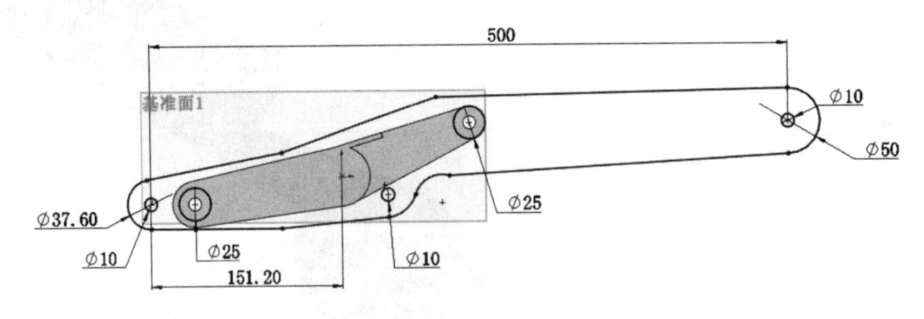

图 5-88　绘制草图 5

（12）拉伸实体 5。选择菜单栏中的“插入”→“凸台/基体”→“拉伸”命令，或者单击“特征”控制面板中的“拉伸凸台/基体”按钮，此时系统弹出如图 5-89 所示的“凸台-拉伸”属性管理器。设置拉伸终止条件为“给定深度”，输入拉伸距离为 20mm，单击“反向”按钮，使拉伸方向朝外，然后单击确定按钮✓，结果如图 5-90 所示。

图 5-89 “凸台-拉伸”属性管理器 9

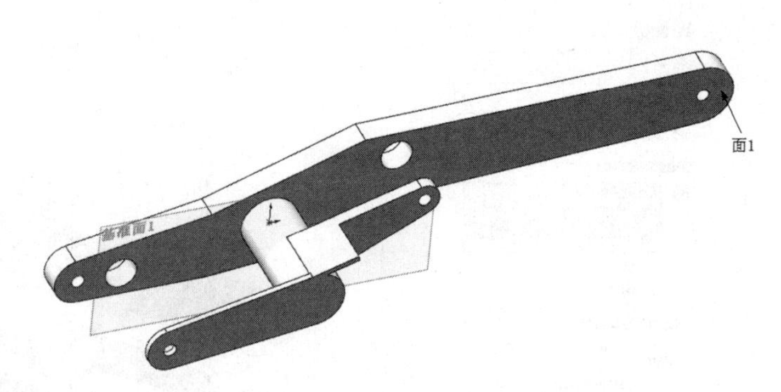

图 5-90 拉伸实体 5

（13）绘制草图 6。在视图中用鼠标选择如图 5-90 所示的面 1 作为绘制图形的基准面。单击“草图”控制面板中的“转换实体引用”按钮和“圆”按钮，绘制如图 5-91 所示的草图并标注。

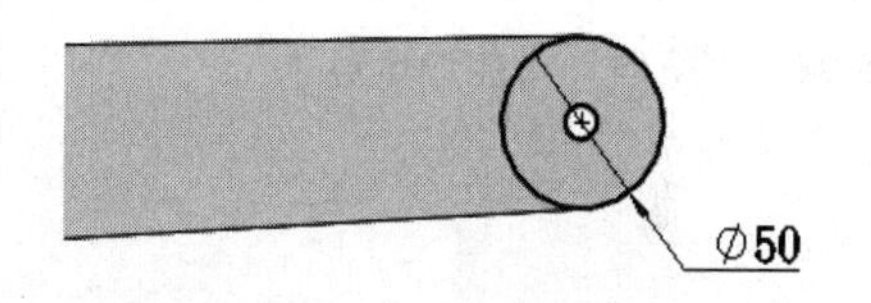

图 5-91 绘制草图 6

（14）拉伸实体 6。选择菜单栏中的“插入”→“凸台/基体”→“拉伸”命令，或者单击“特征”控制面板中的“拉伸凸台/基体”按钮，此时系统弹出如图 5-92 所示的“凸台-拉伸”属性管理器。设置拉伸终止条件为“给定深度”，输入方向 1 拉伸距离为 10mm，方向 2 的拉伸距离为 30mm，然后单击确定按钮，结果如图 5-93 所示。

图 5-92 “凸台-拉伸”属性管理器 10

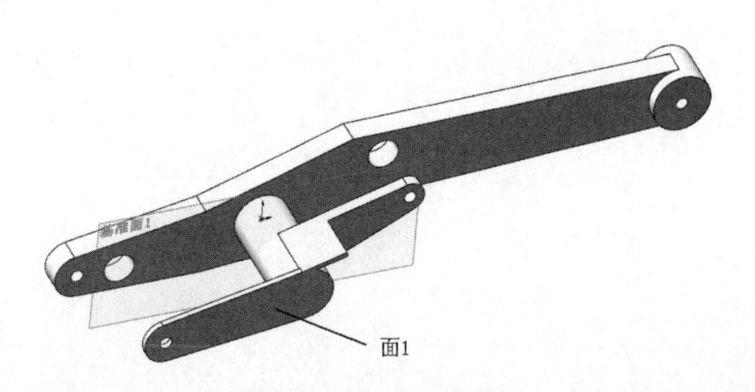

图 5-93 拉伸实体 6

（15）镜向特征。选择菜单栏中的“插入”→“阵列/镜向”→“镜向”命令，或者单击“特征”控制面板中的“镜向”按钮，此时系统弹出如图 5-94 所示的“镜向”属性管理器。选择如图 5-93 所示的面 1 为镜向面，在视图中选择所有特征为要镜向的特征，然后单击确定按钮✓，结果如图 5-95 所示。

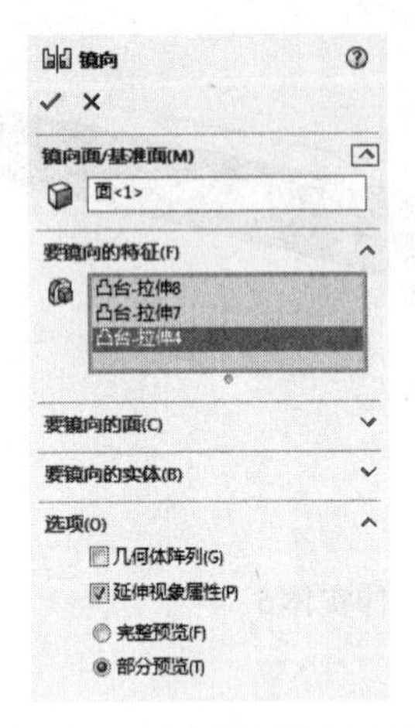

图 5-94 “镜向”属性管理器

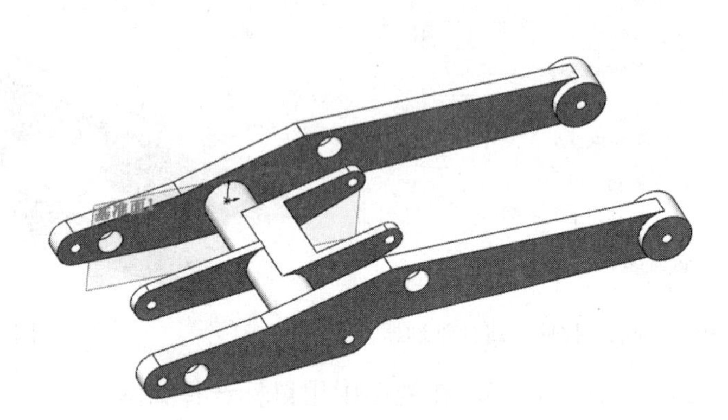

图 5-95 镜向实体

Chapter

放置特征

6

SOLIDWORKS 除了提供基础特征的实体建模功能，还通过高级抽壳、圆顶、筋特征以及倒角等操作来实现产品的辅助设计。这些功能使模型创建更精细化，能更广泛应用于各行业。

6.1 圆角特征

使用圆角特征可以在一零件上生成内圆角或外圆角。圆角特征在零件设计中起着重要作用。大多数情况下，如果能在零件特征上加入圆角，则有助于造型上的变化，或是产生平滑的效果。

SOLIDWORKS 2018 可以为一个面上的所有边线、多个面、多个边线或边线环创建圆角特征。在 SOLIDWORKS 2018 中有以下几种圆角特征。

恒定大小圆角：对所选边线以相同的圆角半径进行倒圆角操作。

变量大小圆角：可以为边线的每个顶点指定不同的圆角半径。

面圆角：使用面圆角特征混合非相邻、非连续的面。

完整圆角：使用完整圆角特征可以生成相切于三个相邻面组（一个或多个面相切）的圆角。

如图 6-1 所示展示了几种圆角特征效果。

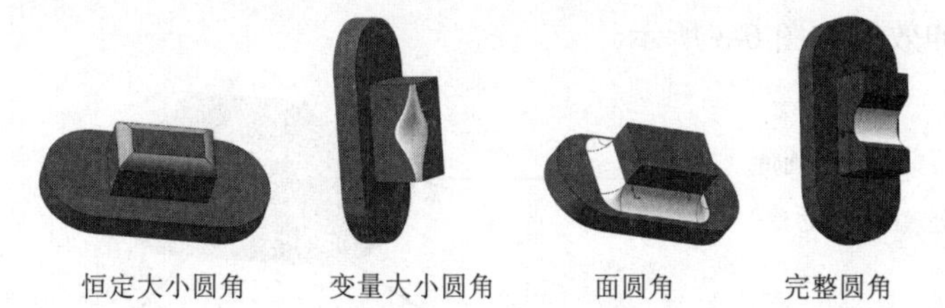

图 6-1　圆角特征效果

6.1.1 恒定大小圆角特征

恒定大小圆角特征是指对所选边线以相同的圆角半径进行倒圆角操作。下面结合实例介绍创建等半径圆角特征的操作步骤。

（1）单击“特征”工具栏中的“圆角”按钮，或选择菜单栏中的“插入”→“特征”→“圆角”命令，或单击“特征”控制面板中的“圆角”按钮。

（2）在弹出的“圆角”属性管理器的“圆角类型”选项组中，点选“等半径”单选按钮，如图 6-2 所示。

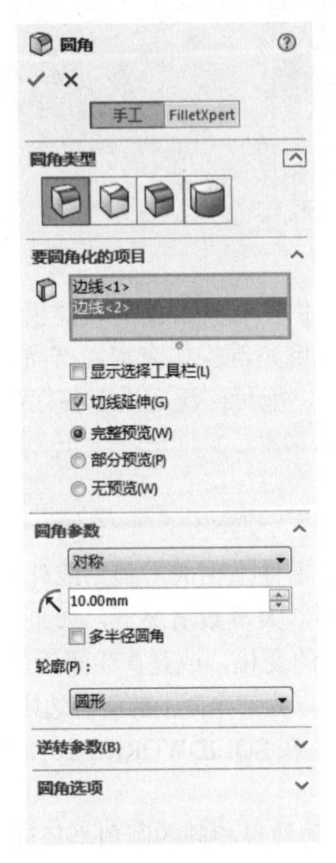

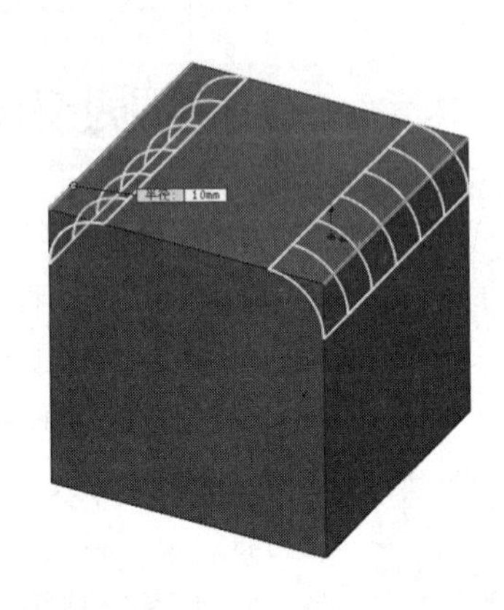

图 6-2 “圆角”属性管理器

（3）在“圆角项目”选项组的“半径”文本框中设置圆角的半径。

（4）单击“边线、面、特征和环”图标右侧的列表框，然后在右侧的图形区中选择要进行圆角处理的模型边线、面或环。

（5）如果勾选“切线延伸”复选框，则圆角将延伸到与所选面或边线相切的所有面，切线延伸效果如图 6-3 所示。

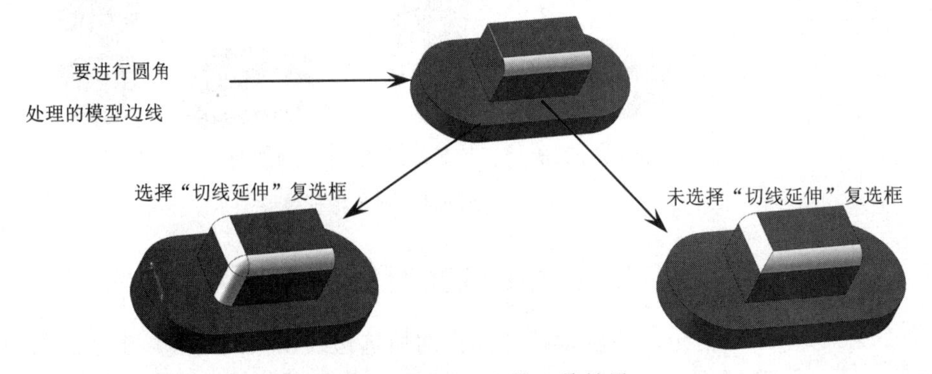

图 6-3 切线延伸效果

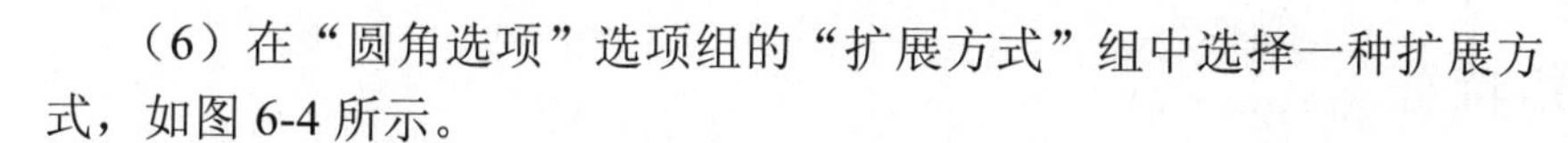

（6）在“圆角选项”选项组的“扩展方式”组中选择一种扩展方式，如图 6-4 所示。

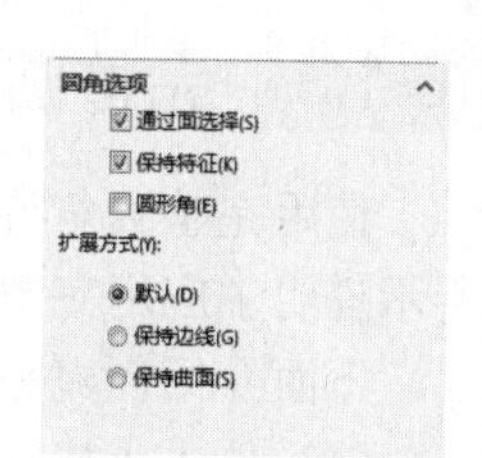

图 6-4　扩展方式

默认：系统根据几何条件（进行圆角处理的边线凸起和相邻边线等）默认选择“保持边线”或“保持曲面”选项。

保持边线：系统将保持邻近的直线形边线的完整性，但圆角曲面断裂成分离的曲面。在许多情况下，圆角的顶部边线中会有沉陷，如图 6-5(a)所示。

保持曲面：使用相邻曲面来剪裁圆角。因此圆角边线是连续且光滑的，但是相邻边线会受到影响，如图 6-5(b)所示。

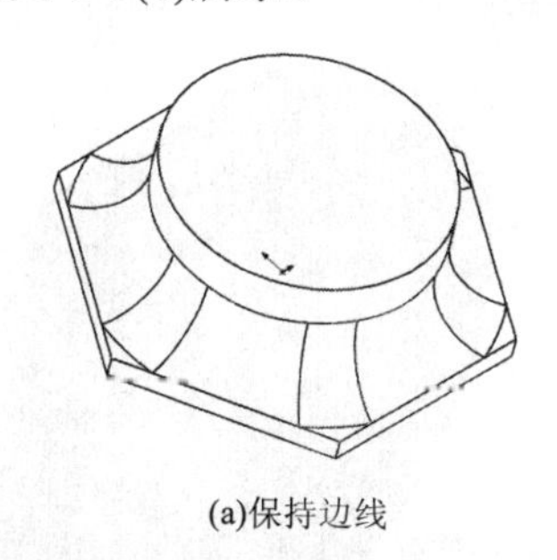

(a)保持边线

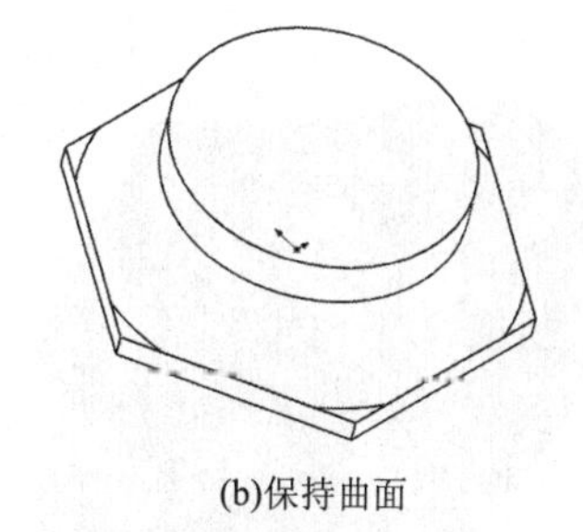

(b)保持曲面

图 6-5　保持边线与曲面

（7）圆角属性设置完毕，单击确定按钮✓，生成等半径圆角特征。

6.1.2 面圆角特征

使用面圆角特征混合非相邻、非连续的面。

下面介绍创建面圆角特征的操作步骤。

（1）打开图形文件，如图 6-6 所示。单击“特征”控制面板中的“圆角”按钮，或单击菜单栏中的“插入”→“特征”→“圆角”命令。

（2）在“圆角类型”选项组中，点选“面圆角”按钮。

（3）在“要圆角化的项目”选项组中，取消对“切线延伸”复选框的勾选。

（4）在“圆角参数”选项组的（半径）文本框中设置圆角半径。

（5）单击（面组 1、面组 2）图标右侧的列表框，然后在右侧的图形区（如图 6-6 所示）中选择两个或更多相邻的面。

（6）圆角属性设置完毕，单击确定按钮✓，生成面圆角特征，如图 6-7 所示。

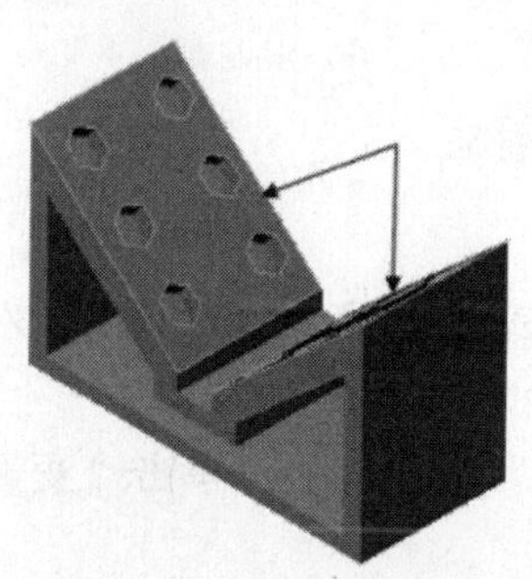

图 6-6　打开的文件实体

图 6-7　生成的圆角特征

6.1.3 完整圆角特征

使用完整圆角特征可以生成相切于三个相邻面组（一个或多个面相切）的圆角。如图 6-8 所示说明了应用完整圆角特征的效果。

下面介绍创建完整圆角特征的操作步骤。

（1）单击“特征”控制面板中的“圆角”按钮，系统弹出“圆角”属性管理器。

（2）在“圆角类型”选项组中，点选“完整圆角”单选按钮。

（3）单击（面组 1）、（中央面组）、（面组 2）图标右侧的显示框，分别依次选择图 6-6 中实体第一个边侧面、中央面、相反于面组 1 的侧面。

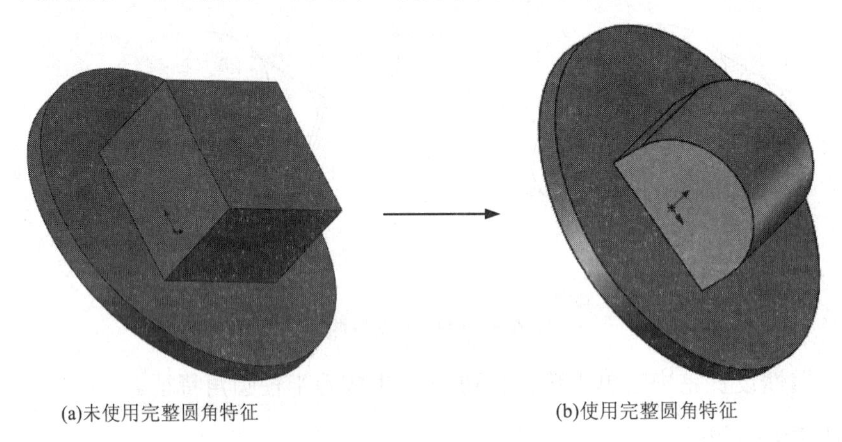

(a)未使用完整圆角特征　　(b)使用完整圆角特征

图 6-8　完整圆角效果

6.1.4 变量大小圆角特征

变量大小圆角特征通过对边线上的多个点（变半径控制点）指定不同的圆角半径来生成圆角，可以制造出另类的效果，变半径圆角特征如图 6-9 所示。

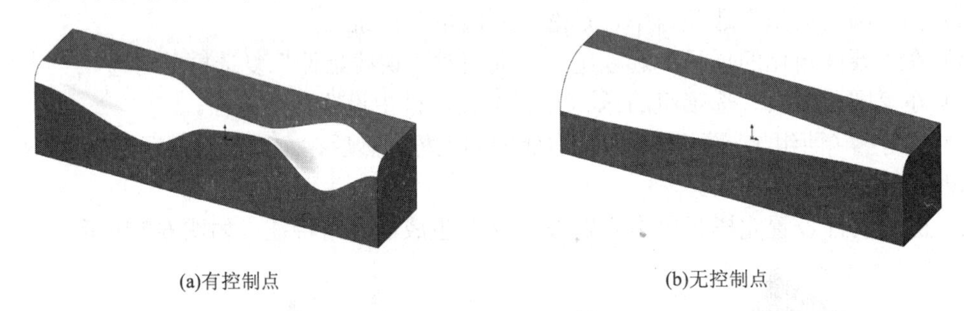

(a)有控制点　　(b)无控制点

图 6-9　变量大小圆角特征

下面介绍创建变量大小圆角特征的操作步骤。

（1）单击“特征”工具栏中的“圆角”按钮，或选择菜单栏中的“插入”→“特征”→“圆角”命令，或单击“特征”控制面板中的“圆角”按钮。

（2）在弹出的“圆角”属性管理器的“圆角类型”选项组中，单击“变量大小圆角”按钮。

（3）单击“要加圆角的边线”图标右侧的列表框，然后在右侧的图形区中选择要进行

变半径圆角处理的边线。此时，在右侧的图形区中系统会默认使用 3 个变半径控制点，分别位于沿边线 25%、50%和 75%的等距离处，如图 6-10 所示。

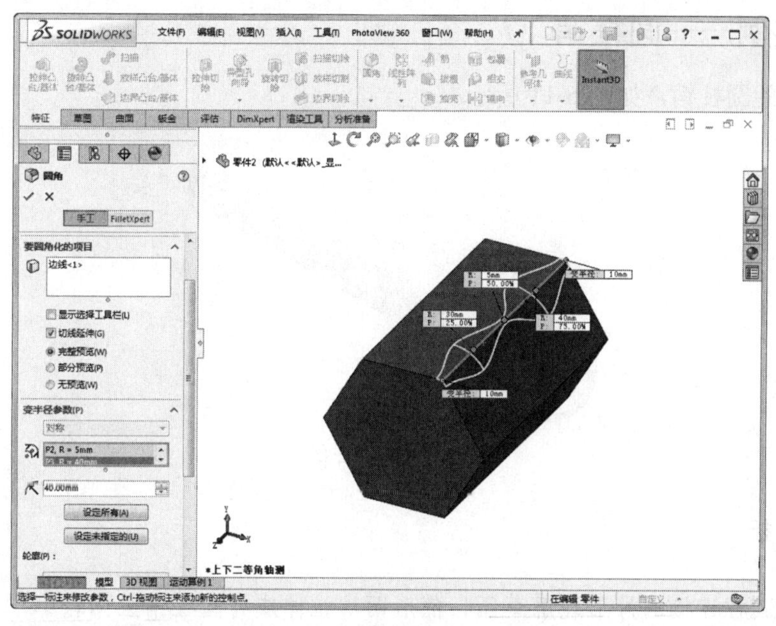

图 6-10　默认的变半径控制点

（4）在“变半径参数”选项组图标右侧的下拉列表框中选择变半径控制点，然后在“半径”文本框中输入圆角半径值。如果要更改变半径控制点的位置，可以通过光标拖动控制点到新的位置。

（5）如果要改变控制点的数量，可以在图标右侧的文本框中设置控制点的数量。

（6）选择过渡类型。

平滑过渡：生成一个圆角，当一个圆角边线与一个邻面结合时，圆角半径从一个半径平滑地变化为另一个半径。

直线过渡：生成一个圆角，圆角半径从一个半径线性变化为另一个半径，但是不与邻近圆角的边线相结合。

（7）圆角属性设置完毕，单击确定按钮，生成变半径圆角特征。

注意：如果在生成变半径控制点的过程中，只指定两个顶点的圆角半径值，而不指定中间控制点的半径，则可以生成平滑过渡的变半径圆角特征。

在生成圆角时，要注意以下几点。

（1）在添加小圆角之前先添加较大的圆角。当有多个圆角汇聚于一个顶点时，先生成较大的圆角。

（2）如果要生成具有多个圆角边线及拔模面的铸模零件，在大多数的情况下，应在添加圆角之前先添加拔模特征。

（3）应该最后添加装饰用的圆角。在大多数其他几何体定位后再尝试添加装饰圆角。如果先添加装饰圆角，则系统需要花费很长的时间重建零件。

（4）尽量使用一个“圆角”命令来处理需要相同圆角半径的多条边线，这样会加快零件重建的速度。但是，当改变圆角的半径时，在同一操作中生成的所有圆角都会改变。

此外，还可以通过为圆角设置边界或包络控制线来决定混合面的半径和形状。控制线可以是要生出圆角的零件边线或投影到一个面上的分割线。

6.1.5 实例——圆柱销

本例绘制的圆柱销，如图 6-11 所示。

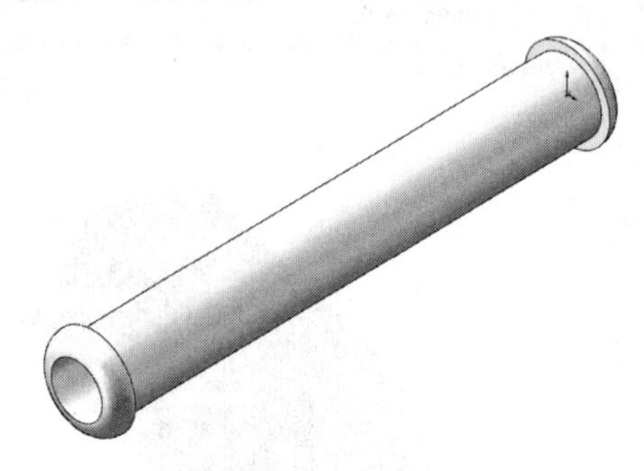

图 6-11 圆柱销

思路分析

首先绘制圆柱连接的外形轮廓草图，然后两次拉伸成为圆柱销主体轮廓，最后进行倒圆角处理。绘制的流程图如图 6-12 所示。

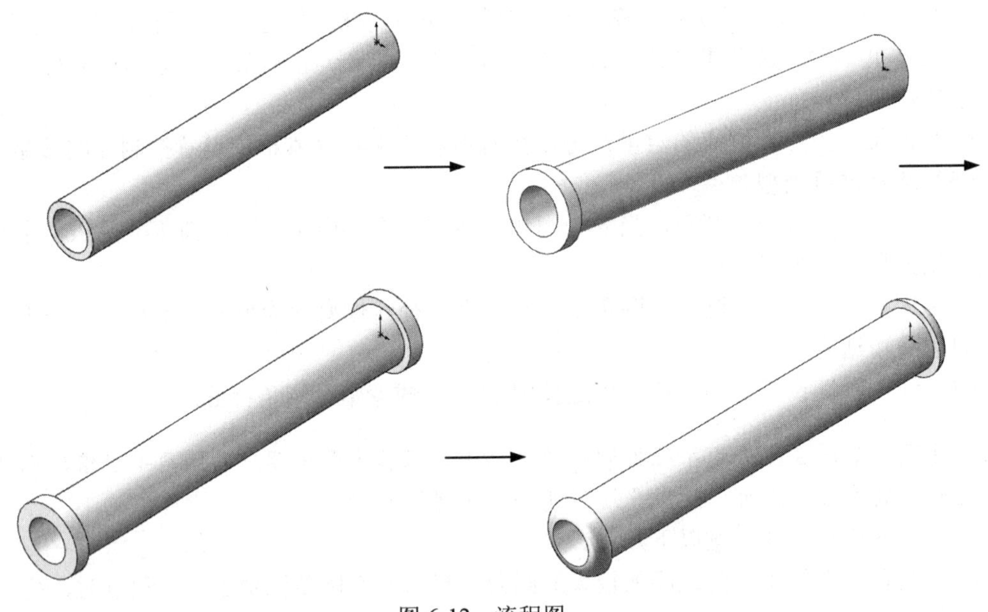

图 6-12 流程图

创建步骤

（1）新建文件。启动 SOLIDWORKS 2018，选择菜单栏中的“文件”→“新建”命令，或者单击“标准”工具栏中的“新建”按钮，在弹出的“新建 SOLIDWORKS 文件”对话框中选择“零件”按钮，然后单击“确定”按钮，创建一个新的零件文件。

（2）绘制草图。在左侧的 FeatureManager 设计树中用鼠标选择“前视基准面”作为绘制图形的基准面。单击“草图”控制面板中的“圆”按钮，在坐标原点绘制直径为 7.5 和 10 的圆，标注尺寸后结果如图 6-13 所示。

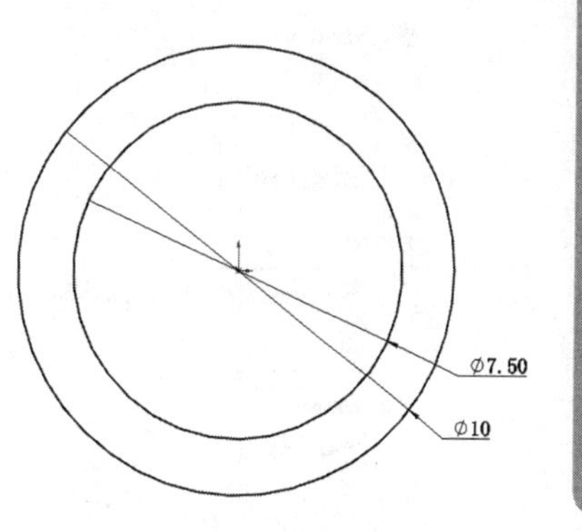

图 6-13　绘制草图

（3）拉伸实体。选择菜单栏中的“插入”→“凸台/基体”→“拉伸”命令，或者单击“特征”控制面板中的“拉伸凸台/基体”按钮，此时系统弹出如图 6-14 所示的“凸台-拉伸”属性管理器。设置拉伸终止条件为“给定深度”，输入拉伸距离为 70mm，然后单击确定按钮✓。结果如图 6-15 所示。

图 6-14　“凸台-拉伸”属性管理器 1

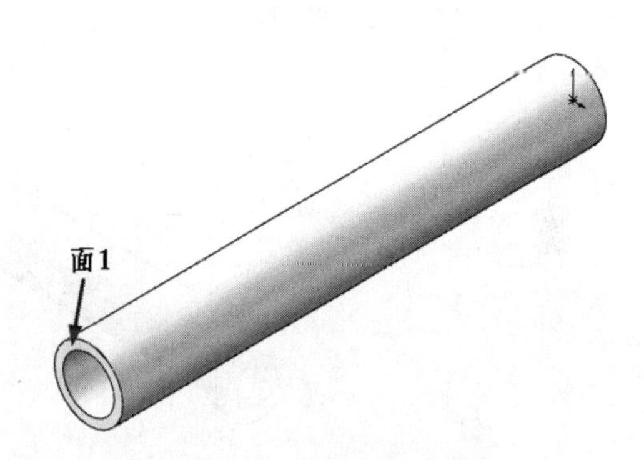

图 6-15　拉伸后的图形

（4）设置基准面。选择图 6-15 中的面 1 为基准面。单击“标准视图”工具栏中的“正视于”按钮，新建草图。

（5）绘制草图。单击“草图”控制面板中的“圆”按钮，在前面的拉伸体圆心处绘制直径为 7.5 和 12.5 的圆，如图 6-16 所示。

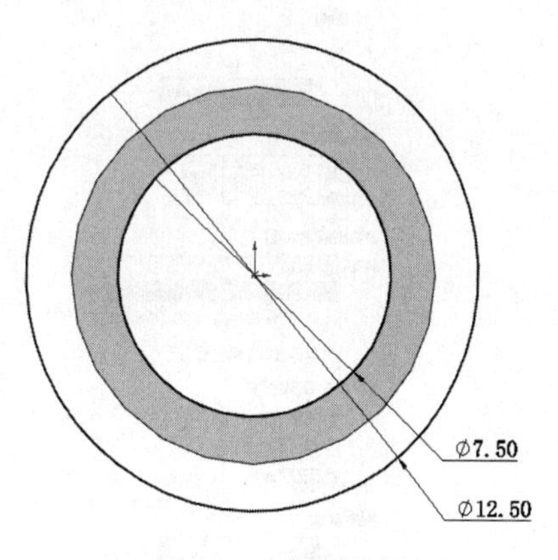

图 6-16　绘制草图

（6）拉伸实体。选择菜单栏中的“插入”→“凸台/基体”→“拉伸”命令，或者单击“特征”控制面板中的“拉伸凸台/基体”按钮，此时系统弹出如图 6-17 所示的“凸台-拉伸”属性管理器。设置拉伸终止条件为“给定深度”，输入拉伸距离为 2.5mm，然后单击确定按钮✓，结果如图 6-18 所示。

（7）重复步骤（4）～（6），在另一端创建拉伸体，结果如图 6-19 所示。

（8）圆角实体。选择菜单栏中的“插入”→“特征”→“圆角”命令，或者单击“特征”控制面板中的“圆角”按钮，此时系统弹出如图 6-20 所示的“圆角”属性管理器。在“半径”一栏中输入值 2.5mm，然后用鼠标选取图 6-20 中的两条边线。然后单击属性管理器中的确定按钮✓，结果如图 6-11 所示。

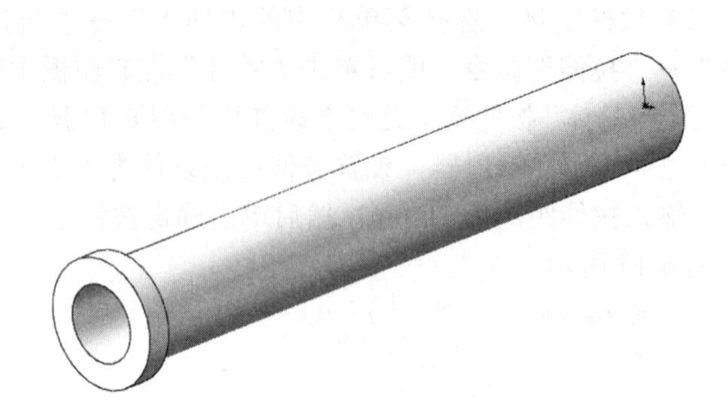

图 6-17 “凸台-拉伸”属性管理器 2

图 6-18 拉伸结果

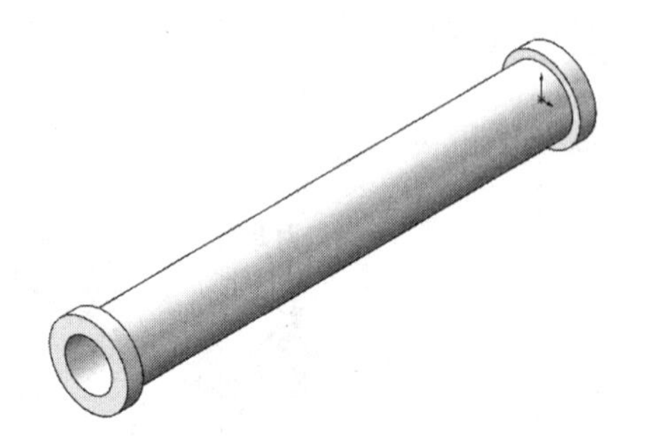

图 6-19 另一侧拉伸

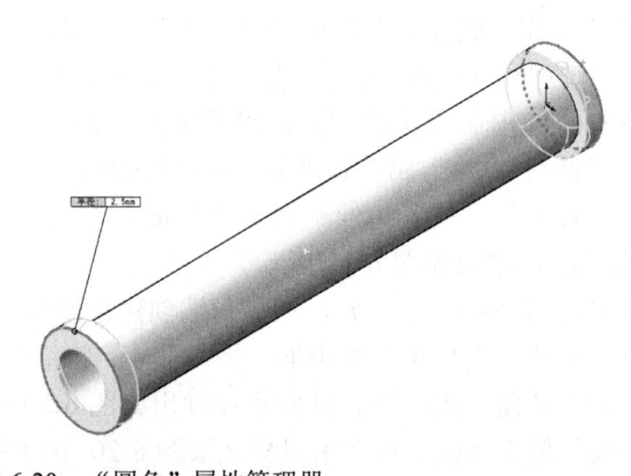

图 6-20 “圆角”属性管理器

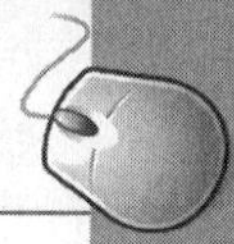

6.2 倒角特征

上一节介绍了圆角特征，本节将介绍倒角特征。在零件设计过程中，通常对锐利的零件边角进行倒角处理，以防止伤人和避免应力集中，便于搬运、装配等。此外，有些倒角特征也是机械加工过程中不可缺少的工艺。与圆角特征类似，倒角特征是对边或角进行倒角。如图 6-21 所示是应用倒角特征后的零件实例。

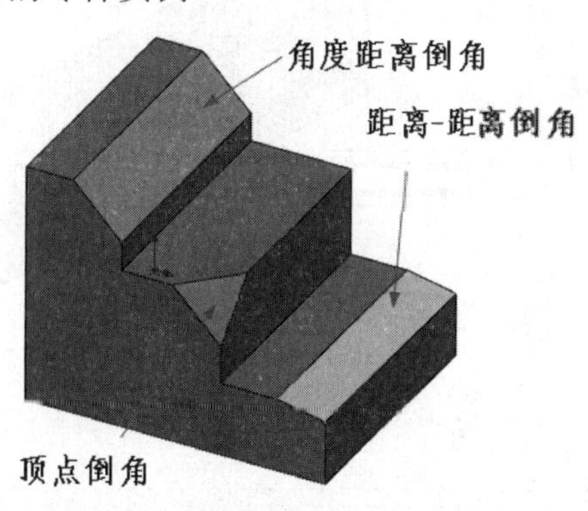

图 6-21 倒角特征零件实例

6.2.1 创建倒角特征

下面介绍在零件模型上创建倒角特征的操作步骤。

（1）单击“特征”工具栏中的“倒角”按钮，或选择菜单栏中的“插入”→“特征”→“倒角”命令，或单击“特征”面板中的“倒角”按钮，系统弹出“倒角”属性管理器。

（2）在“倒角”属性管理器中选择倒角类型。

角度距离：在所选边线上指定距离和倒角角度来生成倒角特征，如图 6-22(a)所示。

距离-距离：在所选边线的两侧分别指定两个距离值来生成倒角特征，如图 6-22(b)所示。

顶点：在与顶点相交的 3 个边线上分别指定距顶点的距离来生成倒角特征，如图 6-22(c)所示。

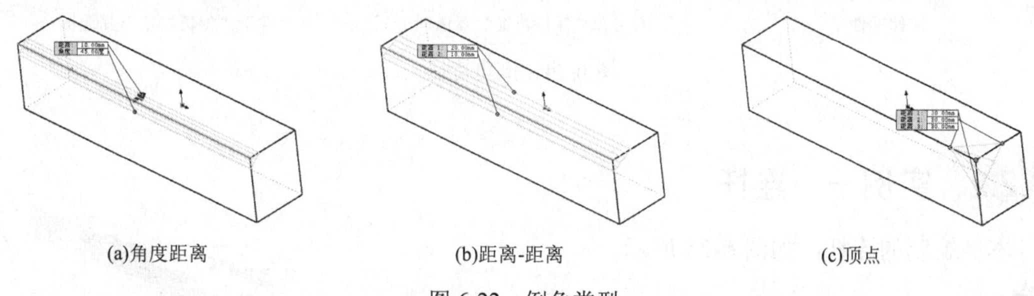

(a)角度距离　　(b)距离-距离　　(c)顶点

图 6-22 倒角类型

（3）单击“边线和面或顶点”图标右侧的列表框，然后在图形区选择边线、面或顶点，设置倒角参数，如图 6-23 所示。

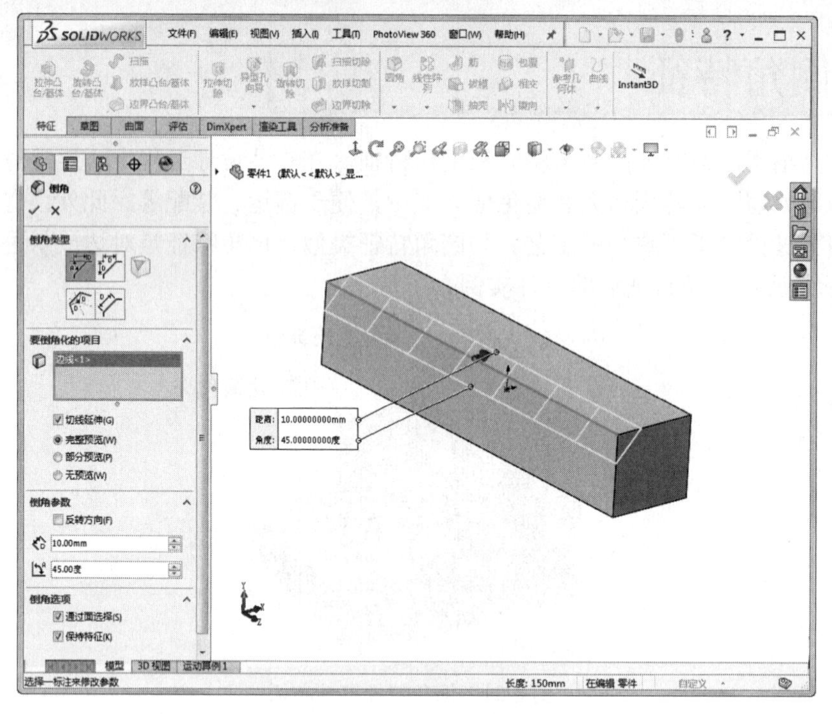

图 6-23　设置倒角参数

（4）在对应的文本框中指定距离或角度值。

（5）如果勾选“保持特征”复选框，则当应用倒角特征时，会保持零件的其他特征，如图 6-24 所示。

（6）倒角参数设置完毕，单击确定按钮✓，生成倒角特征。

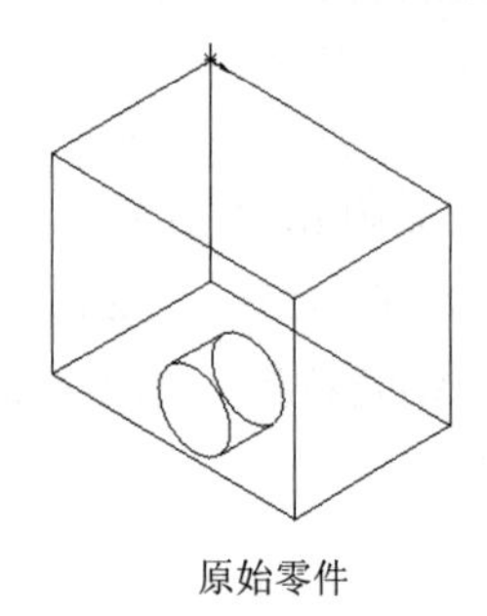

原始零件　　未勾选“保持特征”复选框　　勾选“保持特征”复选框

图 6-24　倒角特征

6.2.2 实例——连杆

本例绘制的连杆，如图 6-25 所示。

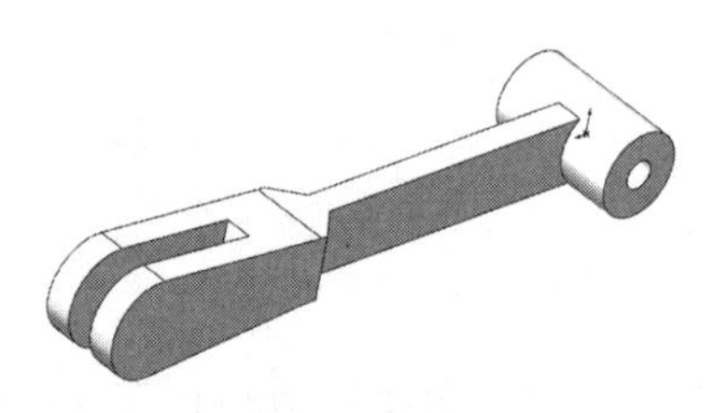

图 6-25　连杆

思路分析

首先绘制连杆的外形轮廓草图，然后拉伸成为连杆主体轮廓，最后进行镜向和倒角处理。绘制的流程图如图 6-26 所示。

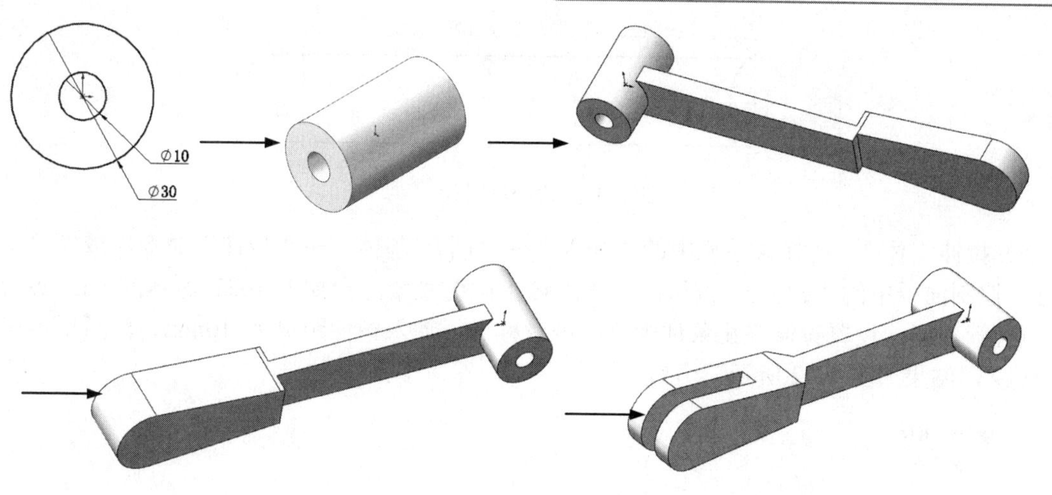

图 6-26　流程图

创建步骤

（1）新建文件。启动 SOLIDWORKS 2018，选择菜单栏中的“文件”→“新建”命令，或者单击“标准”工具栏中的“新建”按钮，在弹出的“新建 SOLIDWORKS 文件”对话框中选择“零件”按钮，然后单击“确定”按钮，创建一个新的零件文件。

（2）绘制草图 1。在左侧的 FeatureManager 设计树中用鼠标选择“前视基准面”作为绘制图形的基准面。单击“草图”控制面板中的“圆”按钮，绘制并标注草图如图 6-27 所示。

∅10
∅30

图 6-27　绘制草图 1

（3）拉伸实体 1。选择菜单栏中的“插入”→“凸台/基体”→“拉伸”命令，或者单击“特征”控制面板中的“拉伸凸台/基体”按钮，此时系统弹出如图 6-28 所示的“凸台-拉伸”属性管理器。设置拉伸终止条件为“两侧对称”，输入拉伸距离为 50mm，然后单击确定按钮✓，结果如图 6-29 所示。

（4）绘制草图 2。在左侧的 FeatureManager 设计树中用鼠标选择“前视基准面”作为绘制图形的基准面。单击“草图”控制面板中的“转换实体引用”按钮、“直线”按钮和“剪裁实体”按钮，绘制并标注草图如图 6-30 所示。

图 6-28　“凸台-拉伸”属性管理器 3

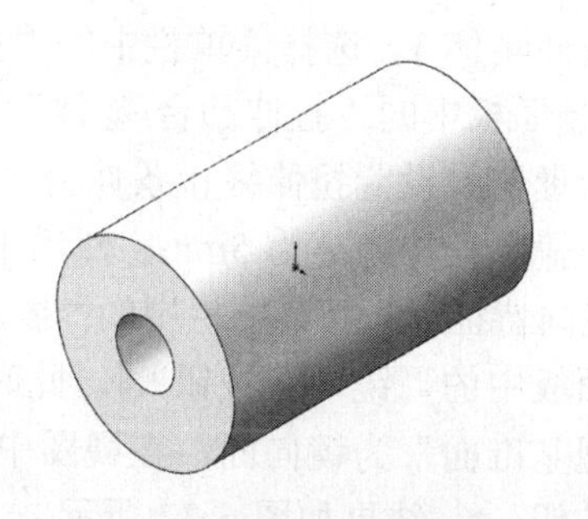

图 6-29　拉伸实体 1

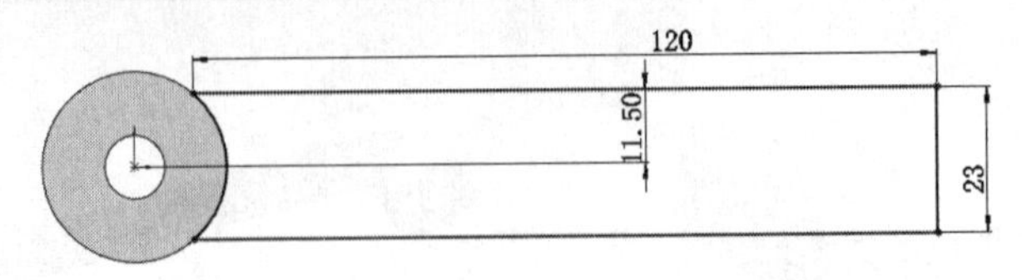

图 6-30　绘制草图 2

（5）拉伸实体 2。选择菜单栏中的“插入”→“凸台/基体”→“拉伸”命令，或者单击“特征”控制面板中的“拉伸凸台/基体”按钮，此时系统弹出如图 6-31 所示的“凸台-拉伸”属性管理器。设置拉伸终止条件为“两侧对称”，输入拉伸距离为 10mm，然后单击确定按钮，结果如图 6-32 所示。

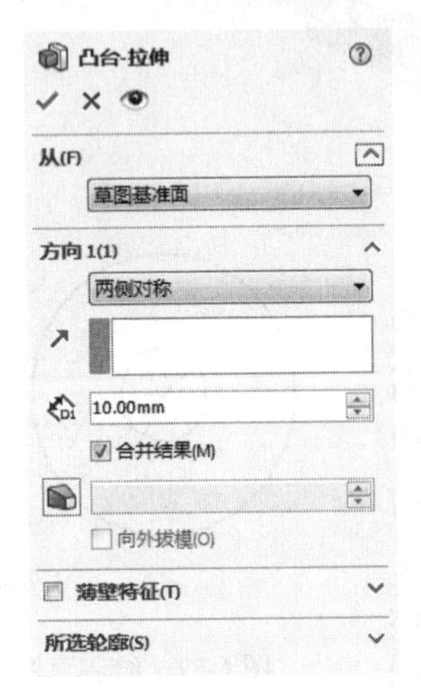

图 6-31　“凸台-拉伸”属性管理器 4

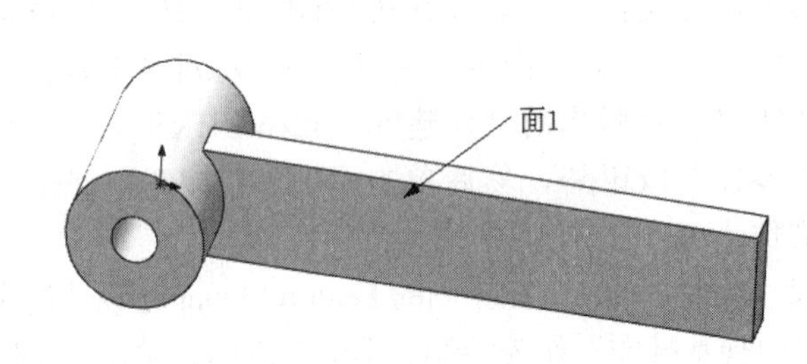

图 6-32　拉伸实体 2

（6）绘制草图 3。在视图中选择如图 6-32 所示的面 1 作为绘制图形的基准面。单击“草图”控制面板中的“直线”按钮和“切线弧”按钮，绘制并标注草图如图 6-33 所示。

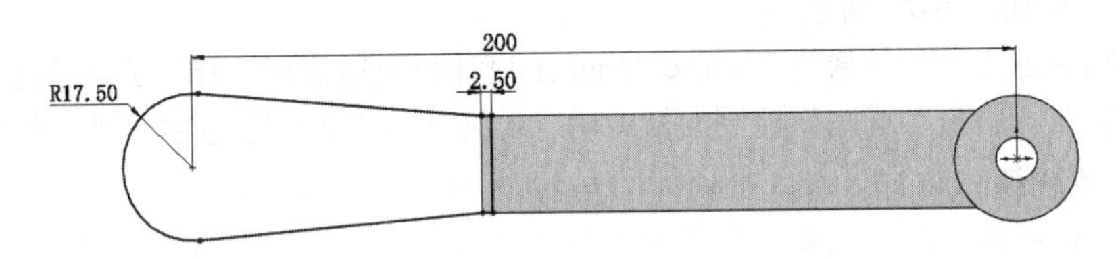

图 6-33　绘制草图 3

（7）拉伸实体 3。选择菜单栏中的“插入”→“凸台/基体”→“拉伸”命令，或者单击“特征”控制面板中的“拉伸凸台/基体”按钮，此时系统弹出如图 6-34 所示的“凸台-拉伸”属性管理器。设置拉伸终止条件为“给定深度”，在方向 1 中输入拉伸距离为 10mm，在方向 2 中输入拉伸距离为 5mm，然后单击确定按钮，结果如图 6-35 所示。

（8）镜向特征。选择菜单栏中的“插入”→“阵列/镜向”→“镜向”命令，或者单击“特征”控制面板中的“镜向”按钮，此时系统弹出如图 6-36 所示的“镜向”属性管理器。选择“前视基准面”为镜向面，在视图中选择上一步创建的拉伸特征为要镜向的特征，然后单击确定按钮。结果如图 6-37 所示。

图 6-34 “凸台-拉伸”属性管理器 5

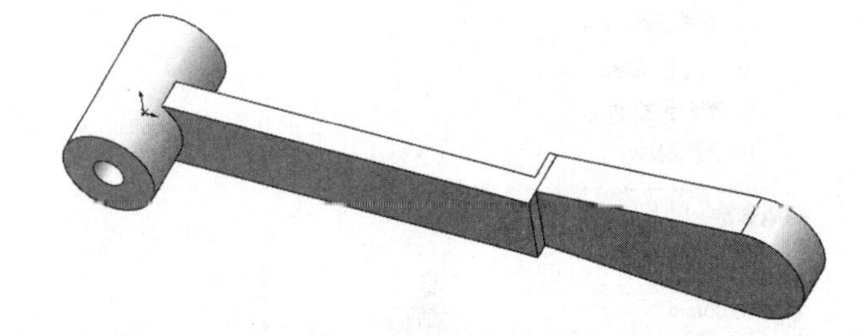

图 6-35 拉伸实体 3

图 6-36 “镜向”属性管理器

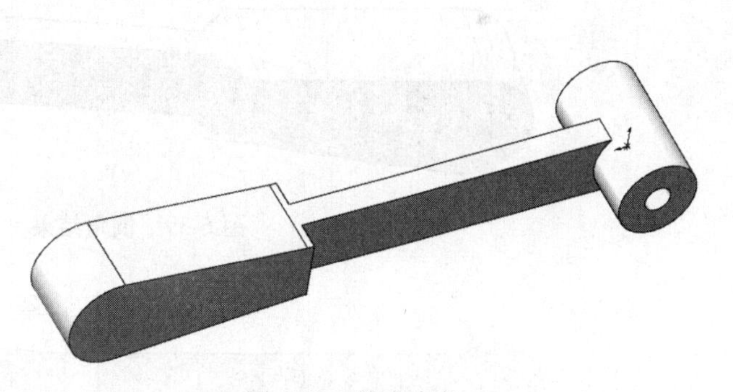

图 6-37 镜向实体

（9）倒角实体。选择菜单栏中的“插入”→“特征”→“倒角”命令，或者单击“特征”控制面板中的“倒角”按钮，此时系统弹出如图 6-38 所示的“倒角”属性管理器。在“距离”一栏中输入值 10mm，然后用鼠标选取图 6-38 中的边线。最后单击属性管理器中的确定按钮✔，结果如图 6-39 所示。

（10）绘制草图。选择前视基准面作为绘制图形的基准面。单击“草图”控制面板中的“边角矩形”按钮，绘制草图并标注尺寸，如图 6-40 所示。

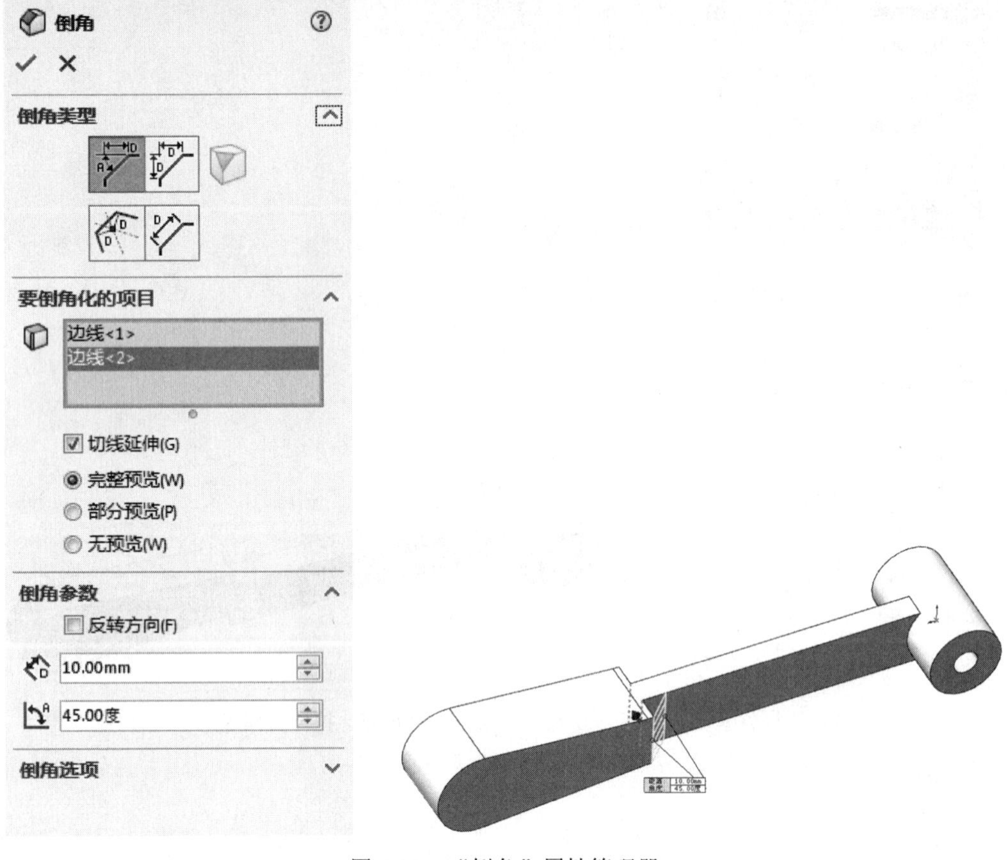

图 6-38　“倒角”属性管理器

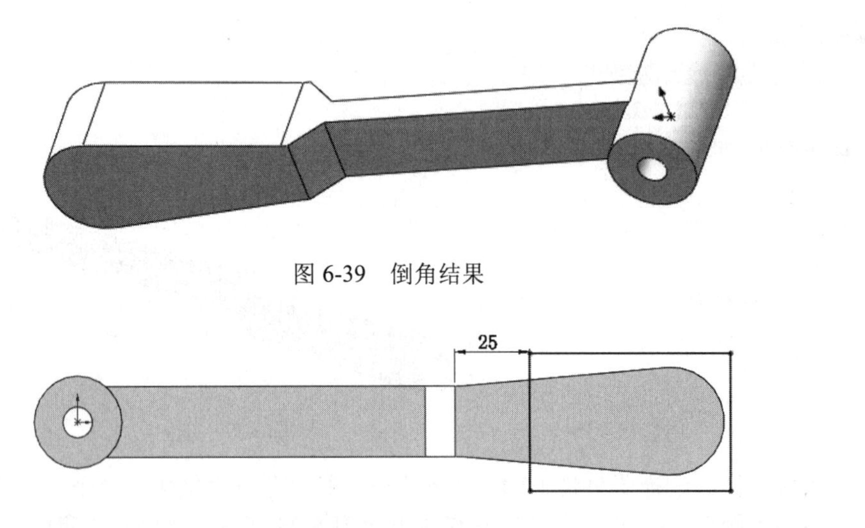

图 6-39　倒角结果

图 6-40　绘制草图

（11）切除拉伸实体。选择菜单栏中的“插入”→“切除”→“拉伸”命令，或者单击“特征”控制面板中的“切除拉伸”按钮，此时系统弹出如图 6-41 所示的“切除-拉伸”属性管理器。设置终止条件为“两侧对称”，输入拉伸切除距离为 10，然后单击属性管理器中的确定按钮✔，结果如图 6-42 所示。

图 6-41 “切除-拉伸”属性管理器

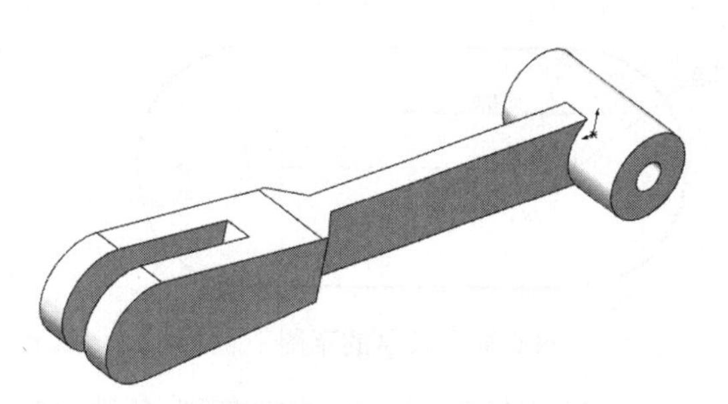

图 6-42 切除实体

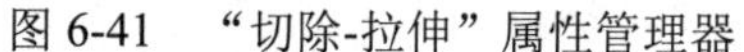

6.3 圆顶特征

圆顶特征是对模型的一个面进行变形操作，生成圆顶型凸起特征。

如图 6-43 所示展示了圆顶特征的几种效果。

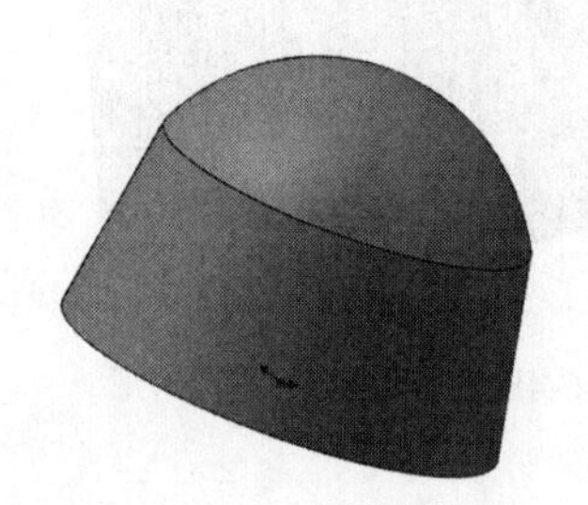
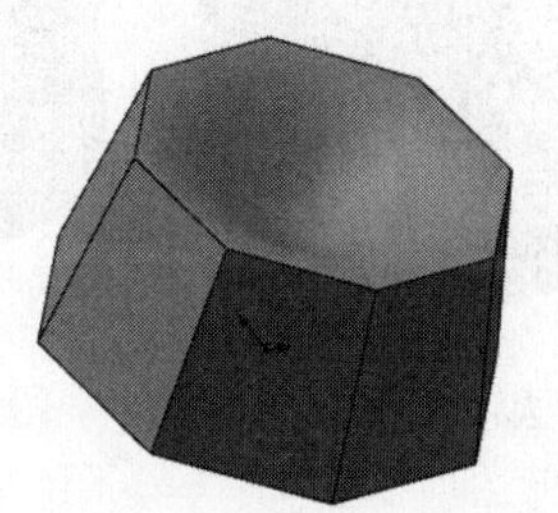
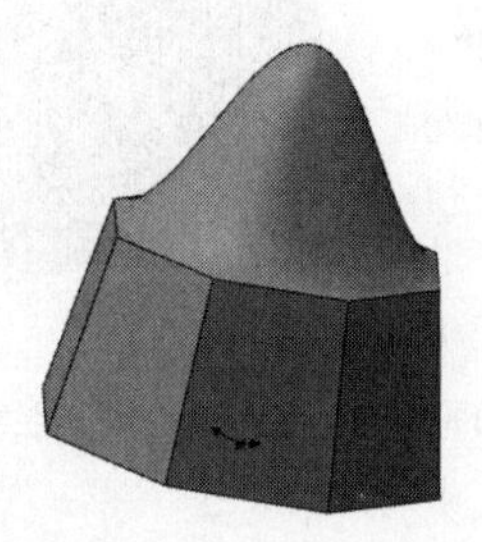
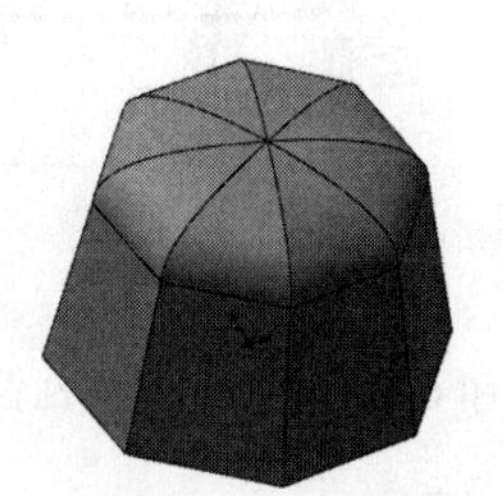

图 6-43 圆顶特征效果

6.3.1 创建圆顶特征

下面介绍创建圆顶特征的操作步骤。

（1）创建一个新的零件文件。

（2）在左侧的 FeatureManager 设计树中选择“前视基准面”作为绘制图形的基准面。

（3）选择菜单栏中的“工具”→“草图绘制实体”→“多边形”命令，以原点为圆心绘制一个多边形并标注尺寸，如图 6-44 所示。

（4）选择菜单栏中的“插入”→“凸台/基体”→“拉伸”命令，将步骤（3）中绘制的草图拉伸成深度为 60mm 的实体，拉伸后的图形如图 6-45 所示。

（5）选择菜单栏中的“插入”→“特征”→“圆顶”命令，或者单击“特征”工具栏中的“圆顶”按钮，此时系统弹出“圆顶”属性管理器。

（6）在“参数”选项组中，单击选择如图 6-45 所示的表面 1，在“距离”文本框中输入“30”，勾选“连续圆顶”复选框，“圆角”属性管理器设置如图 6-46 所示。

（7）单击属性管理器中的确定按钮✔，并调整视图的方向，连续圆顶的图形如图 6-47 所示。

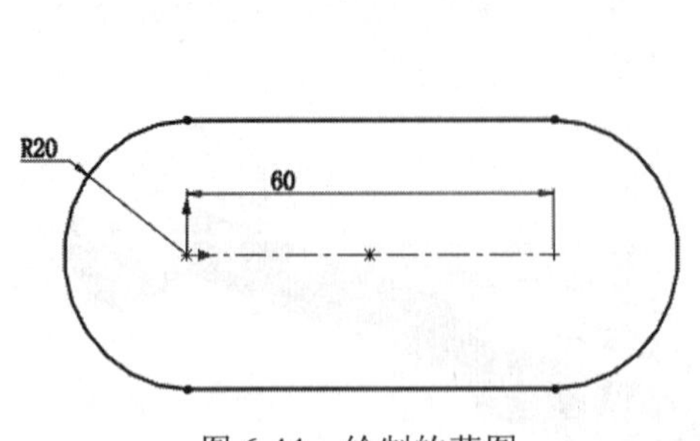

图 6-44　绘制的草图

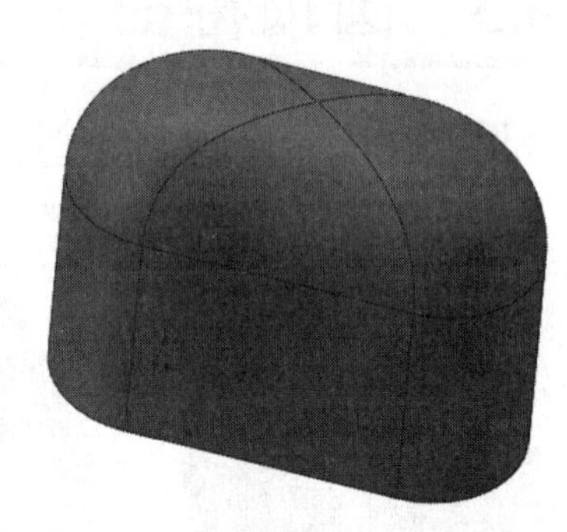

图 6-45　拉伸图形

如图 6-48 所示为不勾选“连续圆顶”复选框生成的圆顶图形。

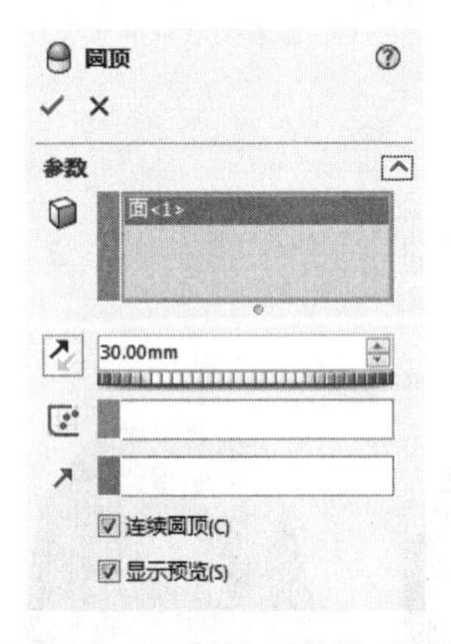

图 6-46　“圆顶”属性管理器

图 6-47　连续圆顶的图形

图 6-48　不连续圆顶的图形

注意： 在圆柱和圆锥模型上，可以将“距离”设置为 0，此时系统会使用圆弧半径作为圆顶的基础来计算距离。

6.3.2 实例——瓶子

本例绘制的瓶子，如图 6-49 所示。

思路分析

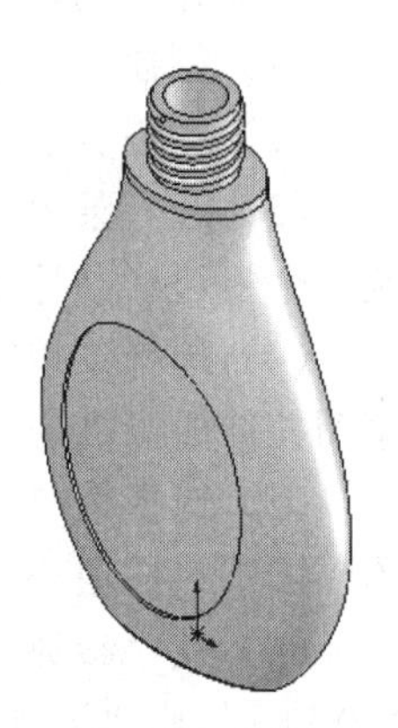
图 6-49　瓶子

瓶子模型由瓶身、瓶口和瓶口螺纹三部分组成。其绘制过程为：对于瓶身，首先通过扫描实体命令生成瓶身主体，然后执行抽壳命令将瓶身抽壳为薄壁实体，并通过拉伸命令编辑顶部，再切除拉伸瓶身上贴图部分，并通过镜向命令镜向另一侧贴图部分，最后通过圆顶命令编辑底部。对于瓶口，首先通过拉伸命令绘制外部轮廓，然后通过拉伸切除命令生成瓶口。对于瓶口螺纹，首先创建螺纹轮廓的基准面，然后绘制轮廓和路径，最后通过扫描实体命令，扫描为瓶口螺纹。绘制的流程图如图 6-50 所示。

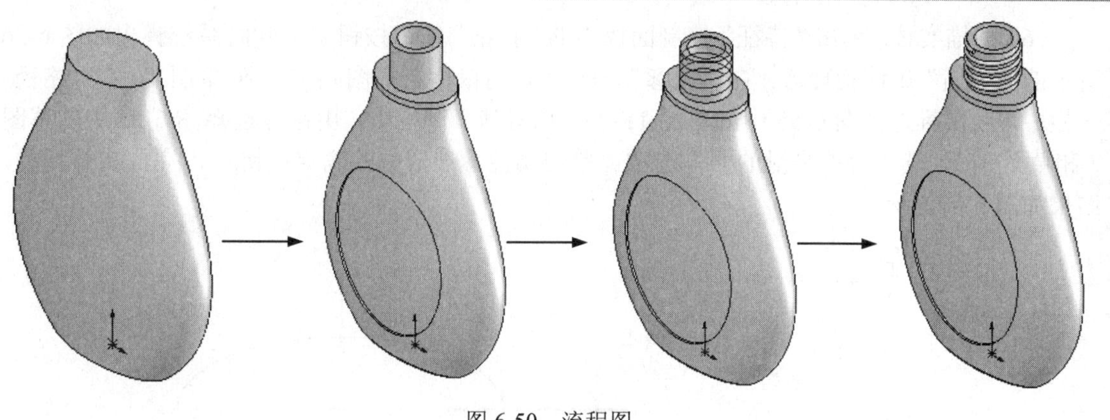

图 6-50　流程图

创建步骤

（1）创建零件文件。单击“标准”工具栏中的“新建”按钮，此时系统弹出“新建 SOILDWORKS 文件”对话框，在其中选择“零件”按钮，然后单击“确定”按钮，创建一个新的零件文件。

（2）绘制草图 1。在左侧 FeatureManager 设计树中用鼠标选择“前视基准面”作为绘制图形的基准面。单击“草图”控制面板中的“直线”按钮，以原点为起点绘制一条竖直直线并标注尺寸，结果如图 6-51 所示，然后退出草图绘制状态。

（3）绘制草图 2。在左侧 FeatureManager 设计树中用鼠标选择“前视基准面”作为绘制图形的基准面。单击“草图”控制面板中的“3 点圆弧”按钮，绘制如图 6-52 所示的草图并标注尺寸，然后退出草图绘制状态。

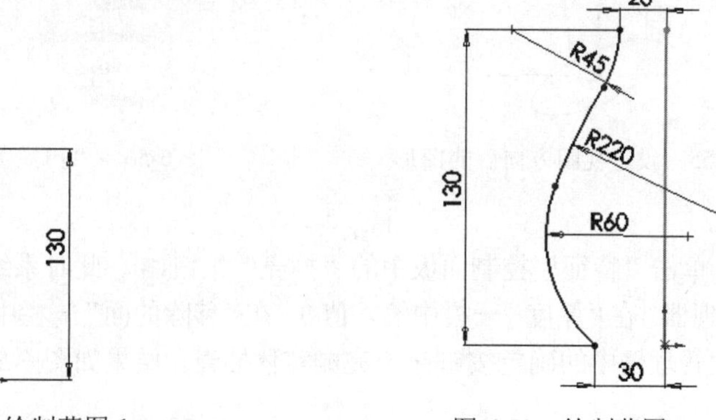

图 6-51　绘制草图 1　　图 6-52　绘制草图 2

（4）绘制草图 3。在左侧 FeatureManager 设计树中用鼠标选择“右视基准面”作为绘制图形的基准面。单击“草图”控制面板中的“3 点圆弧”按钮，绘制如图 6-53 所示的草图并标注尺寸，添加圆弧下面的起点和原点为“水平”几何关系，然后退出草图绘制状态。

（5）绘制草图 4。在左侧 FeatureManager 设计树中用鼠标选择“上视基准面”作为绘制图形的基准面。单击“草图”控制面板中的“椭圆”按钮，绘制如图 6-54 所示的草图，椭圆的长轴和短轴分别与第（3）步和第（4）步绘制的草图的起点重合，然后退出草图绘制状态。结果如图 6-55 所示。

（6）扫描实体。单击“特征”控制面板中的“扫描”按钮按钮，此时系统弹出如图 6-56 所示的“扫描”属性管理器。在“轮廓”一栏中，用鼠标选择图 6-55 中的草图 4；在“路径”一栏中，用鼠标选择图 6-55 中的草图 1；在“引导线”一栏中，用鼠标选择图 6-55 中的草图 2 和草图 3；勾选“合并平滑的面”选项。单击属性管理器中的确定按钮，完成实体扫描，结果如图 6-57 所示。

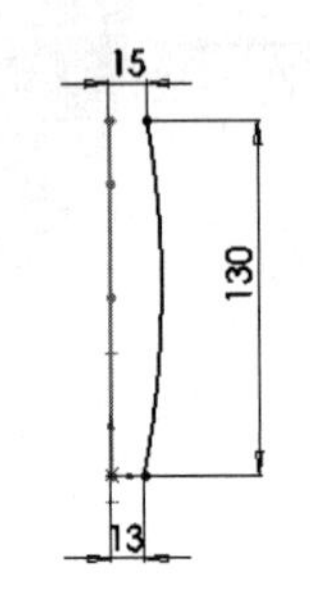

图 6-53　绘制草图 3

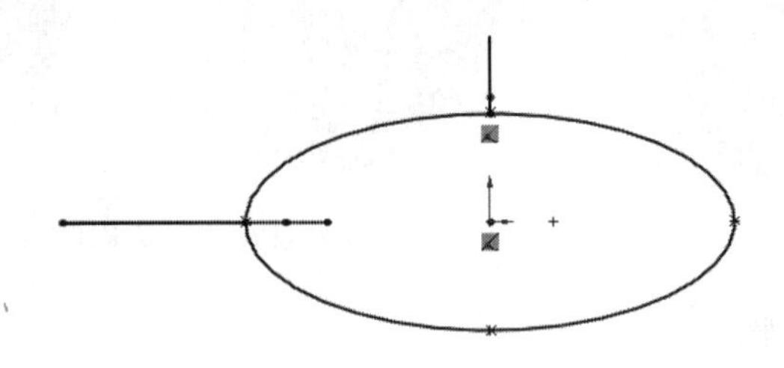

图 6-54　绘制草图 4

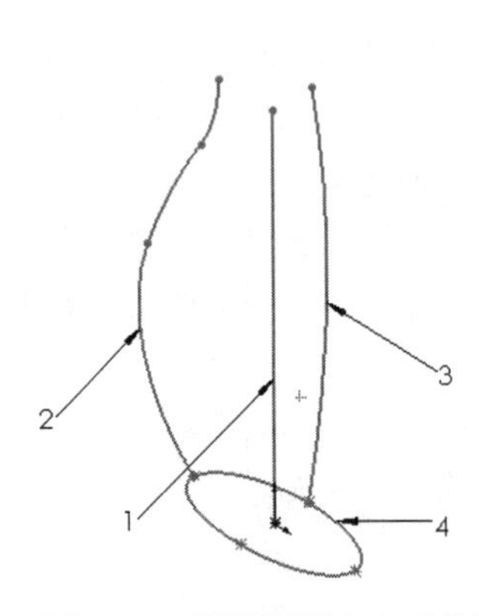

图 6-55　设置视图方向后的图形

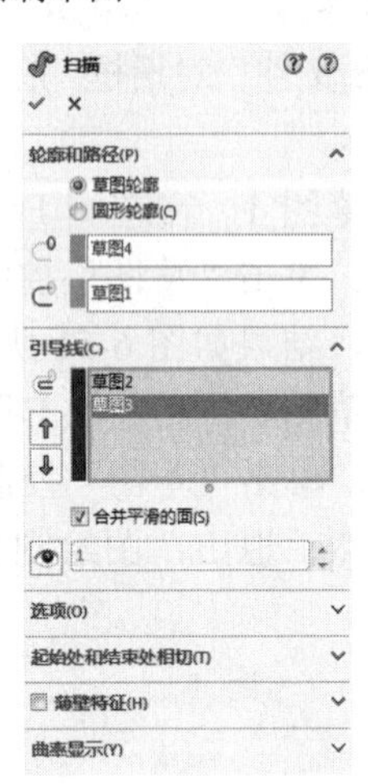

图 6-56　“扫描”属性管理器

（7）编辑瓶身。

① 抽壳实体。单击“特征”控制面板中的“抽壳”按钮，此时系统弹出如图 6-58 所示的“抽壳 1”属性管理器。在“厚度”一栏中输入值 3；在“移除的面”一栏中，用鼠标选择图 6-57 中的面 1。单击属性管理器中的确定按钮，完成实体抽壳。结果如图 6-59 所示。

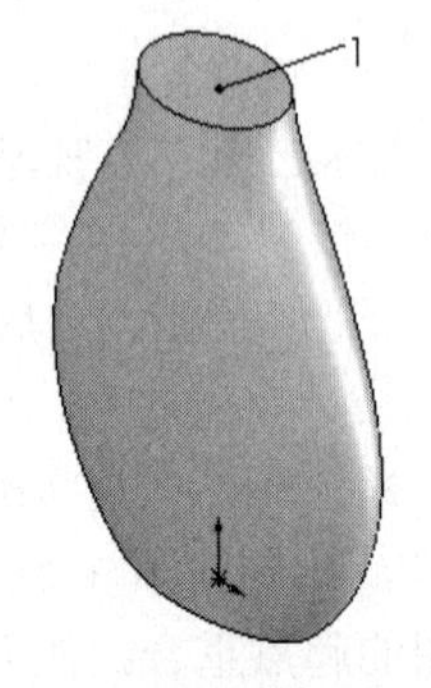

图 6-57　扫描实体后的图形

图 6-58　“抽壳 1”属性管理器

② 转换实体引用。选择上表面，然后单击“草图”控制面板中的“草图绘制”按钮，进入草图绘制状态。单击如图 6-59 所示中的边线 1，然后单击“草图”控制面板中的“转换实体引用”按钮，将边线转换为草图。结果如图 6-60 所示。

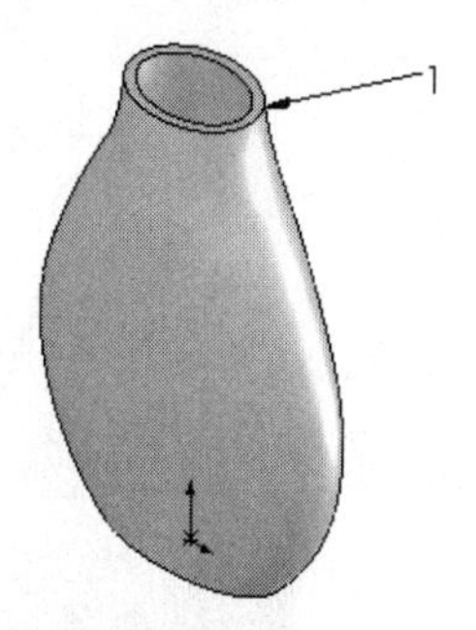

图 6-59 抽壳实体后的图形

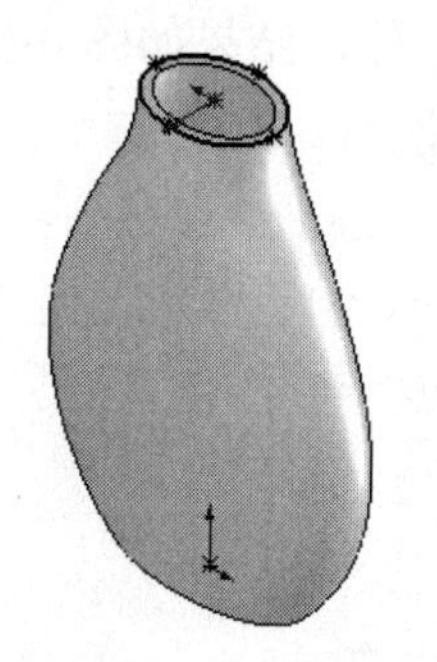

图 6-60 转换实体引用后的图形

③ 拉伸实体。单击“特征”控制面板中的“拉伸凸台/基体”按钮，此时系统弹出如图 6-61 所示的“凸台-拉伸”属性管理器。在“方向 1”的“终止条件”一栏的下拉菜单中，选择“给定深度”选项；在“深度”一栏中输入值 3，注意拉伸方向。单击属性管理器中的确定按钮，完成实体拉伸，结果如图 6-62 所示。

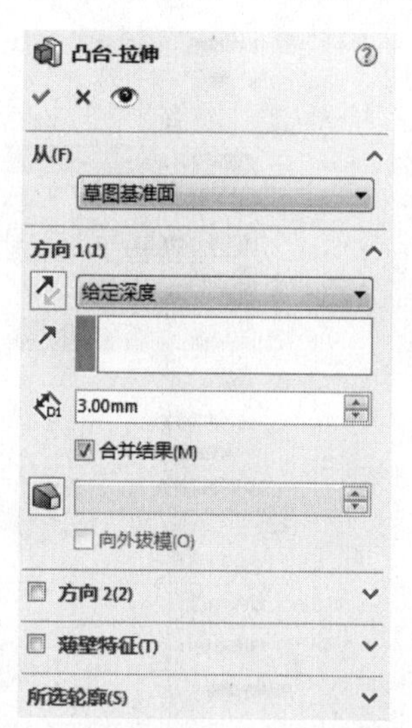

图 6-61 “凸台-拉伸”属性管理器 6

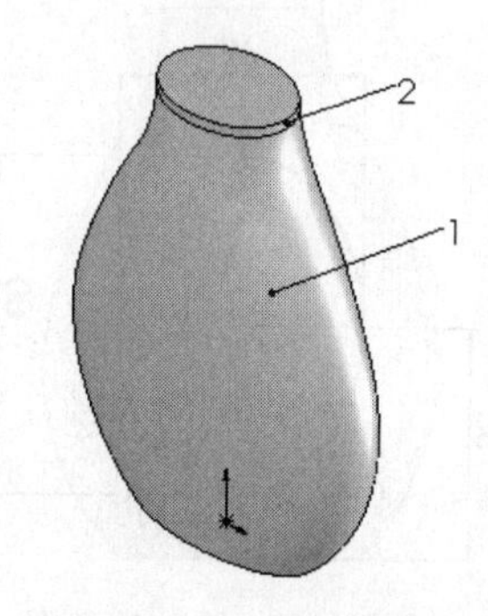

图 6-62 拉伸实体后的图形

④ 添加基准面。单击“特征”控制面板“参考几何体”下拉列表中的“基准面”按钮，此时系统弹出如图 6-63 所示的“基准面”属性管理器。在属性管理器的“参考实体”一栏中，用鼠标选择 FeatureManager 设计树中“前视基准面”；在“距离”一栏中输入值 30mm，注意添加基准面的方向。单击属性管理器中的确定按钮，添加一个基准面，结果如图 6-64 所示。

⑤ 绘制草图。在左侧 FeatureManager 设计树中用鼠标选择“基准面 1”作为绘制图形的基准面。单击“草图”控制面板中的“椭圆”按钮，绘制如图 6-65 所示的草图并标注尺寸，添加椭圆的圆心和原点为“竖直”几何关系。

⑥ 拉伸切除实体。单击“特征”控制面板中的“拉伸切除”按钮，此时系统弹出如

图 6-66 所示的“切除-拉伸”属性管理器。在“终止条件”一栏的下拉菜单中，选择“到离指定面指定的距离”选项，在“面/平面”一栏中，选择距离基准面 1 较近一侧的扫描实体面；在“等距距离”一栏中输入值 1；勾选“反向等距”选项。单击属性管理器中的确定按钮✓，完成拉伸切除实体，结果如图 6-67 所示。

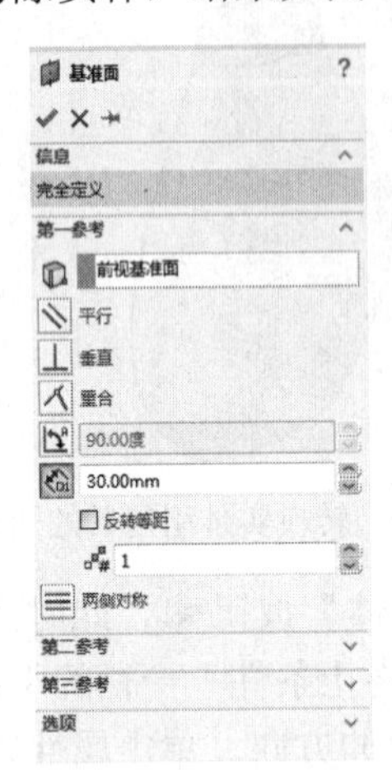

图 6-63　“基准面”属性管理器

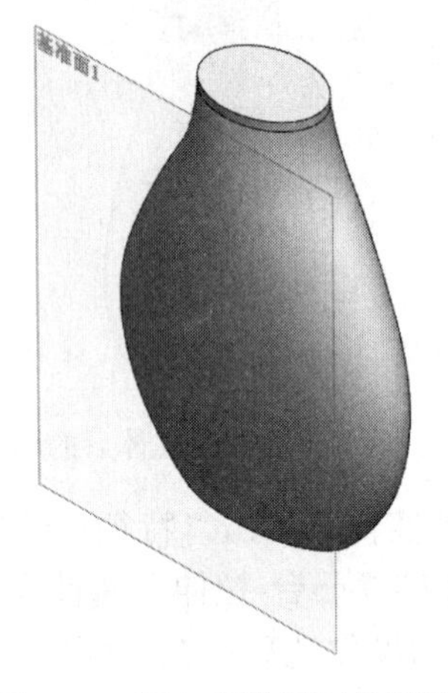

图 6-64　添加基准面后的图形

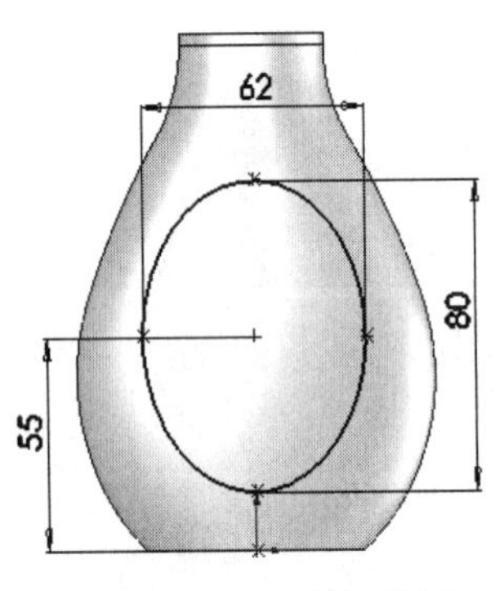

图 6-65　绘制的草图

图 6-66　“切除-拉伸”属性管理器 2

⑦ 镜向实体。单击“特征”控制面板中的“镜向”按钮，此时系统弹出如图 6-68 所示的“镜向”属性管理器。在“镜向面/基准面”一栏中，用鼠标选择 FeatureManager 设计树中的“前视基准面”；在“要镜向的特征”一栏中，用鼠标选择 FeatureManager 设计树中的“切除-拉伸 1”，即第⑥步拉伸切除的实体。单击属性管理器中的确定按钮✓，完成镜向实体，结果如图 6-69 所示。

⑧ 圆顶实体。单击“特征”工具栏中的“圆顶”按钮，此时系统弹出如图 6-70 所示的“圆顶”属性管理器。在“到圆顶的面”一栏中，用鼠标选择图 6-69 中的面 1；在“距离”一栏中输入值 2mm，注意圆顶的方向为向内侧凹进。单击属性管理器中的确定按钮✓，完成圆顶实体，结果如图 6-71 所示。

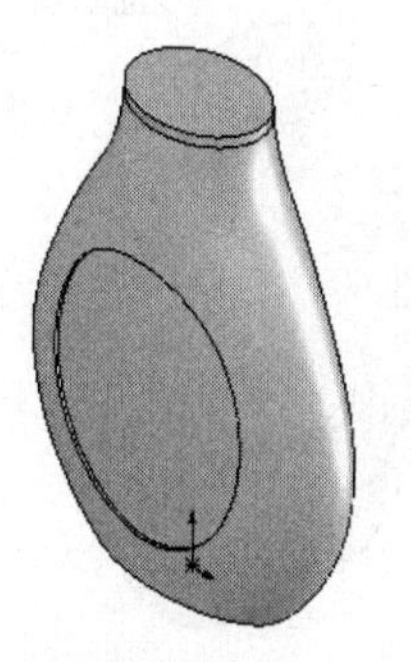

图 6-67　拉伸切除后的图形

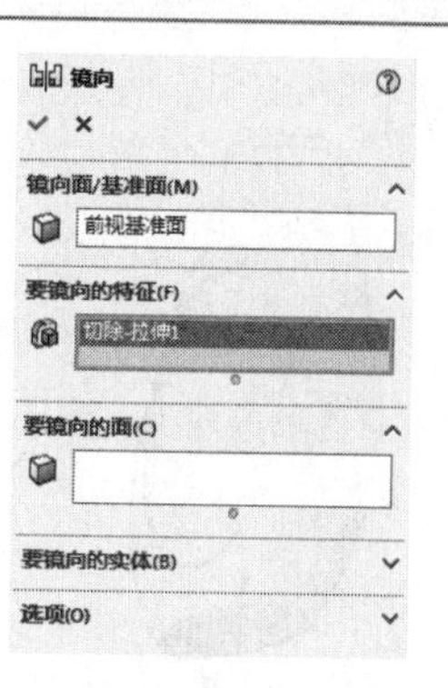

图 6-68　“镜向”属性管理器

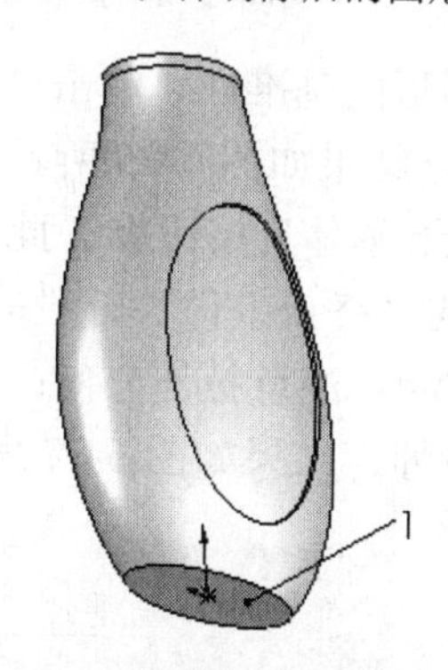

图 6-69　设置视图方向后的图形

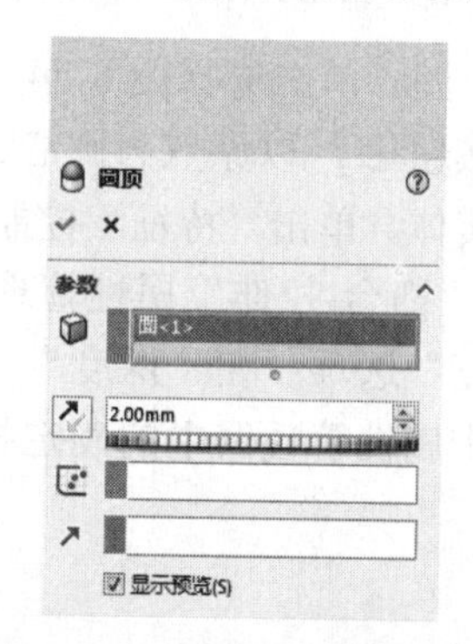

图 6-70　“圆顶”属性管理器

⑨ 圆角实体。单击“特征”控制面板中的“圆角”按钮，此时系统弹出如图 6-72 所示的“圆角”属性管理器。在“圆角类型”一栏中，点选“恒定大小圆角”按钮；在“半径”一栏中输入值 2mm；在“边线、面、特征和环”一栏中，选择图 6-71 中的边线 1。单击属性管理器中的确定按钮，完成圆角实体，结果如图 6-73 所示。

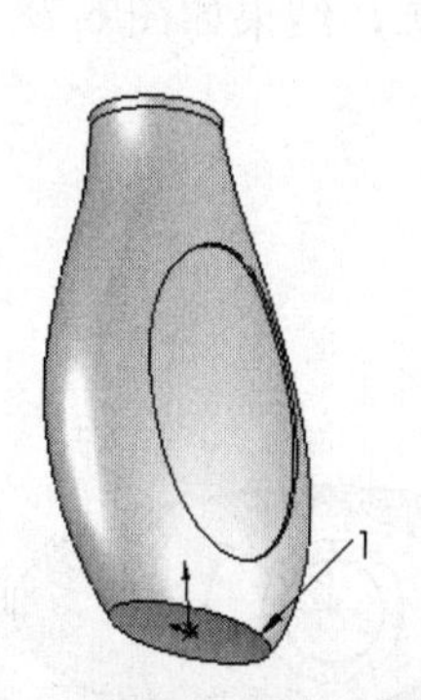

图 6-71　圆顶实体后的图形

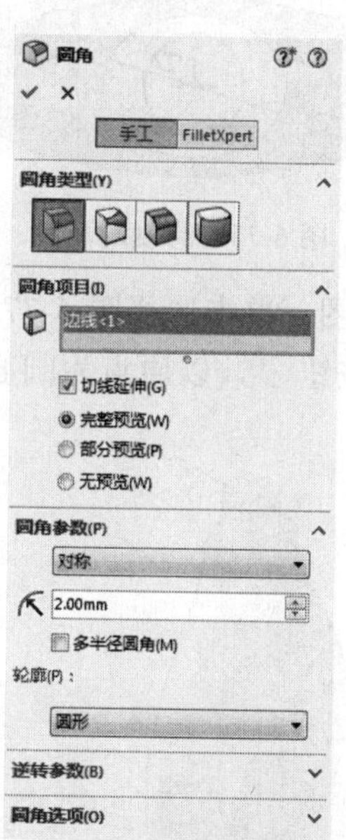

图 6-72　“圆角”属性管理器

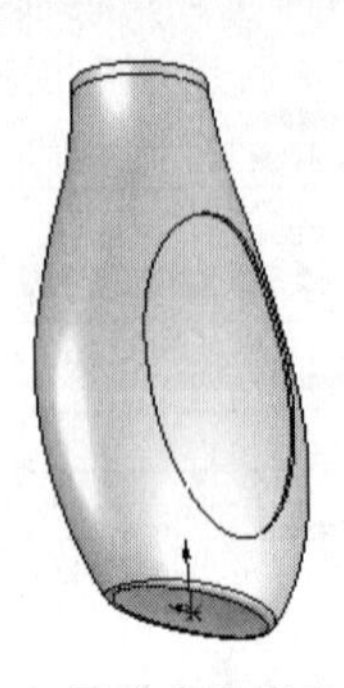

图 6-73　圆角实体后的图形

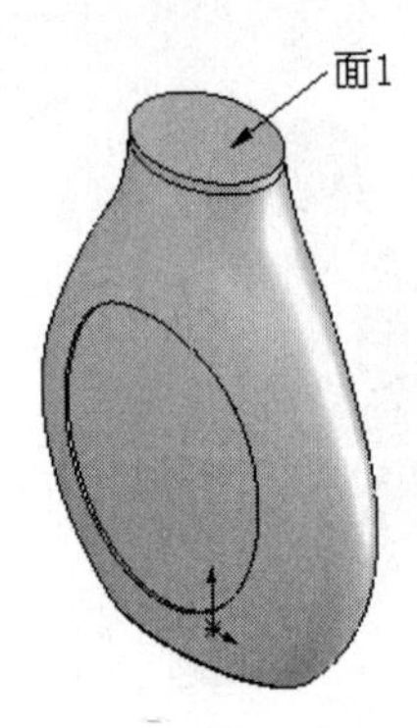

图 6-74　设置视图方向后的图形

（8）绘制草图。单击选择图 6-74 中的面 1 作为绘制图形的基准面。单击“草图”控制面板中的“圆”按钮，以原点为圆心绘制直径为 22 的圆，结果如图 6-75 所示。

（9）拉伸实体。单击“特征”控制面板中的“拉伸凸台/基体”按钮，此时系统弹出如图 6-76 所示的“凸台-拉伸”属性管理器。在“方向 1”的“终止条件”一栏的下拉菜单中，选择“给定深度”选项；在“深度”一栏中输入值 20mm，注意拉伸方向；勾选“合并结果”选项。单击属性管理器中的确定按钮，完成实体拉伸，结果如图 6-77 所示。

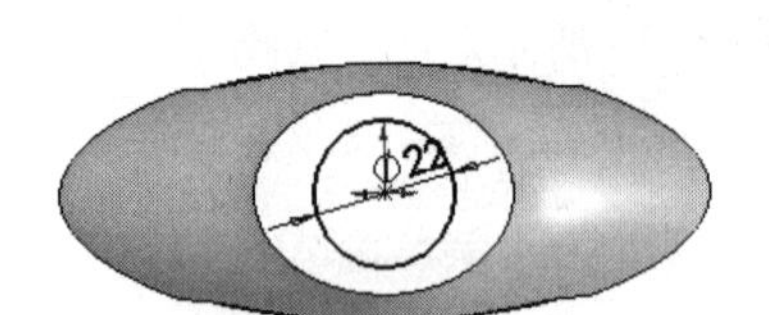

图 6-75　绘制的草图

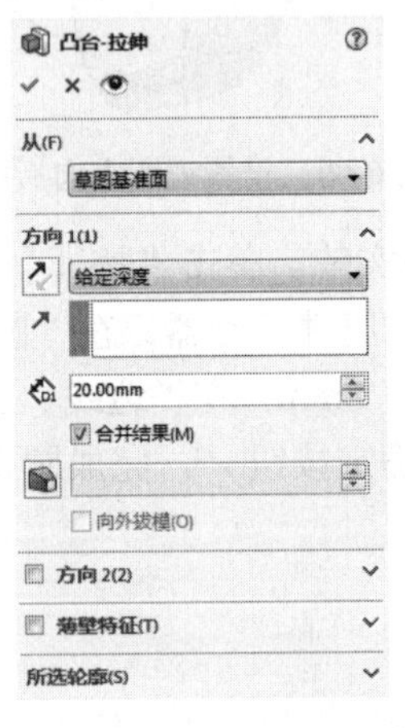

图 6-76　“凸台-拉伸”属性管理器 7

（10）绘制草图。单击选择图 6-77 中的面 1 作为绘制图形的基准面。单击“草图”控制面板中的“圆”按钮，以原点为圆心绘制直径为 16 的圆，结果如图 6-78 所示。

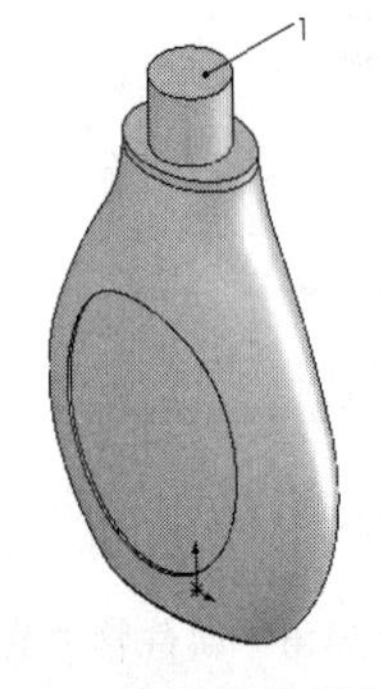

图 6-77　拉伸实体后的图形

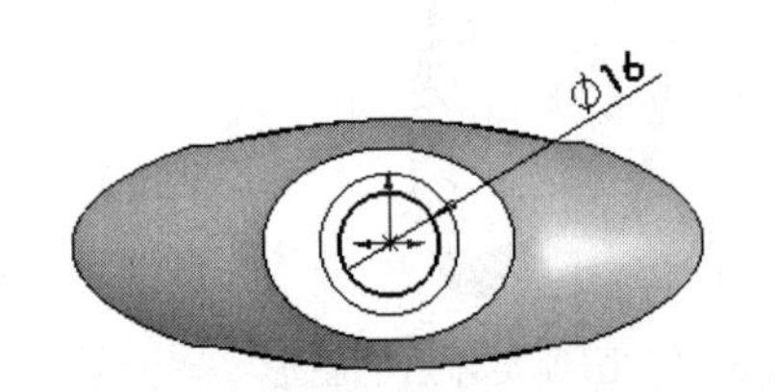

图 6-78　绘制的草图

（11）拉伸切除实体。单击“特征”控制面板中的“拉伸-切除”按钮，此时系统弹出如图 6-79 所示的“切除-拉伸”属性管理器。在“终止条件”一栏的下拉菜单中，选择“给定深度”选项；在“深度”一栏中输入值 25mm，注意拉伸切除的方向。单击属性管理器中的确定按钮，完成拉伸切除实体，结果如图 6-80 所示。

图 6-79 “切除-拉伸”属性管理器 3

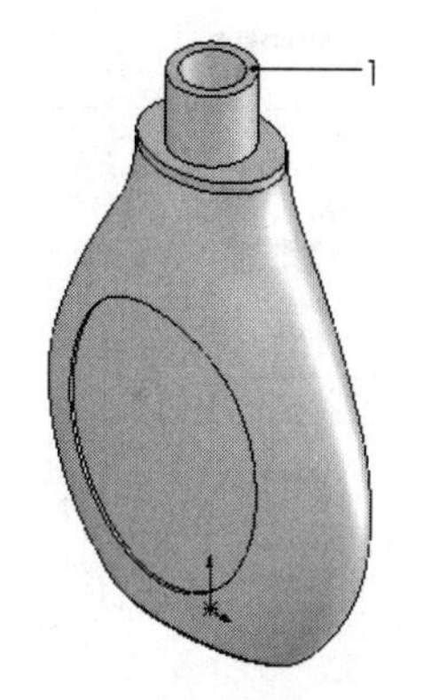

图 6-80 设置视图方向后的图形

（12）添加基准面。单击“特征”控制面板中的“基准面”按钮，此时系统弹出如图 6-81 所示的“基准面”属性管理器。在属性管理器的“选择”一栏中，用鼠标选择图 6-80 中的面 1；在“距离”一栏中输入值 1mm，注意添加基准面的方向。单击属性管理器中的确定按钮，添加一个基准面，结果如图 6-82 所示。

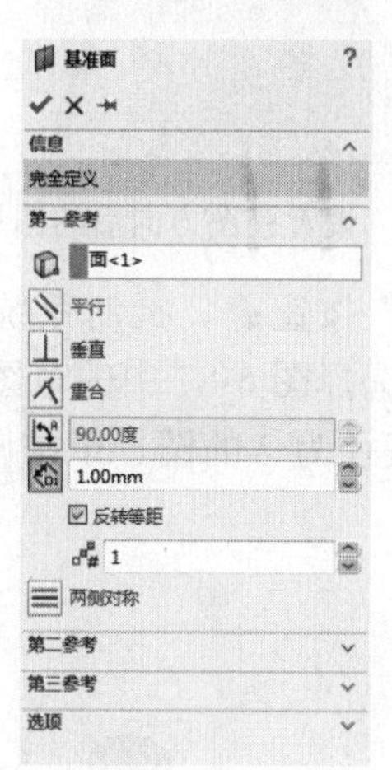

图 6-81 “基准面”属性管理器

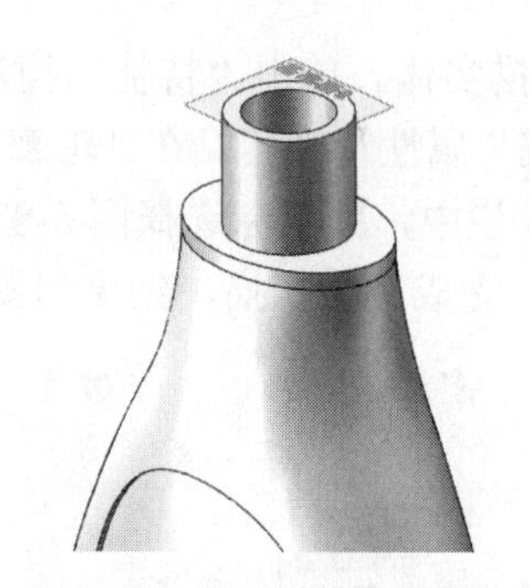

图 6-82 添加基准面后的图形

（13）设置基准面。在左侧 FeatureManager 设计树中用鼠标选择“基准面 2”作为绘制图形的基准面。单击“草图”控制面板中的“圆”按钮，以原点为圆心绘制直径为 22 的圆，结果如图 6-83 所示。

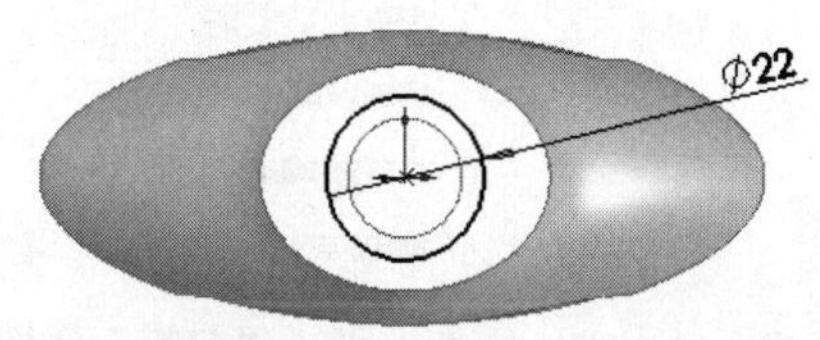

图 6-83 绘制的草图

（14）绘制螺旋线。单击“曲线”工具栏中的“螺旋线/涡状线”按钮，此时系统弹出如图 6-84 所示的“螺旋线/涡状线”属性管理器。点选“恒定螺距”选项；在“螺距”栏中输入值 4mm；勾选“反向”选项；在“圈数”栏中输入值 4.5；在“起始角度”栏中输入值 0 度；点选“顺时针”选项。单击属性管理器中的确定按钮✓，完成螺旋线绘制，结果如图 6-85 所示。

（15）绘制草图。在左侧 FeatureManager 设计树中用鼠标选择“右视基准面”作为绘制图形的基准面。单击“草图”控制面板中的“圆”按钮，以螺旋线的端点为圆心绘制一个直径为 2 的圆，结果如图 6-86 所示，轴测视图结果如图 6-87 所示。

图 6-84 “螺旋线/涡状线”属性管理器

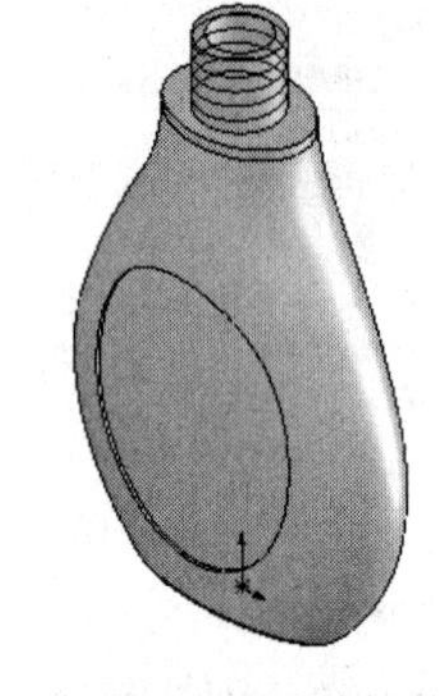

图 6-85 绘制的螺旋线

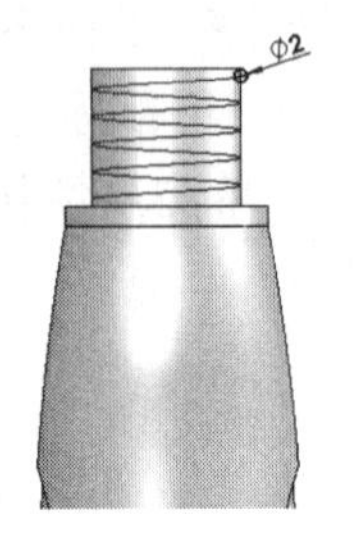

图 6-86 绘制的草图

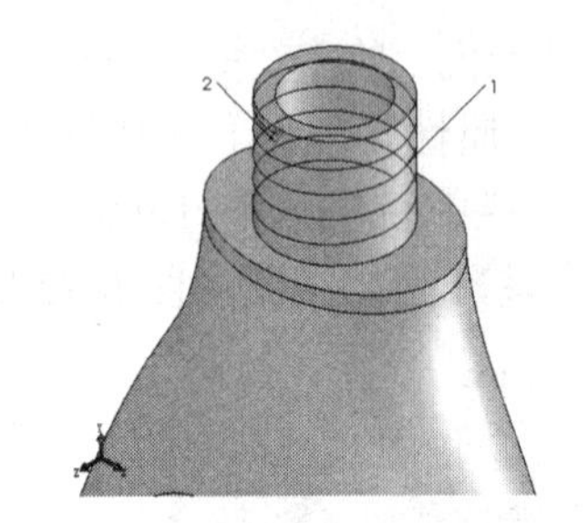

图 6-87 设置视图方向后的图形

（16）扫描实体。单击“特征”控制面板中的“扫描”按钮，此时系统弹出如图 6-88 所示的“扫描”属性管理器。在“轮廓”一栏中，用鼠标选择图 6-87 中的草图 1，即螺旋线；在“路径”一栏中，用鼠标选择图 6-87 中的草图 2，即直径为 2 的圆。单击属性管理器中的确定按钮✓，完成实体扫描，结果如图 6-89 所示。

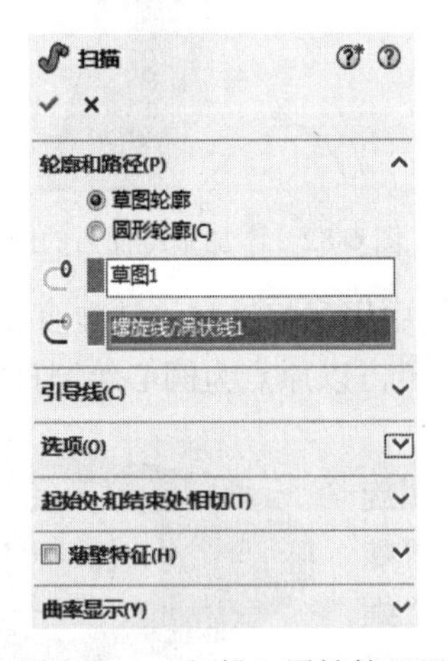

图 6-88 “扫描”属性管理器

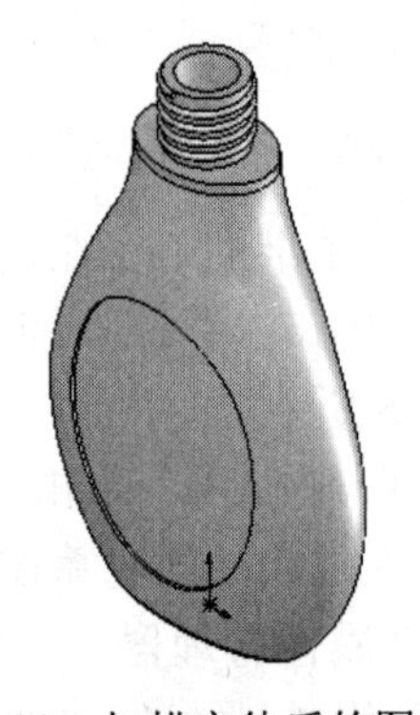

图 6-89 扫描实体后的图形

6.4 抽壳特征

抽壳特征是零件建模中的重要特征，它能使一些复杂工作变得简单化。当在零件的一个面上抽壳时，系统会掏空零件的内部，使所选择的面敞开，在剩余的面上生成薄壁特征。如果没有选择模型上的任何面，而直接对实体零件进行抽壳操作，则会生成一个闭合、掏空的模型。通常，抽壳时各个表面的厚度相等，也可以对某些表面的厚度进行单独指定，这样抽壳特征完成之后，各个零件表面的厚度就不相等了。

如图 6-90 所示是对零件创建抽壳特征后建模的实例。

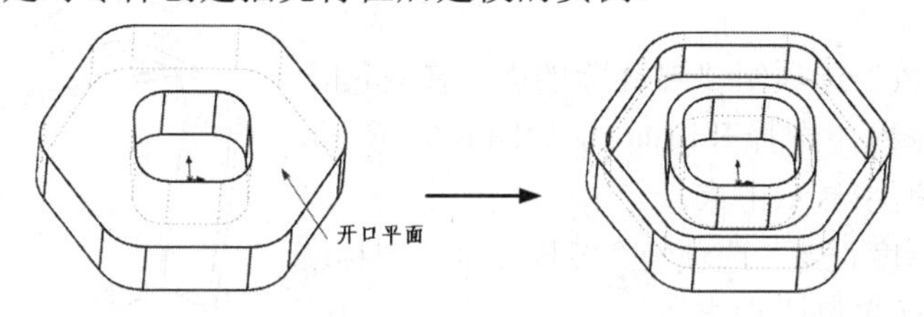

图 6-90　抽壳特征实例

6.4.1 等厚度抽壳特征

下面介绍生成等厚度抽壳特征的操作步骤。

（1）单击“特征”工具栏中的“抽壳”按钮，或选择菜单栏中的“插入”→“特征”→“抽壳”命令，或单击“特征”控制面板中的“抽壳”按钮，系统弹出“抽壳”属性管理器。

（2）在“参数”选项组的“厚度”文本框中指定抽壳的厚度。

（3）单击“要移除的面”图标右侧的列表框，然后从右侧的图形区中选择一个或多个开口面作为要移除的面。此时在列表框中显示所选的开口面，如图 6-91 所示。

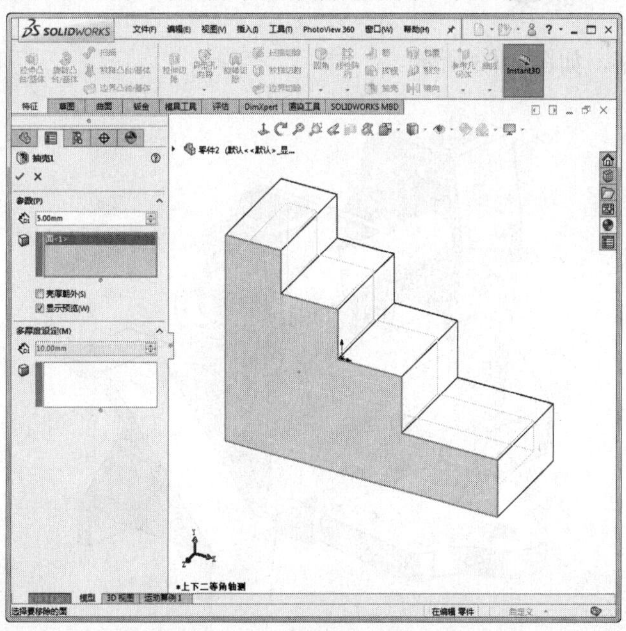

图 6-91　选择要移除的面

（4）如果勾选了“壳厚朝外”复选框，则会增加零件外部尺寸，从而生成抽壳。

（5）抽壳属性设置完毕，单击确定按钮✔，生成等厚度抽壳特征。

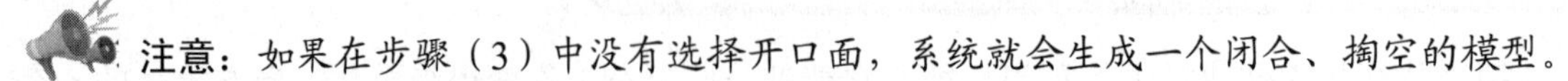

注意：如果在步骤（3）中没有选择开口面，系统就会生成一个闭合、掏空的模型。

6.4.2 多厚度抽壳特征

下面介绍生成具有多厚度面抽壳特征的操作步骤。

（1）单击“特征”工具栏中的“抽壳”按钮，或选择菜单栏中的“插入”→“特征”→“抽壳”命令，或单击“特征”控制面板中的“抽壳”按钮，系统弹出“抽壳”属性管理器。

（2）单击“参数”选项组“要移除的面”图标右侧的列表框，在图形区中选择开口面 1，如图 6-92 所示，这些面会在该列表框中显示出来。

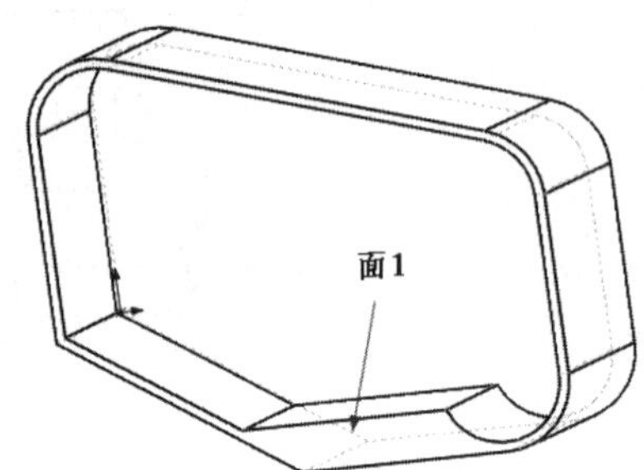

图 6-92　多厚度抽壳

（3）单击“多厚度设定”选项组“多厚度面”图标右侧的列表框，激活多厚度设定。

（4）在列表框中选择多厚度面，然后在“多厚度设定”选项组的（厚度）文本框中输入对应的壁厚。

（5）重复步骤（4），直到为所有选择的多厚度面指定了厚度。

（6）如果要使壁厚添加到零件外部，则勾选“壳厚朝外”复选框。

（7）抽壳属性设置完毕，单击确定按钮✔，生成多厚度抽壳特征。

注意：如果要在零件上添加圆角特征，应当在生成抽壳之前对零件进行圆角处理。

6.4.3 实例——基架

本例绘制的基架，如图 6-93 所示。

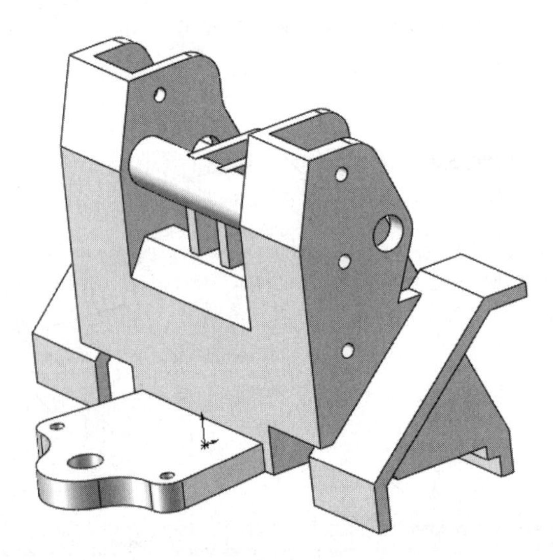

图 6-93　基架

思路分析

首先绘制主件的外形轮廓草图，然后拉伸成为基架主体轮廓，接着进行抽壳处理，最后进行倒圆和镜向处理。绘制的流程图如图 6-94 所示。

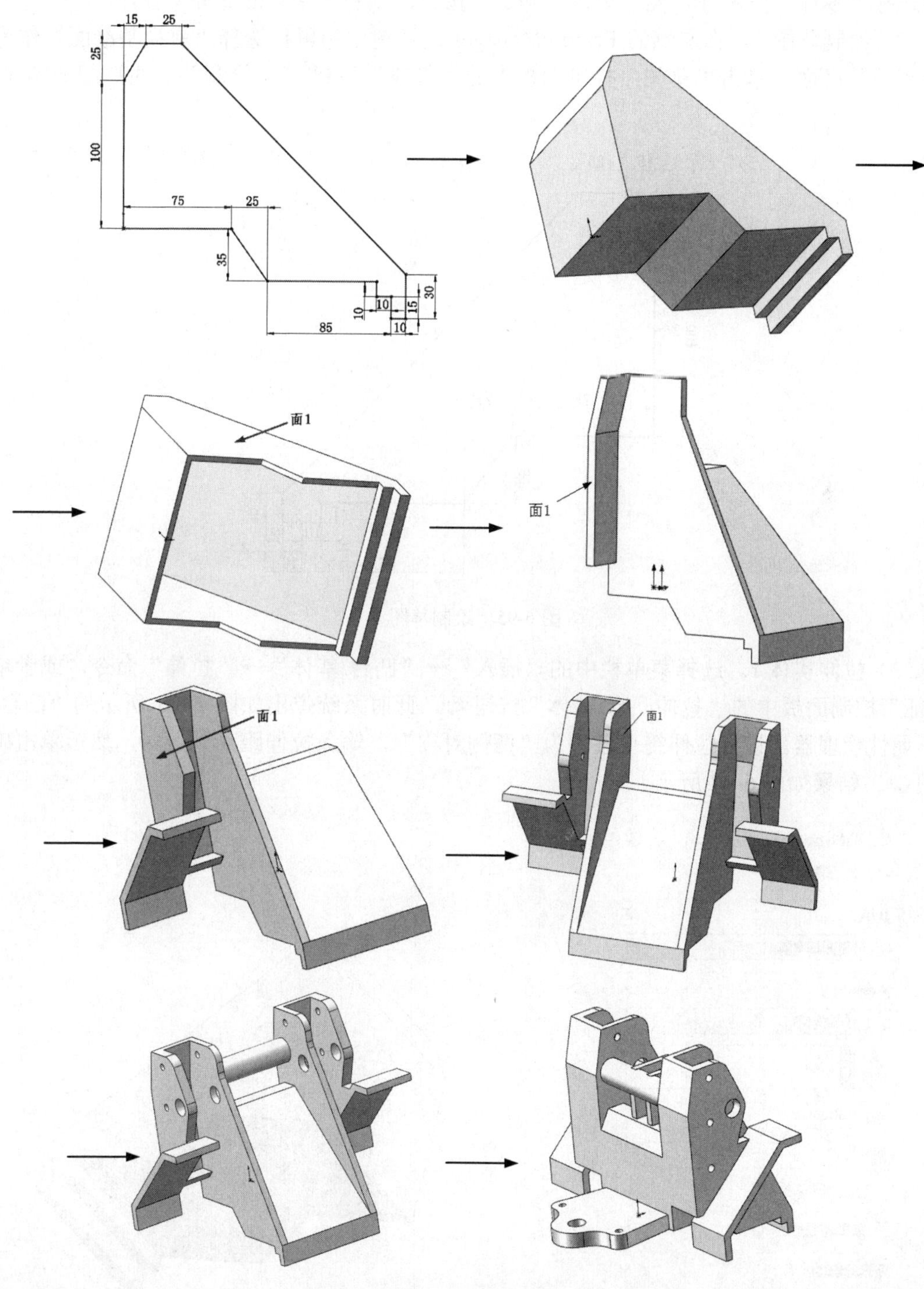

图 6-94　流程图

创建步骤

（1）新建文件。启动 SOLIDWORKS 2018，选择菜单栏中的“文件”→“新建”命令，或者单击“标准”工具栏中的“新建”按钮，在弹出的“新建 SOLIDWORKS 文件”对话框中选择“零件”按钮，然后单击“确定”按钮，创建一个新的零件文件。

（2）绘制草图 1。在左侧的 FeatureManager 设计树中用鼠标选择“前视基准面”作为绘制图形的基准面。单击“草图”控制面板中的“直线”按钮，绘制并标注草图如图 6-95 所示。

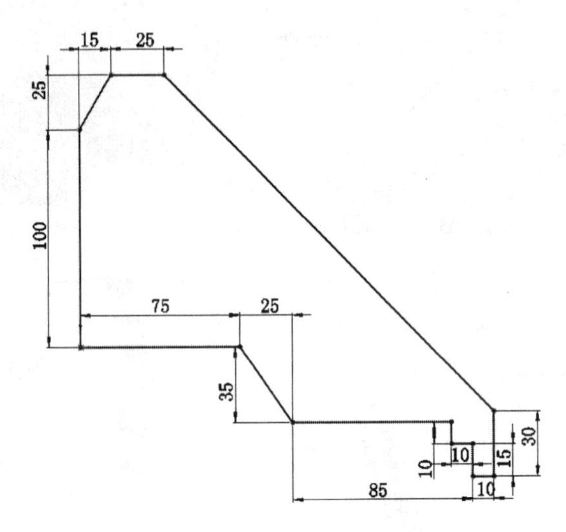

图 6-95　绘制草图 1

（3）拉伸实体 1。选择菜单栏中的“插入”→“凸台/基体”→“拉伸”命令，或者单击“特征”控制面板中的“拉伸凸台/基体”按钮，此时系统弹出如图 6-96 所示的“凸台-拉伸”属性管理器。设置拉伸终止条件为“两侧对称”，输入拉伸距离为 160，然后单击确定按钮✓，结果如图 6-97 所示。

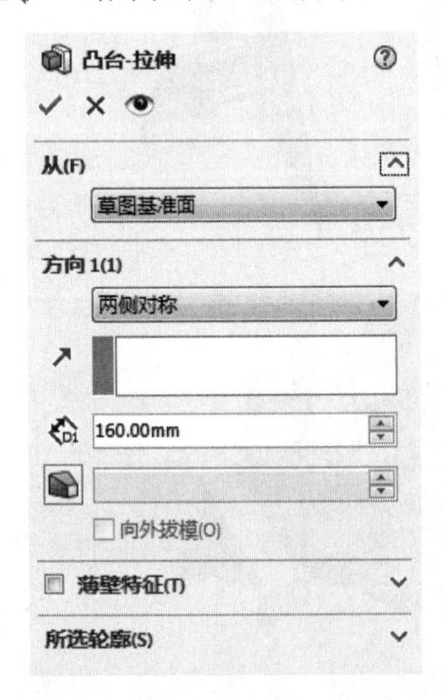

图 6-96　“凸台-拉伸”属性管理器 8

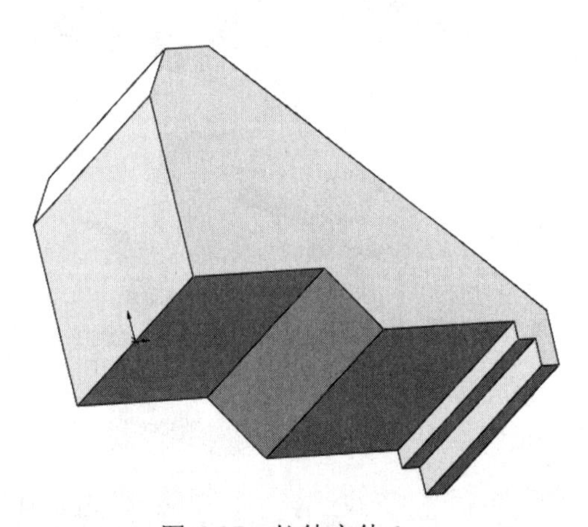

图 6-97　拉伸实体 1

（4）实体抽壳。选择菜单栏中的“插入”→“特征”→“抽壳”命令，或者单击“特征”控制面板中的“抽壳”按钮，此时系统弹出如图 6-98 所示的“抽壳 1”属性管理器。输入厚度为 5，在视图中选择如图 6-98 所示的三个面为移除面，然后单击确定按钮✓。结果如图 6-99 所示。

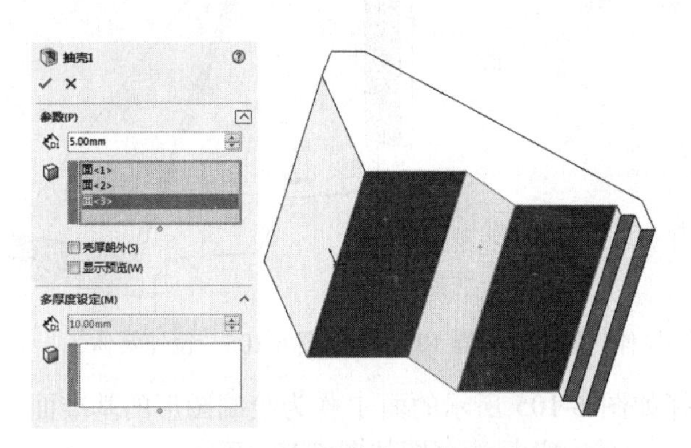

图 6-98　“抽壳 1”属性管理器

面1

图 6-99　抽壳结果

（5）绘制草图 2。在视图中用鼠标选择如图 6-99 所示的面 1 作为绘制图形的基准面。单击“草图”控制面板中的“直线”按钮，绘制并标注草图如图 6-100 所示。

（6）拉伸实体 2。选择菜单栏中的“插入”→“凸台/基体”→“拉伸”命令，或者单击“特征”控制面板中的“拉伸凸台/基体”按钮，此时系统弹出如图 6-101 所示的“凸台-拉伸”属性管理器。设置拉伸终止条件为“给定深度”，输入拉伸距离为 10，单击“反向”按钮，使拉伸方向朝里，然后单击确定按钮✓，结果如图 6-102 所示。

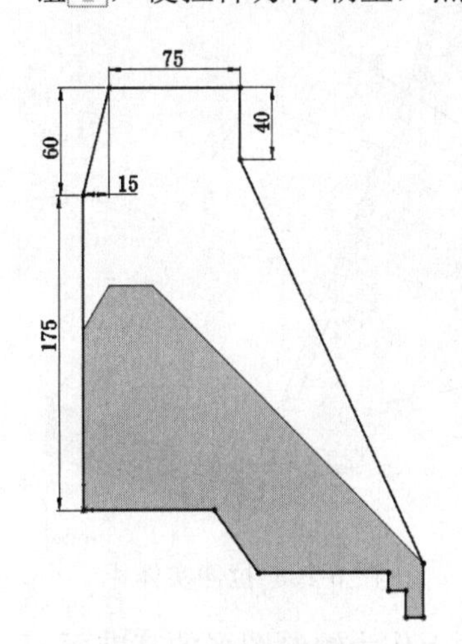

图 6-100　绘制草图 2

图 6-101　“凸台-拉伸”属性管理器 9

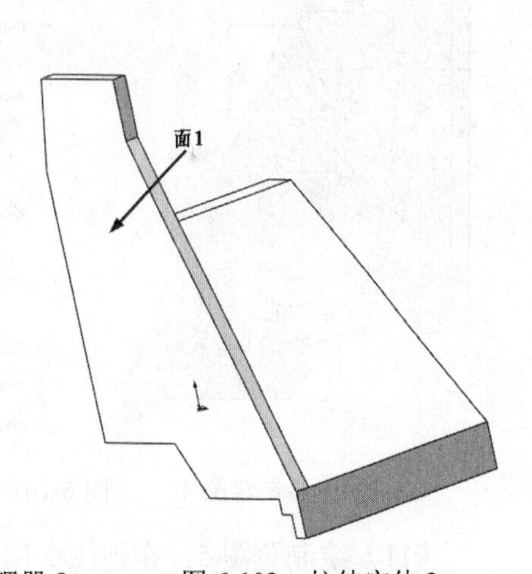

图 6-102　拉伸实体 2

（7）绘制草图 3。在视图中用鼠标选择如图 6-102 所示的面 1 作为绘制图形的基准面。单击“草图”控制面板中的“直线”按钮，绘制并标注草图如图 6-103 所示。

（8）拉伸实体 3。选择菜单栏中的“插入”→“凸台/基体”→“拉伸”命令，或者单击“特征”控制面板中的“拉伸凸台/基体”按钮，此时系统弹出如图 6-104 所示的“凸台-拉伸”属性管理器。设置拉伸终止条件为“给定深度”，输入拉伸距离为 45，然后单击确定按钮✓，结果如图 6-105 所示。

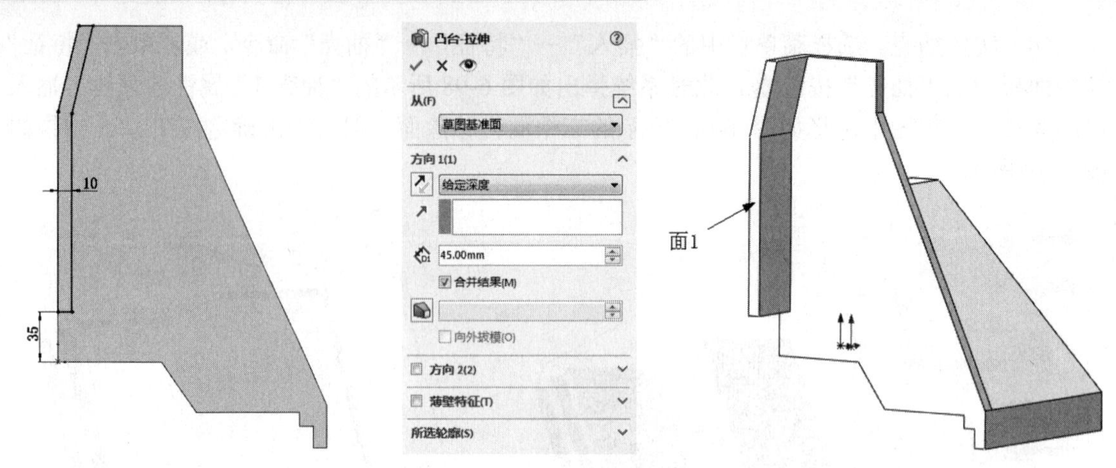

图 6-103　绘制草图 3　　图 6-104　“凸台-拉伸”属性管理器 10　　图 6-105　拉伸实体 3

（9）绘制草图 4。在视图中用鼠标选择如图 6-105 所示的面 1 作为绘制图形的基准面。单击“草图”控制面板中的“直线”按钮，绘制并标注草图如图 6-106 所示。

（10）拉伸实体 4。选择菜单栏中的“插入”→“凸台/基体”→“拉伸”命令，或者单击“特征”控制面板中的“拉伸凸台/基体”按钮，此时系统弹出如图 6-107 所示的“凸台-拉伸”属性管理器。设置拉伸终止条件为“给定深度”，输入拉伸距离为 15，然后单击确定按钮，结果如图 6-108 所示。

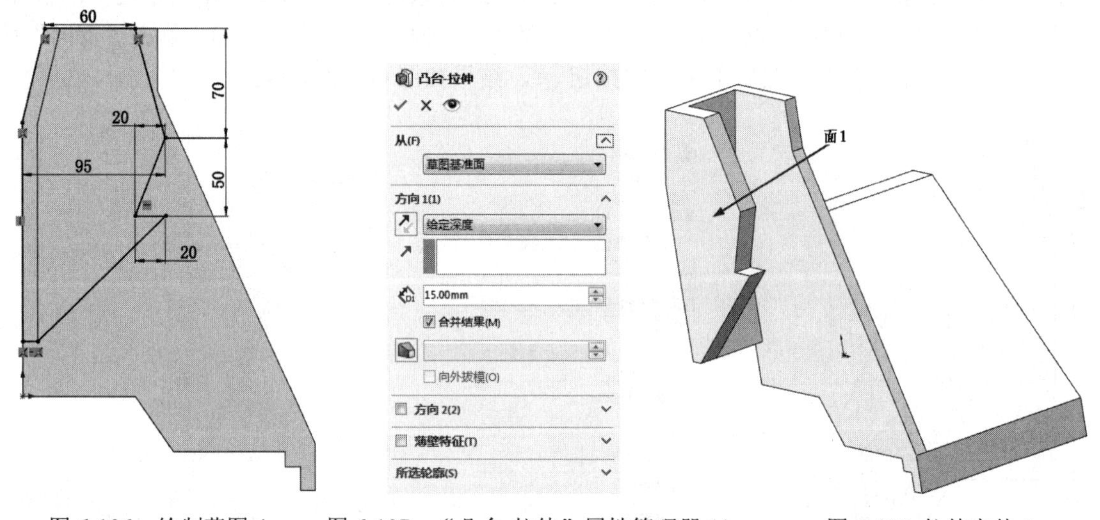

图 6-106　绘制草图 4　　图 6-107　“凸台-拉伸”属性管理器 11　　图 6-108 拉伸实体 4

（11）绘制草图 5。在视图中用鼠标选择如图 6-108 所示的面 1 作为绘制图形的基准面。单击“草图”控制面板中的“直线”按钮，绘制并标注草图如图 6-109 所示。

（12）拉伸实体 5。选择菜单栏中的“插入”→“凸台/基体”→“拉伸”命令，或者单击“特征”控制面板中的“拉伸凸台/基体”按钮，此时系统弹出如图 6-110 所示的“凸台-拉伸”属性管理器。设置拉伸终止条件为“给定深度”，输入方向 1 拉伸距离为 60，输入方向 2 拉伸距离为 15，输入薄壁厚度为 10，然后单击确定按钮，结果如图 6-111 所示。

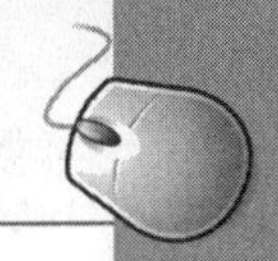

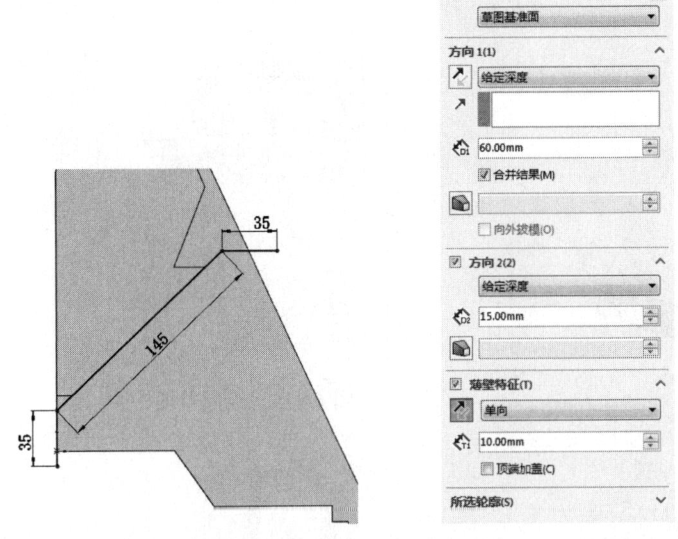

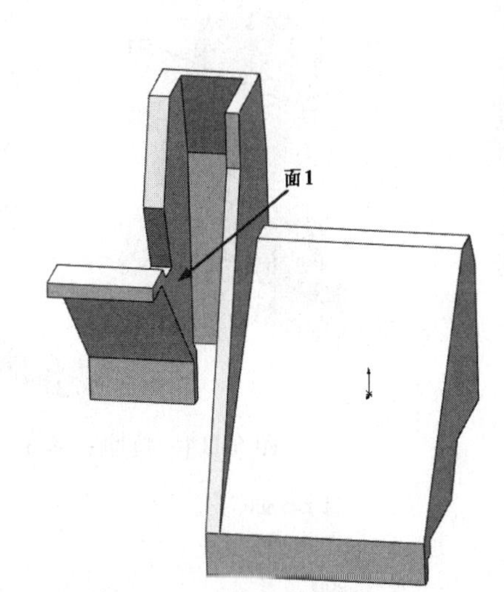

图 6-109　绘制草图 5　　图 6-110　“凸台-拉伸”属性管理器 12　　图 6-111　拉伸实体 5

（13）绘制草图 6。在视图中用鼠标选择如图 6-111 所示的面 1 作为绘制图形的基准面。单击“草图”控制面板中的“直线”按钮，绘制并标注草图如图 6-112 所示。

（14）拉伸实体 6。选择菜单栏中的“插入”→“凸台/基体”→“拉伸”命令，或者单击“特征”控制面板中的“拉伸凸台/基体”按钮，此时系统弹出如图 6-113 所示的“凸台-拉伸”属性管理器。设置拉伸终止条件为“成形到一面”，在视图中选择如图 6-113 所示的面，然后单击确定按钮，结果如图 6-114 所示。

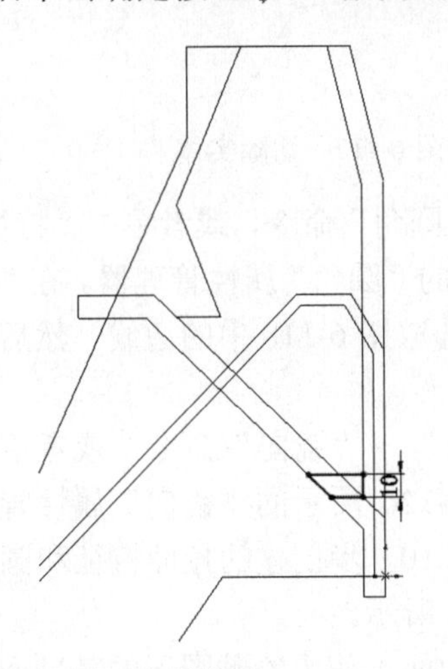

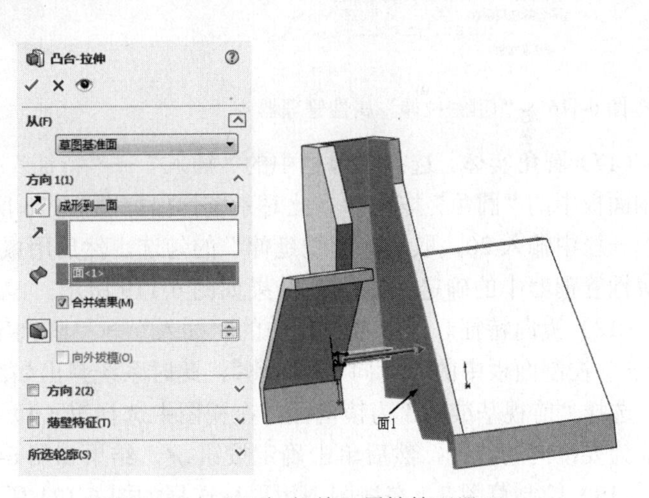

图 6-112　绘制草图 6　　图 6-113　“凸台-拉伸”属性管理器 13

（15）绘制草图。在视图中用鼠标选择如图 6-114 所示的面 1 作为绘制图形的基准面。单击“草图”控制面板中的“圆”按钮，绘制并标注草图如图 6-115 所示。

（16）切除拉伸实体 1。选择菜单栏中的“插入”→“切除”→“拉伸”命令，或者单击“特征”控制面板中的“切除拉伸”按钮，此时系统弹出如图 6-116 所示的“切除-拉伸”

属性管理器。设置终止条件为“给定深度”，输入拉伸切除距离为 15，然后单击属性管理器中的确定按钮✓，结果如图 6-117 所示。

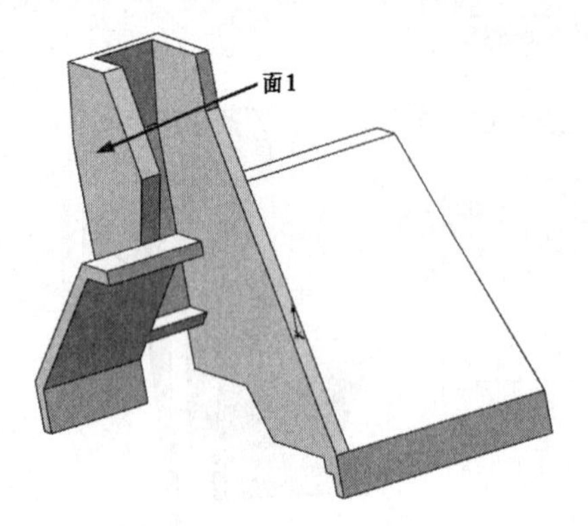

图 6-114　拉伸实体 6

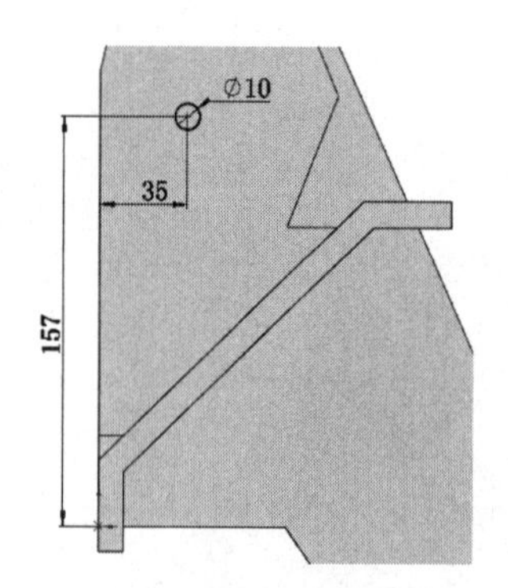

图 6-115　绘制草图

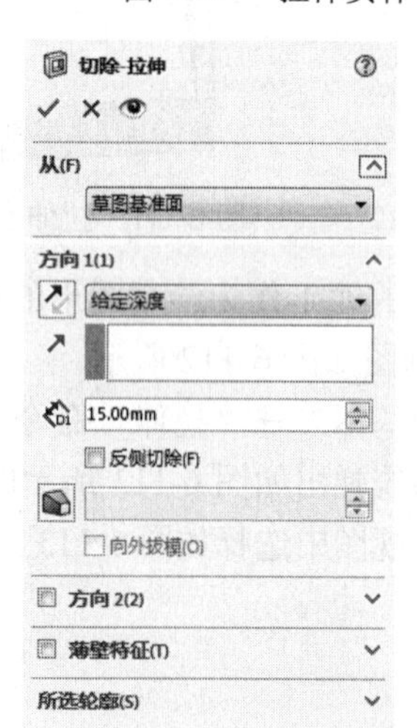

图 6-116　“切除-拉伸”属性管理器 4

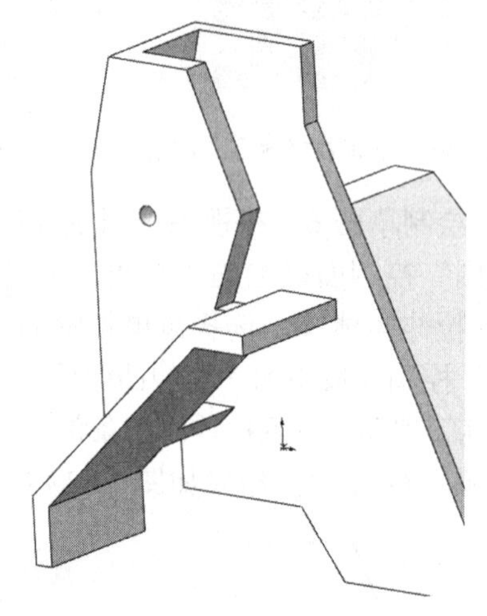

图 6-117　切除实体

（17）圆角实体。选择菜单栏中的“插入”→“特征”→“圆角”命令，或者单击“特征”控制面板中的“圆角”按钮，此时系统弹出如图 6-118 所示的“圆角”属性管理器。在“半径”一栏中输入 20，取消“切线延伸”的勾选，然后用鼠标选取图 6-118 中的边线。然后单击属性管理器中的确定按钮✓，结果如图 6-119 所示。

（18）镜向特征。选择菜单栏中的“插入”→“阵列/镜向”→“镜向”命令，或者单击“特征”控制面板中的“镜向”按钮，此时系统弹出如图 6-120 所示的“镜向”属性管理器。选择“前视基准面”为镜向面，在视图中选择第（4）～（10）步创建的拉伸特征和圆角特征为要镜向的特征，然后单击确定按钮✓，结果如图 6-121 所示。

（19）绘制草图 7。在视图中用鼠标选择如图 6-121 所示的面 1 作为绘制图形的基准面。单击“草图”控制面板中的“圆”按钮，绘制并标注草图如图 6-122 所示。

（20）拉伸实体 7。选择菜单栏中的“插入”→“凸台/基体”→“拉伸”命令，或者单击“特征”控制面板中的“拉伸凸台/基体”按钮，此时系统弹出如图 6-123 所示的“凸台-拉伸”属性管理器。在方向 1 和方向 2 中设置拉伸终止条件为“成形到下一面，然后单击确定按钮✓，结果如图 6-124 所示。

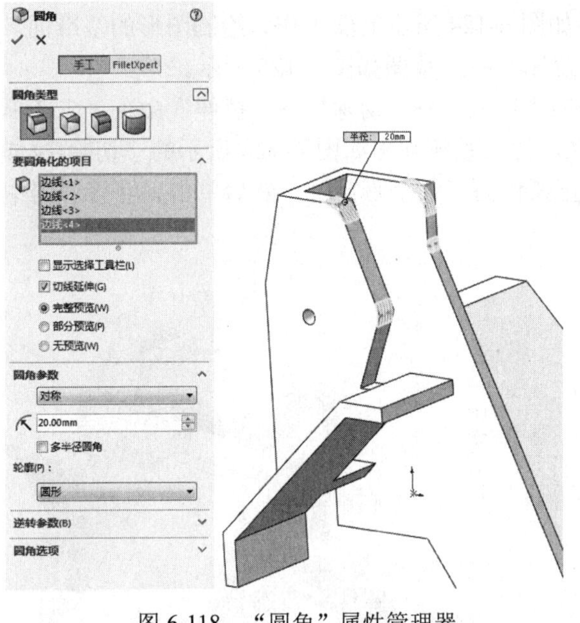

图 6-118 “圆角”属性管理器

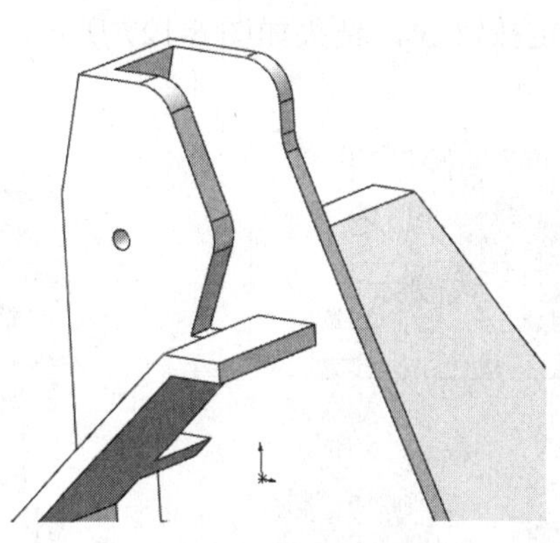

图 6-119 倒圆角结果

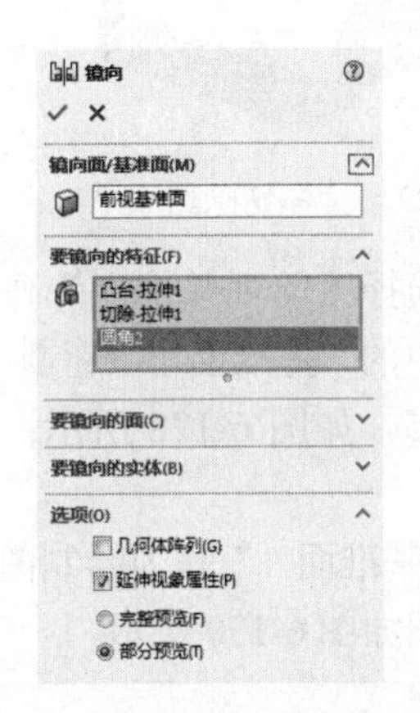

图 6-120 “镜向”属性管理器

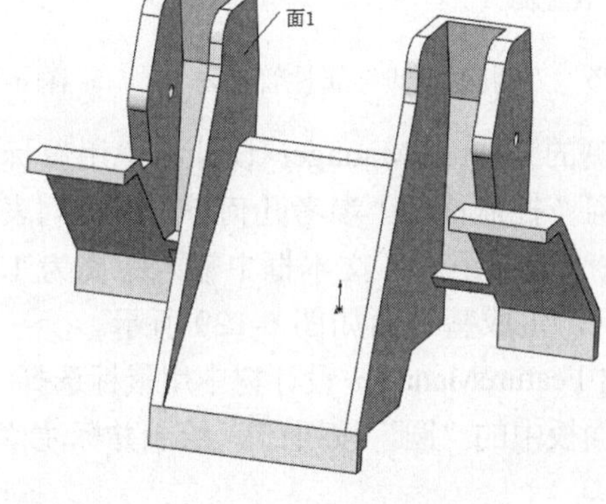

图 6-121 镜向结果

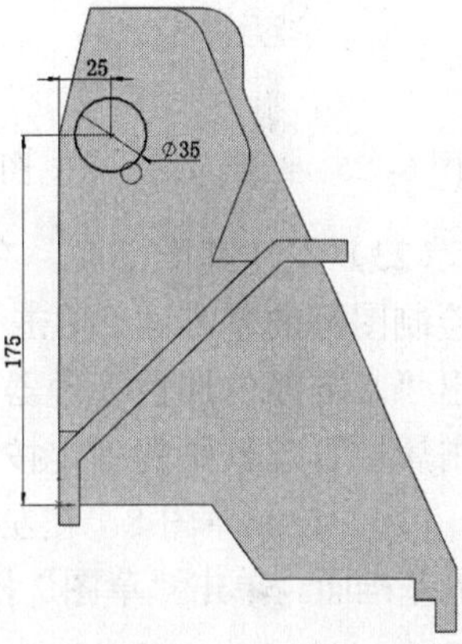

图 6-122 绘制草图 7

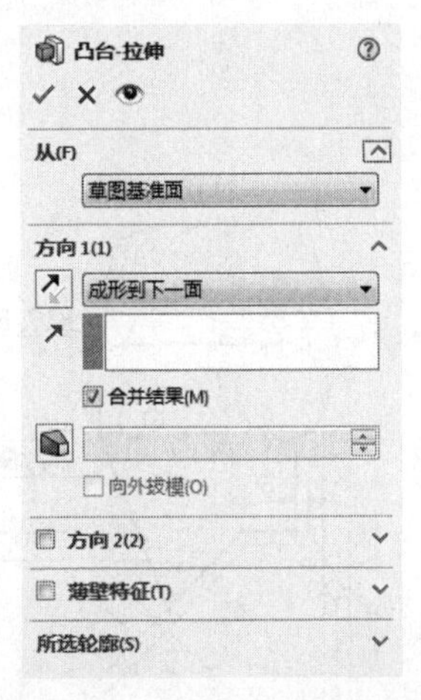

图 6-123 “凸台-拉伸”属性管理器 14

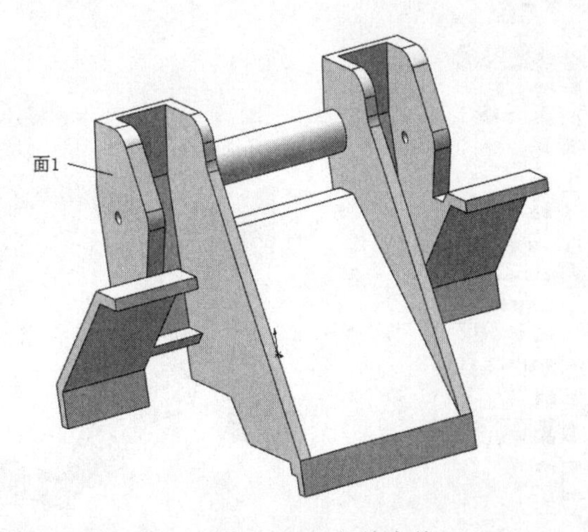

图 6-124 拉伸实体 7

（21）绘制草图。在视图中用鼠标选择如图 6-124 所示的面 1 作为绘制图形的基准面。单击“草图”控制面板中的“圆”按钮，绘制并标注草图如图 6-125 所示。

（22）切除拉伸实体 2。选择菜单栏中的“插入”→“切除”→“拉伸”命令，或者单击“特征”控制面板中的“切除拉伸”按钮，此时系统弹出如图 6-126 所示的“切除-拉伸”属性管理器。在方向 1 和方向 2 中设置终止条件为“完全贯穿”，然后单击属性管理器中的确定按钮✓，结果如图 6-127 所示。

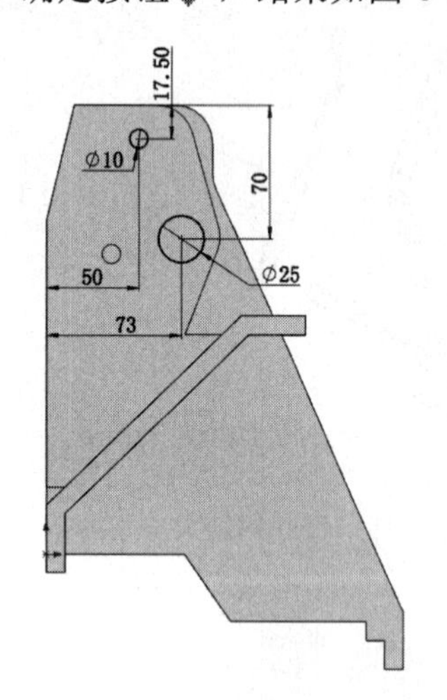

图 6-125　绘制草图

图 6-126　“切除-拉伸”属性管理器 5

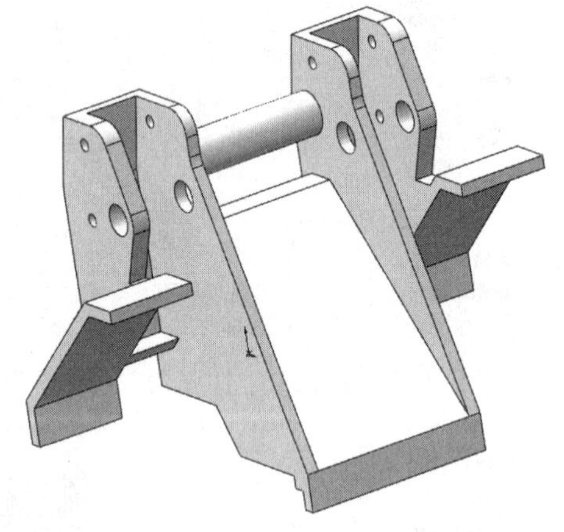
图 6-127　拉伸切除结果 2

（23）创建基准平面。在左侧的 FeatureManager 设计树中用鼠标选择“前视基准面”作为绘制图形的基准面。单击“特征”控制面板“参考几何体”下拉列表中的“基准面”按钮，弹出“基准面”属性管理器，在“偏移距离”文本框中输入距离为 13.5，如图 6-128 所示；单击属性管理器中的确定按钮✓，生成基准面如图 6-129 所示。

（24）绘制草图 8。在左侧的 FeatureManager 设计树中用鼠标选择“基准面 1”作为绘制图形的基准面。单击“草图”控制面板中的“圆”按钮，绘制并标注草图如图 6-130 所示。

图 6-128　“基准面”属性管理器

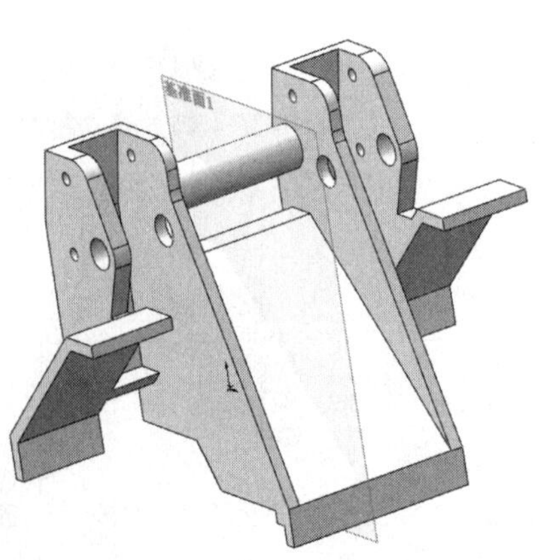

图 6-129　创建基准面

图 6-130　绘制草图 8

（25）拉伸实体 8。选择菜单栏中的“插入”→“凸台/基体”→“拉伸”命令，或者单击“特征”控制面板中的“拉伸凸台/基体”按钮，此时系统弹出如图 6-131 所示的“凸台-拉伸”属性管理器。设置拉伸终止条件为“给定深度”，输入拉伸距离为 10，然后单击确定按钮✓，结果如图 6-132 所示。

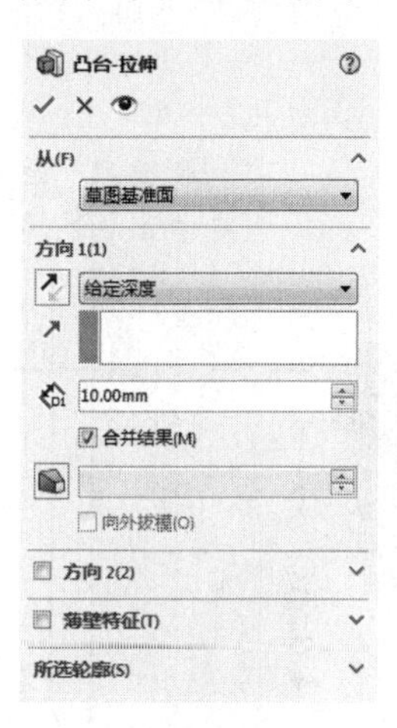

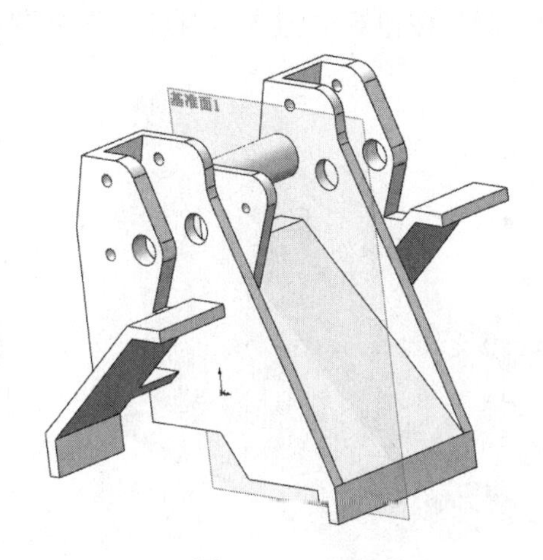

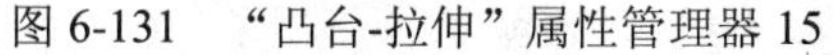

图 6-131 “凸台-拉伸”属性管理器 15

图 6-132 拉伸实体 8

（26）镜向特征。选择菜单栏中的“插入”→“阵列/镜向”→“镜向”命令，或者单击“特征”控制面板中的“镜向”按钮，此时系统弹出如图 6-133 所示的“镜向”属性管理器。选择“前视基准面”为镜向面，视图中上一步创建的拉伸特征为要镜向的特征，然后单击确定按钮✓，结果如图 6-134 所示。

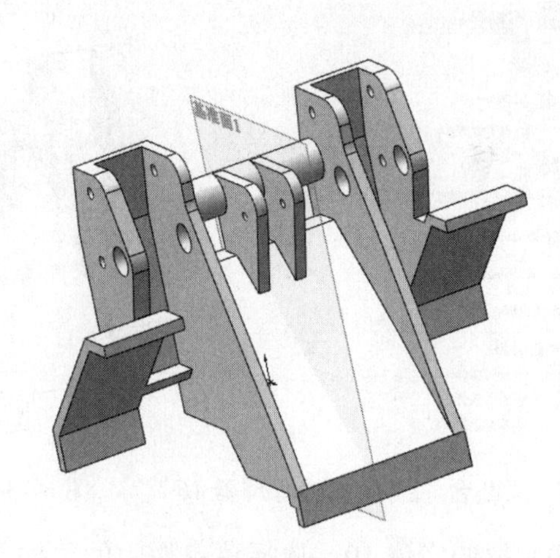

图 6-133 “镜向”属性管理器

图 6-134 镜向实体

（27）绘制草图 9。在视图中用鼠标选择如图 6-135 所示的面 1 作为绘制图形的基准面。单击“草图”控制面板中的“中心线”按钮、“直线”按钮、“切线弧”按钮和“镜向”按钮，绘制并标注草图如图 6-136 所示。

（28）拉伸实体 9。选择菜单栏中的“插入”→“凸台/基体”→“拉伸”命令，或者单击“特征”控制面板中的“拉伸凸台/基体”按钮，此时系统弹出如图 6-137 所示的“凸台-

拉伸”属性管理器。设置拉伸终止条件为“给定深度”，输入拉伸距离为 30，单击“反向”按钮，使拉伸方向朝上，然后单击确定按钮✓，结果如图 6-138 所示。

（29）绘制草图 10。在视图中用鼠标选择如图 6-135 所示的面 2 作为绘制图形的基准面。单击“草图”控制面板中的“中心线”按钮、“直线”按钮、“切线弧”、“镜向”按钮和“圆”按钮，绘制并标注草图如图 6-139 所示。

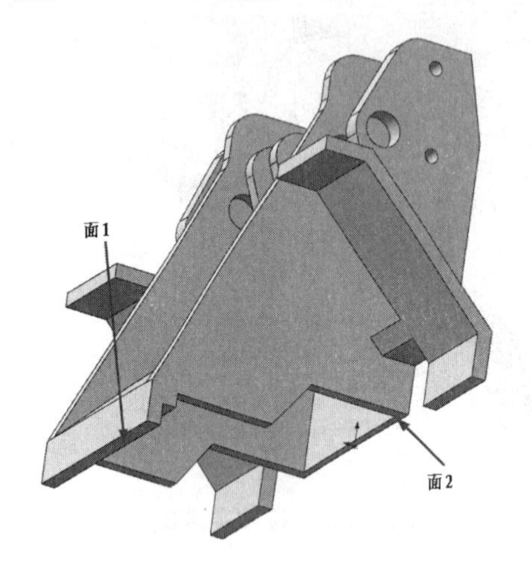

图 6-135　选择拉伸面 1

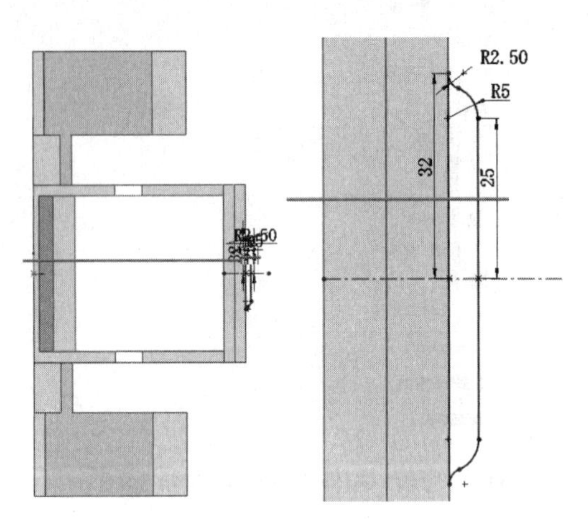

图 6-136　绘制草图 9

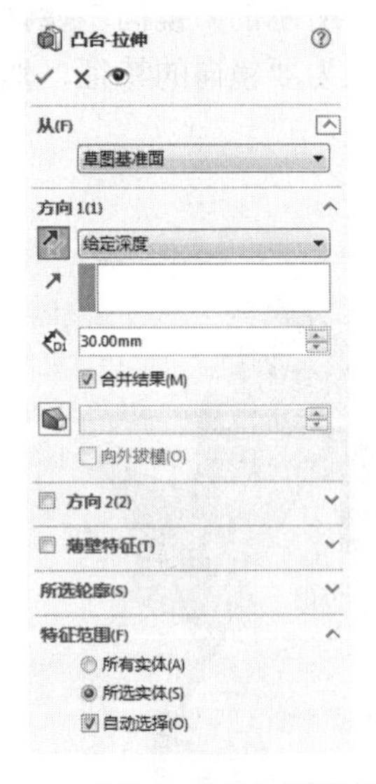

图 6-137　“凸台-拉伸”属性管理器 16

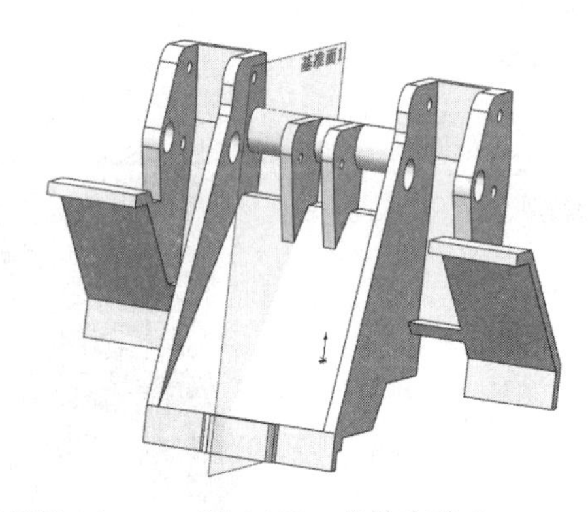

图 6-138　拉伸实体 9

图 6-139　绘制草图 10

（30）拉伸实体 10。选择菜单栏中的“插入”→“凸台/基体”→“拉伸”命令，或者单击“特征”控制面板中的“拉伸凸台/基体”按钮，此时系统弹出如图 6-140 所示的“凸台-拉伸”属性管理器。设置拉伸终止条件为“给定深度”，输入拉伸距离为 20，单击“反向”按钮，使拉伸方向朝上，然后单击确定按钮✓，结果如图 6-141 所示。

（31）绘制草图。在视图中用鼠标选择如图 6-141 所示的面 1 作为绘制图形的基准面。单击“草图”控制面板中的“圆”按钮，绘制并标注草图如图 6-142 所示。

（32）切除拉伸实体 3。选择菜单栏中的“插入”→“切除”→“拉伸”命令，或者单击

“特征”控制面板中的“切除拉伸”按钮，此时系统弹出如图 6-143 所示的“切除-拉伸”属性管理器。设置终止条件为“完全贯穿”，然后单击属性管理器中的确定按钮✓，结果如图 6-144 所示。

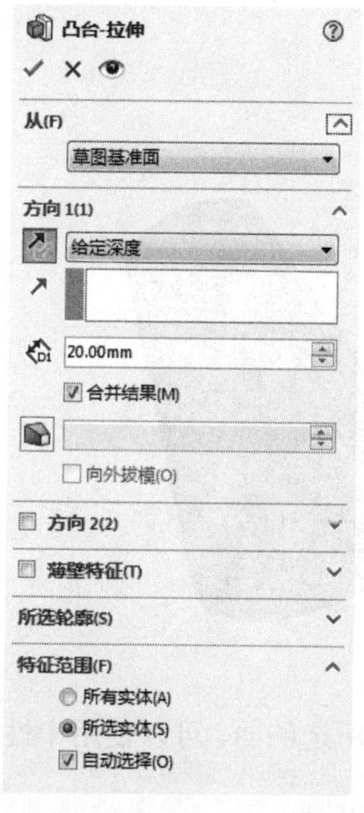

图 6-140 “凸台-拉伸”属性管理器 17

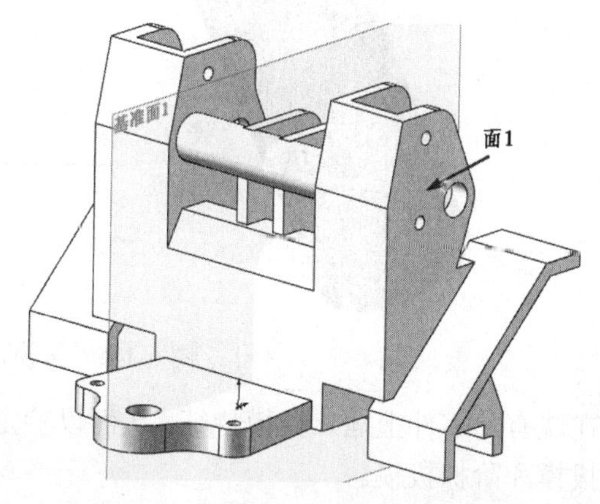

图 6-141 拉伸实体 10

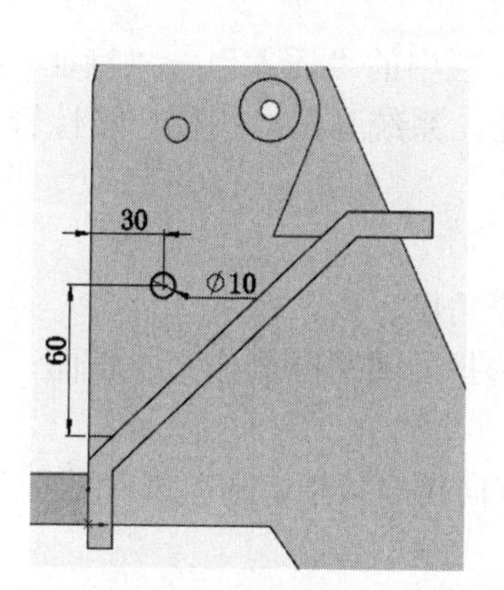

图 6-142 绘制草图

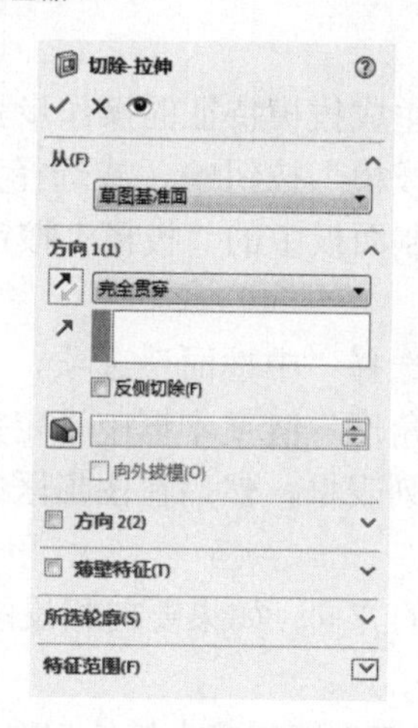

图 6-143 “拉伸-切除”属性管理器 6

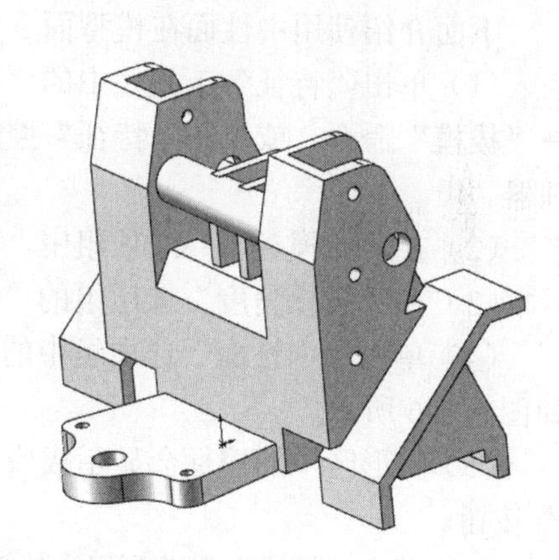

图 6-144 拉伸切除实体 3

6.5 拔模特征

拔模是零件模型上常见的特征，是以指定的角度斜削模型中所选的面。经常应用于铸造零件，由于拔模角度的存在可以使型腔零件更容易脱出模具。SOLIDWORKS 提供了丰富的拔模功能。用户既可以在现有的零件上插入拔模特征，也可以在拉伸特征的同时进行拔模。本节主要介绍在现有的零件上插入拔模特征。

下面对与拔模特征有关的术语进行说明。

拔模面：选取的零件表面，此面将生成拔模斜度。

中性面：在拔模的过程中大小不变的固定面，用于指定拔模角的旋转轴。如果中性面与拔模面相交，则相交处即为旋转轴。

拔模方向：用于确定拔模角度的方向。

如图 6-145 所示是一个拔模特征的应用实例。

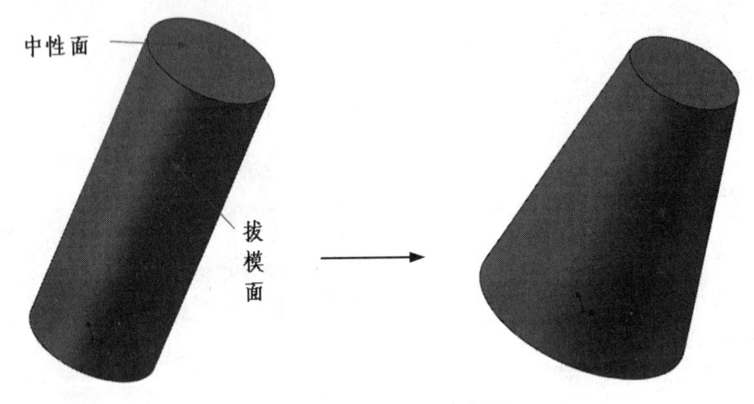

图 6-145　拔模特征实例

要在现有的零件上插入拔模特征，从而以特定角度斜削所选的面，可以使用中性面拔模、分型线拔模和阶梯拔模。

6.5.1 中性面拔模特征

下面介绍使用中性面在模型面上生成拔模特征的操作步骤。

（1）单击“特征”工具栏中的“拔模”按钮，或选择菜单栏中的“插入”→“特征”→“拔模”命令，或单击“特征”控制面板中的“拔模”按钮，系统弹出“拔模”属性管理器。

（2）在“拔模类型”选项组中，选择“中性面”选项。

（3）在“拔模角度”选项组的“角度”文本框中设定拔模角度。

（4）单击“中性面”选项组中的列表框，然后在图形区中选择面或基准面作为中性面，如图 6-146 所示。

（5）图形区中的控标会显示拔模的方向，如果要向相反的方向生成拔模，则单击“反向”按钮。

（6）单击“拔模面”选项组“拔模面”图标右侧的列表框，然后在图形区中选择拔模面。

（7）如果要将拔模面延伸到额外的面，从“拔模沿面延伸”下拉列表框中选择以下选项。

沿切面：将拔模延伸到所有与所选面相切的面。

所有面：所有从中性面拉伸的面都进行拔模。

内部的面：所有与中性面相邻的内部面都进行拔模。

外部的面：所有与中性面相邻的外部面都进行拔模。

无：拔模面不进行延伸。

（8）拔模属性设置完毕，单击确定按钮，完成中性面拔模特征。

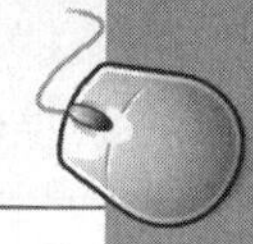

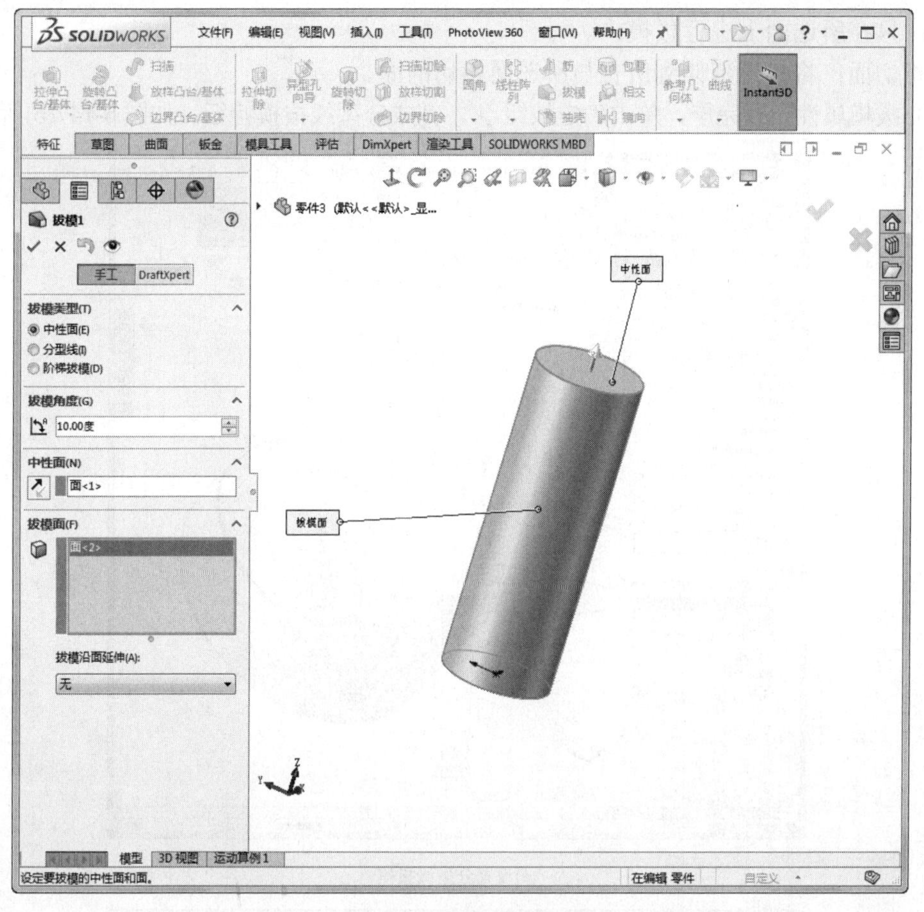

图 6-146 选择中性面

6.5.2 分型线拔模特征

利用分型线拔模可以对分型线周围的曲面进行拔模。下面介绍插入分型线拔模特征的操作步骤。

（1）单击“特征”工具栏中的“拔模”按钮，或选择菜单栏中的“插入”→“特征”→“拔模”命令，或者单击“特征”控制面板中的（拔模）按钮，系统弹出“拔模”属性管理器。

（2）在“拔模类型”选项组中，选择“分型线”选项。

（3）在“拔模角度”选项组的“角度”文本框中指定拔模角度。

（4）单击“拔模方向”选项组中的列表框，然后在图形区中选择一条边线或一个面来指示拔模方向。

（5）如果要向相反的方向生成拔模，则单击“反向”按钮。

（6）单击“分型线”选项组“分型线”图标右侧的列表框，在图形区中选择分型线，如图 6-147(a)所示。

（7）如果要为分型线的每一线段指定不同的拔模方向，则单击“分型线”选项组“分型线”图标右侧列表框中的边线名称，然后单击“其他面”按钮。

（8）在“拔模沿面延伸”下拉列表框中选择拔模沿面延伸类型。

无：只在所选面上进行拔模。

沿相切面：将拔模延伸到所有与所选面相切的面。

（9）拔模属性设置完毕，单击确定按钮✓，完成分型线拔模特征，如图 6-147(b)所示。

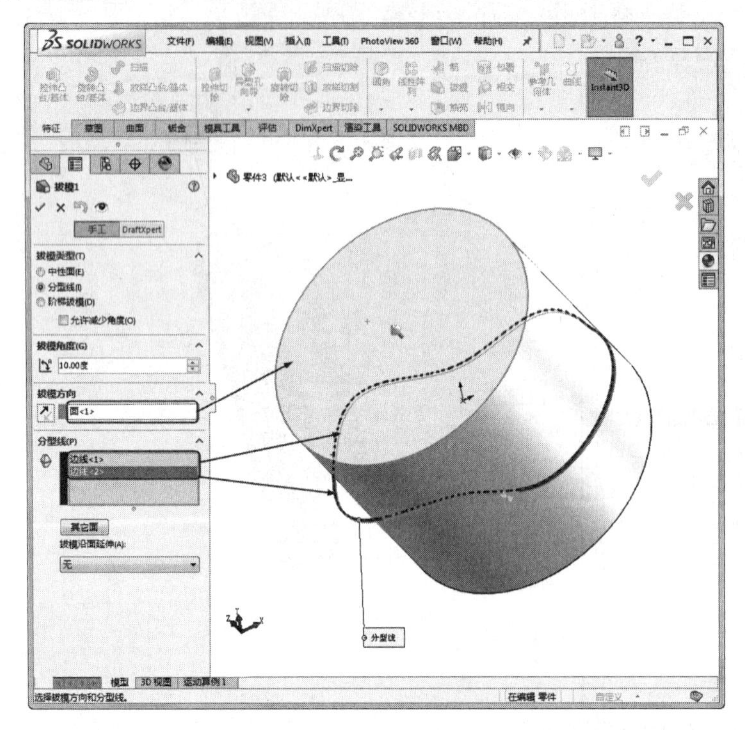

(a)设置分型线拔模

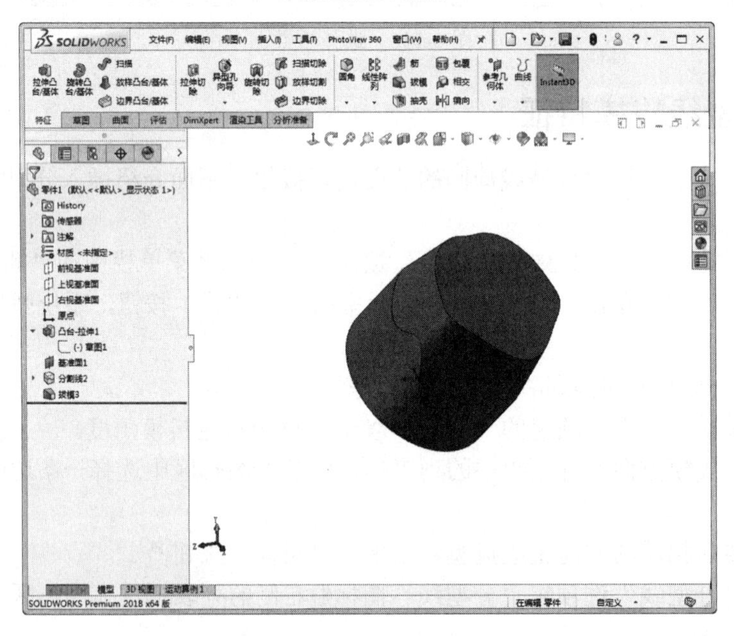

(b)分型线拔模效果

图 6-147 分型线拔模

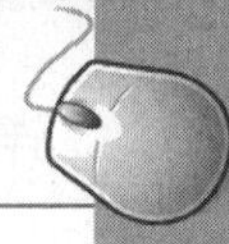

注意：拔模分型线必须满足以下条件：①在每个拔模面上至少有一条分型线段与基准面重合；②其他所有分型线段处于基准面的拔模方向；③没有分型线段与基准面垂直。

6.5.3 阶梯拔模特征

除了中性面拔模和分型线拔模以外，SOLIDWORKS 还提供了阶梯拔模。阶梯拔模为分型线拔模的变体，它的分型线可以不在同一平面内，如图 6-148 所示。

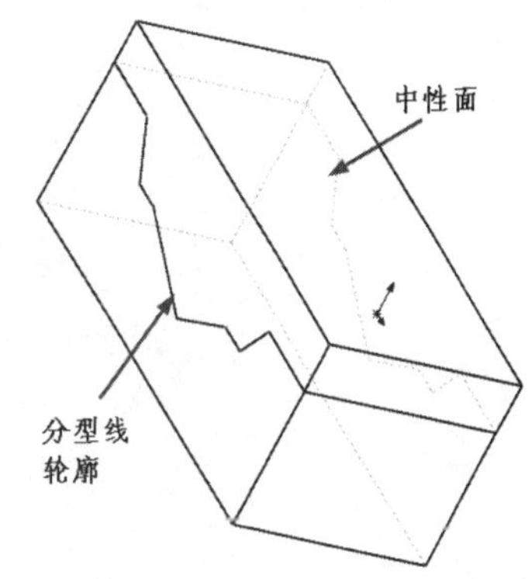

图 6-148 阶梯拔模中的分型线轮廓

下面介绍插入阶梯拔模特征的操作步骤。

（1）单击“特征”工具栏中的“拔模”按钮，或选择菜单栏中的“插入”→“特征”→“拔模”命令，或者单击“特征”控制面板中的（拔模）按钮，系统弹出“拔模”属性管理器。

（2）在“拔模类型”选项组中，选择“阶梯拔模”选项。

（3）如果想使曲面与锥形曲面一样生成，则勾选“锥形阶梯”复选框；如果想使曲面垂直于原主要面，则勾选“垂直阶梯”复选框。

（4）在“拔模角度”选项组的“角度”文本框中指定拔模角度。

（5）单击“拔模方向”选项组中的列表框，然后在图形区中选择一基准面指示起模方向。

（6）如果要向相反的方向生成拔模，则单击“反向”按钮。

（7）单击“分型线”选项组“分型线”图标右侧的列表框，然后在图形区中选择分型线，如图 6-149(a)所示。

（8）如果要为分型线的每一线段指定不同的拔模方向，则在“分型线”选项组“分型线”图标右侧的列表框中选择边线名称，然后单击“其他面”按钮。

（9）在“拔模沿面延伸”下拉列表框中选择拔模沿面延伸类型。

（10）拔模属性设置完毕，单击确定按钮，完成阶梯拔模特征，如图 6-149(b)所示。

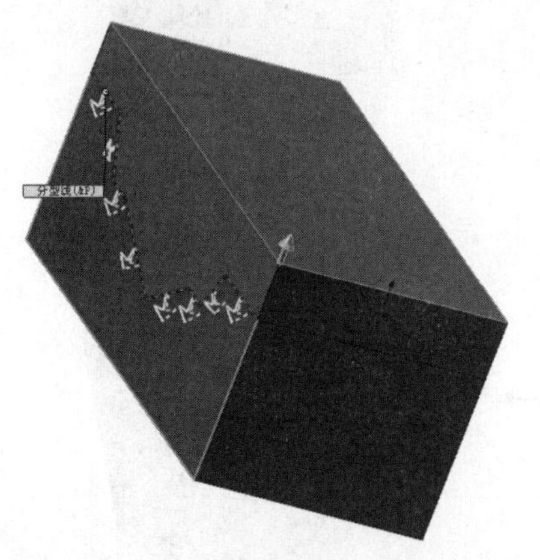

(a)选择分型线

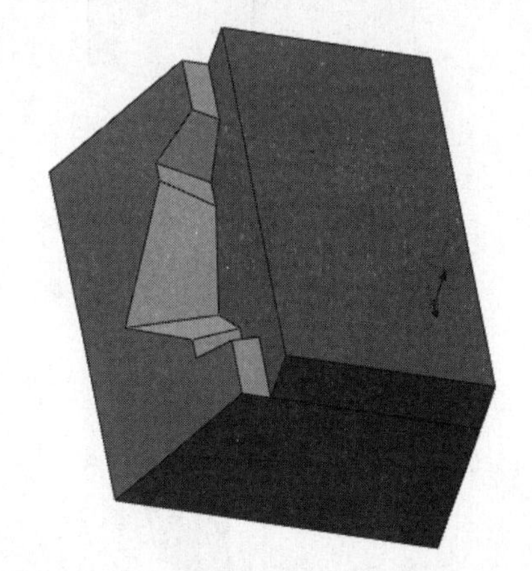

(b)阶梯拔模效果

图 6-149 创建分型线拔模

6.5.4 实例——充电器

本例绘制的充电器，如图 6-150 所示。

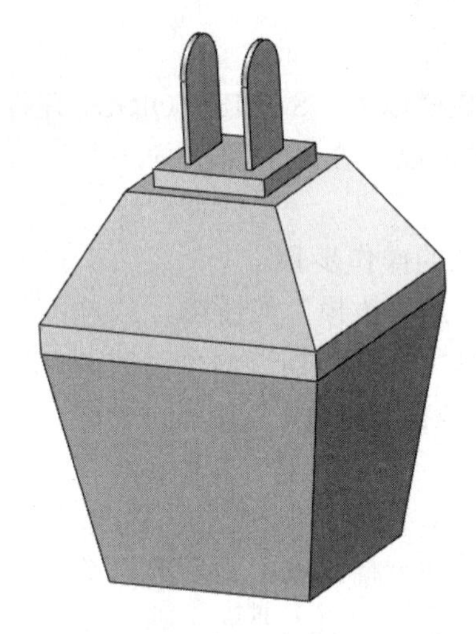

图 6-150 充电器

思路分析

本实例绘制的充电器主要方法是反复利用拉伸和拔模功能形成各个实体单元，最后进行圆角处理。绘制的流程图如图 6-151 所示。

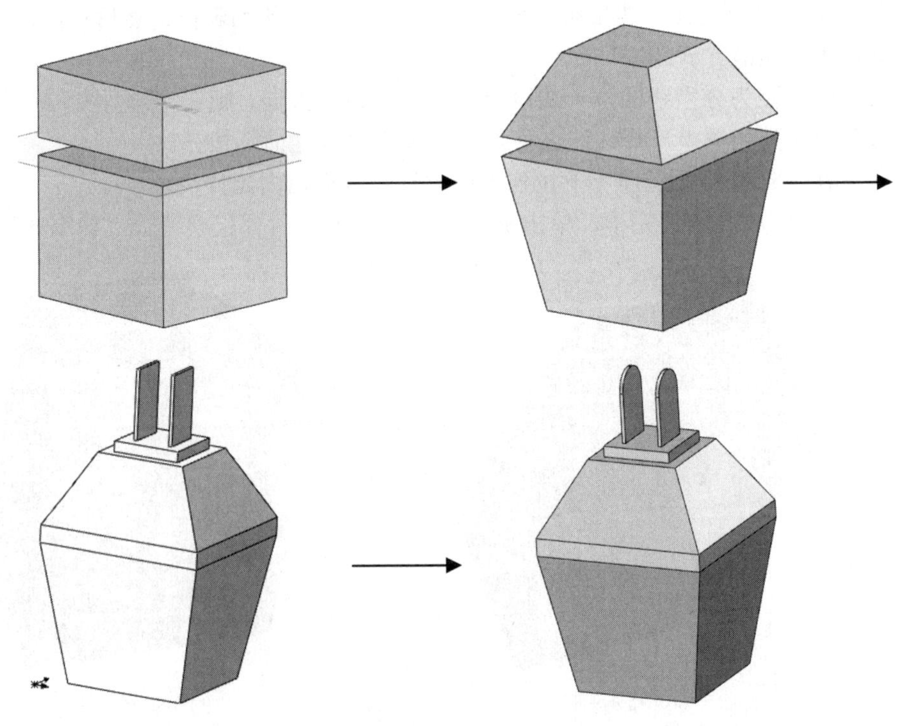

图 6-151 流程图

创建步骤

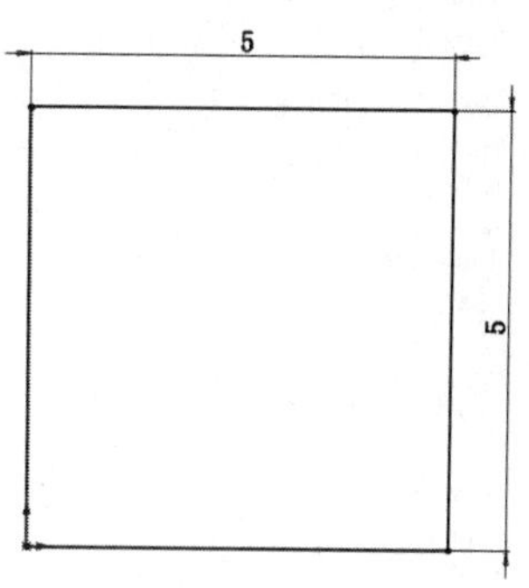

图 6-152　绘制草图

（1）单击“标准”工具栏中的“新建”按钮，在弹出的“新建 SOLIDWORKS 文件”对话框中选择“零件”按钮，然后单击“确定”按钮，创建一个新的零件文件。

（2）在左侧的 FeatureManager 设计树中用鼠标选择“前视基准面”作为绘制图形的基准面。单击“草图”控制面板中的“边角矩形”按钮，绘制草图轮廓，标注并修改尺寸，结果如图 6-152 所示。

（3）单击“特征”控制面板中的“拉伸凸台/基体”按钮，此时系统弹出如图 6-153 所示的“凸台-拉伸”属性管理器。选择上步绘制的草图为拉伸截面，设置终止条件为“给定深度”，输入拉伸距离为 4，然后单击属性管理器中的确定按钮，结果如图 6-154 所示。

图 6-153　“凸台-拉伸”属性管理器 18

图 6-154　拉伸后的图形

（4）单击“特征”控制面板中的“基准面”按钮，此时系统弹出如图 6-155 所示的“基准面”属性管理器。选择上步拉伸体上表面为参考，输入偏移距离为 0.5，然后单击属性管理器中的确定按钮，结果如图 6-156 所示。

（5）在左侧的 FeatureManager 设计树中用鼠标选择“基准面 1”作为绘制图形的基准面。单击“草图”控制面板中的“转换实体引用”按钮，将拉伸体的外表面边线转换为图素。

（6）单击“特征”控制面板中的“拉伸凸台/基体”按钮，此时系统弹出“凸台-拉伸”属性管理器。选择上步绘制的草图为拉伸截面，设置终止条件为“给定深度”，输入拉伸距离为 2，然后单击属性管理器中的确定按钮，结果如图 6-157 所示。

（7）单击“特征”控制面板中的“拔模”按钮，此时系统弹出“拔模 1”属性管理器，如图 6-158 所示。选择拉伸体 1 的上表面为中性面，选择拉伸体 1 的四个面为拔模面，输入拔模角度为 10°，然后单击属性管理器中的确定按钮，结果如图 6-159 所示。

（8）单击“特征”控制面板中的“拔模”按钮，此时系统弹出“拔模 2”属性管理器，如图 6-160 所示。选择拉伸体 2 的上表面为中性面，选择拉伸体 2 的四个面为拔模面，输入拔模角度为 30°，然后单击属性管理器中的确定按钮，结果如图 6-161 所示。

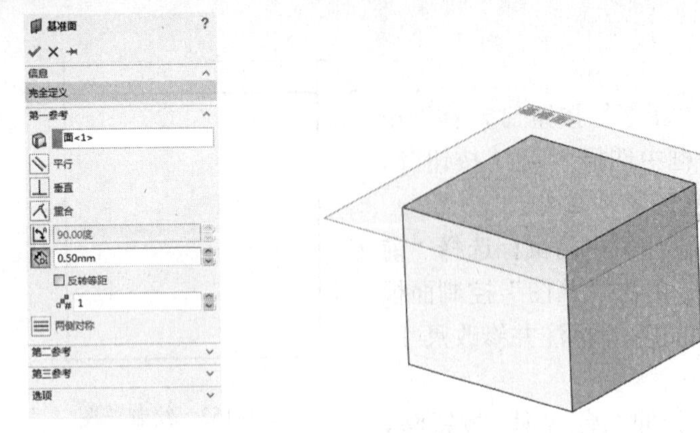

图 6-155 “基准面”属性管理器　　图 6-156 创建参考面

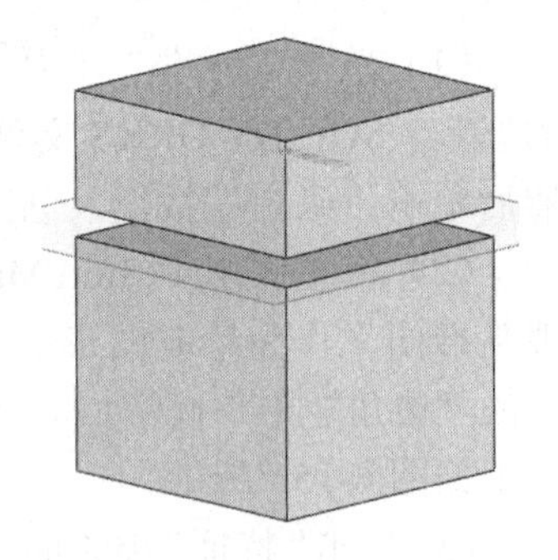

图 6-157 拉伸后的图形

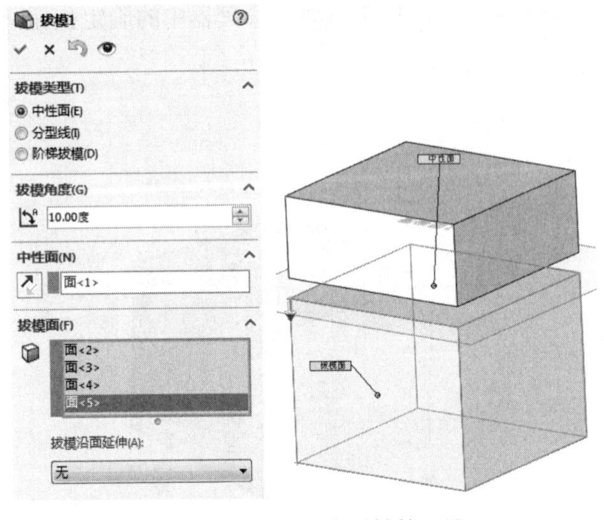

图 6-158 “拔模 1”属性管理器

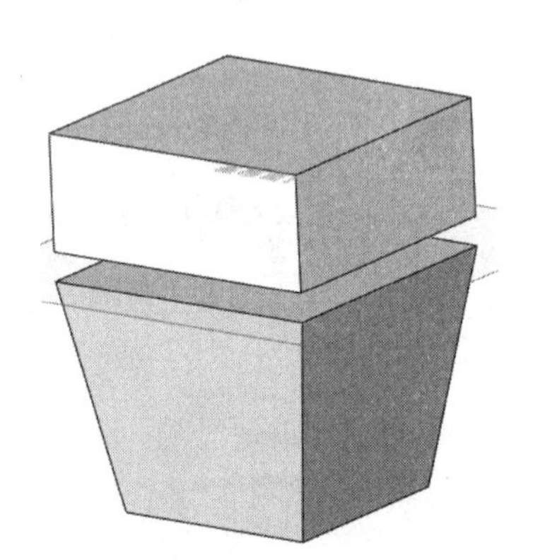

图 6-159 拔模处理

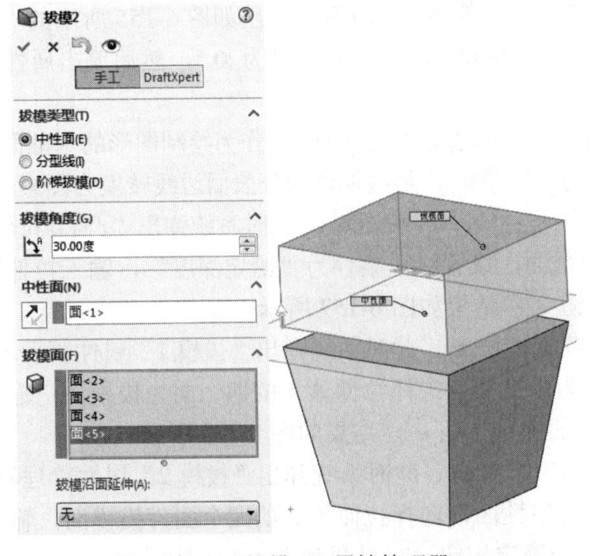

图 6-160 “拔模 2”属性管理器

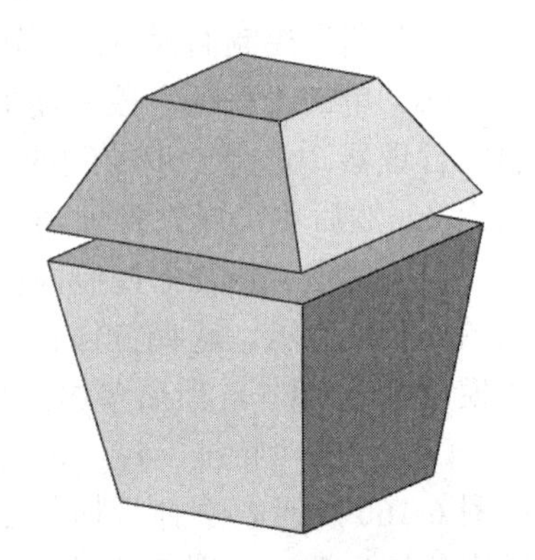

图 6-161 拔模处理

（9）单击“特征”控制面板中的“拉伸凸台/基体”按钮，此时系统弹出“凸台-拉伸”属性管理器。选择拉伸体 2 的草图，设置终止条件为“成形到下一面”，然后单击属性管理器中的确定按钮，结果如图 6-162 所示。

（10）在左侧的 FeatureManager 设计树中用鼠标选择如图 6-162 所示的面 1 作为绘制图形的基准面。单击“草图”控制面板中的“边角矩形”按钮，绘制草图并标注尺寸，如图 6-163 所示。

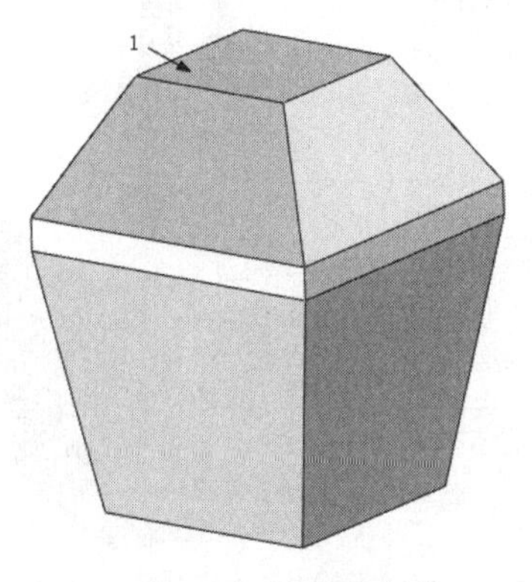

图 6-162　拉伸实体

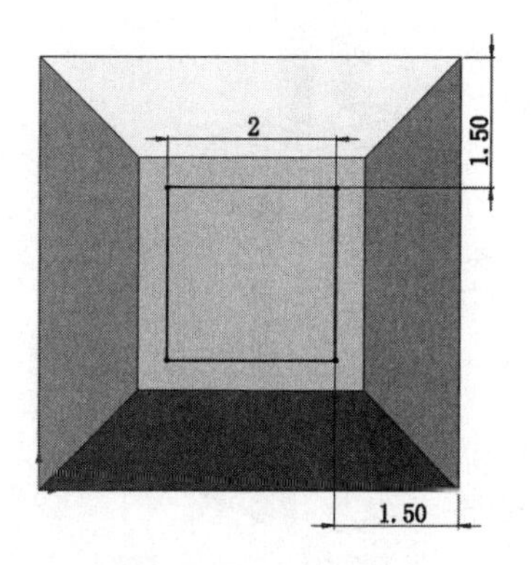

图 6-163　绘制草图

（11）单击“特征”控制面板中的“拉伸凸台/基体”按钮，此时系统弹出“凸台-拉伸”属性管理器。选择上步绘制的草图为拉伸截面，设置终止条件为“给定深度”，输入拉伸距离为 0.3，然后单击属性管理器中的确定按钮，结果如图 6-164 所示。

（12）在左侧的 FeatureManager 设计树中用鼠标选择如图 6-164 所示的面 2 作为绘制图形的基准面。单击“草图”控制面板中的“边角矩形”按钮，绘制草图并标注尺寸，如图 6-165 所示。

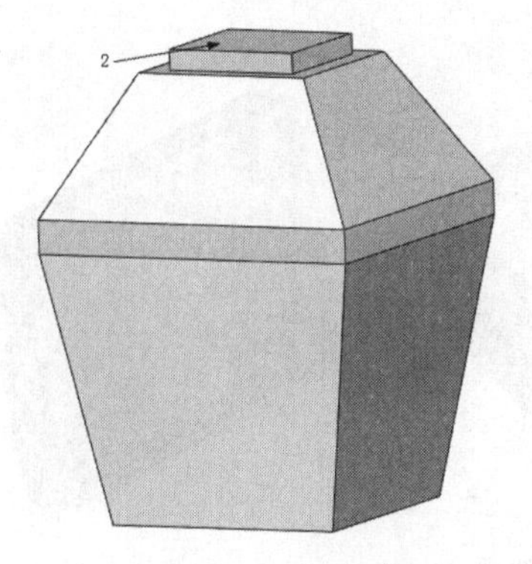

图 6-164　拉伸实体

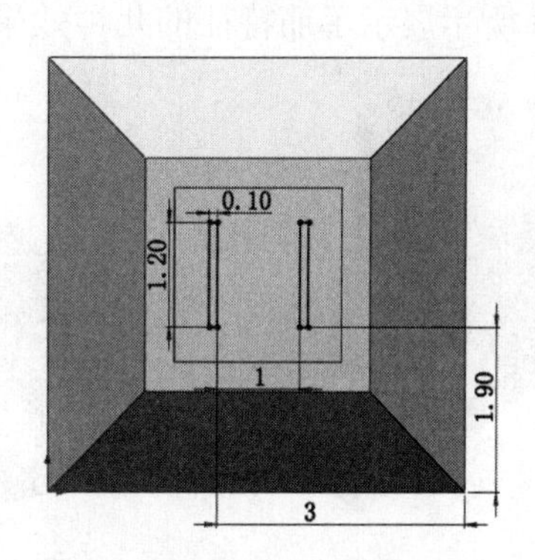

图 6-165　绘制草图

（13）单击“特征”控制面板中的“拉伸凸台/基体”按钮，此时系统弹出“凸台-拉伸”属性管理器。选择上步绘制的草图为拉伸截面，设置终止条件为“给定深度”，输入拉伸距离为 2，然后单击属性管理器中的确定按钮，结果如图 6-166 所示。

（14）单击“特征”控制面板中的“圆角”按钮，此时系统弹出如图 6-167 所示的“圆角”属性管理器。选择如图 6-167 所示的边为圆角边，输入圆角半径为 0.6，然后单击属性管理器中的确定按钮，结果如图 6-150 所示。

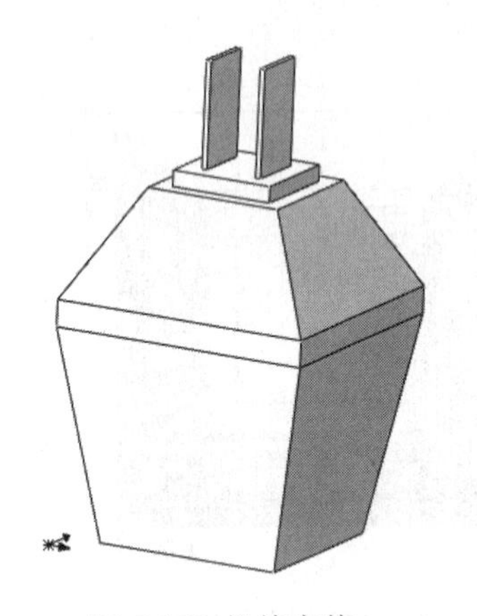

图 6-166 拉伸实体

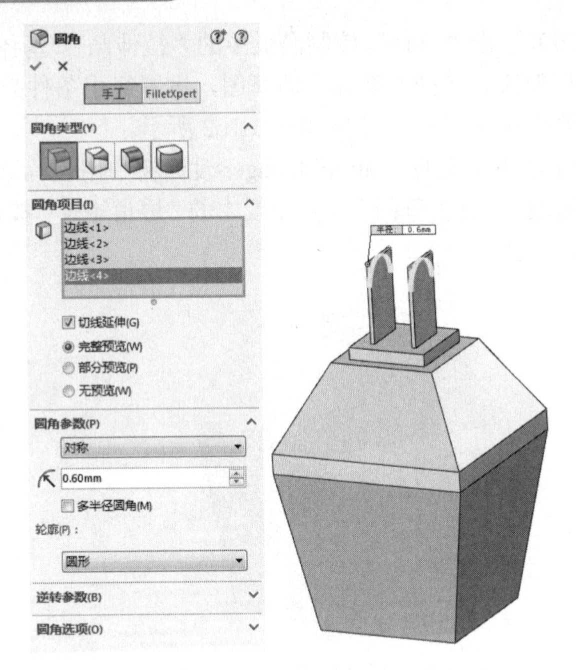

图 6-167 “圆角”属性管理器和圆角边

6.6 筋特征

筋是零件上增加强度的部分，它是一种从开环或闭环草图轮廓生成的特殊拉伸实体，它在草图轮廓与现有零件之间添加指定方向和厚度的材料。

在 SOLIDWORKS 2018 中，筋实际上是由开环的草图轮廓生成的特殊类型的拉伸特征。如图 6-168 所示展示了筋特征的几种效果。

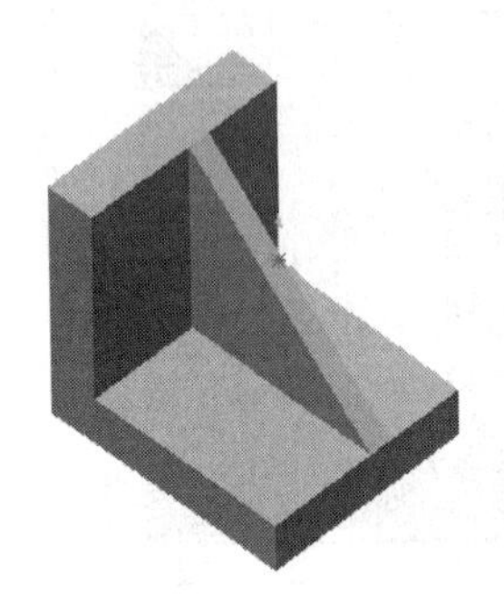

图 6-168 筋特征效果

6.6.1 创建筋特征

下面介绍筋特征创建的操作步骤。

（1）创建一个新的零件文件。

（2）在左侧的 FeatureManager 设计树中选择“前视基准面”作为绘制图形的基准面。

（3）单击“草图”控制面板中的“边角矩形”按钮，绘制两个矩形，并标注尺寸。

（4）单击“草图”控制面板中的“剪裁实体”按钮，裁剪后的草图如图 6-169 所示。

（5）单击“特征”控制面板中的“拉伸凸台/基体”按钮，系统弹出“拉伸”属性管理器。在“深度”文本框中输入40，然后单击确定按钮，创建的拉伸特征如图6-170所示。

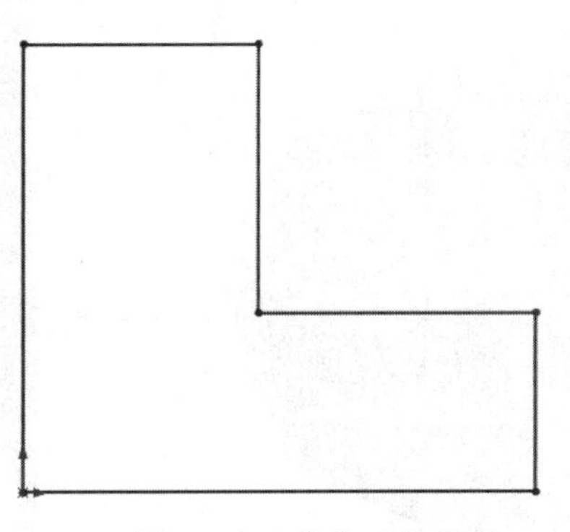

图6-169　裁剪后的草图

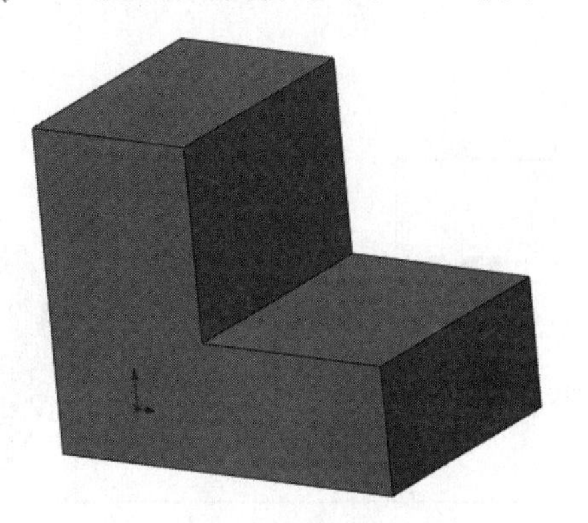

图6-170　创建拉伸特征

（6）在左侧的FeatureManager设计树中选择“前视基准面”，然后单击“标准视图”工具栏中的“正视于”按钮，将该基准面作为绘制图形的基准面。

（7）单击“草图”控制面板中的“直线”按钮，在前视基准面上绘制如图6-171所示的草图。

（8）单击“特征”控制面板中的“筋”按钮，此时系统弹出“筋1”属性管理器。按照图6-172进行参数设置，然后单击确定按钮。

（9）单击“标准视图”工具栏中的“等轴测”按钮，将视图以等轴测方向显示，添加的筋如图6-173所示。

图6-171　绘制草图

图6-172　“筋1”属性管理器

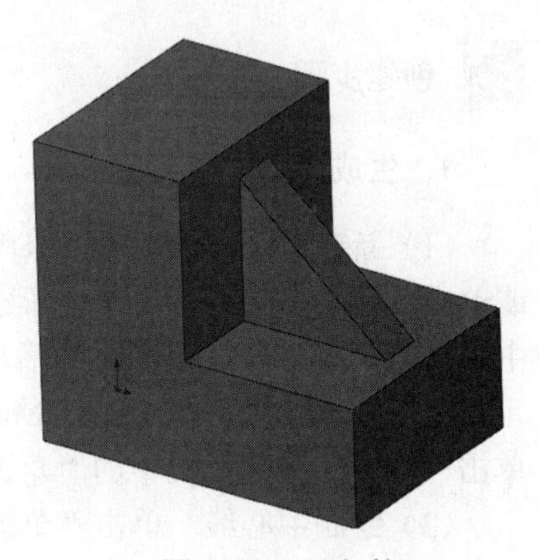

图6-173　添加筋

6.6.2　实例——导流盖

本例绘制的导流盖如图6-174所示。

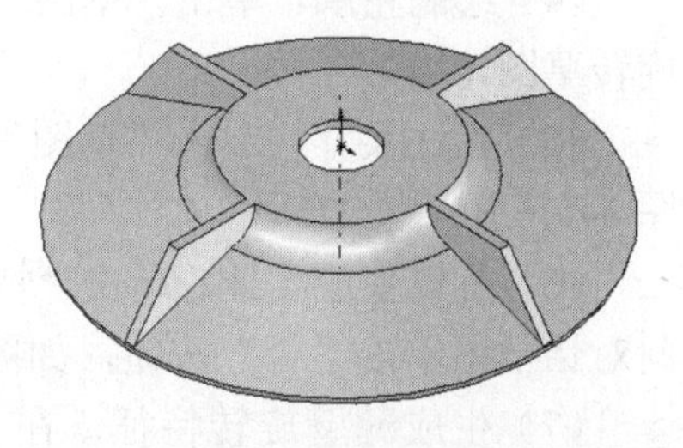

图6-174 导流盖

思路分析

本例首先绘制开环草图，旋转成薄壁模型，接着绘制筋特征，重复操作绘制其余筋，完成零件建模，最终生成导流盖模型，绘制过程如图6-175所示。

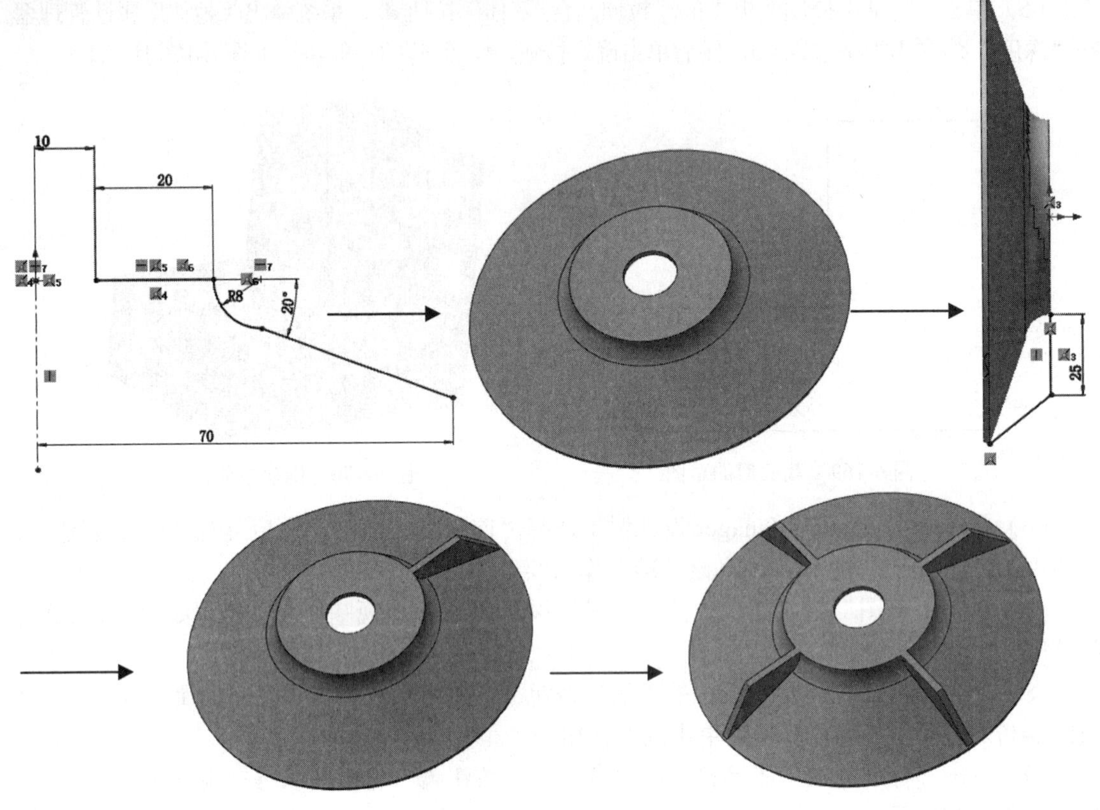

图 6-175　流程图

创建步骤

1. 生成薄壁旋转特征

（1）新建文件。启动 SOLIDWORKS 2018，选择菜单栏中的“文件”→“新建”命令，或单击“标准”工具栏中的“新建”按钮，在弹出的“新建 SOLIDWORKS 文件”对话框中，单击“零件”按钮，然后单击“确定”按钮，新建一个零件文件。

（2）新建草图。在 FeatureManager 设计树中选择“前视基准面”作为草图绘制基准面，单击“草图”控制面板中的“草图绘制”按钮，新建一张草图。

（3）绘制中心线。单击“草图”控制面板中的“中心线”按钮，过原点绘制一条竖直中心线。

（4）绘制轮廓。单击“草图”控制面板中的“直线”按钮和“切线弧”按钮，绘制旋转草图轮廓。

（5）标注尺寸。单击“草图”控制面板中的“智能尺寸”按钮，为草图标注尺寸，如图 6-176 所示。

（6）旋转生成实体。单击“特征”控制面板中的“旋转凸台/基体”按钮，在弹出的询问对话框中单击“否”按钮，如图 6-177 所示。

（7）生成薄壁旋转特征。在“旋转”属性管理器中设置旋转类型为“单向”，并在“角度”文本框中输入 360，单击“薄壁特征”面板中的“反向”按钮，使薄壁向内部

拉伸，在“厚度”文本框中输入 2，如图 6-178 所示。单击确定按钮，生成薄壁旋转特征。

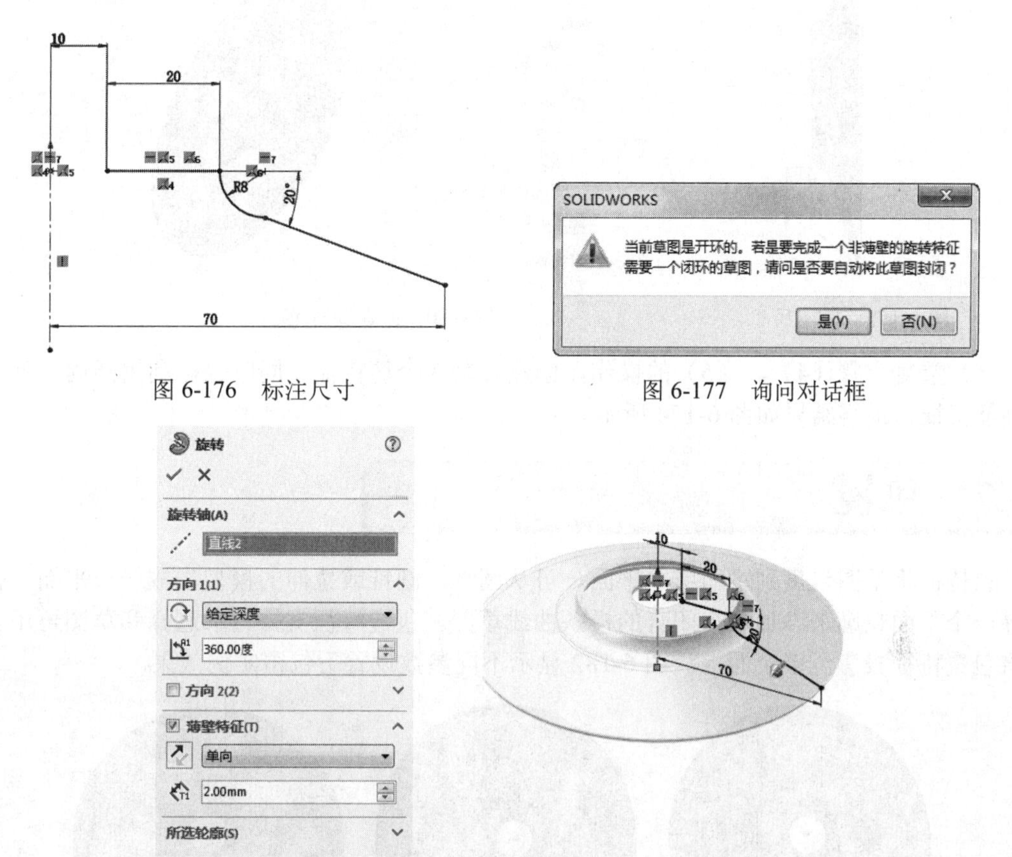

图 6-176　标注尺寸

图 6-177　询问对话框

图 6-178　生成薄壁旋转特征

2. 创建筋特征

（1）新建草图。在 FeatureManager 设计树中选择“右视基准面”作为草图绘制基准面，单击“草图”控制面板中的“草图绘制”按钮，新建一张草图。单击“标准视图”工具栏中的“正视于”按钮，正视于右视图。

（2）绘制直线。单击“草图”控制面板中的“直线”按钮，将光标移到台阶的边缘，当光标变为形状时，表示指针正位于边缘上，移动光标以生成从台阶边缘到零件边缘的折线。

（3）标注尺寸。单击“草图”控制面板中的“智能尺寸”按钮，为草图标注尺寸，如图 6-179 所示。

（4）设置视图方向。单击“标准视图”工具栏中的“等轴测”按钮，用等轴测视图观看图形。

（5）创建筋特征。单击“特征”控制面板中的“筋”按钮，或选择菜单栏中的“插入”→“特征”→“筋”命令，弹出“筋”属性管理器；单击“两侧”按钮，设置厚度生成方式为两边均等添加材料，在 “筋厚度”文本框中输入 10，单击“平行于草图”按钮，设定筋的拉伸方向为平行于草图，如图 6-180 所示，单击确定按钮，生成筋特征。

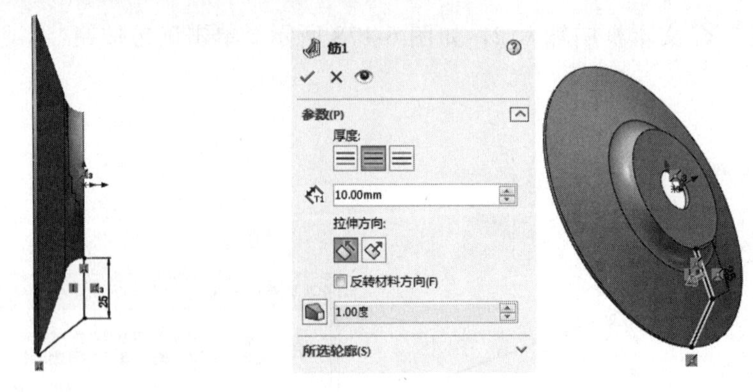

图 6-179　标注尺寸　　　　图 6-180　创建筋特征

（6）重复步骤（4）、（5）的操作，创建其余 3 个筋特征。同时也可利用圆周阵列命令阵列筋特征，最终结果如图 6-174 所示。

6.7　包覆

该特征将草图包裹到平面或非平面。可从圆柱、圆锥或拉伸的模型生成一个平面。也可选择一个平面轮廓来添加多个闭合的样条曲线草图。包覆特征支持轮廓选择和草图再用。可以将包覆特征投影至多个面上。图 6-182 显示不同参数设置下包覆实例效果。

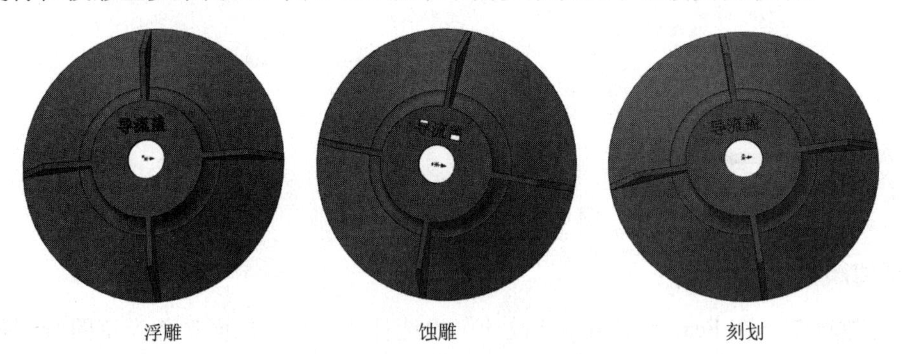

图 6-181　包覆特征效果

单击“特征”工具栏中的“包覆”按钮，选择菜单栏中的“插入”→“特征”→“包覆”命令，或者单击“特征”控制面板中的“包覆”按钮。系统打开如图 6-182 所示的“包覆 1”属性管理器，其中的可控参数如下。

图 6-182　“包覆 1”属性管理器

1. “包覆参数”选项组

（1）“浮雕”：在面上生成一突起特征。

（2）“蚀雕”：在面上生成一缩进特征。

（3）“刻划”： 在面上生成一草图轮廓的压印。

（4）“包覆草图的面”：选择一个非平面的面。

（5）“厚度”：输入厚度值。勾选“反向”复选框，更改方向。

2. “拔模方向”选项组

选取一直线、线性边线，或基准面来设定拔模方向。对于直线或线性边线，拔模方向是选定实体的方向。对于基准面，拔模方向与基准面正交。

3. “源草图”选项组

在视图中选择要创建包覆的草图。

6.8 综合实例——铲斗

本例绘制的铲斗，如图 6-183 所示。

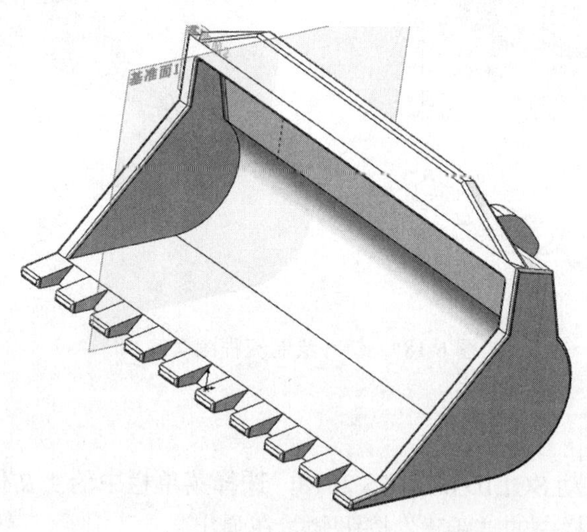

图 6-183 铲斗

思路分析

首先绘制铲斗的外形轮廓草图，然后拉伸成为铲斗主体轮廓，接着进行抽壳以及倒角处理，最后进行镜向和阵列处理。绘制的流程图如图 6-184 所示。

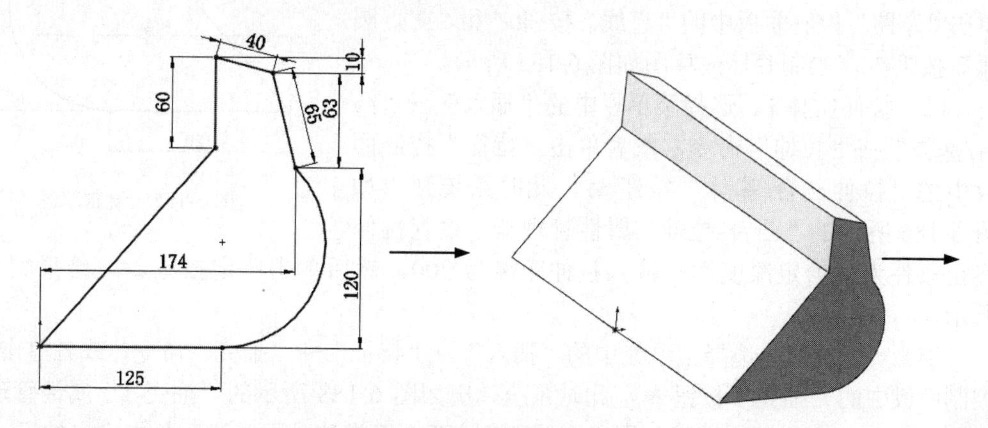

图 6-184 铲斗绘制流程图

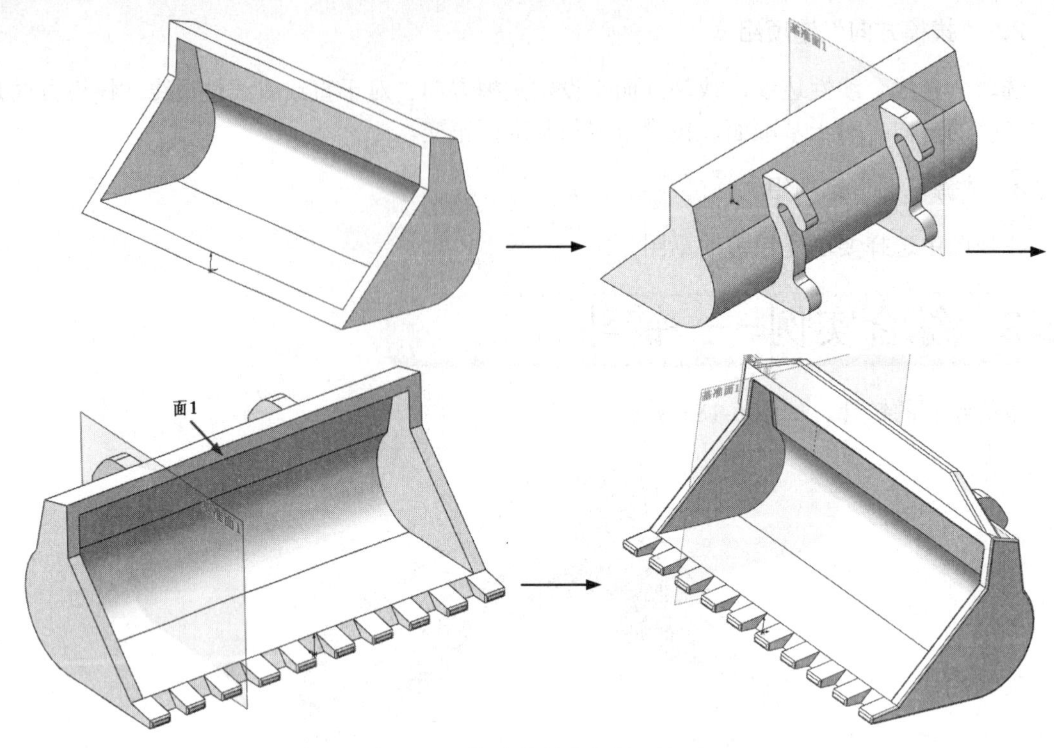

图 6-184　铲斗绘制流程图（续）

创建步骤

（1）新建文件。启动 SOLIDWORKS 2018，选择菜单栏中的“文件”→“新建”命令，或者单击“标准”工具栏中的“新建”按钮，在弹出的“新建 SOLIDWORKS 文件”对话框中选择“零件”按钮，然后单击“确定”按钮，创建一个新的零件文件。

（2）绘制草图 1。在左侧的 FeatureManager 设计树中用鼠标选择“前视基准面”作为绘制图形的基准面。单击“草图”控制面板中的“直线”按钮和“三点圆弧”按钮，绘制并标注草图如图 6-185 所示。

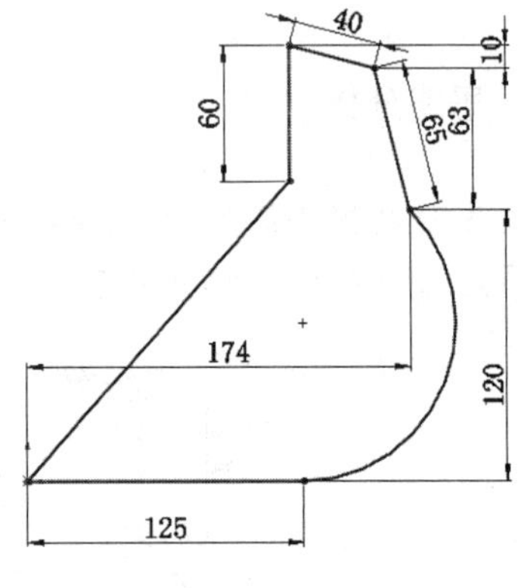

图 6-185　绘制草图 1

（3）拉伸实体 1。选择菜单栏中的“插入”→“凸台/基体”→“拉伸”命令，或者单击“特征”控制面板中的“拉伸凸台/基体”按钮，此时系统弹出如图 6-186 所示的“凸台-拉伸”属性管理器。设置拉伸终止条件为“给定深度”，输入拉伸距离为 200，然后单击确定按钮，结果如图 6-187 所示。

（4）实体抽壳。选择菜单栏中的“插入”→“特征”→“抽壳”命令，或者单击“特征”控制面板中的“抽壳”按钮，此时系统弹出如图 6-188 所示的“抽壳 1”属性管理器。输入厚度为 15，在视图中选择如图 6-188 所示的两个面为移除面，然后单击确定按钮，结果如图 6-189 所示。

图 6-186 “凸台-拉伸”属性管理器 19

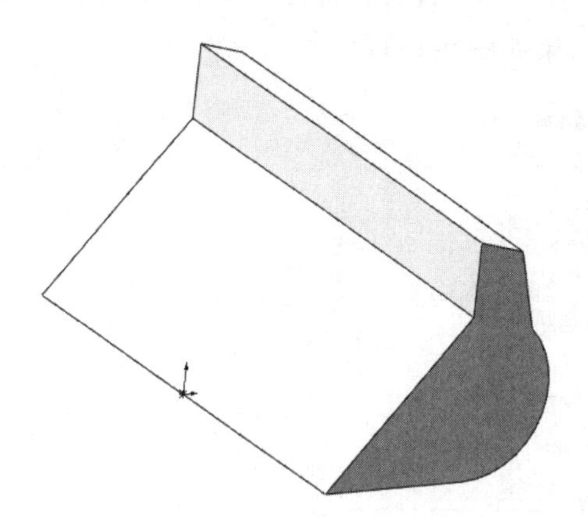

图 6-187 拉伸实体 1

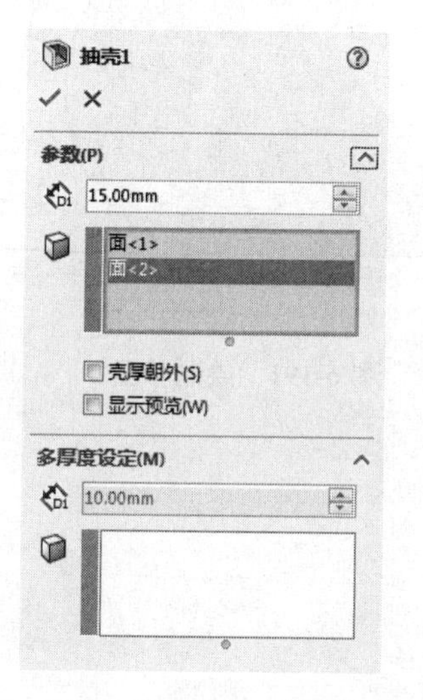

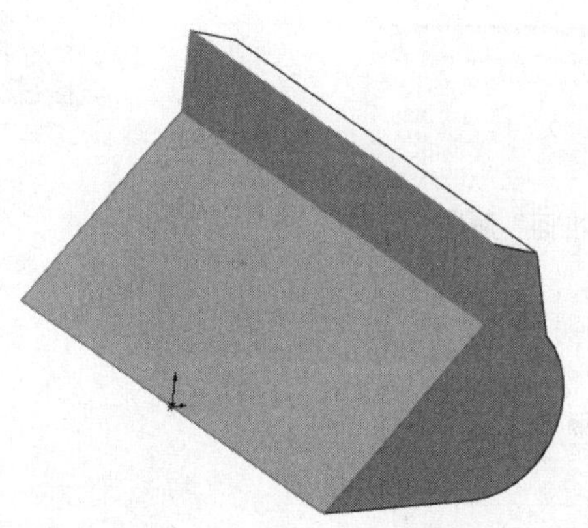

图 6-188 “抽壳 1”属性管理器

（5）创建基准平面。在左侧的 FeatureManager 设计树中用鼠标选择“前视基准面”作为绘制图形的基准面。单击“特征”控制面板“参考几何体”下拉列表中的“基准面”按钮，弹出“基准面”属性管理器，在“偏移距离”文本框中输入距离为 115，如图 6-190 所示；单击属性管理器中的确定按钮✓，生成基准面如图 6-191 所示。

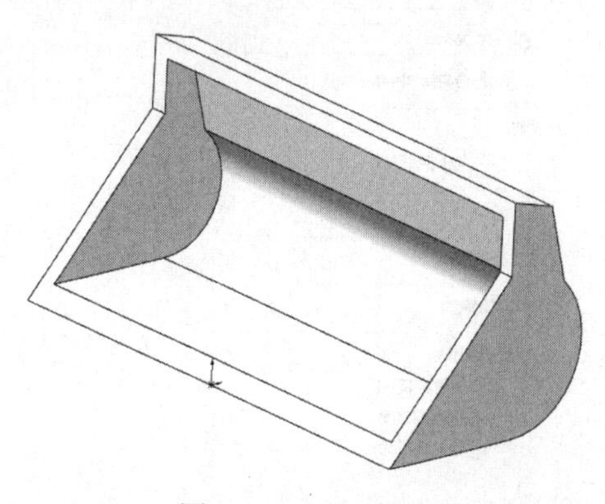

图 6-189 抽壳结果

（6）绘制草图 2。将基准面 1 作为绘制图形的基准面。单击“草图”控制面板中的“中心线”按钮、“直线”按钮和“三点圆弧”按钮，绘制并标注草图如图 6-191 所示。

（7）拉伸实体 2。选择菜单栏中的“插入”→“凸台/基体”→“拉伸”命令，或者单击“特征”控制面板中的“拉伸凸台/基体”按钮，此时系统弹出如图 6-192 所示的“凸台-拉伸”属性管理器。设置拉伸终止条件为“给定深度”，输入拉伸距离为 20，然后单击确定按钮✓，结果如图 6-193 所示。

图 6-190　“基准面”属性管理器

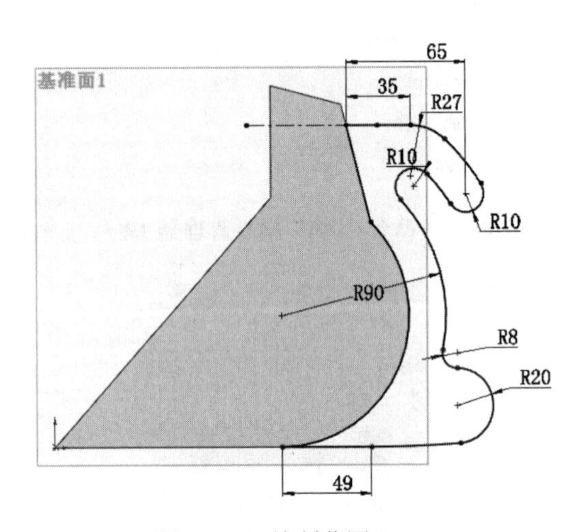

图 6-191　绘制草图 2

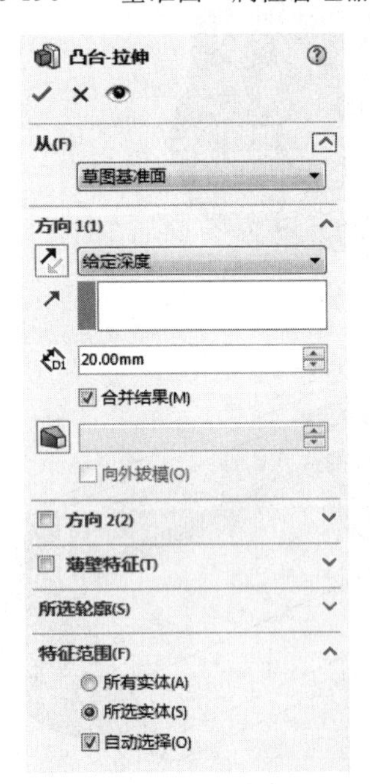

图 6-192　“凸台-拉伸”属性管理器 20

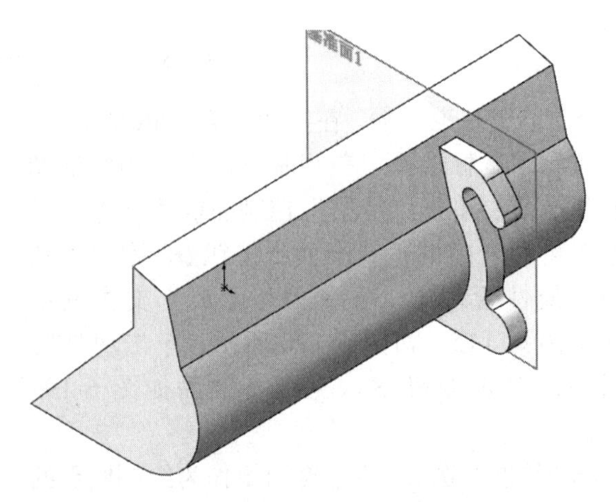

图 6-193　拉伸结果

（8）绘制草图 3。将基准面 1 作为绘制图形的基准面。单击“草图”控制面板中的“圆”，绘制半径为 17.5 的圆，如图 6-194 所示，单击“退出草图”按钮，退出草图。

（9）创建分割线。单击“特征”控制面板“曲线”下拉列表中的“分割线”按钮，打开“分割线”属性管理器，设置如图 6-195 所示，结果如图 6-196 所示。

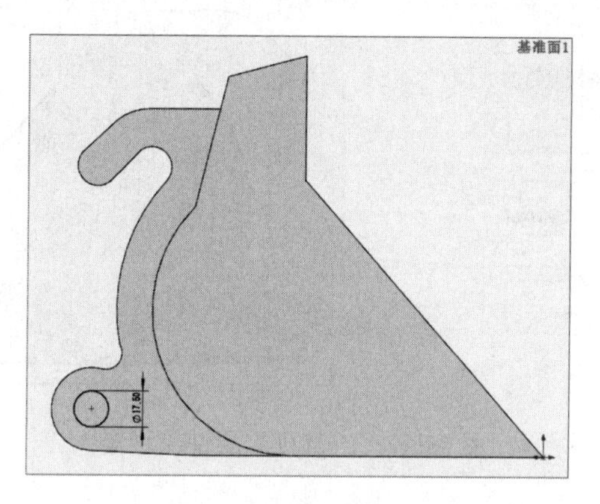

图 6-194　绘制草图 3

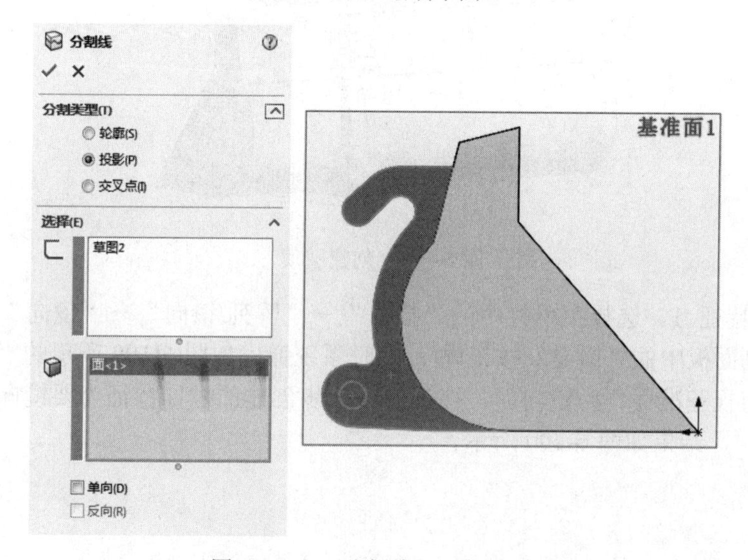

图 6-195　“分割线”属性管理器

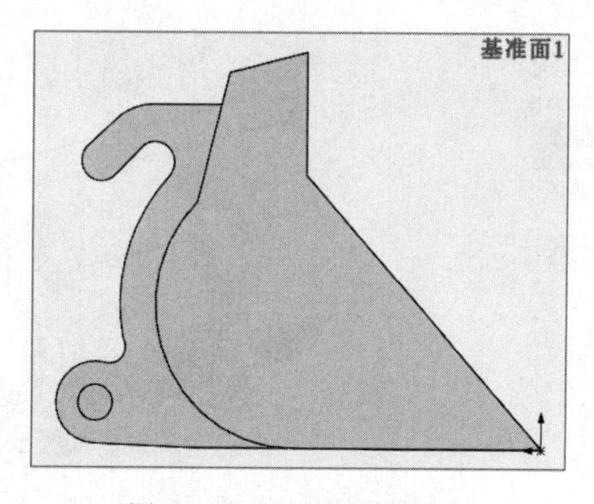

图 6-196　“分割线”结果

（10）创建圆顶。单击“特征”工具栏中的“圆顶”按钮，距离设置为 8.75，如图 6-197 所示，结果如图 6-198 所示。

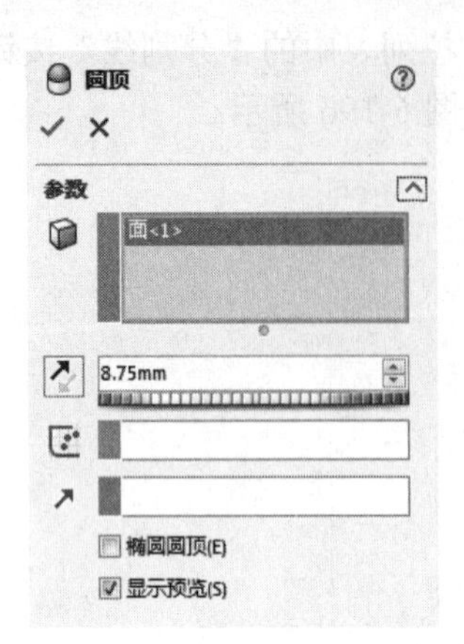

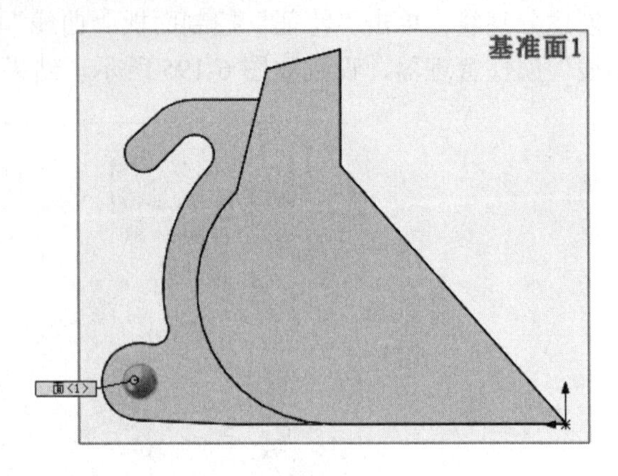

图 6-197　“圆顶”属性管理器

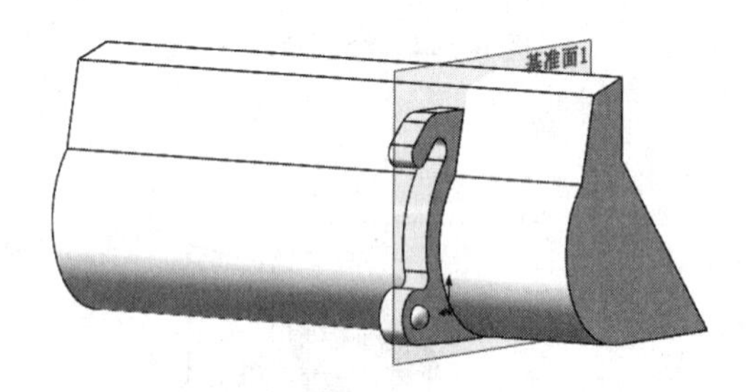

图 6-198　创建圆顶

（11）镜向特征 1。选择菜单栏中的“插入”→“阵列/镜向”→“镜向”命令，或者单击“特征”控制面板中的“镜向”按钮，此时系统弹出如图 6-199 所示的“镜向”属性管理器。选择“前视基准面”为镜向面，在视图中上步创建的拉伸特征为要镜向的特征，然后单击确定按钮✔，结果如图 6-200 所示。

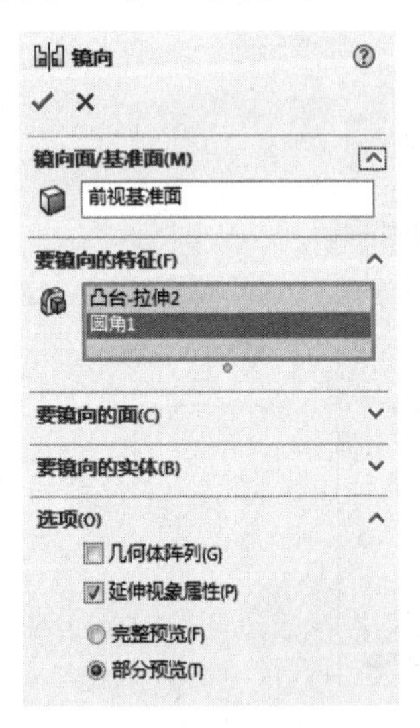

图 6-199　“镜向”属性管理器

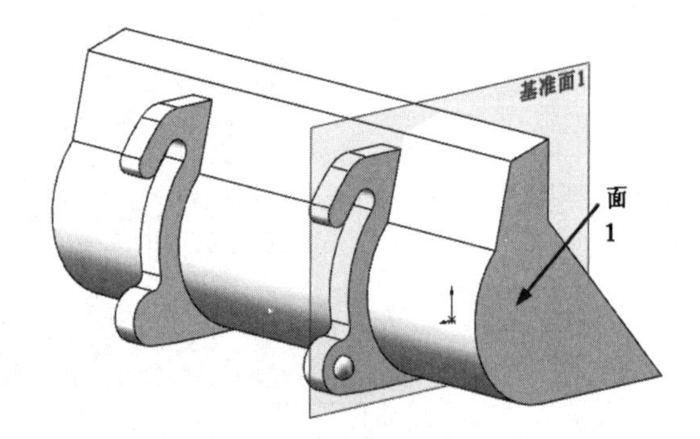

图 6-200　镜向结果

（12）绘制草图 4。在视图中用鼠标选择如图 6-200 所示的面 1 作为绘制图形的基准面。单击“草图”控制面板中的“直线”按钮，绘制并标注草图如图 6-201 所示。

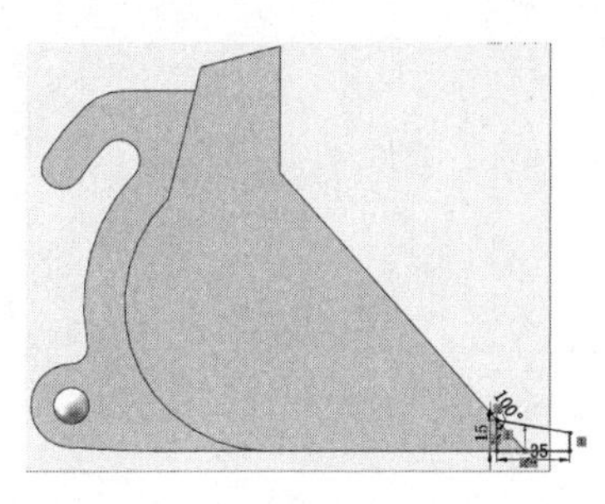

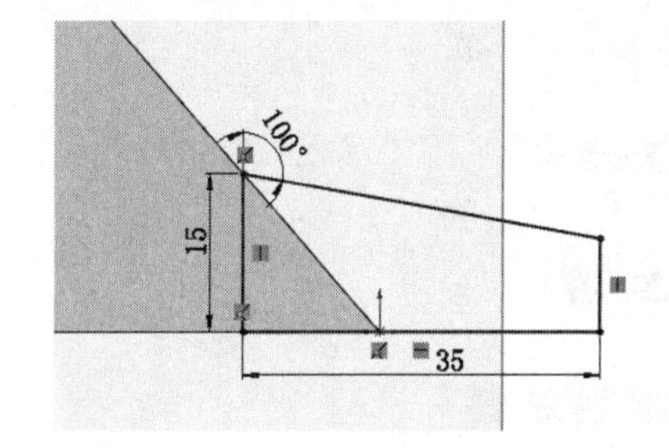

图 6-201　绘制草图 4

（13）拉伸实体 3。选择菜单栏中的“插入”→“凸台/基体”→“拉伸”命令，或者单击“特征”控制面板中的“拉伸凸台/基体”按钮，此时系统弹出如图 6-202 所示的“凸台-拉伸”属性管理器。设置拉伸终止条件为“给定深度”，输入拉伸距离为 25，然后单击确定按钮✓，结果如图 6-203 所示。

图 6-202 “凸台-拉伸”属性管理器 21

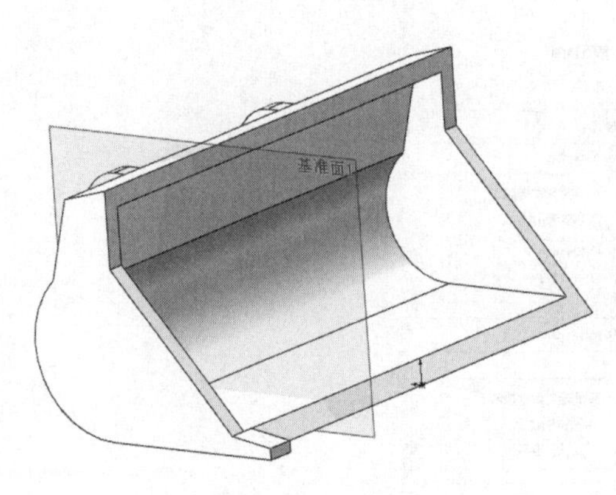

图 6-203　拉伸结果 3

（14）圆角实体。选择菜单栏中的“插入”→“特征”→“圆角”命令，或者单击“特征”控制面板中的“圆角”按钮，此时系统弹出如图 6-204 所示的“圆角”属性管理器。在“半径”一栏中输入值 2.5，然后用鼠标选取图 6-204 中的面。单击属性管理器中的确定按钮✓，结果如图 6-205 所示。

（15）线性阵列。选择菜单栏中的“插入”→“阵列/镜向”→“线性阵列”命令，或者单击“特征”控制面板中的“线性阵列”按钮，此时系统弹出如图 6-206 所示的“线性阵列”属性管理器。在视图中选择如图 6-206 所示的边线为阵列方向，输入阵列距离为 47，个数为 5，选择上步创建的拉伸特征和圆角特征为要阵列的特征，然后单击确定按钮✓，结果如图 6-207 所示。

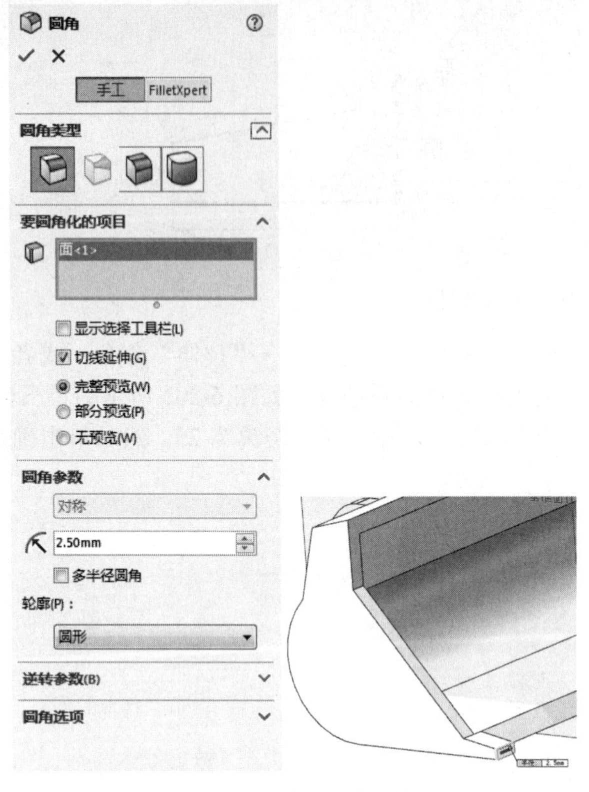

图 6-204　“圆角”属性管理器

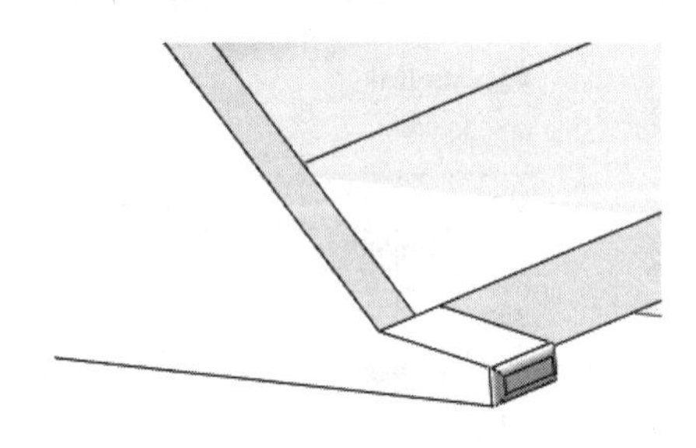

图 6-205　倒圆角结果

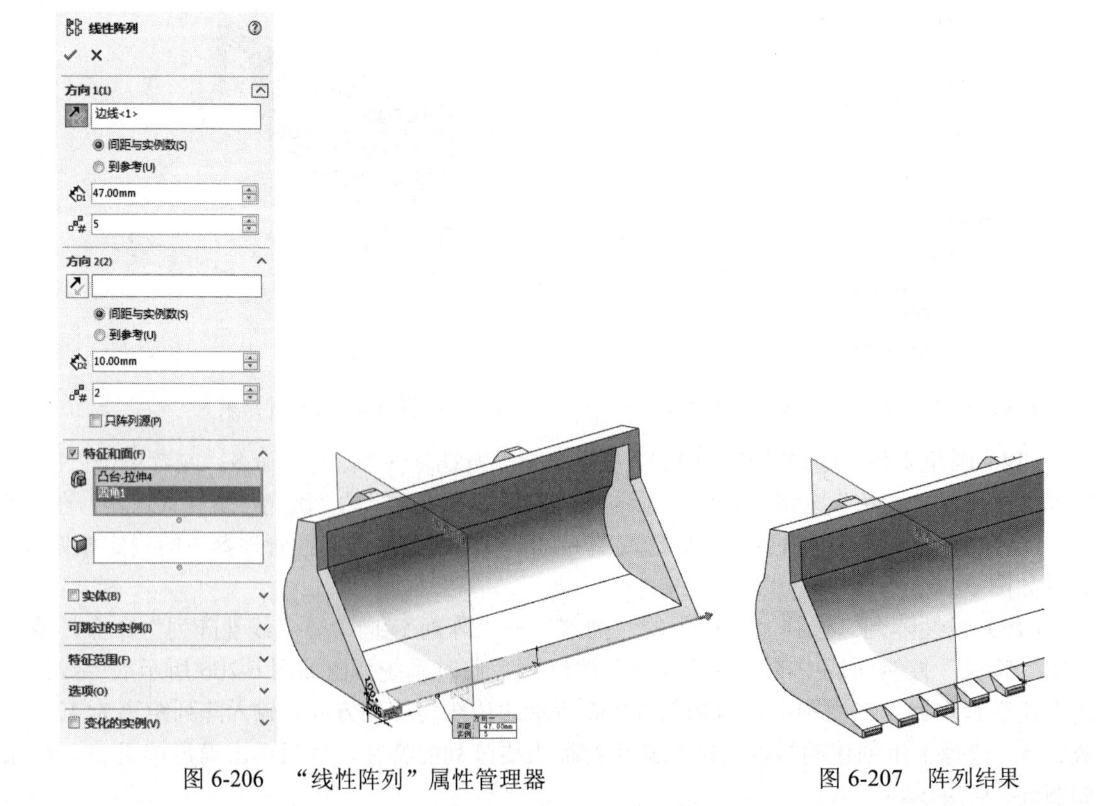

图 6-206　“线性阵列”属性管理器

图 6-207　阵列结果

（16）镜向特征 2。选择菜单栏中的“插入”→“阵列/镜向”→“镜向”命令，或者单击“特征”控制面板中的“镜向”按钮，此时系统弹出如图 6-208 所示的“镜向”属性管理器。选择“前视基准面”为镜向面，在视图中上一步创建的阵列特征为要镜向的特征，然后单击确定按钮✓，结果如图 6-209 所示。

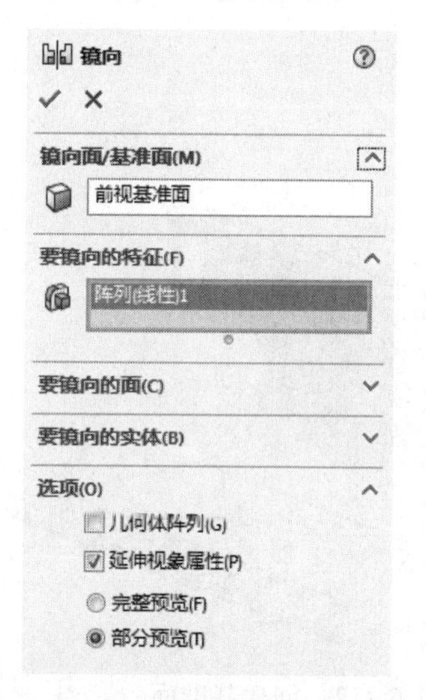

图 6-208 “镜向”属性管理器

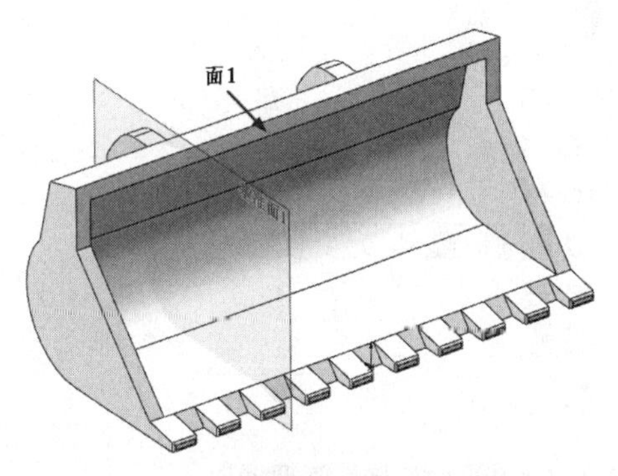

图 6-209 镜向结果 2

（17）绘制放样草图 1。在视图中用鼠标选择如图 6-209 所示的面 1 作为绘制图形的基准面。单击“草图”控制面板中的“直线”按钮，绘制并标注草图如图 6-210 所示。

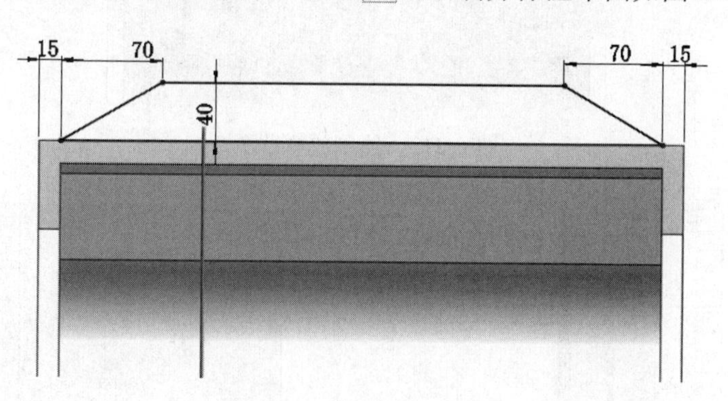

图 6-210 绘制放样草图 1

（18）创建基准平面。单击“特征”控制面板“参考几何体”下拉列表中的“基准面”按钮，弹出“基准面”属性管理器，选择参考面，在“偏移距离”文本框中输入距离为 15，如图 6-211 所示；单击属性管理器中的确定按钮✓，生成基准面如图 6-212 所示。

（19）绘制放样草图 2。在左侧的 FeatureManager 设计树中用鼠标选择“基准面 2”作为绘制图形的基准面。单击“草图”控制面板中的“直线”按钮，绘制草图如图 6-213 所示。单击“退出草图”按钮，退出草图。

（20）绘制放样草图 3。在视图中用鼠标选择实体上表面作为绘制图形的基准面。单击“草图”控制面板中的“直线”按钮，连接两个草图的一端端点。如图 6-214 所示，单击“退出草图”按钮，退出草图。

图 6-211 “基准面”属性管理器

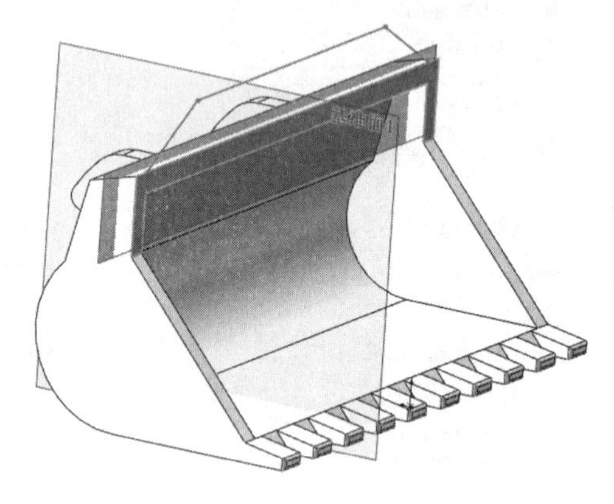

图 6-212 创建基准面

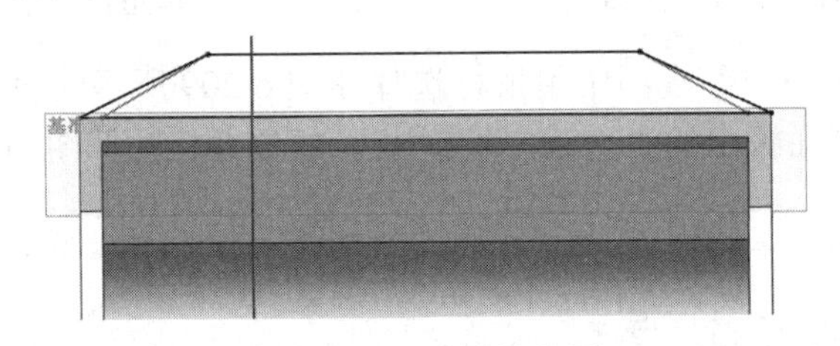

图 6-213 绘制放样草图 2

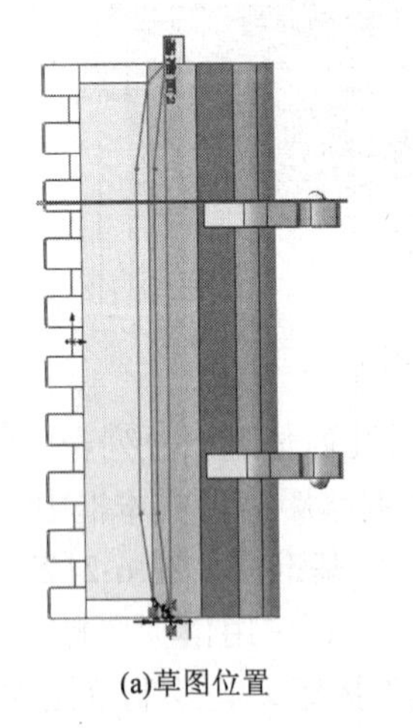

(a)草图位置

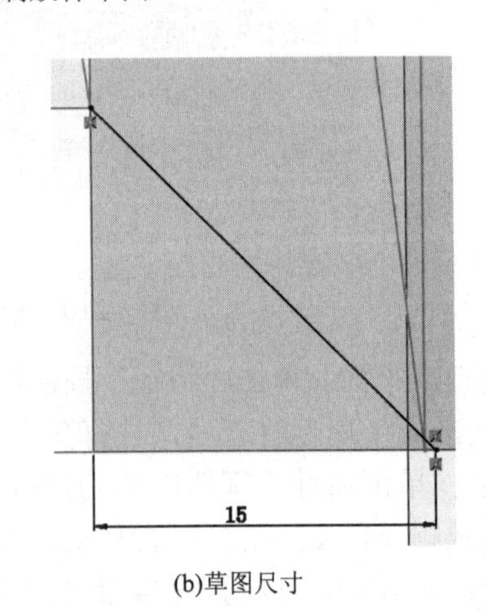

(b)草图尺寸

图 6-214 绘制放样草图 3

（21）绘制放样草图 4。在视图中用鼠标选择实体上表面作为绘制图形的基准面。单击“草图”控制面板中的“直线”按钮，连接两个草图的一端端点。如图 6-215 所示，单击“退出草图”按钮，退出草图。

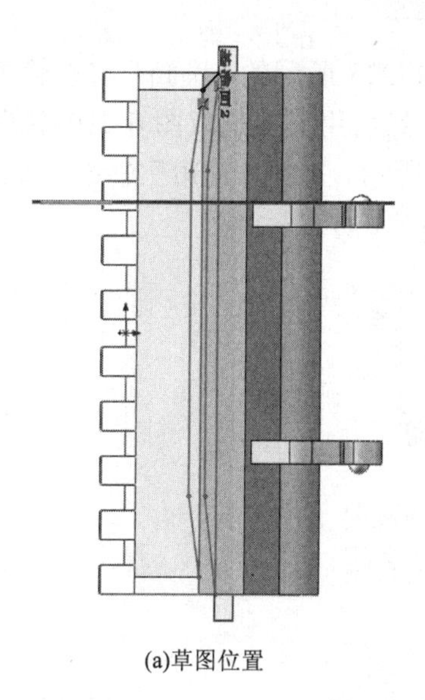

(a)草图位置

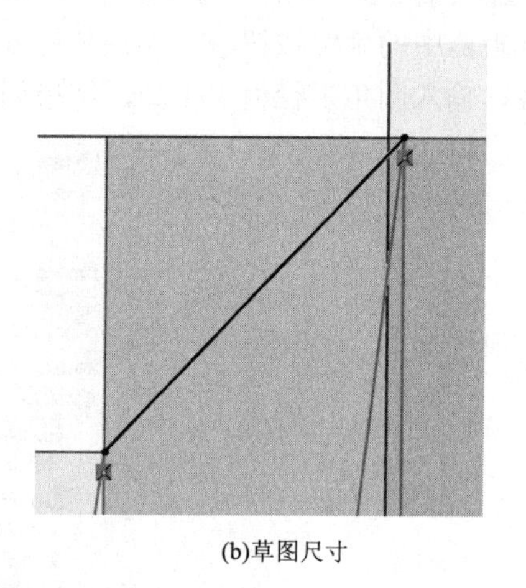

(b)草图尺寸

图 6-215　绘制放样草图 4

（22）放样实体。选择菜单栏中的“插入”→“凸台/基体”→“放样”命令，或者单击“特征”控制面板中的“放样凸台/基体”按钮，此时系统弹出如图 6-216 所示的“放样”属性管理器。选择上步绘制的放样草图 1、2 为放样轮廓，选择放样草图 3、4 为引导线，然后单击确定按钮✓，结果如图 6-217 所示。

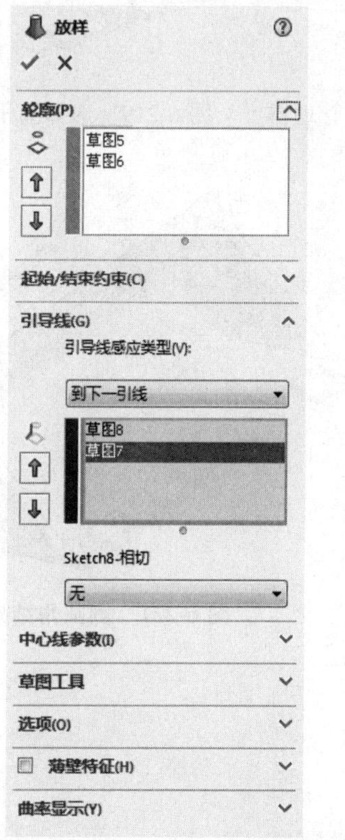

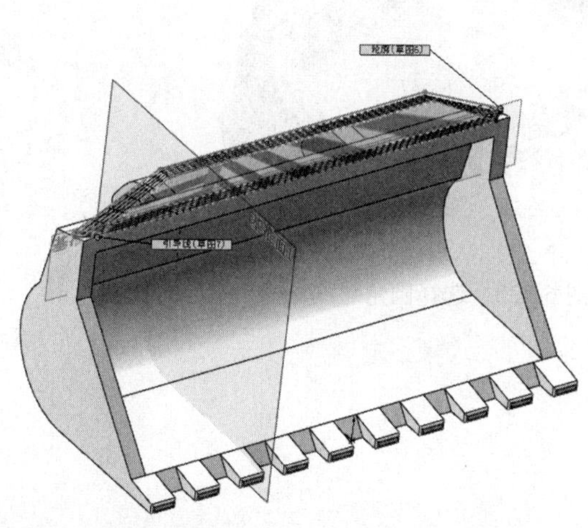

图 6-216　“放样”属性管理器

（23）圆角实体。选择菜单栏中的“插入”→“特征”→“圆角”命令，或者单击“特征”

控制面板中的“圆角”按钮，此时系统弹出如图 6-218 所示的“圆角”属性管理器。在“半径”一栏中输入值 2.5，取消“切线延伸”的勾选，然后用鼠标选取图 6-219 中的边线。然后单击属性管理器中的确定按钮✓，结果如图 6-220 所示。重复“圆角”命令，选择如图 6-221 所示的边线，输入圆角半径值为 1.25，结果如图 6-221 所示。

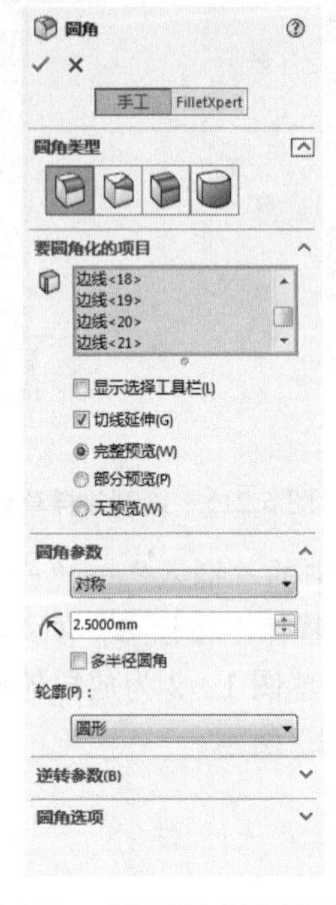

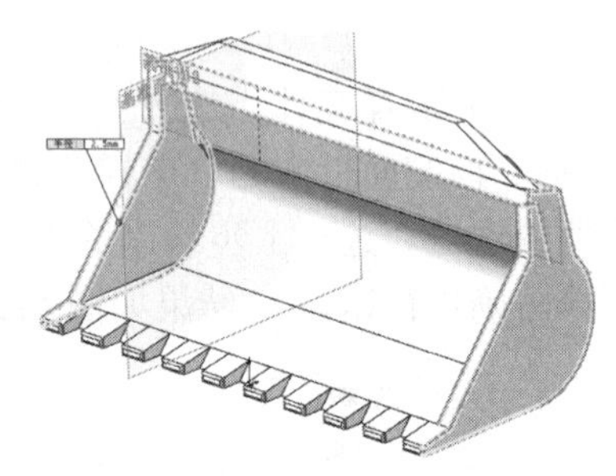

图 6-217 放样结果　　图 6-218 “圆角”属性管理器　　图 6-219 选择圆角边线 1

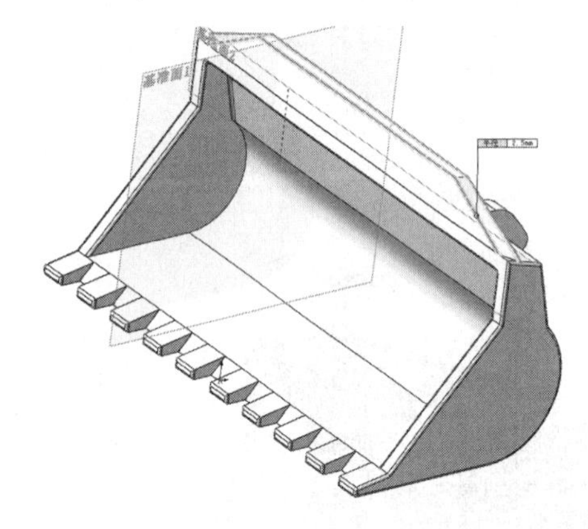

图 6-220 选择圆角边线 2

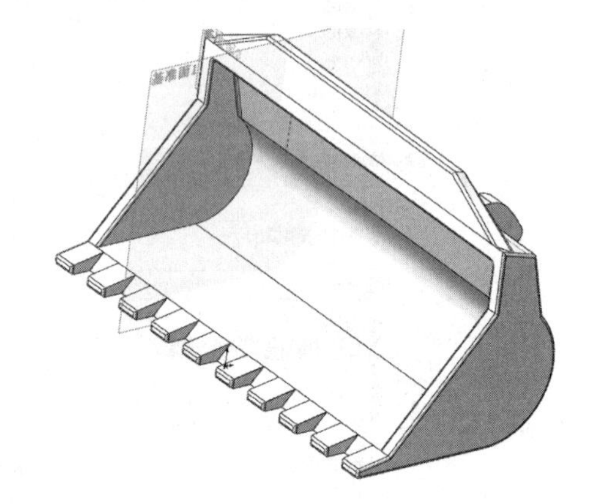

图 6-221 倒圆角结果

Chapter

修改零件

7

通过对特征和草图的动态修改，用拖拽的方式实现实时的设计修改。参数修改主要包括特征尺寸、库特征、查询等特征管理，使模型设计更智能化，提高了设计效率。

7.1 参数化设计

在设计的过程中，可以通过设置参数之间的关系或事先建立参数的规范达到参数化或智能化建模的目的，下面简要介绍。

7.1.1 特征尺寸

特征尺寸是指不属于草图部分的数值（如两个拉伸特征的深度）的一种方法。

下面介绍的是显示零件所有特征的所有尺寸的操作步骤。

（1）在 FeatureManager 设计树中，右击“注解”文件夹，在弹出的快捷菜单中单击“显示特征尺寸”命令。此时在图形区中零件的所有特征尺寸都显示出来。作为特征定义尺寸，它们是蓝色的，而对应特征中的草图尺寸则显示为黑色，如图 7-1 所示。

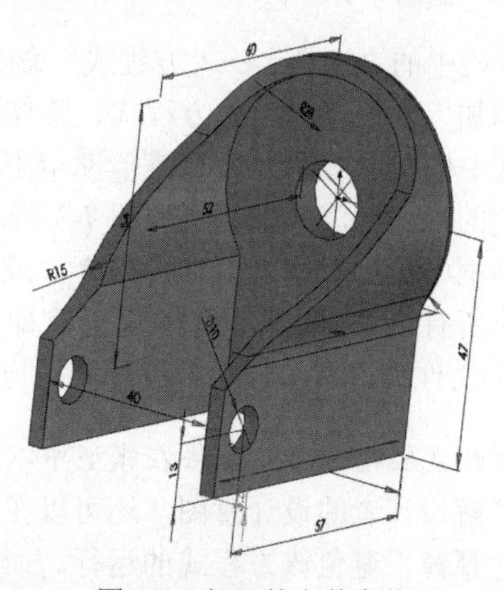

图 7-1　打开的文件实体

（2）如果要隐藏其中某个特征的所有尺寸，只要在 FeatureManager 设计树中右击该特征，然后在弹出的快捷菜单中单击“隐藏所有尺寸”命令即可。

（3）如果要隐藏某个尺寸，只要在图形区域中右击该尺寸，然后在弹出的快捷菜单中单击“隐藏”命令即可。

7.1.2 方程式驱动尺寸

特征尺寸只能控制特征中不属于草图部分的数值，即特征定义尺寸，而方程式可以驱动任何尺寸。当在模型尺寸之间生成方程式后，特征尺寸成为变量，它们之间必须满足方程式的要求，互相牵制。当删除方程式中使用的尺寸或尺寸所在的特征时，方程式也一起被删除。

下面介绍生成方程式驱动尺寸的操作步骤。

1. 为尺寸添加变量名

（1）在 FeatureManager 设计树中，右击“注解”文件夹，在弹出的快捷菜单中单击“显示特征尺寸”命令。此时在图形区中零件的所有特征尺寸都显示出来。

（2）在图 7-1 所示的实体文件中，单击尺寸值，系统弹出“尺寸”属性管理器。

（3）在“数值”选项卡的“主要值”选项组的文本框中输入尺寸名称，如图 7-2 所示，单击确定按钮✔。

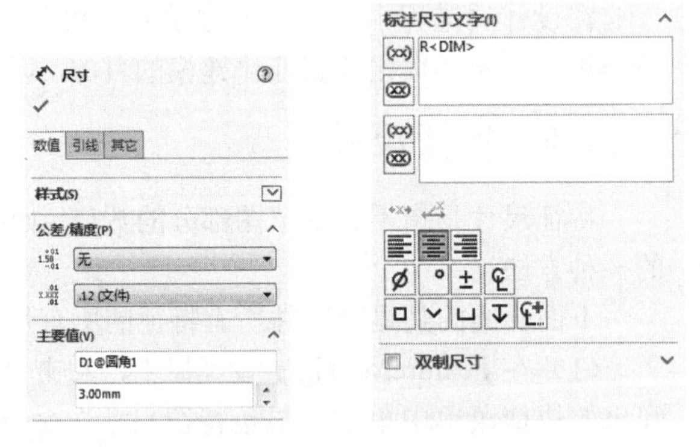

图 7-2 “尺寸”属性管理器

2. 建立方程式驱动尺寸

（1）选择菜单栏中的“工具”→“方程式”命令，系统弹出“方程式、整体变量、尺寸”对话框。单击“添加”按钮，弹出“方程式、整体变量、尺寸”对话框，如图 7-3 所示。

（2）在图形区中依次单击左上角的按钮，分别显示“方程式视图”、“尺寸视图”、“按需排列的视图”，分别显示如图 7-3 所示的对话框。

（3）单击对话框中的“重建模型”按钮，或选择菜单栏中的“编辑”→“重建模型”命令来更新模型，所有被方程式驱动的尺寸会立即更新。此时在 FeatureManager 设计树中会出现“方程式”文件夹，右击该文件夹即可对方程式进行编辑、删除、添加等操作。

注意：被方程式驱动的尺寸无法在模型中以编辑尺寸值的方式来改变。

为了更好地了解设计者的设计意图，还可以在方程式中添加注释文字，也可以像编程那样将某个方程式注释掉，避免该方程式的运行。

下面介绍在方程式中添加注释文字的操作步骤。

方程式、整体变量、及尺寸

过滤所有栏区

名称	数值/方程式	估算到	评论
⊟ 全局变量			
添加整体变量			
⊟ 特征			
添加特征压缩			
⊟ 方程式			
添加方程式			

确定 取消 输入(I)... 输出(E)... 帮助(H)

自动重建 角度方程单位: 度数 自动求解组序

链接至外部文件:

(a)

方程式、整体变量、及尺寸

过滤所有栏区

名称	数值/方程式	估算到	评论
⊟ 草图方程式			
添加方程式			

确定 取消 输入(I)... 输出(E)... 帮助(H)

自动重建 角度方程单位: 度数 自动求解组序

链接至外部文件:

(b)

(c)

图 7-3 “方程式、整体变量、尺寸”对话框

（1）可直接在“方程式”下方空白框中输入内容，如图 7-3(a)所示。

（2）单击图 7-3 所示的“方程式、整体变量、尺寸”对话框中的 输入(I)... 按钮，弹出如图 7-4 所示的“打开”对话框，选择要添加注释的方程式，即可添加外部方程式文件。

（3）同理，单击“输出”按钮，输出外部方程式文件。

在 SOLIDWORKS 2018 中，方程式支持的运算和函数如表 7-1 所示。

图 7-4 “打开”对话框

表 7-1 方程式支持的运算和函数

函数或运算符	说　明
+	加法
–	减法
*	乘法
/	除法
^	求幂
sin(a)	正弦，a 为以弧度表示的角度
cos(a)	余弦，a 为以弧度表示的角度
tan(a)	正切，a 为以弧度表示的角度
atn(a)	反正切，a 为以弧度表示的角度
abs(a)	绝对值，返回 a 的绝对值
exp(a)	指数，返回 e 的 a 次方
log(a)	对数，返回 a 的以 e 为底的自然对数
sqr(a)	平方根，返回 a 的平方根
int(a)	取整，返回 a 的整数部分

7.1.3 系列零件设计表

如果用户的计算机上同时安装了 Microsoft Excel，就可以使用 Excel 在零件文件中直接嵌入新的配置。配置是指由一个零件或一个部件派生而成的形状相似、大小不同的一系列零件或部件集合。在 SOLIDWORKS 中大量使用的配置是系列零件设计表，用户可以利用该表很容易生成一系列形状相似、大小不同的标准零件，如螺母、螺栓等，从而形成一个标准零件库。

使用系列零件设计表具有如下优点。

可以采用简单的方法生成大量的相似零件，对于标准化零件管理有很大帮助。

使用系列零件设计表，不必一一创建相似零件，可以节省大量时间。

使用系列零件设计表，在零件装配中很容易实现零件的互换。

生成的系列零件设计表保存在模型文件中，不会链接到原来的 Excel 文件，在模型中所进行的更改不会影响原来的 Excel 文件。

下面介绍在模型中插入一个新的空白的系列零件设计表的操作步骤。

（1）选择菜单栏中的“插入”→“表格”→“设计表”命令，系统弹出“系列零件设计表”属性管理器，如图 7-5 所示。在“源”选项组中点选“空白”单选按钮，然后单击确定按钮✓。

（2）此时，一个 Excel 工作表出现在零件文件窗口中，Excel 工具栏取代了 SOLIDWORKS 工具栏，如图 7-6 所示。

（3）在表的第 2 行输入要控制的尺寸名称，也可以在图形区中双击要控制的尺寸，则相关的尺寸名称出现在第 2 行中，同时该尺寸名称对应的尺寸值出现在“第一实例”的行中。

（4）重复步骤（3），直到定义完模型中所有要控制的尺寸。

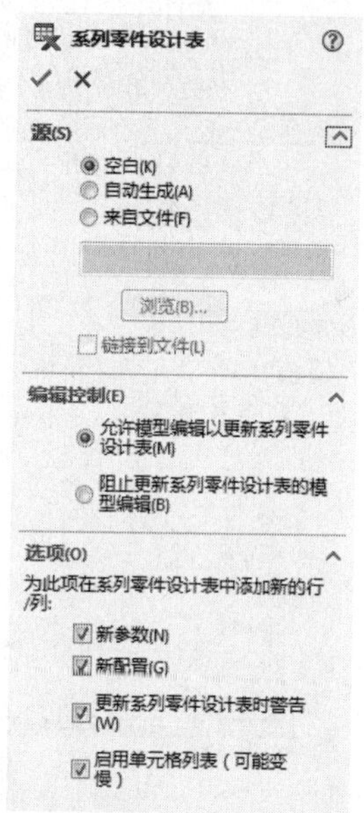

图 7-5　“系列零件设计表”属性管理器

（5）如果要建立多种型号，则在 A 列（单元格 A4、A5…）中输入想生成的型号名称。

（6）在对应的单元格中输入该型号对应控制尺寸的尺寸值，如图 7-7 所示。

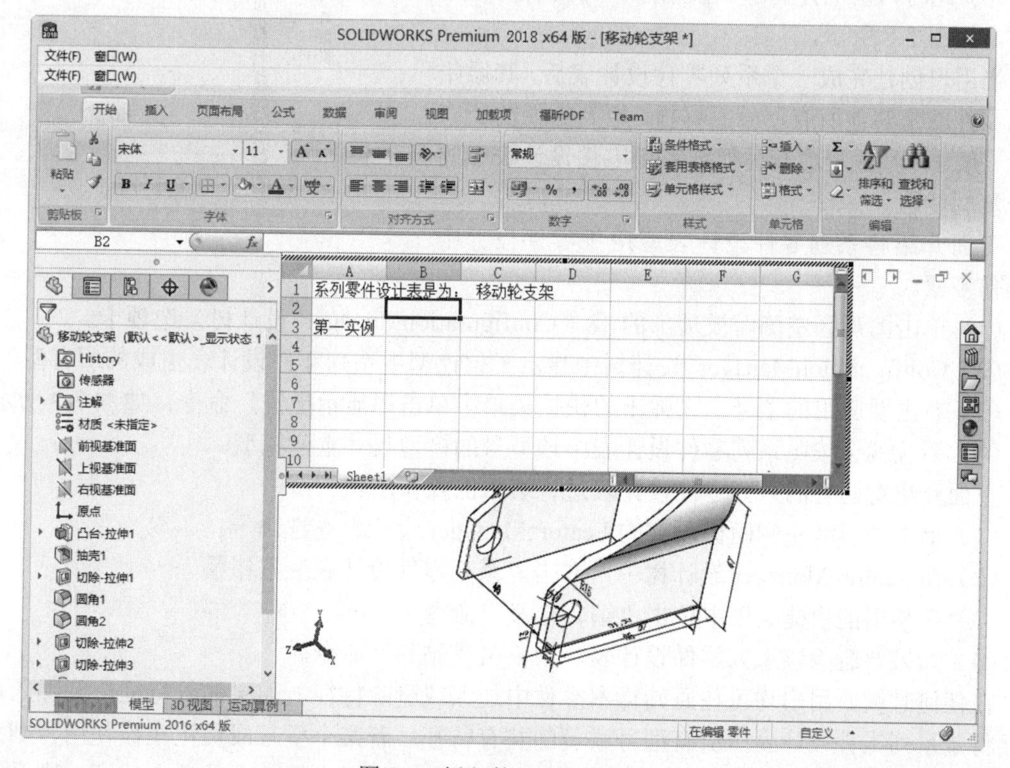

图 7-6　插入的 Excel 工作表

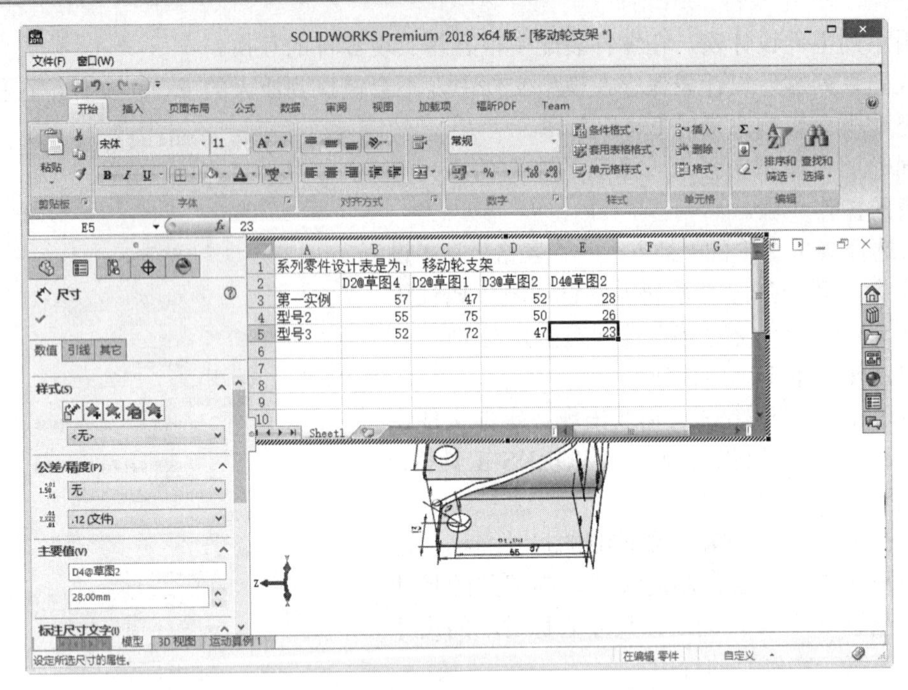

图 7-7　输入控制尺寸的尺寸值

（7）向工作表中添加信息后，在表格外单击，将其关闭。

（8）此时，系统会显示一条信息，列出所生成的型号，如图 7-8 所示。

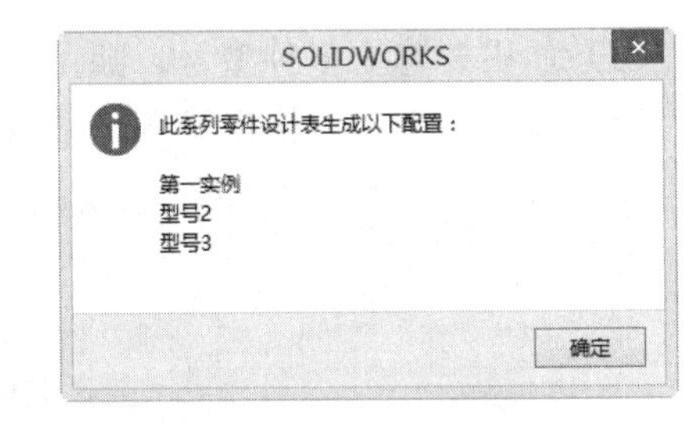

图 7-8　信息对话框

当用户创建完成一个系列零件设计表后，其原始样本零件就是其他所有型号的样板，原始零件的所有特征、尺寸、参数等均有可能被系列零件设计表中的型号复制使用。

下面介绍将系列零件设计表应用于零件设计中的操作步骤。

（1）单击图形区左侧面板顶部的 （ConfigurationManager 设计树）选项卡。

（2）ConfigurationManager 设计树中显示了该模型中系列零件设计表生成的所有型号。

（3）右击要应用的型号，在弹出的快捷菜单中单击“显示配置”命令，如图 7-9 所示。

（4）系统就会按照系列零件设计表中该型号的模型尺寸重建模型。

下面介绍对已有的系列零件设计表进行编辑的操作步骤。

（1）单击图形区左侧面板顶部的 FeatureManager 设计树 选项卡。

（2）在 FeatureManager 设计树中，右击“系列零件设计表”按钮 。

（3）在弹出的快捷菜单中单击“编辑定义”命令。

（4）如果要删除该系列零件设计表，则单击“删除”命令。

在任何时候，用户均可在原始样本零件中加入或删除特征。如果加入特征，则加入后的特征将是系列零件设计表中所有型号成员的共有特征。若某个型号成员正在被使用，则系统将会依照所加入的特征自动更新该型号成员。如果删除原样本零件中的某个特征，则系列零

件设计表中的所有型号成员的该特征都将被删除。若某个型号成员正在被使用，则系统会将工作窗口自动切换到现在的工作窗口，完成更新被使用的型号成员。

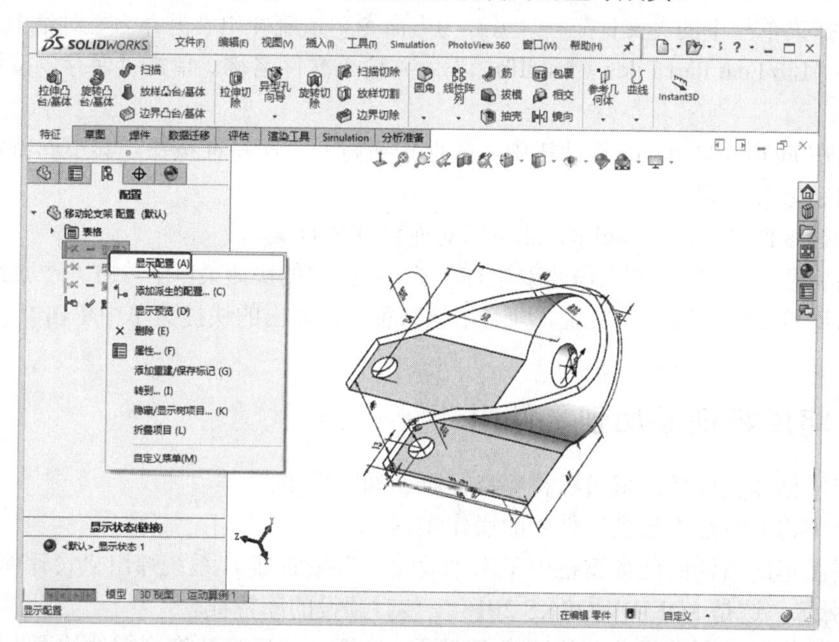

图 7-9　快捷菜单

7.2　库特征

SOLIDWORKS 2018 允许用户将常用的特征或特征组（如具有公用尺寸的孔或槽等）保存到库中，便于日后使用。用户可以使用几个库特征作为块来生成一个零件，这样既可以节省时间，又有助于保持模型中的统一性。

用户可以编辑插入零件的库特征。当库特征添加到零件后，目标零件与库特征零件就没有关系了，对目标零件中库特征的修改不会影响包含该库特征的其他零件。

库特征只能应用于零件，不能添加到装配体中。

注意： 大多数类型的特征可以作为库特征使用，但不包括基体特征本身。系统无法将包含基体特征的库特征添加到已经具有基体特征的零件中。

7.2.1　库特征的创建与编辑

如果要创建一个库特征，首先要创建一个基体特征来承载作为库特征的其他特征，也可以将零件中的其他特征保存为库特征。

下面介绍创建库特征的操作步骤。

（1）新建一个零件，或打开一个已有的零件。如果是新建的零件，必须先创建一个基体特征。

（2）在基体上创建包括库特征的特征。如果要用尺寸来定位库特征，则必须在基体上标注特征的尺寸。

（3）在 FeatureManager 设计树中，选择作为库特征的特征。如果要同时选取多个特征，则在选择特征的同时按住<Ctrl>键。

（4）选择菜单栏中的“文件”→“另存为”命令，系统弹出“另存为”对话框。选择“保存类型”为“Lib Feat Part Files（*.sldlfp）”，并输入文件名称。单击“保存”按钮，生成库特征。

此时，在 FeatureManager 设计树中，零件按钮将变为库特征按钮，其中库特征包括的每个特征都用字母 L 标记。

在库特征零件文件中（.sldlfp）还可以对库特征进行编辑。

如要添加另一个特征，则右击要添加的特征，在弹出的快捷菜单中单击“添加到库”命令。

如要从库特征中移除一个特征，则右击该特征，在弹出的快捷菜单中单击“从库中删除”命令。

7.2.2 将库特征添加到零件中

在库特征创建完成后，就可以将库特征添加到零件中。

下面介绍将库特征添加到零件中的操作步骤。

（1）在图形区右侧的任务窗格中单击“设计库”按钮，系统弹出“设计库”对话框，如图 7-10 所示，这是 SOLIDWORKS 2018 安装时预设的库特征。

（2）找到库特征所在目录，从窗格中选择库特征，然后将其拖到零件的面上，即可将库特征添加到目标零件中。打开的库特征文件如图 7-11 所示。

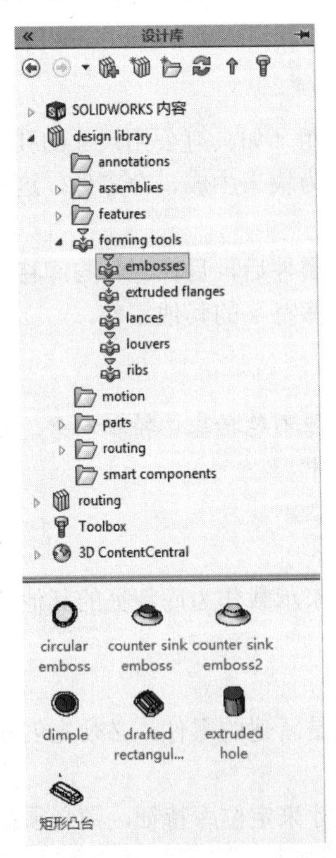

图 7-10　“设计库”对话框

图 7-11　打开的库特征文件

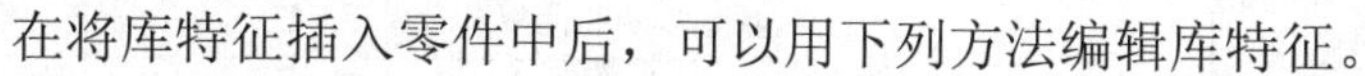

在将库特征插入零件中后，可以用下列方法编辑库特征。

使用“编辑特征”按钮或“编辑草图”命令编辑库特征。

通过修改定位尺寸将库特征移动到目标零件的另一位置。

此外，还可以将库特征分解为该库特征中包含的每个单个特征。只需在 FeatureManager 设计树中右击库特征按钮，然后在弹出的快捷菜单中单击“解散库特征”命令，则库特征按钮将被移除，库特征中包含的所有特征都在 FeatureManager 设计树中单独列出。

7.3 查询

查询功能主要是查询所建模型的表面积、体积及质量等相关信息，计算零部件的结构强度、安全因子等。SOLIDWORKS 提供了 3 种查询功能，即测量、质量特性与截面属性。这 3 个命令按钮位于“工具”工具栏中。

7.3.1 测量

测量功能可以测量草图、三维模型、装配体和工程图中直线、点、曲面、基准面的距离、角度、半径、大小，以及它们之间的距离、角度、半径或尺寸。当测量两个实体之间的距离时，deltaX、Y 和 Z 的距离会显示出来。当选择一个顶点或草图的点时，会显示其 X、Y 和 Z 的坐标值。

下面介绍测量点坐标、测量距离、测量面积与周长的操作步骤。

（1）选择菜单栏中的“工具”→“评估”→“测量”命令，或者单击“工具”工具栏中的“测量”按钮，或者单击“评估”面板中的“测量”按钮，系统弹出“测量”对话框。

（2）测量点坐标。测量点坐标主要用来测量草图中的点、模型中的顶点坐标。单击如图 7-12 所示的点 1，在“测量”对话框中便会显示该点的坐标值，如图 7-13 所示。

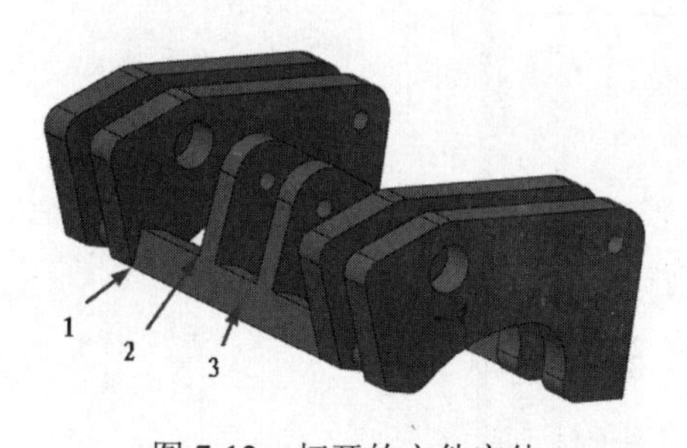

图 7-12 打开的文件实体

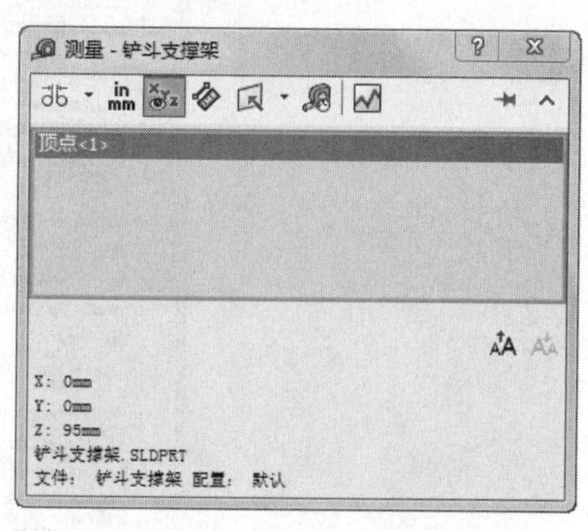

图 7-13 测量点坐标的“测量”对话框

（3）测量距离。测量距离主要用来测量两点、两条边和两面之间的距离。单击如图 7-12 所示的点 1 和点 2，在“测量”对话框中便会显示所选两点的绝对距离，以及 X、Y 和 Z 坐标的差值，如图 7-14 所示。

（4）测量面积与周长。测量面积与周长主要用来测量实体某一表面的面积与周长。单击如图 7-12 所示的面 3，在“测量”对话框中便会显示该面的面积与周长，如图 7-15 所示。

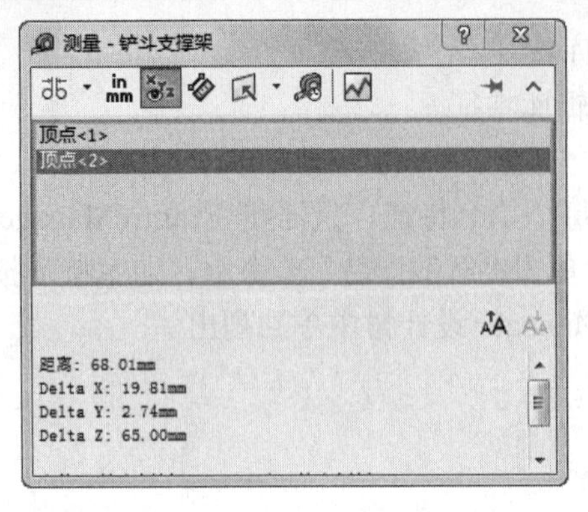

图 7-14　测量距离的“测量”对话框

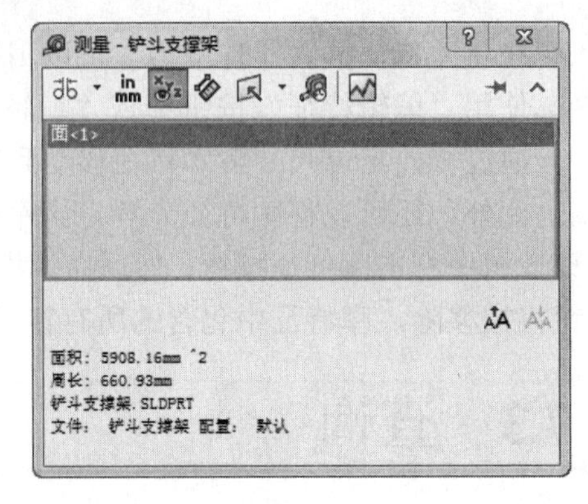

图 7-15　测量面积与周长的“测量”对话框

注意：在执行“测量”命令时，可以不必关闭对话框而切换不同的文件。当前激活的文件名会出现在“测量”对话框的顶部，如果选择了已激活文件中的某一测量项目，则对话框中的测量信息会自动更新。

7.3.2 质量特性

质量特性功能可以测量模型实体的质量、体积、表面积与惯性矩等。

下面介绍质量特性操作的操作步骤。

（1）选择菜单栏中的“工具”→“评估”→“质量属性”命令，或者单击“工具”工具栏中的（质量属性）按钮，或者单击“评估”面板中的“质量属性”按钮，系统弹出“质量属性”对话框如图 7-16 所示。在该对话框中会自动计算出模型实体的质量、体积、表面积与惯性矩等，模型实体的主轴和质量中心显示在视图中，如图 7-17 所示。

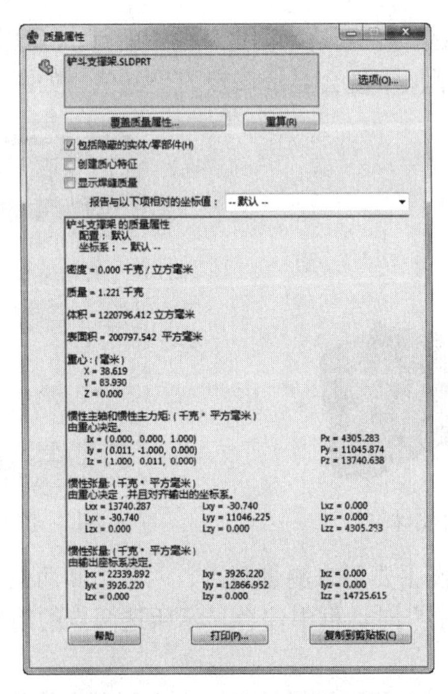

图 7-16　“质量特性”对话框

（2）单击“质量属性”对话框中的“选项”按钮，系统弹出“质量/剖面属性选项”对话框，如图 7-18 所示。点选“使用自定义设定”单选按钮，在“材料属性”选项组的“密度”文本框中可以设置模型实体的密度。

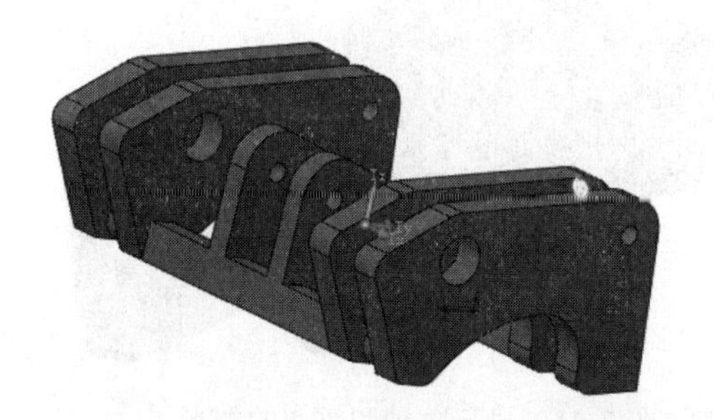

图 7-17　显示主轴和质量中心的视图

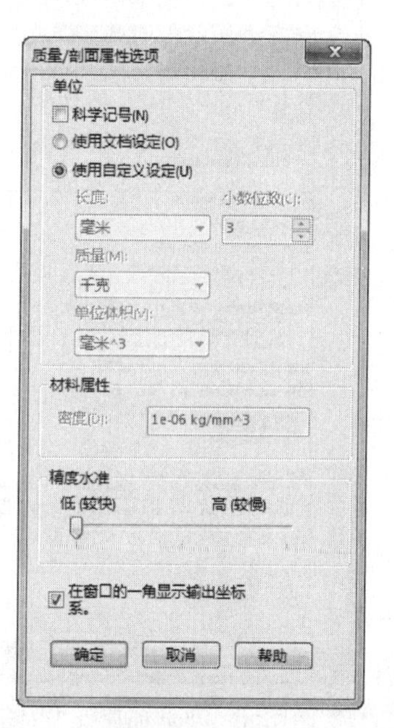

图 7-18　“质量/剖面属性选项”对话框

注意：当要计算另一个零件的质量特性时，不需要关闭“质量特性”对话框，选择需要计算的零部件，然后单击“重算”按钮即可。

7.3.3　截面属性

截面属性可以查询草图、模型实体平面和剖面的某些特性，如截面面积、截面重心的坐标、在重心的面惯性矩、在重心的面惯性极力矩、位于主轴和零件轴之间的角度以及面心的二次矩等。下面介绍截面属性操作的操作步骤。

（1）选择菜单栏中的“工具”→“评估”→“截面属性”命令，或者单击“工具”工具栏中的“截面属性”按钮，或者单击“评估”面板中的“截面属性”按钮，系统弹出“截面属性”对话框。

（2）单击如图 7-19 所示的面 1，然后单击“截面属性”对话框中的“重算”按钮，计算结果出现在该对话框中，如图 7-20 所示。所选截面的主轴和重心显示在视图中，如图 7-21 所示。

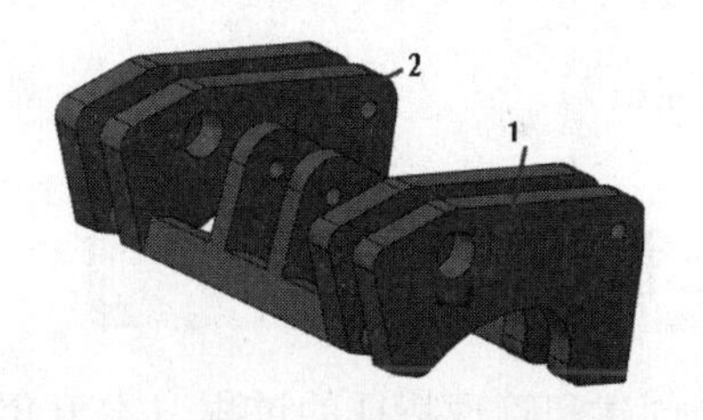

图 7-19　打开的文件实体

截面属性不仅可以查询单个截面的属性，而且还可以查询多个平行截面的联合属性。如图 7-22 所示为图 7-19 中面 1 和面 2 的联合属性，如图 7-23 所示为面 1 和面 2 的主轴和重心显示。

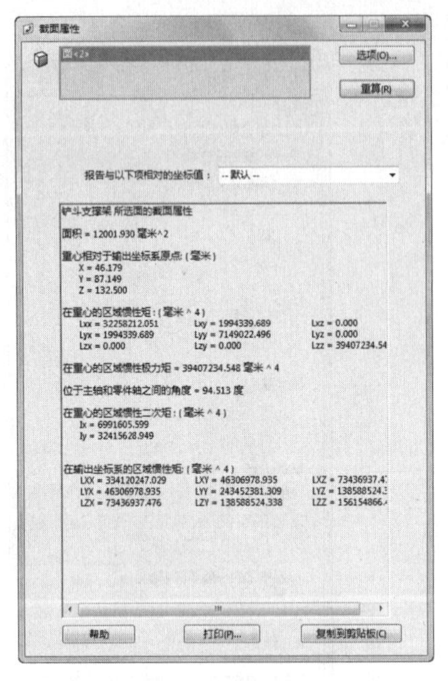

图 7-20　“截面属性”对话框 1

图 7-21　显示主轴和重心的图形 1

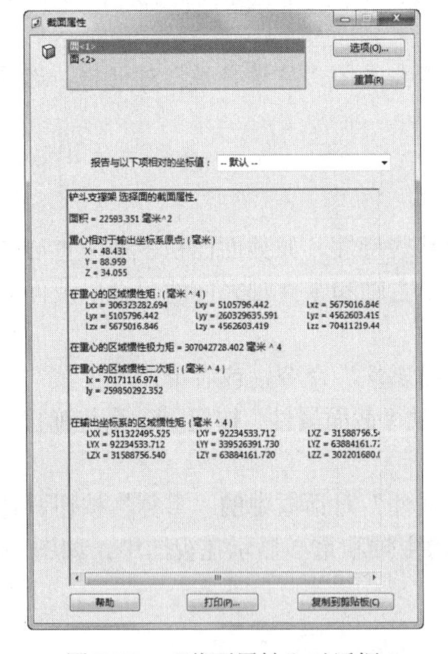

图 7-22　“截面属性”对话框 2

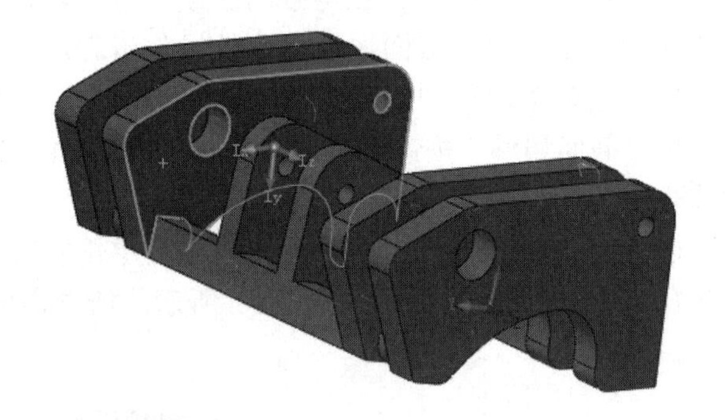

图 7-23　显示主轴和重心的图形 2

7.4　零件的特征管理

零件的建模过程实际上是创建和管理特征的过程。本节介绍零件的特征管理，即退回与插入特征、压缩与解除压缩特征、动态修改特征。

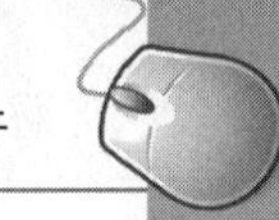

7.4.1 退回与插入特征

退回特征命令可以查看某一特征生成前模型的状态，插入特征命令用于在某一特征之后插入新的特征。

1. 退回特征

退回特征有两种方式，第一种为使用“退回控制棒”，另一种为使用快捷菜单。在 FeatureManager 设计树的最底端有一条粗实线，该线就是“退回控制棒”。

下面介绍退回特征的操作步骤。

（1）打开的文件实体如图 7-24 所示。基座的 FeatureManager 设计树如图 7-25 所示。

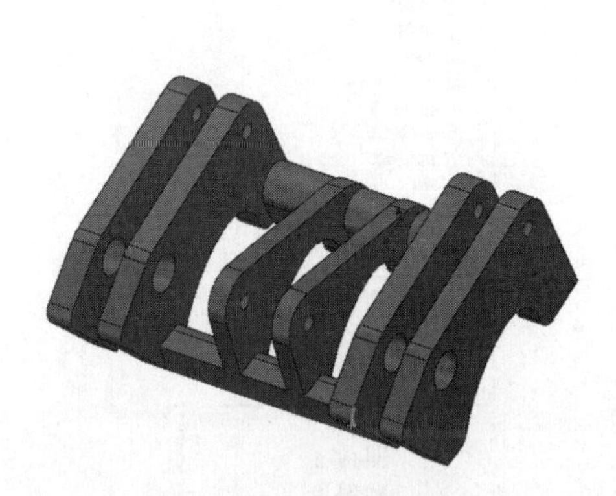

图 7-24 打开的文件实体

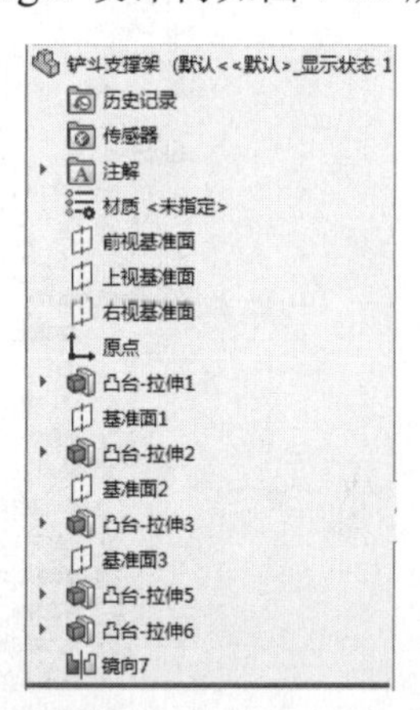

图 7-25 基座的 FeatureManager 设计树

（2）将光标放置在“退回控制棒”上时，光标变为形状。单击，此时“退回控制棒”以蓝色显示，然后按住鼠标左键，拖动光标到欲查看的特征上，并释放鼠标。操作后的 FeatureManager 设计树如图 7-26 所示，退回的零件模型如图 7-27 所示。

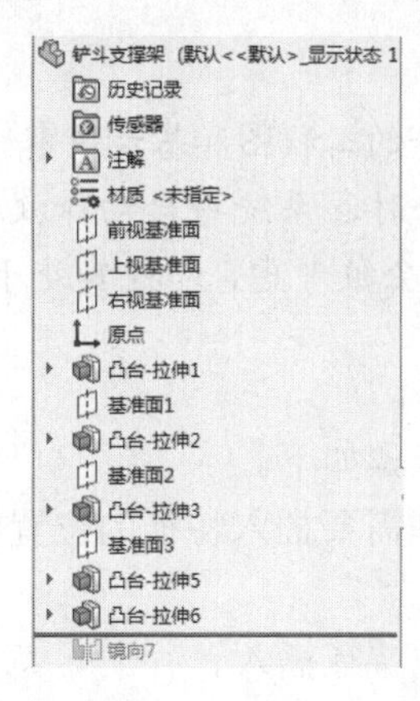

图 7-26 操作后的 FeatureManager 设计树

图 7-27 退回的零件模型

从图 7-27 中可以看出，后面的特征在零件模型上没有显示，表明该零件模型退回到该特征以前的状态。

退回特征可以使用快捷菜单进行操作。右击 FeatureManager 设计树中的“镜向 7”特征，系统弹出的快捷菜单如图 7-28 所示，单击↰（退回）按钮，此时该零件模型退回到该特征以前的状态，如图 7-27 所示。也可以在退回状态下，使用如图 7-29 所示的退回快捷菜单，根据需要选择需要的退回操作。

在退回快捷菜单中，“往前退”命令表示退回到下一个特征；“退回到前”命令表示退回到上一退回特征状态；“退回到尾”命令表示退回到特征模型的末尾，即处于模型的原始状态。

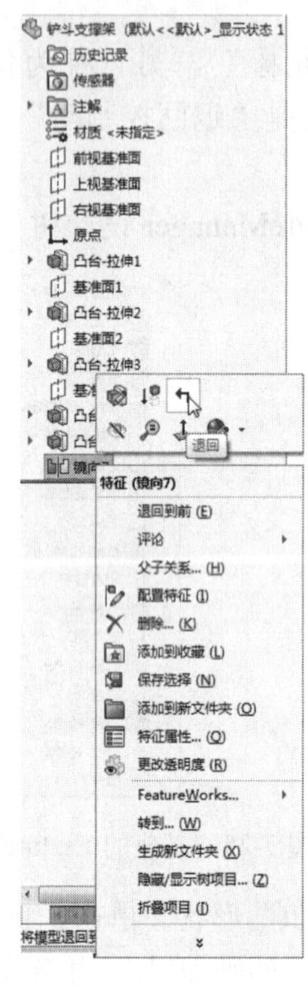

图 7-28　快捷菜单

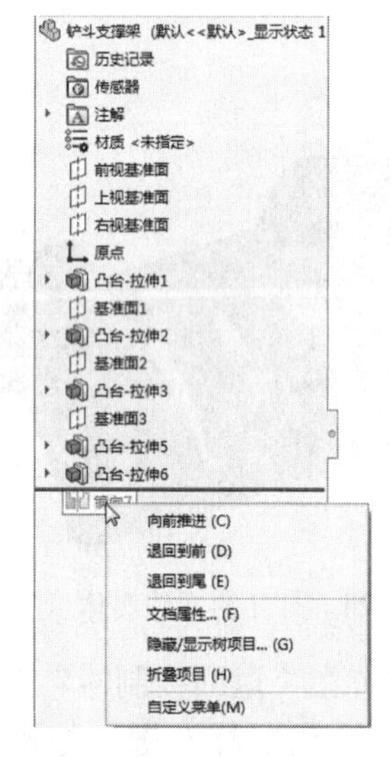

图 7-29　退回快捷菜单

注意：

（1）当零件模型处于退回特征状态时，将无法访问该零件的工程图和基于该零件的装配图。

（2）不能保存处于退回特征状态的零件图，在保存零件时，系统将自动释放退回状态。

（3）在重新创建零件的模型时，处于退回状态的特征不会被考虑，即视其处于压缩状态。

2．插入特征

插入特征是零件设计中一项非常实用的操作，其操作步骤如下。

（1）将 FeatureManager 设计树中的“退回控制棒”拖到需要插入特征的位置。

（2）根据设计需要生成新的特征。

（3）将“退回控制棒”拖动到设计树的最后位置，完成特征插入。

7.4.2 压缩与解除压缩特征

1．压缩特征

可以从 FeatureManager 设计树中选择需要压缩的特征，也可以从视图中选择需要压缩特

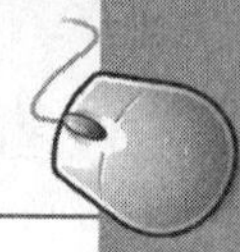

征的一个面。压缩特征的方法有以下几种。

（1）工具栏方式：选择要压缩的特征，然后单击“特征”工具栏中的“压缩”按钮。

（2）菜单栏方式：选择要压缩的特征，然后选择菜单栏中的“编辑”→“压缩”→“此配置”命令。

（3）快捷菜单方式：在 FeatureManager 设计树中，右击需要压缩的特征，在弹出的快捷菜单中单击“压缩”按钮，如图 7-30 所示。

（4）对话框方式：在 FeatureManager 设计树中，右击需要压缩的特征，在弹出的快捷菜单中单击“特征属性”命令。在弹出的“特征属性”对话框中勾选“压缩”复选框，然后单击“确定”按钮，如图 7-31 所示。

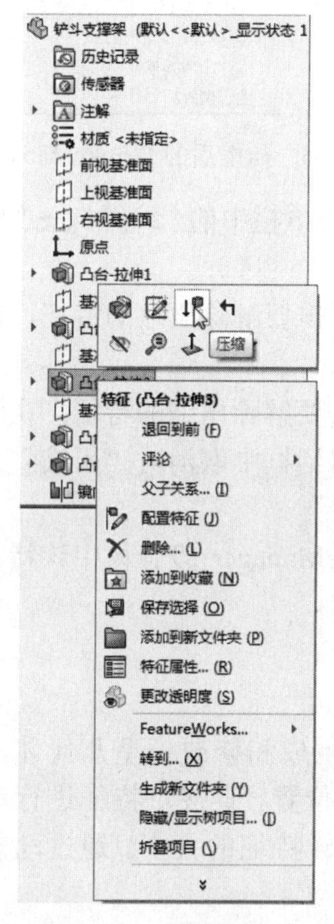

图 7-30　快捷菜单

图 7-31　“特征属性”对话框

特征被压缩后，在模型中不再显示，但是并没有被删除，被压缩的特征在 FeatureManager 设计树中以灰色显示。如图 7-32 所示为基座后面 4 个特征被压缩后的图形，如图 7-33 所示为压缩后的 FeatureManager 设计树。

2. 解除压缩特征

解除压缩的特征必须从 FeatureManager 设计树中选择需要压缩的特征，而不能从视图中选择该特征的某一个面，因为视图中该特征不被显示。与压缩特征相对应，解除压缩特征的方法有以下几种。

（1）工具栏方式：选择要解除压缩的特征，然后单击“特征”工具栏中的“解除压缩”按钮。

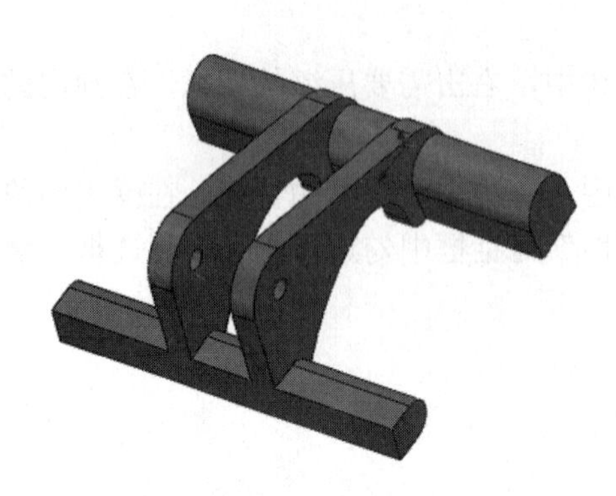

图 7-32　压缩特征后的基座

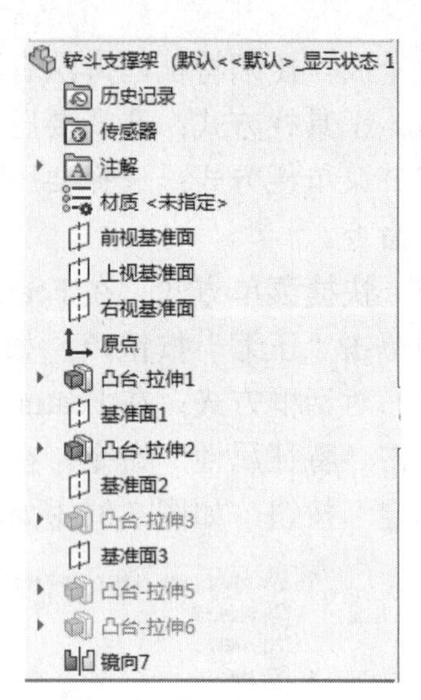

图 7-33　压缩后的 FeatureManager 设计树

（2）菜单栏方式：选择要解除压缩的特征，然后选择菜单栏中的“编辑”→“解除压缩”→“此配置”命令。

（3）快捷菜单方式：在 FeatureManager 设计树中，右击要解除压缩的特征，在弹出的快捷菜单中单击“解除压缩”按钮。

（4）对话框方式：在 FeatureManager 设计树中，右击要解除压缩的特征，在弹出的快捷菜单中单击“特征属性”命令。在弹出的“特征属性”对话框中取消对“压缩”复选框的勾选，然后单击“确定”按钮。

压缩的特征被解除后，视图中将显示该特征，FeatureManager 设计树中该特征将以正常模式显示。

7.4.3 Instant3D

Instant3D 可以使用户通过拖动控标或标尺来快速生成和修改模型几何体，即动态修改特征。动态修改特征是指系统不需要退回编辑特征的位置，直接对特征进行动态修改的命令。动态修改是通过控标移动、旋转来调整拉伸和旋转特征的大小。通过动态修改可以修改草图，也可以修改特征。

下面介绍动态修改特征的操作步骤。

1. 修改草图

（1）单击“特征”工具栏中的“Instant3D”按钮，或者单击“特征”控制面板中的“Instant3D”按钮，开始动态修改特征操作。

（2）单击 FeatureManager 设计树中的“拉伸 1”作为要修改的特征，视图中该特征被亮显，如图 7-34 所示，同时，出现该特征的修改控标。

（3）拖动直径为 80 的控标，屏幕出现标尺，如图 7-35 所示。使用屏幕上的标尺可以精确地修改草图，修改后的草图如图 7-36 所示。

（4）单击“特征”工具栏中的“Instant3D”按钮，或者单击“特征”控制面板中的“Instant3D”按钮，退出 Instant3D 特征操作，修改后的模型如图 7-37 所示。

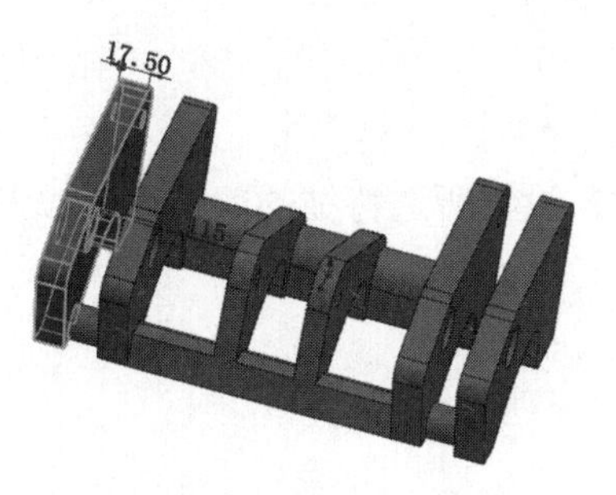

图 7-34　选择需要修改的特征 1

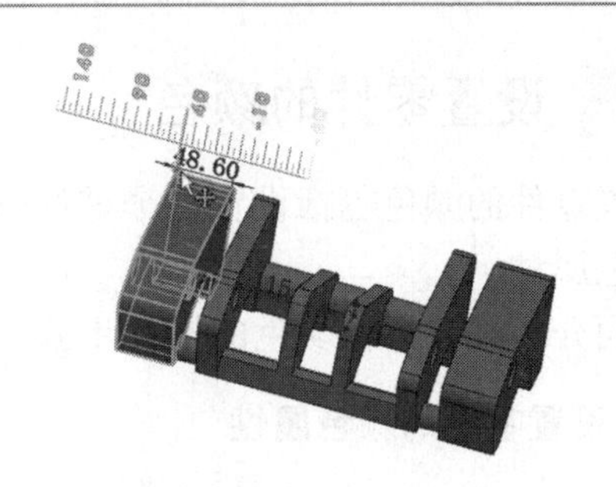

图 7-35　标尺

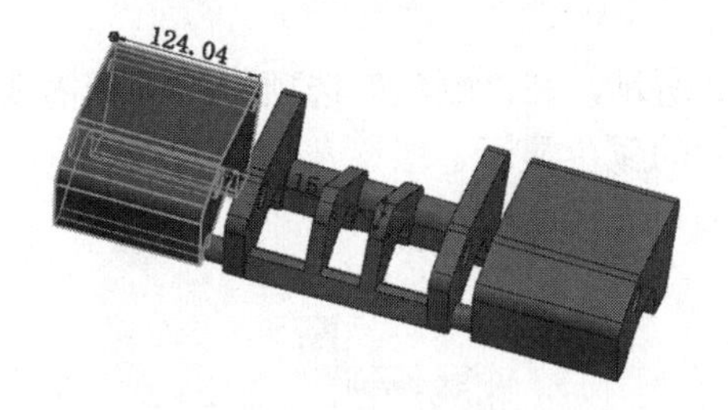

图 7-36　修改后的草图

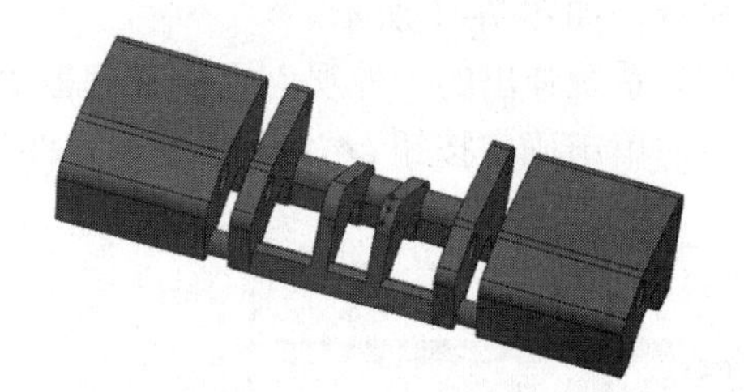

图 7-37　修改后的模型 1

2．修改特征

（1）单击“特征”工具栏中的“Instant3D”按钮，或者单击“特征”控制面板中的“Instant3D”按钮，开始动态修改特征操作。

（2）单击 FeatureManager 设计树中的“拉伸 2”作为要修改的特征，视图中该特征被亮显，如图 7-38 所示，同时，出现该特征的修改控标。

（3）拖动距离为 5 的修改光标，调整拉伸的长度，如图 7-39 所示。

（4）单击“特征”工具栏中的“Instant3D”按钮，或者单击“特征”控制面板中的“Instant3D”按钮，退出 Instant3D 特征操作，修改后的模型如图 7-40 所示。

图 7-38　选择需要修改的特征 2

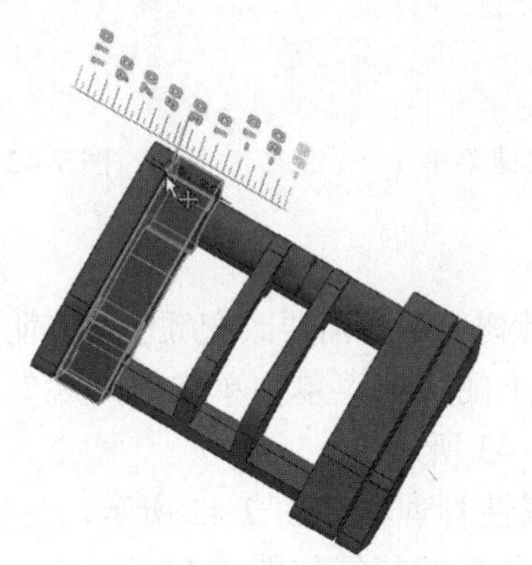

图 7-39　拖动修改控标

图 7-40　修改后的模型 2

7.5　模型显示

零件建模时，SOLIDWORKS 提供了外观显示。可以根据实际需要设置零件的颜色和透明度，使设计的零件更加接近实际情况。

7.5.1 设置零件的颜色

设置零件的颜色包括设置整个零件的颜色属性、设置所选特征的颜色属性以及设置所选面的颜色属性。

下面介绍设置零件颜色的操作步骤。

1．设置零件的颜色属性

（1）右击 FeatureManager 设计树中的文件名称，在弹出的快捷菜单中单击“外观”→“外观”命令，如图 7-41 所示。

（2）系统弹出的“外观”属性管理器如图 7-42 所示，在“颜色”选项组中选择需要的颜色，然后单击确定按钮✓，此时整个零件将以设置的颜色显示。

图 7-41　快捷菜单 1

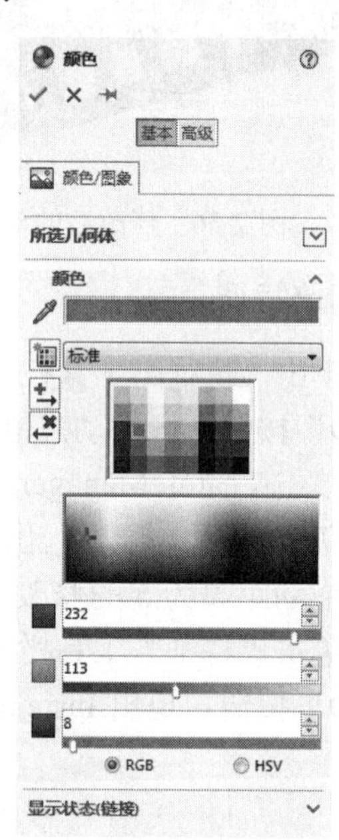

图 7-42　“外观”属性管理器的颜色选项组

2．设置所选特征的颜色

（1）在 FeatureManager 设计树中选择需要改变颜色的特征，按<Ctrl>键可以选择多个特征。

（2）右击所选特征，在弹出的快捷菜单中单击“外观”按钮，在下拉菜单中选择步骤（1）中选中的特征，如图 7-43 所示。

（3）系统弹出的“外观”属性管理器如图 7-42 所示，在“颜色”选项中选择需要的颜色，然后单击确定按钮✓，设置颜色后的特征如图 7-44 所示。

3．设置所选面的颜色属性

（1）右击如图 7-44 所示的面 1，在弹出的快捷菜单中单击“外观”按钮，在下拉菜单中选择刚选中的面，如图 7-45 所示。

（2）系统弹出的“外观”属性管理器如图 7-42 所示。在“颜色”选项组中选择需要的颜色，然后单击确定按钮✓，设置颜色后的面如图 7-46 所示。

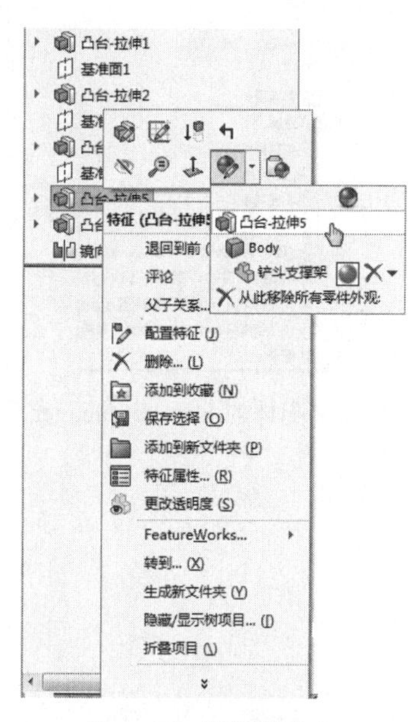

图 7-43　快捷菜单 2

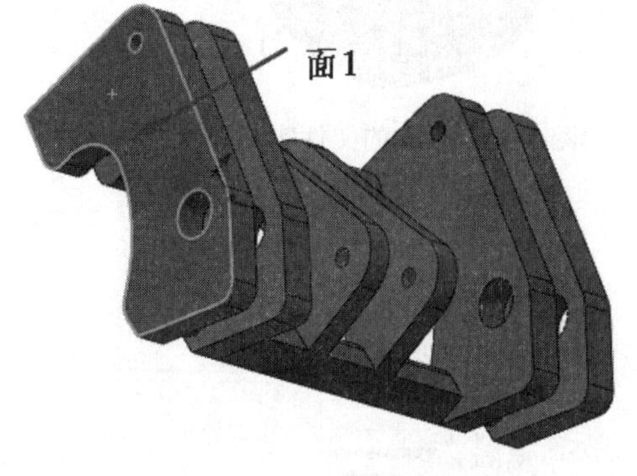

图 7-44　设置特征颜色

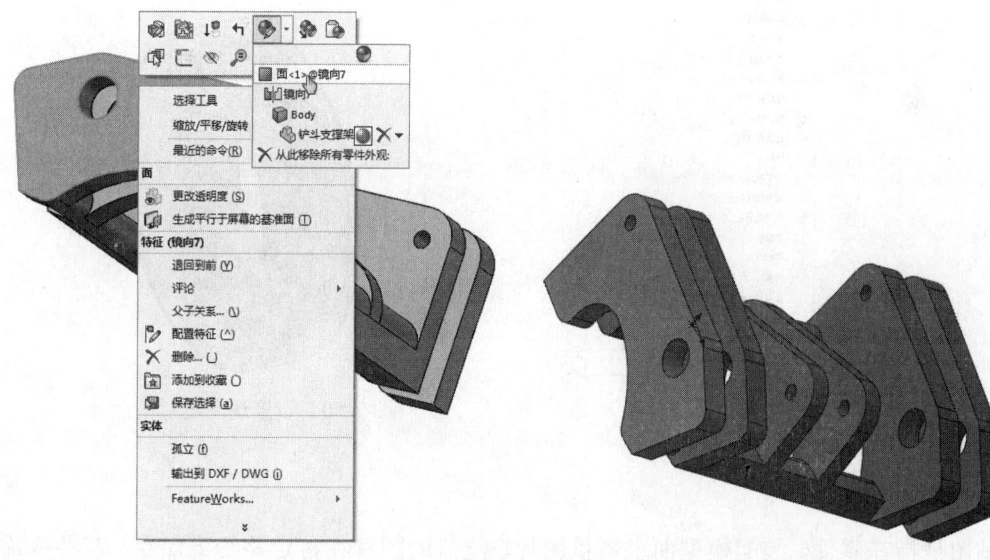

图 7-45　快捷菜单 3

图 7-46　设置面颜色

7.5.2 设置零件的透明度

在装配体零件中，外面的零件遮挡内部的零件，给零件的选择造成困难。设置零件的透明度后，可以透过透明零件选择非透明对象。

下面介绍设置零件透明度的操作步骤。

（1）打开的文件实体如图 7-47 所示。传动装配体的 FeatureManager 设计树如图 7-48 所示。

（2）右击 FeatureManager 设计树中的文件名称“轴承外圈<1>”，或者右击视图中的基座 1，系统弹出快捷菜单。单击“透明度”按钮，如图 7-49 所示。

（3）设置透明度后的图形如图 7-50 所示。

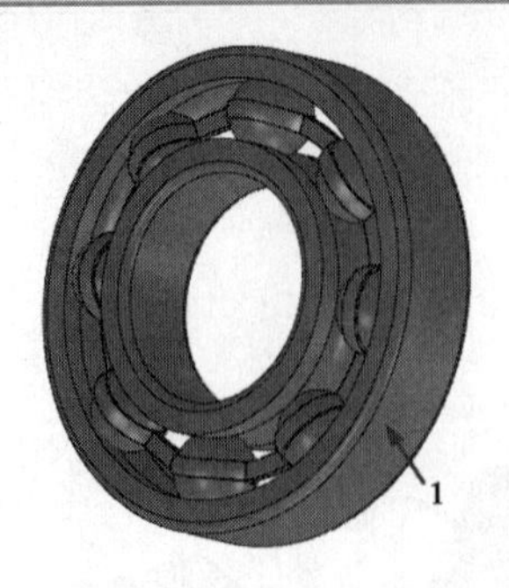

图 7-47　打开的文件实体

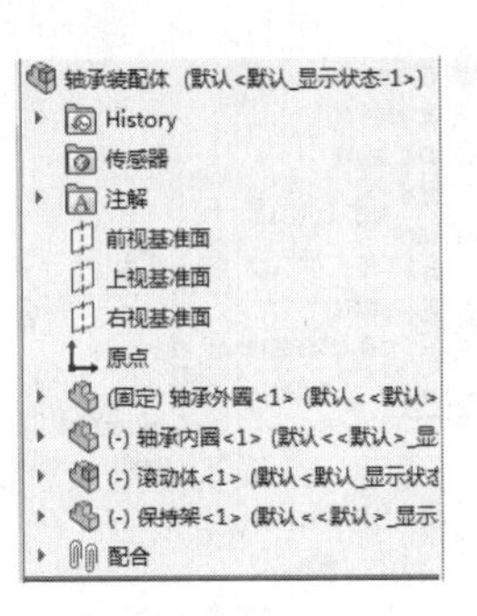

图 7-48　传动装配体的 FeatureManager 设计树

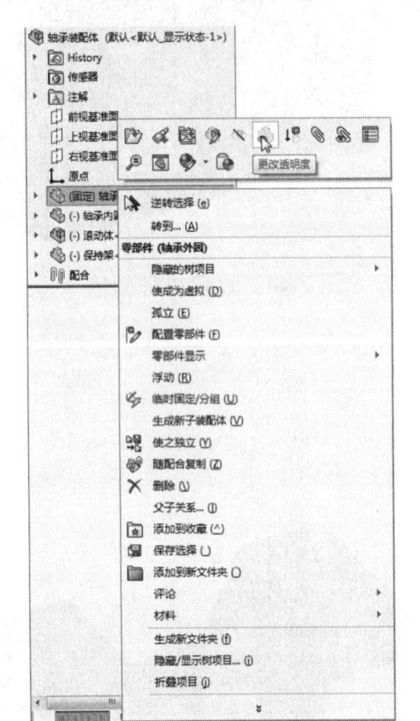

图 7-49　快捷菜单

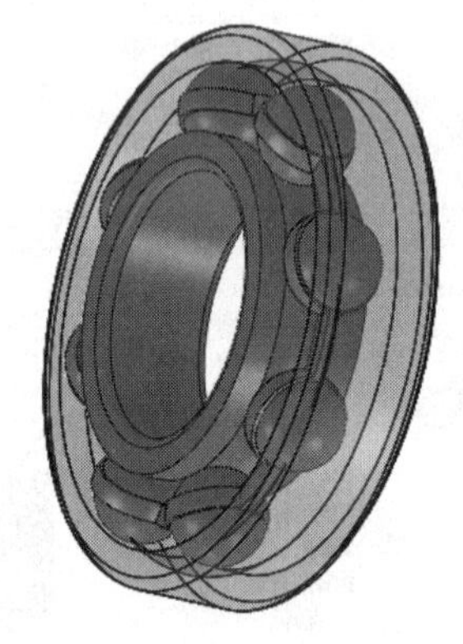

图 7-50　设置透明度后的图形

7.5.3 贴图

贴图是指在零件、装配模型面上覆盖图片，覆盖的图片在特定路径下保存，若特殊需要，读者也可以自己绘制图片，保存添加到零件、装配图中。

下面介绍设置零件贴图的操作步骤。

（1）在绘图区右侧单击“外观、布景和贴图”按钮，如图 7-51 所示，弹出如图 7-52 所示“外观、布景和贴图”的属性管理器，单击“标志”子选项，在管理器下部显示一个标志图片。选择对应按钮“gs”，将按钮拖动到零件模型面上，在左侧显示“显示”属性管理器。

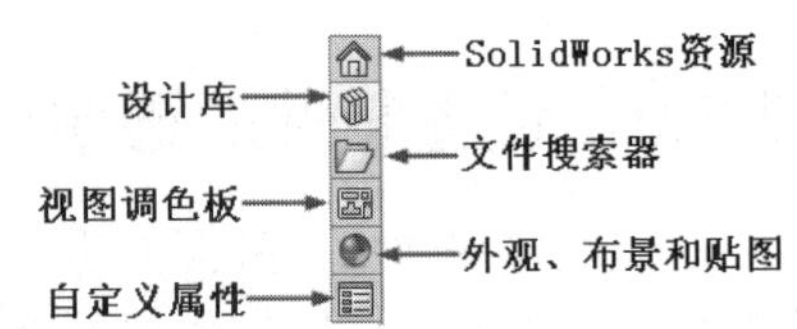

图 7-51　右侧属性按钮

（2）打开“图像”选项卡，在“贴图预览”选项组中显示按钮，在“图像文件路径”列表中显示图片路径，单击 浏览(B)... 按钮，弹出“打开”对话框，选择所需图片，勾选“缩略图”复选框，在右侧显示图片缩写，如图 7-53 所示。

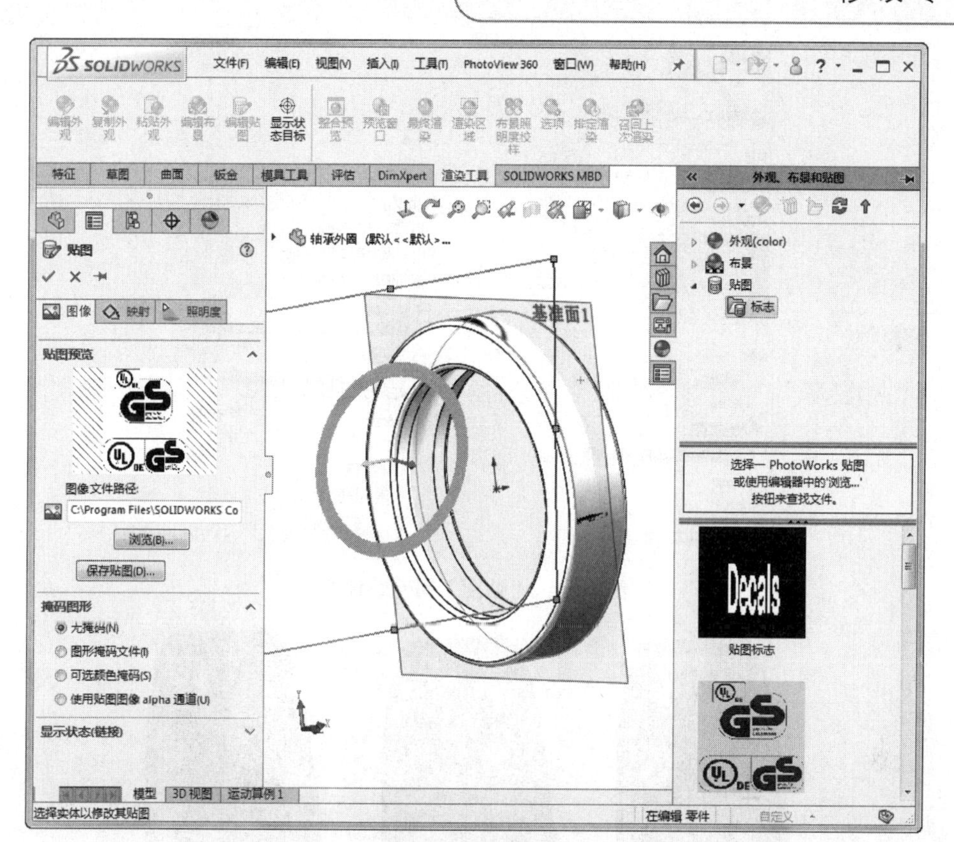

图 7-52 放置贴图

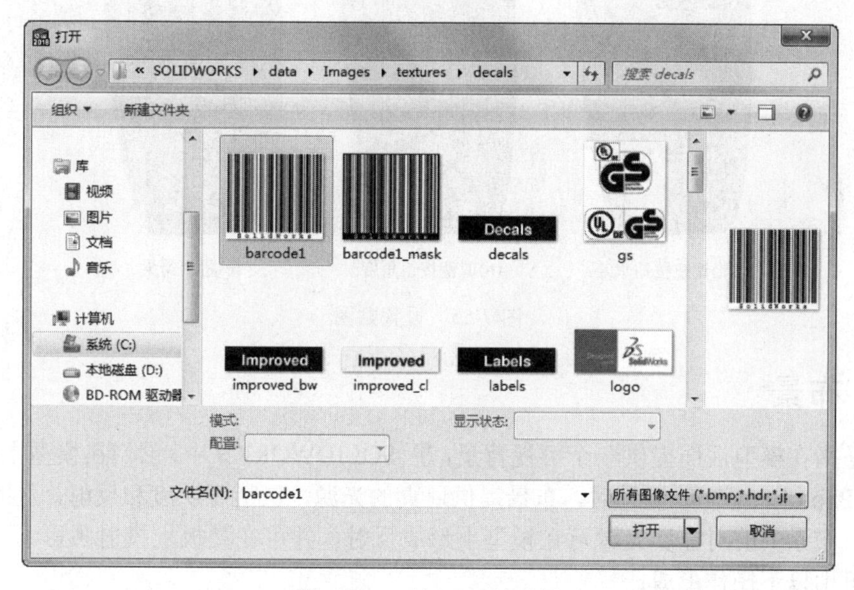

图 7-53 “打开”对话框

（3）打开“映射”选项卡，在“所选几何体”选项组中选择贴图面，在“映射”选项组、“大小/方向”选项组中设置参数，如图 7-54 所示。

（4）同时也可以在绘图区调节矩形框大小，调整图片大小；选择矩形框中心左边，旋转按钮，如图 7-55 所示。

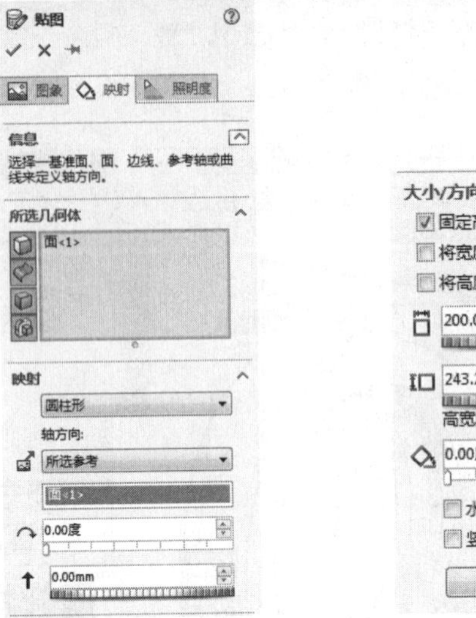

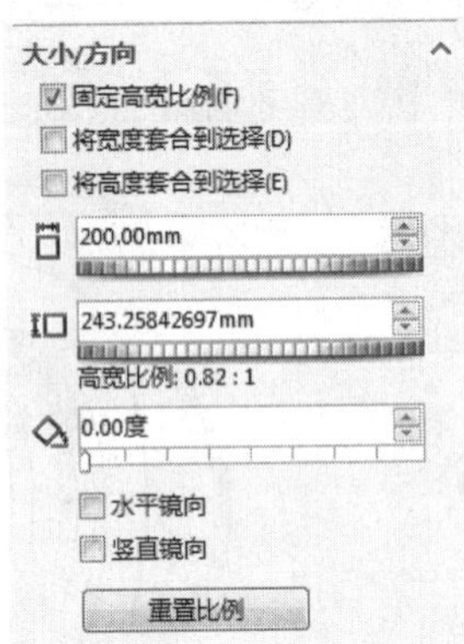

图 7-54　“贴图”属性管理器

(a)调整按钮大小

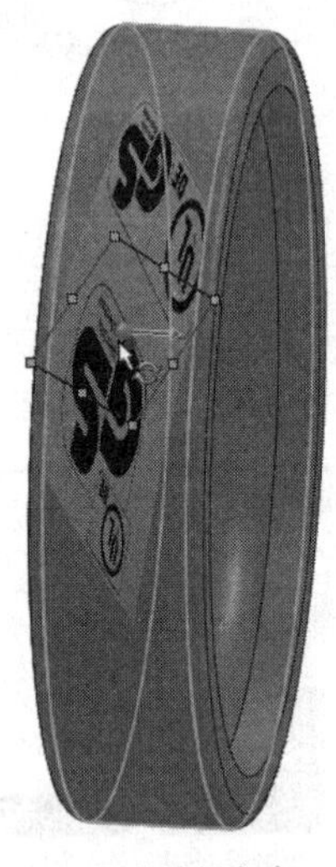

(b)调整按钮角度

(c)贴图结果

图 7-55　设置贴图

7.5.4 布景

布景是指在模型后面提供一个可视背景，在 SOLIDWORKS 中，它们在模型上提供反射。在插入了 PhotoView 360 插件时，布景提供逼真的光源，包括照明度和反射，从而要求更少光源操纵。布景中的对象和光源可在模型上形成反射，并可在楼板上投射阴影。

布景可由以下操作形成：

- 选择基于预设布景或图像的球形环境映射到模型周围。
- 2D 背景可以是单色、渐变颜色或选择的图像。虽然环境单元被背景部分遮掩，但仍然会在模型中反映出来。也可以关闭背景，以显示球形环境。
- 可以在 2D 地板上看到阴影和反射，可以更改模型与地板之间的距离。
- 在绘图区右侧单击“外观、布景和贴图”按钮，如图 7-56 所示。

- 在“基本布景”子选项中选择“三点绿色”，并将所选背景拖到绘图区，弹出图 7-57 所示“背景显示设定”对话框，模型显示如图 7-58 所示。

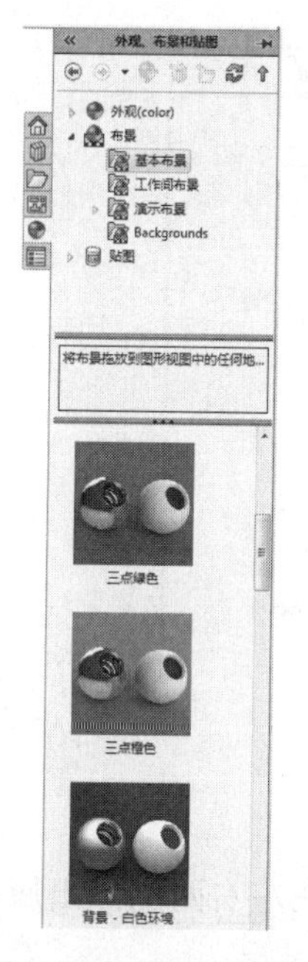

图 7-56　布景属性栏

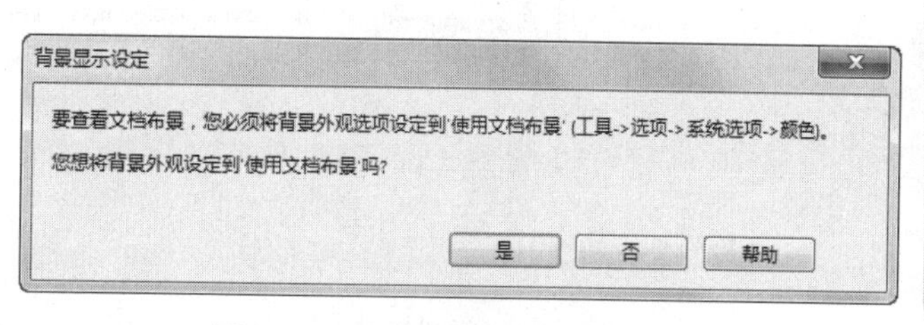

图 7-57　“背景显示设定”对话框

图 7-58　模型显示

7.5.5　PhotoView 360 渲染

（1）在菜单栏中选择“工具”→“插件”命令，弹出“插件”对话框，勾选“PhotoView 360”前面的复选框，如图 7-59 所示。

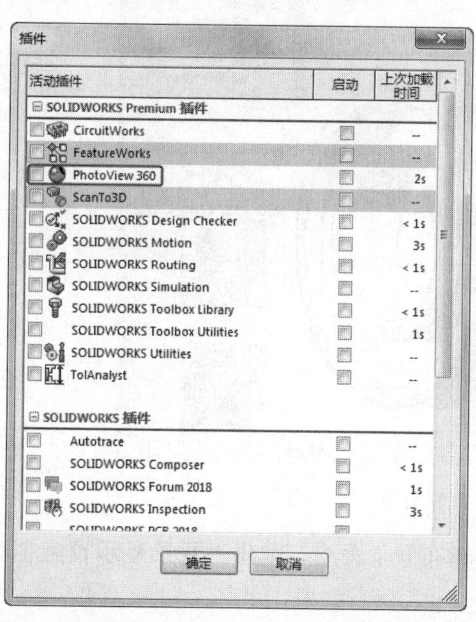

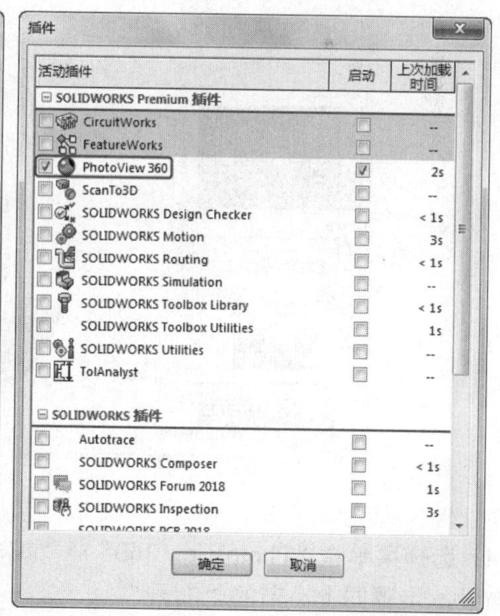

图 7-59　“插件”对话框

（2）单击“确定”按钮，在菜单栏显示添加的“PhotoView 360”菜单，如图 7-60 所示。

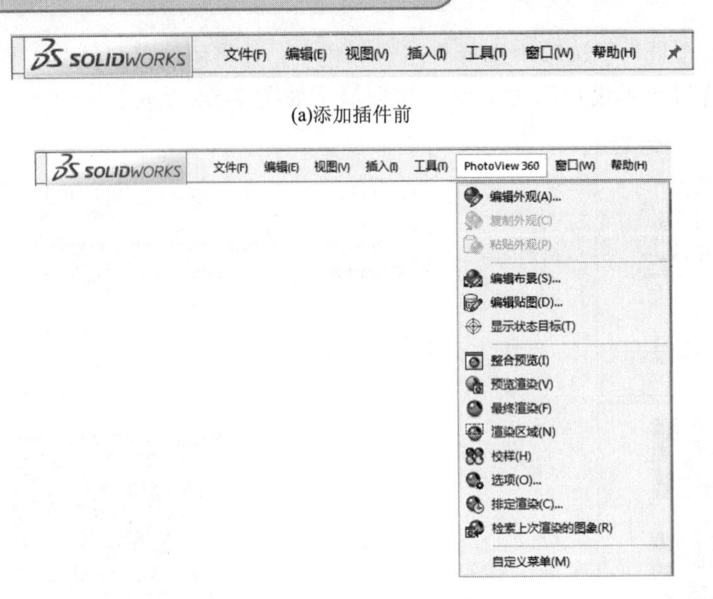

(a)添加插件前

(b)添加插件后

图 7-60　菜单栏

（3）选择菜单栏“PhotoView 360”→“编辑外观”命令，在左右两侧弹出属性管理器，如图 7-61 所示。

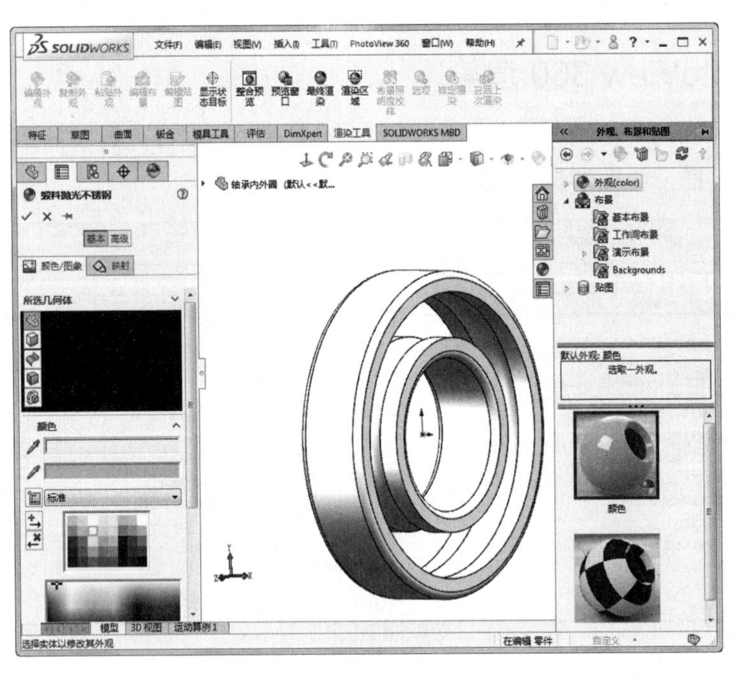

图 7-61　编辑外观

（4）选择菜单栏“PhotoView 360”→“编辑布景”命令，弹出“背景显示设定”对话框，设置布景，步骤同上小节的“布景”。

（5）选择菜单栏“PhotoView 360”→“编辑贴图”命令，弹出属性管理器，如图 7-62 所示，设置布景。

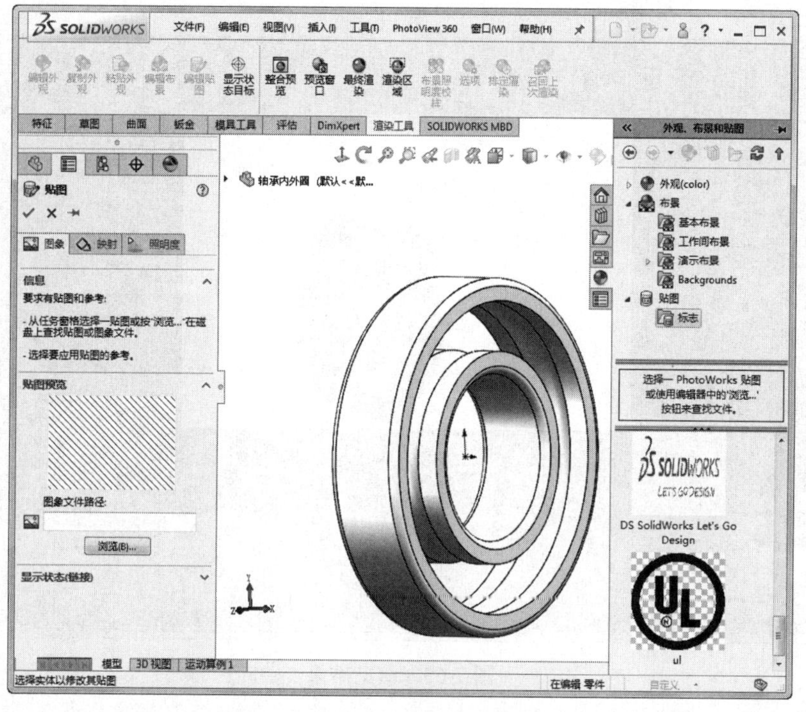

图 7-62　编辑贴图

（6）选择菜单栏“PhotoView 360”→“整合预览”命令，弹出“在渲染中使用透视图”对话框，如图 7-63 所示，单击“确定”按钮，渲染模型，结果如图 7-64 所示。

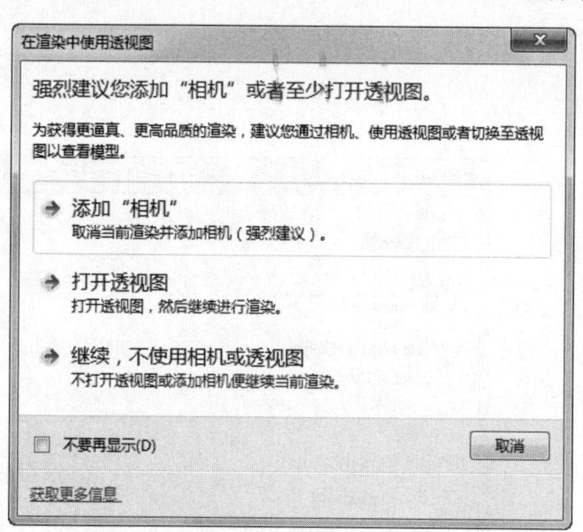

图 7-63　“在渲染中使用透视图”对话框

图 7-64　渲染结果

（7）选择菜单栏“PhotoView 360”→“预览渲染”命令，弹出“轴承外圈”对话框，进行渲染，完成渲染后弹出“最终渲染”对话框，显示渲染结果，如图 7-65 所示。

（8）选择菜单栏“PhotoView 360”→“选项”命令，在左侧弹出“PhotoView 360 选项”属性管理器，如图 7-66 所示。

（9）选择菜单栏“PhotoView 360”→“排定渲染”命令，弹出“排定渲染”对话框，如图 7-67 所示。

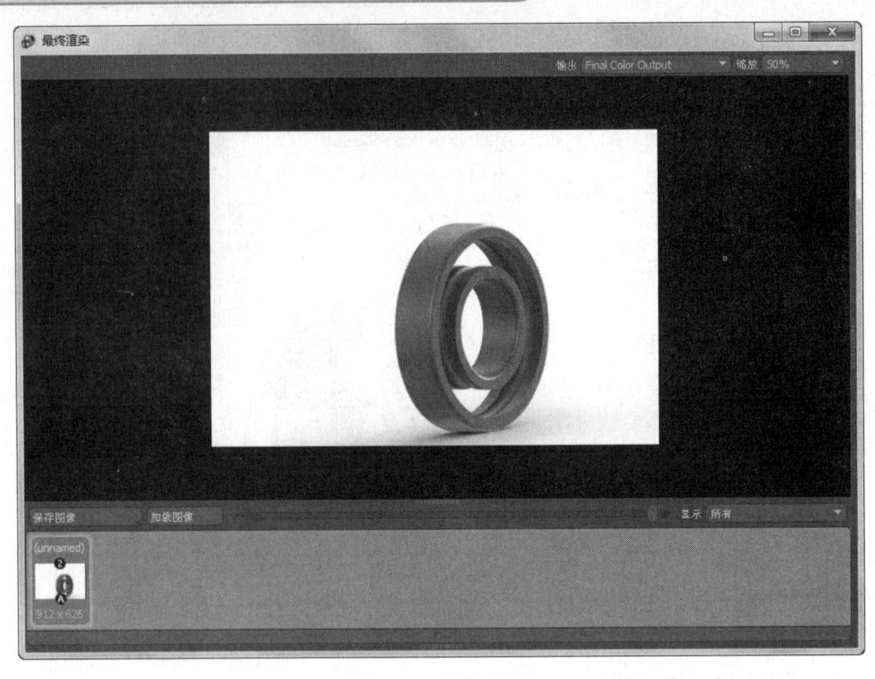

图 7-65　渲染结果

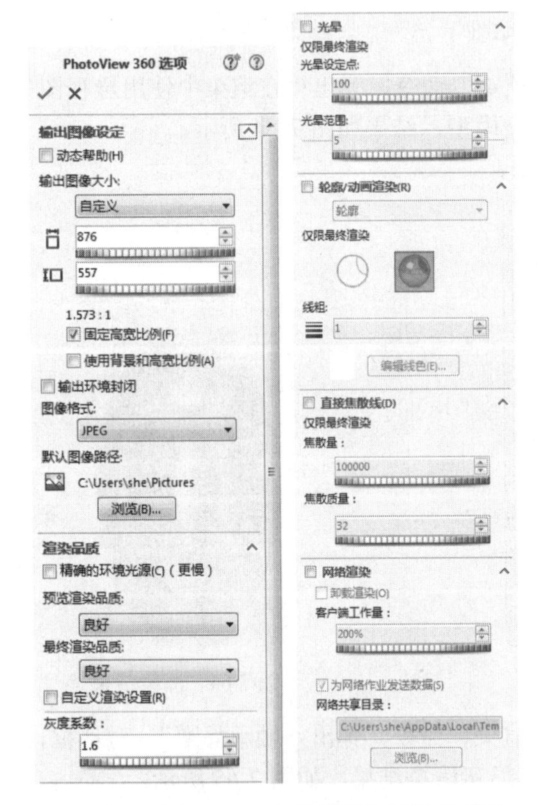

图 7-66　“PhotoView 360 选项”属性管理器

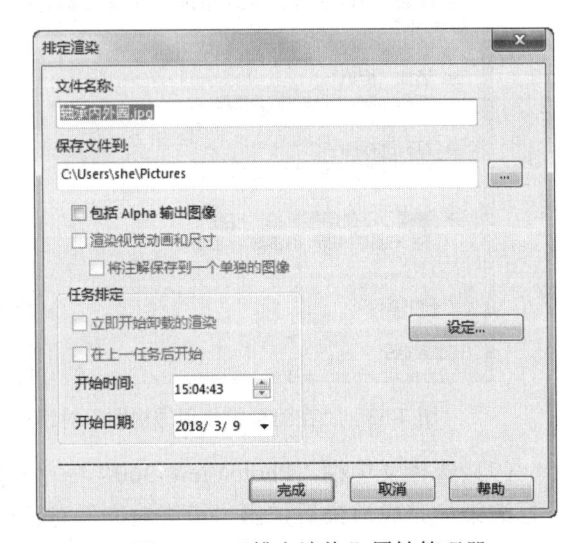

图 7-67　“排定渲染”属性管理器

（10）选择菜单栏“PhotoView 360”→“检索上次渲染的图像”命令，弹出“最终渲染”对话框，如图 7-68 所示。

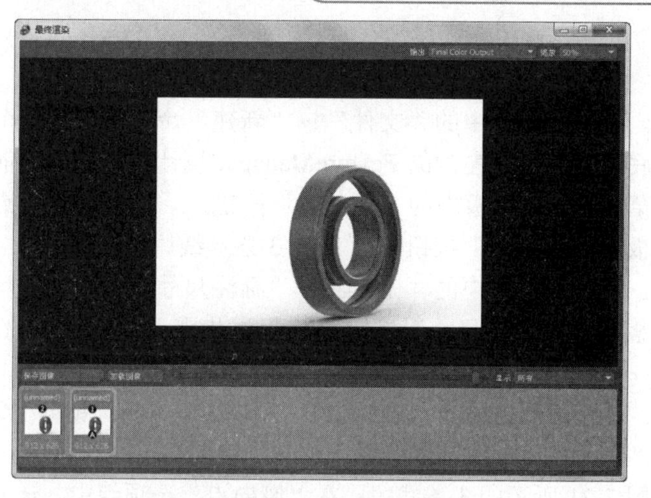

图 7-68 “最终渲染”对话框

7.6 综合实例——木质音箱

本例绘制的木质音箱，如图 7-69 所示。

思路分析

首先绘制音响的底座草图并拉伸，然后绘制主体草图并拉伸，将主体的前表面作为基准面，在其上绘制旋钮和指示灯等，最后设置各表面的外观和颜色。绘制流程图如图 7-70 所示。

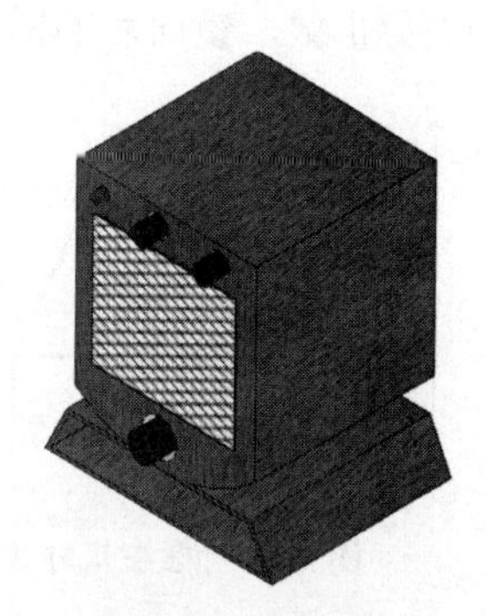

图 7-69 木质音箱

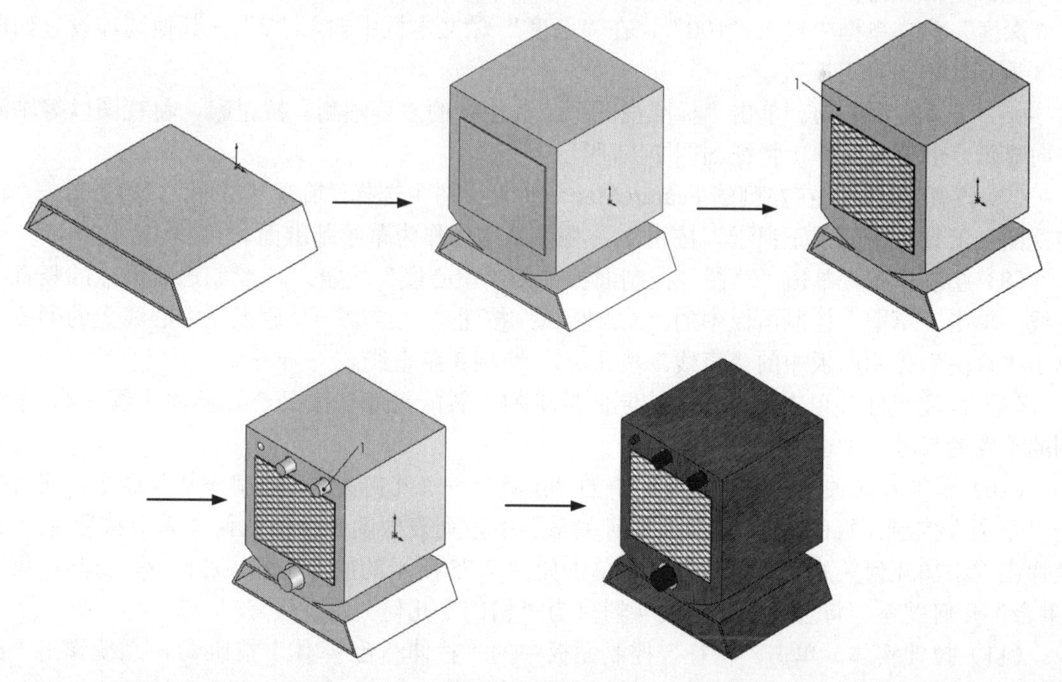

图 7-70 流程图

创建步骤

（1）新建文件。选择菜单栏中的“文件”→“新建”命令，创建一个新的零件文件。

（2）绘制音箱底座草图。在左侧的 FeatureManager 设计树中选择“前视基准面”作为草绘基准面。单击“草图”控制面板中的“中心线”按钮，绘制通过原点的竖直中心线；单击“草图”控制面板中的“直线”按钮，绘制 3 条直线。

（3）标注尺寸。选择菜单栏中的“工具”→“标注尺寸”→“智能尺寸”命令，或者单击“草图”控制面板中的“智能尺寸”按钮，标注步骤（2）中绘制的各线段的尺寸，如图 7-71 所示。

（4）镜向草图。选择菜单栏中的“工具”→“草图工具”→“镜向”命令，或者单击“草图”控制面板中的“镜向实体”按钮，系统弹出“镜向”属性管理器。在“要镜向的实体”选项组中，选择如图 7-71 所示的 3 条线段；在“镜向点”选项组中，选择竖直中心线，单击确定按钮，镜向后的图形如图 7-72 所示。

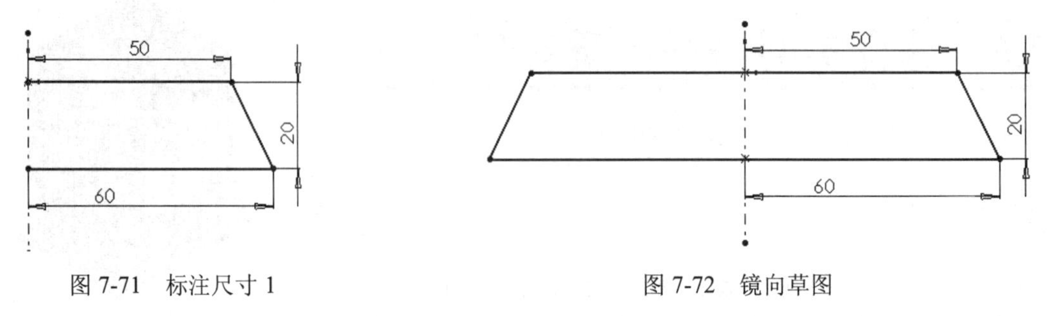

图 7-71　标注尺寸 1　　图 7-72　镜向草图

（5）拉伸薄壁实体。选择菜单栏中的“插入”→“凸台/基体”→“拉伸”命令，或者单击“特征”控制面板中的“拉伸凸台/基体”按钮，系统弹出“凸台-拉伸”属性管理器。在“深度”文本框中输入“100”，在“厚度”文本框中输入“2”。其他选项设置如图 7-73 所示，单击确定按钮。

（6）设置视图方向。单击“标准视图”工具栏中的“等轴测”按钮，将视图以等轴测方向显示，创建的拉伸 1 特征如图 7-74 所示。

（7）设置基准面。在左侧的 FeatureManager 设计树中选择“前视基准面”，然后单击“标准视图”工具栏中的“正视于”按钮，将该基准面作为草绘基准面。

（8）绘制草图。单击“草图”控制面板中的“中心线”按钮，绘制通过原点的竖直中心线；单击“草图”控制面板中的“3 点圆弧”按钮，绘制一个原点在中心线上的圆弧；单击“草图”控制面板中的“直线”按钮，绘制 3 条直线。

（9）标注尺寸。单击“草图”控制面板中的“智能尺寸”按钮，标注步骤（8）中绘制的草图的尺寸，如图 7-75 所示。

（10）添加几何关系。选择菜单栏中的“工具”→“几何关系”→“添加”命令，或者单击“草图”控制面板的“显示/删除几何关系”下拉列表中的“添加几何关系”按钮，系统弹出“添加几何关系”属性管理器。单击如图 7-75 所示的原点 1 和中心线 2，将其约束为“重合”几何关系，将边线 3 和边线 4 约束为“相切”几何关系。

（11）拉伸实体。单击“特征”控制面板中的“拉伸凸台/基体”按钮，系统弹出“凸台-拉伸”属性管理器。在“深度”文本框中输入“100”，然后单击确定按钮。

图 7-73　“凸台-拉伸”属性管理器

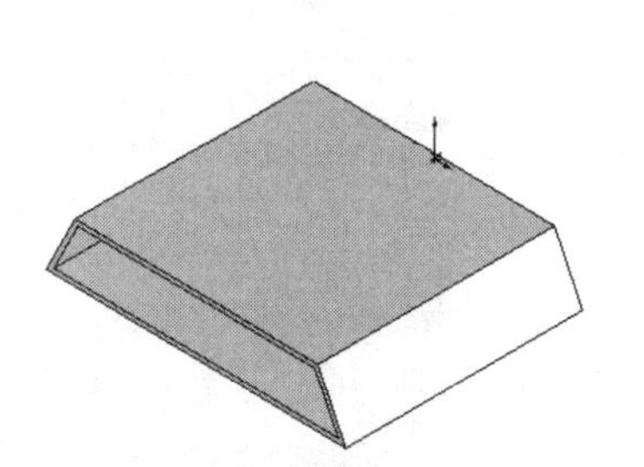

图 7-74　创建拉伸 1 特征

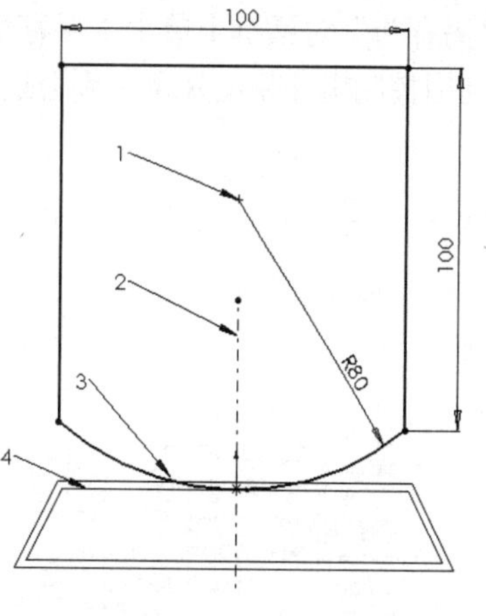

图 7-75　标注尺寸 2

（12）设置视图方向。单击“标准视图”工具栏中的“等轴测”按钮，将视图以等轴测方向显示，创建的拉伸 2 特征如图 7-76 所示。

（13）设置基准面。选择如图 7-76 所示的表面 1，然后单击“标准视图”工具栏中的“正视于”按钮，将该表面作为草绘基准面。

（14）绘制草图。单击“草图”控制面板中的“边角矩形”按钮，在步骤（13）中设置的基准面上绘制一个矩形。

（15）标注尺寸。单击“草图” 控制面板中的“智能尺寸”按钮，标注步骤（14）中绘制矩形的尺寸及其定位尺寸，如图 7-77 所示。

（16）拉伸实体。单击“特征”控制面板中的“拉伸凸台/基体”按钮，系统弹出“凸台-拉伸”属性管理器。在“深度”文本框中输入“1”，然后单击确定按钮。

（17）设置视图方向。单击“标准视图”工具栏中的“等轴测”按钮，将视图以等轴测方向显示，创建的拉伸 3 特征如图 7-78 所示。

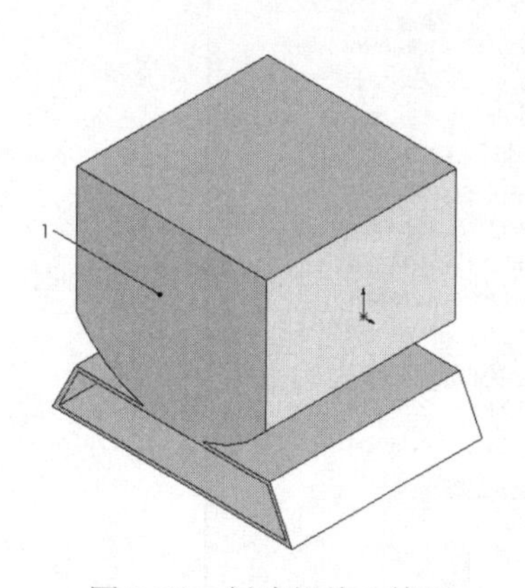

图 7-76　创建拉伸 2 特征

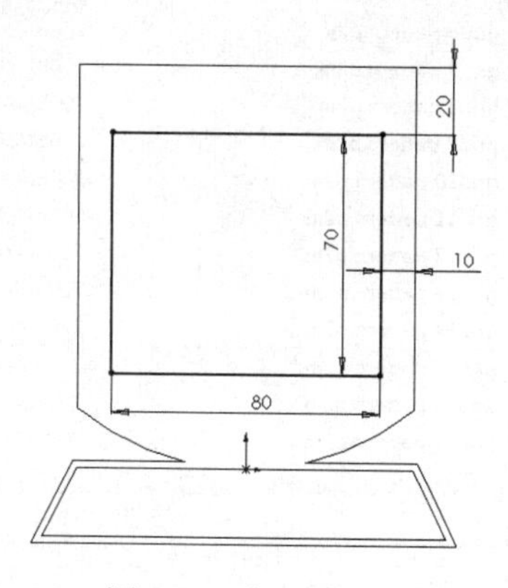

图 7-77　标注尺寸 3

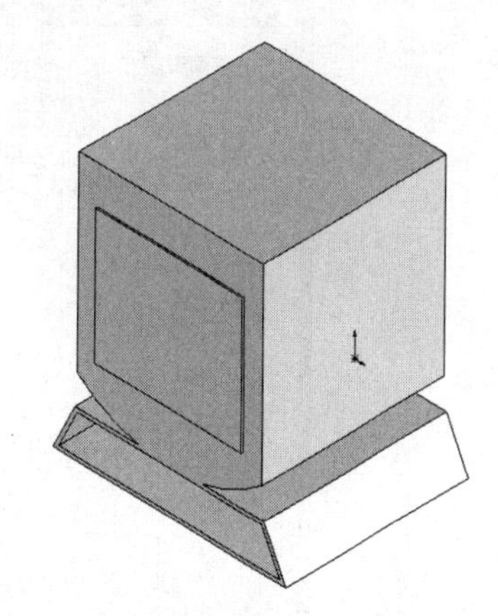

图 7-78　创建拉伸 3 特征

（18）设置外观属性。用鼠标单击第（16）步拉伸的实体，然后单击鼠标右键，此时系统弹出如图 7-79 所示的菜单。选择“添加外观”，打开“颜色”对话框，如图 7-80 所示。单击“高级”按钮，在如图 7-81 所示的“外观”组中单击“浏览”按钮，系统弹出“打开”对话框，如图 7-82 所示，在下部的“文件名”下拉框右侧选择“所有文件”。选择并打开“grid15”图片。在弹出的

“另存为”对话框中单击“保存”，将图片保存为“p2m”格式。此时显示器屏幕如图 7-83 所示，利用控制指针将图片调节到合适的大小。单击确定按钮✓，结果如图 7-84 所示。

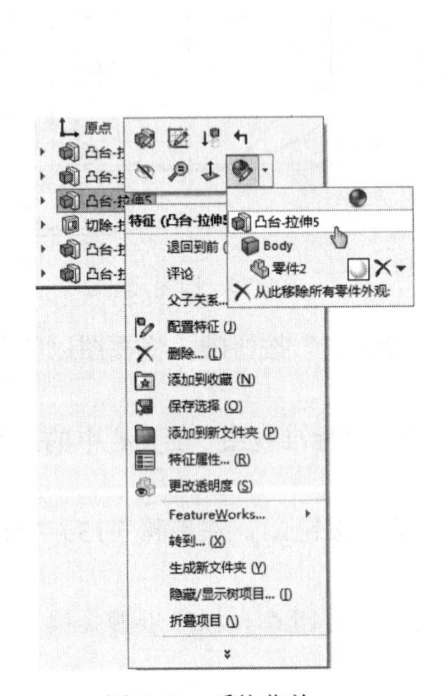

图 7-79　系统菜单

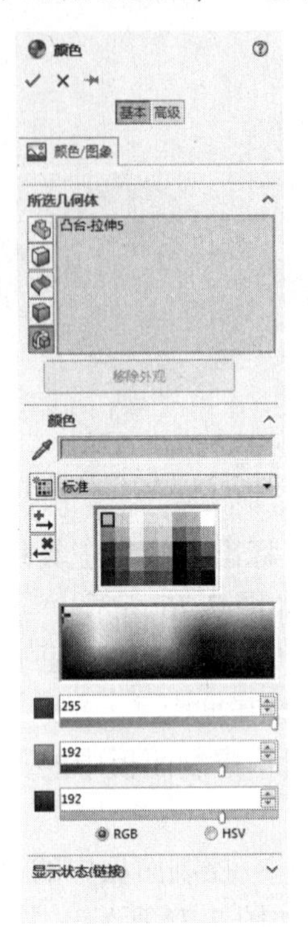

图 7-80　“颜色”对话框

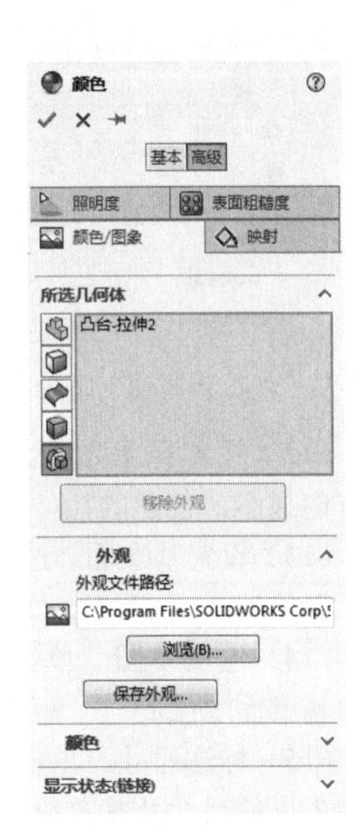

图 7-81　“外观”

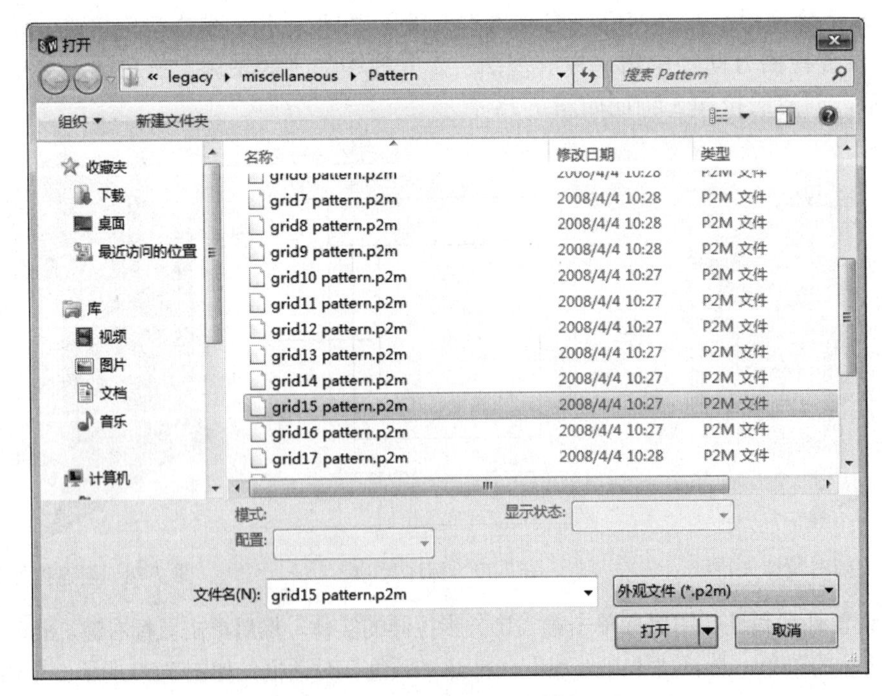

图 7-82　“打开”对话框

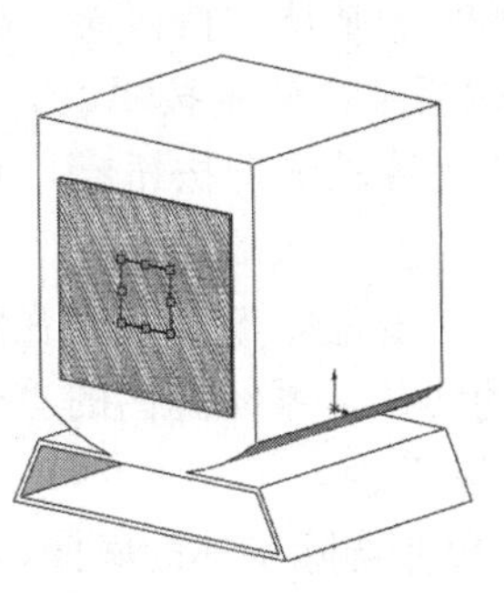
图 7-83　放置图片

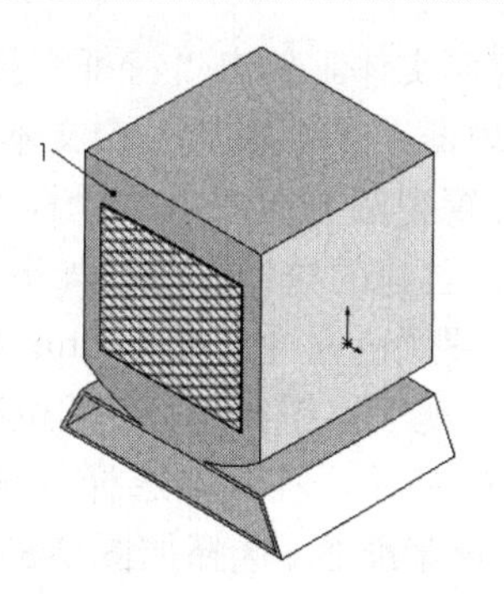

图 7-84　设置外观后的图形

注意：在 SoildWorks 中，外观设置的对象有多种：面、曲面、实体、特征、零部件等。其外观库是系统预定义的，通过对话框既可以设置纹理的比例和角度，也可以设置其混合颜色。

（19）设置基准面。选择如图 7-84 所示的表面 1，然后单击“标准视图”工具栏中的（正视于）按钮，将该表面作为草绘基准面。

（20）绘制草图。选择菜单栏中的“工具”→“草图绘制实体”→“矩形”命令，或者单击“草图”控制面板中的“圆”按钮，在步骤（19）中设置的基准面上绘制 4 个圆。

（21）标注尺寸。单击“草图”控制面板中的“智能尺寸”按钮，标注步骤（20）中绘制圆的直径及其定位尺寸，标注的草图如图 7-85 所示。

（22）拉伸切除实体。选择菜单栏中的“插入”→“切除”→“拉伸”命令，或者单击“特征”控制面板中的“拉伸切除”按钮，系统弹出“拉伸”属性管理器。在“深度”文本框中输入“10”，并调整切除拉伸的方向，然后单击确定按钮。

（23）设置视图方向。单击“标准视图”工具栏中的“等轴测”按钮，将视图以等轴测方向显示，创建的拉伸 4 特征如图 7-86 所示。

（24）设置基准面。选择如图 7-86 所示的表面 1，然后单击“标准视图”工具栏中的“正视于”按钮，将该表面作为草绘基准面。

（25）绘制草图。选择菜单栏中的“工具”→“草图绘制实体”→“圆”命令，或者单击“草图”控制面板中的“圆”按钮，在步骤（24）中设置的基准面上绘制 3 个圆，并且要求这 3 个圆与拉伸切除的实体同圆心。

（26）标注尺寸。单击“草图”控制面板中的“智能尺寸”按钮，然后标注步骤（25）中绘制的圆的直径及其定位尺寸，如图 7-87 所示。

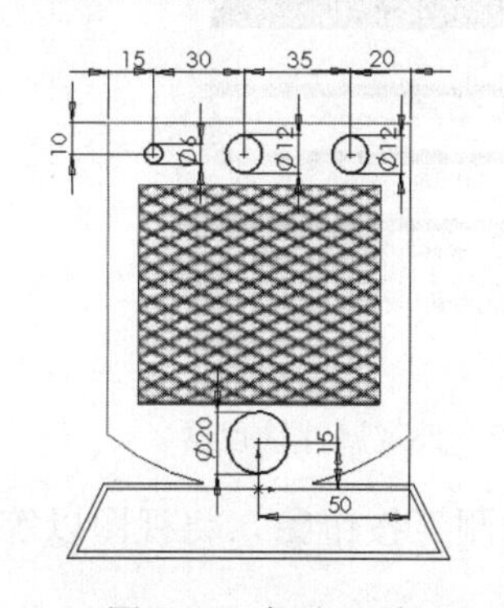

图 7-85　标注尺寸 4

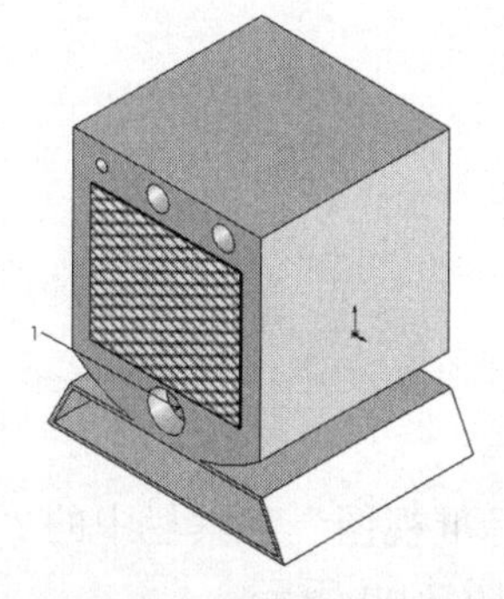

图 7-86　创建拉伸 4 特征

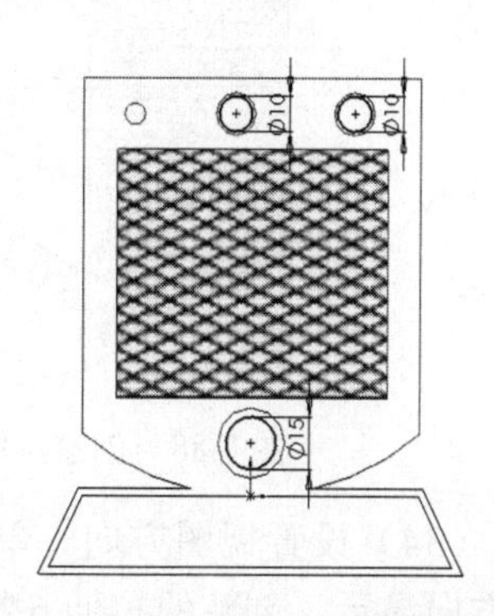

图 7-87　标注尺寸 5

（27）拉伸实体。单击“特征”控制面板中的“拉伸凸台/基体”按钮，系统弹出“拉伸”属性管理器。在“深度”文本框中输入“20”，然后单击确定按钮✓。

（28）设置视图方向。单击“标准视图”工具栏中的“等轴测”按钮，将视图以等轴测方向显示，创建的拉伸 5 特征如图 7-88 所示。

（29）设置颜色属性。在 FeatureManager 设计树中，右击拉伸 5 特征，在弹出的快捷菜单中单击“外观”按钮，在下拉菜单中选择刚选中的实体，系统弹出的“外观”属性管理器如图 7-89 所示。在其中选择蓝颜色，然后单击确定按钮✓。

（30）设置基准面。选择如图 7-88 所示的左上角左侧拉伸切除实体的底面，然后单击“标准视图”工具栏中的“正视于”按钮，将该表面作为草绘基准面。

（31）绘制草图。选择菜单栏中的“工具”→“草图绘制实体”→“矩形”命令，或者单击“草图”控制面板中的“圆”按钮，在步骤（30）中设置的基准面上绘制一个圆，并且要求其与拉伸切除的实体同圆心。

（32）标注尺寸。单击“草图”控制面板中的“智能尺寸”按钮，标注步骤（31）中绘制的圆的直径为 4。

（33）拉伸实体。单击“特征”控制面板中的“拉伸凸台/基体”按钮，系统弹出“拉伸”属性管理器。在“深度”文本框中输入“16”，然后单击确定按钮✓。

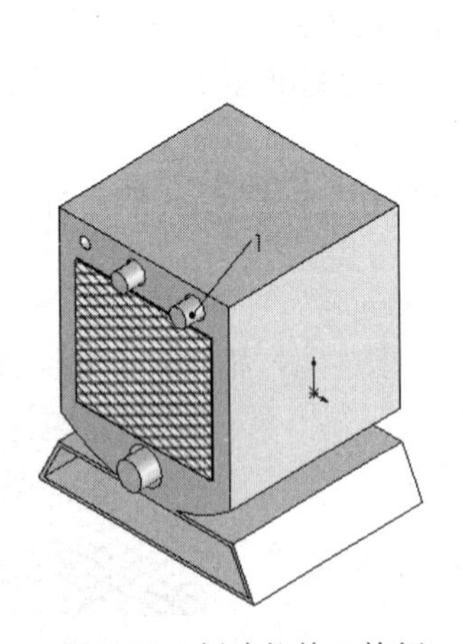

图 7-88　创建拉伸 5 特征

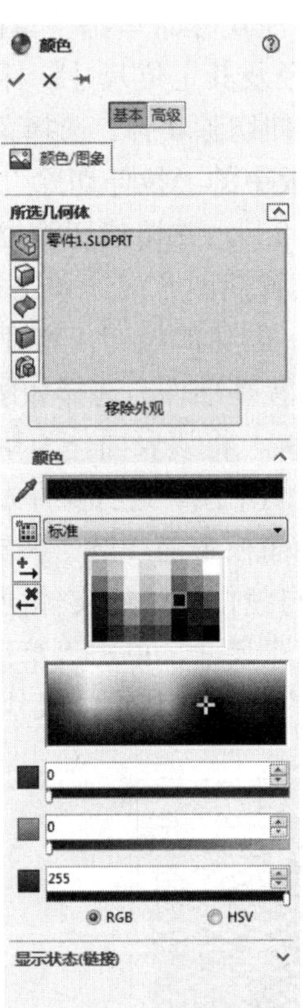

图 7-89　外观属性管理器

（34）设置视图方向。单击“标准视图”工具栏中的“等轴测”按钮，将视图以等轴测方向显示，创建的拉伸 6 特征如图 7-90 所示。

（35）设置外观属性。重复步骤（29），将如图 7-90 所示拉伸和圆角后实体 1 设置为红色，作为指示灯。

（36）设置外观属性。在零件上单击鼠标右键，此时系统弹出如图 7-89 所示的菜单，选择“零件”→“添加外观”，此时系统弹出“颜色”对话框和“外观、布景和贴图”对话框，如图 7-91 所示。选择“外观”→“有机”→“木材”→“山毛榉”→“粗制山毛榉横切面”选项，然后单击确定按钮✔，结果如图 7-69 所示。

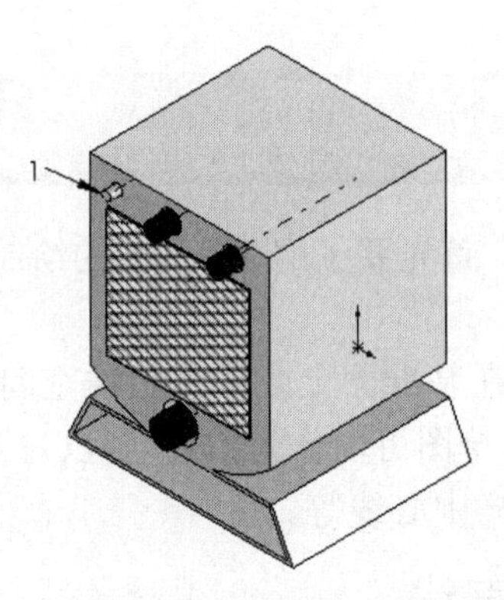

图 7-90　创建拉伸 6 特征

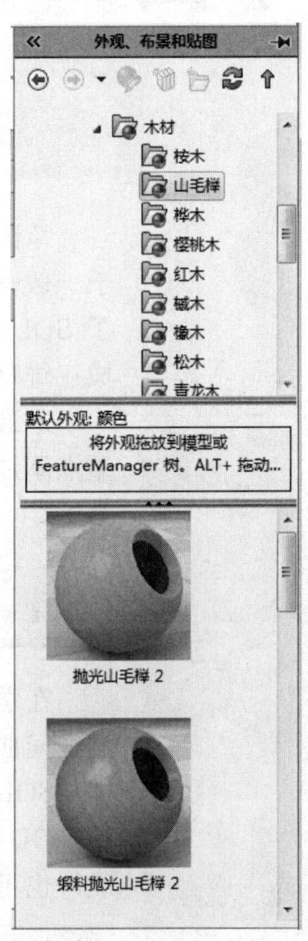

图 7-91　材料对话框

Chapter

3D 草图和 3D 曲线

8

草图绘制包括二维草图和 3D 草图，3D 草图是空间草图，有别于一般平面直线，不但拓宽了草图的绘制范围，同时更进一步增强了 SOLIDWORKS 软件的建模功能。三维草图功能为扫描、放样生成三维草图路径，或为管道、电缆、线和管线生成路径。

本章简要介绍 3D 草图的一些基本操作，3D 直线、3D 曲线都是重点阐述对象，是对一般草图的升级，为绘制复杂不规则模型奠定基础。

8.1 三维草图

在学习曲线生成方式之前，首先要了解 3D 草图的绘制，它是生成空间曲线的基础。

SOLIDWORKS 可以直接在基准面上或者在三维空间的任意点绘制 3D 草图实体，绘制的 3D 草图可以作为扫描路径、扫描的引导线，也可以作为放样路径、放样中心线等。

8.1.1 绘制三维空间直线

（1）新建一个文件。单击“标准视图”工具栏中的“等轴测”按钮，设置视图方向为等轴测方向。在该视图方向下，坐标 X、Y、Z 三个方向均可见，可以比较方便地绘制 3D 草图。

（2）选择菜单栏中的“插入”→“3D 草图”命令，或者单击“草图”工具栏中的“3D 草图”按钮，或者单击“草图”控制面板中的 “3D 草图”按钮，进入 3D 草图绘制状态。

（3）单击“草图”控制面板中需要绘制的草图工具，本例单击“直线”按钮，开始绘制 3D 空间直线，注意此时在绘图区中出现了空间控标，如图 8-1 所示。

（4）以原点为起点绘制草图，基准面为控标提示的基准面，方向由光标拖动决定，如图 8-2 所示为在 XY 基准面上绘制草图。

图 8-1　空间控标

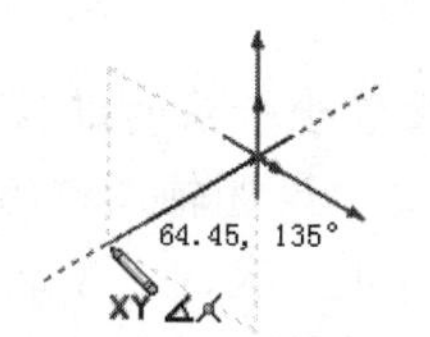

图 8-2　在 XY 基准面上绘制草图

（5）步骤（4）是在 XY 基准面上绘制直线，当继续绘制直线时，控标会显示出来。按<Tab>键，可以改变绘制的基准面，依次为 XY、YZ、ZX 基准面。如图 8-3 所示为在 YZ 基准面上绘制草图。按<Tab>键依次绘制其他基准面上的草图，绘制完的 3D 草图如图 8-4 所示。

（6）单击“草图”控制面板中的“3D 草图”按钮，或者在绘图区右击，在弹出的快捷菜单中，单击“退出草图”按钮，退出 3D 草图绘制状态。

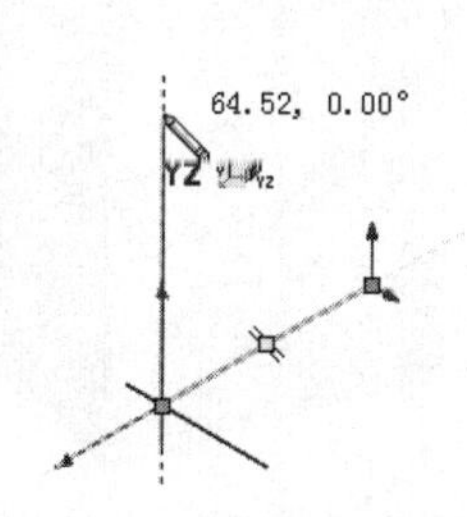

图 8-3　在 YZ 基准面上绘制草图

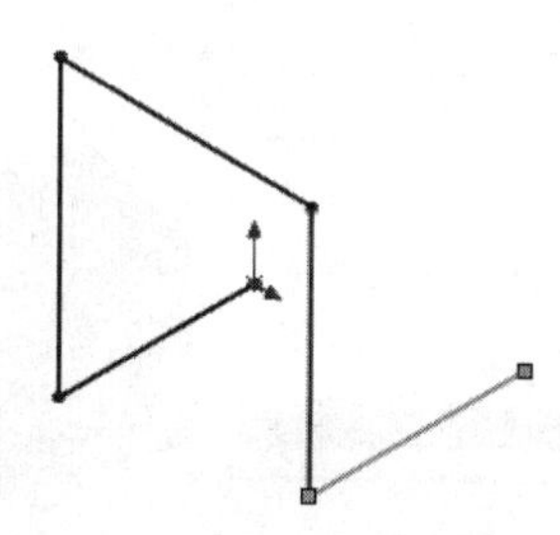

图 8-4　绘制完的三维草图

注意：*在绘制三维草图时，绘制的基准面要以控标显示为准，不要主观判断，通过按<Tab>键，变换视图的基准面。*

2D 草图和 3D 草图既有相似之处，又有不同之处。在绘制 3D 草图时，2D 草图中的所有圆、弧、矩形、直线、样条曲线和点等工具都可用，曲面上的样条曲线工具只能用在三维草图中。在添加几何关系时，2D 草图中的大多数几何关系都可用于 3D 草图中，但是对称、阵列、等距和等长线例外。

另外需要注意的是，对于 2D 草图，其绘制的草图实体是所有几何体在草绘基准面上的投影，而三维草图是空间实体。

在绘制 3D 草图时，除了使用系统默认的坐标系外，用户还可以定义自己的坐标系，此坐标系将同测量、质量特性等工具一起使用。

8.1.2 建立坐标系

（1）选择菜单栏中的“插入”→“参考几何体”→“坐标系”命令，或者单击“特征”控制面板“参考几何体”下拉列表中的“坐标系”按钮，系统弹出“坐标系”属性管理器。

（2）单击图标右侧的“原点”列表框，然后单击如图 8-5 所示的点 A，设置 A 点为新坐标系的原点；单击“X 轴”下面的“X 轴参考方向”列表框，然后单击如图 8-5 所示的边线 1，设置边线 1 为 X 轴；依次设置如图 8-5 所示的边线 2 为 Y 轴，边线 3 为 Z 轴，“坐标系”属性管理器设置如图 8-5 所示。

（3）单击确定按钮，完成坐标系的设置，添加坐标系后的图形如图 8-6 所示。

注意： 在设置坐标系的过程中，如果坐标轴的方向不是用户想要的方向，可以单击“坐标系”属性管理器中设置轴左侧的“反转方向”按钮进行设置。

在设置坐标系时，X 轴、Y 轴和 Z 轴的参考方向可为以下实体。

顶点、点或者中点：将轴向的参考方向与所选点对齐。

线性边线或者草图直线：将轴向的参考方向与所选边线或者直线平行。

非线性边线或者草图实体：将轴向的参考方向与所选实体上的所选位置对齐。

平面：将轴向的参考方向与所选面的垂直方向对齐。

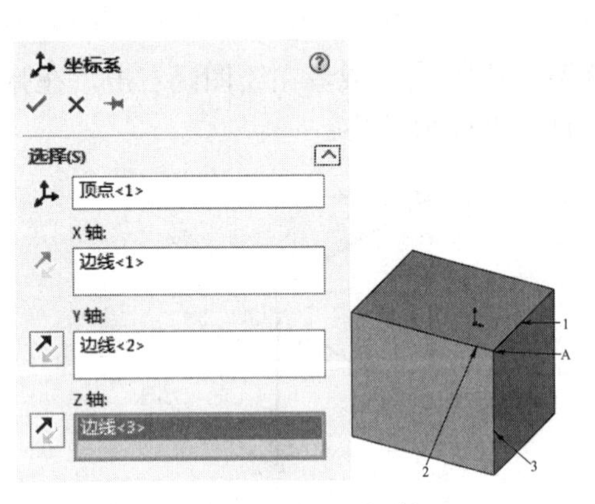

图 8-5 “坐标系”属性管理器

图 8-6 添加坐标系后的图形

8.2 创建曲线

曲线是构建复杂实体的基本要素，SOLIDWORKS 提供专用的“曲线”工具栏，如图 8-7 所示。

图 8-7 “曲线”工具栏

在“曲线”工具栏中，SOLIDWORKS 创建曲线的方式主要有：分割线、投影曲线、组合曲线、通过 XYZ 点的曲线、通过参考点的曲线与螺旋线/涡状线等。本节主要介绍各种不同曲线的创建方式。

8.2.1 投影曲线

在 SOLIDWORKS 中，投影曲线主要有两种创建方式。一种方式是将绘制的曲线投影到模型面上，生成一条 3D 曲线；另一种方式是在两个相交的基准面上分别绘制草图，此时系统会将每一个草图沿所在平面的垂直方向投影得到一个曲面，这两个曲面在空间中相交，生成一条三维曲线。下面将分别介绍采用这两种方式创建曲线的操作步骤。

1. 利用绘制曲线投影到模型面上生成投影曲线

（1）新建一个文件，在左侧的 FeatureManager 设计树中选择“前视基准面”作为草绘基准面。

（2）单击“草图”控制面板中的“样条曲线”按钮，绘制样条曲线。

（3）单击“曲面”控制面板中的“拉伸曲面”按钮，系统弹出“曲面-拉伸”属性管理器。在“深度”文本框中输入“120”，单击确定按钮，生成拉伸曲面。

（4）单击“参考几何体”操控板中的“基准面”按钮，系统弹出“基准面”属性管理器。选择“上视基准面”作为参考面，单击确定按钮，添加基准面 1。

（5）在新平面上绘制样条曲线，如图 8-8 所示。绘制完毕后退出草图绘制状态。

（6）选择菜单栏中的“插入”→“曲线”→“投影曲线”命令，或者单击“曲线”工具栏中的“投影曲线”按钮，系统弹出“投影曲线”属性管理器。

（7）点选“面上草图”单选按钮，在“要投影的草图”列表框中，选择如图 8-8 所示的样条曲线 1；在“投影面”列表框中，选择如图 8-8 所示的曲面 2；在视图中观测投影曲线的方向，是否投影到曲面，勾选“反转投影”复选框，使曲线投影到曲面上。“投影曲线”属性管理器设置如图 8-9 所示。

（8）单击确定按钮，生成的投影曲线 1 如图 8-10 所示。

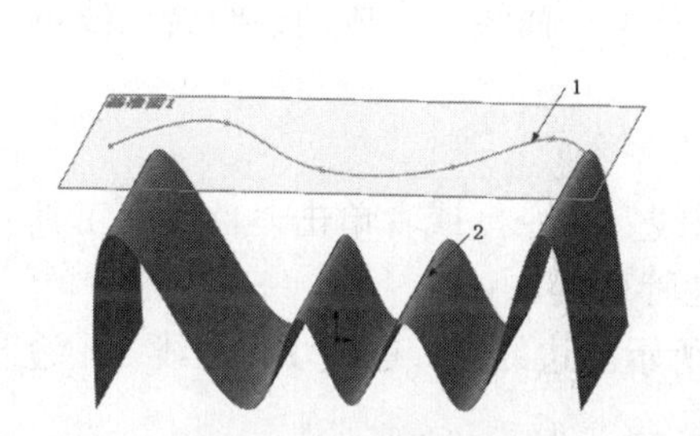

图 8-8　绘制样条曲线 1

投影曲线
选择(S)
投影类型:
面上草图(K)
草图上草图(E)
草图2
面<1>
反转投影(R)

图 8-9　“投影曲线”属性管理器 1

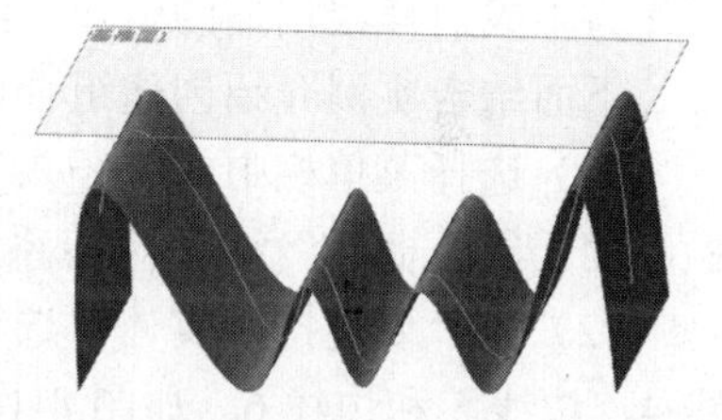

图 8-10　投影曲线 1

2．利用两个相交的基准面上的曲线生成投影曲线

（1）新建一个文件，在左侧的 FeatureManager 设计树中选择“前视基准面”作为草绘基准面。

（2）单击“草图”面板中的“样条曲线”按钮，在步骤（1）中设置的基准面上绘制一个样条曲线，如图 8-11 所示，然后退出草图绘制状态。

（3）在左侧的 FeatureManager 设计树中选择“上视基准面”作为草绘基准面。

（4）单击“草图”面板中的“样条曲线”按钮，在步骤（3）中设置的基准面上绘制一个样条曲线，如图 8-12 所示，然后退出草图绘制状态。

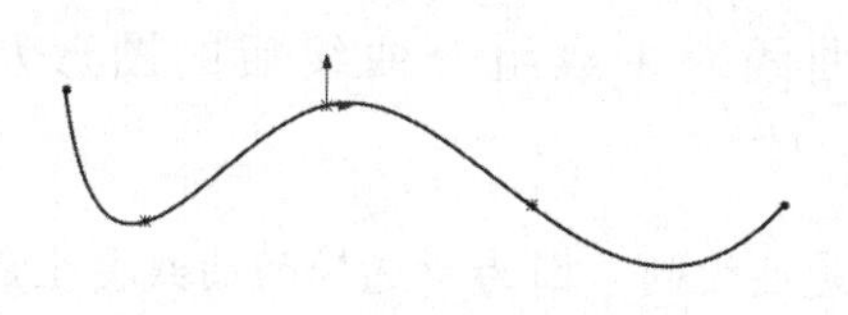

图 8-11　绘制样条曲线 2

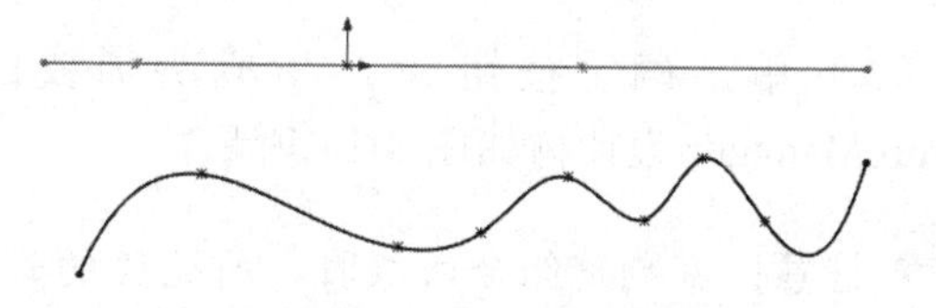

图 8-12　绘制样条曲线 3

（5）单击“曲线”工具栏中的“投影曲线”按钮，系统弹出的“投影曲线”属性管理器。

（6）单击“草图上草图”按钮，在“要投影的草图”列表框中，选择如图 8-12 所示的两条样条曲线，如图 8-13 所示。

（7）单击确定按钮✔，生成的投影曲线如图 8-14 所示。

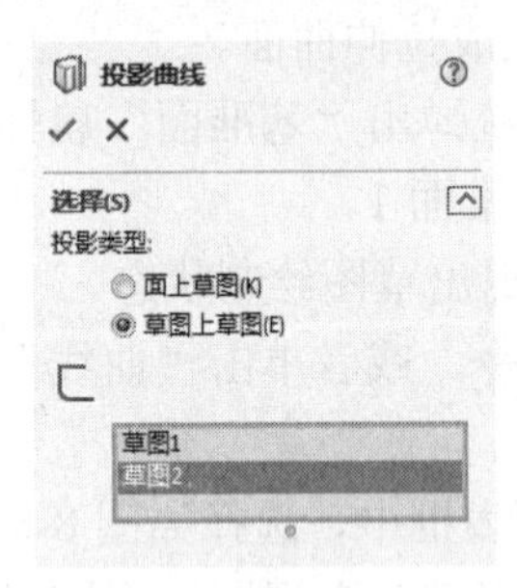

图 8-13 “投影曲线”属性管理器 2

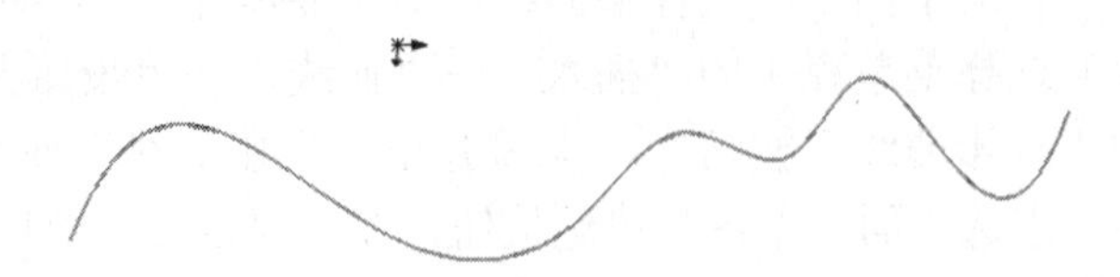

图 8-14 投影曲线 2

注意：如果在选择菜单栏中的投影曲线命令之前，先选择了生成投影曲线的草图，则在选择菜单栏中的投影曲线命令后，“投影曲线”属性管理器会自动选择合适的投影类型。

8.2.2 组合曲线

组合曲线是指将曲线、草图几何和模型边线组合为一条单一曲线，生成的该组合曲线可以作为生成放样或扫描的引导曲线、轮廓线。

下面结合实例介绍创建组合曲线的操作步骤。

（1）选择菜单栏中的“插入”→“曲线”→“组合曲线”命令，或者单击“曲线”工具栏中的“组合曲线”按钮，系统弹出“组合曲线”属性管理器。

（2）在“要连接的实体”选项组中，选择如图 8-15 所示的边线 1、边线 2、边线 3、边线 4、边线 5 和边线 6，如图 8-16 所示。

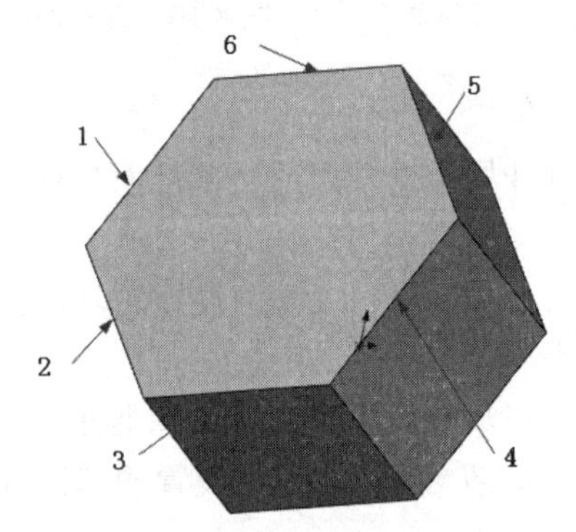

图 8-15 打开的文件实体

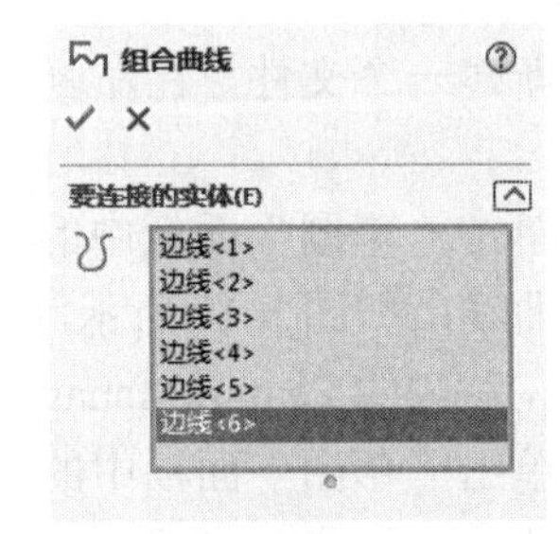

图 8-16 “组合曲线”属性管理器

（3）单击确定按钮✔，生成所需要的组合曲线。生成组合曲线后的图形及其 FeatureManager 设计树如图 8-17 所示。

注意：在创建组合曲线时，所选择的曲线必须是连续的，因为所选择的曲线要生成一条曲线。生成的组合曲线可以是开环的，也可以是闭合的。

8.2.3 螺旋线和涡状线

螺旋线和涡状线通常在零件中生成，这种曲线可以被当成一个路径或者引导曲线使用在

扫描的特征上，或作为放样特征的引导曲线，通常用来生成螺纹、弹簧和发条等零件。下面将分别介绍绘制这两种曲线的操作步骤。

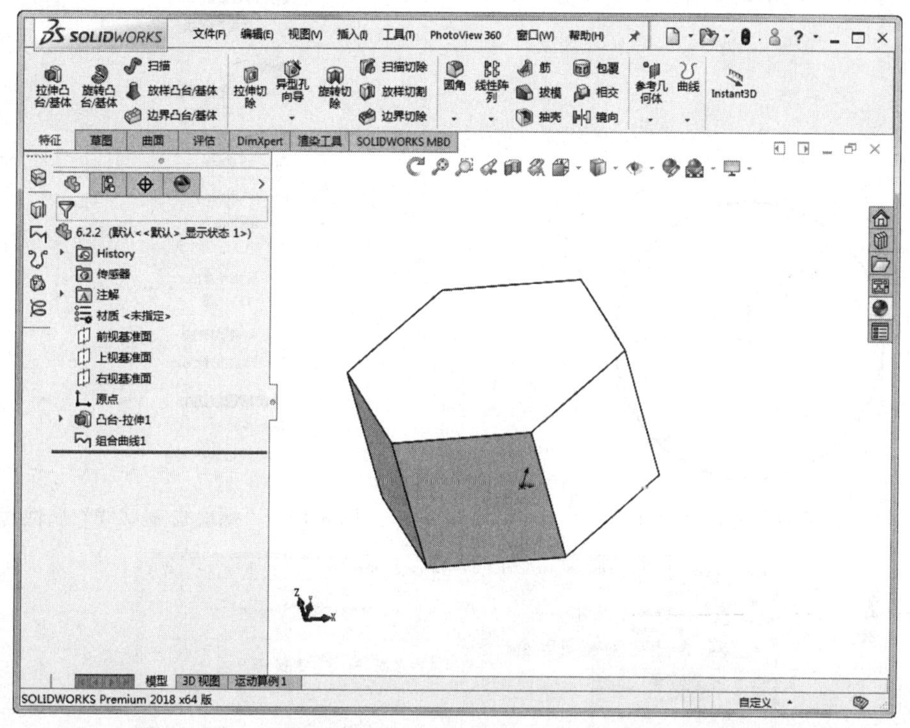

图 8-17　生成组合曲线后的图形及其 FeatureManager 设计树

1．创建螺旋线

（1）新建一个文件，在左侧的 FeatureManager 设计树中选择“前视基准面”作为草绘基准面。

（2）单击“草图”控制面板中的“圆”按钮，在步骤（1）中设置的基准面上绘制一个圆，然后单击“草图”控制面板中的“智能尺寸”按钮，标注绘制圆的尺寸，如图 8-18 所示。

（3）选择菜单栏中的“插入”→“曲线”→“螺旋线/涡状线”命令，或者单击“曲线”工具栏中的“螺旋线/涡状线”按钮，系统弹出“螺旋线/涡状线”属性管理器。

（4）在“定义方式”选项组中，选择“螺距和圈数”选项；点选“恒定螺距”单选按钮；在“螺距”文本框中输入“15”；在“圈数”文本框中输入“6”；在“起始角度”文本框中输入“135”，其他设置如图 8-19 所示。

（5）单击确定按钮，生成所需要的螺旋线。

（6）单击右键，在弹出的快捷菜单中选择“旋转视图”命令，将视图以合适的方向显示。生成的螺旋线及其 FeatureManager 设计树如图 8-20 所示。

使用该命令还可以生成锥形螺纹线，如果要绘制锥形螺纹线，则在如图 8-19 所示的“螺旋线/涡状线”属性管理器中勾选“锥度螺纹线”复选框。

如图 8-21 所示为取消对“锥度外张”复选框的勾选设置后生成的内张锥形螺纹线。如图 8-22 所示为勾选“锥度外张”复选框的设置后生成的外张锥形螺纹线。

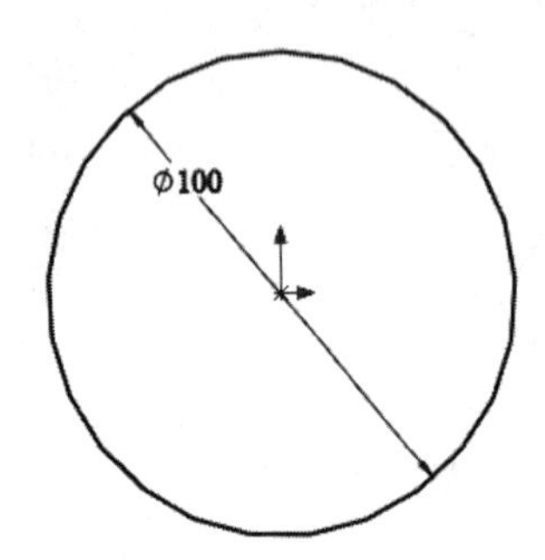

图 8-18　标注尺寸 1

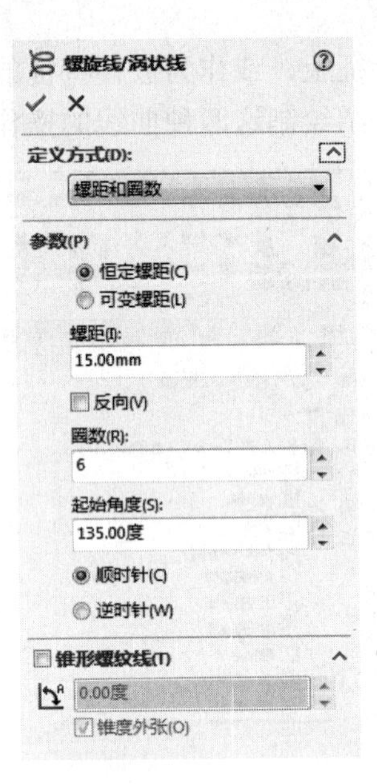

图 8-19　“螺旋线/涡状线”属性管理器 1

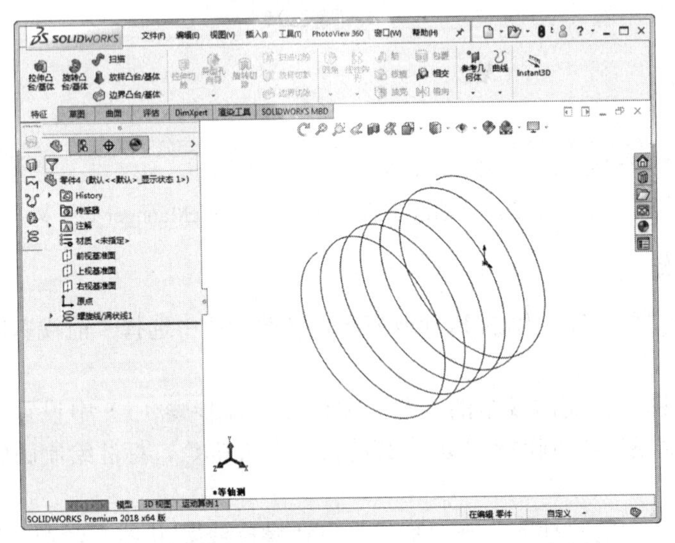

图 8-20　生成的螺旋线及其 FeatureManager 设计树

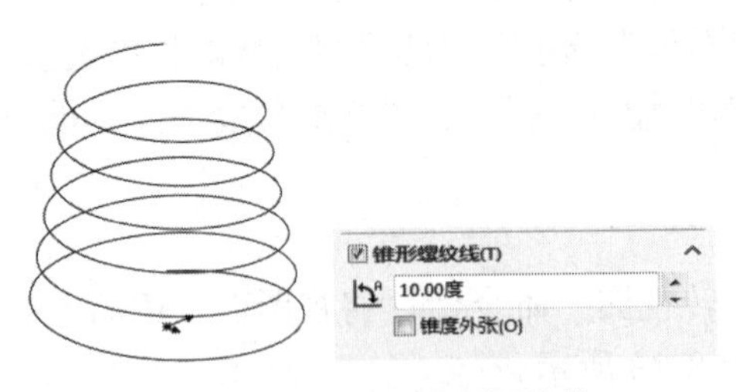

图 8-21　内张锥形螺纹线

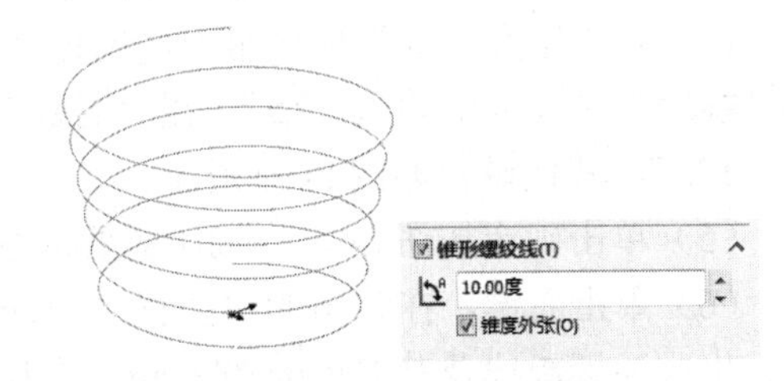

图 8-22　外张锥形螺纹线

在创建螺纹线时，有螺距和圈数、高度和圈数、高度和螺距等几种定义方式，这些定义方式可以在“螺旋线/涡状线”属性管理器的“定义方式”选项中进行选择。下面简单介绍这几种方式的意义。

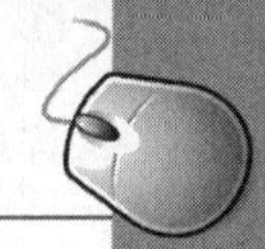

螺距和圈数：创建由螺距和圈数所定义的螺旋线，选择该选项时，参数相应发生改变。

高度和圈数：创建由高度和圈数所定义的螺旋线，选择该选项时，参数相应发生改变。

高度和螺距：创建由高度和螺距所定义的螺旋线，选择该选项时，参数相应发生改变。

2. 创建涡状线

（1）新建一个文件，在左侧的FeatureManager设计树中选择“前视基准面”作为草绘基准面。

（2）单击“草图”控制面板中的“圆”按钮，在步骤（1）中设置的基准面上绘制一个圆，然后单击“草图”控制面板中的“智能尺寸”按钮，标注绘制圆的尺寸，如图8-23所示。

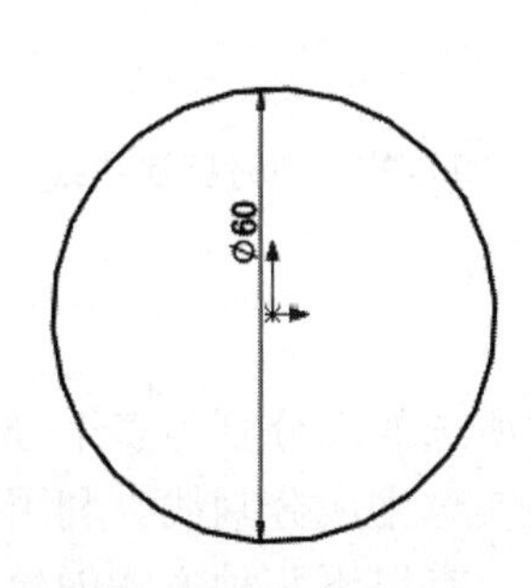

图8-23 标注尺寸2

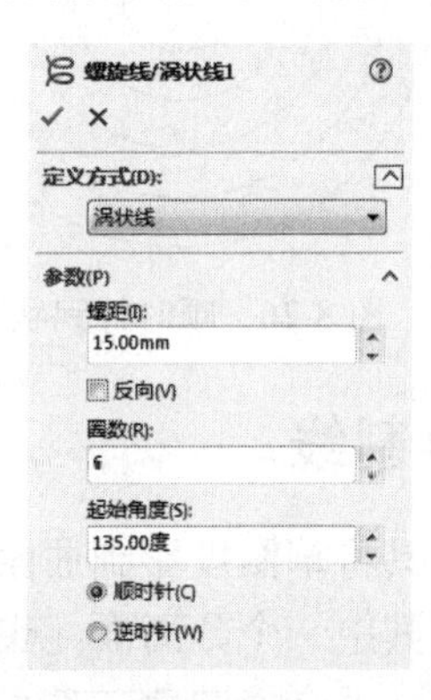

图8-24 “螺旋线/涡状线”属性管理器2

（3）选择菜单栏中的“插入”→“曲线”→“螺旋线/涡状线”命令，或者单击“曲线”工具栏中的“螺旋线/涡状线”按钮，系统弹出“螺旋线/涡状线”属性管理器。

（4）在“定义方式”选项组中，选择“涡状线”选项；在“螺距”文本框中输入“15”；在“圈数”文本框中输入“6”；在“起始角度”文本框中输入“135”，其他设置如图8-24所示。

（5）单击确定按钮，生成的涡状线及其FeatureManager设计树如图8-25所示。

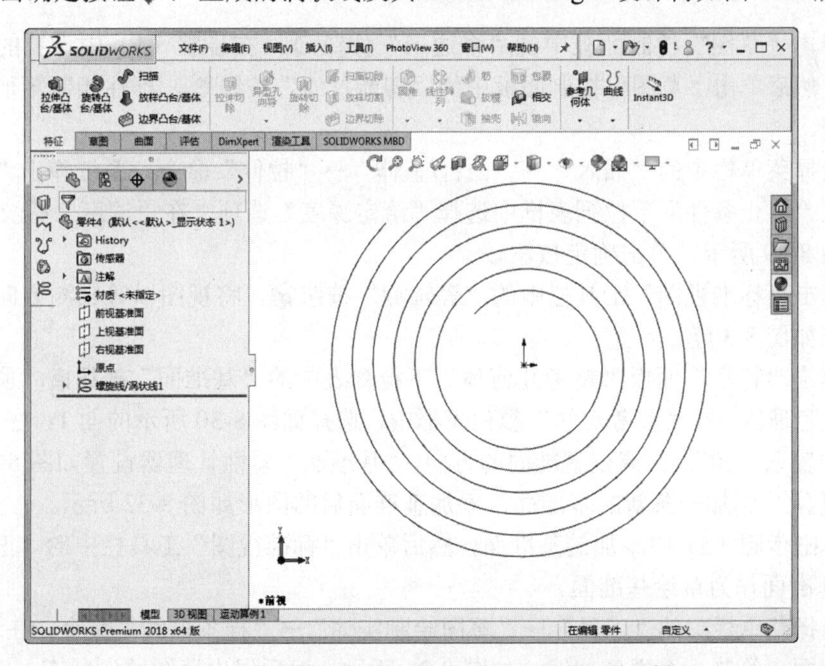

图8-25 生成的涡状线及其FeatureManager设计树

SOLIDWORKS 既可以生成顺时针涡状线，也可以生成逆时针涡状线。在选择菜单栏中的命令时，系统默认的生成方式为顺时针方式，顺时针涡状线如图 8-26 所示。在如图 8-24 所示“螺旋线/涡状线”属性管理器中点选“逆时针”单选按钮，就可以生成逆时针方向的涡状线，如图 8-27 所示。

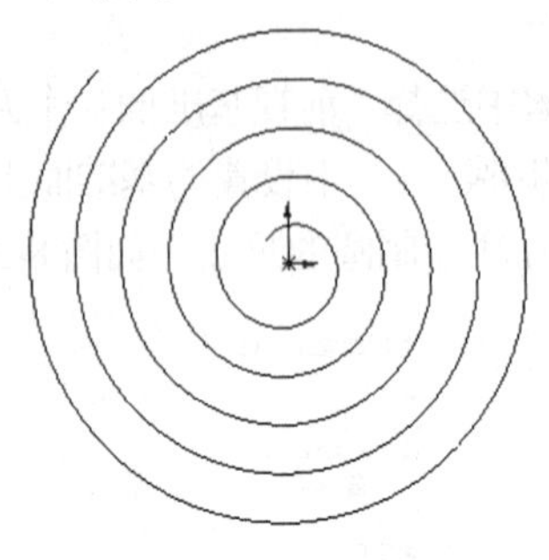

图 8-26　顺时针涡状线

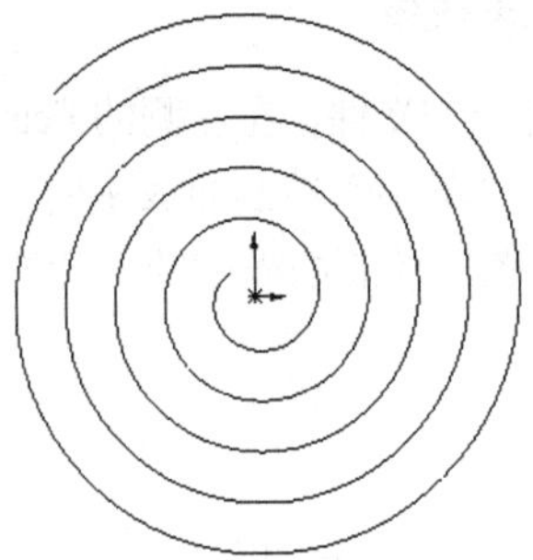

图 8-27　逆时针涡状线

8.2.4　分割线

分割线工具将草图投影到曲面或平面上，它可以将所选的面分割为多个分离的面，从而可以选择操作其中一个分离面，也可将草图投影到曲面实体生成分割线。利用分割线可用来创建拔模特征、混合面圆角，并可延展曲面来切除模具。有以下几种方式创建分割线。

投影：将一条草图线投影到一表面上创建分割线。

侧影轮廓线：在一个圆柱形零件上生成一条分割线。

交叉：以交叉实体、曲面、面、基准面或曲面样条曲线分割面。

下面介绍以投影方式创建分割线的操作步骤。

（1）新建一个文件，在左侧的 FeatureManager 设计树中选择“前视基准面”作为草绘基准面。

（2）单击“草图”控制面板中的“多边形”按钮，在步骤（1）中设置的基准面上绘制一个圆，然后单击“草图”控制面板中的“智能尺寸”按钮，标注绘制矩形的尺寸，如图 8-28 所示。

（3）选择菜单栏中的“插入”→“凸台/基体”→“拉伸”命令，系统弹出“拉伸”属性管理器。在“终止条件”下拉列表框中选择“给定深度”选项，在“深度”文本框中输入“60”，如图 8-29 所示，单击确定按钮。

（4）单击“标准视图”工具栏中的“等轴测”按钮，将视图以等轴测方向显示，创建的拉伸特征如图 8-30 所示。

（5）单击“特征”面板“参考几何体”下拉列表中的“基准面”按钮，系统弹出“基准面”属性管理器。在“参考实体”列表框中，选择如图 8-30 所示的面 1；在“偏移距离”文本框中输入“30”，并调整基准面的方向，“基准面”属性管理器设置如图 8-31 所示。单击确定按钮，添加一条新的基准面，添加基准面后的图形如图 8-32 所示。

（6）单击步骤（5）中添加的基准面，然后单击“标准视图”工具栏中的“正视于”按钮，将该基准面作为草绘基准面。

（7）选择菜单栏中的“工具”→“草图绘制实体”→“样条曲线”命令，在步骤（6）中设置的基准面上绘制一个样条曲线，如图 8-33 所示，然后退出草图绘制状态。

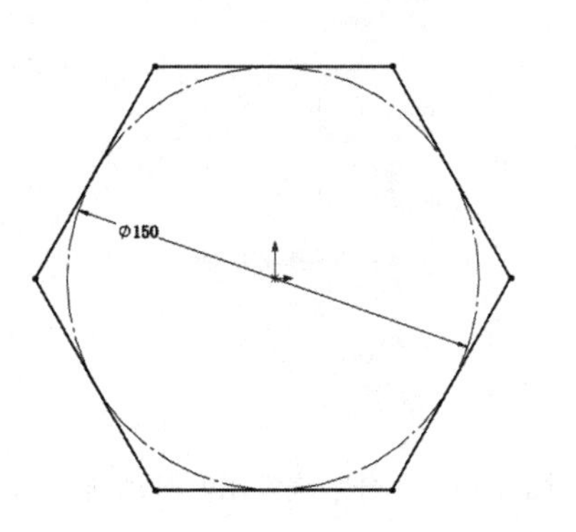

图 8-28　标注尺寸

图 8-29　“凸台-拉伸”属性管理器

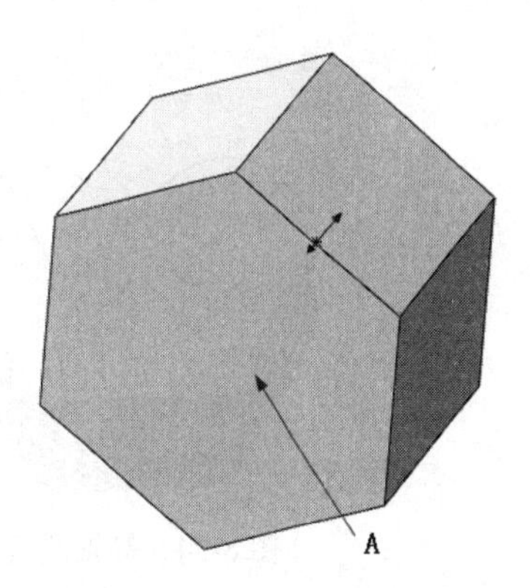

图 8-30　创建拉伸特征

图 8-31　“基准面”属性管理器

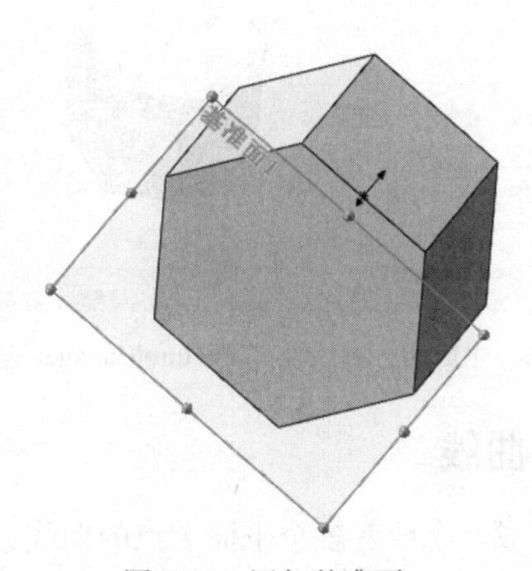

图 8-32　添加基准面

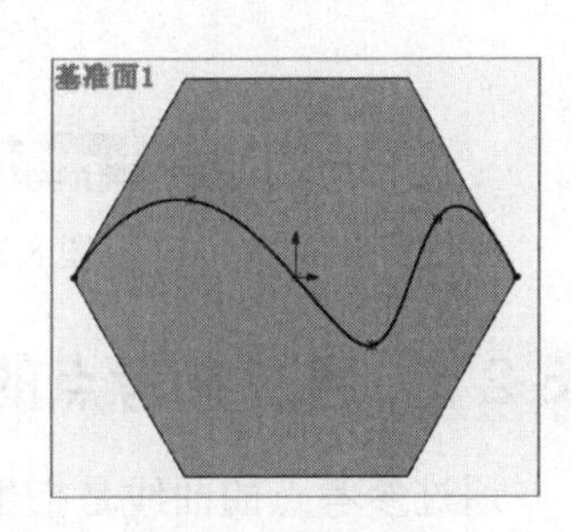

图 8-33　绘制样条曲线

（8）单击“标准视图”工具栏中的“等轴测”按钮，将视图以等轴测方向显示，如图 8-34 所示。

（9）选择菜单栏中的“插入”→“曲线”→“分割线”命令，或者单击“曲线”工具栏中的“分割线”按钮，系统弹出“分割线”属性管理器。

（10）在“分割类型”选项组中，点选“投影”单选按钮；在“要投影的草图”列表框中，选择如图 8-34 所示的草图 2；在“要分割的面”列表框中，选择如图 8-34 所示的面 1，具体设置如图 8-35 所示。

（11）单击确定按钮，生成的分割线及其 FeatureManager 设计树如图 8-36 所示。

注意：在使用投影方式绘制投影草图时，绘制的草图在投影面上的投影必须穿过要投影的面，否则系统会提示错误，而不能生成分割线。

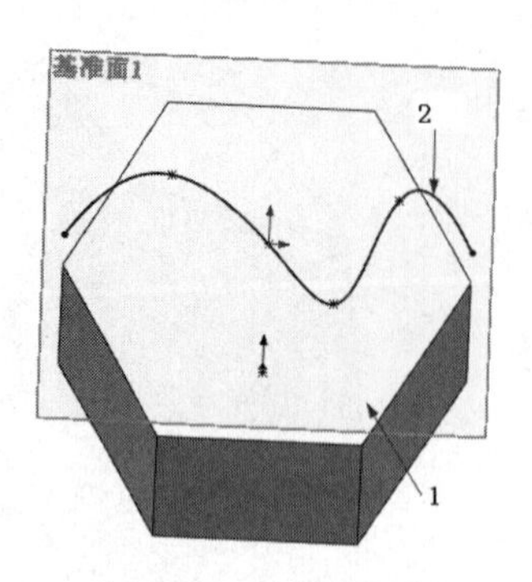

图 8-34　等轴测视图

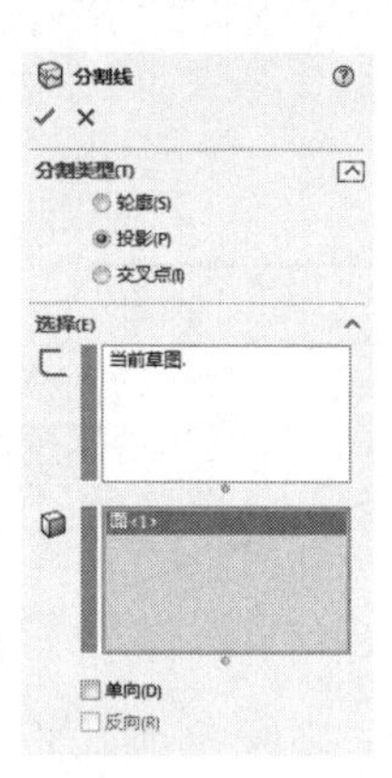

图 8-35　“分割线”属性管理器

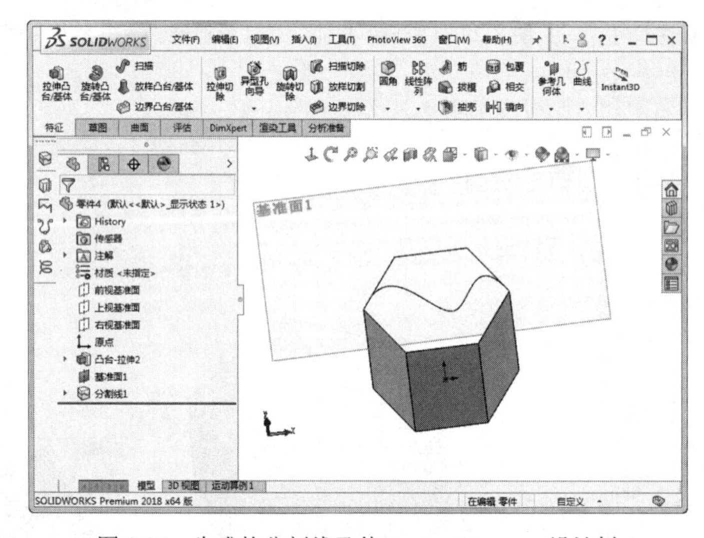

图 8-36　生成的分割线及其 FeatureManager 设计树

8.2.5 通过参考点的曲线

通过参考点的曲线是指生成一个或者多个平面上点的曲线。

下面结合实例介绍创建通过参考点的曲线的操作步骤。

（1）选择菜单栏中的“插入”→“曲线”→“通过参考点的曲线”命令，或者单击“曲线”工具栏中的“通过参考点的曲线”按钮，系统弹出“通过参考点的曲线”属性管理器。

（2）在“通过点”选项组中依次选择如图 8-37 所示的点，其他设置如图 8-38 所示。

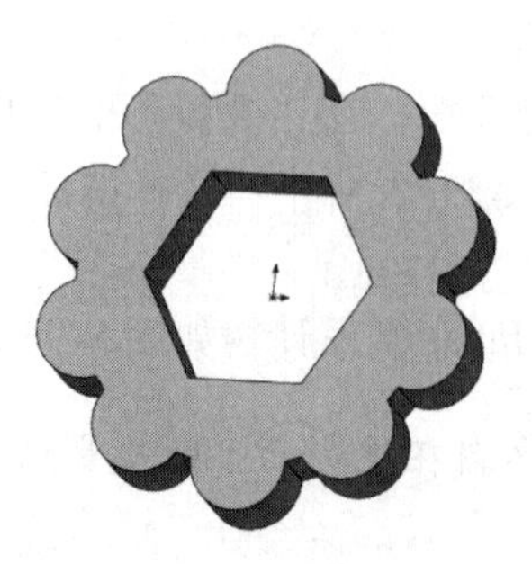

图 8-37　打开的文件实体

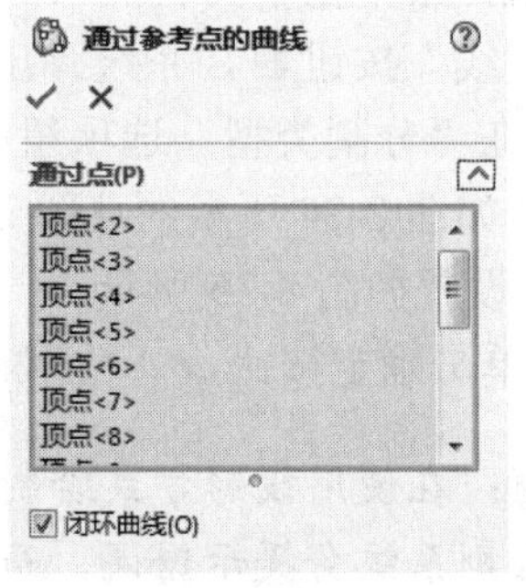

图 8-38　“通过参考点的曲线”属性管理器

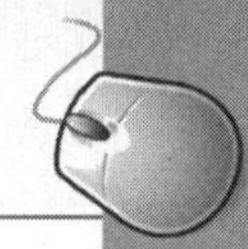

（3）单击确定按钮✔，生成通过参考点的曲线。生成曲线后的图形及其 FeatureManager 设计树如图 8-39 所示。

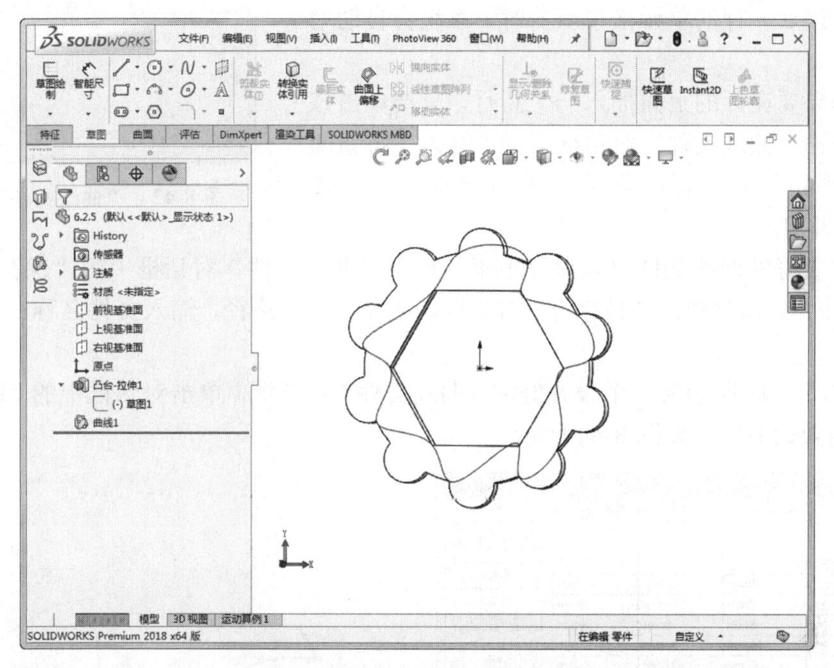

图 8-39　生成曲线后的图形及其 FeatureManager 设计树

在生成通过参考点的曲线时，系统默认生成的为开环曲线，如图 8-40 所示。如果在“通过参考点的曲线”属性管理器中勾选“闭环曲线”复选框，则选择菜单栏中的命令后，会自动生成闭环曲线，如图 8-41 所示。

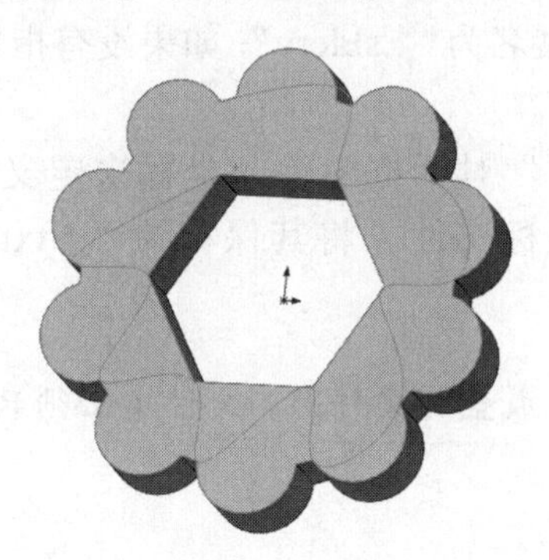

图 8-40　通过参考点的开环曲线

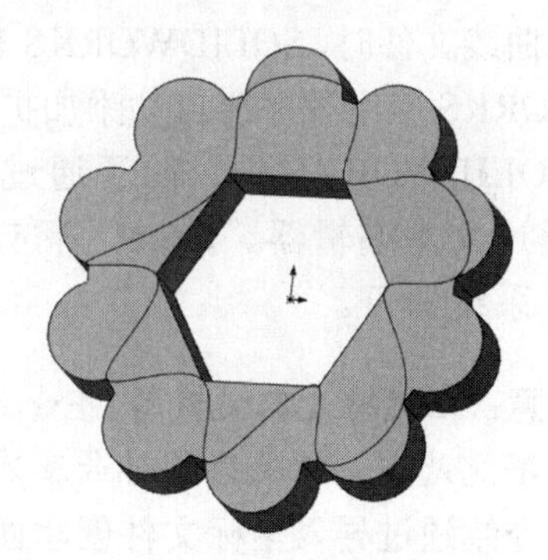

图 8-41　通过参考点的闭环曲线

8.2.6 通过 XYZ 点的曲线

通过 XYZ 点的曲线是指生成通过用户定义的点的样条曲线。在 SOLIDWORKS 中，用户既可以自定义样条曲线通过的点，也可以利用点坐标文件生成样条曲线。

下面介绍创建通过 XYZ 点的曲线的操作步骤。

（1）选择菜单栏中的“插入”→“曲线”→“通过 XYZ 点的曲线”命令，或者单击“曲线”工具栏中的“通过 XYZ 的曲线”按钮，系统弹出的“曲线文件”对话框如图 8-42 所示。

（2）单击 X、Y 和 Z 坐标列各单元格并在每个单元格中输入一个点坐标。

（3）在最后一行的单元格中双击时，系统会自动增加一个新行。

（4）如果要在行的上面插入一个新行，只要单击该行，然后单击“曲线文件”对话框中的“插入”按钮即可；如果要删除某一行的坐标，单击该行，然后按<Delete>键即可。

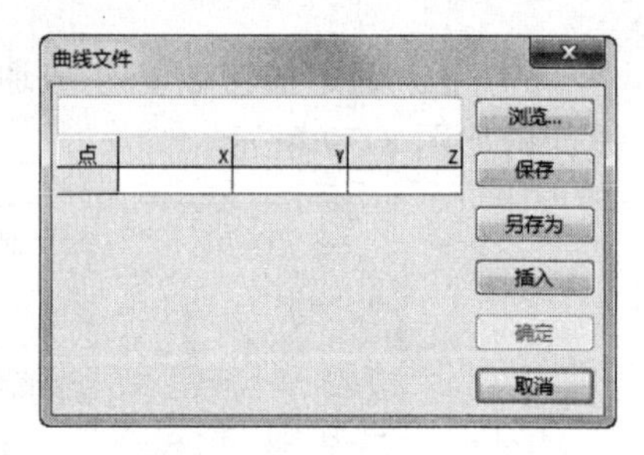

图 8-42　“曲线文件”对话框

（5）设置好的曲线文件可以保存下来。单击“曲线文件”对话框中的“保存”按钮或者“另存为”按钮，系统弹出“另存为”对话框，选择合适的路径，输入文件名称，单击“保存”按钮即可。

（6）如图 8-43 所示为一个设置好的“曲线文件”对话框，单击对话框中的“确定”按钮，即可生成需要的曲线，如图 8-44 所示。

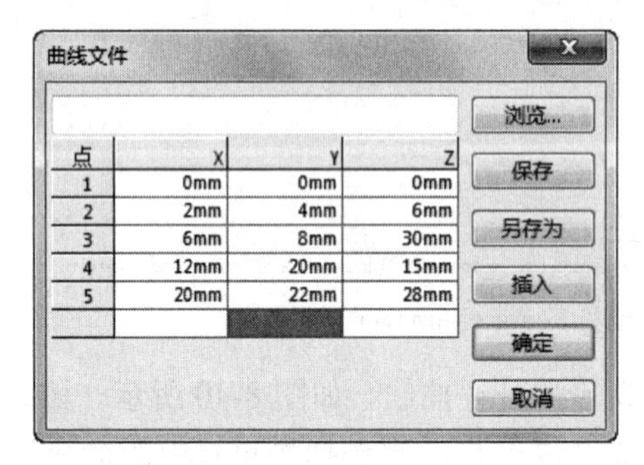

图 8-43　设置好的“曲线文件”对话框

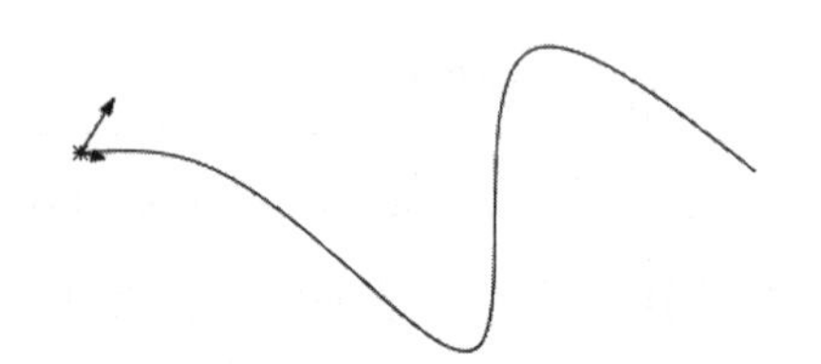

图 8-44　通过 XYZ 点的曲线

保存曲线文件时，SOLIDWORKS 默认文件的扩展名为“*.sldcrv”，如果没有指定扩展名，SOLIDWORKS 应用程序会自动添加扩展名“.sldcrv”。

在 SOLIDWORKS 中，除了通过在“曲线文件”对话框中输入坐标来定义曲线外，还可以通过文本编辑器、Excel 等应用程序生成坐标文件，将其保存为“*.txt”文件，然后导入系统即可。

注意： *在使用文本编辑器、Excel 等应用程序生成坐标文件时，文件中必须只包含坐标数据，而不能是 X、Y 或 Z 的标号及其他无关数据。*

下面介绍通过导入坐标文件创建曲线的操作步骤。

（1）选择菜单栏中的“插入”→“曲线”→“通过 XYZ 点的曲线”命令，或者单击“曲线”工具栏中的“通过 XYZ 的曲线”按钮，系统弹出的“曲线文件”对话框，如图 8-45 所示。

（2）单击“曲线文件”对话框中的“浏览”按钮，弹出“打开”对话框，查找需要输入的文件名称，然后单击“打开”按钮。

（3）插入文件后，文件名称显示在“曲线文件”对话框中，并且在图形区中可以预览显示效果，如图 8-45 所示。双击其中的坐标可以修改坐标值，直到满意为止。

（4）单击“曲线文件”对话框中的“确定”按钮，生成需要的曲线。

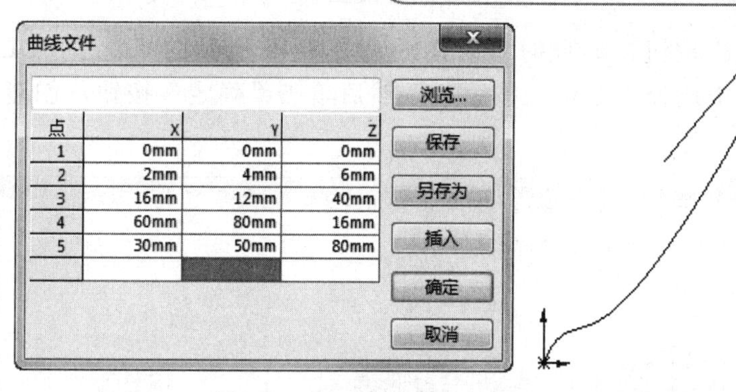

点	X	Y	Z
1	0mm	0mm	0mm
2	2mm	4mm	6mm
3	16mm	12mm	40mm
4	60mm	80mm	16mm
5	30mm	50mm	80mm

图 8-45 插入的文件及其预览效果

8.3 综合实例——茶杯

本例绘制的茶杯，如图 8-46 所示。

图 8-46 茶杯

思路分析

本例主要利用旋转、放样和分割线命令完成绘制。绘制的流程图如图 8-47 所示。

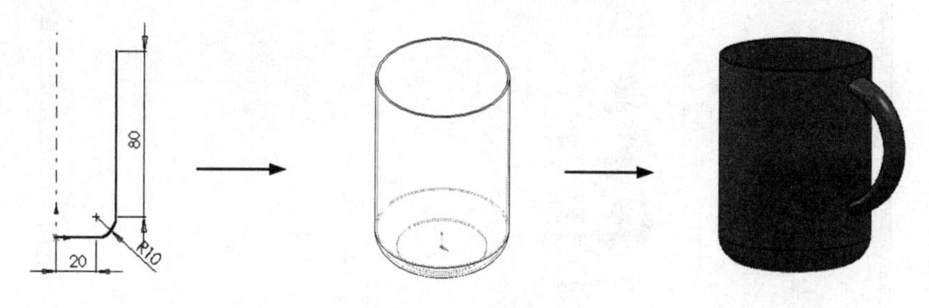

图 8-47 流程图

创建步骤

（1）启动软件。选择菜单栏中的“开始”→“所有程序”→“SOLIDWORKS 2018”菜单命令，启动 SOLIDWORKS 2018。

（2）创建零件文件。选择菜单栏中的“文件”→“新建”命令，或者单击“标准”

工具栏中的“新建”按钮，此时系统弹出如图 8-48 所示的“新建 SOLIDWORKS 文件”对话框，在其中选择“零件”按钮，然后单击“确定”按钮，创建一个新的零件文件。

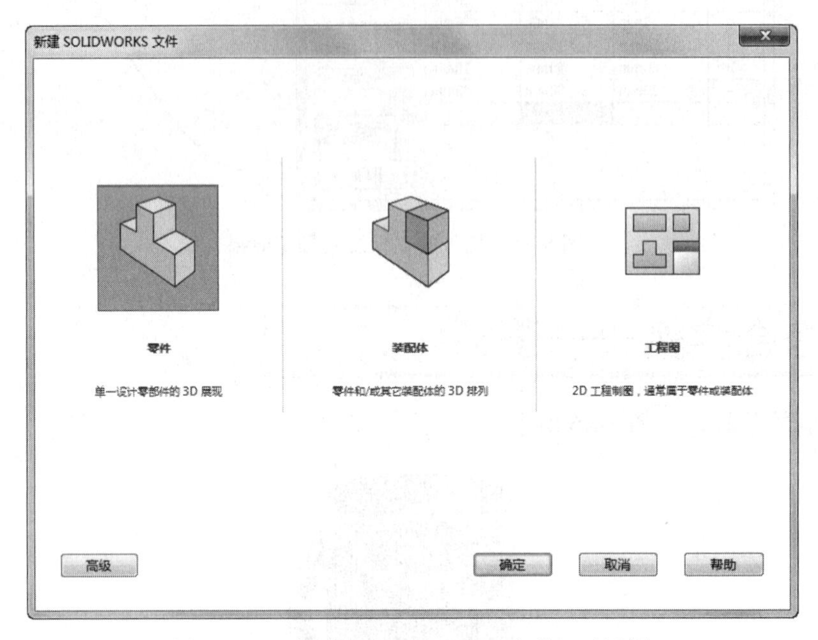

图 8-48　“新建 SOLIDWORKS 文件”对话框

（3）保存文件。选择菜单栏中的“文件”→“保存”命令，或者单击“标准”工具栏中的“保存”按钮，此时系统弹出如图 8-49 所示的“另存为”对话框。在“文件名”一栏中输入“茶杯”，然后单击“保存”按钮，创建一个文件名为“茶杯”的零件文件。

图 8-49　“另存为”对话框

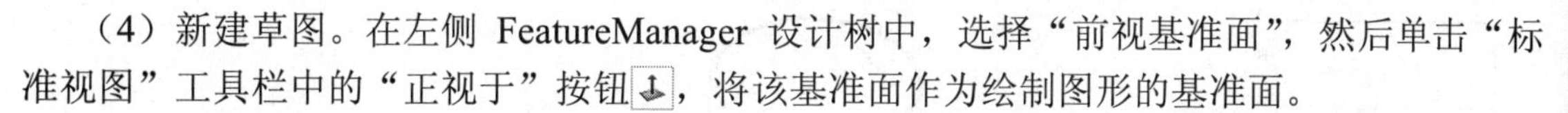

（4）新建草图。在左侧 FeatureManager 设计树中，选择“前视基准面”，然后单击“标准视图”工具栏中的“正视于”按钮，将该基准面作为绘制图形的基准面。

（5）绘制轮廓。单击“草图”控制面板中的“中心线”按钮，绘制一条通过原点的竖直中心线。单击“草图”控制面板中的“直线”按钮和单击“草图”控制面板中的“切线弧”按钮，绘制旋转的轮廓。

（6）标注尺寸。单击“草图”控制面板中的“智能尺寸”按钮，对旋转轮廓进行标注，如图 8-50 所示。

（7）创建旋转薄壁特征。单击“特征”控制面板中的“旋转”按钮。在弹出的询问对话框（图 8-51）中单击“否”按钮。在微调框中设置旋转角度为 360°。单击薄壁拉伸的反向按钮，使薄壁向内部拉伸，并在微调框中设置薄壁的厚度为 1。单击确定按钮，从而生成薄壁旋转特征，如图 8-52 所示。

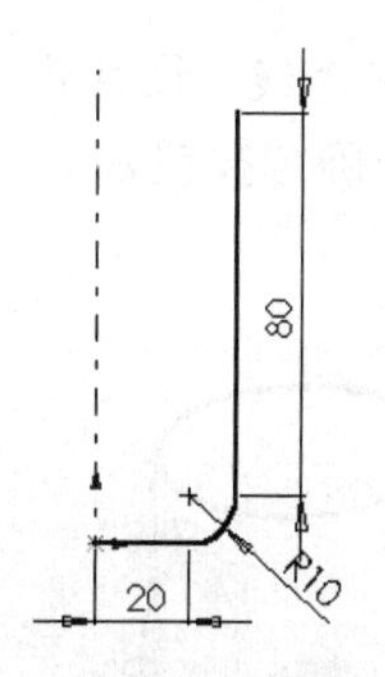

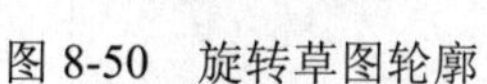
图 8-50　旋转草图轮廓

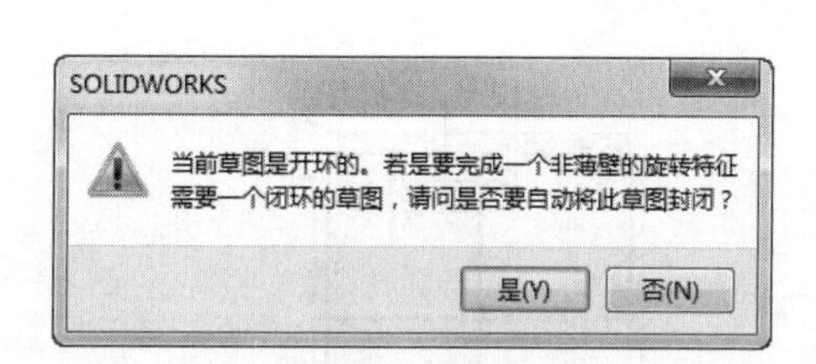

图 8-51　询问对话框

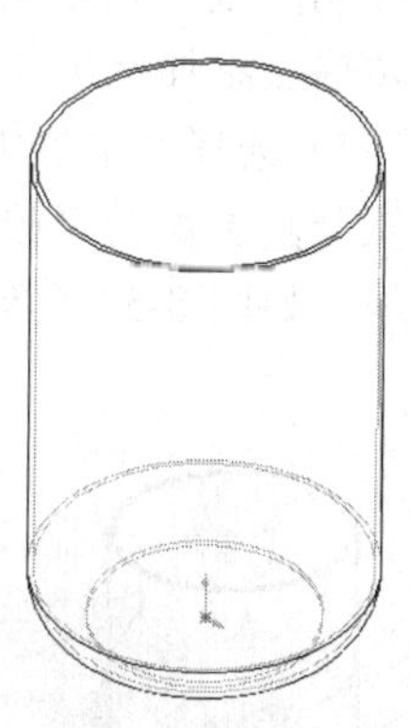

图 8-52　旋转特征

（8）新建草图。在左侧 FeatureManager 设计树中，选择“前视基准面”，单击“草图绘制”按钮，在前视视图上再打开一张草图。单击“标准视图”工具栏中的“正视于”按钮，正视于前视视图。

（9）绘制扫描路径草图。单击“草图”控制面板中的“三点圆弧”按钮，绘制一条与轮廓边线相交的圆弧作为放样的中心线并标注尺寸，如图 8-53 所示。

（10）创建基准面 1。选择特征管理器设计树上的“上视基准面”，单击“特征”控制面板“参考几何体”下拉列表中的“基准面”按钮。在“基准面”属性管理器上的微调框中设置等距距离为 48。单击确定按钮，生成基准面 1，如图 8-54 所示。

（11）新建草图。单击“草图绘制”按钮，在基准面 1 视图上再打开一张草图。单击“视图”工具栏中的“正视于”按钮，以正视于基准面 1 视图。

（12）绘制扫描轮廓草图 1。单击“草图”控制面板中的“圆”按钮，绘制一个直径为 8 的圆。注意在步骤（10）中绘制的中心线要通过圆，如图 8-55 所示。

（13）创建基准面 2。选择特征管理器设计树上的“右视基准面”，单击“特征”控制面板“参考几何体”下拉列表中的“基准面”按钮。在属性管理器的微调框中设置等距距离为 50。单击确定按钮，生成基准面 2。

（14）单击“标准视图”工具栏中的“等轴测”按钮，用等轴测视图观看图形，如图 8-56 所示。

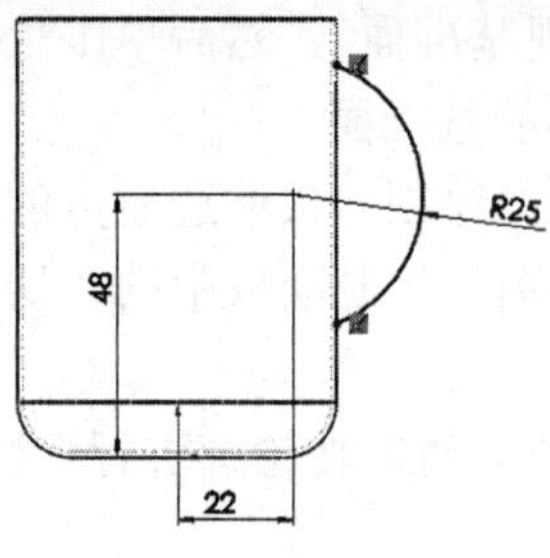

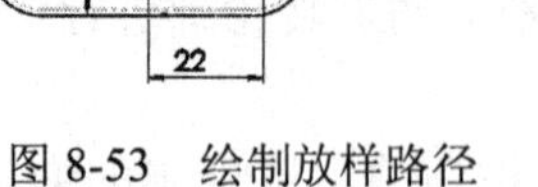

图 8-53　绘制放样路径

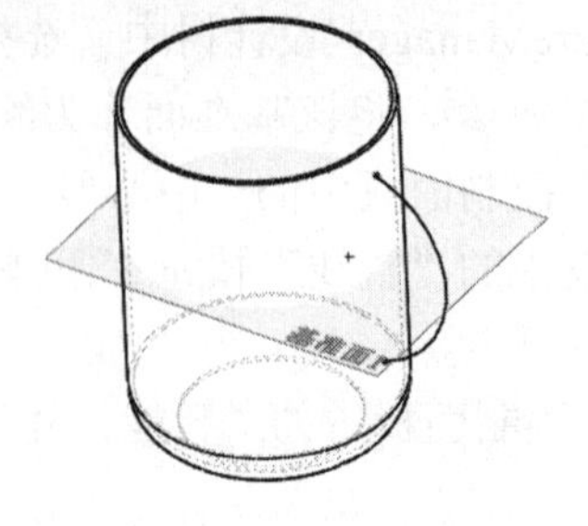

图 8-54　生成基准面

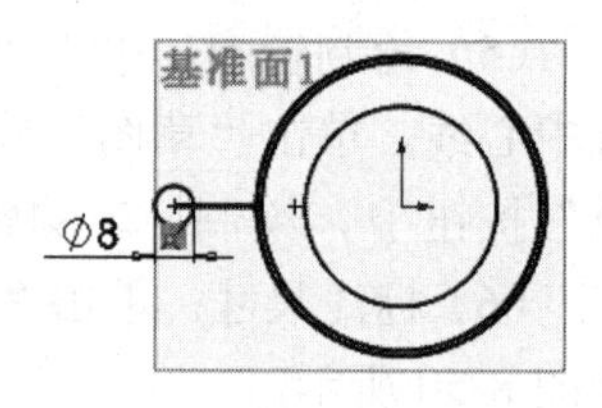

图 8-55　绘制放样轮廓 2

（15）选择基准面 2，单击“视图”工具栏中的“正视于”按钮，正视于基准面 2 视图。

（16）绘制轮廓草图 2。单击“草图”控制面板中的“椭圆”按钮，绘制椭圆。单击“草图”控制面板“显示/删除几何关系”下拉列表中的“添加几何关系”按钮，为椭圆的两个长轴端点添加水平几何关系。标注椭圆尺寸，如图 8-57 所示。

（17）选择菜单栏中的“插入”→“曲线”→“分割线”命令，在“参考线”属性管理器中设置分割类型为“投影”。选择要分割的面为旋转特征的轮廓面。单击确定按钮，生成分割线，如图 8-58（等轴测视图）所示。

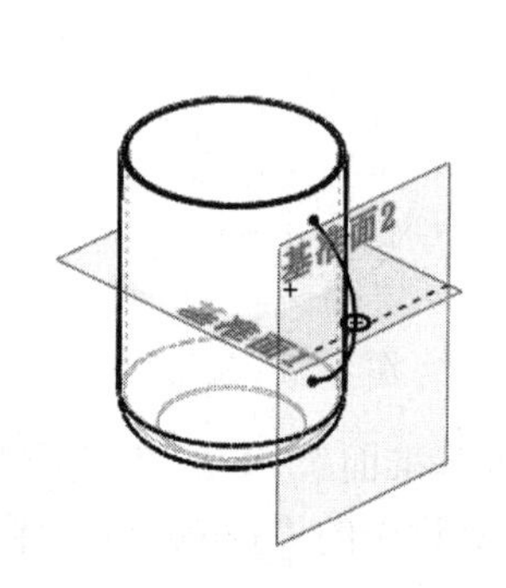

图 8-56　等轴侧视图下的模型

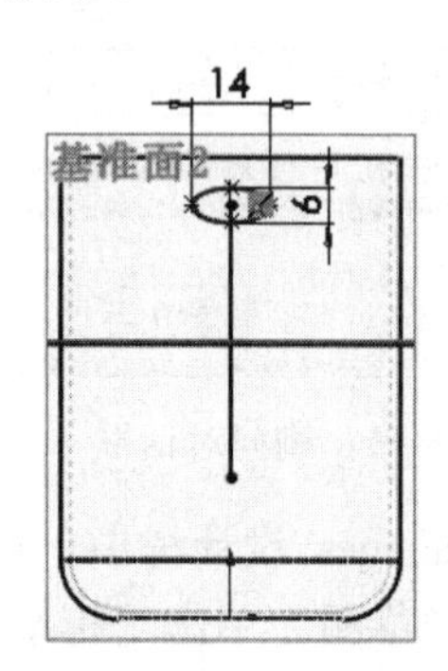

图 8-57　标注椭圆

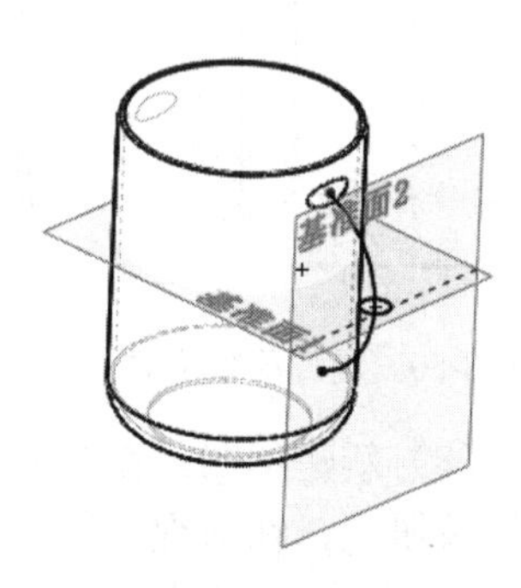

图 8-58　生成的放样轮廓 3

（18）因为分割线不允许在同一草图上存在两个闭环轮廓，所以要仿照步骤（16）和（17）再生成一个分割线。不同的是，这个轮廓在中心线的另一端，如图 8-59 所示。

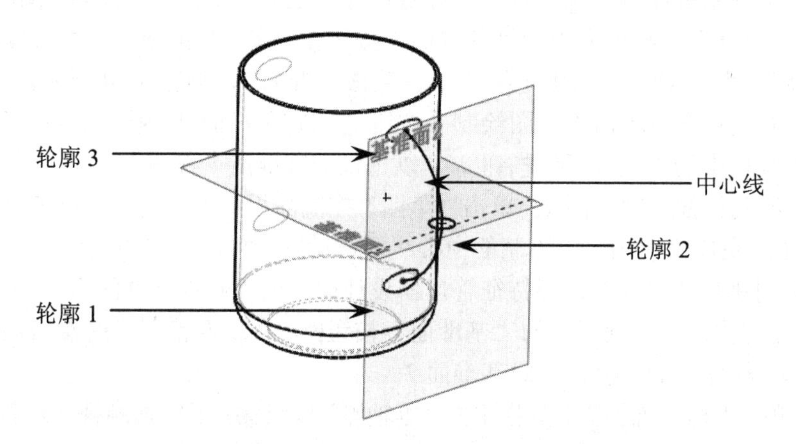

图 8-59　生成的放样轮廓

（19）单击“特征”控制面板中的“放样”按钮，或选择菜单栏中的“插入”→“凸

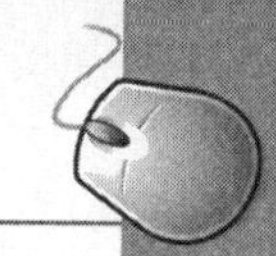

台/基体”→“放样”命令。单击“放样”属性管理器中的放样轮廓框，然后在图形区域中依次选取轮廓 1、轮廓 2 和轮廓 3。单击中心线参数框，在图形区域中选取中心线。单击确定按钮，生成沿中心线的放样特征。

（20）单击“保存”按钮。至此该零件就制作完成了，最后的效果如图 8-60 所示。

图 8-60　最后的效果

Chapter

曲　　面

9

有别于传统的实体建模工具，曲面通过带控制线的扫描、放样、填充以及拖动可控制的相切操作产生复杂的曲面。可以直观地对曲面进行修剪、延伸、倒角和缝合等操作。它同样包含拉伸、旋转、扫描等操作，只是针对的对象为曲面，绘制效果也有很大不同。

本章主要讲解曲面的基本操作，通过各种创建与编辑功能熟练掌握曲面操作功能。

9.1　创建曲面

一个零件中可以有多个曲面实体。SOLIDWORKS 提供了专门的“曲面”控制面板，如图 9-1 所示。利用该控制面板中的按钮既可以生成曲面，也可以对曲面进行编辑。

SOLIDWORKS 提供了多种方式来创建曲面，主要有以下几种。

- 由草图或基准面上的一组闭环边线插入一个平面。
- 由草图拉伸、旋转、扫描或者放样生成曲面。
- 由现有面或者曲面生成等距曲面。
- 从其他程序（如 CATIA、ACIS、Pro/ENGINEER、Unigraphics、SolidEdge、Autodesk Inverntor 等）输入曲面文件。
- 由多个曲面组合成新的曲面。

9.1.1　拉伸曲面

拉伸曲面是指将一条曲线拉伸为曲面。拉伸曲面可以从以下几种情况开始拉伸，即从草图所在的基准面拉伸、从指定的曲面/面/基准面开始拉伸、从草图的顶点开始拉伸，以及从与当前草图基准面等距的基准面上开始拉伸等。

下面介绍拉伸曲面的操作步骤。

（1）新建一个文件，在左侧的 FeatureManager 设计树中选择“前视基准面”作为草绘基准面。

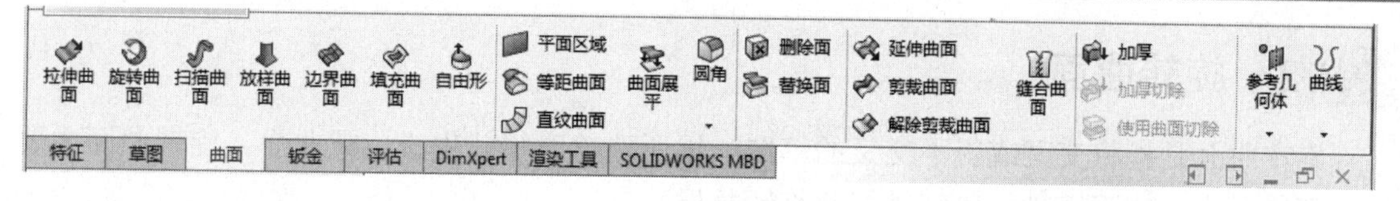

图 9-1　“曲面”控制面板

（2）选择菜单栏中的“工具”→“草图绘制实体”→“样条曲线”命令，或者单击“草图”控制面板中的“样条曲线”按钮，在步骤（1）中设置的基准面上绘制一个样条曲线，如图 9-2 所示。

（3）选择菜单栏中的“插入”→“曲面”→“拉伸曲面”命令，或者单击“曲面”工具栏中的“拉伸曲面”按钮，或者单击“曲面”控制面板中的“拉伸曲面”按钮，系统弹出“曲面-拉伸”属性管理器，如图 9-3 所示。

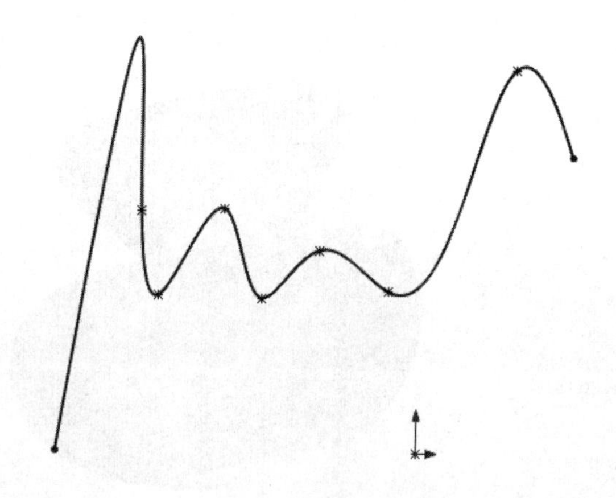

图 9-2　绘制样条曲线

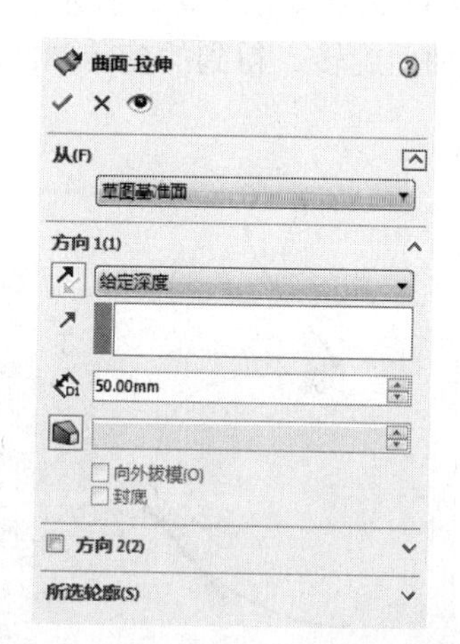

图 9-3　“曲面-拉伸”属性管理器

（4）按照如图 9-3 所示进行选项设置，注意设置曲面拉伸的方向，然后单击确定按钮，完成曲面拉伸。得到的拉伸曲面如图 9-4 所示。

图 9-4　拉伸曲面

在“曲面-拉伸”属性管理器中，“方向 1”选项组的“终止条件”下拉列表框用来设置拉伸的终止条件，其各选项的意义如下。

- 给定深度：从草图的基准面拉伸特征到指定距离处形成拉伸曲面。
- 成形到一顶点：从草图基准面拉伸特征到模型的一个顶点所在的平面，这个平面平行于草图基准面且穿越指定的顶点。
- 成形到一面：从草图基准面拉伸特征到指定的面或者基准面。
- 到离指定面指定的距离：从草图基准面拉伸特征到离指定面的指定距离处生成拉伸曲面。
- 成形到实体：从草图基准面拉伸特征到指定实体处。
- 两侧对称：以指定的距离拉伸曲面，并且拉伸的曲面关于草图基准面对称。

9.1.2 旋转曲面

旋转曲面是指将交叉或者不交叉的草图，用所选轮廓指针生成旋转曲面。旋转曲面主要由 3 部分组成，即旋转轴、旋转类型和旋转角度。

下面介绍旋转曲面的操作步骤。

（1）新建一个文件，在左侧的 FeatureManager 设计树中选择“前视基准面”作为草绘基准面，绘制如图 9-5 所示的草图。

（2）选择菜单栏中的“插入”→“曲面”→“旋转曲面”命令，或者单击“曲面”工具栏中的“旋转曲面”按钮，或者单击“曲面”面板中的“旋转曲面”按钮，系统弹出“曲面-旋转”属性管理器。

（3）按照如图 9-6 所示进行选项设置，注意设置曲面拉伸的方向，然后单击确定按钮✓，完成曲面旋转。得到的旋转曲面如图 9-7 所示。

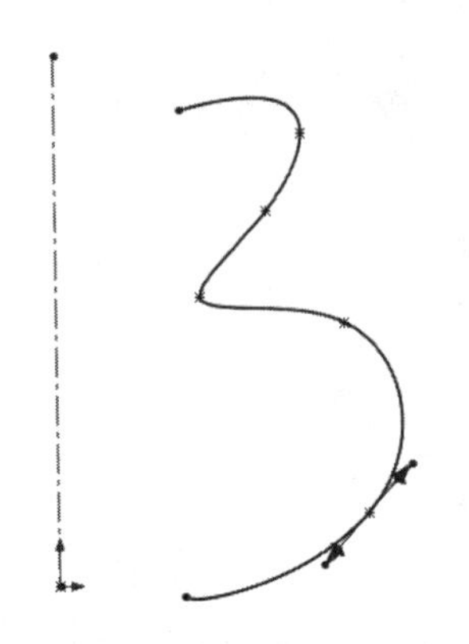

图 9-5 草图

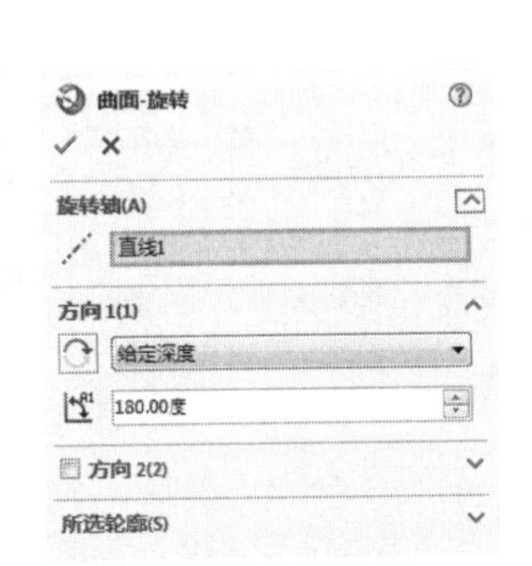

图 9-6 “曲面-旋转”属性管理器

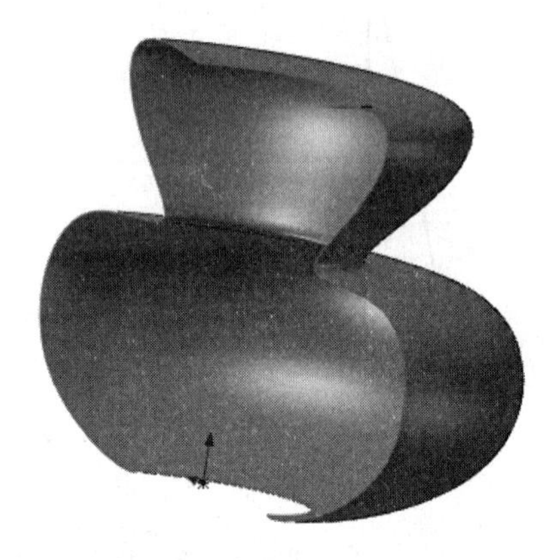

图 9-7 旋转曲面后

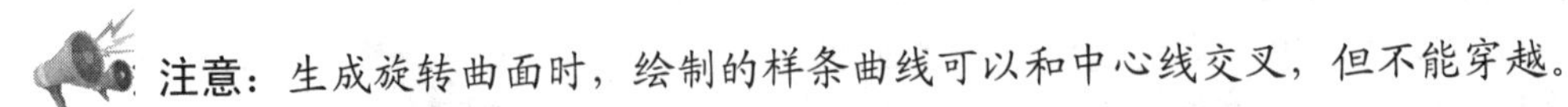

注意： 生成旋转曲面时，绘制的样条曲线可以和中心线交叉，但不能穿越。

在“曲面-旋转”属性管理器中，“方向 1”选项组的“旋转类型”下拉列表框用来设置旋转的终止条件，其各选项的意义如下。

- 给定深度：从草图以单一方向生成旋转。在“方向 1 角度”图标右侧的微调框中设定旋转所包容的角度。
- 成形到一顶点：从草图基准面生成旋转到在“顶点”图标右侧显示框所指定的顶点。
- 成形到一面：从草图基准面生成旋转到在“面/平面”图标右侧显示框所指定的曲面。
- 到离指定面指定的距离：从草图基准面生成旋转到在“面/平面”图标右侧显示框中所指定曲面的指定等距，在“等距距离”微调框中设定等距。必要时，选择反向等距，以便以反方向等距移动。
- 两侧对称：从草图基准面以顺时针或逆时针方向生成旋转。

9.1.3 扫描曲面

扫描曲面是指通过轮廓和路径的方式生成曲面，与扫描特征类似，也可以通过引导线扫描曲面。

下面介绍扫描曲面的操作步骤。

（1）新建一个文件，在左侧的 FeatureManager 设计树中选择“前视基准面”作为草绘基准面。

（2）选择菜单栏中的“工具”→“草图绘制实体”→“样条曲线”命令，或者单击“草图”控制面板中的“样条曲线”按钮，在步骤（1）中设置的基准面上绘制一个样条曲线，作为扫描曲面的轮廓，如图 9-8 所示，然后退出草图绘制状态。

（3）在左侧的 FeatureManager 设计树中选择“右视基准面”，然后单击“标准视图”工具栏中的“正视于”按钮，将右视基准面作为草绘基准面。

（4）单击“草图”控制面板中的“样条曲线”按钮，在步骤（3）中设置的基准面上绘制一个样条曲线，作为扫描曲面的路径，如图 9-9 所示，然后退出草图绘制状态。

图 9-8　绘制样条曲线 1

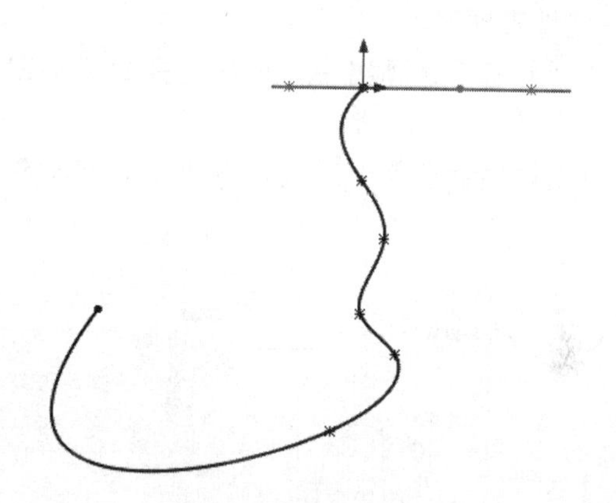

图 9-9　绘制样条曲线 2

（5）选择菜单栏中的“插入”→“曲面”→“扫描曲面”命令，或者单击“曲面”工具栏中的“扫描曲面”按钮，或者单击“曲面”控制面板中的“扫描曲面”按钮，系统弹出“曲面-扫描”属性管理器。

（6）在“轮廓”列表框中，选择步骤（2）中绘制的样条曲线；在“路径”列表框中，选择步骤（4）中绘制的样条曲线，如图 9-10 所示。单击确定按钮，完成曲面扫描。

（7）单击“标准视图”工具栏中的“等轴测”按钮，将视图以等轴测方向显示，创建的扫描曲面如图 9-11 所示。

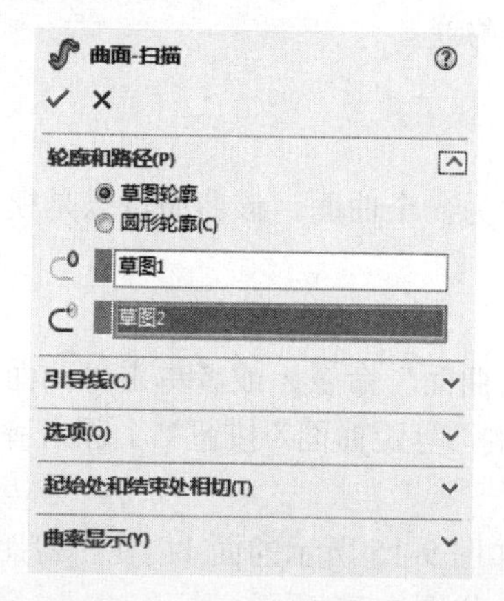

图 9-10　“曲面-扫描”属性管理器

图 9-11　扫描曲面

注意：在使用引导线扫描曲面时，引导线必须贯穿轮廓草图，通常需要在引导线和轮廓草图之间建立重合和穿透几何关系。

9.1.4 放样曲面

放样曲面是指通过曲线之间的平滑过渡而生成曲面的方法。放样曲面主要由放样的轮廓曲线组成，如果有必要可以使用引导线。

下面介绍放样曲面的操作步骤。

（1）选择菜单栏中的"插入"→"曲面"→"放样曲面"命令，或者单击"曲面"工具栏中的"放样曲面"按钮，或者单击"曲面"面板中的"放样曲面"按钮，系统弹出"曲面-放样"属性管理器。

（2）在"轮廓"选项组中，依次选择如图 9-12 所示的样条曲线 1、样条曲线 2 和样条曲线 3。

（3）单击属性管理器中的确定按钮✓，如图 9-13 所示，创建的放样曲面如图 9-14 所示。

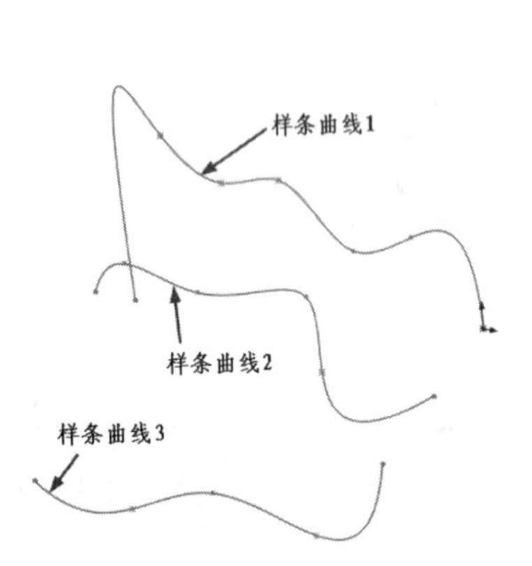

图 9-12 源文件

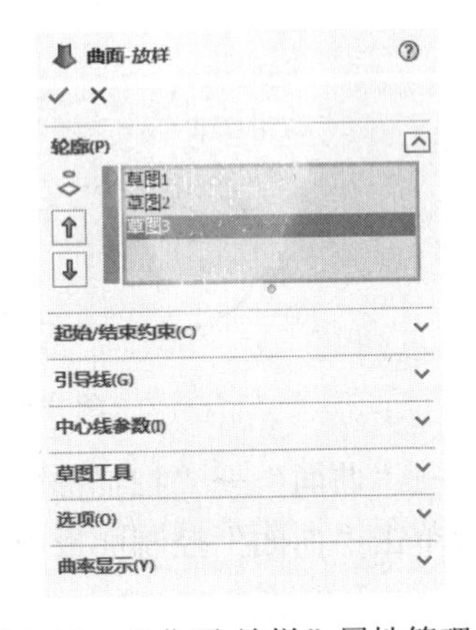

图 9-13 "曲面-放样"属性管理器

图 9-14 放样曲面

注意：

（1）放样曲面时，轮廓曲线的基准面不一定要平行。

（2）放样曲面时，可以应用引导线控制放样曲面的形状。

9.1.5 等距曲面

等距曲面是指将已经存在的曲面以指定的距离生成另一个曲面，该曲面可以是模型的轮廓面，也可以是绘制的曲面。

下面介绍等距曲面的操作步骤。

（1）选择菜单栏中的"插入"→"曲面"→"等距曲面"命令，或者单击"曲面"工具栏中的"等距曲面"按钮，或者单击"曲面"面板中的"等距曲面"按钮，系统弹出"等距曲面"属性管理器。

（2）在"要等距的曲面或面"列表框中，选择如图 9-15 所示的面 1；在"等距距离"文本框中输入"60"，并注意调整等距曲面的方向，如图 9-16 所示。

（3）单击确定按钮✓，生成的等距曲面如图 9-17 所示。

注意：等距曲面可以生成距离为 0 的等距曲面，用于生成一个独立的轮廓面。

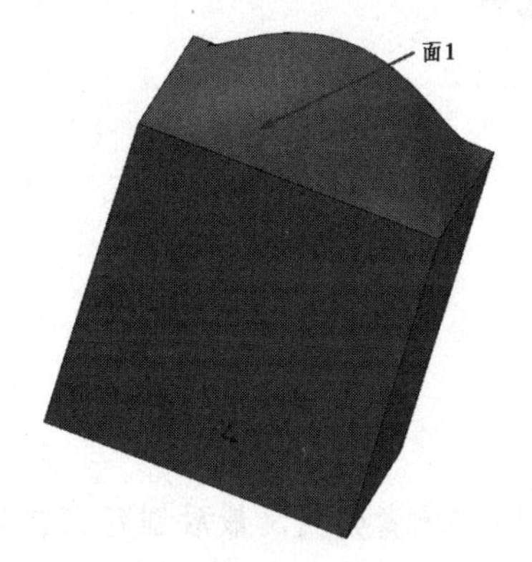

图 9-15　打开的文件实体

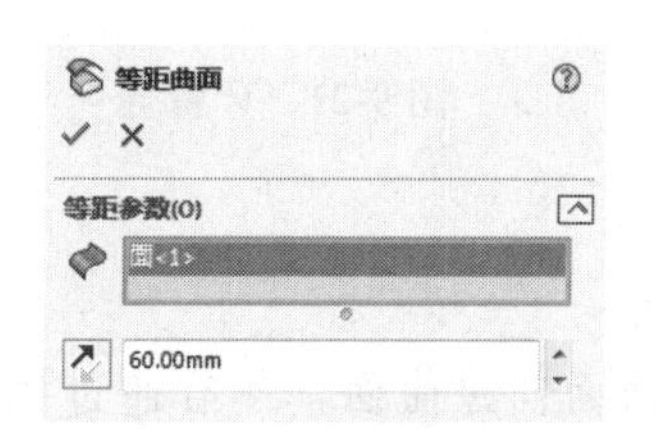

图 9-16　“等距曲面”属性管理器

图 9-17　等距曲面

9.1.6　延展曲面

延展曲面是指通过沿所选平面方向延展实体或者曲面的边线来生成曲面。延展曲面主要通过指定延展曲面的参考方向、参考边线和延展距离来确定。

下面介绍延展曲面的操作步骤。

（1）选择菜单栏中的“插入”→“曲面”→“延展曲面”命令，或者单击“曲面”工具栏中的“延展曲面”按钮，系统弹出“延展曲面”属性管理器。

（2）在“延展方向参考”列表框中，选择如图 9-18 所示的面 2；在“要延展的边线”列表框中，选择如图 9-19 所示的边线 1，如图 9-19 所示。

（3）单击确定按钮✓，生成的延展曲面如图 9-20 所示。

生成的曲面可以进行编辑，在 SOLIDWORKS 2018 中如果修改相关曲面中的一个曲面，另一个曲面也将进行相应的修改。SOLIDWORKS 提供了缝合曲面、延伸曲面、剪裁曲面、填充曲面、中面、替换曲面、删除曲面、解除剪裁曲面、分型面和直纹曲面等多种曲面编辑方式，相应的曲面编辑按钮在“曲面”工具栏中。

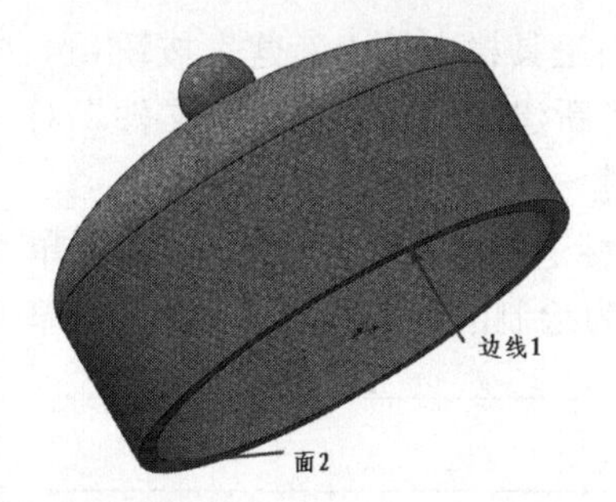

图 9-18　打开的文件实体

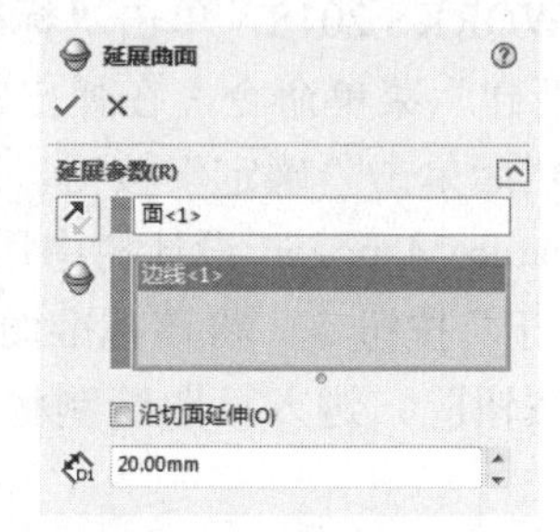

图 9-19　“延展曲面”属性管理器

图 9-20　延展曲面

9.1.7　实例——牙膏壳

本例绘制的牙膏壳，如图 9-21 所示。

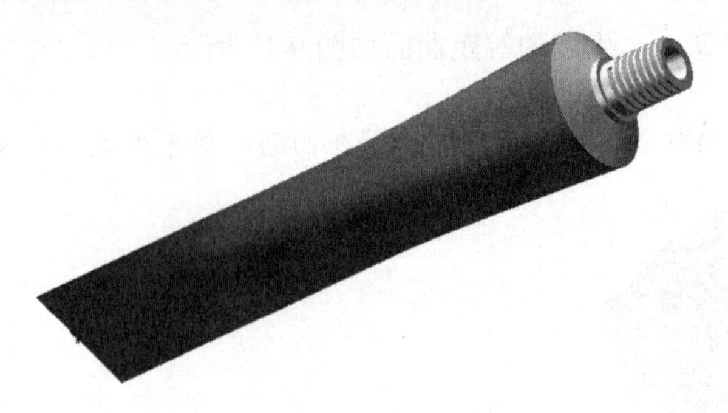

图 9-21　牙膏壳

思路分析

首先绘制曲线，通过放样曲面创建曲面，然后通过拉伸创建牙膏壳头，最后创建扫描切除创建螺纹。绘制的流程图如图 9-22 所示。

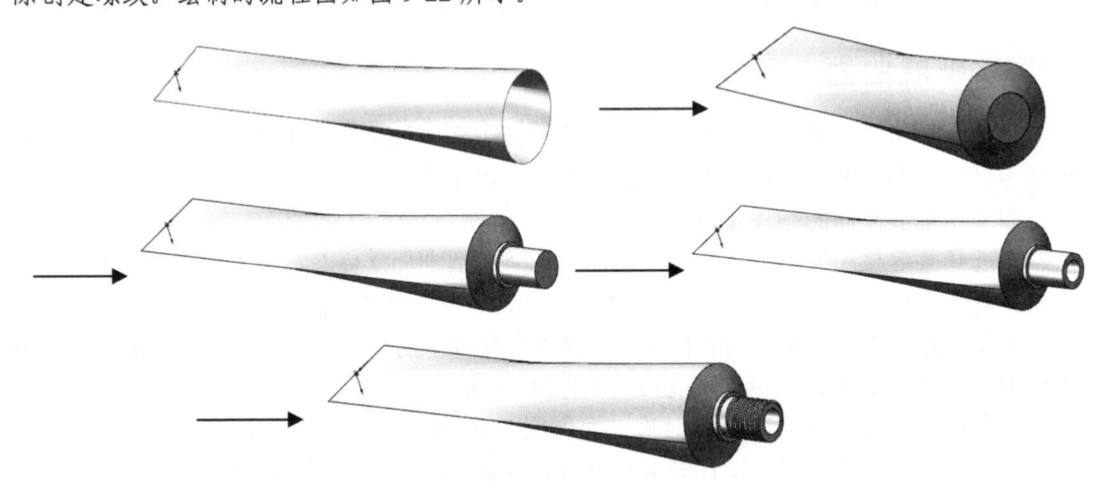

图 9-22　绘制牙膏壳的流程图

创建步骤

（1）新建文件。启动 SOLIDWORKS 2018，单击“标准”工具栏中的“新建”按钮，或选择菜单栏中的“文件”→“新建”菜单命令，在弹出的“新建 SOLIDWORKS 文件”对话框中，单击“零件”按钮，然后单击“确定”按钮，新建一个零件文件。

（2）设置基准面。在左侧 FeatureManager 设计树中用鼠标选择“前视基准面”，然后单击“标准视图”工具栏中的“正视于”按钮，将该基准面作为绘制图形的基准面。单击“草图”控制面板中的“草图绘制”按钮，进入草图绘制状态。

（3）绘制草图 1。单击“草图”控制面板中的“直线”按钮，绘制如图 9-23 所示的草图并标注尺寸。单击“退出草图”按钮，退出草图。

图 9-23　绘制草图 1

（4）创建基准面。选择菜单栏中的“插入”→“参考几何体”→“基准面”命令，或者

单击“特征”控制面板“参考几何体”下拉列表中的“基准面”按钮，弹出如图 9-24 所示的“基准面”属性管理器。选择“前视基准面”为参考面，输入偏移距离为 90，勾选“反转等距”复选框，单击确定按钮，完成基准面的创建，如图 9-25 所示。

图 9-24　“基准面”属性管理器

图 9-25　基准面

（5）设置基准面。在左侧 FeatureManager 设计树中用鼠标选择“基准面 1”，然后单击“标准视图”工具栏中的“正视于”按钮，将该基准面作为绘制图形的基准面。单击“草图”控制面板中的“草图绘制”按钮，进入草图绘制状态。

（6）绘制草图 2。单击“草图”控制面板中的“圆心/起/终点画弧”按钮，绘制如图 9-26 所示的草图。单击“退出草图”按钮，退出草图。

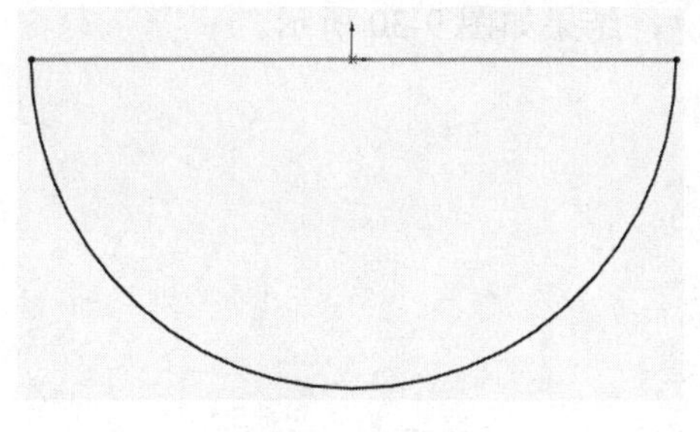

图 9-26　绘制草图 2

（7）放样曲面。选择菜单栏中的“插入”→“曲面”→“放样曲面”命令，或者单击“曲面”工具栏中的“放样曲面”按钮，或者单击“特征”控制面板中的“放样曲面”按钮，系统弹出“曲面-放样”属性管理器；如图 9-27 所示，在“轮廓”选项框中，依次选择直线和圆弧，单击确定按钮，生成放样曲面，效果如图 9-28 所示。

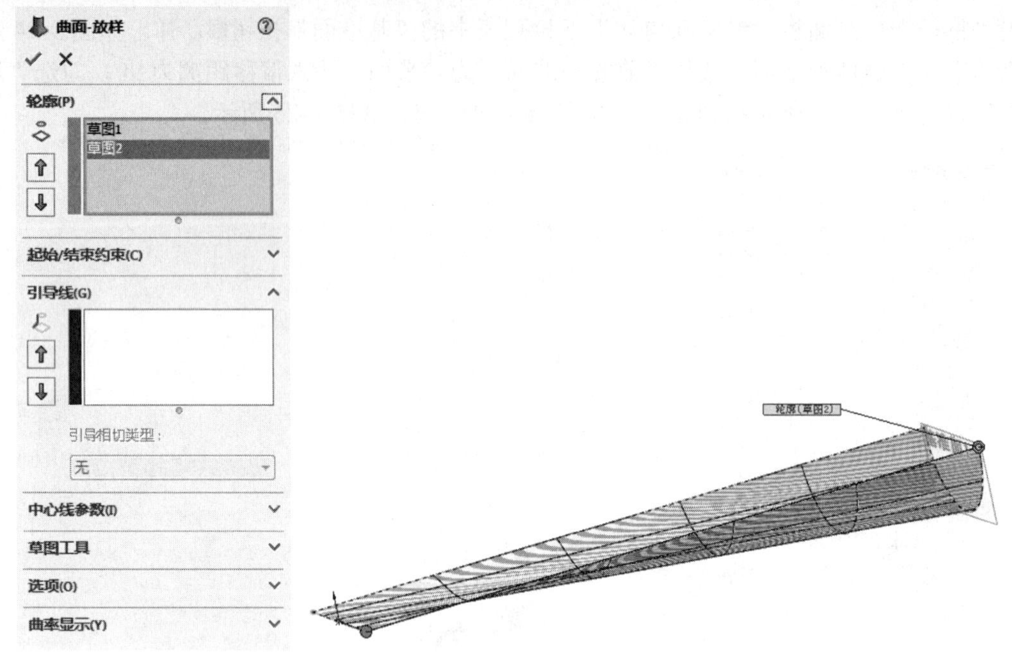

图 9-27　“曲面-放样”属性管理器

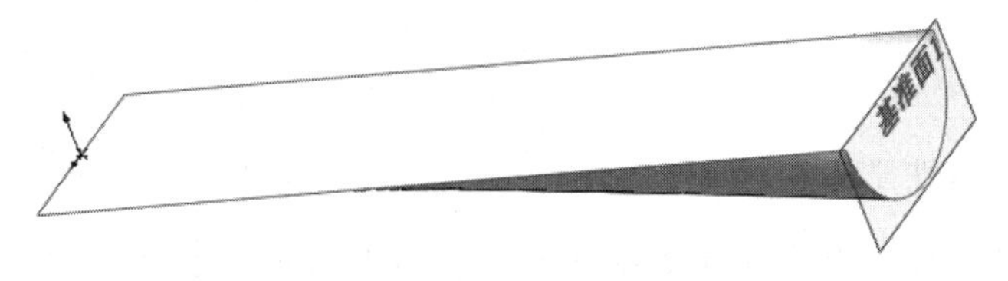

图 9-28　放样曲面

（8）镜向放样曲面。选择菜单栏中的“插入”→“阵列/镜向”→“镜向”命令，或者单击“特征”控制面板中的“镜向”按钮，此时系统弹出如图 9-29 所示的“镜向”属性管理器。选择“上视基准面”为镜向基准面，选择上步创建的放样曲面为要镜向的实体，单击属性管理器中的确定按钮✓，结果如图 9-30 所示。

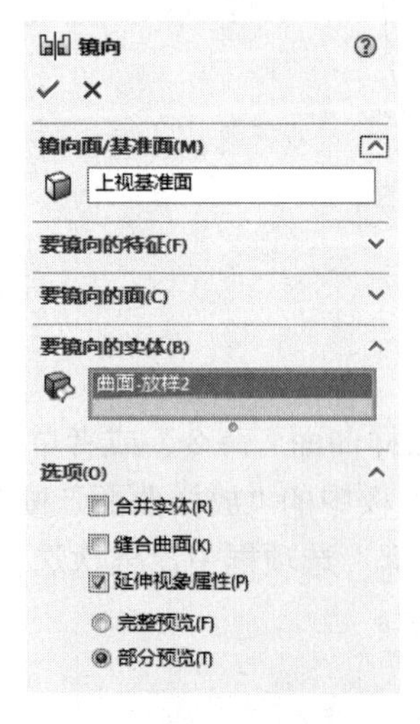

图 9-29　“镜向”属性管理器

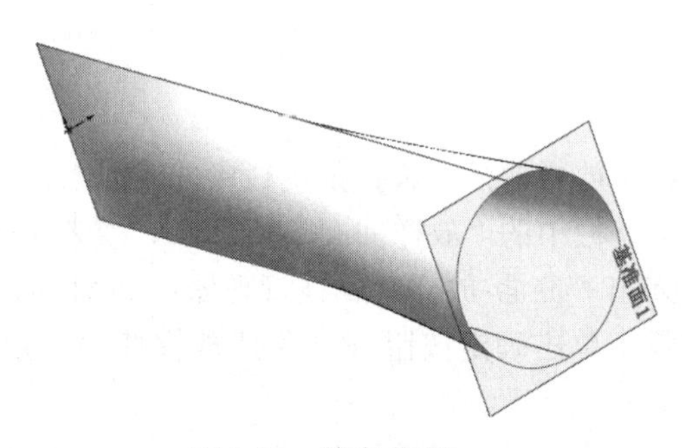

图 9-30　镜向曲面

（9）缝合曲面。选择菜单栏中的“插入”→“曲面”→“缝合曲面”命令，或者单击“曲面”控制面板中的“缝合曲面”按钮，弹出如图 9-31 所示的“缝合曲面”属性管理器。选择视图中所有的曲面，单击属性管理器中的确定按钮✓。

（10）设置基准面。在左侧 FeatureManager 设计树中用鼠标选择“基准面 1”，然后单击“标准视图”工具栏中的“正视于”按钮，将该基准面作为绘制图形的基准面。单击“草图”控制面板中的“草图绘制”按钮，进入草图绘制状态。

（11）绘制草图 3。单击“草图”控制面板中的“圆”按钮，绘制如图 9-32 所示的草图并标注尺寸。单击“退出草图”按钮，退出草图。

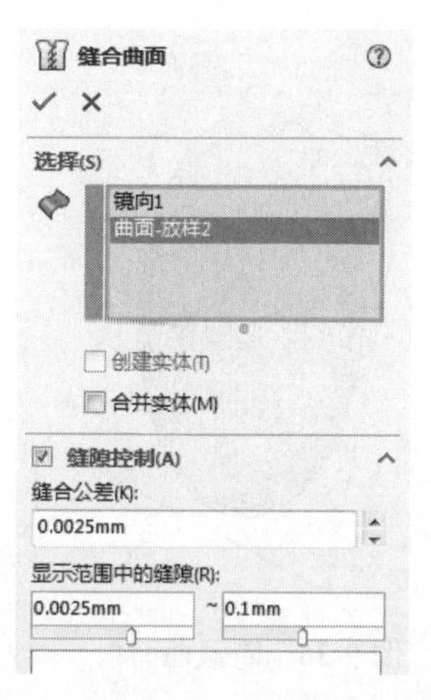

图 9-31　“缝合曲面”属性管理器

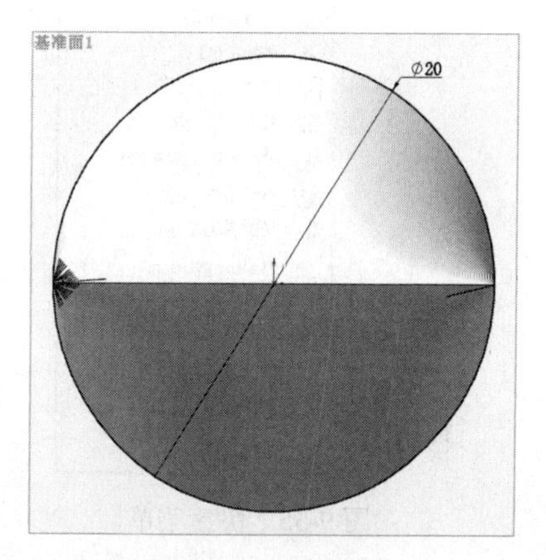

图 9-32　绘制草图 3

（12）拉伸实体。选择菜单栏中的“插入”→“凸台/基体”→“拉伸”命令，或者单击“特征”控制面板中的“拉伸凸台/基体”按钮，此时系统弹出如图 9-33 所示的“凸台-拉伸”属性管理器。设置终止条件为“给定深度”，输入拉伸距离为 3，单击“拔模”按钮，输入拔模角度为 60 度，然后单击属性管理器中的确定按钮✓，结果如图 9-34 所示。

图 9-33　“凸台-拉伸”属性管理器

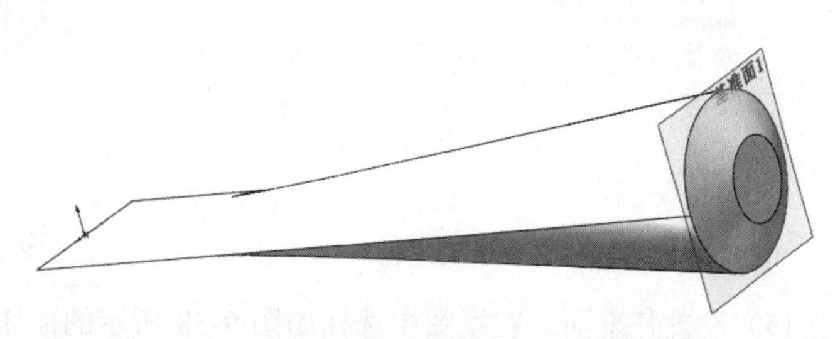

图 9-34　拉伸实体

（13）隐藏曲面。在左侧 FeatureManager 设计树中用鼠标选择“曲面-缝合”，单击鼠标右键，在弹出的快捷菜单中单击“隐藏”按钮，如图 9-35 所示；隐藏前面创建的曲面，如图 9-36 所示。

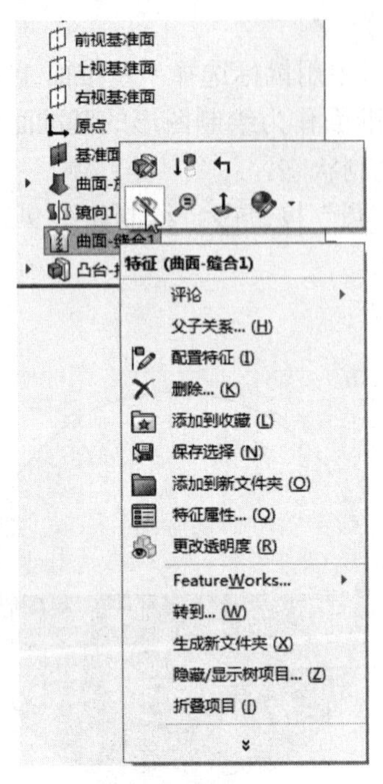

图 9-35　快捷菜单

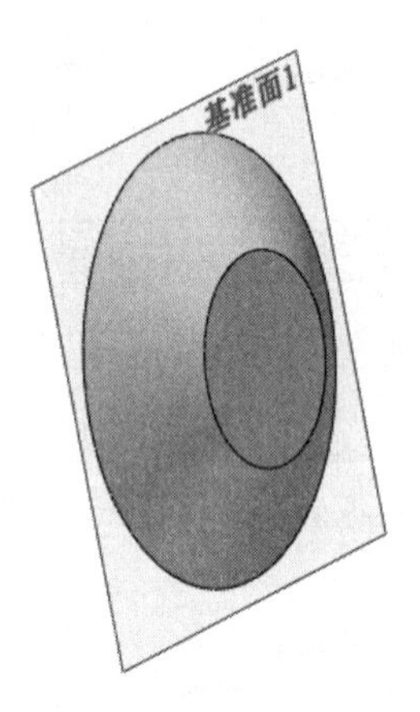

图 9-36　隐藏曲面

（14）抽壳处理。选择菜单栏中的“插入”→“特征”→“抽壳”命令，或者单击“特征”控制面板中的“抽壳”按钮，此时系统弹出如图 9-37 所示的“抽壳 1”属性管理器。输入抽壳厚度为 0.2，在视图中选择拉伸体的两个端面，然后单击属性管理器中的确定按钮，结果如图 9-38 所示。

图 9-37　“抽壳 1”属性管理器

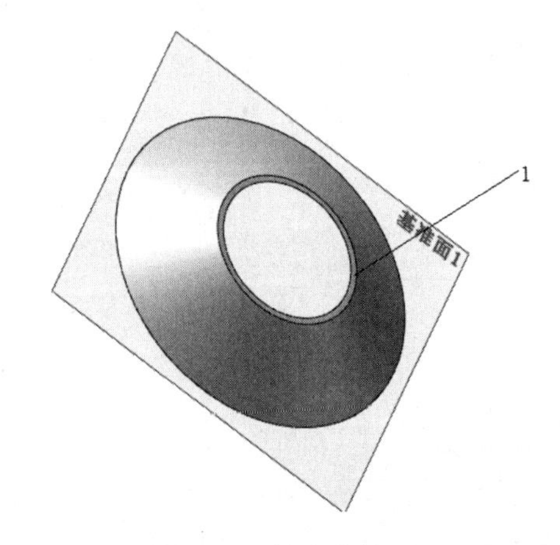

图 9-38　抽壳实体

（15）设置基准面。在视图中选择如图 9-38 所示的面 1 作为草图基准面，然后单击“标准视图”工具栏中的“正视于”按钮，将该基准面作为绘制图形的基准面。单击“草图”控制面板中的“草图绘制”按钮，进入草图绘制状态。

（16）绘制草图 4。单击“草图”控制面板中的“转换实体引用”按钮，将基准面的外边线转换为草图。

（17）拉伸实体。选择菜单栏中的“插入”→“凸台/基体”→“拉伸”命令，或者单击“特征”控制面板中的“拉伸凸台/基体”按钮，此时系统弹出如图 9-39 所示的“凸台-拉伸”属性管理器。设置终止条件为“给定深度”，输入拉伸距离为 1，然后单击属性管理器中的确定按钮✓，结果如图 9-40 所示。

图 9-39　“凸台-拉伸”属性管理器

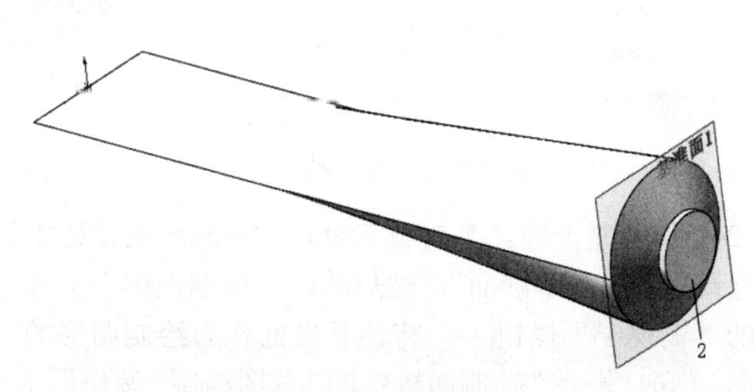

图 9-40　拉伸实体

（18）设置基准面。在视图中选择如图 9-40 所示的面 2 作为草图基准面，然后单击“标准视图”工具栏中的“正视于”按钮，将该基准面作为绘制图形的基准面。单击“草图”控制面板中的“草图绘制”按钮，进入草图绘制状态。

（19）绘制草图 5。单击“草图”控制面板中的“圆”按钮，在坐标原点绘制直径为 8 的圆。

（20）拉伸实体。选择菜单栏中的“插入”→“凸台/基体”→“拉伸”命令，或者单击“特征”控制面板中的“拉伸凸台/基体”按钮，此时系统弹出“凸台-拉伸”属性管理器。设置终止条件为“给定深度”，输入拉伸距离为 10，然后单击属性管理器中的确定按钮✓，结果如图 9-41 所示。

（21）设置基准面。在视图中选择如图 9-41 所示的面 3 作为草图基准面，然后单击“标准视图”工具栏中的“正视于”按钮，将该基准面作为绘制图形的基准面。单击“草图”控制面板中的“草图绘制”按钮，进入草图绘制状态。

（22）绘制草图 6。单击“草图”控制面板中的“圆”按钮，在坐标原点绘制直径为 5 的圆。

（23）切除拉伸实体。选择菜单栏中的“插入”→“切除”→“拉伸”命令，或单击“特征”控制面板中的“拉伸切除”按钮，系统弹出“切除-拉伸”属性管理器；设置切除终止条件

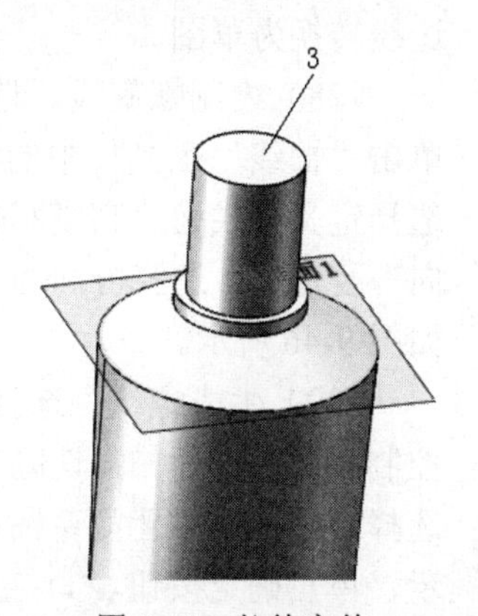

图 9-41　拉伸实体

为“给定深度”，输入拉伸切除距离为 15，如图 9-42 所示，单击确定按钮✓，完成拉伸切除实体操作，效果如图 9-43 所示。

图 9-42 “切除-拉伸”属性管理器

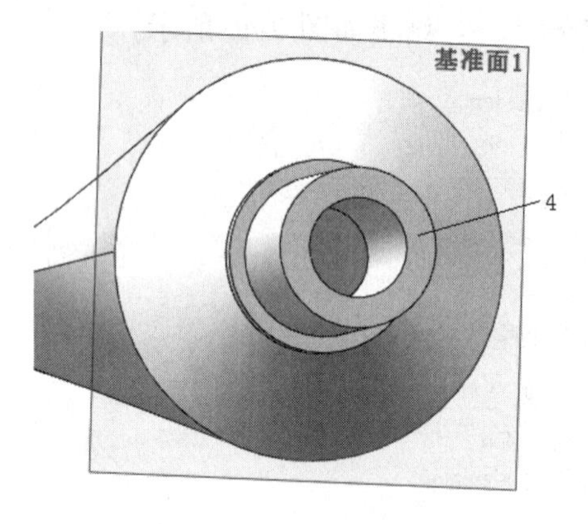

图 9-43 切除拉伸实体

（24）设置基准面。在左侧 FeatureManager 设计树中用鼠标选择“上视基准面”，然后单击“标准视图”工具栏中的“正视于”按钮，将该基准面作为绘制图形的基准面。单击“草图”控制面板中的“草图绘制”按钮，进入草图绘制状态。

（25）绘制螺纹草图。单击“草图”控制面板中的“直线”按钮，绘制螺纹轮廓草图，并标注尺寸，如图 9-44 所示。单击“退出草图”按钮，退出草图。

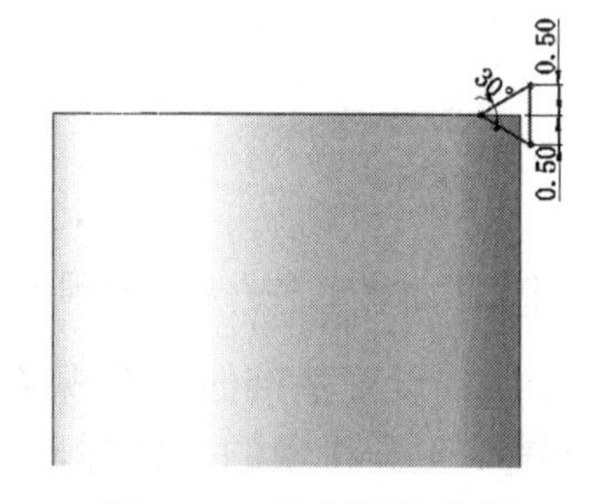

图 9-44 绘制螺纹草图

（26）设置基准面。在视图中选择如图 9-43 所示的面 4 作为草图基准面，然后单击“标准视图”工具栏中的“正视于”按钮，将该基准面作为绘制图形的基准面。单击“草图”控制面板中的“草图绘制”按钮，进入草图绘制状态。

（27）绘制草图 7。单击“草图”控制面板中的“转换实体引用”按钮，将基准面的外边线转换为草图。

（28）绘制螺旋线。选择菜单栏中的“插入”→“曲线”→“螺旋线/涡状线”命令，或单击“曲线”工具栏中的“螺旋线/涡状线”按钮，弹出“螺旋线/涡状线”属性管理器；选择定义方式为“高度和螺距”，设置螺纹高度为 9、螺距为 1.2、起始角度为 0，选择“反向”复选框，选择方向为“顺时针”，如图 9-45 所示，最后单击确定按钮✓，生成的螺旋线如图 9-46 所示。

（29）生成螺纹。选择菜单栏中的“插入”→“切除”→“扫描”命令，或单击“特征”控制面板中的“扫描切除”按钮，弹出“切除-扫描”属性管理器；单击“轮廓”按钮，选择绘图区中的牙型草图；单击“路径”按钮，选择螺旋线作为路径草图，如图 9-47 所示，单击确定按钮✓，生成的螺纹如图 9-48 所示。

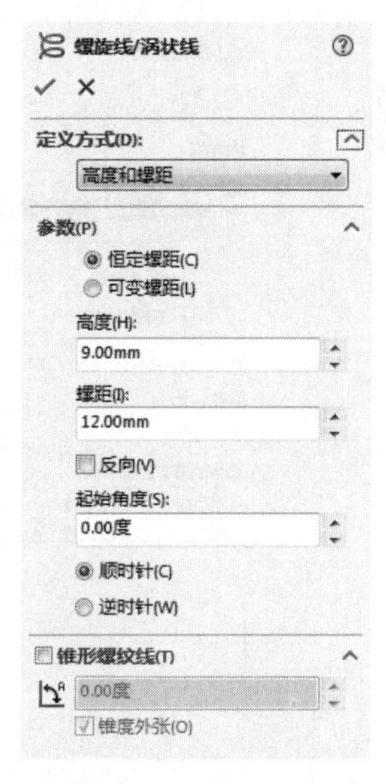

图 9-45 “螺旋线/涡状线”属性管理器

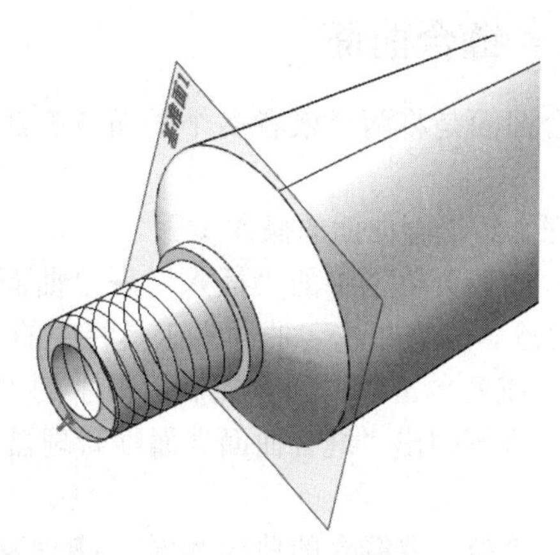

图 9-46 生成的螺旋线

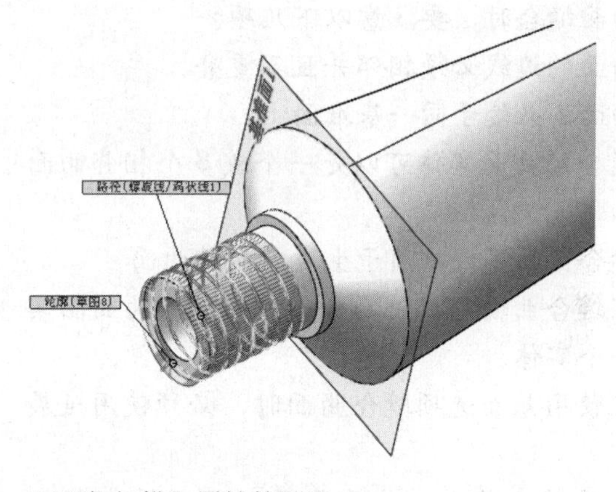

图 9-47 “切除-扫描”属性管理器

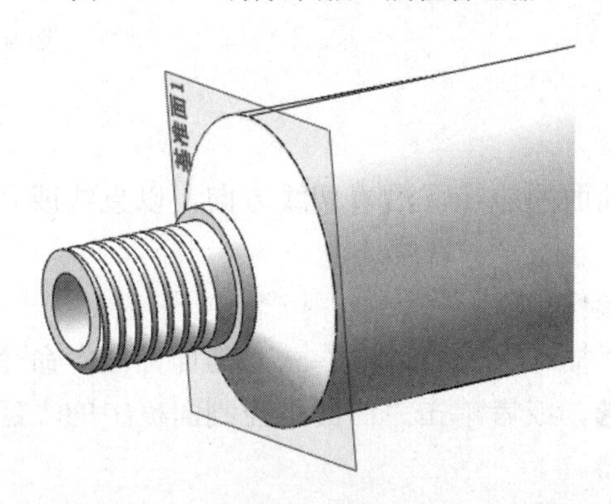

图 9-48 生成螺纹

9.2 编辑曲面

9.2.1 缝合曲面

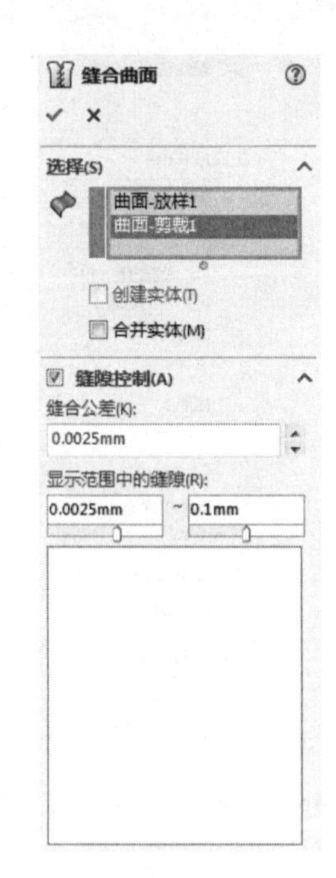

图 9-49 “缝合曲面”属性管理器

缝合曲面是将两个或者多个平面或者曲面组合成一个面。

下面介绍缝合曲面的操作步骤。

（1）选择菜单栏中的“插入”→“曲面”→“缝合曲面”命令，或者单击“曲面”工具栏中的“缝合曲面”按钮，或者单击“曲面”控制面板中的“缝合曲面”按钮，系统弹出“缝合曲面”属性管理器，如图 9-49 所示。

（2）单击“要缝合的曲面和面”列表框，选择如图 9-50 所示的面 1、面 2 和面 3。

（3）单击确定按钮，生成缝合曲面。

注意：

使用曲面缝合时，要注意以下几项。

（1）曲面的边线必须相邻并且不重叠。

（2）曲面不必处于同一基准面上。

（3）缝合的曲面实体可以是一个或多个相邻曲面实体。

（4）缝合曲面不吸收用于生成它们的曲面。

（5）在缝合曲面形成一闭合体积或保留为曲面实体时生成一个实体。

（6）在使用基面选项缝合曲面时，必须使用延展曲面。

（7）曲面缝合前后，曲面和面的外观没有任何变化。

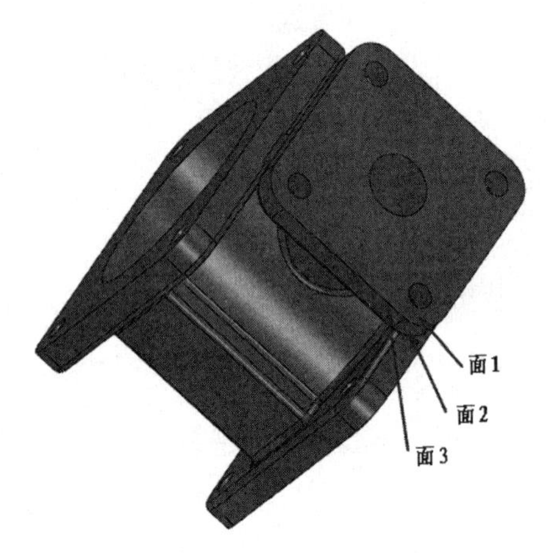

图 9-50 打开的文件实体

9.2.2 延伸曲面

延伸曲面是指将现有曲面的边缘，沿着切线方向，以直线或者随曲面的弧度方向产生附加的延伸曲面。

下面介绍延伸曲面的操作步骤。

（1）选择菜单栏中的“插入”→“曲面”→“延伸曲面”命令，或者单击“曲面”工具栏中的“延伸曲面”按钮，或者单击“曲面”控制面板中的“延伸曲面”按钮，系统弹出“延伸曲面”属性管理器。

（2）单击“所选面/边线”列表框，选择如图 9-51 所示的边线 1；点选“距离”单选钮，

在“距离”文本框中输入“60”；在“延伸类型”选项中，点选“同一曲面”单选钮，如图 9-52 所示。

（3）单击确定按钮，生成的延伸曲面如图 9-53 所示。

延伸曲面的延伸类型有两种方式：一种是同一曲面类型，是指沿曲面的几何体延伸曲面；另一种是线性类型，是指沿边线相切于原有曲面来延伸曲面。如图 9-53 所示是使用同一曲面类型生成的延伸曲面，如图 9-54 所示是使用线性类型生成的延伸曲面。

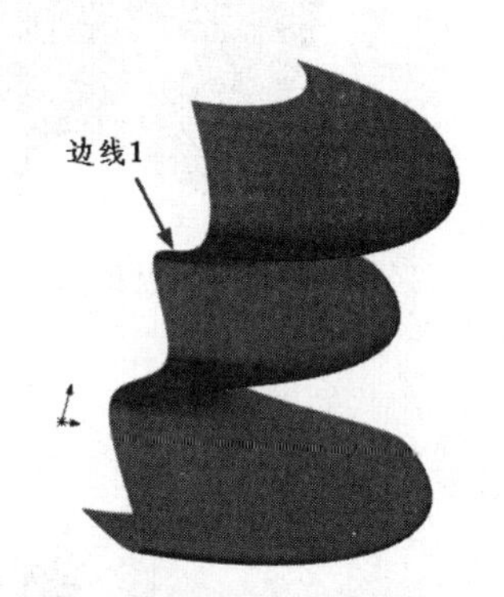

图 9-51　打开的文件实体

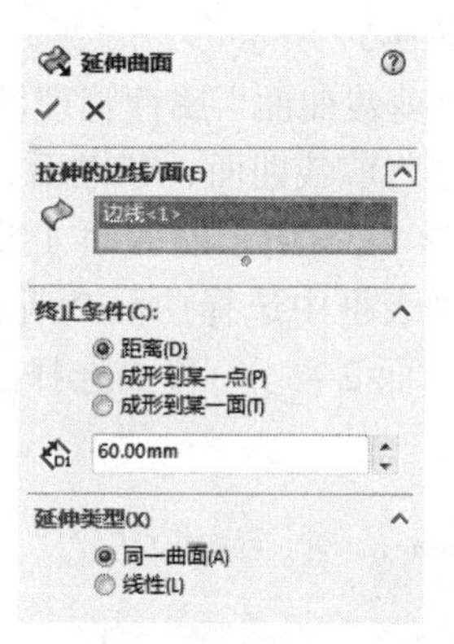

图 9-52　“延伸曲面”属性管理器

图 9-53　同一曲面类型生成的延伸曲面

图 9-54　线性类型生成的延伸曲面

在“延伸曲面”属性管理器的“终止条件”选项中，各单选钮的意义如下。

- 距离：按照在“距离”文本框中指定的数值延伸曲面。
- 成形到某一面：将曲面延伸到“曲面/面”列表框中选择的曲面或者面。
- 成形到某一点：将曲面延伸到“顶点”列表框中选择的顶点或者点。

9.2.3 剪裁曲面

剪裁曲面是指使用曲面、基准面或者草图作为剪裁工具来剪裁相交曲面，也可以将曲面和其他曲面联合使用作为相互的剪裁工具。

剪裁曲面有标准和相互两种类型。标准类型是指使用曲面、草图实体、曲线、基准面等来剪裁曲面；相互类型是指由曲面本身来剪裁多个曲面。

下面介绍两种类型剪裁曲面的操作步骤。

1. 标准类型剪裁曲面

（1）选择菜单栏中的“插入”→“曲面”→“剪裁曲面”命令，或者单击“曲面”控制面板中的“剪裁曲面”按钮，系统弹出“剪裁曲面”属性管理器。

（2）在“剪裁类型”选项组中，点选“标准”单选钮；点选“保留选择”单选钮，并在“剪裁曲面、基准面或草图”列表框中，单击如图 9-55 所示的曲面 2 所标注处，在“保留的部分”列表框中选择曲面 1 所标注处，属性管理器设置如图 9-56 所示。

（3）单击确定按钮，生成剪裁曲面。保留选择的剪裁图形如图 9-57 所示。

如果在“剪裁曲面”属性管理器中点选“移除选择”单选钮，并在“剪裁曲面、基准面、或草图”列表框中，选择如图 9-55 所示的曲面 1 所标注处，在“保留的部分”列表框中选择曲面 2 所标注处，则会移除曲面 1 下面的曲面 2 部分，移除选择的剪裁图形如图 9-58 所示。

图 9-55　打开的文件实体

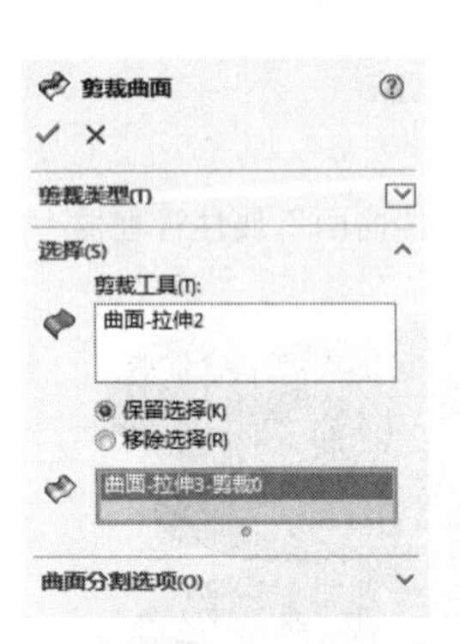

图 9-56　“剪裁曲面”属性管理器 1

图 9-57　保留选择的剪裁图形 1

图 9-58　移除选择的剪裁图形 1

2．相互类型剪裁曲面

（1）选择菜单栏中的“插入”→“曲面”→“剪裁曲面”命令，或者单击“曲面”工具栏中的“剪裁曲面”按钮，或者单击“曲面”控制面板中的“剪裁曲面”按钮，系统弹出“剪裁曲面”属性管理器。

（2）在“剪裁类型”选项组中，点选“相互”单选钮；在“剪裁工具”列表框中，选择如图 9-55 所示的曲面 1 和曲面 2；点选“保留选择”单选钮，并在“保留的部分”列表框中单击，选择如图 9-55 所示的曲面 1 左侧和曲面 2 下侧，其他设置如图 9-59 所示。

（3）单击确定按钮，生成剪裁曲面。保留选择的剪裁图形如图 9-60 所示。

如果在“剪裁曲面”属性管理器中点选“移除选择”单选钮，并在“要移除的部分”列表框中，单击选择如图 9-54 所示的曲面 1 和曲面 2 所标注处，则会移除曲面 1 和曲面 2 的所选择部分。移除选择的剪裁图形如图 9-61 所示。

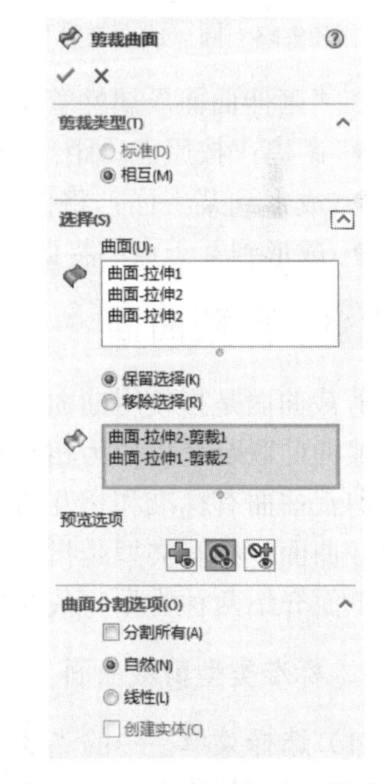

图 9-59　“剪裁曲面”属性管理器 2

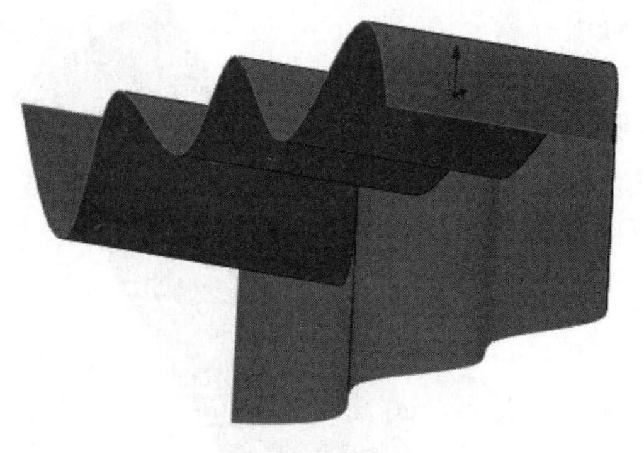

图 9-60 保留选择的剪裁图形 2

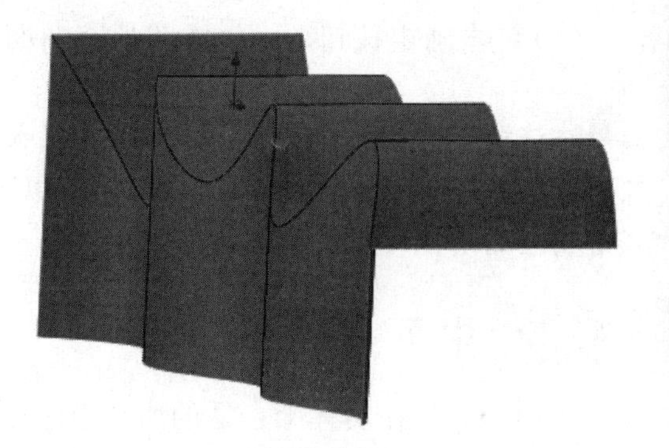

图 9-61 移除选择的剪裁图形 2

9.2.4 填充曲面

填充曲面是指在现有模型边线、草图或者曲线定义的边界内构成带任何边数的曲面修补。填充曲面通常用在以下几种情况中。

- 纠正没有正确输入到 SOLIDWORKS 中的零件，比如该零件有丢失的面。
- 填充型心和型腔造型零件中的孔。
- 构建用于工业设计的曲面。
- 生成实体模型。
- 用于包括作为独立实体的特征或合并这些特征。

下面介绍填充曲面的操作步骤。

（1）选择菜单栏中的“插入”→“曲面”→“填充”命令，或者单击“曲面”工具栏中的“填充曲面”按钮，或者单击“曲面”面板中的“填充曲面”按钮，系统弹出“填充曲面”属性管理器。

（2）在“修补边界”选项组中，依次选择如图 9-62 所示的边线 1、边线 2、边线 3、边线 4、边线 5 和边线 6，其他设置如图 9-63 所示。

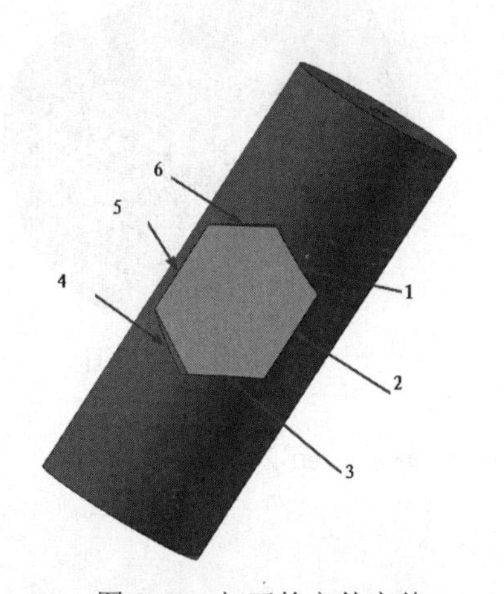

图 9-62 打开的文件实体

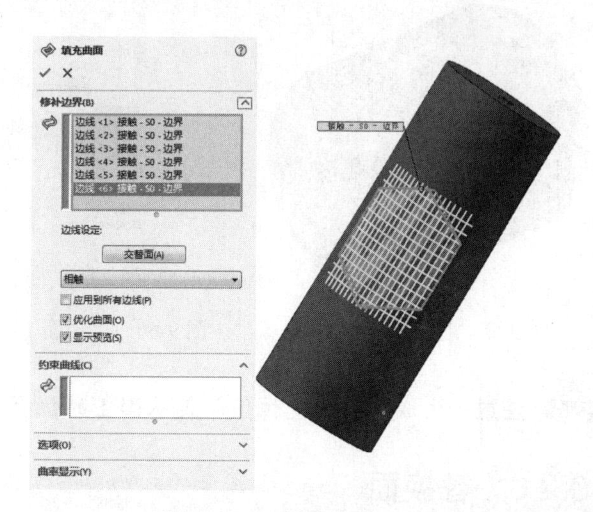

图 9-63 “填充曲面”属性管理器

（3）单击确定按钮✓，生成的填充曲面如图 9-64 所示。

图 9-64　填充曲面

注意：进行拉伸切除实体时，一定要注意调节拉伸切除的方向，否则系统会提示，所进行的切除不与模型相交，或者切除的实体与所需要的切除相反。

9.2.5　中面

中面工具可在实体上合适的所选双对面之间生成中面。合适的双对面应该处处等距，并且必须属于同一实体。

与所有在 SOLIDWORKS 中生成的曲面相同，中面包括所有曲面的属性。中面通常有以下几种情况。

- 单个：从图形区中选择单个等距面生成中面。
- 多个：从图形区中选择多个等距面生成中面。
- 所有：单击“曲面-中间面”属性管理器中的“查找双对面”按钮，让系统选择模型上所有合适的等距面，用于生成所有等距面的中面。

下面介绍中面的操作步骤。

（1）选择菜单栏中的“插入”→“曲面”→“中面”命令，或者单击“曲面”工具栏中的“中面”按钮，系统弹出“中面”属性管理器。

（2）在“面 1”列表框中，单击选择如图 9-65 所示的面 1；在“面 2”列表框中，单击选择如图 9-65 所示的面 2；在“定位”文本框中输入“50”，“中面 1”属性管理器设置如图 9-66 所示。

（3）单击确定按钮✓，生成的中面如图 9-67 所示。

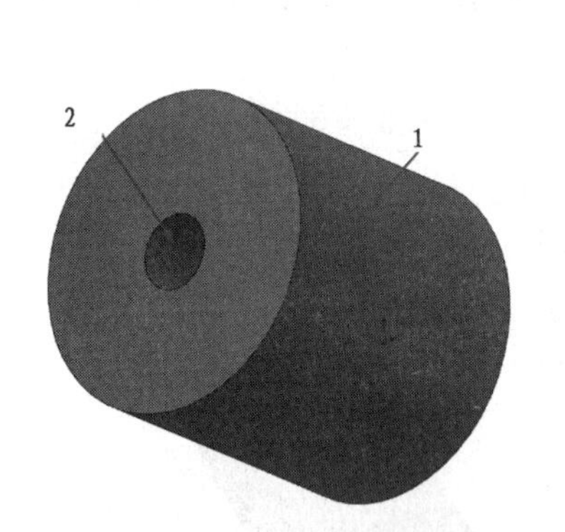

图 9-65　打开的文件实体

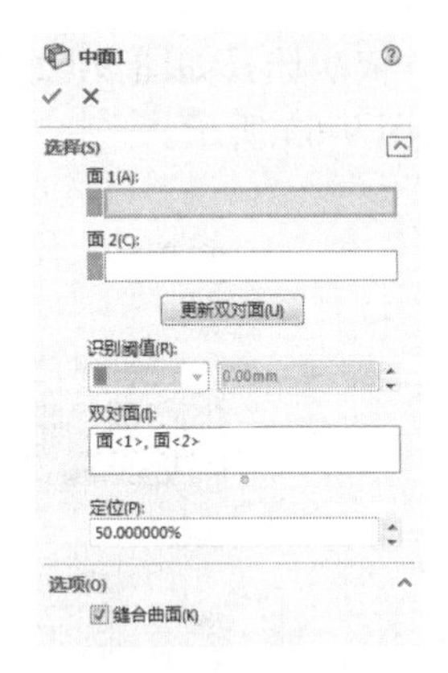

图 9-66　“中面 1”属性管理器

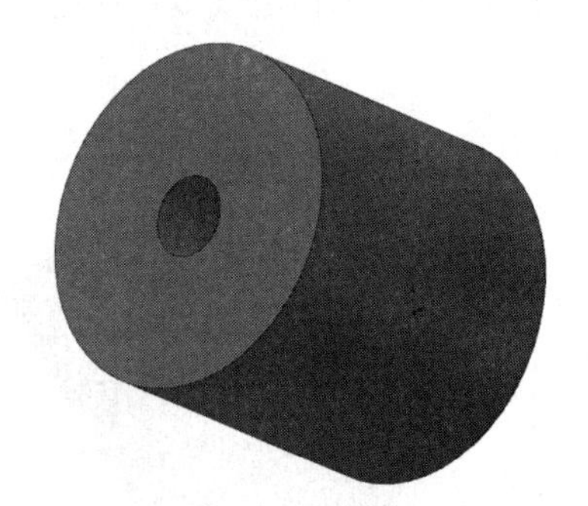

图 9-67　创建中面

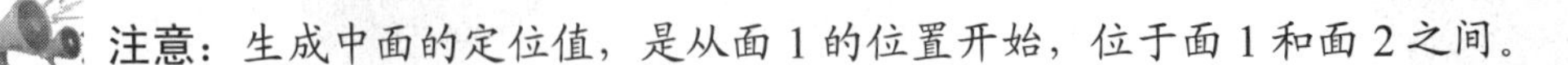

注意：生成中面的定位值，是从面 1 的位置开始，位于面 1 和面 2 之间。

9.2.6　替换面

替换面是指以新曲面实体来替换曲面或者实体中的面。替换曲面实体不必与旧的面具有相同的边界。在替换面时，原来实体中的相邻面自动延伸并剪裁到替换曲面实体。

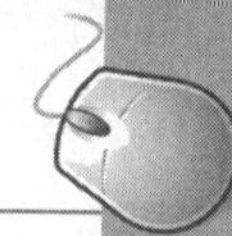

替换面通常有以下几种情况。

- 以一曲面实体替换另一个或者一组相连的面。
- 在单一操作中，用一相同的曲面实体替换一组以上相连的面。
- 在实体或曲面实体中替换面。

在上面的几种情况中，比较常用的是用一曲面实体替换另一个曲面实体中的一个面。下面介绍该替换面的操作步骤。

（1）选择菜单栏中的“插入”→“面”→“替换”命令，或者单击“曲面”工具栏中的“替换面”按钮，或者单击“曲面”面板中的“替换面”按钮，系统弹出“替换面 1”属性管理器。

（2）在“替换的目标面”列表框中，选择如图 9-68 所示的面 2；在“替换曲面”列表框中，选择如图 9-68 所示的曲面 1，如图 9-69 所示。

（3）单击确定按钮，生成的替换面如图 9-70 所示。

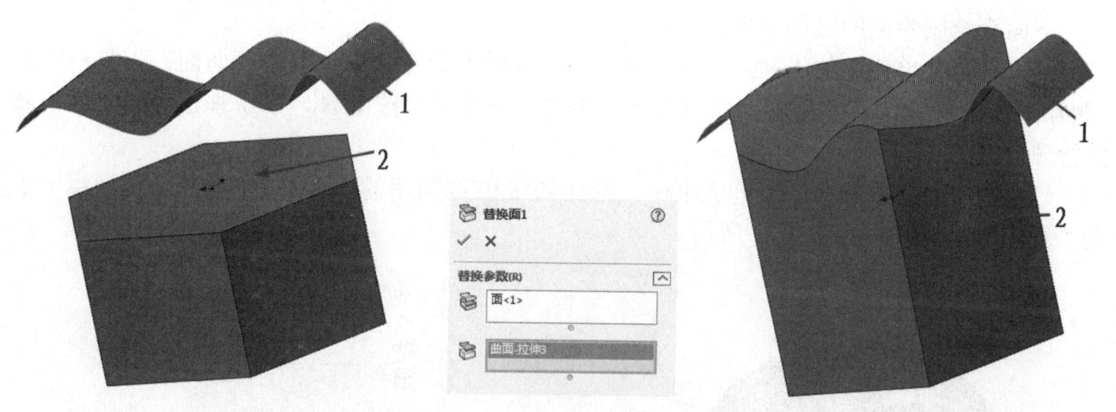

图 9-68　打开的文件实体　　图 9-69　“替换面 1”属性管理器　　图 9-70　创建替换面

（4）右击如图 9-70 所示的曲面 1，在系统弹出的快捷菜单中单击“隐藏”按钮，如图 9-71 所示。隐藏目标面后的实体如图 9-72 所示。

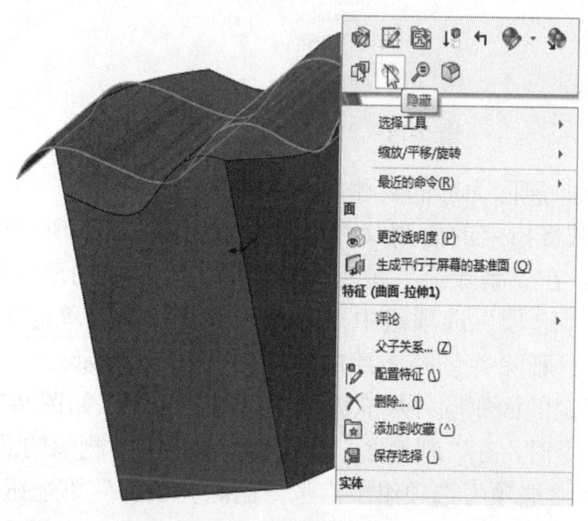

图 9-71　快捷菜单

图 9-72　隐藏目标面后的实体

在替换面中，替换的面有两个特点：一是必须替换，必须相连；二是不必相切。替换曲面实体可以是以下几种类型之一。

- 可以是任何类型的曲面特征，如拉伸、放样等。
- 可以是缝合曲面实体或者复杂的输入曲面实体。
- 通常比正替换的面要更宽和更长，但在某些情况下，当替换曲面实体比要替换的面小的时候，替换曲面实体会自动延伸以与相邻面相遇。

9.2.7 删除面

删除面通常有以下几种情况。

- 删除：从曲面实体删除面，或者从实体中删除一个或多个面来生成曲面。
- 删除和修补：从曲面实体或者实体中删除一个面，并自动对实体进行修补和剪裁。
- 删除和填充：删除面并生成单一面，将任何缝隙填补起来。

下面介绍删除面的操作步骤。

（1）选择菜单栏中的“插入”→“面”→“删除”命令，或者单击“曲面”工具栏中的“删除面”按钮，或者单击“曲面”面板中的“删除面”按钮，系统弹出“删除面”属性管理器。

（2）在“要删除的面”列表框中，选择如图 9-73 所示的面 1；在“选项”选项组中点选“删除”单选钮，如图 9-74 所示。

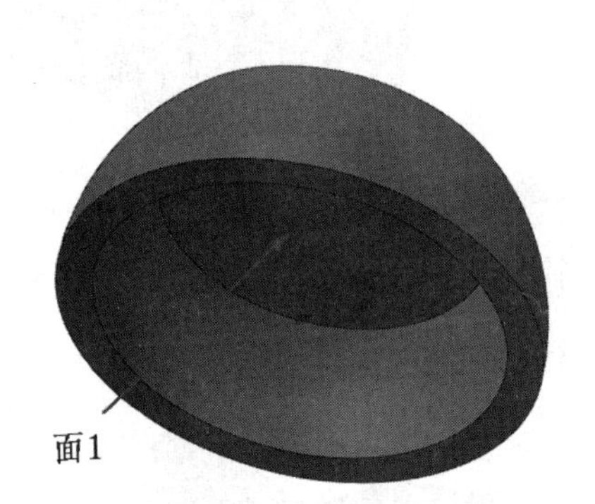

图 9-73　打开的文件实体

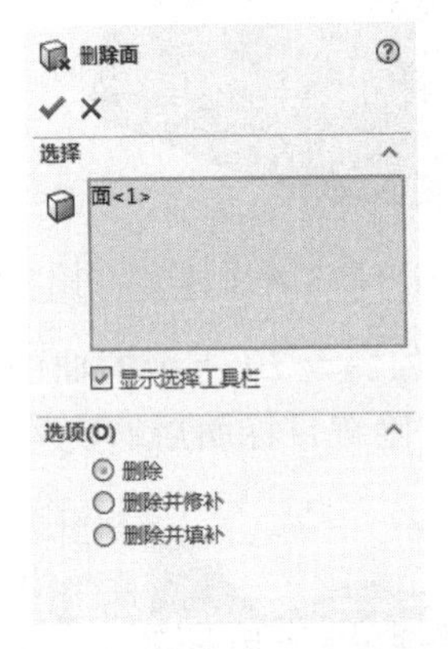

图 9-74　“删除面”属性管理器 1

（3）单击确定按钮，将选择的面删除，删除面后的实体如图 9-75 所示。

（4）选择菜单栏中的删除面命令，可以将指定的面删除并修补。以如图 9-75 所示的实体为例，选择菜单栏中的删除面命令时，在“删除面”属性管理器的“要删除的面”列表框中，选择如图 9-73 所示的面 1；在“选项”选项组中点选“删除并修补”单选钮，然后单击确定按钮，面 1 被删除并修补。删除并修补面后的实体如图 9-76 所示。

选择菜单栏中的删除面命令，可以将指定的面删除并填充删除面后的实体。以如图 9-73 所示的实体为例，选择菜单栏中的删除面命令时，在“删除面”属性管理器的“要删除的面”列表框中，选择如图 9-73 所示的面 1；在“选项”选项组中点选“删除并填补”单选钮，并勾选“相切填补”复选框，“删除面”属性管理器设置如图 9-77 所示。单击确定按钮，面 1 被删除并相切填充。删除和填充面后的实体如图 9-78 所示。

图 9-75 删除面后的实体

图 9-76 删除并修补面后的实体

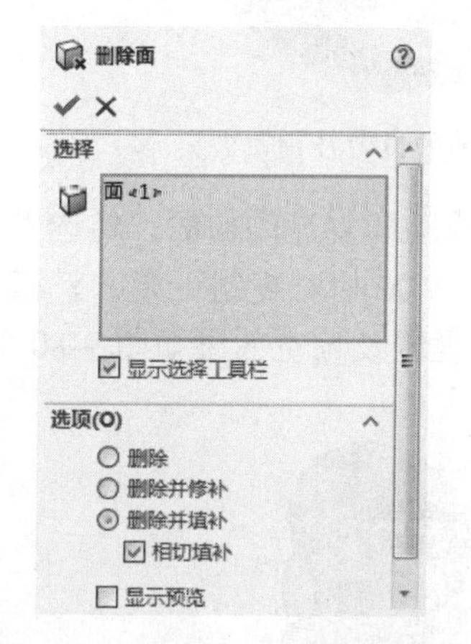

图 9-77 “删除面”属性管理器 2

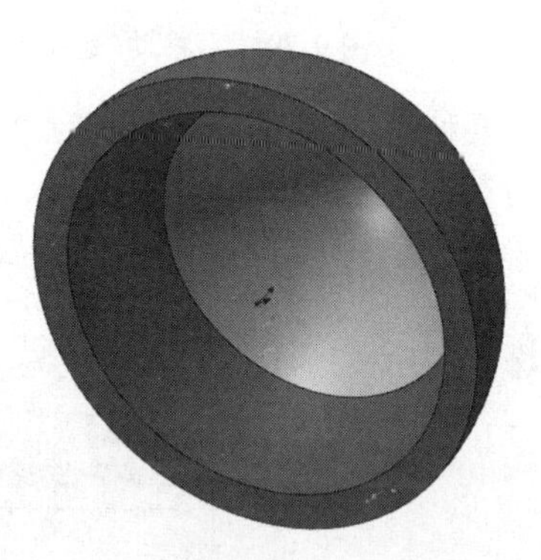

图 9-78 删除和填充面后的实体

9.2.8 移动/复制/旋转曲面

选择菜单栏中的该命令，可以使用户像拉伸特征、旋转特征那样对曲面特征进行移动、复制和旋转等操作。

1. 移动曲面

下面介绍移动曲面的操作步骤。

（1）选择菜单栏中的“插入”→“曲面”→“移动/复制”命令，或者单击“特征”工具栏中的“移动/复制实体”按钮，系统弹出“移动/复制实体”属性管理器。

（2）单击最下面的“平移/旋转”按钮，在“要移动/复制的实体”选项组中，选择待移动的曲面，在“平移”选项组中输入 X、Y 和 Z 的相对移动距离，“移动/复制实体”属性管理器的设置及预览效果如图 9-79 所示。

（3）单击确定按钮✓，完成曲面的移动。

2. 复制曲面

下面介绍复制曲面的操作步骤。

（1）选择菜单栏中的“插入”→“曲面”→“移动/复制”命令，或者单击“特征”工具栏中的“移动/复制实体”按钮，系统弹出“移动/复制实体”属性管理器。

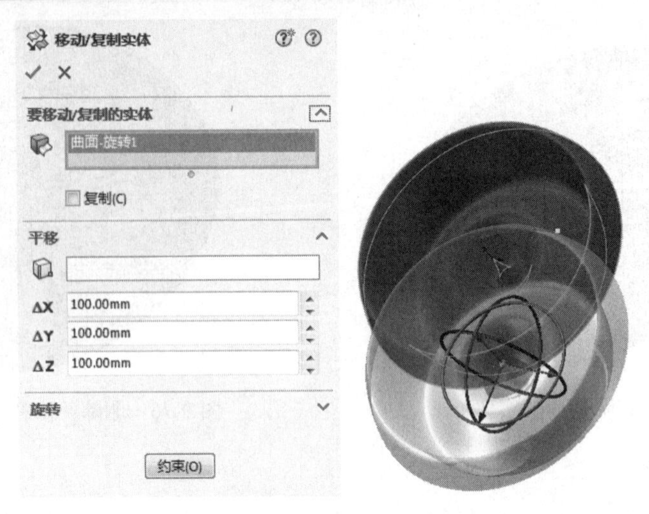

图 9-79 “移动/复制实体”属性管理器的设置及预览效果

（2）在“要移动/复制的实体”选项组中，选择待移动和复制的曲面；勾选“复制”复选框，并在“份数”文本框中输入“6”；然后分别输入 X 相对复制距离、Y 相对复制距离和 Z 相对复制距离，“移动/复制实体”属性管理器的设置及预览效果如图 9-80 所示。

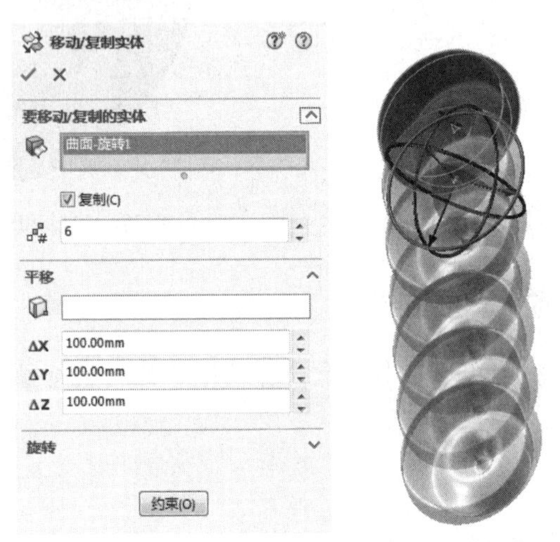

图 9-80 “移动/复制实体”属性管理器的设置及预览效果

（3）单击确定按钮，复制的曲面如图 9-81 所示。

图 9-81 复制曲面

3. 旋转曲面

下面介绍旋转曲面的操作步骤。

（1）选择菜单栏中的“插入”→“曲面”→“移动/复制”命令，或者单击“特征”工具栏中的“移动/复制实体”按钮，系统弹出“移动/复制实体”属性管理器。

（2）在“旋转”选项组中，分别输入X旋转原点、Y旋转原点、Z旋转原点、X旋转角度、Y旋转角度和Z旋转角度，“移动/复制实体”属性管理器的设置及预览效果如图9-82所示。

（3）单击确定按钮✓，旋转后的曲面如图9-83所示。

图9-82　“移动/复制实体”属性管理器的设置及预览效果

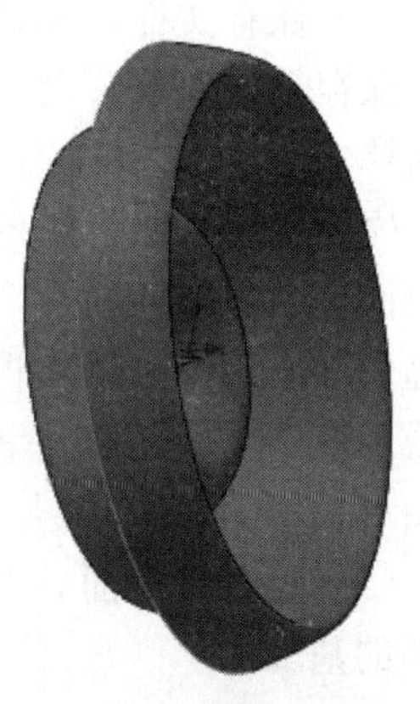

图9-83　旋转后的曲面

9.2.9 实例——吧台椅

本例绘制的吧台椅，如图9-84所示。

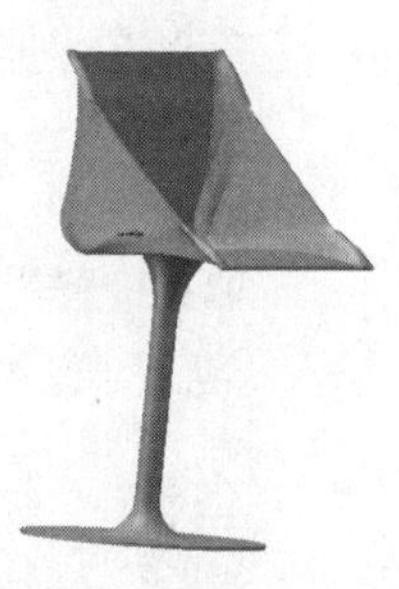

图9-84　吧台椅

思路分析

绘制该模型的命令主要有创建基准面、边界曲面、镜向、缝合曲面、旋转凸台/基体、圆角等。绘制流程如图9-85所示。

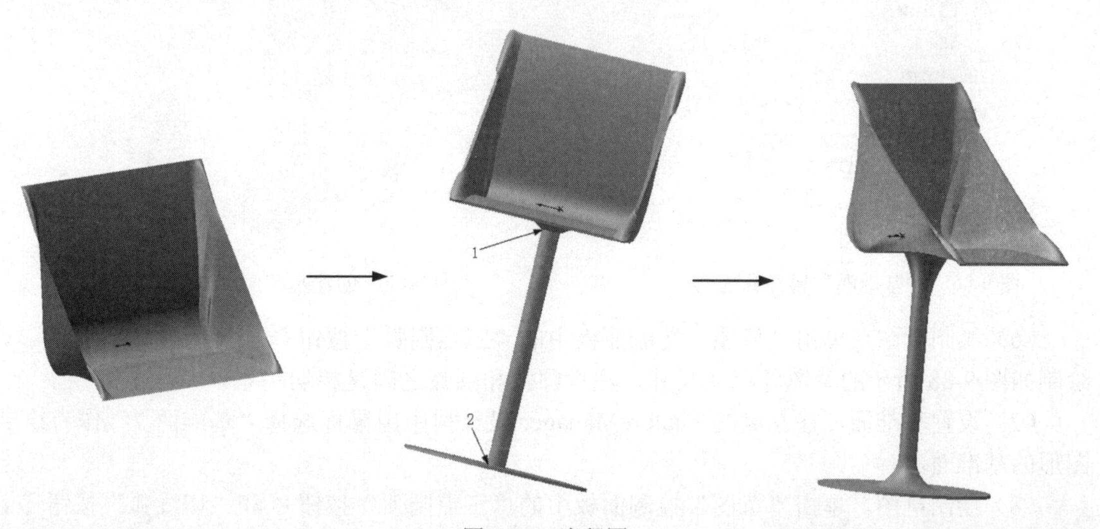

图9-85　流程图

创建步骤

（1）启动软件。选择菜单栏中的“开始”→“所有程序”→“SOLIDWORKS 2018”命令，或者单击桌面按钮，启动 SOLIDWORKS 2018。

（2）创建零件文件。选择菜单栏中的“文件”→“新建”命令，或者单击“标准”工具栏中的“新建”按钮，此时系统弹出“新建 SOLIDWORKS 文件”对话框，在其中选择“零件”按钮，然后单击“确定”按钮，创建一个新的零件文件。

（3）保存文件。选择菜单栏中的“文件”→“保存”命令，或者单击“标准”工具栏中的“保存”按钮，此时系统弹出“另存为”对话框。在“文件名”一栏中输入“吧台椅”，然后单击“保存”按钮，创建一个文件名为“吧台椅”的零件文件。

（4）选择菜单栏中的“插入”→“参考几何体”→“基准面”命令，或者单击“特征”控制面板“参考几何体”下拉列表中的“基准面”按钮，弹出如图 9-86 所示的“基准面”属性管理器。选择“上视基准面”为参考面，在中输入偏移距离为 25，单击确定按钮，完成基准面 1 的创建。重复“基准面”命令，分别创建距离上视基准面为 28 和 29 的基准面，如图 9-87 所示。

（5）设置基准面。在左侧的 FeatureManager 设计树中用鼠标选择“基准面 1”作为绘制图形的基准面。

图 9-86 “基准面”属性管理器

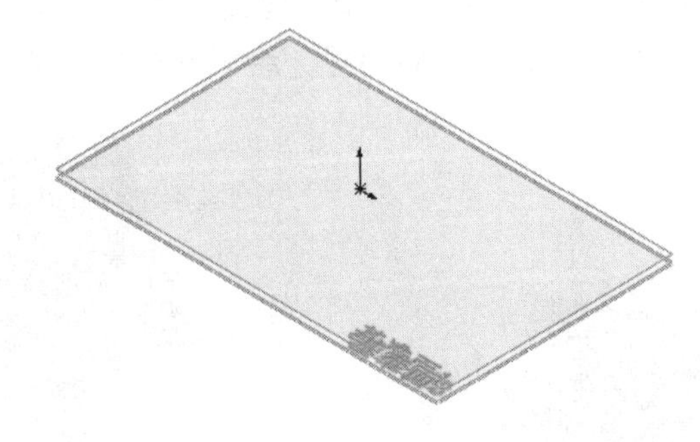

图 9-87 创建基准面

（6）绘制草图。单击“草图”控制面板中的“三点圆弧”按钮和“切线弧”按钮，绘制如图 9-88 所示的草图并标注尺寸，注意圆弧和圆弧之间是相切关系。

（7）设置基准面。在左侧的 FeatureManager 设计树中用鼠标选择“基准面 2”作为绘制图形的基准面。

（8）绘制草图。单击“草图”控制面板中的“三点圆弧”按钮和“切线弧”按钮，绘制如图 9-89 所示的草图并标注尺寸，注意圆弧和圆弧之间是相切关系。

（9）设置基准面。在左侧的 FeatureManager 设计树中用鼠标选择“基准面 3”作为绘制图形的基准面。

（10）绘制草图。单击“草图”控制面板中的“直线”按钮，绘制如图 9-90 所示的草图，注意直线和圆弧之间是重合关系。

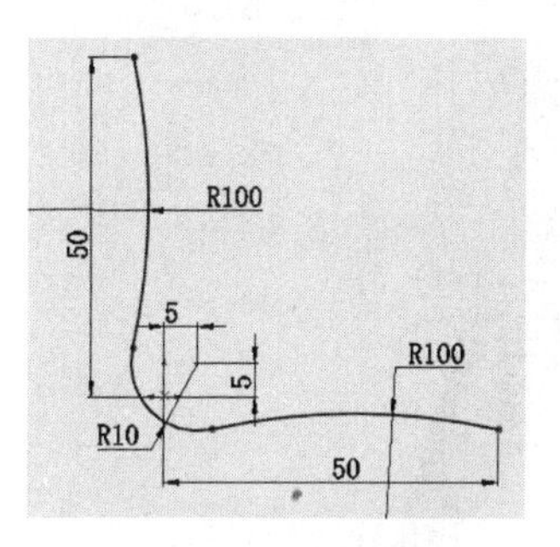

图 9-88　绘制草图 1

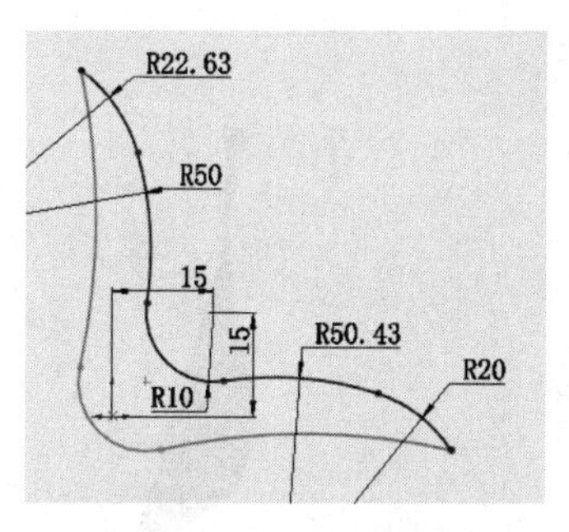

图 9-89　绘制草图 2

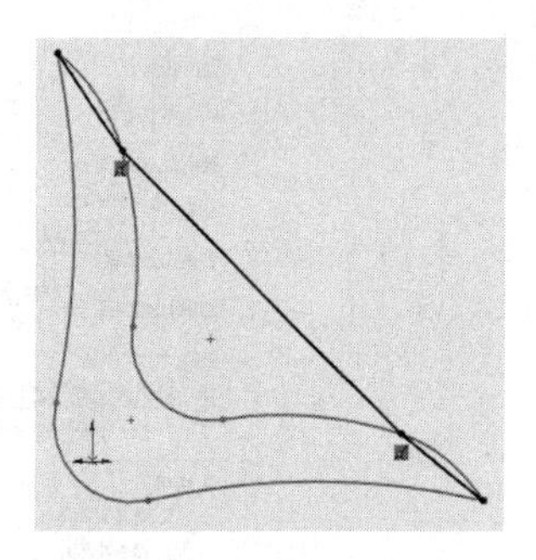

图 9-90　绘制草图 3

（11）边界曲面。单击“曲面”控制面板上的“边界曲面”按钮，或者选择菜单栏中的“插入”→“曲面”→“边界曲面”命令，弹出“边界-曲面”属性管理器如图 9-91 所示。选择前面绘制的三个草图为边界曲面，单击属性管理器中的确定按钮✔，结果如图 9-92 所示。

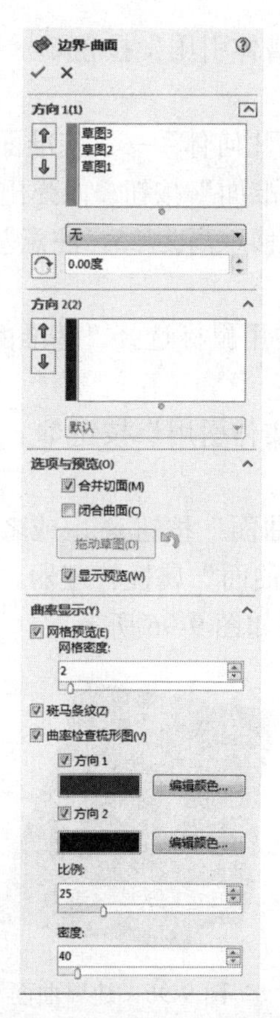

图 9-91　“边界-曲面”属性管理器

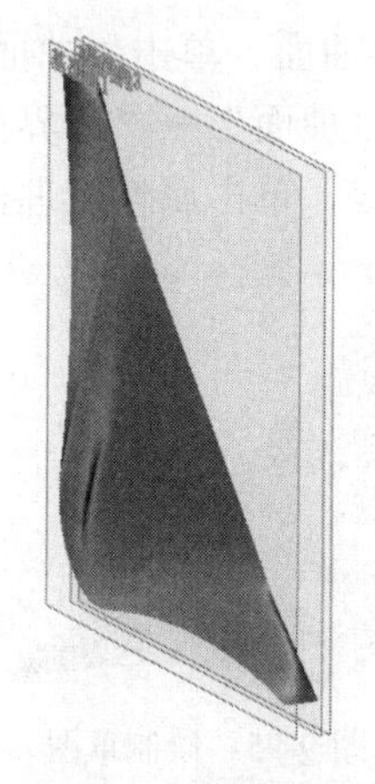

图 9-92　边界曲面

（12）镜向曲面。单击“特征”控制面板上的“镜向”按钮，或者选择菜单栏中的“插入”→“阵列/镜向”→“镜向”命令，弹出“镜向”属性管理器，如图 9-93 所示。选择上视基准面为镜向面，选择“边界-曲面 1”为要镜向的实体，单击属性管理器中的确定按钮✓，结果如图 9-94 所示。

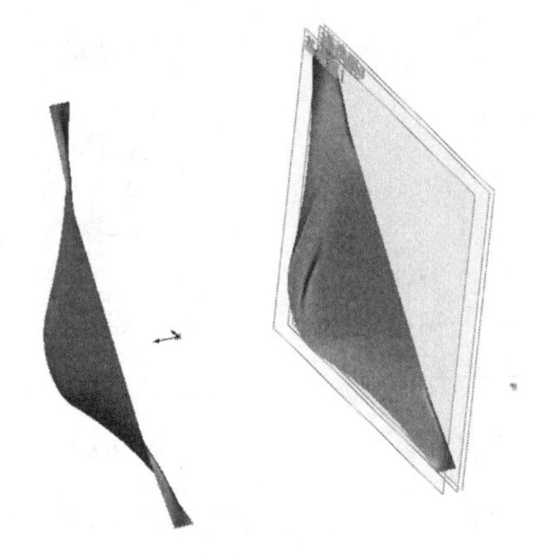

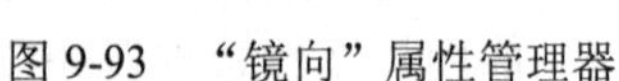

图 9-93 “镜向”属性管理器　　　图 9-94 镜向边界曲面

（13）设置基准面。在左侧的 FeatureManager 设计树中用鼠标选择“基准面 1”作为绘制图形的基准面。

（14）绘制草图。单击“草图”控制面板中的“转换实体引用”按钮，提取边界曲面的边界线，如图 9-95 所示。

（15）创建基准面。选择菜单栏中的“插入”→“参考几何体”→“基准面”命令，或者单击“特征”控制面板“参考几何体”下拉列表中的“基准面”按钮，弹出“基准面”属性管理器。选择“上视基准面”为参考面，在中输入偏移距离为 25，注意基准面的方向，完成基准面 4 的创建。

（16）设置基准面。在左侧的 FeatureManager 设计树中用鼠标选择“基准面 4”作为绘制图形的基准面。

（17）绘制草图。单击“草图”控制面板中的“转换实体引用”按钮，提取边界曲面的边界线。

（18）边界曲面。单击“曲面”控制面板上的“边界曲面”按钮，或者选择菜单栏中的“插入”→“曲面”→“边界曲面”命令，弹出“边界曲面”属性管理器。选择草图 4 和草图 5 为边界线，单击属性管理器中的确定按钮✓，结果如图 9-96 所示。

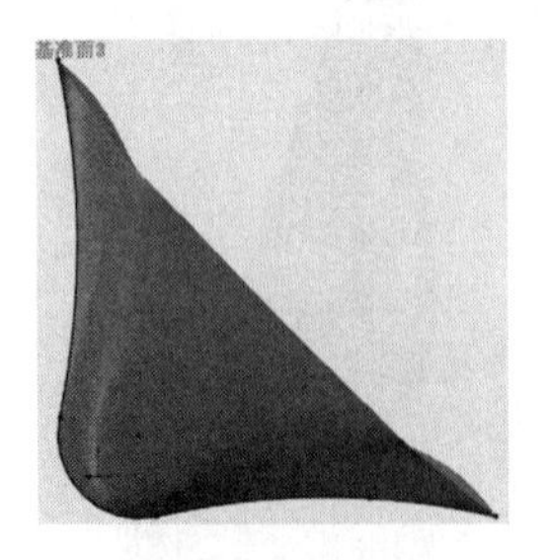

图 9-95 绘制草图

图 9-96 边界曲面

（19）缝合曲面。单击“曲面”控制面板上的“缝合曲面”菜单按钮，或者选择菜单

栏中的“插入”→“曲面”→“缝合曲面”命令，弹出“缝合曲面”属性管理器。选择视图中的边界曲面和镜向曲面，如图 9-97 所示，单击属性管理器中的确定按钮✓。

（20）加厚曲面。单击“曲面”控制面板中的“加厚”按钮，弹出如图 9-98 所示“加厚”属性管理器。在视图中选择上步创建的缝合曲面为要加厚的曲面，单击“加厚侧边 2”按钮，输入厚度为 1，单击属性管理器中的确定按钮✓，结果如图 9-99 所示。

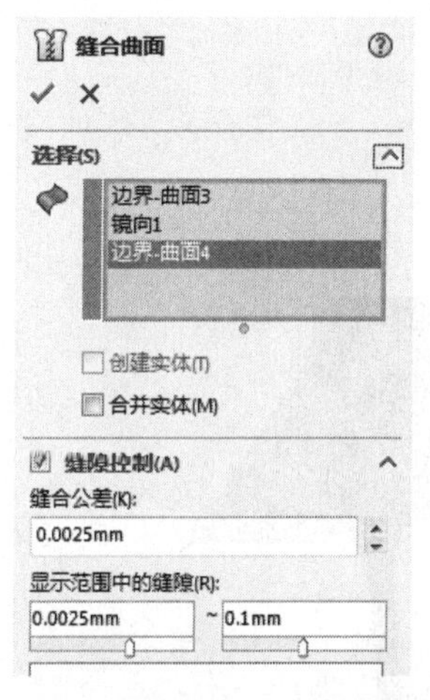

图 9-97　“缝合曲面”属性管理器

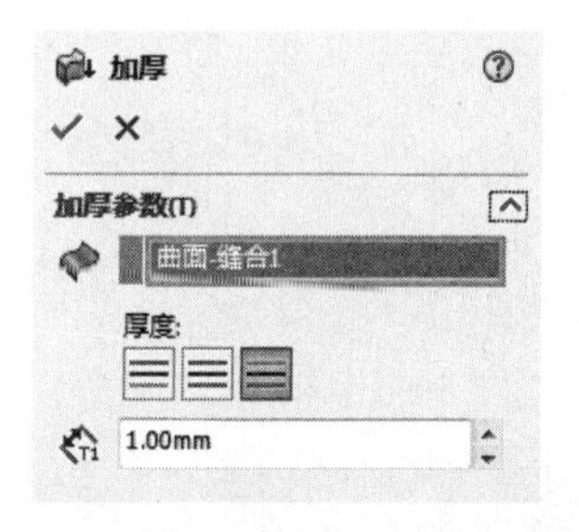

图 9-98　“加厚”属性管理器

图 9-99　加厚曲面

（21）设置基准面。在左侧的 FeatureManager 设计树中用鼠标选择“上视基准面”作为绘制图形的基准面。

（22）绘制草图。单击“草图”控制面板中的“直线”按钮、“圆弧”按钮和“转换实体引用”按钮，绘制如图 9-100 所示的草图并标注尺寸。

（23）旋转实体。单击“特征”控制面板中的“旋转凸台/基体”按钮，或者选择菜单栏中的“插入”→“凸台/基体”→“旋转”命令，弹出如图 9-101 所示“旋转”属性管理器。在视图中选择绘制的竖直直线为旋转轴，单击属性管理器中的确定按钮✓，结果如图 9-102 所示。

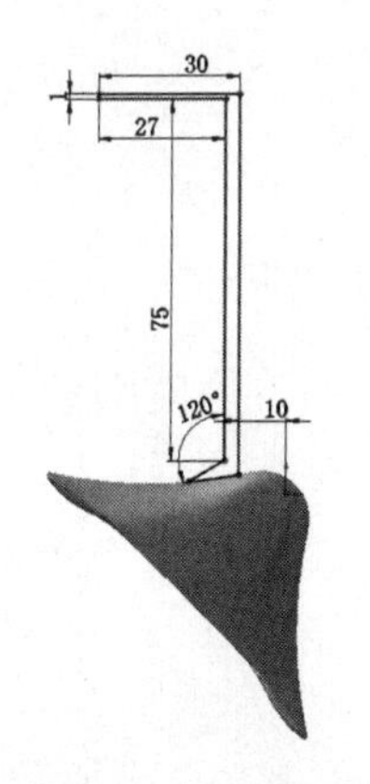

图 9-100　绘制草图

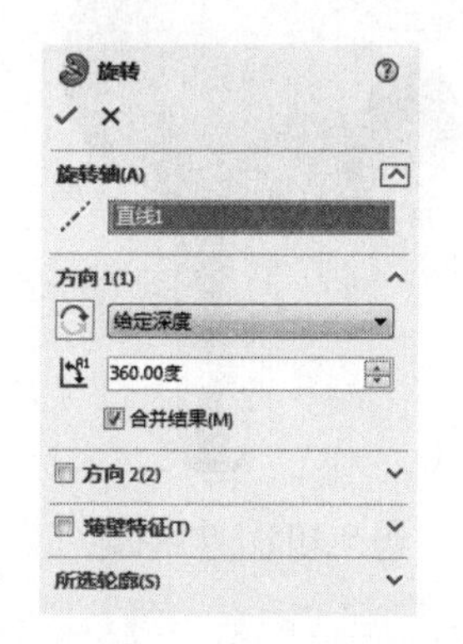

图 9-101　“旋转”属性管理器

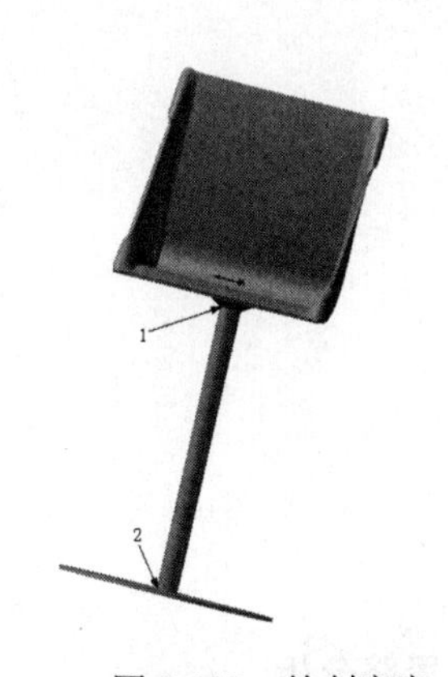

图 9-102　绘制底座

（24）倒圆角。单击“特征”控制面板中的“圆角”按钮，或者选择菜单栏中的“插入”→“特征”→“圆角”命令，弹出如图 9-103 所示“圆角”属性管理器。选择边线 1，设置圆角半径为 30，单击属性管理器中的确定按钮✓，重复“圆角”命令，选择边线 2，输入圆角半径为 10，结果如图 9-104 所示。

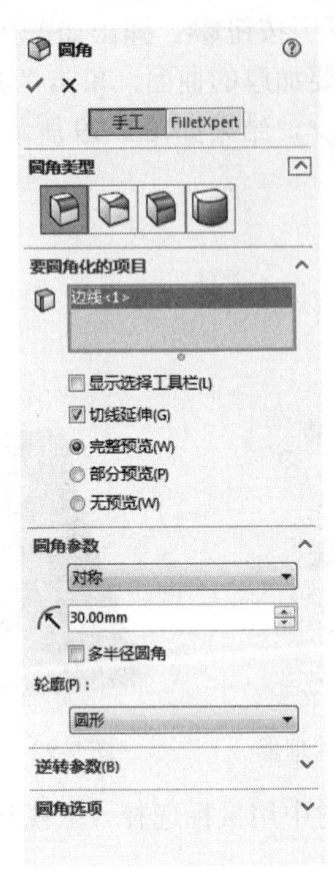

图 9-103 “圆角”属性管理器

图 9-104 倒圆角

9.3 综合实例——吹风机

本例绘制的吹风机，如图 9-105 所示。

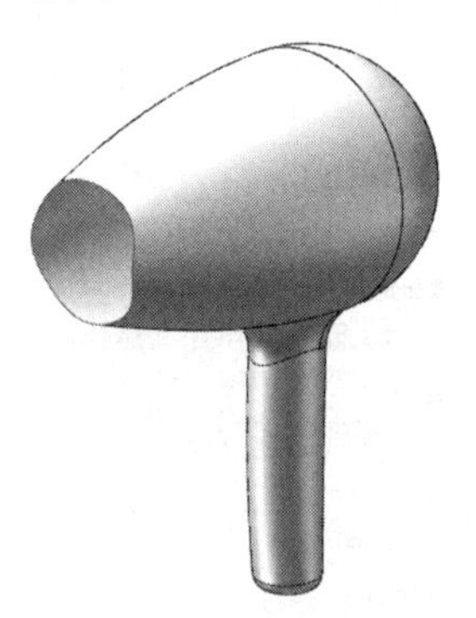

图 9-105 吹风机

思路分析

本例绘制的吹风机模型主要是用曲面操作，通过旋转曲面、拉伸曲面，确定模型基本形状，其次使用剪裁曲面修饰局部，流程图如图 9-106 所示。

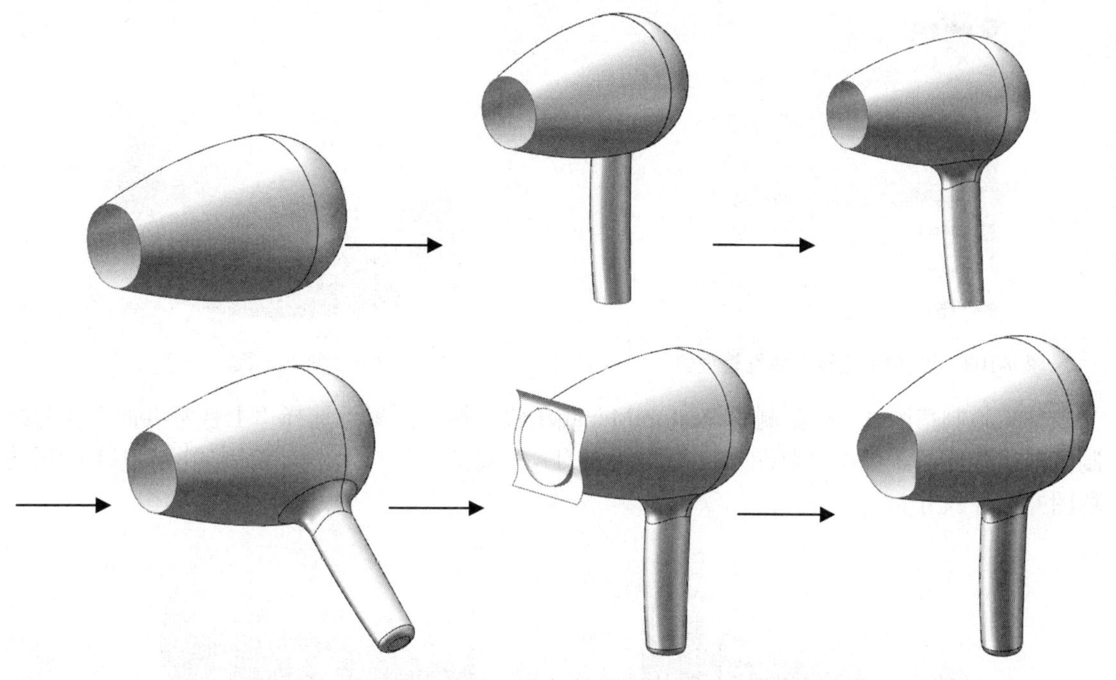

图 9-106　流程图

创建步骤

（1）新建文件。选择菜单栏中的“文件”→“新建”命令，或者单击“标准”工具栏中的“新建”按钮，在弹出的“新建 SOLIDWORKS 文件”对话框中先单击“零件”按钮，再单击“确定”按钮，创建一个新的零件文件。

（2）绘制草图 1。在左侧的 FeatureManager 设计树中用鼠标选择“前视基准面”，作为绘制图形的基准面。单击“草图”控制面板中的“中心线”按钮、“样条曲线”按钮和“圆心/起/终点圆弧”按钮，绘制如图 9-107 所示的草图并标注尺寸。

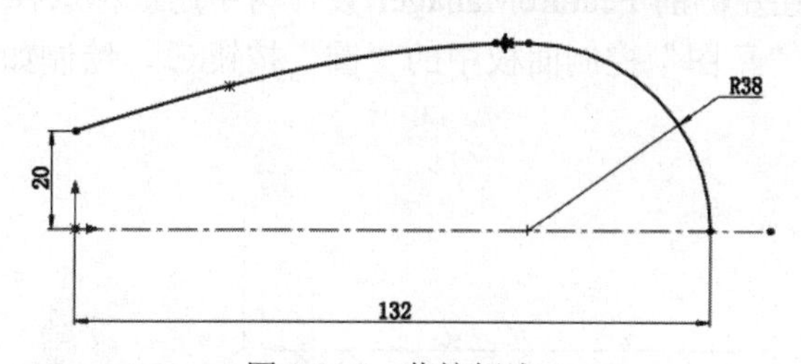

图 9-107　草按钮注 1

（3）旋转曲面。选择菜单栏中的“插入”→“曲面”→“旋转曲面”命令，或者单击“曲面”工具栏中的“旋转曲面”按钮，或者单击“曲面”控制面板中的“旋转曲面”图标，此时系统弹出如图 9-108 所示的“曲面-旋转”属性管理器。在“旋转轴”一栏中，用鼠标选择图 9-106 中的水平中心线。单击属性管理器中的确定按钮，结果如图 9-109 所示。

（4）绘制草图 2。在左侧的 FeatureManager 设计树中用鼠标选择“上视基准面”作为绘制图形的基准面。单击“草图”控制面板中的“直线”按钮，绘制如图 9-110 所示的草图并标注尺寸。

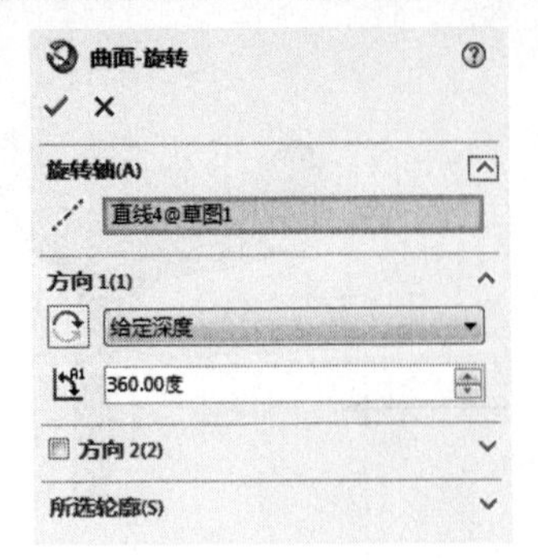

图 9-108 “曲面-旋转”属性管理器

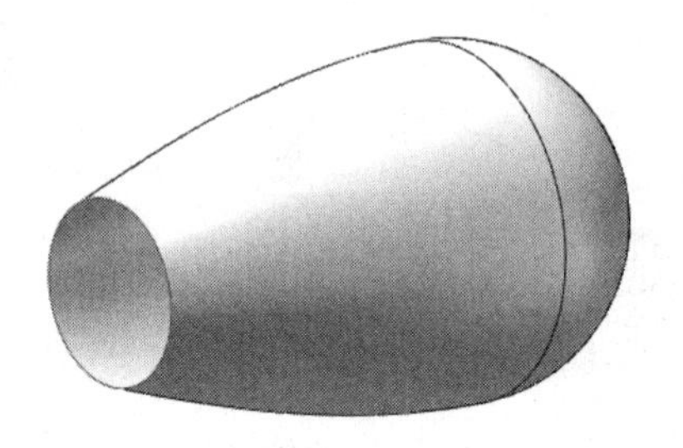

图 9-109 旋转曲面

（5）绘制草图 3。在左侧的 FeatureManager 设计树中用鼠标选择“上视基准面”作为绘制图形的基准面。单击“草图”控制面板中的“三点圆弧”按钮，绘制如图 9-111 所示的草图并标注尺寸。

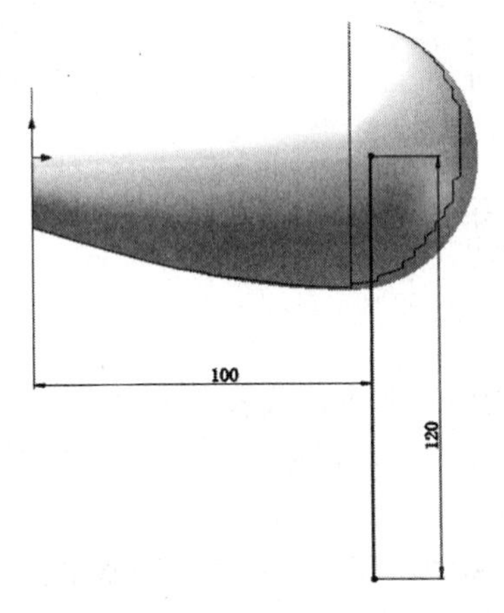

图 9-110 草按钮注 2

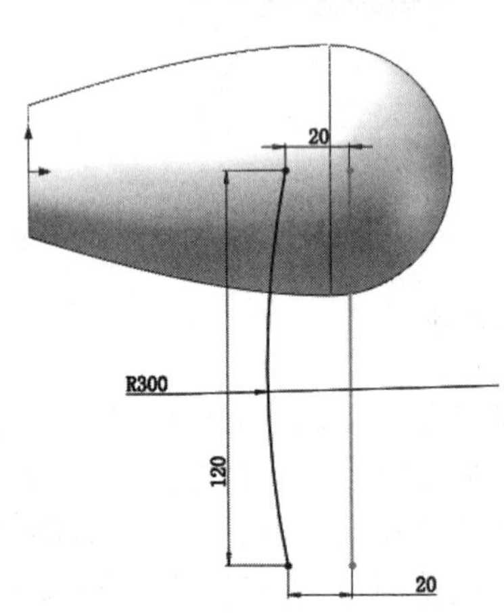

图 9-111 草按钮注 3

（6）绘制草图 4。在左侧的 FeatureManager 设计树中用鼠标选择“前视基准面”作为绘制图形的基准面。单击“草图”控制面板中的“圆”按钮，绘制如图 9-112 所示的草图并标注尺寸。

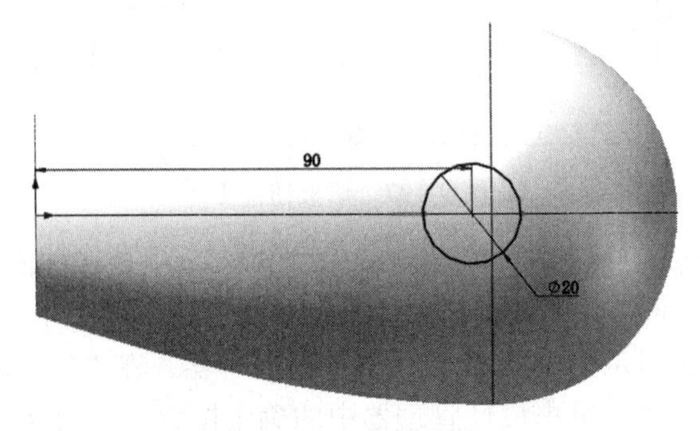

图 9-112 草按钮注 4

（7）创建基准面。单击“特征”控制面板“参考几何体”下拉列表中的“基准面”按钮，此时系统弹出如图 9-113 所示的“基准面”属性管理器。选择“前视基准面”为第一参考。

选择图 9-114 所示的草图 2 中直线下端点为第二参考，单击属性管理器中的确定按钮✓，结果如图 9-114 所示。

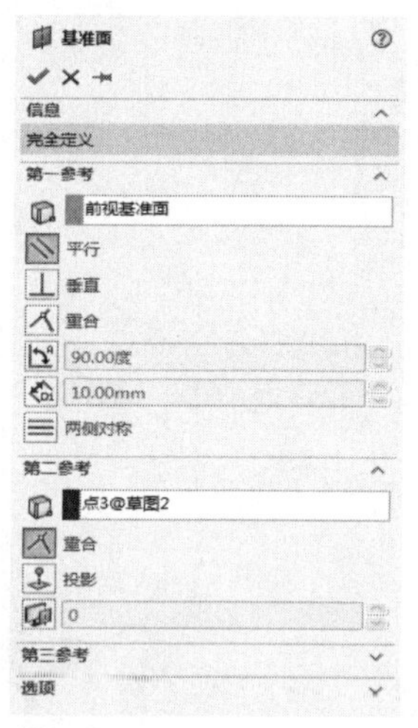

图 9-113　“基准面”属性管理器

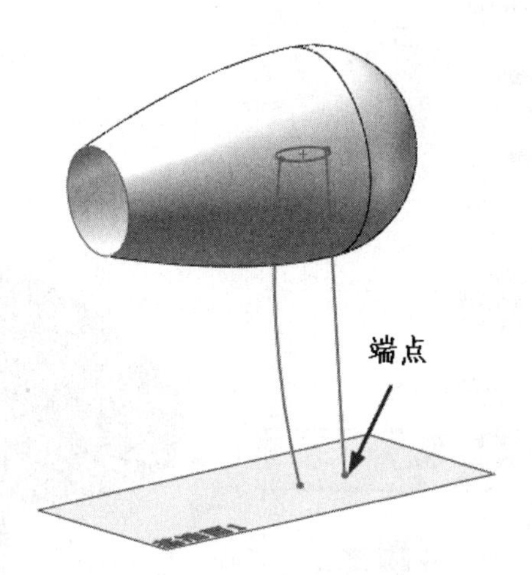

图 9-114　创建基准面 1

（8）绘制草图 5。在左侧的 FeatureManager 设计树中用鼠标选择“基准面 1”作为绘制图形的基准面。单击“草图”控制面板中的“圆”按钮，绘制如图 9-115 所示的草图并标注尺寸。

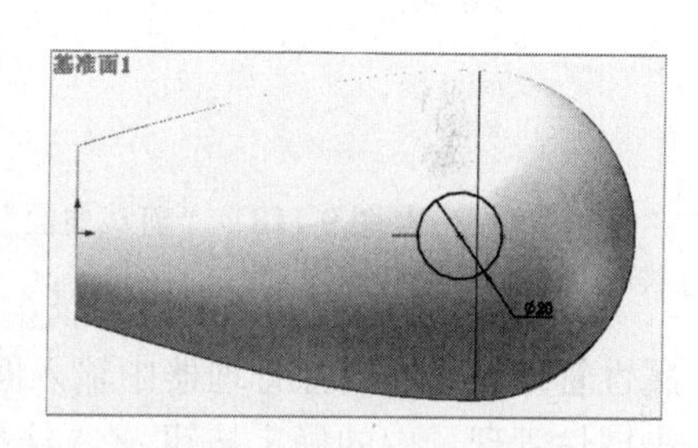

图 9-115　草按钮注 5

（9）放样曲面。选择菜单栏中的“插入”→“曲面”→“放样曲面”命令，或者单击“曲面”控制面板中的“放样曲面”按钮，此时系统弹出如图 9-116 所示的“曲面-放样”属性管理器。用鼠标选择草图 4 和草图 5 为放样轮廓，选择草图 2 和草图 3 为引导线。单击属性管理器中的确定按钮✓，隐藏基准面 1 结果如图 9-117 所示。

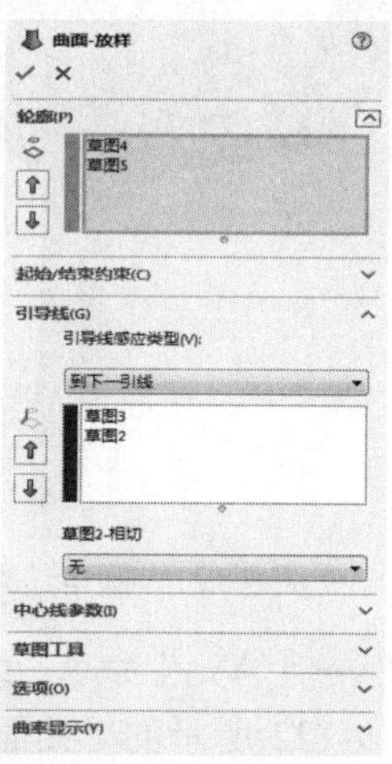

图 9-116　“曲面-放样”属性管理器

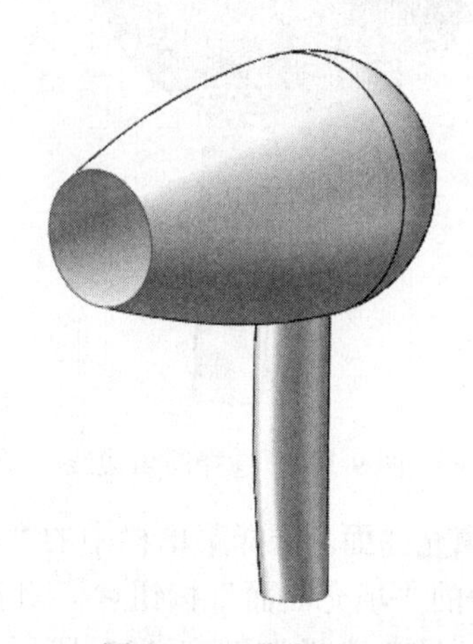

图 9-117　放样结果 1

（10）裁剪曲面。选择菜单栏中的“插入”→“曲面”→“剪裁曲面”命令，或者单击“曲面”控制面板中的“剪裁曲面”按钮，此时系统弹出如图 9-118 所示的“剪裁曲面”属性管理器。在属性管理器中选择剪裁类型为“相互”，在视图中选择旋转曲面和放样曲面为剪裁曲面，选择如图 9-118 所示的两个面为保留曲面。单击属性管理器中的确定按钮✓，结果如图 9-119 所示。

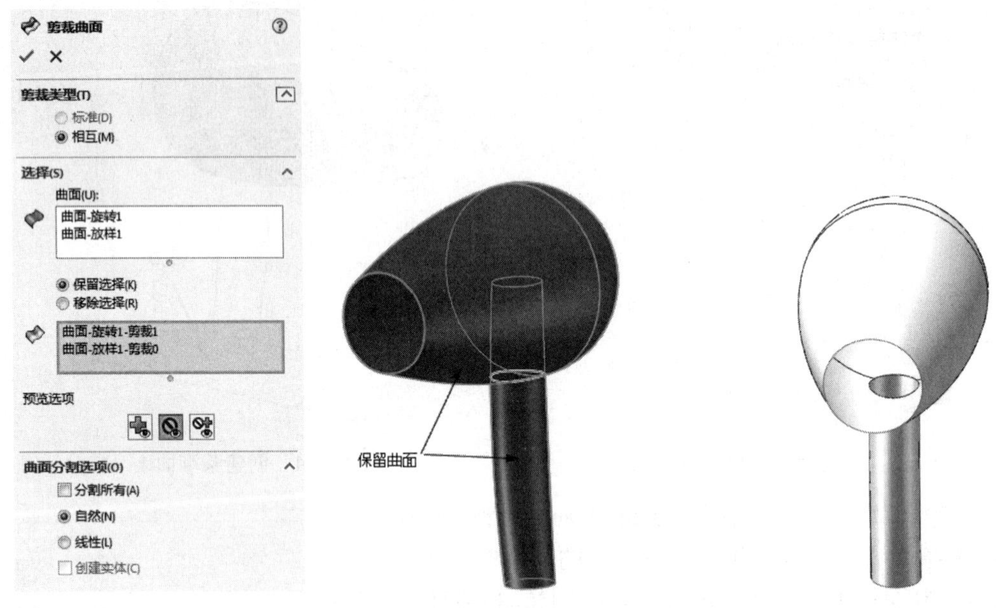

图 9-118　“剪裁曲面”属性管理器　　　　图 9-119　裁剪结果

（11）圆角处理。单击“特征”控制面板中的“圆角”按钮，此时系统弹出“圆角”属性管理器。在属性管理器中输入圆角半径为 15，在视图中选择如图 9-120 所示的边线。单击属性管理器中的确定按钮✓，结果如图 9-121 所示。

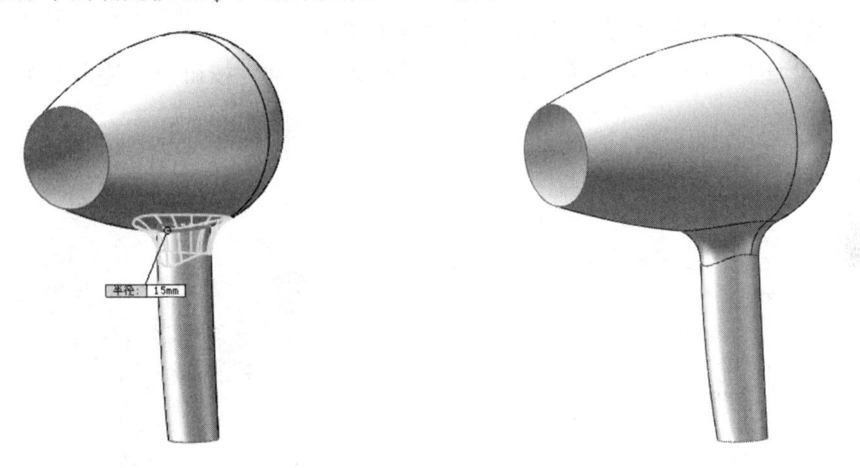

图 9-120　选择圆角边线　　　　图 9-121　圆角结果

（12）填充曲面。选择菜单栏中的“插入”→“曲面”→“填充”命令，或者单击“曲面”控制面板中的“填充曲面”按钮，此时系统弹出如图 9-122 所示的“曲面填充 1”属性管理器。在视图中选择如图 9-122 所示的边线。单击属性管理器中的确定按钮✓，结果如图 9-123 所示。

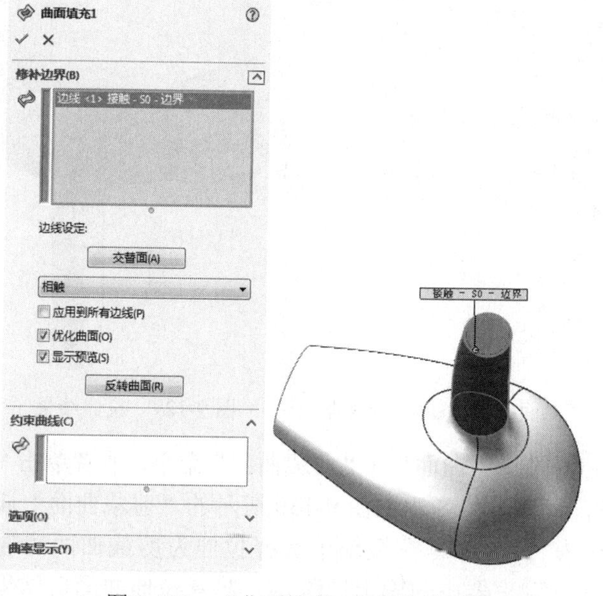

图 9-122　“曲面填充 1”属性管理器

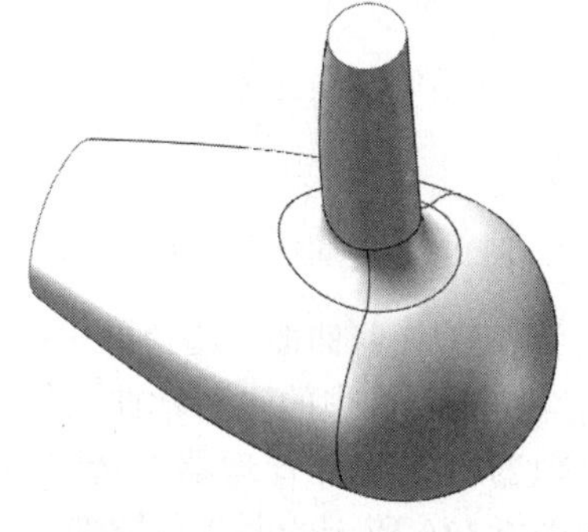

图 9-123　填充曲面结果

（13）缝合曲面。单击“曲面”控制面板中的“缝合曲面”图标，此时系统弹出如图 9-124 所示的“曲面-缝合 1”属性管理器。在视图中选择圆角后的曲面和填充曲面。单击属性管理器中的确定按钮✓，结果如图 9-125 所示。

（14）圆角处理。单击“特征”控制面板中的“圆角”图标，此时系统弹出“圆角”属性管理器。在属性管理器中输入圆角半径为 4，在视图中选择如图 9-125 所示的边线。单击属性管理器中的确定按钮✓，结果如图 9-126 所示。

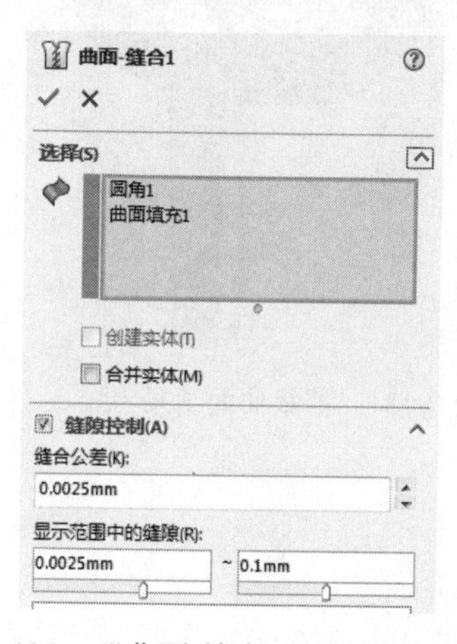

图 9-124　“曲面-缝合 1”属性管理器

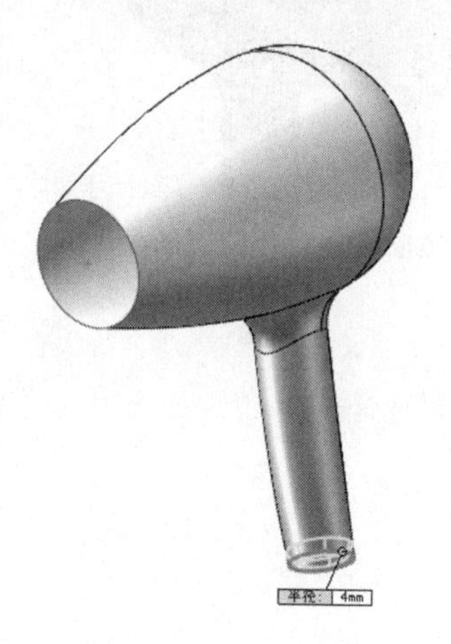

图 9-125　缝合结果

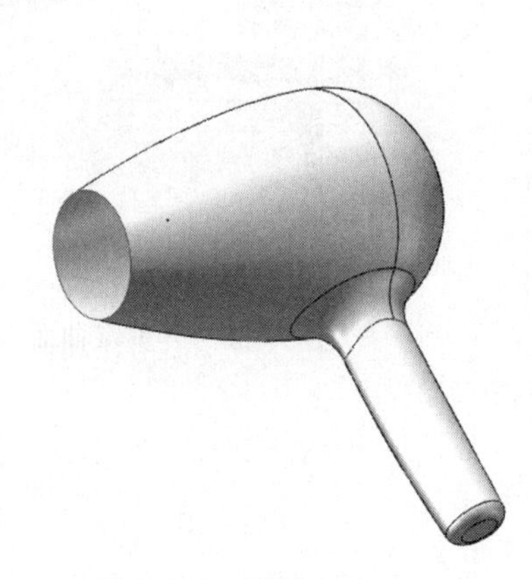

图 9-126　倒圆角结果

（15）绘制草图 6。在左侧的 FeatureManager 设计树中用鼠标选择“上视基准面”作为绘制图形的基准面。单击“草图”控制面板中的“样条曲线”按钮，绘制如图 9-127 所示的草图并标注尺寸。

（16）拉伸曲面。单击“曲面”控制面板中的“拉伸曲面”图标，此时系统弹出如图 9-128 所示的“曲面-拉伸”属性管理器。设置拉伸方向为两侧对称，输入拉伸距离为 50。单击属性管理器中的确定按钮✓，结果如图 9-129 所示。

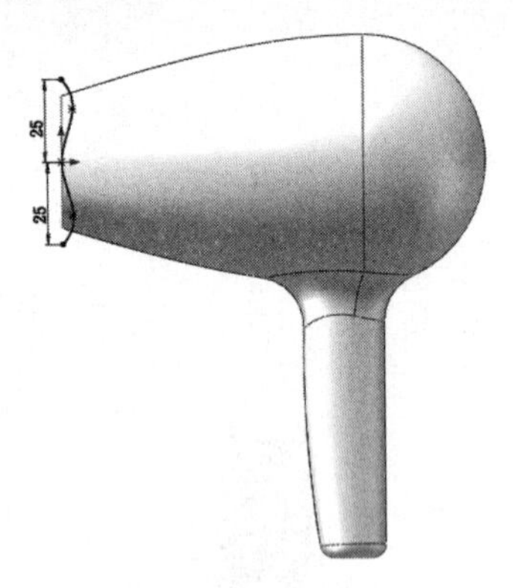

图 9-127　草按钮注 6

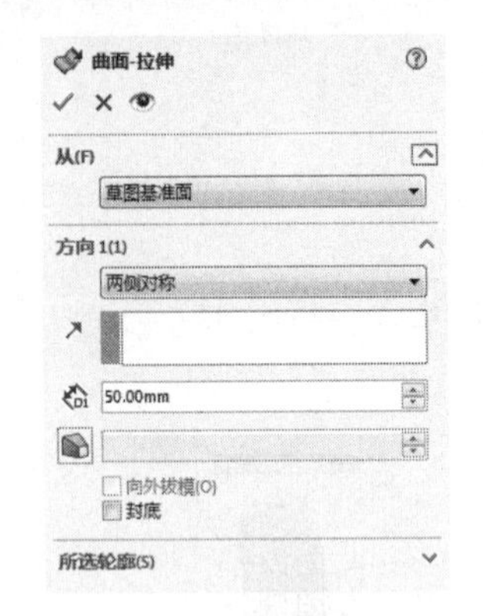

图 9-128　“曲面-拉伸”属性管理器

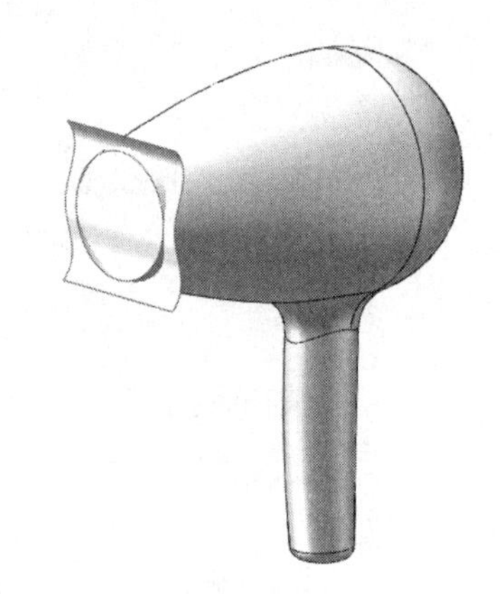

图 9-129　拉伸结果

（17）裁剪曲面。选择菜单栏中的“插入”→“曲面”→“剪裁曲面”命令，或者单击“曲面”控制面板中的“剪裁曲面”按钮，此时系统弹出如图 9-130 所示的“剪裁曲面”属性管理器。在属性管理器中选择剪裁类型为“标准”，在视图中选择拉伸为剪裁曲面，选择如图 9-130 所示的面为保留曲面。单击属性管理器中的确定按钮，隐藏拉伸曲面后结果如图 9-131 所示。

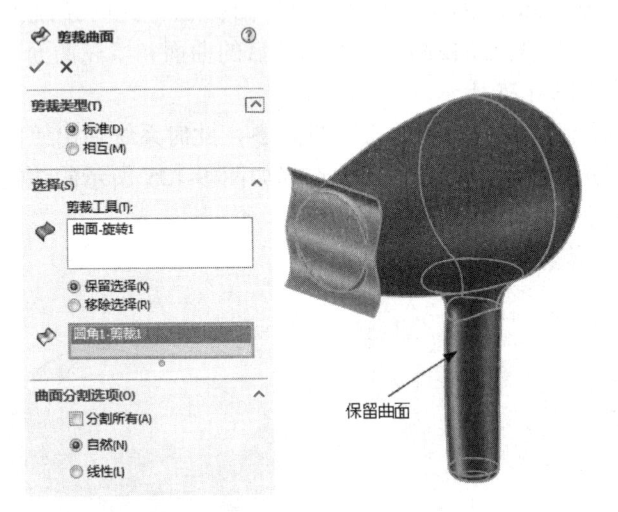

图 9-130　“剪裁曲面”属性管理器

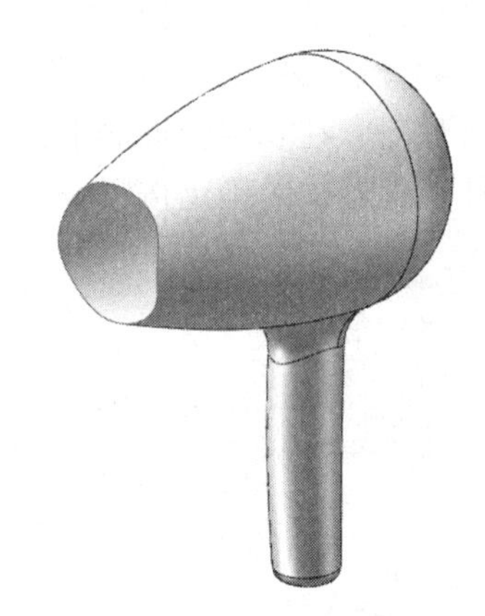

图 9-131　剪裁曲面结果

Chapter

钣 金 设 计

10

SOLIDWORKS 钣金设计的功能较强，而且简单易学，设计者使用此软件可以在较短的时间内完成较复杂钣金零件的设计。

本章将向读者介绍 SOLIDWORKS 软件钣金设计的功能特点、系统设置方法、基本特征工具的使用方法及其设计步骤等入门常识。为以后进行钣金零件设计的具体操作打下基础，同时，对本章内容的熟练掌握可以大大提高后续操作的工作效率。

10.1 概述

使用 SOLIDWORKS 2018 软件进行钣金零件设计，常用的方法基本上可以分为以下两种。

- 使用钣金特有的特征来生成钣金零件。

这种设计方法将直接考虑作为钣金零件来开始建模：从最初的基体法兰特征开始，利用了钣金设计软件的所有功能和特殊工具、命令和选项。对几乎所有的钣金零件而言，这是最佳的方法。因为用户从最初设计阶段开始就把生成的零件作为钣金零件，所以消除了多余步骤。

- 将实体零件转换成钣金零件。

在设计钣金零件过程中，也可以按照常见的设计方法设计零件实体，然后将其转换为钣金零件。也可以在设计过程中，先将零件展开，以便于应用钣金零件的特定特征。由此可见，将一个已有的零件实体转换成钣金零件是本方法的典型应用。

10.2 钣金特征工具与钣金菜单

10.2.1 启用钣金特征工具栏

启动 SOLIDWORKS 2018 软件并新建零件后，选择菜单栏中的“工具”→“自定义”命令，弹出如图 10-1 所示的“自定义”对话框。

在对话框中，单击工具栏中“钣金”选项，然后单击“确定”按钮。在 SOLIDWORKS 用户界面将显示钣金特征工具栏，如图 10-2 所示。

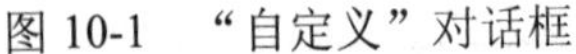

图 10-1 “自定义”对话框

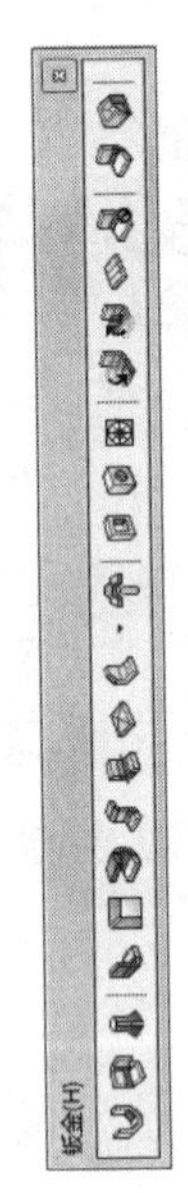

图 10-2 钣金特征工具栏

10.2.2 钣金菜单

选择菜单栏中的“插入”→“钣金”命令，将可以找到“钣金”下拉菜单，如图 10-3 所示。

图 10-3 钣金菜单

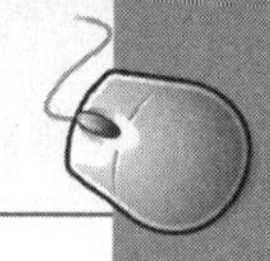

10.2.3 钣金控制面板

在控制面板处单击鼠标右键，弹出如图 10-4 所示的快捷菜单。然后用鼠标左键单击“钣金”图标，弹出钣金控制面板，如图 10-5 所示。

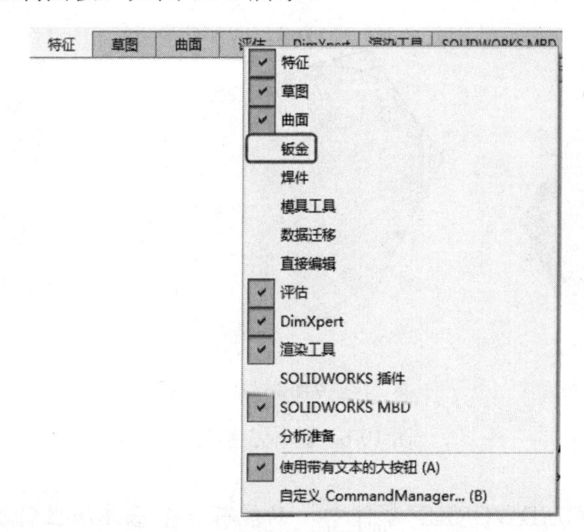

图 10-4　快捷菜单

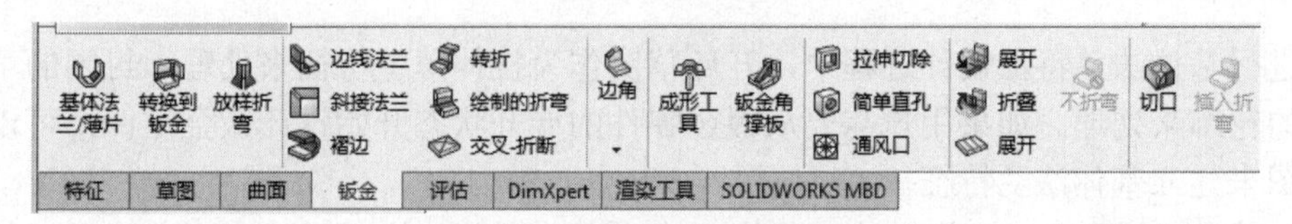

图 10-5　钣金控制面板

10.3　钣金主壁特征

10.3.1 法兰特征

SOLIDWORKS 有 4 种不同的法兰特征工具用于生成钣金零件，使用这些法兰特征可以按预定的厚度给零件增加材料。这 4 种法兰特征依次是：基体法兰、薄片（凸起法兰）、边线法兰、斜线法兰。

1. 基体法兰

基体法兰是新钣金零件的第一个特征。基体法兰被添加到 SOLIDWORKS 零件后，系统就会将该零件标记为钣金零件。折弯添加到适当位置，并且特定的钣金特征被添加到 FeatureManager 设计树中。

基体法兰特征是从草图生成的。草图可以是单一开环轮廓、单一闭环轮廓或多重封闭轮廓，如图 10-6 所示。

- 单一开环草图轮廓：单一开环轮廓可用于拉伸、旋转、剖面、路径、引导线及钣金。典型的开环轮廓以直线或其草图实体绘制。

- 单一闭环草图轮廓：单一闭环轮廓可用于拉伸、旋转、剖面、路径、引导线及钣金。典型的单一闭环轮廓是用圆、方形、闭环样条曲线及其他封闭的几何形状绘制的。
- 多重封闭轮廓可用于拉伸、旋转及钣金。如果有一个以上的轮廓，其中一个轮廓必须包含其他轮廓。典型的多重封闭轮廓是用圆、矩形及其他封闭的几何形状绘制的。

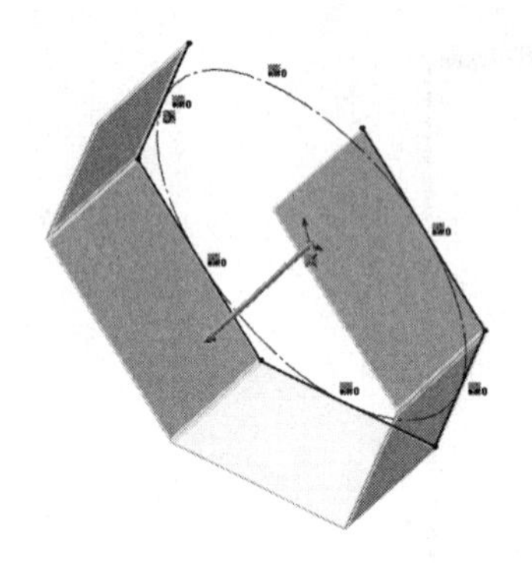

单一开环草图生成基体法兰

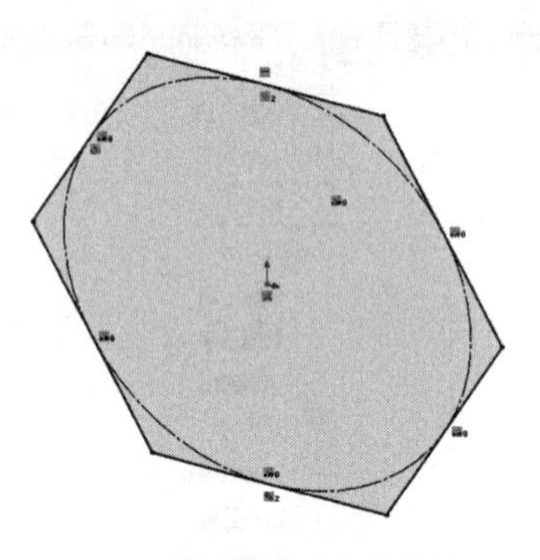

单一闭环草图生成基体法兰

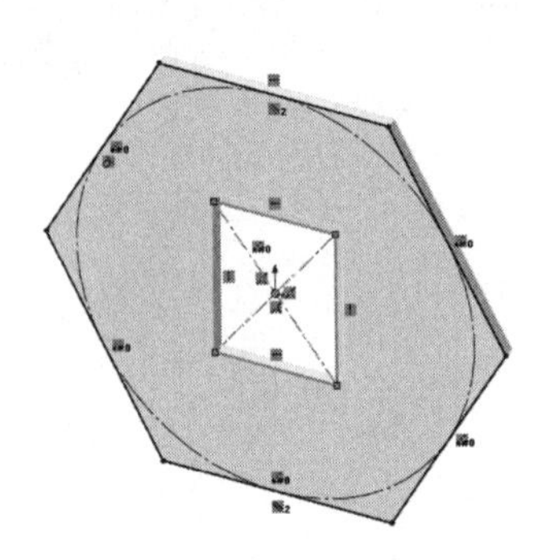

多重封闭轮廓生成基体法兰

图 10-6　基体法兰图例

注意：在一个 SOLIDWORKS 零件中，只能有一个基体法兰特征，且样条曲线对于包含开环轮廓的钣金为无效的草图实体。

在进行基体法兰特征设计过程中，开环草图作为拉伸薄壁特征来处理，封闭的草图则作为展开的轮廓来处理。如果用户需要从钣金零件的展开状态开始设计钣金零件，可以使用封闭的草图来建立基体法兰特征。

（1）单击“钣金”工具栏中的“基体法兰/薄片”按钮，或选择菜单栏中的“插入”→“钣金”→“基体法兰”命令，或者单击“钣金”面板中的“基体法兰/薄片”按钮。

（2）绘制草图。在左侧的 FeatureManager 设计树中选择“前视基准面”作为绘图基准面，绘制草图，然后单击“退出草图”按钮，结果如图 10-7 所示。

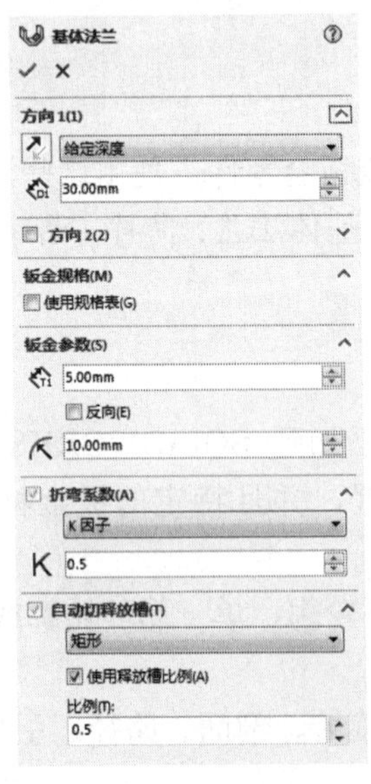

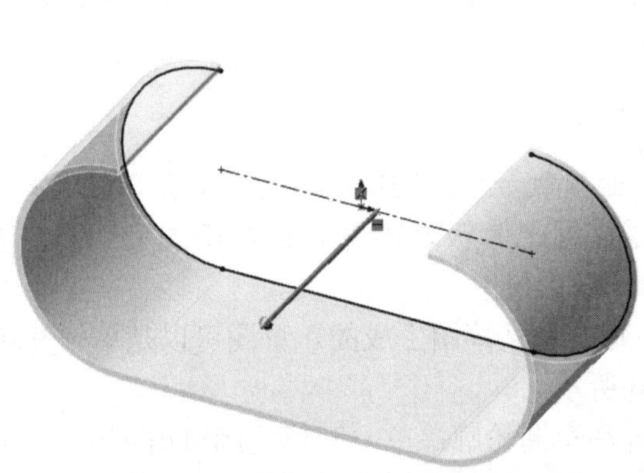

图 10-7　拉伸基体法兰草图

（3）修改基体法兰参数。在“基体法兰”对话框中，修改“深度”栏中的数值为：30；“厚度”栏中的数值为：5；“折弯半径”栏中的数值为：10，然后单击确定按钮✓。生成基体法兰实体如图 10-8 所示。

基体法兰在 FeatureManager 设计树中显示为“基体-法兰 1”，注意同时添加了其他两种特征：钣金和平板型式，如图 10-9 所示。

图 10-8　生成的基体法兰实体

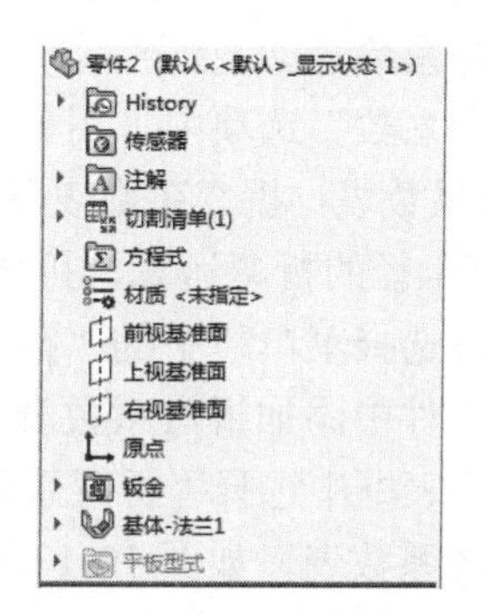

图 10-9　FeatureManager 设计树

2. 钣金特征

在生成基体-法兰特征时，同时生成钣金特征，如图 10-9 所示。通过对钣金特征的编辑，可以设置钣金零件的参数。

在 FeatureManager 设计树中鼠标右击钣金特征，在弹出的快捷菜单中选择“编辑特征”按钮，如图 10-10 所示。弹出“钣金”属性管理器，如图 10-11 所示。钣金特征中包含用来设计钣金零件的参数，这些参数可以在其他法兰特征生成的过程中设置，也可以在钣金特征中编辑定义来改变它们。

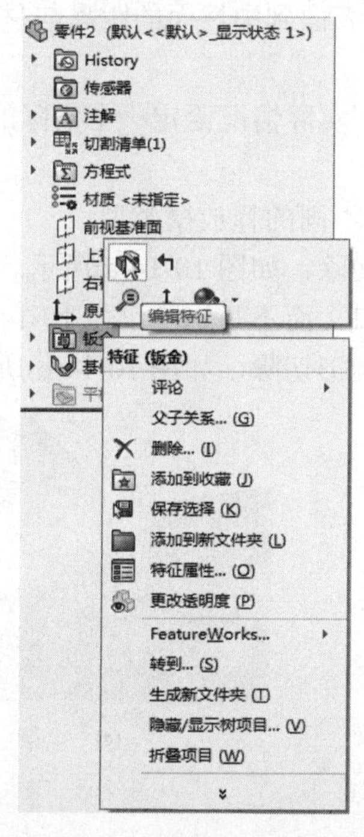

图 10-10　右击特征弹出的快捷菜单

图 10-11　“钣金”属性管理器

（1）折弯参数

- 固定的面和边：该选项使被选中的面或边在展开时保持不变。在使用基体法兰特征建立钣金零件时，该选项不可选。
- 折弯半径：该选项定义了建立其他钣金持征时默认的折弯半径，也可以针对不同的折弯给定不同的半径值。

（2）折弯系数

在“折弯系数”选项中，用户可以选择 4 种类型的折弯系数表，如图 10-12 所示。

- 折弯系数表：折弯系数表是一种指定材料（如钢、铝等）的表格，它包含基于板厚和折弯半径的折弯运算，折弯系数表是 Execl 表格文件，其扩展名为“*.xls”。

可以通过选择菜单栏中的“插入”→“钣金”→“折弯系数表”→“从文件”命令，在当前的钣金零件中添加折弯系数表。也可以在钣金特征 PropertyManager 对话框中的“折弯系数”下拉列表框中选择“折弯系数表”，并选择指定的折弯系数表，或单击“浏览”按钮使用其他的折弯系数表，如图 10-13 所示。

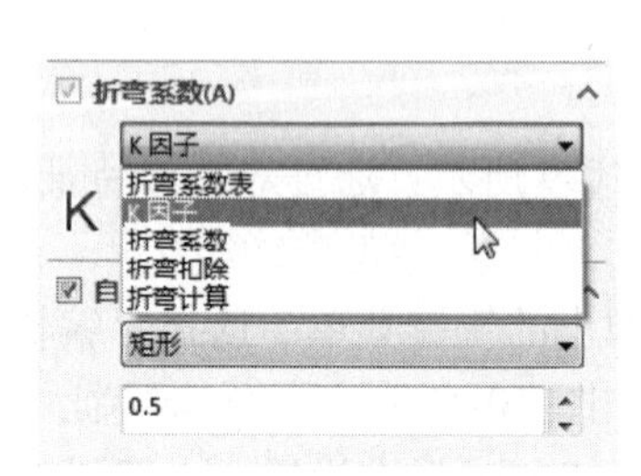

图 10-12 “折弯系数”类型

图 10-13 选择“折弯系数表”

- K 因子：K 因子在折弯计算中是一个常数，它是内表面到中性面的距离与材料厚度的比率。
- 折弯系数和折弯扣除：可以根据用户的经验和工厂实际情况给定一个实际的数值。

（3）自动切释放槽

在“自动切释放槽”下拉列表框中可以选择以下 3 种不同的释放槽类型。

- 矩形：在需要进行折弯释放的边上生成一个矩形切除，如图 10-14(a)所示。
- 撕裂形：在需要撕裂的边和面之间生成一个撕裂口，而不是切除，如 10-14(b)所示。
- 矩圆形：在需要进行折弯释放的边上生成一个矩圆形切除，如图 10-14(c)所示。

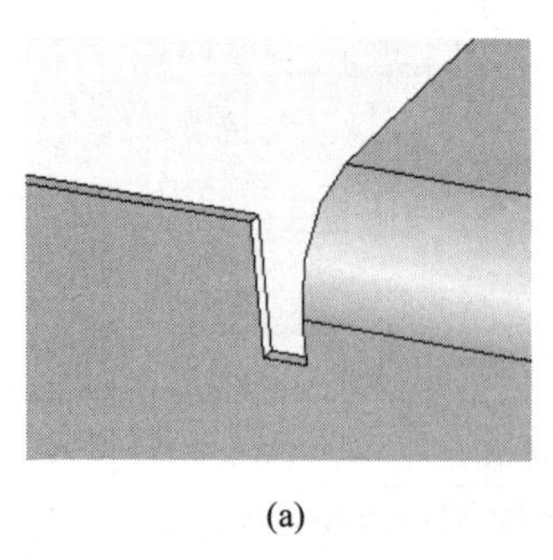

(a)

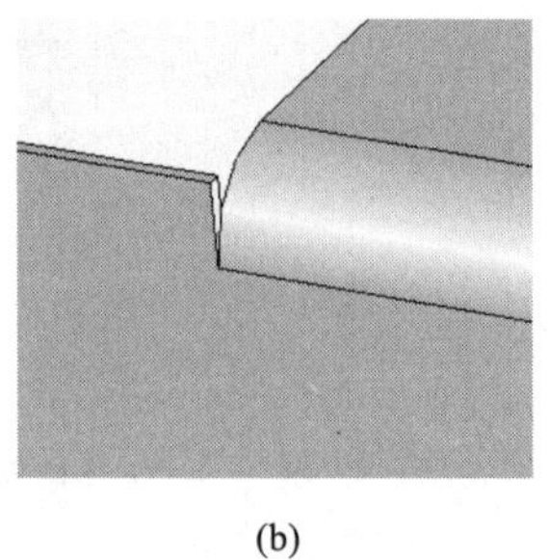

(b)

(c)

图 10-14 释放槽类型

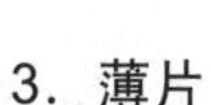

3．薄片

薄片特征可为钣金零件添加薄片。系统会自动将薄片特征的深度设置为钣金零件的厚度。至于深度的方向，系统会自动将其设置为与钣金零件重合，从而避免实体脱节。

在生成薄片特征时，需要注意的是，草图可以是单一闭环、多重闭环或多重封闭轮廓。草图必须位于垂直于钣金零件厚度方向的基准面或平面上。可以编辑草图，但不能编辑定义。其原因是已将深度、方向及其他参数设置为与钣金零件参数相匹配。

操作步骤如下：

（1）单击“钣金”工具栏中的“基体法兰/薄片”按钮，或选择菜单栏中的“插入”→“钣金”→“基体法兰”命令，或者单击“钣金”面板中的（基体法兰/薄片）按钮。系统提示，要求绘制草图或者选择已绘制好的草图。

（2）单击鼠标左键，选择零件表面作为绘制草图基准面，如图 10-15 所示。

（3）在选择的基准面上绘制草图，如图 10-16 所示。然后单击“退出草图”按钮，生成薄片特征，如图 10-17 所示。

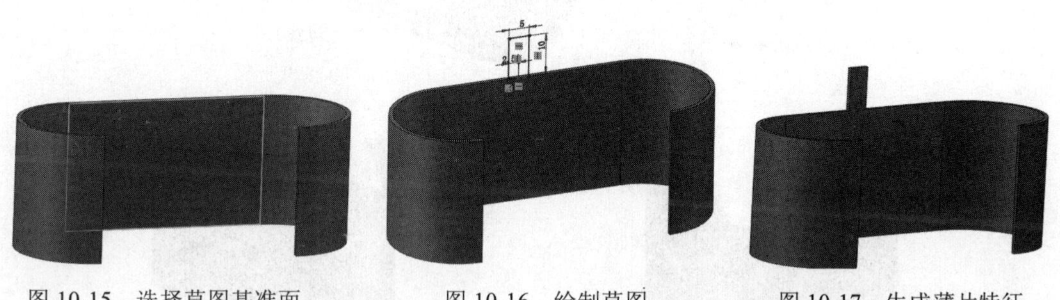

图 10-15　选择草图基准面　　图 10-16　绘制草图　　图 10-17　生成薄片特征

注意：也可以先绘制草图，然后再单击“钣金”工具栏中的“基体法兰/薄片”按钮，来生成薄片特征。

10.3.2 边线法兰

使用边线法兰特征工具可以将法兰添加到一条或多条边线。添加边线法兰时，所选边线必须为线性。系统自动将褶边厚度链接到钣金零件的厚度上。轮廓的一条草图直线必须位于所选边线上。

（1）单击“钣金”工具栏中的“边线法兰”按钮，或选择菜单栏中的“插入”→“钣金”→“边线法兰”命令，或者单击“钣金”面板中的“边线法兰”按钮。弹出“边线-法兰 1”属性管理器，如图 10-18 所示。单击鼠标选择钣金零件的一条边，在属性管理器的选择边线栏中将显示所选择边线，如图 10-18 所示。

（2）设定法兰角度和长度。在角度输入栏中输入角度值：60。在法兰长度输入栏选择给定深度选项，同时输入值：35。确定法兰长度有两种方式，即“外部虚拟交点”或“内部虚拟交点”来决定长度开始测量的位置。如图 10-19 和图 10-20 所示。

（3）设定法兰位置。在法兰位置选择选项中有 5 种选项可供选择，即“材料在内”、“材料在外”、“折弯在外”、“虚拟交点的折弯”和 “与折弯相切”，不同的选项产生的法兰位置不同，如图 10-21～图 10-24 所示。在本实例中，选择“材料在外”选项，最后结果如图 10-25 所示。

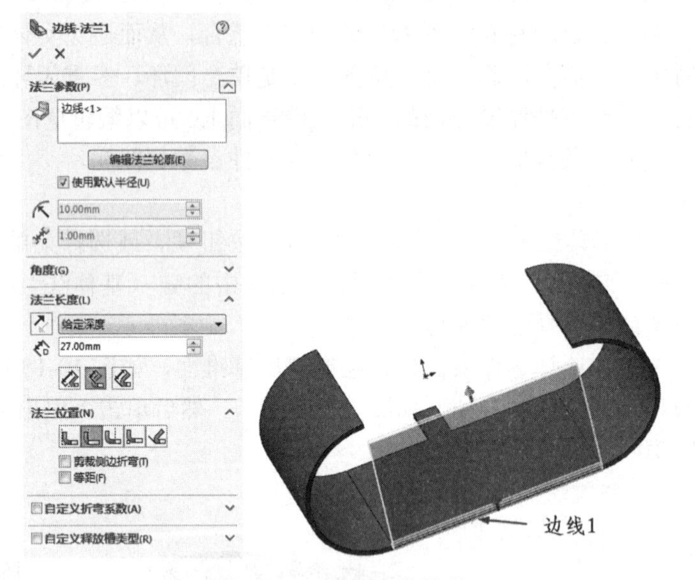

图 10-18　添加边线法兰

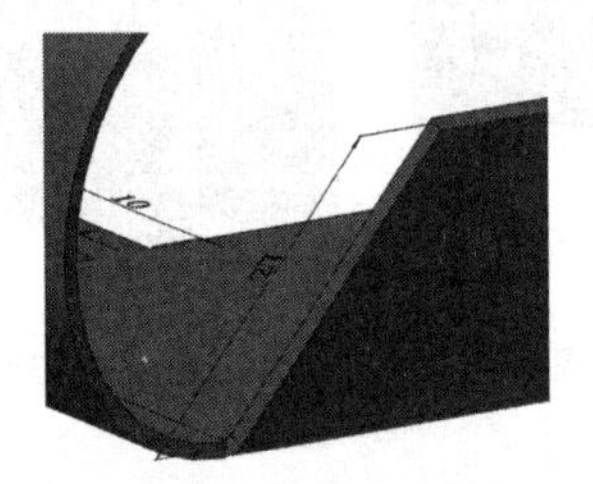

图 10-19　采用“外部虚拟交点”确定法兰长度

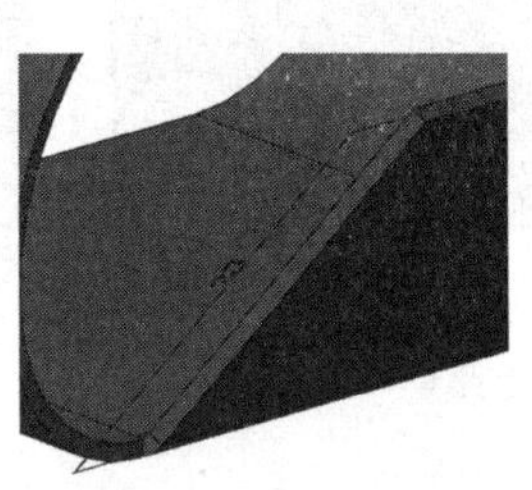

图 10-20　采用“内部虚拟交点”确定法兰长度

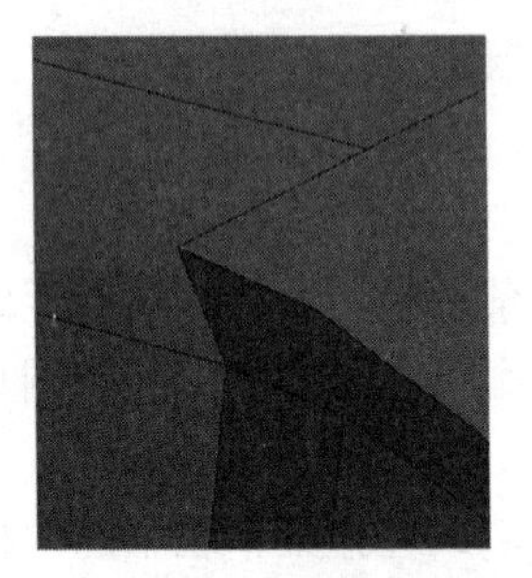

图 10-21　材料在内

图 10-22　材料在外

图 10-23　折弯在外

图 10-24　虚拟交点的折弯

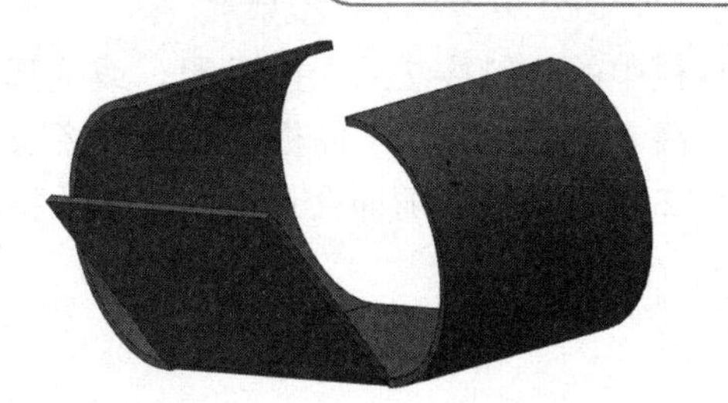

图 10-25　生成边线法兰

在生成边线法兰时，如果要切除邻近折弯的多余材料，在属性管理器中选择“剪裁侧边折弯”，结果如图 10-26 所示。欲从钣金实体等距法兰，选择“等距”，然后，设定等距终止条件及其相应参数，结果如图 10-27 所示。

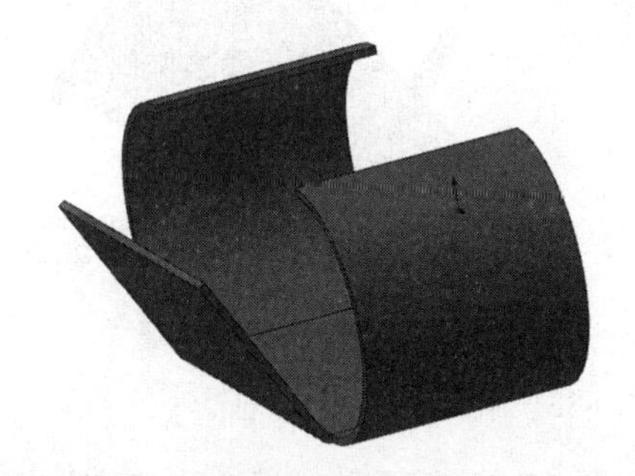

图 10-26　生成边线法兰时剪裁侧边折弯

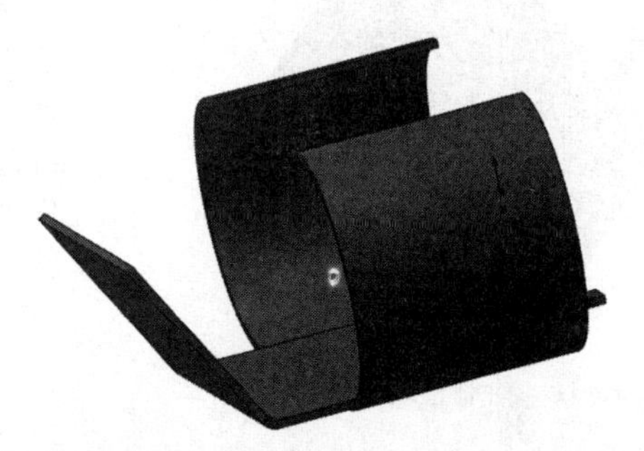

图 10-27　生成边线法兰时生成等距法兰

10.3.3 斜接法兰

斜接法兰特征可将一系列法兰添加到钣金零件的一条或多条边线上。生成斜接法兰特征之前首先要绘制法兰草图，斜接法兰的草图可以是直线或圆弧。使用圆弧绘制草图生成斜接法兰，圆弧不能与钣金零件厚度边线相切，如图 10-28 所示，此圆弧不能生成斜接法兰；圆弧可与长边线相切，或通过在圆弧和厚度边线之间放置一小段的草图直线，如图 10-29、图 10-30 所示，这样可以生成斜接法兰。

图 10-28　圆弧与厚度边线相切

图 10-29　圆弧与长度边线相切

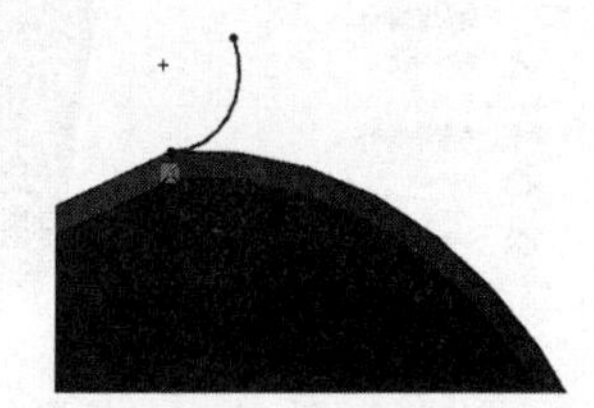

图 10-30　圆弧通过直线与厚度边相接

斜接法兰轮廓可以包括一个以上的连续直线。例如，它可以是 L 形轮廓。草图基准面必须垂直于生成斜接法兰的第一条边线。系统自动将褶边厚度链接到钣金零件的厚度上。可以在一系列相切或非相切边线上生成斜接法兰特征。可以指定法兰的等距，而不是在钣金零件的整条边线上生成斜接法兰。

操作步骤如下：

（1）单击鼠标，选择如图 10-31 所示零件表面作为绘制草图基准面，绘制直线草图，直线长度为 10。

（2）单击“钣金”工具栏中的“斜接法兰”按钮，或选择菜单栏中的“插入”→“钣金”→“斜接法兰”命令，或者单击“钣金”面板中的“斜接法兰”按钮。弹出“斜接法兰”属性管理器，如图 10-32 所示。系统随即会选定斜接法兰特征的第一条边线，且图形区域中出现斜接法兰的预览。

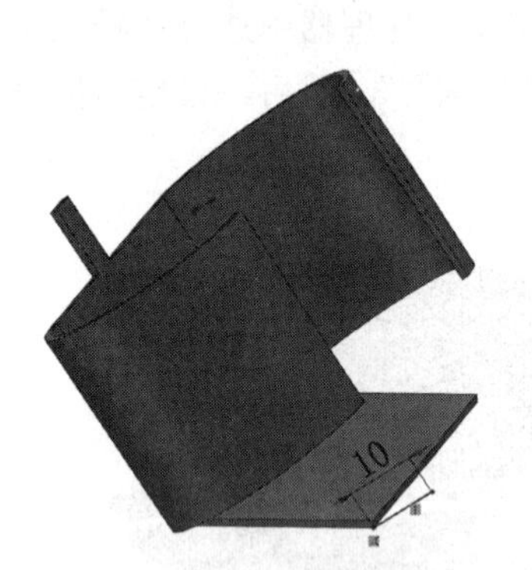

图 10-31　绘制直线草图

图 10-32　添加斜接法兰特征

（3）单击鼠标拾取钣金零件的其他边线，结果如图 10-33 所示。然后单击确定按钮✓，最后结果如图 10-34 所示。

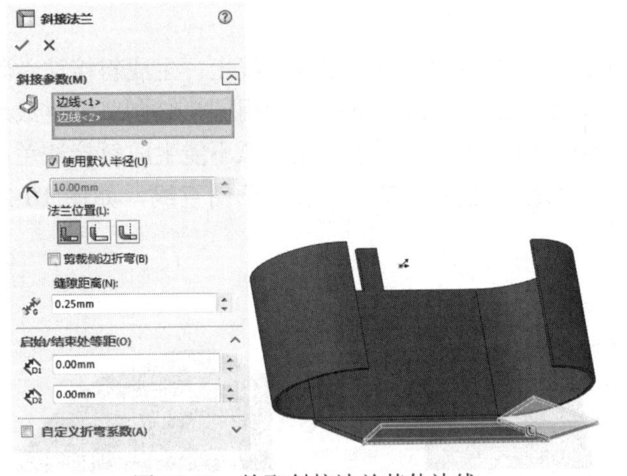

图 10-33　拾取斜接法兰其他边线

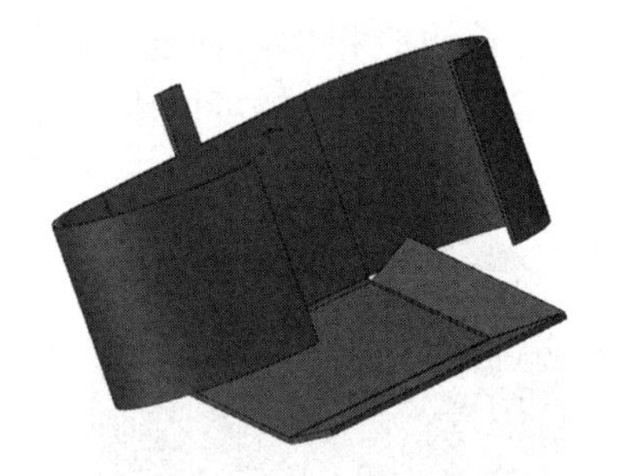

图 10-34　生成斜接法兰

注意：如有必要，可以为部分斜接法兰指定等距距离。在“斜接法兰”属性管理器的“启始/结束处等距”输入栏中输入“开始等距距离”和“结束等距距离”数值。如果想使斜接法兰跨越模型的整个边线，将这些数值设置为零。其他参数设置可以参考前文中边线法兰的讲解。

10.3.4　放样折弯

使用放样折弯特征工具可以在钣金零件中生成放样的折弯。放样的折弯和零件实体设计

中的放样特征相似，需要两个草图才可以进行放样操作。草图必须为开环轮廓，轮廓开口应同向对齐，以使平板型式更精确。草图不能有尖锐边线。

（1）首先绘制第一个草图。在左侧的 FeatureManager 设计树中选择“上视基准面”作为绘图基准面，然后单击“草图”控制面板中的“中心矩形”按钮，或选择菜单栏中的“工具”→“草图绘制实体”→“中心矩形”命令，绘制一个圆心在原点的矩形，标注矩形长宽值分别为：50、50。将矩形直角进行圆角，半径值为：10，如图 10-35 所示。绘制一条竖直的构造线，然后绘制两条与构造线平行的直线，单击“草图”控制面板的“显示/删除几何关系” 下拉列表中的“添加几何关系”按钮，选择两条竖直直线和构造线添加“对称”几何关系，然后标注两条竖直直线距离值为：0.1，如图 10-36 所示。

（2）单击“草图”控制面板中的“剪裁实体”按钮，对竖直直线和六边形进行剪裁，最后使六边形具有 0.1 宽的缺口，从而使草图为开环，如图 10-37 所示。然后单击“退出草图”按钮。

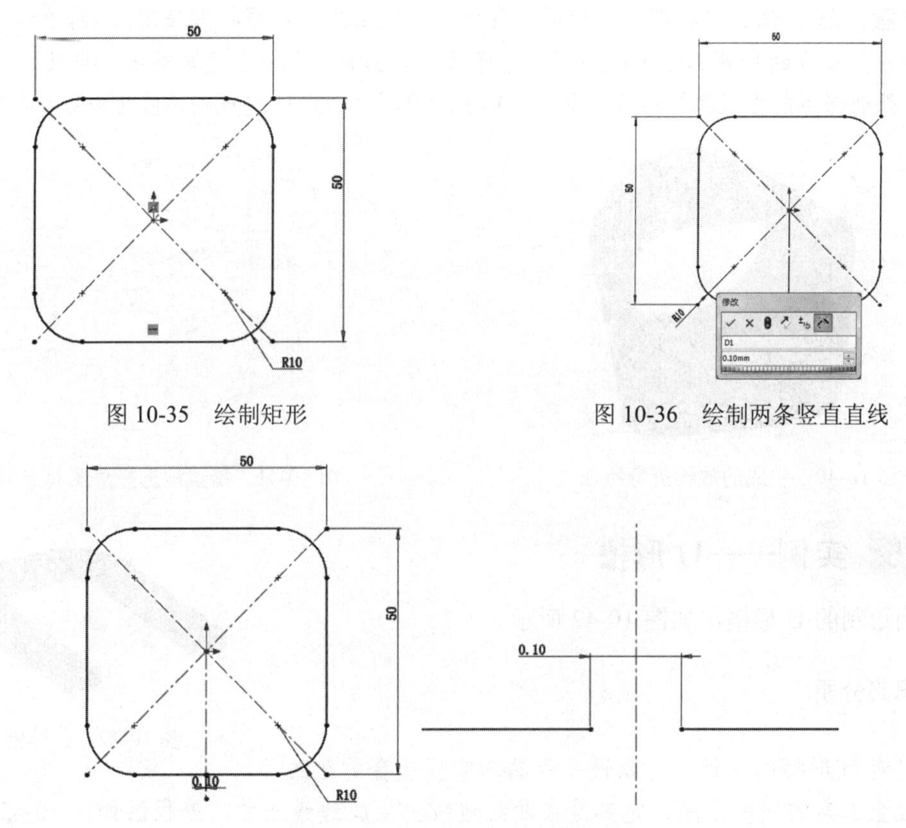

图 10-35　绘制矩形

图 10-36　绘制两条竖直直线

图 10-37　绘制缺口使草图为开环

（3）绘制第 2 个草图。单击“特征”控制面板“参考几何体”下拉列表中的“基准面”按钮，弹出“基准面”属性管理器，在对话框中“选择参考实体”栏中选择上视基准面，输入距离值：40，生成与上视基准面平行的基准面，如图 10-38 所示。使用上述相似的操作方法，在圆草图上绘制一个 0.1 宽的缺口，使圆草图为开环，如图 10-39 所示。然后单击“退出草图”按钮。

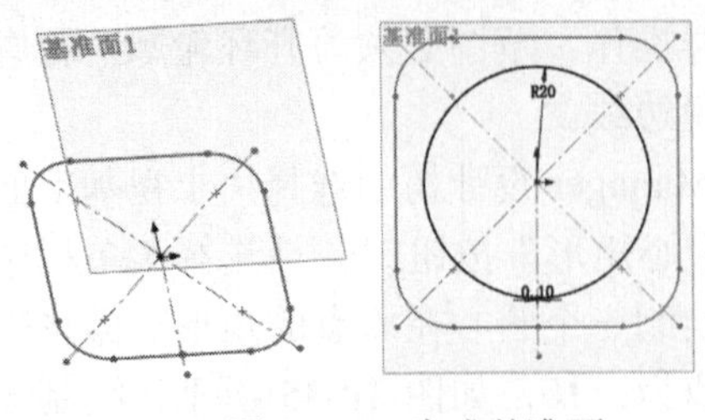

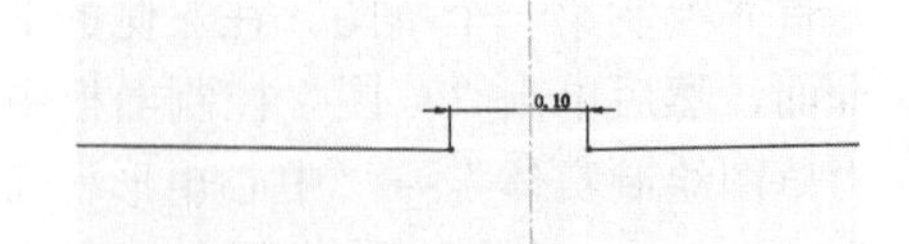

图 10-38　生成基准面　　　　图 10-39　绘制开环的圆草图

（4）单击“钣金”工具栏中的“放样折弯”按钮，或选择菜单栏中的“插入”→“钣金”→“放样的折弯”命令，或者单击“钣金”面板中的“放样折弯”按钮，弹出“放样折弯”属性管理器，在图形区域中选择两个草图，起点位置要对齐。输入厚度值：1，单击确定按钮✓，结果如图 10-40 所示。

注意： 基体-法兰特征不与放样的折弯特征一起使用。放样折弯使用 K-因子和折弯系数来计算折弯。放样的折弯不能被镜向。在选择两个草图时，起点位置要对齐，即要在草图的相同位置，否则将不能生成放样折弯。如图 10-41 所示，箭头所选起点则不能生成放样折弯。

图 10-40　生成的放样折弯特征

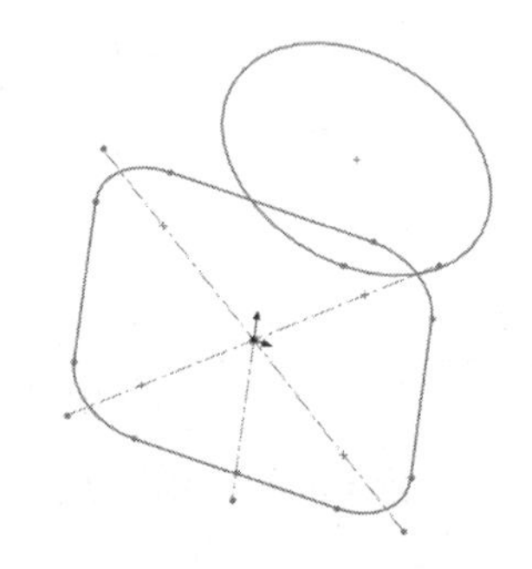

图 10-41　错误地选择草图起点

10.3.5 实例——U 形槽

本例绘制的 U 形槽，如图 10-42 所示。

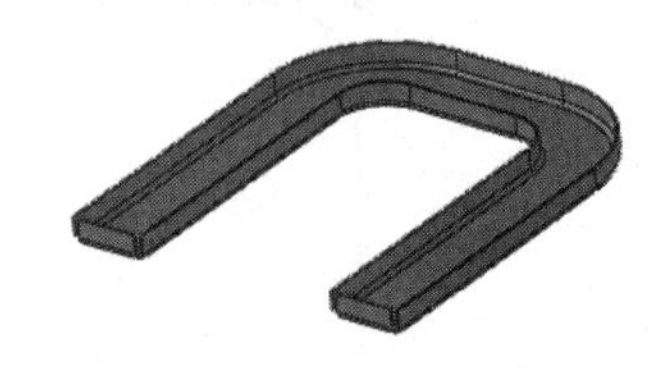

图 10-42　U 形槽

思路分析

通过对 U 形槽的设计，可以进一步熟练掌握钣金的边线法兰等钣金工具的使用方法，尤其是在曲线边线上生成边线法兰，流程图如图 10-43 所示。

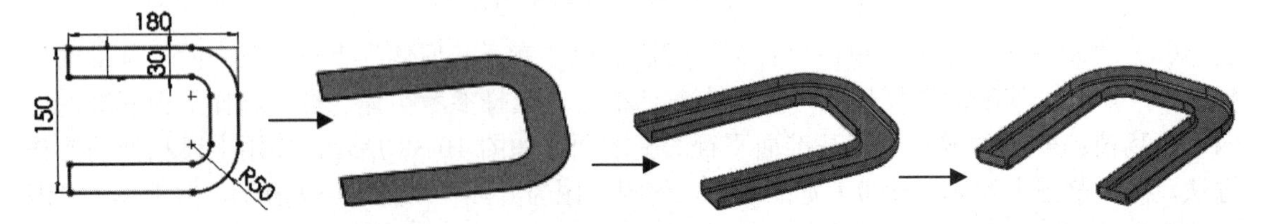

图 10-43　流程图

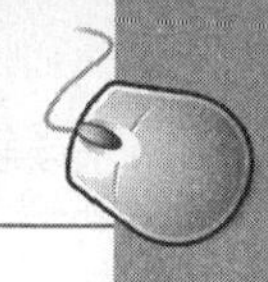

创建步骤

（1）启动 SOLIDWORKS 2018，单击“标准”工具栏中的“新建”按钮，或选择“文件”→“新建”命令，创建一个新的零件文件。

（2）绘制草图。

① 在左侧的 FeatureManager 设计树中选择“前视基准面”作为绘图基准面，然后单击“草图”控制面板中的“边角矩形”按钮，绘制一个矩形，标注矩形的智能尺寸如图 10-44 所示。

② 单击“草图”控制面板中的“绘制圆角”按钮，绘制圆角，如图 10-45 所示。

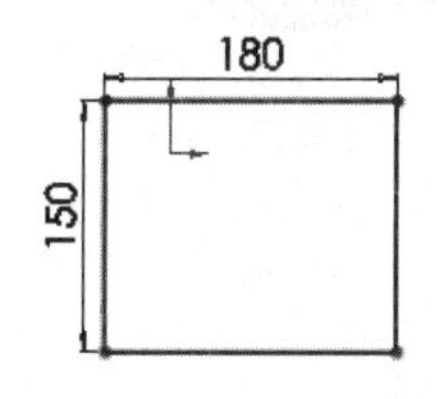

图 10-44　绘制矩形

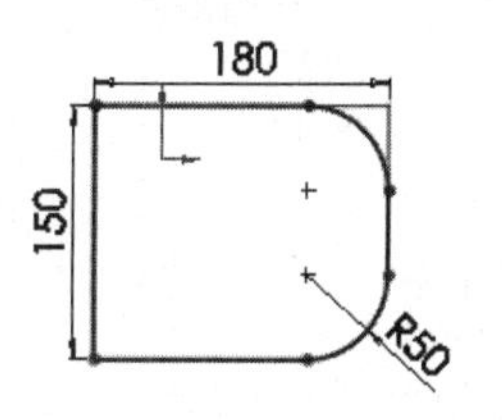

图 10-45　绘制圆角

③ 单击“草图”控制面板中的“等距实体”按钮，在“等距实体”属性管理器中取消勾选“选择链”选项，然后选择图 10-45 所示草图的线条，输入等距距离数值：30，生成等距 30 的草图，如图 10-46 所示。剪裁竖直的一条边，结果如图 10-47 所示。

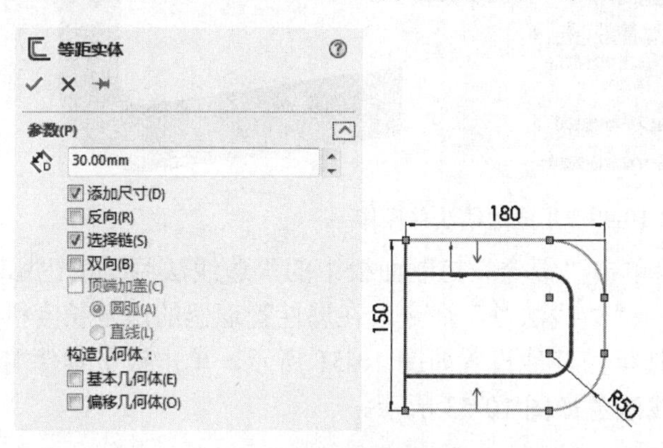

图 10-46　生成等距实体

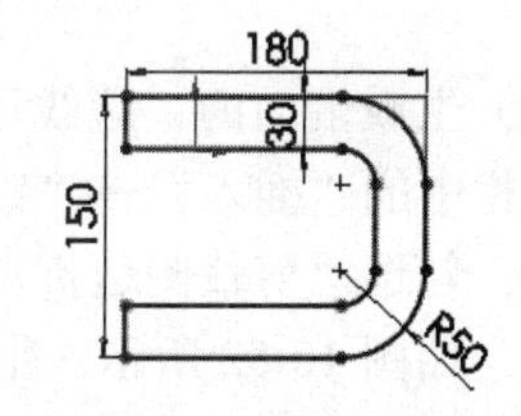

图 10-47　剪裁竖直边线

（3）生成“基体法兰”特征。单击“钣金”控制面板中的“基体法兰/薄片”按钮，或选择菜单栏中的“插入”→“钣金”→“基体法兰”命令，在属性管理器的钣金参数厚度栏中输入厚度值：1；其他设置如图 10-48 所示，最后单击确定按钮✓。

（4）生成“边线法兰”特征。单击“钣金”控制面板中的“边线法兰”按钮，或选择菜单栏中的“插入”→“钣金”→“边线法兰”命令，在属性管理器的法兰长度栏中输入值：10；其他设置如图 10-49 所示，单击钣金零件的外边线，单击确定按钮✓。

（5）生成“边线法兰”特征。重复上述的操作，单击拾取钣金零件的其他边线，生成边线法兰，法兰长度为 10，其他设置与图 10-49 中相同，结果如图 10-50 所示。

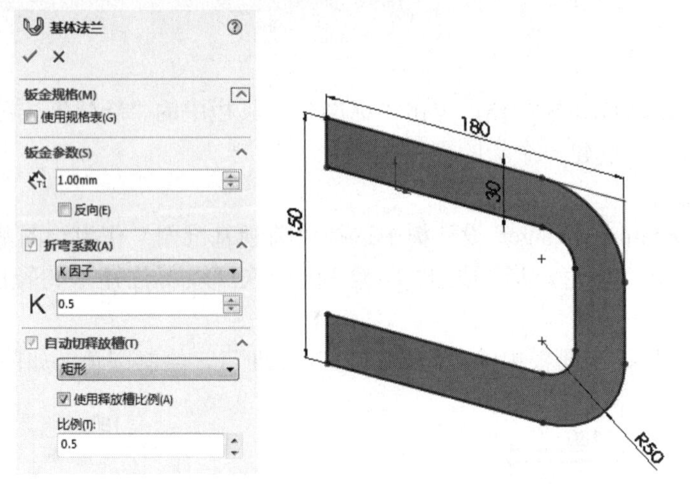

图 10-48　生成基体法兰

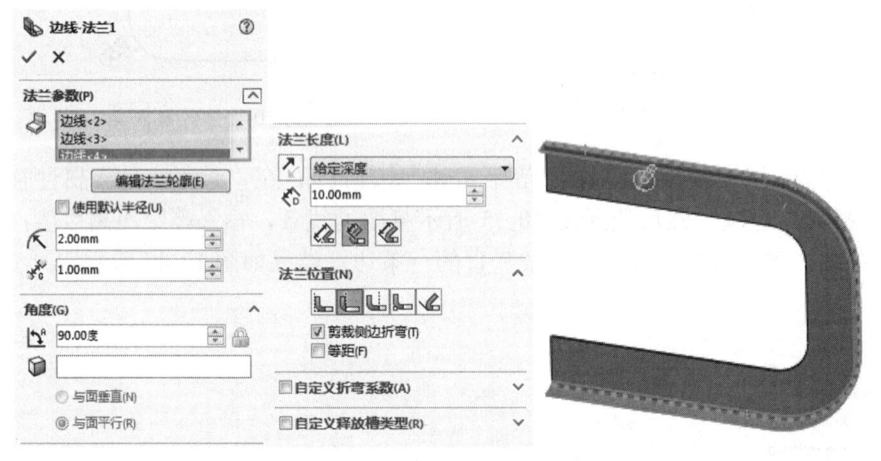

图 10-49　生成边线法兰操作

（6）生成端面的“边线法兰”。单击“钣金”控制面板中的“边线法兰”按钮，或选择菜单栏中的“插入”→“钣金”→“边线法兰”命令，在属性管理器的法兰长度栏中输入值：10；勾选“剪裁侧边折弯”复选框，其他设置如图 10-51 所示，单击钣金零件端面的一条边线，如图 10-52 所示，生成边线法兰如图 10-53 所示。

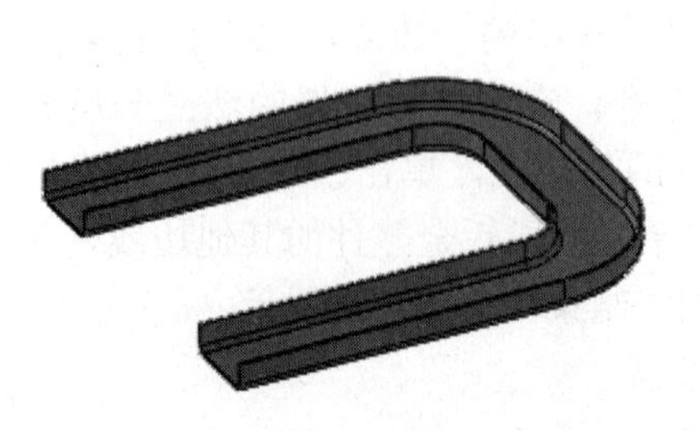

图 10-50　生成另一侧边线法兰

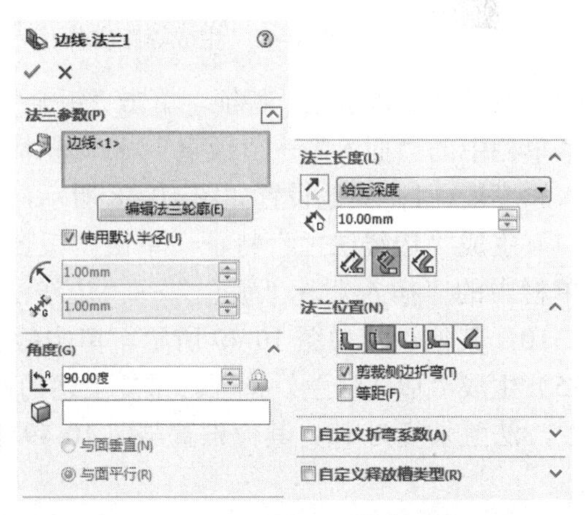

图 10-51　生成端面边线法兰的设置

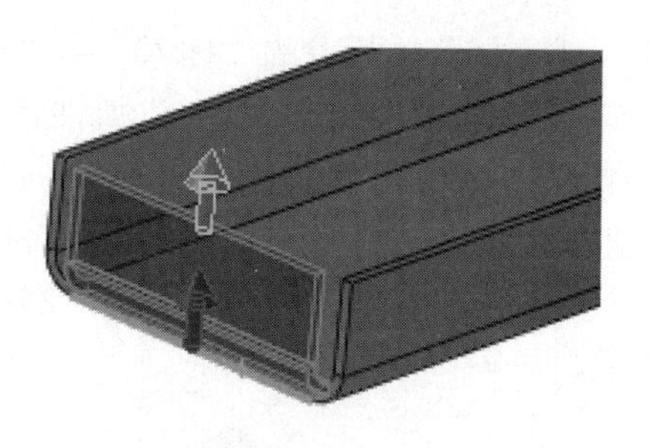

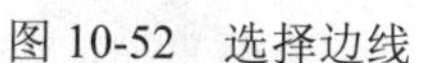

图 10-52　选择边线

图 10-53　生成边线法兰

（7）生成另一侧端面的“边线法兰”。单击“钣金”控制面板中的“边线法兰”按钮，或选择菜单栏中的“插入”→“钣金”→“边线法兰”命令，设置参数与上述相同，生成另一侧端面的边线法兰，结果如图 10-54 所示。

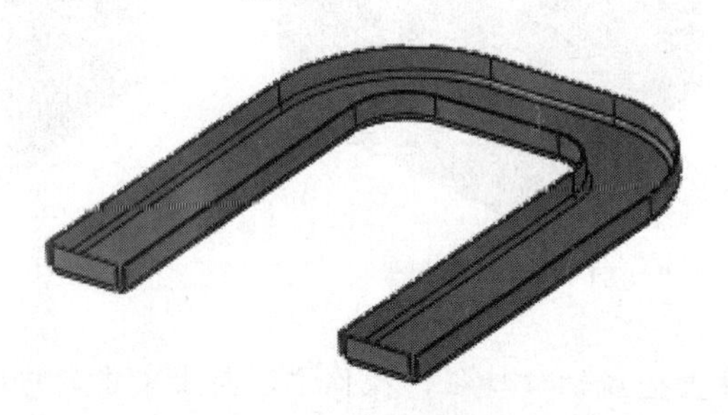

图 10-54　U 形槽

10.4　钣金细节特征

10.4.1　切口特征

使用切口特征工具可以在钣金零件或者其他任意的实体零件上生成切口特征。能够生成切口特征的零件，应该具有一个相邻平面且厚度一致，这些相邻平面形成一条或多条线性边线或一组连续的线性边线，而且是通过平面的单一线性实体。

在零件上生成切口特征时，可以沿所选内部或外部模型边线生成，或者从线性草图实体生成，也可以通过组合模型边线和单一线性草图实体生成切口特征。下面在一壳体零件（如图 10-55 所示）上生成切口特征。

（1）选择壳体零件的上表面作为绘图基准面。然后单击“标准视图”工具栏中的“正视于”按钮，单击“草图”控制面板中的“直线”按钮，绘制一条直线，如图 10-56 所示。

图 10-55　壳体零件

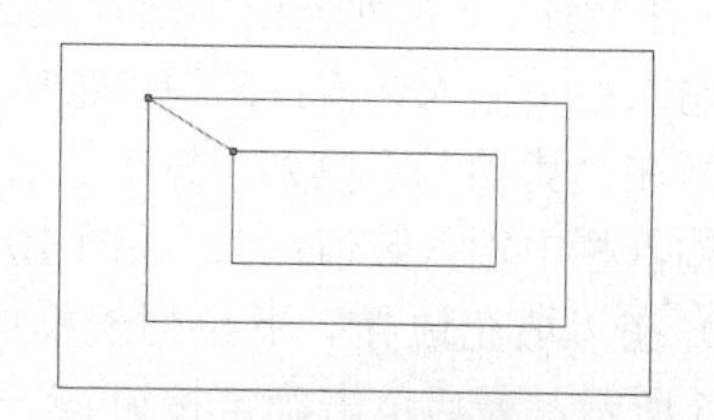

图 10-56　绘制直线

（2）单击“钣金”工具栏中的“切口”按钮，或选择菜单栏中的“插入”→“钣金”→“切口”命令，或者单击“钣金”面板中的“切口”按钮，弹出“切口”属性管理器，单击鼠标选择绘制的直线和一条边线来生成切口，如图 10-57 所示。

（3）在对话框中的切口缝隙输入框中，输入数值：1。单击“改变方向”按钮，将可以改变切口的方向，每单击一次，切口方向将切换到一个方向，接着是另外一个方向，然后返回到两个方向。单击确定按钮，结果如图 10-58 所示。

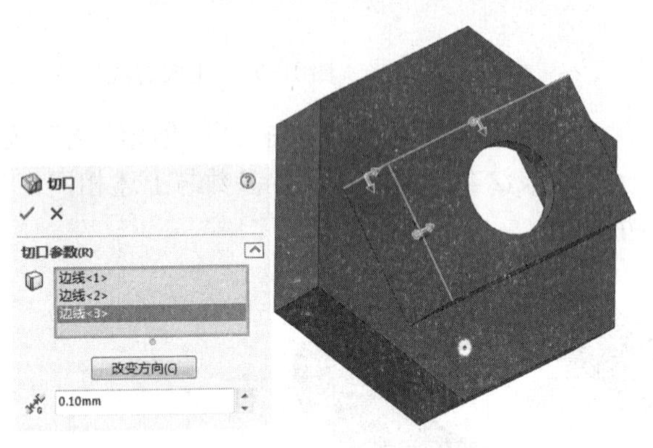

图 10-57 “切口”属性管理器

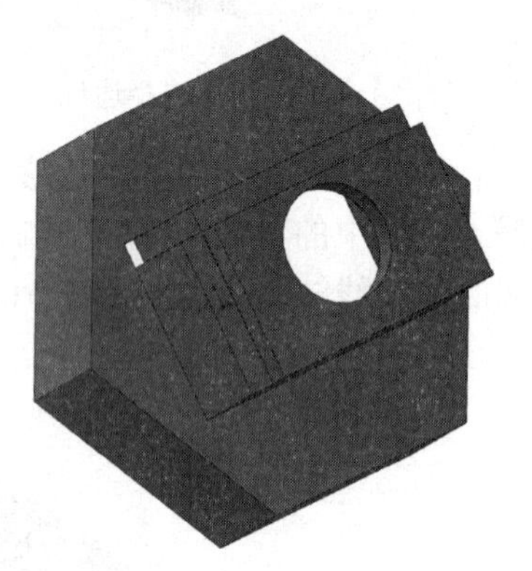

图 10-58 生成切口特征

注意：在钣金零件上生成切口特征，操作方法与上文中的讲解相同。

10.4.2 通风口

使用通风口特征工具可以在钣金零件上添加通风口。在生成通风口特征之前与生成其他钣金特征相似，也要首先绘制生成通风口的草图，然后在“通风口”特征 PropertyManager 对话框中设定各种选项，从而生成通风口。

（1）首先在钣金零件的表面绘制如图 10-59 所示的通风口草图。为了使草图清晰，可以选择菜单栏中的“视图”→“隐藏/显示”→“草图几何关系”命令（如图 10-60 所示）使草图几何关系不显示，结果如图 10-61 所示。然后单击“退出草图”按钮。

（2）单击“钣金”工具栏中的“通风口”按钮，或选择菜单栏中的“插入”→“扣合特征”→“通风口”命令，或者单击“钣金”面板中的“通风口”按钮，弹出“通风口”属性管理器，首先选择草图的最大直径的圆草图作为通风口的边界轮廓，如图 10-62 所示。同时，在几何体属性的“放置面”栏中自动输入绘制草图的基准面作为放置通风口的表面。

（3）在“圆角半径”输入栏中输入相应的圆角半径数值，本实例中输入数值：5。这些值将应用于边界、筋、翼梁和填充边界之间的所有相交处产生圆角，如图 10-63 所示。

（4）在“筋”下拉列表框中选择通风口草图中的两个互相垂直的直线作为筋轮廓，在“筋宽度”输入栏中输入数值：5，如图 10-64 所示。

（5）在“翼梁”下拉列表框中选择通风口草图中的两个同心圆作为翼梁轮廓，在“翼梁宽度”输入栏中输入数值：5，如图 10-65 所示。

（6）在“填充边界”下拉列表框中选择通风口草图中的最小圆作为填充边界轮廓，如图 10-66 所示。最后单击确定按钮，结果如图 10-67 所示。

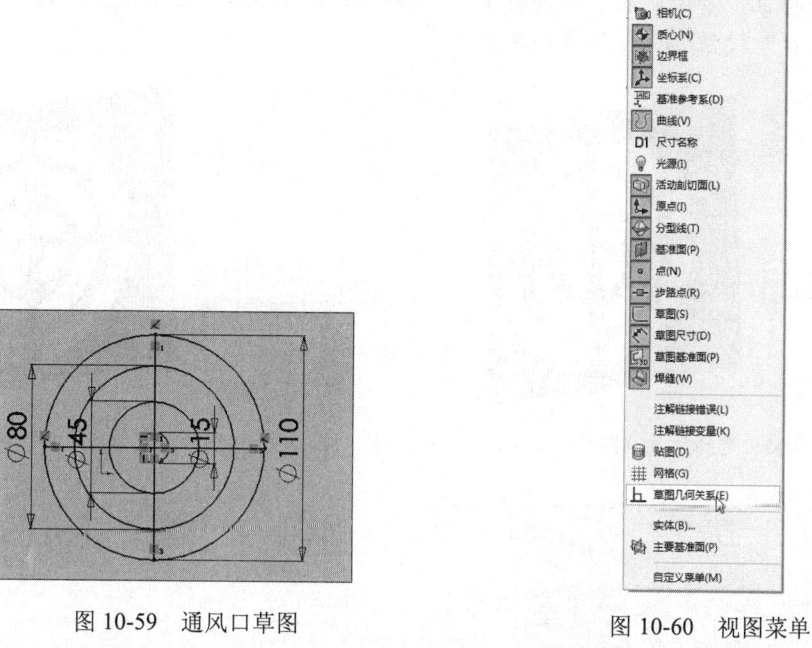

图 10-59　通风口草图

图 10-60　视图菜单

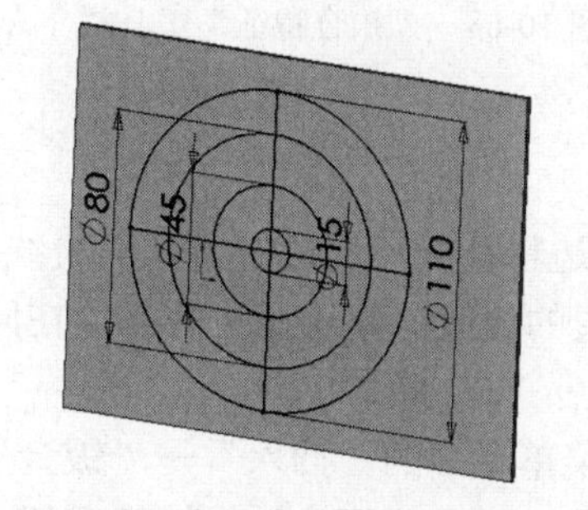

图 10-61　使草图几何关系不显示

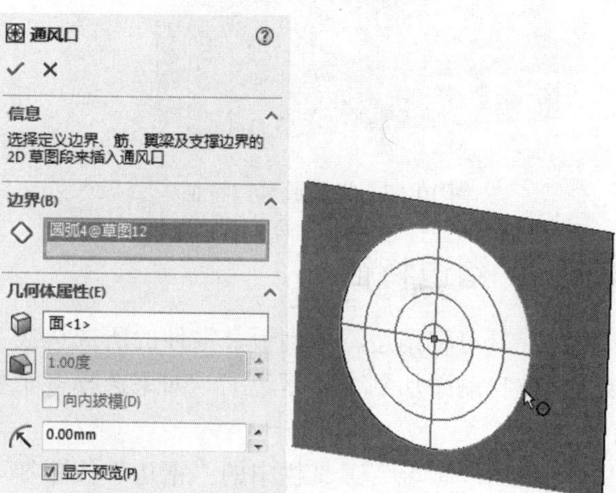

图 10-62　选择通风口的边界

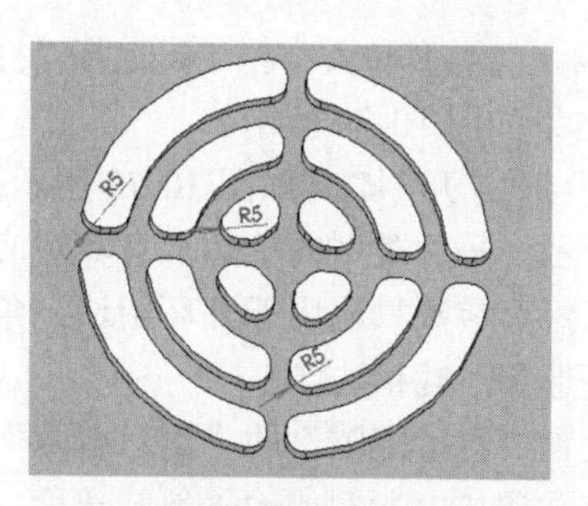

图 10-63　通风口圆角

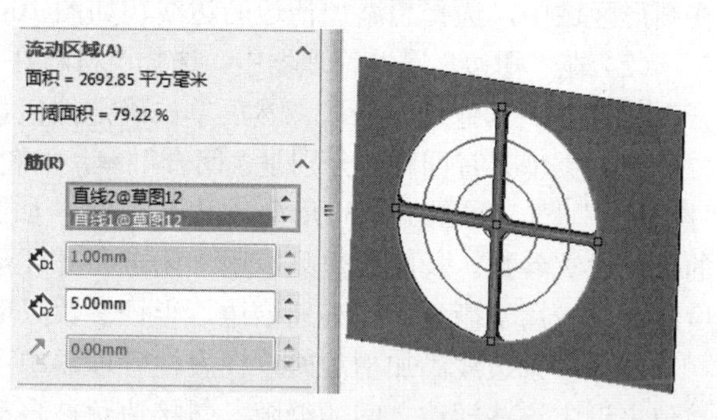

图 10-64　选择筋草图

注意：如果在“钣金”工具栏中找不到“通风口”按钮，可以利用“视图”→“工具栏”→“扣合特征”命令，使“扣合特征”工具栏在操作界面中显示出来，在此工具栏中可以找到“通风口”按钮，如图 10-68 所示。

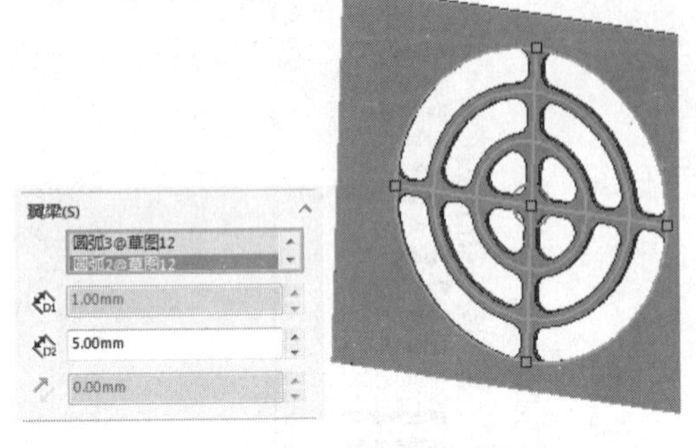

图 10-65　选择翼梁草图

图 10-66　选择填充边界草图

图 10-67　生成通风口特征

图 10-68　“扣合特征”工具栏

10.4.3　褶边特征

褶边工具可将褶边添加到钣金零件的所选边线上。生成褶边特征时所选边线必须为直线。斜接边角被自动添加到交叉褶边上。如果选择多个要添加褶边的边线，则这些边线必须在同一个面上。

（1）单击“钣金”工具栏中的“褶边”按钮，或选择菜单栏中的“插入”→“钣金”→“褶边”命令，或者单击“钣金”面板中的“褶边”按钮。弹出“褶边”属性管理器。在图形区域中，选择想添加褶边的边线，如图 10-69 所示。

（2）在“褶边”属性管理器中，选择“材料在内”选项，在类型和大小栏中，选择“打开”选项，其他设置默认。然后单击确定按钮，最后结果如图 10-70 所示。

褶边类型共有四种，分别是“闭合”，如图 10-71 所示；“打开”，如图 10-72 所示；“撕裂形”，如图 10-73 所示；“滚轧”，如图 10-74 所示。每种类型的褶边都有其对应的尺寸设置参数。长度参数只应用于闭合和开环褶边，间隙距离参数只应用于开环褶边，角度参数只应用于撕裂形和滚轧褶边，半径参数只应用于撕裂形和滚轧褶边。

选择多条边线添加褶边时，在属性管理器中可以通过设置“斜接缝隙”的“切口缝隙”数值来设定这些褶边之间的缝隙，斜接边角被自动添加到交叉褶边上。例如输入斜轧角度：250，更改后如图 10-75 所示。

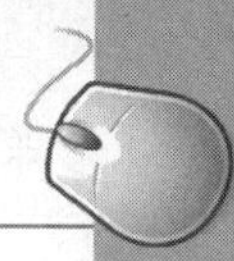

图 10-69　选择添加褶边边线

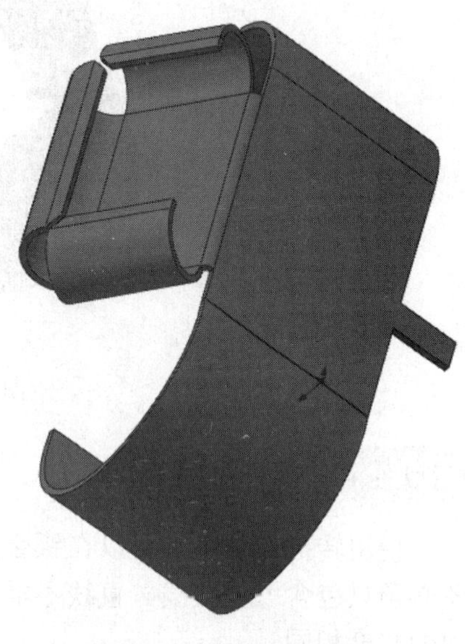

图 10-70　生成褶边

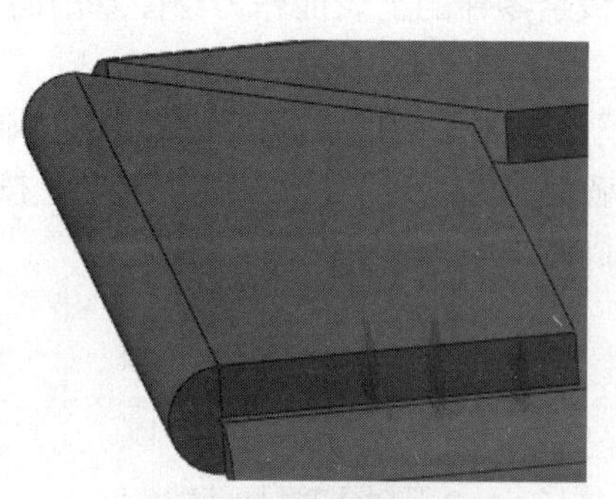

图 10-71　“闭合”类型褶边

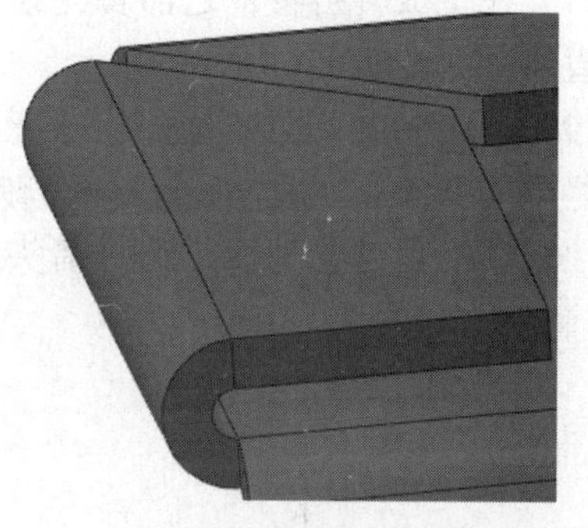

图 10-72　“打开”类型褶边

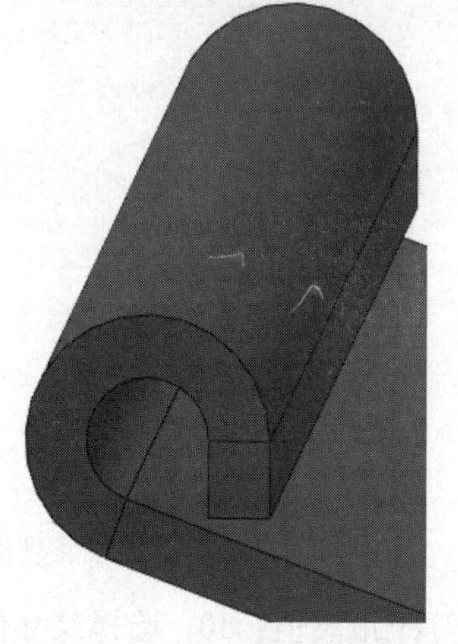

图 10-73　“撕裂形”类型褶边

图 10-74　“滚轧”类型褶边

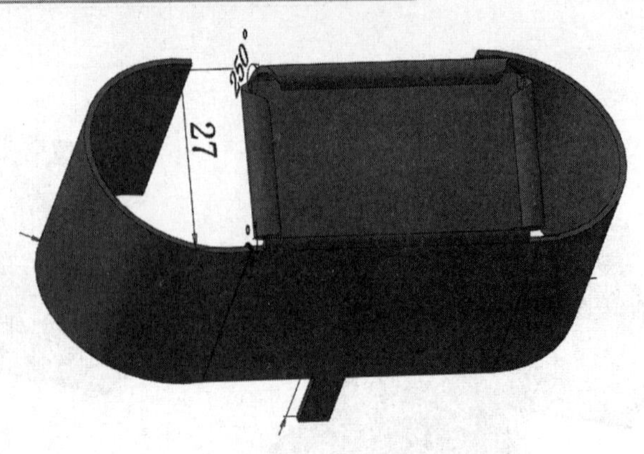

图 10-75　更改褶边之间的角度

10.4.4 转折特征

使用转折特征工具可以在钣金零件上通过从草图直线生成两个折弯。生成转折特征的草图必须只包含一根直线。直线不需要是水平和垂直直线。折弯线长度不一定必须与正折弯的面的长度相同。

（1）在生成转折特征之前首先绘制草图，选择钣金零件的上表面作为绘图基准面，绘制一条直线，如图 10-76 所示。

（2）在绘制的草图被打开状态下，单击“钣金”工具栏中的“转折”按钮，或者选择菜单栏中的“插入”→“钣金”→“转折”命令，或者单击“钣金”面板中的“转折”按钮。弹出“转折”属性管理器，选择箭头所指的面作为固定面，如图 10-77 所示。

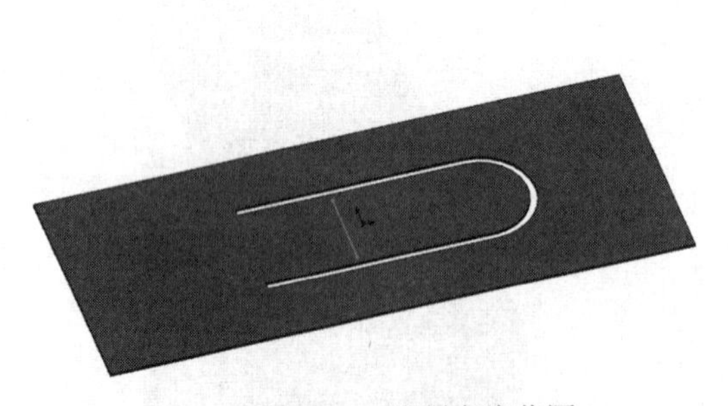

图 10-76　绘制直线草图

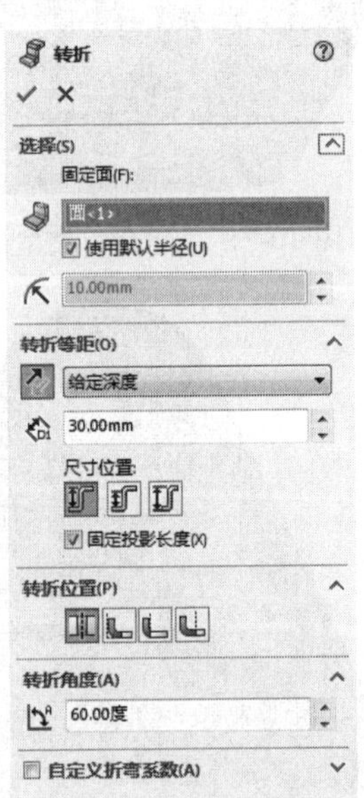

图 10-77　“转折”属性管理器

（3）选择“使用默认半径”。在转折等距栏中输入等距距离值：30。选择尺寸位置栏中的“外部等距”选项，并且选择“固定投影长度”复选框。在转折位置栏中选择“折弯中心线”选项。其他设置为默认，单击确定按钮，结果如图 10-78 所示。

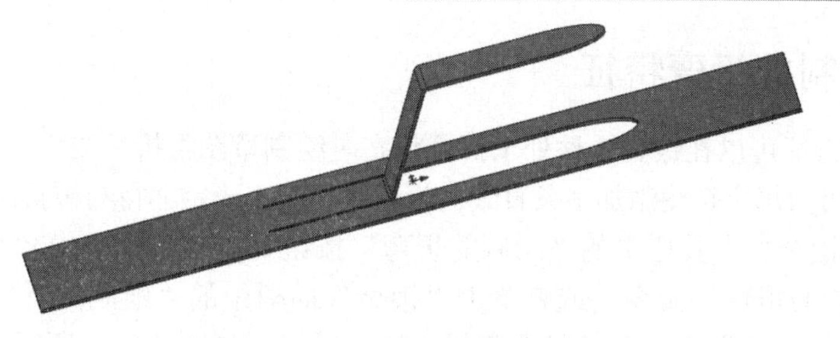

图 10-78　生成转折特征

生成转折特征时，在“转折”属性管理器中选择不同的尺寸位置选项、是否选择“固定投影长度”选项都将生成不同的转折特征。例如，上述实例中使用“外部等距”选项生成的转折特征尺寸如图 10-79 所示。使用“内部等距”选项生成的转折特征尺寸如图 10-80 所示。使用“总尺寸”选项生成的转折特征尺寸如图 10-81 所示。取消“固定投影长度”选项生成的转折投影长度将减小，如图 10-82 所示。

在转折位置栏中还有不同的选项可供选择，在前面的特征工具中已经讲解过，这里不再重复。

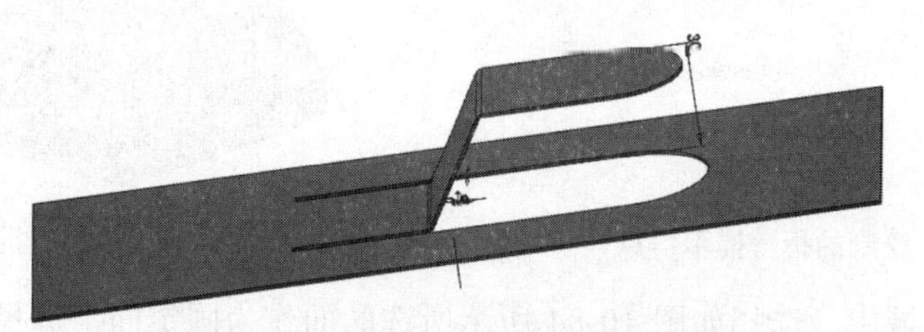

图 10-79　使用“外部等距”生成的转折

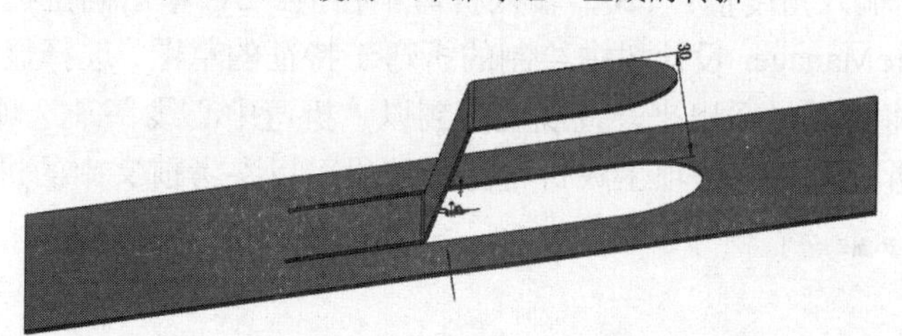

图 10-80　使用“内部等距”生成的转折

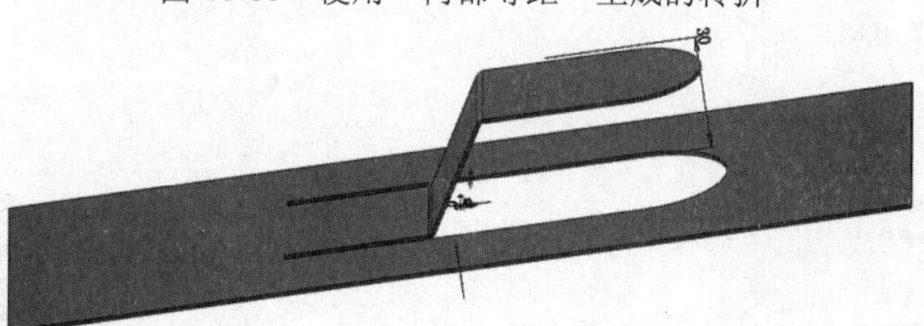

图 10-81　使用“总尺寸”生成的转折

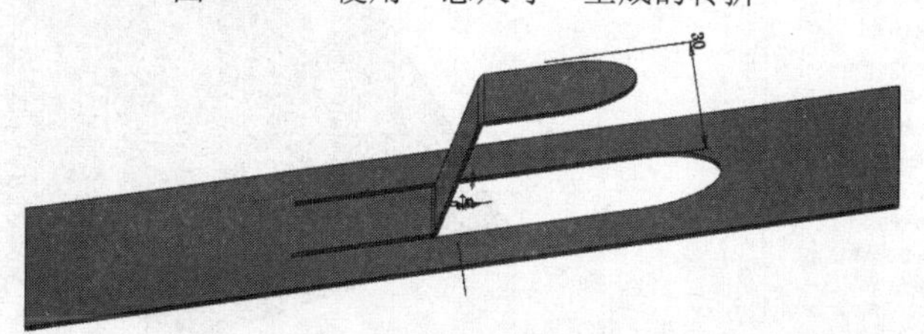

图 10-82　取消“固定投影长度”选项生成的转折

10.4.5 绘制的折弯特征

绘制的折弯特征可以在钣金零件处于折叠状态时绘制草图将折弯线添加到零件。草图中只允许使用直线，可为每个草图添加多条直线。折弯线长度不一定非得与被折弯面的长度相同。

（1）单击“钣金”工具栏中的“绘制的折弯”按钮，或者选择菜单栏中的“插入”→“钣金”→“绘制的折弯”命令，或者单击“钣金”面板中的“绘制的折弯”按钮。系统提示选择平面来生成折弯线和选择现有草图为特征所用，如图 10-83 所示。如果没有绘制好草图，可以首先选择基准面绘制一条直线；如果已经绘制好了草图，可以单击鼠标选择绘制好的直线，弹出“绘制的折弯”属性管理器。结果如图 10-84 所示。

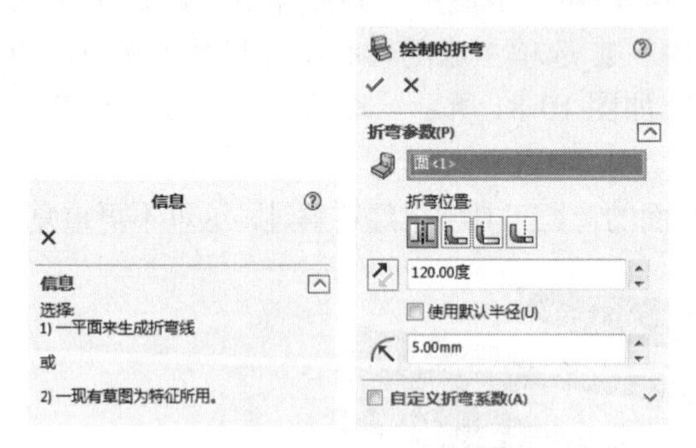

图 10-83 绘制的折弯提示信息

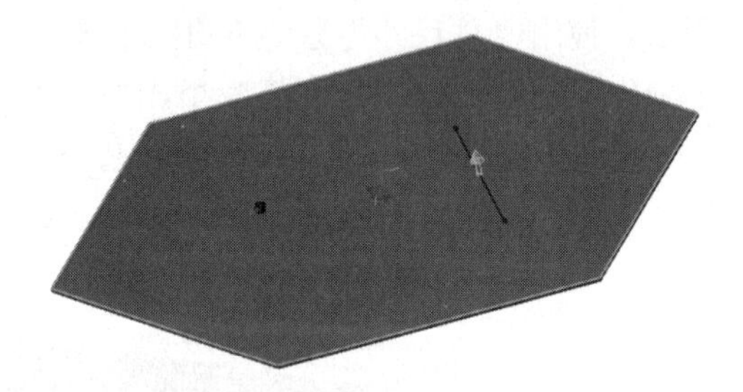

图 10-84 绘制的折弯对话框

（2）在图形区域中，选择如图 10-84 所示所选的面作为固定面，选择折弯位置选项中的“折弯中心线”，输入角度值：120，输入折弯半径值：5，单击确定按钮。

（3）右击 FeatureManager 设计树中绘制的折弯 1 特征的草图，选择显示按钮，如图 10-85 所示。绘制的直线将可以显示出来，直观观察到以“折弯中心线”选项生成的折弯特征的效果，如图 10-86 所示。其他选项生成折弯特征效果可以参考前文中的讲解。

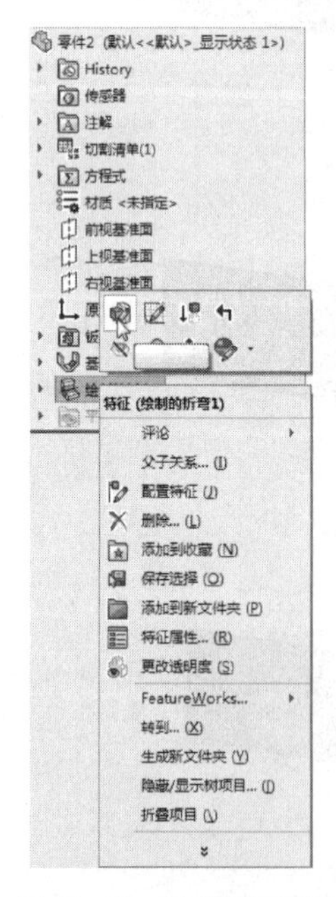

图 10-85 选择显示按钮

图 10-86 生成绘制的折弯

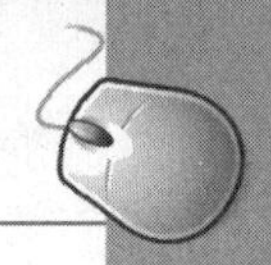

10.4.6 闭合角特征

使用闭合角特征工具可以在钣金法兰之间添加闭合角，即钣金特征之间添加材料。通过闭合角特征工具可以完成以下功能：通过选择面来为钣金零件同时闭合多个边角；关闭非垂直边角；将闭合边角应用到带有 90° 以外折弯的法兰；调整缝隙距离，由边界角特征所添加的两个材料截面之间的距离；调整重叠/欠重叠比率。重叠的材料与欠重叠材料之间的比率。数值 1 表示重叠和欠重叠相等；闭合或打开折弯区域。

（1）单击“钣金”工具栏中的“闭合角”按钮，或者选择菜单栏中的“插入”→“钣金”→“闭合角”命令，或者单击“钣金”面板中的“闭合角”按钮。弹出“闭合角”属性管理器，选择需要延伸的面，如图 10-87 所示。

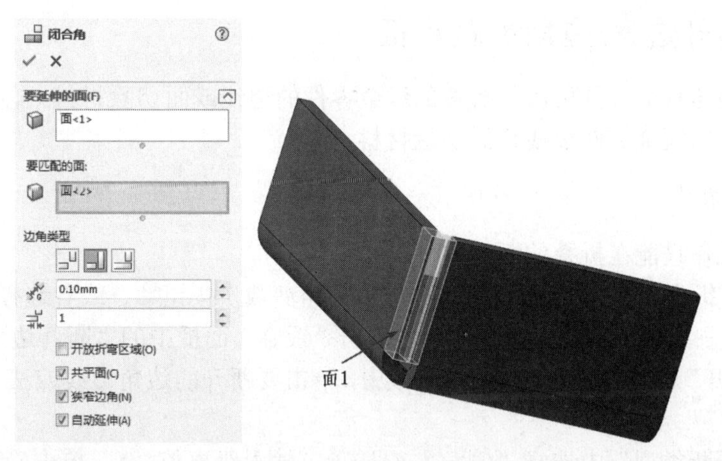

图 10-87　选择需要延伸的面

（2）选择边角类型中的“重叠”选项，单击确定按钮。在“缝隙距离”栏中输入数值过小时系统会提示错误，如图 10-88 所示，不能生成闭合角。

（3）在缝隙距离输入栏中，更改缝隙距离数值为：0.5，单击 确定按钮，生成重叠闭合角结果如图 10-89 所示。

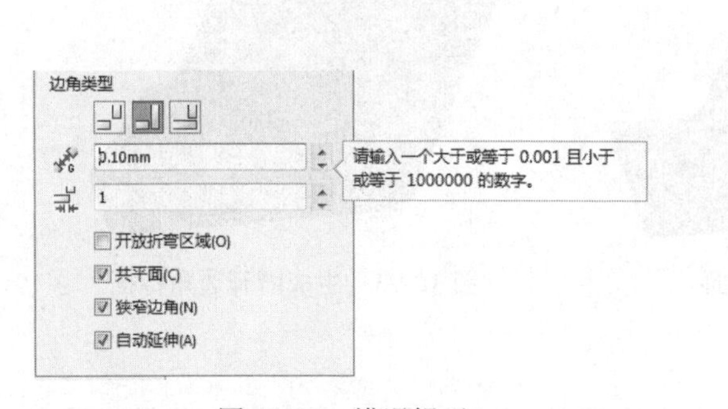

图 10-88　错误提示

图 10-89　生成“重叠”类型闭合角

使用其他边角类型选项可以生成不同形式的闭合角。如图 10-90 所示，是使用边角类型中“对接”选项生成的闭合角；如图 10-91 所示，是使用边角类型中“欠重叠”选项生成的闭合角。

图 10-90　“对接”类型闭合角

图 10-91　“欠重叠”类型闭合角

10.4.7　断开边角/边角剪裁特征

使用断开边角特征工具可以从折叠的钣金零件的边线或面切除材料。使用边角剪裁特征工具可以从展开的钣金零件边线或面切除材料。

1．断开边角

断开边角操作只能在折叠的钣金零件中操作。

（1）单击“钣金”工具栏中的“断开边角/边角剪裁”按钮，或者选择菜单栏中的“插入”→“钣金”→“断裂边角”命令，或者单击“钣金”面板中的“断开边角/边角剪裁”按钮，弹出“展开”属性管理器。在图形区域中，单击要断开的边角边线或法兰面，如图 10-92 所示。

（2）在“折断类型”中选择“倒角”选项，输入距离值：5，单击确定按钮，结果如图 10-93 所示。

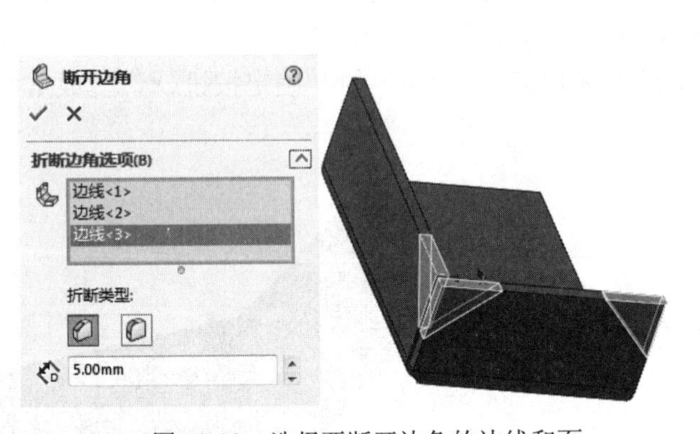

图 10-92　选择要断开边角的边线和面

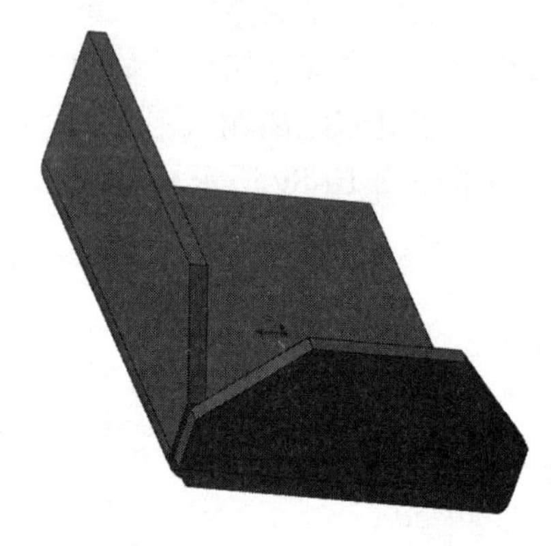

图 10-93　生成断开边角特征

2．边角剪裁

边角剪裁操作只能在展开的钣金零件中操作，在零件被折叠时边角剪裁特征将被压缩。

（1）单击“钣金”工具栏中的“展开”按钮，或者选择菜单栏中的“插入”→“钣金”→“展开”命令，或者单击“钣金”控制面板中的（展开）按钮，将钣金零件整个展开，如图 10-94 所示。

（2）单击“钣金”工具栏中的“断开边角/边角剪裁”按钮，选择菜单栏中的“插入”

→“钣金”→“断开边角/边角剪裁”命令，单击“钣金”控制面板中的（断开边角/边角剪裁）按钮，在图形区域中，选择要折断边角边线或法兰面，如图 10-95 所示。

图 10-94 展开钣金零件

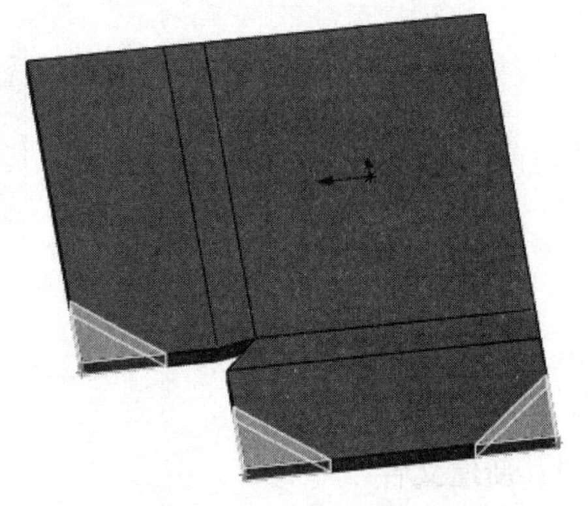

图 10-95 选择要折断边角的边线和面

（3）在“折断类型”中选择“倒角”选项，输入距离值：5，单击确定按钮，结果如图 10-96 所示。

（4）右击钣金零件 FeatureManager 设计树中的平板型式特征，在弹出的菜单中选择“压缩”命令，或者单击“钣金”控制面板中的“折叠”按钮，使此图标弹起，将钣金零件折叠。边角剪裁特征将被压缩，如图 10-97 所示。

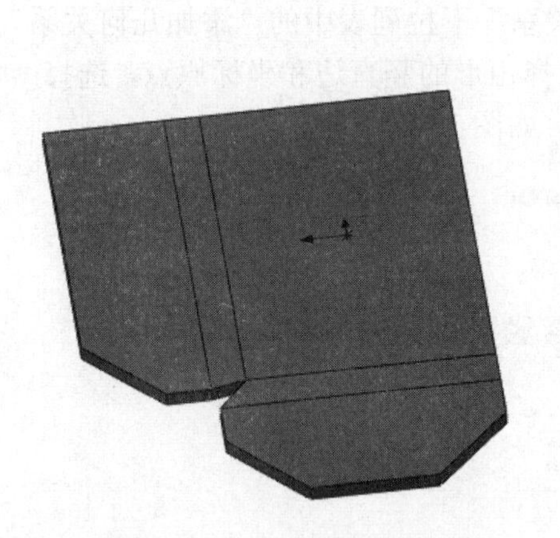

图 10-96 生成边角剪裁特征

图 10-97 折叠钣金零件

10.4.8 实例——书架

本例绘制的书架，如图 10-98 所示。

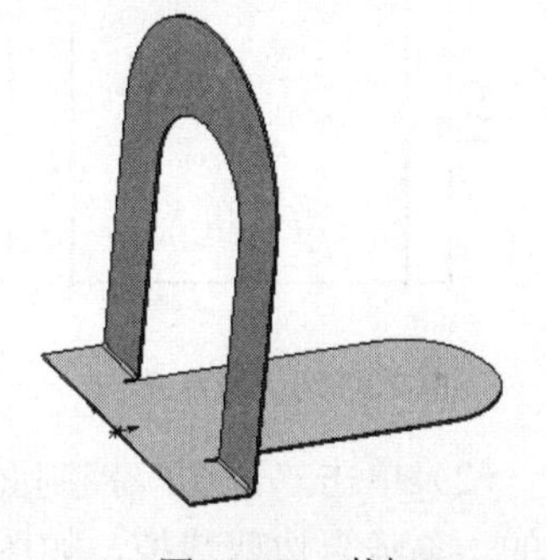

图 10-98 书架

思路分析

本例主要利用基体法兰特征、拉伸切除特征和绘制的折弯特征。绘制的流程如图 10-99 所示。

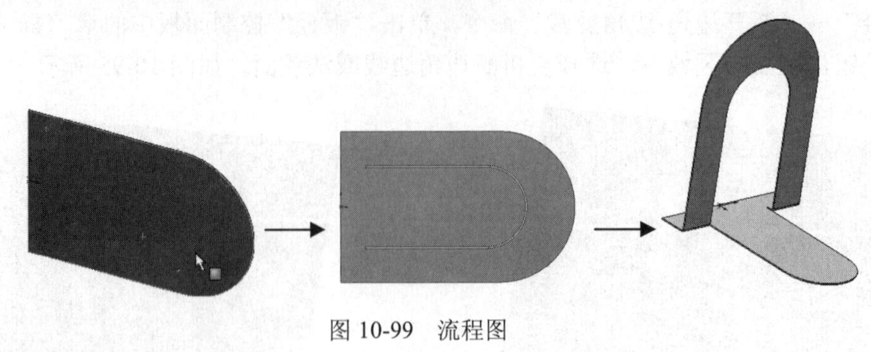

图 10-99　流程图

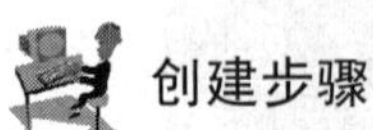

创建步骤

1．新建文件

启动 SOLIDWORKS 2018，选择菜单栏中的“文件”→“新建”命令，或者单击“标准”工具栏中的“新建”按钮，在弹出的“新建 SOLIDWORKS 文件”对话框中选择“零件”按钮，然后单击“确定”按钮，创建一个新的零件文件。

2．绘制草图

在左侧的 FeatureManager 设计树中选择“前视基准面”作为绘图基准面，然后单击“草图”控制面板中的“边角矩形”按钮，绘制一个矩形，标注智能尺寸如图 10-100 所示。

（1）单击“草图”控制面板“显示/删除几何关系”下拉列表中的“添加几何关系”按钮，在弹出的“添加几何关系”属性管理器中，选择矩形的竖直边和坐标原点，选择“中点”选项，然后单击确定按钮，添加“中点”约束，如图 10-101 所示。

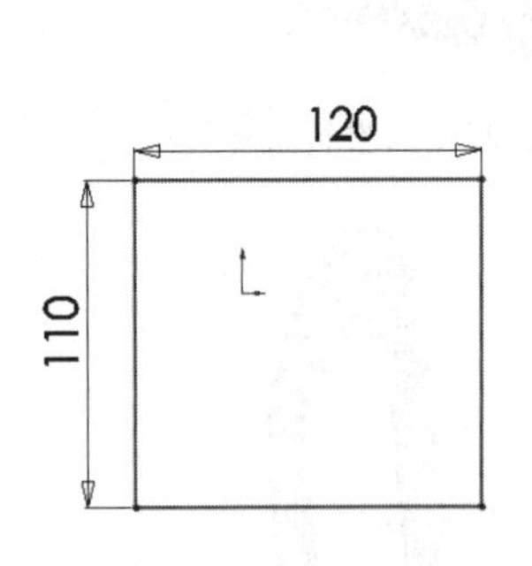

图 10-100　绘制草图

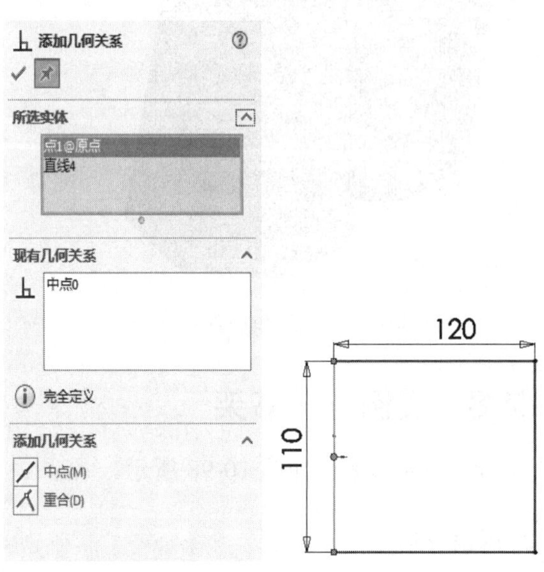

图 10-101　添加几何关系

（2）单击“草图”控制面板中的“圆心/起/终点圆弧”按钮，绘制半圆弧，并且将矩形的一条竖直边剪裁掉，如图 10-102 所示。

（3）生成“基体法兰”特征。选择菜单栏中的“插入”→“钣金”→“基体法兰”命令，或者单击“钣金”控制面板中的“基体法兰/薄片”按钮，在属性管理器中钣金参数厚度栏中输入厚度值：1；其他设置如图 10-103 所示，最后单击确定按钮✔。

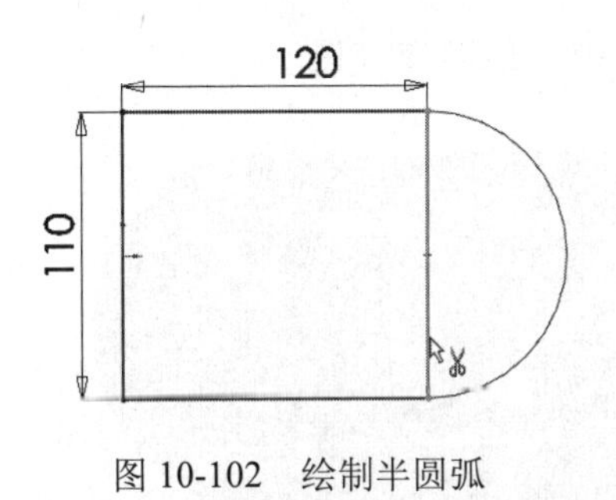

图 10-102　绘制半圆弧

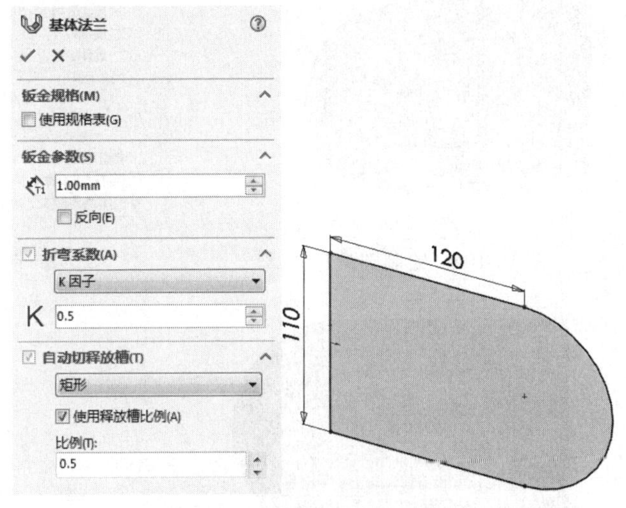

图 10-103　生成基体法兰

（4）选择绘图基准面。单击钣金件的一个面，单击“标准视图”工具栏中的“正视于”按钮，将该基准面作为绘制图形的基准面，如图 10-104 所示。

（5）草图操作。

① 单击“草图”控制面板中的“边角矩形”按钮，绘制矩形，标注智能尺寸如图 10-105 所示。

图 10-104　选择基准面

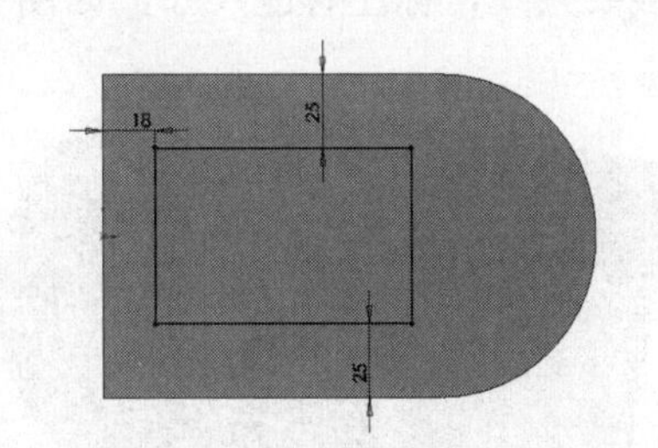

图 10-105　绘制矩形

② 单击“草图”控制面板中的“圆心/起/终点圆弧”按钮，绘制半圆弧，并且将矩形的一条竖直边剪裁掉，如图 10-106 所示。

③ 单击“草图”控制面板中的“等距实体”按钮，在“等距实体”属性管理器中取消“选择链”选项，然后依次选择图 10-107 所示草图的两条水平直线及圆弧，生成等距 10 的草图，如图 10-107 所示。更改等距尺寸为 1，并且剪裁草图，结果如图 10-108 所示。

（6）生成“拉伸切除”特征。在草图编辑状态下，选择菜单栏中的“插入”→“切除”→“拉伸”命令，或者单击“特征”控制面板中的“拉伸切除”按钮，系统弹出“拉伸”属性管理器，在方向 1 的“终止条件”栏中选择“完全贯穿”，如图 10-109 所示，单击确定按钮✔。

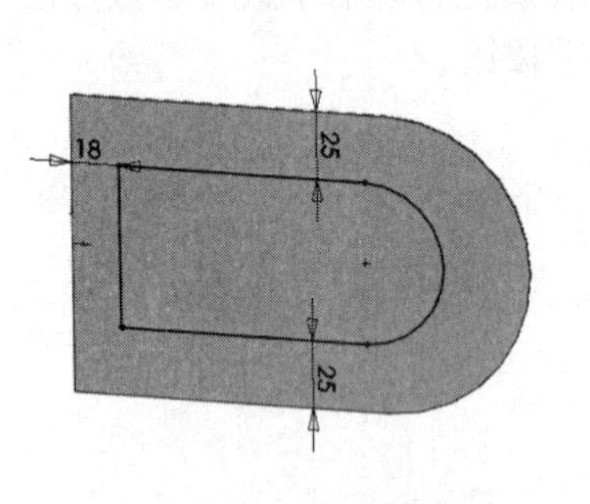

图 10-106　绘制圆弧

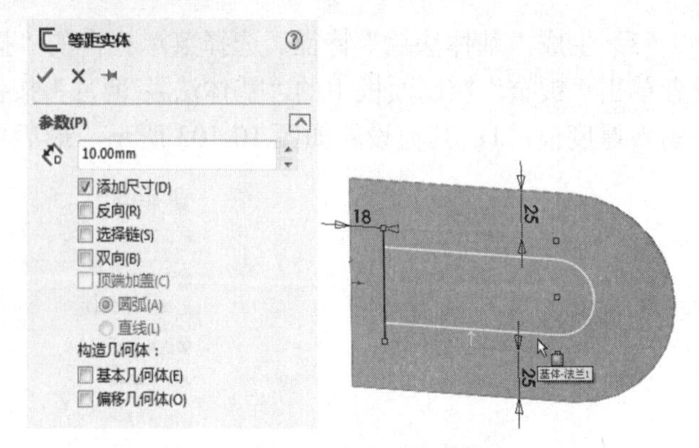

图 10-107　绘制等距草图

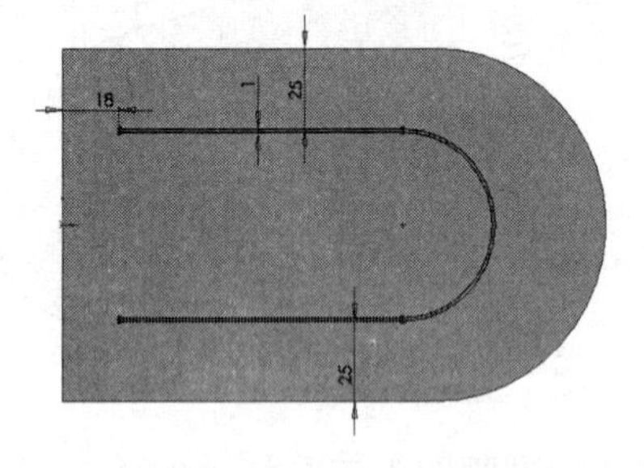

图 10-108　编辑草图

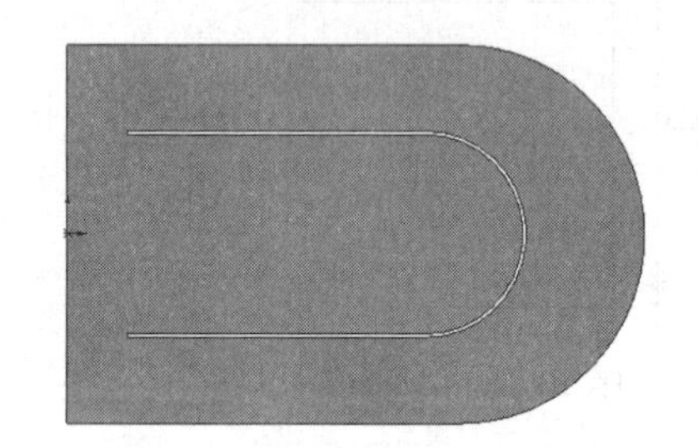

图 10-109　拉伸切除

（7）选择绘图基准面。单击如图 10-110 所示钣金件的面，单击“标准视图”工具栏中的“正视于”按钮，将该基准面作为绘制图形的基准面。

（8）绘制折弯草图。单击“草图”控制面板中的“直线”按钮，绘制两条直线，这两条直线要共线，标注智能尺寸，如图 10-111 所示。

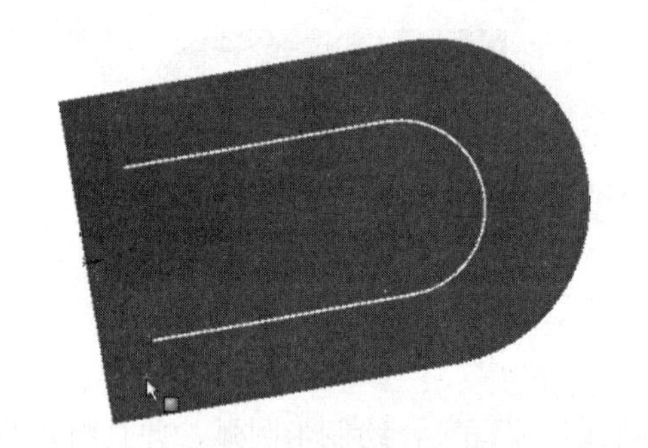

图 10-110　选择基准面

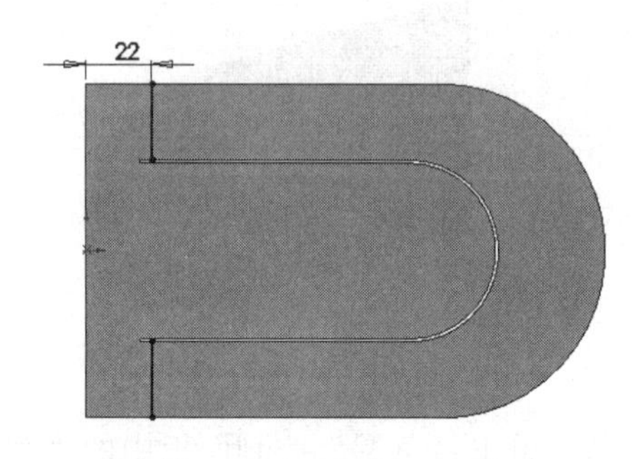

图 10-111　绘制折弯直线

注意：在绘制折弯的草图时，绘制的草图直线可以短于要折弯的边，但是不能长于折弯边的边界。

（9）生成“绘制的折弯”特征。选择菜单栏中的“插入”→“钣金”→“绘制的折弯”命令，或者单击“钣金”控制面板中的“绘制的折弯”按钮，在属性管理器中折弯半径栏中输入数值：1；单击“材料在内”按钮，选择如图 10-112 所示的面作为固定面，单击确定按钮，最后结果如图 10-113 所示。

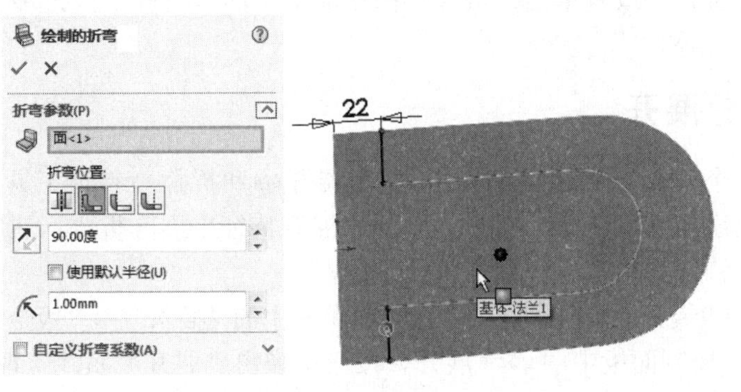

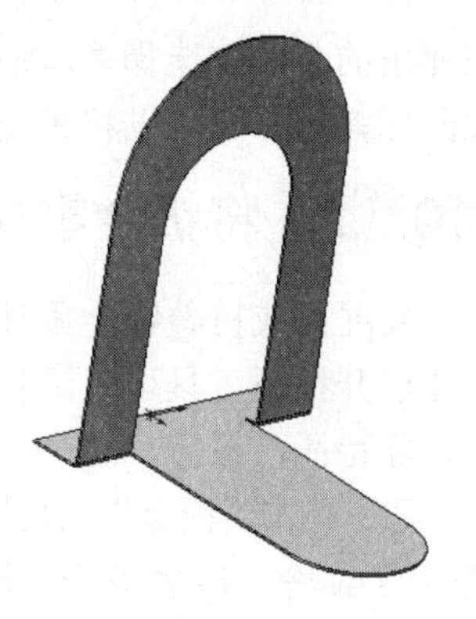

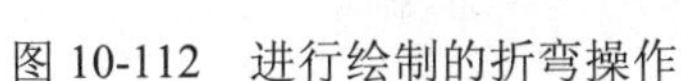
图 10-112　进行绘制的折弯操作　　图 10-113　生成的书架

10.5　展开钣金

10.5.1　整个钣金零件展开

要展开整个零件，如果钣金零件的 FeatureManager 设计树中的平板型式特征存在，可以右击平板型式 1 特征，在弹出的菜单中单击“解除压缩”按钮，如图 10-114 所示。或者单击“钣金”控制面板中的“展开”按钮，可以将钣金零件整个展开，如图 10-115 所示。

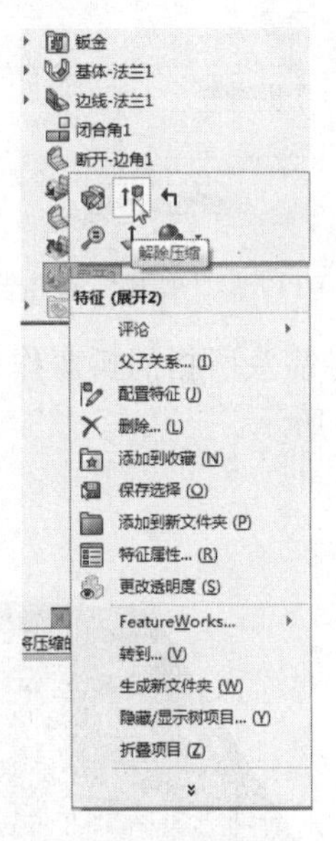

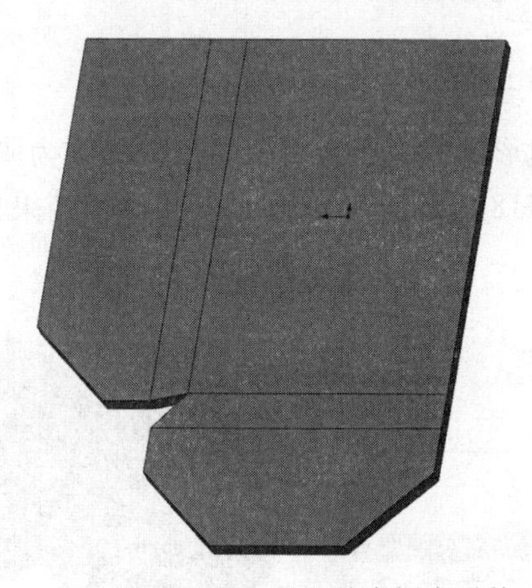

图 10-114　解除平板特征的压缩　　图 10-115　展开整个钣金零件

注意：当使用此方法展开整个零件时，将应用边角处理以生成干净、展开的钣金零件，使在制造过程中不会出错。如果不想应用边角处理，可以右击平板型式，在弹出的菜单中选择“编辑特征”，在“平板型式”属性管理器中取消“边角处理”选项，如图 10-116 所示。

要将整个钣金零件折叠，可以右击钣金零件 FeatureManager 设计树中的平板型式特征，在弹出的菜单中选择“压缩”按钮，或者单击“钣金”控制面板中的“折叠”按钮，使此图标弹起，即可以将钣金零件折叠。

10.5.2 将钣金零件部分展开

要展开或折叠钣金零件的一个、多个或所有折弯，可使用展开和折叠特征工具。使用此展开特征工具可以沿折弯上添加切除特征。首先，添加一展开特征来展开折弯，然后添加切除特征，最后，添加一折叠特征将折弯返回到其折叠状态。

（1）单击“钣金”工具栏中的“展开”按钮，或者选择菜单栏中的“插入”→“钣金”→“展开”命令，或者单击“钣金”控制面板中的（展开）按钮，弹出“展开”属性管理器，如图 10-117 所示。

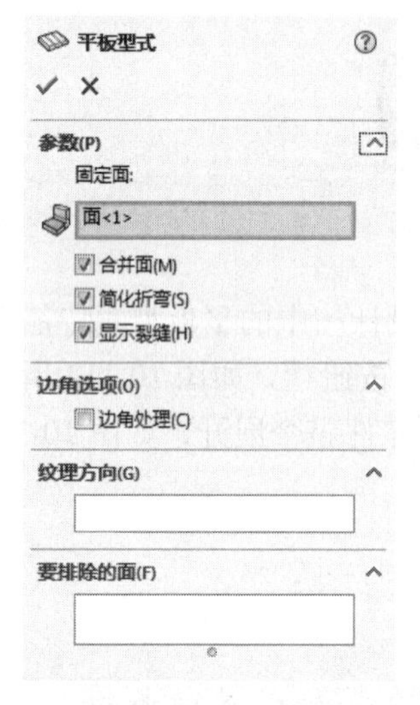

图 10-116　取消“边角处理”

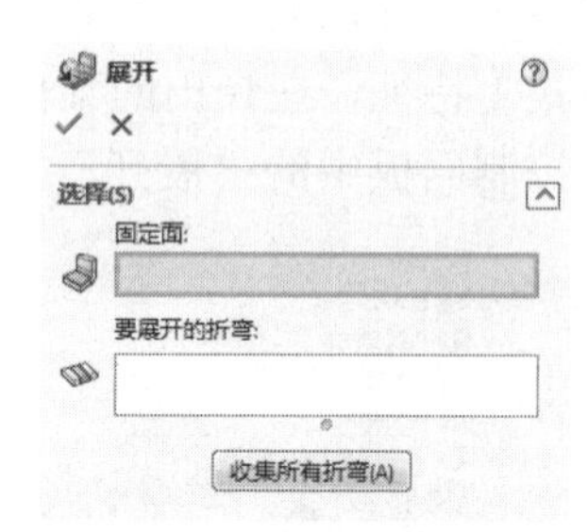

图 10-117　“展开”属性管理器

（2）在图形区域中选择箭头所指的面作为固定面，选择箭头所指的折弯作为要展开的折弯，如图 10-118 所示。单击确定按钮，结果如图 10-119 所示。

图 10-118　选择固定边和要展开的折弯

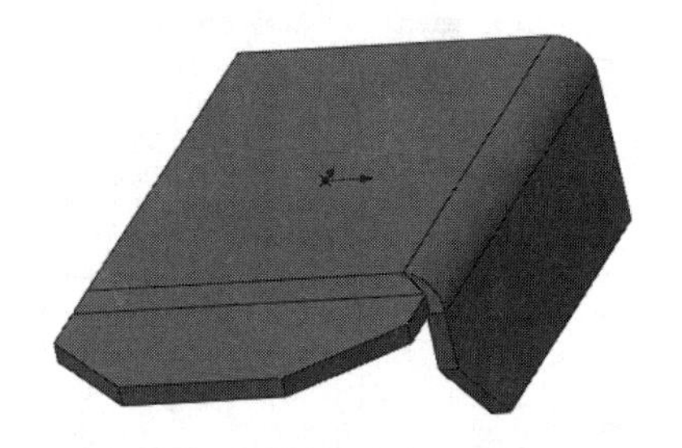

图 10-119　展开一个折弯

（3）选择钣金零件上箭头所指表面作为绘图基准面，如图 10-120 所示。然后单击“标准视图”工具栏中的“正视于”按钮，单击“草图”控制面板中的“边角矩形”按钮，绘制矩形草图，如图 10-121 所示。单击“特征”控制面板中的“拉伸切除”按钮，或者选择菜单栏中的“插入”→“切除”→“拉伸”命令，在弹出“切除拉伸”属性管理器中“终止条件”

一栏中选择“完全贯通”，然后单击确定按钮✔，生成切除拉伸特征，如图 10-122 所示。

（4）单击“钣金”控制面板中的“折叠”按钮，或者选择菜单栏中的“插入”→“钣金”→“折叠”命令，弹出“展开”属性管理器。

（5）在图形区域中选择在展开操作中选择的面作为固定面，选择展开的折弯作为要折叠的折弯，单击确定按钮✔，结果如图 10-123 所示。

图 10-120 设置基准面

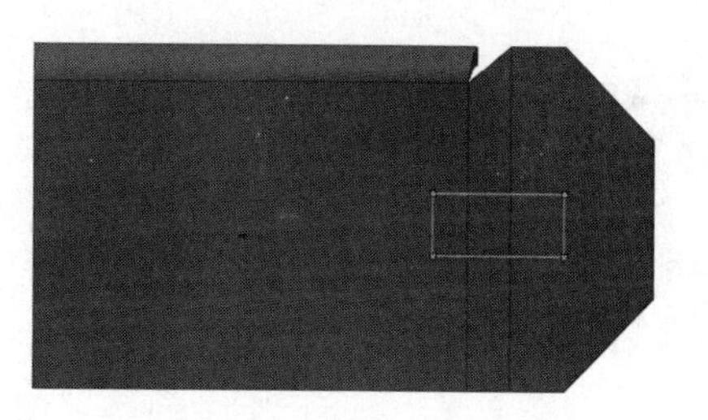

图 10-121 绘制矩形草图

图 10-122 生成切除特征

图 10-123 将钣金零件重新折叠

注意：在设计过程中，为使系统性能更快，只展开和折叠正在操作项目的折弯。在“展开”特征 PropertyManager 对话框和“折叠”特征 PropertyManager 对话框，选择“收集所有折弯”命令，将可以把钣金零件所有折弯展开或折叠。

10.5.3 实例——仪表面板

本例绘制的仪表板，如图 10-124 所示。

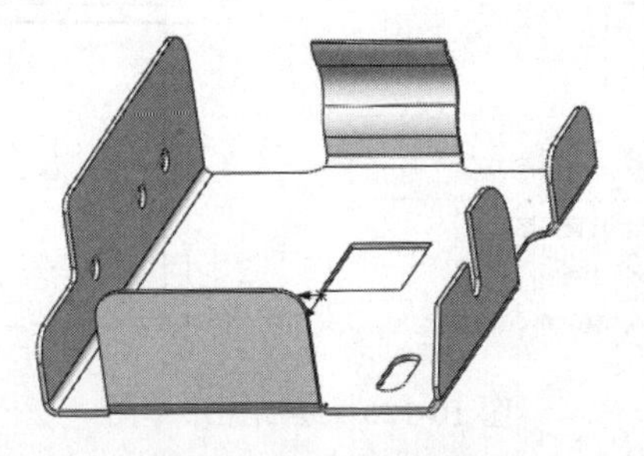

图 10-124 仪表面板

思路分析

在设计过程中运用了插入折弯、边线法兰、展开、异型孔向导等工具。采用了先设计零件实体，然后通过钣金工具在实体上添加钣金特征，从而形成钣金件的设计方法，其设计过程如图 10-125 所示。

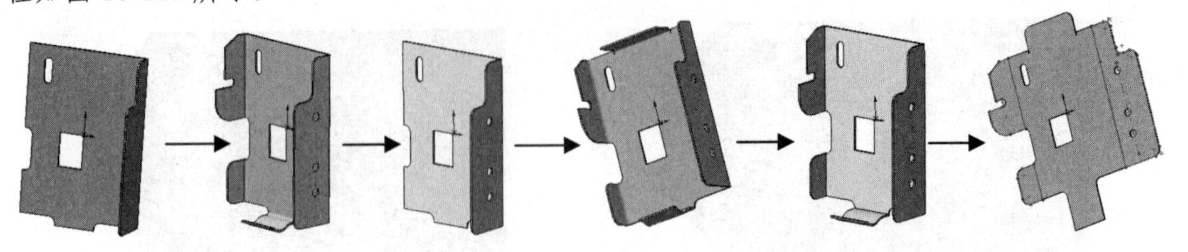

图 10-125 流程图

创建步骤

（1）新建文件。

启动 SOLIDWORKS 2018，单击“标准”工具栏中的“新建”按钮，或者选择菜单栏中的“文件”→“新建”命令，在弹出的“新建 SOLIDWORKS 文件”对话框中选择“零件”按钮，然后单击“确定”按钮，创建一个新的零件文件。

（2）绘制草图。

① 在左侧的 FeatureManager 设计树中选择“前视基准面”作为绘图基准面，然后单击“草图”控制面板中的“边角矩形”按钮，绘制一个矩形，标注相应的智能尺寸；单击“草图”控制面板中的“中心线”按钮，绘制一条对角构造线。

② 单击“草图”控制面板“添加/删除几何关系”下拉列表中的“添加几何关系”按钮，在弹出的“添加几何关系”属性管理器中，单击拾取矩形对角构造线和坐标原点，选择“中点”选项，添加中点约束，然后单击确定按钮，如图 10-126 所示。

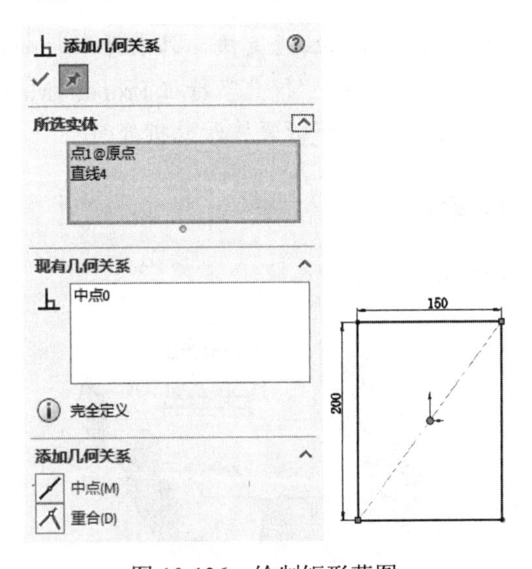

图 10-126 绘制矩形草图

（3）绘制矩形。单击“草图”控制面板中的“边角矩形”按钮□，在草图中绘制一个矩形，如图 10-127 所示，矩形的对角点分别在原点和大矩形的对角线上，标注智能尺寸。

（4）绘制其他草图图素。单击“草图”控制面板中的绘图工具按钮，在草图中绘制其他图素，标注相应的智能尺寸，如图 10-128 所示。

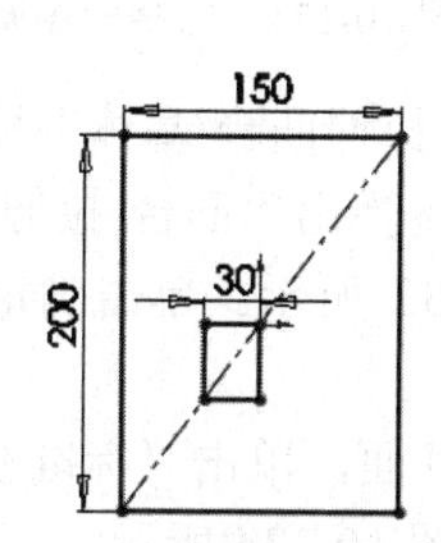

图 10-127　绘制草图中的矩形

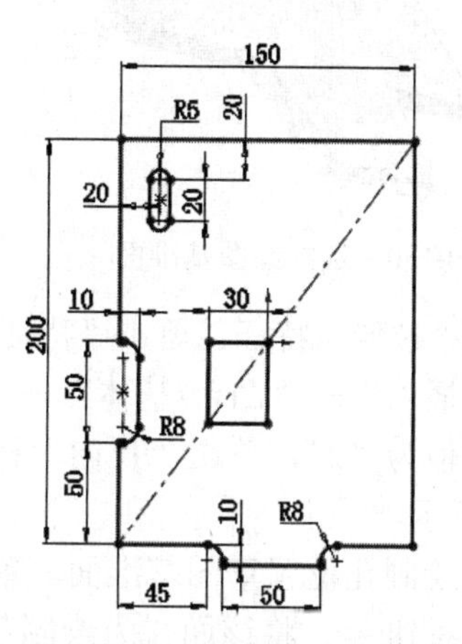

图 10-128　绘制草图中其他图素

（5）生成“拉伸”特征。单击“特征”控制面板中的“拉伸凸台/基体”按钮，或选择菜单栏中的“插入”→“凸台/基体”→“拉伸”命令，系统弹出“凸台-拉伸”属性管理器，在属性管理器中深度栏中输入深度值：2；其他设置如图 10-129 所示，最后单击确定按钮✓。

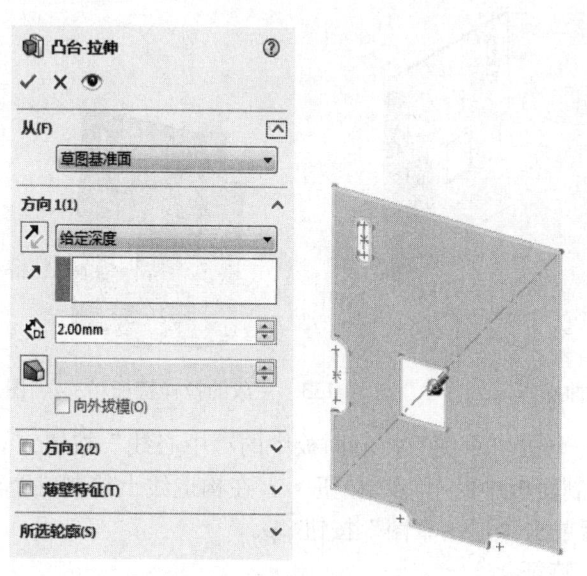

图 10-129　生成拉伸特征

（6）选择绘图基准面。单击钣金件的侧面 A，单击“标准视图”工具栏中的“正视于”按钮，将该面作为绘制图形的基准面，如图 10-130 所示。

（7）绘制钣金件侧面草图。单击“草图”控制面板中的绘图工具按钮，在图 10-130 所示的绘图基准面中绘制草图，标注相应的智能尺寸，如图 10-131 所示。

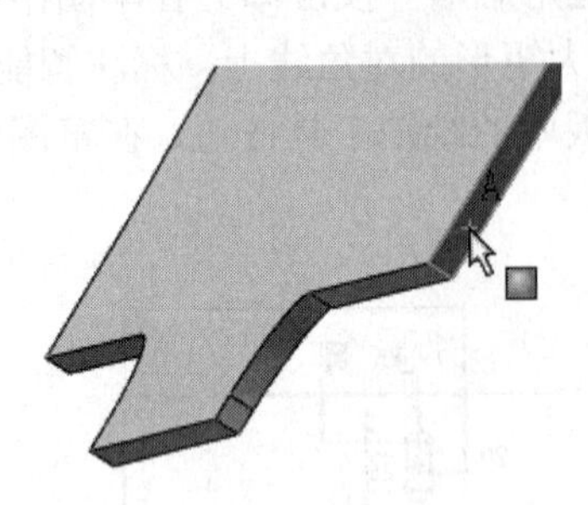

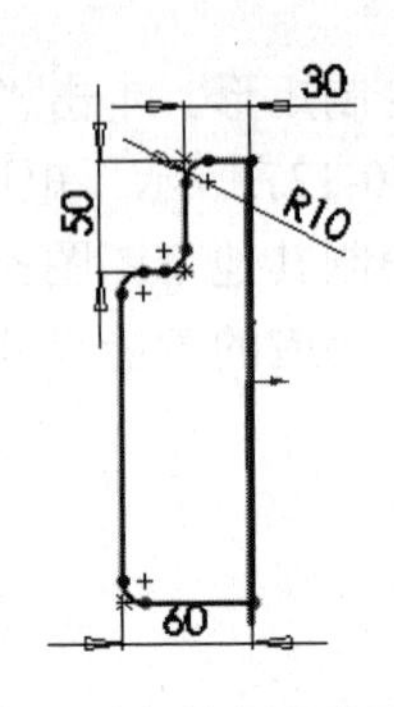

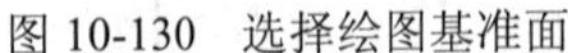
图 10-130　选择绘图基准面

图 10-131　选择绘图基准面

（8）生成“拉伸”特征。单击“特征”控制面板中的“拉伸凸台/基体”按钮，或选择菜单栏中的“插入”→“凸台/基体”→“拉伸”命令，系统弹出“凸台-拉伸”属性管理器，输入拉伸厚度值为“2”，单击“反向”按钮，如图 10-132 所示。单击确定按钮，结果如图 10-133 所示。

（9）选择绘制孔位置草图基准面。单击钣金件侧板的外面，单击“标准视图”工具栏中的“正视于”按钮，将该面作为绘制草图的基准面，如图 10-134 所示。

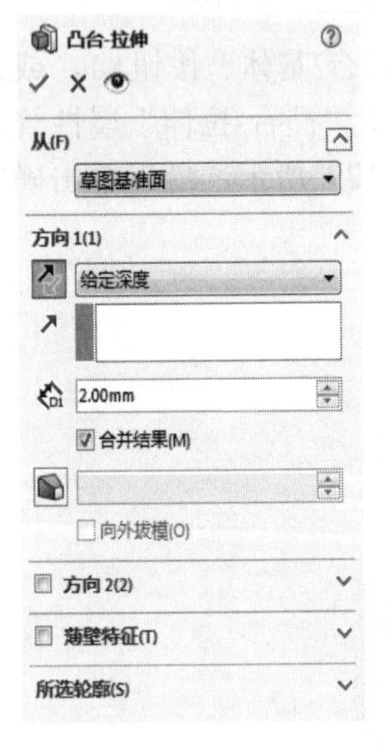

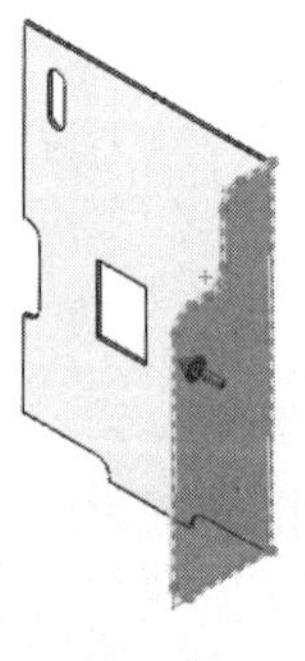

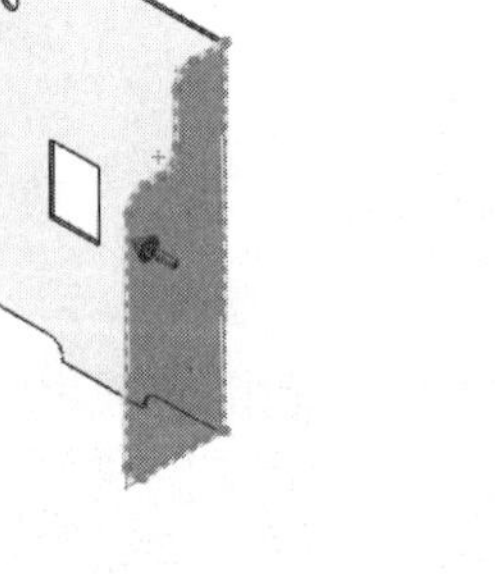

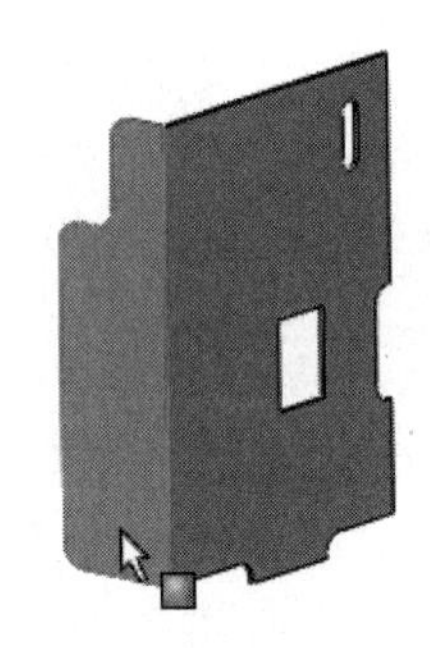

图 10-132　进行拉伸操作　　图 10-133　生成的拉伸特征　　图 10-134　选择基准面

（10）绘制草图。单击“草图”控制面板中的“中心线”按钮，绘制一条构造线；然后，单击“草图”控制面板中的“点”按钮，在构造线上绘制三个点，标注智能尺寸，如图 10-135 所示，然后单击“退出草图”按钮。

（11）生成“孔”特征。

① 单击“特征”控制面板中的“异形孔向导”按钮，或选择菜单栏中的“插入”→“特征”→“孔”→“向导”命令，系统弹出“孔规格”属性管理器。在孔规格选项栏中，单击“孔”按钮，选择“GB”标准，选择孔大小为ϕ10，如图 10-136 所示。

② 将对话框切换到位置选项下，然后，鼠标单击拾取草图中的三个点，如图 10-137 所示，确定孔的位置，单击确定按钮，生成孔特征如图 10-138 所示。

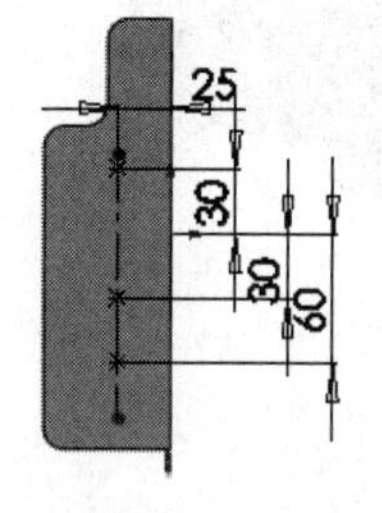

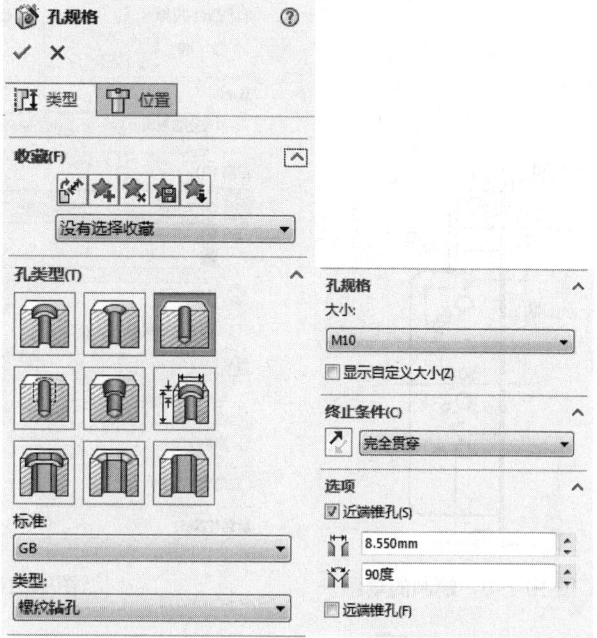

图 10-135　绘制草图

图 10-136　“孔规格”属性管理器

（12）选择绘图基准面。单击钣金件的另一侧面，单击“标准视图”工具栏中的“正视于”按钮，将该面作为绘制图形的基准面，如图 10-139 所示。

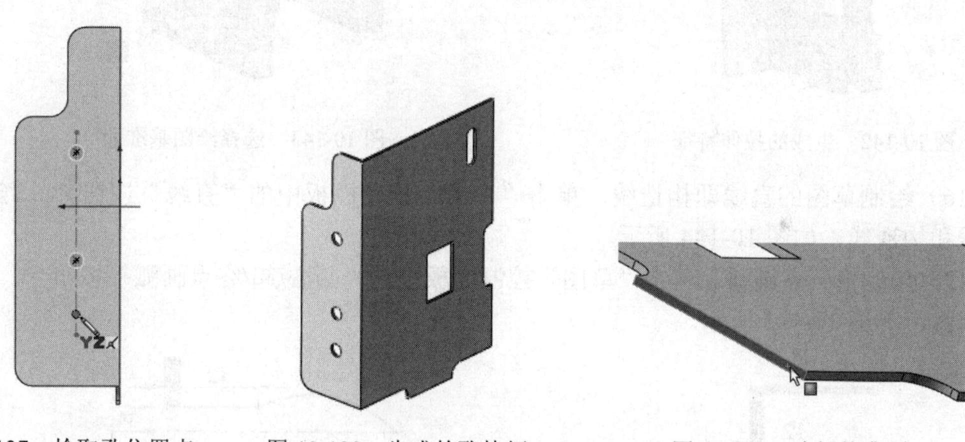

图 10-137　拾取孔位置点　　图 10-138　生成的孔特征　　图 10-139　选择基准面

（13）绘制钣金件另一侧草图。单击“草图”控制面板中的绘图工具按钮，绘制草图如图 10-140 所示。

（14）生成“拉伸”特征。单击“特征”控制面板中的“拉伸凸台/基体”按钮，或选择菜单栏中的“插入”→“凸台/基体”→“拉伸”命令，系统弹出“凸台-拉伸”属性管理器，在方向 1 的“终止条件”栏中输入厚度值 2，单击“反向”按钮，如图 10-141 所示。单击确定按钮，结果如图 10-142 所示。

（15）选择基准面。单击钣金件如图 10-143 所示凸缘的小面，单击“标准视图”工具栏中的“正视于”按钮，将该面作为绘制图形的基准面。

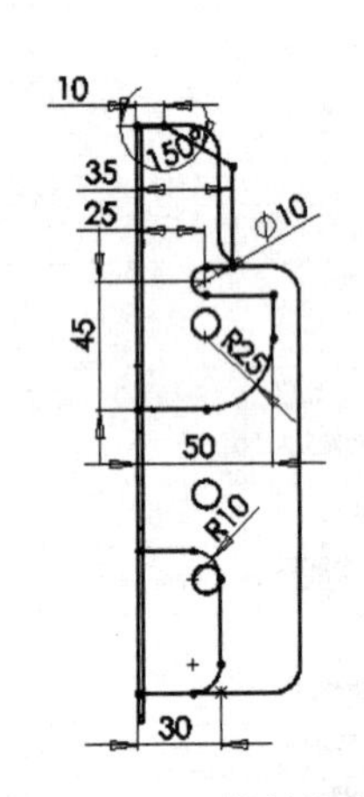

图 10-140　绘制的草图

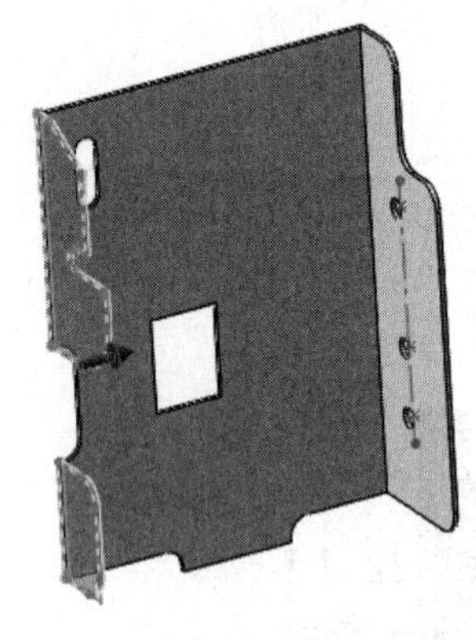

图 10-141　进行拉伸操作

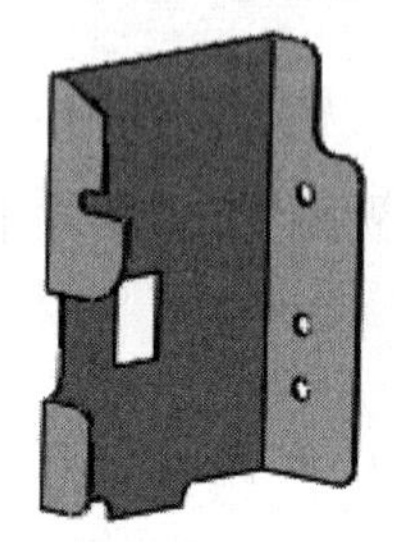

图 10-142　生成的拉伸特征

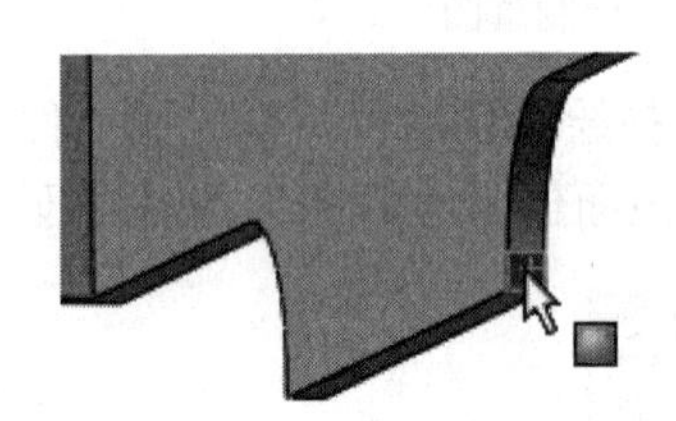

图 10-143　选择绘图基准面

（16）绘制草图的直线即构造线。单击“草图”控制面板中的“直线”按钮，绘制一条直线和构造线，如图 10-144 所示。

（17）绘制第一条圆弧。单击“草图”控制面板中的“圆心/起/终点画弧”按钮，绘制一条圆弧，如图 10-145 所示。

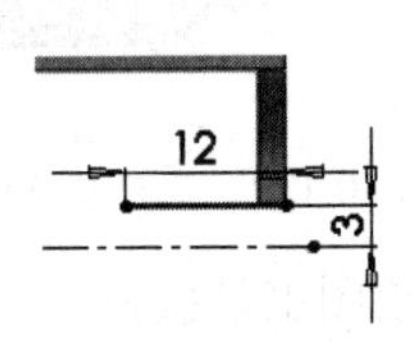

图 10-144　绘制直线和构造线

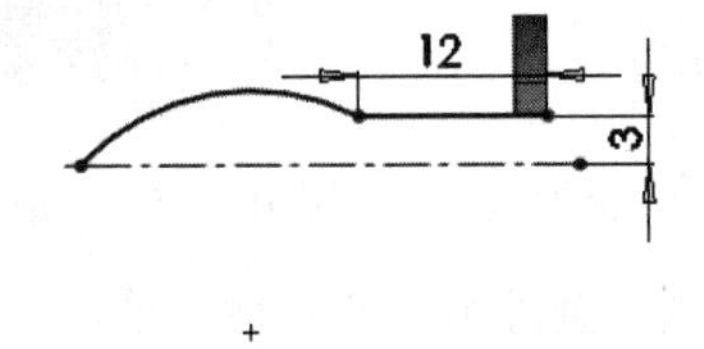

图 10-145　绘制圆弧

（18）添加几何关系。单击“草图”控制面板“添加/删除几何关系”下拉列表中的“添加几何关系”按钮，在弹出的“添加几何关系”属性管理器中，单击拾取圆弧的起点（即直线左侧端点）和圆弧圆心点，选择“竖直”选项，添加竖直约束，然后单击确定按钮，如图 10-146 所示。最后标注圆弧的智能尺寸，如图 10-147 所示。

（19）绘制第二条圆弧。单击“草图”控制面板中的“切线弧”按钮，绘制第二条圆弧，圆弧的两端点均在构造线上，标注其尺寸，如图 10-148 所示。

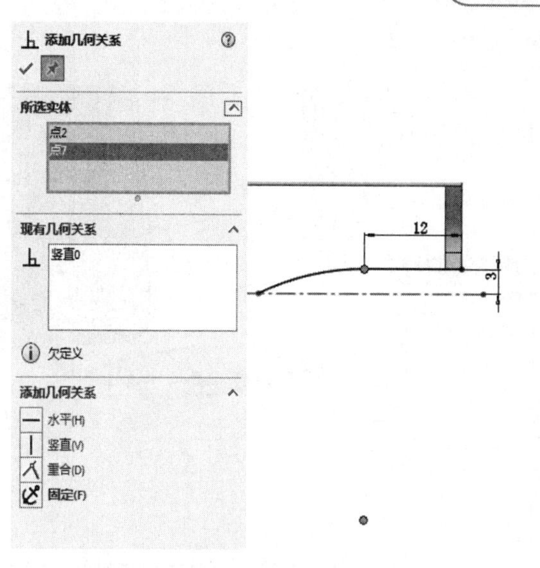

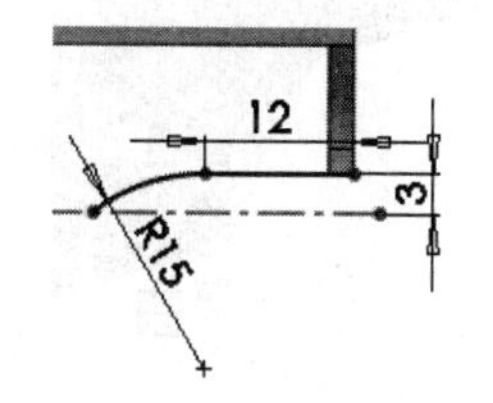

图 10-146　添加“竖直”约束　　　　图 10-147　标注智能尺寸

（20）绘制第三条圆弧。单击“草图”控制面板中的“切线弧”按钮，绘制第三条圆弧，圆弧的起点与第二条圆弧的终点重合，添加圆弧终点与圆心点“竖直”约束，标注智能尺寸，如图 10-149 所示。

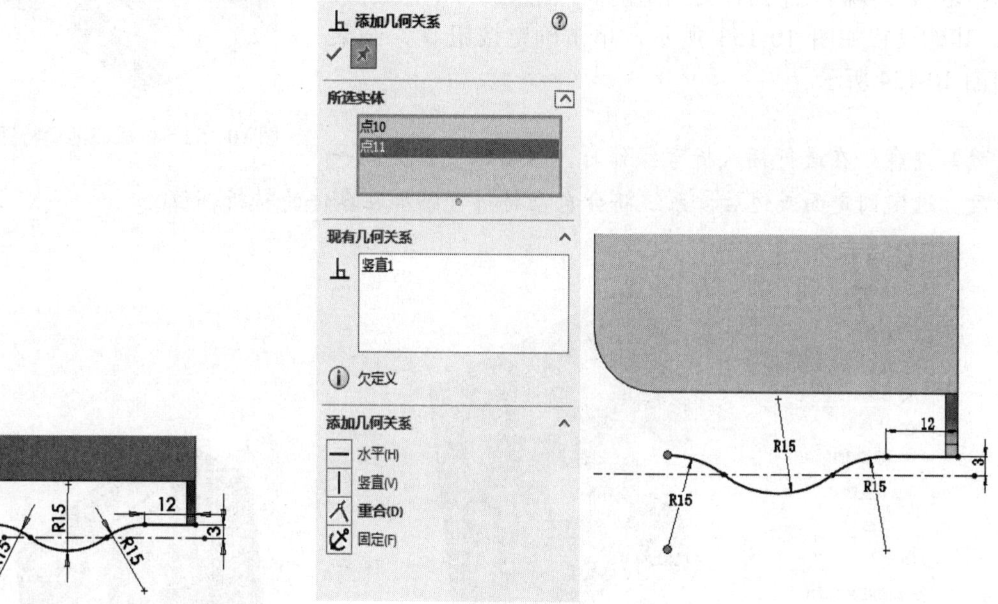

图 10-148　绘制第二条圆弧　　　　图 10-149　绘制第三条圆弧

（21）拉伸生成“薄壁”特征。单击“特征”控制面板中的“拉伸凸台/基体”按钮，或选择菜单栏中的“插入”→“凸台/基体”→“拉伸”命令，在弹出的“凸台-拉伸”属性管理器中，拉伸方向选择“成形到一面”，鼠标拾取图 10-150 所示的小面；在方向 1 的“终止条件”栏中输入厚度值 2，单击“反向”按钮，如图 10-151 所示。单击确定按钮✓，结果如图 10-152 所示。

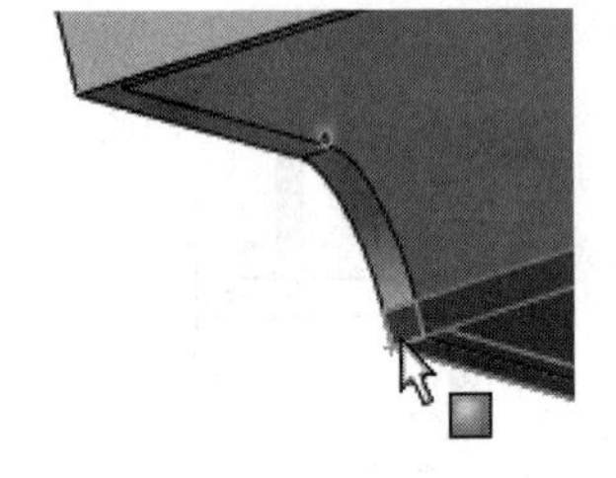

图 10-150　拾取成形到一面

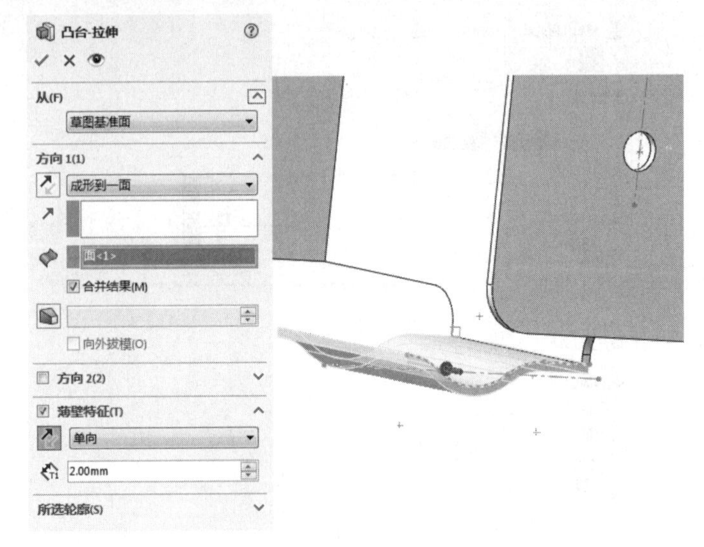

图 10-151　进行拉伸薄壁特征操作

（22）插入折弯。单击“钣金”控制面板中的“插入折弯”按钮，或选择菜单栏中的“插入”→“钣金”→“折弯”命令，在弹出的“折弯”属性管理器中，单击鼠标拾取钣金件的大平面作为固定的面；输入折弯半径数值：3，其他设置如图 10-153 所示，单击确定按钮，结果如图 10-154 所示。

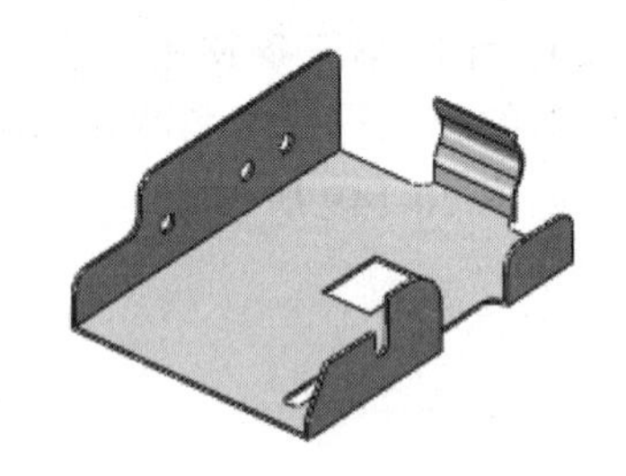

图 10-152　生成的薄壁特征

注意： 在进行插入折弯操作时，只要钣金件是同一厚度，选定固定面或边后，系统将会自动将折弯添加在零件的转折部位。

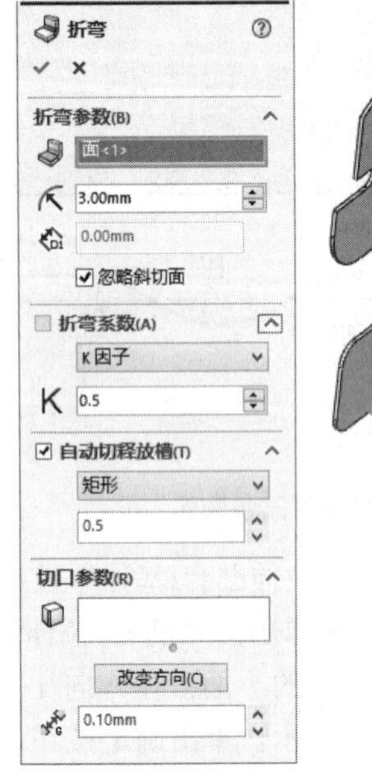

图 10-153　进行插入折弯操作

图 10-154　生成的折弯

（23）生成“边线法兰”特征。

① 单击“钣金”控制面板中的“边线法兰”按钮，或选择菜单栏中的“插入”→“钣金”→“边线法兰”命令，在弹出的“边线法兰”属性管理器中单击鼠标拾取如图 10-155 所示的钣金件边线；输入法兰长度数值：30，其他设置如图 10-156 所示，单击确定按钮✓。

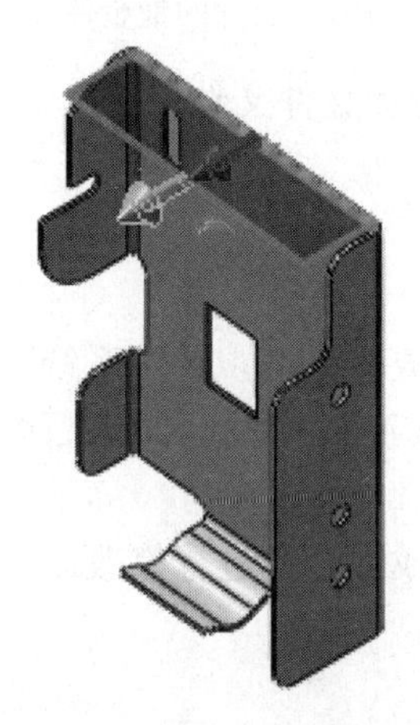

图 10-155 选择生成边线法兰的边

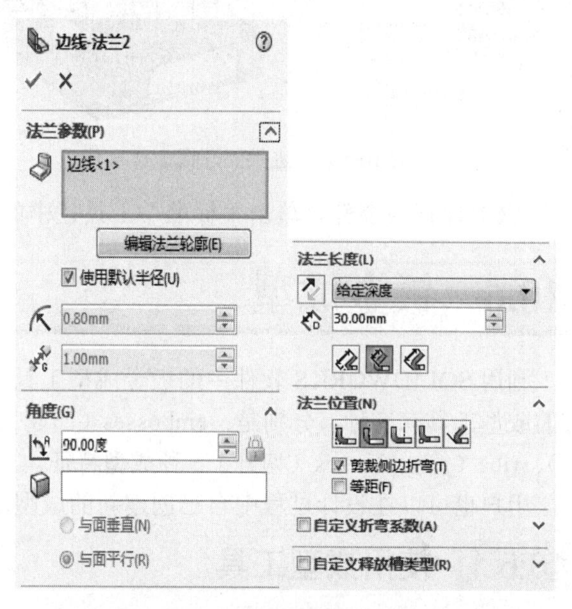

图 10-156 设置边线法兰参数

② 单击“编辑法兰轮廓”按钮，通过标注智能尺寸来编辑边线法兰的轮廓，如图 10-157 所示，最后单击图 10-158 所示的轮廓草图对话框中的“完成”按钮，生成边线法兰。

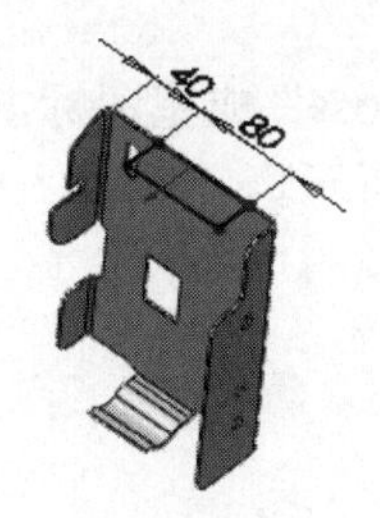

图 10-157 编辑边线法兰轮廓

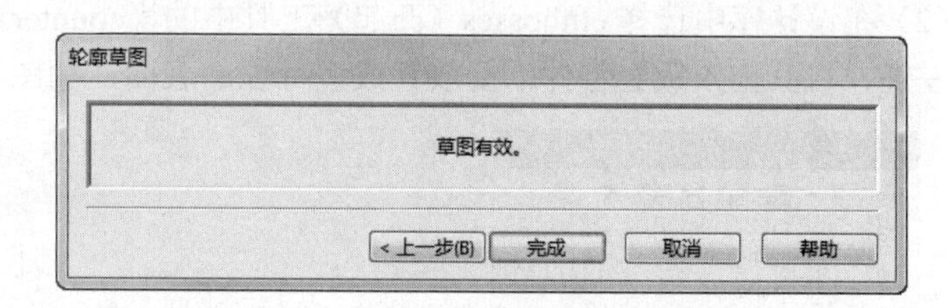

图 10-158 完成编辑边线法兰轮廓

（24）对边线法兰进行圆角。单击“特征”工具栏中的“圆角”按钮，或选择菜单栏中的“插入”→“特征”→“圆角”命令，对边线法兰进行半径值为 10 的圆角操作，最后生成的钣金件如图 10-159 所示。

（25）展开钣金件。单击“钣金”控制面板中的“展开”按钮，或选择菜单栏中的“插入”→“钣金”→“展开”命令，单击鼠标拾取钣金件的大平面作为固定面，在对话框中单击“收集所有折弯”，系统将自动收集所有需要展开的折弯，如图 10-160 所示。最后，单击确定按钮✓，展开钣金件，如图 10-161 所示。

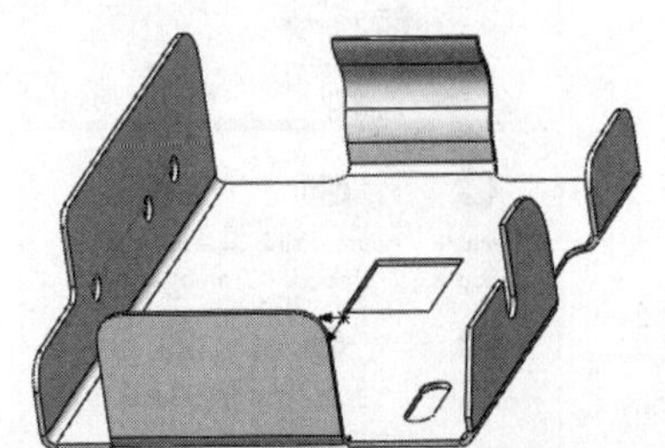

图 10-159 生成的钣金件

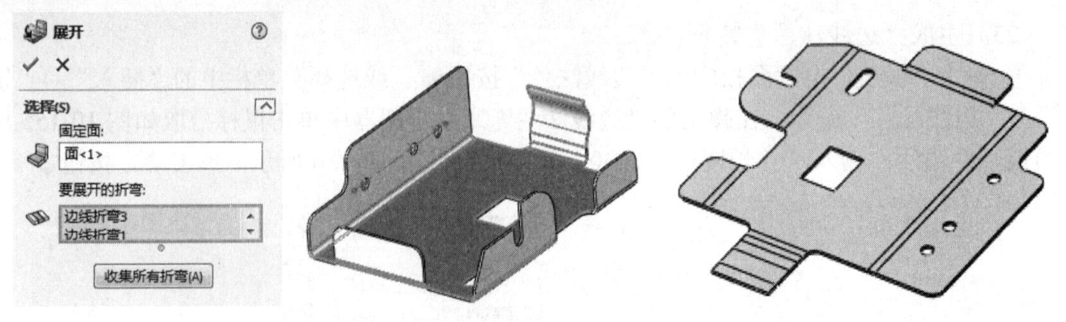

图 10-160　进行展开钣金件操作　　　　图 10-161　展开的钣金件

（26）保存钣金件。单击“标准”工具栏中的“保存”按钮将钣金件文件保存。

10.6　钣金成型

利用 SOLIDWORKS 软件中的钣金成型工具可以生成各种钣金成型特征，软件系统中已有的成型工具有 5 种，分别是：embosses（凸起）、extruded flanges（冲孔）、louvers（百叶窗板）、ribs（筋）、lances（切开）5 种成型特征。

用户也可以在设计过程中自己创建新的成型工具或者对已有的成型工具进行修改。

10.6.1　使用成型工具

使用成型工具的操作步骤如下：

（1）首先创建或者打开一个钣金零件文件。单击“设计库”按钮，弹出“设计库”对话框，在对话框中按照路径 Design Library\forming tools\可以找到 5 种成型工具的文件夹，在每一个文件夹中都有若干种成型工具，如图 10-162 所示。

（2）在设计库中选择 embosses（凸起）工具中的“counter sink emboss”成型图标，按下鼠标左键，将其拖入钣金零件需要放置成型特征的表面，如图 10-163 所示。

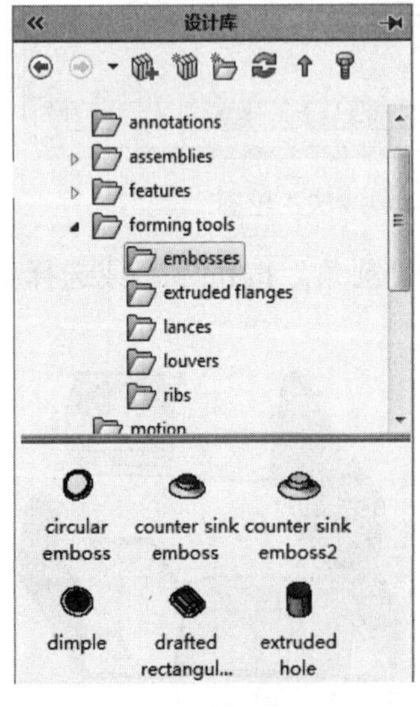

图 10-162　成型工具存在位置

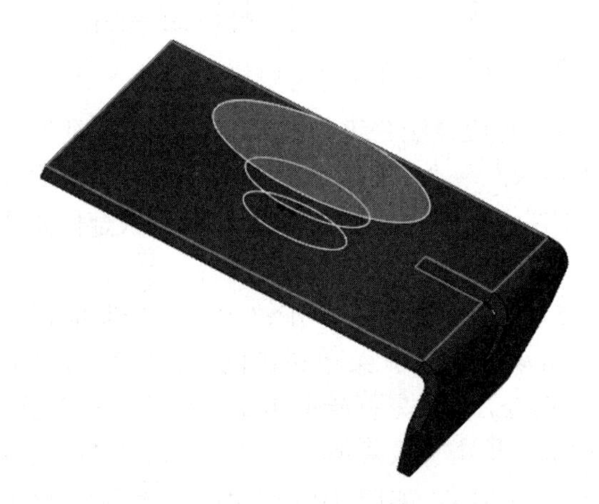

图 10-163　将成型工具拖入放置表面

（3）随意拖放的成型特征可能位置并不一定合适，所以系统会弹出“放置成型特征”对话框，提示是否编辑成型特征的位置，如图 10-164 所示。可以单击“草图”控制面板中的“智能尺寸”按钮，标注如图 10-165 所示的尺寸。然后单击“完成”按钮，结果如图 10-166 所示。

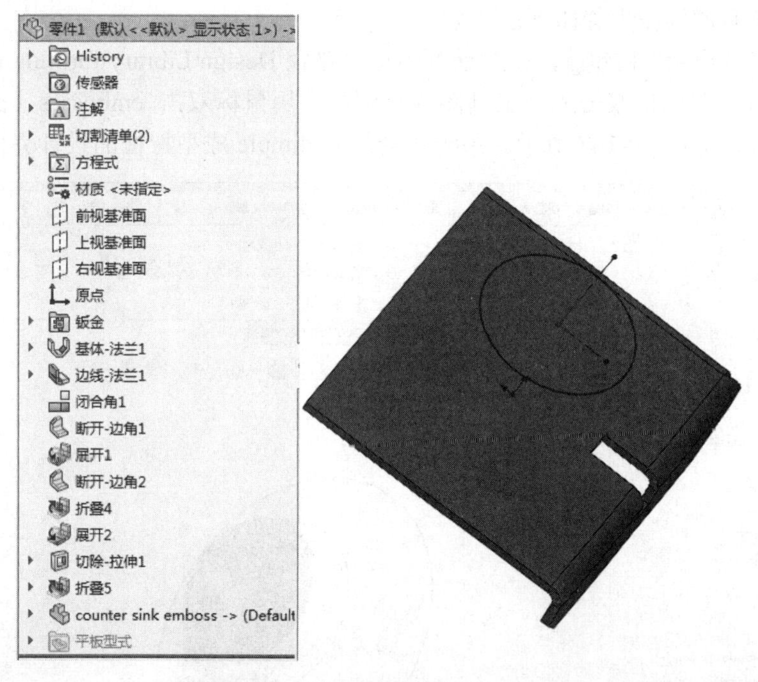

图 10-164　“放置成型特征”对话框

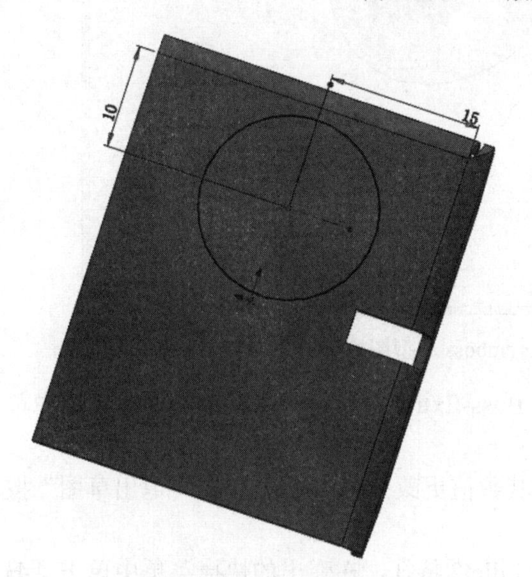

图 10-165　标注成型特征位置尺寸

图 10-166　生成的成型特征

注意：使用成型工具时，默认情况下成型工具向下行进，即形成的特征方向是“凹”，如果要使其方向变为“凸”，需要在拖入成型特征的同时按一下 Tab 键。

10.6.2 修改成型工具

SOLIDWORKS 软件自带的成型工具形成的特征在尺寸上不能满足用户使用要求，用户可以自行进行修改。

修改成型工具的操作步骤如下：

（1）单击“设计库”按钮，在对话框中按照路径 Design Library\forming tools\找到需要修改的成型工具，用鼠标双击成型工具图标。例如，用鼠标双击 embosses（凸起)工具中的 dimple 成型图标，如图 10-167 所示。系统将会进入 dimple 成型特征的设计界面。

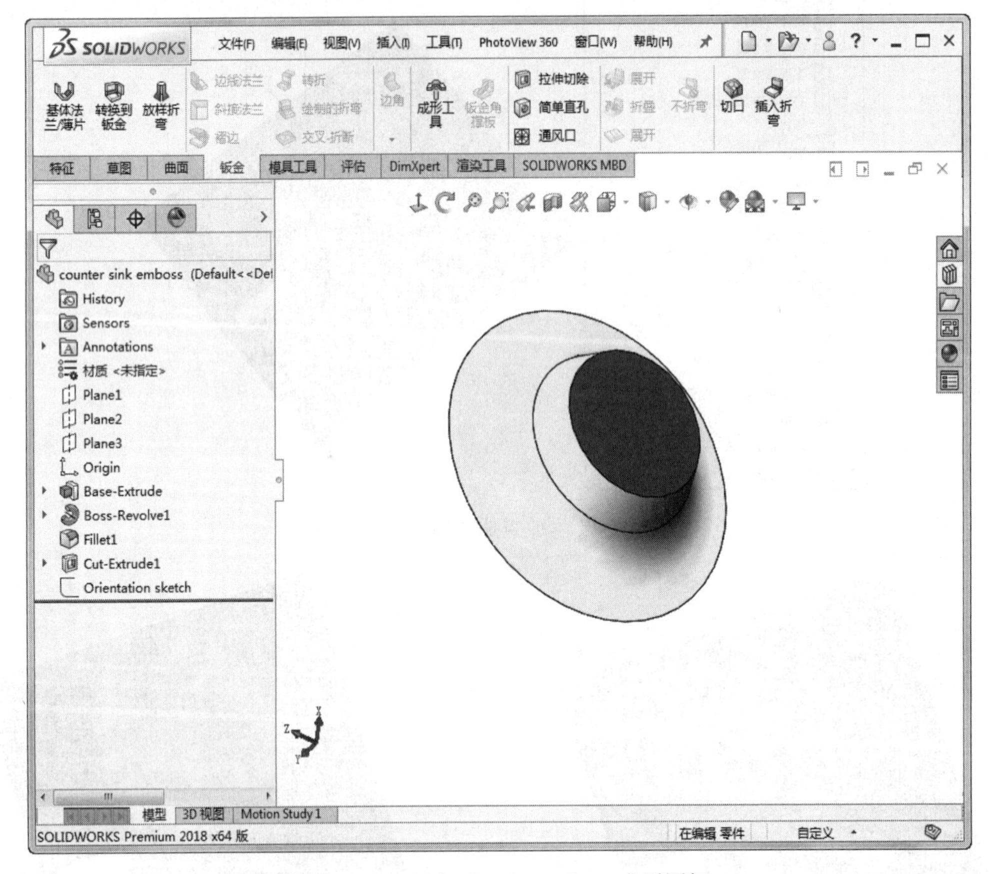

图 10-167 双击 circular emboss 成型图标

（2）在左侧的 FeatureManager 设计树中右击 Boss-Extrudel 特征，在弹出的快捷菜单中单击“编辑草图”按钮，如图 10-168 所示。

（3）用鼠标双击草图中的圆弧直径尺寸，将其数值更改为 70，然后单击“退出草图”按钮，成型特征的尺寸将变大。

（4）在左侧的 FeatureManager 设计树中右击 Fillet2 特征，在弹出的快捷菜单中单击“编辑特征”按钮，如图 10-169 所示。

（5）在 Fillet2 属性管理器中更改圆角半径数值为 10，如图 10-170 所示。单击确定按钮✓，结果如图 10-171 所示，选择菜单栏中的“文件”→“另保存”命令将成型工具保存。

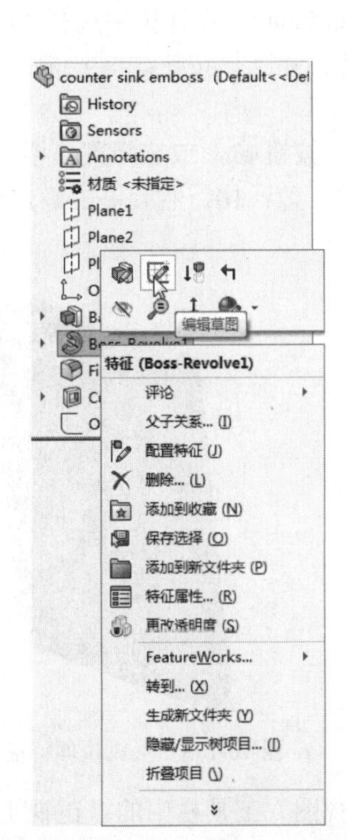

图 10-168　编辑 Boss-Extrudel 特征草图

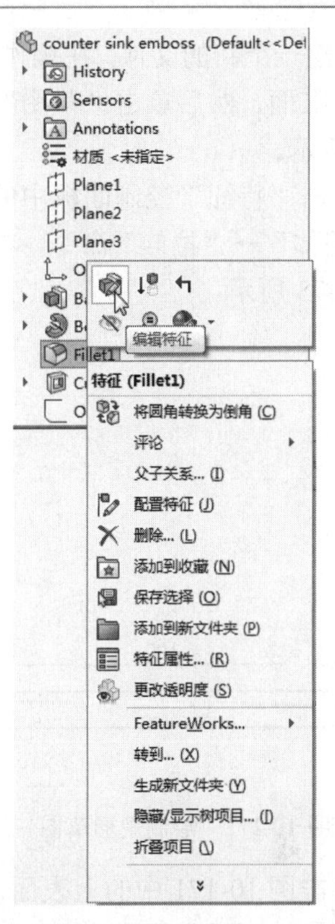

图 10-169　编辑 Fillet2 特征

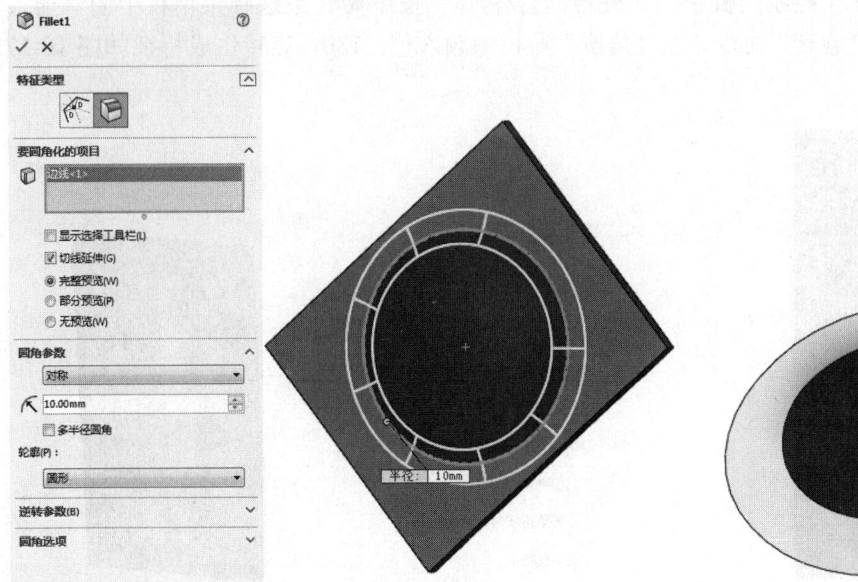

图 10-170　编辑 Fillet2 特征

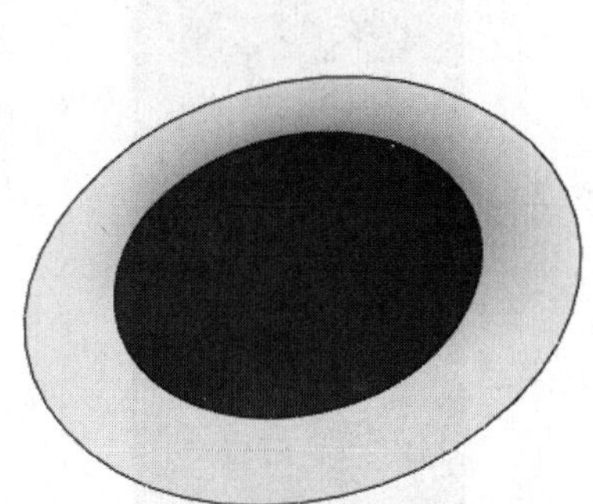

图 10-171　修改后的 Boss-Extrudel 特征

10.6.3　创建新成型工具

用户可以自己创建新的成型工具，然后将其添加到“设计库”中，以备后用。创建新的成型工具和创建其他实体零件的方法一样，操作步骤如下。

（1）创建一个新的文件，在操作界面左侧的 FeatureManager 设计树中选择“前视基准面”作为绘图基准面，然后单击“草图”控制面板中的“边角矩形”按钮，绘制一个矩形，如图 10-172 所示。

（2）单击“特征”控制面板中的“拉伸凸台/基体”按钮，或选择菜单栏中的“插入”→“凸台/基体”→“拉伸”命令，在“深度”一栏中输入值：10，然后单击确定按钮。结果如图 10-173 所示。

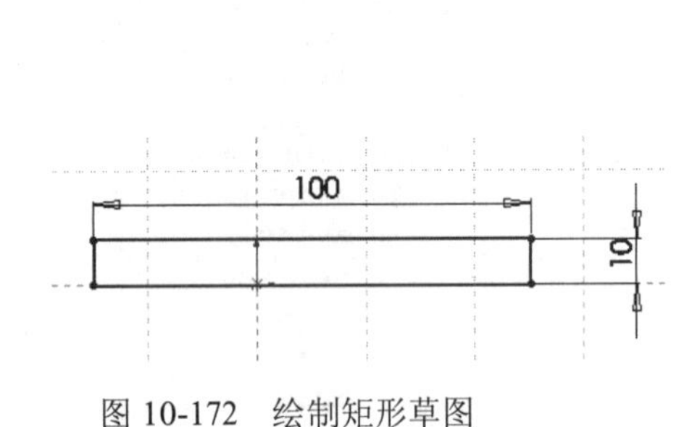

图 10-172　绘制矩形草图

图 10-173　生成拉伸特征

（3）单击图 10-171 中的上表面，然后单击“前导视图”工具栏中的“正视于”按钮，将该表面作为绘制图形的基准面。在此表面上绘制一个“成型工具”草图，如图 10-174 所示。

（4）单击“特征”控制面板中的“旋转凸台/基体”按钮，或选择菜单栏中的“插入”→“凸台/基体”→“旋转”命令，在“角度”一栏中输入值：180，旋转生成特征如图 10-175 所示。

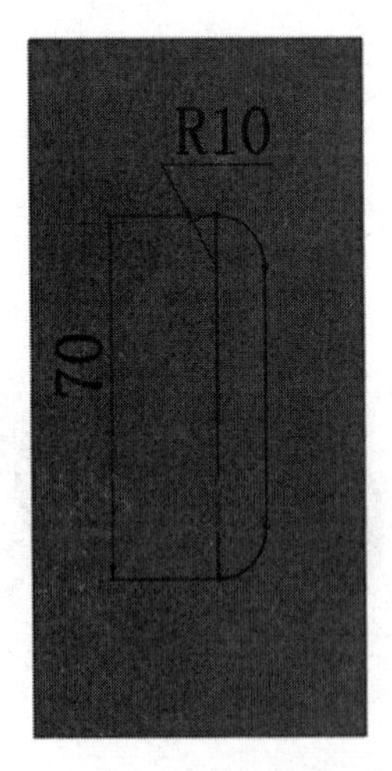

图 10-174　绘制矩形草图

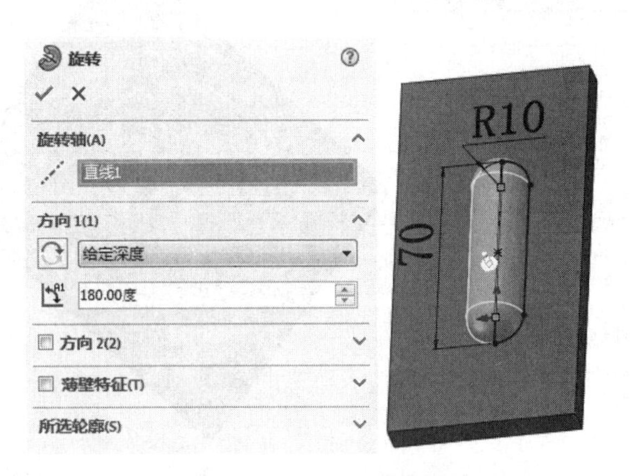

图 10-175　生成拉伸特征

（5）单击“特征”控制面板中的“圆角”按钮，或选择菜单栏中的“插入”→“特征”→“圆角”命令，输入圆角半径值：6，按住 Shift 键，选择旋转特征的边线，如图 10-176 所示，然后单击确定按钮，结果如图 10-177 所示。

（6）单击图 10-175 中矩形实体的一个侧面，然后单击“草图”操控板中的“草图绘制”

按钮，然后单击“草图”控制面板中的“转换实体引用”按钮，生成矩形草图，如图 10-178 所示。

（7）单击“特征”控制面板中的“拉伸切除”按钮，或选择菜单栏中的“插入”→“切除”→“拉伸”命令，在弹出的“切除拉伸”属性管理器中“终止条件”一栏中选择“完全贯通”，如图 10-179 所示，然后单击确定按钮。

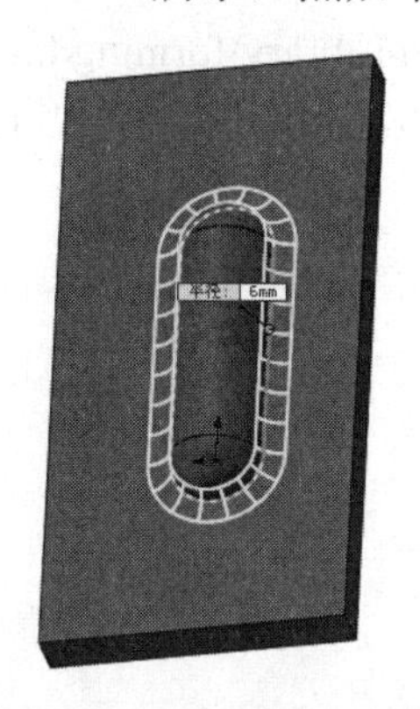

图 10-176　选择圆角边线

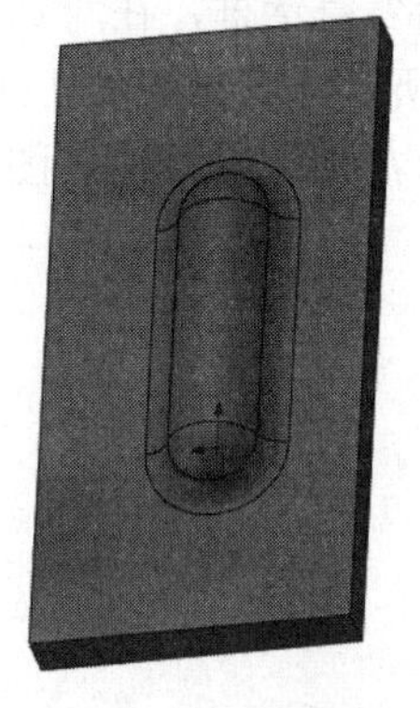

图 10-177　生成圆角特征

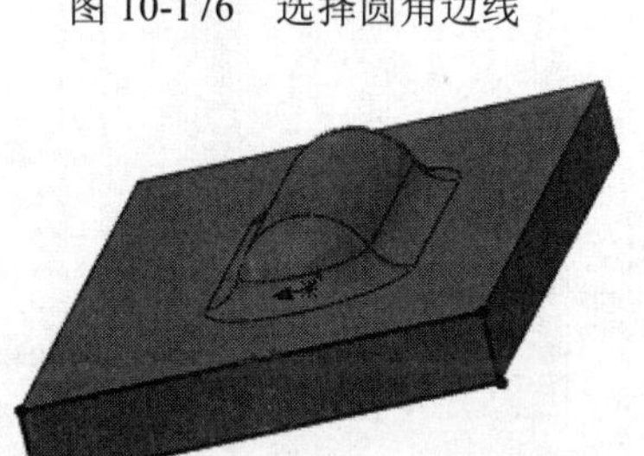

图 10-178　转换实体引用

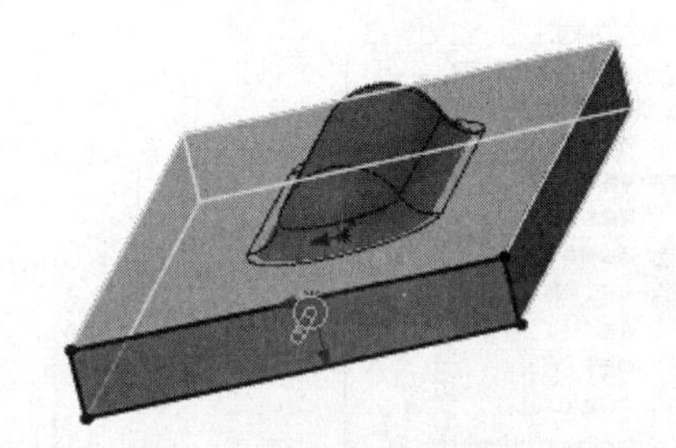

图 10-179　完全贯通切除

（8）单击图 10-180 中的底面，然后单击“标准视图”工具栏中的“正视于”按钮，将该表面作为绘制图形的基准面。单击“草图”控制面板中的“圆”按钮和“直线”按钮，以基准面的中心为圆心绘制一个圆和两条互相垂直的直线，如图 10-181 所示，单击“退出草图”按钮。

图 10-180　选择草图基准面

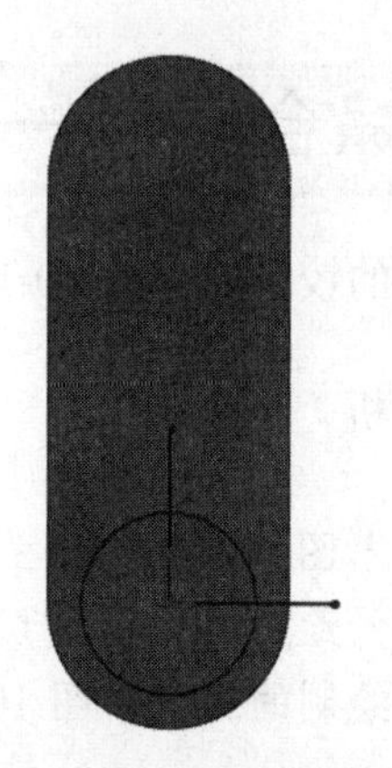

图 10-181　绘制定位草图

注意：在步骤（8）中绘制的草图是成型工具的定位草图，必须要绘制，否则成型工具将不能放置到钣金零件上。

（9）首先，将零件文件保存，然后在操作界面左边成型工具零件的 FeatureManager 设计树中，右击零件名称，在弹出的快捷菜单中选择“添加到库”命令，如图 10-182 所示，系统弹出“另存为”对话框，在对话框中选择保存路径：Design Library\forming tools\embosses\，如图 10-183 所示。将此成型工具命名为“弧形凸台”，单击“保存”按钮，可以把新生成的成型工具保存在设计库中，如图 10-184 所示。

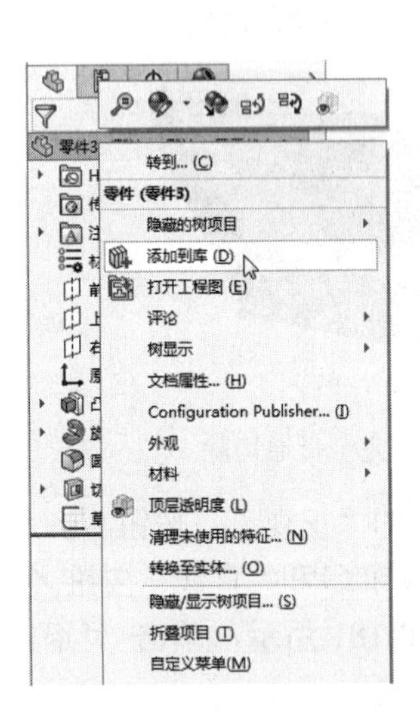

图 10-182　选择“添加到库”命令

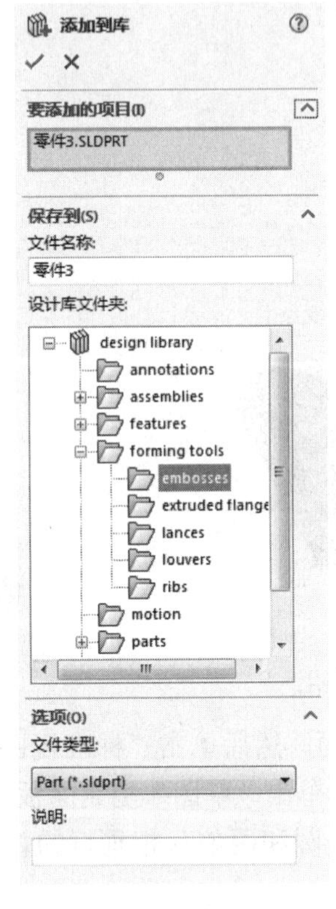

图 10-183　保存成型工具到设计库

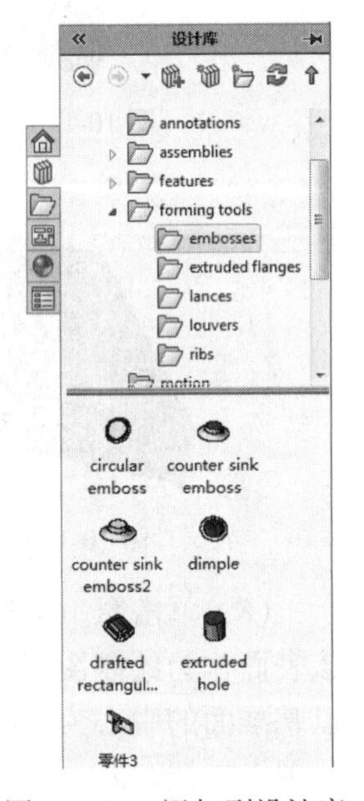

图 10-184　添加到设计库

10.7　综合实例——铰链

本例绘制的铰链，如图 10-185 所示。

思路分析

首先绘制草图创建基体法兰，然后通过边线法兰创建臂，再展开绘制草图创建切除特征，最后折弯回去后创建孔。绘制的流程如图 10-186 所示。

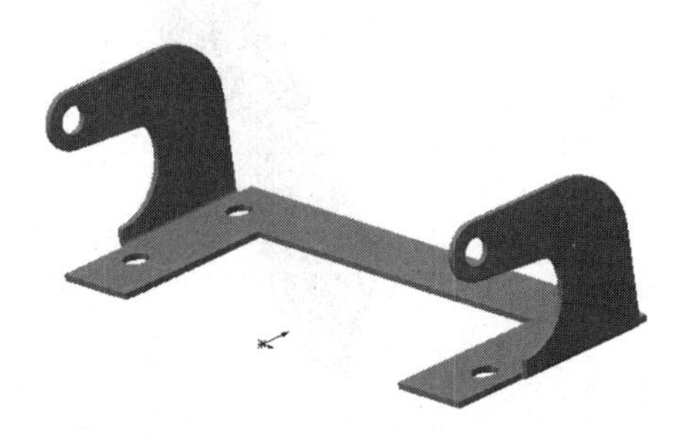

图 10-185　铰链

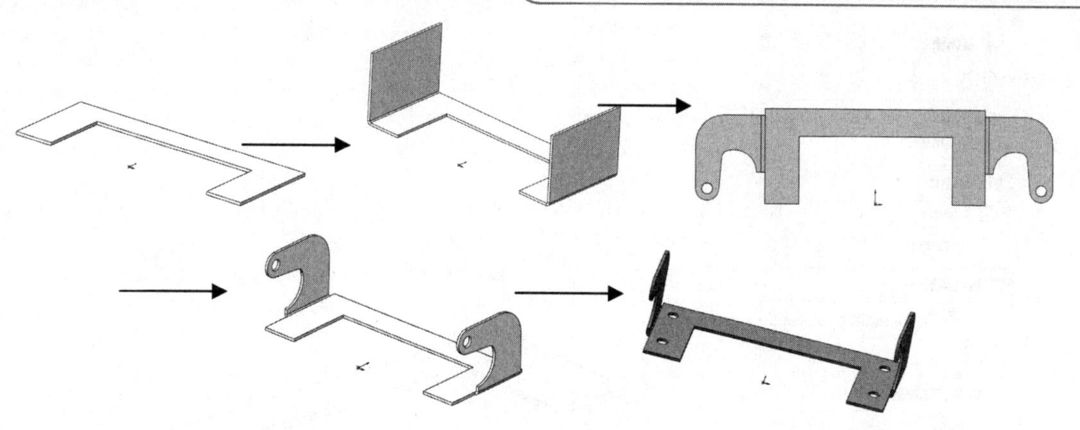

图 10-186　流程图

创建步骤

10.7.1　绘制铰链主体

（1）启动 SOLIDWORKS 2018，单击“标准”工具栏中的“新建”按钮，或选择菜单栏中的“文件”→“新建”命令，在弹出的“新建 SOLIDWORKS 文件”对话框中选择“零件”按钮，然后单击“确定”按钮，创建一个新的零件文件。

（2）设置基准面。在左侧 FeatureManager 设计树中用鼠标选择“前视基准面”，然后单击“标准视图”工具栏中的“正视于”按钮，将该基准面作为绘制图形的基准面。单击“草图”控制面板中的“草图绘制”按钮，进入草图绘制状态。

（3）绘制草图。单击“草图”控制面板中的“直线”按钮，绘制草图，标注智能尺寸如图 10-187 所示。

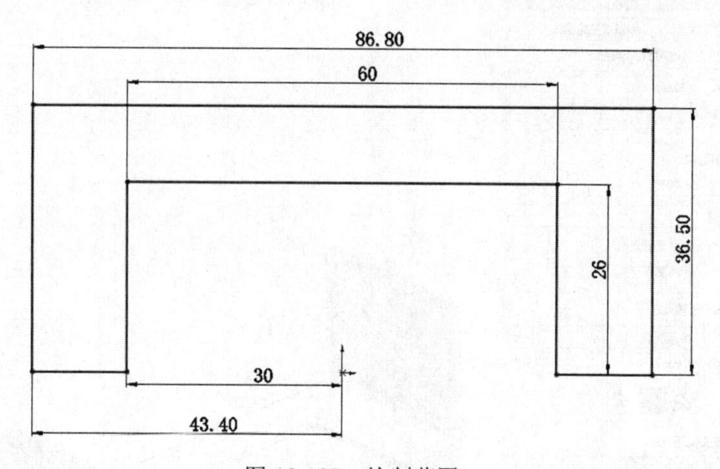

图 10-187　绘制草图

（4）创建基体法兰。单击“钣金”控制面板中的“基体法兰”按钮，或选择菜单栏中的“插入”→“钣金”→“基体法兰”命令，在弹出的“基体法兰”属性管理器中，输入厚度值：0.5，其他参数取默认值，如图 10-188 所示。然后单击确定按钮，结果如图 10-189 所示。

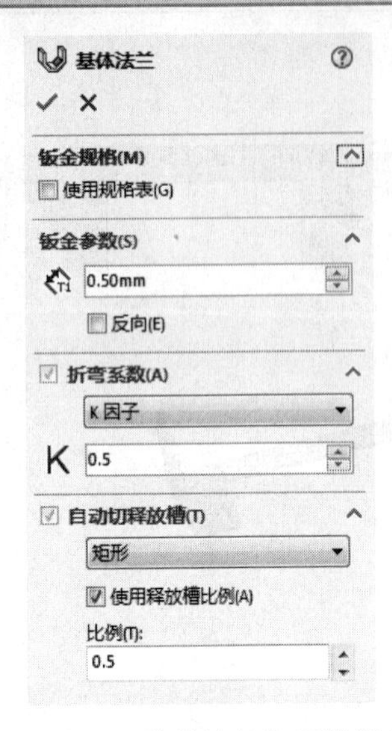

图 10-188　“基体法兰”属性管理器

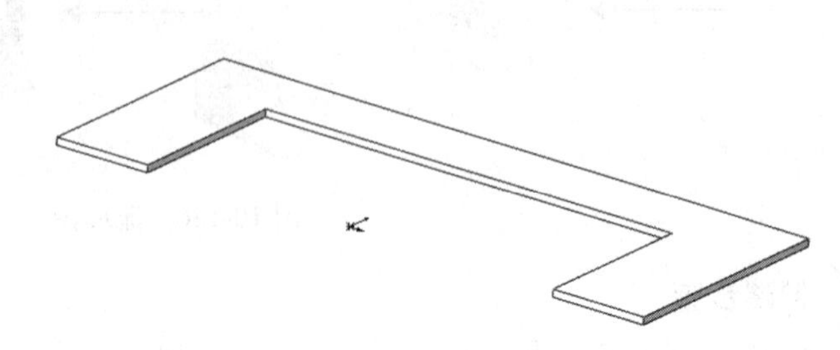

图 10-189　创建基体法兰

（5）创建边线法兰。单击“钣金”控制面板中的“边线法兰”按钮，或选择菜单栏中的“插入”→“钣金”→“边线法兰”命令，在弹出的“边线-法兰 1”属性管理器中，在视图中选择边线，选择“内部虚拟交点”，“折弯在外”类型，输入角度为 90 度，输入长度为 27，取消“使用默认半径”复选框，输入半径为 0.5，其他参数取默认值，如图 10-190 所示。然后单击确定按钮，结果如图 10-191 所示。

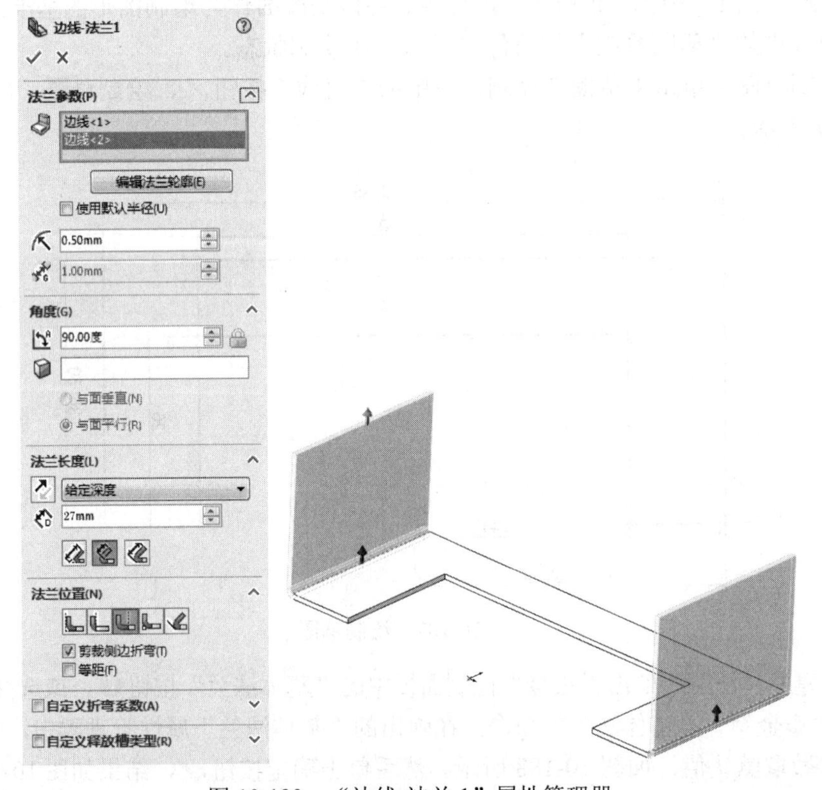

图 10-190　“边线-法兰 1”属性管理器

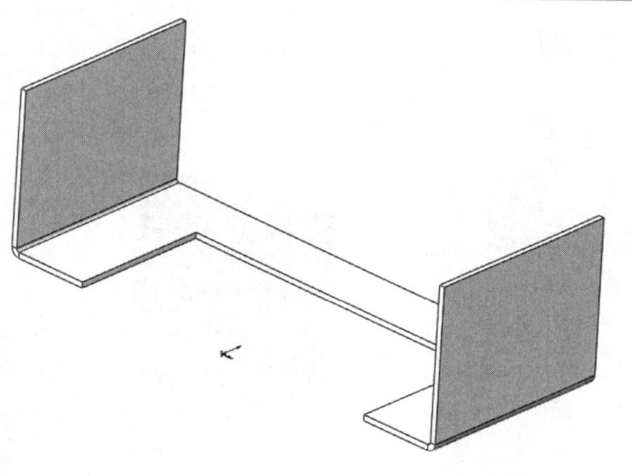

图 10-191　创建边线法兰

10.7.2 绘制局部结构

（1）设置基准面。在左侧的 FeatureManager 设计树中用鼠标选择“右视基准面”，然后单击“标准视图”工具栏中的“正视于”按钮，将该基准面作为绘制图形的基准面。单击“草图”控制面板中的“草图绘制”按钮，进入草图绘制状态。

（2）绘制草图。单击“草图”控制面板中的“圆”按钮，绘制草图，标注智能尺寸如图 10-192 所示。

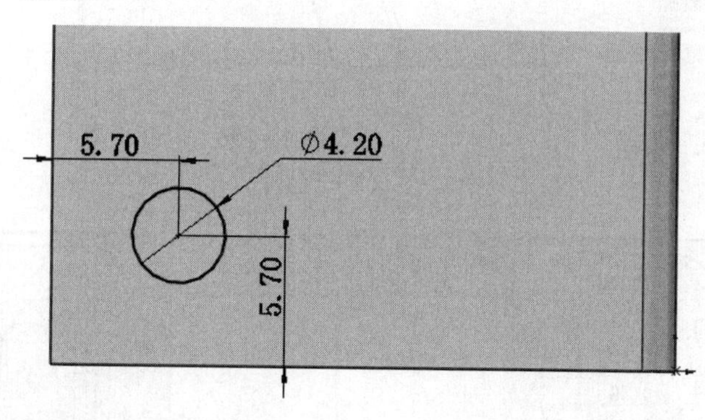

图 10-192　绘制草图

（3）切除零件。单击“特征”控制面板中的“拉伸切除”按钮，或选择菜单栏中的“插入”→“切除”→“拉伸”命令，在弹出的“切除-拉伸”属性管理器中，设置“方向 1”和“方向 2”的终止条件为“完全贯穿”，其他参数取默认值，如图 10-193 所示。然后单击确定按钮，结果如图 10-194 所示。

（4）展开折弯。单击“钣金”控制面板中的“展开”按钮，或选择菜单栏中的“插入”→“钣金”→“展开”命令，在弹出的“展开”属性管理器中，在视图中选择图 10-194 中所示的面 1 为固定面，单击“收集所有折弯”按钮，将视图中的所有折弯展开，如图 10-195 所示。单击确定按钮，结果如图 10-196 所示。

（5）绘制草图。选择面 2 作为绘图基准面，然后单击“草图”控制面板中的“中心线”按钮、“切线弧”按钮、“直线”按钮和“绘制圆角”按钮，绘制草图，标注智能尺寸如图 10-197 所示。

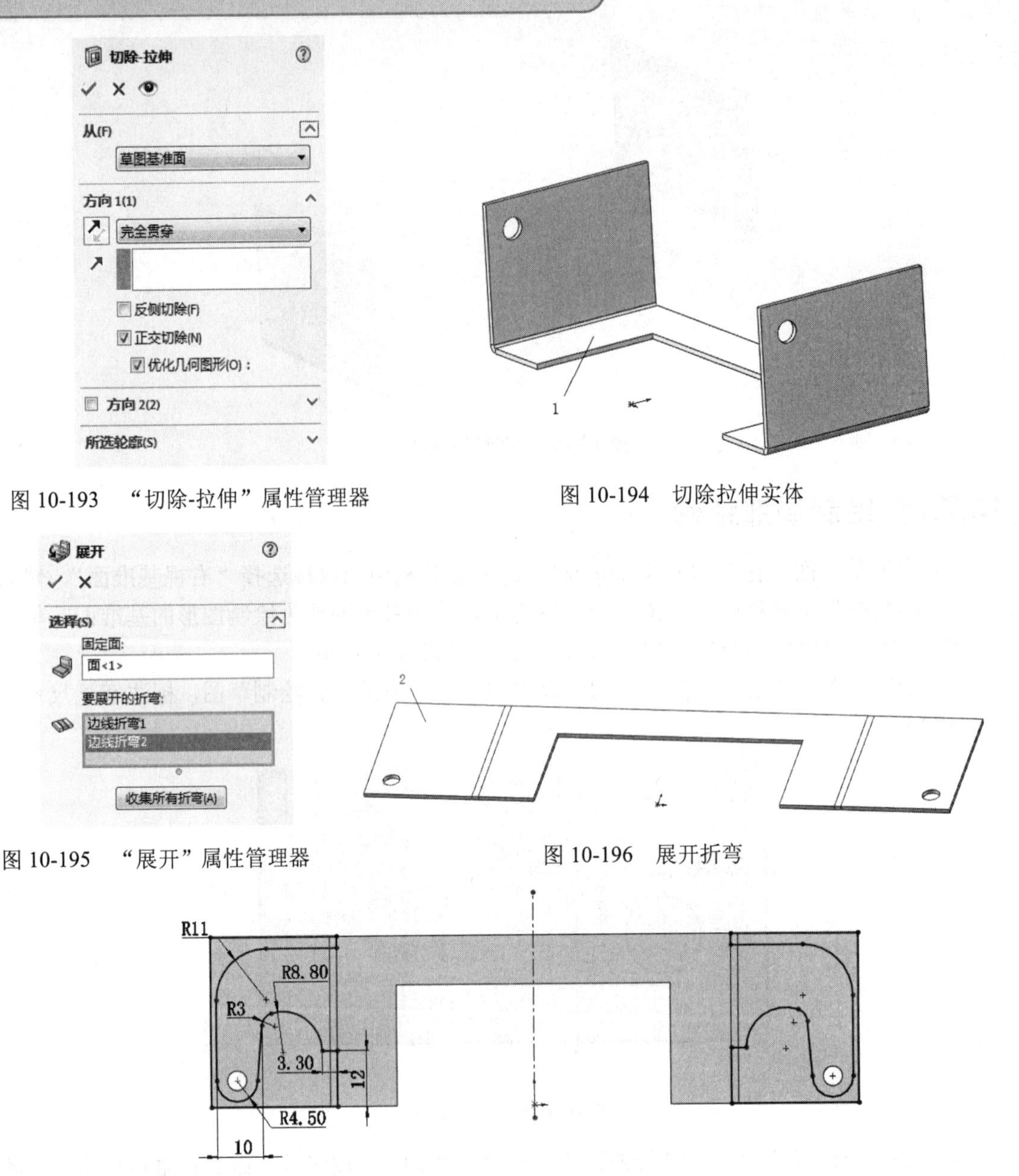

图 10-193　“切除-拉伸”属性管理器

图 10-194　切除拉伸实体

图 10-195　“展开”属性管理器

图 10-196　展开折弯

图 10-197　绘制草图

（6）切除零件。单击“特征”控制面板中的“拉伸切除”按钮，或选择菜单栏中的“插入”→“切除”→“拉伸”命令，弹出“切除-拉伸”属性管理器，设置终止条件为“完全贯穿”，其他参数取默认值，如图 10-198 所示。然后单击确定按钮，结果如图 10-199 所示。

（7）折叠折弯。单击“钣金”控制面板中的“折叠”按钮，或选择菜单栏中的“插入”→“钣金”→“折叠”命令，在弹出的“折叠”属性管理器中，在视图中选择图 10-199 中所示的面 3 为固定面，单击“收集所有折弯”按钮，将视图中的所有折弯折叠，如图 10-200 所示。单击确定按钮，结果如图 10-201 所示。

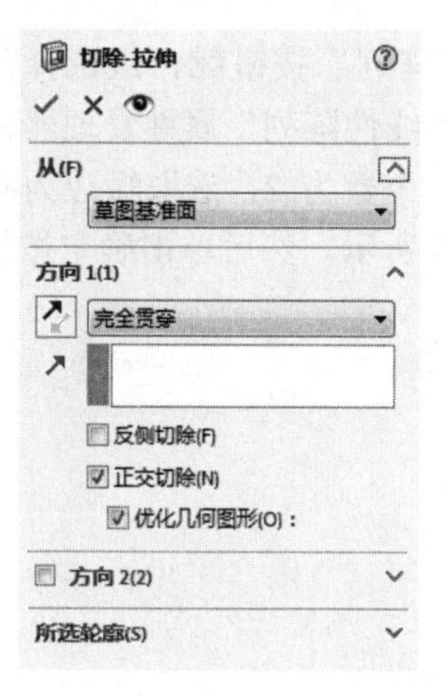

图 10-198 “切除-拉伸”属性管理器

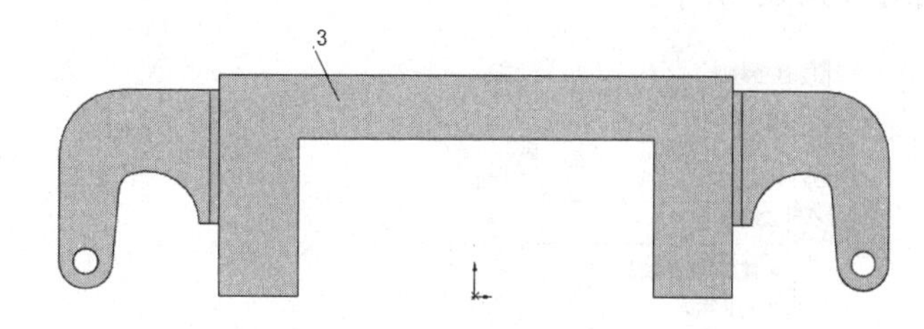

图 10-199 切除拉伸实体

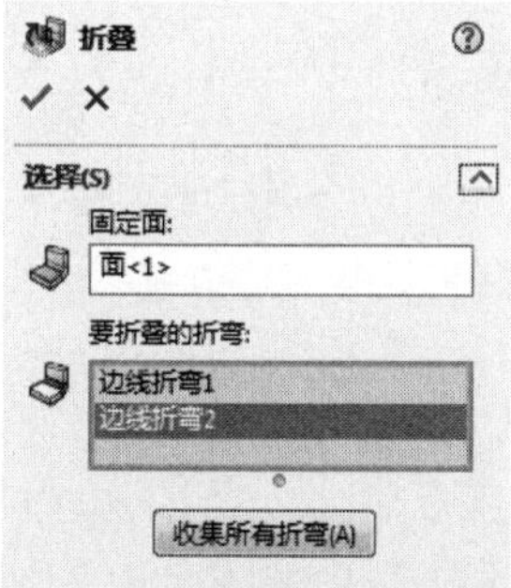

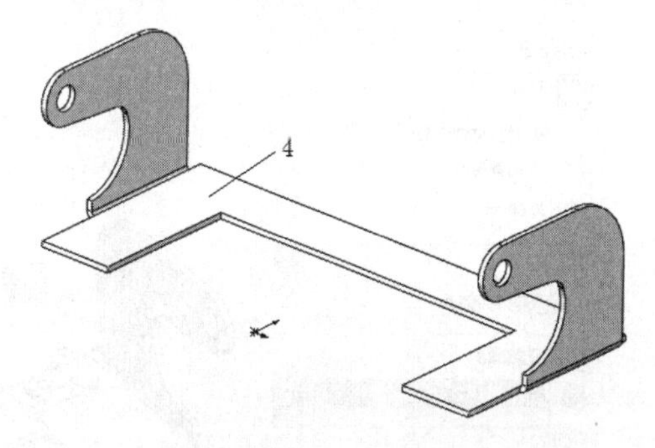

图 10-201 折叠折弯

图 10-200 “折叠”属性管理器

（8）设置基准面。在视图中选择如图 10-201 所示的面 4，然后单击“标准视图”工具栏中的“正视于”按钮，将该基准面作为绘制图形的基准面。单击“草图”控制面板中的“草图绘制”按钮，进入草图绘制状态。

（9）绘制草图。单击“草图”控制面板中的“圆”按钮，绘制草图，标注智能尺寸如图 10-202 所示。

（10）切除零件。单击“特征”控制面板中的“拉伸切除”按钮，或选择菜单栏中的“插入”→“切除”→“拉伸”命令，弹出“切除-拉伸”属性管理器，设置终止条件为“完全贯穿”，其他参数取默认值。然后单击确定按钮，结果如图 10-203 所示。

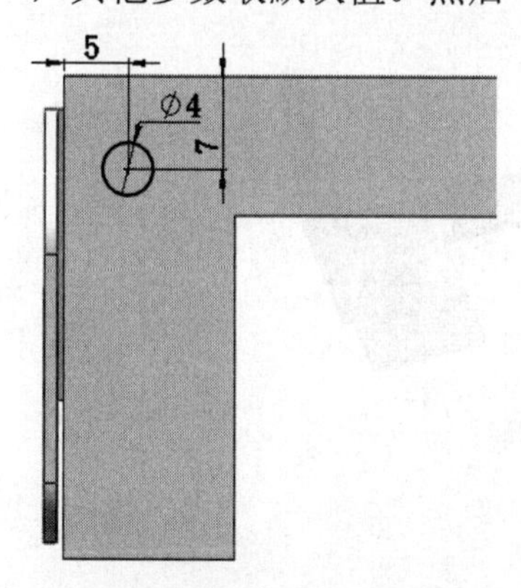

图 10-202 绘制草图

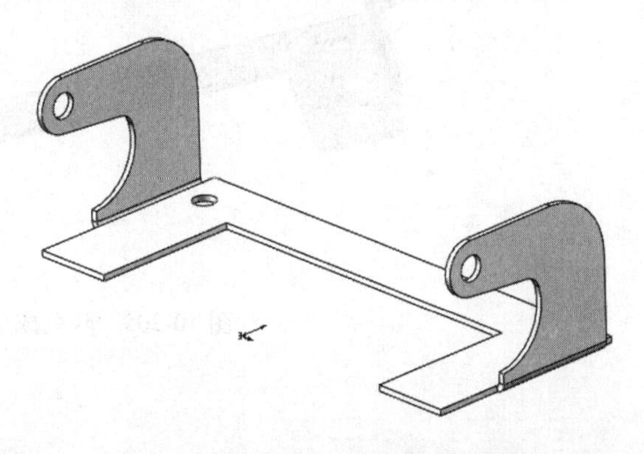

图 10-203 切除拉伸实体

（11）阵列成形工具。单击“特征”控制面板中的“线性阵列”按钮，或选择菜单栏中的“插入”→“阵列/镜向”→“线性阵列”命令，弹出的“线性阵列”属性管理器，在视图中选取长边边线为阵列方向 1，输入阵列距离为 76.00mm，个数为 2，选取短边为阵列方向 2，将上一步创建的成形工具为要阵列的特征，如图 10-204 所示。然后单击确定按钮，结果如图 10-205 所示。

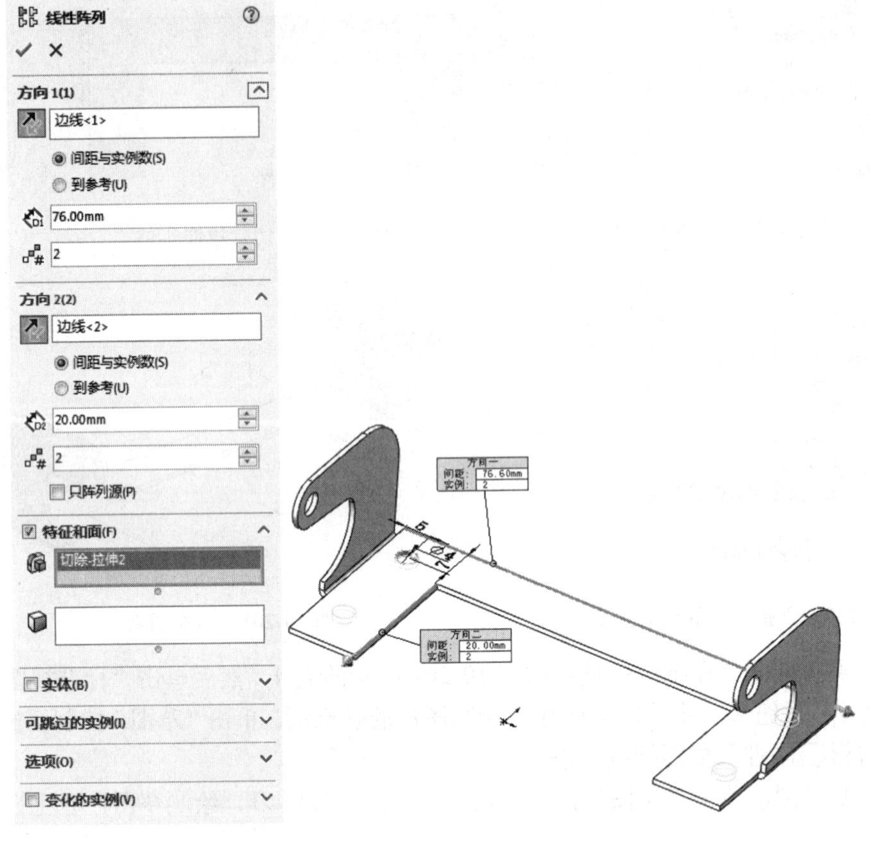

图 10-204　“线性阵列”属性管理器

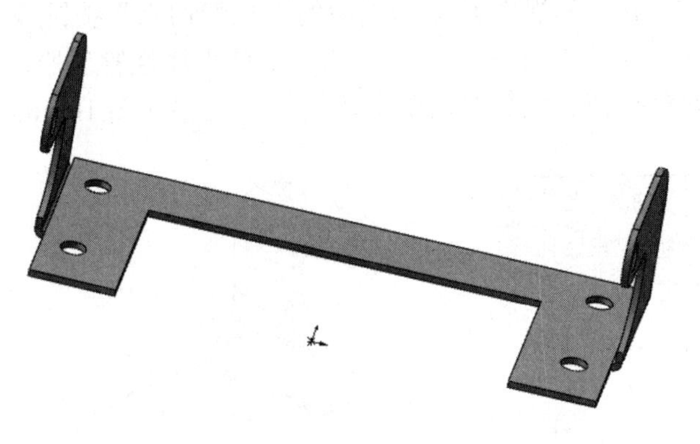

图 10-205　阵列成形工具

Chapter

装配体设计

11

对于机械设计而言，单纯的零件没有实际意义，一个运动机构和一个整体才有意义。将已经设计完成的各个独立的零件，根据实际需要装配成一个完整的实体。在此基础上对装配体进行运动测试，检查是否完成整机的设计功能，才是整个设计的关键，这也是SOLIDWORKS 的优点之一。

本章将介绍装配体的基本操作、装配体配合方式、运动测试、装配体文件中零件的阵列和镜向及爆炸视图等。

11.1 装配体基本操作

要实现对零部件进行装配，必须首先创建一个装配体文件。本节将介绍创建装配体的基本操作，包括新建装配体文件、插入装配零件与删除装配零件。

11.1.1 创建装配体文件

下面介绍装配体文件的操作步骤。

（1）选择菜单栏中的“文件”→“新建”命令，弹出“新建 SOLIDWORKS 文件”对话框，如图 11-1 所示。

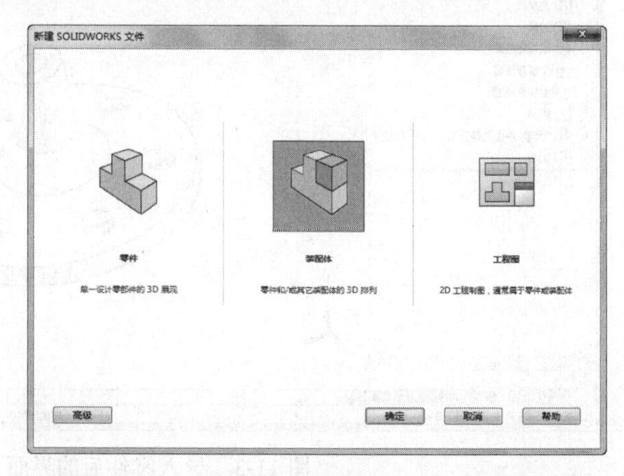

图 11-1 “新建 SOLIDWORKS 文件”对话框

（2）单击“装配体”→“确定”按钮，进入装配体制作界面，如图 11-2 所示。

（3）在“开始装配体”属性管理器中，单击“要插入的零件/装配体”选项组中的“浏览”按钮，弹出“打开”对话框。

（4）选择一个零件作为装配体的基准零件，单击“打开”按钮，然后在图形区合适位置单击，以放置零件。然后调整视图为“等轴测”，即可得到导入零件后的界面，如图 11-3 所示。

图 11-2　装配体制作界面

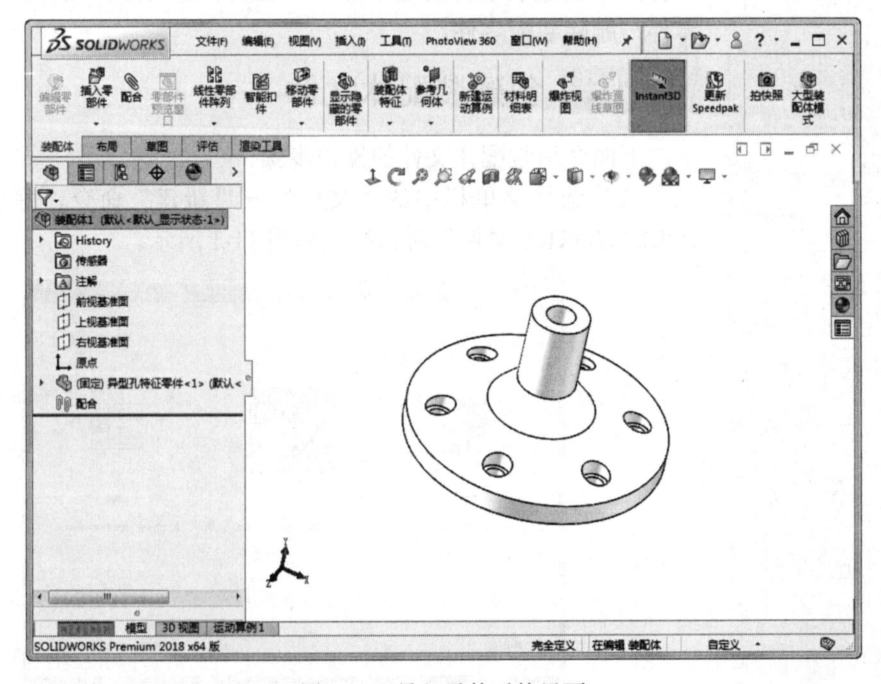

图 11-3　导入零件后的界面

装配体制作界面与零件的制作界面基本相同，特征管理器中出现一个配合组，在装配体制作界面中出现如图 11-4 所示的“装配体”控制面板，对“装配体”控制面板的操作与前边介绍的工具栏操作相同。

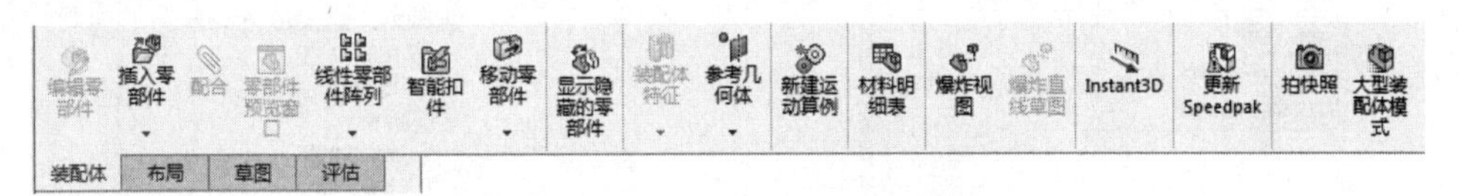

图 11-4　“装配体”控制面板

（5）将一个零部件（单个零件或子装配体）放入装配体中时，这个零部件文件会与装配体文件链接。此时零部件出现在装配体中，零部件的数据还保存在原零部件文件中。

注意：对零部件文件所进行的任何改变都会更新装配体。保存装配体文件的扩展名为“*.sldasm”，其文件名前的图标也与零件图不同。

11.1.2 插入装配零件

制作装配体需要按照装配的过程，依次插入相关零件，有多种方法可以将零部件添加到一个新的或现有的装配体中。

（1）使用插入零部件属性管理器。

（2）从任何窗格中的文件探索器拖动。

（3）从一个打开的文件窗口中拖动。

（4）从资源管理器中拖动。

（5）从 Internet Explorer 中拖动超文本链接。

（6）在装配体中拖动以增加现有零部件的实例。

（7）从任何窗格的设计库中拖动。

（8）使用插入、智能扣件来添加螺栓、螺钉、螺母、销钉以及垫圈。

11.1.3 删除装配零件

下面介绍删除装配零件的操作步骤。

（1）在图形区或 FeatureManager 设计树中单击零部件。

（2）按<Delete>键，或选择菜单栏中的“编辑”→“删除”命令，或右击，在弹出的快捷菜单中单击“删除”命令，此时会弹出如图 11-5 所示的“确认删除”对话框。

（3）单击“是”按钮以确认删除，此零部件及其所有相关项目（配合、零部件阵列、爆炸步骤等）都会被删除。

注意：

（1）第一个插入的零件在装配图中，默认的状态是固定的，即不能移动和旋转，在 FeatureManager 设计树中显示为“固定”。如果不是第一个零件，则是浮动的，在 FeatureManager 设计树中显示为（－），固定和浮动显示如图 11-6 所示。

（2）系统默认第一个插入的零件是固定的，也可以将其设置为浮动状态，右击

FeatureManager 设计树中固定的文件，在弹出的快捷菜单中单击“浮动”命令。反之，也可以将其设置为固定状态。

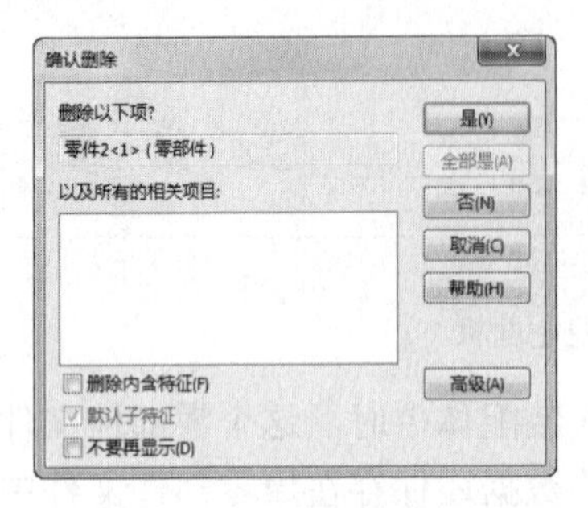

图 11-5　“确认删除”对话框

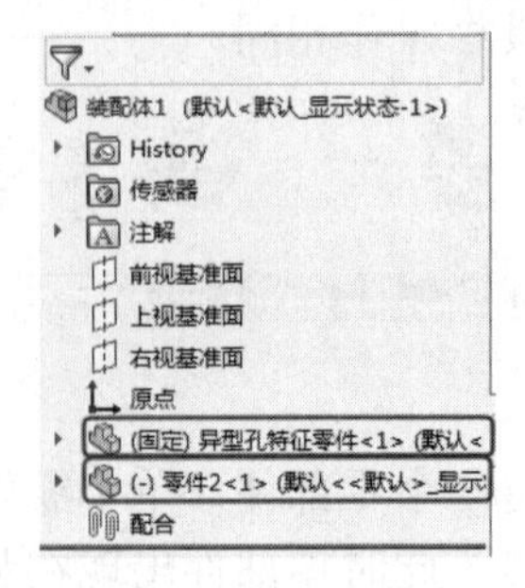

图 11-6　固定和浮动显示

11.2　定位零部件

在零部件放入装配体中后，用户可以移动、旋转零部件或固定它的位置，用这些方法可以大致确定零部件的位置，然后再使用配合关系来精确定位零部件。

11.2.1　固定零部件

当一个零部件被固定之后，它就不能相对于装配体原点移动了。默认情况下，装配体中的第一个零件是固定的。如果装配体中至少有一个零部件被固定下来，它就可以为其余零部件提供参考，防止其他零部件在添加配合关系时意外移动。

要固定零部件，只要在 FeatureManager 设计树或图形区中，右击要固定的零部件，在弹出的快捷菜单中单击“固定”命令即可。如果要解除固定关系，只要在快捷菜单中单击“浮动”命令即可。

当一个零部件被固定之后，在 FeatureManager 设计树中，该零部件名称的左侧出现文字“固定”，表明该零部件已被固定。

11.2.2　移动零部件

在 FeatureManager 设计树中，只要前面有“（–）”符号的，该零件即可被移动。

下面介绍移动零部件的操作步骤。

（1）选择菜单栏中的“工具”→“零部件”→“移动”命令，或者单击“装配体”工具栏中的“移动零部件”按钮，或者单击“装配体”控制面板中的“移动零部件”按钮，系统弹出的“移动零部件”属性管理器如图 11-7 所示。

（2）选择需要移动的类型，然后拖动到需要的位置。

（3）单击确定按钮✓，或者按<Esc>键，取消命令操作。

在“移动零部件”属性管理器中，移动零部件的类型有自由拖动、沿装配体 XYZ、沿实体、由 Dalta XYZ 和到 XYZ 位置 5 种，如图 11-8 所示，下面分别介绍。

- 自由拖动：系统默认选项，可以在视图中把选中的文件拖动到任意位置。
- 沿装配体 XYZ：选择零部件并沿装配体的 X、Y 或 Z 方向拖动。视图中显示的装配体坐标系可以确定移动的方向，在移动前要在欲移动方向的轴附近单击。

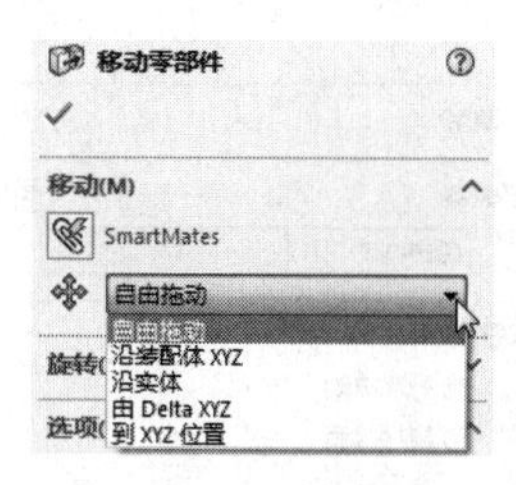

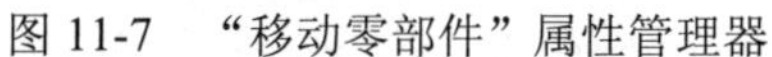
图 11-7 “移动零部件”属性管理器

图 11-8 移动零部件的类型

● 沿实体：首先选择实体，然后选择零部件并沿该实体拖动。如果选择的实体是一条直线、边线或轴，所移动的零部件具有一个自由度。如果选择的实体是一个基准面或平面，所移动的零部件具有两个自由度。

● 由 Dalta XYZ：在属性管理器中输入移动 Dalta XYZ 的范围，如图 11-9 所示，然后单击“应用”按钮，零部件按照指定的数值移动。

● 到 XYZ 位置：选择零部件的一点，在属性管理中输入 X、Y 或 Z 坐标，如图 11-10 所示，然后单击“应用”按钮，所选零部件的点移动到指定的坐标位置。如果选择的项目不是顶点或点，则零部件的原点会移动到指定的坐标处。

图 11-9 “由 DaltaXYZ”设置

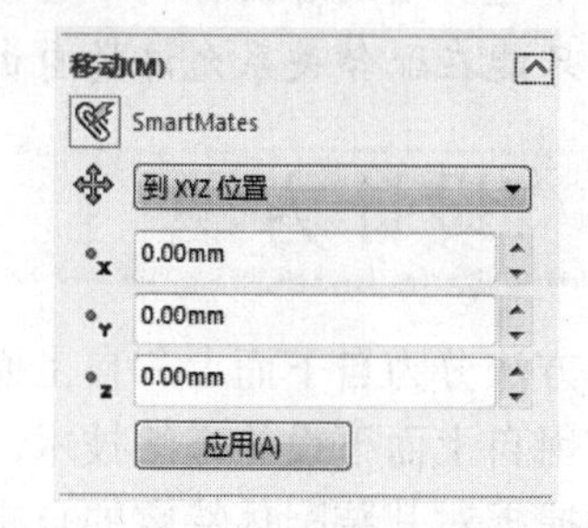

图 11-10 “到 XYZ 位置”设置

11.2.3 旋转零部件

在 FeatureManager 设计树中，只要前面有“（–）”符号，该零件即可被旋转。

下面介绍旋转零部件的操作步骤。

（1）选择菜单栏中的“工具”→“零部件”→“旋转”命令，或者单击“装配体”工具栏中的“旋转零部件”按钮，或者单击“装配体”控制面板中的“旋转零部件”按钮，系统弹出的“旋转零部件”属性管理器如图 11-11 所示。

（2）选择需要旋转的类型，然后根据需要确定零部件的旋转角度。

（3）单击确定按钮✓，或者按<Esc>键，取消命令操作。

在“旋转零部件”属性管理器中，移动零部件的类型有 3 种，即自由拖动、对于实体和由 Dalta XYZ，如图 11-12 所示，下面分别介绍。

- 自由拖动：选择零部件并沿任何方向旋转拖动。
- 对于实体：选择一条直线、边线或轴，然后围绕所选实体旋转零部件。
- 由 Dalta XYZ：在属性管理器中输入旋转 Dalta XYZ 的范围，然后单击“应用”按钮，零部件按照指定的数值进行旋转。

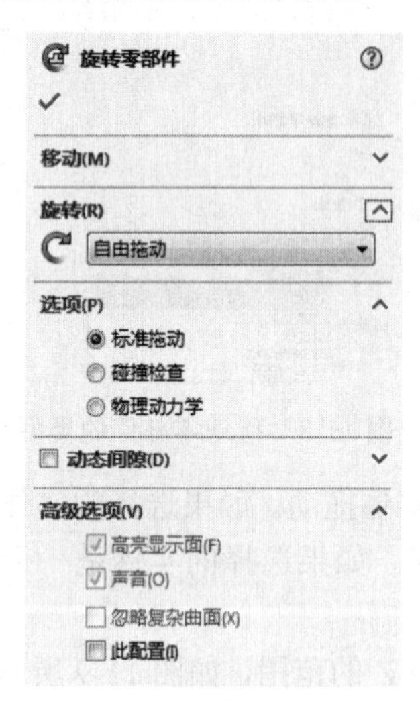

图 11-11 “旋转零部件”属性管理器

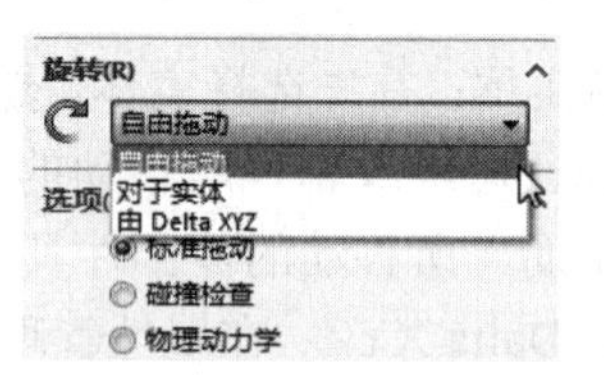

图 11-12 旋转零部件的类型

注意：

（1）不能移动或者旋转一个已经固定或者完全定义的零部件。

（2）只能在配合关系允许的自由度范围内移动和选择该零部件。

11.3 设计方法

设计方法分为自下而上和自上而下两种。在零件的某些特征上、完整零件上、或整个装配体上使用自上而下设计方法技术。在实践中，设计师通常使用自上而下设计方法来布局其装配体并捕捉对其装配体特定的自定义零件的关键方面。

11.3.1 自下而上设计方法

自下而上设计法是比较传统的方法。首先设计并创建零件，然后将零件插入装配体，再使用配合来定位零件。如果想更改零件。必须单独编辑零件，更改后的零件在装配体中可见。

自下而上设计对于先前建造、现售的零件或者对于金属器件、皮带轮、马达等标准零部件是优先技术，这些零件不根据设计而更改形状和大小。本书中的装配文件都采用自下而上设计方法。

11.3.2 自上而下设计方法

在自上而下装配设计中，零件的一个或多个特征由装配体中的某项定义，如布局草图或另一个零件的几何体。设计意图来自装配体并到零件中，因此称为“自上而下”。

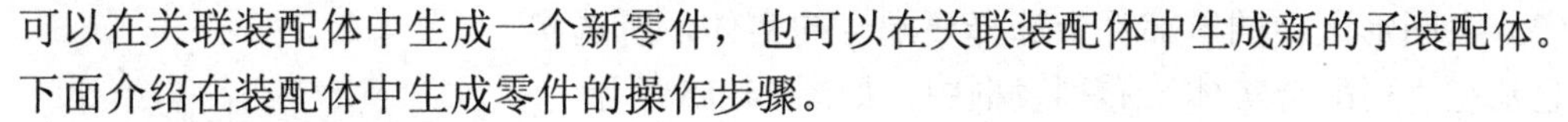

可以在关联装配体中生成一个新零件，也可以在关联装配体中生成新的子装配体。

下面介绍在装配体中生成零件的操作步骤。

（1）新创建一个装配体文件。

（2）单击“装配体”控制面板“插入零部件”下拉列表中的“新零件”按钮，或选择菜单栏中的“插入”→“零部件”→“新零件”命令，或者单击“装配体”工具栏中的（新零件）按钮，在设计树中添加一个新零件，如图 11-13 所示。

（3）在设计树中的新建零件上单击鼠标右键，弹出如图 11-14 所示的快捷菜单，选择“编辑”命令，进入零件编辑模式。

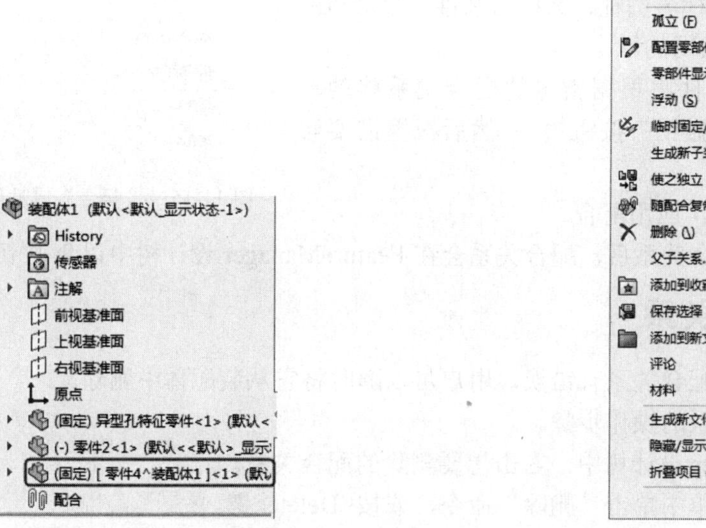

图 11-13　设计树

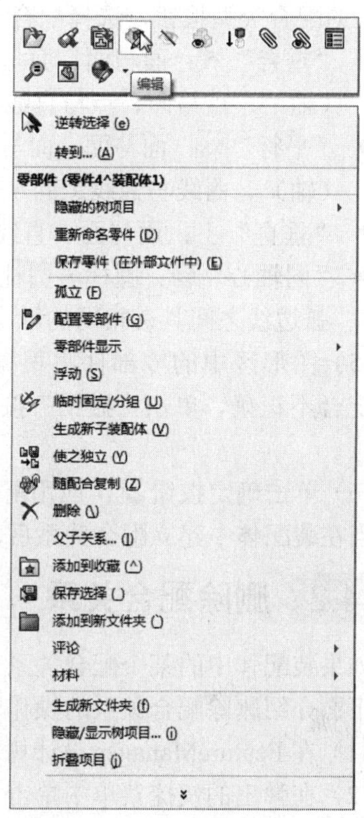

图 11-14　进入零件编辑模式

（4）绘制完零件后，单击右上角的按钮，返回到装配环境。

11.4 配合关系

11.4.1 添加配合关系

使用配合关系，可相对于其他零部件来精确地定位零部件，还可定义零部件如何相对于其他的零部件移动和旋转。只有添加了完整的配合关系，才算完成了装配体模型。

下面介绍为零部件添加配合关系的操作步骤。

（1）单击“装配体”工具栏中的“配合”按钮，或选择菜单栏中的“插入”→“配合”命令，或者单击“装配体”控制面板中的“配合”按钮，系统弹出“配合”属性管理器。

（2）在图形区中的零部件上选择要配合的实体，所选实体会显示在“要配合实体”列表框中，如图 11-15 所示。

（3）选择所需的对齐条件。

- “同向对齐”：以所选面的法向或轴向的相同方向来放置零部件。
- “反向对齐”：以所选面的法向或轴向的相反方向来放置零部件。

（4）系统会根据所选的实体，列出有效的配合类型。单击对应的配合类型按钮，选择配合类型。

- “重合”：面与面、面与直线（轴）、直线与直线（轴）、点与面、点与直线之间重合。
- “平行”：面与面、面与直线（轴）、直线与直线（轴）、曲线与曲线之间平行。
- “垂直”：面与面、直线（轴）与面之间垂直。
- “同轴心”：圆柱与圆柱、圆柱与圆锥、圆形与圆弧边线之间具有相同的轴。

（5）图形区中的零部件将根据指定的配合关系移动，如果配合不正确，单击“撤销”按钮，然后根据需要修改选项。

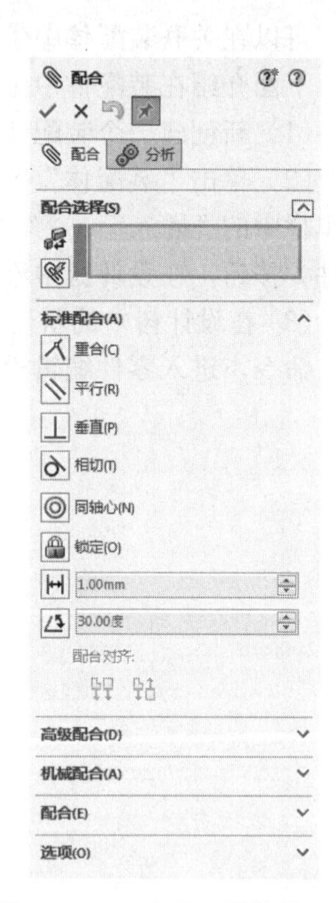

图 11-15 “配合”属性管理器

（6）单击确定按钮，应用配合。

当在装配体中建立配合关系后，配合关系会在 FeatureManager 设计树中以按钮表示。

11.4.2 删除配合关系

如果装配体中的某个配合关系有错误，用户可以随时将它从装配体中删除。

下面介绍删除配合关系的操作步骤。

（1）在 FeatureManager 设计树中，右击想要删除的配合关系。

（2）在弹出的快捷菜单中单击“删除”命令，或按<Delete>键。

（3）弹出“确认删除”对话框，如图 11-16 所示，单击“是”按钮，以确认删除。

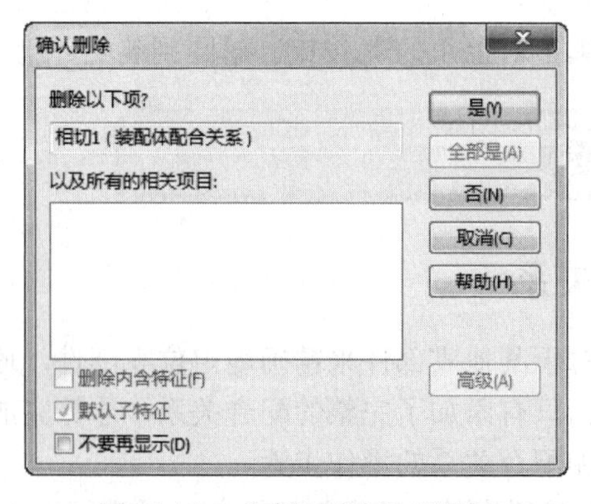

图 11-16 “确认删除”对话框

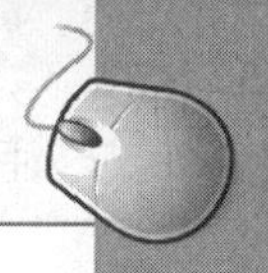

11.4.3 修改配合关系

用户可以像重新定义特征一样，对已经存在的配合关系进行修改。

下面介绍修改配合关系的操作步骤。

（1）在 FeatureManager 设计树中，右击要修改的配合关系。

（2）在弹出的快捷菜单中单击“编辑定义”按钮。

（3）在弹出的属性管理器中改变所需选项。

（4）如果要替换配合实体，在“要配合实体”列表框中删除原来实体后，重新选择实体。

（5）单击确定按钮，完成配合关系的重新定义。

11.5 零件的复制、阵列与镜向

在同一个装配体中可能存在多个相同的零件，在装配时用户可以不必重复插入零件，而是利用复制、阵列或者镜向的方法，快速完成具有规律性的零件的插入和装配。

11.5.1 零件的复制

SOLIDWORKS 可以复制已经在装配体文件中存在的零部件，下面结合实例介绍复制零部件的操作步骤。

按住<Ctrl>键，在 FeatureManager 设计树中选择需要复制的零部件，然后将其拖动到视图中合适的位置，复制后的装配体如图 11-17 所示，复制后的 FeatureManager 设计树如图 11-18 所示。

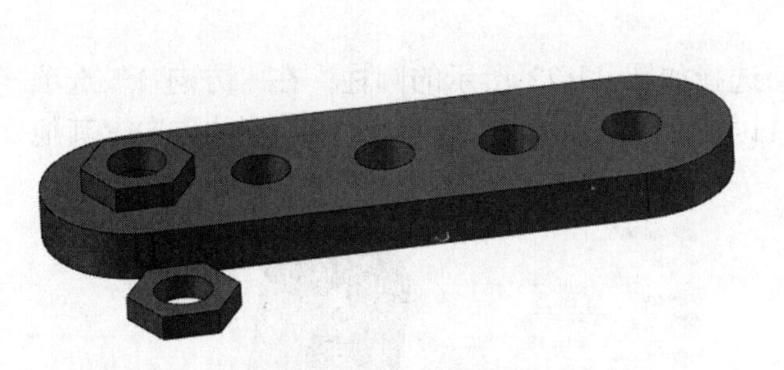

图 11-17 复制后的装配体

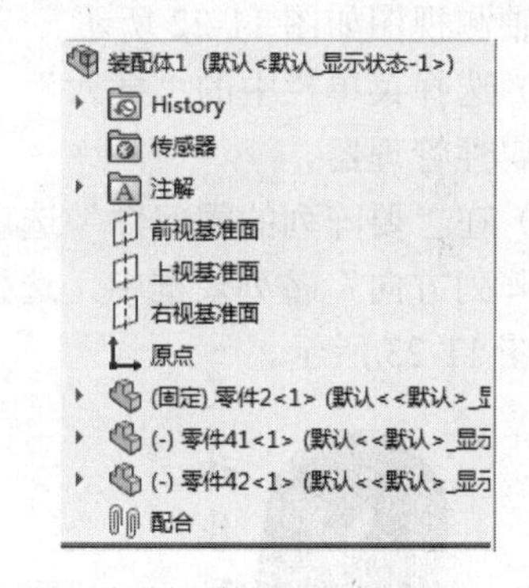

图 11-18 复制后的 FeatureManager 设计树

11.5.2 零件的阵列

零件的阵列分为线性阵列和圆周阵列。如果装配体中具有相同的零件，并且这些零件按照线性或者圆周的方式排列，可以使用线性阵列和圆周阵列命令进行操作。下面结合实例介绍线性阵列的操作步骤，其圆周阵列操作与此类似，读者可自行练习。

线性阵列可以同时阵列一个或者多个零部件，并且阵列出来的零件不需要再添加配合关系，即可完成配合。

（1）选择菜单栏中的“文件”→“新建”命令，创建一个装配体文件。

（2）选择菜单栏中的“插入”→“零部件”→“现有零件/装配体”命令，插入已绘制的名为“底座”文件，并调节视图中零件的方向，底座零件的尺寸如图 11-19 所示。

（3）选择菜单栏中的“插入”→“零部件”→“现有零件/装配体”命令，插入已绘制的名为“圆柱”文件，圆柱零件的尺寸如图 11-20 所示。调节视图中各零件的方向，插入零件后的装配体如图 11-21 所示。

（4）选择菜单栏中的“工具”→“配合”命令，或者单击“装配体”控制面板中的“配合”按钮，系统弹出“配合”属性管理器。

（5）将如图 11-21 所示的平面 1 和平面 2 添加为“重合”配合关系，将圆柱面 3 和圆柱面 4 添加为“同轴心”配合关系，注意配合的方向。

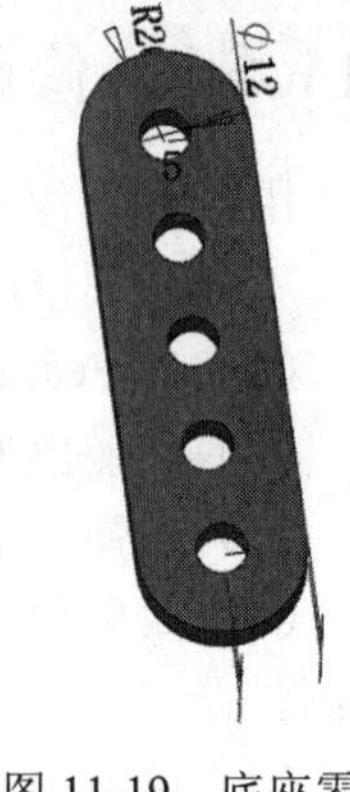

图 11-19　底座零件

（6）单击确定按钮✓，配合添加完毕。

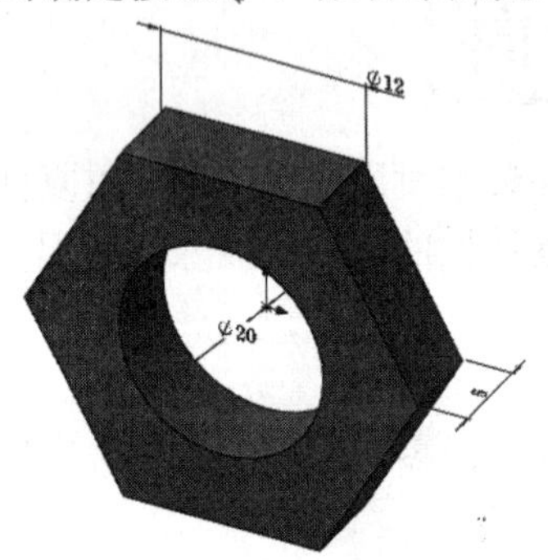

图 11-20　圆柱零件

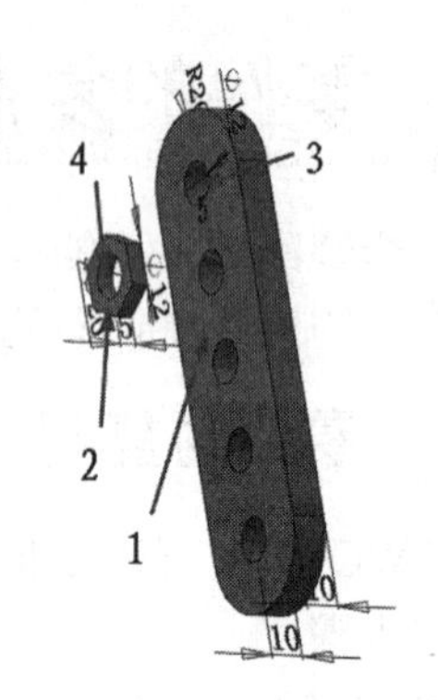

图 11-21　插入零件后的装配体

（7）单击“标准视图”工具栏中的“等轴测”按钮，将视图以等轴测方向显示。配合后的等轴测视图如图 11-22 所示。

（8）选择菜单栏中的“插入”→“零部件阵列”→“线性阵列”命令，系统弹出“线性阵列”属性管理器。

（9）在“要阵列的零部件”选项组中，选择如图 11-22 所示的圆柱；在“方向 1”选项组的“阵列方向”列表框中，选择如图 11-22 所示的边线 1，注意设置阵列的方向，其他设置如图 11-23 所示。

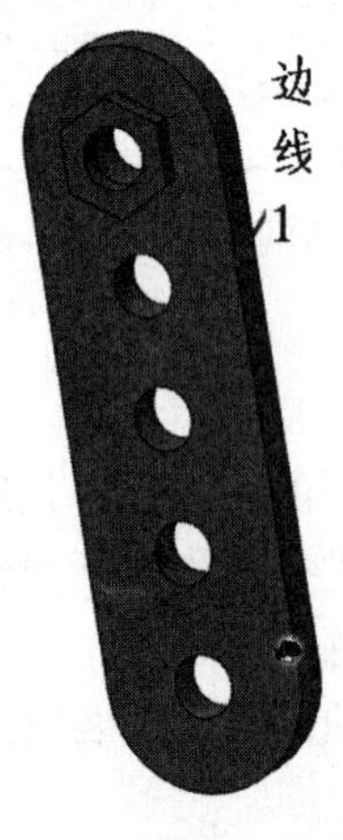

图 11-22　配合后的等轴测视图

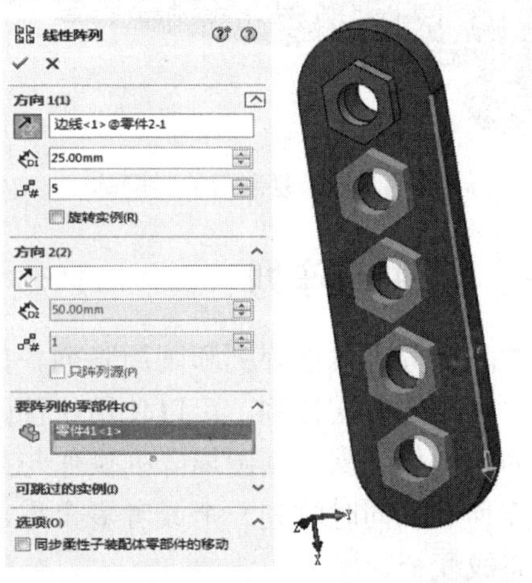

图 11-23　“线性阵列”属性管理器

（10）单击确定按钮✓，完成零件的线性阵列。线性阵列后的图形如图 11-24 所示，此时装配体的 FeatureManager 设计树如图 11-25 所示。

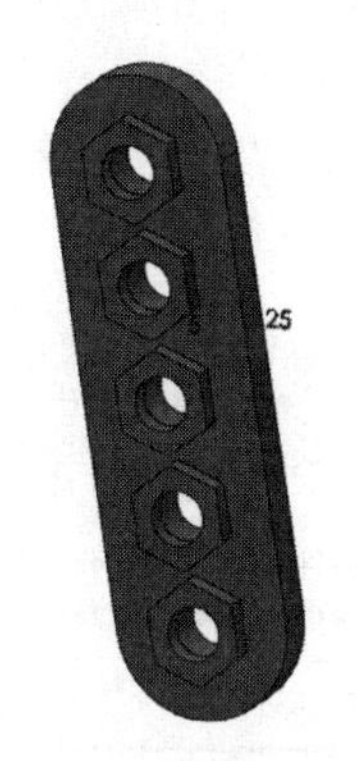

图 11-24　线性阵列

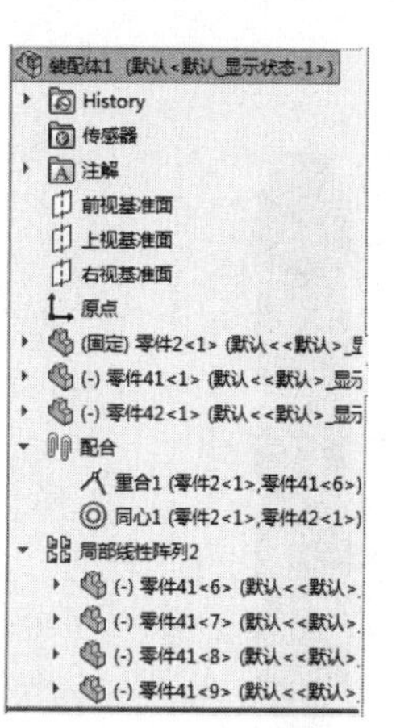

图 11-25　FeatureManager 设计树

11.5.3　零件的镜向

装配体环境中的镜向操作与零件设计环境中的镜向操作类似。在装配体环境中，有相同且对称的零部件时，可以使用镜向零部件操作来完成。

（1）打开零件图如图 11-24 所示。

（2）选择菜单栏中的“插入”→“镜向零部件”命令，系统弹出“镜向零部件”属性管理器。

（3）在“镜向基准面”列表框中，选择前视基准面；在“要镜向的零部件”列表框中，选择如图 11-24 所示的零件，如图 11-26 所示。单击“下一步”按钮➡，“镜向零部件”属性管理器如图 11-27 所示。

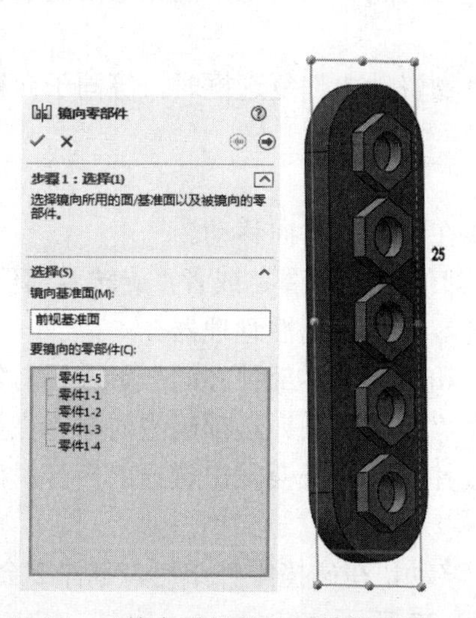

图 11-26　“镜向零部件”属性管理器 1

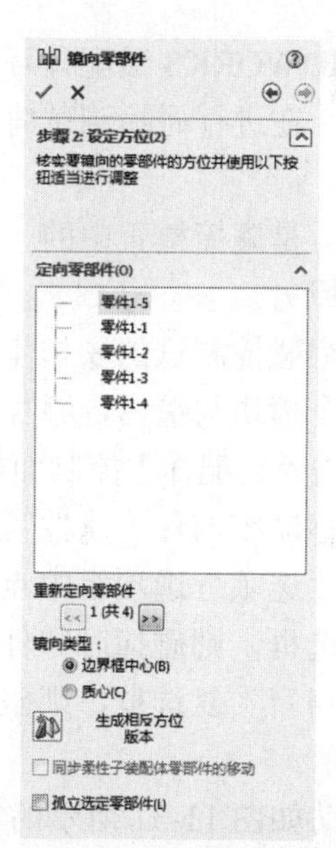

图 11-27　“镜向零部件”属性管理器 2

（4）单击确定按钮✓，零件镜向完毕，镜向后的图形如图 11-28 所示。此时装配体文件的 FeatureManager 设计树如图 11-29 所示。

图 11-28　镜向零件

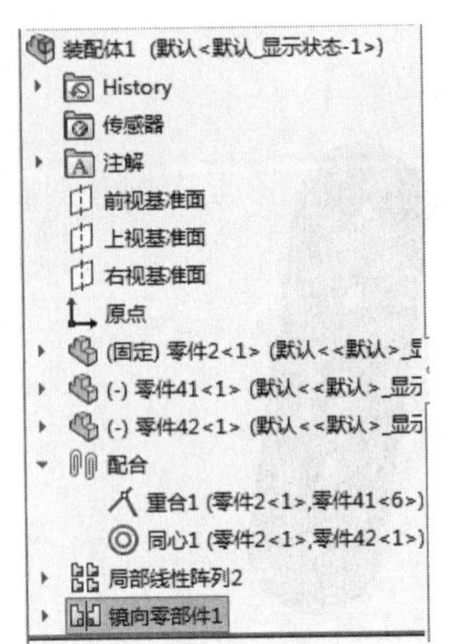

图 11-29　设计树

注意：从上面的案例操作步骤可以看出，不但可以对称地镜向原零部件，而且还可以反方向镜向零部件，要灵活应用该命令。

11.6　装配体检查

装配体检查主要包括碰撞测试、动态间隙、体积干涉检查和装配体统计等，用来检查装配体各个零部件装配后装配的正确性、装配信息等。

11.6.1　碰撞测试

在 SOLIDWORKS 装配体环境中，移动或者旋转零部件时，提供了检查其与其他零部件的碰撞情况。在进行碰撞测试时，零件必须做适当的配合，但是不能完全限制配合，否则零件无法移动。

物资动力是碰撞检查中的一个选项，勾选“物资动力”复选框时，等同于向被撞零部件施加一个碰撞力。

下面介绍碰撞测试的操作步骤。

（1）两个撞块与撞击台添加配合，撞块只能在边线 3 方向移动。

（2）单击“装配体”控制面板中的“移动零部件”按钮，或者“旋转零部件”按钮，系统弹出“移动零部件”属性管理器或者“旋转零部件”属性管理器。

（3）在“选项”选项组中点选“碰撞检查”和“所有零部件之间”单选钮，勾选“碰撞时停止”复选框，则碰撞时零件会停止运动；在“高级选项”选项组中勾选“亮显显示面”复选框和“声音”复选框，则碰撞时零件会亮显并且计算机会发出碰撞的声音。碰撞设置如图 11-30 所示。

（4）拖动如图 11-31 所示的零件 2 向零件 1 移动，在碰撞零件 1 时，零件 2 会停止运动，并且零件 2 会亮显，碰撞检查时的装配体如图 11-32 所示。

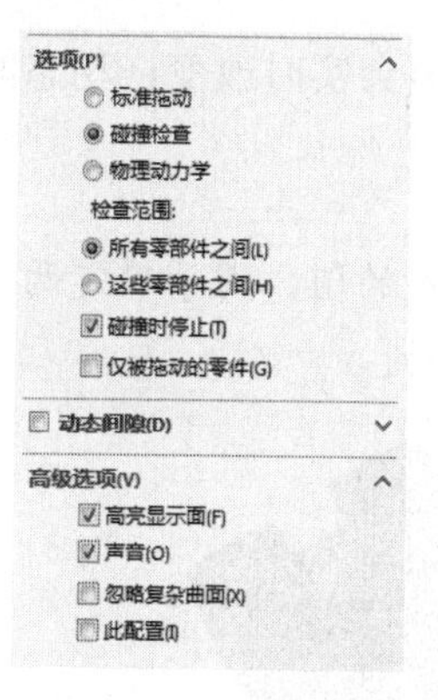

图 11-30 碰撞设置

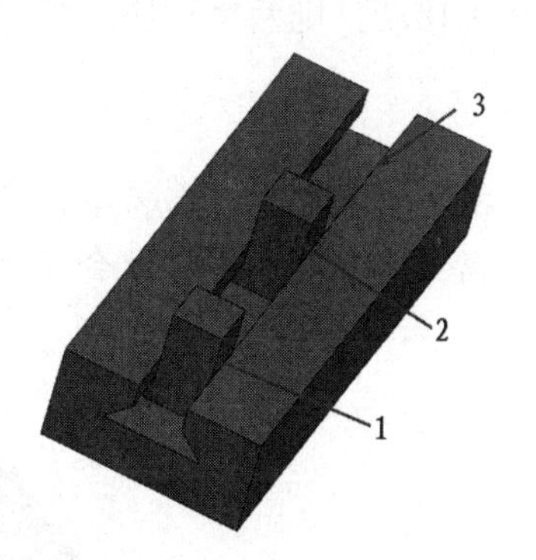

图 11-31 打开的文件实体

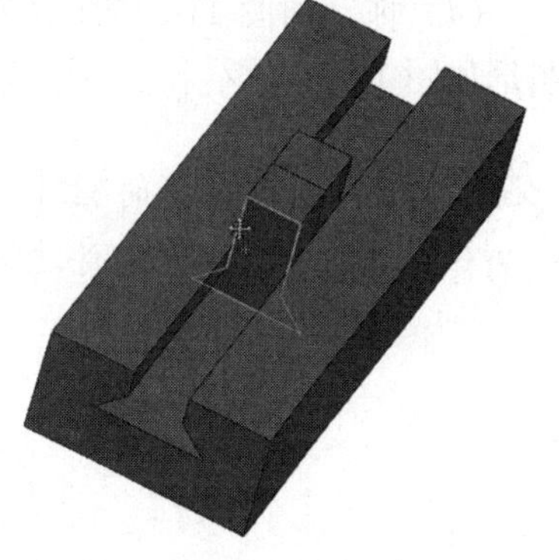

图 11-32 碰撞检查时的装配体

物资动力是碰撞检查中的一个选项，勾选“物理动力学”复选框时，等同于向被撞零部件施加一个碰撞力。

（5）在“移动零部件”属性管理器或者“旋转零部件”属性管理器的“选项”选项组中点选“物理动力学”和“所有零部件之间”单选钮，用“敏感度”工具条可以调节施加的力；在“高级选项”选项组中勾选“高亮显示面”和“声音”复选框，则碰撞时零件会亮显并且计算机会发出碰撞的声音。物资动力设置如图 11-33 所示。

（6）拖动如图 11-31 所示的零件 2 向零件 1 移动，在碰撞零件 1 时，零件 1 和零件 2 会以给定的力一起向前运动。物资动力检查时的装配体如图 11-34 所示。

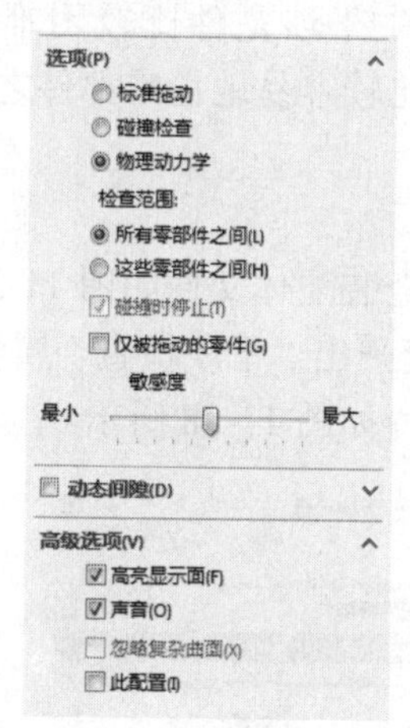

图 11-33 物资动力设置

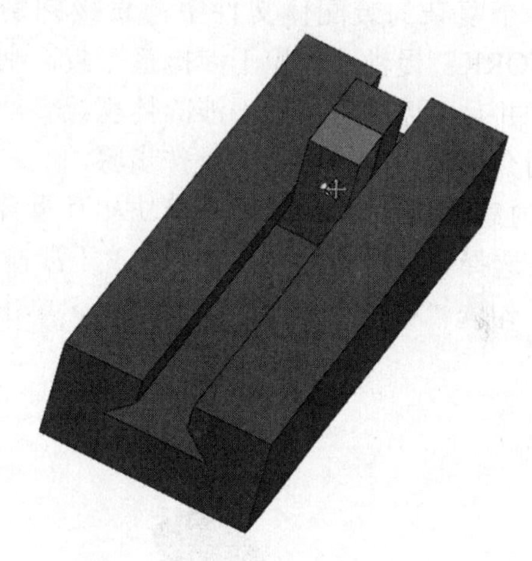

图 11-34 物资动力检查时的装配体

11.6.2 动态间隙

动态间隙用于在零部件移动过程中，动态显示两个零部件间的距离。

下面介绍动态间隙的操作步骤。

（1）打开装配体如图 11-31 所示。

（2）单击“装配体”控制面板中的“移动零部件”按钮，系统弹出“移动零部件”属性管理器。

（3）勾选“动态间隙”复选框，在“所选零部件几何体”列表框中选择如图 11-31 所示的撞块 1 和撞块 2，然后单击“恢复拖动”按钮。动态间隙设置如图 11-35 所示。

（4）拖动如图 11-31 所示的零件 2 移动，则两个撞块之间的距离会实时改变，动态间隙图形如图 11-36 所示。

注意： 设置动态间隙时，在“指定间隙停止”文本框中输入的值，用于确定两零件之间停止的距离。当两零件之间的距离为该值时，零件就会停止运动。

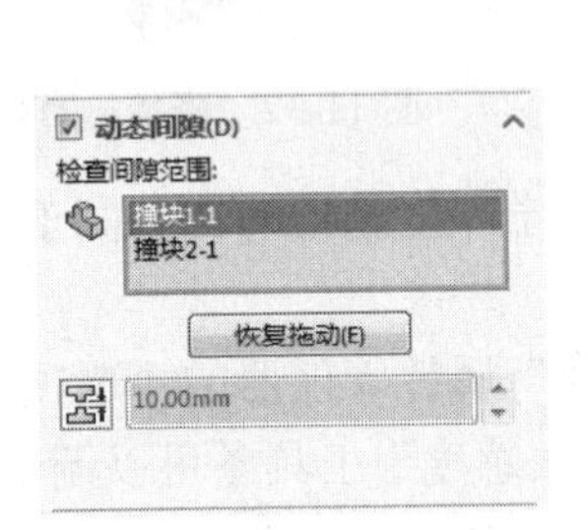

图 11-35　动态间隙设置

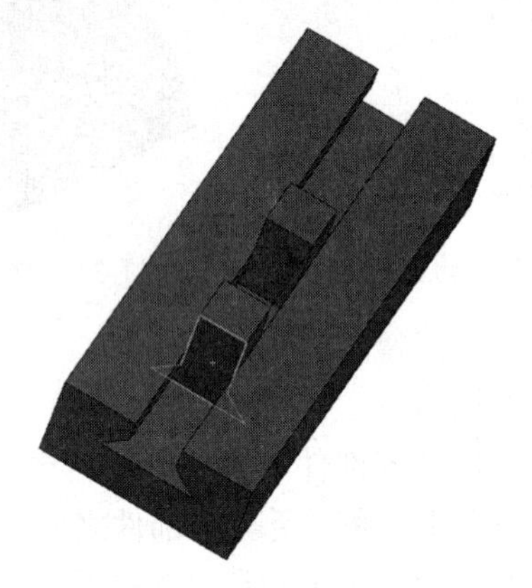

图 11-36　动态间隙图形

11.6.3 体积干涉检查

在一个复杂的装配体文件中，直接判别零部件是否发生干涉是件比较困难的事情。SOLIDWORKS 提供了体积干涉检查工具，利用该工具可以比较容易地在零部件之间进行干涉检查，并且可以查看发生干涉的体积。

下面介绍体积干涉检查的操作步骤。

（1）打开装配体，调节两个撞块相互重合，体积干涉检查装配体文件如图 11-37 所示。

（2）选择菜单栏中的“工具”→“干涉检查”命令，系统弹出“干涉检查”属性管理器。

（3）勾选“视重合为干涉”复选框，单击“计算”按钮，如图 11-38 所示。

图 11-37　体积干涉检查装配体文件

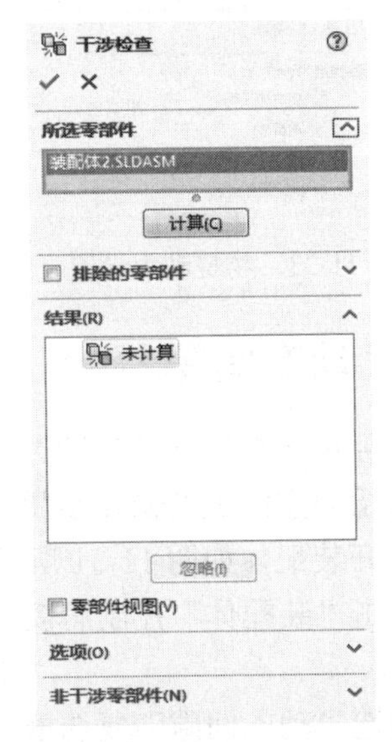

图 11-38　“干涉检查”属性管理器

（4）干涉检查结果出现在“结果”选项组中，如图 11-39 所示。在“结果”选项组中，不但显示干涉的体积，而且还显示干涉的数量以及干涉的个数等信息。

图 11-39　干涉检查结果

11.6.4 装配体统计

SOLIDWORKS 提供了对装配体进行统计报告的功能，即装配体统计。通过装配体统计，可以生成一个装配体文件的统计资料。

下面介绍装配体统计的操作步骤。

（1）打开文件实体如图 11-40 所示，装配体的 FeatureManager 设计树如图 11-41 所示。

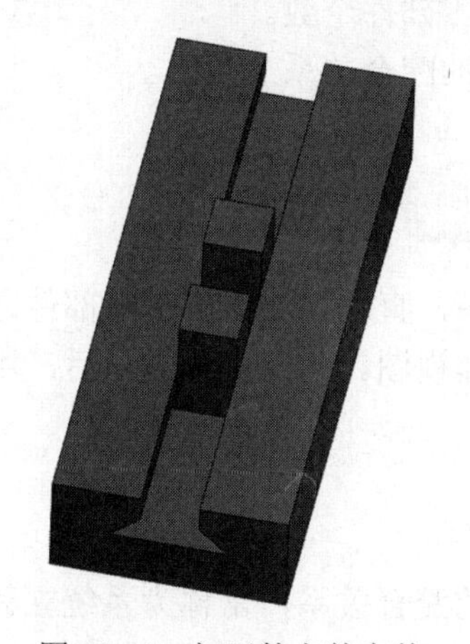

图 11-40　打开的文件实体

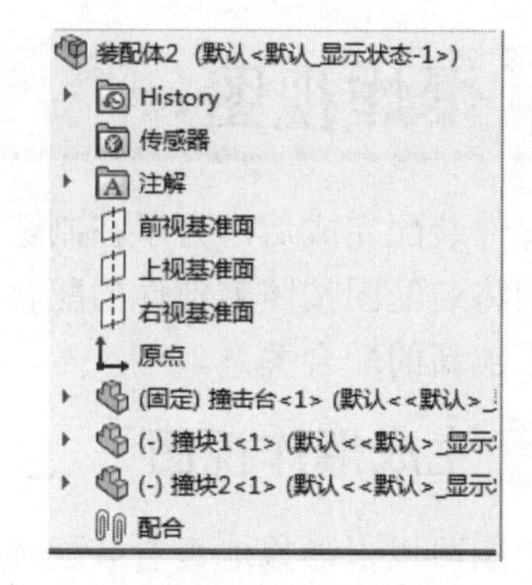

图 11-41　FeatureManager 设计树

（2）选择菜单栏中的“工具”→“评估（E）”→“性能评估”命令，系统弹出的“性能评估”对话框如图 11-42 所示。

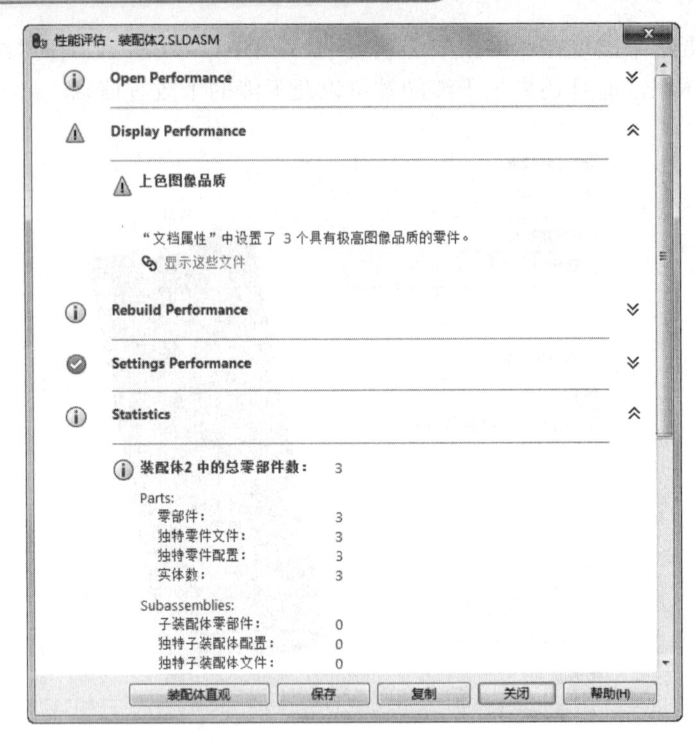

图 11-42 “性能评估”对话框

（3）单击“性能评估”对话框中的“保存”按钮，关闭该对话框。

从“性能评估”对话框中，可以查看装配体文件的统计资料，各项资料的意义如下。

- 零件：统计的零件数包括装配体中所有的零件，无论是否被压缩，但是被压缩的子装配体的零部件不包括在统计中。
- 子装配体：统计装配体文件中包含的子装配体个数。
- 还原零部件：统计装配体文件处于还原状态的零部件个数。
- 压缩零部件：统计装配体文件处于压缩状态的零部件个数。
- 顶层配合数：统计最高层装配体文件中所包含的配合关系个数。

11.7 爆炸视图

在零部件装配完成后，为了在制造、维修及销售中，直观地分析各个零部件之间的相互关系，我们将装配图按照零部件的配合条件来产生爆炸视图。装配体爆炸以后，用户不可以对装配体添加新的配合关系。

11.7.1 生成爆炸视图

爆炸视图可以很形象地查看装配体中各个零部件的配合关系，常称为系统立体图。爆炸视图通常用于介绍零件的组装流程、仪器的操作手册及产品使用说明书中。

下面介绍爆炸视图的操作步骤。

（1）打开的文件实体如图 11-43 所示。

（2）选择菜单栏中的“插入”→“爆炸视图”命令，或者单击“装配体”工具栏中的“爆

炸视图”按钮，或者单击“装配体”控制面板中的“爆炸视图”按钮，系统弹出“爆炸”属性管理器。

（3）在“设定”选项组的“爆炸步骤零部件”列表框中，单击如图 11-43 所示的“底座”零件，此时装配体中被选中的零件被亮显，并且出现一个设置移动方向的坐标，选择零件后的装配体如图 11-44 所示。

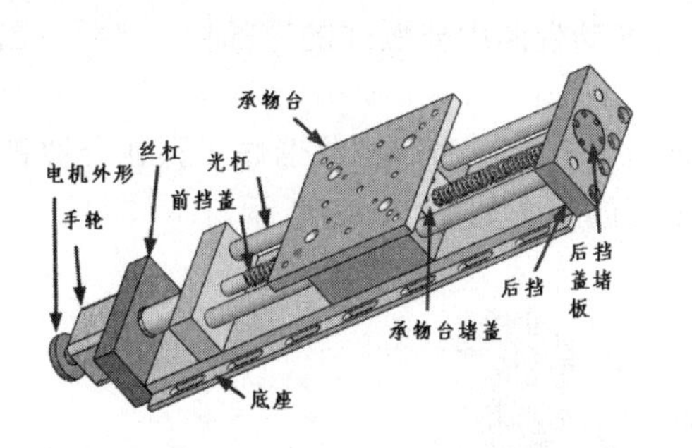

图 11-43　打开的文件实体

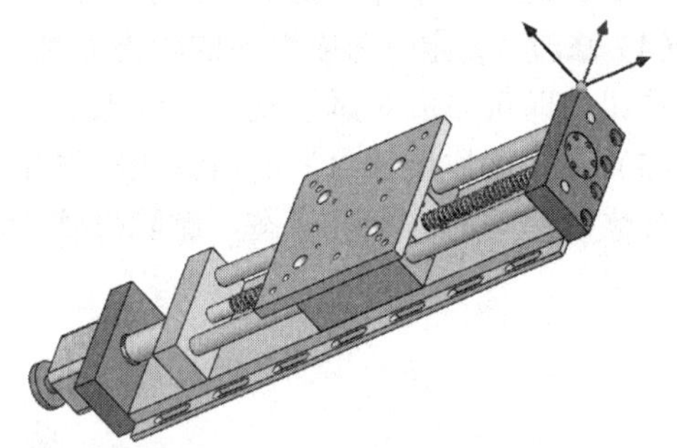

图 11-44　选择零件后的装配体

（4）单击如图 11-44 所示坐标的某一方向，确定要爆炸的方向，然后在“设定”选项组的“爆炸距离”文本框中输入爆炸的距离值，如图 11-45 所示。

（5）在“设定”选项组中，单击“反向”按钮，反方向调整爆炸视图，单击“应用”按钮，观测视图中预览的爆炸效果。单击“完成”按钮，第一个零件爆炸完成，第一个爆炸零件视图如图 11-46 所示，并且在“爆炸步骤”选项组中生成“爆炸步骤 1”，如图 11-47 所示。

图 11-45　“设定”选项组的设置

（6）重复步骤（3）～（5），将其他零部件爆炸，最终生成的爆炸视图如图 11-48 所示，共有 9 个爆炸步骤。

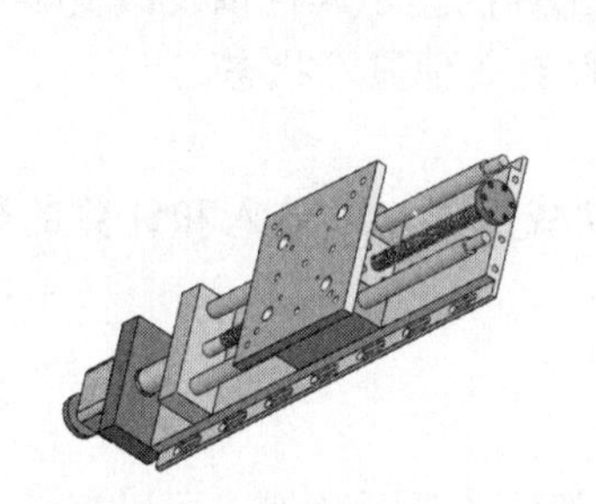

图 11-46　第一个爆炸零件视图

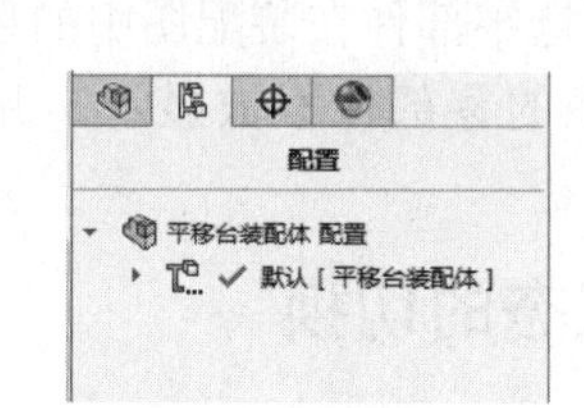

图 11-47　生成的爆炸步骤 1

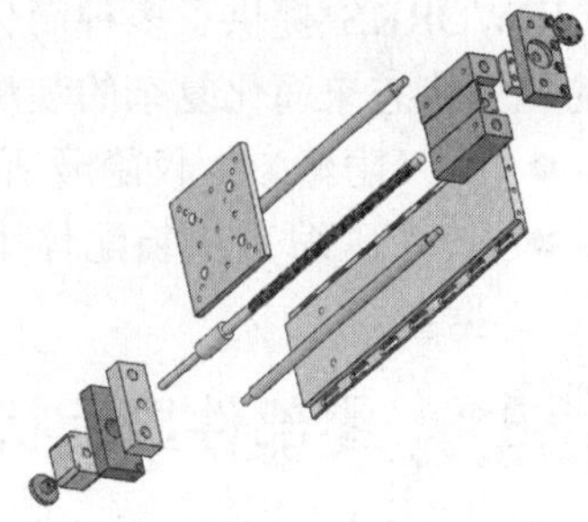

图 11-48　最终爆炸视图

注意：在生成爆炸视图时，建议对每一个零件在每一个方向上的爆炸设置为一个爆炸步骤。如果一个零件需要在 3 个方向上爆炸，建议使用 3 个爆炸步骤，这样可以很方便地修改爆炸视图。

11.7.2　编辑爆炸视图

装配体爆炸后，可以利用“爆炸”属性管理器进行编辑，也可以添加新的爆炸步骤。

下面介绍编辑爆炸视图的操作步骤。

（1）打开爆炸后的“平移台”装配体文件，如图 11-48 所示。

（2）选择菜单栏中的“插入”→“爆炸视图”命令，系统弹出“爆炸”属性管理器。

（3）右击“爆炸步骤”选项组中的“爆炸步骤 1”，在弹出的快捷菜单中单击“编辑步骤”命令，此时“爆炸步骤 1”的爆炸设置显示在“设定”选项组中。

（4）修改“设定”选项组中的距离参数，或者拖动视图中要爆炸的零部件，然后单击“完成”按钮，即可完成对爆炸视图的修改。

（5）在“爆炸步骤 1”的右键快捷菜单中单击“删除”命令，该爆炸步骤就会被删除，零部件恢复爆炸前的配合状态，删除爆炸步骤 1 后的视图如图 11-49 所示。

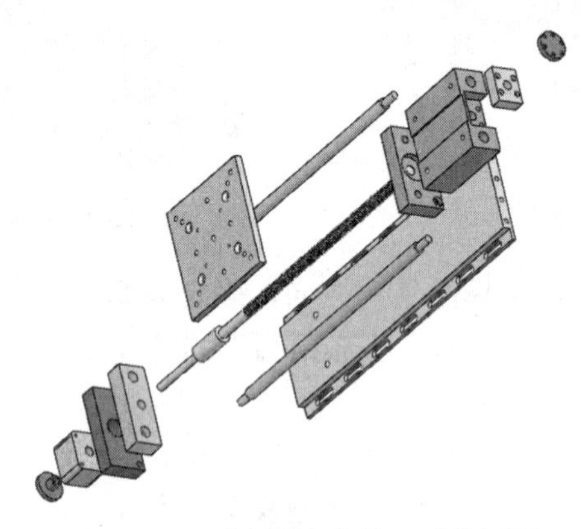

图 11-49　删除爆炸步骤 1 后的视图

11.8　装配体的简化

在实际设计过程中，一个完整的机械产品的总装配图是很复杂的，通常有许多零件组成。SOLIDWORKS 提供了多种简化的手段，通常使用的是改变零部件的显示属性以及改变零部件的压缩状态来简化复杂的装配体。SOLIDWORKS 中的零部件有 2 种显示状态。

- （隐藏）：仅隐藏所选零部件在装配图中的显示。
- （压缩）：装配体中的零部件不被显示，并且可以减少工作时装入和计算的数据量。

11.8.1　零部件显示状态的切换

零部件有显示和隐藏两种状态。通过设置装配体文件中零部件的显示状态，可以将装配体文件中暂时不需要修改的零部件隐藏起来。零部件的显示和隐藏不影响零部件本身，只是改变在装配体中的显示状态。

切换零部件显示状态有常用的 3 种方法，下面分别介绍。

（1）快捷菜单方式。在 FeatureManager 设计树或者图形区中，单击要隐藏的零部件，在弹出的左键快捷菜单中单击“隐藏零部件”按钮，如图 11-50 所示。如果要显示隐藏的零部件，则右击图形区，在弹出的右键快捷菜单中单击“显示隐藏的零部件”命令，如图 11-51 所示。

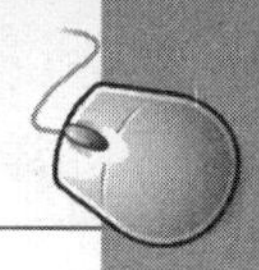

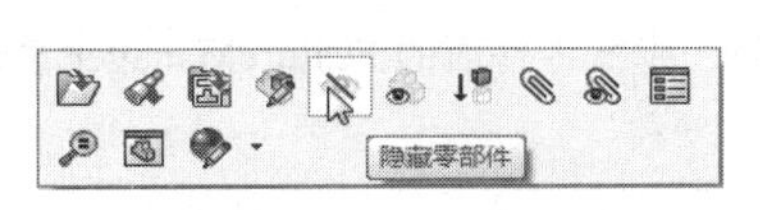

图 11-50　左键快捷菜单

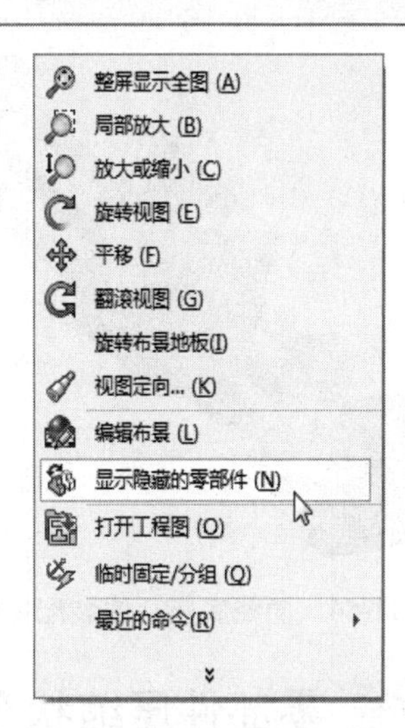

图 11-51　右键快捷菜单

（2）工具栏方式。在 FeatureManager 设计树或者图形区中，选择需要隐藏或者显示的零部件，然后单击“装配体”工具栏中的“隐藏/显示零部件”按钮，即可实现零部件的隐藏和显示状态的切换。

（3）控制面板方式。在 FeatureManager 设计树或者图形区中，选择需要隐藏或者显示的零部件，然后单击“装配体”控制面板中的（显示隐藏的零部件）按钮，即可实现零部件的隐藏和显示状态的切换。

（4）菜单方式。在 FeatureManager 设计树或者图形区中，选择需要隐藏的零部件，然后选择菜单栏中的“编辑”→“隐藏”→“当前显示状态”命令，将所选零部件切换到隐藏状态。选择需要显示的零部件，然后选择菜单栏中的“编辑”→“显示”→“当前显示状态”菜单命令，将所选的零部件切换到显示状态。

如图 11-52 所示为脚轮装配体图形，如图 11-53 所示为脚轮的 FeatureManager 设计树，如图 11-54 所示为隐藏支架（脚轮 4）零件后的装配体图形，如图 11-55 所示为隐藏零件后的 FeatureManager 设计树（脚轮 4 前的零件图标变为灰色）。

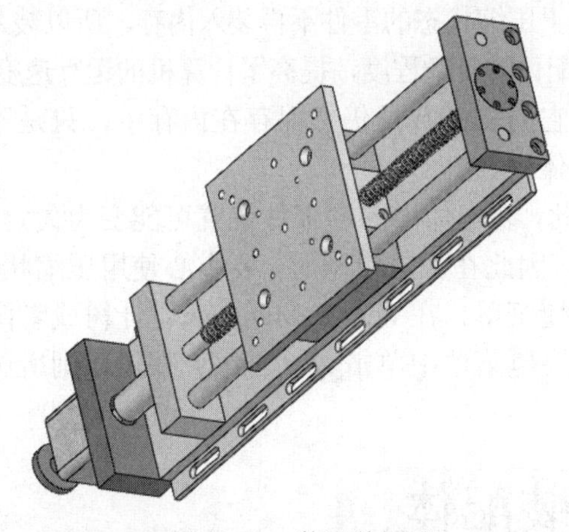

图 11-52　装配体图形

(固定) 底座<1> (默认<<默认>_显
后挡板<1> (默认<<默认>_显示状
前挡板<1> (默认<<默认>_显示状
电动机支架<1> (默认<<默认>_外
(-) 光杆<1> (默认<<默认>_显示状
(-) 光杆<2> (默认<<默认>_显示状
(-) 丝杠<1> (默认<<默认>_显示状
(-) 承重台<1> (默认<<默认>_显示
(-) 承物板<1> (默认<<默认>_显示
电机外形<1> (默认<<默认>_显示
(-) 手轮<1> (默认<<默认>_外观 显
(-) 后挡板堵盖<1> (默认<<默认>_
(-) 承重台堵盖<1> (默认<<默认>_
配合

图 11-53　FeatureManager 设计树

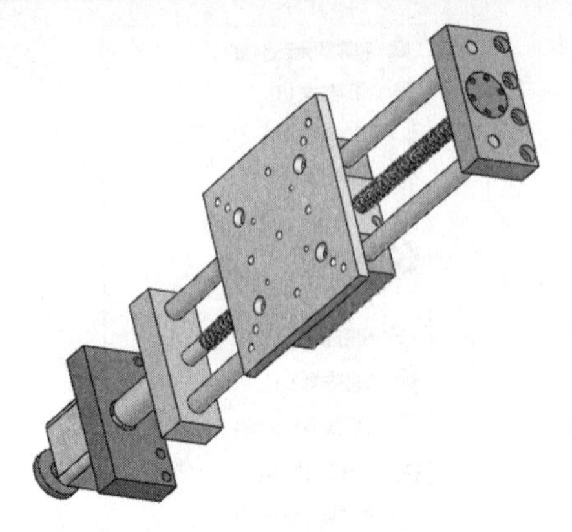

图 11-54　隐藏底座后的装配体图形

(固定) 底座<1> (默认<<默认>_显
后挡板<1> (默认<<默认>_显示状
前挡板<1> (默认<<默认>_显示状
电动机支架<1> (默认<<默认>_外
(-) 光杆<1> (默认<<默认>_显示状
(-) 光杆<2> (默认<<默认>_显示状
(-) 丝杠<1> (默认<<默认>_显示状
(-) 承重台<1> (默认<<默认>_显示
(-) 承物板<1> (默认<<默认>_显示
电机外形<1> (默认<<默认>_显示
(-) 手轮<1> (默认<<默认>_外观
(-) 后挡板堵盖<1> (默认<<默认>_
(-) 承重台堵盖<1> (默认<<默认>_
配合

图 11-55　隐藏零件后的 FeatureManager 设计树

11.8.2　零部件压缩状态的切换

在某段设计时间内，可以将某些零部件设置为压缩状态，这样可以减少工作时装入和计算的数据量。装配体的显示和重建会更快，可以更有效地利用系统资源。

装配体零部件共有还原、压缩和轻化 3 种压缩状态，下面介绍两种，另一种类似。

1．还原

还原是使装配体中的零部件处于正常显示状态，还原的零部件会完全装入内存，可以使用所有功能并可以完全访问。

常用设置还原状态的操作步骤是使用左键快捷菜单，具体操作步骤如下。

（1）在 FeatureManager 设计树中，单击被轻化或者压缩的零件，系统弹出左键快捷菜单，单击“解除压缩”按钮。

（2）在 FeatureManager 设计树中，右击被轻化的零件，在系统弹出的右键快捷菜单中单击“设定为还原”命令，则所选的零部件将处于正常的显示状态。

2．压缩

压缩命令可以使零件暂时从装配体中消失。处于压缩状态的零件不再装入内存，所以装入速度、重建模型速度及显示性能均有提高，减少了装配体的复杂程度，提高了计算机的运行速度。

被压缩的零部件不等同于该零部件被删除，它的相关数据仍然保存在内存中，只是不参与运算而已，它可以通过设置很方便地调入装配体中。

被压缩零部件包含的配合关系也被压缩。因此，装配体中的零部件位置可能变为欠定义。当恢复零部件显示时，配合关系可能会发生矛盾，因此在生成模型时，要小心使用压缩状态。

常用设置压缩状态的操作步骤是使用右键快捷菜单，在 FeatureManager 设计树或者图形区中，右击需要压缩的零件，在系统弹出的右键快捷菜单中单击（压缩）按钮，则所选的零部件将处于压缩状态。

11.9　综合实例——挖土机装配体

本例绘制的挖土机装配体，如图 11-56 所示。

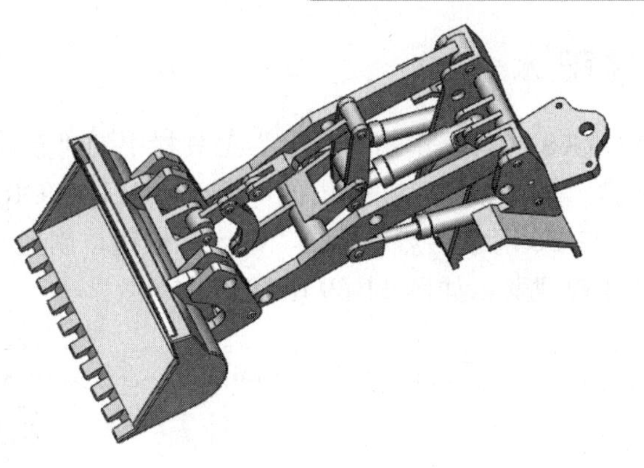

图 11-56　挖土机装配体

思路分析

首先绘制连接件与铲斗小装配体，最后依次导入其余零部件，利用“同心”、“重合”等配合关系，装配零件，流程如图 11-57 所示。

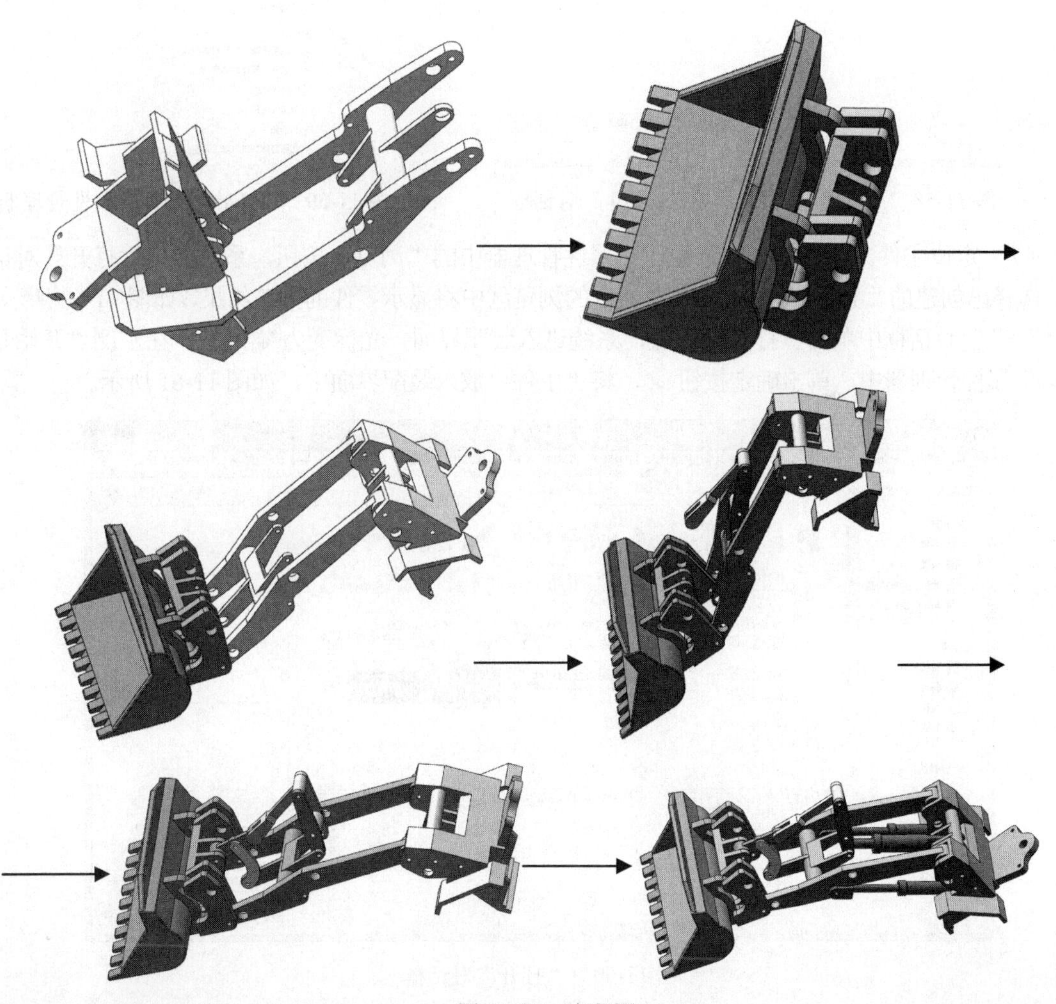

图 11-57　流程图

11.9.1 连接件装配体

（1）启动 SOLIDWORKS 2018，单击“标准”工具栏中的“新建”按钮，或选择菜单栏中的“文件”→“新建”菜单命令，在弹出的“新建 SOLIDWORKS 文件”对话框中选择“装配体”按钮，如图 11-58 所示。然后单击“确定”按钮，创建一个新的装配文件。系统弹出“开始装配体”属性管理器，如图 11-59 所示。

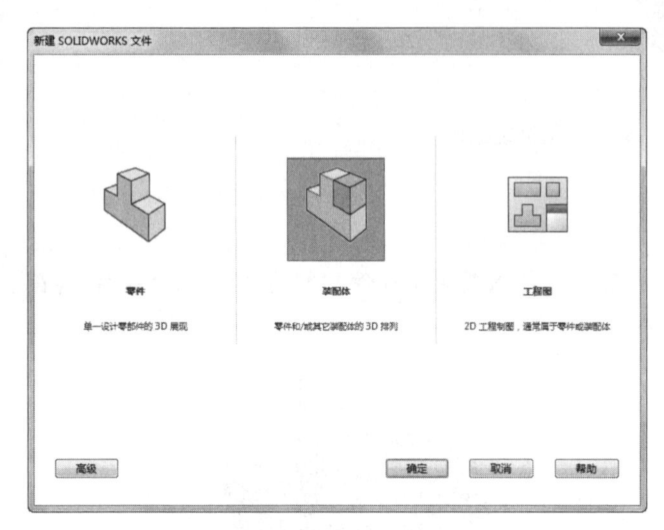

图 11-58 “新建 SOLIDWORKS 文件”对话框

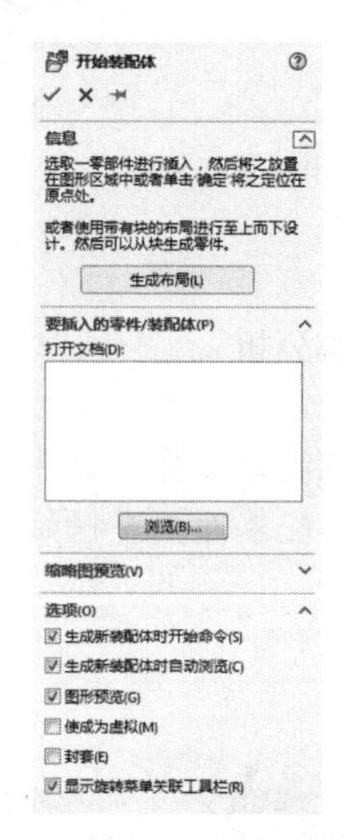

图 11-59 “开始装配体”属性管理器

（2）定位主件。单击“开始装配体”属性管理器中的“浏览”按钮，系统弹出“打开”对话框，选择已创建的“主件”零件，这时对话框的浏览区中将显示零件的预览结果，如图 11-60 所示。在“打开”对话框中单击“打开”按钮，系统进入装配界面，光标变为形状，在左侧“开始装配体”属性管理器中，单击确定按钮，将“主件”放入装配界面中，如图 11-61 所示。

图 11-60 “打开”对话框

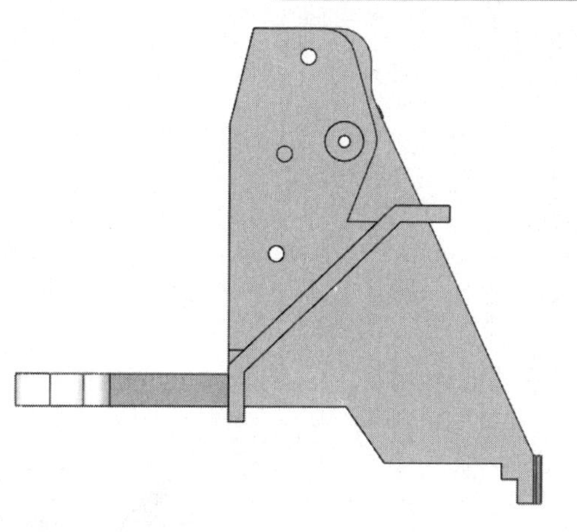

图 11-61　放置零件图

（3）插入主连接。选择菜单栏中的“插入”→“零部件”→“现有零件/装配体”命令，或单击“装配体”控制面板中的“插入零部件”按钮，弹出如图 11-62 所示“插入零部件”属性管理器，单击“浏览”按钮，在弹出的“打开”对话框中选择“主连接”，将其插入到装配界面中，如图 11-63 所示。

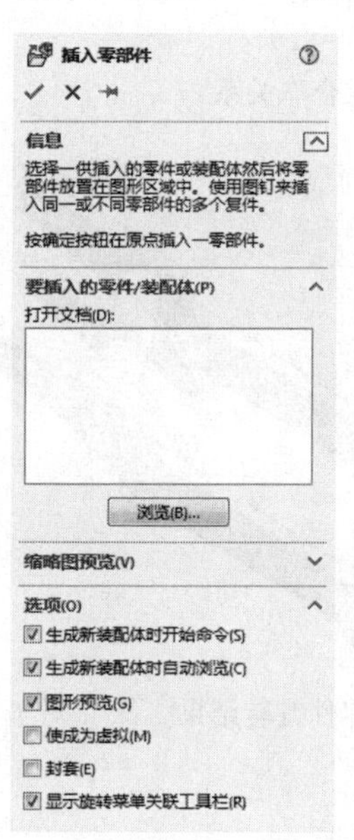

图 11-62　“插入零部件”属性管理器

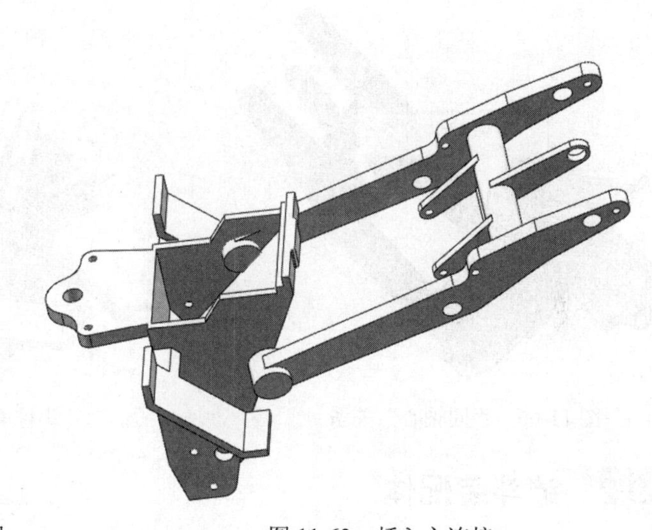

图 11-63　插入主连接

（4）添加装配关系。选择菜单栏中的“插入”→“配合”命令，或单击“装配体”控制面板中的“配合”按钮，系统弹出“配合”属性管理器，如图 11-64 所示。选择图 11-65 所示的配合面，在“配合”属性管理器中单击“重合”按钮，添加“重合”关系，单击确定按钮，在“配合”属性管理器中单击“同轴心”按钮，添加“同轴心”关系，单击确定按钮。选择配合面，拖动零件旋转到适当位置，如图 11-66 所示。

（5）保存文件。选择菜单栏中的“文件”→“保存”命令，将装配体文件保存为“连接件”，最终效果如图 11-67 所示。

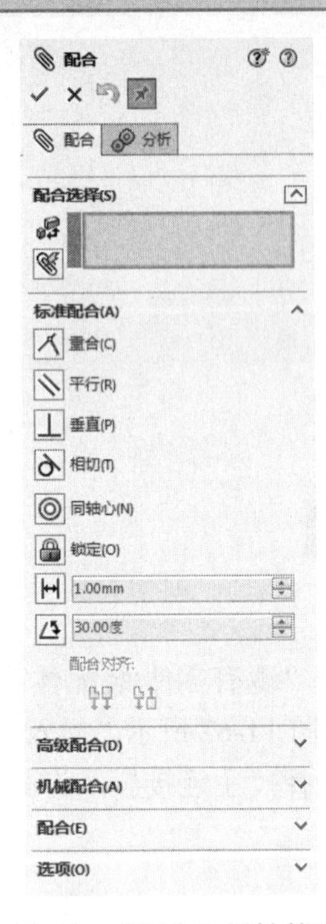

图 11-64　“配合”属性管理器

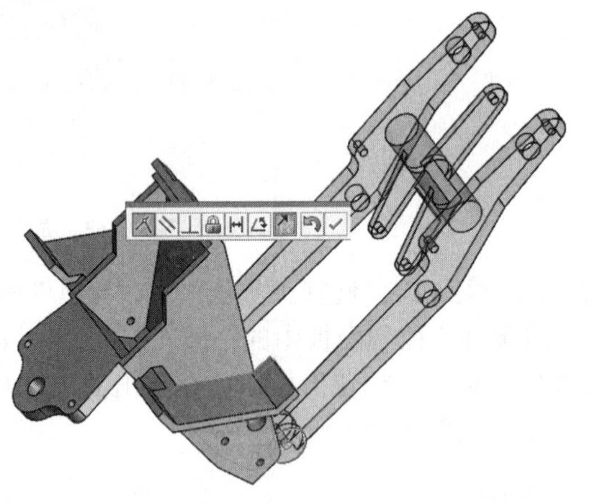

图 11-65　“重合”关系

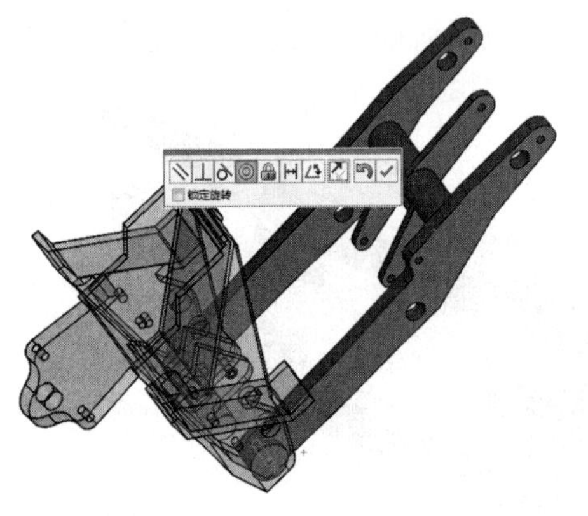

图 11-66　“同轴心”关系

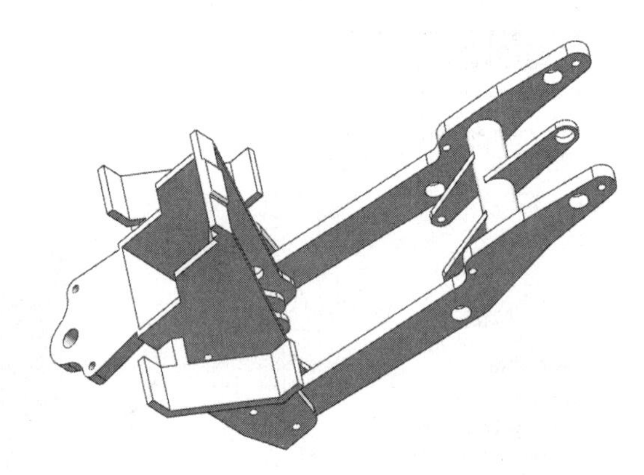

图 11-67　零件旋转结果

11.9.2 铲斗装配体

（1）单击“标准”工具栏中的“新建”按钮，或选择菜单栏中的“文件”→“新建”菜单命令，在弹出的“新建 SOLIDWORKS 文件”对话框中选择“装配体”按钮，如图 11-68 所示。然后单击“确定”按钮，创建一个新的装配文件。系统弹出“开始装配体”属性管理器，如图 11-69 所示。

（2）定位斗。单击“开始装配体”属性管理器中的“浏览”按钮，系统弹出“打开”对话框，选择已创建的“铲斗”零件，这时对话框的浏览区中将显示零件的预览结果，如图 11-70 所示。在“打开”对话框中单击“打开”按钮，系统进入装配界面，光标变为形状，在左侧“开始装配体”属性管理器中，单击确定按钮，将“斗”放入装配界面中，如图 11-71 所示。

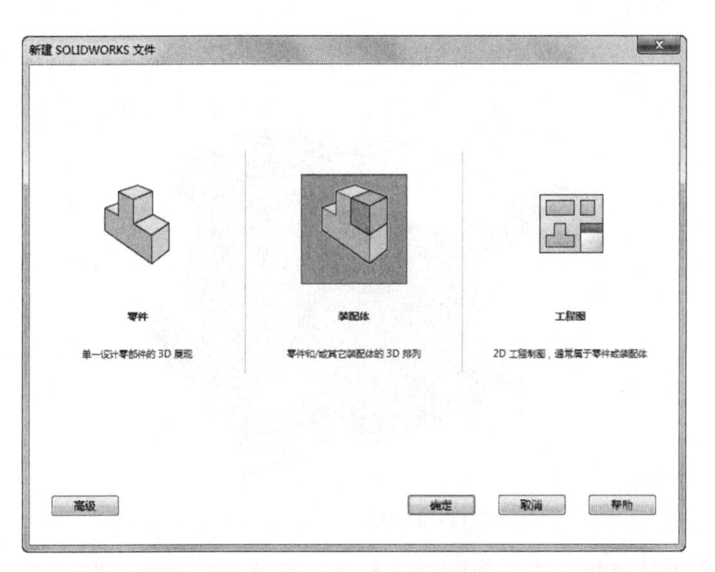

图 11-68 “新建 SOLIDWORKS 文件”对话框

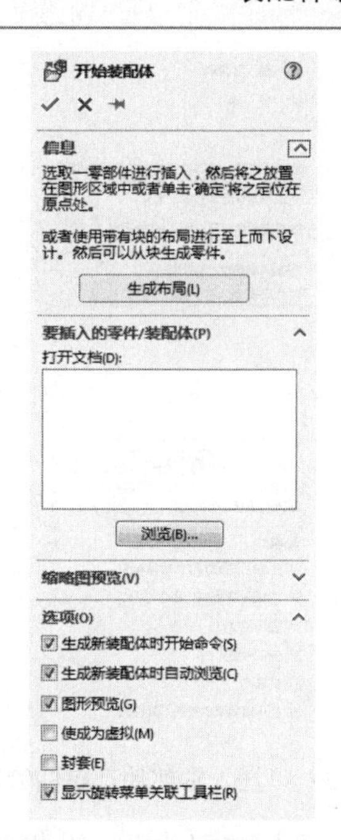

图 11-69 “开始装配体”属性管理器

图 11-70 “打开”对话框

（3）插入铲斗支撑架。选择菜单栏中的“插入”→“零部件”→“现有零件/装配体”命令，或单击“装配体”控制面板中的“插入零部件”按钮，弹出如图 11-72 所示“插入零部件”属性管理器，单击“浏览”按钮，在弹出的“打开”对话框中选择“铲斗支撑架”，将其插入到装配界面中，如图 11-73 所示。

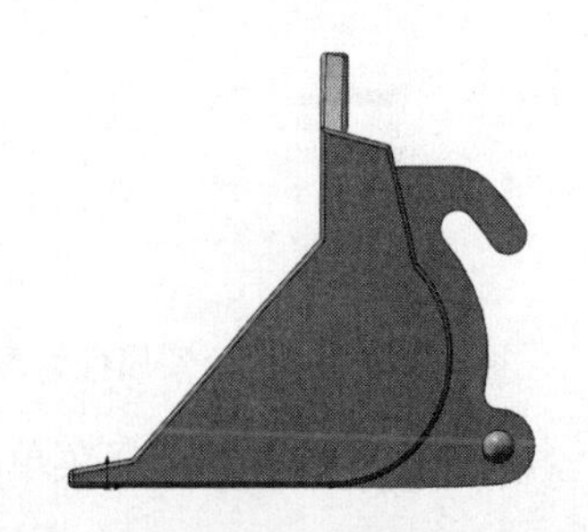

图 11-71 放置斗

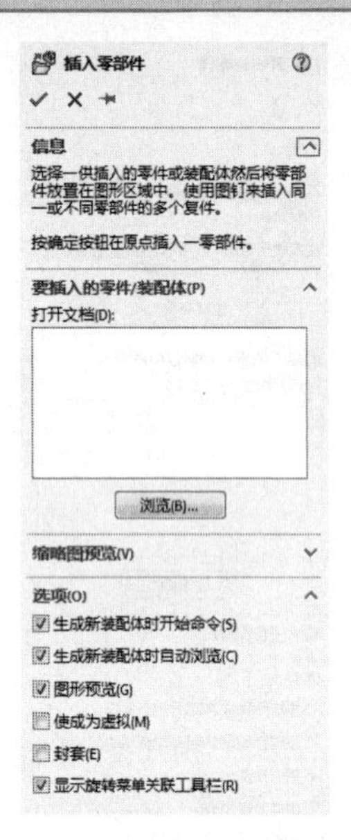

图 11-72　“插入零部件”属性管理器

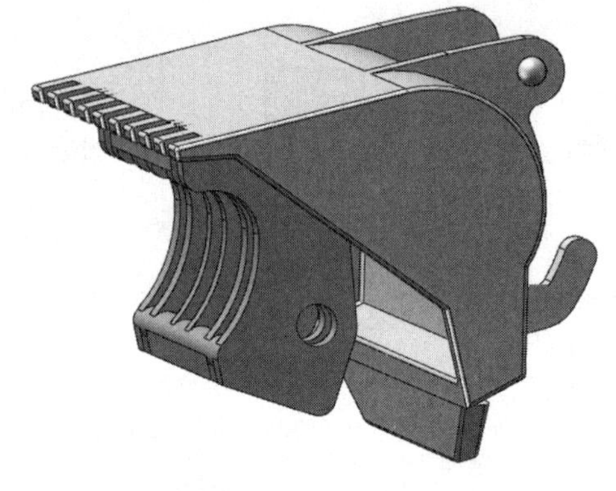

图 11-73　插入铲斗支撑架

（4）添加装配关系。选择菜单栏中的“插入”→“配合”命令，或单击“装配体”控制面板中的“配合”按钮，系统弹出“配合”属性管理器，如图 11-74 所示。选择图 11-75 所示的配合面，在“配合”属性管理器中单击“同轴心”按钮，添加“同轴心”关系，单击确定按钮，在“配合”属性管理器中单击“重合”按钮，添加“重合”关系，单击确定按钮。选择如图 11-76 所示的配合面，拖动零件旋转到适当位置，如图 11-77 所示。

图 11-74　“配合”属性管理器

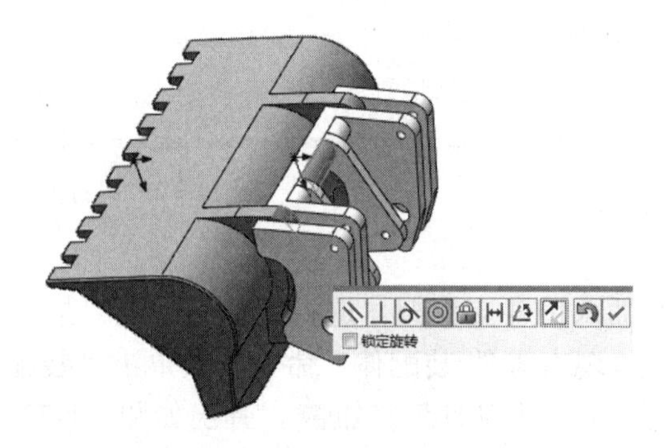

图 11-75　“同轴心”关系

（5）保存文件。选择菜单栏中的“文件”→“保存”命令，将装配体文件保存为“铲斗”。

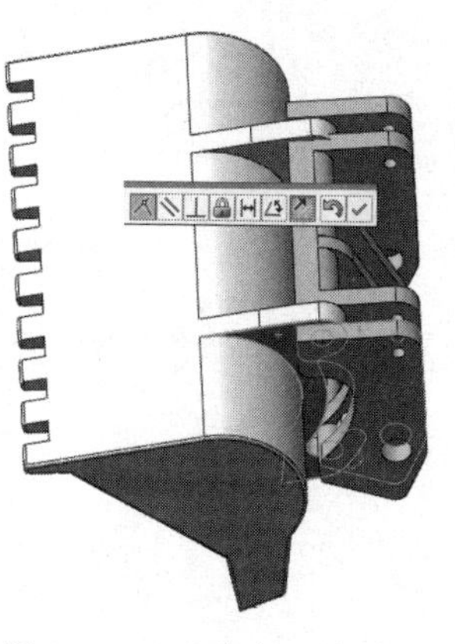

图 11-76 “重合”关系

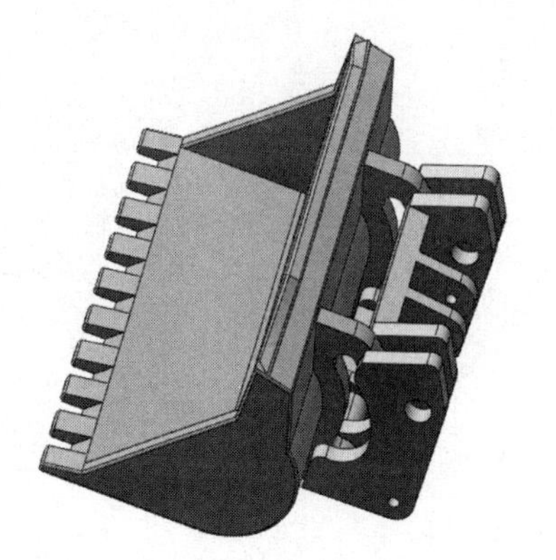

图 11-77 零件旋转结果

11.9.3 总装配体

（1）单击“标准”工具栏中的“新建”按钮，或选择菜单栏中的“文件”→“新建”菜单命令，在弹出的“新建 SOLIDWORKS 文件”对话框中选择“装配体”按钮，如图 11-78 所示。然后单击“确定”按钮，创建一个新的装配文件。系统弹出“开始装配体”属性管理器，如图 11-79 所示。

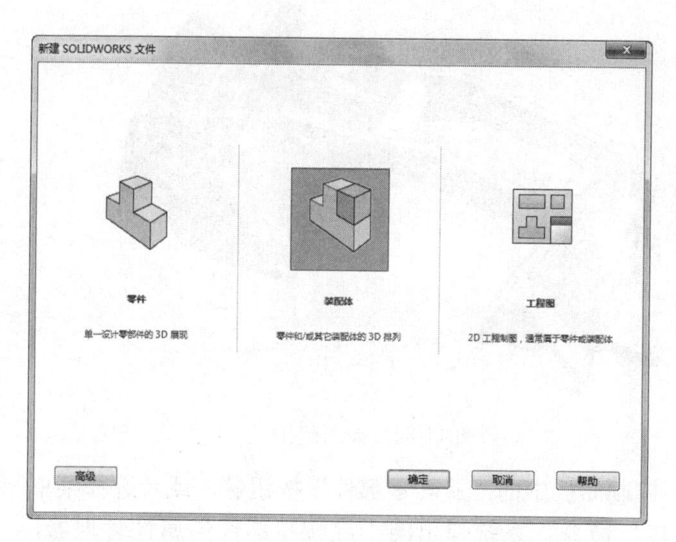

图 11-78 “新建 SOLIDWORKS 文件”对话框

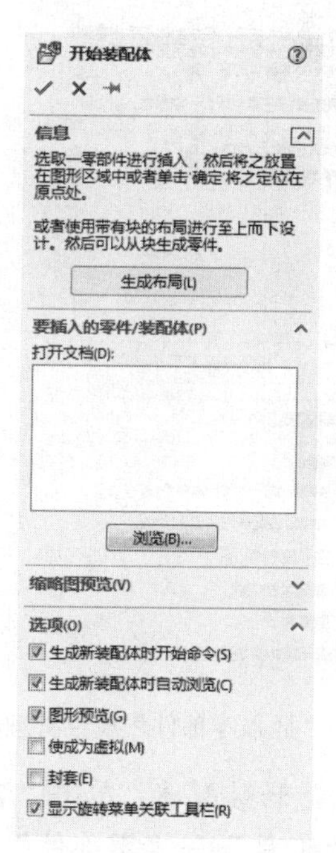

图 11-79 “开始装配体”属性管理器

（2）定位连接件。单击“开始装配体”属性管理器中的“浏览”按钮，系统弹出“打开”对话框，选择已创建的“连接件”装配体文件，这时对话框的浏览区中将显示零件的预览结果。在“打开”对话框中单击“打开”按钮，系统进入装配界面，光标变为形状，在左侧“开始装配体”属性管理器中，单击确定按钮，将“连接件”放入装配界面中，如图 11-80 所示。

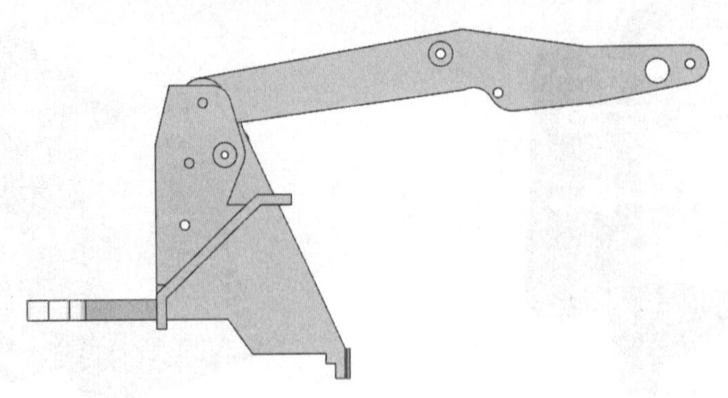

图 11-80　放置连接件

（3）插入铲斗。选择菜单栏中的“插入”→“零部件”→“现有零件/装配体”命令，或单击“装配体”控制面板中的“插入零部件”按钮，弹出如图 11-81 所示“插入零部件”属性管理器，单击“浏览”按钮，在弹出的“打开”对话框中选择“铲斗”，将其插入到装配界面中，如图 11-82 所示。

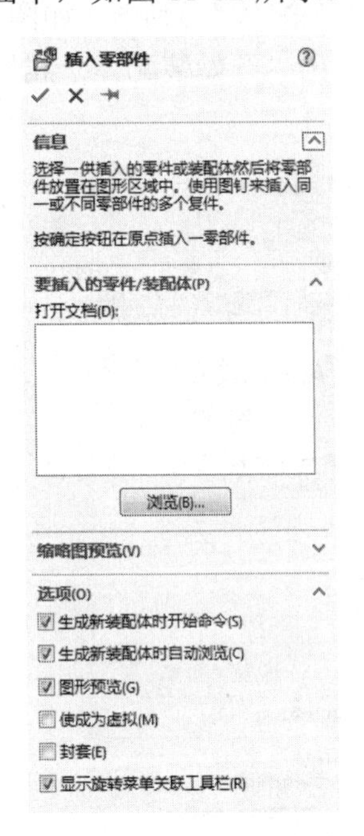

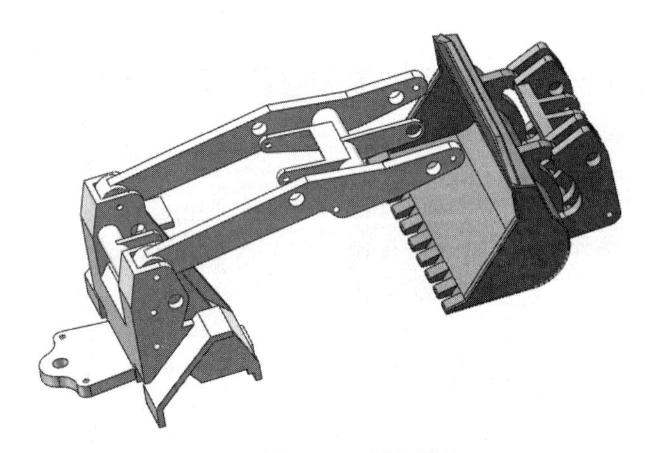

图 11-81　“插入零部件”属性管理器　　　　图 11-82　插入铲斗

（4）旋转装配体。单击“装配体”控制面板中的“旋转零部件”按钮，或者选择菜单栏中的“工具”→“零部件”→“旋转”命令，系统弹出的“旋转零部件”属性管理器，旋转铲斗，如图 11-83 所示。

（5）添加装配关系。选择菜单栏中的“插入”→“配合”命令，或单击“装配体”控制面板中的“配合”按钮，系统弹出“配合”属性管理器，如图 11-84 所示。选择图 11-85 所示的配合面，在“配合”属性管理器中单击“重合”按钮，添加“重合”关系，单击确定按钮，在“配合”属性管理器中单击“同轴心”按钮，添加“同轴心”关系，单击确定按钮。选择如图 11-86 所示的配合面，拖动零件旋转到适当位置，如图 11-87 所示。

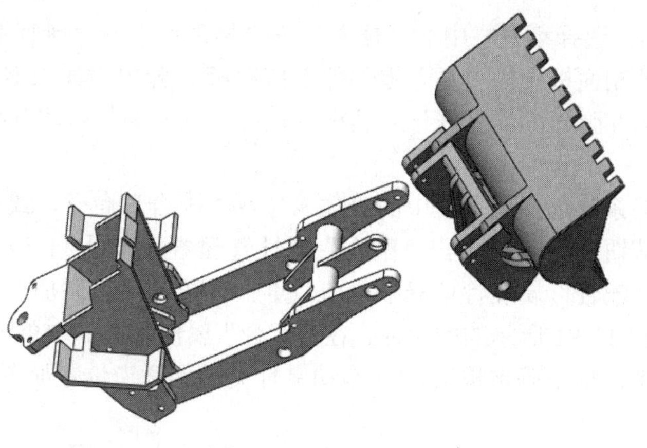

图 11-83　旋转铲斗

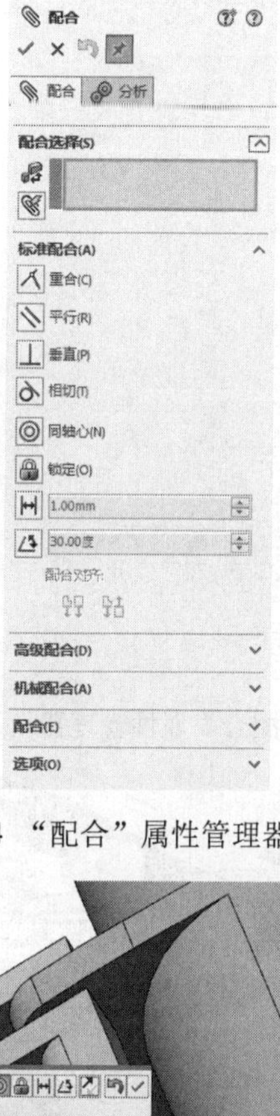

配合
配合
分析
配合选择(S)
标准配合(A)
重合(C)
平行(R)
垂直(P)
相切(T)
同轴心(N)
锁定(O)
1.00mm
30.00度
配合对齐:
高级配合(D)
机械配合(A)
配合(E)
选项(O)

图 11-84 “配合”属性管理器

图 11-85　“重合”关系

锁定旋转

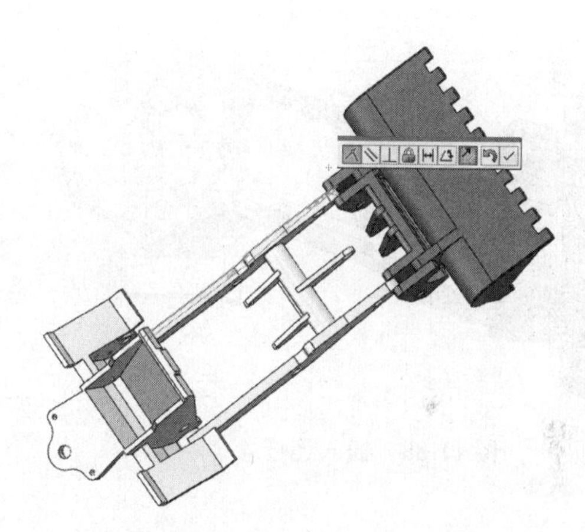

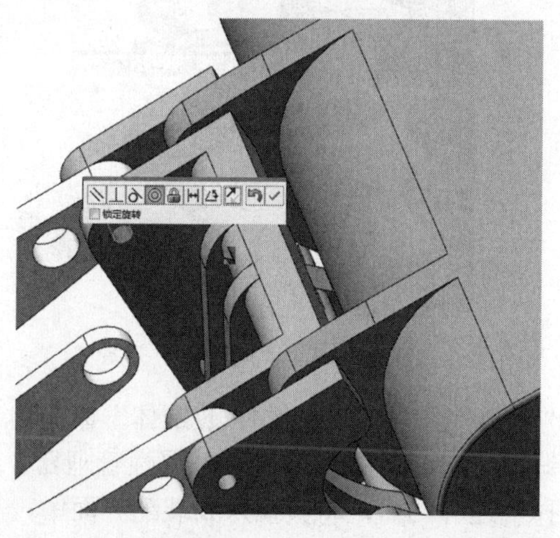

图 11-86　“同轴心”关系

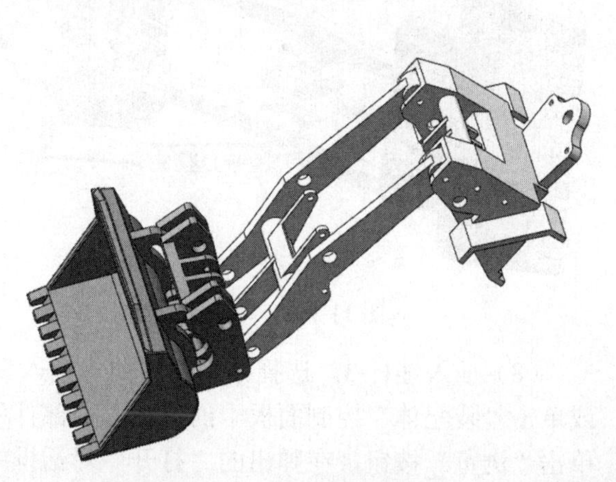

图 11-87　零件旋转结果

（6）插入连杆 4。选择菜单栏中的“插入”→“零部件”→“现有零件/装配体”命令，或单击“装配体”控制面板中的“插入零部件”按钮，弹出“插入零部件”属性管理器，单击“浏览”按钮，在弹出的“打开”对话框中选择“连杆 4”，将其插入到装配界面中，如图 11-88 所示。

（7）添加装配关系。选择菜单栏中的“插入”→“配合”命令，或单击“装配体”控制面板中的“配合”按钮，系统弹出“配合”属性管理器，如图 11-89 所示。选择图 11-90 所示的配合面，在“配合”属性管理器中单击“重合”按钮，添加“重合”关系，单击确定按钮。选择如图 11-91 所示的配合面，在“配合”属性管理器中单击“同轴心”按钮，添加“同轴心”关系，单击确定按钮，拖动零件旋转到适当位置如图 11-92 所示。

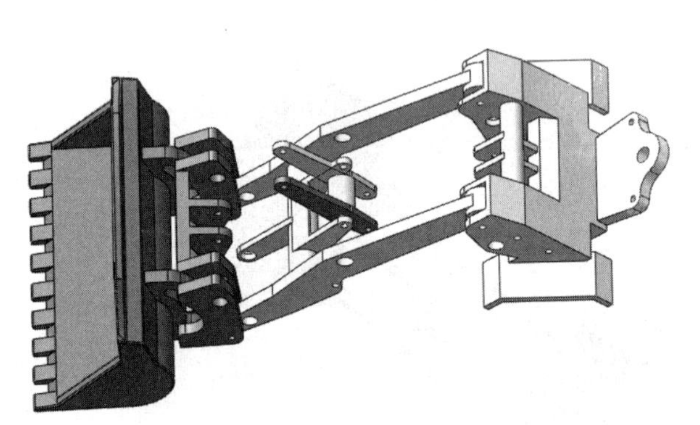

图 11-88　插入连杆 4

图 11-89　“配合”属性管理器

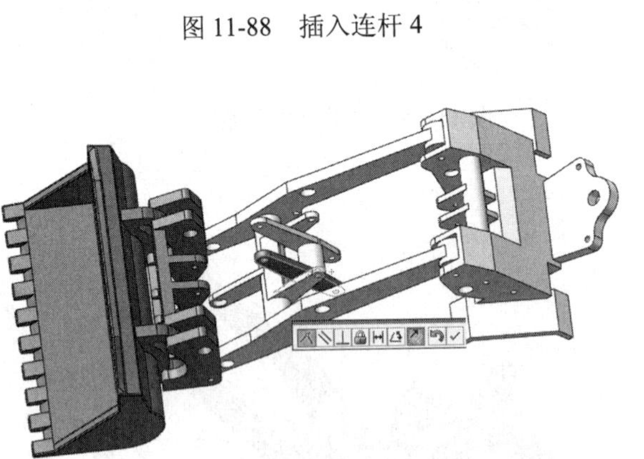

图 11-90　“重合”关系

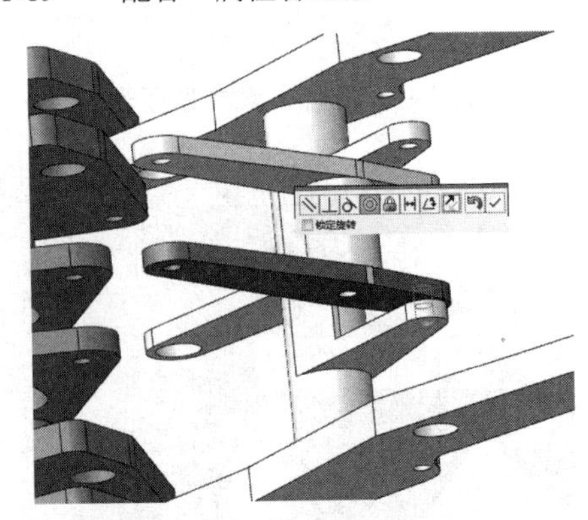

图 11-91　“同轴心”关系

（8）插入连杆 3。选择菜单栏中的“插入”→“零部件”→“现有零件/装配体”命令，或单击“装配体”控制面板中的“插入零部件”按钮，弹出“插入零部件”属性管理器，单击“浏览”按钮，在弹出的“打开”对话框中选择“连杆 3”，将其插入到装配界面中，如图 11-93 所示。

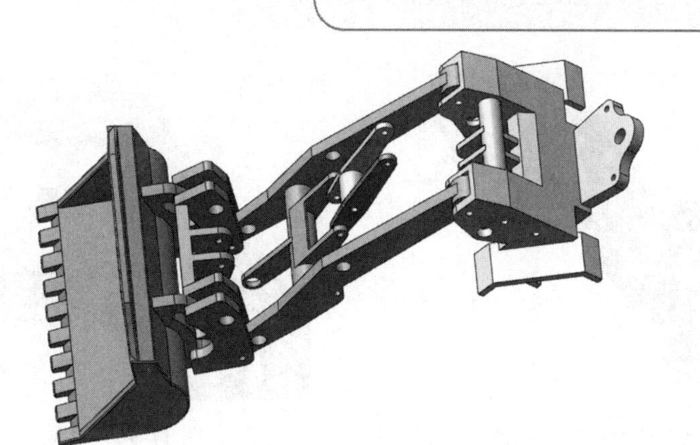

图 11-92　旋转结果

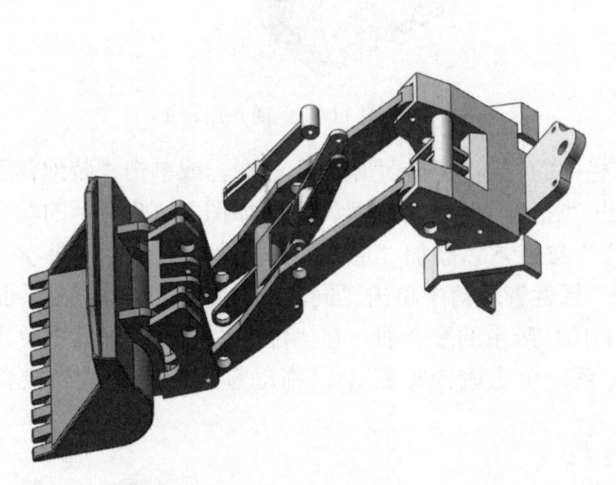

图 11-93　插入连杆 3

图 11-94　“配合”属性管理器

（9）添加装配关系。选择菜单栏中的“插入”→“配合”命令，或单击“装配体”控制面板中的“配合”按钮，系统弹出“配合”属性管理器，如图 11-94 所示。在“配合”属性管理器中单击“重合”按钮，添加“重合”关系，单击确定按钮，如图 11-95 所示。选择如图 11-96 所示的配合面，在“配合”属性管理器中单击“同轴心”按钮，添加“同轴心”关系，单击确定按钮，拖动零件旋转到适当位置，如图 11-97 所示。

（10）插入连杆 1。选择菜单栏中的“插入”→“零部件”→“现有零件/装配体”命令，或单击“装配体”控制面板中的“插入零部件”按钮，弹出“插入零部件”属性管理器，单击“浏览”按钮，在弹出的“打开”对话框中选择“连杆 1”，将其插入到装配界面中，如图 11-98 所示。

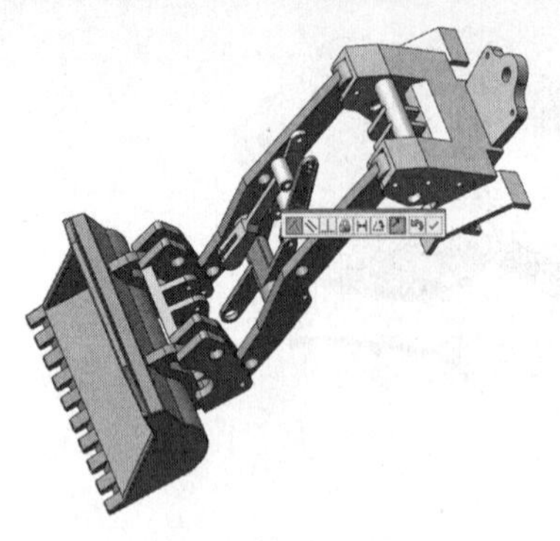

图 11-95 “重合”关系

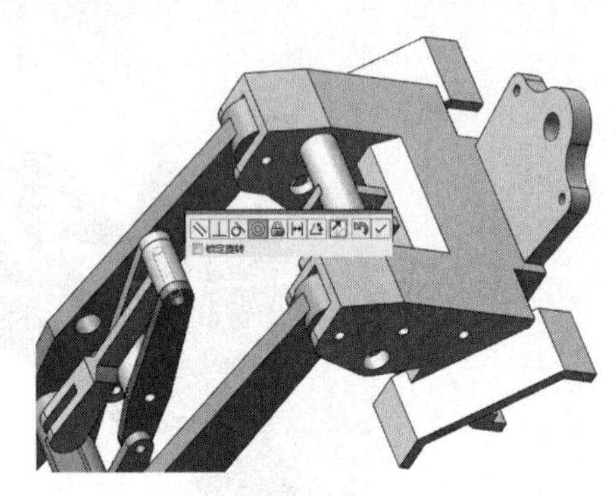

图 11-96 “同轴心”关系

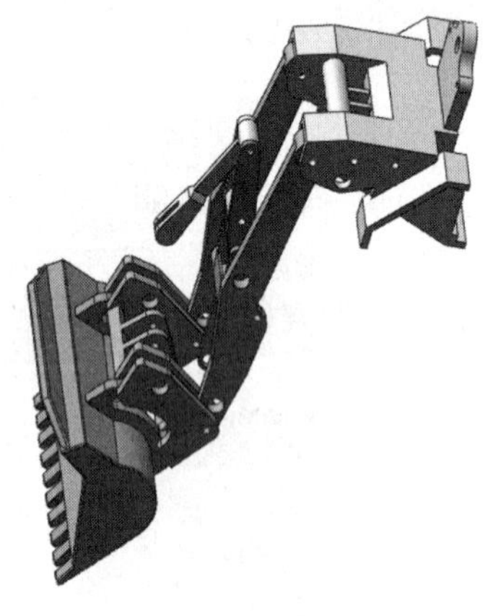

图 11-97 旋转结果

图 11-98 插入连杆 1

（11）添加装配关系。选择菜单栏中的“插入”→“配合”命令，或单击“装配体”控制面板中的“配合”按钮，系统弹出“配合”属性管理器。选择如图 11-99 所示的配合面，在“配合”属性管理器中单击“重合”按钮，添加“重合”关系，单击确定按钮✓。选择图 11-100 所示的配合面，在“配合”属性管理器中单击“同轴心”按钮，添加“同轴心”关系，单击确定按钮✓，选择图 11-101 所示的配合面，在“配合”属性管理器中单击“同轴心”按钮，添加“同轴心”关系，单击确定按钮✓，拖动零件旋转到适当位置，如图 11-102 所示。

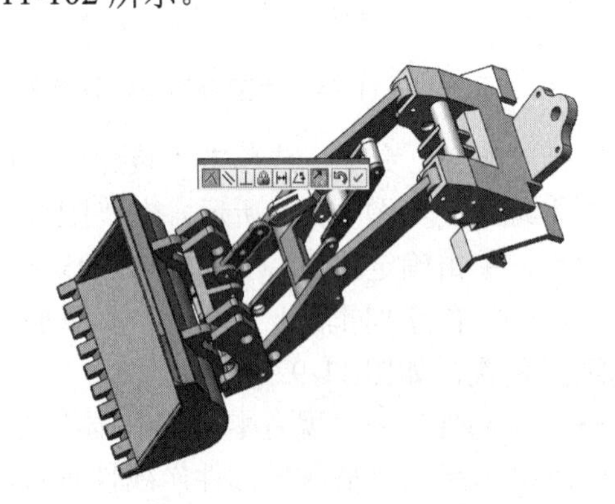

图 11-99 “重合”关系

图 11-100 “同轴心”关系（一）

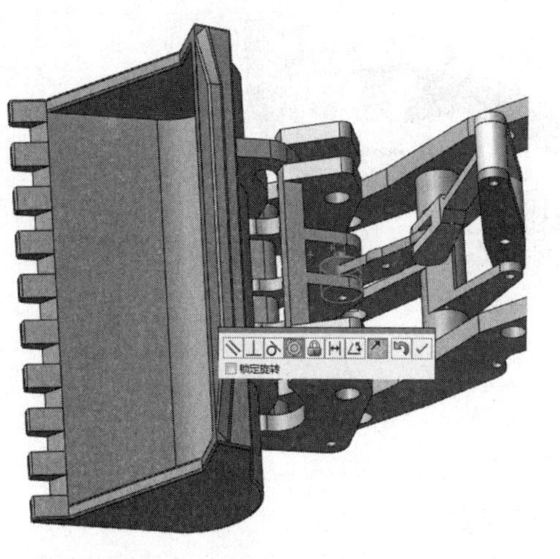
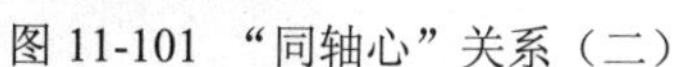

图 11-101 “同轴心”关系（二）　　图 11-102 旋转结果

（12）插入连杆 2。选择菜单栏中的“插入”→“零部件”→“现有零件/装配体”命令，或单击“装配体”控制面板中的“插入零部件”按钮，弹出“插入零部件”属性管理器，单击“浏览”按钮，在弹出的“打开”对话框中选择“连杆 2”，将其插入到装配界面中，如图 11-103 所示。

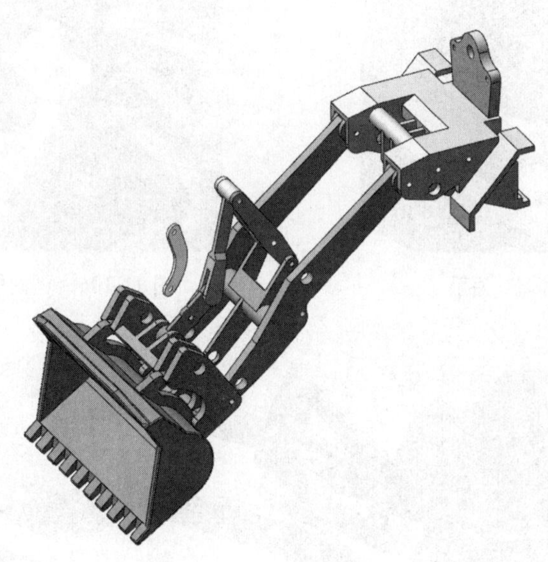

图 11-103 插入连杆 2

（13）添加装配关系。选择菜单栏中的“插入”→“配合”命令，或单击“装配体”控制面板中的“配合”按钮，系统弹出“配合”属性管理器。选择如图 11-104 所示的配合面，在“配合”属性管理器中单击“重合”按钮，添加“重合”关系，单击确定按钮✔。选择图 11-105 所示的配合面，在“配合”属性管理器中单击“同轴心”按钮，添加“同轴心”关系，单击确定按钮✔，选择图 11-106 所示的配合面，在“配合”属性管理器中单击“同轴心”按钮，添加“同轴心”关系，单击确定按钮✔，拖动零件旋转到适当位置，如图 11-107 所示。

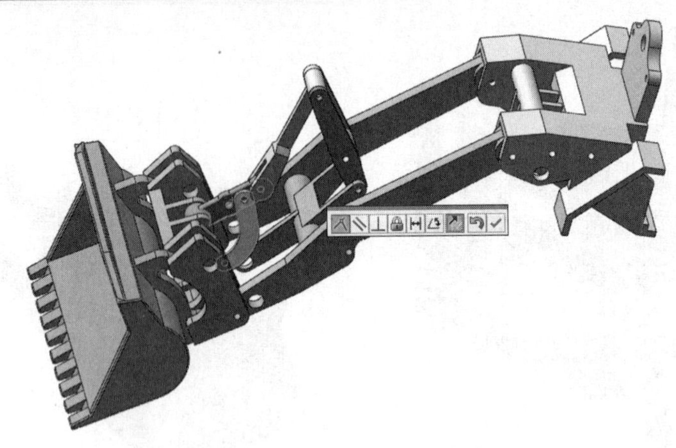

图 11-104 “重合”关系

图 11-105 “同轴心”关系（一）

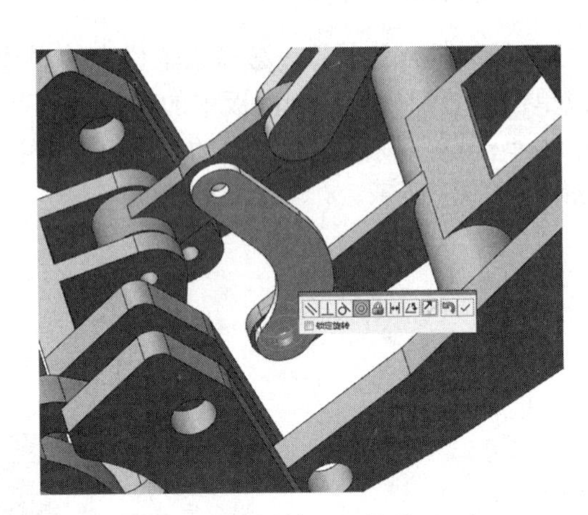

图 11-106 “同轴心”关系（二）

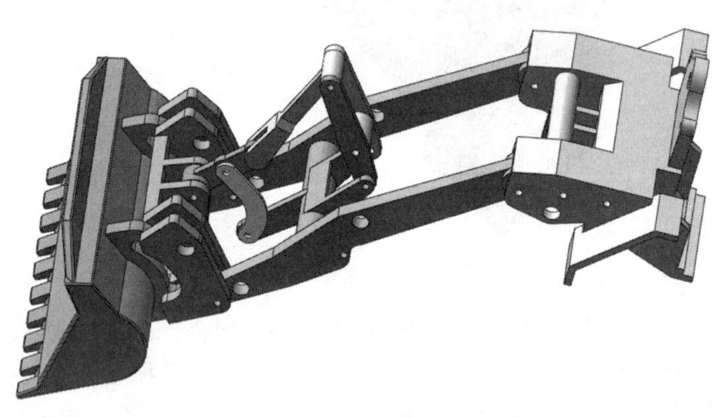

图 11-107 旋转结果

（14）插入液压缸 1。选择菜单栏中的“插入”→“零部件”→“现有零件/装配体”命令，或单击“装配体”控制面板中的“插入零部件”按钮，弹出“插入零部件”属性管理器，单击“浏览”按钮，在弹出的“打开”对话框中选择“液压缸 1”，将其插入到装配界面中，如图 11-108 所示。

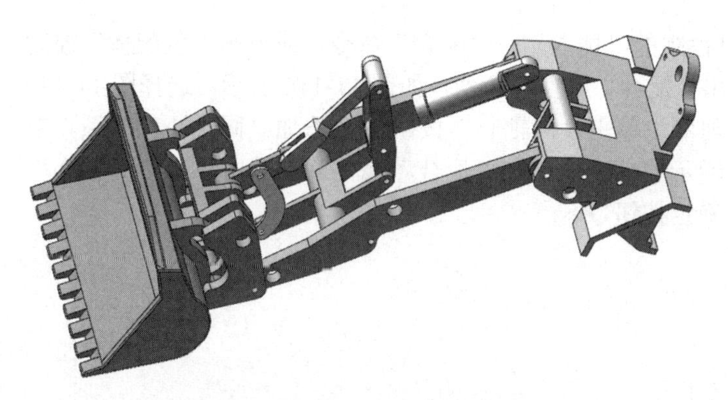

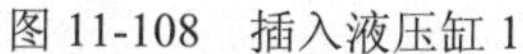
图 11-108　插入液压缸 1

图 11-109　“配合”属性管理器

（15）添加装配关系。选择菜单栏中的“插入”→“配合”命令，或单击“装配体”控制面板中的“配合”按钮，系统弹出“配合”属性管理器，如图 11-109 所示。选择图 11-110 所示的配合面，在“配合”属性管理器中单击“距离”按钮，添加“距离”关系，设置距离为 2.5，单击确定按钮。选择如图 11-111 所示的配合面，在“配合”属性管理器中单击“同轴心”按钮，添加“同轴心”关系，单击确定按钮，拖动零件旋转到适当位置，如图 11-112 所示。

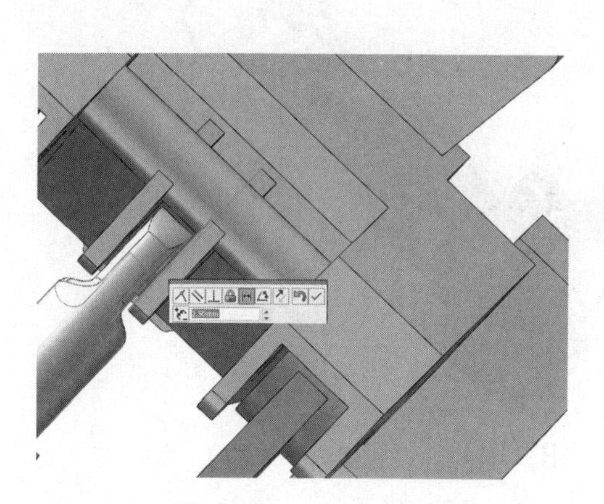
图 11-110　“距离”关系

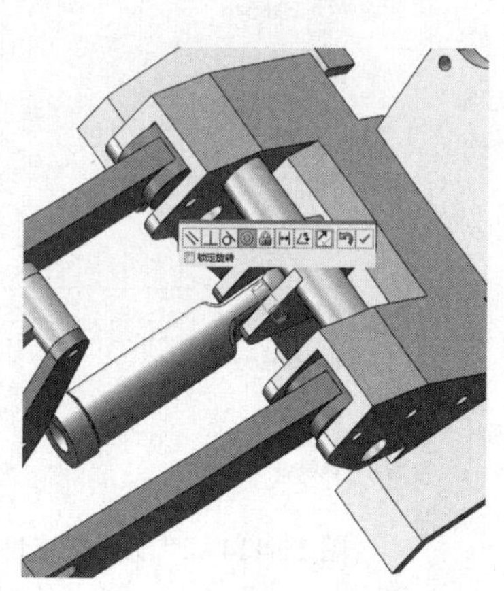
图 11-111　“同轴心”关系

（16）插入液压杆 1。选择菜单栏中的“插入”→“零部件”→“现有零件/装配体”命令，或单击“装配体”控制面板中的“插入零部件”按钮，弹出“插入零部件”属性管理器，单击“浏览”按钮，在弹出的“打开”对话框中选择“液压杆 1”，将其插入到装配界面中，如图 11-113 所示。

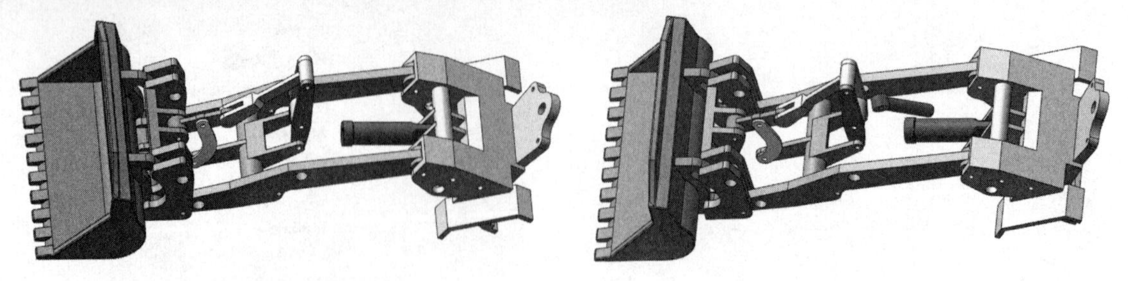

图 11-112　旋转结果　　　　图 11-113　插入液压杆 1

（17）添加装配关系。选择菜单栏中的“插入”→“配合”命令，或单击“装配体”控制面板中的“配合”按钮，系统弹出“配合”属性管理器，如图 11-114 所示。选择图 11-115 所示的配合面，在“配合”属性管理器中单击“同轴心”按钮，添加“同轴心”关系，单击确定按钮✔。选择如图 11-116 所示的配合面，在“配合”属性管理器中单击“同轴心”按钮，添加“同轴心”关系，单击确定按钮✔。

图 11-114　“配合”属性管理器　　　　图 11-115　“同轴心”关系（一）

（18）插入液压杆 2。选择菜单栏中的“插入”→“零部件”→“现有零件/装配体”命令，或单击“装配体”控制面板中的“插入零部件”按钮，弹出“插入零部件”属性管理器，单击“浏览”按钮，在弹出的“打开”对话框中选择“液压杆 2”，将其插入到装配界面中，如图 11-117 所示。

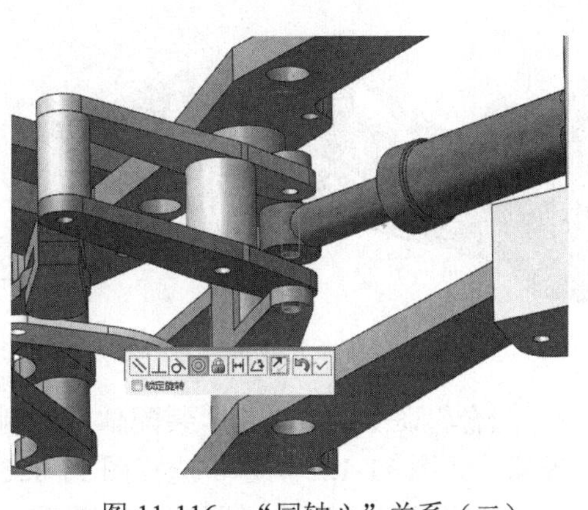

图 11-116 “同轴心”关系（二）

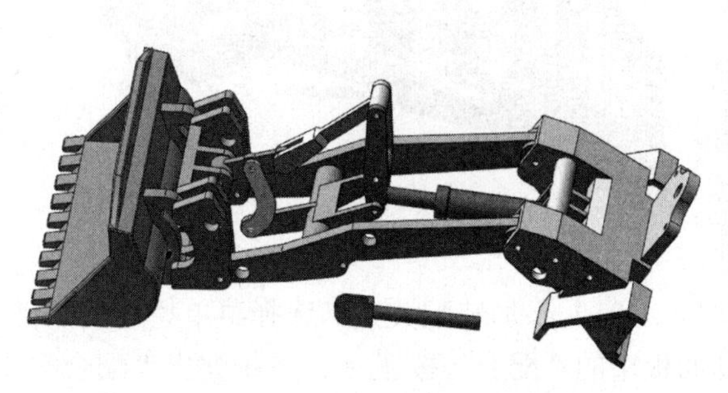

图 11-117 插入液压杆 2

（19）添加装配关系。选择菜单栏中的“插入”→“配合”命令，或单击“装配体”控制面板中的“配合”按钮，系统弹出“配合”属性管理器，如图 11-118 所示。选择图 11-119 所示的配合面，在“配合”属性管理器中单击“重合”按钮，添加“重合”关系，单击确定按钮✓。选择如图 11-120 所示的配合面，在“配合”属性管理器中单击“同轴心”按钮，添加“同轴心”关系，单击确定按钮✓。

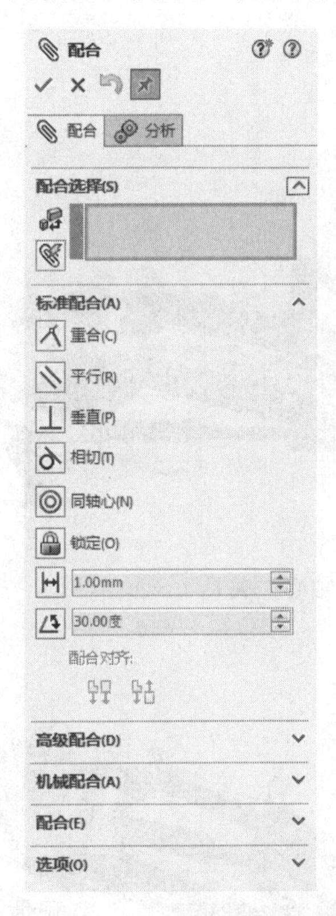

图 11-118 “配合”属性管理器

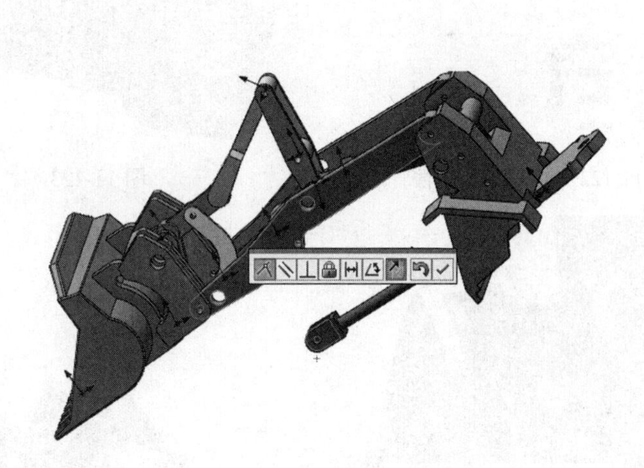

图 11-119 “重合”关系

（20）插入液压缸 2。选择菜单栏中的“插入”→“零部件”→“现有零件/装配体”命令，或单击“装配体”控制面板中的“插入零部件”按钮，弹出“插入零部件”属性管理器，单击“浏览”按钮，在弹出的“打开”对话框中选择“液压缸 2”，将其插入到装配界面中，如图 11-121 所示。

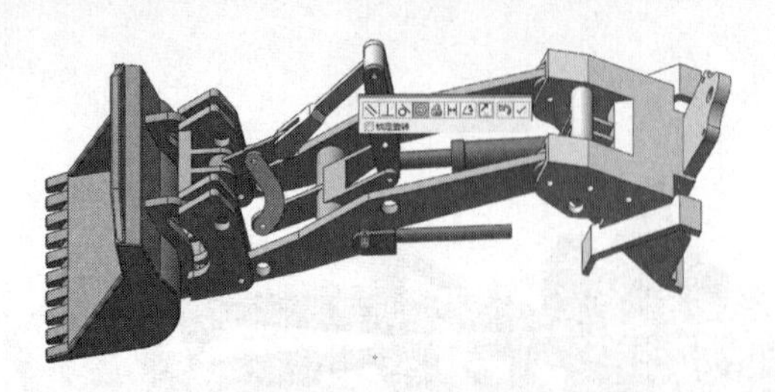

图 11-120 “同轴心”关系

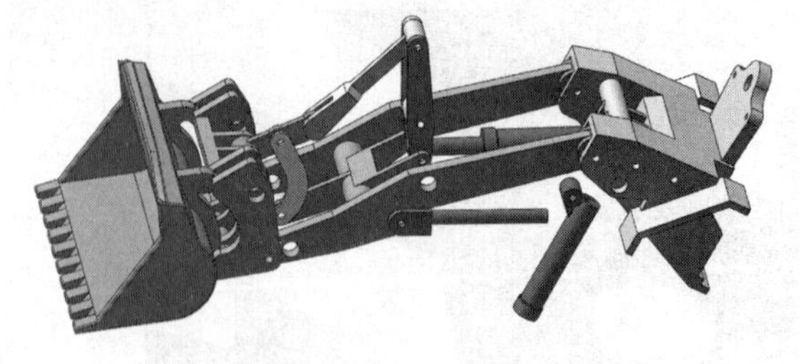

图 11-121 插入液压缸 2

（21）添加装配关系。选择菜单栏中的“插入”→“配合”命令，或单击“装配体”控制面板中的“配合”按钮，系统弹出“配合”属性管理器，如图 11-122 所示。选择图 11-123 所示的配合面，在“配合”属性管理器中单击“同轴心”按钮，添加“同轴心”关系，单击确定按钮。选择如图 11-124 所示的配合面，在“配合”属性管理器中单击“同轴心”按钮，添加“同轴心”关系，单击确定按钮，拖动零件旋转到适当位置，如图 11-125 所示。

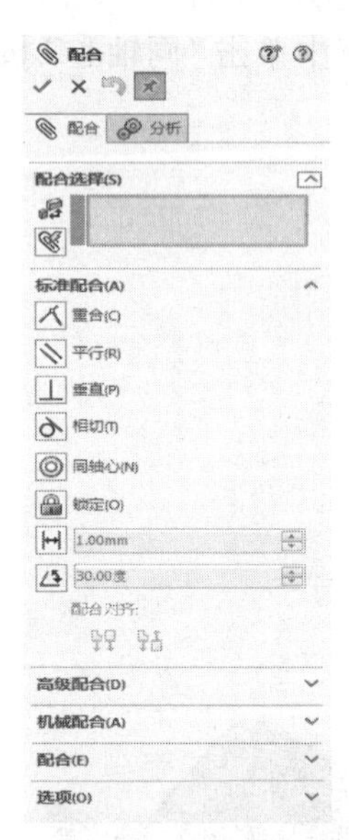

图 11-122 “配合”属性管理器

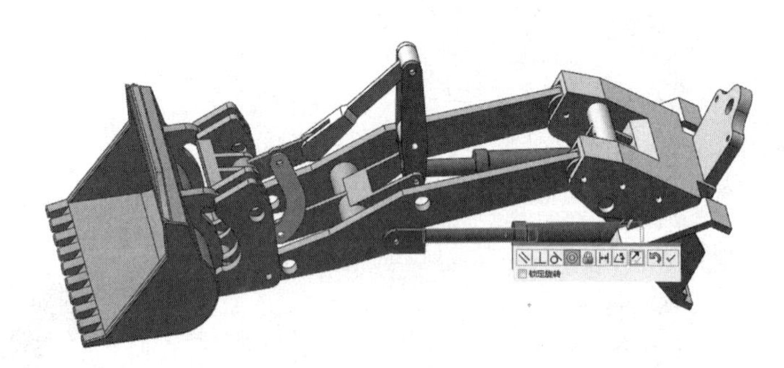

图 11-123 “同轴心”关系（一）

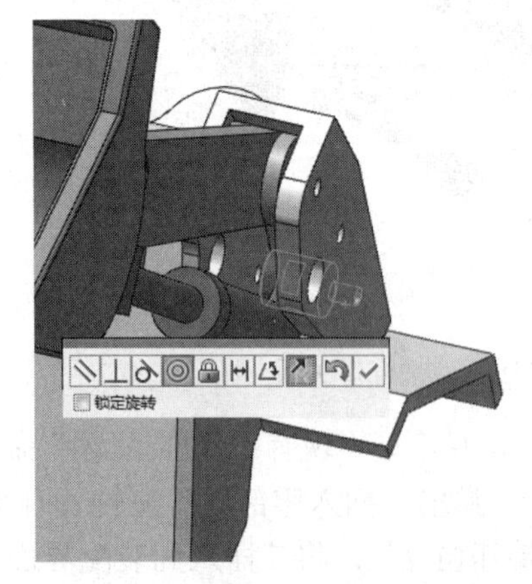

图 11-124 “同轴心”关系（二）

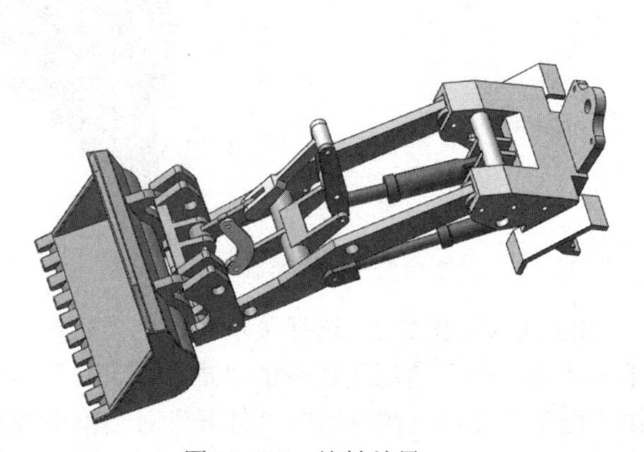

图 11-125 旋转结果

（22）在左侧设计树中选择“主连接”零件，利用鼠标左键拖动“连接件”装配体，并列到设计树列表中。

（23）旋转装配体。单击“装配体”控制面板中的“旋转零部件”按钮，或者选择菜单栏中的“工具”→“零部件”→“旋转”命令，拖动鼠标将各零件旋转到适当角度，如图 11-126 所示。

（24）插入圆柱连接。选择菜单栏中的“插入”→“零部件”→“现有零件/装配体”命令，或单击“装配体”控制面板中的“插入零部件”按钮，弹出“插入零部件”属性管理器，单击“浏览”按钮，在弹出的“打开”对话框中选择“圆柱连接”，将其插入到装配界面中，如图 11-127 所示。

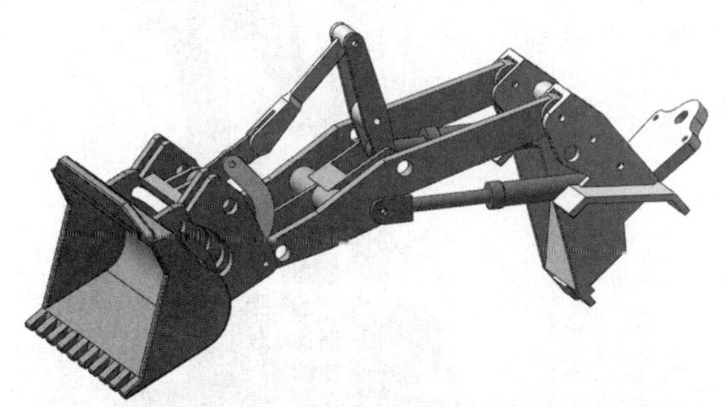

图 11-126　旋转零件

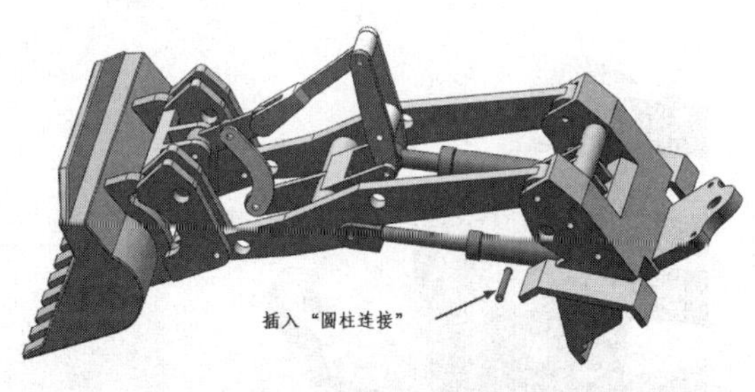

图 11-127　插入圆柱连接

（25）添加装配关系。选择菜单栏中的“插入”→“配合”命令，或单击“装配体”控制面板中的“配合”按钮，系统弹出“配合”属性管理器，如图 11-128 所示。选择图 11-129 所示的配合面，在“配合”属性管理器中单击“同轴心”按钮，添加“同轴心”关系，单击确定按钮✓。选择如图 11-130 所示的配合面，在“配合”属性管理器中单击“重合”按钮，添加“重合”关系，单击确定按钮✓，拖动零件旋转到适当位置。

图 11-128　“配合”属性管理器

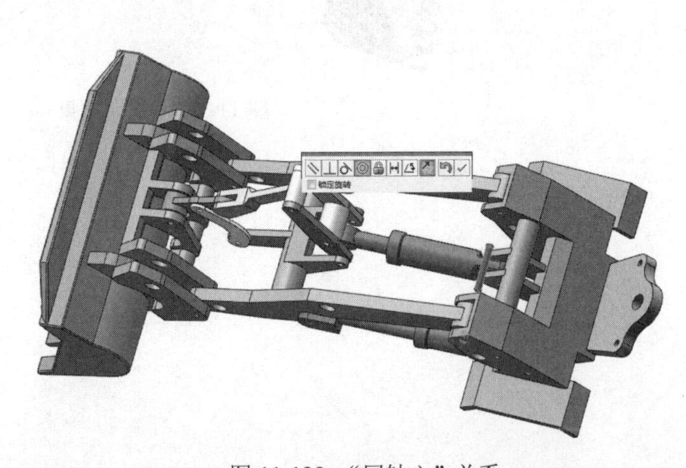

图 11-129　“同轴心”关系

（26）选择菜单栏中的“插入”→“镜向零部件”命令，或者单击“镜向零部件”按钮，系统弹出“镜向零部件”属性管理器。

（27）在“镜向基准面”列表框中，选择前视基准面；在“要镜向的零部件”列表框中，选择如图 11-131 所示的零件，镜向完成的零部件如图 11-132 所示。

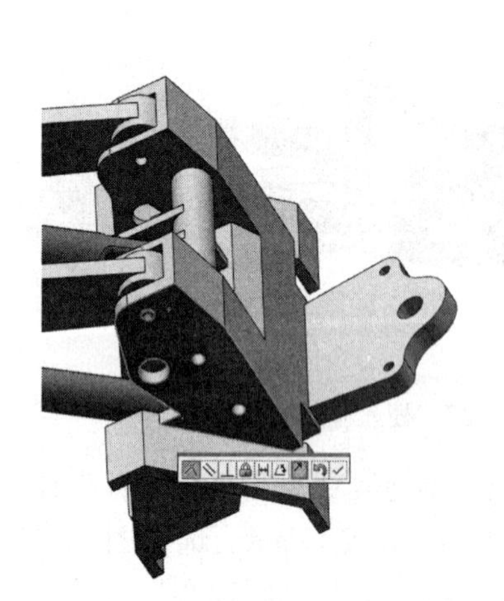

图 11-130 “重合”关系

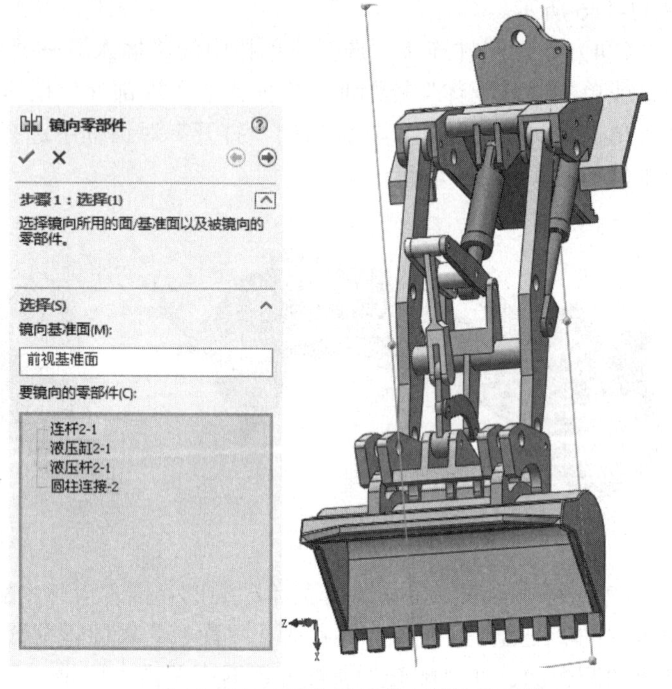

图 11-131 “镜向零部件”属性管理器

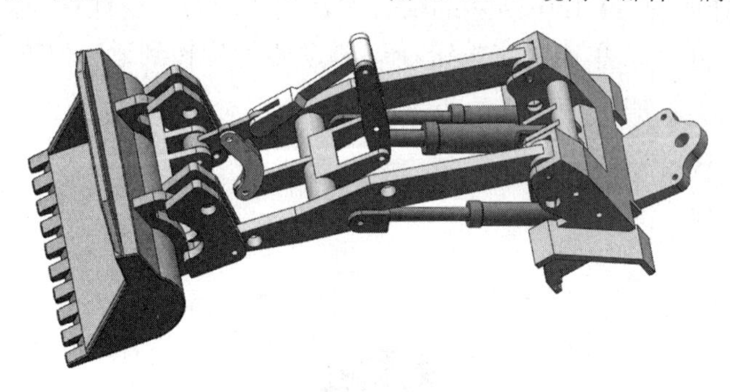

图 11-132 镜向结果

Chapter

工程图设计

12

SOLIDWORKS 提供了生成完整的详细工程图的工具。同时工程图是全相关的，当修改图纸时，三维模型、各个视图、装配体都会自动更新，也可从三维模型中自动产生工程图，包括视图、尺寸和标注。

12.1 工程图的绘制方法

默认情况下，SOLIDWORKS 系统在工程图和零件或装配体三维模型之间提供全相关的功能，全相关意味着无论什么时候修改零件或装配体的三维模型，所有相关的工程视图将自动更新，以反映零件或装配体的形状和尺寸变化；反之，当在一个工程图中修改一个零件或装配体尺寸时，系统也将自动将相关的其他工程视图及三维零件或装配体中的相应尺寸加以更新。

在安装 SOLIDWORKS 软件时，可以设定工程图与三维模型间的单向链接关系，这样当在工程图中对尺寸进行了修改时，三维模型并不更新。如果要改变此选项的话，只有再重新安装一次软件。

此外，SOLIDWORKS 系统提供多种类型的图形文件输出格式。包括最常用的 DWG 和 DXF 格式以及其他几种常用的标准格式。

工程图包含一个或多个由零件或装配体生成的视图。在生成工程图之前，必须先保存与它有关的零件或装配体的三维模型。

下面介绍创建工程图的操作步骤。

（1）单击“标准”工具栏中的“新建”按钮，或选择菜单栏中的“文件”→“新建”命令。

（2）在弹出的“新建 SOLIDWORKS 文件”对话框的“模板”选项卡中选择“工程图”按钮，如图 12-1 所示。

（3）单击“确定”按钮，关闭该对话框。

（4）在弹出的“图纸格式/大小”对话框中，选择图纸格式，如图 12-2 所示。

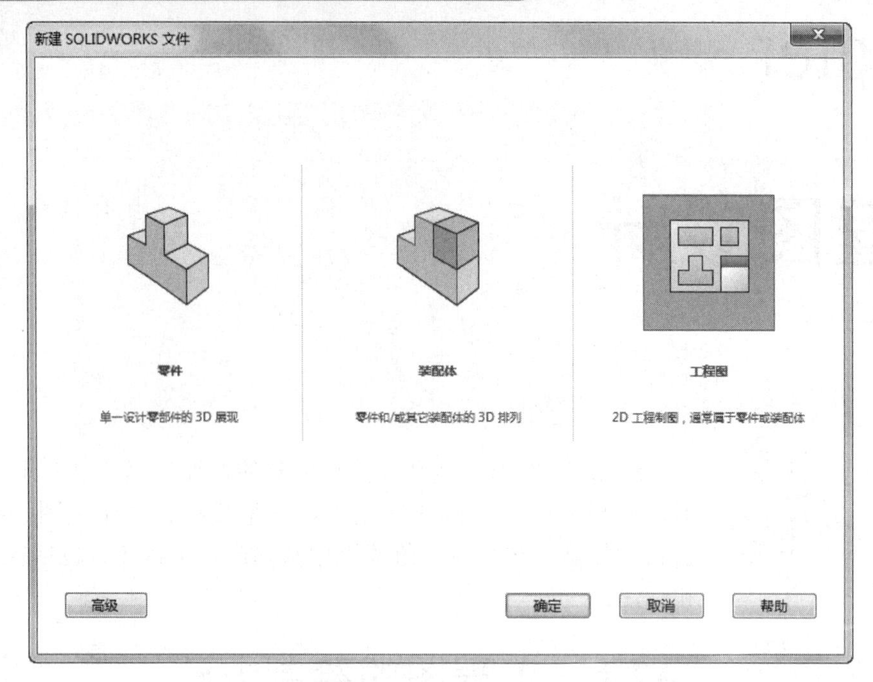

图 12-1 “新建 SOLIDWORKS 文件”对话框

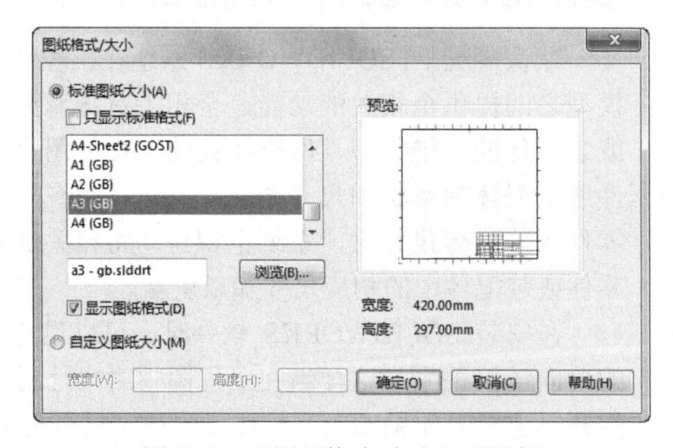

图 12-2 “图纸格式/大小”对话框

- 标准图纸大小：在列表框中选择一个标准图纸大小的图纸格式。
- 自定义图纸大小：在“宽度”和“高度”文本框中设置图纸的大小。

如果要选择已有的图纸格式，则单击“浏览”按钮，导航到所需的图纸格式文件。

（5）在“图纸格式/大小”对话框中单击“确定”按钮，进入工程图编辑状态。

工程图窗口中也包括 FeatureManager 设计树，它与零件和装配体窗口中的 FeatureManager 设计树相似，包括项目层次关系的清单。每张图纸有一个图标，每张图纸下有图纸格式和每个视图的图标。项目图标旁边的符号 ⊞ 表示它包含相关的项目，单击它将展开所有的项目并显示其内容。工程图窗口如图 12-3 所示。

标准视图包含视图中显示的零件和装配体的特征清单。派生的视图（如局部或剖面视图）包含不同的特定视图项目（如局部视图图标、剖切线等）。

工程图窗口的顶部和左侧有标尺，标尺会报告图纸中光标指针的位置。选择菜单栏中的“视图”→“用户界面”→“标尺”命令，可以打开或关闭标尺。

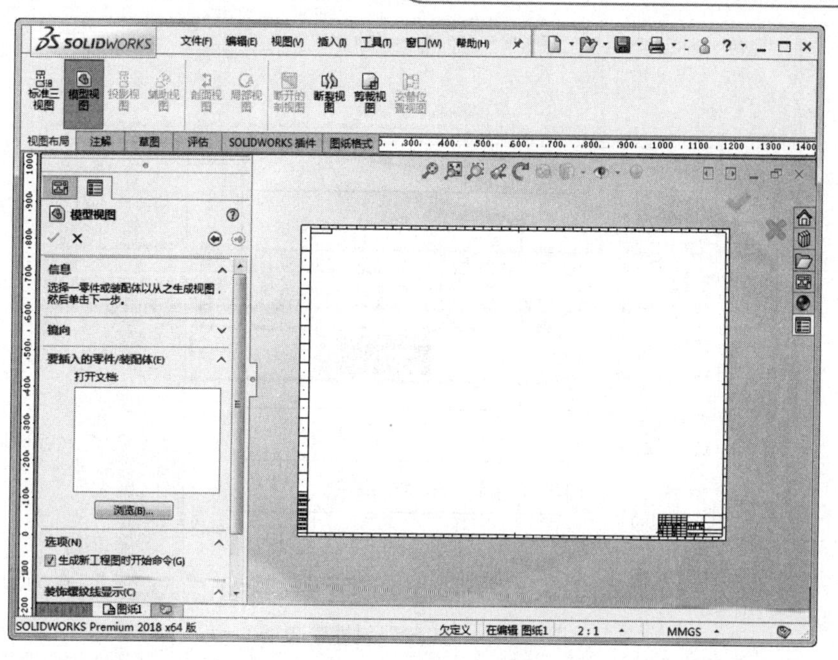

图 12-3　工程图窗口

如果要放大视图，则右击 FeatureManager 设计树中的视图名称，在弹出的快捷菜单中单击“放大所选范围”命令。

用户可以在 FeatureManager 设计树中重新排列工程图文件的顺序，在图形区拖动工程图到指定的位置。

工程图文件的扩展名为“.slddrw”。新工程图使用所插入的第一个模型的名称。保存工程图时，模型名称作为默认文件名出现在“另存为”对话框中，并带有扩展名“.slddrw”。

12.2　定义图纸格式

SOLIDWORKS 提供的图纸格式不符合任何标准，用户可以自定义工程图纸格式以符合自己单位的标准格式。

1. 定义图纸格式

下面介绍定义工程图纸格式的操作步骤。

（1）右击工程图纸上的空白区域，或者右击 FeatureManager 设计树中的“图纸格式”按钮。

（2）在弹出的快捷菜单中单击“编辑图纸格式”命令。

（3）双击标题栏中的文字，即可修改文字。同时在“注释”属性管理器的“文字格式”选项组中可以修改对齐方式、文字旋转角度和字体等属性，如图 12-4 所示。

（4）如果要移动线条或文字，单击该项目后将其拖动到新的位置。

（5）如果要添加线条，则单击“草图”控制面板中的“直线”按钮，然后绘制线条。

（6）在 FeatureManager 设计树中右击“图纸”选项，在弹出的快捷菜单中单击“属性”按钮。

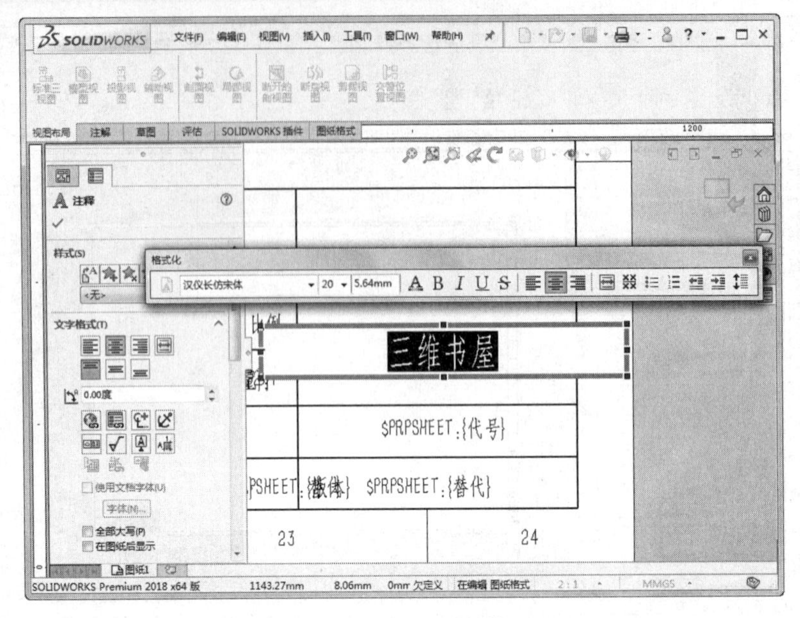

图 12-4　“注释”属性管理器

（7）系统弹出的“图纸属性”对话框如图 12-5 所示，具体设置如下。

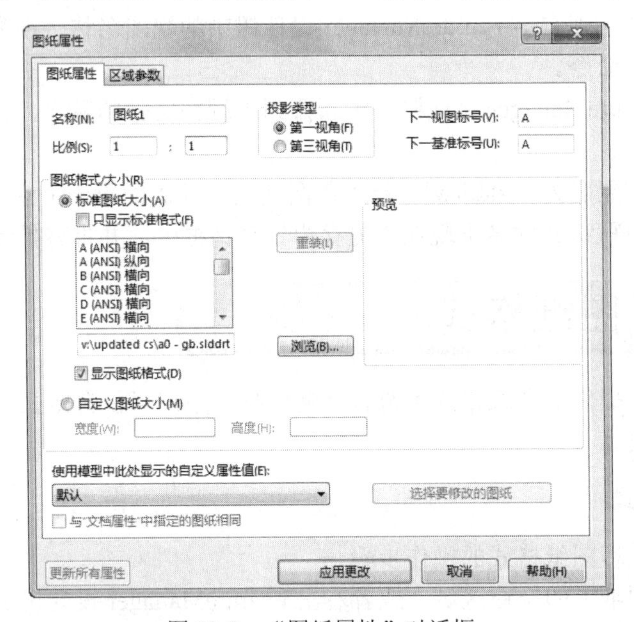

图 12-5　“图纸属性”对话框

① 在“名称”文本框中输入图纸的标题。

② 在“比例”文本框中指定图纸上所有视图的默认比例。

③ 在“标准图纸大小”列表框中选择一种标准纸张（如 A4、B5 等）。如果点选“自定义图纸大小”单选钮，则可在下面的“宽度”和“高度”文本框中指定纸张的大小。

④ 单击“浏览”按钮，可以使用其他图纸格式。

⑤ 在“投影类型”选项组中点选“第一视角”或“第三视角”单选钮。

⑥ 在“下一视图标号”文本框中指定下一个视图要使用的英文字母代号。

⑦ 在“下一基准标号”文本框中指定下一个基准标号要使用的英文字母代号。

⑧ 如果图纸上显示了多个三维模型文件，在“采用在此显示的模型中的自定义属性值”下拉列表框中选择一个视图，工程图将使用该视图包含模型的自定义属性。

（8）单击“确定”按钮，关闭“图纸属性”对话框。

2．保存图纸格式

下面介绍保存图纸格式的操作步骤。

（1）选择菜单栏中的“文件”→“保存图纸格式”命令，系统弹出“保存图纸格式”对话框。

（2）如果要替换 SOLIDWORKS 提供的标准图纸格式，则单击“标准图纸格式”单选按钮，然后在下拉列表框中选择一种图纸格式。单击“确定”按钮。图纸格式将被保存在<安装目录>\data 下。

（3）如果要使用新的图纸格式，可以点选“自定义图纸大小”单选钮，自行输入图纸的高度和宽度；或者单击“浏览”按钮，选择图纸格式保存的目录并打开，然后输入图纸格式名称，最后单击“确定”按钮。

（4）单击“保存”按钮，关闭对话框。

12.3 标准三视图的绘制

在创建工程图前，应根据零件的三维模型，考虑和规划零件视图，如工程图由几个视图组成，是否需要剖视图等。考虑清楚后，再进行零件视图的创建工作，否则如同用手工绘图一样，可能创建的视图不能很好地表达零件的空间关系，给其他用户的识图、看图造成困难。

标准三视图是指从三维模型的主视、左视、俯视 3 个正交角度投影生成 3 个正交视图，如图 12-6 所示。

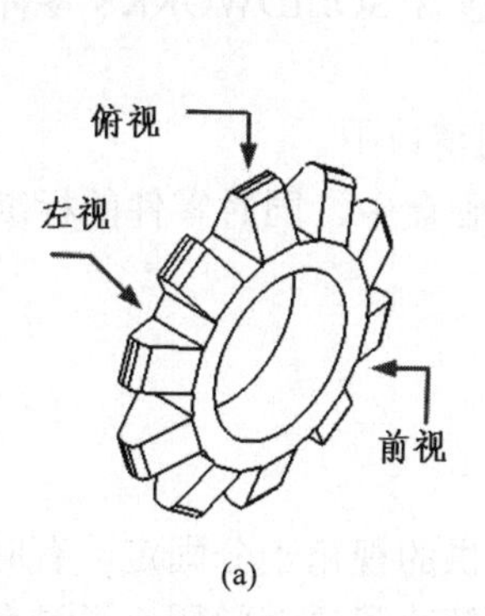

(a)

主（前视）视图

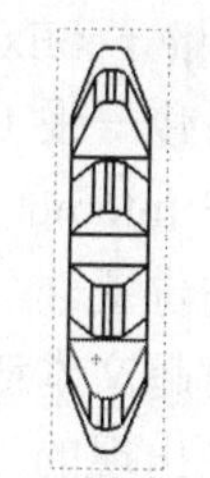

左（侧视）视图

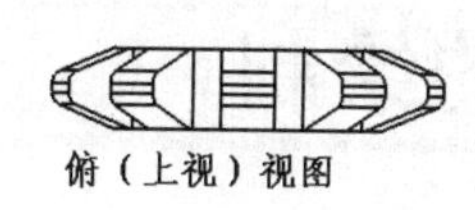

俯（上视）视图

(b)

图 12-6　标准三视图

在标准三视图中，主视图与俯视图及侧视图有固定的对齐关系。俯视图可以竖直移动，侧视图可以水平移动。SOLIDWORKS 生成标准三视图的方法有多种，这里只介绍常用的两种。

12.3.1 用标准方法生成标准三视图

下面介绍用标准方法生成标准三视图的操作步骤。

（1）新建一张工程图。

（2）单击“视图布局”面板中的“标准三视图”按钮，或选择菜单栏中的“插入”→“工程视图”→“标准三视图”命令，此时光标指针变为形状。

（3）在“标准视图”属性管理器中提供了 4 种选择模型的方法。

- 选择一个包含模型的视图。
- 从另一窗口的 FeatureManager 设计树中选择模型。
- 从另一窗口的图形区中选择模型。
- 在工程图窗口右击，在快捷菜单中单击“从文件中插入”命令。

（4）选择菜单栏中的“窗口”→“文件”命令，进入零件或装配体文件界面中。

（5）利用步骤（4）中的一种方法选择模型，系统会自动回到工程图文件中，并将三视图放置在工程图中。

如果不打开零件或装配体模型文件，用标准方法生成标准三视图的操作步骤如下。

（1）新建一张工程图。

（2）单击“工程图”工具栏中的“标准三视图”按钮，或选择菜单栏中的“插入”→“工程视图”→“标准三视图”命令，或者单击“视图布局”控制面板中的“标准三视图”按钮。

（3）在弹出的“标准三视图”属性管理器中，单击“浏览”按钮。

（4）在弹出的“插入零部件”对话框中浏览到所需的模型文件，单击“打开”按钮，标准三视图便会放置在图形区中。

12.3.2 超文本链接生成标准三视图

利用 Internet Explorer 中的超文本链接生成标准三视图的操作步骤如下。

（1）新建一张工程图。

（2）在 Internet Explorer（4.0 或更高版本）中，导航到包含 SOLIDWORKS 零件文件超文本链接的位置。

（3）将超文本链接从 Internet Explorer 窗口拖动到工程图窗口中。

（4）在出现的“另存为”对话框中保存零件模型到本地硬盘中，同时零件的标准三视图也被添加到工程图中。

12.4 模型视图的绘制

标准三视图是最基本也是最常用的工程图，但是它所提供的视角十分固定，有时不能很好地描述模型的实际情况。SOLIDWORKS 提供的模型视图解决了这个问题，通过在标准三视图中插入模型视图，可以从不同的角度生成工程图。

下面介绍插入模型视图的操作步骤。

（1）单击“工程图”工具栏中的“模型视图”按钮，或选择菜单栏中的“插入”→“工

程视图”→“模型视图”命令，或者单击“视图布局”面板中的“模型视图”按钮。

（2）与生成标准三视图中选择模型的方法一样，在零件或装配体文件中选择一个模型（文件实体如图 12-6(a)所示）。

（3）当回到工程图文件中时，光标指针变为形状，用光标拖动一个视图方框表示模型视图的大小。

（4）在“模型视图”属性管理器的“方向”选项组中选择视图的投影方向。

（5）单击，从而在工程图中放置模型视图，如图 12-7 所示。

（6）如果要更改模型视图的投影方向，则双击“方向”选项中的视图方向。

（7）如果要更改模型视图的显示比例，则点选“使用自定义比例”单选钮，然后输入显示比例。

（8）单击确定按钮✓，完成模型视图的插入。

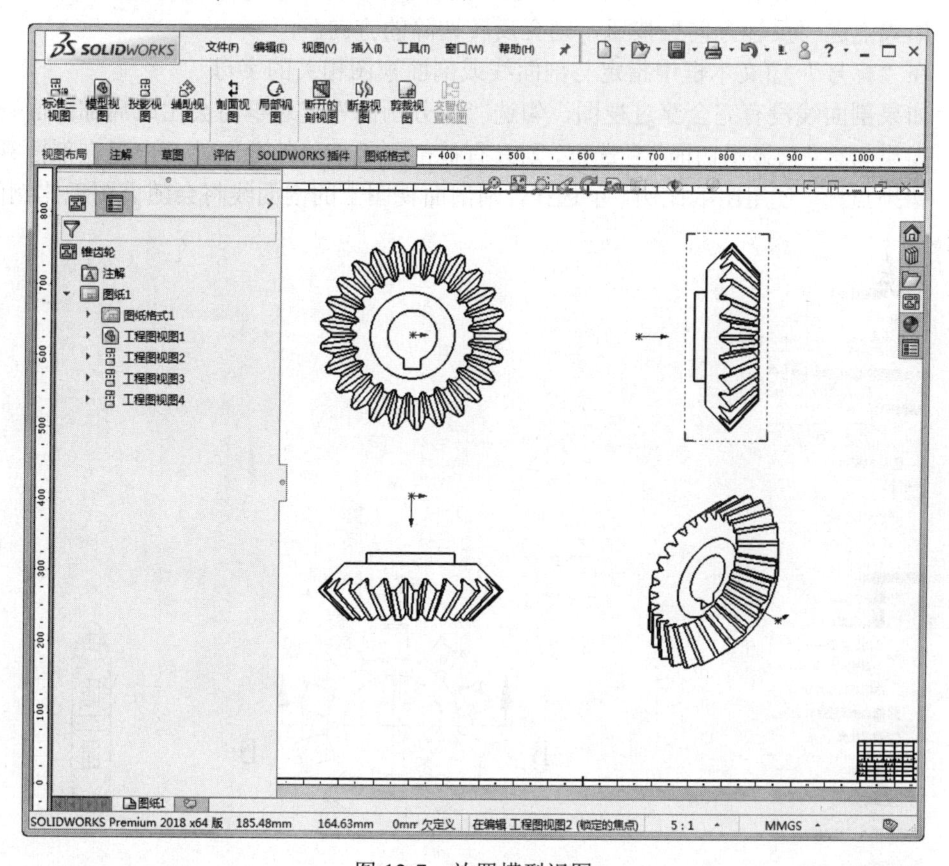

图 12-7　放置模型视图

12.5　绘制视图

12.5.1　剖面视图

剖面视图是指用一条剖切线分割工程图中的一个视图，然后从垂直于剖面方向投影得到的视图，如图 12-8 所示。

下面介绍绘制剖面视图的操作步骤。

打开的工程图如图 12-6(b)所示。

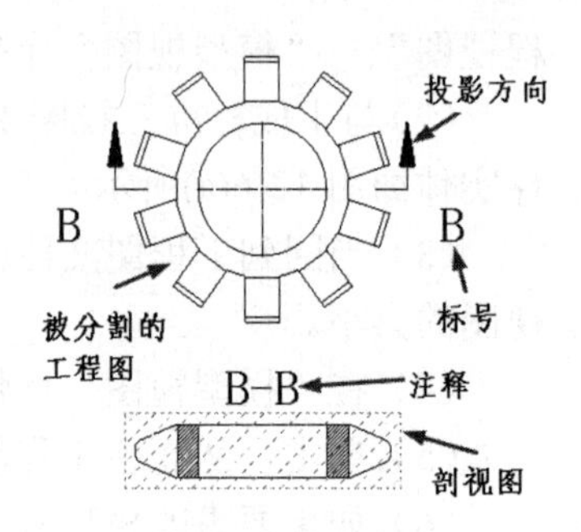

图 12-8　剖面视图举例

（1）单击“工程图”工具栏中的“剖面视图”按钮，或选择菜单栏中的“插入”→“工程图视图”→“剖面视图”命令，或者单击“视图布局”面板中的“剖面视图”按钮。

（2）系统弹出“剖面视图”属性管理器，同时“草图”控制面板中的“直线“按钮也被激活。

（3）在工程图上绘制剖切线。绘制完剖切线之后系统会在垂直于剖切线的方向出现一个方框，表示剖切视图的大小。拖动这个方框到适当的位置，则剖切视图被放置在工程图中。

（4）在“剖面视图”属性管理器中设置相关选项，如图 12-9(a)所示。

① 如果点选“反转方向”按钮，则会反转切除的方向。

② 在“标号”文本框中指定与剖面线或剖面视图相关的字母。

③ 如果剖面线没有完全穿过视图，勾选“部分剖面”复选框将会生成局部剖面视图。

④ 如果勾选“只显示切面”复选框，则只有被剖面线切除的曲面才会出现在剖面视图上。

⑤ 如果点选“使用图纸比例”单选钮，则剖面视图上的剖面线将会随着图纸比例的改变而改变。

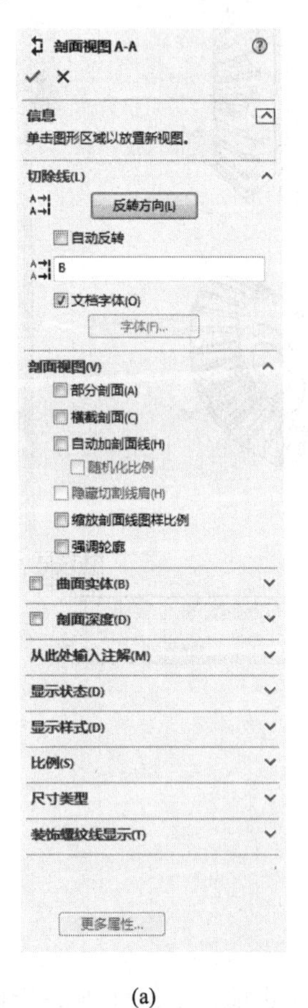

(a)

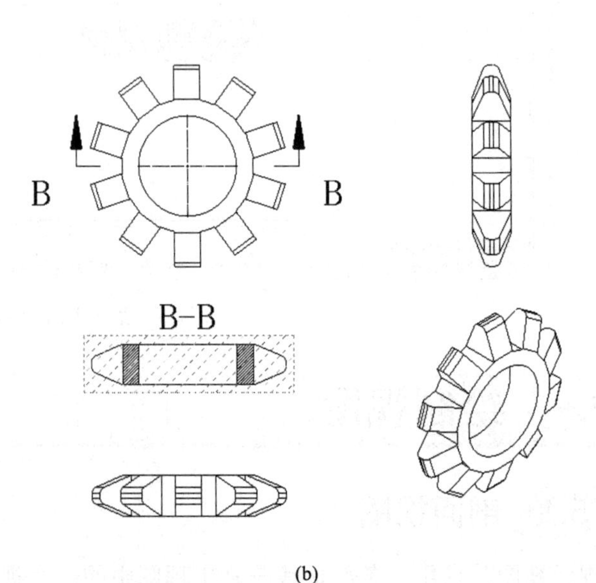

(b)

图 12-9　剖面视图的相关选项

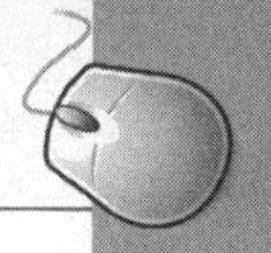

⑥ 如果点选“使用自定义比例”单选钮，则定义剖面视图在工程图纸中的显示比例。

（5）单击确定按钮✔，完成剖面视图的插入，如图 12-9(b)所示。

新剖面是由原实体模型计算得来的，如果模型更改，此视图将随之更新。

12.5.2 投影视图

投影视图是通过从正交方向对现有视图投影生成的视图，如图 12-10 所示。

下面介绍生成投影视图的操作步骤。

（1）在工程图中选择一个要投影的工程视图（打开的工程图如图 12-10 所示）。

（2）单击“工程图”工具栏中的“投影视图”按钮，或选择菜单栏中的“插入”→“工程图视图”→“投影视图”命令，或者单击“视图布局”面板中的“投影视图”按钮。

（3）系统将根据光标指针在所选视图的位置决定投影方向。可以从所选视图的上、下、左、右 4 个方向生成投影视图。

（4）系统会在投影方向出现一个方框，表示投影视图的大小，拖动这个方框到适当的位置，则投影视图被放置在工程图中。

（5）单击确定按钮✔，生成投影视图。

12.5.3 辅助视图

辅助视图类似于投影视图，它的投影方向垂直所选视图的参考边线，如图 12-11 所示。

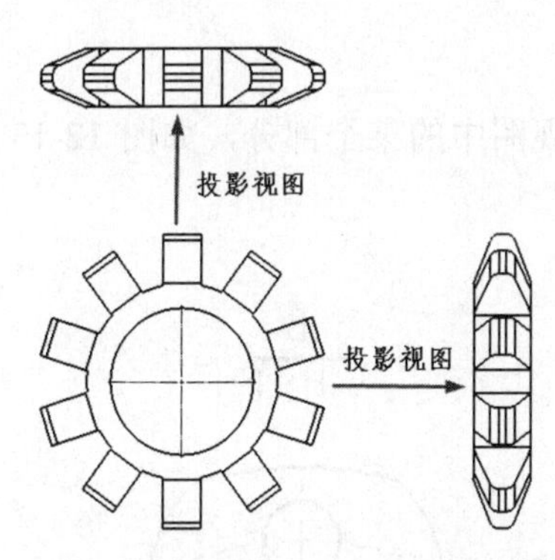

图 12-10　投影视图

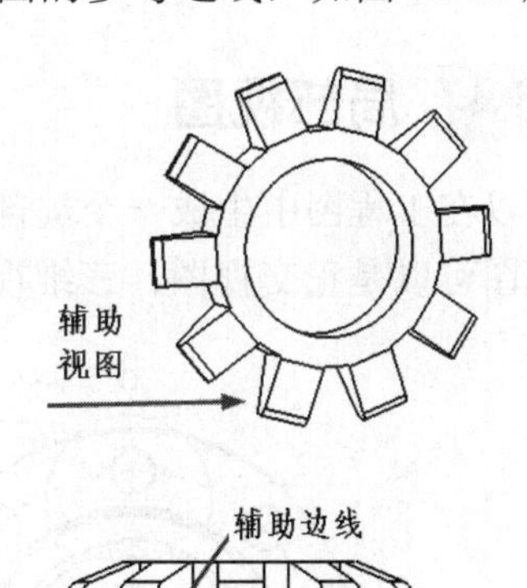

图 12-11　辅助视图举例

下面介绍插入辅助视图的操作步骤。

（1）打开的工程图如图 12-11 所示。

（2）单击“工程图”工具栏中的“辅助视图”按钮，或选择菜单栏中的“插入”→“工程视图”→“辅助视图”命令，或者单击“视图布局”面板中的“辅助视图”按钮。

（3）选择要生成辅助视图的工程视图中的一条直线作为参考边线，参考边线可以是零件的边线、侧影轮廓线、轴线或所绘制的直线。

（4）系统会在与参考边线垂直的方向出现一个方框，表示辅助视图的大小，拖动这个方框到适当的位置，则辅助视图被放置在工程图中。

（5）在“辅助视图”属性管理器中设置相关选项，如图 12-12(a)所示。

① 在“标号”文本框中指定与剖面线或剖面视图相关的字母。

② 如果勾选“反转方向”复选框，则会反转切除的方向。

（6）单击确定按钮✓，生成辅助视图，如图 12-12 所示(b)。

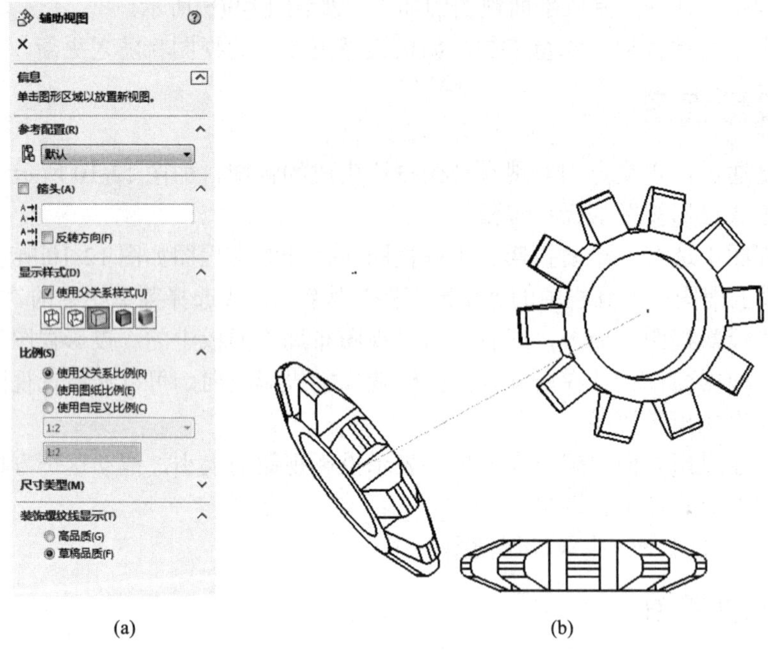

(a) (b)

图 12-12　绘制辅助视图

12.5.4 局部视图

可以在工程图中生成一个局部视图，来放大显示视图中的某个部分，如图 12-13 所示。局部视图可以是正交视图、三维视图或剖面视图。

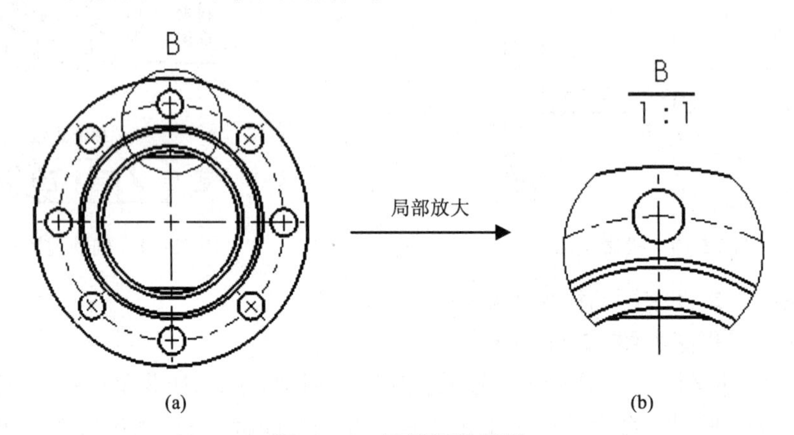

(a) (b)

图 12-13　局部视图举例

下面介绍绘制局部视图的操作步骤。

（1）打开的工程图如图 12-13(a)所示。

（2）单击“工程图”工具栏中的“局部视图”按钮，或选择菜单栏中的“插入”→“工程图视图”→“局部视图”命令，或者单击“视图布局”面板中的“局部视图”按钮。

（3）此时，“草图”控制面板中的“圆”按钮被激活，利用它在要放大的区域绘制一个圆。

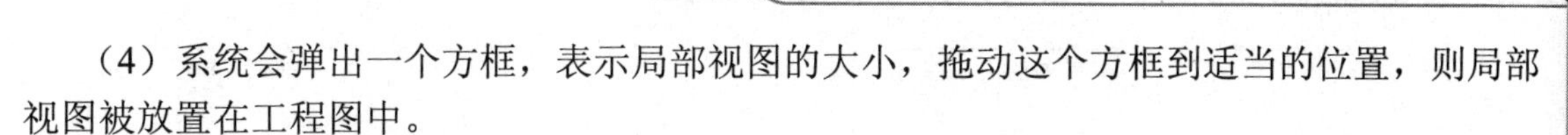

（4）系统会弹出一个方框，表示局部视图的大小，拖动这个方框到适当的位置，则局部视图被放置在工程图中。

（5）在“局部视图”属性管理器中设置相关选项，如图 12-14(a)所示。

①“样式”下拉列表框：在下拉列表框中选择局部视图图标的样式，有“依照标准”、“中断圆形”、“带引线”、“无引线”和“相连”5 种样式。

②“标号”文本框：在文本框中输入与局部视图相关的字母。

③ 如果在“局部视图”选项组中勾选了“完整外形”复选框，则系统会显示局部视图中的轮廓外形。

④ 如果在“局部视图”选项组中勾选了“钉住位置”复选框，在改变派生局部视图的视图大小时，局部视图将不会改变大小。

⑤ 如果在“局部视图”选项组中勾选了“缩放剖面线图样比例”复选框，将根据局部视图的比例来缩放剖面线图样的比例。

（6）单击确定按钮，生成局部视图，如图 12-14(b)所示。

此外，局部视图中的放大区域还可以是其他任何的闭合图形。其方法是首先绘制用来作放大区域的闭合图形，然后再单击“局部视图”按钮，其余的步骤相同。

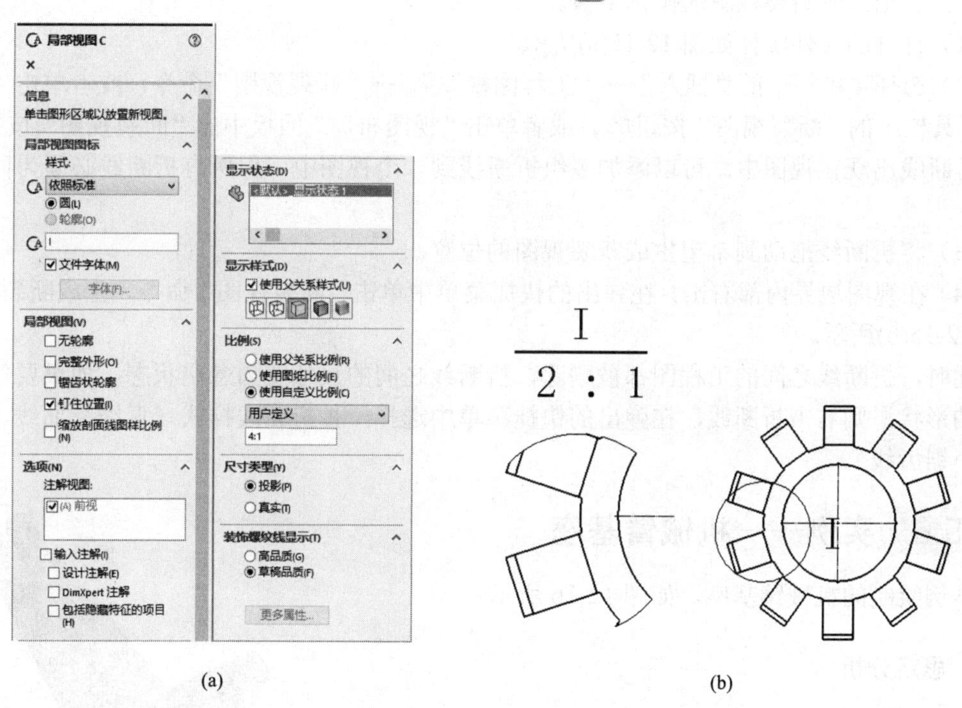

(a)　　　　　　　　(b)

图 12-14　绘制局部视图

12.5.5 断裂视图

工程图中有一些截面相同的长杆件（如长轴、螺纹杆等），这些零件在某个方向的尺寸比其他方向的尺寸大很多，而且截面没有变化。因此可以利用断裂视图将零件用较大比例显示在工程图上，如图 12-15 所示。

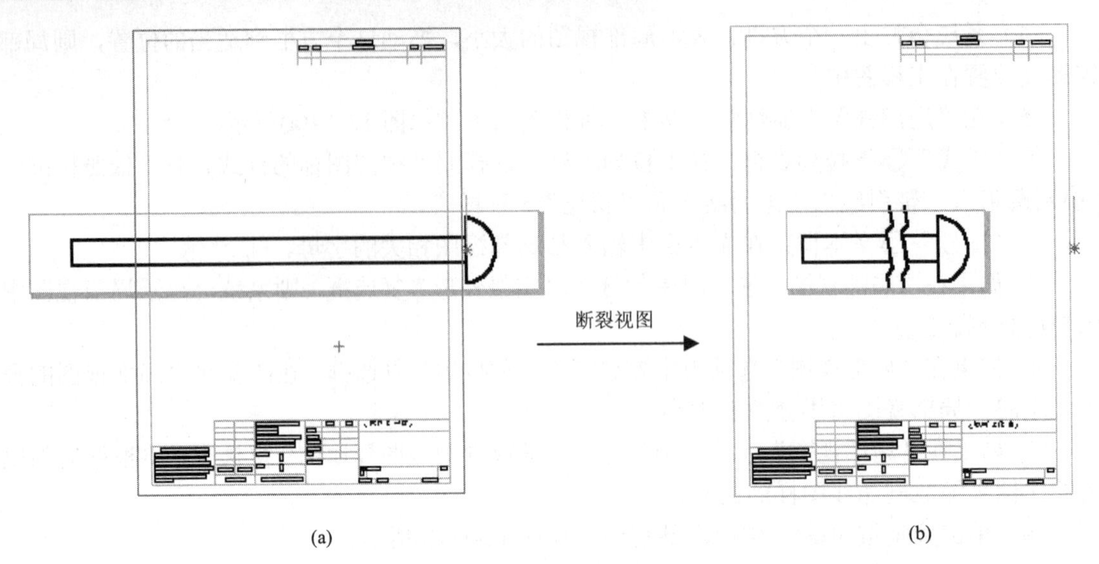

图 12-15　断裂视图

下面介绍绘制断裂视图的操作步骤。

（1）打开的文件实体如图 12-15(a)所示。

（2）选择菜单栏中的“插入”→“工程图视图”→“断裂视图”命令，或者单击“工程图”工具栏中的“断裂视图”按钮，或者单击“视图布局”面板中的“断裂视图”按钮，此时折断线出现在视图中。可以添加多组折断线到一个视图中，但所有折断线必须为同一个方向。

（3）将折断线拖动到希望生成断裂视图的位置。

（4）在视图边界内部右击，在弹出的快捷菜单中单击“断裂视图”命令，生成断裂视图，如图 12-15(b)所示。

此时，折断线之间的工程图都被删除，折断线之间的尺寸变为悬空状态。如果要修改折断线的形状，则右击折断线，在弹出的快捷菜单中选择一种折断线样式（直线、曲线、锯齿线和小锯齿线）。

12.5.6　实例——机械臂基座

本例绘制的机械臂基座，如图 12-16 所示。

思路分析

介绍零件图到工程图的转换，以及工程图视图，熟悉绘制工程图的步骤与方法，流程图如图 12-17 所示。

创建步骤

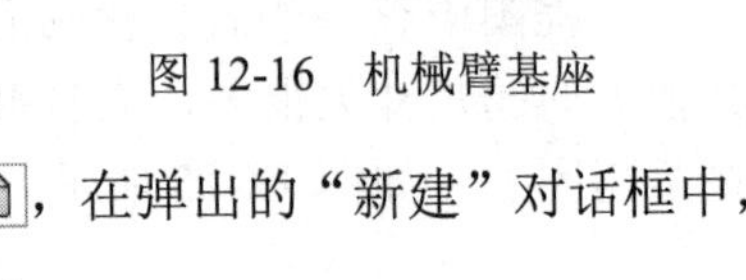

图 12-16　机械臂基座

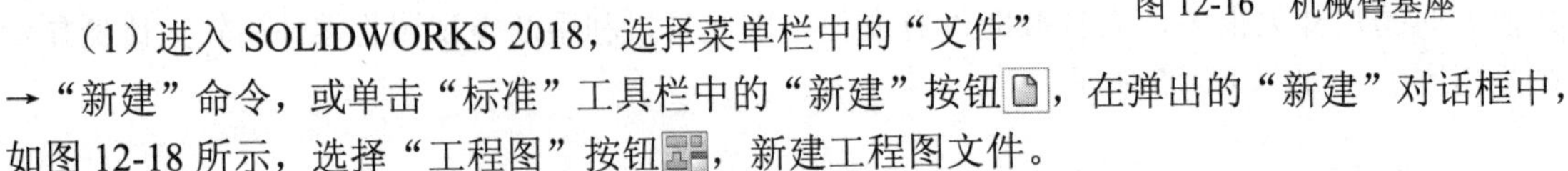

（1）进入 SOLIDWORKS 2018，选择菜单栏中的“文件”→“新建”命令，或单击“标准”工具栏中的“新建”按钮，在弹出的“新建”对话框中，如图 12-18 所示，选择“工程图”按钮，新建工程图文件。

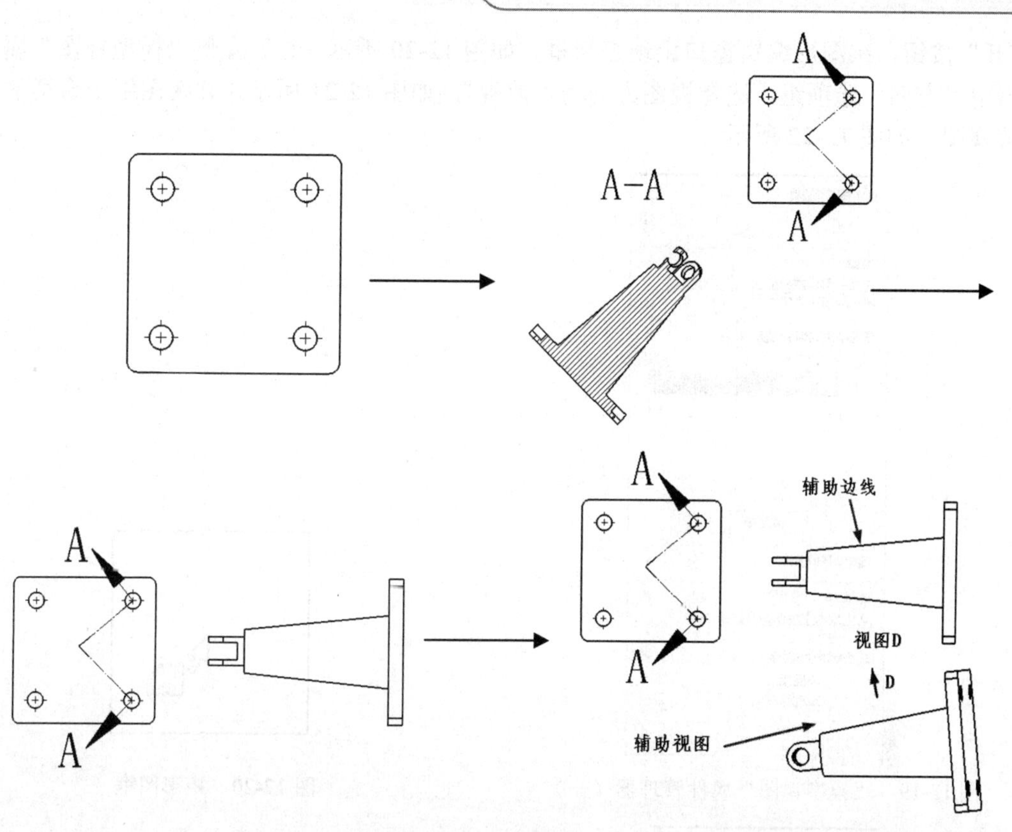

图 12-17　流程图

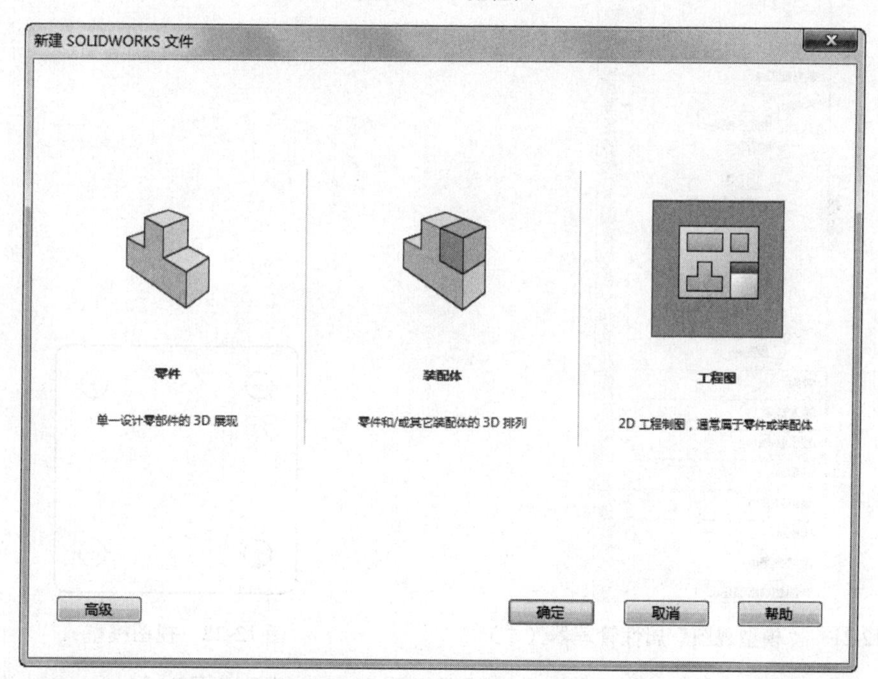

图 12-18　新建文件对话框

（2）此时在图形编辑窗口左侧，会出现如图 12-19 所示“模型视图”属性管理器，单击 浏览(B)... 按钮，在弹出的“打开”对话框中选择需要转换成工程视图的零件“基座”，单击

“打开”按钮，在图形编辑窗口出现矩形框，如图 12-20 所示，打开左侧“模型视图”属性管理器中“方向”选项组，选择视图方向为“前视”，如图 12-21 所示，并在图纸中合适的位置放置视图，如图 12-22 所示。

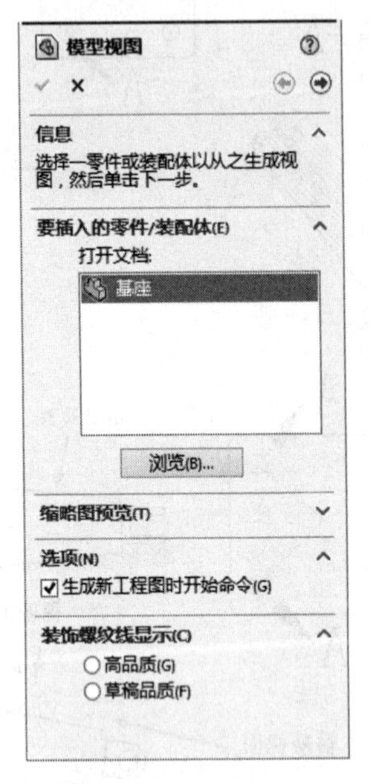

图 12-19 “模型视图”属性管理器（一）

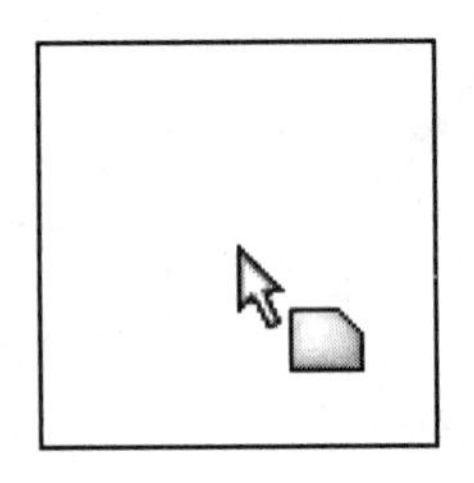

图 12-20 矩形图框

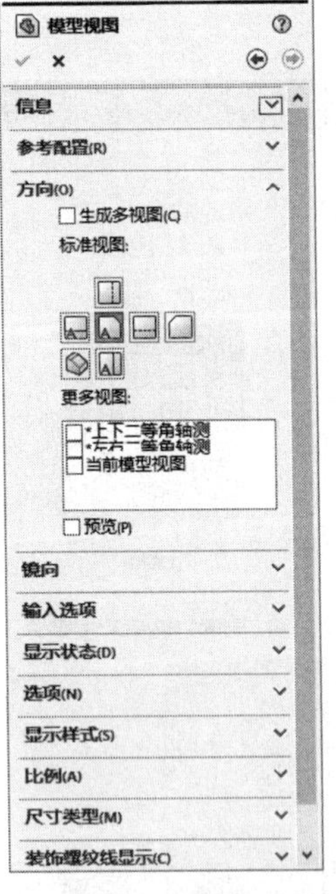

图 12-21 “模型视图”属性管理器（二）

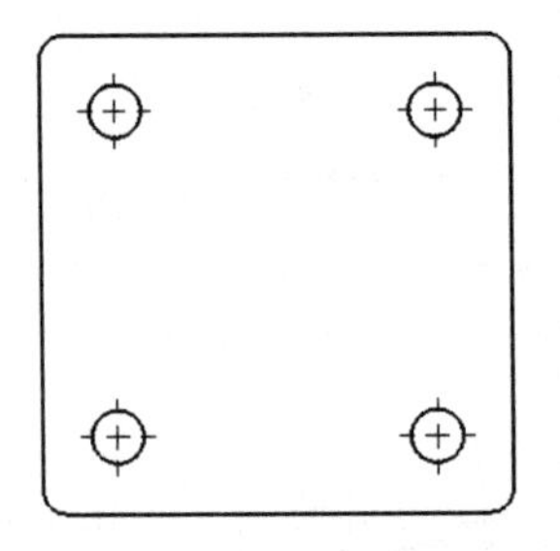

图 12-22 视图模型

（3）选择菜单栏中的“插入”→“工程图视图”→“剖面视图”命令，或者单击“视图布局”控制面板中的“剖面视图”按钮，出现“剖面视图”属性管理器，在“切割线”选项中选择“对齐”按钮，绘制剖切线后出现“剖面视图 A-A”属性管理器，如图 12-23 所示，在属性管理器中设置各参数，在“标号”图标右侧文本框中输入剖面号“A”，取消“文

档字体”复选框的勾选，单击 字体(F)... 按钮，弹出“选择字体”对话框，设置“高度”值，如图 12-24 所示，单击属性管理器中的✔按钮，这时会在视图中显示剖面图，如图 12-25 所示。

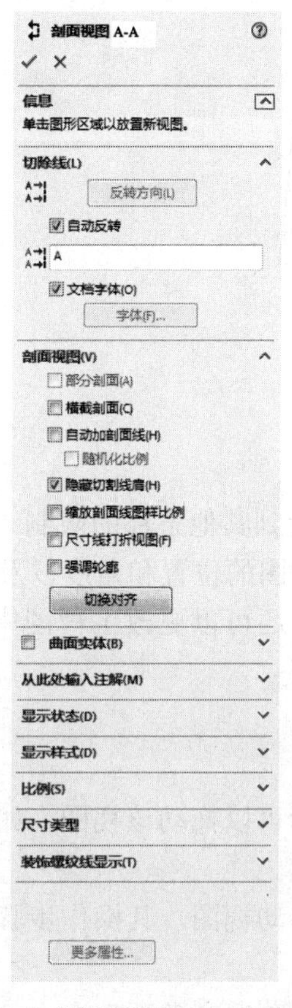

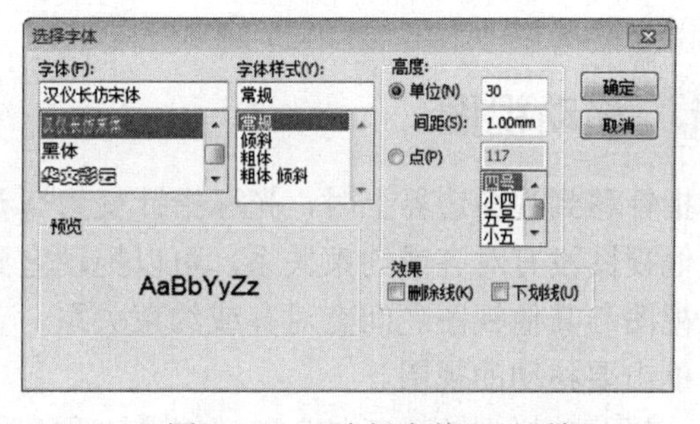

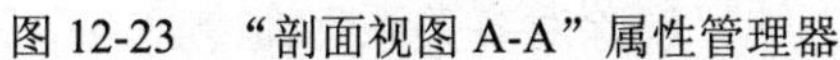

图 12-23 “剖面视图 A-A”属性管理器　　图 12-24 “选择字体”对话框

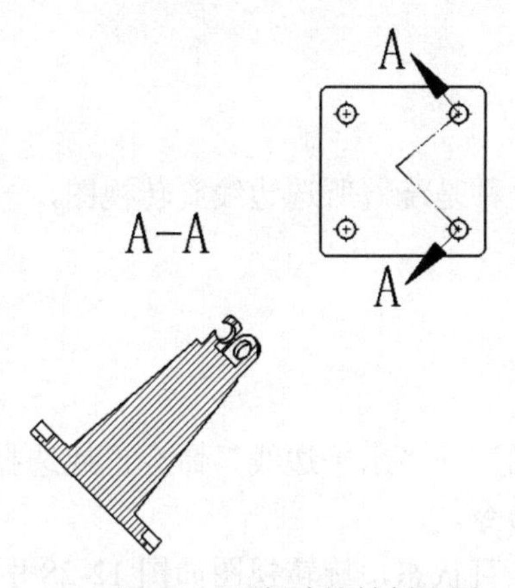

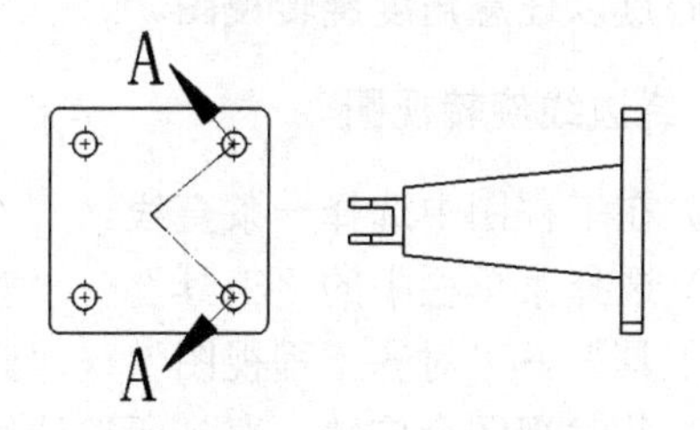

图 12-25 创建旋转剖视图　　图 12-26 投影视图

（4）依次在“视图布局”控制面板中单击“投影视图”和“辅助视图”按钮，在绘图区放置对应视图，得到的结果如图 12-26、图 12-27 所示。

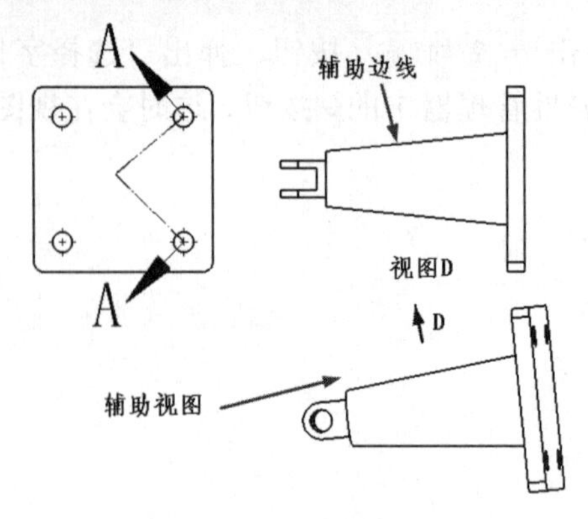

图 12-27　辅助视图

12.6　编辑工程视图

在 12.5 节的派生视图中，许多视图的生成位置和角度都受到其他条件的限制（如辅助视图的位置与参考边线相垂直）。有时，用户需要自己任意调节视图的位置和角度以及显示和隐藏，SOLIDWORKS 提供了这项功能。此外，SOLIDWORKS 还可以更改工程图中的线型、线条颜色等。

12.6.1　移动视图

光标指针移到视图边界上时，光标指针变为形状，表示可以拖动该视图。如果移动的视图与其他视图没有对齐或约束关系，可以拖动它到任意位置。

如果视图与其他视图之间有对齐或约束关系，若要任意移动视图，其操作步骤如下。

（1）单击要移动的视图。

（2）选择菜单栏中的“工具”→“对齐工程视图”→“解除对齐关系”命令。

（3）单击该视图，即可以拖动它到任意位置。

12.6.2　旋转视图

SOLIDWORKS 提供了两种旋转视图的方法，一种是绕着所选边线旋转视图，一种是绕视图中心点以任意角度旋转视图。

1．绕边线旋转视图

（1）在工程图中选择一条直线。

（2）选择菜单栏中的“工具”→“对齐工程视图”→“水平边线”命令，或选择菜单栏中的“工具”→“对齐工程视图”→“竖直边线”命令。

（3）此时视图会旋转，直到所选边线为水平或竖直状态，旋转视图如图 12-28 所示。

2．围绕中心点旋转视图

（1）选择要旋转的工程视图。

（2）单击右键，在弹出的快捷菜单中选择“旋转视图”命令或按住鼠标中键，在绘图区出现按钮，系统弹出的“旋转工程视图”对话框如图 12-29 所示。

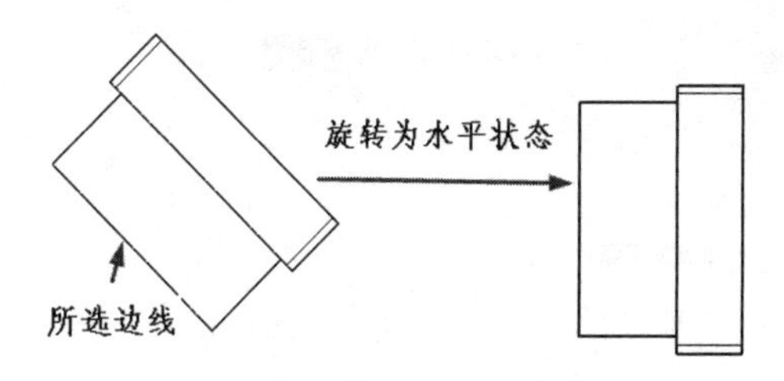

图 12-28 旋转视图

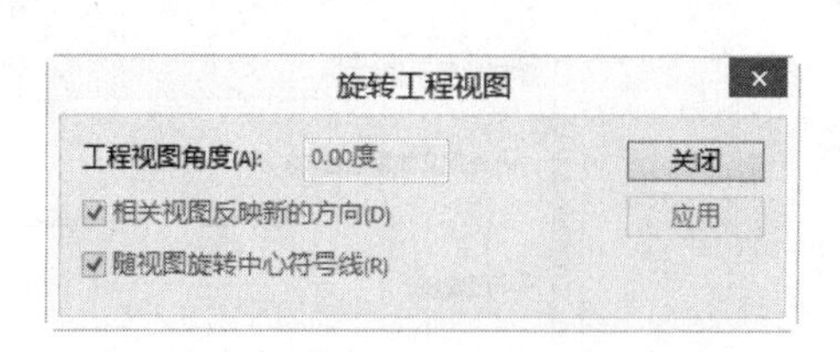

图 12-29 “旋转工程视图”对话框

（3）使用以下方法旋转视图。

- 在“旋转工程视图”对话框的“工程视图角度”文本框中输入旋转的角度。
- 使用鼠标直接旋转视图。

（4）如果在“旋转工程视图”对话框中勾选了“相关视图反映新的方向”复选框，则与该视图相关的视图将随着该视图的旋转做相应的旋转。

（5）如果勾选了“随视图旋转中心符号线”复选框，则中心符号线将随视图一起旋转。

12.7 视图显示控制

12.7.1 显示和隐藏

在编辑工程图时，可以使用“隐藏”命令来隐藏一个视图。隐藏视图后，可以使用“显示”命令再次显示此视图。

下面介绍隐藏或显示视图的操作步骤。

（1）在 FeatureManager 设计树或图形区中右击要隐藏的视图。

（2）在弹出的快捷菜单中单击“隐藏”命令，此时，视图被隐藏起来。当光标移动到该视图的位置时，将只显示该视图的边界。

（3）如果要查看工程图中隐藏视图的位置，但不显示它们，则选择菜单栏中的“视图”→“被隐藏的视图”命令，此时被隐藏的视图将显示如图 12-30 所示的形状。

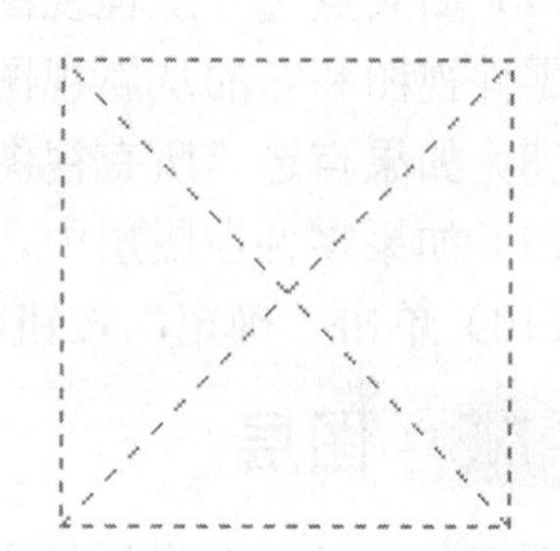

图 12-30 被隐藏的视图

（4）如果要再次显示被隐藏的视图，则右击被隐藏的视图，在弹出的快捷菜单中单击“显示”命令。

12.7.2 更改零部件的线型

在装配体中为了区别不同的零件，可以改变每一个零件边线的线型。

下面介绍改变零件边线线型的操作步骤。

（1）在工程视图中右击要改变线型的视图。

（2）在弹出的快捷菜单中单击“零部件线型”命令，系统弹出“零部件线型”对话框，如图 12-31 所示。

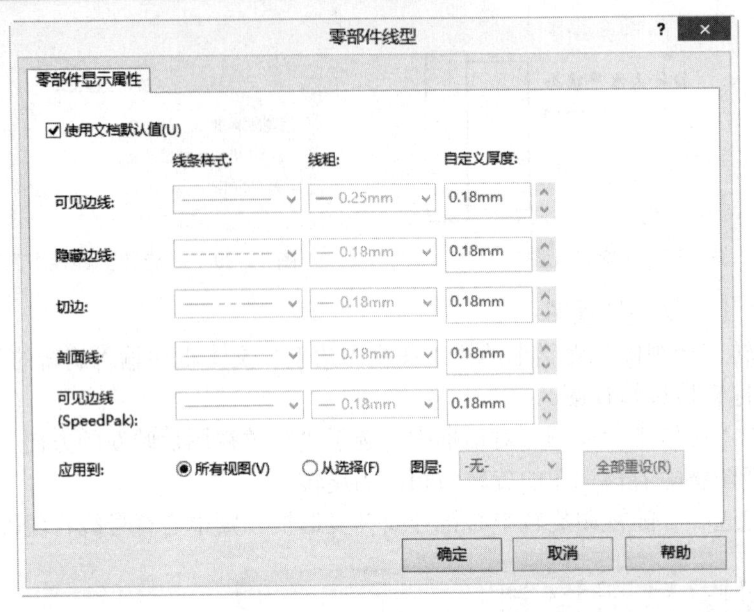

图 12-31　“零部件线型”对话框

（3）消除对“使用文件默认值”复选框的勾选。

（4）在“边线类型”列表框中选择一个边线样式。

（5）在对应的“线条样式”和“线粗”下拉列表框中选择线条样式和线条粗细。

（6）重复步骤（4）～（5），直到为所有边线类型设定线型完成。

（7）如果点选“工程视图”选项组中的“从选择”单选钮，则会将此边线类型设定应用到该零件视图和它的从属视图中。

（8）如果点选“所有视图”单选钮，则将此边线类型设定应用到该零件的所有视图。

（9）如果零件在图层中，可以从“图层”下拉列表框中改变零件边线的图层。

（10）单击“确定”按钮，关闭对话框，应用边线类型设定。

12.7.3 图层

图层是一种管理素材的方法，可以将图层看作是重叠在一起的透明塑料纸，假如某一图层上没有任何可视元素，就可以透过该层看到下一层的图像。用户可以在每个图层上生成新的实体，然后指定实体的颜色、线条粗细和线型。还可以将标注尺寸、注解等项目放置在单一图层上，避免它们与工程图实体之间的干涉。SOLIDWORKS 还可以隐藏图层，或将实体从一个图层上移动到另一图层。

下面介绍建立图层的操作步骤。

（1）选择菜单栏中的“视图”→“工具栏”→“图层”命令，打开“图层”工具栏，如图 12-32 所示。

（2）单击“图层属性”按钮，打开“图层”对话框。

（3）在“图层”对话框中单击“新建”按钮，则在对话框中建立一个新的图层，如图 12-33 所示。

图层(Y)
10

图 12-32　“图层”工具栏

（4）在“名称”选项中指定图层的名称。

（5）双击“说明”选项，然后输入该图层的说明文字。

(6) 在"开关"选项中有一个灯泡图标，若要隐藏该图层，则双击该图标，灯泡变为灰色，图层上的所有实体都被隐藏起来。要重新打开图层，再次双击该灯泡图标。

(7) 如果要指定图层上实体的线条颜色，单击"颜色"选项，在弹出的"颜色"对话框中选择颜色，如图 12-34 所示。

(8) 如果要指定图层上实体的线条样式或厚度，则单击"样式"或"厚度"选项，然后从弹出的清单中选择想要的样式或厚度。

(9) 如果建立了多个图层，可以使用"移动"按钮来重新排列图层的顺序。

(10) 单击"确定"按钮，关闭对话框。

建立了多个图层后，只要在"图层"工具栏的"图层"下拉列表框中选择图层，就可以导航到任意的图层。

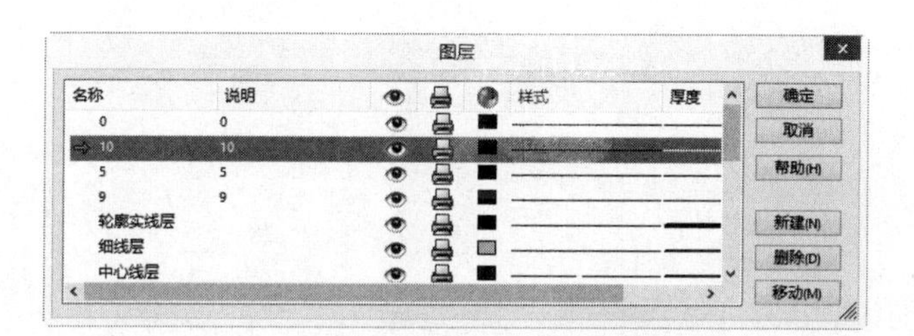

图 12-33 "图层"对话框

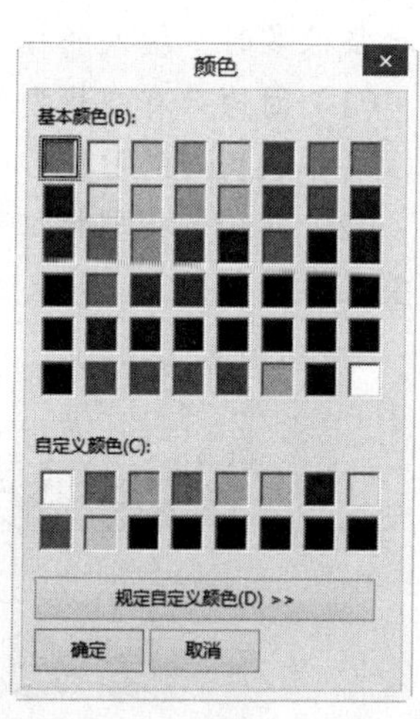

图 12-34 "颜色"对话框

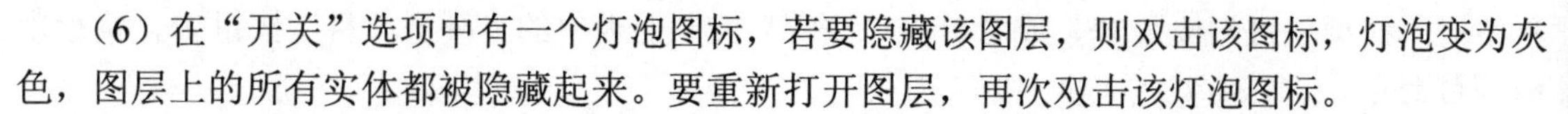

12.8 标注尺寸

如果在三维零件模型或装配体中添加了尺寸、注释或符号，则在将三维模型转换为二维工程图纸的过程中，系统会将这些尺寸、注释等一起添加到图纸中。在工程图中，用户可以添加必要的参考尺寸、注解等，这些注解和参考尺寸不会影响零件或装配体文件。

工程图中的尺寸标注是与模型相关联的，模型中的更改会反映在工程图中。通常用户在生成每个零件特征时生成尺寸，然后将这些尺寸插入到各个工程视图中。在模型中更改尺寸会更新工程图，反之，在工程图中更改插入的尺寸也会更改模型。用户可以在工程图文件中添加尺寸，但是这些尺寸是参考尺寸，并且是从动尺寸，参考尺寸显示模型的测量值，但并不驱动模型，也不能更改其数值，但是当更改模型时，参考尺寸会相应更新。当压缩特征时，特征的参考尺寸也随之被压缩。

12.8.1 插入模型尺寸

默认情况下，插入的尺寸显示为黑色，包括零件或装配体文件中显示为蓝色的尺寸（如拉伸深度），参考尺寸显示为灰色，并带有括号。

(1) 执行命令。选择菜单栏中的"插入"→"模型项目"命令，或者单击"注解"工具栏中的“模型项目”按钮，或者单击“注解”控制面板中的“模型项目”按钮，执行模型项目命令。

（2）设置属性管理器。系统弹出如图 12-35 所示的“模型项目”属性管理器，“尺寸”设置框中的“为工程按钮注”一项自动被选中。如果只将尺寸插入到指定的视图中，取消勾选“将项目输入到所有视图”复选框，然后在工程图选择需要插入尺寸的视图，此时“来源/目标”设置框如图 12-36 所示，自动显示“目标视图”一栏。

（3）确认插入的模型尺寸。单击“模型项目”属性管理器中的确定按钮，完成模型尺寸的标注。

注意：插入模型项目时，系统会自动将模型尺寸或者其他注解插入到工程图中。当模型特征很多时，插入的模型尺寸会显得很乱，所以在建立模型时需要注意以下几点：

（1）因为只有在模型中定义的尺寸，才能插入到工程图中，所以，在将来插入模型特征时，要养成良好的习惯，并且是草图处于完全定义状态。

（2）在绘制模型特征草图时，仔细设置草图尺寸的位置，这样可以减少插入到工程图后调整尺寸的时间。

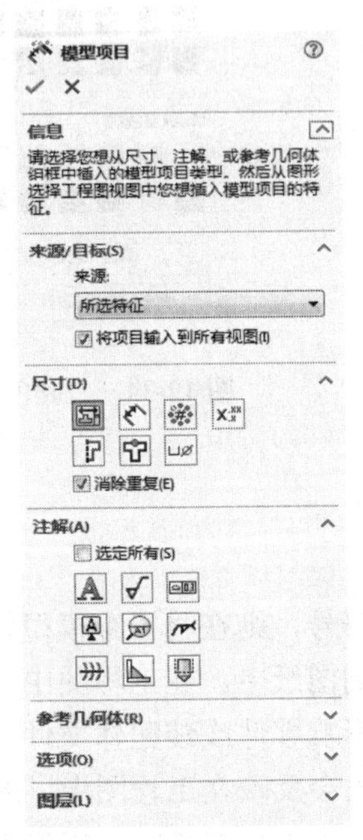

图 12-35 “模型项目”属性管理器

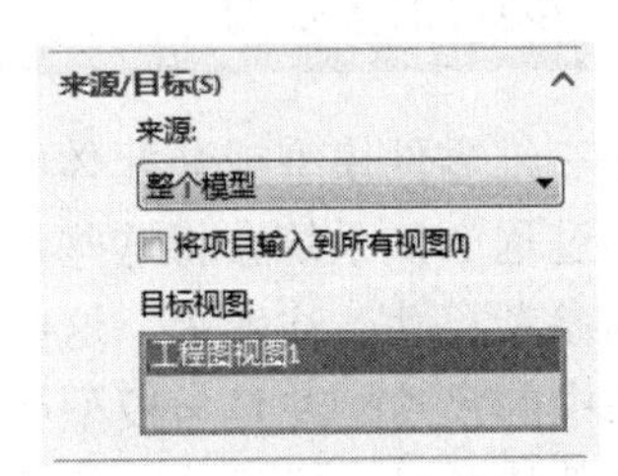

图 12-36 “来源/目标”设置框

如图 12-37 所示为插入模型尺寸并调整尺寸位置后的工程图。

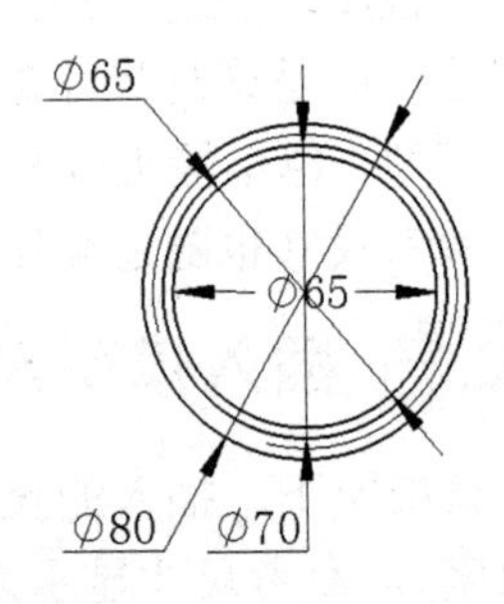

图 12-37 插入模型尺寸后的工程视图

12.8.2 注释

为了更好地说明工程图，有时要用到注释，如图 12-38 所示。注释可以包括简单的文字、符号或超文本链接。

下面介绍添加注释的操作步骤。

打开的工程图如图 12-39 所示。

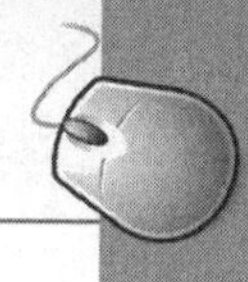

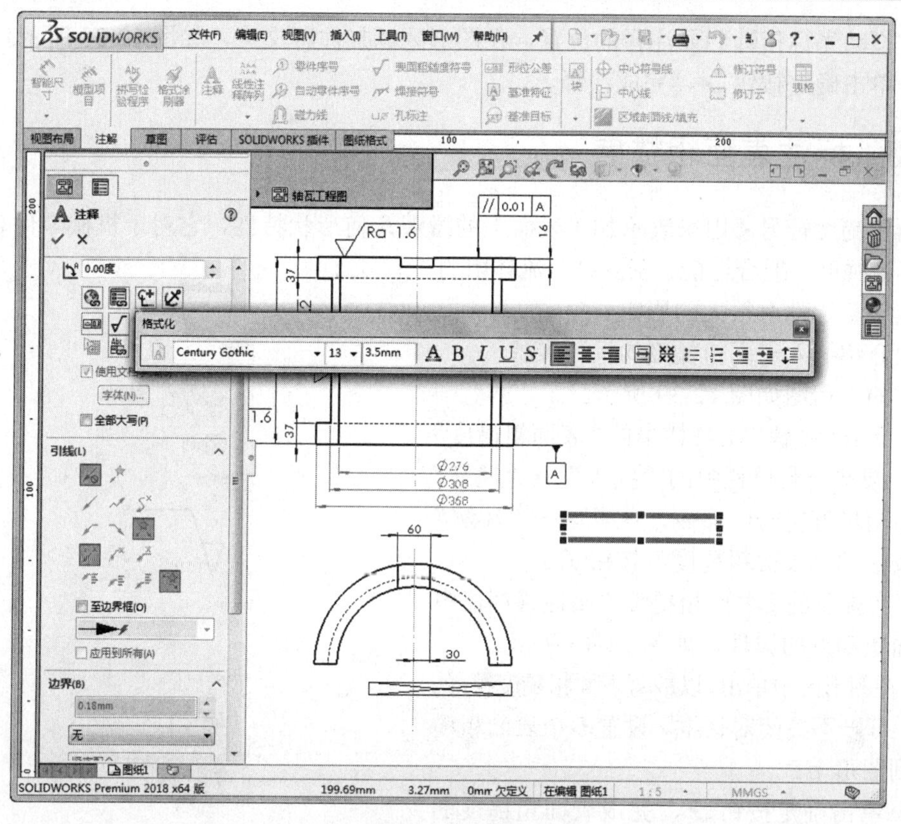

图 12-38　添加注释文字

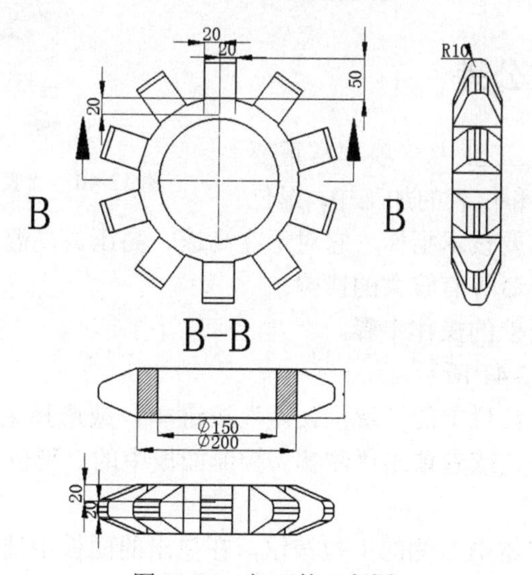

图 12-39　打开的工程图

（1）单击“注解”工具栏中的“注释”按钮A，或者单击“注解”控制面板中的“注释”按钮A，或选择菜单栏中的“插入”→“注解”→“注释”命令，系统弹出“注释”属性管理器。

（2）在“引线”选项组中选择引导注释的引线和箭头类型。

（3）在“文字格式”选项组中设置注释文字的格式。

（4）拖动光标指针到要注释的位置，在图形区添加注释文字，如图 12-38 所示。

（5）单击确定按钮✓，完成注释。

12.8.3 标注表面粗糙度

表面粗糙度符号√用来表示加工表面上的微观几何形状特性，它对于机械零件表面的耐磨性、疲劳强度、配合性能、密封性、流体阻力以及外观质量等都有很大的影响。

下面介绍插入表面粗糙度的操作步骤。

打开的工程图如图 12-39 所示。

（1）单击“注解”工具栏中的“表面粗糙度”按钮√，或选择菜单栏中的“插入”→“注解”→“表面粗糙度符号”命令，或者单击“注解”控制面板中的“表面粗糙度”按钮√。

（2）在弹出的“表面粗糙度”属性管理器中设置表面粗糙度的属性，如图 12-40 所示。

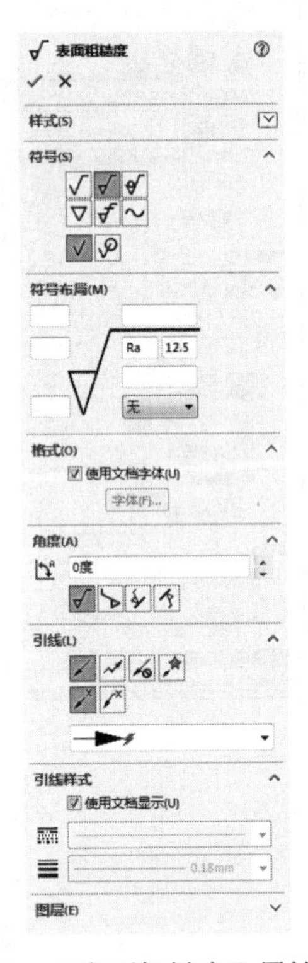

图 12-40　“表面粗糙度”属性管理器

（3）在图形区中单击，以放置表面粗糙度符号。

（4）可以不关闭对话框，设置多个表面粗糙度符号到图形上。

（5）单击确定按钮✓，完成表面粗糙度的标注。

12.8.4 标注形位公差

形位公差是机械加工工业中一项非常重要的基础，尤其在精密机器和仪表的加工中，形位公差是评定产品质量的重要技术指标。它对于在高速、高压、高温、重载等条件下工作的产品零件的精度、性能和寿命等有较大的影响。

下面介绍标注形位公差的操作步骤。

打开的工程图如图 12-41 所示。

（1）单击“注解”工具栏中的“形位公差”按钮，或选择菜单栏中的“插入”→“注解”→“形位公差”命令，或者单击“注解”控制面板中的“形位公差”按钮，系统弹出“属性”对话框。

（2）单击“符号”文本框右侧的下拉按钮，在弹出的面板中选择形位公差符号。

（3）在“公差”文本框中输入形位公差值。

（4）设置好的形位公差会在“属性”对话框中显示，如图 12-42 所示。

（5）在图形区中单击，以放置形位公差。

（6）可以不关闭对话框，设置多个形位公差到图形上。

（7）单击“确定”按钮，完成形位公差的标注。

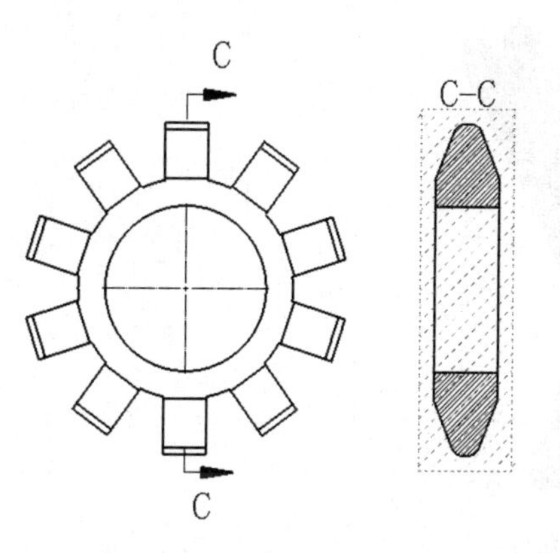

图 12-41　打开的工程图

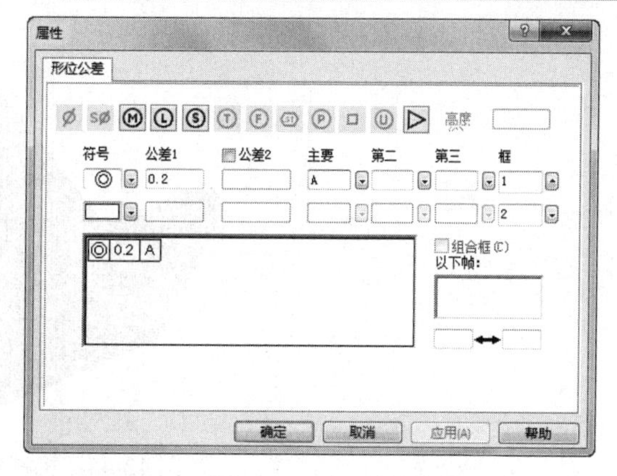

图 12-42　“属性”对话框

12.8.5 标注基准特征符号

基准特征符号用来表示模型平面或参考基准面。

下面介绍插入基准特征符号的操作步骤。

打开的工程图如图 12-43 所示。

（1）单击“注解”工具栏中的“基准特征符号”按钮，或选择菜单栏中的“插入”→“注解”→“基准特征符号”命令，或者单击“注解”控制面板中的“基准特征”按钮。

（2）在弹出的“基准特征”属性管理器中设置属性，如图 12-44 所示。

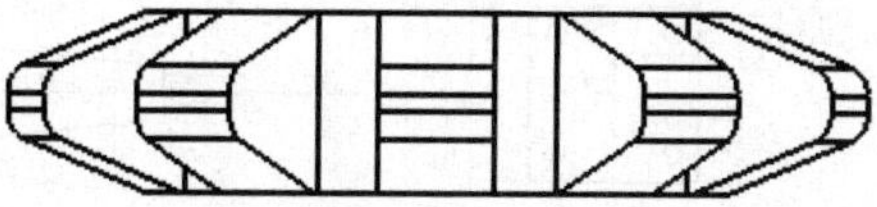

图 12-43　打开的工程图

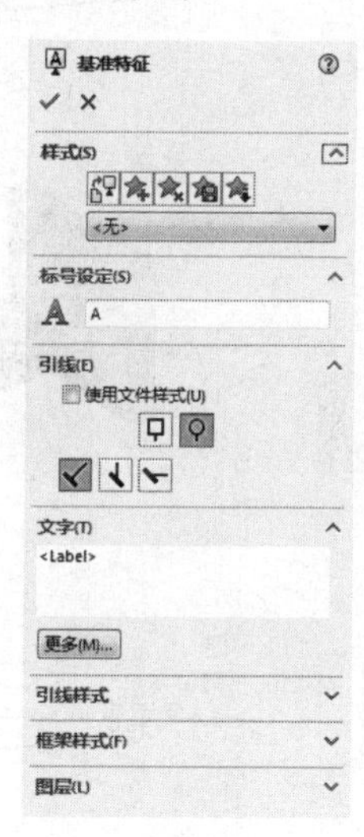

图 12-44　“基准特征”属性管理器

（3）在图形区中单击，以放置符号。

（4）可以不关闭对话框，设置多个基准特征符号到图形上。

（5）单击确定按钮✔，完成基准特征符号的标注。

12.8.6 实例——基座视图尺寸标注

本例标注基座视图尺寸，如图 12-45 所示。

图 12-45　机械臂基座

思路分析

本例将通过如图 12-45 所示机械臂基座模型，重点介绍视图的各种尺寸标注及添加类型，同时复习零件模型到工程图视图的转换，流程图如图 12-46 所示。

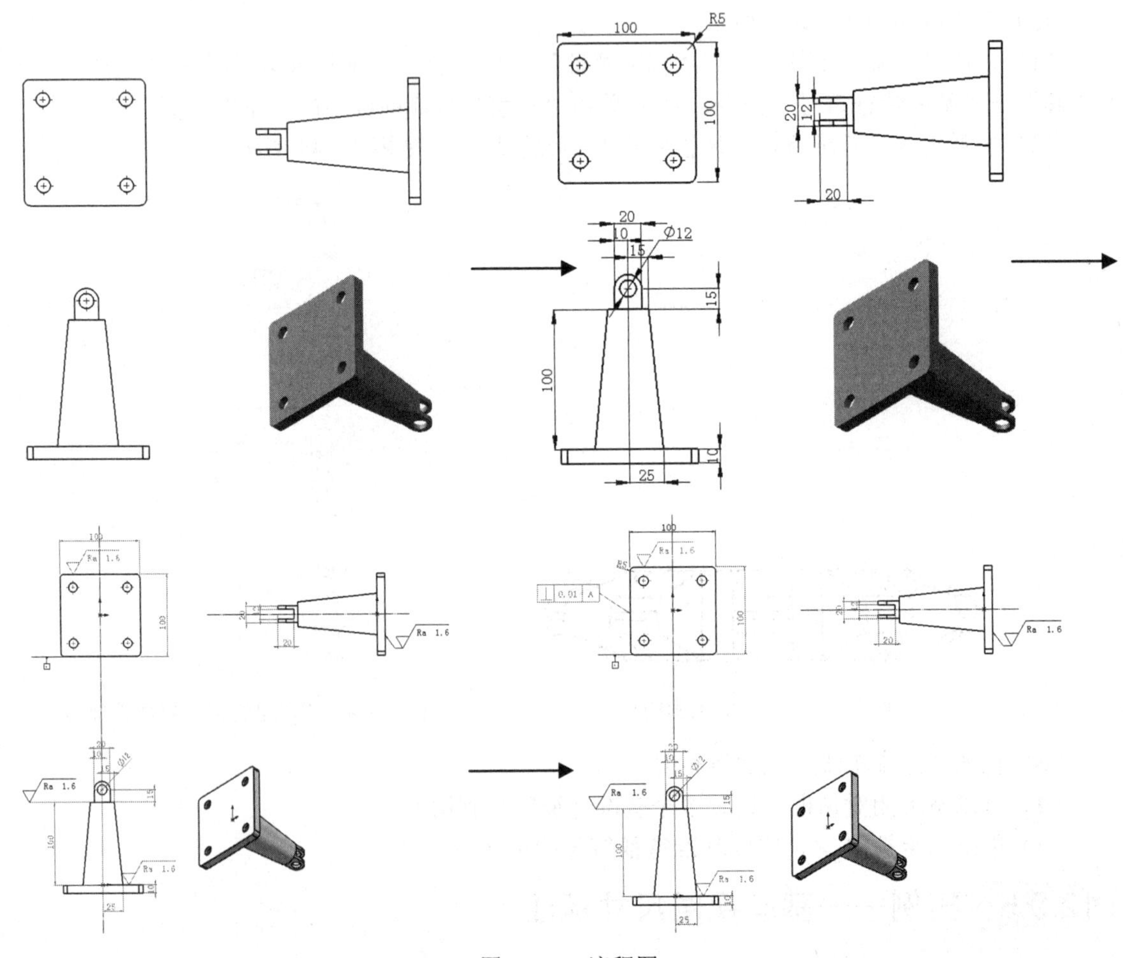

图 12-46　流程图

创建步骤

（1）进入 SOLIDWORKS 2018，选择菜单栏中的“文件”→“新建”命令或单击“标准”工具栏中的“新建”按钮，在弹出的新建文件对话框中，如图 12-47 所示，选择“工程图”按钮，新建工程图文件。

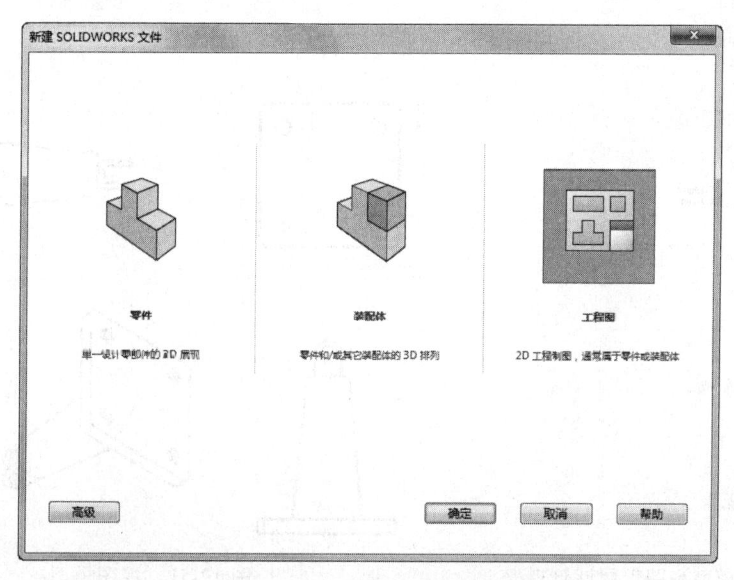

图 12-47　新建文件对话框

（2）此时在图形编辑窗口左侧，会出现如图 12-48 所示“模型视图”属性管理器，单击 浏览(B)... 按钮，在弹出的“打开”对话框中选择需要转换成工程视图的零件“基座”，单击“打开”按钮，在图形编辑窗口出现矩形框，如图 12-49 所示，打开左侧“模型视图”属性管理器中“方向”选项组，选择视图方向为“前视”，如图 12-50 所示，利用鼠标拖动矩形框沿灰色虚线依次在不同位置放置视图，放置过程如图 12-51 所示。

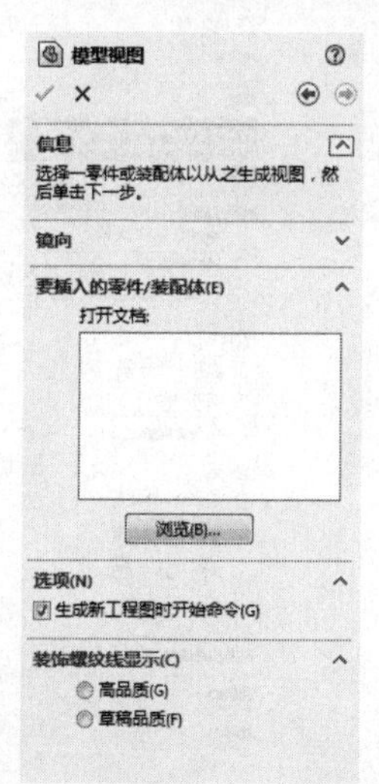

图 12-48　“模型视图”属性管理器

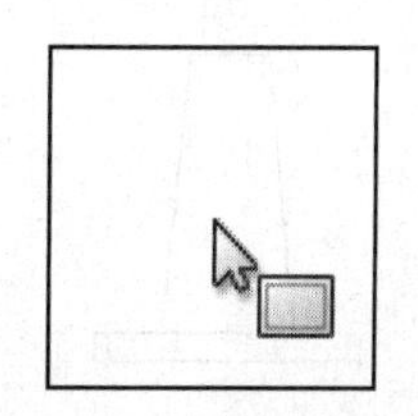

图 12-49　矩形图框

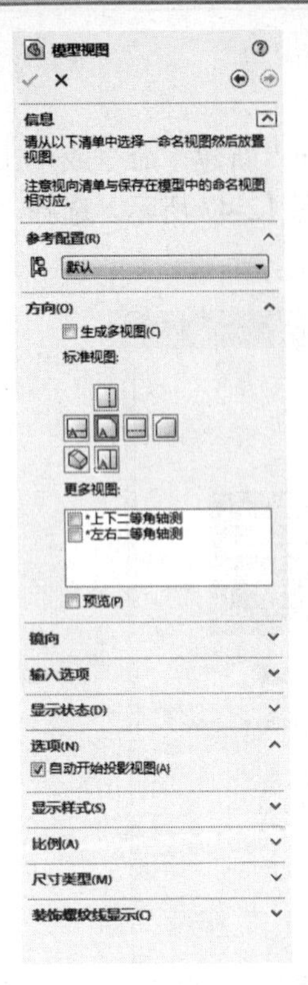

图 12-50　“模型视图”属性管理器

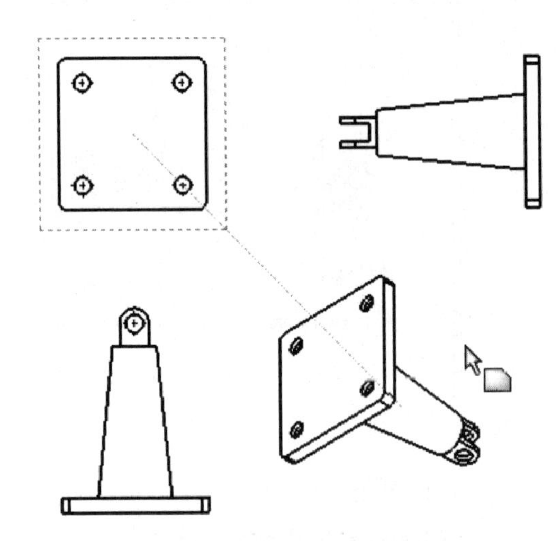

图 12-51　视图模型

（3）在图形窗口中的右下角视图 4 单击，此时会出现“模型视图”属性管理器中设置相关参数；在“显示样式”面板中选择“带边线上色”按钮，工程图结果如图 12-52 所示。

（4）选择菜单栏中的“插入”→“模型项目”命令，或者选择“注解”操控板中的“模型项目”按钮，会出现“模型项目”属性管理器，在属性管理器中设置各参数如图 12-53 所示，单击属性管理器中的✔按钮，这时会在视图中自动显示尺寸，如图 12-54 所示。

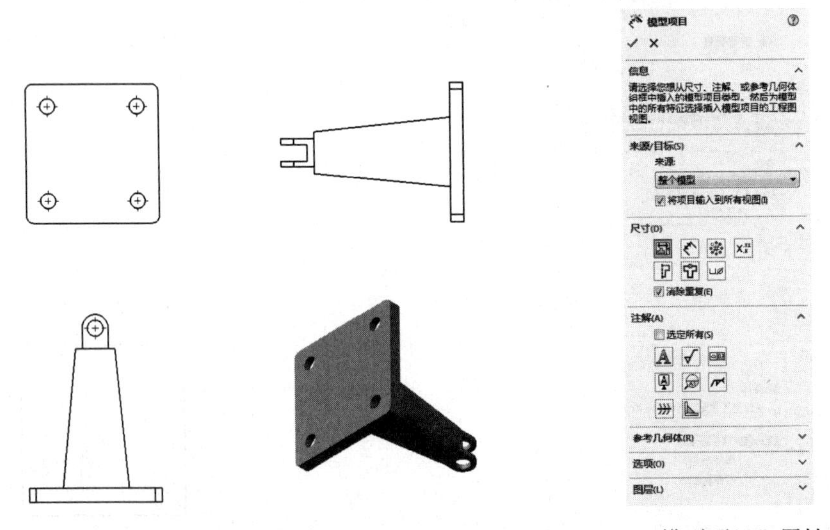

图 12-52　视图模型　　　　图 12-53　“模型项目”属性管理器

（5）在视图中单击选取要调整的尺寸，在绘图窗口左侧显示“尺寸”属性管理器，单击

“其他”选项卡，如图 12-55 所示，取消“使用文档字体”复选框的勾选，单击“字体”按钮，弹出“选择字体”对话框，修改“高度”→“单位”选项，值为 10mm，如图 12-56 所示，单击确定按钮✔，完成尺寸显示设置，结果如图 12-57 所示。

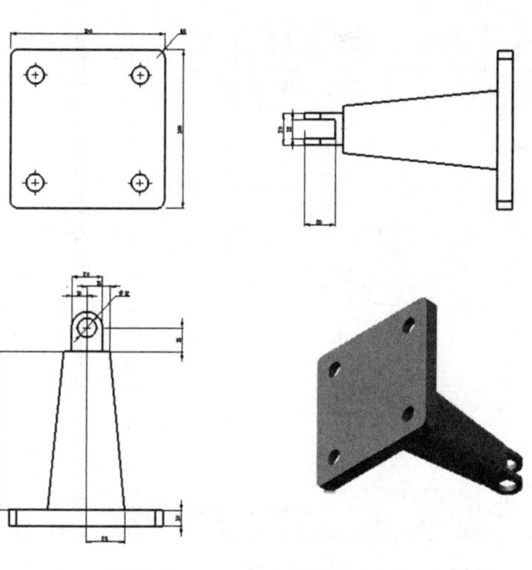

图 12-54　显示模型尺寸

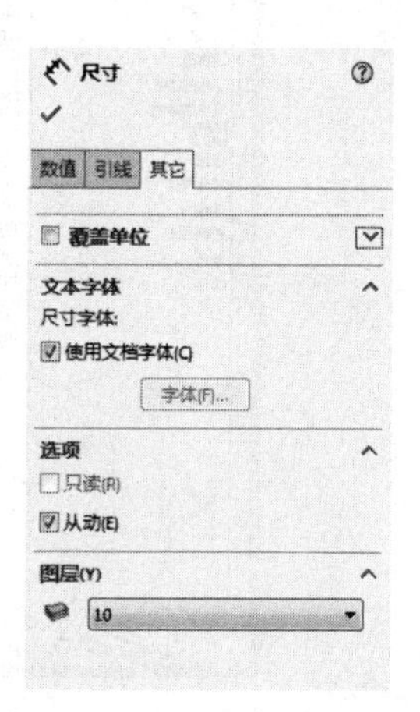

图 12-55　“尺寸”属性管理器

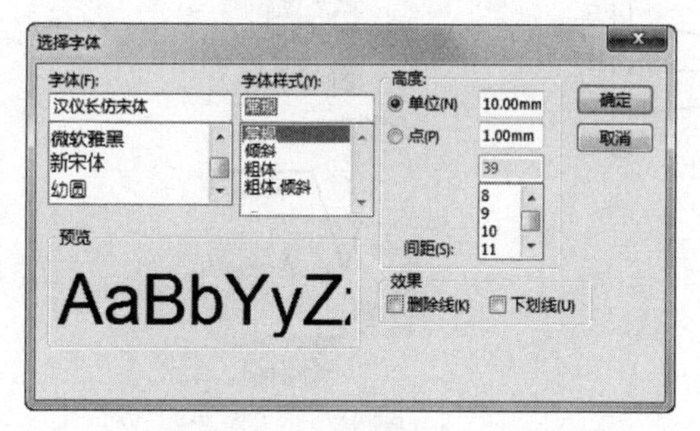

图 12-56 “选择字体”属性管理器

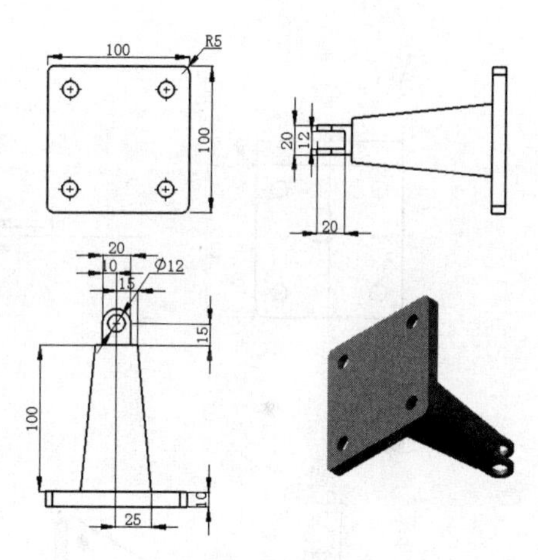

图 12-57　调整尺寸

注意：

由于系统设置不同，有时模型尺寸默认单位的尺寸大小差异过大，若出现 0.01、0.001 等精度数值时，可进行相应设置，步骤如下。

选择菜单栏中的“工具”→“选项”命令，弹出“选项”对话框，切换到“文档选项”选项卡，单击“单位”选项，如图 12-58 所示，显示参数，在“单位系统”选项组中勾选 MMGS（毫米、克、秒）单选钮，单击“确定”按钮，退出对话框。

（6）单击“草图绘制”操控板中的“中心线”按钮，在视图中绘制中心线，如图 12-59 所示。

（7）单击“注解”操控板中的“表面粗糙度符号”按钮√，会出现“表面粗糙度”属性管理器，在属性管理器中设置各参数如图 12-60 所示。

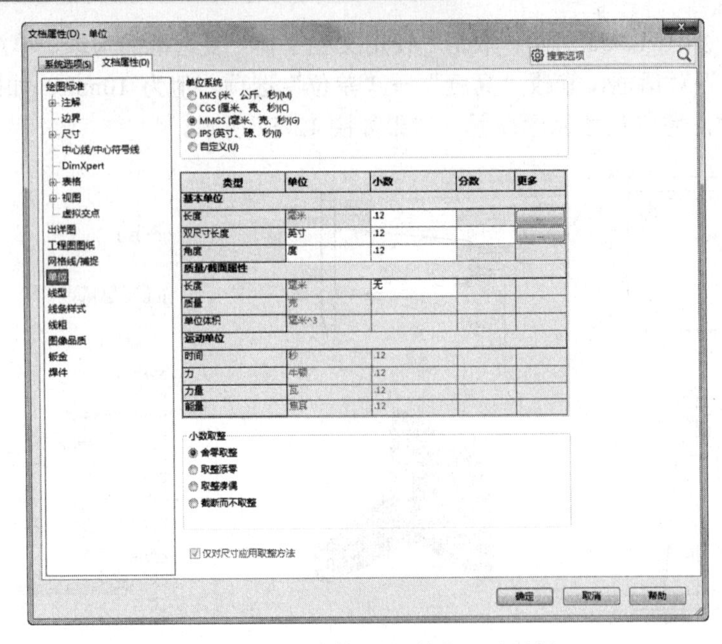

图 12-58　“文档属性-单位”对话框

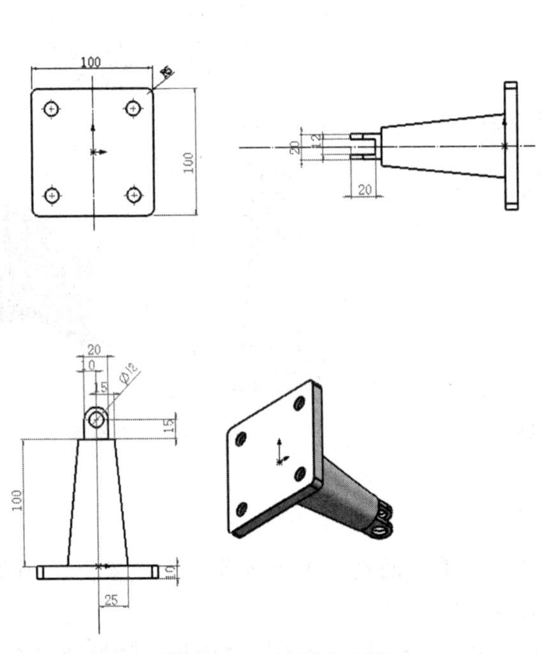

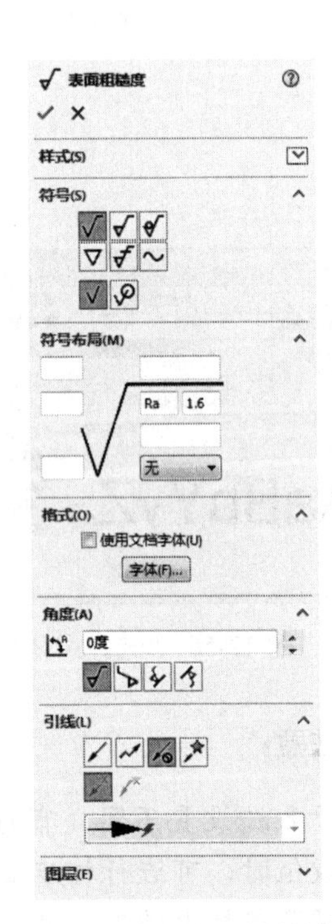

图 12-59　绘制中心线　　　　　　　　图 12-60　“表面粗糙度”属性管理器

（8）设置完成后，移动光标到需要标注表面粗糙度的位置单击，即可完成标注，单击属性管理器中的确定按钮✔，表面粗糙度即可标注完成。下表面的标注需要设置角度为 90 度，标注表面粗糙度效果如图 12-61 所示。

（9）单击“注解”操控板中的“基准特征”按钮Ⓐ，会出现“基准特征”属性管理器，在属性管理器中设置各参数如图 12-62 所示。

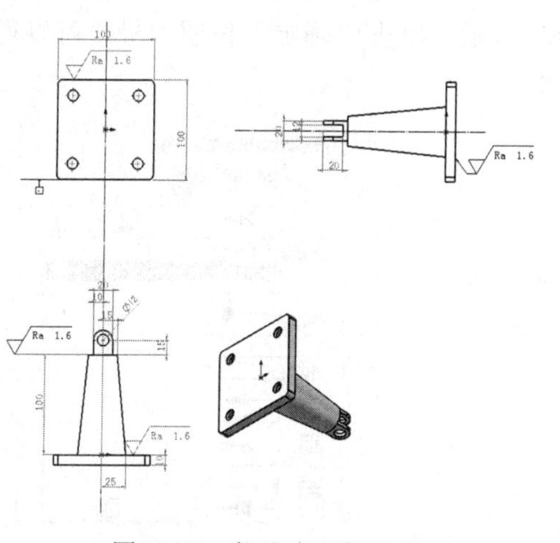

图 12-61　标注表面粗糙度

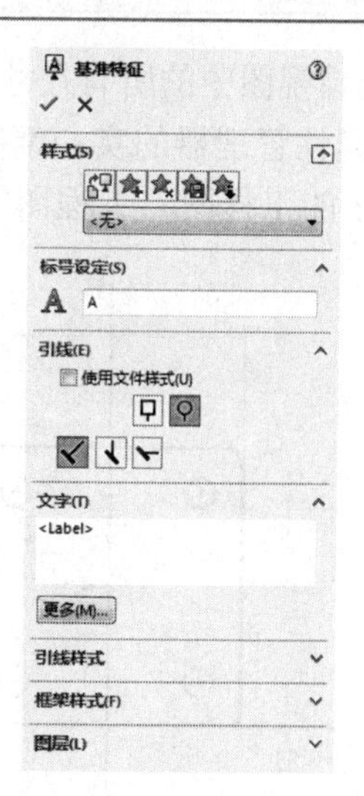

图 12-62　“基准特征”属性管理器

（10）设置完成后，移动光标到需要添加基准特征的位置单击，然后拖动鼠标到合适的位置再次单击即可完成标注，单击确定按钮✔即可在图中添加基准符号，如图 12-63 所示。

（11）单击“注解”操控板中的“形位公差”按钮▣，会出现“形位公差”属性管理器及“属性”对话框，在属性管理器中设置各参数如图 12-64 所示，在“属性”对话框中设置各参数如图 12-65 所示。

（12）设置完成后，移动光标到需要添加形位公差的位置单击即可完成标注，单击确定按钮✔即可在图中添加形位公差符号，如图 12-66 所示。

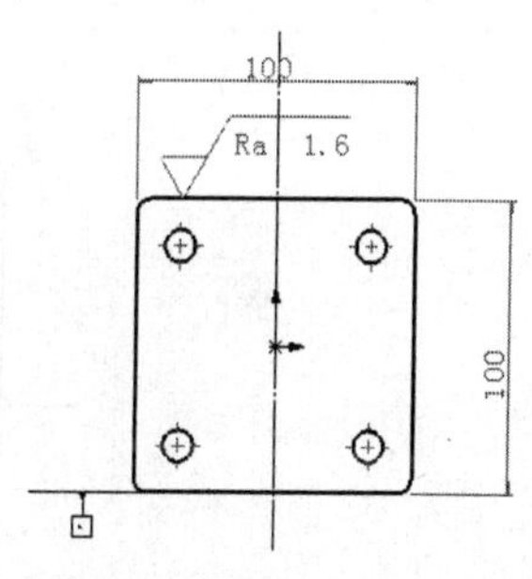

图 12-63　添加基准符号

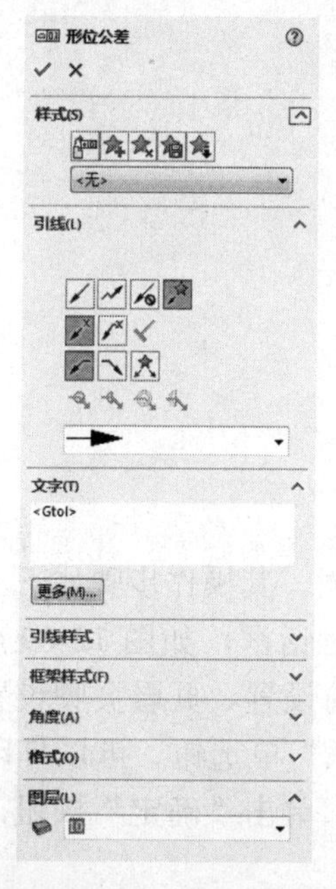

图 12-64　“形位公差”属性管理器

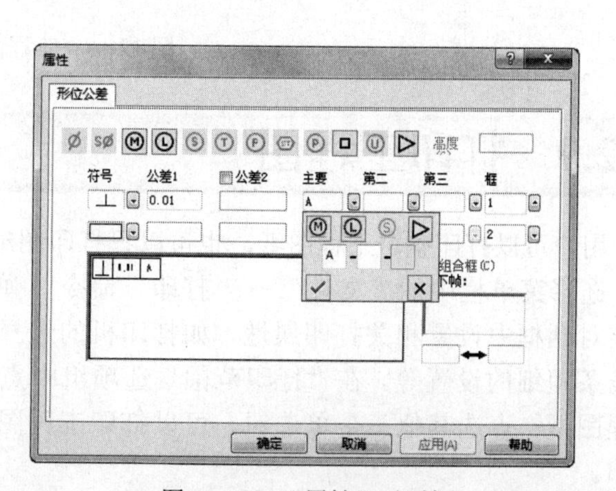

图 12-65　“属性”对话框

（13）选择视图中的所有尺寸，在“尺寸”属性管理器的“引线”选项卡中的“尺寸界线/引线显示”属性管理器的实心箭头，如图 12-67 所示，单击“确定”按钮。最终可以得到如图 12-68 所示的工程图。工程图的生成到此结束。

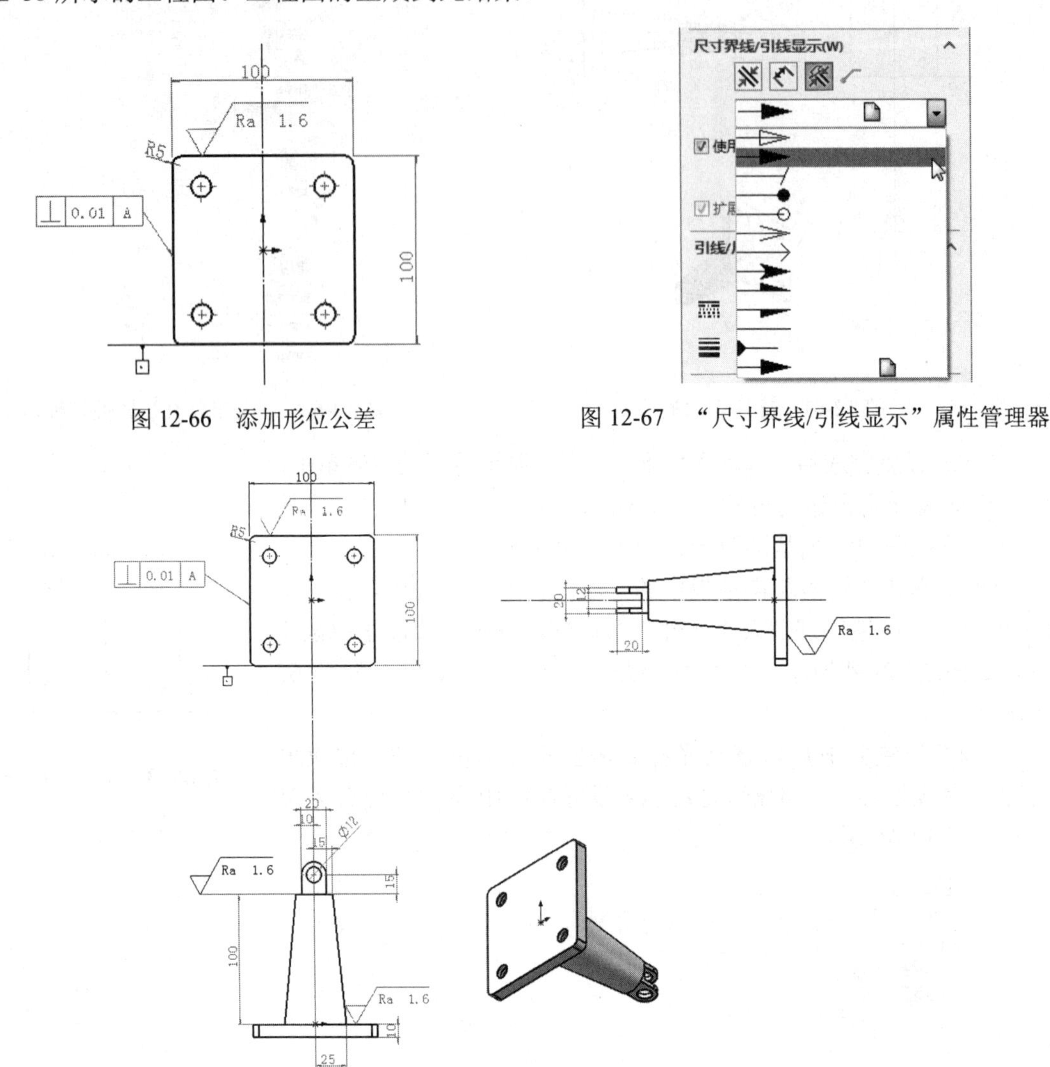

图 12-66　添加形位公差

图 12-67　“尺寸界线/引线显示”属性管理器

图 12-68　工程图

12.9　打印工程图

用户可以打印整个工程图纸，也可以只打印图纸中所选的区域，其操作步骤如下。

选择菜单栏中的“文件”→“打印”命令，弹出“打印”对话框，如图 12-69 所示。在该对话框中设置相关打印属性，如打印机的选择、打印效果的设置、页眉页脚设置、打印线条粗细的设置等。在“打印范围”选项组中点选“所有图纸”单选钮，可以打印整个工程图纸；点选其他三个单选钮，可以打印工程图中所选区域。单击“确定”按钮，开始打印。

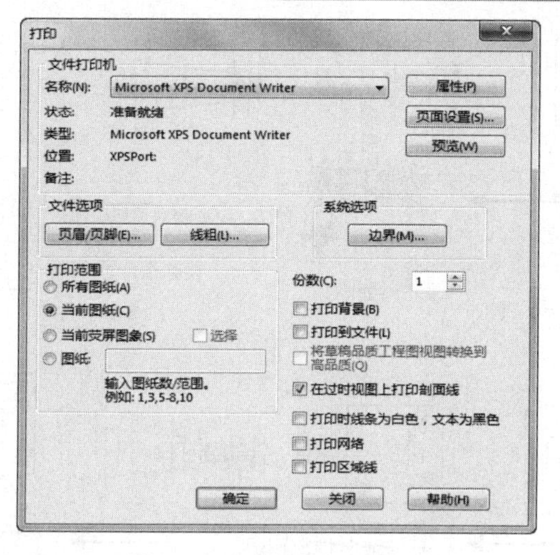

图 12-69 “打印”对话框

12.10 综合实例——机械臂装配体工程图

绘制的机械臂装配体工程图，如图 12-70 所示。

图 12-70 机械臂装配体

思路分析

本例将通过如图 12-70 所示机械臂装配体的工程图创建实例，综合利用前面所学的知识讲述利用 SOLIDWORKS 的工程图功能创建工程图的一般方法和技巧，绘制的流程图如图 12-71 所示。

创建步骤

（1）进入 SOLIDWORKS 2018，选择菜单栏中的“文件”→“打开”命令或单击“标准”工具栏中的“打开”按钮，在弹出的“打开”对话框中选择将要转化为工程图的零件文件。

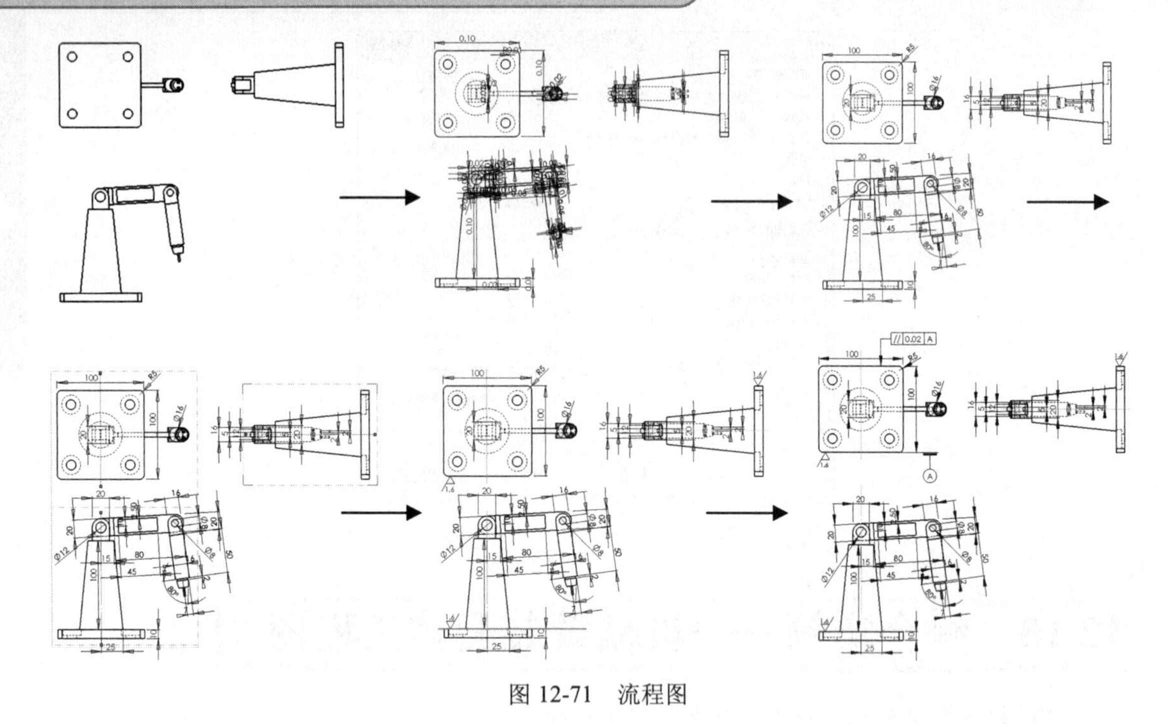

图 12-71　流程图

（2）单击“标准”工具栏中的“从装配体制作工程图”命令，此时会弹出“图纸格式/大小”对话框，选择“自定义图纸/大小”并设置图纸尺寸如图 12-72 所示。单击“确定”按钮，完成图纸设置。

（3）此时在图形编辑窗口右侧，会出现如图 12-73 所示“视图调色版”属性管理器，选择上视图，在图纸中合适的位置放置上视图，如图 12-74 所示。

（4）利用同样的方法，在图形操作窗口放置前视图、左视图，相对位置如图 12-75 所示。

（5）在图形窗口中的上视图内单击，此时会出现“模型视图”属性管理器中设置相关参数，在“显示样式”面板中选择“隐藏线可见”按钮（如图 12-76 所示），在“比例”选项组中勾选“使用自定义比例”单选钮，此时的三视图将显示隐藏线，工程图结果如图 12-77 所示。

图 12-72　“图纸格式/大小”对话框

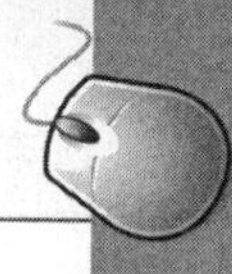

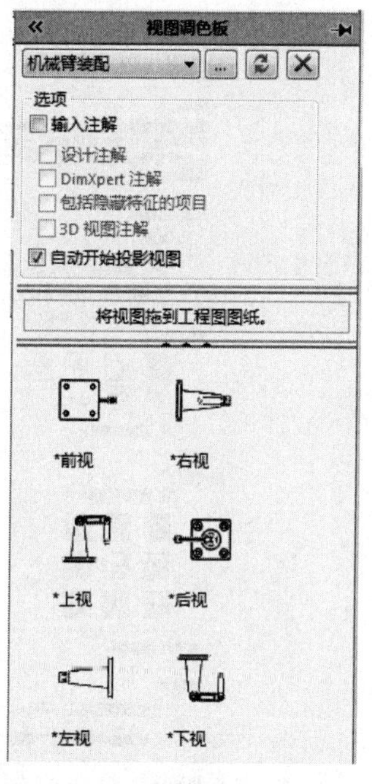

图 12-73 “视图调色版”属性管理器

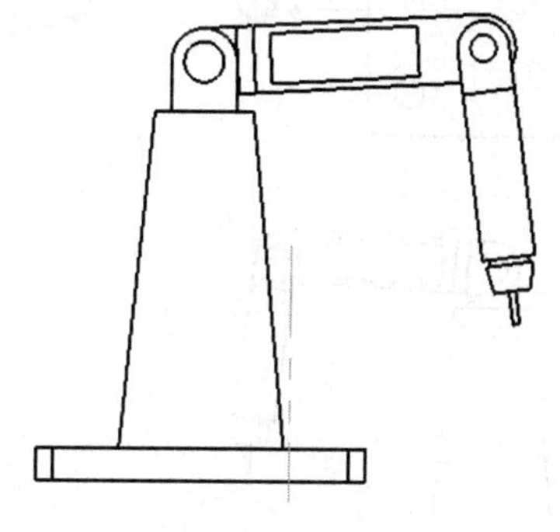

图 12-74 上视图

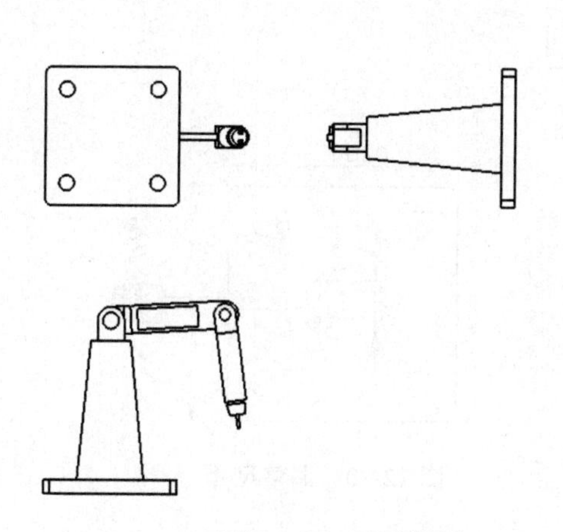

图 12-75 视图模型

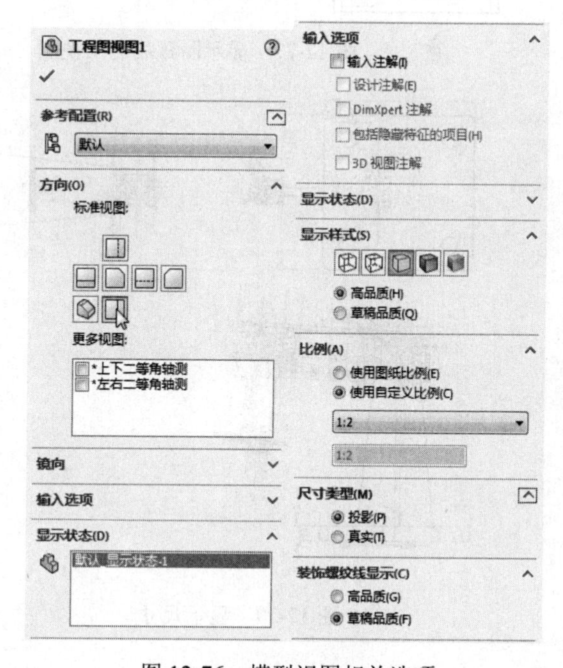

图 12-76 模型视图相关选项

（6）选择菜单栏中的“插入”→“模型项目”命令，或者单击“注解”操控板中的“模型视图”按钮，会出现“模型项目”属性管理器，在属性管理器中设置各参数如图 12-78 所示，单击属性管理器中的✔按钮，这时会在视图中自动显示尺寸，如图 12-79 所示。

（7）在上视图中单击选取要移动的尺寸，按住鼠标左键移动光标位置，即可在同一视图中动态移动尺寸位置。选中将要删除多余的尺寸，然后按键盘中的 Delete 键即可将多余的尺寸删除，调整后的上视图如图 12-80 所示。

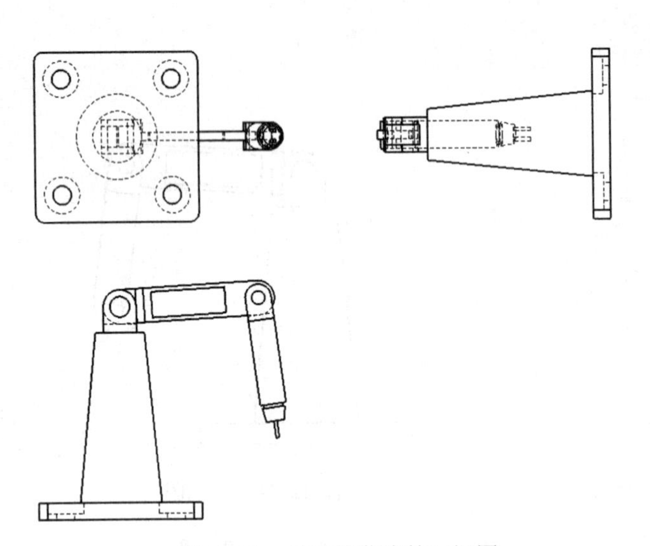

图 12-77　显示隐藏线的三视图

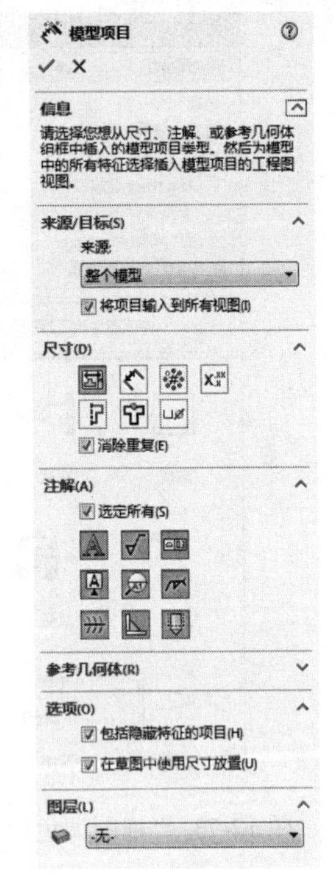

图 12-78　“模型项目”属性管理器

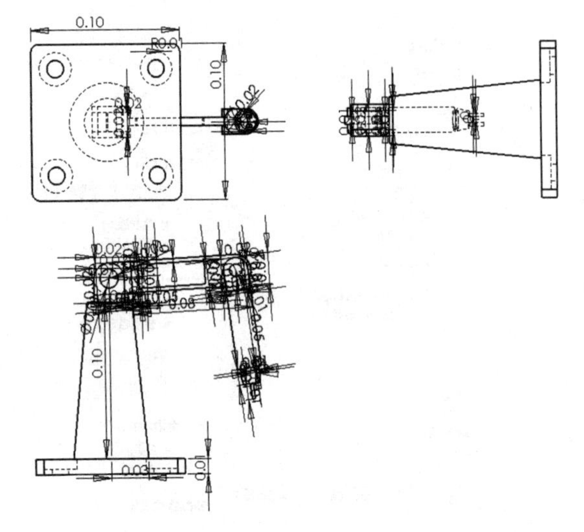

图 12-79　显示尺寸

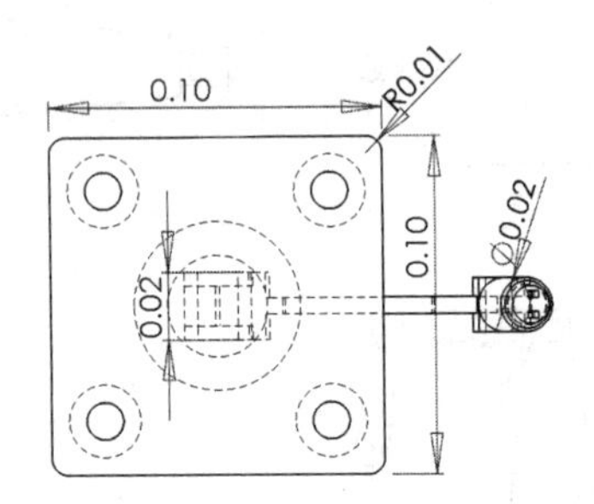

图 12-80　调整尺寸

注意：如果要在不同视图之间移动尺寸，首先选择要移动的尺寸并按住鼠标左键，然后按住键盘中的 Shift 键，移动光标到另一个视图中释放鼠标左键，即可完成尺寸的移动。

（8）利用同样的方法可以调整前视图、左视图，得到的结果如图 12-81、图 12-82 所示。

（9）选择菜单栏中的“工具”→“选项”命令，弹出“选项”对话框，切换到“文档选项”选项卡，单击“单位”选项，如图 12-83 所示，显示参数，在“单位系统”选项组中勾选 MMGS（毫米、克、秒）单选钮，单击“确定”按钮，退出对话框。设置完成的三视图如图 12-84 所示。

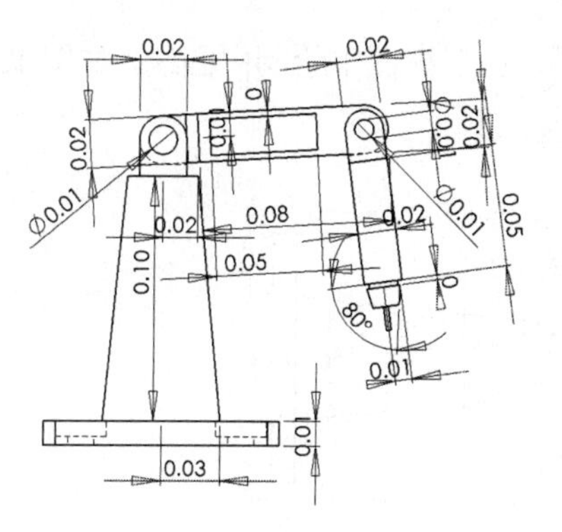

图 12-81　前视图尺寸

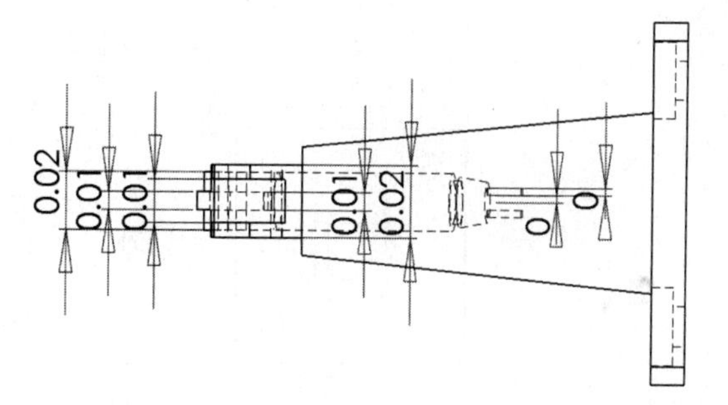

图 12-82　左视图尺寸

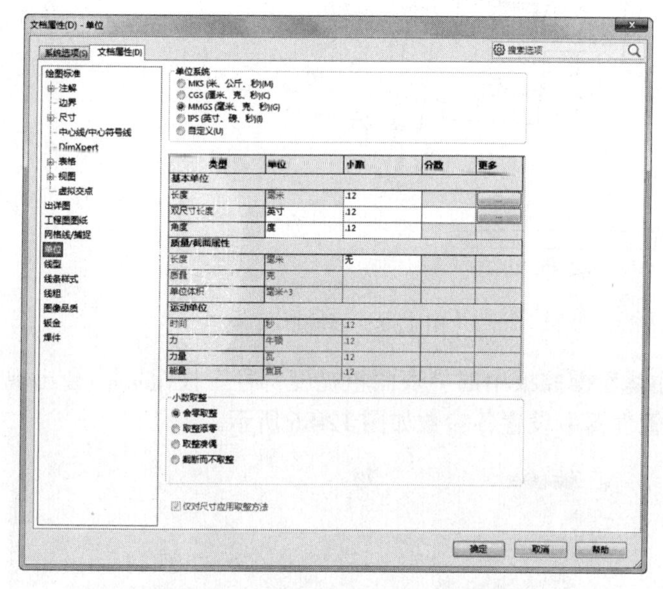

图 12-83　“文档属性-单位”对话框

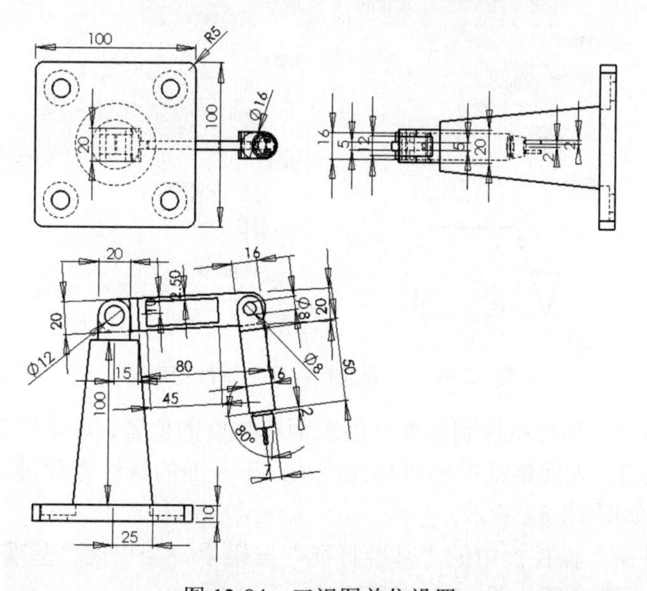

图 12-84　三视图单位设置

（10）单击“草图绘制”操控板中的“中心线”按钮，在三视图中绘制中心线，如图 12-85 所示。

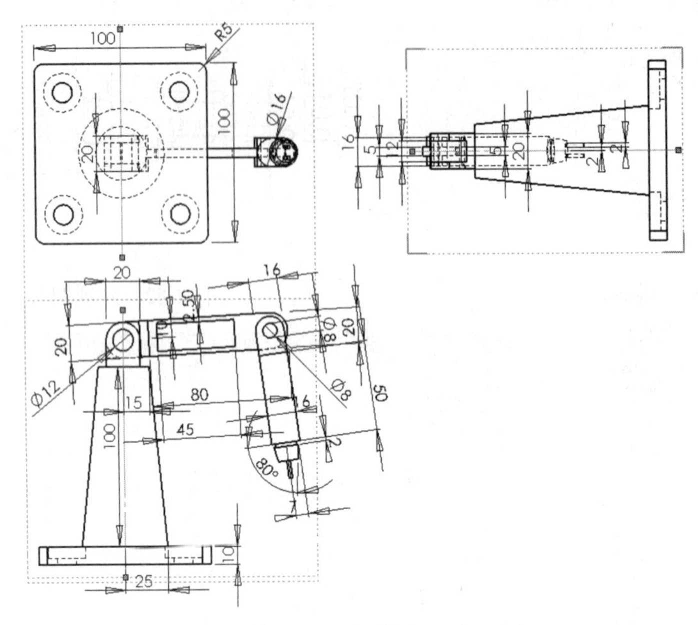

图 12-85　绘制中心线

（11）单击“注解”操控板中的“表面粗糙度符号”按钮，会出现“表面粗糙度”属性管理器，在属性管理器中设置各参数如图 12-86 所示。

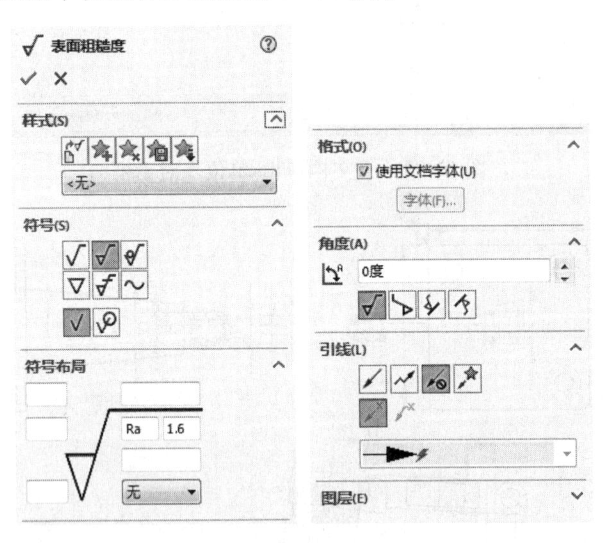

图 12-86　“表面粗糙度”属性管理器

（12）设置完成后，移动光标到需要标注表面粗糙度的位置，单击即可完成标注，单击属性管理器中的按钮，表面粗糙度即可标注完成。下表面的标注需要设置角度为 180 度，标注表面粗糙度效果如图 12-87 所示。

（13）单击“注解”操控板中的“基准特征”按钮，会出现“基准特征”属性管理器，在属性管理器中设置各参数如图 12-88 所示。

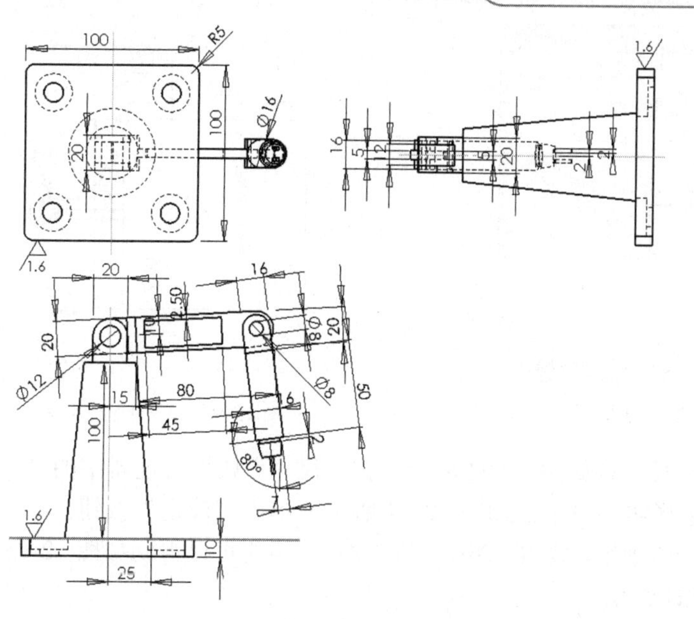

图 12-87　标注表面粗糙度

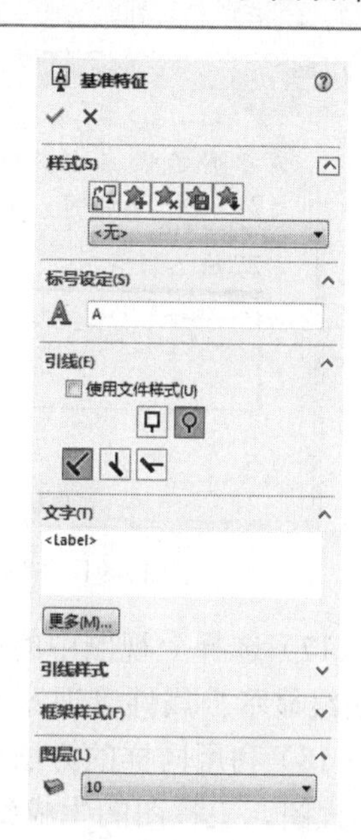

图 12-88　“基准特征”属性管理器

（14）设置完成后，移动光标到需要添加基准特征的位置单击，然后拖动鼠标到合适的位置再次单击即可完成标注，单击确定按钮✔即可在图中添加基准符号，如图 12-89 所示。

（15）单击“注解”操控板中“形位公差”的按钮，会出现“形位公差”属性管理器及“属性”对话框，在属性管理器中设置各参数如图 12-90 所示，在“属性”对话框中设置各参数如图 12-91 所示。

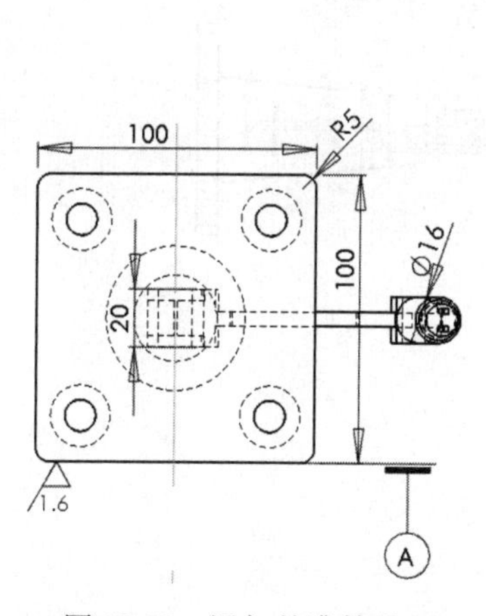

图 12-89　添加基准符号

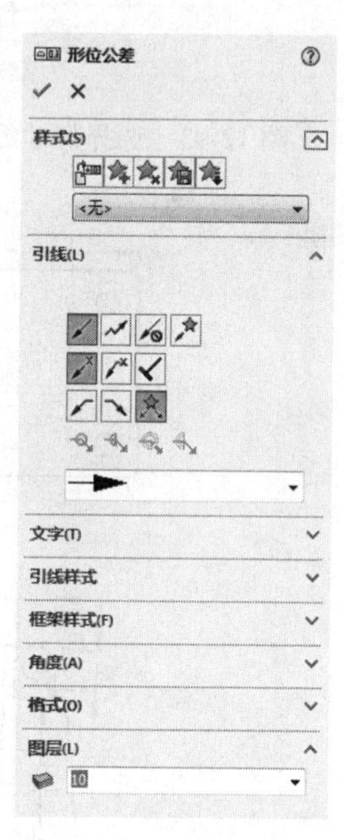

图 12-90　“形位公差”属性管理器

（16）设置完成后，移动光标到需要添加形位公差的位置单击即可完成标注，单击确定按钮✔即可在图中添加形位公差符号，如图 12-92 所示。

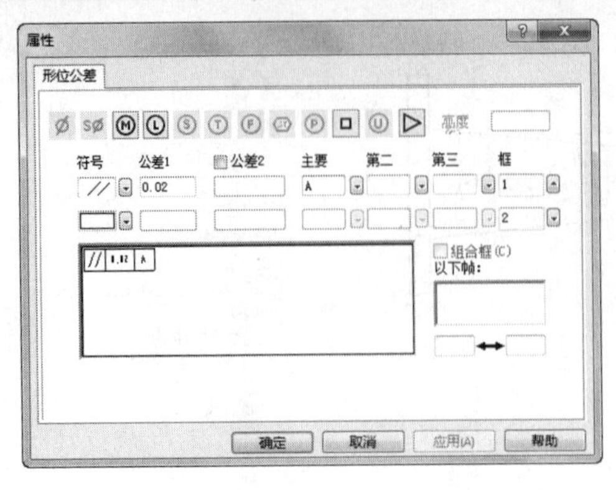

图 12-91　“属性”对话框

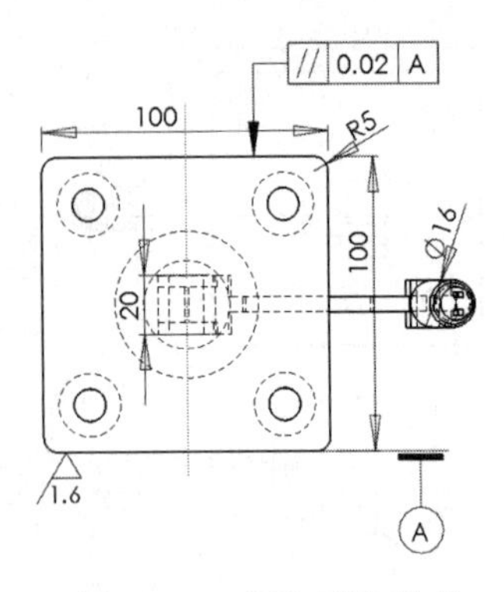

图 12-92　添加形位公差

（17）选择上视图中的所有尺寸，如图 12-93 所示，在“尺寸”属性管理器中的“尺寸界线/引线显示”属性管理器中选择实心箭头，如图 12-94 所示，单击“确定”按钮。

（18）利用同样的方法修改前视图、左视图中尺寸的属性，最终可以得到如图 12-95 所示的工程图。工程图的生成到此即结束。

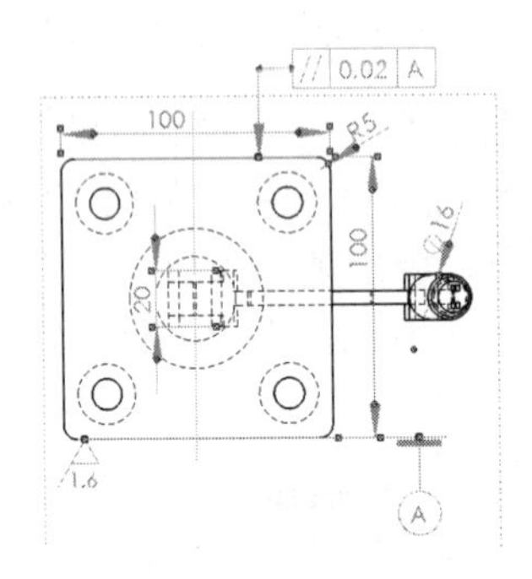

图 12-93　选择尺寸线

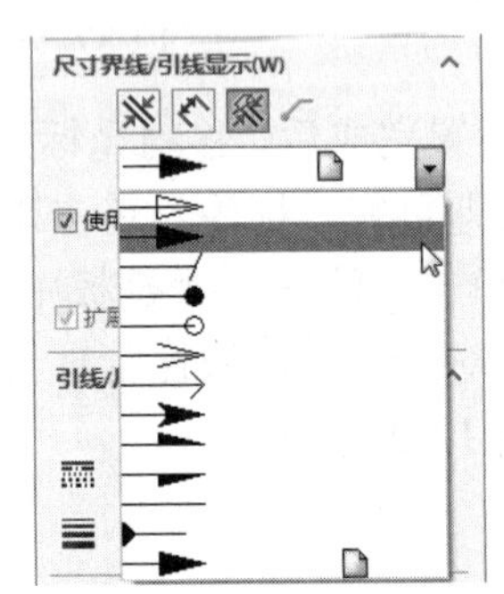

图 12-94　“尺寸界线/引线显示”属性管理器

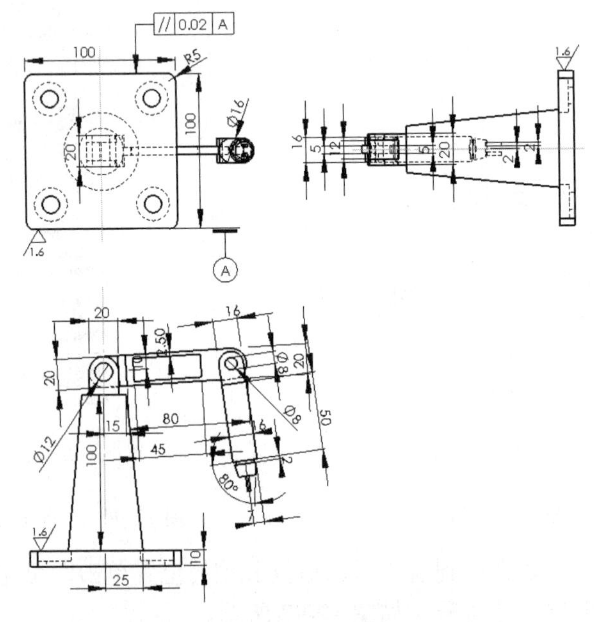

图 12-95　工程图

Chapter

运 动 仿 真

13

本章介绍 SOLIDWORKS Motion 运动仿真基本单元的设置方法，并利用挖掘机运动仿真实例，说明 SOLIDWORKS Motion 2018 的具体使用方法。

13.1 Motion 分析运动算例

在 SOLIDWORKS 2018 中，SOLIDWORKS Motion 比之前版本的 Cosmos Motion 大大简化了操作步骤，所建装配体的约束关系不用重新添加，只需使用建立装配体时的约束即可，新的 SOLIDWORKS Motion 集成在运动算例中。运动算例是 SOLIDWORKS 中对装配体模拟运动的统称，运动算例不更改装配体模型或其属性，包括动画、基本运动与 Motion 分析，在这里重点讲解 Motion 分析的内容。

13.1.1 马达

运动算例马达模拟作用于实体上的运动，似乎由马达所引起的应用。

操作步骤如下。

（1）单击 MotionManager 工具栏上的“马达”按钮。

（2）弹出“马达”属性管理器，如图 13-1 所示。在属性管理器“马达类型”一栏中，选择旋转或者线性马达。

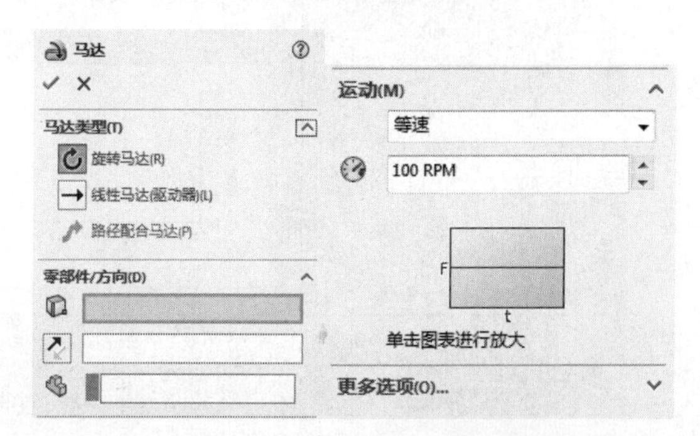

图 13-1 “马达”属性管理器

（3）在属性管理器“零部件/方向”一栏中选择要做动画的表面或零件，通过“反向”按钮来调节方向。

（4）在属性管理器“运动”一栏中，在类型下拉菜单中选择运动类型，包括等速、距离、振荡、线段和表达式等。

- 等速：马达速度为常量，输入速度值。
- 距离：马达以设定的距离和时间帧运行，为位移、开始时间、持续时间输入值，如图 13-2 所示。
- 振荡：为振幅和频率输入值，如图 13-3 所示。

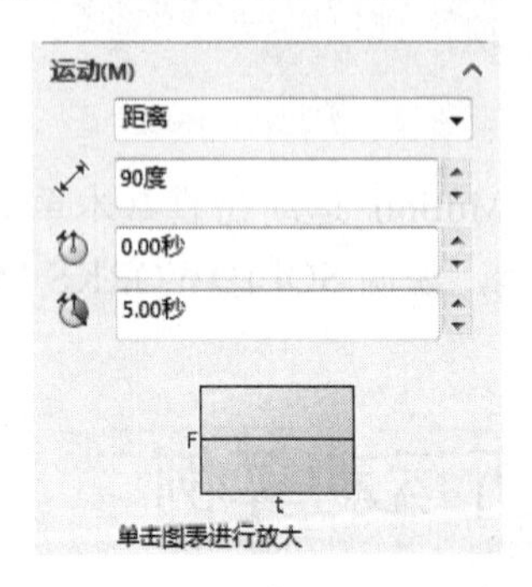

图 13-2　“距离”运动设置

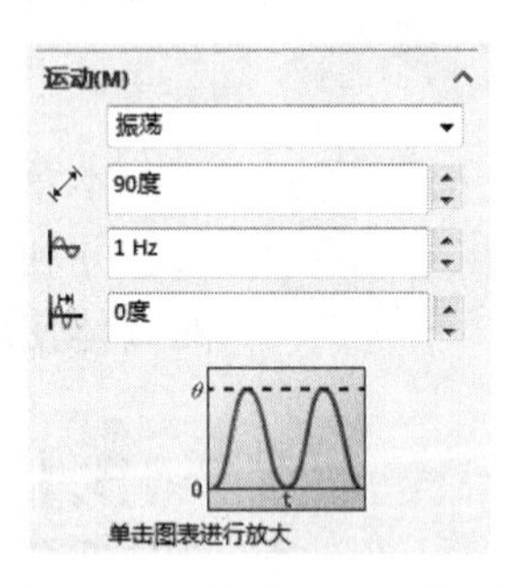

图 13-3　“振荡”运动设置

- 线段：选定线段（位移、速度、加速度），为插值时间和数值设定值，线段“函数编制程序”对话框，如图 13-4 所示。
- 数据点：输入表达式数据（位移、时间、立方样条曲线），数据点“函数编制程序”对话框如图 13-5 所示。
- 表达式：选取马达运动表达式所应用的变量（位移、速度、加速度），表达式“函数编制程序”对话框，如图 13-6 所示。

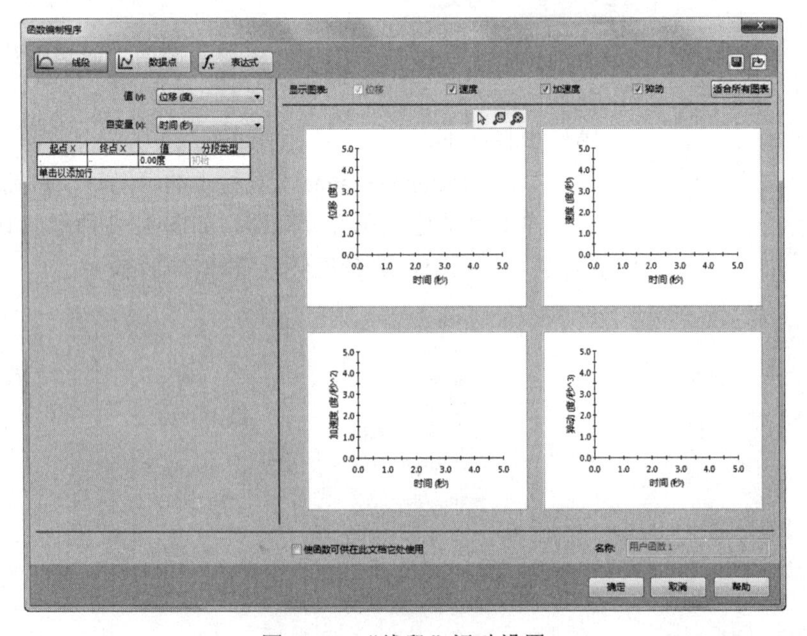

图 13-4　“线段”运动设置

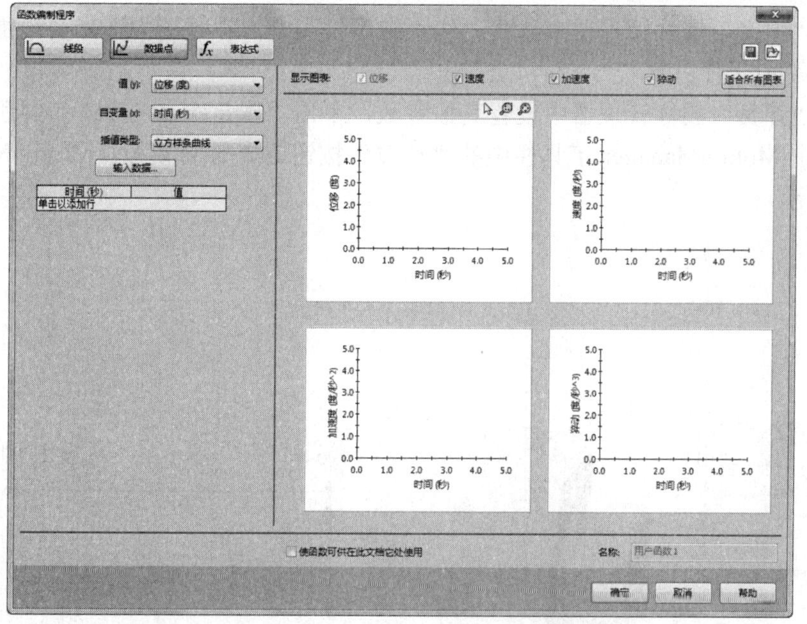

图 13-5 “数据点”运动设置

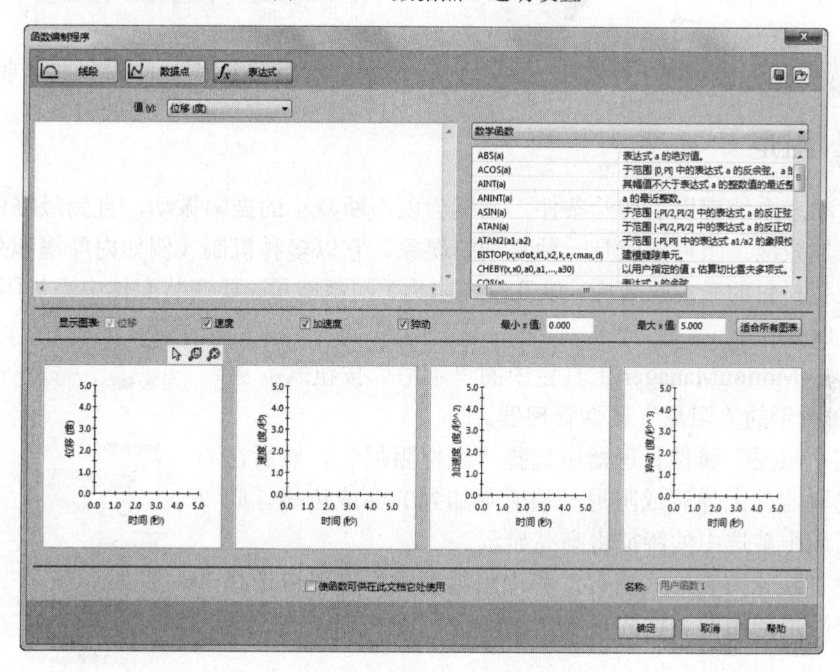

图 13-6 “表达式”运动设置

（5）单击属性管理器中的确定按钮✔，动画设置完毕。

13.1.2 弹簧

弹簧为通过模拟各种弹簧类型的效果而绕装配体移动零部件的模拟单元。属于基本运动，在计算运动时要考虑到质量。要对零件添加弹簧，可按如下步骤操作。

（1）单击 MotionManager 工具栏中的“弹簧”按钮，弹出“弹簧”属性管理器。

（2）在“弹簧”属性管理器中选择“线性弹簧”类型，在视图中选择要添加弹簧的两个面，如图 13-7 所示。

（3）在“弹簧”属性管理器中设置其他参数，单击“确定”✔按钮，完成弹簧的创建。

（4）单击 MotionManager 工具栏中的“计算”按钮，计算模拟。MotionManager 界面如图 13-8 所示。

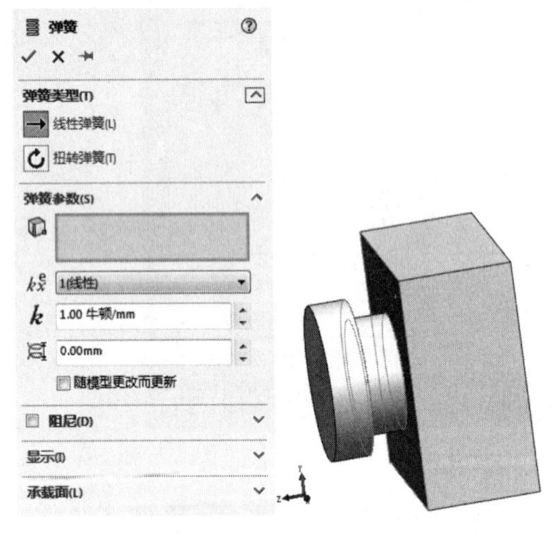

图 13-7　选择放置弹簧面

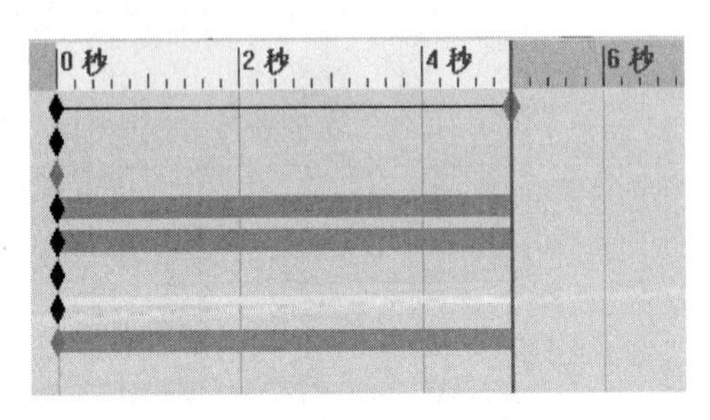

图 13-8　MotionManager 界面

13.1.3 阻尼

如果对动态系统应用了初始条件，系统会以不断减小的振幅振动，直到最终停止。这种现象称为阻尼效应。阻尼效应是一种复杂的现象，它以多种机制（例如内摩擦和外摩擦、轮转的弹性应变材料的微观热效应，以及空气阻力）消耗能量。要在装配体中添加阻尼的关系，可按如下步骤操作。

（1）单击 MotionManager 工具栏中的“阻尼”按钮，弹出如图 13-9 所示的“阻尼”属性管理器。

（2）在“阻尼”属性管理器中选择“线性阻尼”，然后在绘图区域选取零件上弹簧或阻尼一端所附加到的面或边线。此时在绘图区域中被选中的特征将高亮显示。

（3）在“阻尼力表达式指数”和“阻尼参数”中可以选择和输入基于阻尼的函数表达式，单击“确定”✔按钮，完成接触的创建。

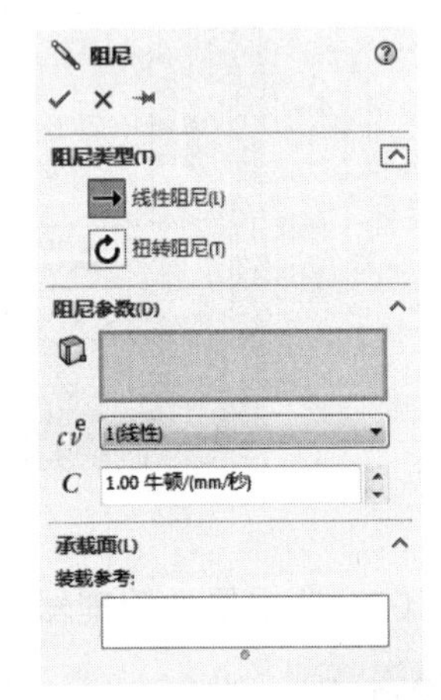

图 13-9　“阻尼”属性管理器

13.1.4 接触

接触仅限基本运动和运动分析，如果零部件碰撞、滚动或滑动，可以在运动算例中建立零部件接触。还可以使用接触来约束零件在整个运动分析过程中保持接触。默认情况下零部件之间的接触将被忽略，除非在运动算例中配置了“接触”。如果不使用“接触”指定接触，零部件将彼此穿越。要在装配体中添加接触的关系，可按如下步骤操作。

（1）单击 MotionManager 工具栏中的“接触”按钮，弹出如图 13-10 所示的“接触”属性管理器。

（2）在“接触”属性管理器中选择“实体”，然后在绘图区域选择两个相互接触的零件，添加它们的配合关系。

（3）在“材料”栏中更改两个材料类型分别为“Steel（Dry）”与“Aluminum（Dry）”，在属性管理器中设置其他参数，单击“确定”✔按钮，完成接触的创建。

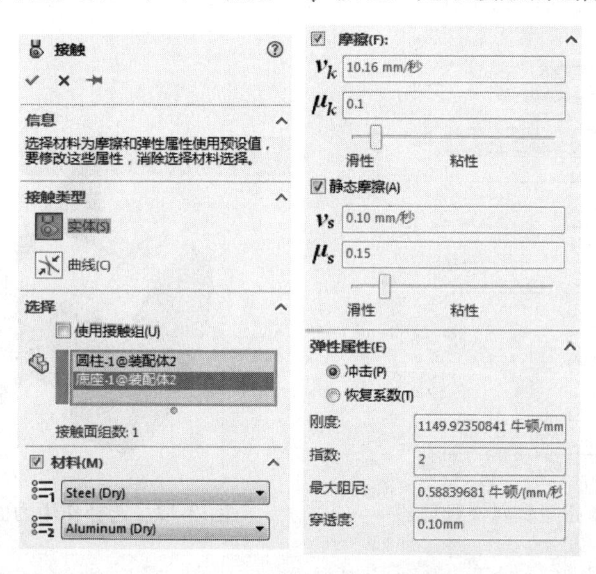

图 13-10 “接触”属性管理器

13.1.5 力

力/扭矩对任何方向的面、边线、参考点、顶点和横梁应用均匀分布的力、力矩或扭矩，以供在结构算例中使用。

操作步骤如下。

（1）单击 MotionManager 工具栏中的“力”按钮↖，弹出如图 13-11 所示的“力/扭矩”属性管理器。

（2）在“力/扭矩”属性管理器中选择“力”类型，单击“作用力与反作用力”按钮，在视图中选择作用力和反作用力面，如图 13-12 所示。

属性管理器选项说明如下：

① 类型

- 力：指定线性力。
- 力矩：指定扭矩。

② 方向

- 只有作用力：为单作用力或扭矩指定参考特征和方向。
- 作用力与反作用力：为作用与反作用力或扭矩指定参考特征和方向。

（3）在“力/扭矩”属性管理器中设置其他参数，如图 13-13 所示，单击“确定”✔按钮，完成力的创建。

（4）在时间线视图中设置时间点为 0.1 秒，设置播放时间为 5 秒。

（5）单击 MotionManager 工具栏中的“计算”按钮，计算模拟。单击“从头播放”按钮，动画如图 13-14 所示，MotionManager 界面如图 13-15 所示。

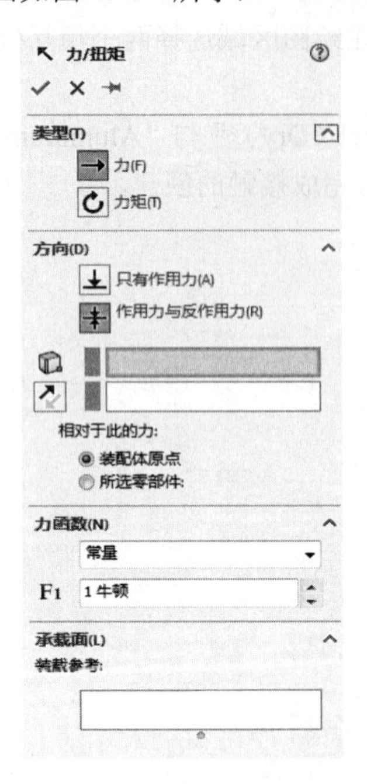

图 13-11 “力/扭矩”属性管理器

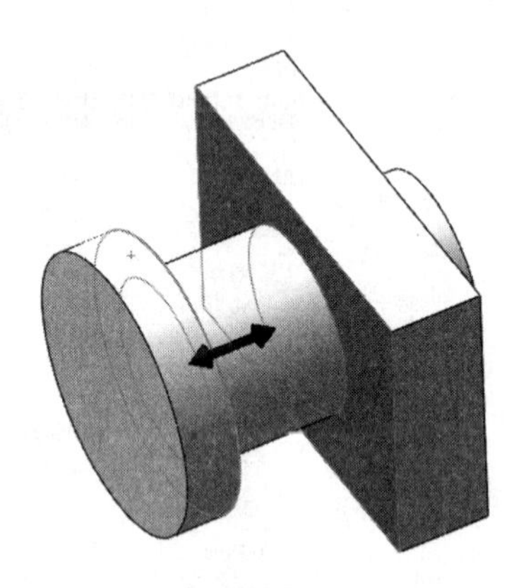

图 13-12 选择作用力面和反作用力面

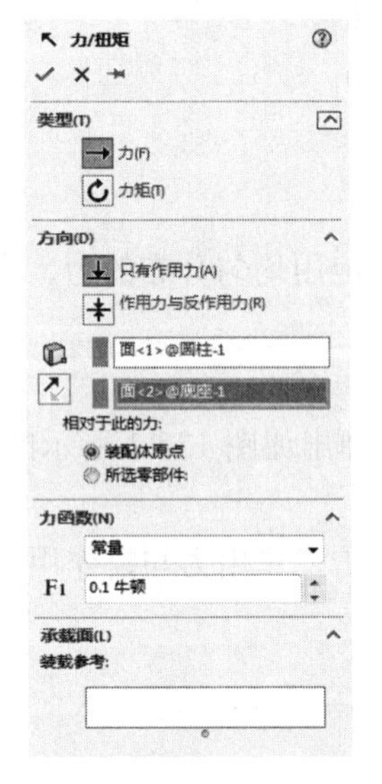

图 13-13 设置参数

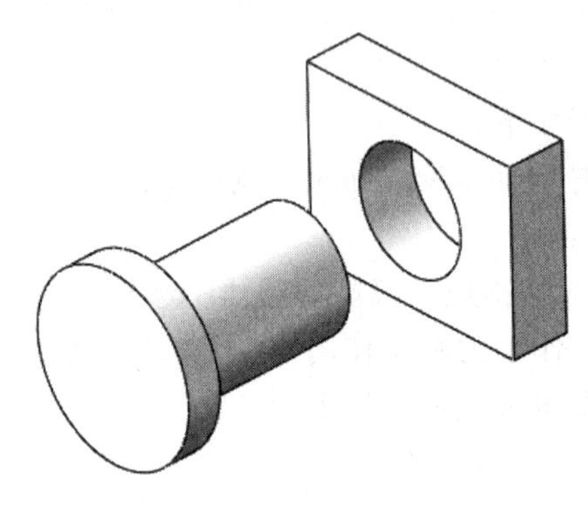

图 13-14 动画

图 13-15 MotionManager 界面

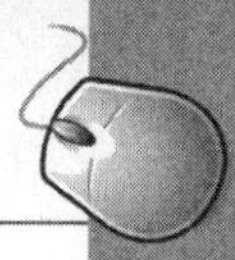

13.1.6 引力

引力（仅限基本运动和运动分析）为一通过插入模拟引力而绕装配体移动零部件的模拟单元。要对零件添加引力的关系，可按如下步骤操作。

（1）单击 MotionManager 工具栏中的“引力”按钮，弹出“引力”属性管理器。

（2）在“引力”属性管理器中选择 Z 轴，可单击“反向”按钮，调节方向，也可以在视图中选择线或者面作为引力参考，如图 13-16 所示。

（3）在“引力”属性管理器中设置其他参数，单击“确定”✓按钮，完成引力的创建。

（4）单击 MotionManager 工具栏中的“计算”按钮，计算模拟。MotionManager 界面如图 13-17 所示。

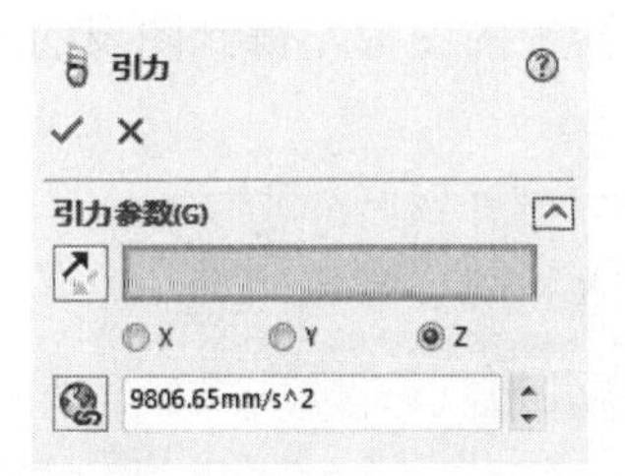

图 13-16 “引力”属性管理器

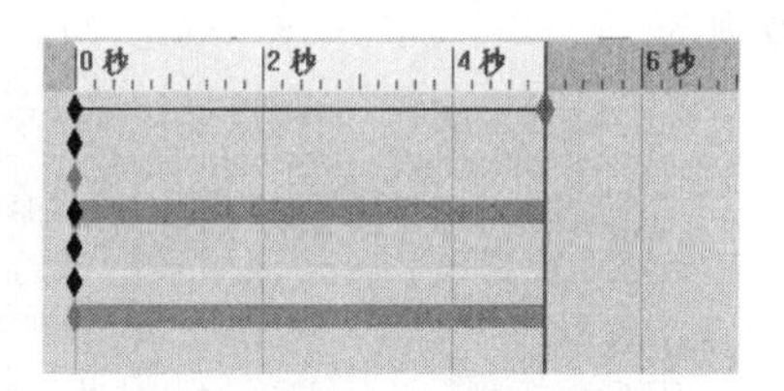

图 13-17 MotionManager 界面

13.2 综合实例——挖掘机运动仿真

本例说明用 SOLIDWORKS Motion 设定不同运动参数的方法。并通过可视化的方法检查运动参数的设定效果，其中一种方法是绘制运动参数的曲线。SOLIDWORKS Motion 可以通过常量、步进、谐波及样条的方法绘制驱动构件的力和运动，其机构结构图如图 13-18 所示。

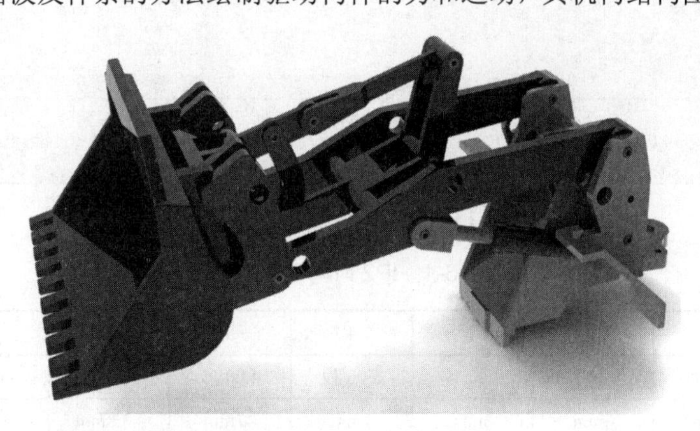

图 13-18 挖掘机运动

13.2.1 调入模型设置参数

（1）加载装配体文件 Plot_functions_exercise_start.SLDASM。该文件位于“挖土机运动机构”文件夹。

（2）单击绘图区下部的“运动算例 1”标签，切换到运动算例界面。

（3）单击 MotionManager 工具栏中的“马达”按钮，系统弹出“马达”属性管理器。

（4）在“马达”属性管理器的“马达类型”中，单击“线性马达”图标，为挖土机添加线性类型的“马达 1”。

（5）首先单击“马达位置”图标右侧的显示栏，然后在绘图区单击 IP2 的外圆，如图 13-19 所示，为添加的马达位置。

图 13-19　添加马达位置

（6）在“运动”栏内选择“马达类型”为“数据点”，在弹出的“函数编制程序”窗口中选择“值”为“位移”，依照表 13-1 输入时间和位移参数，选择插值类型为“立方样条曲线”。单击“马达”属性管理器中的图标，得到图表的放大图如图 13-20 所示。

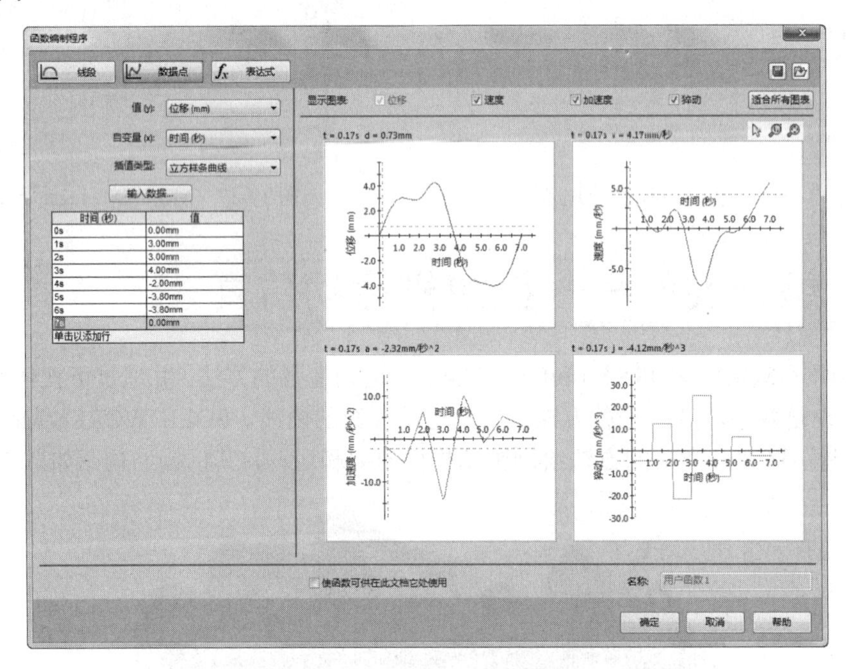

图 13-20　时间-位移参数图表

表 13-1　IP2 时间-位移参数

	1	2	3	4	5	6	7	8
时间	0.00 秒	1.00 秒	2.00 秒	3.00 秒	4.00 秒	5.00 秒	6.00 秒	7.00 秒
位移	0mm	3mm	3mm	4mm	–2mm	–3.8mm	–3.8mm	0mm

（7）参数设置完成后的“马达”属性管理器如图 13-21 所示。单击“确认”按钮，生成新的“马达 1”。

（8）单击 MotionManager 工具栏中“马达”按钮，系统弹出“马达”属性管理器。

（9）在“马达”属性管理器的“马达类型”中，单击“线性马达”图标，为挖土机添加线性类型的“马达 2”。

（10）首先单击“马达位置”图标右侧的显示栏，然后在绘图区单击 IP1 的外圆，如图 13-22 所示，为添加的马达位置。

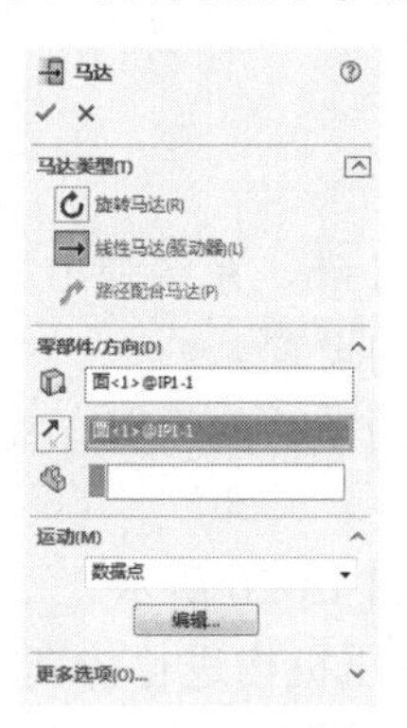

图 13-21　参数设置

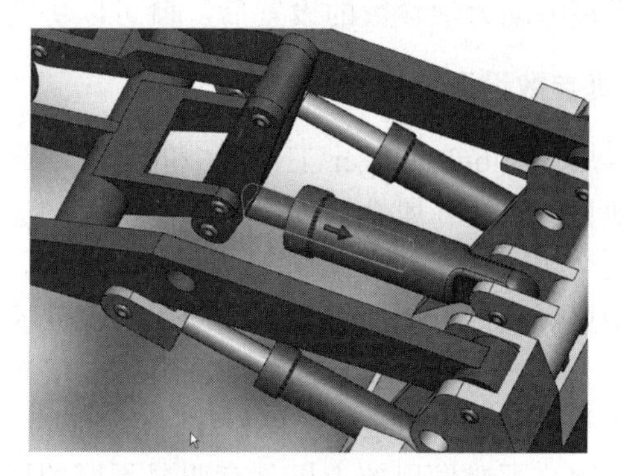

图 13-22　添加马达位置

（11）在“运动”栏内选择“马达类型”为“数据点”，在弹出的“函数编制程序”窗口中选择“值”为“位移”，依照表 13-2 输入时间和位移参数，选择插值类型为“立方样条曲线”。单击“马达”属性管理器中的图标，得到图表的放大图如图 13-23 所示。

（12）参数设置完成后的“马达”属性管理器如图 13-21 所示。单击“确认”按钮，生成新的“马达 2”。

表 13-2　IP1 时间-位移参数

	1	2	3	4	5	6	7	8
时间	0.00 秒	1.00 秒	2.00 秒	3.00 秒	4.00 秒	5.00 秒	6.00 秒	7.00 秒
位移	0mm	–0.5mm	–0.5mm	–1mm	–3mm	4mm	4mm	0mm

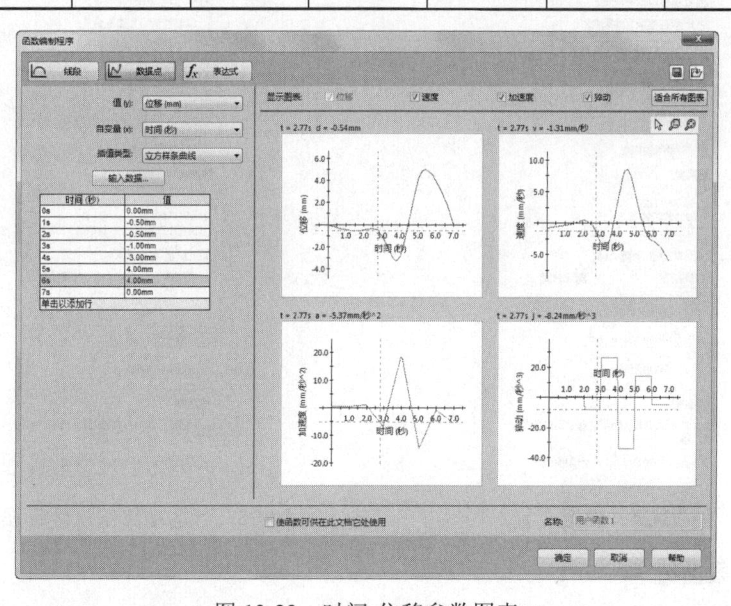

图 13-23　时间-位移参数图表

13.2.2 仿真求解

当完成模型动力学参数的设置后，就可以仿真求解题设问题。

1. 仿真参数设置及计算

（1）单击 MotionManager 工具栏中的“运动算例属性”按钮，系统弹出如图 13-24 所示的“运动算例属性”属性管理器。对冲压机构进行仿真求解的设置。

（2）在“动画”栏内输入“每秒帧数”为 50，其余参数采用默认的设置。参数设置完成后的“运动算例属性”属性管理器如图 13-25 所示。

（3）在 MotionManager 界面将时间栏的长度拉到 7 秒，如图 13-26 所示。

（4）单击 MotionManager 工具栏中的“计算”按钮，对冲压机构进行仿真求解的计算。

通过观察，不难发现挖土机具有明显不同的运动状态。铲斗运动描述如下：铲斗首先缓慢运动（意思是正在铲东西），然后铲斗抬高并旋转，为的是确保材料在铲斗中保持；而后抬到最高的高度，倾倒铲斗的材料；最后回到铲斗的初始位置。这样铲斗就完成了整个的“铲土—保持—倾倒—回位”的运动过程。

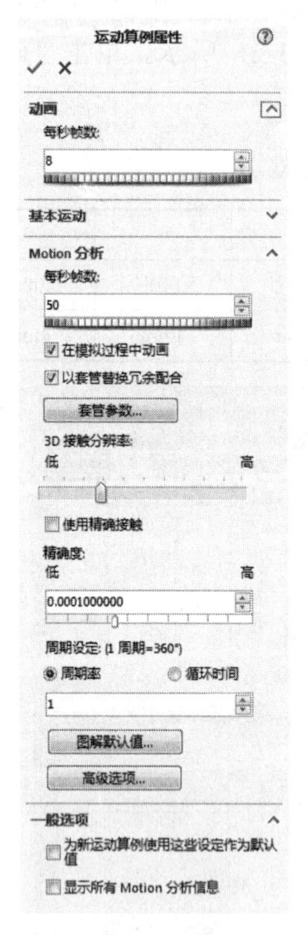

图 13-24 参数设置

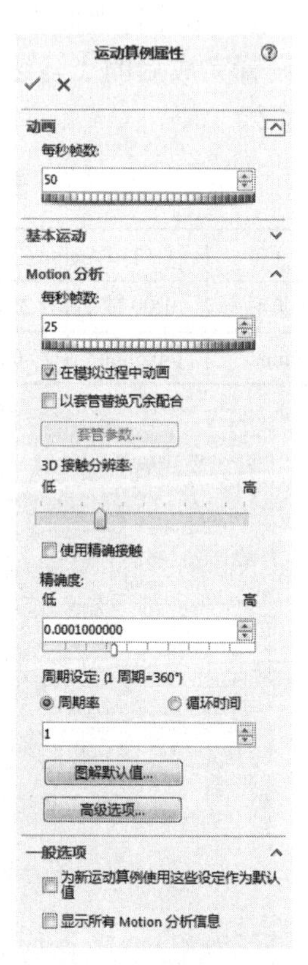

图 13-25 “运动算例属性”属性管理器

2. 添加结果曲线

分析计算完成后可以对分析的结果进行后处理，为分析计算的结果进行图解。

（1）单击 MotionManager 工具栏中的“结果和图解”按钮，系统弹出如图 13-27 所示的“结果”属性管理器。对挖土机进行仿真结果的分析。

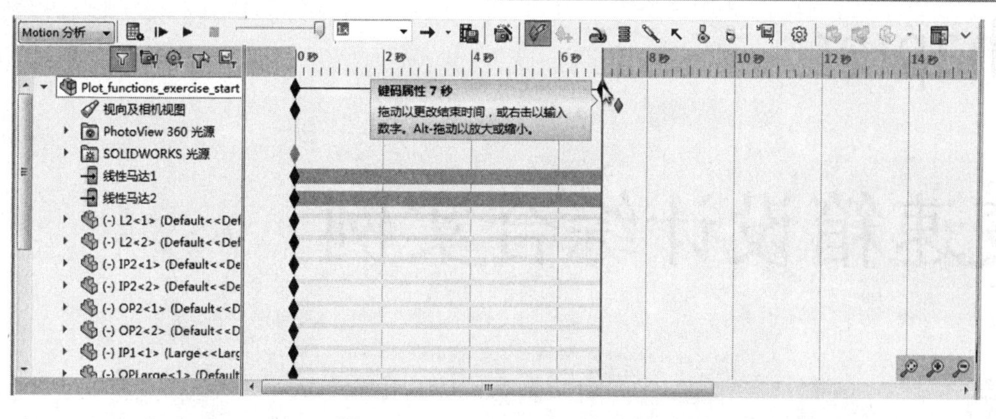

图 13-26 MotionManager 界面

（2）单击“结果”栏内的“选取类别”下拉框，选择分析的类别为“力”，单击“选取子类别”下拉框，选择分析的子类别为“反作用力”，单击“选取结果分量”下拉框，选择分析的结果分量为“幅值”。

（3）首先单击“面”图标右侧的显示栏，然后在装配体模型树中单击 IP2 与 main_arm 的同心配合 Concentric55，如图 13-28 所示。

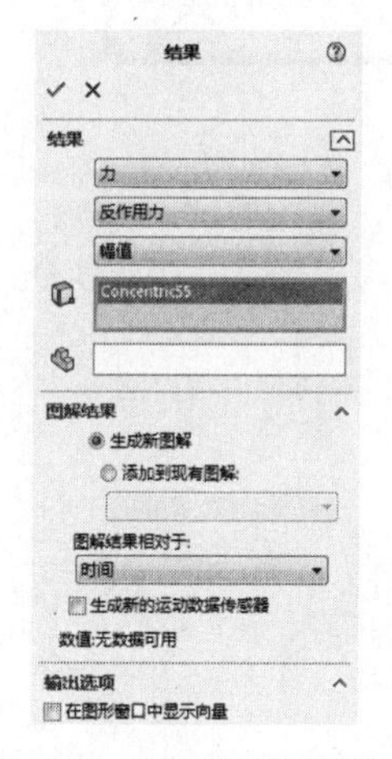

图 13-27 “结果”属性管理器

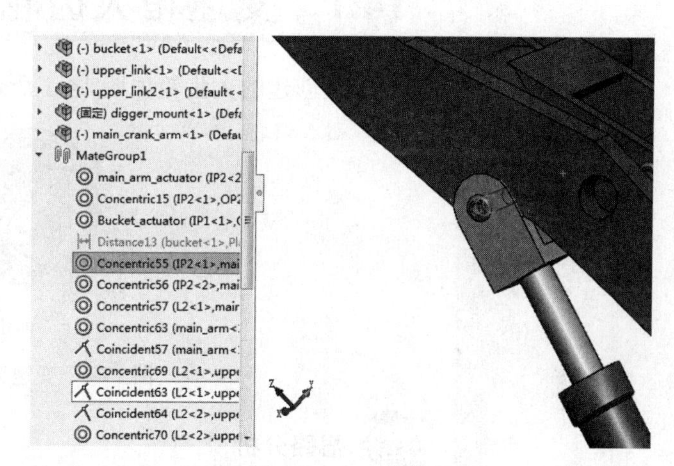

图 13-28 选择同心配合

（4）单击“确认”按钮，生成新的图解，如图 13-29 所示。

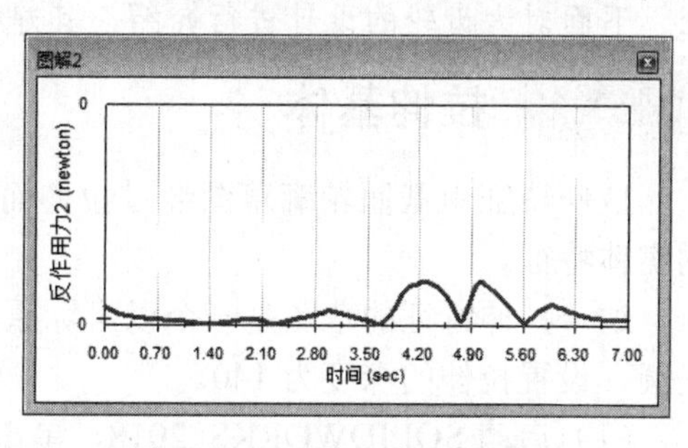

图 13-29 反作用力-时间曲线

Chapter

变速箱设计综合实例

14

本章以机械工程中最常见的变速箱设计过程为例，将给出大齿轮、低速轴以及变速箱下箱体的设计和变速箱装配流程，通过本章的学习，巩固前面章节所学的知识，提升读者工程设计实践的动手能力。

14.1 变速箱大齿轮

本例创建的大齿轮如图 14-1 所示。

图 14-1 变速箱大齿轮

思路分析

从图中可以看出大齿轮的制作用到了拉伸、阵列和切除-拉伸特征。下面对大齿轮的设计进行介绍，其建模过程如图 14-2 所示。

14.1.1 拉伸基体

拉伸特征由截面轮廓草图经过拉伸而成，它适合于构造等截面的实体特征。

这个拉伸特征的草图是一个以坐标原点为圆心，直径为 435 的正圆，设置拉伸的深度为 140。

（1）启动 SOLIDWORKS 2018，单击“标准”工具栏中的“新建”按钮，在打开的“新建 SOLIDWORKS 文件”对话框中，单击“确定”按钮。

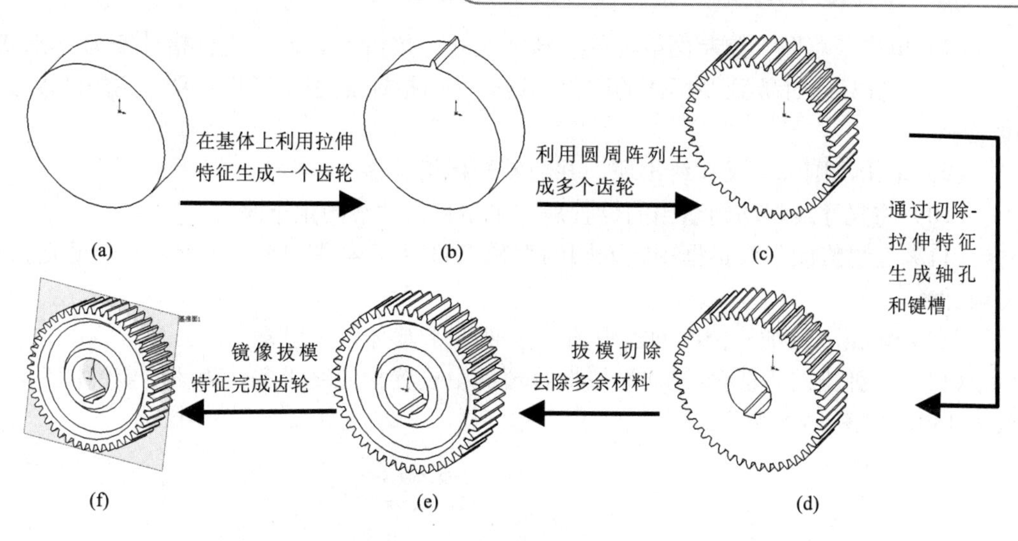

图 14-2　大齿轮的建模过程

（2）在 FeatureManager 设计树中选择“前视基准面”作为草图绘制平面，单击“草图”控制面板上的“草图绘制”按钮，新建一张草图。

（3）单击“草图”控制面板中的“圆”按钮，光标指针变为形状。

（4）单击图形区，将圆心放置到坐标原点上，光标指针变为形状，此时弹出“圆”属性管理器。

（5）拖动光标来设定半径，系统会自动显示半径值，绘制的圆如图 14-3 所示。

（6）如果要对绘制的圆进行修改，可以使用“选择工具”拖动圆的边线来缩小或放大圆，也可以拖动圆的中心来移动圆。

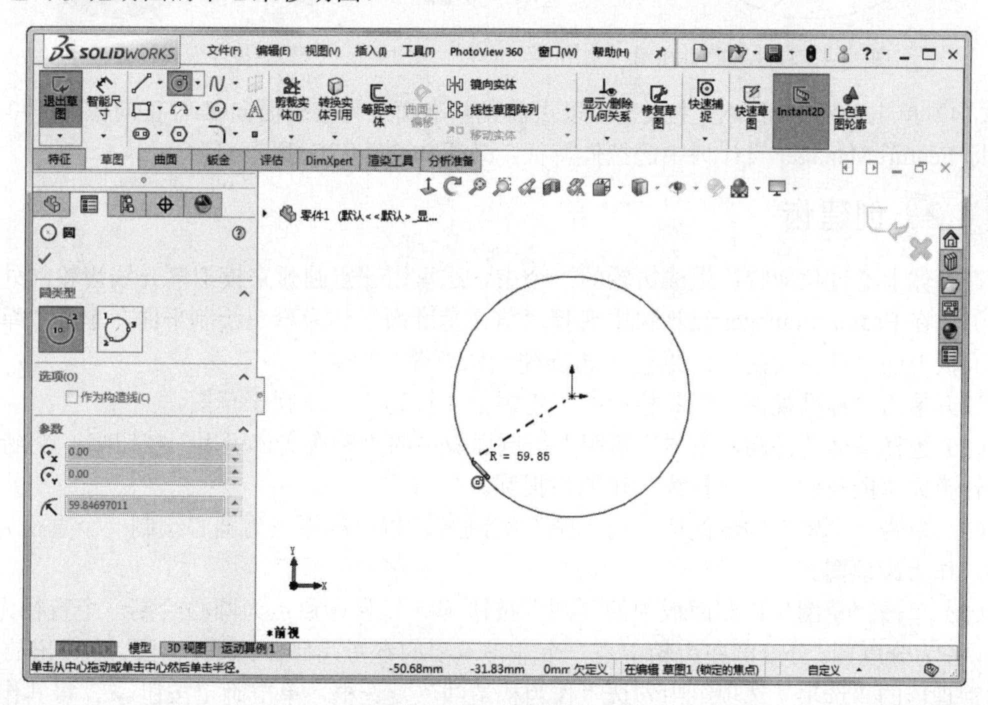

图 14-3　绘制的圆

（7）单击“草图”控制面板上的“智能尺寸”按钮，此时光标指针变为形状。

（8）将光标指针放到要标注的圆上，这时光标指针变为形状，要标注的圆以红色高亮度显示。

（9）单击，则标注尺寸线出现，并随着光标指针移动。

（10）将尺寸线移动到适当的位置后，单击将尺寸线固定下来。

（11）在“修改”对话框中输入圆的直径“435”，如图 14-4 所示，单击确定按钮✓，完成标注。

（12）单击“特征”控制面板中的“拉伸凸台/基体”按钮。

（13）在弹出的“凸台-拉伸”属性管理器中设置拉伸终止条件为“给定深度”，拉伸深度为 140，如图 14-5 所示。

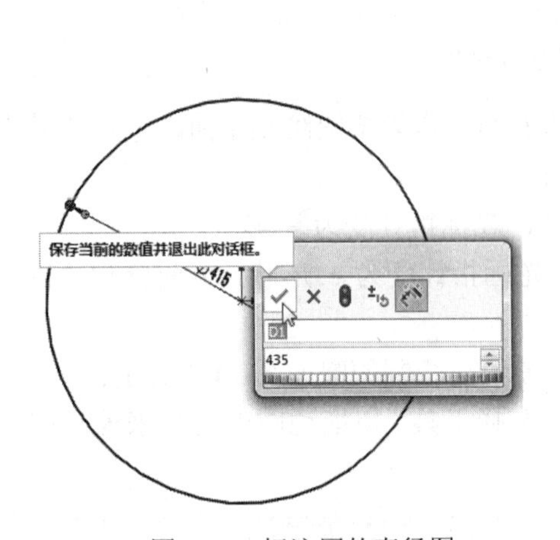

图 14-4　标注圆的直径图

图 14-5　“凸台-拉伸”属性管理器

（14）单击确定按钮✓，生成一个以“前视基准面”为基准面向 Z 轴正向拉伸 140 的基体，即 FeatureManager 设计树中的拉伸特征，效果如图 14-2(a)所示。

14.1.2 创建齿

在基体上通过拉伸特征生成齿轮的一个齿。这里用三点圆弧来模拟渐开线齿轮的外形。

（1）在 FeatureManager 设计树中选择“前视基准面”作为草图绘制平面，单击“草图”控制面板上的“草图绘制”按钮，再新建一张草图。

（2）单击“标准视图”工具栏中的“正视于”按钮，正视于草图。

（3）选择基体的外圆，单击“草图”控制面板中的“转换实体引用”按钮，将特征的边线转换为草图轮廓，从而作为齿轮的齿根圆。

（4）单击“草图”控制面板中的“圆”按钮，以坐标原点为圆心绘制一个直径为 480 的圆，作为齿顶圆。

（5）单击“草图”控制面板中的“圆”按钮，以坐标原点为圆心绘制一个直径为 460 的圆，作为分度圆。分度圆在齿轮中是一个非常重要的参考几何体。选择该圆，在弹出的“圆”属性管理器的“选项”选项组中勾选“作为构造线”复选框，单击确定按钮✓，将其作为构造线，从如图 14-6 所示可以看出作为构造线的分度圆成为虚线。

（6）单击“草图”控制面板中的“中心线”按钮。弹出“中心线”属性管理器，光标指针变为形状。

（7）拖动光标指针绘制一条通过原点竖直向上的中心线。注意，当光标指针变为形状，表示捕捉到了点；当变为形状时，表示绘制竖直直线。

（8）继续绘制一条通过原点的中心线，这条中心线是一条斜线。

（9）单击“草图”控制面板上的“智能尺寸”按钮，此时光标指针变为形状。

（10）单击拾取第一条直线。

（11）此时标注尺寸线出现，不用管它，继续单击拾取第二条直线。

（12）此时标注尺寸线显示为两条直线之间的角度，单击，将尺寸线固定下来。

（13）在“修改”对话框中输入夹角的角度值“1.957 度”，设置直线间的角度如图 14-7 所示。单击确定按钮，完成标注。

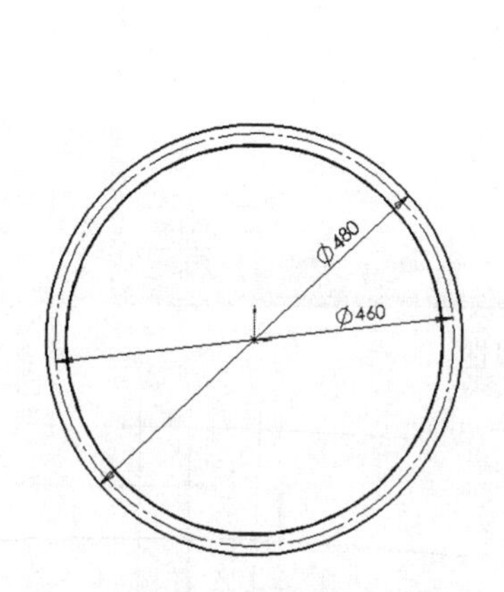

图 14-6　作为构造线的分度圆

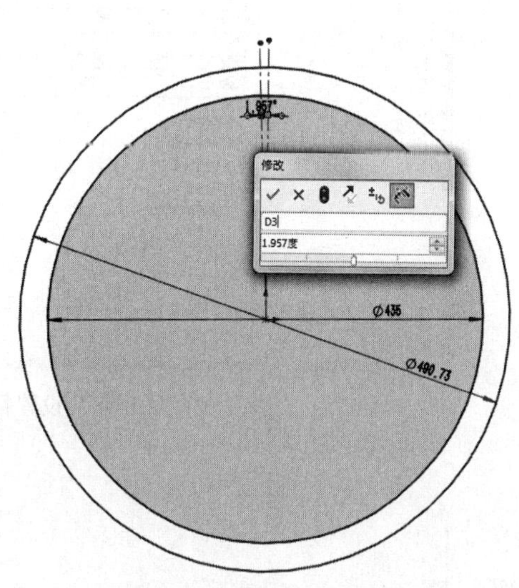

图 14-7　设置直线间的角度

（14）此时在图中可以看到显示的角度是 1.96 度，并非 1.957 度。这样的结果并非是标注错误，而是在“文件属性”中对标注文字的有效数字进行了设定。选择菜单栏中的“工具”→“选项”命令，在弹出的“文档属性”对话框中单击“文件属性”选项卡，单击左侧的“单位”选项，设置标注单位的属性，如图 14-8 所示。在“角度”栏中将“小数”设置为“3”，从而在文件中显示角度单位小数点后的 3 位数字。单击“确定”按钮，关闭对话框。标注完角度后的草图如图 14-9 所示。

（15）单击“草图”控制面板中的“点”按钮，在分度圆和与通过原点的竖直中心线成 1.957° 的中心线的交点上绘制一点。

（16）单击“草图”控制面板中的“中心线”按钮，绘制两条竖直中心线，并标注尺寸，如图 14-10 所示。

（17）单击“草图”控制面板中的“三点圆弧”按钮，此时光标指针变为形状。

（18）单击圆弧的起点位置，即与原点相距 10 的竖直中心线和齿根圆的交点，此时光标指针变为形状，并弹出“圆弧”属性管理器。

（19）拖动光标到圆弧结束位置，即与原点相距 3.5 的竖直中心线和齿顶圆的交点。

（20）释放鼠标，拖动光标以设置圆弧的半径，释放鼠标，确定三点圆弧，如图 14-11 所示。

文档属性(D) - 单位

系统选项(S)　文档属性(D)　搜索选项

绘图标准
- 注解
- 尺寸
- 虚拟交点
- 表格
- DimXpert

出详图
网格线/捕捉
单位
模型显示
材料属性
图像品质
钣金
焊件
基准面显示
配置

单位系统
- MKS (米、公斤、秒)(M)
- CGS (厘米、克、秒)(C)
- MMGS (毫米、克、秒)(G)
- IPS (英寸、磅、秒)(I)
- 自定义(U)

类型	单位	小数	分数	更多
基本单位				
长度	毫米	.12		...
双尺寸长度	英寸	.123		...
角度	度	.123		
质量/截面属性				
长度	毫米	.123		
质量	公斤			
单位体积	毫米^3			
运动单位				
时间	秒	.12		
力	牛顿	.12		
力量	瓦	.12		
能量	焦耳	.12		

小数取整
- 舍零取整
- 取整添零
- 取整凑偶
- 截断而不取整

仅对尺寸应用取整方法

确定　取消　帮助

图 14-8　设置标注单位的属性

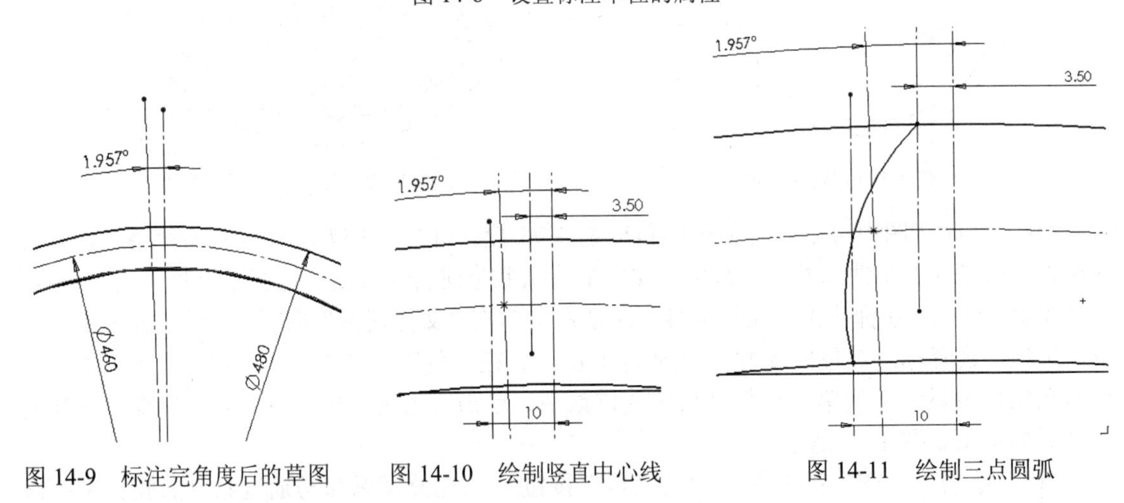

图 14-9　标注完角度后的草图　　图 14-10　绘制竖直中心线　　图 14-11　绘制三点圆弧

（21）单击“草图”控制面板“添加/删除几何关系”下拉列表中的“添加几何关系”按钮。

（22）使用“选择工具”在草图上选择要添加几何关系的实体，即绘制的 3 点圆弧和步骤（15）中所绘制的交点。

（23）此时所选实体会在“添加几何关系”属性管理器的“所选实体”选项中显示。

（24）在“添加几何关系”选项中单击要添加的几何关系类型（相切或固定等），这时添加的几何关系类型就会出现在“现有几何关系”列表框中。这里添加“重合”几何关系，如图 14-12 所示。

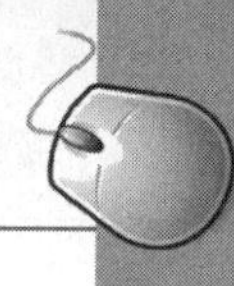

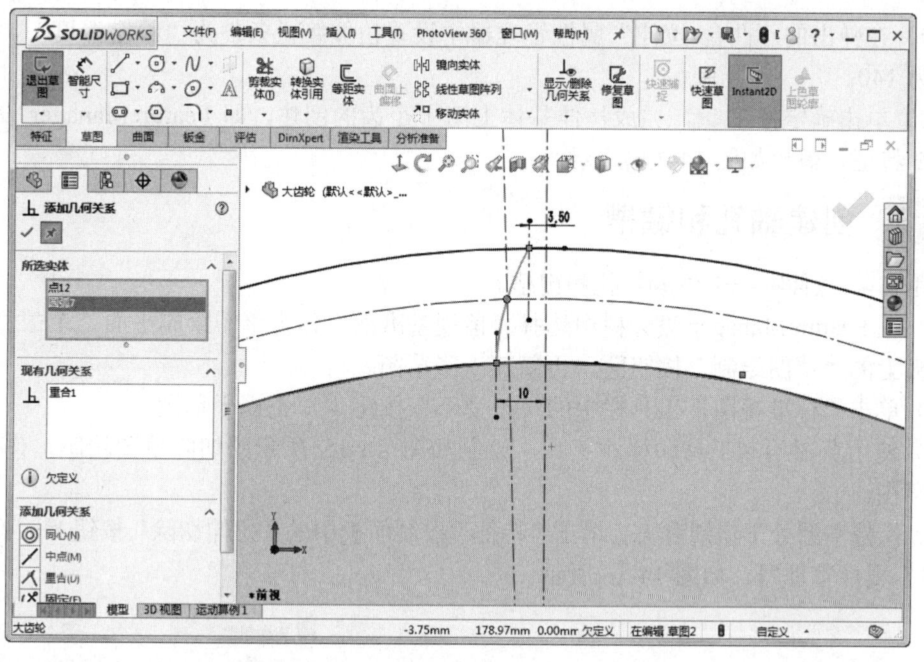

图 14-12　添加“重合”几何关系

（25）单击确定按钮✔，几何关系被添加到草图实体间。此时三点圆弧被固定，草图被完全定义，草图的颜色也由原来的蓝色变为黑色。

（26）按住<Ctrl>键，选择三点圆弧和通过原点的竖直中心线（作为对称轴），单击“草图”控制面板中的“镜向实体”按钮，将三点圆弧以竖直中心线为轴镜向过来，镜向后的草图如图 14-13 所示。

（27）单击“草图”控制面板中的“剪裁实体”按钮，此时光标指针变为形状。

（28）在草图上移动光标指针，到希望裁剪（或删除）的草图线段上，这时线段显示为红色高亮度。单击，则线段将一直裁剪至其与另一草图实体或模型边线的交点处。如果草图线段没有和其他草图实体相交，则整条草图线段将都被删除。裁剪草图，显现出齿轮轮廓，剪裁后的草图轮廓如图 14-14 所示。

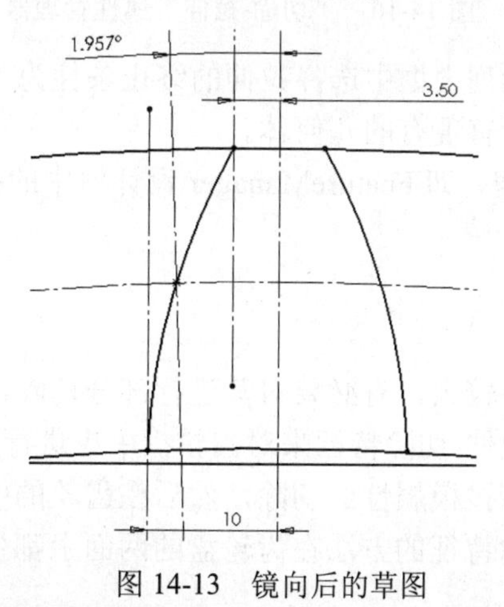

图 14-13　镜向后的草图

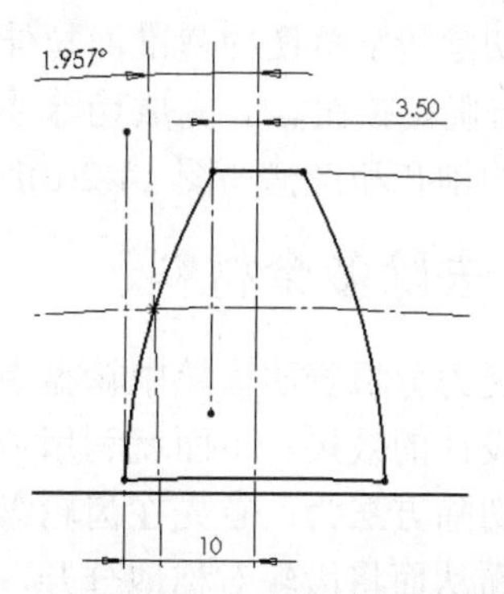

图 14-14　裁剪后的草图轮廓

（29）单击“特征”控制面板中的“拉伸凸台/基体”按钮。

（30）在弹出的“凸台-拉伸”属性管理器中设置拉伸终止条件为“给定深度”，设置拉伸深度为 140。

（31）单击确定按钮✓，完成拉伸基体上第 1 个齿的创建，即 FeatureManager 设计树中的拉伸 2 特征，效果如图 14-2(b)所示。

14.1.3 创建轴孔和键槽

利用切除-拉伸特征来生成轴孔和键槽。

（1）在 FeatureManager 设计树中选择“前视基准面”作为草图绘制平面，单击“草图”控制面板上的“草图绘制”按钮，再新建一张草图。

（2）单击“标准视图”工具栏中的“正视于”按钮，正视于草图。

（3）使用草图绘制工具和标注工具，绘制如图 14-15 所示的切除草图轮廓，作为切除-拉伸的草图。

（4）保持草图处于激活状态，单击“特征”控制面板中的“拉伸切除”按钮，弹出“切除-拉伸”属性管理器，如图 14-16 所示。

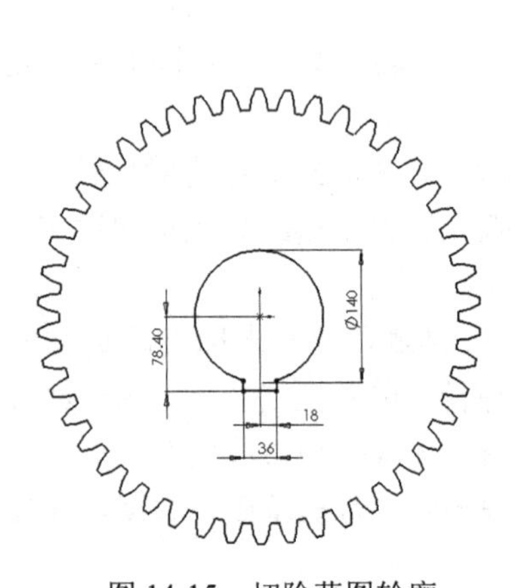

图 14-15　切除草图轮廓

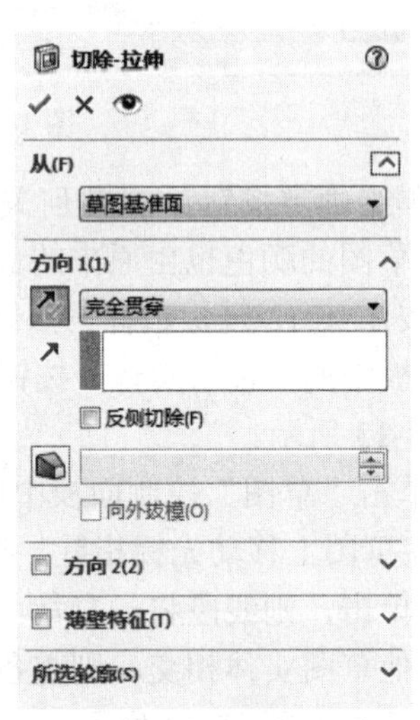

图 14-16　“切除-拉伸”属性管理器

（5）在“方向 1”选项组的“终止条件”下拉列表框中选择拉伸的终止条件为“完全贯穿”，则切除将从草图的基准面拉伸，直到贯穿所有现有的几何体。

（6）单击确定按钮✓，完成切除-拉伸特征的创建，即 FeatureManager 设计树中的拉伸 3 特征，生成的轴孔和键槽如图 14-2(d)所示。

14.1.4 去除多余材料

齿轮的受力分析表明齿轮中轮盘中央的强度储备较大，有必要对其进行部分切除，从而达到等强度设计的效果。下面就利用带拔模效果的拉伸-切除特征来对齿轮盘中央进行加工。

整个的切除方法为：首先在齿轮盘的一面进行带拔模属性的切除，然后在齿轮的中央建立一个基准面从而将齿轮对称地分开，最后利用镜向特征的方法在齿轮盘的两面上都生成切除特征。

（1）在 FeatureManager 设计树中选择“前视基准面”作为草图绘制平面，单击“草图”

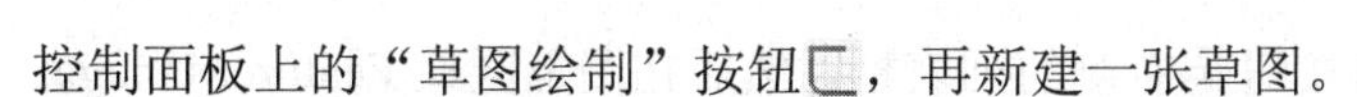
控制面板上的“草图绘制”按钮，再新建一张草图。

（2）单击“标准视图”工具栏中的“正视于”按钮，正视于草图。

（3）单击“草图”控制面板中的“圆”按钮。

（4）绘制两个以原点为圆心，直径分别为 200 和 400 的圆作为切除的草图轮廓，如图 14-17 所示。

（5）单击“特征”控制面板中的“拉伸切除”按钮。

（6）在“切除-拉伸”属性管理器中设置拉伸的终止条件为“给定深度”；单击“反向”按钮，使切除沿 Z 轴正向拉伸；在“深度”文本框中输入拉伸深度值为 30；单击“拔模”按钮，激活拔模属性，在右侧的文本框中输入拔模角度值为 30，设置的“切除-拉伸”属性管理器如图 14-18 所示。

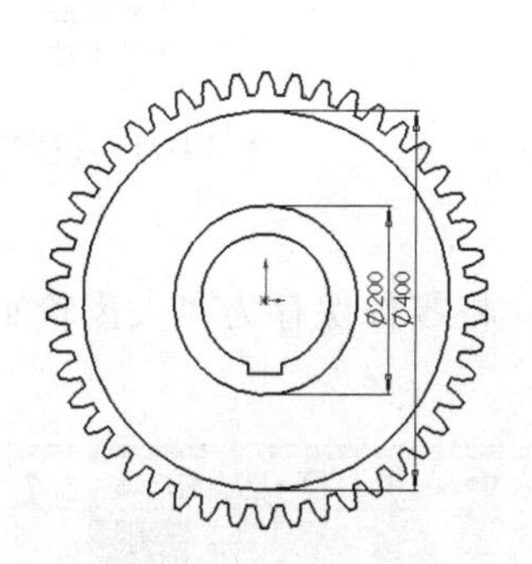

图 14-17　切除草图轮廓

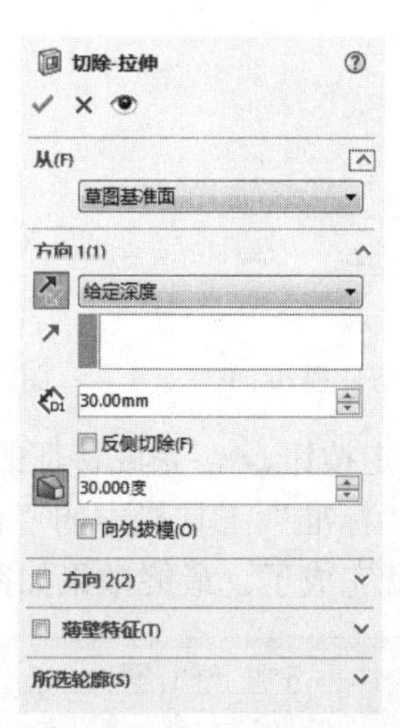

图 14-18　“切除-拉伸”属性管理器

（7）单击确定按钮，完成带拔模属性的切除特征的创建，即 FeatureManager 设计树中的拉伸 4 特征，效果如图 14-2(e)所示。

14.1.5 特征镜向

（1）建立一个基准面，为镜向特征做准备。

① 在 FeatureManager 设计树中选择“前视基准面”。

② 单击“特征”控制面板“参考几何体”下拉列表中的“基准面”按钮。

③ 在弹出的“基准面”属性管理器中单击“等距距离”按钮，并在右侧的文本框中指定等距的距离为 70，如图 14-19 所示。

④ 单击确定按钮，生成一个沿 Z 轴正向距前视基准面 70 的基准面 1，如图 14-20 所示。

（2）使用镜向特征的方法将生成的特征“切除-拉伸 2”以基准面 1 作为镜向面镜向到另一面。

① 单击“特征”控制面板上的“镜向”按钮。

② 在“镜向”属性管理器中单击按钮右侧的列表框，然后在图形区或 FeatureManager 设计树中选择作为镜向面的“基准面 1”。

③ 单击“要镜向的特征”选项组按钮右侧的列表框，然后在图形区或 FeatureManager 设计树中选择要镜向的特征，即“切除-拉伸 2”，设置镜向特征属性如图 14-21 所示。

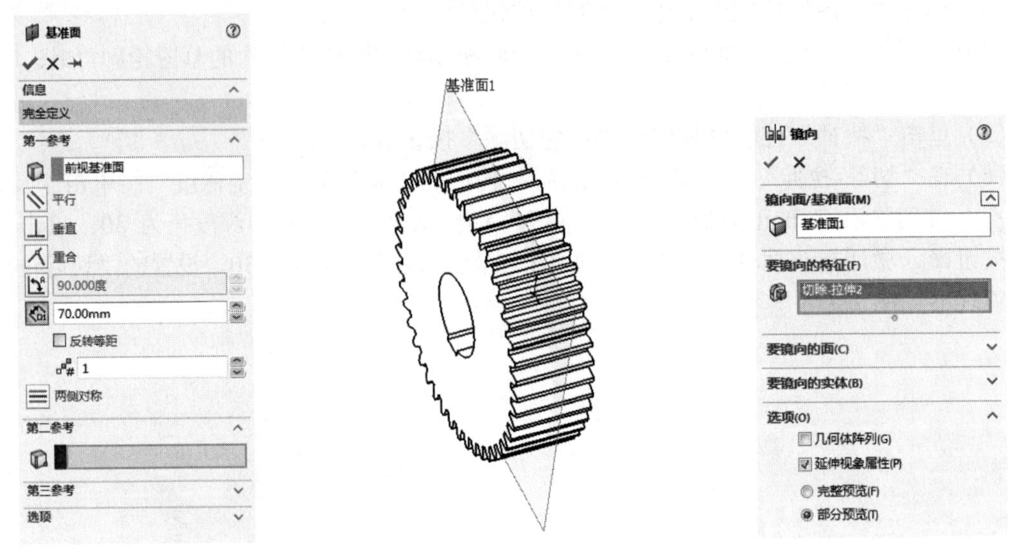

图 14-19　设置等距基准面　　图 14-20　创建基准面 1　　图 14-21　设置镜向特征属性

④ 单击确定按钮，完成特征的镜向。

（3）单击“标准”工具栏中的“保存”按钮，将零件保存为“大齿轮.sldprt”。至此该零件的制作就完成了，最终效果如图 14-22 所示。

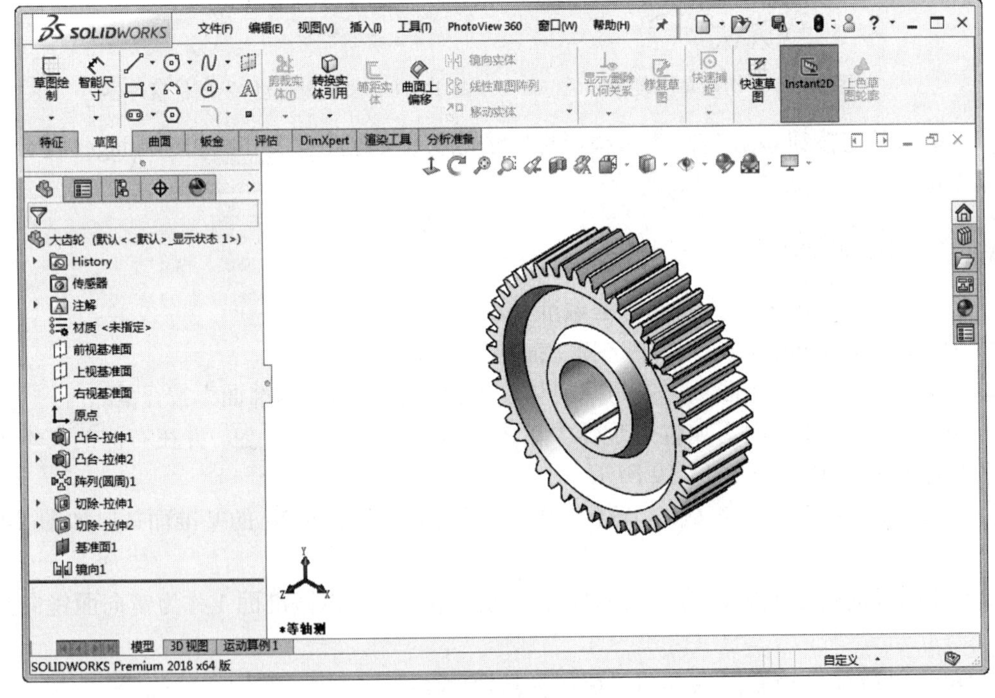

图 14-22　大齿轮的最终效果

14.2 变速箱下箱体的设计

思路分析

箱体类零件是机械设计中常见的一类零件，它一方面作为轴系零部件的载体，如用来支承轴承、安装密封端盖等，另一方面箱体也是传动件的润滑装置（下箱体的容腔可以加注润滑油，用以润滑齿轮等传动件）。

本节将讲述变速箱下箱体的设计过程，使用了 SOLIDWORKS 2018 中拉伸、抽壳、切除、钻孔、镜向、加强筋、倒角、倒圆等功能。通过本节的学习，可以掌握如何利用 SOLIDWORKS 2018 所提供的基本工具来实现复杂模型的创建方法，建模过程如图 14-23 所示。

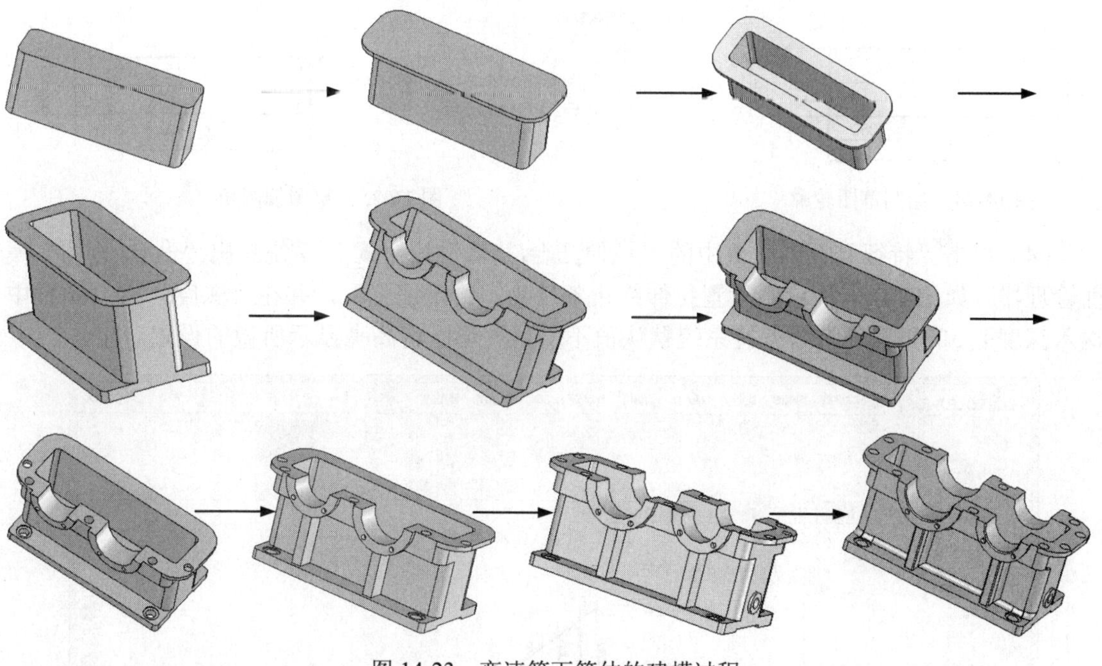

图 14-23　变速箱下箱体的建模过程

14.2.1 创建箱体实体

箱体实体是变速箱的基体部分，它包括一个中空的腔体及装配凸缘等特征构成。可以通过 SOLIDWORKS2018 中的拉伸工具、抽壳工具生成。

下面将讲述具体的创建过程。

1. 创建下箱体外形实体

（1）启动 SOLIDWORKS 2018，单击“标准”工具栏中的“新建”按钮，在打开的“新建 SOLIDWORKS 文件”对话框中，单击“确定”按钮。

（2）在打开的 FeatureManager 设计树中选择“前视基准面”作为草图绘制平面，单击“标准视图”工具栏中的“正视于”按钮，使绘图平面转为正视方向。单击“草图”控制面板中的“边角矩形”按钮▭，绘制拉伸基体/凸台的草图轮廓，单击“草图”控制面板上的“智能尺寸”按钮，标注草图尺寸，如图 14-24 所示。

（3）单击“草图”控制面板中的“绘制圆角”按钮，系统弹出“绘制圆角”属性管理器。在“圆角参数”选项组的“半径”文本框中输入 40，单击草图中矩形的 4 个顶角边，系统自动完成草图的倒圆角操作，如图 14-25 所示。

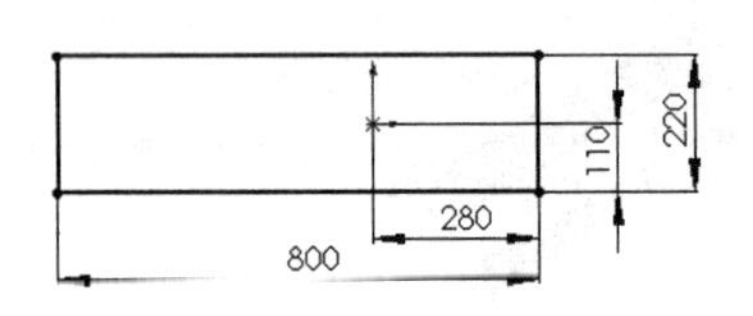

图 14-24　绘制草图轮廓

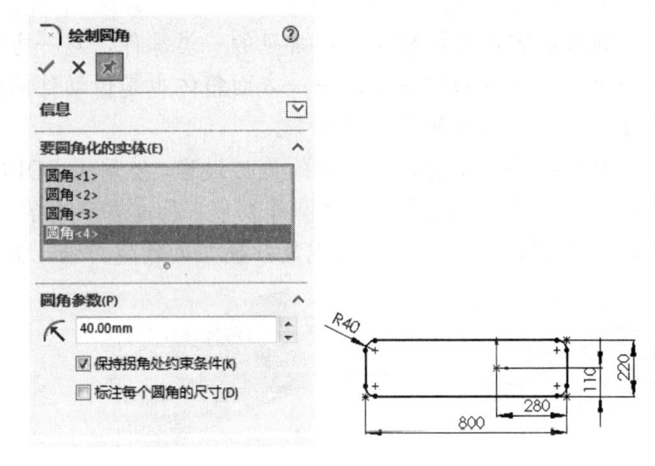

图 14-25　草图倒圆角

（4）单击“特征”控制面板中的“拉伸凸台/基体”按钮，系统弹出“凸台-拉伸”属性管理器。如图 14-26 所示，设置拉伸终止条件为“给定深度”，并在“深度”文本框中输入深度值 300，其他选项保持系统默认值不变，图形区将高亮显示所做的设置。

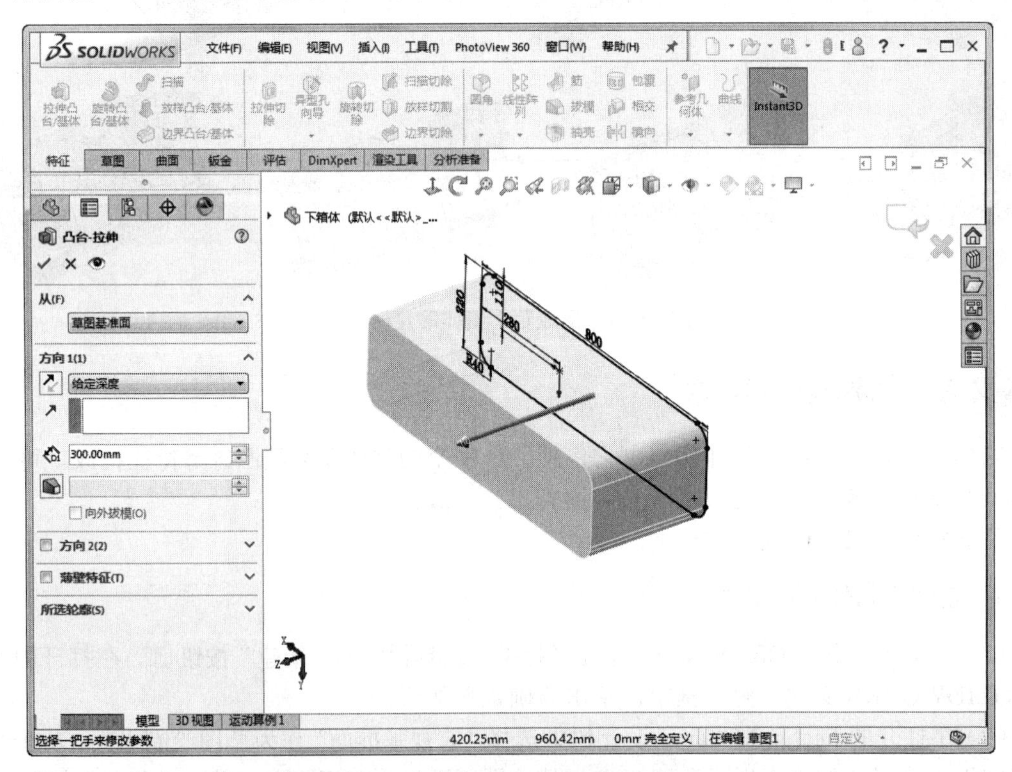

图 14-26　“凸台-拉伸”属性管理器

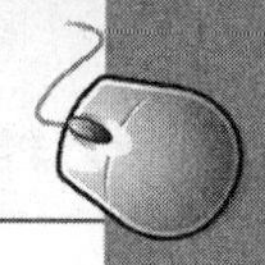

（5）单击确定按钮✓，拉伸后的箱体实体如图 14-27 所示。

（6）选择上面完成的箱体实体上端面作为草图绘制平面，单击“标准视图”工具栏中的“正视于”按钮，使绘图平面转为正视方向。单击“草图”控制面板中的“边角矩形”按钮，绘制装配凸缘的矩形轮廓并标注尺寸，如图 14-28 所示。

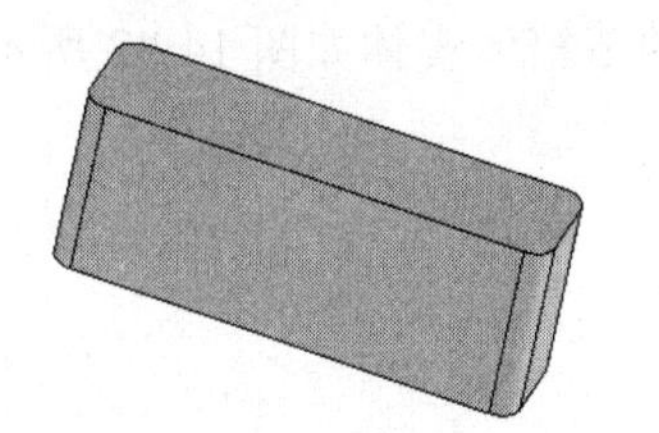

图 14-27　拉伸后的箱体实体

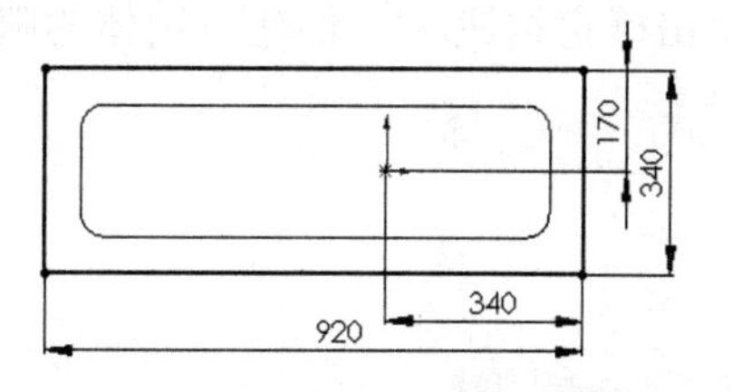

图 14-28　绘制装配凸缘的矩形轮廓

（7）单击“草图”控制面板中的“绘制圆角”按钮，在弹出的“绘制圆角”属性管理器的“半径”文本框中输入 100。单击装配凸缘草图中矩形的 4 个顶角边，创建圆角特征，如图 14-29 所示。

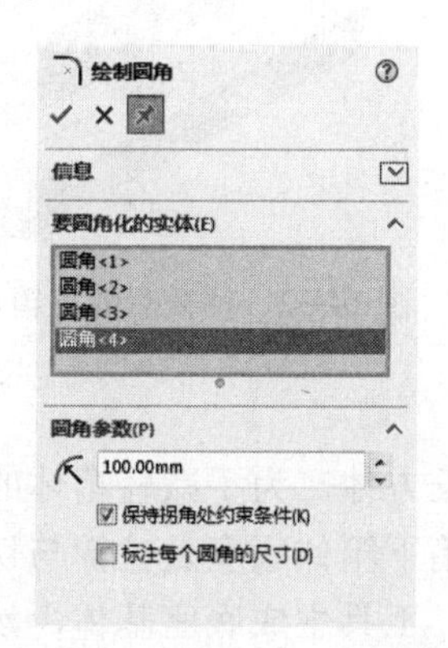

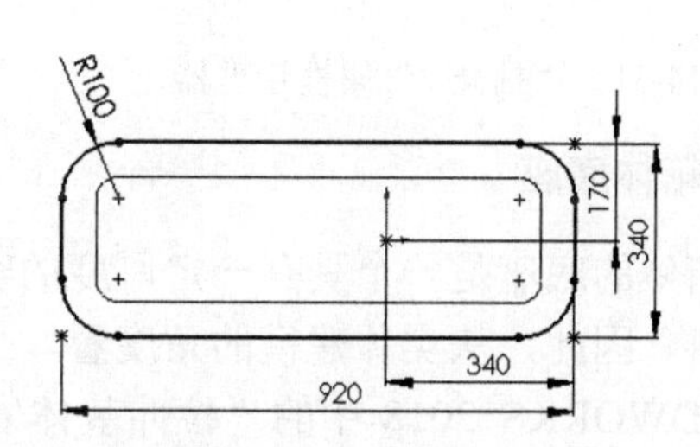

图 14-29　装配凸缘草图倒圆角

（8）单击“特征”控制面板中的“拉伸凸台/基体”按钮，在弹出的“凸台-拉伸”属性管理器中设置终止条件为“给定深度”，并在“深度”文本框中输入深度值 20，单击确定按钮✓，创建的下箱体外形实体如图 14-30 所示。

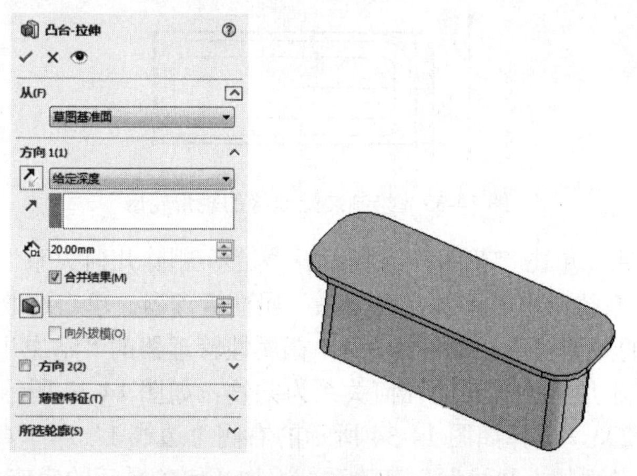

图 14-30　创建的下箱体外形实体

（9）通过等厚度抽壳工具创建下箱体的腔体，其具体操作步骤如下。

① 选择下箱体装配凸缘的上表面，单击“特征” 控制面板中的“抽壳”按钮，系统弹出“抽壳 2”属性管理器。如图 14-31 所示，在“厚度” 文本框中输入抽壳厚度值 20，其他选项保持系统默认设置。

② 单击确定按钮，创建下箱体的腔体。抽壳后的下箱体实体如图 14-32 所示。

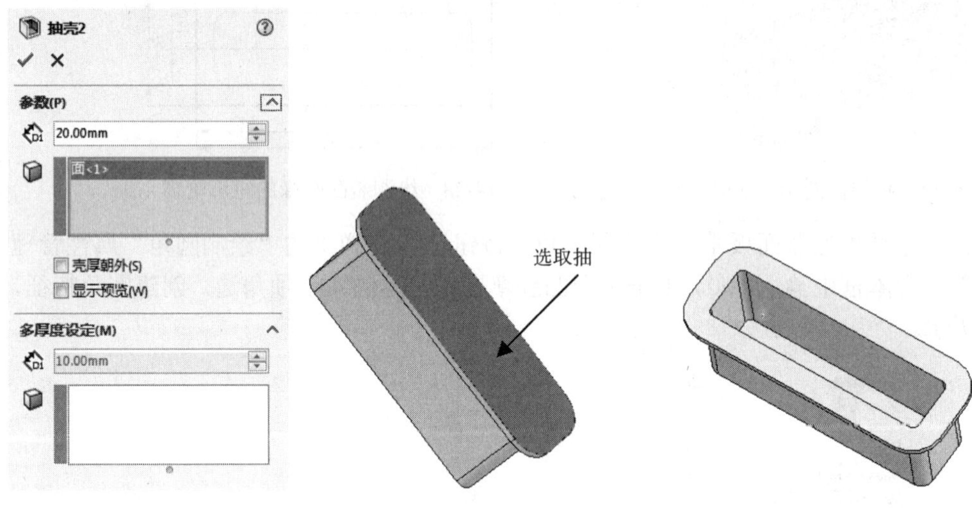

图 14-31 “抽壳 2”属性管理器　　图 14-32 抽壳后的下箱体实体

2．创建下箱体底座

变速箱下箱体的底座是一个具有一定厚度的实心长方体，为了减轻箱体的重量，往往需要挖空部分材料。因此，从实体建模的角度看，变速箱下箱体底座是拉伸与切除的组合。本节将通过 SOLIDWORKS 2018 中的“拉伸基体/凸台”工具生成底座基体，然后再利用“切除”工具来最终实现底座的创建，具体的创建步骤如下。

（1）选择前面创建的下箱体下端面作为草图绘制平面，单击“标准视图”工具栏中的“正视于”按钮，使绘图平面转为正视方向。单击“草图”控制面板中的“边角矩形”按钮，绘制装配凸缘的矩形轮廓并标注尺寸，如图 14-33 所示。

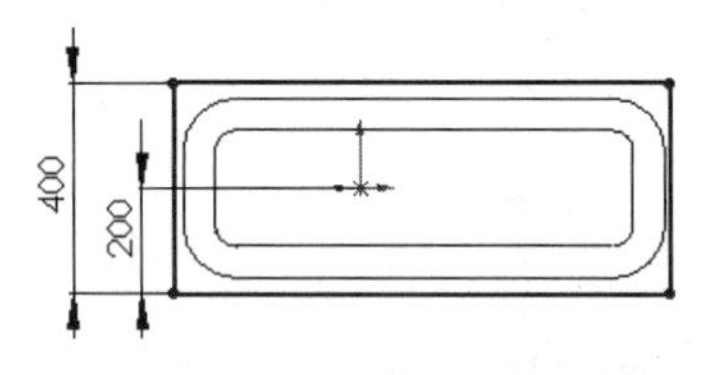

图 14-33 绘制装配凸缘的矩形轮廓

（2）添加几何关系。单击“草图”控制面板“显示/删除几何关系”下拉列表中的“添加几何关系”按钮，系统弹出“添加几何关系”属性管理器。单击选取底座草图矩形中的左侧“边线 1”和箱体的外侧轮廓线“直线 2”，在属性管理器的“添加几何关系”选项组中单击“共线”按钮，添加两条直线的几何关系为共线，如图 14-34 所示。

（3）重复步骤（2），选择如图 14-34 所示的右侧“边线 1”和“直线 4”为添加几何关系的操作实体，为两者添加“共线”几何关系。添加几何关系后的底座草图如图 14-35 所示。

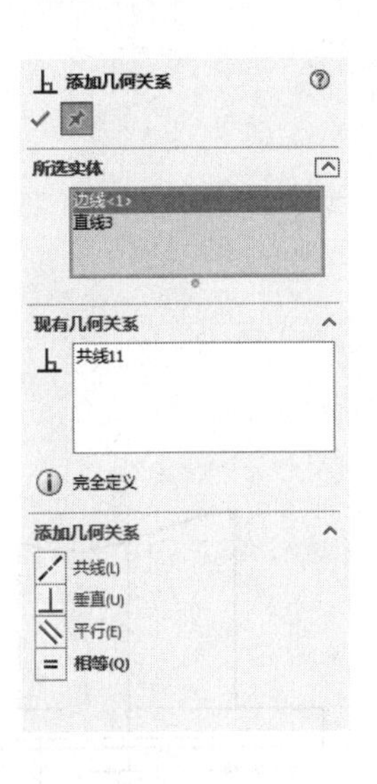

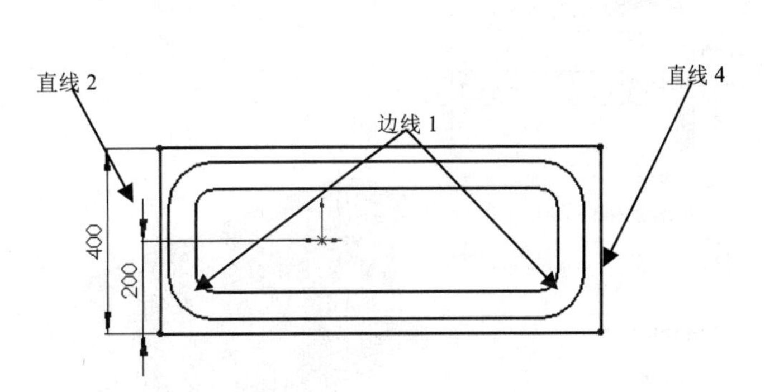

图 14-34　添加几何关系

（4）单击“草图”控制面板中的“绘制圆角”按钮，在弹出的“绘制圆角”属性管理器的“半径”文本框中输入 20，单击下箱体底座草图中矩形的 4 个顶角边，创建圆角特征 1，如图 14-36 所示。

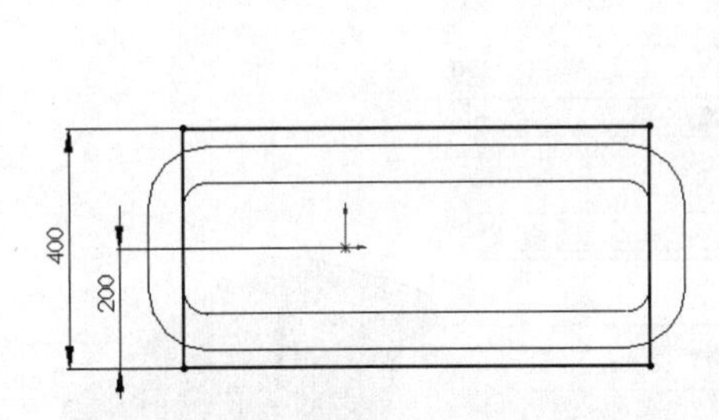

图 14-35　添加几何关系后的底座草图

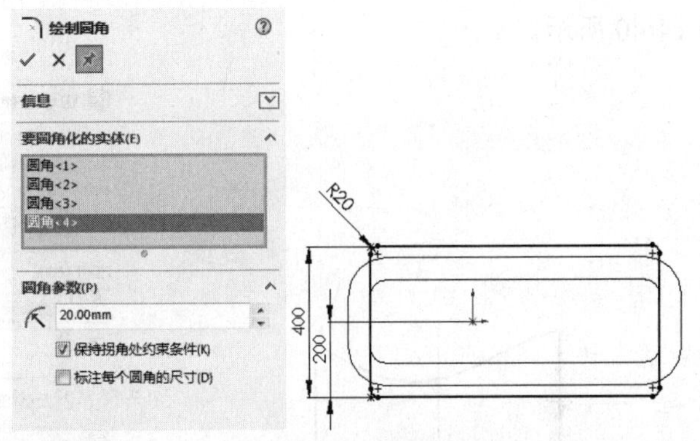

图 14-36　创建圆角特征 1

（5）单击“特征”控制面板中的“拉伸凸台/基体”按钮，在弹出的“凸台-拉伸”属性管理器中设置终止为“给定深度”，并在“深度”文本框中输入深度值 40，单击确定按钮，完成下箱体装配凸缘的创建。拉伸后的下箱体底座基体如图 14-37 所示。

（6）创建切除特征。选择下箱体下底侧表面作为草图绘制平面，单击“标准视图”工具栏中的“正视于”按钮，使绘图平面转为正视方向。单击“草图”控制面板中的“边角矩形”按钮，绘制切除特征的矩形轮廓并标注尺寸。单击“特征”控制面板“显示/删除几何关系”下拉列表中的“添加几何关系”按钮，使切除特征草图矩形中的底边与底座的下边线共线，绘制的切除特征草图轮廓如图 14-38 所示。

（7）单击“草图”控制面板中的“绘制圆角”按钮，在弹出的“绘制圆角”属性管理器的“半径”文本框中输入 10。单击切除特征草图中矩形的上面两个顶角边，创建圆角特征 2，如图 14-39 所示。

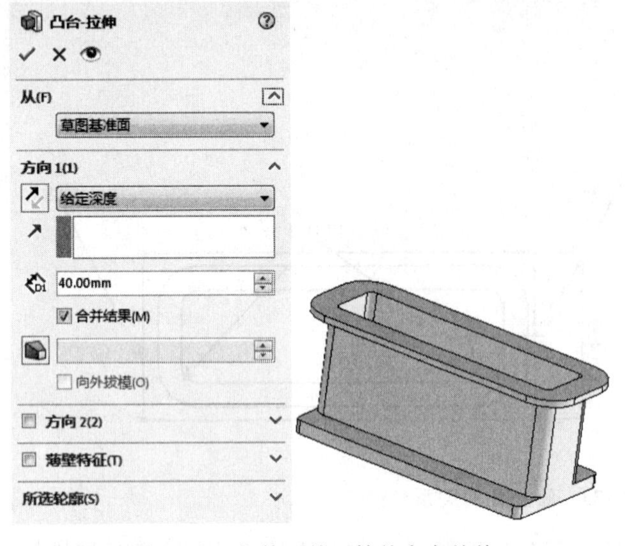

图 14-37　拉伸后的下箱体底座基体

图 14-38　切除特征草图轮廓

（8）单击“特征”控制面板中的“拉伸切除”按钮，在“切除-拉伸”属性管理器中设置切除方式为“完全贯穿”，单击确定按钮，完成下箱体底座切除拉伸特征的创建，如图 14-40 所示。

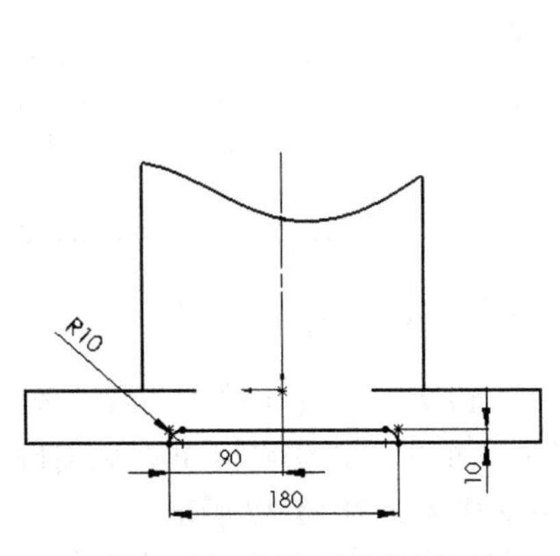

图 14-39　创建圆角特征 2

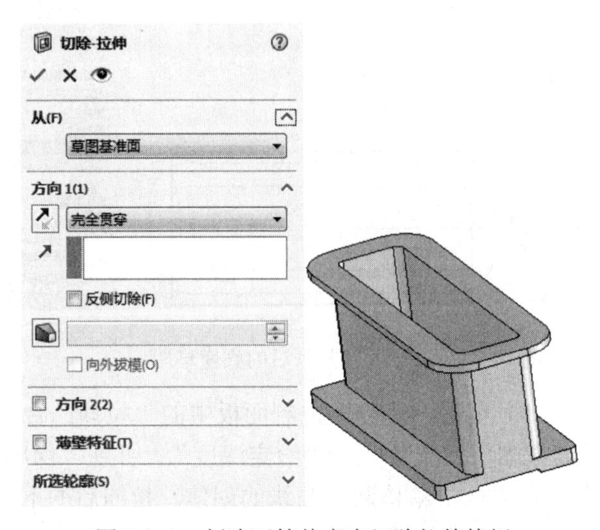

图 14-40　创建下箱体底座切除拉伸特征

14.2.2 创建孔特征

在机械设计中，孔是常见的一类特征。孔的类型很多，按不同的深度可分为通孔、盲孔；按其结构形式的不同，又可分为标准孔、异形孔（如阶梯孔、沉孔）等。变速箱箱体零件包括许多不同形式的孔特征，如轴承的安装孔、上下箱体的箱盖装配孔、底座的安装孔以及油孔等。

通过本节内容的学习可以进一步掌握在 SOLIDWORKS 2018 中创建常见孔的方法。

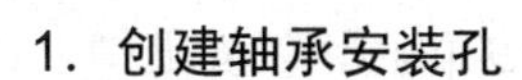

1．创建轴承安装孔

轴承安装孔用来装配轴承零件。为便于安装，轴承安装孔通常由两个分别位于上、下箱体的半圆孔组成。轴承作为机械设备中主要的承载构件，其安装孔要具有一定的强度。因此，在轴承安装孔处要有一定的局部加厚，下面将具体讲述轴承安装孔的创建步骤。

（1）选择下箱体壳体内表面作为草图绘制平面，单击“标准视图”工具栏中的“正视于”按钮，使绘图平面转为正视方向。单击“草图”控制面板中的“中心线”按钮，绘制两条中心线作为草图绘制基准，一条通过下箱体中心，垂直于装配凸缘表面；另一条中心线与第一条中心线平行并标注尺寸，如图 14-41 所示。

（2）单击“草图”控制面板中的“圆”按钮，分别以如图 14-43 所示的圆心 1、圆心 2 为圆心画圆，并设置直径尺寸分别为 240、280，单击确定按钮，绘制的轴承安装孔凸台草图如图 14-42 所示。

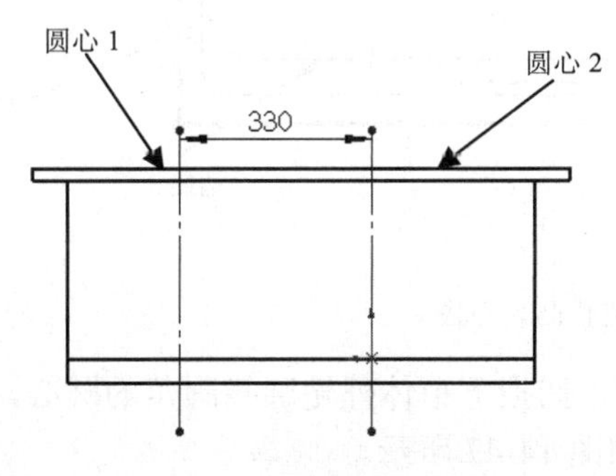

图 14-41　绘制中心线

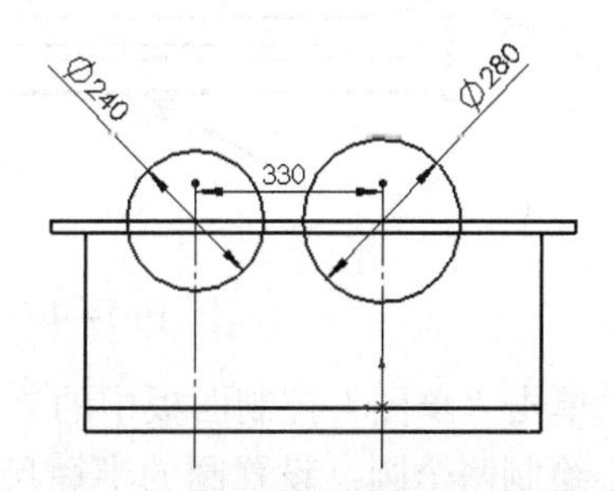

图 14-42　绘制轴承安装孔凸台草图

（3）单击“草图”控制面板中的“剪裁实体”按钮，单击轴承安装孔凸台草图的上半圆，裁剪掉多余部分，只余下半圆，如图 14-43 所示。

（4）单击“草图”控制面板中的“直线”按钮，在草图绘制平面上绘制两条直线，直线的端点分别在大、小圆弧端点，如图 14-44 所示。

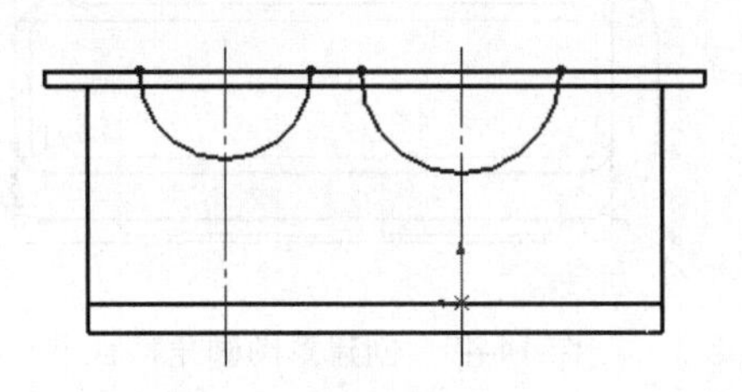

图 14-43　裁剪轴承安装孔凸台草图的上半圆

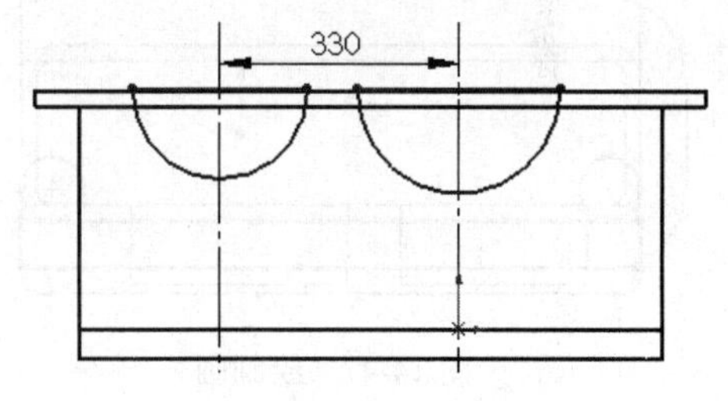

图 14-44　绘制直线

（5）单击“特征”控制面板中的“拉伸凸台/基体”按钮，在弹出的“凸台-拉伸”属性管理器中设置终止条件为“给定深度”，选择拉伸方向为向外拉伸，并在“深度”文本框中输入凸缘厚度值 100，单击确定按钮，完成下箱体轴承安装孔凸台的创建，如图 14-45 所示。

图 14-45　创建下箱体凸台

（6）下面创建箱盖安装孔凸台。选择下箱体装配凸台上表面作为草图绘制平面，单击“标准视图”工具栏中的“正视于”按钮，使绘图平面转为正视方向。单击“草图” 控制面板中的“边角矩形”按钮，绘制箱盖安装孔凸台的矩形轮廓，如图 14-46 所示。再对草图矩形添加几何关系，使草图矩形中的上底边“直线 1”与下箱体外边线“边线 1”共线、“直线 2”与“边线 2”共线、“直线 3”与“边线 3”共线、“直线 4”与“边线 4”共线。

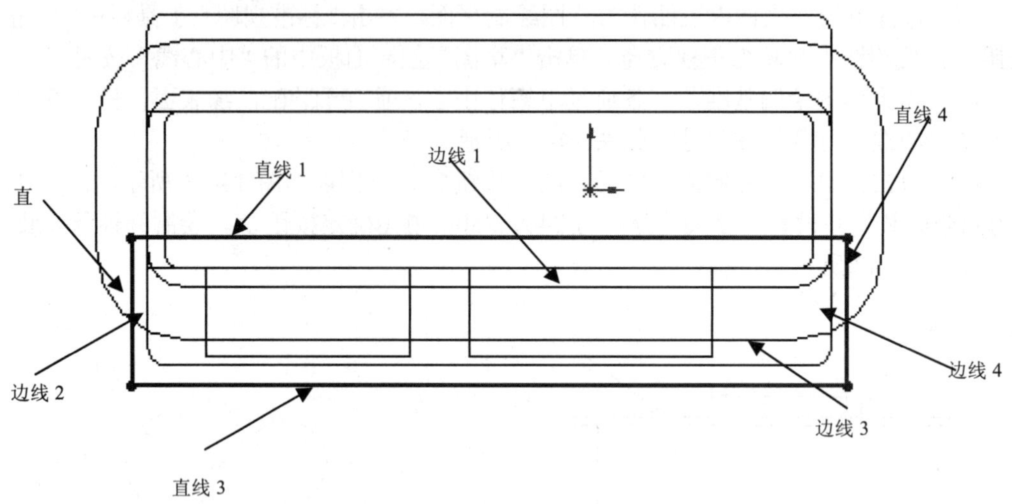

图 14-46　绘制箱盖安装孔凸台草图

（7）单击“草图”控制面板中的“圆”按钮，捕捉下箱体外轮廓线圆角的圆心，并以此为圆心绘制两个圆，设置圆的半径尺寸为 40，如图 14-47 所示。

（8）单击“草图”控制面板中的“剪裁实体”按钮，裁剪掉多余部分。单击“草图”控制面板中的“绘制圆角”按钮，在弹出的“绘制圆角”属性管理器的“半径”文本框中输入 40。单击箱盖安装孔凸台草图中矩形的下面两个顶角边，创建草图圆角特征，如图 14-48 所示。

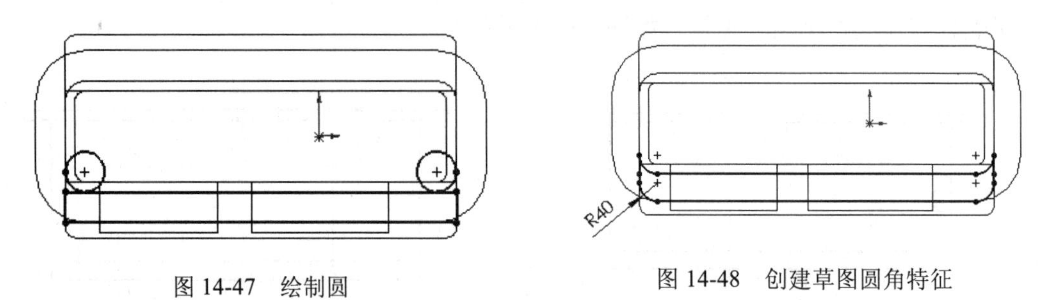

图 14-47　绘制圆　　图 14-48　创建草图圆角特征

（9）单击“特征”控制面板中的“拉伸凸台/基体”按钮，在“凸台-拉伸”属性管理器中设置终止条件为“给定深度”，选择拉伸方向为向外拉伸，并在“深度”文本框中输入凸台厚度值 90，单击确定按钮，完成箱盖安装孔凸台的创建，如图 14-49 所示。

（10）下面创建轴承安装孔。选择轴承安装孔凸台外表面作为草图绘制平面，单击“标准视图”工具栏中的“正视于”按钮，使绘图平面转为正视方向。单击“草图”控制面板中的“圆”按钮，分别以轴承安装孔凸台的圆心为圆心画圆，并设置直径尺寸分别为 160、200，单击确定按钮，绘制的轴承安装孔草图如图 14-50 所示。

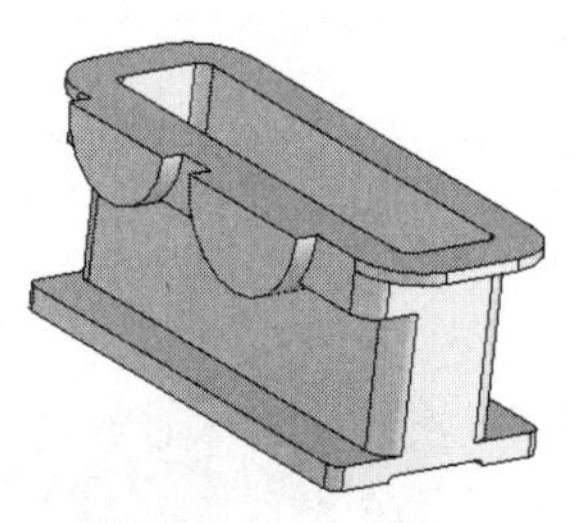

图 14-49 创建完箱盖安装孔凸台的下箱体

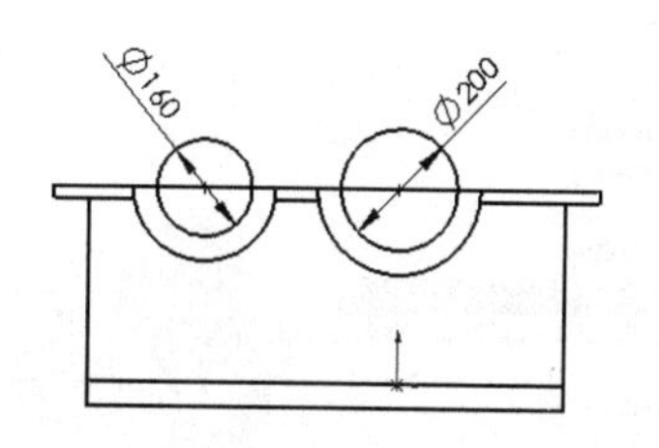

图 14-50 绘制轴承安装孔草图

(11) 单击“特征”控制面板中的“拉伸切除”按钮，在“切除-拉伸”属性管理器中设置终止条件为“给定深度”，在“深度”文本框中输入切除深度值 100，其他选项保持系统默认设置，单击确定按钮，完成实体拉伸切除的创建。拉伸切除后的下箱体如图 14-51 所示。

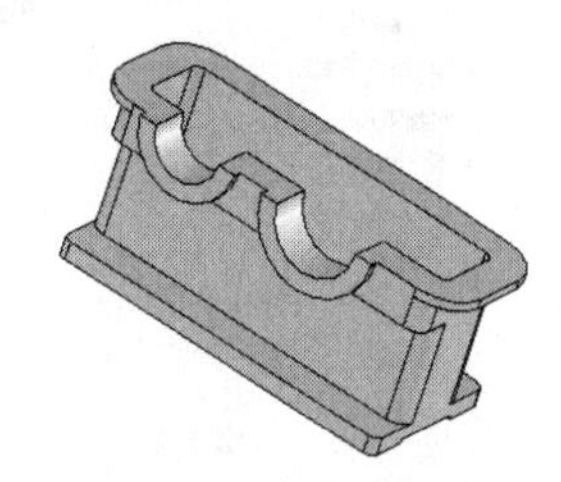

图 14-51 拉伸切除后的下箱体

2. 创建上箱盖装配孔

(1) 选择下箱体装配凸台上表面作为草图绘制平面，单击“标准视图”工具栏中的“正视于”按钮，使绘图平面转为正视方向。单击“草图”控制面板中的“圆”按钮，在草图绘制平面上绘制圆并标注尺寸，如图 14-52 所示。

(2) 单击“特征”控制面板中的“拉伸切除”按钮，在弹出的“切除-拉伸”属性管理器中设置切除终止条件为“给定深度”，在“深度”文本框中输入切除深度值 100，其他选项保持系统默认设置，单击确定按钮，完成实体拉伸切除特征的创建，如图 14-53 所示。

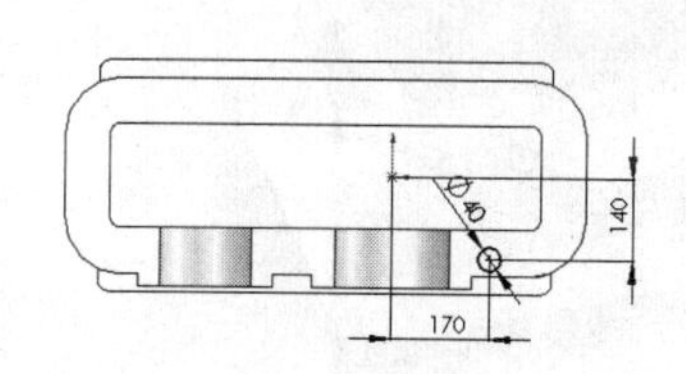

图 14-52 绘制圆

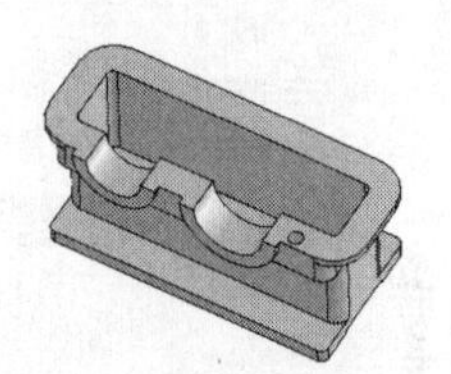

图 14-53 创建拉伸切除实体

(3) 通过镜向工具创建孔特征 1。单击“特征”控制面板上的“镜向”按钮，系统弹出“镜向”属性管理器。如图 14-54 所示，选取步骤（1）～（2）中所创建的孔特征作为镜向特征；选取右视基准面作为镜向基准面。

(4) 单击确定按钮，完成实体镜向特征的创建，如图 14-55 所示。

(5) 创建镜向基准面。单击“特征”控制面板中的“基准面”按钮，系统弹出“基准面”属性管理器。选择右视基准面作为创建基准面的参考面，设置基准面的创建方式为“等距距离”，并在“等距距离”文本框中输入距离 330，同时勾选“反向”复选框。单击确定按钮，完成基准面的创建，系统默认该基准面为“基准面 1”，如图 14-56 所示。

(6) 通过镜向工具创建孔特征 2。单击“特征”控制面板上的“镜向”按钮，系统弹出“镜向”属性管理器。选取步骤（3）～（4）中所创建的孔特征为镜向特征，选取基准面 1 作为镜向基准面，单击确定按钮，完成实体镜向特征的创建，如图 14-57 所示。

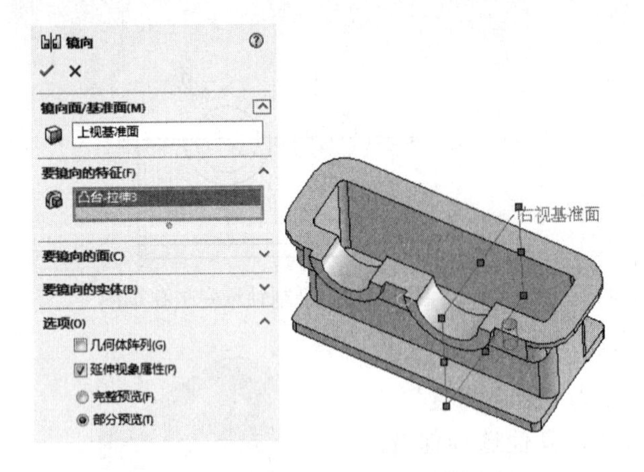

图 14-54 “镜向”属性管理器

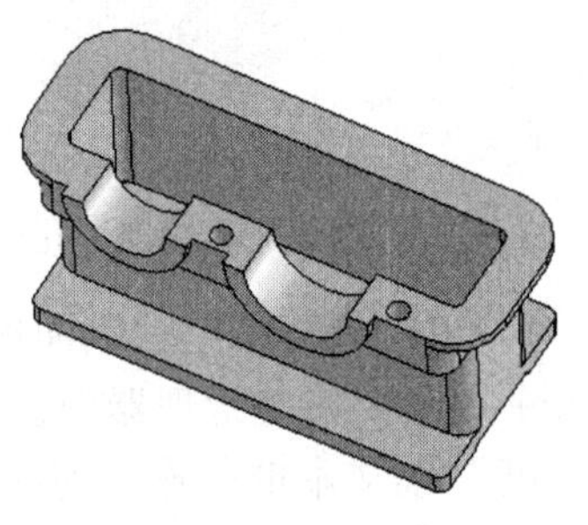

图 14-55 创建实体镜向特征 1

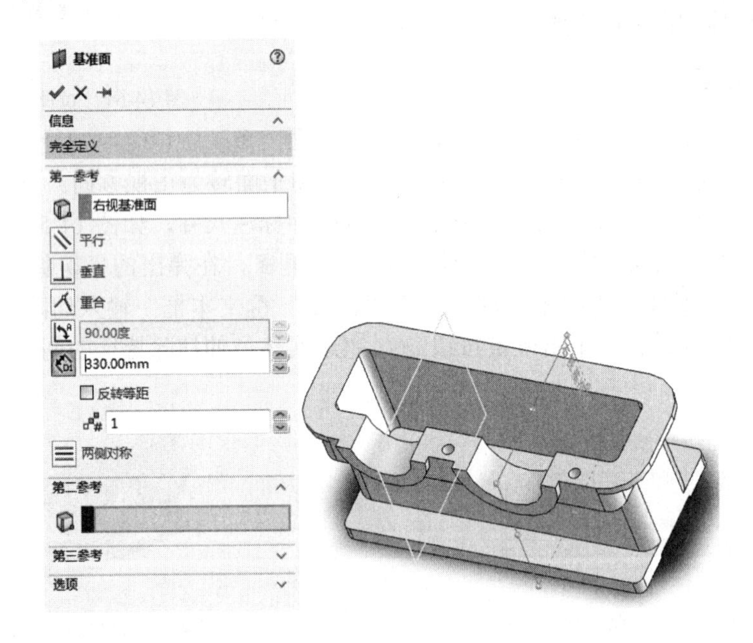

图 14-56 创建基准面 1

（7）选择下箱体装配凸台上表面作为草图绘制平面，单击“标准视图”工具栏中的“正视于”按钮，使绘图平面转为正视方向。单击“草图”控制面板中的“圆”按钮，在草图绘制平面上绘制其余两个圆并标注尺寸，如图 14-58 所示。

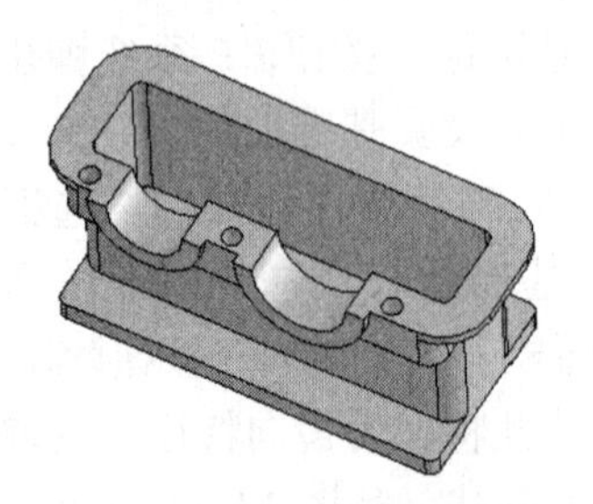

图 14-57 创建实体镜向特征 2

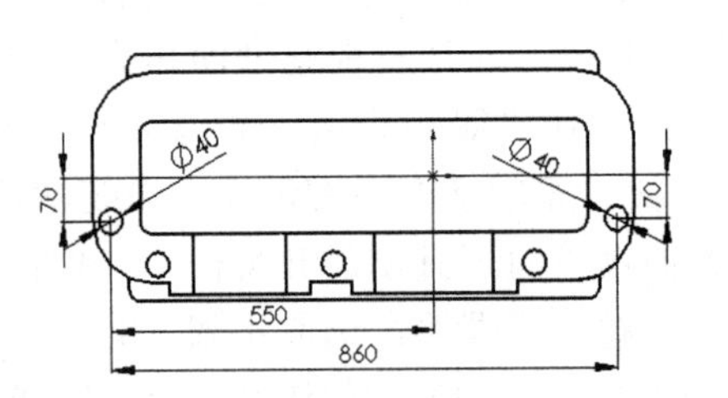

图 14-58 绘制两个圆

（8）单击“特征”控制面板中的“拉伸切除”按钮，在“切除-拉伸”属性管理器中设置切除终止条件为“完全贯穿”，其他选项保持系统默认设置，单击确定按钮，完成上箱盖装配孔的创建，如图 14-59 所示。

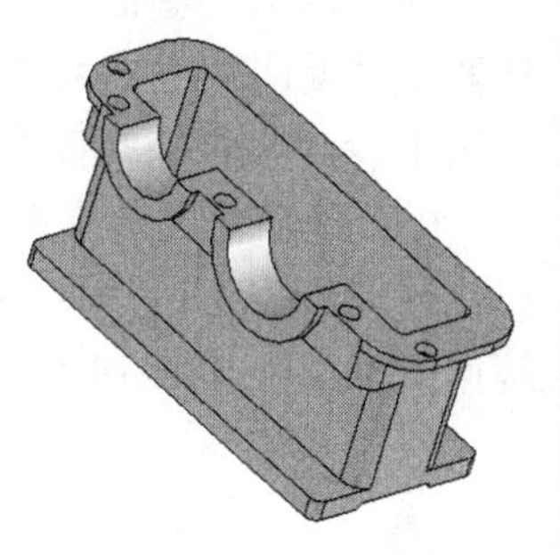

图 14-59　上箱盖装配孔

3．创建端盖安装孔

变速箱端盖具有密封、轴承定位等功用。端盖通常以螺纹连接的方式固定在箱上，在端盖上加工成完全贯通的光孔，而在变速箱的箱体上则制造成带螺纹且具有一定深度的盲孔。

端盖安装孔的创建步骤如下。

（1）绘制端盖安装孔中心线。选择下箱体轴承安装孔凸台外表面作为草图绘制平面，单击“标准视图”工具栏中的“正视于”按钮，使绘图平面转为正视方向。单击“草图”控制面板中的“圆”按钮，分别以两个轴承安装孔凸台的圆心为圆心画圆，系统弹出“圆”属性管理器。勾选“作为构造线”复选框，并设置直径尺寸分别为 240、200，绘制的端盖安装孔中心线如图 14-60 所示。

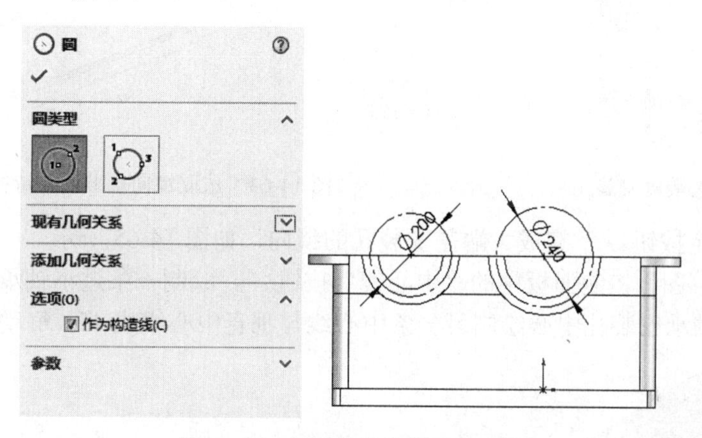

图 14-60　绘制端盖安装孔中心线

（2）单击“草图”控制面板中的“中心线”按钮，绘制一条过大轴承安装孔圆心的垂直中心线，过大轴承安装孔绘制另一条中心线与垂直中心线成 45° 角，如图 14-61 所示。

（3）绘制大端盖安装孔草图。单击“草图”控制面板中的“圆”按钮，在弹出的“圆”属性管理器中设置大端盖安装孔的半径尺寸为 10，绘制的大端盖安装孔草图如图 14-62 所示。

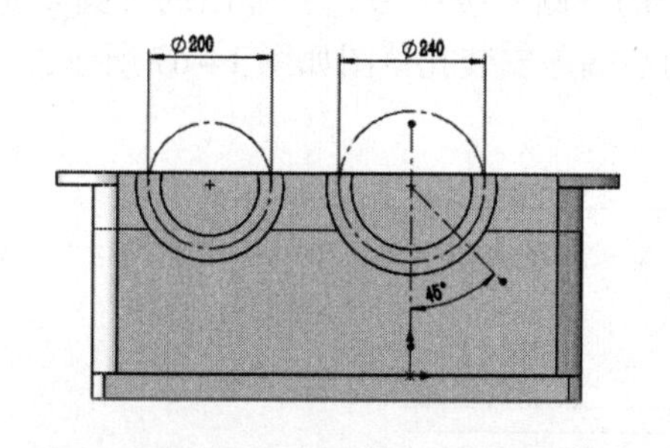

图 14-61　绘制 45° 中心线

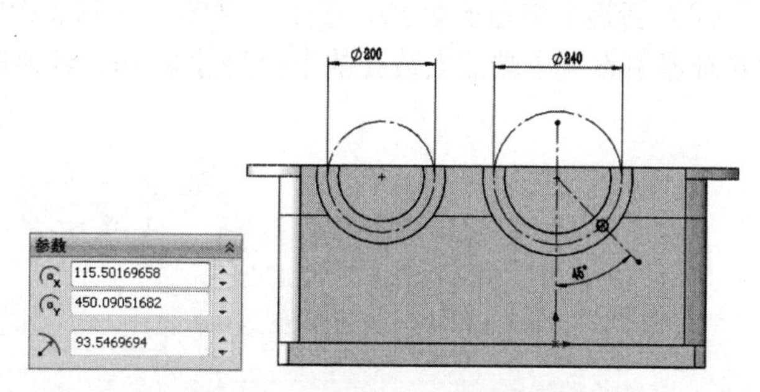

图 14-62　绘制大端盖安装孔草图

（4）单击“特征”控制面板中的“拉伸切除”按钮，在弹出的“切除-拉伸”属性管理器中设置切除方式为“给定深度”，在“深度”文本框中输入切除深度值为 20，单击确定按钮，完成大端盖安装孔的创建，如图 14-63 所示。

（5）镜向大端盖安装孔。单击“特征”控制面板上的“镜向”按钮，系统弹出“镜向”属性管理器。选取步骤（4）中所创建完成的大端盖安装孔作为镜向特征，选取右视基准面为镜向基准面，如图 14-64 所示。

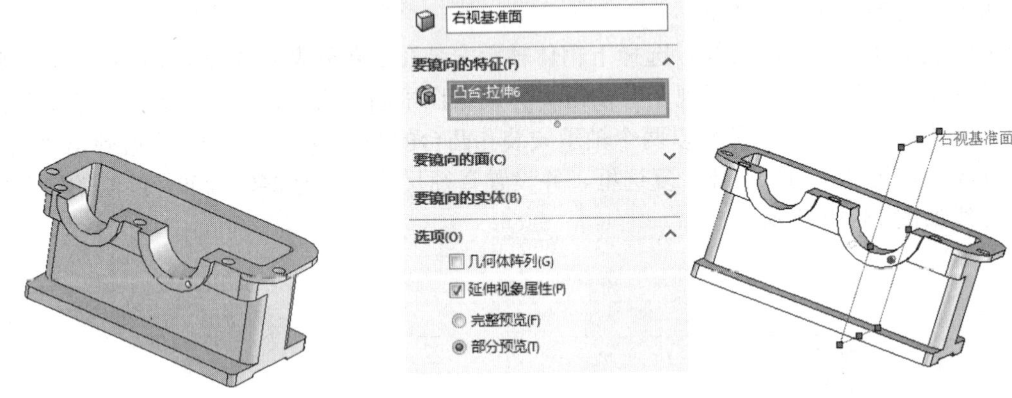

图 14-63　创建大端盖安装孔　　图 14-64　选取镜向基准面及特征

（6）单击确定按钮，完成大端盖安装孔的镜向，如图 14-65 所示。

（7）单击“草图”控制面板中的“中心线”按钮，绘制一条过小轴承安装孔圆心的垂直中心线，过小轴承安装孔中心绘制另一条中心线与垂直中心线成 45° 角，如图 14-66 所示。

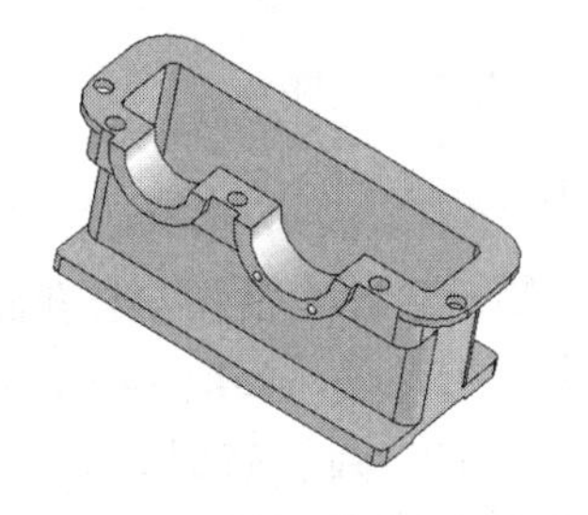

图 14-65　镜向大端盖安装孔

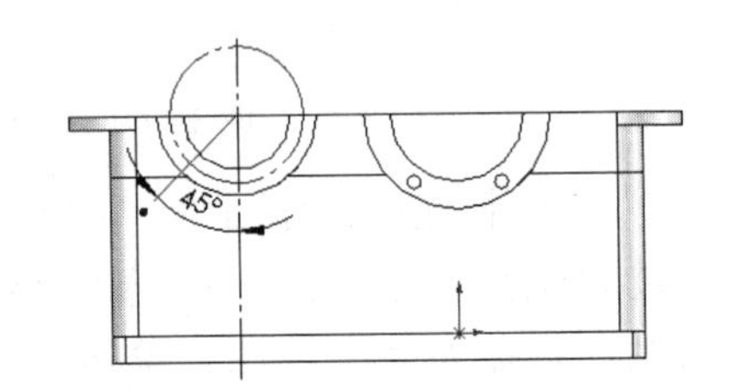

图 14-66　绘制小端盖安装孔中心线

（8）创建小端盖安装孔。单击“草图”控制面板中的“圆”按钮，在弹出的“圆”属性管理器中设置小端盖安装孔的半径尺寸为 10，绘制的小端盖安装孔草图如图 14-67 所示。

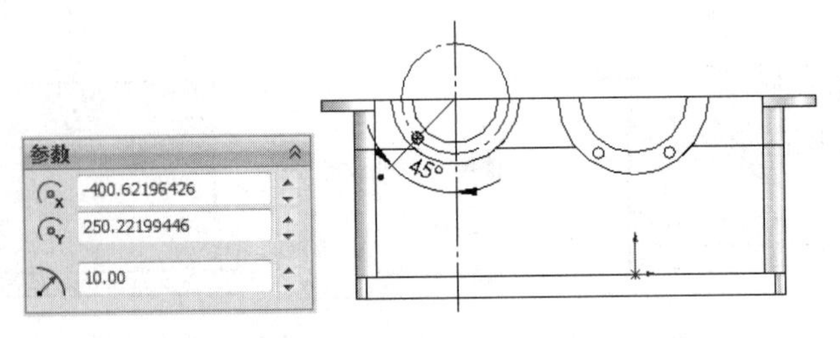

图 14-67　绘制小端盖安装孔草图

（9）单击“特征”控制面板中的“拉伸切除”按钮，在“切除-拉伸”属性管理器中设置切除方式为“给定深度”，在“深度”文本框中输入切除深度值为20，单击确定按钮✓，完成小端盖安装孔的创建，如图14-68所示。

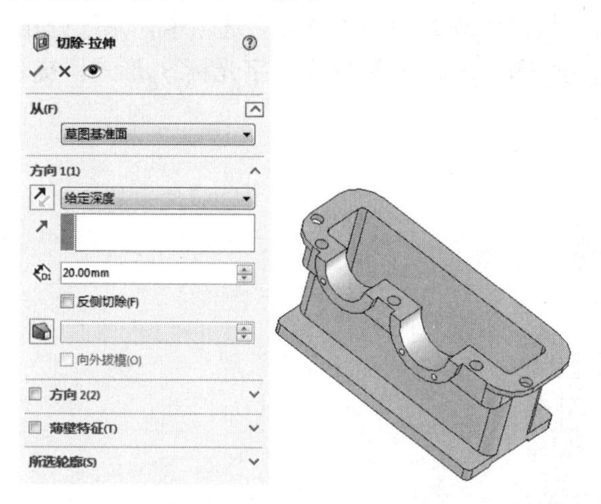

图14-68　创建小端盖安装孔

（10）镜向小端盖安装孔。单击“特征”控制面板上的“镜向”按钮，系统弹出“镜向”属性管理器。选取步骤（4）中所创建完成的小端盖安装孔，选取基准面1作为镜向基准面，如图14-69所示。

（11）单击确定按钮✓，完成端盖安装孔的创建，如图14-70所示。

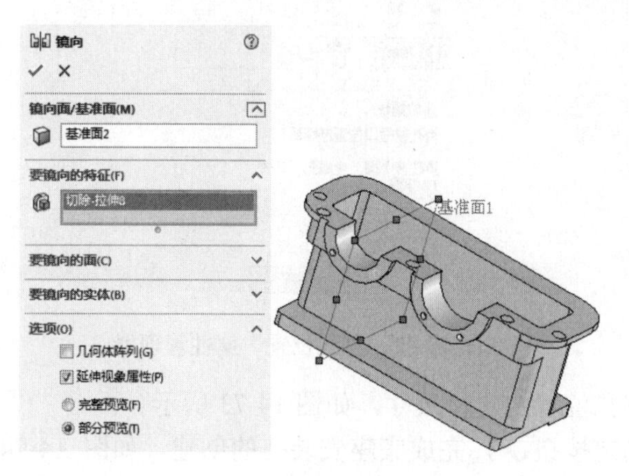

图14-69　选取镜向基准面及特征

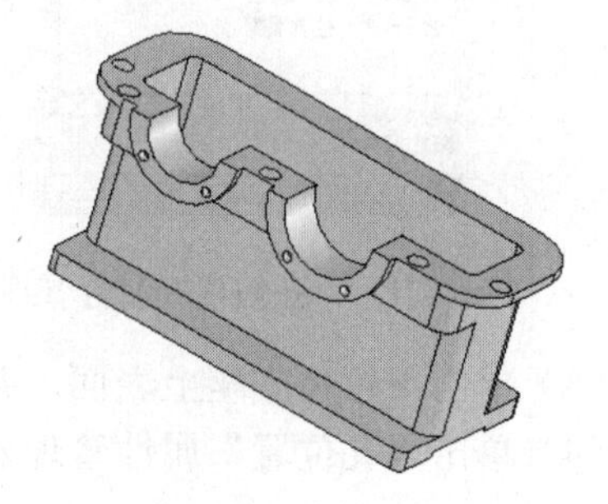

图14-70　创建完端盖安装孔后的实体

4．创建箱体底座安装孔

箱体底座安装孔是变速箱与地基的安装孔。由于变速箱箱体通常是通过铸造方法得到的，其外表面一般较为粗糙。因此，在制造底座安装孔时，首先应绘制一个安装平面，以保证螺栓的头部与箱体底座具有较好的配合。所以，底座的安装孔是一个阶梯孔。利用SOLIDWORKS 2018“异型孔”工具可以方便地创建底座安装孔特征，具体的创建方法如下。

（1）选择下箱体底座上表面作为草图绘制平面，单击“标准视图”工具栏中的“正视于”按钮，使绘图平面转为正视方向。单击“特征” 控制面板中的“异型孔向导”按钮，系统弹出“孔规格”属性管理器。在“孔类型”选项组中，选取“旧制孔”，在“类型”下拉列表中选择“柱形沉头孔”；设置“终止条件”为“给定深度”，并在“截面尺寸”选项组中设置底座安装孔的尺寸属性，如图 14-71 所示。

（2）单击“孔规格”属性管理器中的“位置”选项卡，系统弹出“孔位置”属性管理器，单击“3D 草图”按钮 3D 草图 同时光标变为十字光标形式，提示输入钻孔位置信息，如图 14-72 所示。

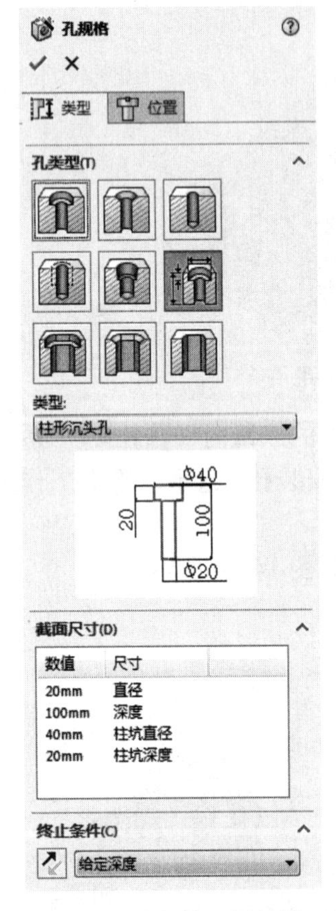

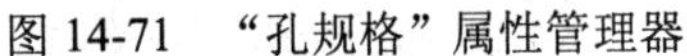

图 14-71 “孔规格”属性管理器

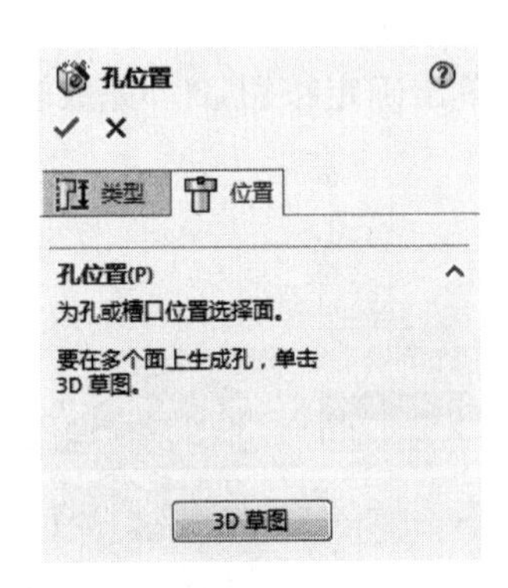

图 14-72 “孔位置”属性管理器

（3）单击下箱体底座上表面，并设置钻孔位置的定位尺寸，如图 14-73 所示。

（4）单击“孔位置”属性管理器中的确定按钮✓，完成底座安装孔的创建，如图 14-74 所示。

（5）创建镜向基准面。单击“特征”控制面板中的“基准面”按钮，系统弹出“基准面”属性管理器，选择下箱体底座前侧面作为参考面，设置基准面的创建方式为“等距距离”，并在“等距距离”文本框中输入距离为 400，单击确定按钮✓，完成基准面的创建，系统默认该基准面为“基准面 2”，如图 14-75 所示。

（6）镜向底层安装孔。单击“特征”控制面板上的“镜向”按钮，系统弹出“镜向”属性管理器。选取步骤（1）～（4）中所创建的下箱体底座安装孔作为镜向特征，选取基准面 2 作为镜向基准面，单击确定按钮✓，完成底座安装孔的镜向，如图 14-76 所示。

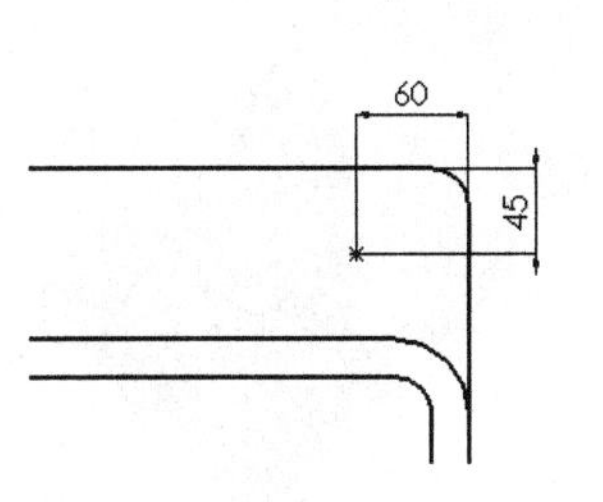

图 14-73　设置钻孔位置

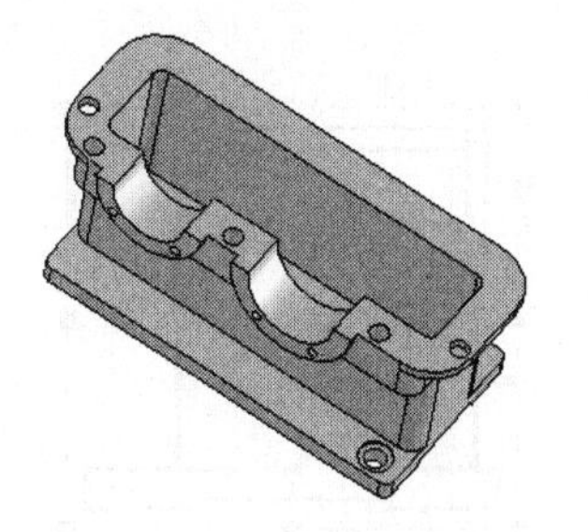

图 14-74　创建底座安装孔

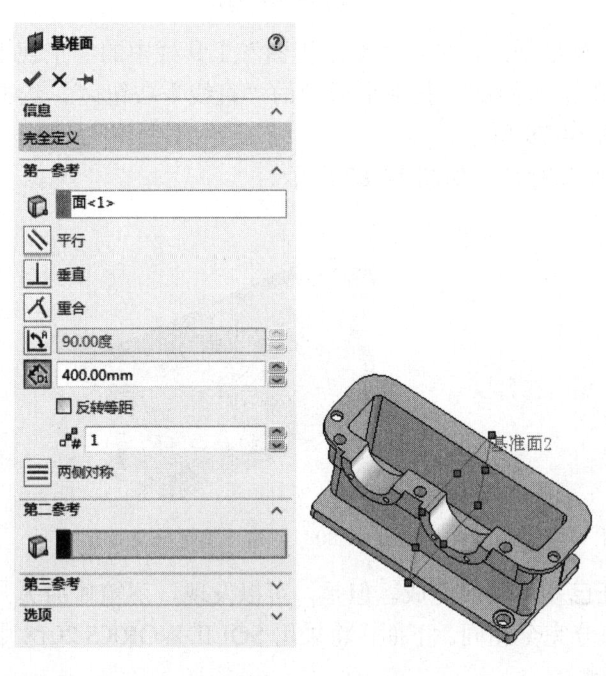

图 14-75　创建基准面 2

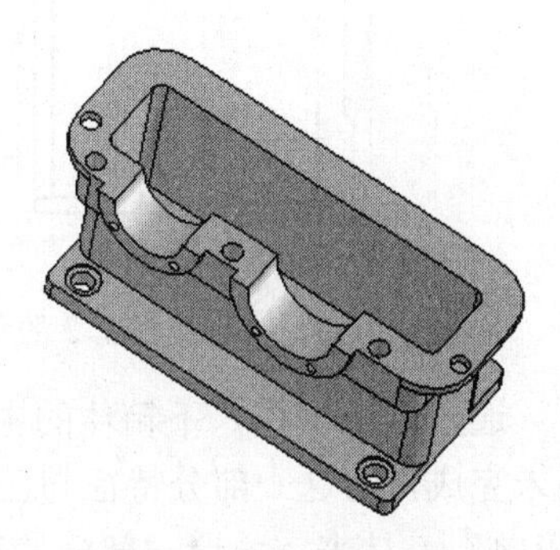

图 14-76　镜向底座安装孔

14.2.3 创建筋特征

1. 创建下箱体加强筋

在了解了 SOLIDWORKS 2018 加强筋的创建方法后，可以利用“筋”工具来进行变速箱下箱体加强筋的创建，具体的创建过程如下。

（1）选择右视基准面作为加强筋 1 的草绘平面，单击“标准视图”工具栏中的“正视于”按钮，使绘图平面转为正视方向。单击“草图” 控制面板中的“直线”按钮，绘制加强筋 1 的草图轮廓，并标注尺寸，如图 14-77 所示。

（2）单击“特征”控制面板中的“筋”按钮，系统弹出“筋”属性管理器。单击“平行于草图”按钮，设置筋的生成方向为平行于草图方向；单击“两侧”按钮，设置筋的生成方式为在草图的两边均等地添加材料；勾选“反转材料边”复选框，并在“筋厚”文本框中输入厚度值为 20，单击确定按钮，最终生成的筋 1 特征如图 14-78 所示。

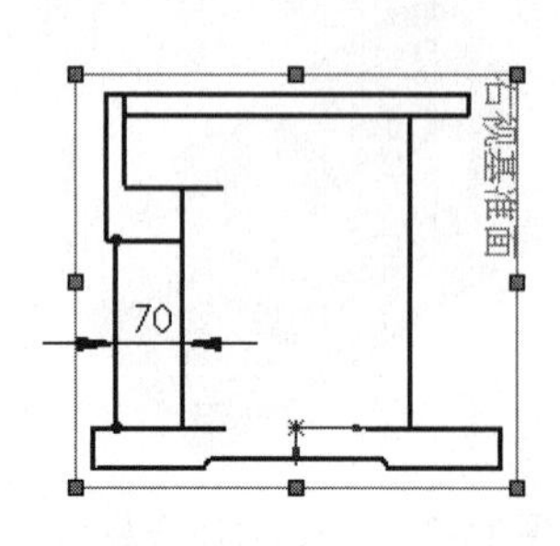

图 14-77　绘制加强筋 1 的草图轮廓

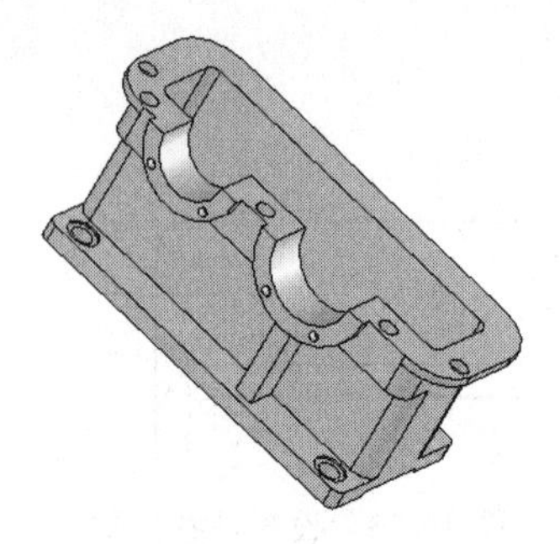

图 14-78　筋 1 特征

（3）选择基准面 1 作为加强筋 2 的草绘平面，单击“标准视图”工具栏中的“正视于”按钮，使绘图平面转为正视方向。单击“草图” 控制面板中的“直线”按钮，绘制加强筋 2 的草图轮廓，并标注尺寸，如图 14-79 所示。

（4）重复步骤（2），创建下箱体筋 2 特征，如图 14-80 所示。

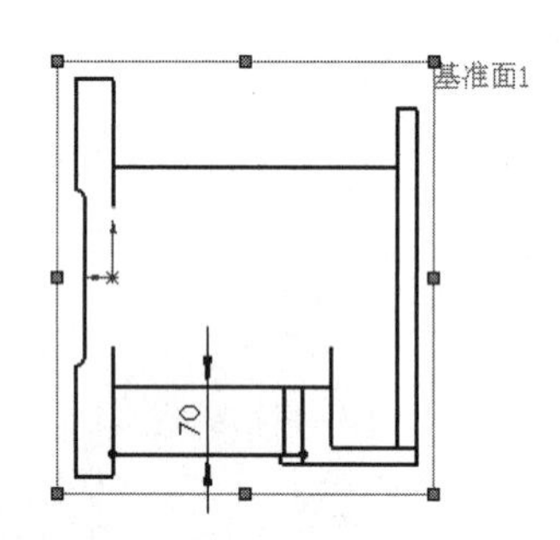

图 14-79　绘制加强筋 2 的草图轮廓

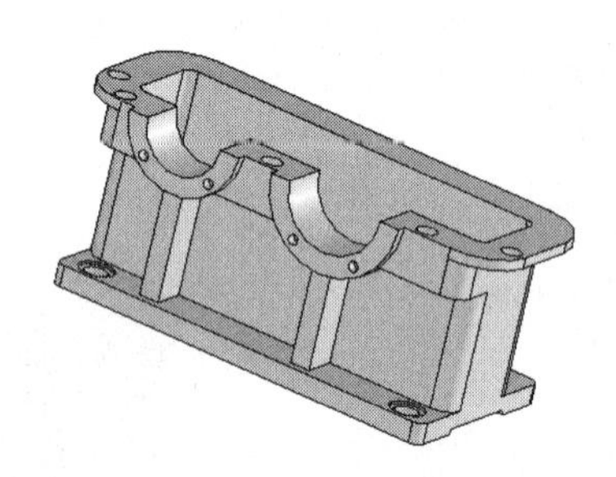

图 14-80　创建下箱体筋 2 特征

通过以上操作，下箱体的主体特征已基本创建完成。但是，可以发现，下箱体的另一侧仍未完成，而这一部分特征与已完成部分完全相同。下面，将采用 SOLIDWORKS 2018 中的“镜向”工具来完成这一部分特征的创建。

2. 镜向特征

单击“特征”控制面板上的“镜向”按钮，系统弹出“镜向”属性管理器。选取本小节中所创建的全部特征作为镜向特征，选取上视基准面作为镜向基准面，单击确定按钮，完成镜向特征的创建，如图 14-81 所示。

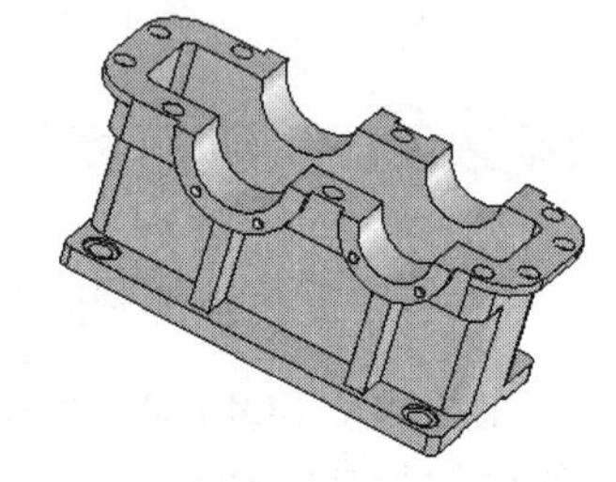

图 14-81　镜向下箱体的另一侧

14.2.4 辅助特征设计

通过以上各节的学习，下箱体的主体部分已基本创建完成。在本节中，将进一步创建下箱体的一些辅助特征，如泄油孔、铸造圆角及倒角等。

1. 创建泄油孔

泄油孔是变速箱中的常用特征，可以通过 SOLIDWORKS 2018 中的拉伸工具生成。由于箱体类零件一般为铸造件，在生成凸台特征时，要进行拔模处理，泄油孔的具体创建步骤如下。

（1）选择下箱体的前端面作为泄油孔凸台的草绘平面，单击“标准视图”工具栏中的“正视于”按钮，使绘图平面转为正视方向。单击“草图”控制面板中的“圆”按钮，绘制泄油孔凸台的草图轮廓，并标注尺寸，如图 14-82 所示。

（2）单击“特征”控制面板中的“拉伸凸台/基体”按钮，系统弹出“凸台-拉伸”属性管理器。设置拉伸类型为“给定深度”，选择拉伸方向为向外拉伸，并在“深度”文本框中输入凸台厚度值为 10，单击“拔模”按钮，设置拔模角度值为 5，勾选“向外拔模”复选框，单击确定按钮，完成泄油孔凸台的创建，如图 14-83 所示。

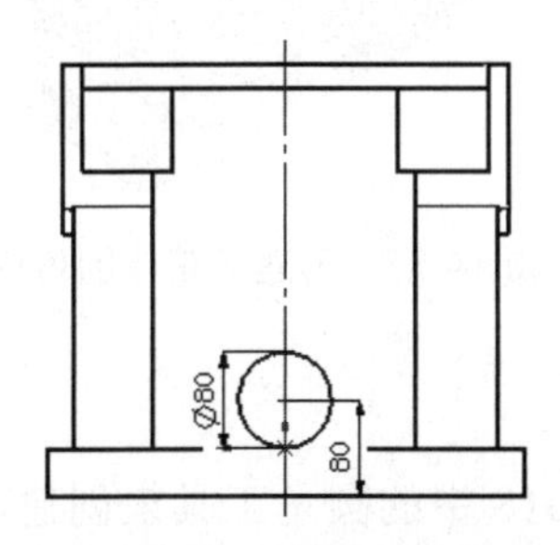

图 14-82　绘制泄油孔凸台草图轮廓

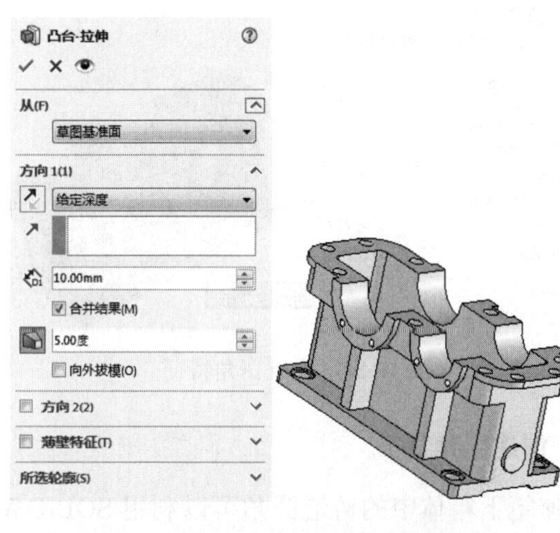

图 14-83　创建泄油孔凸台

（3）选择泄油孔凸台上表面作为泄油孔的草绘平面，单击“标准视图”工具栏中的“正视于”按钮，使绘图平面转为正视方向。单击“草图”控制面板中的“圆”按钮，以泄油孔凸台中心为圆心绘制泄油孔的草图轮廓，并标注尺寸，如图 14-84 所示。

（4）单击“特征”控制面板中的“拉伸切除”按钮，系统弹出“切除-拉伸”属性管理器。设置拉伸方向为“成形到下一面”，图形区高亮显示拉伸切除的方向向里，单击确定按钮，完成泄油孔的创建，如图 14-85 所示。

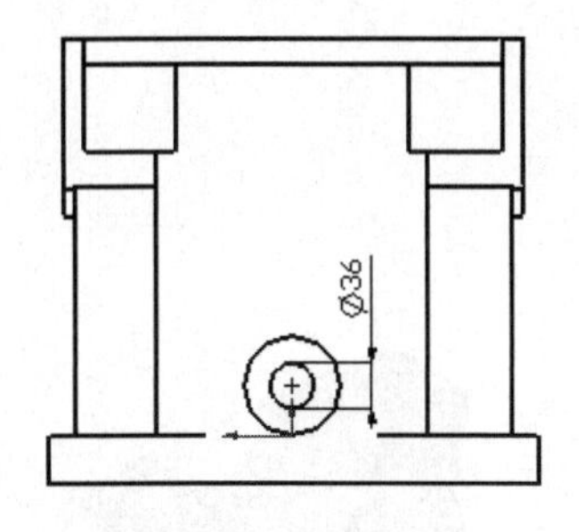

图 14-84　绘制泄油孔草图轮廓

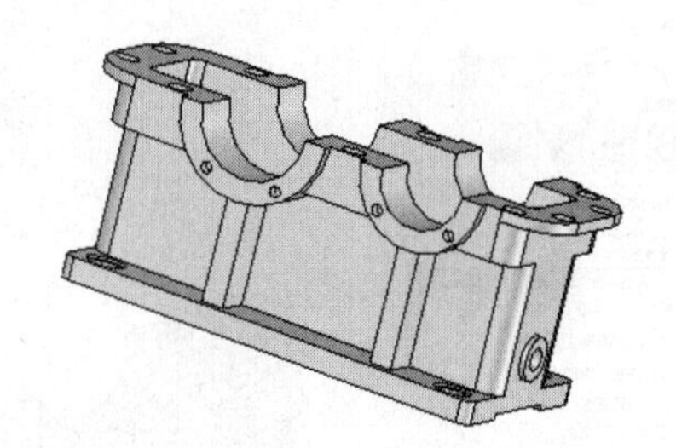

图 14-85　创建的泄油孔

2. 创建倒角特征

倒角特征的创建比较简单，其操作步骤如下。

单击“特征”控制面板中的“倒角”按钮，系统弹出“倒角”属性管理器。设置倒角类型为“角度距离”，在“距离”文本框中输入倒角的距离值为 5，在“角度”文本框中输入角度值为 45。选择生成倒角特征的轴承安装孔外边线，倒角特征设置如图 14-86 所示。单击确定按钮✓，完成下箱体倒角特征的创建，如图 14-87 所示。

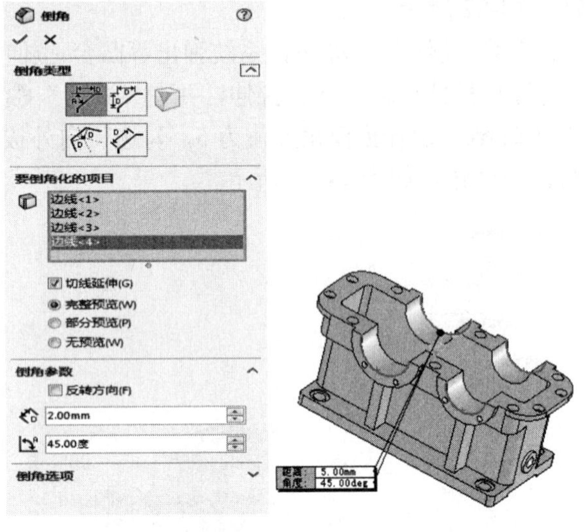

图 14-86　设置倒角特征

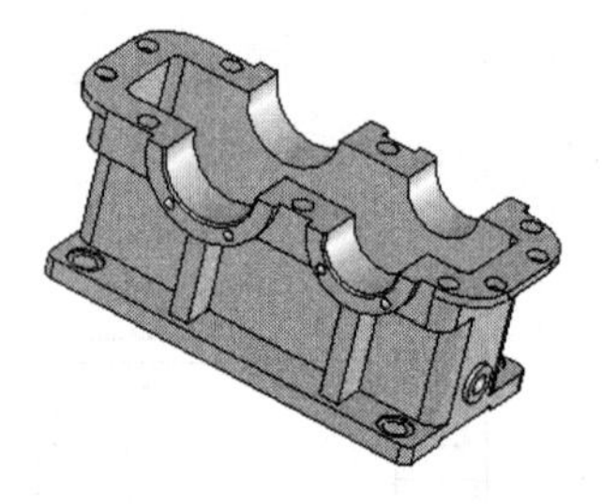

图 14-87　创建下箱体倒角特征

3. 创建圆角特征

变速箱下箱体中的铸造圆角可以利用 SOLIDWORKS 2018 中的圆角工具来创建，具体的操作步骤如下。

单击“特征”控制面板中的“圆角”按钮，系统弹出“圆角”属性管理器。设置圆角类型为“等半径”，在“半径”文本框中输入圆角的半径值为 5，其他选项保持系统默认设置。选择下箱体筋特征的外边线，圆角特征设置如图 14-88 所示。单击确定按钮✓，完成下箱体筋上圆角特征的创建。

此处以下箱体加强筋的圆角特征的创建为实例讲述了铸造圆角的方法，其他各处铸造圆角的创建与此类似，在此不再一一赘述，最终生成的变速箱下箱体如图 14-89 所示。

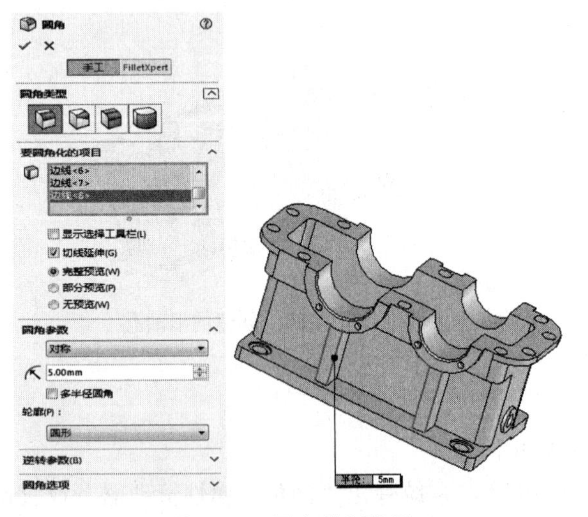

图 14-88　圆角特征设置

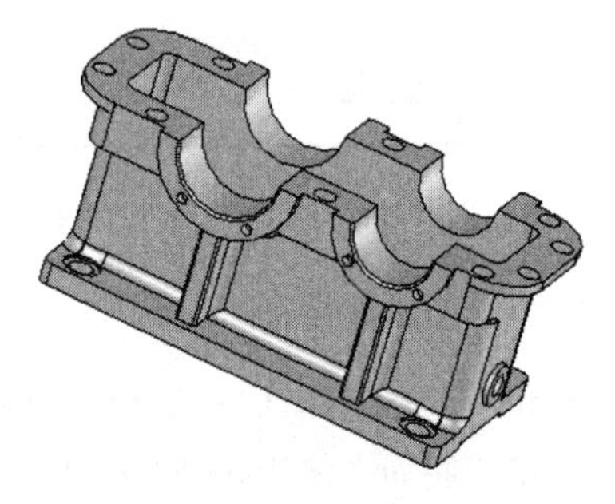

图 14-89　变速箱下箱体最终模型

至此，变速箱下箱体的建模过程就全部完成了。通过 FeatureManager 设计树中的“材质编辑器”为下箱体赋予“灰铸铁”的材质。单击“标准”工具栏中的“保存”按钮，将零件文件保存为“下箱体.sldprt”。

14.3 变速箱装配

思路分析

在机械设计中大多数的设备都不是由单一的零件组成，而是由许多零件装配而成，如螺栓、螺母等装配而成的紧固件组合、轴类零件（轴承、轴、轴承座）所构成的传动部件等。对于大型、复杂的设备，它们的建模过程通常是先完成每一个零件的建模，然后通过装配将各个零件按照设计要求组合在一起，最后构成完整的模型。如图 14-90 所示是变速箱的装配过程示意图。

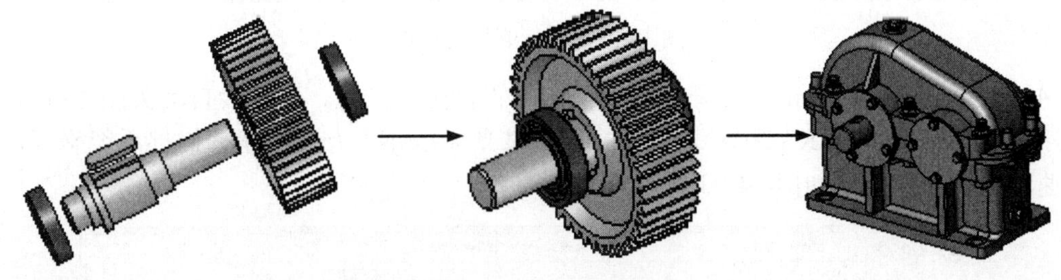

图 14-90　变速箱的装配过程

14.3.1 创建低速轴组件

低速轴组件由低速轴、键、轴承、大齿轮等零件装配而成。由于轴是装配的主体，是其他零件装配的基础。因此，在建立低速轴组件的过程中，先调入轴零件，并把它设为“固定”。

1. 轴-键配合

轴与键通过轴上的键槽相配合，通过添加键与键槽之间的位置约束关系，即可完成轴-键的装配。轴-键装配的操作步骤如下。

（1）新建装配体文件。启动 SOLIDWORKS 2018，单击“标准”工具栏中的“新建”按钮，在打开的“新建 SOLIDWORKS 文件”对话框中，选择“装配体”，单击“确定”按钮。

（2）系统进入装配环境，并弹出“开始装配体”属性管理器，单击“浏览”按钮，如图 14-91 所示。

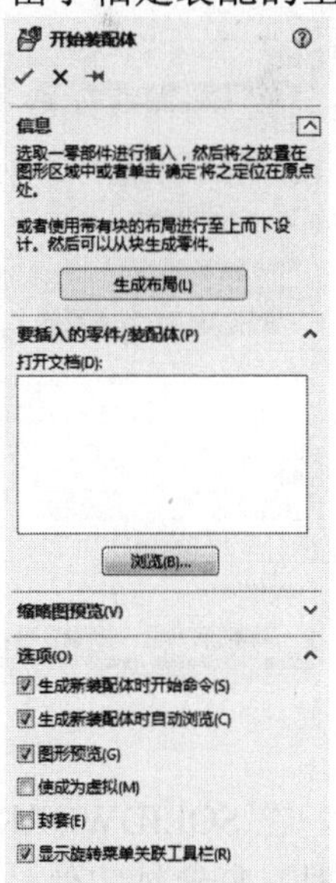

图 14-91　“开始装配体”属性管理器

（3）弹出“打开”对话框，选择前面所创建的零件“低速轴.sldprt”，在“打开”对话框的预览区将出现所选零件的预览结果，如图 14-92 所示。

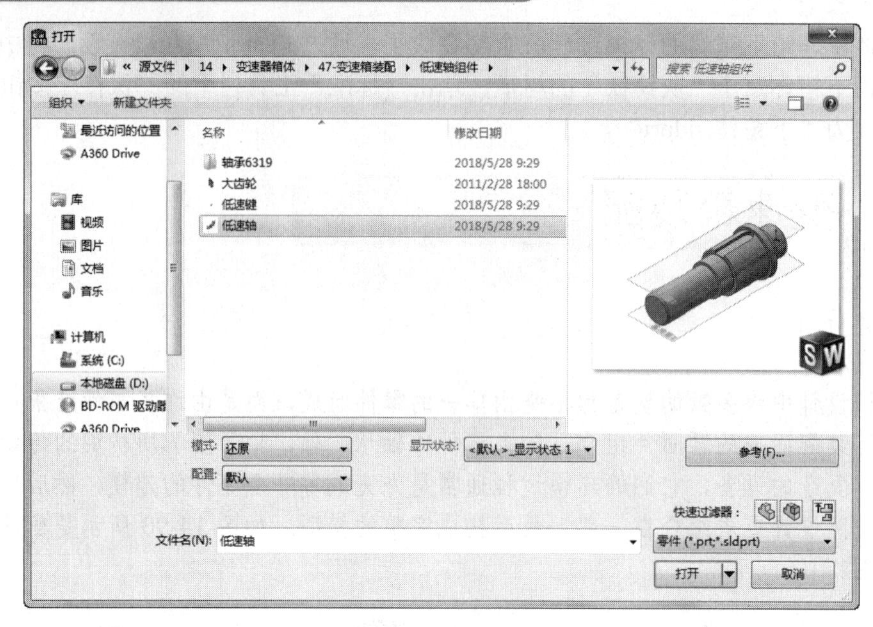

图 14-92 “打开”对话框

（4）定位低速轴。单击“打开”对话框中的“打开”按钮，系统会自动关闭“打开”对话框，进入 SOLIDWORKS 2018 装配界面，此时光标指针变为形状。捕捉系统坐标原点，将低速轴定在原点处，如图 14-93 所示。

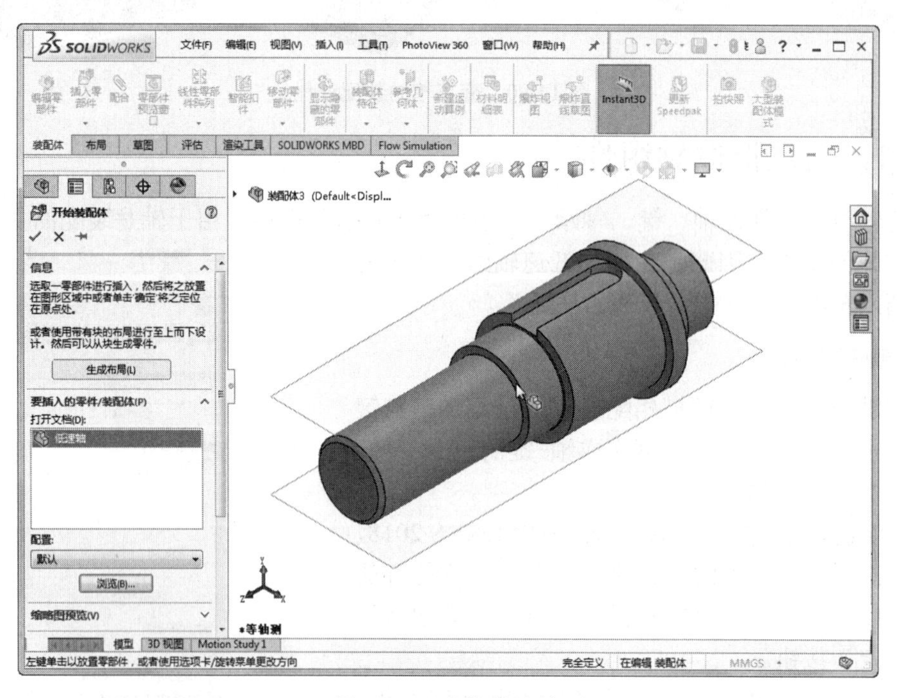

图 14-93 定位低速轴

这时，在 SOLIDWORKS 2018 装配界面的 FeatureManager 设计树中将会出现“低速轴”零件。同时，低速轴零件名称前面显示了该零件的装配状态——固定，如图 14-94 所示。

如前所述，SOLIDWORKS 2018 将第一个调入装配的零件默认为“固定”状态，即它是

装配的基础。通过右击 FeatureManager 设计树中的零件，在弹出的快捷菜单中单击“浮动”命令，可以改变零件的装配状态。在本实例中，由于低速轴是轴组件的装配基础，所以保持系统的默认状态不变。

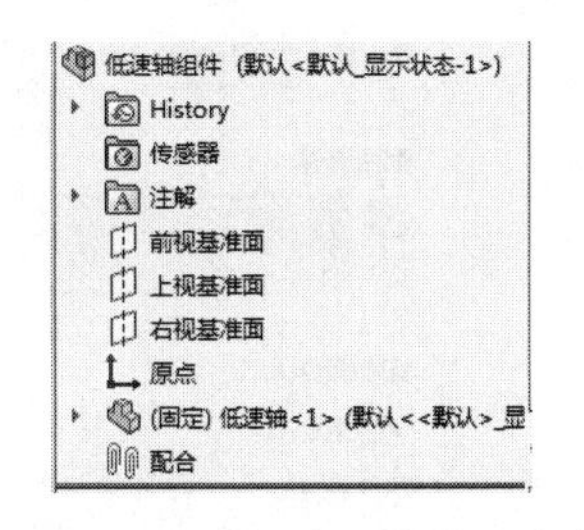

图 14-94　系统显示的装配状态

（5）插入键到现有装配体中。单击“装配体”控制面板中的“插入零部件”按钮，系统弹出“插入零部件”属性管理器，单击“浏览”按钮。在弹出的“打开”对话框中，选取“低速键.sldprt”，单击“打开”按钮或双击该零件，系统关闭“打开”对话框，返回到装配界面。在装配界面图形区的任一位置单击，完成零件的插入。装配体的 FeatureManager 设计树中将显示被插入的键，如图 14-95 所示。

（6）添加装配关系。右击 FeatureManager 设计树中的“低速键”，在弹出的快捷菜单中单击“添加/编辑配合”命令，单击“装配体”控制面板中的“配合”按钮，系统弹出“配合”属性管理器，如图 14-96 所示。

在“配合”属性管理器的“配合对齐”选项组中可以选择所需的对齐条件。

- “同向对齐”：以所选面的法向或轴向的相同方向来放置零部件。
- “反向对齐”：以所选面的法向或轴向的相反方向来放置零部件。

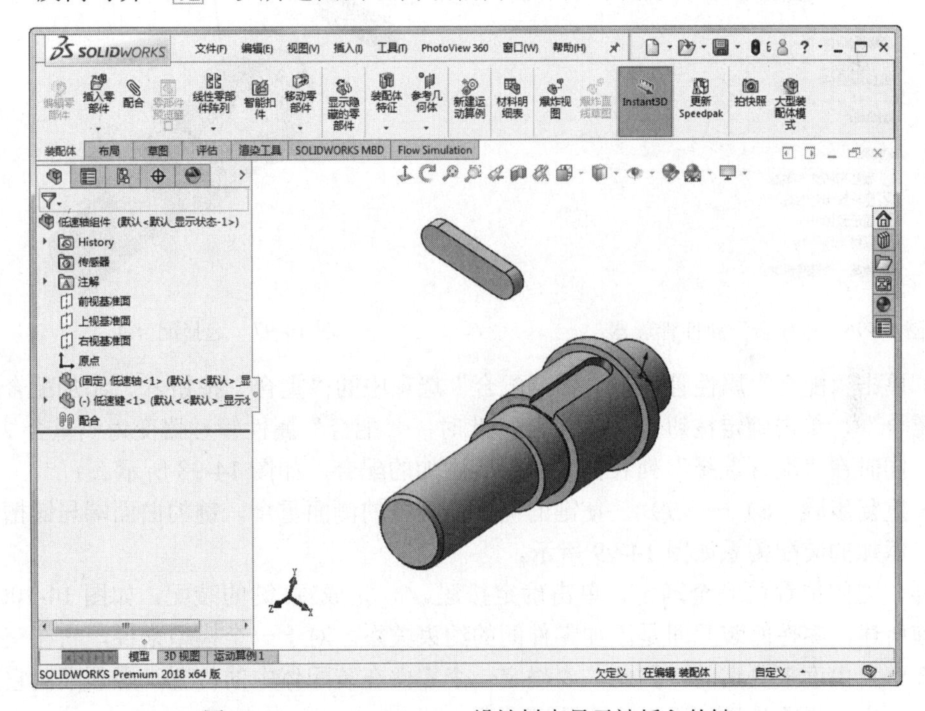

图 14-95　FeatureManager 设计树中显示被插入的键

同时，系统会根据所选的实体，列出有效的配合类型。

- “重合”：面与面、面与直线（轴）、直线与直线（轴）、点与面、点与直线之间重合。
- “平行”：面与面、面与直线（轴）、直线与直线（轴）、曲线与曲线之间平行。
- “垂直”：面与面、直线（轴）与面之间垂直。
- “同轴心”：圆柱与圆柱、圆柱与圆锥、圆形与圆弧边线之间具有相同的轴。

在本实例中，选择键的上表面、键槽的底面作为配合面，如图 14-97 所示。

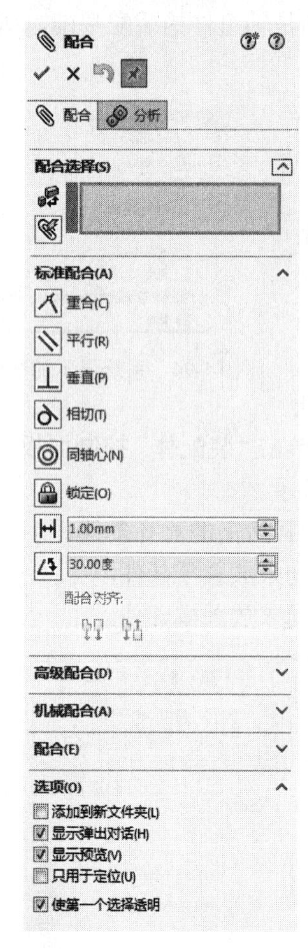

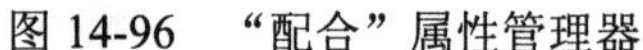
图 14-96 “配合”属性管理器

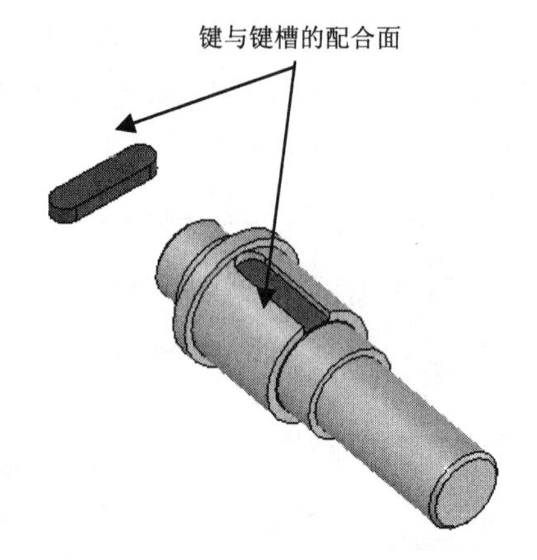

图 14-97 选择配合面

（7）单击“配合”属性管理器“标准配合”选项中的“重合”按钮，添加配合面的关系为“重合”，单击确定按钮完成添加。此时，“配合”属性管理器变为“重合 2”属性管理器，同时在“配合选择”列表框中显示所添加的配合，如图 14-98 所示。

（8）重复步骤（6）～（7），使键的侧面与键槽的侧面重合，键的曲面端与键槽的曲面端重合，添加的装配关系如图 14-99 所示。

这样，键的位置已完全确定，单击确定按钮，完成轴-键的装配，如图 14-100 所示。

如前所述，零件的装配即是添加零件间的约束关系。对于一个模型来说，它在空间的位置是由 3 个自由度来决定的。因此，要确定一个零件在装配体中的位置，必须限制它在空间的 3 个自由度，也就是说，添加 3 个约束关系。

在 SOLIDWORKS 2018 中，当一个零件的位置关系未确定时，将在装配 FeatureManager 设计树中的零件前面以符号“（-）”显示这种欠定位状态，如图 14-95 所示的 FeatureManager 设计树中的“（-）低速键”。当添加的约束关系满足确定零件位置的需要时，零件前面的欠定位符号“（-）”将去除，即显示出完全定位状态，并在“配合”项内显示所添加的配合关系，零件在 FeatureManager 设计树中的装配状态显示如图 14-101 所示。

图 14-98 “重合 2”属性管理器

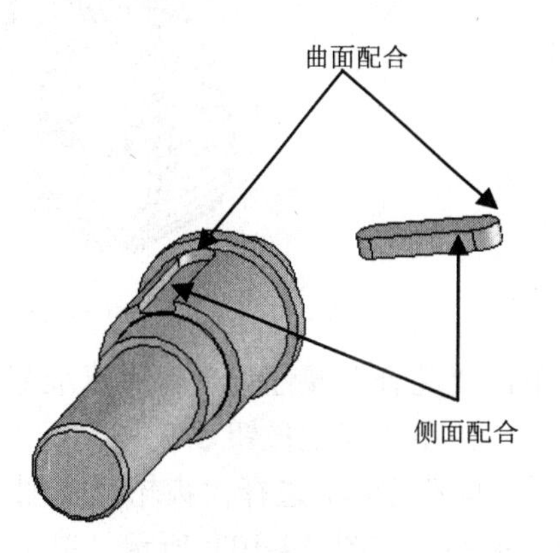

图 14-99 添加装配关系

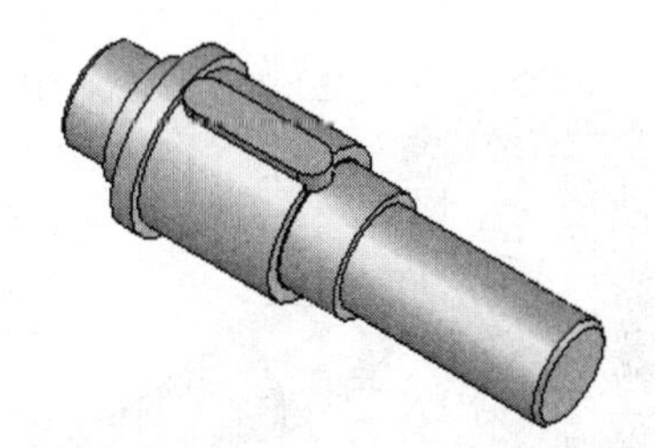

图 14-100 的轴-键配合

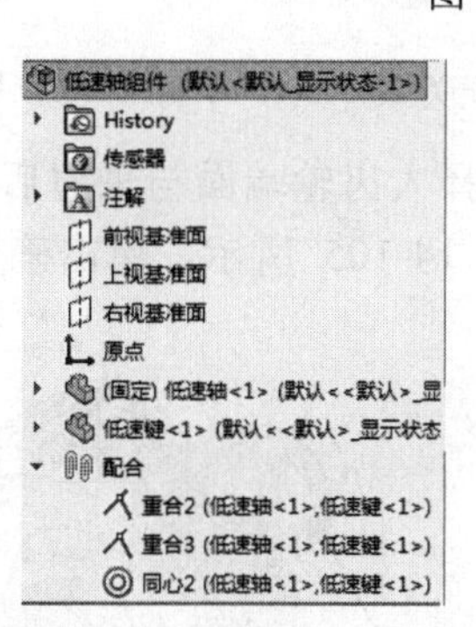

图 14-101 零件在 FeatureManager 设计树中的装配状态显示

2. 大齿轮-轴-键配合

在完成了轴-键的配合以后，可以进一步进行齿轮-轴-键的装配。

（1）单击“装配体”控制面板中的“插入零部件”按钮，系统弹出“插入零部件”属性管理器，单击“浏览”按钮，在弹出的“打开”对话框中，选取“大齿轮.sldprt”。单击“打开”按钮或双击该零件，系统关闭“打开”对话框，返回到装配界面。在装配界面图形区的任一位置单击，完成零件的插入，同时 FeatureManager 设计树中将显示插入的大齿轮。

（2）添加装配关系。右击 FeatureManager 设计树中的“大齿轮”，在弹出的快捷菜单中单击“添加/编辑配合”命令，单击“装配体”控制面板中的“配合”按钮，系统弹出“配合”属性管理器。选择大齿轮键槽底面、轴-键组件中键的上表面作为配合面，如图 14-102 所示。

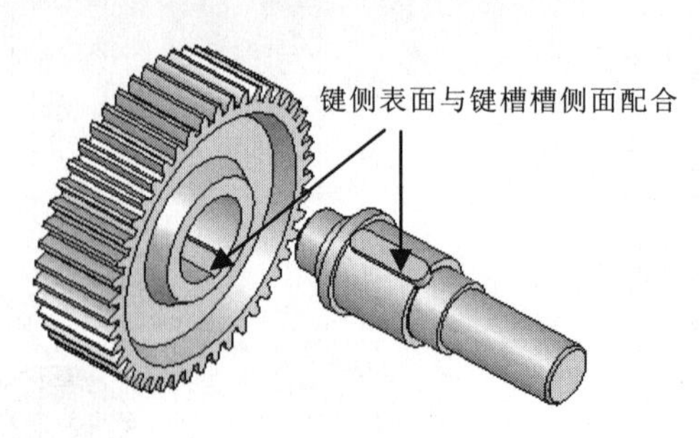

图 14-102　选择配合面

（3）单击“配合”属性管理器“标准配合”选项组中的“重合”按钮，添加的配合关系为“重合”，单击确定按钮。

（4）采用同样方法，选择大齿轮键槽侧面与轴-键组合件中键的侧面作为配合面，为其添加“重合”关系，如图 14-103 所示。单击确定按钮，大齿轮的装配关系移至配合位置，如图 14-104 所示。

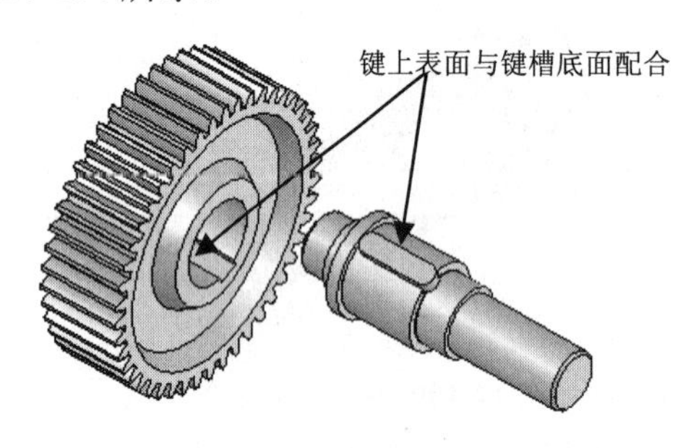

图 14-103　添加键与键槽的装配关系

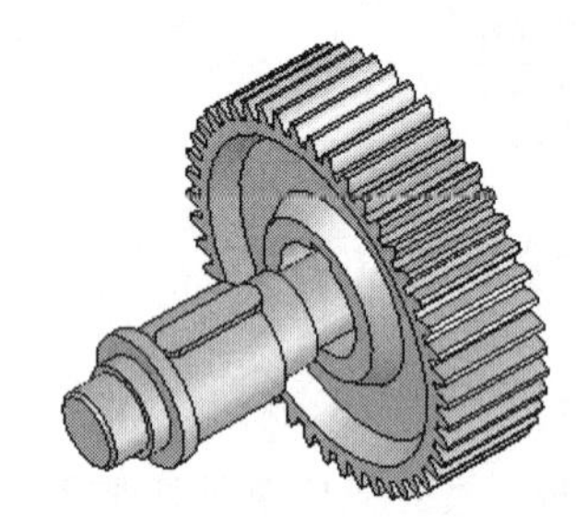

图 14-104　大齿轮移动至配合位置

（5）添加端面配合。同样，选择大齿轮端面与轴肩后端面为配合面，为其添加“重合”关系，轴与大齿轮的端面配合如图 14-105 所示。单击确定按钮，完成大齿轮-轴-键的装配，如图 14-106 所示。

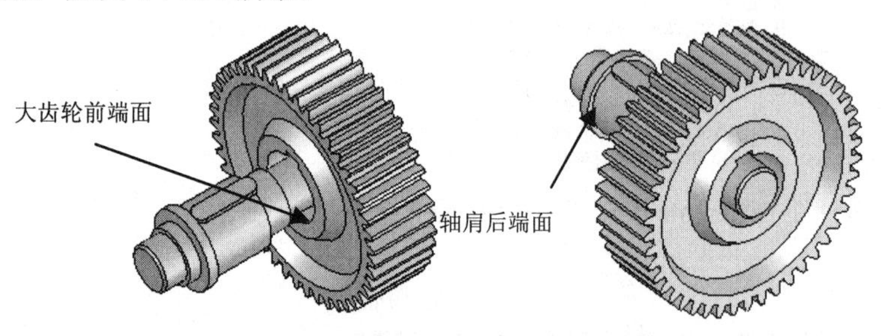

图 14-105　轴与大齿轮的端面配合

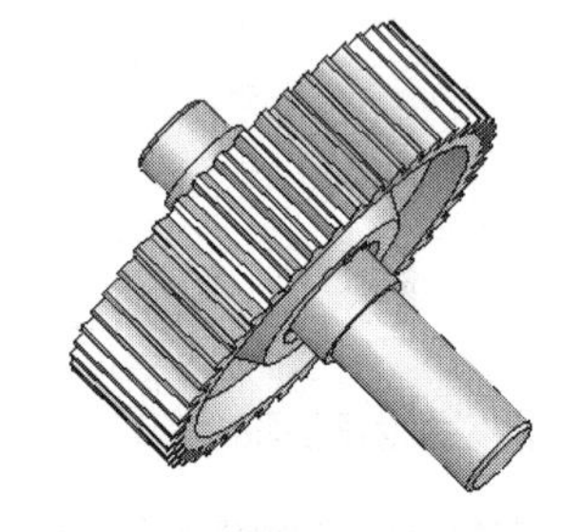

图 14-106　大齿轮-轴-键装配

3. 轴-轴承配合

低速轴的两端安装“轴承 319”，具体的装配步骤如下。

（1）单击“装配体”控制面板中的“插入零部件”按钮，系统弹出“插入零部件”属性管理器，单击“浏览”按钮；在弹出的“打开”对话框中，选取前面所创建的选取配套素材中的“X：\源文件\14\轴承 319\轴承 319.”，在装配界面的图形区中单击任一位置，完成零件的插入。装配体的 FeatureManager 设计树中将显示出被插入的“轴承 319 轴承”零件且处于“欠定位”状态，如图 14-107 所示。

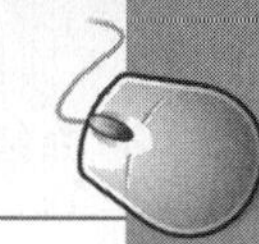

（2）添加装配关系。右击 FeatureManager 设计树中的“319 轴承”，在弹出的快捷菜单中单击“添加/编辑配合”命令，单击“装配体”控制面板中的“配合”按钮，系统弹出“配合”属性管理器。选择轴承孔内表面和轴段外表面作为配合面，如图 14-108 所示。单击“配合”属性管理器“标准配合”选项中的“同轴心”按钮，添加配合面的关系为“同轴心”，单击确定按钮✔。系统“配合”属性管理器变为“同轴心”属性管理器，并在“配合选择”选项的列表框中显示所添加的配合，图形区中“319 轴承”移至与低速轴同轴心位置，如图 14-109 所示。

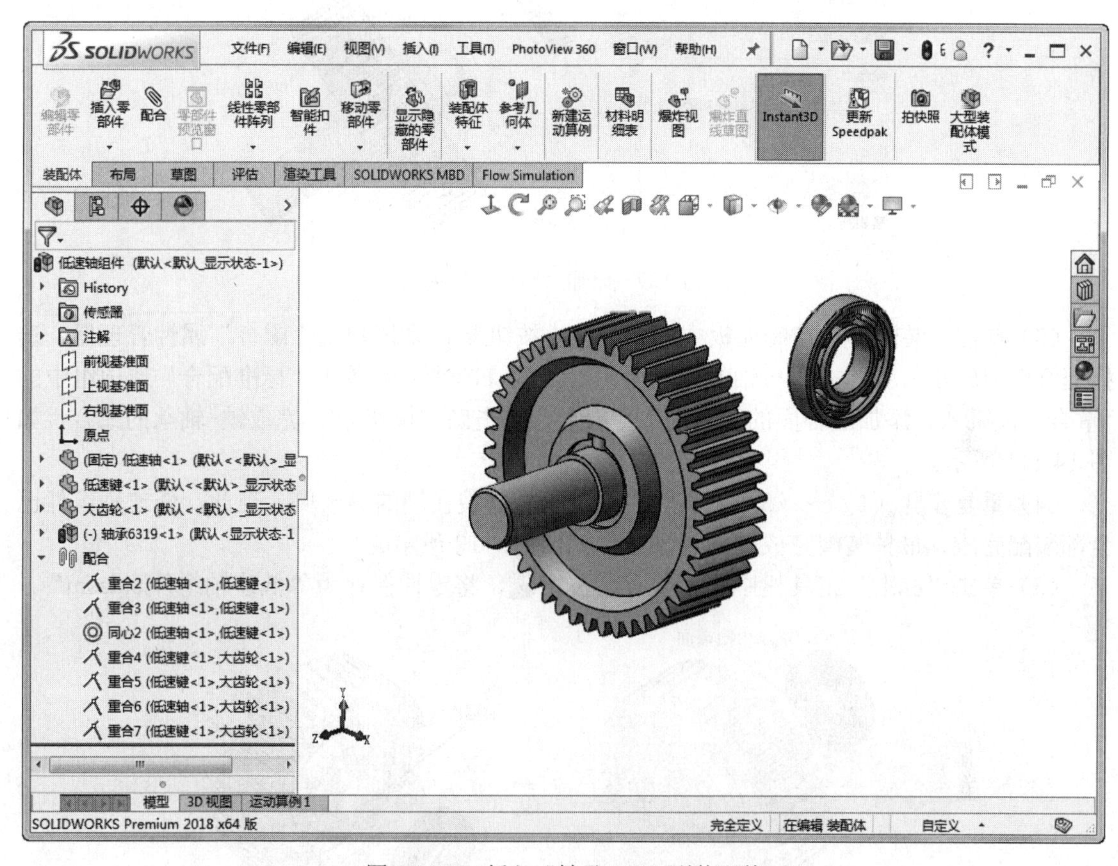

图 14-107　插入“轴承 319”到装配体

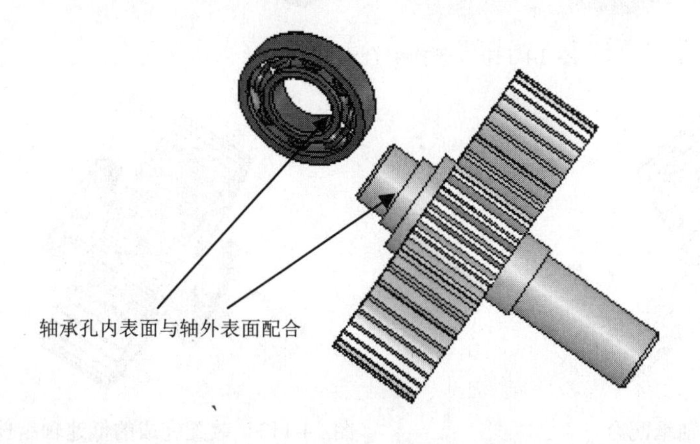

图 14-108　选择配合面

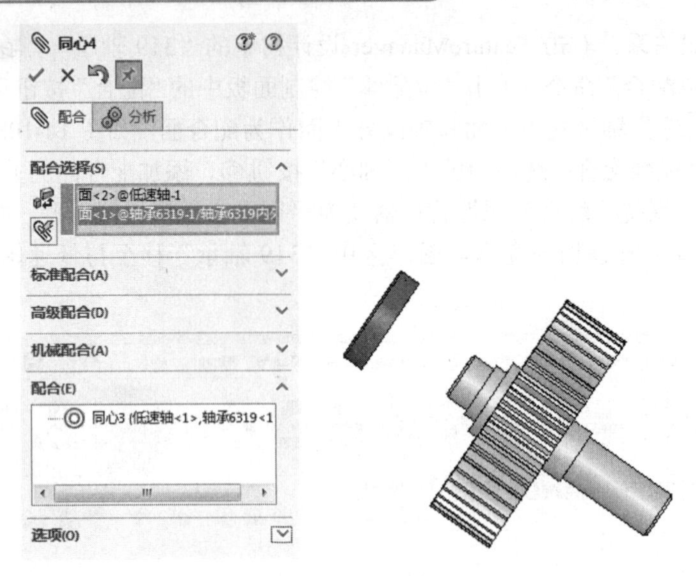

图 14-109　添加“同轴心”关系

（3）单击“装配体”控制面板中的“配合”按钮，系统弹出“配合”属性管理器，选择配合面为轴承内圈的端面与轴的侧端面，如图 14-110 所示。单击“标准配合”选项组中的“重合”按钮，添加配合面的关系为“重合”，单击确定按钮，完成轴-轴承的配合，如图 14-111 所示。

（4）重复步骤（1）～（3），将“319 轴承”安装在轴的另一侧。至此，低速轴组件已全部装配完成，最种装配完成的低速轴组件如图 14-112 所示。

（5）单击“标准”工具栏中的“保存”按钮，将零件保存为“低速轴组件.sldasm”。

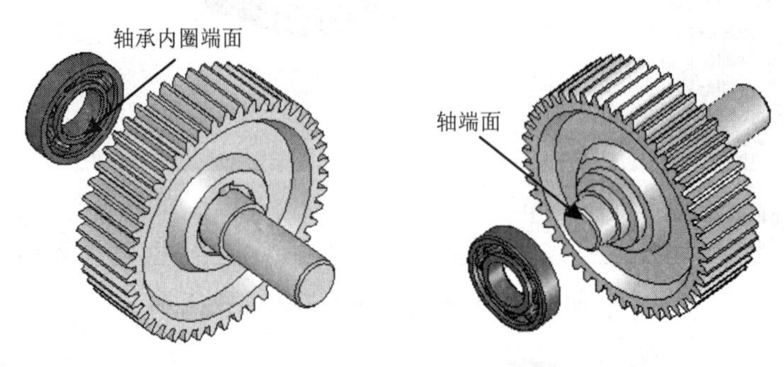

图 14-110　选择配合端面

图 14-111　轴-轴承配合

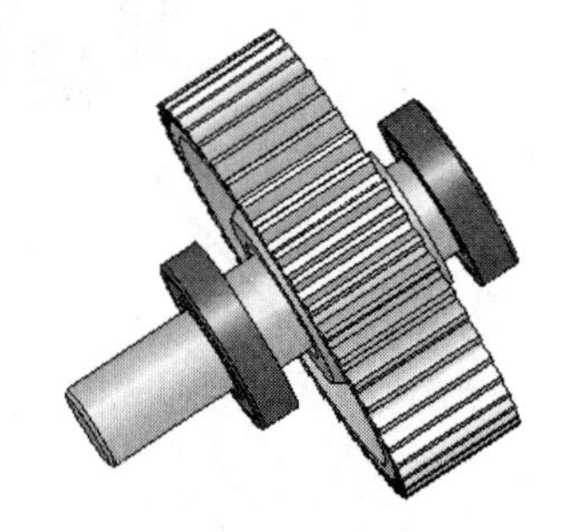

图 14-112　装配完成的低速轴组件

4．高速轴组件

高速轴组件包括高速轴、高速键、小齿轮以及315轴承，如图14-113所示。

高速轴组件的装配与低速轴组件的装配过程与方法相同，可参照本小节前面介绍的操作步骤进行装配，在此不再赘述。装配完成的高速轴组件如图14-114所示。

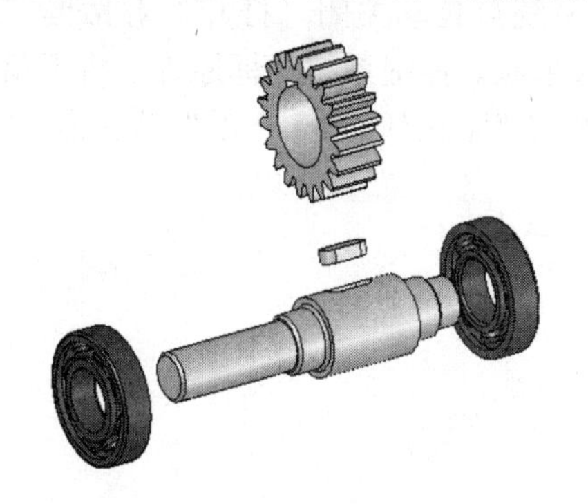

图14-113　高速轴组件

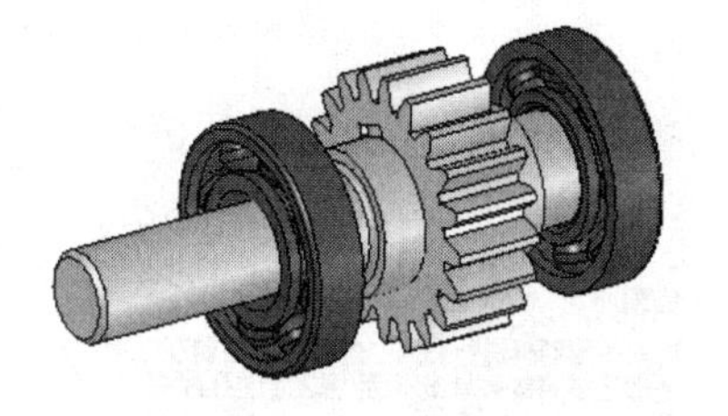

图14-114　装配完成的高速轴组件

装配完成后，单击“标准”工具栏中的“保存”按钮，将零件保存为“高速轴组件.sldasm”。

14.3.2 下箱体-低速轴组件装配

下箱体-低速轴组件通过低速轴组件中的轴承与下箱体中的轴承孔相配合来实现装配，具体的装配过程如下。

（1）新建装配体文件。启动SOLIDWORKS 2018，单击“标准”工具栏中的“新建”按钮，在打开的“新建SOLIDWORKS文件”对话框中，选择“装配体”按钮，单击“确定”按钮，如图14-115所示。

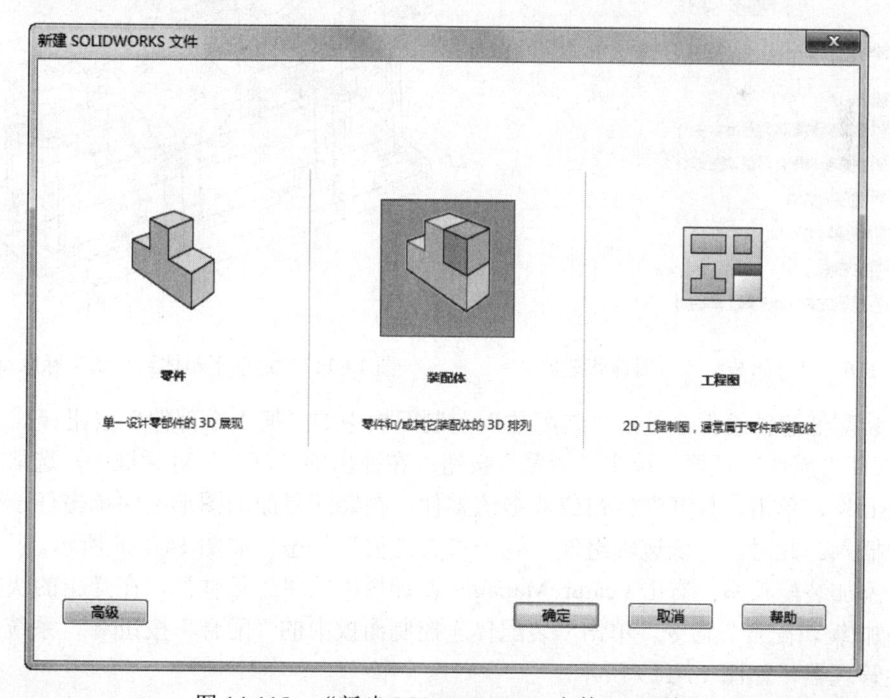

图14-115　“新建SOLIDWORKS文件”对话框

（2）系统进入装配体环境，并弹出“开始装配体”属性管理器，单击“浏览”按钮，如图 14-116 所示。

（3）系统弹出“打开”对话框，选择前面所创建的下箱体零件“下箱体.sldprt”，在“打开”对话框的预览区将出现所选零件的预览结果。

（4）单击“打开”对话框中的“打开”按钮，系统会自动关闭“打开”对话框，进入 SOLIDWORKS 2018 装配界面，此时光标指针变为形状。捕捉系统坐标原点，将下箱体定位在原点处，如图 14-117 所示。SOLIDWORKS 2018 将“下箱体.sldprt”零件默认为“固定”状态。

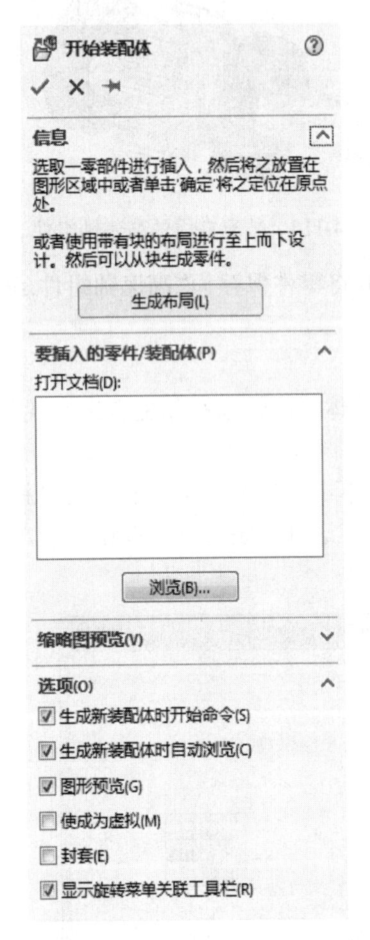

图 14-116 “开始装配体”属性管理器

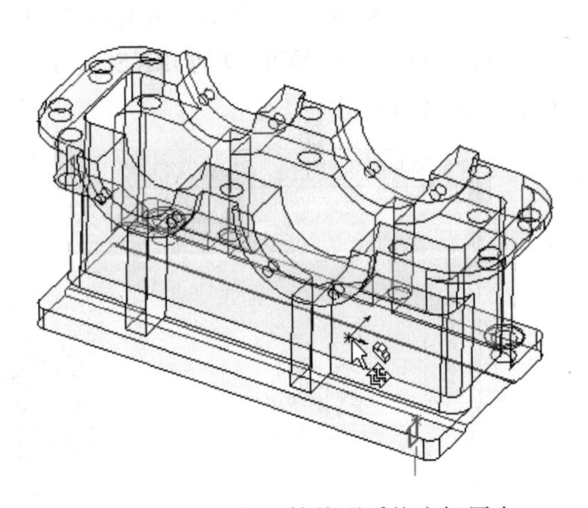

图 14-117 定位下箱体到系统坐标原点

（5）装配低速轴组件。单击“装配体”控制面板中的“插入零部件”按钮，系统弹出“插入零部件”属性管理器，单击“浏览”按钮；在弹出的“打开”对话框中，选取“低速轴组件.sldasm”，单击“打开”按钮或双击该零件，在装配界面的图形区中单击任一位置，完成零件的插入。此时，“低速轴组件”处于“欠定位”状态，如图 14-118 所示。

（6）添加装配关系。右击 FeatureManager 设计树中的“下箱体”，在弹出的快捷菜单中单击“添加/编辑配合”命令，单击“装配体”控制面板中的“配合”按钮，系统弹出“配合”属性管理器，如图 14-119 所示。

选择低速轴中轴承外表面、下箱体轴承孔内表面作为配合面，如图 14-120 所示。

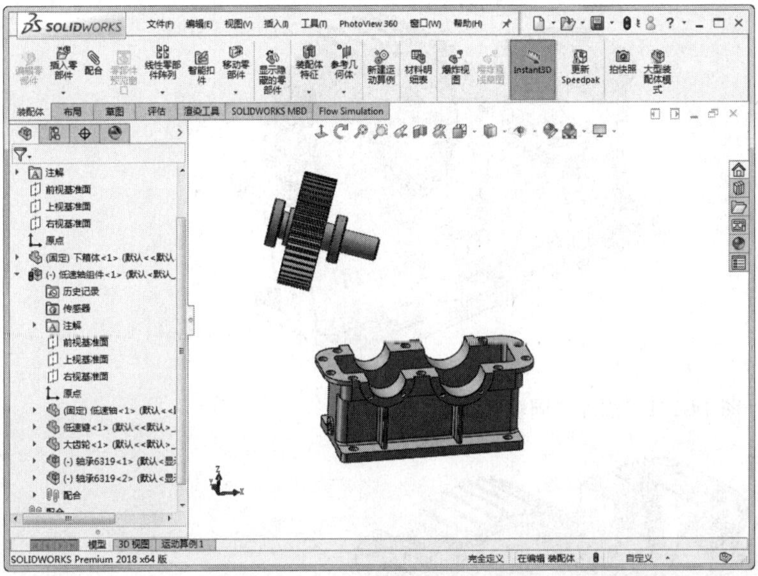

图 14-118　插入“低速轴组件”

图 14-119　“配合”属性管理器

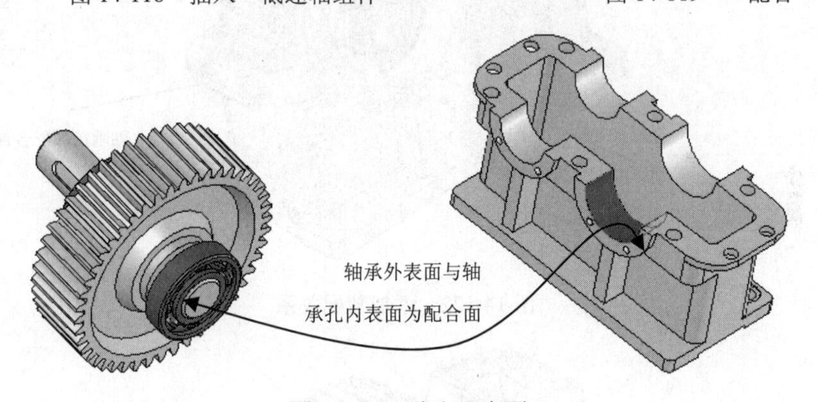

图 14-120　选取配合面

单击“配合”属性管理器“标准配合”选项组中的“同轴心”按钮◎，添加配合面的关系为“同轴心”，单击确定按钮✔。系统“配合”属性管理器变为“同心”属性管理器，“配合选择”列表框中显示所添加的配合，图形区中“低速轴组件”移至同轴心位置，如图 14-121 所示。

（7）重复步骤（6），选择配合面为下箱体轴承安装孔凸缘外表面与低速轴组件中轴承的外侧面，添加的装配关系如图 14-122 所示。在“配合”属性管理器中，单击“距离”按钮↦，并在“距离”↦文本框中输入距离值为 27.5，单击确定按钮✔，完成下箱体与低速轴组件的装配，如图 14-123 所示。

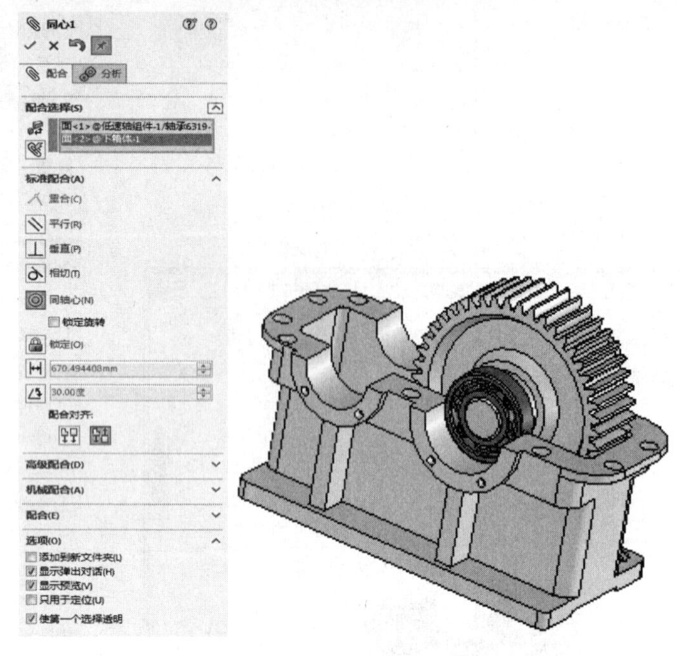

图 14-121　添加“同轴心”配合关系

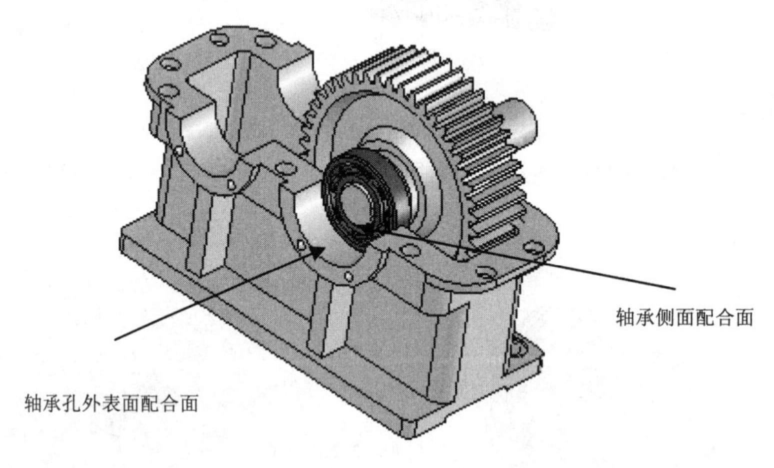

图 14-122　添加装配关系

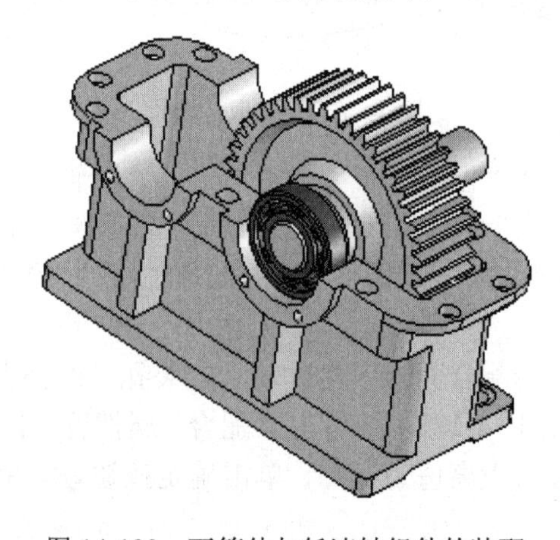

图 14-123　下箱体与低速轴组件的装配

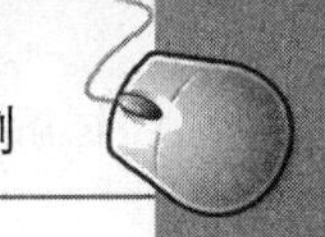

14.3.3 下箱体-高速轴组件装配

下箱体-高速轴组件的装配与 14.3.2 小节中下箱体-低速轴组件装配相似。

（1）插入高速轴组件。单击“装配体” 控制面板中的“插入零部件”按钮，系统弹出“插入装配体”属性管理器，单击“浏览”按钮。在弹出的“打开”对话框中，选取“高速轴组件. sldasm”，在装配界面的图形区中单击任一位置，插入高速轴组件，如图 14-124 所示。

（2）添加装配关系。右击 FeatureManager 设计树中的“高速轴组件”，在弹出的快捷菜单中单击“添加/编辑配合”命令，单击“装配体”控制面板中的“配合”按钮，系统弹出“配合”属性管理器。选择“315 轴承”外表面、下箱体小轴承孔内表面作为配合面，如图 14-125 所示。单击“配合”属性管理器“标准配合”选项组中的“同轴心”按钮，添加配合面的关系为“同轴心”，单击确定按钮。系统“配合”属性管理器变为“同心”属性管理器，“配合选择”列表框中显示所添加的配合，同时，图形区中“高速轴组件”移至同轴心位置，如图 14-126 所示。

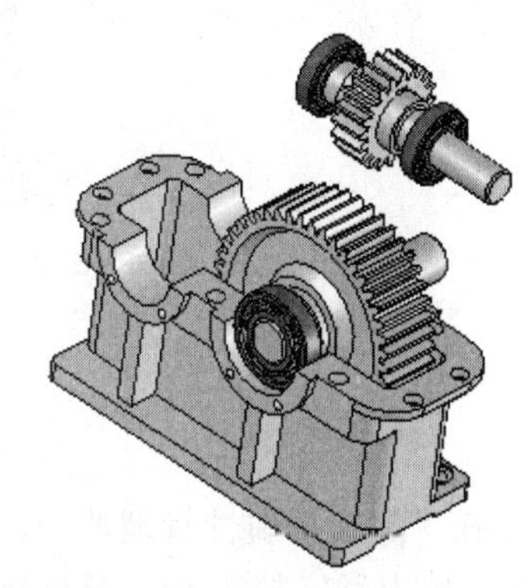

图 14-124　插入高速轴组件

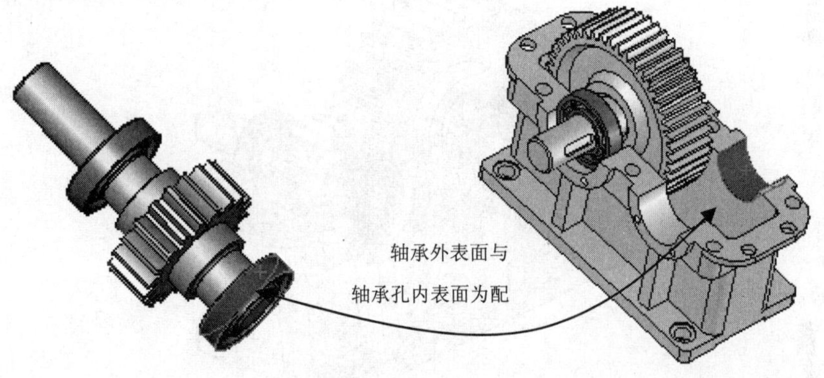

图 14-125　选取配合面

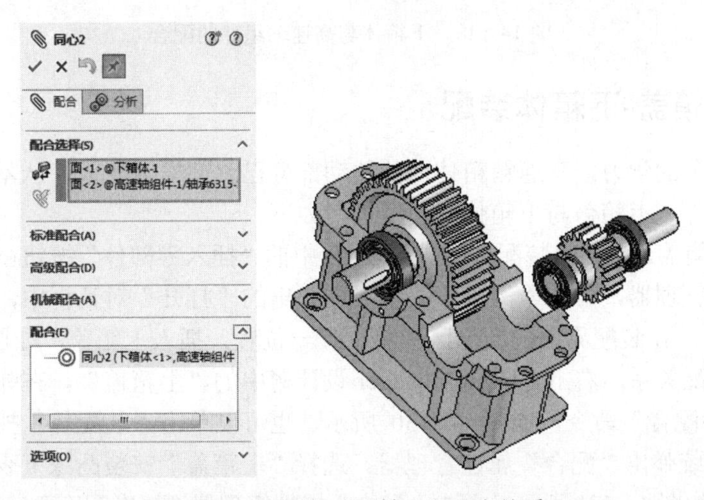

图 14-126　添加“同轴心”配合关系

（3）重复步骤（2），选择下箱体小轴承安装孔凸缘外表面与高速轴组件中“315 轴承”的外侧面作为配合面，添加装配关系如图 14-127 所示。

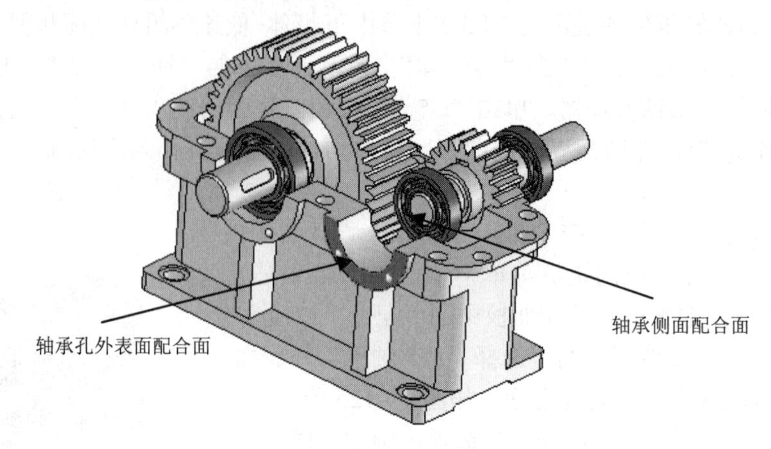

图 14-127　添加装配关系

在“配合”属性管理器中，单击“距离”按钮，并在“距离”文本框中输入距离值 32.5，单击确定按钮，最后下箱体与高速轴组件的装配，如图 14-128 所示。

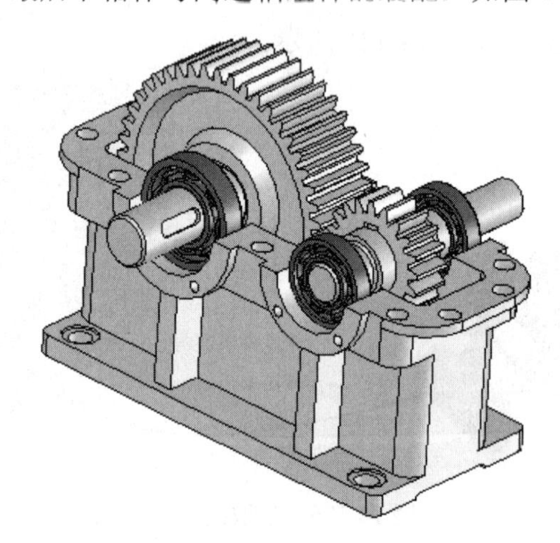

图 14-128　下箱体与高速轴组件的配合

14.3.4　上箱盖-下箱体装配

通过以上两节的学习，变速箱箱体内的传动部分已全部安装完成。从本节开始，将装配变速箱的其他零件。上箱盖与下箱体的装配过程如下。

（1）插入上箱盖。单击“装配体” 控制面板中的“插入零部件”按钮，系统弹出“插入装配体”属性管理器，单击“浏览”按钮。在弹出的“打开”对话框中，选取前面创建的“上箱盖. sldprt”，在装配界面的图形区中单击任一位置，插入上箱盖，如图 14-129 所示。

（2）添加装配关系。右击 FeatureManager 设计树中的“上箱盖”，在弹出的快捷菜单中单击“添加/编辑配合”命令，如图 14-130 所示，也可以单击“装配体”控制面板中的“配合”按钮，系统弹出“配合”属性管理器。选择“上箱盖”安装凸缘下表面、下箱体上表面作为配合面，如图 14-130 所示。单击“配合”属性管理器“标准配合”选项组中的“重合”

按钮，添加配合面的关系为“重合”，单击确定按钮。图形区中“上箱盖”移至与下箱体配合面重合位置，如图 14-131 所示。

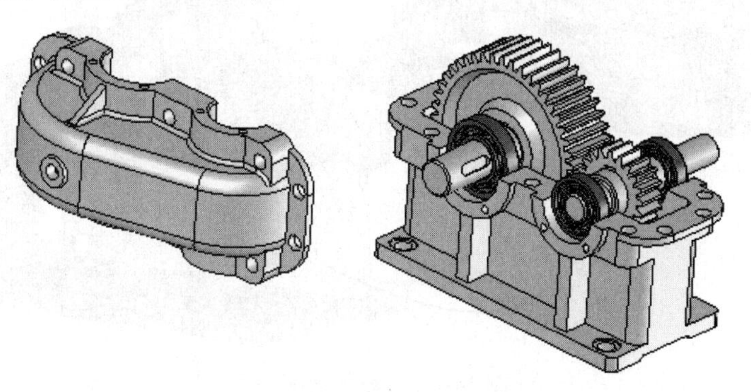

图 14-129　插入上箱盖

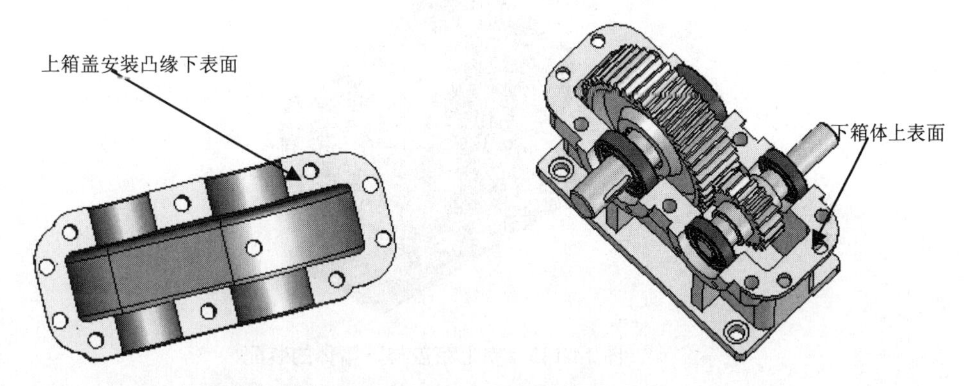

图 14-130　选取上箱盖-下箱体配合面

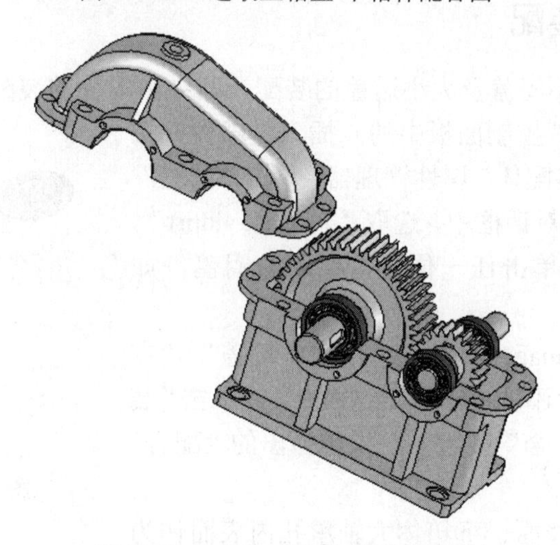

图 14-131　添加“重合”配合关系

（3）重复步骤（2），分别选择下箱体侧面与上箱盖侧面、下箱体前端面与上箱前端面作为配合面，添加装配关系如图 14-132 所示。单击“配合”属性管理器“标准配合”选项组中的“重合”按钮，单击确定按钮，完成上箱盖与下箱体的装配，如图 14-133 所示。

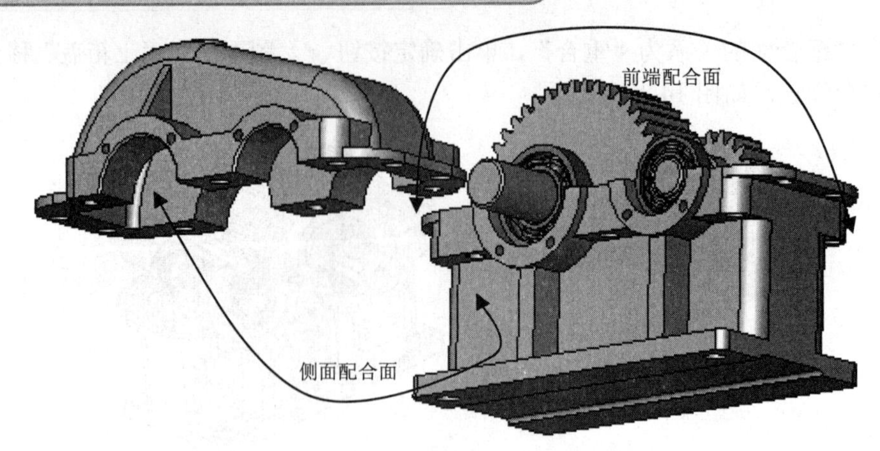

图 14-132　添加装配关系

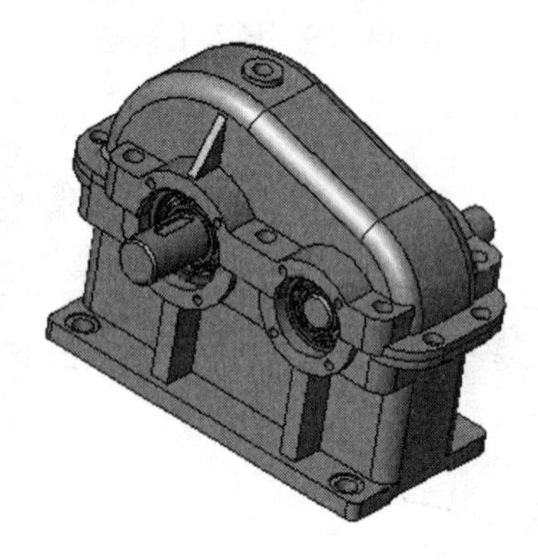

图 14-133　完上箱盖与下箱体的装配

14.3.5　端盖的装配

端盖的装配包括大小闷盖及大小透盖的装配，其中大闷盖的装配过程如下。

（1）单击“装配体”控制面板中的“插入零部件”按钮，系统弹出“插入装配体”属性管理器，单击“浏览”按钮。在弹出的“打开”对话框中，选取“大闷盖. sldprt”，在装配界面的图形区中单击任一位置，插入大闷盖，如图 14-134 所示。

（2）右击 FeatureManager 设计树中的“大闷盖”，在弹出的快捷菜单中单击“添加/编辑配合”命令，或单击“装配体”控制面板中的“配合”按钮，系统弹出的“配合”属性管理器。

图 14-134　插入大闷盖

选择大闷盖小端外表面、下箱体大轴承孔内表面作为配合面，如图 14-135 所示。单击“配合”属性管理器“标准配合”选项组中的“同轴心”按钮，添加配合面的关系为“同轴心”，单击确定按钮。系统“配合”属性管理器变为“同心”属性管理器，“配合选择”列表框中显示所添加的配合，同时，图形区中大闷盖移至同轴心位置，如图 14-136 所示。

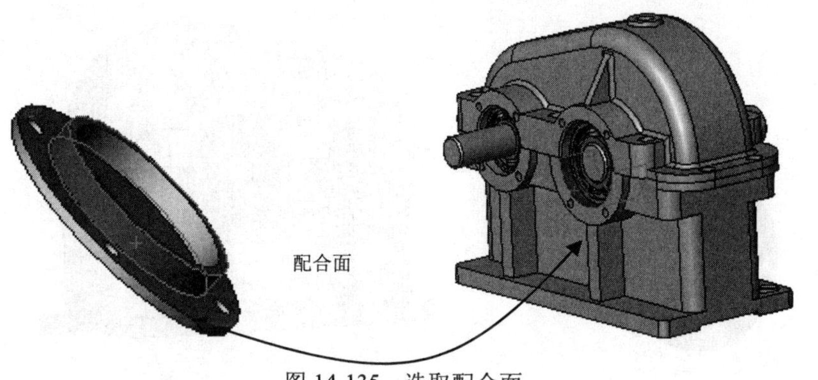

图 14-135　选取配合面

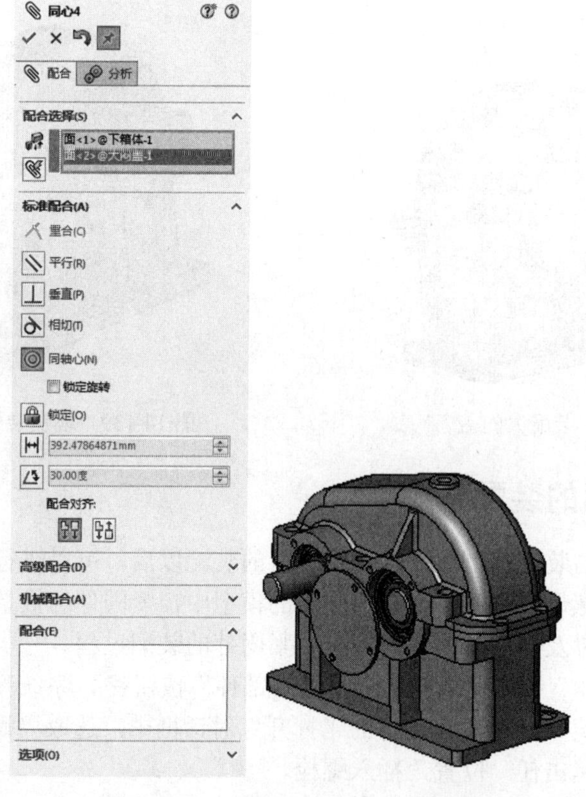

图 14-136　添加“同轴心”配合关系

（3）重复步骤（2），选择下箱体大轴承安装孔凸缘外表面与大闷盖大端内表面作为配合面，添加装配关系如图 14-137 所示。单击“配合”属性管理器“标准配合”选项组中的“重合”按钮，添加配合面的关系为“重合”，单击确定按钮，完成大闷盖的装配，如图 14-138 所示。

（4）对齐螺孔。重复步骤（3），选择大闷盖上的一个安装孔与变速箱侧面一个螺孔作为配合面，添加配合关系为“同轴心”，单击确定按钮，完成大闷盖的安装。

大透盖、小闷盖和小透盖的装配方法与大闷盖的装配方法相同，在此不再讲述。端盖装配完成的最终效果如图 14-139 所示。

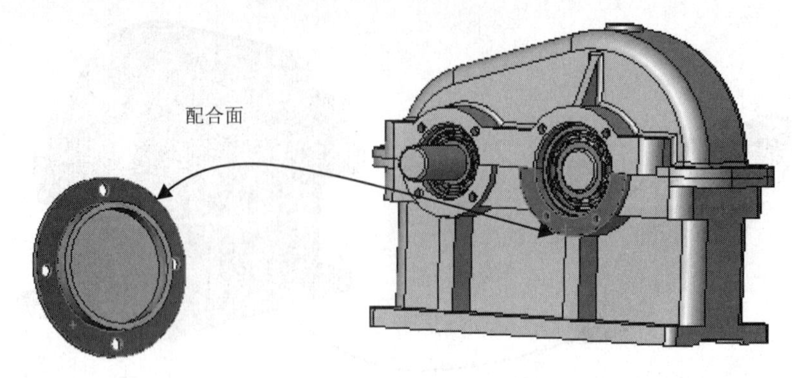

图 14-137　添加装配关系

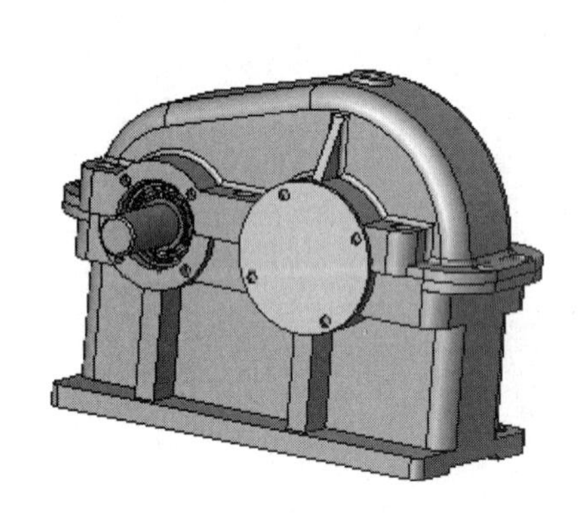

图 14-138　装配大闷盖

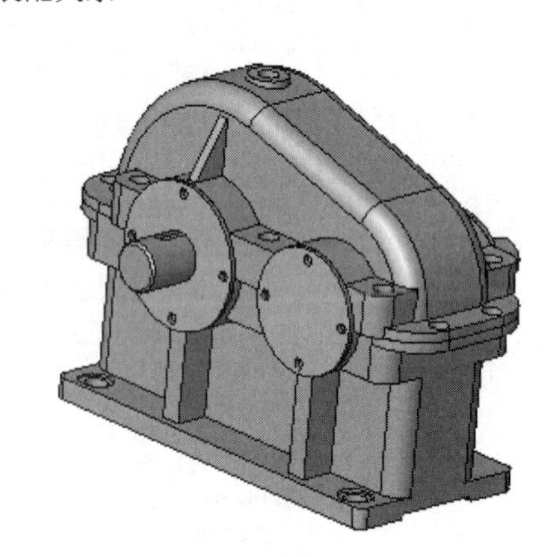

图 14-139　端盖装配的最终效果

14.3.6 紧固件的装配

在完成了传动件的装配和箱体、箱盖及端盖的装配以后，可以进行紧固件的装配。紧固件的装配包括螺栓、螺母及垫片等。在变速箱的模型中，紧固件的数量较多，在此仅以上下箱体的连接螺栓、螺母及垫片的安装为例说明紧固件的装配过程。

（1）单击“装配体”控制面板中的“插入零部件”按钮，系统弹出“插入装配体”属性管理器，单击“浏览”按钮。在弹出的“打开”对话框中，选取“螺栓 M30.sldprt”，在装配界面的图形区中单击任一位置，插入螺栓。

（2）右击 FeatureManager 设计树中的“螺栓 M30”，在弹出的快捷菜单中单击“添加/编辑配合”命令，或单击“装配体”控制面板中的“配合”按钮，弹出“配合”属性管理器。选择“螺栓 M30”螺杆外表面、上箱盖安装孔内表面作为配合面，如图 14-140 所示。单击“配合”属性管理器的“标准配合”选项中的“同轴心”按钮，添加配合面的关系为“同轴心”，单击确定按钮。图形区中“螺栓 M30”移至同轴心位置，如图 14-141 所示。

（3）重复步骤（2），选择下箱体大轴承安装孔凸台外表面与大闷盖大端内表面的作为配合面，添加装配关系如图 14-142 所示。单击“配合”属性管理器“标准配合”选项组中的“重合”按钮，添加配合面的关系为“重合”，单击确定按钮，完成螺栓的安装，如图 14-143 所示。

（4）重复步骤（1），插入“大垫片.sldprt”。

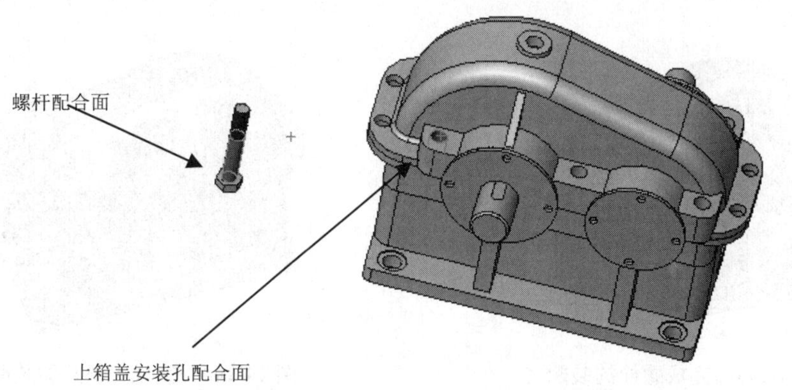

图 14-140　选取螺栓与上箱盖安装孔配合面

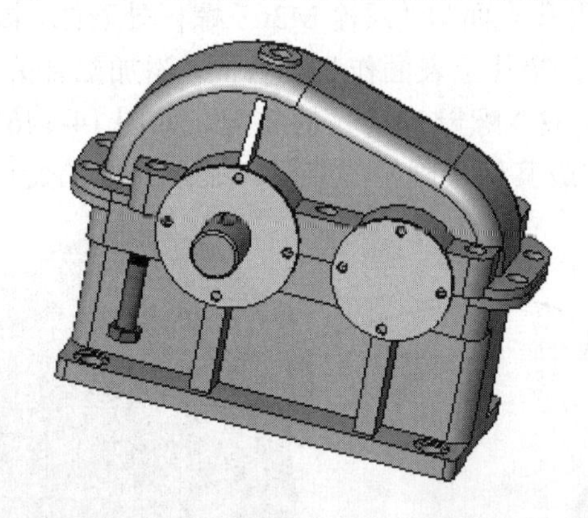
图 14-141　添加“同轴心”配合关系

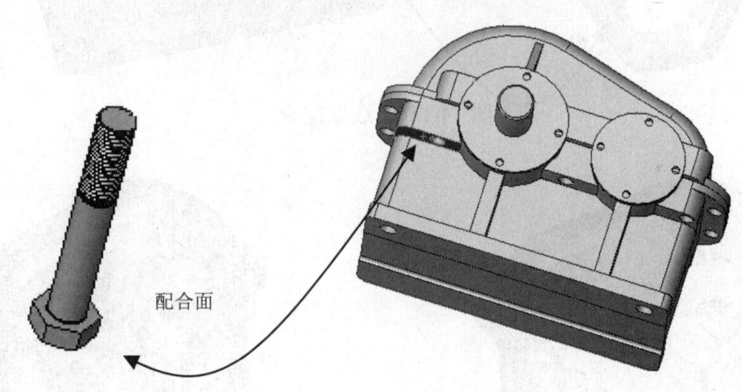

图 14-142　添加装配关系

（5）添加大垫片的配合关系。右击 FeatureManager 设计树中的“大垫片”，在弹出的快捷菜单中单击“添加/编辑配合”命令，或单击“装配体”控制面板中的“配合”按钮，系统弹出“配合”属性管理器。选择“大垫片”内孔表面与“螺栓 M30”螺杆外表面，添加配合关系为“同轴心”；选取“大垫片”下表面与上箱盖安装凸缘上表面作为配合面，添加配合关系为“重合”。单击确定按钮，完成大垫片的装配，如图 14-144 所示。

（6）重复步骤（1），插入“螺母 M30.sldprt”。

（7）添加螺母 M30 的配合关系。右击 FeatureManager 设计树中的“螺母 M30”，在弹出的快捷菜单中单击“添加/编辑配合”命令，或单击“装配体”控制面板中的“配合”按钮，系统弹出“配合”属性管理器。

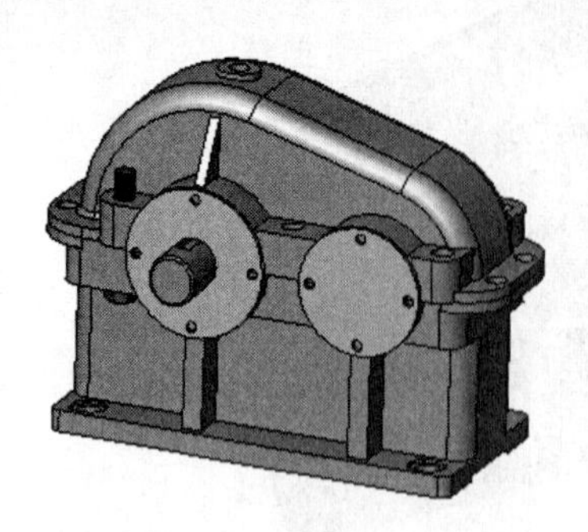

图 14-143　完成螺栓的装配

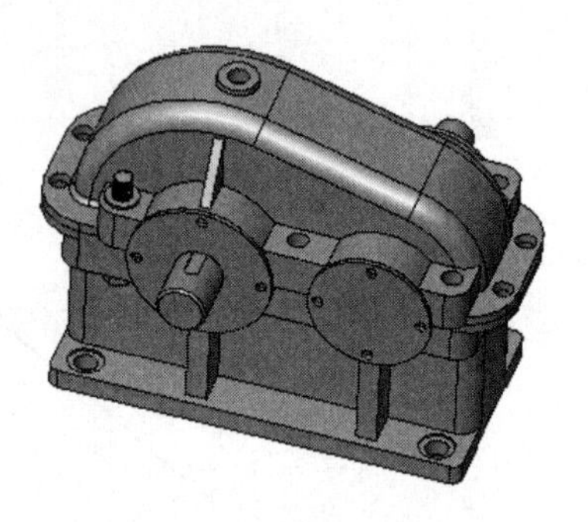

图 14-144　完成大垫片的装配

（8）选择“螺母 M30”内孔表面与“螺栓 M30”螺杆外表面，添加配合关系为“同轴心”；选取“螺母 M30”下表面与大垫片上表面作为配合面，添加配合关系为“重合”，如图 14-145 所示。单击确定按钮✓，完成“螺母 M30”的装配，如图 14-146 所示。

仿照上述步骤，可以完成其他紧固件的装配。装配完成的变速箱如图 14-147 所示。

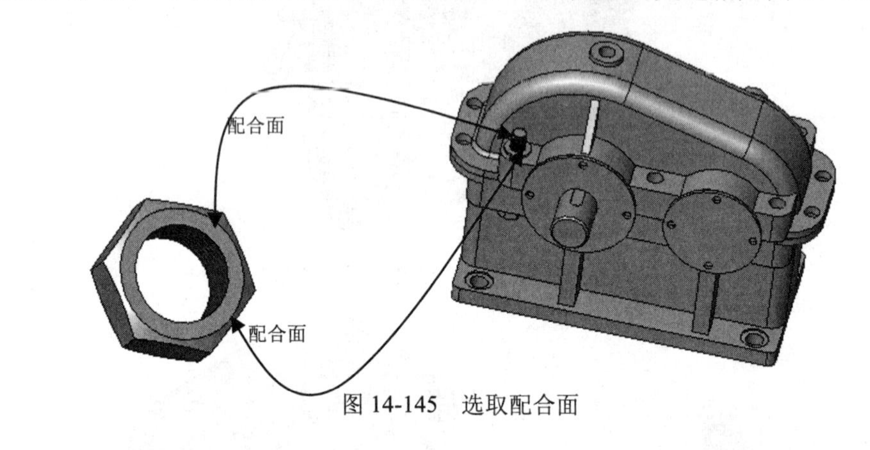

图 14-145　选取配合面

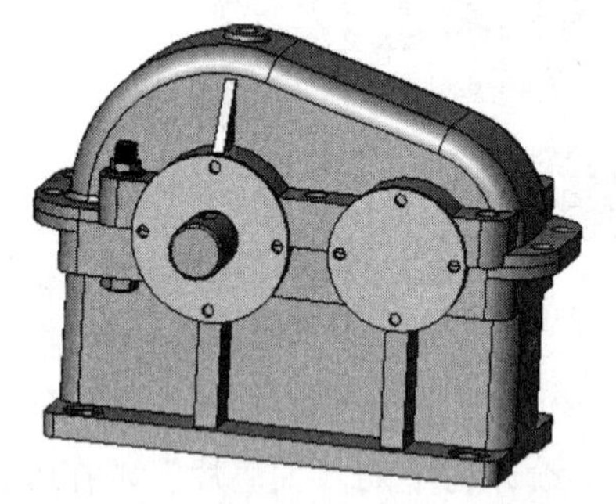

图 14-146　完成“螺母 M30”的装配

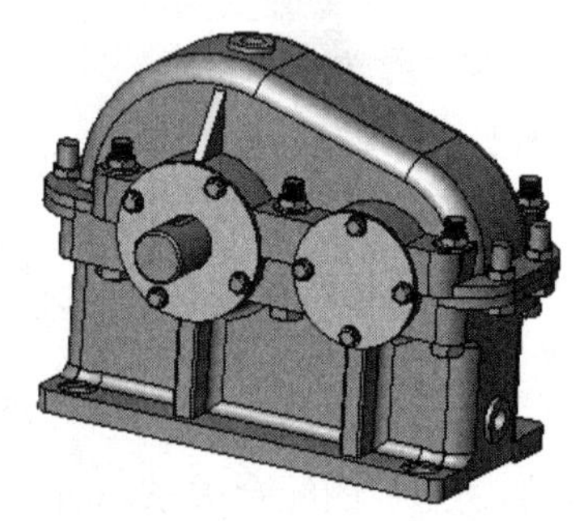

图 14-147　装配完成的变速箱

14.3.7　螺塞和通气塞装配

螺塞和通气塞的安装较简单，可仿照 14.3.6 小节中螺栓的安装进行。如图 14-148 所示和如图 14-149 所示是通气塞、螺塞安装中所使用的配合面。

最终装配完成的变速箱如图 14-150 所示。

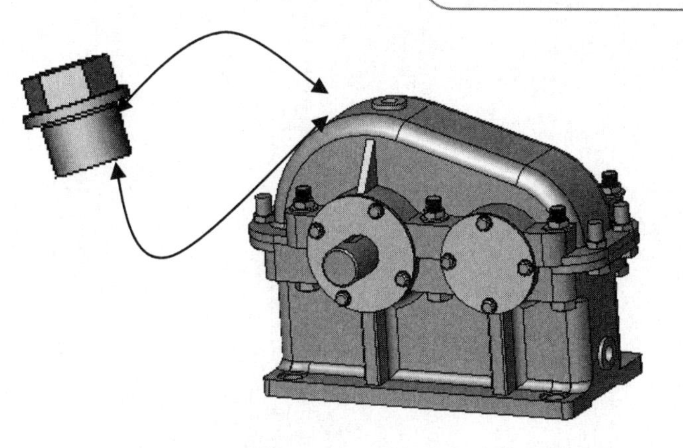

图 14-148 通气塞与上箱盖的配合面

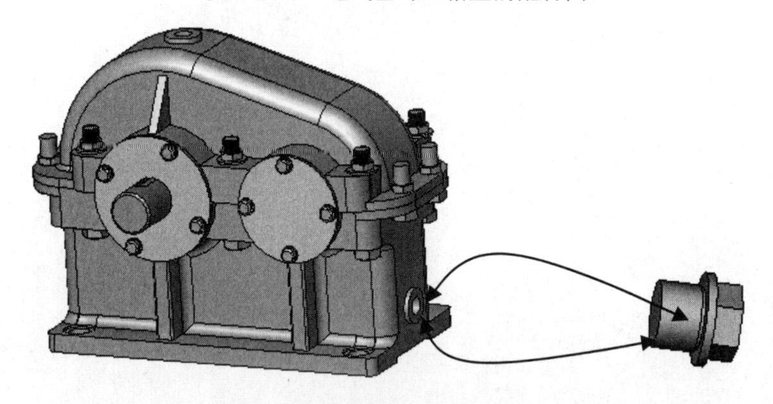

图 14-149 螺塞与下箱体的配合面

图 14-150 最终装配完成的变速箱